W0381456

E-Book inside.

Mit folgendem persönlichen Code
können Sie die E-Book-Ausgabe
dieses Buches downloaden.

1018r-65p6x-
po400-u11w1

Registrieren Sie sich unter
www.hanser-fachbuch.de/ebookinside
und nutzen Sie das E-Book
auf Ihrem Rechner*, Tablet-PC
und E-Book-Reader.

Klaus Ehrlenspiel/Harald Meerkamm

Integrierte Produktentwicklung

Klaus Ehrlenspiel
Harald Meerkamm

Integrierte Produktentwicklung

Denkabläufe, Methodeneinsatz, Zusammenarbeit

6., überarbeitete und erweiterte Auflage

HANSER

Die Autoren

Prof. Dr.-Ing. Klaus Ehrlenspiel
emeritiert, Lehrstuhl für Produktentwicklung, TU München
E-Mail: ehrlenspiel@mytum.de

Prof. Dr.-Ing. Harald Meerkamm
emeritiert, Lehrstuhl für Konstruktionstechnik, Friedrich-Alexander-Universität Erlangen-Nürnberg
E-Mail: meerkamm@mfk.fau.de

MIX
Papier aus verantwortungsvollen Quellen
FSC® C016439

Bibliografische Information der Deutschen Nationalbibliothek:
Die Deutsche Nationalbibliothek verzeichnet diese Publikation in der Deutschen Nationalbibliografie; detaillierte bibliografische Daten sind im Internet über <http://dnb.ddb.de> abrufbar.

Print-ISBN 978-3-446-44089-0
E-Book-ISBN 978-3-446-44908-4

www.hanser.de
Lektorat: Dipl.-Ing. Volker Herzberg
Coverconcept: Marc Müller-Bremer, Rebranding, München, Germany
Coverillustration: Frank Wohlgemuth, Hamburg, nach Vorgaben des Lehrstuhls für Konstruktionstechnik der Friedrich-Alexander-Universität Erlangen-Nürnberg
Herstellung und Satz: Kösel Media GmbH, Krugzell
Druck und Bindung: Hubert & Co GmbH & Co KG BuchPartner, Göttingen
Printed in Germany

Vorwort zur 6. Auflage

„Der größte Feind der Qualität ist die Eile“
Henry Ford

Das obige Motto soll uns Mut machen trotz zunehmender Hektik sich auf das Wesentliche zu konzentrieren.

Was wurde bei der 6. Auflage verändert?

Das Buch wurde wieder – zum 5. Mal – auf den neuen Stand des Denkens und Arbeitens gebracht. Dabei stellte sich heraus, dass viele Grundlagen, die nun vor mehr als 25 Jahren hier niedergelegt oder referiert wurden, nach wie vor gültig sind. – Das betrifft vor allem das zwischenmenschliche Arbeiten: Die Integration, die von der Führung vorgelebt werden muss und in der Teamarbeit realisiert wird. (Kapitel 4.3; 4.4; 5.2). Ferner, die immer wichtiger werdende Integration der Spezialisten mit ihrem jeweiligen Wissen. (Kapitel 7.4; Kapitel 7.5).

Auch die „Digitalisierung“, die angeblich radikal alles verändert, hat zur Voraussetzung, dass zuerst „nachgedacht und systematisiert werden muss ehe programmiert wird“. (Kapitel 5.2.2.5; sie ist aber hier ohnehin kein Schwerpunkt!).

Die 2016 überarbeitete Richtlinie VDI 2221 geht nicht mehr vom Begriff „Konstruktion“ aus, sondern verwendet nur noch den Begriff „Produktentwicklung“. In diesem Buch werden diese Begriffe, wie auch in der Industrie, synonym verwendet. Allerdings wird Produktentwicklung eher als Oberbegriff für den Gesamtprozess verwendet und Konstruktion mehr für die zugehörige Detailarbeit. Die neue Richtlinie spricht auch von „Aktivitäten“ und vermeidet die in der Praxis (siehe z. B. VDMA) eingeführten Begriffe Konstruktions-Arten und Phasen (Kapitel 5.1.3 und Kapitel 5.1.4). Wegen der Praxis-Relevanz werden diese Begriffe beibehalten.

Was ist, abgesehen von vielen kleineren Aktualisierungen, neu bearbeitet worden?

- Die Bedeutung des intuitiven Entwickelns in Kapitel 1.1 d
- Lebensdauerplanung von Produkten in Kapitel 2.4

- Wann wird Methodik in der Praxis wirksam? Aus Diss. Graner [128/3] Kapitel 1.3 Abschn. 5 und Kapitel 3.8.3 Ende
- Persönliche Integrationsfähigkeit, ein neues Kapitel 3.10
- Qualität und Sicherheit in Kapitel 4.4.2
- Die 2016 neu bearbeitete Richtlinie VDI 2221 „Entwicklung technischer Produkte und Systeme“ in Kapitel 5.1.3; 6.2.3
- Das Scheitern von Innovationen in Kapitel 7.2.1 Ende
- Open Innovation in Kapitel 7.2.4 d
- Organisatorische u. psychologische Maßnahmen zur Förderung der Innovationsfähigkeit Kapitel 7.2.5
- Anforderungsmanagement intensiver in Kapitel 7.3.6
- Methode TRIZ ausführlicher in Kapitel 7.5.5.4
- Wie ist persönliches (ex- und implizites) Wissen vermittel- und beschaffbar? Kapitel 7.10.1
- Änderungsmanagement in Kapitel 7.10.4 c
- Wie sich verhalten in einer Krise? Neues Kapitel 7.10.7
- ein neues Praxisbeispiel (Entstaubung von Baumwollfasern) Kapitel 8.9
- Variantenmanagement; Baukasten-Strategien (Modul-Bauweise; Modularisierung; Produktarchitektur: Kapitel 9.4; 9.4.3 und 9.4.7)

Wir sind dankbar Herrn Felix Prumbohm, VDMA, Betriebswirtschaft, Lyoner Straße 18, 60528 Frankfurt

Dr.-Ing. J. Ponn (Hilti) für Mitarbeit am Kapitel 9.4; 9.4.3

Dipl. Ing. C. Münzberg (PE; TUM) bei Kapitel 7.5.5.4 (TRIZ); 7.10.7 (Krisen)

Dankbar sind wir Herrn Prof. Dr. F. Lang (Leiter des Instituts für Psychogerontologie an der Universität Erlangen-Nürnberg) für seine wertvollen Anregungen und Hinweise zum Kapitel 3.10.

Im Übrigen wurde auf Grund konkreter Leserwünsche inhaltlich Vieles auf den neuesten Stand gebracht, manches weggelassen, die Literatur ergänzt und Fehler beseitigt. Wir sind froh, dass Frau Eva Körner helfen konnte, unansehnliche Bilder zu reparieren; (PE, TU München).

Wieder geht ein besonderes Wort des Dankes an den Lektor des Hanser-Verlags Herrn Dipl.-Ing. Herzberg. Wie bisher ist er uns sehr engagiert und hilfreich zur Seite gestanden.

München und Erlangen, im Herbst 2016 *Klaus Ehrlenspiel u. Harald Meerkamm*

PS: Je eine Datei Arbeitsblätter bzw. Checklisten, die die wichtigsten Bilder des Buches unmittelbar für die Konstruktionsarbeit zusammenfassen und auch einen Katalog wesentlicher physikalischer Effekte ist beim Hanser-Verlag als pdf-Datei aus dem Internet abrufbar. *http://hanser-fachbuch.de*

Im Suchfeld angeben: Autor oder Buchtitel. Dann > Mehr > Extras > Internet Anhang

Vorwort zur 5. Auflage

> „Wir irren uns empor“
> (Das Wechselspiel von Theoriebildung und experimenteller Überprüfung.
> *Nach Prof. Dr. Gerhard Vollmer, TU Braunschweig).*

Wir haben uns entschlossen, das Buch ab dieser Auflage gemeinsam zu bearbeiten: Harald Meerkamm und Klaus Ehrlenspiel. Wir kennen uns ja seit langem und haben früher schon Ideen und Bilder ausgetauscht.

Zudem hat Herr Meerkamm in seinem Lehrgebiet „Integrierte Produktentwicklung (IPE)“, so viel interessante, in der Praxis erprobte Gedanken und Erfahrungen, dass es schade wäre, wenn sie in diesem Buch nicht aufgegriffen würden (Kapitel 4.2). Das betrifft auch die komplexe Integration verschieden gewichteter Anforderungen und Wissensbereiche bei Design for X („Multikriterielle Bewertung“, Kapitel 7.9.7). – Ein Beispiel dafür zeigt das neue Kapitel 8.8 „Ein fertigungstechnologisch neues Rohbaukonzept für die Straßenbahn-Plattform Avenio“. Dem faszinierenden Thema Produktentwicklung tut eine erneuerte Sicht gut.

Das obige Buchmotto passt zum Prozess des „Trial and Error“ bzw. des hier durchgängigen Vorgehenszyklus (Kapitel 3.3.1). Das Wechselspiel von Theorie und Rückmeldung aus der industriellen Praxis ist uns wichtig. Und wir versuchen es zu verbessern, wie es ja Gerhard Vollmer in seiner Evolutionären Erkenntnistheorie immer wieder anspricht. [17/3]

Was wurde bei der 5. Auflage außerdem verändert?

Zur Integration aller sich aus dem Produktlebenslauf ergebender Zustände gehören nicht nur z. B. die Anforderungs- oder die Montagegerechtheit, die in einem materiellen Produkt verwirklicht werden soll, sondern auch die immateriellen Dienstleistungen, die mit dem Produkt verknüpft sein können. Jeder kennt z. B. beim PKW die nutzerspezifische Dienstleistung per Anzeige im Display „Der Reifendruck hinten rechts ist zu niedrig“ oder „Sie müssen demnächst zum TÜV“.

Diese Verknüpfung zu so genannten Hybriden Produkten im Sinne einer ganzheitlichen Kundenlösung wurde insbesondere in Kapitel 4.2 betont. Auch sie muss eingeplant werden. (Wir danken Herrn Dipl.-Ing. Schenkl [PE TU München] für die Mithilfe).

Am Ende von Kapitel 4.2.4 wurde ferner ein Hinweis auf das „Produktmanagement", einem integrativen Ansatz aus dem Vertrieb, aufgenommen. Diese neue Querschnittsfunktion im Unternehmen hat im Wesentlichen die gleiche Zielsetzung wie die Integrierte Produktentwicklung.

Überarbeitet wurde in Kapitel 2.3.3 d das Komplexitätsmanagement SE, das im Zeichen der Vielfaltsexplosion nicht nur an Produkten immer wichtiger wird (Kapitel 3.8.2). (Dank an Frau Dipl.-Ing. Kirner, PE TUM)

In Kapitel 5.1.4.4 wurde ein neues Beispiel für Mechatronik (Lidar-Verstellung) mit Hilfe von Dr. Stefanie Zirkler (früher PE TU München) aufgenommen.

Wir danken Dr. Grieb für die Ergänzungen in Kapitel 5.2.2.5 „Computereinsatz ..."

In Kapitel 7.2.4 wurde das „Mind-Mapping" als eine weitere Kreativmethode eingefügt.

Aus dem Vorhaben Akinet „Neue Produktideen von Kunden" wurde ebenfalls in Kapitel 7.2.4 d die Methode Kunden einzubinden, dank der Hilfe von Herrn Dipl.-Ing. A. Lang (IMAN Solutions GmbH), eingebracht.

Mit der „Hybriden Gruppenarbeit" wurde in Kapitel 7.5.4 b ein Ansatz von Kollegen Hacker aufgenommen, der, eher als das Brainstorming, das Generieren neuer Ideen ermöglicht.

In Kapitel 7.9.5 c wurde auf ein neues Software-basiertes Bewertungsverfahren nach I. Schulz hingewiesen.

Im Kapitel 7.10 wurde mit Hilfe von Herrn Dipl.-Ing. Schenkl der Abschnitt über Produktpiraterie aktualisiert; (PE TU München).

Welche Schutzrecht-Strategien im Produktlebenszyklus geplant werden sollten, wurde dank des Beitrags von Frau Dr. Alexandra Nißl in einem neuem Kapitel 7.10.6 aufgenommen; (früher PE TU München).

Wir sind dankbar für die Unterstützung von Mitarbeitern des Lehrstuhls von Prof. Dr.-Ing. Wartzack. Hier ist vor allem zu nennen Herr Dr.-Ing. Andreas Stockinger. Er hat besonders zum Kapitel 8.8 beigetragen. Ferner haben wir uns gefreut, dass die Herren Dipl.-Ing. L. Übel und Dipl.-Ing. M. Bohrer der Firma Siemens (Infrastructure & Cities Sector, Rail Systems Division, Erlangen) dies Kapitel durch eigene Beiträge bereichert haben.

Schließlich danken wir dem VDMA für neuere Untersuchungen: Herrn Dr. M. Lutz und Dr. S. Krebs.

Im Übrigen wurde auf Grund konkreter Leserwünsche inhaltlich Vieles auf den neuesten Stand gebracht, manches weggelassen, die Literatur ergänzt und Fehler beseitigt. Wir sind froh, dass Frau Eva Körner helfen konnte, unansehnliche Bilder zu reparieren; (PE TU München).

Wie bisher auch, kann im Internet (Adresse unten) eine detaillierte Liste der neuen Inhalte gegenüber der letzten Ausgabe eingesehen werden.

Wieder geht ein besonderes Wort des Dankes an den Lektor des Hanser-Verlags Herrn Dipl.-Ing. Herzberg. Wie bisher ist er uns sehr engagiert und hilfreich zur Seite gestanden.

München und Erlangen, im Herbst 2012 *Klaus Ehrlenspiel u. Harald Meerkamm*

PS: Je eine Datei **Arbeitsblätter** bzw. **Checklisten**, die die wichtigsten Bilder des Buches unmittelbar für die Konstruktionsarbeit zusammenfassen und auch einen Katalog wesentlicher physikalischer Effekte und widerspruchsorientierter und biologischer Assoziationen bringen, ist beim Hanser-Verlag als pdf-Datei aus dem Internet abrufbar. *http://hanser-fachbuch.de*

Im Suchfeld angeben: Autor oder Buchtitel. Dann > Mehr >Extras > Internet Anhang

Ferner ist in diesem Anhang auch der aus dem Buch Ponn, J.; Lindemann, U.: „Konzeptentwicklung und Gestaltung technischer Produkte“. (2. Aufl. Berlin: Springer 2008; 2011) enthalten. Dieser kann aktualisiert eingesehen werden unter *www.cidad.de.*

■ Vorwort zur 4. Auflage

> „Der intuitive Geist ist ein heiliges Geschenk und der rationale Geist sein treuer Diener“.
> *Albert Einstein*

Gerade Einstein hätte wohl niemand diesen Ausspruch zugetraut: Die Dominanz der unbewussten Erfahrung über das rationale Kalkül. – Aber das ist auch eine der Ideen dieses Buches: Vieles geschieht nämlich beim Entwickeln aus dem unbewussten, impliziten Antrieb und Einfall, und trotzdem müssen wir immer wieder den expliziten, rationalen Methodiker ins Schiff holen, um Kurs halten zu können. – Hier wird es „Schritt 1“ und „Schritt 2“ genannt. – Das Buch ist offenbar inzwischen ein „Standardbuch" geworden: Alle 2 bis 3 Jahre ist eine neue Auflage fällig, die ich versuche, neuen Erkenntnissen und Praxisproblemen anzupassen. – Das ist nötig, denn das Buch richtet sich nicht nur an Studierende und Hochschuldozenten, sondern auch an leitende Führungskräfte der Industrie.

Was wurde bei der 4. Auflage verändert?

Das Komplexitätsmanagement wird nicht nur im Zeichen der Variantenvielfalt immer wichtiger. Ich habe dazu in Kapitel 2.3.3 d mit Unterstützung von Dr. Maurer und seinen Mitarbeitern einen kurzen Aufriss mit der Literatur eingefügt.

Neue denk- und arbeitspsychologische Erkenntnisse wurden eingebracht: Forschungsergebnisse zum Wirken der Intuition in Kapitel 3.1.1; 3.2.2; 7.9.2 stellen eine Vertiefung und Bestätigung des Bisherigen dar. (Nach dem Chef eines Max-Planck-Instituts in Berlin, Gigerenzer [108/3]). – Ein Beispiel, der „Magische Würfel" zeigt, wie man Probleme sowohl intuitiv, wie rational lösen kann.

In Kapitel 4.1.5 wird ein weiteres Beispiel methodischen Vorgehens aus der Praxis (bei HILTI) gebracht.

In Kapitel 4.3.4.2 werden das Projektmanagement und der Projektplan im Vergleich zum Vorgehensplan der Konstruktionsmethodik näher besprochen.

Neu sind Untersuchungen in Kapitel 4.4.1.4 zur Realisierung des Simultaneous Engineering in der Praxis.

Kapitel 5.1.5 enthält eine Anleitung zur Einarbeit von Neulingen in der Praxis.

Welche Leistung die DV-Technik im Bereich Produktentwicklung bisher bringt und was voraussichtlich zu erwarten ist, wurde in einem neuen Kapitel 5.2.2.5 wenigstens kurz, als Überblick, angesprochen. Die Anregung kam von Prof. Birkhofer/TU Darmstadt. Dies dient nur zur Orientierung, denn der Schwerpunkt des Buches liegt im Denk- und Arbeitsverhalten beim Entwickeln von Produkten und in den dafür zweckmäßigen Methoden.

Die Möglichkeiten zur Innovation (Kapitel 7.2.1) wurden überarbeitet. Eine kurze Einführung zum Plagiatschutz ist in Kapitel 7.10.4 c aufgenommen worden.

Aktuelle Erkenntnisse zur Führung in Unternehmen wurden in Kapitel 5.2.1.4 eingebracht.

Wie bisher auch, kann im Internet (Adresse unten) eine Liste der neuen Inhalte gegenüber der letzten Ausgabe eingesehen werden.

Im Übrigen wurde auf Grund konkreter Leserwünsche inhaltlich Vieles auf den neuesten Stand gebracht, manches weggelassen, die Literatur ergänzt und Fehler beseitigt. Es wurde die neue deutsche Schreibweise verwendet, da sie zunehmend gebräuchlich wird. Es wird ferner im ganzen Buch der Einfachheit halber nicht geschlechtsspezifisch unterschieden (z. B. Ingenieure und Ingenieurinnen, was nicht heißen soll, dass ich mich nicht über Echo von dieser Seite freuen würde).

Ich bin dankbar für die Unterstützung von derzeitigen und früheren Mitarbeitern des Lehrstuhls von Prof. Lindemann. Ich möchte besonders nennen Herrn Dr.-Ing. U. Herfeld/Audi für Durchsicht und Ergänzung von Kapitel 4.4.1.4 und 5.2.2.5. Ebenso Herrn Dr.-Ing. J. Günther/HILTI, für Inhalte in dem gleichen Kapitel 4.4.1.4 und vor allem in 4.1.5 (Praxisnahes Einführen von Methoden). Herr Dr.-Ing. J. Ponn/ HILTI und Dr.-Ing. M. Maurer/Teseon haben mir sowohl mit der jeweiligen Dissertation, wie mit den Büchern zusammen mit Prof. Lindemann viele Anregungen gegeben. Damit möchte ich Prof. Lindemann insgesamt für die gute Zusammenarbeit und Unterstützung danken.

Wieder ein besonderes Wort des Dankes an den Lektor des Hanser-Verlags Herrn Dipl.-Ing. Herzberg. Wie bisher ist er mir sehr engagiert und hilfreich zur Seite gestanden. Es macht Spaß mit ihm zu arbeiten!

München, im März 2009 *Klaus Ehrlenspiel*

PS: Je eine Datei **Arbeitsblätter** bzw. **Checklisten**, die die wichtigsten Bilder des Buches unmittelbar für die Konstruktionsarbeit zusammenfassen und auch einen Katalog wesentlicher physikalischer Effekte und widerspruchsorientierter und biologischer Assoziationen bringen, ist beim Hanser-Verlag als pdf-Datei aus dem Internet abrufbar. Im Suchfeld angeben: ISBN-Nummer oder Autor oder Buchtitel.

Adresse: http://downloads.hanser.de

Vorwort zur 3. Auflage

> „Probleme kann man niemals mit derselben Denkweise lösen, durch die sie entstanden sind“.
>
> *Albert Einstein*

Ein Buch in der 3. bearbeiteten Auflage vor sich zu haben, ist für den Autor einerseits erhebend, weil er merkt, daß er beim Leser offensichtlich ankommt. – Andererseits ist er aber auch frustriert, weil so eine Buchbearbeitung ja auch einen persönlichen Lernprozeß beinhaltet: Heute würde ich das Buch teilweise anders schreiben und kürzer halten. Deshalb zwei Fragen, die Sie als Leser evtl. haben:

1. Wie können Sie als Leser/in **sich schnell in dem Buch zurechtfinden? ...**

Ein Vorschlag: Lesen Sie als erstes Kapitel 1, die Einleitung und dann vielleicht Kapitel 3.9, das die Denkweise des Buches noch mal „auf den Punkt“ bringt. – Nach den „Technischen Systemen“ in Kapitel 2 und dem „Menschen als Problemlöser" in Kapitel 3 geht es um die Integrierte Produkterstellung IPE zuerst im ganzen Unternehmen (Kapitel 4) und dann in den weiteren Kapiteln um Entwicklung und Konstruktion.

2. Wie kommen Sie am schnellsten mit der Methoden-Idee des Buches beim Entwickeln und Konstruieren **zurecht?**

Praxisuntersuchungen haben gezeigt: Wir konstruieren wegen der beschränkten Kapazität unseres Arbeitsgedächtnisses üblicherweise nach Hacker „opportunistisch" [16/1]. Das heißt, wir lösen die uns nahe liegenden Teilprobleme möglichst einfach und schnell, intuitiv entsprechend unserer Erfahrung: „Stufe 1 eines Zweistufen-Vorgehens" (Kognitive Ökonomie, Kapitel 3.6, Bild 3.56). So kommen wir relativ rasch zu einer akzeptablen Gesamtlösung. Wenn wir aber damit doch unzufrieden sind oder irgendwo nicht mehr weiterkommen bzw. in einer „kritischen Situation" (Kapitel 3.5) sind, sollten wir in „Stufe 2" Methoden einsetzen. Die Frage ist nur, welche und wie. (Lesen Sie das Gleichnis „Bergwanderung" in Kapitel 6.2.3)

Daß die Arbeitsmethodik anpassungsfähig und flexibel sein muß, wird in Kapitel 6.2.3 beschrieben. Dabei ist der universell anwendbare Vorgehenszyklus beim Problemlösen am wichtigsten (Kapitel 3.3.2). Man braucht aber auch eine Grundlage für den Projektablauf, wie er z. B. in Bild 6.11 als Vorgehensplan gezeigt ist. Damit kann man auch bei komplexen, z. B. mechatronischen Produkten schon mal arbeiten. – Weil aber sowohl die Produkte wie die Situationen des Entwickelns vielfältig sind, wird auch darüber hinaus eine Vielfalt von ergänzenden Methoden gezeigt. Und damit wird das Buch leider dick!

3. Und wie kann man das Ganze an Schulen **möglichst effektiv lehren?** Dafür wird auf einen Vorschlag eines empirisch untersuchten Lehrtrainings in Kapitel 3.8.3 hingewiesen: Nur die wichtigsten Methoden an immer wieder neuen Praxisbeispielen einüben und immer wieder üben [85/3]. Sie müssen so selbstverständlich werden und ins Unbewußte absinken, wie wir beim Autofahren auch nicht laufend nachdenken, wie dies oder jenes nun gehen könnte!

4. Was wurde bei der 3. Auflage verändert?

Die aktuelle Entwicklung mechatronischer Produkte wurde eingebracht (VDI 2206). Ferner wurden die Hinweise zur Innovation und zum Einsatz der Bionik verstärkt. Die neuen denk- und arbeitspsychologischen Erkenntnisse von Dörner, Hacker [16/1], Lindemann [86/3] und die Untersuchungen über das Verhalten von Entwicklungsgruppen und von Führungspersonen in der Praxis wurden eingebracht (Badke-Schaub u. Frankenberger [76/3], Stempfle [63/5]). – Im übrigen wurde inhaltlich Vieles auf den neuesten Stand gebracht, manches weggelassen, die Literatur ergänzt und Fehler beseitigt.

Ein Wort des Dankes an den Lektor des Hanser-Verlags Herrn Dipl.-Ing. Herzberg. Auch diesmal ist er mir sehr engagiert und hilfreich zur Seite gestanden. Es ist eine Freude mit ihm zu arbeiten!

Und schließlich einen späten Dank an Prof. M. M. Andreasen, Technical University of Denmark, Lyngby, der schon 1987 ein Buch „Integrated Produkt Development" veröffentlicht hat und damit der klare Vorläufer dieses Buches und anderer ähnlicher Gedanken war [61/4]. Aus mir unerfindlichen Gründen wurde dieser Hinweis schon bei der ersten Auflage 1995 vergessen. Deshalb sei er hier allem vorangestellt!

München, im Juli 2006 *Klaus Ehrlenspiel*

PS: Eine Datei **Arbeitsblätter und Checklisten**, die die wichtigsten Bilder des Buches unmittelbar für die Konstruktionsarbeit zusammenfaßt und vor allem einen Katalog wesentlicher physikalischer Effekte bringt, ist beim Hanser Verlag als pdf-Datei aus dem Internet abrufbar. Adresse *http://download.hanser.de*

Vorwort zur 2. Auflage

„Unsere Probleme sind nicht die **technischen.** Darüber freuen wir uns, wenn wir welche haben. Unsere Probleme sind **menschliche:** Mit anderen Abteilungen, mit der Führung".

(Entwicklungsingenieure einer großen Münchner Firma in einem systemtechnischen Seminar)

Das Buch ist in der ersten Auflage 1995 zu meiner Emeritierung als Summe meiner Erfahrungen aus Praxis, Forschung und Lehre entstanden. Sieben Jahre später ist aus zwei Gründen eine neue bearbeitete Auflage sinnvoll.

Zum einen hat sich das Buch bis zum Schluß der 1. Auflage gut verkauft. Wie eine neutrale Untersuchung [11/1] ergab, wurde es zu einem der meistempfohlenen Bücher im Bereich Entwicklung und Konstruktion des Maschinenbaus.

Zum anderen sind insbesondere bei der Fortführung der Forschung mit Denkpsychologen (Prof. Dörner/Bamberg und Prof. Hacker/Dresden) durch die Professoren Birkhofer/Darmstadt (Nachfolger Pahl) und Lindemann/München (mein Nachfolger), Erkenntnisse entstanden, die für Hochschule und Praxis einfach fundamental sind. Diese wurden, allerdings nur kurz, besonders in Kapitel 3.4 bis 3.8 angesprochen. Damit wird der schon ursprünglich angelegte „menschzentrierte" Schwerpunkt des Buches noch mehr betont. – Mehr über Methoden zum Qualitätsmanagement wünschten sich etliche Leser (Kapitel 4.4.2). – Die Praxis hat gezeigt, daß Methoden an die Bedingungen „vor Ort" angepaßt werden müssen und somit flexibel einzusetzen sind (Kapitel 6.2.3). Manche Methoden (z.B. TRIZ zur innovativen Lösungssuche, Kapitel 7.5.5.4) haben verstärktes Interesse erfahren und manche, wie das Variantenmanagement, Baukastensysteme (Kapitel 9.4), werden einfach zunehmend wichtiger.

Schließlich sollten die Verbesserungsvorschläge von Kollegen – insbesondere von FHS – berücksichtigt werden. Die Literatur mußte aktualisiert werden. Es wurde von DM auf € umgestellt und Fehler waren zu korrigieren.

Als Kürzel für Integrierte Produktentwicklung wurde in der 1. Auflage „IP" verwendet. Bei den vielen inzwischen entstandenen Vorlesungen, Studienrichtungen und Praxisorganisationsformen hat sich das Kürzel IPE durchgesetzt, das nun übernommen wird.

Danken möchte ich den oben genannten Kollegen für die vertrauensvolle Weiterführung der Diskussion von Forschungsergebnissen und Paxisproblemen. Prof. Lindemann und die Angehörigen seines Lehrstuhls, insbesondere Herr Dr. Kiewert, haben mir immer wieder weitergeholfen. Herr Dr. Günther, der in der Praxis besonders daran interessiert ist, hat die Neuerungen in Kapitel 3 gegengelesen. Dem VDMA, Herrn Dr. Leyendecker und Dr. Wirth, sei für die Daten zur Aktualisierung der Statistik in Kapitel 5.2 gedankt. – Dank schulde ich dem Verlag Carl Hanser für die Fortführung der gemeinsamen Arbeit. Hier besonders dem Lektor Herrn Dipl.-Ing. Herzberg, der mich nicht nur motiviert hat, sondern mir immer wieder direkt selbst z.B. bei EDV-Problemen geholfen hat. Ohne ihn wäre keine neue Auflage entstanden. – Der Leser möge die sicher noch verbliebenen Fehler und Bild-Unsauberkeiten entschuldigen: Eine Folge der Softwareprobleme beim Umstellen von Apple auf PC und der termingebundenen „Ein-Mann-Bearbeitung". (Bereits nach 8 Jahren große Probleme mit der Weiterverarbeitung von DV-Beständen. – Eine erschreckende Erfahrung im Hinblick auf die Forderung der Industrie nach jahrzehntelanger Nutzung!) Ich hoffe aber, daß der Inhalt „rüber kommt". Darauf kommt's schließlich an. Um den Buchpreis erträglich zu halten, wurde das Autorenhonorar fast auf null gesetzt.

Meiner Frau möchte ich für das nicht leichtfallende Verständnis danken, daß sich ihr Mann plötzlich wieder intensiv in die Berufsarbeit gestürzt hat.

München, im August 2002 *Klaus Ehrlenspiel*

PS: Eine Datei **Arbeitsblätter und Checklisten**, die die wichtigsten Bilder des Buches unmittelbar für die Konstruktionsarbeit zusammenfaßt und vor allem einen Katalog wesentlicher physikalischer Effekte bringt, ist beim Hanser Verlag als pdf-Datei aus dem Internet abrufbar.

Adresse: http://download.hanser.de

Vorwort zur 1. Auflage

> Die Wirklichkeit ist nicht so oder so, sondern so und so.
> *(Harry Mulisch)*

Dieses Buch ist das Ergebnis von einem Jahrzehnt Konstruktionserfahrung in der Industrie und rund zwei Jahrzehnten Konstruktionsmethodik an der Hochschule. Konstruieren hat mich immer begeistert: Neues erdenken, trotz zahlreicher Einschränkungen und Probleme; zu erleben, daß ein Produkt funktioniert und sich durchsetzt. – Konstruktionsmethodik ist mindestens ebenso interessant: das Erkennen, was beim Konstruieren wirkt, wie man systematisch bessere Produkte findet, und wie man das Konstruieren lehrfähig macht.

Weiter gebracht haben mich die Gedanken meines Vorgängers Professor Rodenacker, die langjährige Zusammenarbeit mit den Kollegen Pahl und Dörner und viele Diskussionen mit den Kollegen Andreasen, Beitz, Birkhofer, Jung, J. Müller und Roth. Anregend waren auch die ICED-Konferenzen und die Diskussionen mit Dr.-Ing. Hubka.

Das Engagement für die Integration betrieblicher Bereiche zum gemeinsamen Produkterfolg haben der DFG Sonderforschungsbereich 336, vor allem mit dem Kollegen Milberg, und rund 70 Kostensenkungsseminare in der Industrie verstärkt. Ich habe dabei erkannt, daß die rein sachbezogene Methodik allein nicht ausreicht, sondern daß Denk- und Handlungseigenheiten von Konstrukteuren, von Gruppen, ja von ganzen Unternehmen einbezogen werden müssen.

Allein hätte ich dieses Buch so nicht geschrieben. Ohne meine Mitarbeiter am Lehrstuhl und ihr Engagement – vor allem im letzten Jahr – wäre es nicht entstanden. Deshalb möchte ich ihnen ausführlicher, als es sonst üblich ist, danken.

Am Anfang des Diskussions- und Arbeitsprozesses vor sechs Jahren waren die Herren Dr.-Ing. N. Dylla, Dr.-Ing. E. Feichter, Dr.-Ing. A. Kiewert meine Gesprächspartner. Erste Entwürfe für Kapitel erarbeiteten Dr.-Ing. J. Bruckner, Dr.-Ing. E. Lenk, Dr.-Ing. R. Schiebeler, Dr.-Ing. G. Stoll, Dr.-Ing. P. Stolz, Dr.-Ing. R. Stuffer, Dr.-Ing. R. Wellniak, Dr.-Ing. M. Wolfram und Dipl.-Ing. E. Steinmeier.

Danach gründeten wir den „Buch-Club“, der aus Frau Dipl.-Ing. U. Phleps, und den Herren Dr.-Ing. A. Kiewert, Dr.-Ing. J. J. Wach und Dr.-Ing. V. Weinbrenner bestand. Das Management übernahm mit großem Engagement Dr.-Ing. J. J. Wach, der viel zur Neukonzeption beitrug, danach Dr.-Ing. V. Weinbrenner. Er steuerte das Buchprojekt mit Umsicht und Einsatz bis zum Druck und trug, wie auch Dipl.-Ing. U. Phleps und Dr.-Ing. A. Kiewert, viel zur Klärung der Gedanken, der Struktur und der Details bei.

Für die Arbeit an folgenden Teilbeiträgen möchte ich mich bei meinen Mitarbeitern ganz besonders bedanken:

Dipl.-Ing. S. Ambrosy (Kapitel 7.10; 8.1), Dipl.-Ing. G. Allmansberger (Arbeitsblätter und Checklisten), Dipl.-Ing. R. Bernard (Kapitel 8.7), Dr.-Ing. J. Bruckner (7.9) Dipl.-Ing. G. Hechtl (7.9), Dipl.-Ing. S. Danner (4.4.2; 7.8), Dipl.-Ing. R. Eiletz (7.3; 7.4, Anhang A1), Dipl.-Ing. A. Giapoulis (7.5.5; 7.6.4; 8.5), Dipl.-Ing. J. Günther (7.5; 8.3), Dipl.-Ing. R. Irlinger (7.6), Dr.-Ing. A. Kiewert (5.1.4.7; 7.1; 7.2.9), Dipl.-Ing. R. Kleedörfer (7.7), Dipl.-Ing. P. Merat (9.4), Dr.-Ing. A. Schlüter (5.1.4.3; 8.6), Dipl.-Ing. Dipl. Wirtsch. Ing. S. Uebelhör (4.4.2; 7.8), Dipl.-Ing. R. Simons (8.7), Dipl.-Ing. M. Steiner (9.3.4), Dr.-Ing. J. J. Wach (4.1.6), Dr.-Ing. V. Weinbrenner (8.2).

An den umfangreichen Korrekturlesungen waren genannte Herren und intensiv Frau Dipl.-Ing. U. Phleps sowie die Herren Dr.-Ing. E. Feichter, Dr.-Ing. A. Kiewert, Dr.-Ing. J. J. Wach und Dr.-Ing. V. Weinbrenner beteiligt. Ihnen und den externen kritischen Gutachtern, den Herren Prof. Dr.-Ing. R. Baumgarth, Prof. Dr. D. Dörner, Prof. Dr.-Ing. D. Fischer und Dipl.-Ing. G. Zoll möchte ich ganz herzlich danken.

Für das Erstellen der Bilder danke ich Frau S. Frick und Frau J. Schulz.

Ich möchte ferner zahlreichen Firmen danken. Sie haben indirekt an diesem Buch mitgewirkt, indem sie eingewilligt haben, daß ihre Praxisbeispiele – allerdings meist etwas verfremdet – aufgenommen werden. Der Dank gilt den Firmen Behr, BHS Werk Sonthofen, BMW, Heckler und Koch, MTU Friedrichshafen, Rafi, Renk, Trützschler, Webasto, Zahnradfabrik Passau.

Gedankt sei auch dem Carl Hanser Verlag für die angenehme Zusammenarbeit und gute Ausführung. Es sei angemerkt, daß der Verlag von einem Teil der Herstellkosten entlastet wurde, um den Buchpreis vor allem für Studenten noch tragbar zu machen.

Meiner Frau danke ich für das Verständnis und die Geduld bei der zeitlichen und inneren Abwesenheit ihres Mannes.

im August 1994

Klaus Ehrlenspiel
Lehrstuhl für Konstruktion im Maschinenbau TU München

Inhalt

1 Einleitung

1.1 Zielsetzung und möglicher Leserkreis

Wovon handelt dieses Buch?

Dies Buch handelt von der Entwicklung und Konstruktion als Kern der **Produkterstellung**. Was ist darunter zu verstehen? Produkterstellung ist der gesamte Prozess, der abläuft, bis ein Produkt genutzt wird: Von der Produktplanung und dann der Ideensuche, bei der das Produkt erst definiert wird, bzw. bei der Einzelfertigung: vom Auftrag bis zur Auslieferung des Produkts an den Nutzer. Innerhalb dieses Prozesses ist die Entwicklung und Konstruktion zusammen mit der vorangehenden Produktplanung bzw. der Projektierung die „Definitionsphase" des Produkts. Insofern ist die Phase der Entwicklung und Konstruktion, in der alle produktbeeinflussenden Stellen zusammenwirken sollen, (z.B. Kunde, Vertrieb, Produktion, Materialwirtschaft, Controlling, Zulieferer), der Kern einer Produkterstellung. (Statt des Begriffs „Produkterstellung" wird in der Literatur auch der weniger aktive Begriff „Produktentstehung" verwendet.)

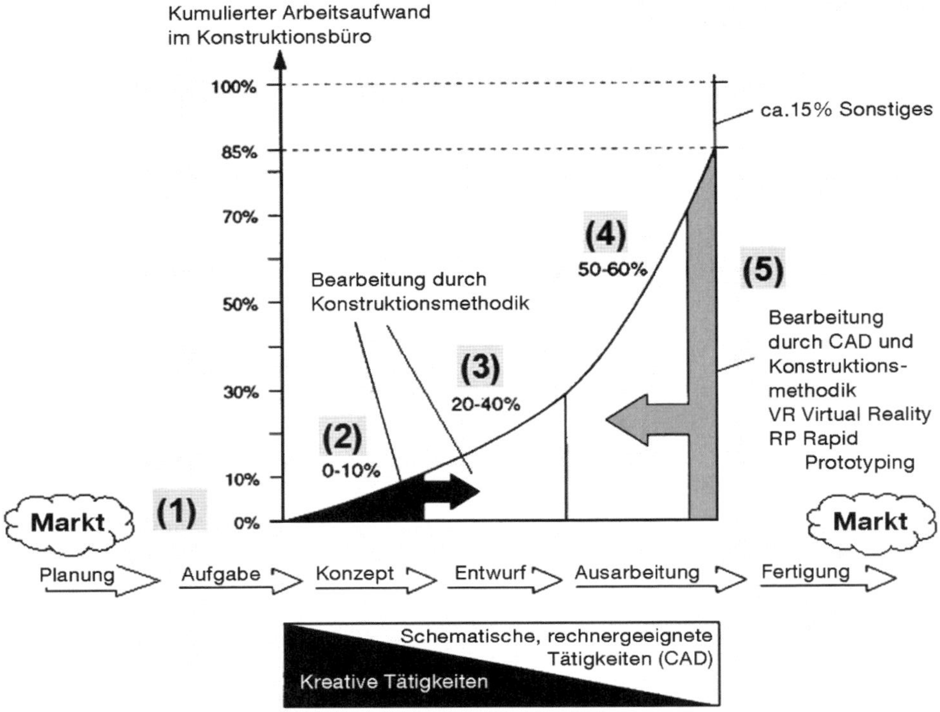

Bild 1.1 Fünf Kernbereiche der Produktentwicklung in denen Methoden zur Bearbeitung eines Produktes entstanden sind

Welche Bereiche umfasst das Entwickeln und Konstruieren?

Bild 1.1 soll eine Vorstellung von fünf Bereichen des Entwickelns und Konstruierens geben, die im Lauf der Jahrzehnte (seit Mitte des letzten Jahrhunderts) methodisch weiterentwickelt wurden. Im Bild ist nach oben der Arbeitsaufwand beim Konstruieren aufgetragen und nach rechts die Zeit, die beim Bearbeiten eines Auftrages verstreicht. Die Denkweise der Entwickler reicht aber weit hinaus über die „Abteilungsgrenze der Produktentwicklung zur Fertigung“ am rechten Bildrand. Das gerade ist das Anliegen des Buches: Den ganzen Erstellungsprozess des Produkts und dessen ganzen Lebenslauf integrativ zu umfassen: **„life-cycle-engineering“**. Spath und Dangelmaier sprechen deshalb in [26/1] von Entgrenzung des alten Begriffs vom Konstruieren, das früher mit Abgabe der Zeichnungen und der Stückliste an die Fertigung zu Ende war. Ein Produkt entsteht heute in einer eng verzahnten Wertschöpfungskette vieler Spezialisten, Hersteller und Lieferanten und hat seinen Platz im „Internet der Dinge“. Auch früher gab es eine Wertschöpfungskette, die aber längst noch nicht so verzahnt war wie heute.

Das sind die **5 Kernbereiche der Produktentwicklung:**

1. Planung von neuen Problem- und Tätigkeitsfeldern für die Produktinnovation sowie der Geschäftsmodelle (Methoden zur Produktplanung, Kapitel 7.2). An Hochschulen und Unternehmensberatern besonders seit den 90er Jahren entstehend.
2. Konzeptbereich eines Produkts: Methoden zum Entwickeln von neuen, innovativen Produktprinzipien. Die eigentliche so genannte „Konstruktionsmethodik". Vor allem in den Hochschulen zusammen mit der Industrie zwischen 1965–2000 entstanden. (Schwerpunkt des Buches). Hierzu gehören auch die Konzeption der Software bei mechatronischen Produkten und der Kontakt zu anderen Ideengebern im Sinne der Open Innovation (OI). (Kapitel 7.2.4 d).
3. Entwurfsbereich: Eine zunächst vorläufige Gestaltung von geometrischen und stofflichen Eigenschaften eines Produkts, insbesondere wichtiger Baugruppen. Die Methoden sind an den Hochschulen entstanden und entstehen weiter. Die praktische Arbeit geschieht mit den CA-Werkzeugen des Bereichs 5 (Kapitel 7.7 bis 7.8). Hierzu gehört auch der Einbezug der Beschaffung, der Fertigung und Montage, sowie die Planung der Dienstleistung, bei der der Nutzer das Produkt nicht mehr besitzt, sondern nur dessen Funktion nutzt.
4. Ausarbeitung: Endgültige Festlegung des Produkts. Der Bereich verschmilzt mit dem Entwurfsbereich, da die CA-Werkzeuge keinen Unterschied zwischen grob und fein machen. (Wird in diesem Buch nicht mehr gesondert behandelt.)
5. Methoden zur Rationalisierung der Entwicklungs- und Konstruktionsarbeit. – Vor allem von CA-Softwarefirmen zusammen mit Industrie und Hochschulen vorangetrieben. Da die Effizienz betriebswirtschaftlich rechenbar ist, sind Methoden, Programmsysteme und Tools in allen Unternehmen eingeführt. (Wird in diesem Buch nicht behandelt. Kapitel 5.2.2.5 gibt nur einen kurzen Überblick.)

Schwerpunkte des Buches

a) Dieses Buch will also in einem **ersten Schwerpunkt** eine **integrierende Denkweise** vermitteln. Es wird versucht, nicht nur das Zusammenwirken der einzelnen Abteilungen im Unternehmen zu fördern, sondern auch den Horizont für die Festlegung aller Produkteigenschaften, von der Fertigung über die Nutzung bis zur Entsorgung, zu erweitern.

   Integrierende Methoden wie interdisziplinäre Teamarbeit (Simultaneous Engineering), Quality Function Deployment (QFD), zielkostenorientiertes Entwickeln und Konstruieren (Target Costing) ergeben erstaunliche Verbesserungen in der Qualität, der Durchlaufzeit und den Kosten von Produkten. Die Kombination dieser z. T. von Japan und USA übernommenen Methoden mit den inzwischen erprobten Erkenntnissen des methodischen Konstruierens kann einen weiteren Schub zu besseren, konkurrenzfähigen Produkten bringen.

Dementsprechend wird eine **„integrierte Produkterstellungsmethodik (IPE-Methodik)"** vorgeschlagen, die, ausgehend von der Konstruktionsmethodik, auch in den Bereichen Produktion, Vertrieb, Materialwirtschaft und Controlling, sowie Dienstleistung eingesetzt werden kann. (Das gilt mindestens für den Vorgehenszyklus Bild 3.24). Sie ist eine Vereinigung von allgemein nutzbaren Denkmethoden zur Lösung von Problemen, von Organisationsmethoden zur Optimierung zwischenmenschlicher Prozesse und von so genannten sachgebundenen Methoden zur unmittelbaren Verbesserung von Produkten (hier meist Konstruktionsmethoden). Der Inhalt der Methoden ergibt sich aus drei Bereichen, aus der Logik des Denkens, aus den Informations- und Organisationsnotwendigkeiten bei der Arbeitsteilung und aus der Logik der Sache, wie sie derzeit sowohl durch die Kenntnisse und Möglichkeiten der Physik als auch der Konstruktions-, der Produktionstechnik und der Betriebswirtschaft gegeben sind. Damit baut das Buch auf vielen bekannten Vorgängern auf: Andreasen, Beitz, Birkhofer, Dörner, Eder, Franke, Hansen, Höhne, Hubka, Koller, Meerkamm, Pahl, Rodenacker, Roth, um nur einige Kollegen von früher zu nennen. Befruchtend sind Ergebnisse und Gespräche mit derzeitigen Kolleginnen und Kollegen: Albers, Anderl, Badke-Schaub, Binz, Blessing, Feldhusen, Hacker, Krause, Leidich, Lindemann, Mantwill, Matthiesen, Rieg, Sauer, Vajna, Wartzack, Weber, Weigand, von der Weth. – Es werden entsprechend den drei Bereichen **allgemein anwendbare** Methoden, **organisatorische** Methoden und **sachgebundene Methoden** unterschieden. Die Methoden sind nicht nur für die Entwicklung von Produkten, sondern auch von Prozessen, einschließlich der Dienstleistungsprozesse geeignet. – Im Gegensatz zu der hier im Zentrum stehenden integrierenden Denkweise findet mindestens seit der Aufklärung **zunehmend eine wissenschaftliche Spezialisierung** statt, die in Anbetracht der „Wissensexplosion" auch nötig ist (Kapitel 3.8.2). Sie wird gesellschaftlich belohnt z. B. durch einen Zuwachs an Spezialisten, Professorenstellen, entsprechende Gutachten und anerkannte Veröffentlichungen. Die damit aber immer schwieriger werdende **Integration der Spezialfächer** und der Integrationsmethoden werden eher vernachlässigt, obwohl sie beim Aufbau von Systemen in der Industrie, im Management, in der Politik dringend gebraucht wird. Ein Aufsatz der Autoren von 2016 unterstreicht dies. [94/4].[1]

b) Ein **zweiter Schwerpunkt** des Buches ist die **flexible Anwendung von Methoden** je nach den Anforderungen des zu erstellenden Produkts, des Unternehmens und der Bearbeiter selbst (Kapitel 6.2.3). Methoden sind notwendigerweise bis zu einem gewissen Grad abstrakt, damit sie möglichst durchgängig angewendet werden können. Sie müssen aber an das jeweilige Problem und die

1) TUM-Präsident Herrmann meinte 2013, dass die Herausforderungen der Gesellschaft sich nicht nach Fakultäten einteilen lassen, sondern nach interdisziplinären Themen wie: Mobilität, Infrastruktur, Kommunikation, Information, Ernährung, Gesundheit. (TUM Campus 1/14).

Situation der Bearbeiter angepasst werden [113/3]. So wird in diesem Buch besonders der **Vorgehenszyklus** betont, eine einfache Problemlösungsmethode, die durchgängig und in unterschiedlicher Bearbeitungstiefe eingesetzt und leicht angepasst werden kann. Hervorgehoben wird außerdem das in der Praxis sehr häufig eingesetzte **„korrigierende Vorgehen"**, das der „Ökonomie des Denkens" entgegenkommt und nur wenig Zeit beansprucht (Kapitel 3.6). Es ergänzt das konstruktionsmethodisch bekannte **„generierende Vorgehen"**, das vor allem für grundsätzlich neue Lösungen geeignet ist (Kapitel 5.1.4.3).

c) Der **dritte Schwerpunkt** des Buches ist der in der Produkterstellung tätige **Mensch**, als Einzelperson (Kapitel 3), im Team und Unternehmen (Kapitel 4 und 5.2), weil uns zunehmend klar wurde, dass die Art, wie Menschen mit sich und anderen umgehen, den Erfolg oder Misserfolg eines Produktes viel mehr bestimmen, als die Technik oder wissenschaftlich „harte" Methoden und Prozesse. Wenn man das Bonmot von Edison „Genialität ist nur zu 1 % Inspiration, aber zu 99 % Transpiration" als Anregung nimmt, kann man formulieren „Der Produkterfolg entsteht nur zu 10 % aus der Technik (technical factors), aber zu 90 % aus Menschenverhalten (human factors)." – Deshalb wird ausgehend vom Denken der Einzelperson in Kapitel 3.8 gezeigt, dass sich die Notwendigkeit methodischen Vorgehens aus der Beschränktheit des menschlichen Gedächtnisses angesichts der Komplexität von Produkten und ihren Erstellungsprozessen ergibt (Bild 3.56 und Kapitel 4.4.1.4). Dazu gehören auch die zwischenmenschlichen Umgangsformen. – Wir können gar nicht anders erfolgreich denken und handeln als methodisch. Dabei wird der Methodikbegriff durchgängig vom „Unbewussten bis zum Bewussten" interpretiert. Es gibt also, neben chaotischen Vorgehensweisen, auch implizit im Unbewussten ablaufende Methoden. Die bisher bekannte Technik ist sicher zu einem erheblichen Teil ohne bewussten Methodeneinsatz entstanden, wenn man von Analyse- und Rechenmethoden absieht. Geniale Ingenieure entwickelten nicht nur Technik, sondern intuitiv aus Erfahrung jeweils für sich zielgerichtete, aber unbewusst (implizit) ablaufende Methoden. Solche Methoden zu erkennen, zu formalisieren, zu lehren und bei den Lernenden wieder durch Einüben z. T. ins Unbewusste absinken zu lassen, ist Aufgabe von Konstruktionswissenschaft und -lehre. Wir sollten „Können" lehren, nicht nur „Wissen" (Kapitel 3.8.3).

Man kann sich fragen, wozu die wissenschaftliche Beschäftigung mit Produkterstellungsmethoden nützen soll, wenn so hervorragende Technik, wie wir sie kennen, auch ohne viel bewussten Methodeneinsatz entstanden ist. Man kann dafür eine Analogie zum Einsatz physikalischer Wissenschaften heranziehen: Die ersten Motoren von Watt und Otto sind ohne tiefergehende Thermodynamik- und Mechanikkenntnisse entstanden. Heute aber sind diese Wissenschaften und ihre Methoden zur Optimierung der Motoren unerlässlich. (Eine Anmerkung eines bekannten Professors für Motorenentwicklung: „Wenn wir hätten warten müssen, bis die Thermodynamik uns gesagt hat, wie man einen Verbrennungsmotor bauen muss, hätten wir heute noch keinen Motor!"). Ähnlich ist es mit dem Übergang vom impliziten, kaum bewussten Konstruieren zum wissenschaftlich durchdachten methodischen Vorgehen. Die experimentelle Gehirnphysiologie und die experimentelle Psychologie (Denkpsychologie) sind heute daran, den immer noch wenig verstandenen impliziten (unbewussten) Prozess des Denkens und Problemlösens zu erforschen. Man weiß aber heute schon eher, was man wann und warum tun muss, welche Methoden man anwenden sollte und kann den Prozess dementsprechend steuern. Allerdings müssen die wichtigsten Methoden, wie eine neue Sprache durch Trainieren im **Unbewussten verankert** werden, so dass sie im konkreten Fall sofort zur Verfügung stehen: Unbewusst ablaufende Prozesse sind nämlich wesentlich schneller als bewusst ablaufende. Das ist eine Erkenntnis der Arbeitswissenschaften [15/1; 24/1]. (Beispiel: Stellen Sie sich vor, Sie müssten Auto fahren nach schriftlicher Gebrauchsanweisung und rationaler Überlegung, wann und warum welche Hebel zu bedienen sind!)

Die Produkterstellung kann man mit einer **Bergwanderung** vergleichen, bei der manchmal schlechtes Wetter und Nebel herrscht. Nach wie vor wird vieles effektiv implizit als reine Routine erledigt: Man wandert so vor sich hin (Stufe 1 eines Zweistufen-Vorgehens). Ab und zu kann man heute aber die „Methodikkarte" und den Kompass herausziehen um festzustellen, wo man ist, wie man gegangen ist, und wie man möglichst ohne Umwege ans Ziel kommen kann (Stufe 2). Das konnte man früher nicht (siehe auch Kapitel 6.2.3).

d) in einem **vierten Schwerpunkt** soll die Bedeutung des intuitiven Entwickelns und Konstruierens bei entsprechender Vorerfahrung wieder betont werden.
Denn die Konstruktionswissenschaft hat in einer großen systemtechnischen Begeisterung ab den 60iger Jahren des letzten Jahrhunderts den früheren vorwiegend intuitiven Prozess des Konstruierens vor allem mit Methoden der Systemtechnik rational durchforstet und damit lehrbar gemacht. Daraus ist die Konstruktionsmethodik entstanden. Ein verdienstvoller Ansatz!
Ihre Vision und ihr Forschungsantrieb über Jahrzehnte waren dabei, dass vor allem <u>rationale</u> Methodenanwendung zu qualitativ hochwertigen Produkten führen kann.
Dabei wurde aber übersehen, dass unser angeblich rein rationales Denken, wenn es Inhalte aus Erfahrung mit positiven und Fehler-Erlebnissen verarbeitet, diese zunächst einmal im limbischen System des Gehirns immer unbewusst und gefühlsmäßig bewertet und davon abhängig speichert. [108/3;123/3]. Jede unserer angeblich rein bewussten Aktionen und Entscheidungen werden aus diesem Fundus unbewusst vorbereitet. (Kapitel 3.2.1). In der Produktentwicklungsmethodik sind wir bisher von der Systemtechnik her geneigt, alles in (wissenschaftlich begründete) Begriffe und Schritte aufzulösen und auch zu lehren:

Kästchen nach Kästchen! So funktioniert aber weder das Gehirn, noch die Kommunikation im Team! – Deshalb könnte unsere derzeitige Lehre Gefahr laufen, als praxisfern zu gelten und zu wenig Kreativität des gedanklichen Prozesses aufkommenlassen.

Zudem haben langjährige Untersuchungen ergeben, dass auch intuitives, erfahrungsgeleitetes Konstruieren zu qualitativ hochwertigen Lösungen führt, sogar in kurzer Zeit, wenn die **Erfahrungen** des Entwicklers für die Aufgabenstellung ausreichend abgedeckt sind. (Siehe Kapitel 3.2.2 und 3.6. sowie die Literatur: Dörner [7/3], Hacker [104/3], Johannes Müller [14/3], Rutz [26/3], Dylla [19/5], Badke-Schaub und Frankenberger [76/3], Günther [51/3], Kahnemann [127/3], Ehrlenspiel in Lindemann [90/3]).

Dabei wird unter Erfahrung sowohl die produkt- und prozess-spezifische als auch die methodische Erfahrung verstanden.

Deshalb bevorzugen Praktiker die **erfahrungsgeleitete, intuitive Form des Handelns**. Erst wenn die Situation durch die intuitiv gespeicherte Erfahrung nicht mehr abgedeckt wird, entsteht eine sogenannte kritische Situation (z. B. nach der Definition von Badke-Schaub und Frankenberger [76/3]), die dann mit rationalen Handlungen (Methoden im „Rationalbetrieb“) zu bewältigen ist. Solche kritischen Situationen können bei jüngeren, unerfahrenen Entwicklern (möglicherweise auch bei hochspezialisierten mit wenig allgemeiner Erfahrung) häufiger eintreten. Sie sollten dann von vorneherein stärker im „Rationalbetrieb“ arbeiten.

Selbstverständlich können von vorwiegend intuitiv arbeitenden Personen auch intuitiv Methoden gebildet werden, die also nicht rational bewusst sind, und im Unbewussten angewendet werden (der Teil des Eisbergs in Bild 3.6, der unter Wasser ist). – Mit diesen Methoden arbeiten die reinen Praktiker, im sogenannten „Normalbetrieb“, meistens geprägt durch langjährige Berufserfahrung; z. B. Rolf (siehe Bild 3.55) und viele uns gut bekannte Konstrukteure z. B. bei Schindler/Aufzugsbau, bei Renk AG/Getriebe, bei BHS/Getriebe, jetzt: Voith Turbo BHS Getriebe GmbH) in ihrem Erfahrungs-bereich sehr effektiv. (Siehe auch das Beispiel bei [16/7.8] Bild 7.131). Deren Methoden sind aber unbekannt und können von den entsprechenden Personen auch nicht beschrieben werden, da sie keine Begriffe dafür besitzen. – In Methodik erfahrene Entwickler werden ihren „Normalbetrieb“ mit rationalen Anteilen mischen, so dass für sie ein fließender Übergang zwischen den beiden Begriffen selbstverständlich ist.

Zusammengefasst geht es um das in Kapitel 3.9 formulierte Modell des Entwickelns und Konstruierens: „Intuitives und rationales, aber flexibles Vorgehen mit der jeweils gespeicherten Erfahrung und den für die Situation zweckmäßigen Methoden“.

Das bisherige gilt vor allem für die Arbeitsweise von Einzelkonstrukteuren an überschaubaren Projekten. – Aber vor allem wenn es sich um Großprojekte in größeren Teams handelt, muss man sicher von vorneherein im „Rationalbetrieb“

viel systematischer vorgehen, schon, um die Arbeitsteiligkeit zu beherrschen. Kurz gefasst zwei **Regeln:**
I. Intuitives Konstruieren/Entwickeln im **„Normalbetrieb“** bei entsprechender Erfahrung so häufig, wie möglich. (Siehe Bild 3.6).
II. Methodenbewusstes, rationales Arbeiten im **„Rationalbetrieb“** nur dann, wenn die Situation es erfordert. Warum? Weil I. sehr viel schneller geht und zu ausreichend guten Ergebnissen führt. (Siehe „Rolf“ gegen „Hans“, Bild 3.55). Aber: Großprojekte in größeren Teams von vorne herein rational methodisch, und mit Projektplanung oder „Systems Engineering“ angehen. Bei solchen komplexen Projekten ist unser intuitiver Merkapparat klar überfordert.

e) **Was behandelt das Buch nicht?**

Viele für die Konstruktion und Entwicklung wichtige Aspekte der Produkterstellung werden in diesem Buch aus Umfangsgründen nicht behandelt. So spart das Buch das Thema **Informationstechnik** und **Datenverarbeitung** nahezu aus, ohne die heute eine Produktentwicklung nicht denkbar wäre. (Siehe aber Kapitel 5.2.2.5, in dem einige Hinweise aufgeführt sind). Eine strukturierte Denkweise, die Voraussetzung für ihren erfolgreichen Einsatz ist, wird jedoch vermittelt. Nach wie vor gilt: Erst strukturieren, ordnen, standardisieren, organisieren und dann erst automatisieren und programmieren. Nur eine in sich logische Produkterstellungsmethodik kann die Voraussetzung für die Formalisierung der Prozesse sein, die dann DV-fähig werden.

Der Schwerpunkt des Buches liegt aus Umfangsgründen auch **nicht beim Faktenwissen** und spezifischem Vorgehen zur zielgerichteten Konstruktion auf bestimmte Produkteigenschaften hin. Sie erfahren also nichts über z. B. festigkeitsgerechtes, materialgerechtes, verschleißgünstiges Konstruieren. Auch nichts über z. B. ergonomiegerechtes Konstruieren oder über Industrial Design. Es gibt X Eigenschaften, die man beim Konstruieren berücksichtigen muss (Design for X; siehe Bild 6.17.) Dafür gibt es jeweils besondere, ins Detail gehende Anleitungen und Bücher. Hier wird nur das kostengünstige Konstruieren als Beispiel für „Design to Cost“ in Kapitel 9 ausführlicher behandelt.

Es fehlen ferner aus Umfangsgründen **Methoden aus dem Produktions- und Vertriebsbereich** und typische **Managementmethoden**. Allerdings sind viele der hier vorgestellten Methoden allgemein einsetzbar.

f) **Für wen ist das Buch geschrieben?**

Das Buch soll Erkenntnisse und Hilfen vermitteln an

- fortgeschrittene **Studierende** der „Produkterstellungslehre“ bzw. der „Integrierten Produktentwicklung“ sowie der Konstruktion und der Produktion,
- entsprechende **Dozenten** und **Wissenschaftler**,
- selbständig arbeitende und leitende **Konstrukteure**, **Produktverantwortliche** und **Abteilungsleiter** der Entwicklung und Konstruktion in der Indus-

trie. Wahrscheinlich ist der Stoff für Studierende einerseits zu umfangreich (im allgemeinen Teil), andererseits zu dürftig (im konkreten Teil der Anleitung zur Konstruktion). Deshalb muss hier die angegebene ergänzende Literatur helfen.

- Wir würden uns freuen, wenn dieses Buch all jenen Impulse gibt, die sich übergreifend mit der Produkterstellung befassen. Damit sind eben nicht nur die Konstrukteure, entsprechend dem bisherigen Abteilungsdenken, gemeint, sondern auch z.B. Produktions- und Vertriebsverantwortliche. Es ist faszinierend, konkurrenzfähige, nutzer- und umweltfreundliche Produkte zu erdenken, zu realisieren und dann im Markt genutzt zu sehen. Dieses Erlebnis wünschen wir Ihnen.

1.2 Gliederung des Buches

Da integrierte Produktentwicklung die Integration in die gesamte Produkterstellung bedeutet, ist diese von besonderer Wichtigkeit. Deshalb steht im **Zentrum des Buches** das Kapitel 6 mit der „Methodik für die integrierte Produkterstellung (IPE-Methodik)“ (Bild 1.2 und Bild 6.2). Dabei handelt es sich um eine Methodik für alle Unternehmensbereiche, die an der Produkterstellung beteiligt sind. In erster Linie sind das die Entwicklung und Konstruktion, die Produktion, der Vertrieb, die Materialwirtschaft und das Controlling. Die anderen Kapitel arbeiten auf dieses zentrale Thema hin bzw. gehen von ihm aus.

Kapitel 2 behandelt den Aufbau **technischer Systeme** und liefert somit die **Sachlogik** als Voraussetzung für sachgerechtes Handeln. Die Produktlogik und der Produktlebenslauf werden hier behandelt.

Kapitel 3 zeigt, wo der **Mensch als Problemlöser**, neben seinen erstaunlichen Fähigkeiten, Defizite hat. Als Kompensation für diese Defizite entwickeln wir Methoden, die häufig genug im Unbewussten ablaufen. Daraus ergibt sich der **Normalbetrieb** des Denkens (Stufe 1), der allerdings immer wieder vom **Rationalbetrieb**, dem methodisch bewussten Denken, unterbrochen werden soll (Stufe 2). Es werden **allgemein anwendbare Methoden** abgeleitet. Die Wirksamkeit von Methoden wird besprochen.

Kapitel 4 insbesondere leitet vom Einzelmenschen auf die Gruppe und das Unternehmen über und gibt einen Überblick über **Inhalt und Organisation der Produkterstellung im Unternehmen**. Die Produktentwicklung ist dabei ein Schwerpunkt. Ausgehend von einer Beschreibung der bisher vorherrschenden konventionellen, hauptsächlich sequenziell ablaufenden Produkterstellung mit ihren Problemen, die sich aus der Arbeitsteilung ergeben, wird ein Ansatz zu deren Überwindung vorgestellt: die **integrierte Produkterstellung** (Kapitel 4.2), der hier mehr von der organisatorischen Seite behandelt wird und in Kapitel 6 methodisch vertieft wird. Hier wurde die überzeugende Darstellung der integrierten Produkterstellung nach Meerkamm eingebracht („Kleeblatt-Bilder" Bild 4.25 mit „M" in der Bild-Nummer als solche gekennzeichnet).

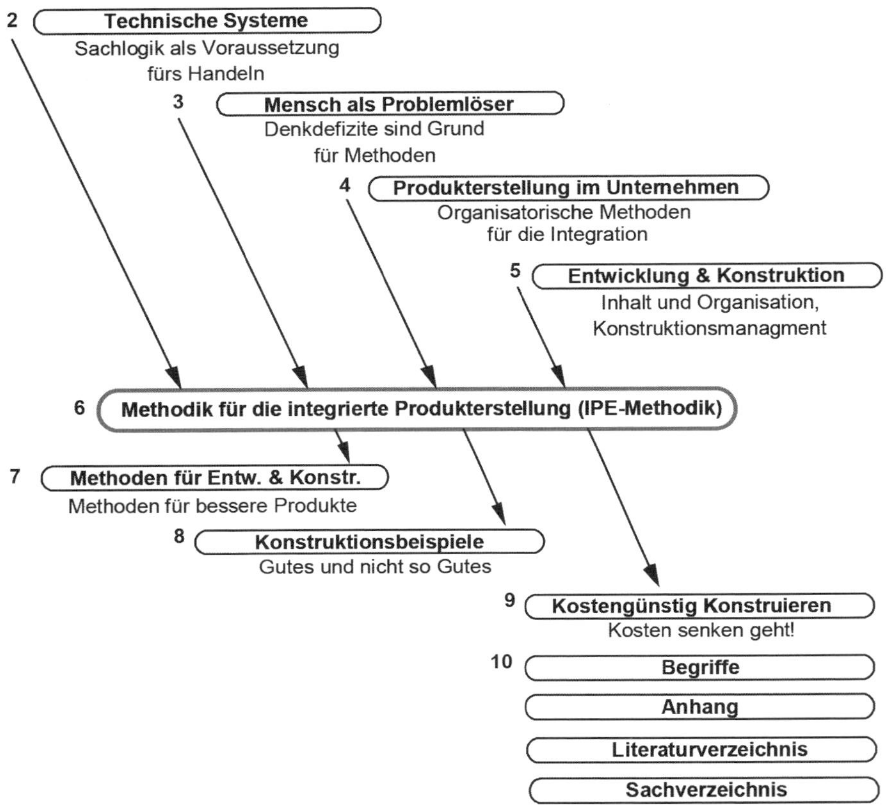

Bild 1.2 Übersicht über die Buchgliederung. Eine andere Sicht ist zusätzlich noch in den „Kleeblatt-Bildern" 4.25 bis 4.29 gegeben

Kapitel 5 behandelt die Entwicklung und Konstruktion in ihren Grundlagen. Hier werden Inhalt und Organisation dieses Bereiches sowie Möglichkeiten zur Rationalisierung und Terminplanung angesprochen. Es werden **organisatorische Methoden** aufgezeigt.

Kapitel 6 stellt die in Kapitel 4 erwähnte „Methodik für die integrierte Produkterstellung **(IPE-Methodik)**" vor, eine mögliche Problemlösungs- und Arbeitsmethodik für das ganze Unternehmen. Ihre Ausgestaltung muss unternehmensspezifisch erfolgen. Diese Methodik kann inhaltlich bereichert werden durch die in

Kapitel 7 dargestellten **sachgebundenen Entwicklungs- und Konstruktionsmethoden**. Hier werden erprobte, nach dem Vorgehenszyklus strukturierte Inhalte der Konstruktionsmethodik behandelt. Sie sind Teile des Methodenbaukastens und damit Teilmethoden der IPE-Methodik.

Kapitel 8 zeigt an fünfzehn **Konstruktionsbeispielen**, wie diese Methoden angewendet werden und wie sie auch bei nicht immer rational kontrollierten Prozessen automatisch Anwendung finden. An zwei Beispielen werden die Folgen eines methodisch unkontrollierten Vorgehens aufgezeigt. (Mehr in [13/1]).

Kapitel 9 gibt einen kurzen Überblick über die Erfahrungen und Methoden, **Kosten zu senken**. Hier wird ein methodisches Vorgehen beschrieben, bei dem es nicht in erster Linie um Funktionsforderungen geht, sondern um eine andere Hauptforderung, die Senkung der Herstellkosten, ein Problem aus dem Bereich „Design for X". Wer mehr über Möglichkeiten zum Kostensenken erfahren will, sollte zu dem Buch „Kostengünstig Entwickeln und Konstruieren" greifen [1/9].

Kapitel 10 definiert im Buch verwendete **Begriffe**. Darauf folgen der **Anhang**, das **Literaturverzeichnis** und das **Sachverzeichnis**.

Einige Dateien **„Arbeitsblätter und Checklisten"**, die die wichtigsten Bilder des Buches unmittelbar für die Konstruktionsarbeit zusammenfassen und vor allem einen Katalog wesentlicher physikalischer Effekte bringen, sind beim Verlag Hanser als pdf-Datei aus dem Internet abrufbar. (Adresse im Vorwort).

Mit dem Bild 1.3 soll abschließend gezeigt werden, dass die oft simultan verwendeten Begriffe **Entwicklung** und **Konstruktion** sinnvoll unterschieden werden können. Beide sind organisatorische Einheiten eines Unternehmens und Prozesse der Produkterstellung. Die Entwicklung wird meist gegenüber der Konstruktion als der übergeordnete Begriff aufgefasst, der sich abgrenzt z. B. zum Vertrieb, zur Produktion. Die Konstruktion ist dann eine Abteilung (ein Teilprozess) der Entwicklung, in der konzipiert und gestaltet wird und z. B. die Zeichnungen und CAD-Modelle entstehen. Sie grenzt sich z. B. ab zur Berechnung und zum Versuch. – Diese Unterscheidung wurde aber erst in den letzten Jahren stärker betont. Früher wurde zum mindesten an den Hochschulen der Begriff Konstruktion als der umfassende verwendet. Deshalb entstand der noch heute geläufige Begriff „Konstruktionsmethodik" und nicht etwa Entwicklungsmethodik. Heute würde man viel öfters Produktentwicklung statt Produktkonstruktion sagen. In diesem Buch wird im Wesentlichen die bisher eingeführte Bezeichnung verwendet.

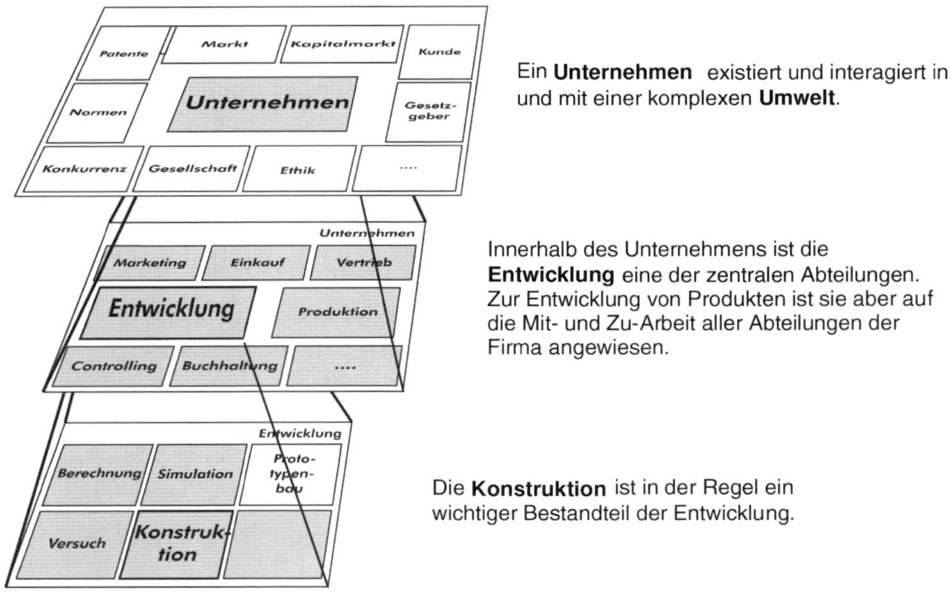

Bild 1.3 Zur Unterscheidung der Begriffe Entwicklung und Konstruktion [12/1]

1.3 Zur Akzeptanz und Weiterentwicklung der Konstruktionsmethodik

Dieses Buch geht aus von Erfahrungen, die in mehr als 40 Jahren mit der Anwendung und Weiterentwicklung der Konstruktionsmethodik im deutschsprachigen Raum gemacht wurden. (Synonymer Begriff heute: Entwicklungsmethodik!) Trotz der faszinierenden Erkenntnisse hat sie sich entgegen anfänglichen Erwartungen in der Praxis nur teilweise durchgesetzt. Hier soll den Ursachen dafür nachgegangen werden, denn daraus entstehen Neuansätze für Verbesserungen. Einige werden in diesem Buch aufgegriffen. Ähnliche werden in dem Bericht über den Ladenburger Diskurs (1992 bis 1993) behandelt [1/1]. – Einen Überblick zur Entwicklung der Konstruktionsmethodik in neuerer Zeit gibt [25/1].

Konstruieren/Entwickeln ist lehrbar

Seit 1967 die Tagung der VDI-Fachgruppe Konstruktion mit dem Titel „Engpass Konstruktion“ [2/1] auf den gravierenden Mangel an gut ausgebildeten und entsprechend motivierten Konstrukteuren hinwies, ist nicht nur im deutschsprachigen Raum viel geschehen. Es gibt zwar immer noch zu wenig Konstrukteure, aber durch die Konstruktionsmethodik ist das Konstruieren wenigstens lehrbar geworden, und man muss es sich nicht, wie früher, nur durch Abschauen und Eigenerfahrungen mühsam und langsam aneignen. An fast allen Technischen Universitäten (Hochschulen) und Fachhochschulen wird die Konstruktionsmethodik gelehrt. Absolventen ohne Anwendungserfahrung sind in der Lage, ohne längere Einarbeitungszeit zielgerichtet, auch bei komplexen Aufgabenstellungen, befriedigende Lösungen zu entwickeln. Diese Aussage wird bestätigt durch viele erfolgreiche Diplomarbeiten und Projekte in Zusammenarbeit mit der Industrie und durch die Nachfrage nach methodisch ausgebildeten Absolventen [3/1]. Trotzdem sollte die Lehre verbessert werden. (Siehe Kapitel 3.8.3).

In diesem Zusammenhang soll Bild 1.4 auf die Ziele der Konstruktionsmethodik hinweisen. Im Vordergrund stand bisher die technisch-sachliche Hilfestellung zur Entwicklung von technisch optimalen Produkten, und dies vor allem im Hinblick auf die prinzipielle Lösung, dem Konzept. In neuerer Zeit wurden vor allem die organisatorischen Ziele bearbeitet. (Siehe im Einzelnen Bild 5.46). Es ist aber klar, dass die Vielfalt der Ziele in der bisher kurzen Geschichte der Konstruktionswissenschaft noch nicht durchgängig bearbeitet werden konnte.

technische Ziele	Hilfestellung bei der – Entwicklung von neuartigen Produkten – Entwicklung von besseren Produkten mit optimalem Kundennutzen / Kundenkosten
organisatorische Ziele	– Rationalisierung der Konstruktionsarbeit – Verkürzung der Konstruktionszeit und der Produktlieferzeit – Erleichtern von Teamarbeit – Erleichterung des interdisziplinären Arbeitens – Nachvollziehbar machen von Konstruktionen – Objektivierung der Konstruktionsarbeit – Verbesserung rechnergestützten Konstruierens – Verkürzung der Einarbeitungszeit für Konstrukteure
persönliche Ziele	– Hilfestellung in neuartigen Situationen – Steigerung der Kreativität – Nachvollziehbar machen von Konstruktionen – Erweiterung des Problembewusstseins – Verbesserung der Präsentation der Konstruktion gegenüber Vorgesetzten, Kunden, ... – Erleichtern des Überblicks über das ständig wachsende Fachgebiet Einarbeit in ein neues Produktspektrum
didaktische Ziele	– Lehrbar machen des Konstruierens – Rationalisierung der Lehre

Bild 1.4 Ziele der Konstruktionsmethodik/Entwicklungsmethodik

Probleme für die Akzeptanz ergaben sich bzw. bestehen noch aus folgenden Gründen:

1. **Die Konstruktionsmethodik wird nur langsam, in Teilen oder abgewandelt, von der Praxis übernommen.**

   Eine direkte Übernahme von produktneutralen Vorgehensplänen in die Praxis ist wenig effektiv (Kapitel 4.1.5; 6.4): Sie müssen produkt-, problem-, bearbeiter- und unternehmensspezifisch angepasst werden (Kapitel 6.2.3). Ähnliches geschieht mit **Methoden** der Konstruktionsmethodik, die in der Praxis vor allem von methodisch geschulten Konstrukteuren für ihre Zwecke abgewandelt und dann eingesetzt werden.

   Solche Methoden sind z. B. das Erstellen von Anforderungslisten mit Hilfe von Leitlinien [4/1] oder Checklisten, der Einsatz des morphologischen Kastens, die Nutzung von Auswahl- und Bewertungsverfahren.

   Trotzdem ist Kritik wegen ungenügendem Praxiseinsatz vorhanden. Sie ist allerdings nicht einheitlich [5/1; 6/1; 7/1; 8/1].

2. Die Konstruktionsmethodik im deutschsprachigen Raum **entwickelte sich langsam** seit Mitte der sechziger Jahre aus den Arbeiten von Kesselring, Leyer, Matousek, Niemann, Tschochner und Wögerbauer. Darauf bauten Bischoff, Bock und Hansen (Ilmenauer Schule) sowie Beitz, Hubka, Koller, J. Müller, Pahl, Rodenacker und Roth auf. Heymann analysiert die Entwicklung hervorragend (Bild 1.5; [19/1; 25/1]). Es bildeten sich, wie bei jeder neu entstehenden Wissenschaft, **Schulen** mit zum Teil neuen Begriffen heraus, die ein einheitliches Verstehen schwer machten. Die Schulen-Bildung wurde 1986 beginnend mit der VDI-Richtlinie 2221 [10/1] zunächst überwunden.

   Inzwischen wurde aber nach 20 Jahren Forschung mit Denkpsychologen und Arbeitswissenschaftlern erkannt, dass „natürliches" Konstruieren mehr Flexibilität erfordert, als diese aus der „strikten" Ära systemtechnischer Anschauung entstandene Richtlinie vermittelt. (Siehe auch in diesem Kapitel den obigen Buch-Schwerpunkt d, Kapitel 1.3, Abschnitt 11 und Kapitel 3.9 sowie 6.2.3 [16/1; 18/1; 25/1]). – Einen neuen Ansatz, die Produktentwicklung evolutionär zu betrachten, also analog zum Geschehen in der Natur, bringt Vajna (Kapitel 3.3.2 g) [20/1]. Dies könnte auch eine Möglichkeit sein für eine umfassende Geschichte der evolutiven Technikentwicklung.

3. Der **zeitliche Verzug** von der Forschungserkenntnis über die Lehre bis zur Übernahme in der Praxis muss mit mehr als 10 Jahren angesetzt werden, wenn die Erkenntnis nicht direkt mit wirtschaftlichen Vorteilen lockt (Kapitel 5.2.2.3). Es dauert allein ca. 5 Jahre, bis ein Hochschulabsolvent, vom Studienbeginn ab gerechnet, in die Praxis kommt. Danach muss er sich einarbeiten und in Positionen kommen, in denen die Durchsetzung neuer Gedanken möglich ist. Methodikseminare in der Praxis finden zu selten statt und können das Einüben

von Methoden auch nicht ausreichend gewährleisten. Dies behindert den Wissenstransfer. Es wäre ein Weiterbildungs-Kurz-Studium nötig. (Kapitel 3.8.3).

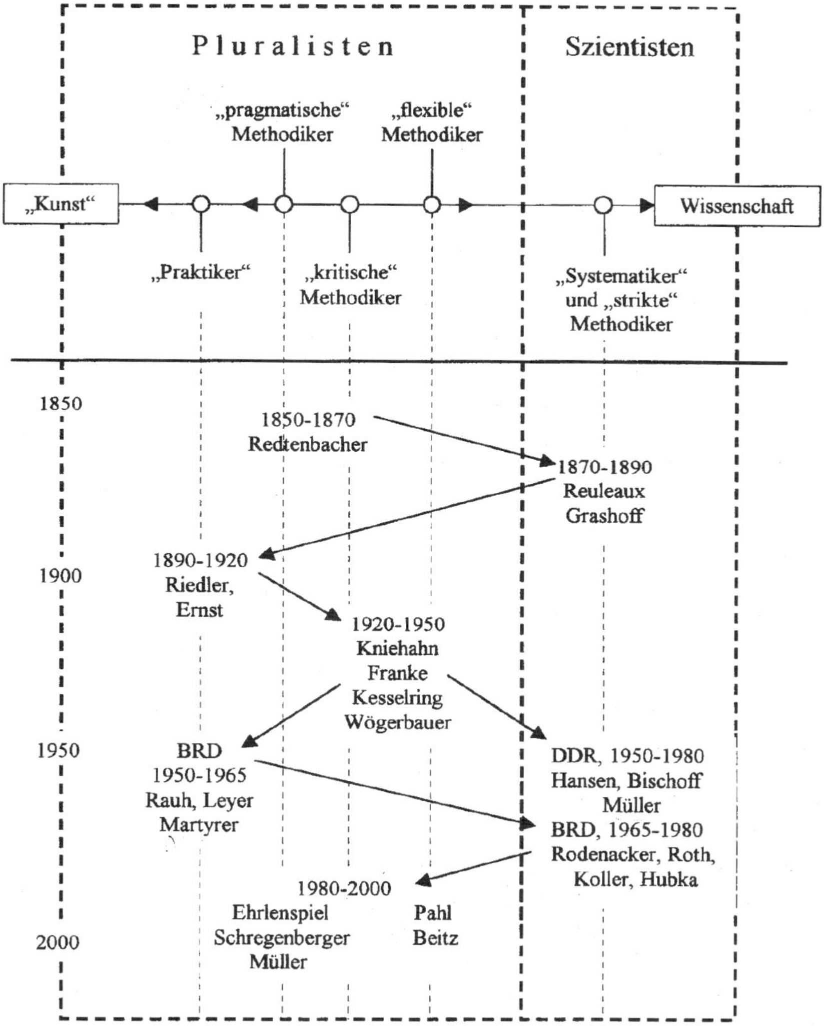

Bild 1.5 Schematisiertes Phasenmodell methodischer Vorstellungen zwischen Kunst und Wissenschaft zwischen 1850 und 2000. (Heymann „... Zur Geschichte der Konstruktionswissenschaft“ [19/1] entnommen; siehe auch Kapitel 3.9)

4. Konstruktionsmethodik müsste durch **Üben** zum **Normalbetrieb des Denkens** werden. Wie in Kapitel 3.4 gezeigt, nutzen Konstrukteure verinnerlichte und als erfolgreich erfahrene Vorgehensweisen und Methoden, die sie weitgehend im Unbewussten abgespeichert haben. [15/1]. Sie richten sich weniger nach nur gehörten und an der Hochschule abgeprüften Methoden. Zum intensiven Üben –

wie bei Fremdsprachen – nimmt man sich aber an der Hochschule bisher nicht die Zeit und schafft nicht die nötige Lehrkapazität. Schon gar nicht für das effektivste, das „entdeckende Lernen", bei dem man mit einem Problem konfrontiert wird und unter Anleitung die Methode selbst entdeckt! – Außerdem ist die Hochschullehre oft begrifflich zu abstrakt und gerade für Konstrukteure zu wenig bildhaft anschaulich (Kapitel 3.4.4 und Kapitel 3.8.3).

5. Es ist schwierig, die **Wirksamkeit von Entwicklungs- und Konstruktionsmethoden** oder allgemein von Problemlösungsmethoden z. B. auf Qualitätsverbesserung, Zeit- und Kosteneinsparung insbesondere quantitativ überzeugend nachzuweisen (Kapitel 3.8 und 5.2.2.3). Das ist ähnlich wie beim Einsatz der Normung. Es trifft übrigens ebenso zu für den Methodeneinsatz in Fertigungsvorbereitung, Vertrieb oder Einkauf. Dementsprechend werden Methoden hier erst dann eingesetzt, wenn das Management diese als wirksam erachtet. Nachweisbar dagegen ist die Wirtschaftlichkeit der Computerautomatisierung von sich oft wiederholenden Routineprozessen z. B. in der Fertigung. Deshalb wird hier viel investiert und eben nicht oder zu wenig in die gedanklich erzeugte Qualität von Produkterstellungsprozessen! – Dabei wäre gerade die Konstruktionsmethodik mit ihrem innovationsfördernden Ansatz eine wesentliche Hilfe für die deutsche Industrie. Denn, wie Graner [128/3] in einer umfangreichen Praxisuntersuchung nachwies hatte sich bei 410 untersuchten Entwicklungsprojekten in 209 Unternehmen bei verschiedenen Produkten herausgestellt, dass die Nutzung von Methoden in allen an der Produktentwicklung beteiligten Abteilungen statistisch signifikant in kürzerer Zeit erfolgreichere Produkte hervorbringt.
6. Die gelehrte Konstruktionsmethodik ist eine **„Allgemeinmethodik".** Sie muss für alle Produkte jeder Komplexität, für alle Personen, alle betrieblichen Hierarchieebenen, für Einzelpersonen, wie für Gruppen und Abteilungen, für eine Vielzahl von Anforderungen an das Produkt (von der Funktion bis zum Recycling) und für jede Art konstruktiver Tätigkeit (vom Klären der Aufgabe bis zum Ausarbeiten der Produktdokumentation, von der Neu- bis zur Variantenkonstruktion) gültig sein (Kapitel 3.8). Je allgemeingültiger aber eine Methodik ist, umso abstrakter muss sie formuliert sein und umso größer ist der geistige und organisatorische Aufwand, sie an das konkrete Problem anzupassen. Trotzdem ist der Methodeneinsatz in hohem Maße effizient. Es muss einfach der Anpassungsaufwand an konkrete produkt-bearbeiter und -betriebsspezifische Erfordernisse geleistet werden (Kapitel 6.4). – Auch dieses Buch kann z. B. nicht 20 000 verschiedene Abwandlungen der IPE-Methodik (Kapitel 6.2) behandeln, entsprechend den im Maschinenbau nach VDMA vorhandenen ca. 20 000 Produktarten. (Die Problematik einer evtl. produktartspezifischen Methodik ist in Kapitel 6.5 behandelt). Im Studium kommen die Studenten ja auch nur mit einigen Prozent der in der Praxis auf sie wartenden Produkte in Kontakt!

7. Die Konstruktionsmethodik wurde in der Vergangenheit für die **Neukonstruktion**, d. h. das generierende Konstruieren, und dabei vor allem für die **Konzeptphase** entwickelt (Kapitel 5.1.3.2). Diese Konstruktionsart und -phase ist eine Schaltstelle für Innovation, und damit für den Fortschritt der Technik [93/4]. Trotzdem macht sie i. A. höchstens 10 % der in der Praxis zu leistenden Konstruktionsarbeit aus (Bild 1.1). Ein Großteil der Praxisarbeit wird für die Anpassung und Verbesserung vorhandener Produkte eingesetzt und dabei wieder für die Gestaltung in Entwurf und Ausarbeitung, wobei meist Norm-, Wiederhol- und Gleichteile sowie gekaufte Funktionsträger verwendet werden. Für die Gestaltung gibt es aber zu wenig methodische Hilfen.

   Dies wieder rührt hauptsächlich daher, dass beim Gestalten eine sehr große Zahl von Parametern zu berücksichtigen ist, die zudem stark vernetzt sind. Ein einigermaßen sequenzieller, detaillierter und allgemeingültiger Ablauf lässt sich deshalb hier, im Gegensatz zur Konzeptphase, in der man von vielen Parametern abstrahiert, kaum angeben. (VDI 2223 [43/5]). Ein weiterer Grund ist, dass die in der Praxis vorherrschende **korrigierende Lösungssuche** (Kapitel 5.1.4.3) gegenüber der generierenden Lösungssuche bisher kaum gesehen wurde. Insbesondere in der Gestaltung dominiert sie. Wenn sie auch weniger innovative Lösungen hervorbringt, so ist sie doch zeitsparend und entspricht der Ökonomie des Denkens (Kapitel 3.2; 3.6; 8.6). Das bedeutet insgesamt, dass Konstruktionsmethodik bisher nur einen kleinen Teil der Konstruktionsarbeit abdeckt, und dem natürlichen Denken der Konstrukteure zu wenig entgegenkommt, was ihre Einführung erschwert. (Siehe Bild 3.56). Hinzu kommt, dass die Einbeziehung des Skizzierens, von ersten Modellanfertigungen, von Versuchen und Berechnungen zur realistischen Früherkennung von Lösungseigenschaften bisher kaum berücksichtigt wurde (Kapitel 5.1.3.2 und 7.8.3). Hacker spricht dementsprechend von „internem“ Entwickeln (im Kopf) und „externem“ (mit der Hand) [16/1].

8. Die bisherige Methodik ist im Wesentlichen auf die **Funktion** von Produkten, d. h. auf die **Suche nach prinzipiellen** Lösungen, d. h. auf die **Innovation**, ausgerichtet. Das ist natürlich die wichtigste Anforderung. Trotzdem gibt es in der Praxis genügend Produkte (z. B. Getriebe, Verdichter, Pumpen), deren prinzipielle Lösungen bekannt und erprobt sind. Probleme, wie z. B. Zuverlässigkeit, Ergonomie, Montageautomatisierung, Kosten, sind nun viel dringender (**Design for X**, Bild 6.17). Dafür gibt es aber im Rahmen der Konstruktionsmethodik erst in Ansätzen Hilfestellungen (Kapitel 6.5.2; Kapitel 8.8 und Kapitel 9).

9. In der Entwicklungs- und Konstruktionspraxis ist **Zeitdruck** ein Dauerzustand [9/1]. Trotz laufender Änderungen bleibt der Liefertermin des Produkts und damit der Produktdokumentation meist fest. Zeitmangel ist erfahrungsgemäß ein Hauptgrund für das Nichteinführen neuer Verfahren und Methoden (Kapitel 4.1.7.2). Bis heute sind Methoden bezüglich Wirksamkeit und Zeitverbrauch

nicht untersucht worden (Kapitel 3.8). In der Praxis sind einfach erlernbare, schnell und wirkungsvoll einsetzbare Methoden gefordert. Die Hochschulinstitute, die ja Methoden entwickeln, haben wenig Zeitdruck. Dementsprechend werden von dort zum Finden des technisch besten Produkts möglichst vollständige Lösungsfelder angestrebt, was bei begrenzter Information und Zeit in der Praxis meist nicht durchführbar ist („80%ige Lösungen sind ausreichend"; siehe Bild 3.54). Ein Schwerpunkt konstruktionsmethodischer Forschung könnte deshalb werden, in einer vorgegebenen Zeit ein akzeptables Produkt zu erzeugen.

10. Die deutschsprachige Konstruktionsmethodik ist bisher im Wesentlichen eine **Sachmethodik**, d. h. eine personen- und organisationsneutrale Methodik. Und dies, obwohl bekannt ist, dass zwischenmenschliche Kommunikation und Motivation, aber auch deren Probleme nachweislich die Produktqualität und die Dauer des Entwicklungsprozesses am meisten beeinflussen (Kapitel 3.5). Führungsprobleme und Probleme, wie sie in der Praxis aus der Arbeitsteilung entstehen und zu interdisziplinären Organisationsformen (z. B. Teamarbeit und Projektmanagement) führen, waren früher für die Hochschulen eher randständig. Sie werden erst in neuerer Zeit in der Ausbildung eingeübt. – Konstrukteure sind eben mehr oder weniger motivierte Menschen mit Gefühlen und keine logischen Automaten! (Kapitel 4.3.3; 4.3.4; 4.4; 5.2; Bild 3.7, Bild 7.147; Wulf [38/7.5]). Die neuere Entwicklungs- und Konstruktionsmethodik hat die menschenbezogene Seite erkannt und versucht sie mit zu berücksichtigen.

11. Konstruktionsmethodik früherer Ausprägung wird oft genug als **starr und zu wenig flexibel** bezeichnet. Auf die unterschiedlichen Anforderungen der Konstruktion und der Bearbeiter gehe sie nicht ausreichend ein. Dieser Eindruck rührt aus der anfänglichen Zielrichtung her, die Konstruktionsmethodik mit in sich logischen, fast algorithmischen, im Wesentlichen sequenziell durchlaufenen Vorgehensplänen aufzubauen. Vorbilder waren physikalische Berechnungsvorgänge und eine Elementarisierung von Funktionen und Lösungen, ähnlich dem System chemischer Elemente, aus denen dann wieder komplexe Strukturen aufgebaut werden. Mit der VDI-Richtlinie 2221 [10/1] wurde ansatzweise ein Methodenbaukasten eingeführt, der auf größere Flexibilität abgestellt war. (Siehe Kapitel 6.2.3). Trotzdem verstärkt allein schon die Darstellung von Vorgehensplänen durch linear aufeinander folgende Arbeitsabschnitte den Eindruck von starr abzuarbeitenden Programmen. Rückwärtsgerichtete Pfeile, die Iterationen andeuten, fallen dagegen kaum ins Auge. Erst in neuerer Zeit, durch die Anregung aus denkpsychologischen Untersuchungen, werden mit individual- und gruppenpsychologischen Einflüssen auch die Iteration und Flexibilisierung stärker berücksichtigt. Eine Methodik, die rigoros vom Abstrakten zum Konkreten vorgeht, widerspricht dem menschlichen Denken, das ständig zwischen Abstraktem und Konkretem pendelt. Ebenso existiert eine

natürliche Koppelung von intuitivem Einfall und emotionaler Bewertung. (Pöppel [17/1]). Die im Wesentlichen unbewusst (implizit) ablaufenden Handlungen erfahrener Konstrukteure sind zudem viel zeitsparender und flexibler als ein starres, rein systematisches Vorgehen. (Kapitel 3.4.3 und 3.8). Deshalb wurde das implizite Vorgehen hier als „Stufe 1“ vorangestellt (Kapitel 3.2.2). Das heißt natürlich nicht, dass das in „Stufe 2“ gezeigte systematische Vorgehen nicht fruchtbar wäre. Im Gegenteil: Stufe 2 ergänzt die intuitiven Abläufe und soll sie durchdringen.

12. Zwischen der bisherigen **Konstruktionsmethodik und CAD** besteht zu wenig Zusammenhang. Erst langsam entwickelt sich eine rechnerspezifische Konstruktionsmethodik. Diese ergibt sich aus den Besonderheiten des Rechnereinsatzes. So kann man erst damit räumliche Gebilde modellieren: 3D-konstruieren und nicht nur darstellen. Bisher konnte man dies nur im Kopf oder direkt körperlich, ähnlich wie ein Bildhauer. Ferner kann man damit viele Eigenschaften und Daten eines Produktes und seiner Elemente im Produktmodell durch Simulation analysieren und dann geordnet ablegen und für jeden Interessenten zugreifbar machen. Schließlich lässt sich die Produktlogik formal leichter darstellen und verarbeiten (Kapitel 2.3.3 und 5.2.2.5).
13. Abschließend noch ein Gedanke zum Sinn des Ingenieurschaffens, der Technik. C.F. v.Weizsäcker sagte einmal sinngemäß: „Der in der Welt am meisten verbreitete Glaube ist der Glaube an die Naturwissenschaften“. (Zur Gewissheit werden sie, wenn sie langfristig experimentell erprobt und rational verstanden sind). Aus der Anwendung des Naturverstehens und der Naturwissenschaften entsteht die Technik zur Verbesserung der – materiellen – Lebensverhältnisse. Leider auch zur Verschlechterung in Form von Unterdrückungs-, Folter-, Todestechnik. Insofern können nur die übergeordneten Werte der Moral und der Menschenrechte einen Sinnmaßstab für das Ingenieurschaffen liefern. Quer durch die Gesellschaft geht die Forderung nach Wachstum und Fortschritt und Innovation, ohne aber nach dessen Ziel zu fragen. Materielle Güter haben wir in Europa mehr als genug, sicher aber zu wenig resourcenschonend erzeugte und ökologisch sinnvolle. Die Probleme der Zukunft liegen eher im sozialen und globalen Bereich.

■ 1.4 Forschungsbedarf

Fasst man die obigen Gedanken **zusammen** und gewichtet sie, so dürften die wesentlichen Gründe für die unzureichende Nutzung der Konstruktionsmethodik in der Praxis darin liegen, dass die Lehre bisher zu sehr auf Wissensvermittlung und zu wenig auf das Training des Könnens abgestellt ist. Wir sollten mehr über das praktische Verhalten der Konstrukteure wissen. Nach wie vor ist unklar, wie die unbewusst gebildeten Methoden des Problemlösens und Vorgehens bei komplexen Projekten aussehen und wie sie in der Praxis genauso unbewusst angewendet werden. Erst wenn hier mehr Klarheit besteht, kann eine enge Verzahnung geschehen zwischen diesem impliziten (tacit knowledge) Hauptanteil unseres Arbeitens und dem eher kleinen rationalen, expliziten Anteil, entsprechend der Spitze des Eisbergs in Bild 3.6. Dann könnten wir neue Verhaltensmethoden entwickeln und diese zusätzlich zum heutigen Wissen vermitteln. – Ein weiteres Problem ist die Tatsache, dass an der Hochschule Methoden nicht für den Zeit- und Kostendruck der Praxis entwickelt werden und auch nicht dementsprechend gelehrt werden.

In folgenden Punkten sind also **Defizite**, die Forschungsthemensein könnten:

1. Gerade für das **Üben** allein und vor allem im Team steht in Aus- und Weiterbildung viel zu wenig Zeit zur Verfügung. Dies wiederum ist wohl auf mangelnden Einblick in die „unbewussten Abspeichermechanismen" des Denkens und Handelns zurückzuführen. (Es ist ja, wie oben schon gesagt, ähnlich wie beim Fahrradfahren oder Sprachen lernen, das man auch nicht nur über die Theorie lernen kann. Trotzdem werden statt Fähigkeiten und Verhaltensweisen im Übermaß Fakten vermittelt, statt (prozedurales) Können vornehmlich (deklaratives) Wissen [89/3]). Da die Studiendauer eher kürzer werden soll: Welche bisherigen Wissensinhalte kann man weglassen und mit welchen Methoden kann man negatives Verhalten in der praktischen Arbeit verringern? Und wie kann man dann das Verhalten so einüben, dass es zur effektiven Routine wird? Wie kontrolliert man den Lehrerfolg? (Siehe Kapitel 3.8.3).

2. Konstrukteure der Praxis – und z. T. auch **Studierende** – haben zum großen Teil im **Unbewussten** ablaufende Problemlösungs- und Vorgehensmethoden ausgebildet („Normalbetrieb des Denkens"; Stufe 1 eines Zweistufen-Vorgehens: Bild 3.6), die nur schwer und nur durch intensives Üben „umprogrammiert" werden können. Zum Beispiel: Wie verhalten wir uns, wenn wir auf ein Problem stoßen? Wie verhalten wir uns, wenn wir unter Termindruck kommen?

3. **Schwerpunkte** der **Entwicklungs- und Konstruktionsarbeit in der Praxis**, wie das skizzierende Gestalten, das korrigierende Vorgehen, die Versuchstechnik, die zwischenmenschlichen und organisatorischen Belange, kommen – aus welchen Gründen auch immer – bisher zu kurz. Praktiker sehen sich bei einem Großteil ihrer Arbeit zu wenig unterstützt. Also sollte man die Verhaltensanforderungen der Praxis untersuchen und daraus eine Dringlichkeitsreihung für Lehre und Forschung erstellen.

4. Ferner sind sowohl die **Nutzen- als auch die Aufwandsermittlung** von Methoden ein offenes Feld. Welchen Lern- und Anwendungsaufwand haben alternative Methoden? Bei welchen soll man das untersuchen? Wo sind die Schwachstellen heute bekannter Methoden, und wie kann man sie vermindern? Welche (alter-

nativen) Methoden werden natürlicherweise zur Lösung welcher Probleme eingesetzt? Warum entstehen laufend neue Methoden (z. B. bisher Simultaneous Engineering, KAIZEN, QFD, Target Costing, TRIZ), und wie hängen sie mit altbekannten zusammen? Warum entwickeln sich letztere nicht ausreichend weiter? – Wie kann man überhaupt derartig komplexe, unbewusst ablaufende Prozesse wissenschaftlich sauber analysieren?

5. Schließlich ist die **Interpretation und Differenzierung** von Methoden offen: Welche Methoden eignen sich für Einzel- bzw. Gruppenarbeit, welche für ganze Organisationen? Sollen produktartspezifische Methoden betont werden (Kapitel 6.5)? Wie fruchtbar ist eine einheitliche Methodik für ein ganzes Unternehmen (Kapitel 6.2)? Wie führt man diese ein?

1.4.1 Eine Vision für eine mögliche Entwicklungsmethodik-Forschung

„Verhaltensoptimierung in der Produktentwicklung“ (Bild 1.6)

- Nach rund 30 Jahren Konstruktionsmethodik-Forschung unter dem Aspekt der Systemtechnik und der Computer-Rationalisierung („strikte Konstruktionsmethodik“) bis ca. 1985 haben die weiteren 30 Jahre denk- und arbeitspsychologischer Konstruktionsmethodik-Forschung am Menschen zum Mindesten gezeigt, wie Konstrukteure allein und in der Gruppe ihrer Natur nach arbeiten (nach Heymann die „flexible und pragmatische Konstruktionsmethodik“ in Bild 1.5). – Sie haben auch gezeigt, welche positiven und negativen Verhaltensweisen dabei auftreten, d. h. wo Defizite liegen, die durch Denk- und Computer-Hilfsmittel verringert werden können. Einen guten Überblick über die vielfältigen, internationalen Ansätze der Methodikforschung 2011 liefert ein Buch von H. Birkhofer (Hrsg.) [80/4].
- Es wäre unserer Meinung nach eine fruchtbare zukünftige Forschungsrichtung, wissenschaftlich – auch statistisch – abzusichern, welche Defizite in der Entwicklungsarbeit wann wie häufig auftreten, weil das menschliche Verhalten neben Positiva eben auch Negativa hat und wie diese durch Verhaltenstraining und Hilfsmittel verringert werden können. Damit könnte man auf die Erfahrung aus beiden Forschungsrichtungen (strikt und pragmatisch) zurückgreifen (Bild 1.6). Anregungen könnte man dabei von breit angelegten und statistisch fundierten Dissertation Graner [128/3] bekommen. Weitere Themen sind in der Veröffentlichung der Autoren von 2016 [94/4] enthalten.

Positiva und Negativa unseres menschlichen Verhaltens bei der Produktentwicklung. (Siehe Kapitel 3.2.3; Kapitel 3.7 und Bild 3.10).

- **Positiva**, die durch Computereinsatz <u>nicht</u> oder nur unterstützend erreicht werden können, sind z. B. dass wir neue Erkenntnisse gewinnen, Erfahrungen machen und Lernen können, dass wir Probleme erkennen können, Aufgaben und Visionen formulieren können. Wir können kreative Gedanken haben und Inhalte unerwartet verknüpfen.

Wir können für uns wichtige Muster und Gestalten erkennen. Wir können Abstrahieren und Analogien bilden. Wir können Werte, uns in Kunden und deren Nutzen versetzen, deren Gefühle, wie Zufriedenheit und Frust, nachvollziehen. Wir können Wichtiges von Unwichtigem unterscheiden, sowohl für uns und für den Kunden. Wir können uns selbst bewusst sein, mit anderen kommunizieren und uns „gemeinsam auf den Weg machen".

- **Negativa (Defizite)** sind oben in Kapitel 1.4 und in den Bildern 1.6 und 3.10 aufgeführt. Selbstverständlich sind sie darin noch nicht wissenschaftlich strukturiert. Es geht ja nur darum, zunächst einen Eindruck zu vermitteln. Die möglichen Verbesserungsvorschläge sind weder neu noch vollständig. Aber es käme bei der Forschungsarbeit darauf an, deren Wirksamkeit in Abhängigkeit von Einflussgrößen (individuelle; unternehmens-, kultur-, aufgabenspezifische) möglichst statistisch nachzuweisen.

Defizit Stichwort	Erläuterung, Auswirkung des Defizits	mögliche Verbesserung des Defizits
Zielunklarheit	Einfach mal opportunistisch anfangen geht am schnellsten und ist gedanklich aufwandsarm	Problemlösungszyklus, Vorgehenszyklus; Anforderungsliste, Gruppensitzungen zur Aufgabenklärung.
Nichtbewältigen von Komplexität; zu starkes Vereinfachen	Bearbeiter hat keine Erfahrung im Umgang mit komplexen Sachverhalten oder Prozessen. Er fängt irgendwie an.	systemtechnisches Unterteilen komplexer Sachverhalte; systematisches Strukturieren; Hilfe von Experten.
mangelnde Abstraktions- und Analysefähigkeit	Es gibt Personen, die mehr konkret anschaulich denken und Abstraktionsfähigkeit kaum gelernt haben.	begriffliches Denken üben mit systemtechnischen und konstruktionsmethodischen Vorgaben in Funktionen, Merkmalen; Hilfe von Experten.
falsches Übergewichten	Wenn man das seinem Gefühl nach wichtigste anpackt scheint es am schnellsten zu gehen.	Eigenschaftstabellen machen mit Gewichtung; Problem in der Gruppe angehen.
Vergesslichkeit	Unser Gehirn kann große Dateninhalte nicht lange genug speichern.	Aufschreiben, Ordnen von Informationen; Computerhilfen durch Datenbanken; Suchsysteme.
Vorstellungsdefizit	Räumlich komplizierte Strukturen oder viele gleichzeitig ablaufende Prozesse überfordern die Kapazität des Gehirns.	CAD-3D-Visualisierng Simulation der Vorgänge am Computer; Hilfe von Experten.
Wissensdefizit	Bei zunehmender Wissensexplosion muss man sich beschränken, zum Spezialisten werden.	Nachsehen in Informationssammlungen, Datenbanken, früheren Vorgängen; im interdisziplinären Team arbeiten; Experten befragen.
Nichtfinden von Lösungen	Es gibt Personen, die mehr analytisch als kreativ veranlagt sind.	Literatur-Recherche; Analyse vorhandener Lösungen; Kreativmethoden einsetzen; Gruppenarbeit; Befragen von Experten.
emotionale, vorurteilsgesteuerte Bewertung	Rationale, auf Grund von Analysen abwägende Bewertungen sind mühsam und zeitaufwendig.	beispielhafte Analyse- und Bewertungsprozesse üben; Beiziehen von Fachleuten.
vorwiegend statische Betrachtung	Dynamische, nichtlineare Vorgänge sind uns aus unserer Erfahrung eher fremd und ungewohnt.	beispielhafte dynamische Prozesse erleben, evtl. berechnen und üben.
Planungsunfähigkeit	Üblich ist einfach mal opportunistisch anzufangen; ohne Planungserfahrung verheddert man sich, hält sich zu lange mit Nebensächlichem auf.	Hilfen durch Projektplanung, durch geeignete Ablaufpläne; auch mit Hilfe des Computers.
vorwiegend zwischenmenschliche Defizite		
nicht umgehen können mit Terminstress, Störungen	Man fühlt sich überfordert, schaltet ab oder wird aggressiv oder depressiv..	geeignete Übungsseminare
mangelnde Kommunikationsfähigkeit	Typische Einzelarbeiter sind oft introvertiert; fühlen sich überfordert, wenn sie sich auf andere Personen einlassen sollen.	Übungsseminare in Kommunikation
mangelnde Kooperationsfähigkeit und Konfliktbewältigung	zu wenig Sozialkompetenz	Übungsseminare für mehr Sozialkompetenz
Trägheit, mangelnde Motivation	Der Mitarbeiter hat ganz andere Interessen, hat keine Motivation fürs Unternehmen erfahren.	motivierendes Gespräch mit Vorgesetzen; Aussichten für persönliche oder finanzielle Verbesserung

Bild 1.6 Defizite menschlichen Verhaltens in der Produktentwicklung und mögliche Optimierung (siehe auch Bild 3.10)

2 Technische Systeme und ihre Eigenschaften

2.1 Einleitung

Die Systemtechnik, die nach dem 2. Weltkrieg ausgehend von den Arbeiten Shannons, Wieners und Bertalanffys („Allgemeine Systemtheorie") entstanden ist, hat als fachübergreifender Denkansatz enge Beziehungen zur Konstruktionswissenschaft. (Hubka [1/2], Beitz [2/2]). Sie vermittelt im wesentlichen zwei Inhaltsbereiche: Den Begriff des **Systems**, mit dem sich u.a. technische Systeme mit ihren Eigenschaften darstellen lassen, und die Methodik zur Synthese und Analyse von Systemen. Die Konstruktionswissenschaft verwendet diese beiden Bereiche analog: Zum einen die **Theorie technischer Systeme** als Beschreibung technischer Gebilde und zum anderen die **Theorie der Konstruktionsprozesse**, beide zusammen als Ursprung der Methodik des Konstruierens (Bild 2.1).

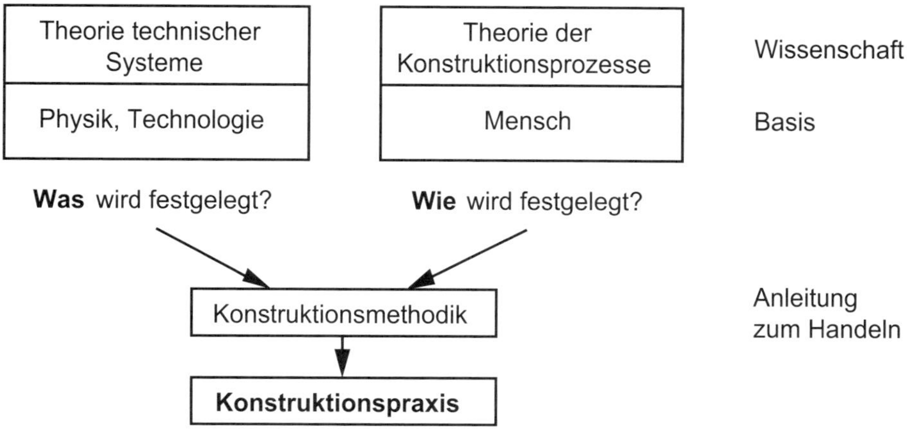

Bild 2.1 Der Zusammenhang zwischen der Theorie technischer Systeme und der Theorie der Konstruktionsprozesse

Da die Theorie technischer Systeme auf der Physik und der Technologie des zu Konstruierenden (bzw. des Konstruierten) aufbaut, ist sie weniger strittig als die Theorie des Konstruktionsprozesses, die auf den schwer beobachtbaren Denkvorgängen des Menschen gründet. Die Theorie technischer Systeme sei als eine abstrakte Beschreibungsmöglichkeit der zu konstruierenden Objekte diesem Buch vorangestellt.

Systemtechnik oder „Systems Engineering" (Ropohl [3/2], Daenzer&Huber [4/2], Haberfellner u.a. [4a/2], Patzak [5/2]) ist aus folgenden Gründen entstanden bzw. heute nötig:

- Das Wissen ist in einer Art **„Wissensexplosion"** aufgrund der sich immer mehr in Spezialgebiete aufspaltenden Wissenschaften so angewachsen, dass niemand mehr das Ganze übersehen kann (Kapitel 3.8.2). Die Spezialisten können sich untereinander kaum mehr verstehen, da sie jeweils eigene Fachsprachen entwickeln. Dabei liegt – wie viele Forschungsprojekte gezeigt haben – der Gewinn an Erkenntnissen heute nicht nur in immer mehr fachgebundenen „Tiefbohrungen", sondern zunehmend in den Anregungen aus interdisziplinären Kontakten. Die Systemtechnik kann dabei mit ihren Begriffen und Schemata als fachübergreifendes Verständigungsmittel dienen. Sie erleichtert die interdisziplinäre Nutzung von Wissen. Ganzheitliches Denken, das dadurch gefördert wird, ist eine sehr wichtige Möglichkeit, komplexe Systeme zu optimieren, die Bedeutung der Teilprobleme und Teilsysteme zu erkennen und die Folgewirkungen auf andere Systeme oder von anderen Systemen zu beurteilen [6/2].
- Im Lauf der technischen Entwicklung der letzten 200 Jahre ist eine unübersehbare **Vielfalt von technischen Produkten** entstanden, die nur durch eine übergreifende – folglich abstrakte – Systematik geordnet und verstanden werden kann. Alleine im Maschinenbau gibt es (nach VDMA) rund 20 000 verschiedene Produktarten, und laufend werden neue Produkte entwickelt. Es sei nur erinnert an Laserschweiß-, Laserbearbeitungs-, Laserhärteanlagen, an die vielfältigen Robotersysteme und die Geräte, die im Verlauf der Mikroelektronik- und Datenverarbeitungsentwicklung entstehen.
- Deswegen können die Produkte im Einzelnen auch nicht mehr alle gelehrt werden. Die Lehre für einen Maschinenbaustudenten erfasst nur einige Promille davon. Als Folge wächst der Einarbeitungs- und Weiterbildungsaufwand in der Industrie an. Die Lehre an den technischen Schulen wird notwendigerweise immer abstrakter und kann nur wenige Produkte beispielhaft als Trainingsobjekte konkret ansprechen (Kapitel 6.5). Daher liegt der Schwerpunkt auf den **Arbeitsmethoden** [7/2]. Die Systemtechnik erleichtert auch Analogieschlüsse zwischen verschiedenen Produkten, die ähnliche Strukturen besitzen, und ermöglicht die Rationalisierung geistiger Arbeit.
- Nicht nur die Produkte, auch die Systeme, in die diese eingebettet sind und mit denen sie verträglich sein müssen, werden immer **komplexer** und weltweit ver-

netzt. Es sei nur an die zunehmend automatisierten Fabriken, die internationale Arbeitsteilung (Globalisierung), die zugehörigen Sicherheitsstandards und an die Umweltproblematik erinnert. Die Planung solcher Systeme erfordert eine **ganzheitliche** Betrachtungsweise und sowohl eine **produktneutrale** als auch eine produktspezifisch angepasste Arbeitsmethodik, wozu die Systemtechnik die Ansätze liefert. Auch hierbei muss notwendigerweise zunächst abstrakter gedacht werden. REFA [8/2] schreibt zur Abstraktion: „Planen, Gestalten und Steuern des betrieblichen Geschehens sind nur möglich, wenn man die Komplexität der Probleme zu reduzieren versteht, indem man sie auf die wesentlichen Elemente beschränkt." Die Fruchtbarkeit systemtechnischen Arbeitens geht aus der Praxisanwendung vornehmlich in der Fahrzeugtechnik [9/2; 20/2; 27/2; 28/2; 31/2; 32/2] und in der Luft- und Raumfahrttechnik [29/2] hervor. Dabei wurden nicht nur technische, sondern auch technisch-wirtschaftliche Probleme bearbeitet [30/2]. **Systemdenken** ist für Ingenieure, die nicht nur ihr Produkt, sondern auch dessen Lebensbedingungen und das Umfeld berücksichtigen müssen, einfach notwendig! (Bild 5.1).

- Die Systemtechnik erleichtert durch die klare Strukturierung in Teilsysteme mit zugehörigem In- und Output die **mathematische Modellierung** von Systemen und damit deren Eigenschaftsberechnung [9/2].
- Ganz allgemein dient die Systemtechnik dazu, komplexe Sachverhalte – Produkte oder Prozesse – zu **modellieren**. – In einem **Modell** wird der unübersichtliche Gegenstand abstrahiert und strukturiert, so dass er besser verstanden und bearbeitet werden kann. Dementsprechend sind Modelle zweckorientiert und trennen das für die jeweilige Betrachtung Wesentliche vom Unwesentlichen. – Meist sind mehrere Modelle eines Gegenstandes nötig. (Siehe Bild 2.7; Bild 4.10; Kapitel 7.8 und 10). – Gefährlich kann es werden, wenn man Modelle mit der Realität verwechselt und sich ganz in eine einseitige Betrachtungsweise verliert. (Z.B. nicht ganz verstandene einfache Berechnungsmethoden: „Computer-Gläubigkeit". Oder „reduktionistische" Denkansätze wie „Leistungsanreize für Mitarbeiter sind <u>nur</u> finanziell erreichbar".)
- Die Systemtechnik hat im Lauf ihrer Entwicklung den gerade für Ingenieure immer wichtiger werdenden Gedanken betont, den **Menschen** als Teil der technischen Systeme aufzufassen, d.h. nicht nur technische, sondern **soziotechnische Systeme** zu betrachten und zu planen. Probleme der Akzeptanz, der Bedienung, des Betriebs und der Instandhaltung technischer Objekte einschließlich der Unfallmöglichkeiten und -gefahren (z.B. bei Verkehrsunfällen) sind oft durch ein „nicht-an-den-Menschen-angepasst-sein" bedingt. Deshalb sollte der Techniker nicht von dem alten Grundsatz ausgehen, dass der Mensch sich gefälligst dem technischen System anpassen müsse, sondern umgekehrt, das technische System muss weitestgehend den Schwächen und Eigenschaften des Menschen angepasst entwickelt werden.

2.2 Der Systembegriff

2.2.1 Allgemeingültiges

Zur Definition des Systems

Der Begriff des Systems in allgemeiner Form wird gemäß Bild 2.2 definiert:

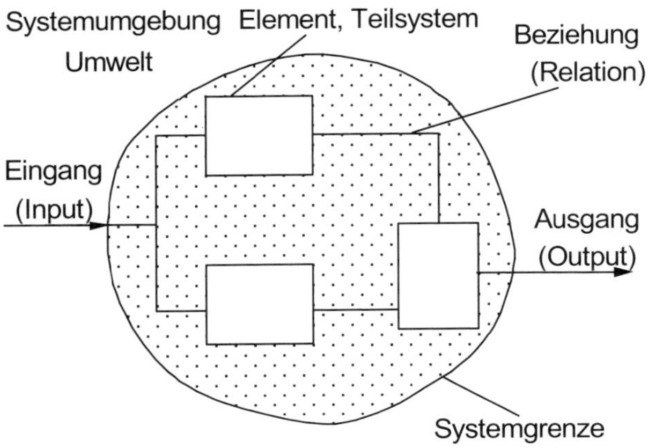

Bild 2.2 Darstellung eines Systems

Ein System besteht aus einer Menge von Elementen (Teilsystemen), die Eigenschaften besitzen und durch Beziehungen miteinander verknüpft sind. Ein System wird durch eine Systemgrenze von der Umgebung abgegrenzt und steht mit ihr durch Ein- und Ausgangsgrößen in Beziehung (offenes System). Die Funktion eines Systems kann durch den Unterschied der dem Zweck entsprechenden Ein- und Ausgangsgrößen beschrieben werden (Zweckfunktion in Kapitel 7.4.2). Nach ihrem Verhalten können statische und dynamische Systeme unterschieden werden.

Obige Definition soll am Beispiel eines einfachen soziotechnischen Systems veranschaulicht werden (Bild 2.3). Das System „Brot schneiden" besteht z.B. aus den Elementen „Brotschneidemaschine" und „Mensch". Das Element „Tisch" sei hier vernachlässigt. Das Brot ist der Operand, der im Eingangszustand als ungeschnittener Laib und im Ausgangszustand als geschnittene Brotscheiben vorliegt. Dieser Unterschied stellt die Funktion des Systems „Brot schneiden" dar. Die Elemente des Systems – Mensch und Brotschneidemaschine – haben miteinander vielfältige Beziehungen. Der Mensch übt Kräfte aus, führt das Brot, stellt die Scheibendicke ein, schaltet die elektrische Energie ein und aus. Es werden also Stoffe, Energien und Signale umgesetzt. In Bild 2.3 sind neben der „Stoffart" Brot als weitere Ein- und Ausgangsgrößen Energien angegeben. Diese stellen ebenfalls Beziehungen zur Systemumgebung dar. Sie sind im Gegensatz zum **Hauptumsatz** Brot nur **Nebenumsätze**, die zur Durchführung der Funktion nötig sind. Soweit die Beschreibung des Systems bezüglich seiner Funktion.

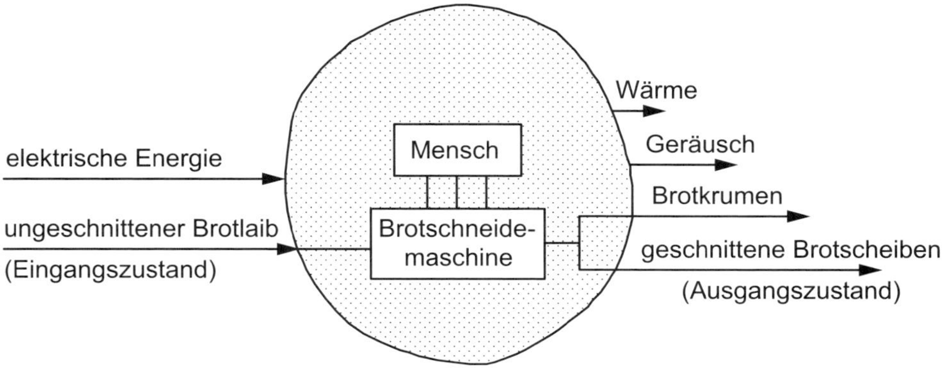

Bild 2.3 Darstellung eines soziotechnischen Systems „Brot schneiden"

Für sich betrachtet kann man das Teilsystem der Brotschneidemaschine bezüglich seines Aufbaus bzw. seiner Baustruktur beschreiben. Die Systemelemente bilden nämlich selbst wiederum Systeme, die aus Elementen und Beziehungen bestehen. So besteht die Brotschneidemaschine aus den Bauelementen Messer, Motor, Getriebe, Gestell, Schalter usw. Diese können wiederum als Systeme aufgefasst werden. Selbst der Gestellwerkstoff ist ein physikalisch-chemisches System. Und seine Moleküle und Atome sind ebenso Systeme. Umgekehrt kann die Brotschneidemaschine als Teilsystem der Küche und diese als Teilsystem des Hauses angesehen werden.

Der Systembegriff ist also vom Kleinen bis zum Großen, vom Ganzen bis zum Teil durchgängig anwendbar, wie Bild 2.4 deutlich macht. Das übergeordnete System, oben in Bild 2.4, ist mit **Black Box** bezeichnet, da nur Ein- und Ausgangsgrößen und keine Strukturen erkennbar sind. Dies ist die abstrakteste Darstellung eines Systems. Ausgehend von diesem Modell geschieht die Prozessmodellierung mit SADT, mit den Petri-Netzen und den Netzplantechniken.

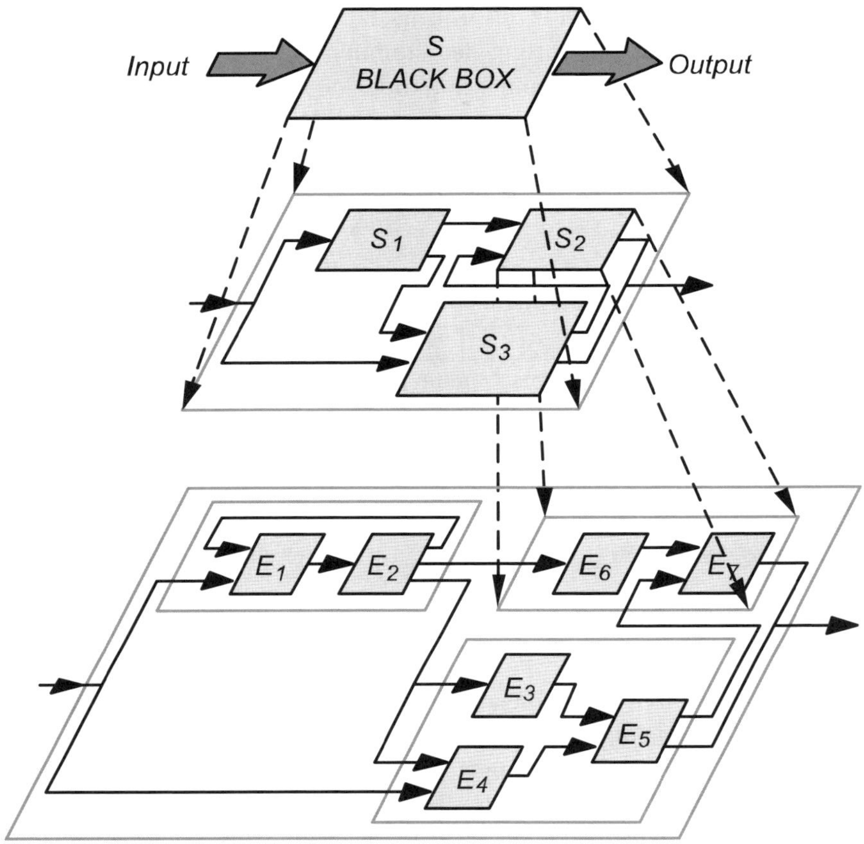

Bild 2.4 Die Struktur eines Systems in unterschiedlicher, hierarchischer Detaillierung (z. B. für die Prozessmodellierung mit SADT (Structured Analysis and Design Technique))

Zu den **Bestandteilen** eines Systems gibt es noch folgende Erläuterungen:

- **Element (Teilsystem)**: Wie soeben gezeigt, kann jedes **Element** als Teilsystem eines übergeordneten Systems gesehen werden, und jedes Teilsystem kann wiederum in Elemente (Teilsysteme) aufgegliedert werden. Das System erhält durch die Beziehungen zwischen diesen Elementen eine **Struktur**.
- **Systemgrenze:** Die Grenze des zu betrachtenden Systems wird durch den Zweck der Modellbildung bestimmt. Die Funktion der Systemgrenze kann sein:
  - Abgrenzung gegenüber anderen Systemen, d. h. Schnittstellendefinition;
  - Beschränkung oder Erweiterung der zu betrachtenden Gesamtheit;
  - Definition des Verantwortungs-, Kompetenz- und Lieferbereiches;
  - Klärung, welche Beziehungen zur Umwelt oder zu anderen Systemen bestehen: funktionelle, ökologische, geistige, psychische, physische (Stoff-/Energie-/Informationsflüsse);

- Abstraktion vorhandener Systeme zur Black Box, um leichter Alternativlösungen zu finden (Kapitel 7.3.3).
  Nicht definierte Systemgrenzen oder nicht berücksichtigte Verantwortungsbereiche sind in der Praxis Anlass vieler Fehler (Kapitel 3.7). Zu beachten: Mit dieser Art Modellierung können keine zeitlichen Aspekte (z. B. Dynamik) dargestellt werden.

- **Systemumgebung:** Die Umgebung (Umwelt) eines Systems ist alles, was nicht in das betreffende System einbezogen ist.
- **Beziehungen (Relationen):** Die Systemelemente können Beziehungen aufgrund ihrer Eigenschaften haben: z. B. hierarchische Ordnungsbeziehungen, Flussbeziehungen (Stoff, Energie, Information). Insbesondere bei technischen Systemen gehören auch Funktions-, Lage-, Bewegungs- und Kräftebeziehungen dazu, wie sie durch Kopplungen und Verbindungen bzw. Verbindungselemente hergestellt werden.
- **Ein-/Ausgangsgrößen (Input/Output):** Durch die Ein- und Ausgangsgrößen werden die Beziehungen (Relationen) zwischen Umgebung und System dargestellt, die durch die Systemgrenze hindurch gehen. Durch Zustandsbeschreibungen der relevanten (zweckgerichteten) Ein- und Ausgangsgrößen des Operanden lässt sich die Funktion eines Systems angeben. Das System selbst ist der Operator, der die Zustände des Operanden ändert.
- **Eigenschaften:** Jedes System, seine Elemente, seine Relationen besitzen eine Reihe von Eigenschaften, z. B. räumliche und zeitliche Eigenschaften, Zuverlässigkeit, Kosten, Eignung zur Herstellung oder zum Transport usw. Eine besonders wichtige Eigenschaft ist die Funktion. Diese Eigenschaften können zur Beschreibung und Klassifikation von Systemen verwendet werden.

Arten von Systemen

Wie aus der obigen Systemdefinition ersichtlich ist, können daraus unter verschiedenen Gesichtspunkten und je nach Zweck der Systembeschreibung die unterschiedlichsten Systemarten abgeleitet werden. Bild 2.5 zeigt beispielsweise eine Gliederung nach den Beziehungen und der Art der Elemente.

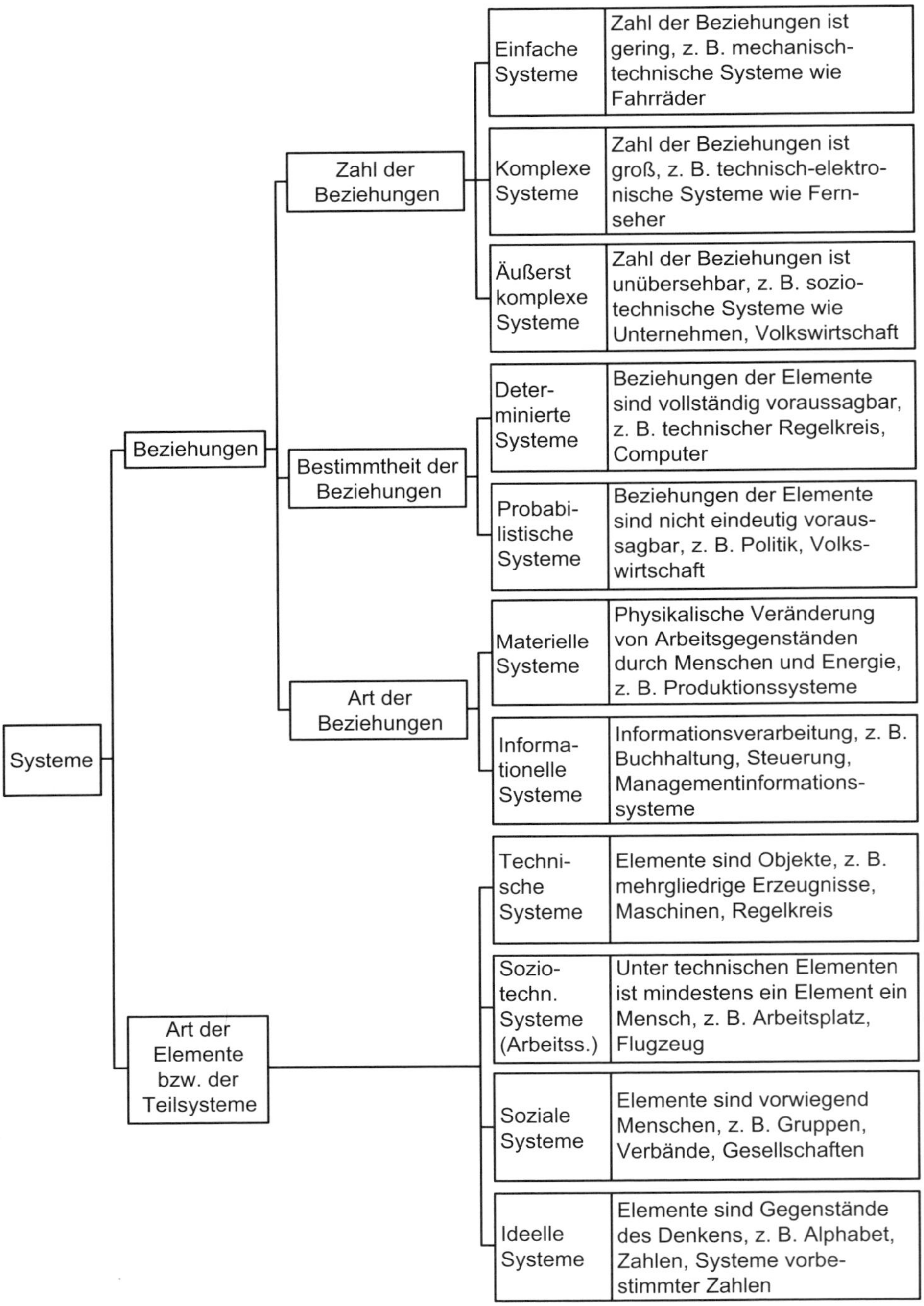

Bild 2.5 Gliederung von Systemarten aus der Sicht der Betriebsorganisation (nach REFA [8/2])

Für die Produkterstellung von besonderer Bedeutung ist die in Bild 2.6 angegebene Gliederung in Ziel-, Sach- und Handlungssystem. Im Sachsystem wird das zu konstruierende bzw. zu produzierende Produkt beschrieben. Dabei kann man in einen Modell- und einen Objektbereich unterteilen. Im Modellbereich wird z. B. ein Produkt gedanklich und mit Hilfsmitteln, wie sie Berechnungen, Zeichnungen oder Drahtmodelle darstellen, modelliert.

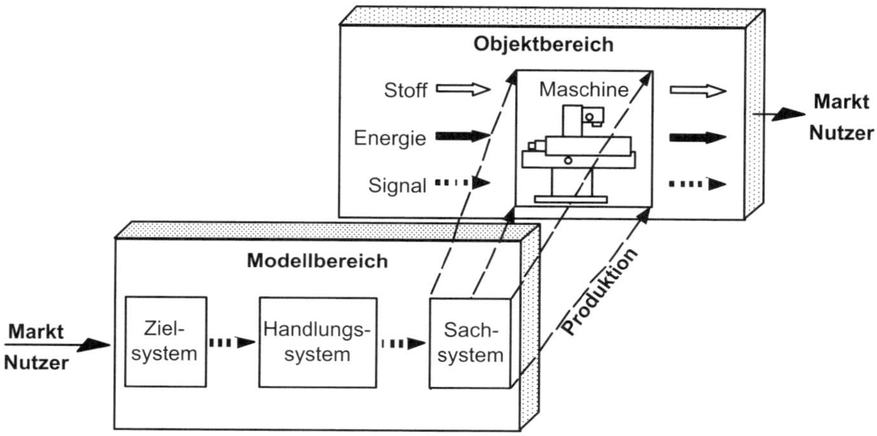

Bild 2.6 Für die Produkterstellung wesentliche Systeme

Durch die Produktion werden diese Modelle dann in die körperliche Realität – den Objektbereich – überführt. Die angesprochene Modellierung wie auch die Überführung in den Objektbereich wird durch Ziel- und Handlungssysteme unterstützt ([10/2] und [11/2]).

- **Zielsysteme** stellen die Menge der Zielvorgaben – die Anforderungen – und deren Verknüpfungen dar. Im Zielsystem werden die Anforderungen strukturiert, evtl. hierarchisch nach der Wichtigkeit oder gemäß der zeitlichen Abfolge der Teilziele. Ergebnisse sind Anforderungslisten und Pflichten- oder Lastenhefte (Kapitel 7.3; 7.4). Sie sind Grundlage für jede Beurteilung des entstehenden Sachsystems (s. u.) und des Entwicklungs- bzw. Handlungsprozesses. Dementsprechend fordert die Nutzwertanalyse [12/2] (Kapitel 7.9) ein sehr klar strukturiertes Zielsystem. Großen Einfluss auf das Zielsystem hat natürlich der Markt bzw. der Nutzer, für den das Produkt erstellt wird. Heute zunehmend auch die Erhaltung der Umwelt.
- **Sachsysteme** sind in der Technik die aus der Arbeit der Ingenieure, Techniker usw. entstehenden technischen Gebilde wie Maschinen, Maschinenteile, Geräte, Apparate, also die technischen Systeme. Sachsysteme sind das Objekt des Handlungssystems (s. u.). Dieses Objekt muss nicht immer ein materielles Gebilde sein, sondern kann auch immateriell sein, wie es z. B. bei Software oder Dienstleistungen der Fall ist.

In Bild 2.7 ist das System eines Planetengetriebes gezeigt, das wiederum Teil des größeren Systems eines Gaskompressors, und dieser seinerseits Teil einer verfahrenstechnischen Anlage ist. Ferner sind auch unterschiedliche Abstraktionsweisen, „Sichten“ und Darstellungsarten gezeigt: Eine Vielfalt von Modellierungen technischer Systeme oder Produkte.

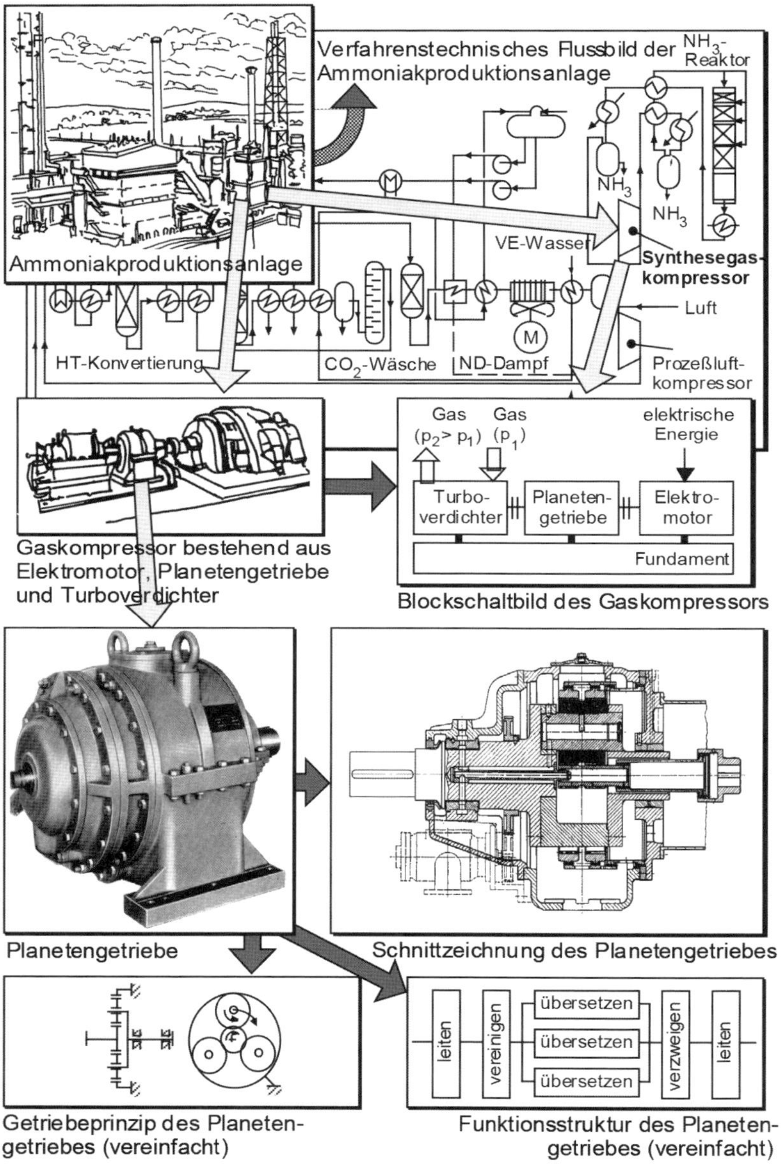

Bild 2.7 Das System „Planetengetriebe“ als Teil eines größeren Systems in unterschiedlicher Abstraktion und in verschiedenen Sichten. (Unterschiedliche Arten der Modellierung)

- **Handlungssysteme** enthalten strukturierte Aktivitäten, die z. B. zur Zielerfüllung eines zu erstellenden Sachsystems nötig sind. Dazu gehören Menschen, Sachmittel und Handlungen. Ergebnisse sind Projekt-, Vorgehens- und Terminpläne sowie Beschreibungen der Aufbau- und Ablauforganisation (Kapitel 4 und 5). Der später beschriebene Vorgehenszyklus (Kapitel 3.3.2) und die hier entwickelte IPE-Methodik (Kapitel 6.2) sind Beispiele für Handlungssysteme.
- Die dargestellten Zusammenhänge zwischen Ziel-, Sach- und Handlungssystem verdeutlichen, dass diese sehr eng verknüpft sind: Die im Zielsystem vorgegebene Art des technischen Sachsystems beeinflusst den Prozess seiner Erstellung (d. h. das Handlungssystem) und dieser wiederum das technische System.
- Ausgehend von der Logik der drei Teilsysteme kann man die Methodik der Produktentwicklung beschreiben, wie es Albers tut. (Albers u. a. in [26/1; S. 544])

  Zielsystem (Ziele, Anforderungen) → **Handlungssystem** → **Objektsystem** (Produkt).

  Er bezeichnet sein System als iPeM = integriertes Produktentstehungsmodell. Dabei erfolgt die Prüfung, ob das Objektsystem die Anforderungen für den beabsichtigten Gebrauch oder die Anwendung erfüllt, durch die Validierung. (Siehe Kapitel 7.9.1)
- Die Variabilität und Anpassbarkeit von Systemen wird bei „agilen Systemen" betont und die Rückkoppelungen und Kreisschlüsse in „System Dynamics". (Hierzu Bild 3.51 und die Literatur: Haberfellner [4 a/2; S. 46–52].

2.2.2 Technische Systeme

Zur Definition des technischen Systems

Technische Systeme sind künstlich erzeugte geometrisch-stoffliche Gebilde, die einen bestimmten Zweck (Funktion) erfüllen, also Operationen (physikalische, chemische, biologische Prozesse) bewirken. Sie sind somit Sachsysteme im oben definierten Sinn. Sieht man vornehmlich das geometrisch-stoffliche Gebilde und weniger den Prozess oder das Verfahren, welches das Gebilde durchführt, so spricht man von einem **technischen Produkt**. Dieses Produkt hat eine Vielzahl von Eigenschaften, unter denen es betrachtet werden kann bzw. die es bedingen. Bild 2.8 gibt sie wieder. (Vergleiche auch das auf den Konstruktionsprozess bezogene Bild 5.1.) Soll ein Produkt konstruiert werden, so müssen sehr viele dieser Eigenschaften als Anforderungen definiert werden.

Mit den Modellierungshilfsmitteln für technische Systeme wie z. B. Funktionsstrukturen muss es aber auch möglich sein, ganze verfahrenstechnische Anlagen zu erfassen, d. h. also auch die **Verfahren** abzubilden, die in diesen Anlagen ablaufen. Unter einem Verfahren oder einem Prozess wird eine geordnete Menge von Operationen verstanden.

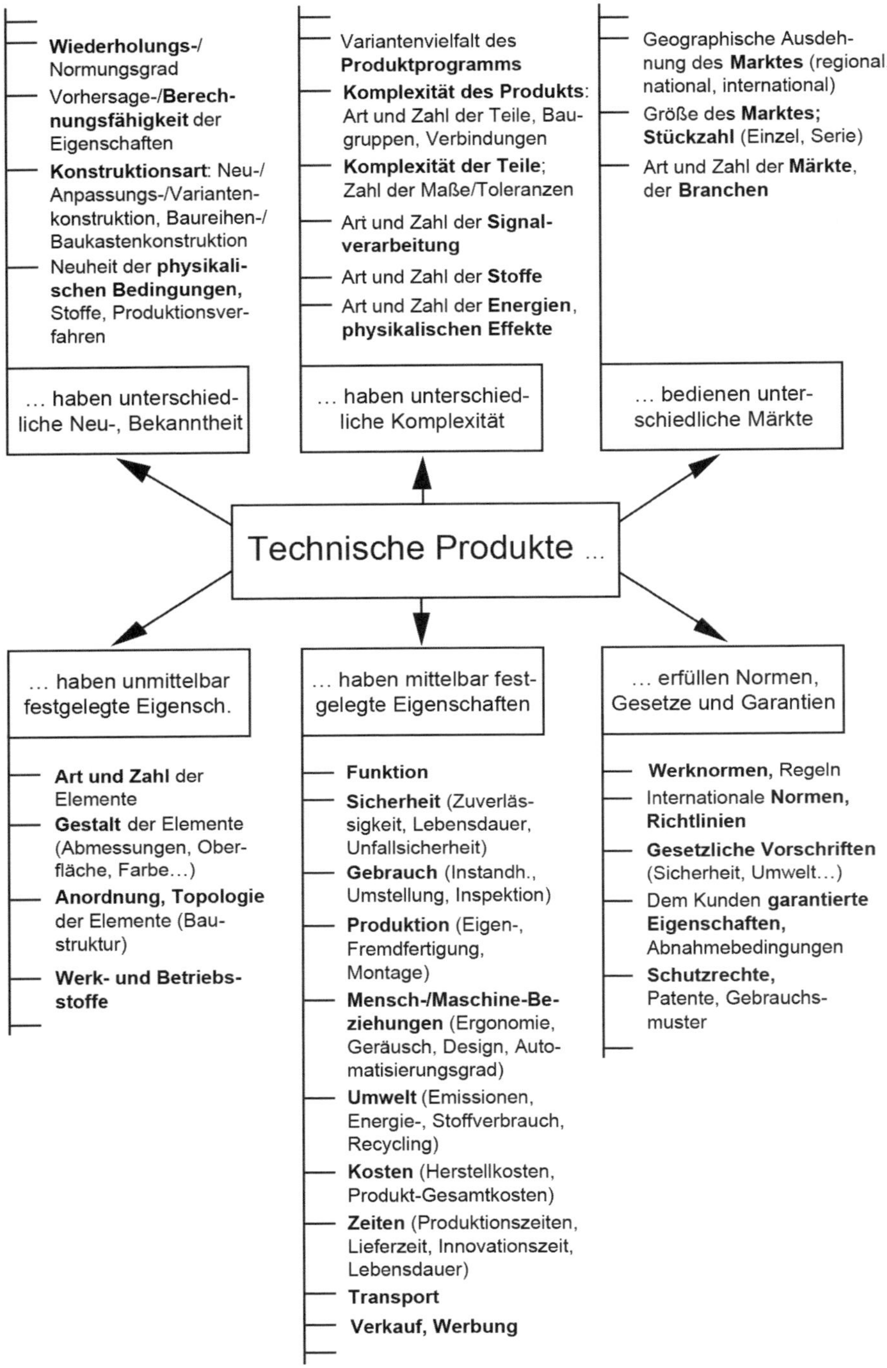

Bild 2.8 Eigenschaften technischer Produkte

Es ist nämlich kein prinzipieller Unterschied zwischen dem Prozess, der in einer Maschine abläuft (z. B. Staubsauger), oder dem, der in einer verfahrenstechnischen Anlage (z. B. chemische Fabrik) verwirklicht wird. In der Anlage sind nur die technischen Teilsysteme (Apparate), die den verfahrenstechnischen Prozess erfüllen, örtlich getrennt und z. B. durch Rohrleitungen verbunden aufgestellt. Der Prozess in einem Staubsauger kann durch die Teilprozesse „Staub saugen", „Staub transportieren" und „Staub abscheiden" beschrieben werden, die durch jeweils einzeln identifizierbare Teilsysteme (Düse, Schlauch, Filter) verwirklicht werden. Der Unterschied zur verfahrenstechnischen Anlage ist nur, dass sie alle in **einer** Einheit, in **einem** – auch von außen nur als Einheit sichtbaren – technischen System zusammengebaut sind. In diesem Sinne sind wahrscheinlich alle Produkte Teile eines Verfahrens.

Es muss ferner auch kein prinzipieller Unterschied gemacht werden, ob die zu erfüllenden Operationen durch technische Teilsysteme oder durch Lebewesen (Menschen, Tiere, Pflanzen) verwirklicht werden. Die meisten technischen Systeme sind soziotechnische Systeme, denn sie bedürfen der Regelung, Überwachung, Instandhaltung, allgemein der Interaktion mit dem Menschen. Bei der verbreiteten materialistischen Sichtweise wird diese Interaktion oft zu wenig beachtet.

Zweck der Definition „technisches System"

Die zu Beginn gegebene Begründung für die Verwendung des Begriffs „System" soll nun weiter konkretisiert werden.

- Das „Denken in Systemen" erleichtert die **Planung, Entwicklung und Konstruktion sowie den Bau des technischen Systems**. Insbesondere ist die Einführung klarer **Systemgrenzen** von großer praktischer Bedeutung (Kapitel 3.7).
- Am gedanklichen bzw. graphisch oder mathematisch dargestellten Modell können die **Eigenschaften** des technischen Systems frühzeitig erkannt bzw. simuliert werden (Kapitel 2.3).
- Die **abstrakte Modellierung** ermöglicht die Reduktion der Betrachtung auf das **Wesentliche**.

Als Beispiel für technische Systeme und ihre unterschiedlich abstrakte Darstellung dient der in Bild 2.7 gezeigte Gaskompressor.

2.3 Eigenschaften und Klassifikation technischer Systeme

Die Vielfalt technischer Systeme wird zweckmäßig aufgrund ihrer jeweils ähnlichen Eigenschaften eingeteilt, d. h. klassifiziert. Damit werden Gruppen von Systemen zusammengefasst, deren Verhalten ähnlich ist und die in ähnlicher Weise konstruiert und produziert werden können. Die Ordnung durch Klassifikation ist ein Mittel zur Komplexitätsbewältigung.

2.3.1 Allgemeingültiges zu Eigenschaften

Eine **Eigenschaft** ist alles, was durch Beobachtungen, Messergebnisse, allgemein akzeptierte Aussagen usw. von einem Gegenstand festgestellt werden kann. Wichtige kennzeichnende Eigenschaften können zur besseren Hervorhebung mit dem Begriff **Merkmal** bezeichnet werden. Eigenschaften (Merkmale) haben eine **Bedeutung** (Semantik, Qualität) und eine evtl. zahlenmäßige **Ausprägung** (Quantität). Das Merkmal „Farbe" hat z. B. die Ausprägung „zinnoberrot"; das Merkmal „Drehmoment" kann die Ausprägung „200 Nm" haben).

Für technische Systeme fasst DIN 2330 [13/2] die **Produktmerkmale** in drei Hauptgruppen zusammen (Bild 2.9):

- **Beschaffenheitsmerkmale** sind Merkmale, die am Produkt selbst festgestellt werden können (z. B. Gestalt, Werkstoff, Farbe, Verbindungsart). Auf diese Merkmale lassen sich alle Eigenschaften (also auch die nachfolgend aufgeführten Funktions- und Relationsmerkmale) zurückführen. (Da Software, nach Spur, ein „Maschinenelement" ist, entsteht die ungeklärte Frage, wie hier Beschaffenheitsmerkmale definiert werden können. Sind es die Programmiersprache, die Art und Zahl der Befehle und deren Struktur?).
- **Funktionsmerkmale** bezeichnen den gewollten Zweck eines Produkts, wie z. B. das zu übertragende Drehmoment oder den zu messenden Temperaturbereich.
- **Relationsmerkmale** sind Eigenschaften eines Produkts, die erst im Zusammenhang mit anderen Systemen (oder mit dem Menschen) von Bedeutung sind. Beispiele sind Spannungen und Verformungen aufgrund äußerer Kräfte, Geräusche, Passungen, Kosten, Bedienbarkeit oder Umweltbelastung.

Beschaffenheitsmerkmale sind **unmittelbar festgelegte** Merkmale, während Funktions- und Relationsmerkmale dadurch **mittelbar** festgelegt werden. Konstrukteure legen Beschaffenheitsmerkmale in großer Zahl unmittelbar oder direkt fest (z. B. Längen, Werkstoffe, Toleranzen, Oberflächenbeschaffenheit). Sie tun dies aber aufgrund der in den Anforderungen überwiegend vorgegebenen Funktions- und Relationsmerkmalen. So bestimmt z. B. eine geforderte Lagerlebensdauer die

Abmessungen des Lagers. Beschaffenheitsmerkmale können aber **auch mittelbar** oder indirekt festgelegt werden. So folgt z. B. das Gewicht eines Hydraulikzylinders aus dessen unmittelbar festgelegten Abmessungen. Und sein Funktionsmerkmal, die ausgeübte Kraft kann von einem Anlagenkonstrukteur unmittelbar festgelegt werden, wenn er den Zylinder als Standardbauteil verwendet. Man sieht, für den Praktiker ist die begriffliche Unterscheidung eher sekundär. – Beschaffenheits- und Relationsmerkmale sind **Zustandsmerkmale**, die den Zustand eines Objekts kennzeichnen. Der Unterschied von Ein- und Ausgangszuständen charakterisiert dessen Funktion.

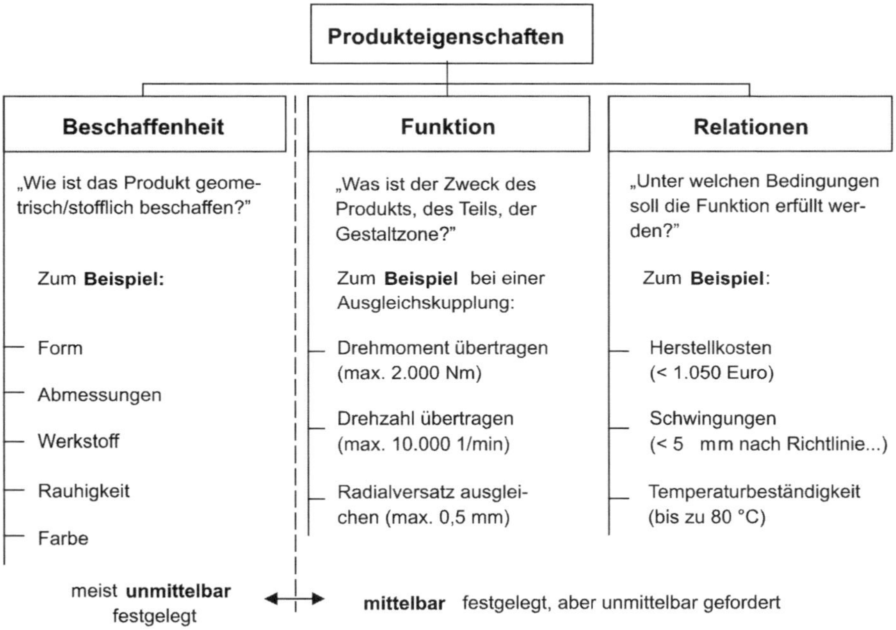

Bild 2.9 Gliederung der Produktmerkmale (nach DIN 2330 [13/2])

Da die Beschaffenheitsmerkmale die „Schlüsselmerkmale" für alle Eigenschaften eines Produkts sind, sucht die Forschung seit jeher, die Bezüge zwischen Funktions- und Relationsmerkmalen zu den Beschaffenheitsmerkmalen möglichst genau quantitativ aufzudecken (z. B. Dauerbruchgefahr bei Wellenabsätzen in Abhängigkeit von Abmessungen und Werkstoffen; Getriebegeräusche in Abhängigkeit von Zahnabmessungen und Zahnfehlern). Die Beschaffenheitsmerkmale – als die unmittelbar festgelegten Merkmale eines Produkts – sind diejenigen Merkmale, von denen alle Eigenschaften eines Produkts (Funktions- und Relationsmerkmale) abhängen. Um ein Beispiel zu bringen: Es müssen die Bezüge zwischen der Gestalt der Bauteile, der Baustruktur (Beschaffenheitsmerkmale) und den Montagezeiten und -kosten (Relationsmerkmale) bekannt sein, damit das Produkt montagegünstig entworfen werden kann. Diese Bezüge sollten vor allem dann möglichst genau bekannt sein, wenn das Produkt (der Prozess) konzipiert und entworfen wird (Eigenschaftsfrüherkennung).

Die Einteilung der Eigenschaften kann je nach Zielsetzung auch unter anderen Gesichtspunkten erfolgen, z. B. nach:

- **inhaltlichem** Bezug,
- **räumlichem** Bezug oder
- **zeitlichem** Bezug.

Eine weitere und feinere Einteilung in insgesamt zwölf Eigenschafts- bzw. Merkmalsgruppen findet sich bei Hubka [14/2]. Dort werden auch die Beziehungen zwischen den Gruppen dargestellt.

2.3.2 Klassifikation technischer Systeme

Der **Zweck der Klassifikation** ist, das Verständnis für die Vielfalt technischer Systeme zu erleichtern und eine Übersicht darüber zu schaffen. Was im System chemischer Elemente und im Linnéschen System der Pflanzen geschaffen wurde, ist für technische Systeme erst im Werden. Die Klassifikation der in einer Branche oder in einem Unternehmen hergestellten Produkte kann dazu beitragen, zu dichte Besetzungen bzw. Lücken im Produktprogramm aufzuzeigen.

Technische Systeme können nach allen Produktmerkmalen entsprechend Bild 2.9 eingeteilt werden, insbesondere aber nach der Hauptumsatzart (Stoff, Energie, Information), nach der Komplexität, nach ihrer Struktur (z. B. nach ihrer Fluss-, Bau- oder Wirk- [15/2, 16/2] bzw. Organstruktur [1/2]) und nach ihren Abstraktionsebenen oder -arten (Bild 2.5 bis 2.6 und Bild 2.7).

a) Klassifikation nach der Hauptumsatzart

Technische Systeme bewirken im Allgemeinen – um ihren Zweck zu erfüllen – eine Zustandsänderung eines Operanden, des Umsatzprodukts. Die Art des dafür nötigen Umsatzes **(Hauptumsatz)** kann zur Einteilung der technischen Systeme herangezogen werden. Nach DIN [17/2] werden folgende Umsatzarten unterschieden:

- **Stoff** (Materie),
- **Energie**
- **Information**[1] (Signale, Daten).

---

1) Eine feinere, im Folgenden jedoch nicht angewendete Unterscheidung von Informationen, Signalen und Daten ist möglich. Sie beruht auf der Vorstellung, dass Informationen erst dann aus Daten oder Signalen entstehen, wenn letztere durch eine Interpretation mit einer Bedeutung versehen werden. Bei der Steuerung einer Verkehrsampel handelt es sich demnach um einen Signalfluss. Ein Informationsfluss wird daraus, wenn die rote Ampel als Aufforderung zum Stoppen interpretiert wird.

- Für Stoff und Energie müssen die bekannten Erhaltungssätze gelten, gleichgültig, welche Prozesse (Operationen) mit ihnen durchgeführt werden. Dies gilt nicht für Informationen. Diese können vom Menschen kreiert, erfunden bzw. entdeckt oder vernichtet, zerstört bzw. vergessen werden. [5/2] (Bild 7.144).

Wie Bild 2.10 am Beispiel einer Drehmaschine zeigt, wirken meist alle drei Umsatzarten bei einem technischen System zusammen, um die gewünschte Zustandsänderung, die Hauptfunktion, zu erfüllen.

Hier ist die Hauptfunktion, die geforderte Form des Werkstücks durch Zerspanen von Stahl zu erreichen. Das Hauptumsatzprodukt ist dementsprechend Stahl, ein **Stoff**.

Um dies zu erreichen, muss als erstes Nebenumsatzprodukt elektrische **Energie**, z.B. zur Drehbewegung des Werkstücks, umgesetzt werden. Die Energie allein reicht aber nicht. Sie muss gesteuert werden. Die im Programm der NC-Drehmaschine gespeicherte Information über die Soll-Konturen des Werkstücks wird den Schrittmotoren mitgeteilt, solange bis sie messbar „verkörpert" ist. Die **Information** ist also das zweite Nebenumsatzprodukt.

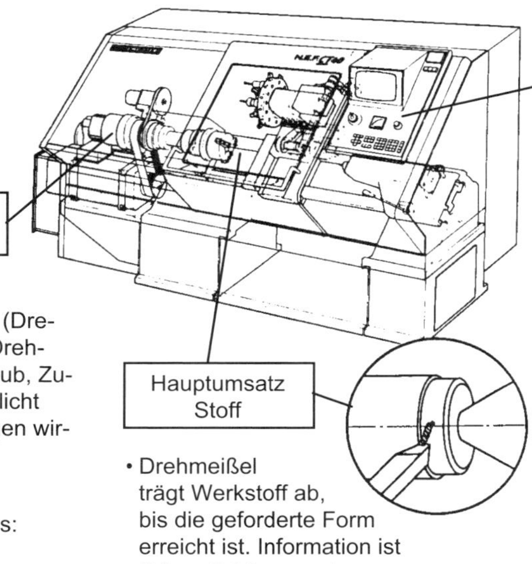

Bild 2.10 Umsatzarten am Beispiel einer NC-Drehmaschine

Die Änderung des Hauptumsatzes eines technischen Systems entspricht also dessen Zweck oder Hauptfunktion. Ein Pkw hat folglich als Hauptumsatzprodukt Stoffe, denn er soll deren Ortsänderung bewirken. Dementsprechend geräumig ist er zu konstruieren.

Ein und dasselbe Umsatzprodukt kann u. U. für alle drei Umsatzarten benutzt werden. So erfüllt z. B. Wasser den Zweck des Stoffumsatzes in einer Brauchwasserpumpe, den Zweck des Energieumsatzes in einer Wasserturbine oder den Zweck des Signalumsatzes in einem Drehflügelmessgerät für die Wassergeschwindigkeit. Dabei ist das wirksame Maschinenelement in allen Fällen das gleiche: die umströmte Schaufel (siehe auch Bild 2.12). Entsprechend dem jeweiligen Zweck sind die Konstruktionsregeln unterschiedlich. Die allgemeinen Größen lassen sich in **Flussstrukturen** darstellen, wie Bild 2.11 für die NC-Drehmaschine zeigt. Die Kreise symbolisieren Zustände, die vor und nach der in dem Rechteck symbolisierten Operation angeordnet sind. Die Pfeile der Flüsse sind wie folgt aufzufassen:

- Stoff 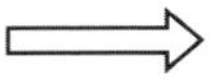
- Energie 
- Information (Signale, Daten) 

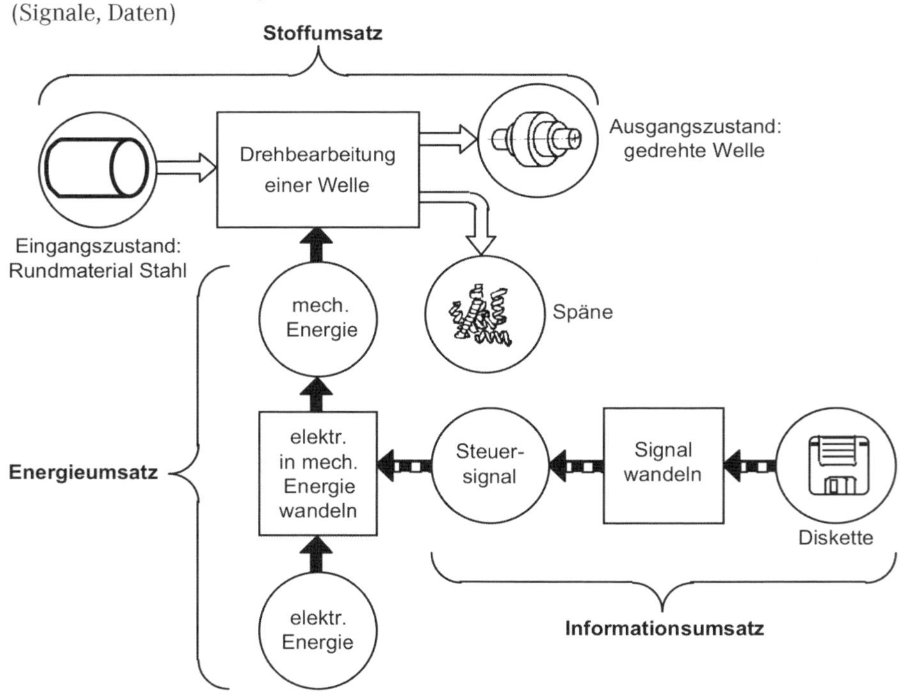

Bild 2.11 Funktionsstruktur[2] einer NC-Drehmaschine (vereinfacht)

2) Auf Funktionsstrukturen wird speziell in Kapitel 7.4.2 und Anhang A1 eingegangen.

In Bild 2.12 sind Beispiele für Maschinenelemente und zugehörige Maschinentypen (bzw. Geräte, Apparate) angegeben, die nach dem Hauptumsatz und dem Umsatzprodukt klassifiziert sind. Man sieht, dass es viel mehr als die üblichen Maschinenelemente gibt, die zur mechanischen Antriebstechnik zu rechnen sind. Allerdings hat die mechanische Antriebstechnik eine große Bedeutung, da sie zumindest bei allen sich bewegenden Produkten Verwendung findet. Auch Software ist ein „Maschinenelement", ohne das sich heute kaum mehr etwas bewegt.

Umsatzart des Hauptumsatzes (entspr. Zweck)	Umsatzprodukt	Maschinenelement	Produkttyp bzw. Maschinentyp
Energie-umsatz	mechanische Energie	Zahnrad *, Welle, Lager, Kupplung	Getriebe
	pneumatische E.	Kolben * * Zahnrad *	Verbrennungsmotor Zahnradpumpe/-motor
	hydraulische E.	umströmte Schaufel•	Turbine, Verdichter
	thermische E.	Rohrleitung ••	Wärmetauscher
	elektrische E.	Elektromagnet	Elektromotor
Stoffumsatz	fester Stoff	Sieb, Filter Mischschaufel Drehmeißel	Sieb-, Filtriermaschinen Mischer Drehmaschine
	flüssiger Stoff	Zahnrad * Kolben * * umströmte Schaufel • Rohrleitung ••	Zahnradpumpe Kolbenpumpe Kreiselpumpe Trinkwasserversorgung
	gasförmiger Stoff	umströmte Schaufel • Behälter	Ventilator Gasflasche
Informations-umsatz	energetische Information	Zahnrad * Kolben * * umströmte Schaufel • Rohrleitung •• elektrische Schalter Software	indukt. Drehzahlmessgerät Mehrwegeventil Geschwindigkeitsmessgerät pneumatische Steuerung Telegraf Rechner
	stoffliche Information	Zahnrad * Kolben * * Letter	Ovalrad-Messgerät Mengenregler Schreibmaschine
Die mit *, * *, •, •• markierten Maschinenelemente kommen in allen drei Umsatzarten vor			

Bild 2.12 Klassifikation technischer Systeme nach der Hauptumsatzart (Zweck) und nach dem Umsatzprodukt

Ein technisches System kann **vor** aller Strukturierung, als Black Box, sozusagen auf der höchsten Abstraktionsstufe durch die Zustandsänderung des Umsatzprodukts beschrieben werden, wie Bild 2.13 zeigt. Diese hier vielleicht zu einfach erscheinende Maßnahme, hilft bei der Aufgabenklärung (Kapitel 7.3) für neu zu konstruierende Systeme, um festzustellen, was das System bewirken soll, wo das Kernproblem liegt.

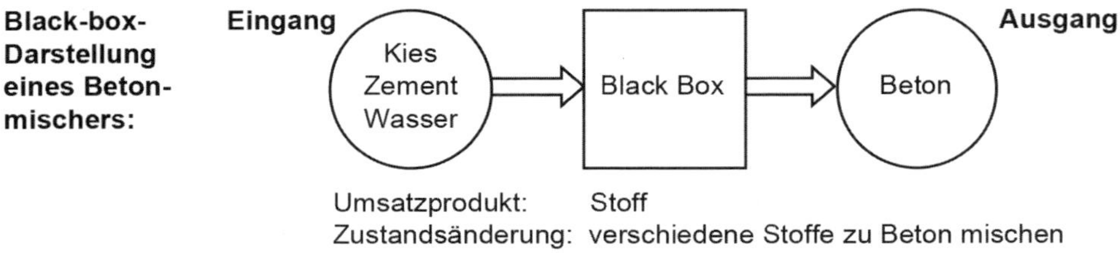

Bild 2.13 Beispiel zur Black-box-Darstellung

Schließlich sei mit Bild 2.14 noch gezeigt, wie man mit derartigen Flussdarstellungen ein Maschinenbau-Unternehmen als soziotechnisches System vereinfacht modellieren kann.

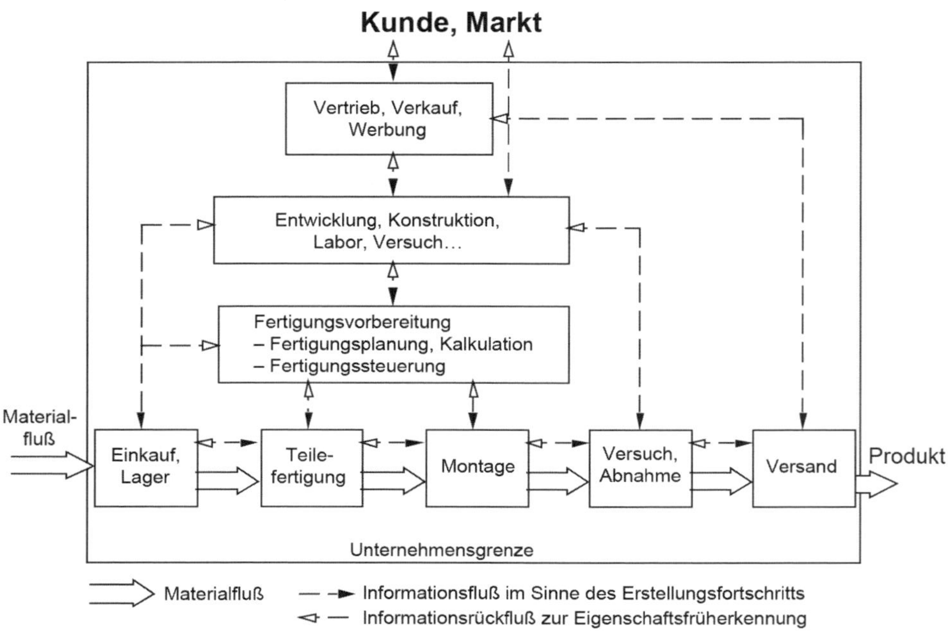

Bild 2.14 Beispiel für ein soziotechnisches System: Modell eines Maschinenbau-Unternehmens mit den Systemelementen (Abteilungen), ihren Relationen sowie den vernetzten Informations- und Materialflüssen (Stofffluss) bei der Produkterstellung (unvollständig und ohne Berücksichtigung von Zuständen)

Ein Maschinenbau-Unternehmen ist ein Handlungssystem, das Produkte als Sachsysteme erstellt. Dazu benötigt es Zielsysteme (z. B. in Form von Plänen oder Zeichnungen) und wiederum Sachsysteme in Form von Gebäuden, Werkzeugmaschinen usw. Das Hauptumsatzprodukt eines Maschinenbau-Unternehmens sind Stoffe, die zu produzierten Waren umgewandelt werden. Dem Stoff wird mit Hilfe der hier vernachlässigten Energie die Information aufgeprägt. Der Stoff- und Energiefluss kann dabei fast vollkommen automatisiert verarbeitet werden. Die dafür nötige Planung und Steuerung wird durch die Mitarbeiter des Unternehmens vorgenommen. Fast alle Mitarbeiter sind dementsprechend nur noch informationsverarbeitend tätig. Durch den informationsverarbeitenden Rechner werden auch diese Prozesse zum Teil automatisiert. Für die früher nötige Muskelarbeit (Energieumsatz) wird heute kaum jemand mehr benötigt.

b) Klassifikation nach Komplexität, Flussstruktur und Baustruktur

Der hier bewusst sehr stark vereinfachte Begriff der **Technischen Komplexität**[3] eines **technischen Systems** ist abhängig von der Anzahl und der Unterschiedlichkeit der Elemente **(Varietät)** und der Anzahl und Vielfalt der **Relationen** zwischen den Elementen **(Vernetztheit, Konnektivität).** Technische Komplexität kann damit in einfachen Fällen als eine **objektiv** messbare Eigenschaft eines Systems aufgefasst werden und ist aus Parametern, die zur Systembeschreibung benutzt werden, berechenbar. Meist aber ist die Messbarkeit nicht möglich, da wesentliche Einflussgrößen (z. B. Zahl, Varietät) mathematisch nicht erfasst werden können und oft nicht alle Verknüpfungen gleichzeitig existieren. (Siehe Bild 2.23). Davon kann man die **Kompliziertheit** unterscheiden, die ein Maß für die **subjektive** Schwierigkeit bei der Behandlung von technischen Systemen darstellt (Bild 3.2). Gleiche Sachverhalte können für verschiedene Personen unterschiedlich kompliziert, d. h. schwierig sein. So erlebt ein Laie die Reparatur eines Pkw als sehr kompliziert, ein Automechaniker eher als einfach. – Im nachfolgenden Kapitel 2.3.3 d wird der Umgang mit Komplexität besprochen: Ein Hinweis auf das Komplexitätsmanagement.

Bild 2.15 zeigt eine Klassifizierung technischer Systeme nach der Komplexität von dem Grenzzustand Punkt über die Gestaltzone, das Bauteil, die Baugruppe, die Maschine bis zur Anlage. Bezogen auf die Zahl der Teile ergeben sich z. B. 1–100 Teile bei einem Maschinenelement, 1000 Teile bei einer einfachen Maschine, 10 000 Teile bei einem Pkw und 100 000 Teile bei einer Papiermaschine oder einem Flugzeug.

3) Bei der weitergefassten Objektkomplexität (Kapitel 3.1.1) werden weitere Eigenschaften von Objekten des Handelns berücksichtigt. Die verschiedenen Sichtweisen des Begriffs Komplexität behandelt Negele [28/2] S. 6–9; und Lindemann u. a. [31/2]. (Siehe auch Kapitel 3.8.2).

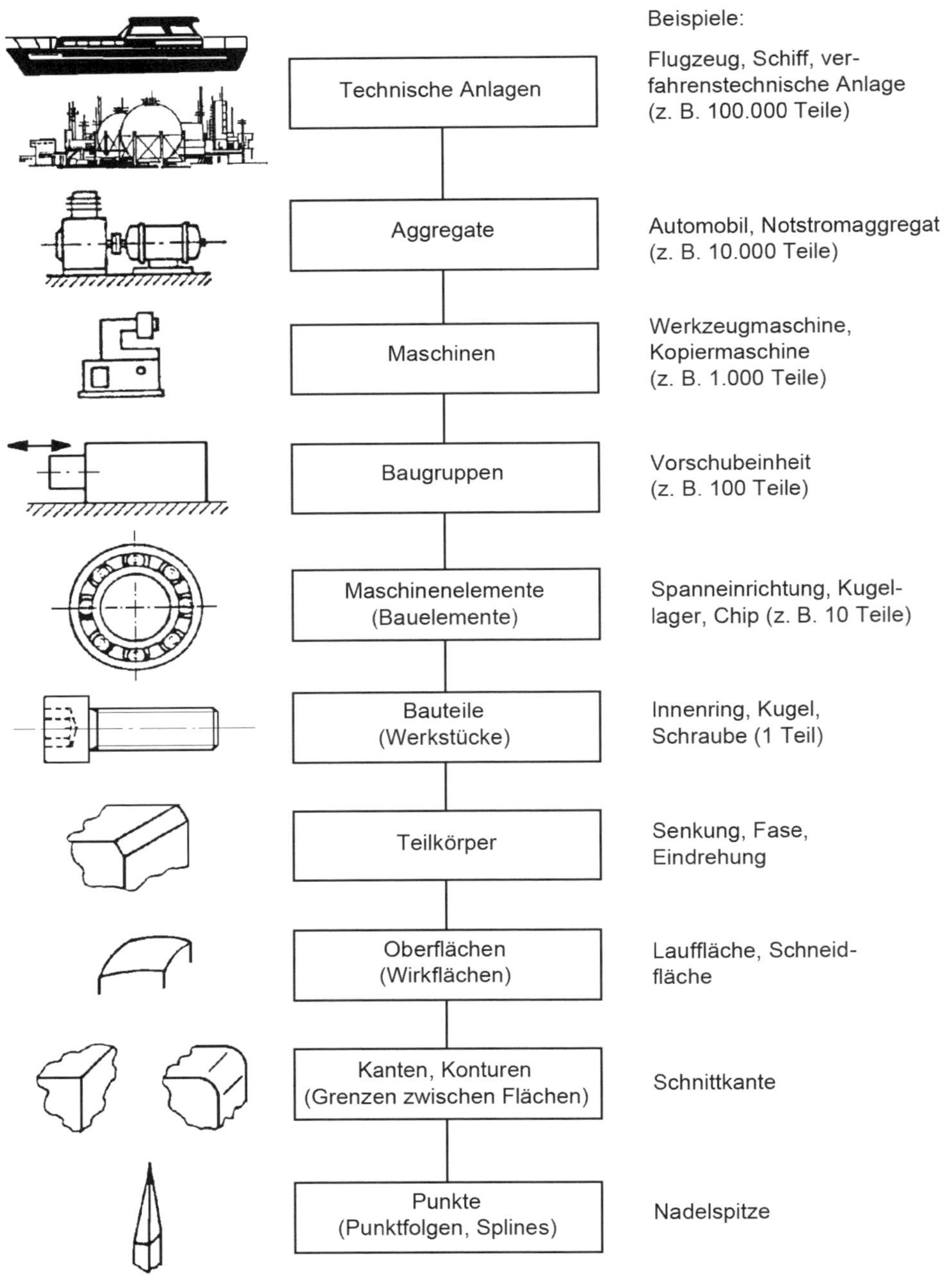

Bild 2.15 Klassifikation technischer Systeme nach ihrer Komplexität (nach Koller [18/2])

Die oben angesprochene Unterschiedlichkeit eines technischen Systems wird offensichtlich, wenn man die **Vielfalt der in einem System wirkenden Energien, Stoffe und Informationen** betrachtet.

Beispielsweise ist ein früher rein mechanisch (außer dem Motor) wirkender Pkw weniger komplex als ein heutiger, hybrider PKW, der zusätzliche hydrostatische, hydrodynamische, elektrische, elektronische sowie Software- und Dienstleistungs-Komponenten enthält, die miteinander verknüpft sind.

Komplexität ist ein Phänomen der Natur von der Astronomie bis zur Teilchen- bzw. Quantenphysik, das uns die Verstehbarkeit fast unmöglich macht. Auch im menschlichen Körper werden Billionen verschiedener Substanzen produziert und in den richtigen Mengen an Billionen verschiedener Orte transportiert.[4]

Da Anlagen unterteilt werden können in Aggregate, Geräte oder Maschinen, diese in Baugruppen, diese wiederum in Bauelemente und in Bauteile, ist auch eine Klassifikation technischer Systeme nach der **Baustruktur** möglich. Dabei wird unter Baustruktur die Struktur der Zusammenfügung von Einzelteilen zu Baugruppen und/oder zum Gesamtverband des Produkts verstanden. (Zur „funktionalen Baustruktur" oder, wie sie heute bezeichnet wird, die „Produktarchitektur", siehe Kapitel 7.4.1.1 und 9.4.1 sowie 9.4.3). (Die Kombination der Wirkflächenpaare bilden nach Matthiesen [15/7.6] eine Leitstützstruktur. (Siehe Kapitel 7.6.1.2 a))

Technische Systeme können also hinsichtlich der beiden Strukturarten **Baustruktur** und **Flussstruktur** (Bild 2.14) unterschieden werden. Unter Flussstruktur wird der „Schaltplan" für die durch ein System „fließenden" Stoffe, Energien oder Informationen verstanden. Eine besondere Art der Flussstruktur ist die Funktionsstruktur (vgl. Bild 2.11 und Kapitel 7.4.2).

c) Klassifikation nach den Modellierungsbegriffen technischer Systeme

Technische Systeme können in verschiedenen Bereichen modelliert werden [8/2]. In der Konstruktionsmethodik [15/2; 16/2; 19/2] werden insbesondere die folgenden Bereiche verwendet:

- Funktion (funktionelle Lösungsmöglichkeiten),
- Physik (physikalische Lösungsmöglichkeiten) und
- Gestalt (gestalterische Lösungsmöglichkeiten).

Diese Bereiche sind in Bild 2.16 als horizontal angeordnete Ebenen wiedergegeben. Im Sinne einer durchgängigen Produkterstellung ist zusätzlich der Produktionsbereich angedeutet.

Die schraffierten vertikalen Flächen in Bild 2.16 sollen schematisch die Lösungssuche und -auswahl während des Produkterstellungsprozesses darstellen: Die geforderte Gesamtfunktion „Steinblock heben" kann durch unterschiedliche Kombinationen verschiedener Teilfunktionen realisiert werden, die durch die Schnittlinie der schraffierten Fläche in der Ebene der funktionellen Lösungsmöglichkeiten

4) Jahresbericht 2007/2008 der Daimler-Benz-Stiftung 68526 Ladenburg; Stichwort „Biologistik".

repräsentiert werden. Zur weiteren Konkretisierung muss eine bestimmte Lösung ausgewählt werden. Im Beispiel ist dies die Teilfunktion „Kraft vergrößern“, für die auf der nächsten Ebene mehrere verschiedene prinzipielle physikalische Lösungsmöglichkeiten gefunden werden können. Zum Übergang auf die Ebene der gestalterischen und stofflichen Lösungsmöglichkeiten und weiter auf die Produktionsebene muss wieder jeweils eine bestimmte Möglichkeit ausgewählt werden, die zu mehreren Alternativen auf der darunterliegenden Ebene führt. Die Pyramidenform der Darstellung soll diese Zunahme von sinnvollen Lösungsmöglichkeiten zum Ausdruck bringen und auf den damit verbundenen Informationszuwachs hinweisen, der z.B. zwischen den Anforderungen und der kompletten Produktdokumentation zu verzeichnen ist. Im Bild ist dieses Entstehen einer Lösungsvielfalt auf den verschiedenen Ebenen und das Einschränken durch Bewertung und Auswahl immer nur ausgehend von einer Teilfunktion, einer prinzipiellen und einer gestalterischen Lösung gezeigt. In der Realität müssen natürlich zum einen alle Teilfunktionen berücksichtigt werden. Zum anderen ist beim Wechsel auf eine konkretere Ebene die Beschränkung auf eine einzelne Lösungsmöglichkeit oft nicht möglich. Es müssen zusätzlich mehrere alternative Lösungsmöglichkeiten parallel bearbeitet werden, bis eine Bewertung und Auswahl auf einer konkreteren Ebene durchführbar ist.

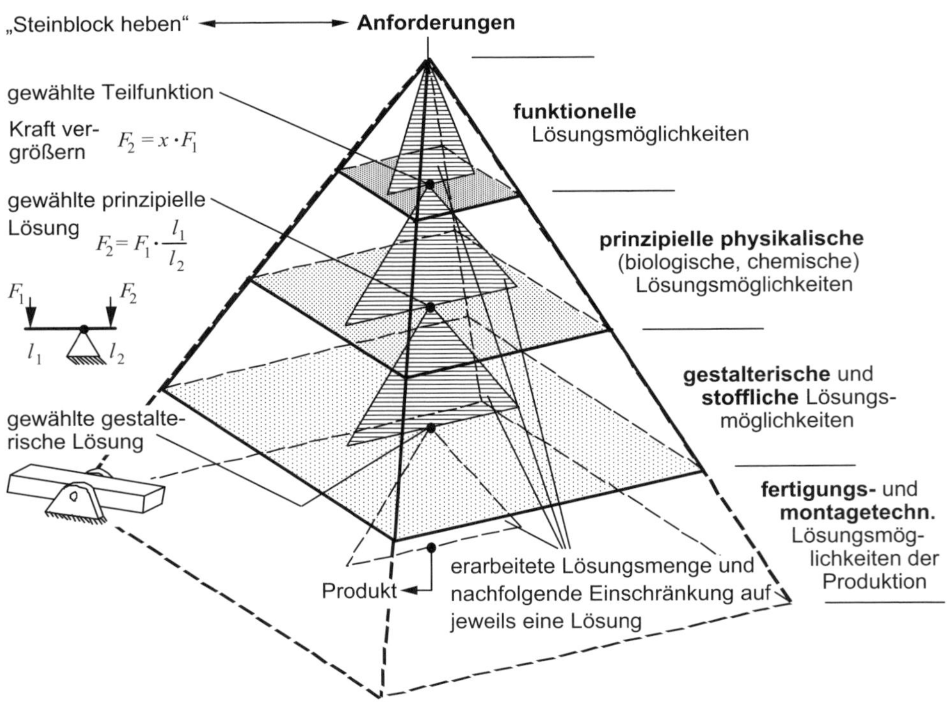

Bild 2.16 Hierarchische Modellierung von technischen Systemen in den Bereichen Funktion, Physik und Gestalt (links Beispiel für „Steinblock heben“)

Die oberste Ebene in Bild 2.16 ist den Funktionsmerkmalen zuzurechnen. Die Ebene darunter – die Physik – stellt eine Abstraktion der Beschaffenheitsmerkmale dar, die selbst auf der Ebene der gestalterischen und stofflichen Lösungsmöglichkeiten abgebildet sind. Es ist beispielsweise klar, dass die Funktion „Kraft vergrößern" mit dem physikalischen Effekt „Hebel" erfüllt werden kann, der in seiner mechanischen wie symbolischen Darstellung nur eine Abstraktion seiner geometrisch-stofflichen (gestalterischen) Realisierung darstellt. Die physikalischen (in besonderen Fällen auch die chemischen oder biologischen) Effekte erlauben eine sehr effektive Beschreibung von technischen Systemen sowohl bei deren Analyse als auch bei der Synthese. Da die Effekte verbal, mathematisch und auch symbolisch mit Hilfe einer „Primitiv-Geometrie" formuliert werden können, stellen sie den Übergang von der verbal formulierten Funktion zur geometrisch-stofflich verkörperten Gestalt dar (Kapitel 7.5.5.3).

Die in Bild 2.16 dargestellte Pyramide zeigt gleichzeitig eine hierarchisch determinierende Beziehung. Der jeweils abstraktere Bereich (näher an der Pyramidenspitze) ist für die Gesamtlösung wichtiger als der nachfolgende konkretere. So ist z. B. die Hauptfunktion in der Pyramidenspitze zusammen mit den Nebenfunktionen entsprechend den Anforderungen die Voraussetzung für die gewählten physikalischen Effekte, und diese bedingen wiederum die gestalterische Realisierung des Produkts und seine Produktion.

Da die in Bild 2.16 angesprochenen chemischen und biologischen Effekte derzeit für die Produktentwicklung im Maschinenbau gegenüber physikalischen Effekten eine untergeordnete Bedeutung haben, werden sie nachfolgend nicht mehr erwähnt.

Welch eine Vielfalt von Produkten bei im wesentlichen konstanten physikalischen und gestalterischen Lösungsmöglichkeiten nur dadurch entsteht, dass die Funktion – z. T. sogar nur quantitativ – variiert wird, zeigt Bild 2.17 am Beispiel von Kraftfahrzeugen.

Bild 2.17 Die Aufgaben (Funktionen) als Bestimmungsgrößen für Produkte (nach Hubka [1/2]): Unterschiedliche Aufgaben führen zu unterschiedlichen Fahrzeugen bei prinzipiell gleichen Lösungsmöglichkeiten

Unterschiedliche Anforderungen, wie die

- Beförderung von Personen: unterschiedlich an Zahl und an Komfort,
- Beförderung von Gütern: offen und geschlossen,

- Beförderung von großen bzw. kleinen, schweren bzw. leichten Gütern oder
- Erzeugung von Zugkraft,

ergeben also sehr unterschiedliche Fahrzeuge.

Wird umgekehrt die Funktion im Wesentlichen konstant gehalten und werden die technischen Lösungsmerkmale variiert (d.h. die physikalischen, vor allem aber die gestalterischen Lösungsmöglichkeiten aufgrund fortschreitender Technologie und Produktionstechnik), so entsteht ebenfalls eine Fülle unterschiedlicher Lösungen, wie Bild 2.18 zeigt. Produkte werden also wesentlich bestimmt durch die Funktion und die dafür zu einer bestimmten Zeit verfügbaren technischen Lösungsmöglichkeiten.

Bild 2.18 Technische Lösungsmöglichkeiten als Bestimmungsgrößen für Maschinen (nach Hubka [1/2]): Bei ungefähr gleicher Aufgabe führen im Lauf der Zeit unterschiedliche Lösungsmöglichkeiten und Erkenntnisse zu unterschiedlichen Fahrzeugen

d) Klassifikation nach weiteren Eigenschaften

Entsprechend der Vielzahl von Eigenschaften technischer Systeme ergeben sich weitere Klassifizierungsmöglichkeiten. Da diese zum Teil in nachfolgenden Kapiteln noch behandelt werden, seien sie hier nur aufgeführt. Die Klassifizierung ist möglich nach:

- produktspezifischen Gestaltparametern (z.B. axiale, halbaxiale, radiale Pumpen bzw. Turbinen; gerad-, schräg-, pfeil-, bogenverzahnte Getriebe; Lamellen-, Rippen- oder Plattenheizkörper),
- Werkstoffart (z.B. Stahl-, Kunststoff-, Holzbauweise),
- Stückzahl (z.B. Einzel-, Serien-, Massenprodukt),
- Fertigungsart (z.B. Guss-, Schweiß-, Blech-, Schmiedeteil),
- Größe (z.B. Groß-, Klein-, Miniaturmotoren),
- Automatisierungsgrad (z.B. nicht-, halb-, vollautomatisch),
- Leistung, Geschwindigkeit (z.B. Einfach- bzw. Hochleistungsmotoren; Unterschall- bzw. Überschallflugzeuge),
- Gewicht (z.B. Produkte des Schwermaschinenbaus, Maschinenbaus, Leichtbaus),
- Schmierungsart (z.B. trockenlaufende, tauchgeschmierte, druckgeschmierte Getriebe oder Lager) usw.

2.3.3 Verknüpfung von Sach- und Handlungssystemen

Die Elemente von technischen Systemen sind immer voneinander abhängig; sie sind mehr oder weniger eng verknüpft oder vernetzt [20/2]. Diese Verknüpfung erfolgt beim praktischen Konstruieren zwar im Detail bewusst, aber dem gesamten Ablauf nach eher implizit, intuitiv. Das erste folgt aus der Logik der Sache („Es ist doch klar, dass sich der Lagerdurchmesser aus dem Wellendurchmesser bestimmt!"), das zweite meist aus dem produktspezifisch eingeschliffenen Ablauf („Das machen wir eben so!"). Wer wissenbasierte Systeme entwickelt hat, weiß, wie schwer solche „Selbstverständlichkeiten" zu erfragen und zu beobachten sind, damit sie formalisiert werden können [21/2].

Will man z. B. bei einer Variantenkonstruktion die Automatisierung des Konstruktions-Ablaufs evtl. einschließlich der Teilefertigung und Montage durchführen, so müssen früher implizit (unbewusst) ablaufende Entscheidungen explizit (rational) beschrieben werden: Es muss die Produkt- einschließlich der Produktionslogik formuliert werden, die somit ausgehend vom Sachsystem eine Basis für einen Vorgehensplan im Handlungssystem darstellt.

a) Produktlogik

Unter **Produktlogik** kann man, in Erweiterung von Weinbrenner [22/2], die bei einem technischen Produkt bestehenden Abhängigkeiten zwischen den Anforderungen sowie Restriktionen (unternehmensinterne Anforderungen aus Normen, Richtlinien ...) und den Elementen des Produkts sowie den Prozessen der Produktion, der Nutzung und Entsorgung verstehen. Es ist dabei klar, dass auch die Abhängigkeiten der Elemente untereinander dazugehören. Produktlogik ist dann, wie in Bild 2.19 angedeutet, die Summe aus der Konstruktions-, Produktions-, Nutzungs- und Entsorgungslogik und entspricht damit einer „Produktlebenslauflogik". (Ein einfaches Beispiel zeigt Bild 7.64). Bisher ist die Konstruktions- und die Produktionslogik noch Gegenstand der Forschung.

Die Zusammenhänge sollen schematisch an Hand Bild 2.19 und an einem Getriebe-Beispiel erläutert werden. Dabei soll noch einmal betont werden, dass die Produktlogik im Lauf der Produkterstellung meist implizit – d. h. zunächst nicht formal nachvollziehbar – festgelegt wird. Sie stellt einen Teil des Konstruktions-, Produktions-, Nutzungs- und Entsorgungs-Know-hows dar und kann nachträglich nur durch Interpretation der Produktdokumentation und durch Befragen ermittelt werden.

Die folgenden Ausführungen sind für die Variantenkonstruktion[5] eines Turbinengetriebes gültig, dessen mögliche Gestaltvarianten durch betriebsinterne Normung (Restriktionen[6] (R)) eingeschränkt und definiert wurden. Der Konstruktionsablauf

5) Zu den Begriffen Varianten-, Anpassungs- und Neukonstruktion siehe Kapitel 5.1.4.1.

6) Restriktionen sind einschränkende Anforderungen.

ist also sozusagen vorausgedacht worden. Es ist aber ganz allgemein auch bei der Neu- oder Anpassungskonstruktion eines Produkts ein ähnlicher Ablauf zu erwarten, wobei allerdings eher Fehler („trial and error") und dementsprechende Iterationen auftreten werden.

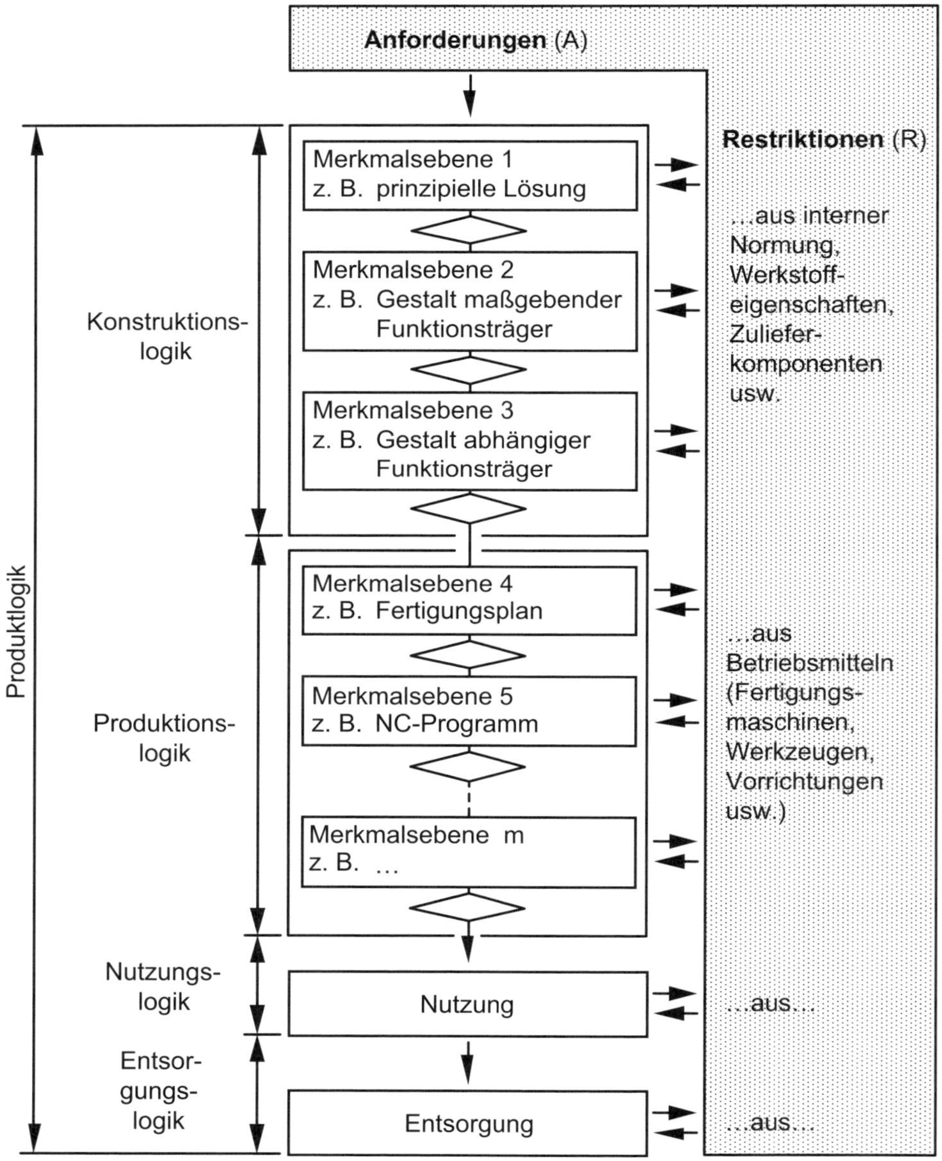

Bild 2.19 Produktlogik als Summe aus Konstruktions-, Produktions-, Nutzungs- und Entsorgungslogik

Das Turbinengetriebe entspricht bzgl. seiner Baustruktur dem Getriebe in Bild 2.22. Bild 2.19 zeigt, wie ausgehend von den Anforderungen (A) in jeder Merkmalsebene Entscheidungen getroffen werden, die Produkt- oder Prozessmerkmale festlegen. Der Inhalt der Merkmalsebenen und deren Detaillierung hängen vom Sachsystem (hier dem Produkt) ab. Im folgenden Beispiel (Bild 2.20) wird Merkmalsebene 2 angesprochen.

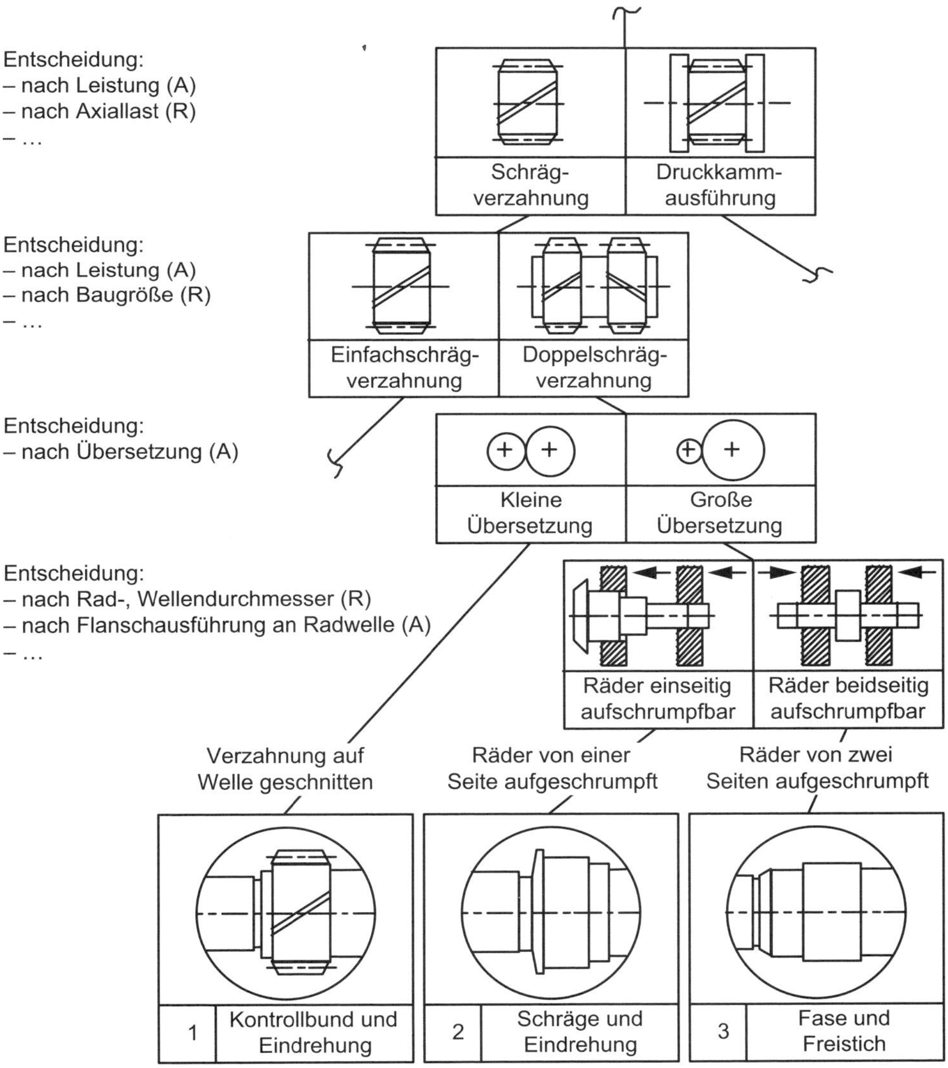

Bild 2.20 Konstruktionslogik zur Gestaltung der Übergänge an der Radwelle (nach Figel [23/2]) A = Anforderung; R = Restriktion

Bild 2.20 gibt am Beispiel eines Turbinengetriebes an, wie aus den Anforderungen (A) bezüglich Getriebeleistung und evtl. geforderter Axiallastaufnahme die Entscheidung für Schrägverzahnung oder Schrägverzahnung mit Druckkammausführung getroffen wird. Dass hier keine Geradverzahnung zur Entscheidung ansteht, ergibt sich aus der internen Normung des Unternehmens: Es besteht in dieser Hinsicht eine Restriktion (R) bei Turbinengetrieben.

Es wurde aufgrund der Anforderungen eine Schrägverzahnung festgelegt. In der nächsten Untermerkmalsebene ist zwischen Einfach- und Doppelschrägverzahnung zu entscheiden. Entsprechend der geforderten Leistung (A) und den geforderten Drehzahlen (A) ergibt sich aus einer Überschlagsberechnung eine bestimmte Getriebebaugröße (Achsabstand). Für diese Baugröße ist als genormte Restriktion (R) nur Doppelschrägverzahnung vorzusehen (Freiheit von Axialkräften). So arbeitet man sich über verschiedene Untermerkmalsebenen vor, bis die Ausführung 2 (rechts) der Radwelle in Bild 2.20 festgelegt ist. In jeder Ebene werden Entscheidungsregeln angestoßen, deren Bedingungsteil Anforderungen, Folgeanforderungen und Restriktionen enthält und die automatisch abgearbeitet werden können. So wird über die durch interne Normung festgelegten Gestaltvarianten beispielsweise der Getrieberadwelle nach Bild 2.21 entschieden. Damit ist die **Konstruktionslogik** dieser Welle definiert.

In ähnlicher Weise kann entsprechend Bild 2.19 der Fertigungsplan und das NC-Programm für diese Welle mit der **Produktionslogik** (automatisch) festgelegt werden. Die Anforderungen hierfür leiten sich aus der Wellengestalt, den Toleranzen und Werkstoffeigenschaften ab. Restriktionen ergeben sich z. B. aus den Rohmaterialabmessungen und den Betriebsmitteleigenschaften.

Die **Nutzungslogik** umfasst die Angaben der Montage-, Demontage-, Inspektions- und Gebrauchsanweisungen in Form von „Wenn ... dann ...“-Beziehungen. Auch hier kann eine formalisierte Logik zur Automatisierung führen, z. B.: „Wenn die Schwingungen (Temperaturen, Öldrücke ...) einen bestimmten Grenzwert über-/unterschreiten, dann wird Alarm gegeben und die Anlage abgeschaltet.“

Die **Entsorgungslogik** kann z. B. auch in einer Entsorgungsrichtlinie als Text beschrieben werden, etwa: „Wenn die Messingdichtringe bzw. die Weißmetallager entsorgt werden sollen, ist wie folgt vorzugehen ...“.

Beispiele, bei denen heute schon fast durchgängig mit einer Produktlogik gearbeitet wird, sind die Rechnerentwicklung, -produktion und -nutzung. Ein Werkzeug zur formalen Beschreibung der Produktlogik wurde von Weinbrenner entwickelt [22/2].

Insgesamt gesehen beeinflussen die durch den Produktaufbau bedingte Konstruktionslogik und die durch die einsetzbaren Produktionsprozesse bedingte Produktionslogik usw. den Gesamtprozess der Produkterstellung und des Produktlebenslaufs. Damit kann auch von einer in sich kohärenten **Prozesslogik** für die

Produkterstellung und den Produktlebenslauf gesprochen werden, die auch rechnerunterstützt bearbeitet werden kann [24/2]. Damit wurde in mehreren Firmen eine weitgehend automatisierte Getriebekonstruktion und -produktion möglich. Ähnliches wird bei anderen standardisierbaren Produkten (z.B. Pumpen) eingesetzt. [22/2].

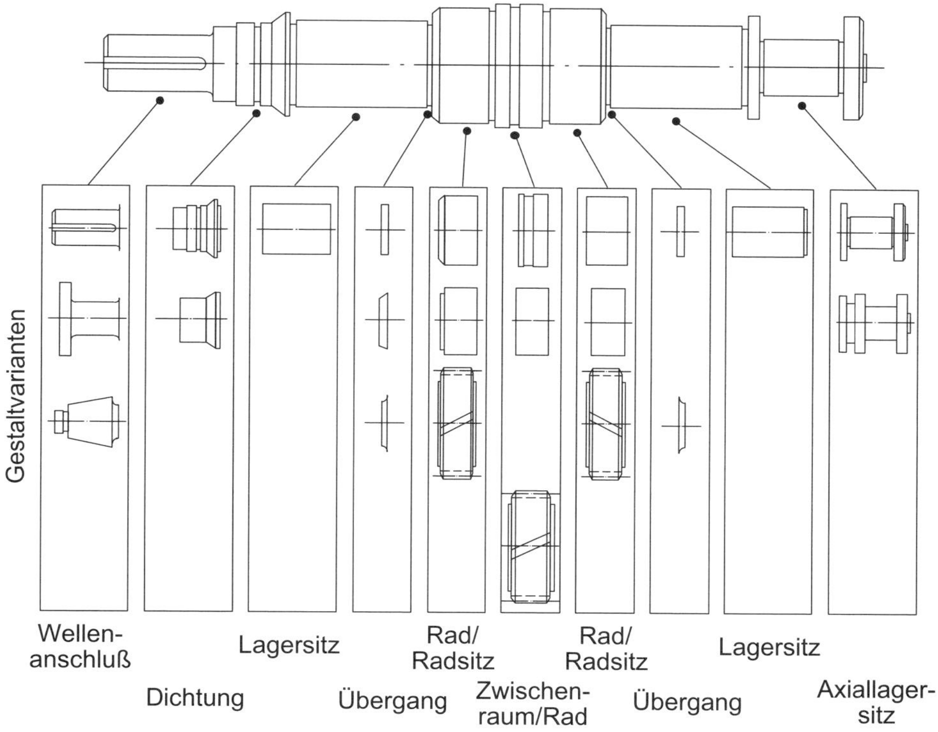

Bild 2.21 CAD-Makrobaukasten der Turbogetriebe-Radwelle (Gestaltung von Übergängen, Rädern bzw. Radsitzen und Zwischenräumen entsprechend Bild 2.20; nach Figel [23/2])

b) Optimierung des Vorgehens beim Konstruieren

Entsprechend der oben beschriebenen Konstruktionslogik ist leicht einzusehen, dass es Funktionsträger (Bauteile, Baugruppen) gibt, die stark mit anderen verknüpft sind, und andere, die eher randständig sind. Erstere seien **maßgebende Funktionsträger** (Bauteile, Baugruppen) genannt. Sie erfüllen meist eine wichtige Funktion (Hauptfunktion) und sind insbesondere dann zuerst beim Konstruieren festzulegen und damit im eigentlichen Sinne „maßgebend“, wenn sie andere Funktionsträger stark beeinflussen, selbst aber davon weniger beeinflusst werden (Kapitel 6.5.1). Beispiele sind Zahnräder bei Getrieben, Laufräder bei Pumpen,

Verdichtern, Turbinen, Zylinder und Kolben bei Verbrennungsmotoren. Abhängige Funktionsträger sind direkt davon abhängig (z. B. Lager, Gehäuse, Dichtungen). Optimal ist das Vorgehen dann, wenn man diese maßgebenden Funktionsträger erkennt und sie nach Möglichkeit zuerst mit der gebotenen Aufmerksamkeit durcharbeitet. Entsprechende Hinweise enthalten auch die Vorgehenspläne zum Konstruieren (Kapitel 6.5.1). Dass die Verhältnisse kompliziert sein können (anscheinend abhängige Funktionsträger können unter besonderen Randbedingungen zu maßgebenden werden), wird nachfolgend am Beispiel eines Stirnradgetriebes gezeigt.

In Bild 2.22 ist das Konzept eines einfach-schrägverzahnten und wälzgelagerten Stirnradgetriebes mit den wichtigsten Bauelementen (1) bis (11) dargestellt, dessen Achsabstand nicht vorgegeben ist, aber aus Kostengründen minimiert werden soll.

In der Bauelementematrix a) in Bild 2.22 für ein Getriebe mit einer Übersetzung $\boldsymbol{i} > 1{,}5$ ist vertikal die Reihenfolge der Festlegung (Gestaltung) der einzelnen Bauelemente von (1) bis (11) insofern zweckmäßig, als dabei praktisch keine Informationen von jeweils vorher noch nicht festgelegten Bauelementen benötigt werden. In der horizontalen Achse und über der Diagonalen sind nämlich diejenigen Bauelemente angegeben, von denen Informationen benötigt werden, um die Bauelemente in der vertikalen Achse der Reihe nach von (1) bis (11) festzulegen.

Die einzige Ausnahme besteht darin, dass man bei Festlegung des Ritzels auch etwas vom Rad wissen muss und umgekehrt. Man muss z. B. die Festigkeit beider optimieren. Es ist hier also eine Iterationsschleife nötig. Wenn man die Reihenfolge ändern würde, z. B. das Gehäuse vor den Lagern festlegen wollte, gäbe es eine Menge von unnötigen Iterationen. Man sieht aus dem Beispiel, dass der Radsatz (1), (2) die maßgebende Baugruppe darstellt.

Um jedoch zu zeigen, wie komplex und vernetzt bereits dieses einfache Beispiel ist, ist unter Bild 2.22 b noch einmal eine Bauelementematrix für ein Getriebe mit sehr kleiner Übersetzung ($\boldsymbol{i} < 1{,}5$) und gehärteten Zahnrädern dargestellt, wobei der Achsabstand erfahrungsgemäß nicht durch die Zahnräder (1) und (2), sondern durch die Wälzlagerdurchmesser (5) bis (8) bestimmt wird. Man muss also nachträglich die Zahnräder iterativ korrigieren bzw. man arbeitet bei den Lagern zunächst mit vorläufigen Annahmen. Die Lager sind jetzt zusätzlich zu maßgebenden Bauelementen geworden. Man muss also u. U. die Vorgehensweise ändern. Der gebogene Pfeil unten zeigt den Kreisschluss bzw. die Iteration zwischen Lager und Zahnritzel. (Siehe auch Komplexitätsmanagement in Kapitel 2.3.3 d).

Zu gestaltende Bauelemente beim Stirnradgetriebe

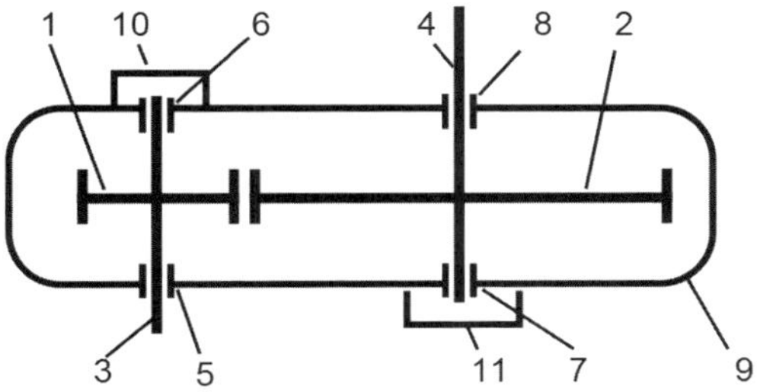

1 Ritzel
2 Rad
3 Ritzelwelle
4 Radwelle
5 Ritzellager unten
6 Ritzellager oben
7 Radlager unten
8 Radlager oben
9 Gehäuse
10 Ritzeldeckel
11 Raddeckel

a) Bauelementematrix für Übersetzung von z. B. $i > 1{,}5$; wenig Iteration

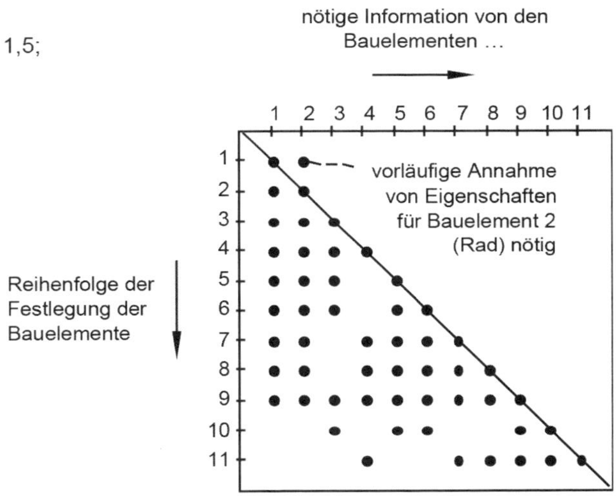

b) Bauelementematrix für Übersetzung von z. B. $i < 1{,}5$ und insbesondere bei gehärteten, schrägverzahnten Zahnrädern; mehr Iteration

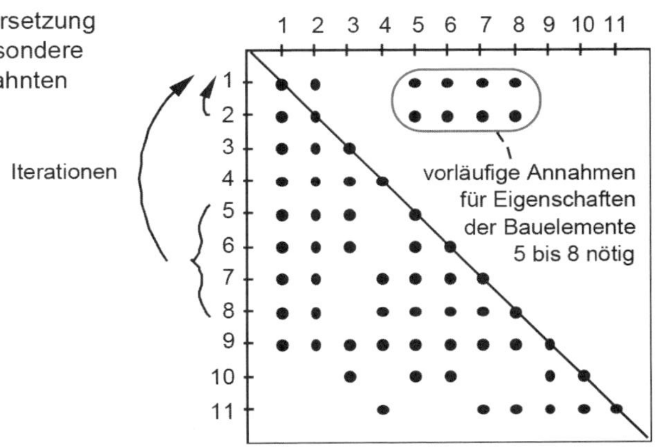

Bild 2.22 Das zweckmäßige Vorgehen bei der Festlegung (Gestaltung) der Bauelemente lässt sich aus der Bauelementematrix feststellen (Beispiel Stirnradgetriebe mit Wälzlagern ohne Berücksichtigung von Dichtungen)

Mit Hilfe solcher Bauelemente- oder Baugruppenmatrizen kann man die Vorgehensweise beim Konstruieren hinsichtlich Aufwand und Zeit optimieren [25/2]. Das geht natürlich umso leichter, je weniger das neu konstruierte Produkt von früher bekannten abweicht, bei einer vollkommenen Neukonstruktion dürfte dies jedoch schwierig sein. Es zeigt sich daraus aber, dass das Vorgehen bei **Simultaneous Engineering** (Kapitel 4.4.1) nicht nur ein Organisationsproblem, sondern auch ein Problem der Produktstruktur ist. Ferner zeigt sich, dass sehr detaillierte **Vorgehenspläne** (Kapitel 4.1.5) produkt- und sogar – wie hier – anforderungsabhängig sind. Allgemeingültige Vorgehenspläne können also im Detail kein sinnvolles Vorgehen mehr angeben (Kapitel 6.2.3).

Diese rein technische Sicht einer Reihenfolge für die Festlegung der Elemente muss u. U. geändert werden, wenn termin- oder kostenbestimmende Baugruppen/Bauteile vorgezogen werden müssen (Kapitel 7.4.1.2).

c) Zusammenhang zwischen Produkt- und Organisationsstruktur

Betrachtet man die Beziehungen zwischen Sachsystem und Handlungssystem nicht wie bisher im Detail, sondern eher ganzheitlich, so kann man die These formulieren: **„Die Produktstruktur bedingt die Organisationsstruktur“** oder „Komplexe Sachsysteme können nur mit komplexen Handlungssystemen erstellt werden“.

Ein Unternehmen zur Herstellung des oben dargestellten Getriebes kann beispielsweise weit einfacher strukturiert sein, als dies für einen modernen Automobilhersteller erforderlich ist. Die Beziehungen sind allerdings von einigen wichtigen Einflussgrößen wie Qualitätsanforderungen, Fertigungstiefe oder produzierter Stückzahl abhängig. Auch ein verhältnismäßig kleines Team kann nämlich ein Sonderautomobil konstruieren und herstellen, wenn nur eine geringe Stückzahl produziert werden soll.

d) Komplexitätsmanagement

Wie Bild 2.23 zeigt, nimmt in der Produktentwicklungdie von den Ingenieuren zu beherrschende Komplexität immer mehr zu. Diese betrifft nicht nur Produkte, sondern im Zeitverlauf ebenso Entwicklungs- und Fertigungsprozesse sowie das ganze Umfeld im Unternehmen, im Markt, in der Gesellschaft. Alles und alle werden vernetzt und integriert. (Das Buch hat nicht umsonst diesen Namen.)

Was man unter Technischer Komplexität versteht wird weiter oben in Kapitel 2.3.2 b erläutert. Dort wurde unter Technischer Komplexität eines Produkts ein System beschrieben, welches sich durch eine große Anzahl an gleichen oder andersartigen Subsystemen und Bauelementen zusammensetzt, die beliebig miteinander verknüpft sind. – Für die Betrachtung des Komplexitätmanagements muss die Komplexität weiter gefasst werden. Denn das System kann über die Zeit verschiedene

Zustände annehmen, das Systemverhalten kann Unschärfe zeigen und es kann eine Prognosefähigkeit im Sinne einer Simulation nicht vollständig realisierbar sein. Die Systemelemente sind zudem nicht alle auf die Verwendung in einem einzelnen System beschränkt, sondern können im Sinne eines Baukastensystems ebenfalls in anderen Systemen eingesetzt werden. [33/2]

Arten der Komplexität		**Beispiele für Einflüsse**
unternehmens-interne Komplexität	**Produkt-**komplexität	steigende Produkt-, Variantenvielfalt steigende Komponentenvielfalt zunehmende externe Zulieferungen sinkende Losgröße
	Prozess-komplexität	steigende Prozessvielfalt steigende Prozessvernetzung steigender Zeitdruck
	Organisations-komplexität	steigende Anforderungen an Organisationsstrukturen zunehmende Vernetzung der Beteiligten (Einzel, Team)
externe Komplexität	**Markt**komplexität	Forderung nach mehr individuellen und multifunktionalen Produkten Globalisierung Spezialisierung
	Gesetzes-komplexität	zunehmende nationale Gesetzesflut zunehmend relevante internationale Gesetze (z. B. EU)
	Normen-komplexität	immer mehr nationale Normen (bes. Sicherheitstechnik) immer mehr internationale Normen (Kundenländer) immer mehr firmenspezifische Richtlinien, Normen

Bild 2.23 Zunehmende Komplexität in der Produktentwicklung

Eine Methode für Lösungen bei dieser Komplexität bietet Systems Engineering, das in den 1930er Jahren von Bertalannfy und weiter von Bell Laboratories entwickelt wurde und später eine Basis für die Konstruktionssystematik war. [26/1; S. 153–184]

Der Lehrstuhl für Produktentwicklung, Technische Universität München, versteht unter **„Systems Engineering“** einen interdisziplinären Ansatz, bei dem besonders die Unterstützung der Anforderungsklärung, die Systemarchitektur und die Integration von Teilsystemen und -komponenten im Vordergrund steht. Dies erfordert eine intensive Schnittstellenbetrachtung, die die Grundlage für das spätere Testen, Validieren und Verifizieren der entwickelten Teillösungen und des Gesamtsystems darstellt. Es ist klar, dass es dabei vom Ziel her um Qualität im Sinne des Nutzers geht und die Lebensdauer des Systems einschließlich psychischer, sozialer und ökologischer Gesichtspunkte berücksichtigt wird. INCOSE [34/2].

Als **Beispiel** soll in Bild 2.24 **ein Produkt** behandelt werden, da es für Entwickler am schnellsten zu verstehen ist. Man könnte meinen eine moderne **PKW-Karosserie** bestehe nur aus einigen Blechteilen, die aneinander geschweißt werden müssen. Heute sind das aber bis zu 400 Komponenten, die untereinander komplex vernetzt sind, an denen hunderte von Entwicklern arbeiten, die aus unterschiedlichen Bereichen (Mechanik, Fertigung, Montage, Design, Werkstoffkunde, Elektronik, Software und anderen) kommen und sich laufend technisch, kostenmäßig, zeitlich abstimmen müssen. Allein mit der Simulation von Festigkeit, Steifigkeit, Aerodynamik, Geräusch- und Crashverhalten sind zig Personen beschäftigt, um den notwendigen „Eigenschafts-Rückfluss" an die Entwickler zu liefern. Ohne Rechner wäre die Vernetzung gar nicht mehr zu schaffen. (Siehe Bild 4.34).

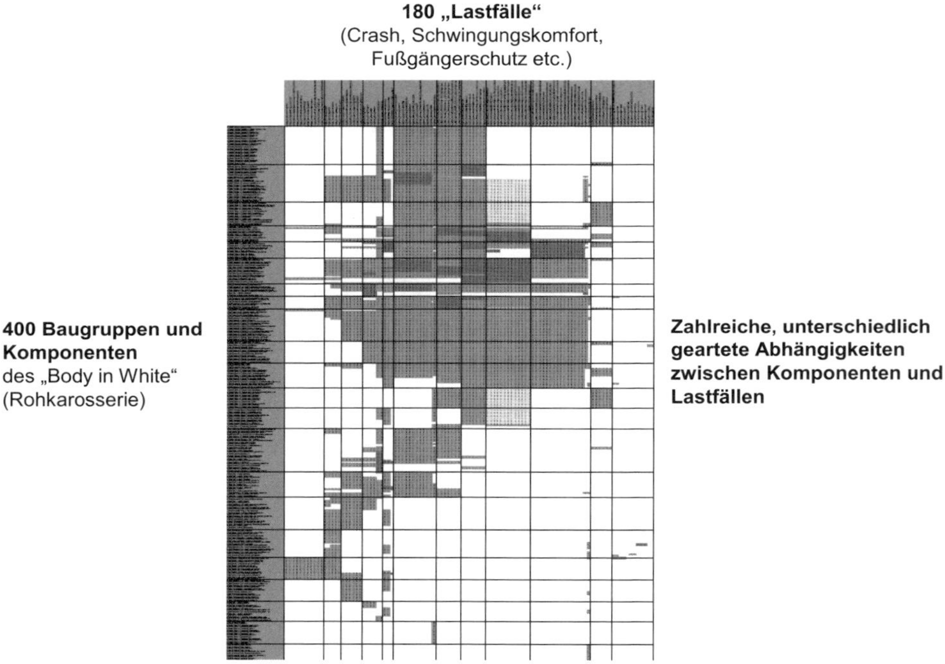

Bild 2.24 Komplexität in der Produktentwicklung am Beispiel Karosserieentwicklung Audi (nach Herfeld [69/4] und Lindemann u. a. [31/2])

Das Bild zeigt in einer Matrix der PKW-Rohkarosserie, wie deren 400 Baugruppen und Komponenten mit den 180 Lastfällen (z. B. Crash, Schwingungskomfort, Steifigkeiten, Fußgängerschutz) im Kontakt stehen. Man kann daraus Cluster der Baugruppen bilden, die z. B. besonders günstiges Crash-Verhalten bewirken können, wenn sie dafür richtig gestaltet und aufeinander abgestimmt sind. Selbstverständlich kann man derartige Matrizen auch für andere „Eigenschafts-Sichten" bilden, wie z. B. hinsichtlich verschiedener Arten der Steifigkeit oder hinsichtlich des Geräuschverhaltens. (Ein Stirnradgetriebe in Matrizenform zeigt Bild 2.22).

Man benötigt also Methoden der Komplexitätsbeherrschung, die das Verständnis, die Modellierung und Steuerung von Systemen, deren Elementen und Beziehungen unterstützen können. Daraus können dann z. B. Anordnungs- und Gestaltungsempfehlungen abgeleitet werden. Besonders im Variantenmanagement (Kapitel 9.4) und speziell beim Entwickeln von Baukästen (Kapitel 9.4.7.3) ist eine Hilfe zur Strukturierung von Bausteinen von Vorteil.

Das Vorgehen dafür ist in Bild 2.25 schematisch angedeutet: Man geht von einer Erfassung und einer Analyse des Komplexitätsproblems aus (oben, mit Matrizen, Schnittstellen- und Clusteranalysen) und kommt insofern (mittig) zu einer Problemlösung als man die vorliegende Komplexität mit Hilfe einer Abhängigkeits- und Strukturanalyse zu verstehen lernt. Daraus kann man dann Handlungsempfehlungen für eine verbesserte Gestaltung des Systems ableiten (unten). – Das kann entsprechend Bild 2.23 für alle Arten von Systemen durchgeführt werden, nicht nur für mechanische, wie hier bei der Karosserie. – Da hier nur ein Hinweis auf das Komplexitätsmanagement gemacht werden sollte, wird für tieferes Verständnis auf die Literatur verwiesen. [31/2; 32/2]. Das Online-Portal DSMweb *(www.dsmweb.org)* bietet einen Überblick über Methoden und Literatur des strukturellen Komplexitätsmanagements.

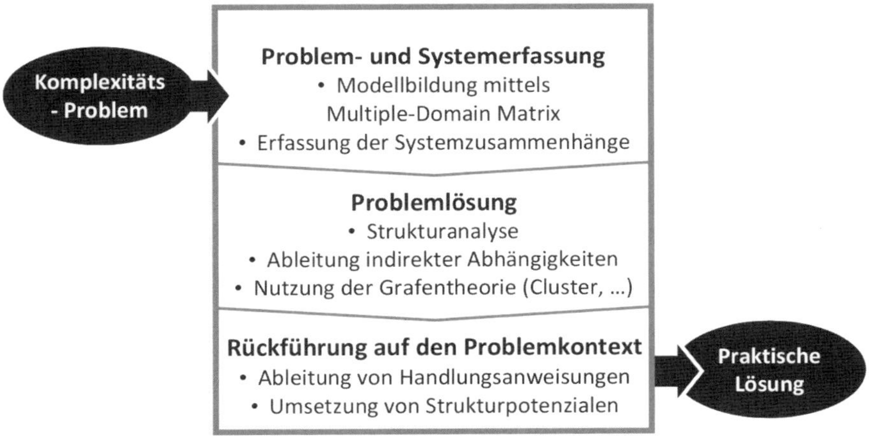

Bild 2.25 Vorgehen beim Komplexitätsmanagement nach TESEON *(www.teseon.com)*

Eine Weiterentwicklung des Umgangs mit großen Datenmengen (Big Data) ist die Modellierung mit graphenbasierten Modellen, die dem Entwickler insofern entgegenkommt, weil er mit Funktionsstrukturen ja bereits die Nutzung von Graphen gewohnt ist. Mit dem Rechner werden so **Eigenschaftsanalysen komplexer Produkte** buchstäblich einsichtig. Z. B. hinsichtlich Zuverlässigkeit oder Beschwerde-Zuordnung. (Helms u. a., [26/1; ab S. 979]).

2.4 Der Lebenslauf technischer Systeme und ihre Planung im Handlungssystem

Bei der Betrachtung des Lebenslaufs von Systemen bzw. von Produkten (Bild 2.26) können gleichartige Abschnitte zwischen der Planung und Beseitigung der Systeme bzw. Produkte unterschieden werden, die in Abhängigkeit vom jeweiligen System mit jeweils unterschiedlichen Begriffen bezeichnet werden. (Life-cycle-Betrachtung von der Planung bis zum Recycling). Daraus leitet sich das Software-System Produkt-Life-Cycle-Management ab (PLM).

In Bild 2.26 sind den Lebensphasen eines „allgemeinen" Systems die Lebensphasen eines konkreten technischen Systems (z.B. des Gaskompressors nach Bild 2.7) gegenübergestellt.

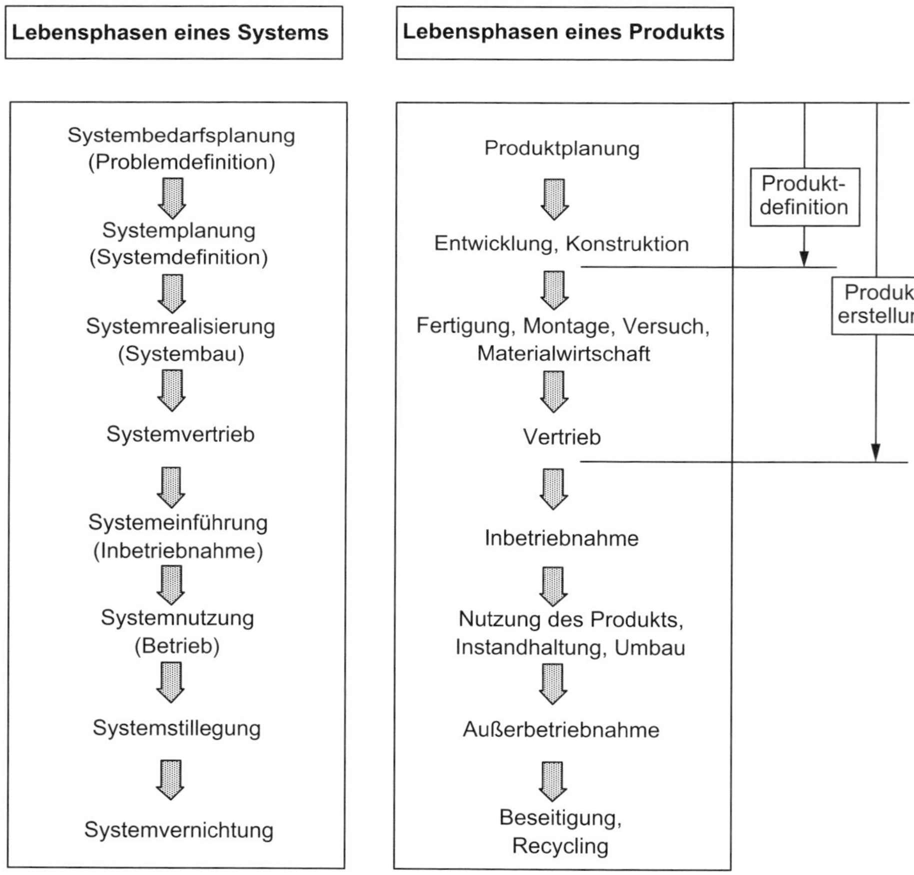

Bild 2.26 Lebensphasen eines Systems (links) und eines Produkts (rechts)

Lebenslauforientiert ergeben sich unterschiedliche Aufgaben beim Umgang mit einem Produkt, weshalb viele Abteilungen im Unternehmen oder auch besondere Unternehmen darauf ausgerichtet sind. Die Betrachtung der Lebensphasen hat für die Ermittlung der Anforderungen an ein zukünftiges technisches System den Vorteil, dass man weniger vergisst, da durch die mögliche Strukturierung die Kompliziertheit des Gesamtumfangs verringert wird (Kapitel 7.3). Anforderungen, Nutzen, Probleme, äußere Einwirkungen und Störungen in den jeweiligen Phasen des Lebenslaufs müssen bei zuständigen Fachleuten Abteilungen oder Institutionen ermittelt werden.

Der Lebenslauf eines Produkts hat auch erhebliche Auswirkungen auf die **Kosten**, den Erlös und den Gewinn eines Produkts. – Bei Produkten, die über längere Zeiträume z.B. als Serie oder als Baureihe auf dem Markt bleiben, ist neben dem **Lebenslauf** eines einzelnen, individuellen Produkts auch der **Marktlebenslauf** der Produktart zu berücksichtigen (Bild 2.27).

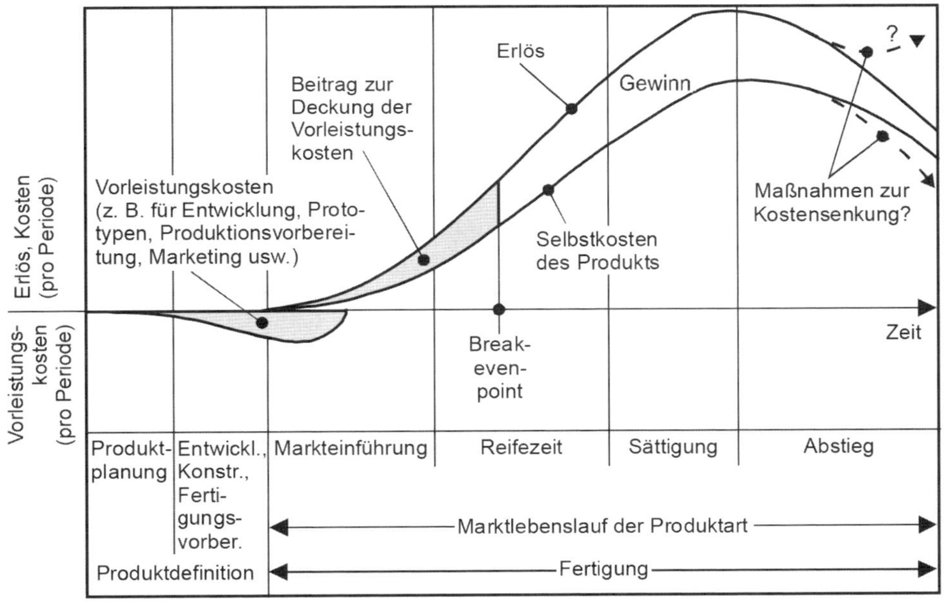

Bild 2.27 Entwicklung von Erlösen und Kosten über der Marktlebensdauer („life-cycle-costs" [26/2])

Produkte müssen rechtzeitig geplant werden, da es erhebliche Zeit dauern kann, bis sie mit oft beachtlichen Vorleistungskosten, z.B. für Planung, Entwicklung, Realisierung usw., verkaufsfähig sind und es dann wieder lange dauert, bis sie einen ausreichenden Umsatz erreichen. Der Gewinn entwickelt sich dabei meist nicht proportional zum Umsatz, da die Produktart nach einiger Zeit veraltet und

Konkurrenzprodukte entstehen. Die Erlöskurve sinkt wieder ab. Deshalb müssen derartige Produkte rechtzeitig überarbeitet werden bzw. zur Ablösung neue geplant werden. Man sieht in Bild 2.27 auch den Break-even-point, der angibt, wann die Vorleistungskosten einer Produktentwicklung durch den Verkauf gedeckt sind und Gewinn entsteht.

Die **Lebensdauerplanung** eines Produktes hängt z. B. von der Produktart und -nutzung, sowie von der Kundenerwartung und der „Innovationsgeschwindigkeit" einer Produktart ab. Eine offene Frage ist, auf welche **Lebensdauer** hin sollte oder kann überhaupt ein Produkt geplant werden?[7]

- Grundsätzlich hängt die vom **Kunden** erwartete Lebensdauer von der **Produktart** ab. Beispielsweise genügen für ein Pkw-Getriebe 4000 Stunden. (Bei einer Laufleistung von 200 000 km für einen Pkw und einer Durchschnittsgeschwindigkeit von 50 km/Std. ist die Betriebsdauer 4000 Stunden). Im Gegensatz dazu sollte ein Kraftwerksgetriebe (z. B. nach Bild 8.25) rund um die Uhr 20 Jahre störungsfrei laufen. Das sind ca. 180 000 Stunden und damit das 45 fache von oben. Daraus ergibt sich eine ganz andere, nämlich mehr konservative Einstellung zum Konstruieren und Bauen. Ähnlich ist es bei einer Wälzlagerung in einer Handbohrmaschine. Für Heimwerker reichen 100 bis 200 Stunden, für Profimaschinen sind bei der Lebensdauerberechnung 200 bis 1000 Stunden anzusetzen.
- Bei sehr **innovativen Produkten** mit großer „Innovationsgeschwindigkeit", wie z. B. bei Smartphones erwartet der Kunde nur die z. B. zweifache Lebensdauer gegenüber dem Erscheinen der nächsten Produktgeneration. Denn er will ja u. U. die neu eingebrachten Funktionen kaufen und so im Modetrend sein, womit das „alte" Smartphone „obsolet", d. h. unnötig wird. Im Schnitt ist die Gebrauchsdauer ein Jahr, in Japan ½ Jahr. Deshalb ergeben sich dann Berge von Elektroschrott mit Vergeudung der Werkstoffressourcen.
- Aber nicht nur der Kunde, auch die **Hersteller** beeinflussen die Lebensdauer z. B. durch Marketing und modische, d. h. technisch unnötige Design-Varianten. Oder sie unterbinden z. B. die Reparierbarkeit oder auch bei Elektrogeräten das Erneuern von Akkus. Die verkürzte Lebensdauer erhöht dann den Umsatz. – Aber auch das an sich sinnvolle Bestreben der Industrie durch Innovation neue vorteilhafte Produkteigenschaften zu erzeugen, lässt das bisherige Produkt in den Augen der Kunden tendenziell veralten und wirkt in Richtung verkürzter Lebensdauer. Positiv kann ein konsequentes Baukastensystem wirken, das eine längere Lebensdauer für viele Baugruppen /-teile ermöglicht und damit auch die Ersatzteilbeschaffung kostengünstiger macht. (Kapitel 9.4.7). Ebenso positiv wirkt auch die Tendenz zur Verlängerung der Garantiezeit.

7) Anregungen durch das n-tv-Interview mit Prof. Dr. A. Albers, Karlsruhe vom 10. 4. 2013 und von Prof. Dr. W. Heckl: Die Kultur der Reparatur. München: Goldmann 2015.

- In der Zukunft müssen sich aber Firmen und Entwickler wegen der Knappheit von Energie und Rohstoffen umstellen auf eine **nachhaltige Wirtschaft,** d.h. eine **Kreislaufwirtschaft**. Es geht dabei nicht mehr um das Ob, sondern nur noch um das Wann und Wie. - Produkte sollen dann nach Ablauf der geplanten Lebensdauer im Idealfall komplett recycelbar oder biologisch abbaubar sein. Im Sinn einer längeren Lebensdauer sollten sie leicht reparierbar sein. Das ist inzwischen auch ein Trend: Reparatur-Cafés und Webseiten dafür. - Maßgebend wird dann der minimale Energie- und Stoffverbrauch über die gesamte Nutzungsdauer. - Vorteilhaft kann auch sein, nicht ein Produkt zu kaufen, sondern nur dessen Funktion in Form einer Dienstleistung (Kapitel 7.2.1). Das ist bereits z.B. beim Car-Sharing, beim Cloud-Computing der Fall.
  Ein Beispiel dafür, dass eine zu lange Lebensdauer nicht immer sinnvoll sein muss, ergibt sich bei Haushaltsgeräten wie z.B. Waschmaschinen und Spülmaschinen, Kühl- und Gefrierschränken Modernste Geräte mit einer Supereffizienz eröffnen ja ein enormes Sparpotenzial für Strom und Wasser. Dies würde man sich verbauen, wenn man die alten „Stromfresser" beliebig lange einsetzen würde. Hier könnte man durch eine geeignete Modularisierung nur die Baugruppen austauschen, die für die Energieeffizienz von Bedeutung sind. Dazu gehört sicherlich nicht das Gehäuse.

Die System- bzw. **Produktplanung** ist deshalb eine wichtige Phase des Systemlebenslaufes (Bild 2.26), da in ihr das Vorausdenken und die gedankliche Systemkonfigurierung sowie die Vorwegnahme von späterem Verhalten bzw. der angestrebten Zustände oder Handlungen geschieht [5/2].

Wie in Kapitel 2.1 bzw. Bild 2.1 angesprochen, ist die Methodik zur Planung von Systemen und die dafür zweckmäßige Planung des Vorgehens neben dem bisher dargestellten Systembegriff der zweite wesentliche Inhalt der Systemtechnik.

Planung ist eine ureigene menschliche Tätigkeit, da der Mensch laufend dabei ist, einen auf Ziele ausgerichteten Weg zu suchen. Unter Vorgehensplanung kann man das vorwegnehmende Verknüpfen von einzelnen Handlungen zu einem zielführenden Handlungsablauf verstehen. Bei vielen Handlungen ist allerdings die Planungsphase deshalb nicht mehr erkennbar, da sie inzwischen zur Routine geworden sind.

Es gibt im Unternehmen zahlreiche Planungsvorgänge (z.B. Produkt-, Umsatz-, Gewinn-, Fertigungs-, Montageplanung) und auch Entwickeln und Konstruieren ist im Grunde eine Planungstätigkeit, selbst wenn sie üblicherweise nicht so bezeichnet wird. Eine allgemeine Methode zur Vorgehensplanung wird in Kapitel 6 beschrieben. Eine dafür wichtige Grundlage aus der Systemtechnik ist der Problemlösungszyklus (Kapitel 3.3.2).

3 Der Mensch als Problemlöser

Jeder, der konstruiert, kennt die Situation, dass man in einer gewissen Zeit eine Aufgabe „durchziehen“ muss. Man weiß aufgrund eigener Erfahrung, wie man sie anpacken muss, und ist sich ziemlich im Klaren darüber, was schließlich als Bearbeitungsergebnis vorliegen wird. Da man routinemäßig vorgehen kann, spricht man von einer **Aufgabe**.

Bestimmt stand jeder beim Konstruieren aber auch schon vor einem echten **Problem**. Wenn beispielsweise der Chef von einer Messe zurückkommt und sagt: „Eines ist mir klar geworden: Wir müssen konkurrenzfähiger werden. So kann's nicht weitergehen!“, dann steht der Entwicklungsleiter (und ggf. auch der Vertriebs- und der Fertigungsleiter) vor einem Problem. Man muss herausfinden, was (welche Eigenschaft der Produkte, des Unternehmens) anders werden muss und welche Mittel dafür zweckmäßig wären. Welche Personen sollen in welcher Zeit mit welchen Methoden was erreichen? Dieses Problem muss zunächst in seinem Zielcharakter geklärt werden.

Wie man Probleme erkennen und auch lösen kann, wird im folgenden behandelt. Es können hier jedoch nur allgemein anwendbare Methoden und Strategien vorgestellt werden. Der Nachteil dabei ist, dass diese nur Richtungen für das Handeln angeben können, selten jedoch direkt zu problemspezifischen Lösungen hinführen. Weinert [1/3] schreibt dazu: „Je allgemeiner eine Strategie ist, desto weniger wirksam ist sie bei der Lösung anspruchsvoller inhaltsspezifischer Probleme. **Inhaltliche Wissensdefizite**, die im Faktenwissen wurzeln, können nicht durch **allgemeine Problemlösekompetenz** beseitigt werden.“ Ein Beispiel soll dies verdeutlichen: Mit dem Problemlösungszyklus der Systemtechnik (Kapitel 3.3.2, Bild 3.22) alleine kann keine Schadensanalyse an einer Turboverdichteranlage durchgeführt werden (Kapitel 3.3.4). Dazu gehört eine Menge Faktenwissen (Bild 3.2). Aber es kann der Weg für ein zweckmäßiges Vorgehen gewiesen werden.

In den folgenden Unterkapiteln steht der Mensch mit seinen Denkvorgängen beim Problemlösen im Mittelpunkt. Und nicht nur der Einzelmensch, sondern auch das Zusammenwirken in der Gruppe, im Unternehmen, mit Kunden und Zulieferanten (Kapitel 3.5). An dieser Stelle sei aber noch auf weitere wichtige Faktoren hingewiesen, die Auswirkungen auf Problemlöseprozesse haben. Bild 3.1 zeigt neben den individuellen auch eine Vielzahl von äußeren Einflüssen auf den Konstruktionsprozess, der hier stellvertretend als ein spezieller Problemlöseprozess aufgeführt ist. Die schwerwiegenden Auswirkungen von Zeitdruck, fehlenden Informationen oder zumeist unangenehmen externen Entscheidungen auf die Problemschwierigkeit dürften jedermann bekannt sein.

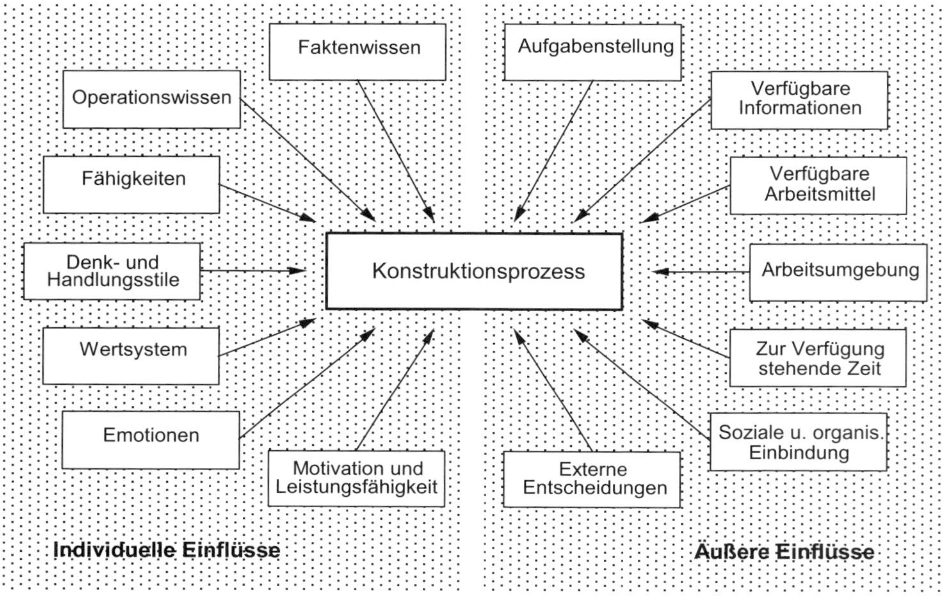

Bild 3.1 Einige Einflussfaktoren auf den Konstruktionsprozess (nach Dylla [2/3])

■ 3.1 Was ist ein Problem?

3.1.1 Allgemeine Probleme

Ein **Problem im allgemeinen** ist einfach zu definieren: Ein Mensch steht einem Problem gegenüber, wenn er einen unerwünschten Anfangszustand in einen erwünschten End- oder Zielzustand überführen will, aber noch nicht weiß, wie, d. h. mit welchen Mitteln [3/3], oder wie überhaupt der Endzustand aussehen soll.

Ein Problem ist somit durch drei Komponenten gekennzeichnet:

- Unerwünschter Anfangszustand A.
- Erwünschter End- oder Zielzustand E, der aber durchaus noch unklar sein kann.

- Barriere, die die Überführung von A in E im Moment verhindert. Es fehlen für das vorliegende Problem die Mittel, das Ziel zu erreichen. (Siehe auch Bild 7.48).

Probleme können, wie eingangs schon erwähnt, folgendermaßen von Aufgaben abgegrenzt werden: **Aufgaben** sind geistige Anforderungen, für deren Bewältigung Methoden und Mittel bekannt sind. Aufgaben erfordern nur reproduktives Denken, beim **Problem** aber ist unbekannt, wie und ob es überhaupt lösbar ist. Bei einer Aufgabe fehlt von den drei oben aufgezählten Komponenten die Barriere [3/3], auch wenn für ihre Lösung manchmal große Anstrengungen und viel Zeit erforderlich sind.

Gierse [4/3] und Rutz [5/3] definieren wie folgt:

- „Ein **Problem** liegt vor, wenn man ein Ziel erreichen will, jedoch nicht weiß, wie man zu diesem gelangen kann, oder nicht genau weiß, wie dieses Ziel aussieht."
- „Eine **Aufgabe** ist eine Anforderung, ein eindeutig präzisiertes Ziel durch bekanntes Vorgehen mit Sicherheit zu erreichen."

Die Unterscheidung zwischen Aufgabe und Problem bei einem konkret vorliegenden Fall ist allerdings stark subjektiv: Was für einen Menschen eine Aufgabe ist, da er genügend Erfahrungen mit ähnlichen früheren Vorgängen hat, kann für einen anderen ein großes Problem sein, da er ein Neuling in dem betreffenden Gebiet ist. Ähnlich gibt es für einen erfahrenen Auftraggeber nur Aufgaben, denn er kennt die Mittel zu ihrer Lösung, nämlich seine Mitarbeiter. Im Maschinenbau hat sich der Begriff Aufgabe durchgesetzt (z. B. Aufgabenklärung, Aufgabenstellung). Wenn in den folgenden Kapiteln daher von Aufgaben gesprochen wird, kann es sich im oben definierten Sinn auch durchaus um Probleme handeln. Jemand, der vor etwas steht, das zu tun ist, wird mit einer Art „Probehandeln" (Dörner) seinen möglichen Prozess zwischen Start- und Endzustand simulieren. Wenn sich da Lücken auftun, fängt er an sich und den Auftraggeber zu fragen. Das ist der Beginn der Aufgaben-/Problemklärung (Kapitel 7.2.1 und 7.3).

Einflussgrößen zur Klassifikation von Problemen

Es sollen nachfolgend einige Einflussgrößen besprochen werden, mit denen Probleme ihrem Charakter nach erkannt und eingeteilt werden können. Das Ziel ist dabei, für bestimmte erkannte (konstruktive) Probleme die Methoden zuordnen zu können, die für ihre Lösung geeignet sind (Methodenbaukasten in Kapitel 7.1).

Wie Bild 3.2 zeigt, hängt die Problemschwierigkeit nicht nur vom sachlich gegebenen Problem (Objektmerkmale, links) ab, sondern mindestens ebenso von der Person und der Gruppe, die „das Problem hat" (Mittelmerkmale). Schließlich kann vieles zum Problem werden, weil die Zeit zur ausreichenden Bearbeitung nicht zur Verfügung steht (ganz rechts). Es sollen nachfolgend die Einflussgrößen auf die Problemschwierigkeit an konstruktiven Beispielen erläutert werden, wobei allerdings die Zusammenhänge für Probleme aller Art gültig sind.

a) Objektmerkmale

Objektmerkmale eines Problems sind nach Bild 3.2 das Gebiet bzw. der Inhalt, der Umfang und die Komplexität des Problems. Aus systemtechnischer Sicht resultieren die Objektmerkmale aus dem zugrunde liegenden Sachsystem (Kapitel 2.2.1).

- Das **Objektgebiet** kennzeichnet den Wissensbereich, in dem das Problem existiert. Wie in Kapitel 4.2 noch näher gezeigt wird, stehen im Konstruktionsbereich allerdings nicht nur technische Probleme an, sondern besonders für Führungskräfte auch wirtschaftliche, juristische und Personal-, Organisations- sowie Führungsprobleme. Letztere können für Ingenieure gerade deshalb zum besonderen Problem werden, da sie dafür vom Fakten- und Methodenwissen bisher nur unzureichend ausgebildet sind.
- Ferner ist der **Objektumfang** eines Problemkomplexes in der Technik häufig so groß, dass allein schon das Faktenwissen des Bearbeiters dem in keiner Weise entspricht. Deshalb muss man das Problem unterteilen und es zeitlich nacheinander oder arbeitsteilig im Team angehen. Damit ist schon ein wesentliches Merkmal jeder Methodik genannt.

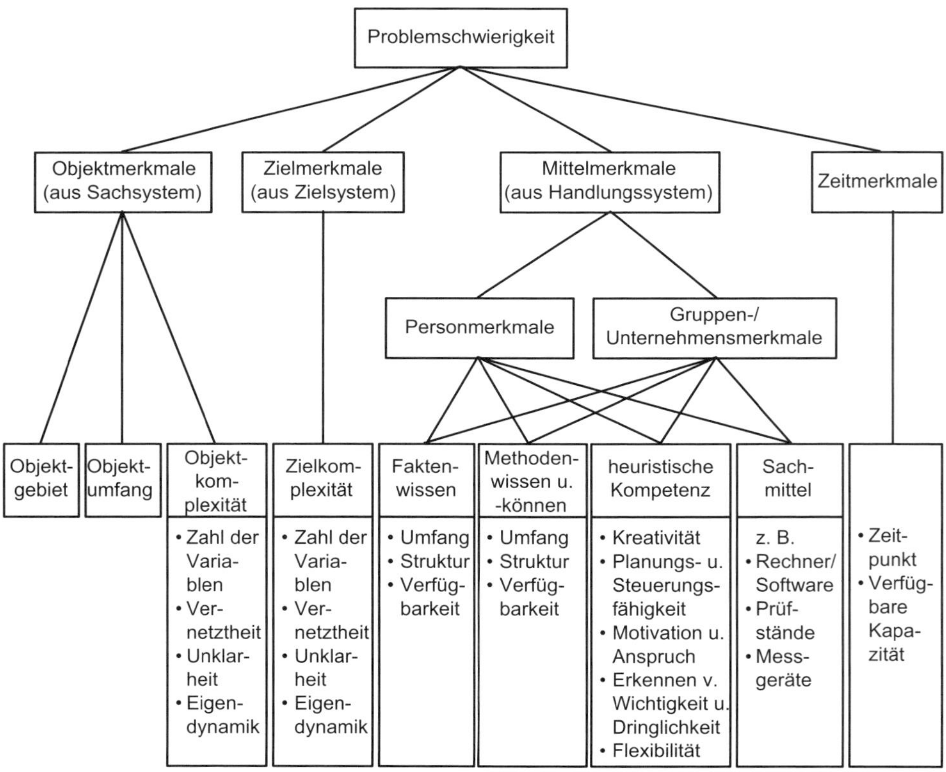

Bild 3.2 Problemschwierigkeit und ihre Merkmale bzw. Einflüsse

- Es ist aber vor allem die **Objektkomplexität**, die ein Problem von der sachlichen Seite schwierig (d. h. kompliziert) macht, weshalb die meisten Ansätze zum Problemlösen eine Komplexitätsverringerung anstreben. Die Objektkomplexität bietet gegenüber der engeren Definition der Komplexität technischer Systeme (Kapitel 2.3.2 b) eine erweiterte Sicht für Objekte des Handelns allgemein.
  - Die **Anzahl der Variablen** überfordert die menschliche Verarbeitungskapazität sehr schnell. Wahrscheinlich stellt die gleichzeitige Berücksichtigung von mehr als drei bis vier Parametern, die gegenseitig in unterschiedlichen Abhängigkeiten verknüpft sind, bereits eine mentale Grenze dar. Braess et al. [6/3] berichten von einem parametrischen Fahrzeugmodell, in dem 130 Parameter zur Simulation von Pkw-Eigenschaften wie aktive Sicherheit oder Wirtschaftlichkeit erfasst sind: „Es ergab sich schon bei den ersten Optimierungsläufen, dass das menschliche Vorstellungsvermögen bezüglich der zahlreichen Abhängigkeiten überfordert ist." (Vgl. auch unten mit der Vernetztheit; siehe Komplexitätsmanagement, Kapitel 2.3.3 d).
  - Wie man sieht, kann man solche unüberschaubaren Abhängigkeiten nur noch mathematisch formulieren und dann durch Variation die bezüglich ihrer Auswirkung wesentlichen Parameter ermitteln. Das gilt natürlich nur für die Analyse bereits vorhandener Systeme. Für die Synthese neuer Systeme muss man die wesentlichen Parameter aus der Erfahrung mit ähnlichen Systemen zu erkennen und zu beeinflussen suchen (Schwerpunktbildung als ein weiteres Kennzeichen von Methodik).
  - Die **Vernetztheit** bedeutet den Grad der gegenseitigen Abhängigkeit der variablen Parameter eines Systems. Dabei gibt es die positive und die negative Verknüpfung (Bild 3.51). Positive Verknüpfung bedeutet: Ändert man einen Parameter in eine gewünschte Richtung, so ändert sich auch der andere in die gewünschte Richtung. Bei negativer Verknüpfung ändern sich die Parameter gegenläufig. Beim Pkw wäre eine positive Verknüpfung: mehr Motorleistung bedeutet auch mehr Beschleunigung; eine negative Verknüpfung: mehr Motorleistung ergibt verringerte Umweltfreundlichkeit (wenn keine besonderen Maßnahmen ergriffen werden) [7/3]. Frederic Vester befasste sich schon früh mit dem vernetzten Denken und Handeln [126/3].
  - Die **Unklarheit** (Intransparenz) bedeutet, dass Eigenschaften des Systems oder Merkmale der Situation unklar sind. Man weiß z. B., dass die Zuverlässigkeit eines Produkts gesteigert werden soll; welche Schäden oder Beanstandungen aufgrund welcher Betriebsweisen des Kunden vorliegen, ist aber unbekannt. Man kennt auch die wahren Schadensursachen nicht und muss also – wie so oft beim Konstruieren – in Unsicherheit entscheiden. Oft hat man im Unbewussten eine gewisse Erfahrung: Man entscheidet nach dem „Gefühl des Konstrukteurs" (Kapitel 3.4.4) [15/1].

- Die **Eigendynamik** bedeutet die Veränderung eines Systems ohne äußeres Zutun, z. B. beim Versagen des Systems. Man kommt dadurch unter Zeitdruck, muss sich mit Ungefährlösungen zufrieden geben, da keine Zeit ist, alle nötigen Informationen zu sammeln. Praktiker sagen: 80 %-Lösungen reichen auch, wenn sie nur rechtzeitig da sind (Kapitel 3.6).

b) Zielmerkmale

Ziele, die sich auf den zu bearbeitenden Objektbereich beziehen, können bezüglich ihrer Komplexität nach gleichen Einflussgrößen betrachtet werden wie die Objektkomplexität. Die obigen Erläuterungen treffen auch hierfür zu. Eigendynamik kann sich z. B. bei längerfristigen Entwicklungsaufgaben ergeben, wenn sich auf dem Markt die Anforderungen ändern. So wurde bei der Pkw-Entwicklung nach einer Ölpreiserhöhung statt hoher Anfahrtsbeschleunigung plötzlich die Verbrauchssenkung viel wichtiger. Am Ende einer Gesamtentwicklungszeit von 3 bis 5 Jahren kann das zu einem erheblichen Problem werden.

c) Mittelmerkmale

Betrachtet man die Problemschwierigkeit ausgehend von den Mitteln zur Lösung eines Problems (vgl. Handlungssystem, Kapitel 2.2.1) zunächst hinsichtlich der **Personenmerkmale**, so können diese in Fakten-, Methodenwissen und in die heuristische Kompetenz aufgeteilt werden. Betont werden soll dabei, dass bezüglich Fakten und Methoden nicht nur klar rational vermittelbares Wissen für die Problemlösefähigkeit maßgebend ist, sondern vor allem bei Methoden unbewusstes „Methodenkönnen“. Die meisten Handlungen laufen so ab. Auch Fakten und ihre Zusammenhänge werden oft nur erahnt. Man hat „ein Gespür“ dafür. Die Bedeutung von „Wissen“ ist also weit aufzufassen.

- **Faktenwissen** ist für die Problemlösefähigkeit einer Person von ganz besonderer Bedeutung und lässt sich nicht durch Methodenwissen kompensieren. Wie Weinert [1/3] betont, kann der Wissensvorsprung des Experten von Anfängern kurzfristig weder aufgeholt noch überbrückt werden. Es wird geschätzt, dass zum „Heranreifen“ eines Fachmanns ein Zeitraum von zehn Jahren durchaus als realistisch anzusetzen ist. Selbst Schachgroßmeister sind anderen oder gar Schachcomputern nicht etwa aufgrund ihres umfangreichen Methodenwissens überlegen, sondern aufgrund der bildhaft im Langzeitgedächtnis gespeicherten (bis zu 50 000) Schachkonstellationen mit all ihren zugehörigen Möglichkeiten und Gefahren. Dass ferner Leistungsüberlegenheit tatsächlich auf bereichsspezifischem Faktenwissen und nicht auf allgemeinen Fähigkeiten beruht, zeigt sich darin, dass Professoren in für sie fachfremden Gebieten offenbar ähnliche Problemlösestrategien anwenden und vergleichbar schlechte Leistungen erzielen, wie Studienanfänger in dem betreffenden Fach.

- **Methodenwissen** ist trotz der eben hervorgehobenen Bedeutung des Faktenwissens für das effektive Problemlösen wichtig, wenn man darunter nicht nur das rational verwaltete Wissen um den Einsatz zweckmäßiger Methoden versteht, sondern auch das viel häufigere (implizite) unbewusste Methodenkönnen („Normalbetrieb", siehe Bild 3.12). Offenbar sind wir fähig, uns durch Abschauen, analoge Übertragung und „trial and error" unbewusste, aber effektive Methoden zurechtzulegen. So ist vermutlich von der Erfindung des Feuers und des Rades her die Technik entstanden (Kapitel 7.5.4). Das alles heißt nicht, dass man nicht wirksame Methoden bewusst lernen und eintrainieren soll. „Bessere und besser genutzte Strategien ermöglichen im allgemeinen auch bessere Leistungen" [1/3].
- **Heuristische Kompetenz** ist der verbleibende Sammelbegriff menschlicher Problemlösefähigkeit. (Heuristik ist die Verfahrenslehre um Probleme zu lösen). Damit ist u. a. zielgerichtete Kreativität, die Planungs- und Steuerungsfähigkeit des eigenen Vorgehens mit der inneren Flexibilität für neue Ansätze gemeint. Anders als beim inhaltsorientierten Fakten- und Methodenwissen gehört zur heuristischen Kompetenz das Erkennen der Wichtigkeit und (zeitlichen) Dringlichkeit von Teilproblemen, Fakten und anzuwendenden Methoden. Und es ist klar, dass die persönliche Motivation und der jeweilige individuelle Anspruch Triebfedern dafür sind. Schließlich ist weitgehend unbekannt, wodurch sich bei ähnlich guter Wissensbasis produktive von lediglich reproduktiven Menschen unterscheiden [1/3]. Wir handeln, bewerten und entscheiden meist unbewusst auf Grund von Faustregeln und in den Untergrund des Gehirns abgesunkenen früheren Erfahrungen, also „aus dem Bauch". (Gigerenzer [108/3] Siehe Kapitel 7.9.1; 7.9.2). Die heuristische Kompetenz lässt sich durch Selbsteinschätzung (z. B. mit Fragebogen), durch Computersimulation [7/3] und durch systematische Beobachtung [2/3] feststellen (Kapitel 3.4). Normale Intelligenztests sind dafür absolut ungeeignet [7/3].
- **Sachmittel** (z. B. Prüfstände, Rechner, Software), die zum Problemlösen verfügbar sein müssten, es aber nicht sind, können natürlich auch die Problemschwierigkeit erhöhen.

Auf **Gruppen- und Unternehmensmerkmale** sind die obigen personspezifischen Einflüsse weitgehend übertragbar. Es kommen aber aufgrund gruppendynamischer Effekte noch weitere hinzu (Kapitel 3.5; 4.3.3).

d) Zeitmerkmale

Es liegt auf der Hand, dass die Problemschwierigkeit bezüglich aller besprochenen Merkmale zunimmt, wenn die verfügbare **Bearbeitungszeit** aufgrund mangelnder Kapazität nicht gegeben ist. In anderen Fällen ist auch der **Zeitpunkt** bedeutungsvoll. Die Zeit kann z. B. für die Problemlösung „noch nicht reif" sein.

Bei der Problemschwierigkeit ist schließlich zu beachten, dass jedes Problem meist mehrere **Teilprobleme** enthält, die sich auch aus gewählten Lösungen ergeben können, die so am Anfang oft noch gar nicht sichtbar sind und dann u.U. ausschlaggebend für die endgültige Lösungsauswahl werden können. Dies kennen Konstrukteure zu Genüge. („Der Teufel steckt im Detail!").

3.1.2 Die Konstruktionsaufgabe als Problem

Die oben vorgenommene Einteilung von Problemen allgemeiner Art soll auf das Konstruieren von Produkten übertragen werden, d.h. es soll dessen Problemschwierigkeit klassifiziert werden. Dies ist, wenn die Klassifizierung übersichtlich bleiben soll, nur mit einer starken Vereinfachung der vielfältigen Realität möglich, so dass nur eine grobe Orientierung möglich wird.

Entsprechend Kapitel 3.1.1 ist ein Problem in jedem Fall durch die Ziele, die erreicht werden sollen, durch die möglichen Mittel, durch die Merkmale des zu bearbeitenden Objekts und durch die verfügbare Zeit charakterisiert. Wie die Unterteilung dieser Merkmalsbereiche in Bild 3.2 zeigt, können sich daraus sehr viele Parameterkombinationen für die Problemschwierigkeit ergeben.

Entsprechend einem vereinfachten Einteilungsvorschlag (nach Dörner [3/3] und Krause [8/3]), der von Hönisch [9/3] auf Konstruktionsprobleme angewandt wurde, werden nur die Zielzustände und die Mittel jeweils mit zwei Klassifikationsparametern berücksichtigt, so dass sich eine Matrix mit vier Konstruktionsproblemen (Bild 3.3) ergibt. Die Unklarheit der Ziele oder die Nichtverfügbarkeit der Mittel ist jeweils auf den Bearbeitungsbeginn durch einen gedachten „mittleren" Bearbeiter bzw. eine „mittlere" Gruppe bezogen. Die Bewältigung des Problems ist ja gerade dadurch charakterisiert, dass man erst am Schluss weiß, worauf es ankommt (Ziele sind klar) bzw. wie man es macht (Mittel sind bekannt und verfügbar geworden). Dabei sollen unter „Mittel" die Methoden, die Rechen- und Versuchsmöglichkeiten sowie die verfügbaren Informationen für den Prozess des Entwickelns und Konstruierens verstanden werden. Es sind also keine technischen Mittel gemeint, mit denen das zu konstruierende Produkt seine Funktion(en) erfüllt.

Um die Einteilung von Konstruktionsproblemen in Bild 3.3 einfacher besprechen zu können, wurden die vier Felder I bis IV mit Begriffen versehen.

Feld I entspricht einer **„Konstruktionsaufgabe"**, wie sie üblicherweise bei Varianten- und einfacher Anpassungskonstruktion nach vorgegebenem Muster vorkommt. Es ist klar, was man zu tun hat und wie man vorgeht. Man geht wohl in der Regel routinemäßig im „Normalbetrieb" (Kapitel 3.2) vor, hat meist formalisierbare Operationen, so dass interaktiver Rechnereinsatz zweckmäßig ist und bei entsprechend häufigem Vorkommen der Ablauf auch wirtschaftlich automatisiert werden kann.

Feld II wurde als **„Mittelproblem"** bezeichnet, da Zielzustand und Lösungsfreiraum nach wie vor klar gegeben sind und nicht weiter konkretisiert werden müssen, aber die einzusetzenden Mittel zu wenig bekannt oder verfügbar sind. Das kann der Fall sein z.B. bei nicht ausreichend verfügbarem Wissen, wie man auf bestimmte klar geforderte Zieleigenschaften hin konstruiert (Design to). So kann z.B. die Konstruktion an sich einfacher Produkte (Getriebe, Pumpe) zu einem großen Problem werden, wenn bestimmte Geräusch- oder Kostenziele gefordert werden, aber Informationen (Wissen über Verursachung; Einflussparameter; Methoden zur Beeinflussung) fehlen (Bild 6.17).

Ziele, Restriktionen / **Mittel** (Wissen, Können, Sachmittel)	**klar** (Lösungsfreiraum klar begrenzt)	**unklar** (Lösungsfreiraum unklar, Grenzen schwer erkennbar)
ausreichend bekannt und verfügbar	**I. Aufgabe** Einfache Konstruktion nach vorgegebenem Muster z. B.: einfache Varianten-, Anpassungs-, Baureihen-, Baukastenkonstruktion	**III. Zielproblem** Anforderungen für Produkt können zunächst nicht ermittelt werden z. B.: bisherige Industrieplanetengetriebe umkonstruieren für den unbekannten Markt der Roboterantriebe
nicht ausreichend bekannt und verfügbar	**II. Mittelproblem** Konstruktion bei sich widersprechenden Zielen und zu engen Lösungsfreiräumen, komplexe Optimierungen z. B.: Einfaches achsversetztes Getriebe mit 15% niedrigeren Herstellkosten als bisher und 10 dB(A) niedrigerem Geräusch	**IV. Ziel- und Mittelproblem** Anforderungen und Lösungen unklar z. B.: Getriebe sicher gegen bisher unbekannte Schadensart konstruieren oder Getriebe konstruieren für bisher vom Konzept her unklaren "Öko-Pkw"

Bild 3.3 Problemmatrix: Einteilung von Konstruktionsaufgaben und -problemen (siehe auch Kapitel 8 und Bild 8.1)

Zwar können die Ziele durchaus klar sein, sich aber gegenseitig widersprechen, wie z.B. bei den Forderungen nach einem schnellen, komfortablen Pkw bei minimalem Verbrauch und geringen Kosten, wobei diese zahlenmäßig vorgegeben sein müssten (Bild 7.27). Das kann ein nicht lösbares Problem ergeben, so dass die Ziele geändert werden müssen. Das Wissen und die zur Bearbeitung zweckmäßige Methode muss in einem eigenen Problemlöseprozess (rekursiv) zusammengetragen oder erarbeitet werden. Die elektronische Datenverarbeitung kann dabei helfen.

Feld III wurde als **„Zielproblem"** bezeichnet, da darunter Konstruktionsprobleme verstanden werden sollen, für die zwar die nötigen Mittel ausreichend verfügbar sind, es aber durchaus unklar und wenig konkret ist, was im Einzelnen erreicht werden soll. Solche Probleme kommen häufiger vor: Die Ziele können unternehmensintern unklar sein (z.B. wir müssen bei dem Produkt X „konkurrenzfähiger" werden), sie können extern beim Kunden unklar sein, sich immer wieder verändern oder sich sogar bei mehreren Kunden widersprechen. Die Klärung der Ziele wird zum wichtigsten Teil der Problembearbeitung: „Was sind die eigentlichen Ziele, wie sind sie gewichtet, welches ist das Kernproblem?" Die Konstruktionsarten sind hierbei solche, die mit bekannten Mitteln zu bearbeiten sind: Anpassungs- und Baureihen-/Baukastenkonstruktionen sowie Neukonstruktion mit vorhandenen oder bekannten Funktionsträgern.

Methoden zur Aufgabenklärung bzw. Problemanalyse, des Marketings sind vorrangig. Im Übrigen sind alle Methoden zur Produktentwicklung einsetzbar, auch rechnergestütztes Vorgehen.

Feld IV wurde als **„Ziel- und Mittelproblem"** bezeichnet, da hierbei zusätzlich zu Zielproblemen auch noch die einzusetzenden Mittel vor Beginn der Bearbeitung unklar oder nicht verfügbar sind. Das ist vor allem bei Neukonstruktionen der Fall (Beispiel: Anlage zur Sortierung von Elektronikmüll) oder bei Konstruktionen, bei denen quantitativ schwer definierbare Eigenschaften (besseres Design, bessere Kundenakzeptanz, umweltgerechtes Produkt) gefordert werden. Bei letzteren ist dann je nach persönlicher oder betrieblicher, ja u.U. branchenspezifischer Erfahrung auch das Know-how für die Bearbeitung nicht ausreichend bekannt oder verfügbar. Hierfür sind Problemlösemethoden anwendbar, es sind aber besonders kreative Fähigkeiten gefordert. In manchen Fällen müssen das nötige Wissen und die Methoden zur Bearbeitung zunächst selbst erarbeitet werden. Rechnergestützte Verfahren sind, da man in Neuland vorstößt, kaum einsetzbar.

Die vorgestellte Einteilung bedingt verschiedene **Vereinfachungen**. Die Objektmerkmale und die Zeitmerkmale werden nicht berücksichtigt. Dies führt dazu, dass z.B. die Konstruktion einer Küchenmaschine auf die gleiche Stufe wie die eines Flugzeugs oder Pkws gestellt wird. Weiterhin wurden der Lösungsfreiraum oder komplementär dazu die Menge an Restriktionen zusammen mit den Zielen betrachtet, was ebenfalls eine Vereinfachung bedeutet. So können die Ziele klar sein, wie es z.B. bei der Konstruktion eines Radnabengetriebes für ein bestimmtes Drehmoment und für eine bestimmte Übersetzung bei einzuhaltenden Herstellkosten der Fall ist. Der Lösungsfreiraum ist durch die vorgegebenen Durchmesser- und Breitenabmessungen zwar ebenfalls klar begrenzt, aber doch so eng, dass die Konstruktion unter diesen Umständen zu einem großen Problem werden kann. So kann die einfache Variantenkonstruktion (Feld I in Bild 3.3) zu einer komplexen Optimierungsaufgabe werden (Feld II). Ähnliche Verhältnisse können vorliegen, wenn neue, vorteilhafte Lösungen für Produkte gesucht werden, die z.B. auch international seit Jahrzehnten von vielen Ingenieuren bearbeitet werden (beispielsweise neue hybride Antriebe für Pkw, kleine und leichte elektrische Akkumulatoren). Obwohl die Ziele dabei klar sind, ergibt sich durch den zu engen Lösungsfreiraum bzw. durch die große Zahl von Restriktionen (z. B. Produkte der Konkurrenz und Patentsituation) ein großes Konstruktionsproblem (Feld II).

Auch die verfügbare Zeitdauer und der geeignete Zeitpunkt für eine Konstruktion wird nicht berücksichtigt. Zeitrestriktionen können jede Aufgabe zu einem Problem machen und jedes Problem verstärken.

In obiger Problemklassifikation wurde bisher nicht auf einen weiteren wesentlichen Unterschied hingewiesen: Man kann Probleme (wie auch die dafür geeigneten Methoden) entsprechend ihrer Zielsetzung in Analyse- und Syntheseprobleme unterteilen.

- **Analyseprobleme** sind Probleme, deren Lösung in Erkenntnissen über vorhandene Systeme besteht (z. B. physikalische, mathematische, juristische, psychologische Zusammenhänge).
- **Syntheseprobleme** sind Probleme, deren Lösung im Bilden bzw. Verwirklichen neuer Systeme besteht.

Im Allgemeinen treten bei der Lösung beider Problemarten wieder Teilprobleme aus der jeweils anderen Problemart auf. So ist z. B. bei einem Analyseproblem der Mechanik die Modellierung des betrachteten Systems z. T. ein Syntheseproblem.

In Kapitel 8 (Bild 8.1) sind die dort vorgestellten Konstruktionsbeispiele nach obiger Problemmatrix (Bild 3.3) geordnet.

3.2 Der problemlösende Mensch

Die problemlösende Person, der Mensch mit seinem einerseits erstaunlichen, andererseits aber auch wieder begrenzten „Denkapparat“ nimmt selbst, wie in Kapitel 3.1 und insbesondere an Hand von Bild 3.2 gezeigt wurde, wesentlichen Einfluss auf das Auftreten von Problemen. Es sind nicht immer nur die komplexen Strukturen des Objektes, wie wir mit unserer eher materiell-sachlich orientierten Denkweise vermuten würden, die Anlass zu Schwierigkeiten geben. Wie sich zeigt, sind wesentliche Anteile unseres problemlösenden Vorgehens, Verhaltens und Arbeitens auf die begrenzte Kapazität unseres Gehirns zurückzuführen (Siehe Bild 3.56; [17/3]). Hacker [129/3 S. 368]). Ein Großteil des damit fast zwangsweise notwendigen methodischen Arbeitens ist daraus zu erklären (Kapitel 3.8.2). Eine weitere Ursache für arbeitsteiliges, parallelisiertes Arbeiten ist natürlich auch die oft für den einzelnen zu große anstehende Arbeitsmenge. Das wird in Kapitel 4.1.3 gezeigt. Schließlich verhalten wir uns weitgehend nach den Regeln der Denk- und

Informationsökonomie, d.h. wir versuchen das Problem mit einem Minimum an (Denk-)Aufwand zu lösen. (Kapitel 3.6).

3.2.1 Gedächtnismodelle

Konstruieren ist zu einem wesentlichen Teil Denkarbeit. Um Konstruktionsprozesse verstehen zu können, ist es daher sinnvoll, sich zunächst ein Bild von Denkprozessen und dem „kognitiven Apparat“ zu machen, in dem diese Prozesse ablaufen. Dabei soll für die allgemeine Betrachtung zunächst davon ausgegangen werden, dass der Konstrukteur ein Mensch ist wie jeder andere und dass beim Konstruieren Denkprozesse ablaufen, wie in anderen Lebensbereichen auch. Die spezifischen Besonderheiten kommen später zur Sprache.

Denken ist Forschungsgegenstand der Denkpsychologie und der Gehirnphysiologie. Problemlösen, zu dem das Konstruieren gezählt werden kann, ist eines der Kerngebiete. Nachfolgend werden daher Modellvorstellungen beschrieben, die sich Denkpsychologen aufgrund zahlreicher empirischer Untersuchungen über das menschliche Gedächtnis und seine Funktionen beim Denken im allgemeinen und beim Problemlösen im besonderen gebildet haben (vgl. Dylla [2/3]). Dabei darf nicht vergessen werden, dass es sich um **Modelle** handelt, die mit Hilfsmitteln, vor allem aus der Systemtechnik und der Informationsverarbeitung, die beobachteten Verhaltensweisen erklären sollen, die jedoch kein Abbild der Anatomie oder der Physiologie des Gehirns darstellen. Die heutige physiologische Modellvorstellung fasst das Gehirn als eine parallel arbeitende, stark vernetzte „Rechnerarchitektur“ auf, die aus bis zu 100 Milliarden Nervenzellen (Neuronen) besteht, von denen jede mindestens mit 1000 anderen verbunden ist. Die Gesamtzahl der Verbindungen wird auf eine Billiarde geschätzt, also 1000 Billionen [125/3; S. 58; 191]. (Die Angaben differieren. Siehe Wikipedia. Zur Vorstellung: ca. 150 000 Neuronen pro mm^2). Das Gehirn stellt mit ca. 1350 Gramm nur ca. 2 % des Körpergewichtes dar, verbraucht aber fast ein Drittel unserer täglichen Kalorienmenge!

Ein gängiges Modell[1] der Denkpsychologie bildet das Gedächtnis als ein informationsverarbeitendes System mit drei (Speicher-)Elementen ab (siehe Bild 3.4): Einem sensorischen Speicher (Ultrakurzzeitgedächtnis), einem Kurzzeitgedächtnis und einem Langzeitgedächtnis (Dörner [3/3] und Hussy [11/3]). Trotzdem ist der Vergleich mit einer Computerstruktur irreführend! Die Verarbeitung erfolgt parallel und nicht sequenziell und gespeichert wird in Aktivitätsmustern im ganzen Netz [125/3; S. 181; 190].

1) Diese einfache Darstellung wird inzwischen für die verschiedenen Teile des Arbeitsgedächtnisses weiterentwickelt [10/3].

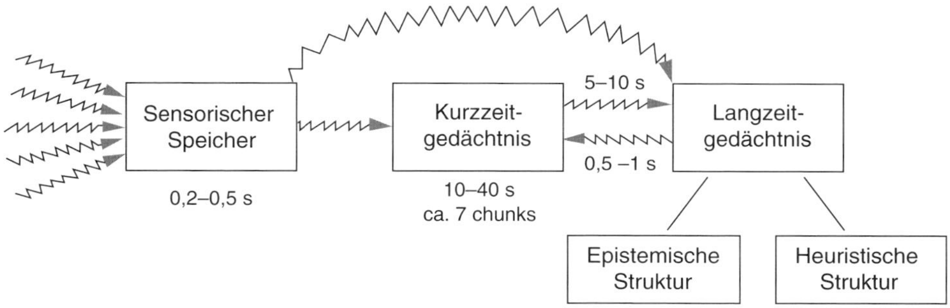

Bild 3.4 Gedächtnisarten

Der **sensorische Speicher**, auch Ultrakurzzeitgedächtnis genannt, nimmt die Informationen auf, die von den Sinnesorganen eintreffen. Diese bleiben jedoch nur für eine sehr kurze Zeit (ca. 0,2–0,5 s) vollständig erhalten und zerfallen dann mit exponentiellem Verlauf. 99 % der Informationen sind dann gelöscht.

Das **Kurzzeit-(oder Arbeits-)gedächtnis** hat die Funktion eines Arbeitsspeichers, der die Informationen enthält, welche für den aktuellen Denkprozess zur Verfügung stehen. Leider ist seine Speicherkapazität sehr gering. Man nimmt an, dass nur etwa sieben Einheiten (7 ± 2 chunks) auf einmal behalten werden können. (George Miller 1956). Ein Chunk ist eine bedeutungsvolle Informationseinheit. Beispielsweise kann man 1 6 1 8 als eine Zahlenfolge von 4 Zahlen auffassen oder aber als den einprägsamen Beginn des 30-jährigen Krieges, also als ein Chunk. [13073; S. 247]. Nach Newell & Simon [12/3] vermindert sich die Zahl der Speicherplätze, die effektiv für die Informationsverarbeitung zur Verfügung stehen, noch dadurch, dass der Arbeitsspeicher Informationen für die Koordination von aktuellen und übergeordneten Prozessen aufnehmen muss.

Die **„chunks"**, also die Informationseinheiten, die verarbeitet werden, können selbst jedoch sehr komplex sein. Es kann sich dabei um sprachliche (begriffliche) chunks handeln oder um bildhafte (z. B. um komplexe Baugruppen einer Maschine), wobei aber vorausgesetzt wird, dass sie vom betreffenden Individuum durch **ein** Symbol repräsentiert werden können (sog. Superzeichen oder Komplexionen). Hierbei ist es jedoch nötig, dass Teilinhalte bereits im Langzeitgedächtnis verarbeitet werden. Für die Speicherzeit des Kurzzeitgedächtnisses schwanken die Angaben zwischen 10 s und 40 s (ohne Aufmerksamkeitszuwendung). Die derzeit favorisierte Hypothese besagt, dass beim Eintreffen von neuen Informationen die ältesten verloren gehen (FIFO-Speicher: first in, first out). – Eine Vorstellung von der Begrenzung ergibt sich bereits beim Kopfrechnen. Je nach Übung kann man $24 \times 230 = 5520$ noch ohne Zwischennotizen multiplizieren, während das für $241 \times 231 = 55\,671$ meist nicht mehr geht (Schritte abzählen!). – Ferner scheinen wir nur lineare Variablen eindeutig miteinander verknüpfen zu können und nicht mehr als drei. – Dylla fand, dass die Versuchspersonen bei der Konstruktion der Wandhalterung hauptsächlich auf die Funktion achten und nur die Fertigung und z.T. noch die Montage bedenken [2/3]. Die Berücksichtigung von Aspekten wie Kosten, Sicherheit, Bedienung kam dabei so gut wie nicht vor. Sie müssten bei erneuten Durchläufen konstruktiv eingebracht werden (Kapitel 3.4.2). – Unternehmensberater reduzieren „die Welt" bei Portfolio-Analysen meist auf die Verknüpfung von wenigen Variablen.

Das **Langzeitgedächtnis** dient der langfristigen Speicherung von Informationen. Seine Kapazität und seine Speicherzeit sind in ihrem Umfang nicht bekannt. Bemerkenswert ist der große Unterschied zwischen der benötigten Zeit für das Aufnehmen von Informationen und der Zeit für das Abrufen gespeicherter Informationen. Newell & Simon [12/3] berichten, dass das Speichern 5–10-mal länger dauert als das Wiederfinden (5–10 s/chunk gegenüber 0,5–1 s/chunk). Wichtiges Merkmal des Langzeitgedächtnisses ist – neben der Menge der gespeicherten Daten – dessen Struktur, die die Grundlage für einen schnellen Zugriff bildet. Dörner [7/3] unterscheidet eine **epistemische Struktur** mit „Objektwissen", welche das Wissen über Sachverhalte enthält (Fakten, Bilder, festgelegte Handlungspläne) und eine **heuristische Struktur** mit „Metawissen", die es dem Individuum ermöglicht, neue Handlungspläne zu entwerfen. (Episteme = griech.; wohlbegründetes Wissen; Heuristik = griechisch: Lehre von Methoden zur Problemlösung; Metawissen = Wissen über Wissen).

- **Epistemische Struktur:** Informationen über verschiedene Realitätsbereiche sind in der epistemischen Struktur in Form von **semantischen Netzen** abgespeichert. Solch ein Netz besteht aus Knoten, welche die Inhalte in Form von Begriffen repräsentieren, und aus Fäden, welche die Relationen zwischen den Inhalten herstellen. Es existieren verschiedene Modelle über derartige Verknüpfungstypen. Dörner [7/3] unterteilt die Relationen in drei Gruppen: in Abstraktheitsrelationen, Teil-Ganzes-Relationen und Raum-Zeit-Relationen.

  Abstraktheitsrelationen geben die Beziehungen eines Begriffs zu Ober- und Unterbegriffen an (z.B. Verbindungselement Schraube zu Sechskantschraube). **Teil-Ganzes-Relationen** gliedern Sachverhalte hinsichtlich ihrer Bestandteile (z.B. Schraube zu Schraubenkopf, Schraubenschaft; Bild 3.16). **Raum-Zeit-Relationen** ermöglichen die Abbildung der relativen Lage von Teilen oder der zeitlichen Abfolge von Handlungen (z.B. Schraubenkopf auf Schraubenschaft; erst bohren, dann Gewinde schneiden). Die Verknüpfung von räumlich-zeitlichen Elementen bezeichnet Dörner als Komplexion. Lässt man erfahrene Konstrukteure und Anfänger technische Zeichnungen reproduzieren, so betrachten die Erfahrenen die Originalzeichnung seltener und kürzer und machen weniger Fehler. Wahrscheinlich verfügen erfahrene Konstrukteure bereits über Komplexionen, die sie aktivieren können (Waldron et al. [13/3]). Die Begriffe, die die Knoten des semantischen Netzes in der epistemischen Struktur bilden, können als Bilder, als Worte und als Handlungsprogramme im Gedächtnis gespeichert sein. Es müssen also nicht nur verbale Vorstellungen sein.

- **Heuristische Struktur:** Reichen die in der epistemischen Struktur gespeicherten Handlungsprogramme (Operatoren) zur Bewältigung einer Situation nicht mehr aus, so nimmt diese Problemcharakter an. Zur Problemlösung werden auf einer höheren (Meta-)Ebene aus einer begrenzten Zahl elementarer Operatoren neue Operatoren gebildet. Dadurch entstehen Heurismen. Ein Grundschema für Heurismen sieht Dörner [16/3] im TOTE-Schema (Test - Operate - Test - Exit), einem zyklischen Wechsel von Prüf- und Handlungsschritten (Bild 3.18).

Das Langzeitgedächtnis kann ferner nach dem Informationsträger (Bild 7.144) strukturiert werden, insbesondere hinsichtlich Bild- und Sprachgedächtnis. Gerade beim Konstruieren ist das „Bilderdenken" von großer Bedeutung. Es ist aber von der Forschung her wenig geklärt (Kapitel 3.4.4). - Pöppel [17/1] unterscheidet drei Gedächtnisse: ein explizites; ein implizites und ein bildliches. Insofern kommt diese Einteilung der Bild-Bedeutung bei der Ingenieurarbeit entgegen. Beim bildlichen unterscheidet er einen topologischen (mit Raumstrukturen) und einen episodischen Anteil. In letzterem werden auch Vorgänge gespeichert. In Erinnerung bleiben auf die Dauer nur die, die mit stärkeren Emotion en verbunden waren. Der Rest wird vergessen, da man nur 200 bis 300 Bilder aktiv bearbeiten kann [101/3]. Überhaupt laufen alle aufgenommenen Informationen zuerst in das ursprüngliche Stammhirn bzw. das limbische System, wo sie mit gespeicherten Erfahrungen und Emotionen verknüpft werden. Danach erst können sie z. T. in den Kortex, die auch rational arbeitende Gehirnrinde, übernommen werden. So kann nur ein kleiner Teil der Informationen explizit bewusst gemacht werden. Alle Informationen, die in das Gehirn einströmen, werden also automatisch mit Gefühl und Bedeutung versehen! Das ist wichtig für das angeblich so rationale Beurteilen und Entscheiden. (Kapitel 1.1 d und 7.9). Gigerenzer [108/3] untersuchte die unbewussten „Bauchentscheidungen", die oft erstaunlich brauchbar sind.

3.2.2 Was heißt Denken?

Denken kann ganz allgemein als die Fähigkeit bezeichnet werden, sich mit aus Wahrnehmungen (sprachlich, visuell ...) gewonnenen Informationen über die Wirklichkeit auseinanderzusetzen. Dabei können verschiedene Denkformen unterschieden werden (Bild 3.5).

Intuitives und diskursives Denken stellen ein häufig verwendetes Begriffspaar dar. **Intuitives** Denken ist sprunghaft und durch plötzliche Einfälle gekennzeichnet. Es steht unter sehr geringer Kontrolle des Bewusstseins. Aufgrund ganzheitlicher Sinneswahrnehmung und Vorstellungsbilder werden die Zusammenhänge als Ganzes sichtbar. Die Erkenntnis fällt ins Bewusstsein, wie ein Bild im Spiegel erscheint, wenn Licht eingeschaltet wird. An vielen Stellen der Literatur werden die Intuition oder intuitives Denken in den Bereich des Mystischen verbannt. Trotzdem ist es gerade beim Konstruieren sehr bedeutungsvoll, da es kreative Inhalte hervorrufen kann (Kapitel 7.5.4 und 3.6) [15/1].

Der Gegensatz dazu ist das **diskursive**, zergliedernde Denken. Hierbei wird das Denken rational und planvoll durch das Bewusstsein gelenkt. Es verläuft in logischer Folge fortschreitend, von einer Vorstellung, einem Begriff, Urteil oder Schluss zum anderen übergehend. Im Gegensatz zum intuitiven Denken muss hier also das Problem in die wesentlichen Bestandteile zerlegt werden, um der diskursiven Bearbeitung zugänglich zu sein. Insofern entspricht es dem **logisch-analytischen** oder **rationalen** Denken. (Siehe Bild 4.32).

spekulatives, reflexives Denken	zielt auf Erkenntnismehrung
konstruktives Denken	zielt auf Handlungen ab
intuitives Denken	sprunghaftes, ganzheitliches Denken
diskursives Denken	in logischer Folge fortschreitendes Denken
konvergentes Denken	rückwärtsschreitendes, von einer Lösung ausgehendes Denken
divergentes Denken	vorwärtsschreitendes, freischweifendes Denken
produktives Denken	kreatives, schöpferisches Denken
reproduktives Denken	Wiederverwendung von Gedankengängen
logisch-analytisches Denken	von Prinzipien der Logik geleitet
dialektisches Denken	Denken in Form von „trial and error"-Zyklen
induktives Denken	verallgemeinerndes Denken
deduktives Denken	folgerndes Denken

Bild 3.5 Zusammenstellung verschiedener Denkformen (nach Rutz [5/3])

Interessant ist, dass das diskursive, logisch-analytische Denken, das rationale Verhalten, dem Menschen nicht angeboren ist, sondern anerzogen werden muss. Wir lernen es z.B. durch die Sprache oder die Mathematik. Offenbar ist der Mensch ursprünglich bildhaft und ganzheitlich auffassend. Das analytische, diskursive, logische Denken wird anscheinend erst im Lauf der Zeit stärker ausgebildet. Es ist klar, dass bei Konstrukteuren in besonderem Maße **bildhaftes, ganzheitliches, kreatives Denken** gefordert ist und daher trainiert werden sollte. Das Studium, insbesondere an Universitäten, legt aber gerade besonderen Wert auf das logisch-analytische Denken. Die Frage ist somit berechtigt, ob bei einem solchen relativ einseitigen Denktraining kreativ gute Konstrukteure mit Universitätsabschluss erwartet werden können (Kapitel 7.5.4). Wir sollten auch implizite, unbewusste Prozesse pflegen: Skizzieren und Modelle machen von Hand (Kapitel 3.4.2; 3.4.4;

5.1.3.2). Welche Leistung das unbewusst arbeitende Gehirn vollbringen kann zeigt sich beim Baby, wenn es die Muttersprache lernt: ohne Lehrer, Lehrprogramm, Vokabelheft, Klassenarbeiten: ein unverstandener Automatismus! [125/3; S. 233]

Eine weitere Erkenntnis aus denkpsychologischen Untersuchungen ist für effektives Problemlösen wichtig. Nach G. Roth bildet sich durch die unbewusst aufgenommenen Informationen ein gigantisches, vorbewusstes Netzwerk im Gehirn, aus dem einzelne Gipfel der Ratio herauswachsen können. Offenbar laufen dabei aber routinierte Denk- und somit auch Handlungsprozesse, die intuitiv und damit praktisch **unbewusst** (implizit) abgewickelt werden, wesentlich **schneller** und ökonomischer ab, als methodenbewusst geplante bzw. diskursiv, rational gesteuerte [16/1; 24/1; 108/3]. Dabei seien nach Pöppel [17/1, S. 180] **„bewusst"** nur jene psychischen Ereignisse, die kommuniziert werden können (meist sprachlich, aber auch mit Gesten). Ein gutes Mittel, im Unbewussten „grummelnde" Ideen in den Cortex, d. h. das Bewusstsein zu heben, ist es, die Thematik mit jemanden zu besprechen oder zu versuchen, sie zu beschreiben. (Übergang von Stufe 1 nach 2 in Bild 3.6) – Wegen der Wichtigkeit soll auch mit Markowitsch [101/3] noch einmal betont werden, dass alle aufgenommene Informationen über das limbische System („Urhirn") laufen, und dort mit emotionalen Inhalten verknüpft werden. Wenn zu wenig emotionale Bedeutung vorliegt, wird die Information wieder vergessen, nicht im Langzeitgedächtnis gespeichert. Daraus ist ersichtlich, welche Bedeutung die **Motivation** für das Lernen und Arbeiten hat! Gefühle sind ein sehr effizienter Erfahrungsspeicher, der aber auch in die Irre führen kann [108/3].

In jeder Sekunde versorgen die Sinne das menschliche Gehirn mit 11 Millionen Bit „Information". Vor allem das Auge. In der gleichen Zeit verarbeitet unser bewusstes Erleben ganze 40 Bit, also dagegen fast nichts. Der Löwenanteil wird unbewusst verarbeitet. Außerdem hinkt unser bewusstes Erleben ca. 0,5 Sekunden hinter den realen Ereignissen her. [125/3; S. 249]. Und schließlich simulieren wir die uns umgebende Welt, ohne dass wir es bemerken: (Das Papier ist auch bei rötlichem Sonnenuntergang weiß). Es ist wie beim Computer: Wir sehen nicht die komplexen Rechenprozesse im Inneren, sondern nur deren Resultate auf dem Bildschirm. Ein Großteil unseres Denkens und Tuns läuft also in einer Art **„Normalbetrieb"** nur zum Teil bewusst (explizit) ab. „Stufe 1 eines Zweistufen-Vorgehens"[2]. Wir sind zwar bei klarem Bewusstsein, aber wesentliche Denkprozesse laufen routineartig im Unbewussten, also implizit, ab. Das Zentrum unseres Denkens und Handelns liegt eben nicht im Bewussten, sondern im Unbewussten (Siehe die Experimente in Kapitel 3.4.3 und [75/3])! Erst wenn es hierbei nicht mehr weitergeht, wenn die

2) Diese Bezeichnung wird aus didaktischen Gründen eingeführt. („Lässt sich besser merken"). Bei erfahrenen Entwicklern wird unbewusst laufend zwischen Stufe 1 und 2 hin und her geschaltet (Kapitel 10). Nach Simon [102/3] sucht man selten nach optimalen Lösungen. Es reichen zufrieden stellende. Badke-Schaub [96/3] spricht nicht von Stufen, sondern stattdessen auch von Prozess 1 bzw. Prozess 2. Und Kahnemann [127/3] nennt schon sein Buch „Schnelles Denken, langsames Denken" und meint damit unbewusstes bzw. bewusstes Denken; auch als System 1 und System 2 bezeichnet.

Situation problematisch wird, eine Krisensituation entsteht, wird im **„Rationalbetrieb“** methodenbewusstes, diskursives, rationales Vorgehen zweckmäßig „Stufe 2“ (Müller [14/3]). Unser Denken und Handeln gleicht bezüglich dieser zwei Betriebsarten einem Eisberg, dessen eigentliche Gestalt und Größe der bewussten Wahrnehmung verborgen ist (Bild 3.6). Es ist sogar zusätzlich anzunehmen, dass das bewusste Denken und Handeln immer durch unbewusste Antriebe, Motivation, Gefühle, Wertmaßstäbe vorbereitet wird [108/3], denn jede Wahrnehmung wird im limbischem System des Gehirns gefühlsmäßig kodiert. Das bewusste Denken wird sozusagen vom Unbewussten (Impliziten) getragen [38/7.5]. (Das erzeugt „Unconscious Bias“ = unbewusste Vorurteile). Das ist nicht ideal, aber real, und gesunde Selbstkritik ist angebracht. Der Psychologe D. Frey schrieb: „Entscheider handeln nicht notwendigerweise rational, aber sie rationalisieren ihre Entscheidung nachträglich“ [94/3]. Dies Denken gehorcht – auch – dem ökonomischen Prinzip (Einfachheitsprinzip), so dass die einem Ingenieur nahe liegende Forderung lautet: Methodenbewusste Planung im „Rationalbetrieb“ nur soweit notwendig, Arbeit im routiniert und schnell ablaufenden „Normalbetrieb“ mit Erfahrungswissen so viel wie möglich [14/3] (Kapitel 1.1d und 3.4.3 und 3.6). Dies gilt vor allem für die Arbeitsweise von Einzelkonstrukteuren. – Wenn es sich aber um Großprojekte in größeren Teams handelt, muss man sicher im „Rationalbetrieb“ viel systematischer vorgehen; schon um die Arbeitsteiligkeit zu beherrschen.

Ein Diplomand hat diese Erkenntnis am Ende seiner Konstruktionsarbeit so formuliert: „Den größten Teil der Zeit habe ich nicht bewusst methodisch, sondern intuitiv gearbeitet (also Stufe 1). Ich bin sozusagen mit einem Pkw im Zweiradantrieb im Straßengang gefahren. Erst wenn es nicht mehr weiterging, wenn das Gelände schwierig wurde, habe ich den Vierradantrieb, die Konstruktionsmethodik eingesetzt (Stufe 2). Und sie hat meistens geholfen.“

Die Konsequenz für die Lehre des methodischen Konstruierens muss demnach sein, einfache, aber effektive Vorgehensweisen so einzuüben, dass sie wie das Gangschalten beim Pkw ins Unbewusste absinken und so automatisiert im „Normalbetrieb“ ablaufen. Dabei sollte aber bei dem routiniert (fast unbewusst) ablaufenden Vorgehen (in Stufe 1) wenigstens zu Anfang eine gute Aufgabenklärung mit einer Anforderungsliste stattfinden (Kapitel 7.3, Bild 8.3). Denn die meisten Fehler geschehen durch unklares Aufgaben- und Anforderungsbewusstsein. – Und ein Anfänger, der wenig Erfahrung hat, tut sich in „Stufe 1“ u. U. deswegen schwer, weil er zu wenig aufgabenspezifische Erfahrung im Unbewussten gespeichert hat! – Auch wird ein methodisch (rational) geübter Konstrukteur seinen „Normalbetrieb“ mit rationalen Anteilen aus Stufe 2 mischen, so dass für ihn eine flexible Mischung von „Normal- und Rationalbetrieb“ (Stufe 1 und 2) selbstverständlich ist. (Kapitel 1.1 d). Hinzu kommt noch die Nutzung computergestützter Hilfsmittel, die je nach Produkt und Unternehmen unterschiedlich sind.

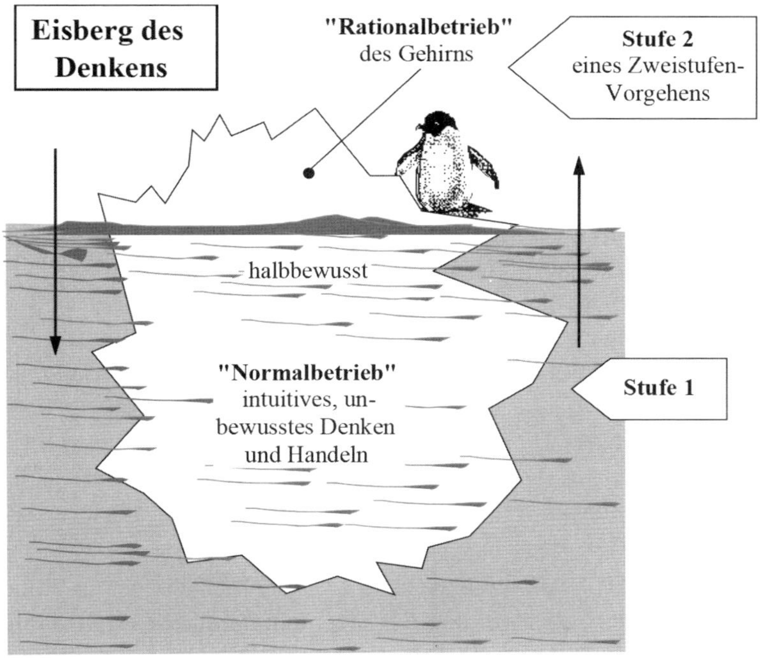

Bild 3.6 Ein Großteil unserer Handlungen ist aus dem Unbewussten gesteuert. Der „Normalbetrieb“ läuft routiniert im Unbewussten ab. Die Pfeile sollen andeuten, wie sich Bewusstes (Explizites) und Unbewusstes (Implizites) laufend verändert und austauscht.[3] (Siehe hierzu auch Bild 7.147 und Kapitel 3.3.2 b)

(Zum Umgang mit explizitem und implizitem (unbewussten) Wissen siehe Kapitel 7.10.1, [28/7.10] und auch Bild 7.152 sowie Binz u.a. in [26/1; S. 249]. Die vier Abschnitte dort wurden vom Autor Ehrlenspiel um einen fünften (A) ergänzt. Eine Übersicht über die Grundlagen des Lebens, um die Bedeutung des Fühlens und des impliziten Denkens klar zu machen sieht man in Bild 7.157. Ferner werden in Kapitel 7.5.4 Einflüsse auf die Intuition behandelt und der Umgang mit Kreativitätstechniken gezeigt. – Wie stark implizite Inhalte die Bewertung und Entscheidung bestimmen können, wird in Kapitel 7.9.1 und 7.9.2 besprochen).

Die Unterteilung in Stufe 1 und 2 halten wir auch deshalb für sinnvoll, um Anfängern in Methodik die Scheu davor zu nehmen.– Denn bisher haben sie ja nur in Stufe 1 gearbeitet und jetzt soll das alles verboten sein. – Zudem fängt ja wohl jeder Mensch so an. Auch Prof. G. Pahl bemerkte in einem persönlichen Gespräch

3) Zum bekannten Ausspruch von Descartes „Ich denke, also bin ich“, der ja auf rationales Denken bezogen war, müsste nach heutigen Erkenntnissen zugefügt werden: „Es denkt, also bin ich“, und „Ich fühle, also bin ich“. Wenn man sich klar macht, dass unsere ganzen Körperfunktionen unbewusst ablaufen, und ein Großteil unserer Sinneserfahrungen, ist unser rationales Denken „nur ein kleines Sahnehäubchen auf einem großen Kuchen unbewussten Lebens“! Oder, anders ausgedrückt: Wir werden mehr vom Unbewussten her gelebt, als wir meinen.

„Wenn ich ein technisches Problem lösen möchte, überlege ich zunächst, ob mir die Lösung nicht direkt einfällt. Erst dann geh' ich methodisch vor" [in 109/3, S. 108].

Noch verstehen wir die unbewusst (implizit) ablaufenden Vorgänge (Methoden) beim Problemlösen nicht recht. Weil es bisher wenig experimentelle Methoden zur Untersuchung unbewusster Vorgänge gibt. (Dörner [7/3; S. 305] beobachtet Entscheidungen von Versuchspersonen in einer computer-simulierten „Welt"). – Möglicherweise wird dann eher bewusst, dass rational – z. B. im Frontalunterricht – vermitteltes Methodenwissen wenig wirksam wird, weil es, wie das Gangschalten beim Autofahren, erst intensiv an verschiedenen Beispielen eingeübt werden müsste. Unser Unbewusstes ist eben, auch wegen früher eingeübten Verhaltensweisen dominant und setzt sich so – unbewusst – durch. Möglicherweise würde dann auch klar, dass sich unsere Lehre ändern muss und vielmehr selbständiges Lernen allein und in der Gruppe, aber mit Assistenz, verstärkt werden muss. „Methodenüben statt nur Methodenwissen". Oder nach Montessori „Hilf mir es selbst zu tun." (Siehe Kapitel 3.8.3).

Statt des bewusst ablaufenden „Rationalbetriebs" gibt es schließlich noch in Situationen der Überforderung, der Angst vor dem Versagen eine implizite **emotionale Steuerung** des Verhaltens durch Ärger, Ablehnung, Angst, Wut oder Verzweiflung. Manche Prüfungssituationen sind dadurch geprägt. Auch bei Untersuchungen über das Verhalten von Konstrukteuren haben wir das z. T. erlebt (Kapitel 3.4). Die „Positiv"-Emotionen Freude, Akzeptanz und Vertrauen dagegen wirken motivierend und fördern die Problemlösefähigkeit [38/7.5].

In Bild 3.7 ist dies in Form von drei Eisbergen als Symbol für drei Personen dargestellt. Sie kommunizieren nach ihrer Meinung rational, da verbal über ihre jeweiligen „Sende- und Empfangsanlagen". In Wirklichkeit werden aber vorher schon, und laufend unbewusst Emotionen ausgetauscht. (Man kann nicht nicht-kommunizieren [74/3], Bild 7.155). Wie aus den Gruppenuntersuchungen in Kapitel 3.5 klar wurde, spielt die zwischenmenschliche Kommunikation eine maßgebende Rolle für die Qualität der Konstruktion. (Praxisbeispiel in Kapitel 4.1.6).

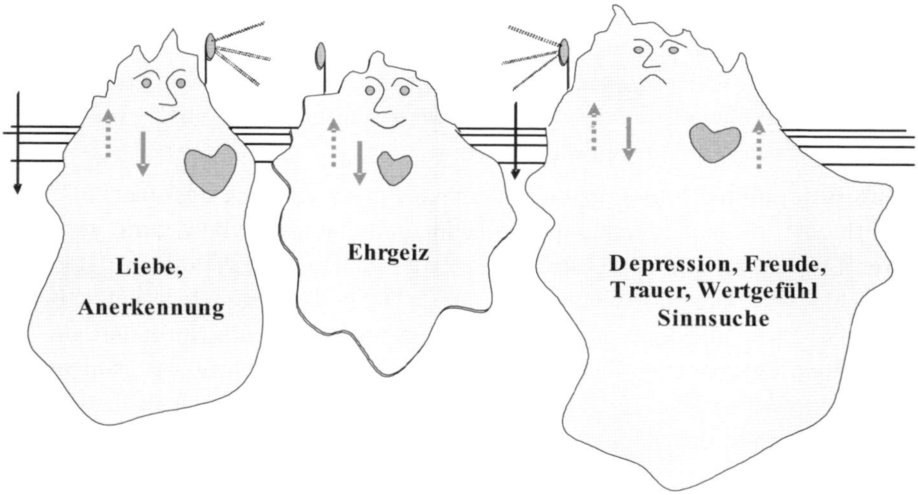

Bild 3.7 Unsere Kommunikation mit anderen erfolgt auch unbewusst (implizit) über Mimik, Gestik, Tonfall, wobei Gefühle eine große Rolle spielen. Rationales und Unbewusstes durchdringen sich, tauschen sich aus. Wir kommunizieren rational und emotional. (Ein praktisches Beispiel zeigt Bild 4.22). Siehe auch Bild 7.155 und Kapitel 3.10 Integrationsfähigkeit

Beispiel für intuitives bzw. rationales Problemlösen: „Magischer Würfel"

In Bild 3.8 ist ein Würfel dargestellt, dessen vier Seitenflächen überall das gleiche Bild einer bekannten Schwalbenschwanzführung zeigen. Den Betrachtern wurde gesagt, dass das Oberteil aus Aluminium besteht, das Unterteil aus Kunststoff PVC. Es ist spanend hergestellt und auch montiert worden. Wie kann es demontiert werden?

a) Beim üblichen **intuitiven Problemlösen** wurden dann Fragen gestellt, wie: „Darf ein Teil zerstört werden?" Antwort: *Nein.* „Darf man höhere Temperaturen einsetzen?" *Nein, es soll bei Zimmertemperatur gehen.* „Wie sieht der Würfel innen aus?" *Das ist gerade die Frage.* „Komisch, bei üblichen Schwalbenschwanznuten laufen die Nuten senkrecht zur Oberfläche geradlinig weiter. Ist das hier auch der Fall?" *Das gerade sollen Sie sich überlegen!* „Ja das ist es: Die Nuten müssen schräg verlaufen, dann können sie links im Bild 3.8 wieder so aussehen, wie sie rechts hineinlaufen!" Damit war eine Lösung gefunden. – Es wurden aber drei Würfel gezeigt und gefragt, ob man sich auch noch andere Lösungen vorstellen könne. Fragen der Teilnehmer waren dann wieder z. B.: „Gibt es nur drei Lösungen?" *Nein, es gibt unendlich viele Lösungen.* „Sind die drei Würfel alle in der Werkstatt mit konventionellen Werkzeugmaschinen hergestellt worden?" *Ja.* Schließlich wurden auch kreisförmige Nuten gefunden, mit dem Zentrum in der Mitte (siehe Bild 3.9).

Irgendwie scheint im Unbewussten eine Logik abzulaufen, die zum mindesten Elemente der nachfolgenden rationalen Lösungssuche enthält. Man macht sich klar, dass ein geradliniges Entfernen nach oben und unten nicht geht, also muss es in der Nuten-Ebene durch Schiebung gehen. Die Frage ist dann, in welche Richtung diese Schiebung gehen muss. Man bildet sich vielleicht hypothetische geometrische Modellvorstellungen und sondert ungeeignete aus. – Das Ganze wird aber höchstens nur teilweise bewusst.

b) Beim **rationalen Problemlösen** kann manvon der Klärung des Begriffes „Demontieren“ ausgehen. Demontieren heißt offenbar „eine Bewegung zur Entfernung von festen Körpern einleiten“. Es ist für einfache Fälle klar, dass man zunächst nur translatorische und rotatorische Bewegungen betrachtet. Beide gehen nicht für die Richtung nach oben bzw. unten, da die Normalen auf die Schwalbenschwanz-Oberflächen alle in die Bewegungsrichtung weisen müssten. – Es bleiben also zunächst nur „schiebende“ Bewegungen in der Nuten-Ebene zwischen den Körpern A und B übrig. Die Oberflächen der Nuten müssen dann tangential zur Bewegungsrichtung verlaufen, damit die Verschiebung möglich ist. Das heißt, die Nuten müssen dann schräg oder kreisförmig verlaufen, wie in Bild 3.9 gezeigt. Man kann die Mittelpunkte der Kreise M_1 und M_2 beliebig verschieben, so dass man eine Vielzahl von Lösungen erhält.

Bild 3.8 „Magischer Würfel“ mit Schwalbenschwanznuten an allen vier Seiten

Was kann man daraus lernen? Das Beispiel, das ich oft genug Praktikern und Studenten vorgelegt habe, zeigt, dass sowohl intuitives, wie rationales Problemlösen zum Erfolg führt. Allerdings haben alle zunächst intuitiv begonnen und einer aus einer Gruppe präsentierte nach einigen Minuten dann eine erste Lösung. – Es zeigt weiter, wie ein offensichtlicher Widerspruch Anlass zum Nachdenken gibt. Wir haben anscheinend aus unserer Erfahrung als fest gefügtes Vorurteil gespeichert, dass bei Schwalbenschwanznuten die Nuten senkrecht zur Oberfläche geradlinig weiterlaufen. Wie bei einer Werkzeugmaschinenführung. Die widerspruchorientierte Herausforderung muss das alte Bild zerstören und neue Bilder generieren. (Insofern besteht eine Analogie zum Vorgehen nach Linde, Kapitel 7.2.4 d, und zur Aussage von Schumpeter/Sombart über die „kreative Zerstörung" des Alten, um das Neue möglich zu machen).

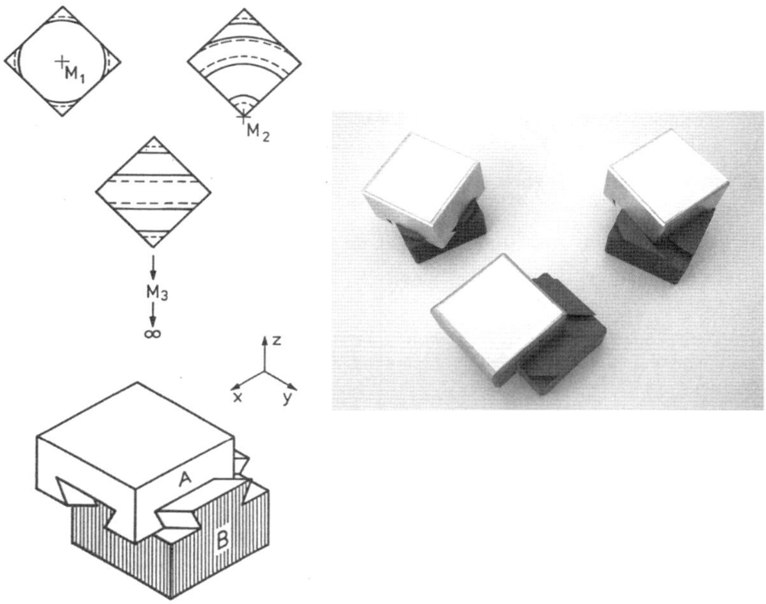

Bild 3.9 Drei mögliche Nutenverläufe, links mit den Verschiebungs-Mittelpunkten M, rechts als Foto

3.2.3 Denkschwächen und Denkfehler

Unser „Denkapparat" hat, verglichen mit einem Computer, nach heutiger Abschätzung eine große Zahl schwerlich vom Rechner erreichbarer Vorzüge: Wir haben ein Bewusstsein unserer selbst, können abstrahieren, Wichtiges von Unwichtigem unterscheiden, können Ziele und Werte setzen, können komplexe Inhalte lernen, ungeahnte kreative Einfälle haben, können Analogien bilden, können Muster und Gestalten erkennen oder sogar ergänzen, können deren Fehler erkennen, können Ursachen-Wirkungs-Ketten bilden und mit vorläufigen, von uns als nur wahrscheinlich definierten Informationen umgehen. Außerdem wirken Denken, Fühlen, Wollen und Handeln zusammen und bilden das Ich, was dem Computer als unserem Werk unerreichbar ist.

Aber unser Denkapparat hat gegenüber dem Computer, und nicht nur im Vergleich zu ihm, auch **Denkschwächen und begeht Denkfehler** (Kapitel 1.4). In Bild 3.10 wurde der Versuch gemacht, diese den gedächtnisspezifischen Ursachen zuzuordnen.

1	**Mangelnde Funktionalität**
1.1	Unmöglichkeit, komplexe Vorgänge oder Systeme simultan bearbeiten zu können (Wegen des begrenzten Kurzzeitgedächtnisses).
1.2	Bestimmte Prozesse können nicht schnell genug durchgeführt werden (Deshalb ist Maschinen- und Rechnereinsatz sinnvoll).
1.3	Bei bestimmten, sich häufig wiederholenden Prozessen werden Fehler gemacht (z. B. Rechen-, Tippfehler). Deshalb ist Maschinen- und Rechnereinsatz sinnvoll.
1.4	Komplizierte räumliche Strukturen sind ohne Hilfsmittel schwer vorstellbar. (Deshalb sind perspektivische Zeichnungen, 3D-CAD,Virtuelle Realität (VR) und körperliche Modelle sinnvoll).
1.5	Zukünftige komplexe Abläufe kann man sich nur schwer, und wenn, dann nur in linearen Abhängigkeiten vorstellen. (Deshalb ist Simulation mit Rechnermodellen sinnvoll).
1.6	**Vergesslichkeit** wegen des begrenzten Zuflusses zum Langzeitgedächtnis. (Deshalb ist Dokumentation sinnvoll).
2.	**Mangelnde Fähigkeit, abstrakt und logisch zu denken**
2.1	Komplexe, logische Abfolgen können oft nur schwer vollzogen werden (z. B. gewisse Denksportaufgaben).
2.2	Abstrakte Denkprozesse können ohne laufende Verknüpfung mit konkreten, anschaulichen Beispielen schwer nachvollzogen werden. (Deshalb sind verbale und bildhafte Veranschaulichungen sinnvoll).
2.3	Die Abstraktion vielgestaltiger, konkreter Phänomene kann schwer fallen. (Deshalb ist Training der Abstraktionsfähigkeit und Denken in Funktionen sinnvoll).
3.	**Aufwands- bzw. Zeitminimierung**
3.1	Zu starke Vereinfachung komplexer Prozesse und Systeme. Unzulässige Reduktion von Voraussetzungen, Restriktionen und Einflussgrößen und deren Abhängigkeiten. Situationsanalyse, ohne Nebenwirkungen zu beachten. Monokausales Denken. Übergeneralisierung.
3.2	Systeme werden vornehmlich statisch betrachtet. Wenn dynamisch, dann nur mit linearen Abläufen (siehe 1.5).
3.3	Zu wenig Wechsel von Denkstandpunkten, Betrachtungsweisen.
3.4	Mangelnde Zielklärung. Verbleiben im Unklaren. Damit verringert sich der Zeitaufwand für spätere Erfolgskontrolle und man muss keine Misserfolge zugeben.
3.5	Mangelnde Entwicklung alternativer Lösungen. Sich zufrieden geben mit der erstbesten Lösung.
3.6	Mangelnde Eigenschaftsanalyse alternativer Lösungen.(Abhängig auch von 3.4 und 3.5).
3.7	Mangelnde inhaltliche Steuerung von Prozessen, stattdessen emotionale Steuerung. (Abhängig insbesondere von 3.4 und 3.6).
3.8	Entscheidungen werden gefällt, ohne ausreichend Informationen gesammelt zu haben: Emotionales Entscheiden.
3.9	Die Gefahr unkontrollierten, emotionalen Verhaltens besteht vor allem dann, wenn man unbewusste, intuitive Vorgänge wegen des schnelleren Ablaufs vorzieht. Das kann bis zum emotionalen Ablehnen methodischen Vorgehens führen [15/3].
4.	**Sicherheitserhaltung** [16/3]: Um bei Gefahren oder Zeitmangel nicht in das Gefühl der Inkompetenz zu geraten, bleibt man beim Alten, hat Angst vor dem Neuen.
4.1	**Festhalten an Vorurteilen**. (siehe Bild 3.17 und Bild 3.19). Mangel an Ideen für ungewohntes Neues. Sich beschränken auf eine Handlung („single action bias").

Bild 3.10 Denkschwächen und Denkfehler mit ihren Ursachen und Abhilfemaßnahmen (siehe Bild 1.6) *(Teil 1)*

4.2 **Eingeschränkte Analyse** des zu behandelnden Systems und des Vorläuferprodukts auf die Teilbereiche, in denen man sich kompetent fühlt: **Zentralreduktion** auf eine angeblich wichtige Einflussgröße. „Es kommt ja im Grunde nur an auf ..."

4.3 Sich **abschirmen gegen (negative) Informationen,** die eigene Vorstellungen in Frage stellen würden. Ungeprüfte Hypothesen werden als Tatsachen ausgegeben: **„dogmatisches Verhalten".**

4.4 Um **Misserfolg** erst gar nicht erkennen zu können, wird keine ausreichende Ziel- und Aufgabenklärung durchgeführt. (Siehe 3.4)

4.5 Bei sich **anbahnendem Misserfolg:** Beibehalten der alten, eingefahrenen Strategien; Abschieben der Verantwortung auf äußere Umstände oder andere Personen („Bauernopfer"). Dann drei Verhaltensweisen : **Aggression, Regression** oder **Resignation.**

Bild 3.10 Denkschwächen und Denkfehler mit ihren Ursachen und Abhilfemaßnahmen (siehe Bild 1.6) *(Teil 2)*

Die vier Punkte aus Bild 3.10 sollen noch einmal kurz zusammengefasst werden:

- **Mangelnde Funktionalität**, d. h. es können aufgrund der sehr kleinen Kapazität des (bewussten) Kurzzeitgedächtnisses bestimmte Operationen nur sehr eingeschränkt oder langsam durchgeführt werden. Wir können z. B. nicht gleichzeitig die Funktion, die Teilefertigung, die Montage und die Entsorgung eines Produkts optimal gestalten, so dass sich dafür spezielle Vorgehensweisen entwickelt haben („Design for X" in Kapitel 6.5.2). Wir müssen sequenziell eins nach dem anderen machen. Es fällt uns offenbar sehr schwer, mehrere Eigenschaftsarten gleichzeitig zu bedenken. Multitasking ist schwer bzw. gar nicht realisierbar.[4]
- **Mangelnde Fähigkeit, abstrakt und logisch zu denken**. Nach der evolutionären Erkenntnistheorie [17/3] ist unser Gehirn ein Überlebensapparat aus der Ur-Mensch-Zeit zur Bewältigung der bis zur Neuzeit eher begrenzten Lebensumstände, des „Mesokosmos": „Mit unseren kognitiven Fähigkeiten sind wir nicht nur auf mittlere physikalische Dimensionen geprägt, sondern auch auf Systeme geringer Komplexität, auf kurze, unverzweigte Kausalketten, auf lineare Extrapolation, auf die Suche nach Regelmäßigkeiten, auf Eindeutigkeit und Gewissheit." (Kapitel 3.8.2).
- **Aufwands- bzw. Zeitminimierung (Einfachheitsprinzip)** ergibt als allgemeines Prinzip der Natur eine Reihe von Einschränkungen. Wir vereinfachen oft zu stark, beschränken uns auf wenige Einflussgrößen, die uns gerade besonders wichtig erscheinen. Viele Dinge werden vorwiegend statisch betrachtet, auch wenn in der Praxis die Probleme häufig aus der Dynamik entstehen. Man geht bei einer Aufgabe sofort auf eine Lösung los, statt die Aufgabe erst ausreichend zu klären, Funktionen zu bestimmen und mehrere Lösungen zu überlegen (Kapitel 3.4.3). So wird die Komplexität reduziert („Denkökonomie" in Kapitel 3.6).

4) Aussage von Prof. Erbguth (Universität Erlangen-Nürnberg).

- **Sicherheitsmaximierung** bedeutet ein Verharren im Gewohnten und Interpretieren neuer Situationen nur aufgrund von bekannten Erfahrungen. Zweifel werden erst gar nicht zugelassen. Man bleibt bei seinen Vorurteilen. Man beschränkt sich auf die Bearbeitung des Bekannten. Ein Lagerspezialist z.B. bearbeitet bei einer Konstruktion die Lagerproblematik in aller Ausführlichkeit, obwohl es viel wichtigere Probleme gäbe. Dies nennt man „Zentralreduktion". Im Übrigen könnte **kreatives Denken**, das ja für innovatives Konstruieren besonders bedeutungsvoll ist, geradezu als die Umkehrung des abgesicherten Denkens bezeichnet werden. Es kommt dabei darauf an, aus den gewohnten Denkschemata auszubrechen, Vorurteile, Vorprägungen zu verlassen. Darauf wird in Kapitel 7.5.4 bei den Kreativitätsmethoden eingegangen.

3.3 Maßnahmen zur Lösung von Problemen

Bevor über Vorgehensweisen zum Problemlösen im Einzelnen gesprochen wird, soll versucht werden, die Erkenntnisse über Denkvorgänge mehr aus der Sicht des Konstrukteurs zu betrachten. Die oben erwähnte Unterscheidung in das meist unbewusst ablaufende Arbeiten im **„Normalbetrieb"** (Stufe 1) und in den bei Schwierigkeiten eher eingesetzten **„Rationalbetrieb"** (Stufe 2) des Denkens und Handelns ist abhängig von der Erfahrung oder der „Meisterschaft" des Bearbeiters. Da die Problemschwierigkeit, wie Bild 3.11 schematisch zeigt, im Verlauf des Konstruierens immer wieder unterschiedlich hoch sein wird, liegt sie teils über, teils unter der „Meisterschaftskurve" des Bearbeiters. Mal ist also „Rationalbetrieb" mit Methodeneinsatz nötig, mal läuft die Arbeit im „Normalbetrieb" routiniert ab. Da die Meisterschaftskurve eines „alten Hasen" höher liegt als die eines Neulings, ist dieser eher überfordert und muss Aktivitäten zum Problemlösen entfalten.

a) Empfehlungen zum Arbeiten im „Normal- bzw. im Rationalbetrieb" (Stufe 1 bzw. Stufe 2)

Eine Frage ist, bei welchen äußeren Umständen das übliche Arbeiten im „Normalbetrieb", d.h. intuitives, unbewusstes Arbeiten verlassen werden soll, zugunsten eines methodischen, rationalen, diskursiven Vorgehens im „Rationalbetrieb". In Bild 3.12 sind dazu Angaben gemacht, z.B. in Abhängigkeit von der Wichtigkeit, Neuheit und Dringlichkeit des Problems, die eigentlich auf der Hand liegen und auch in der Praxis bestätigt werden.

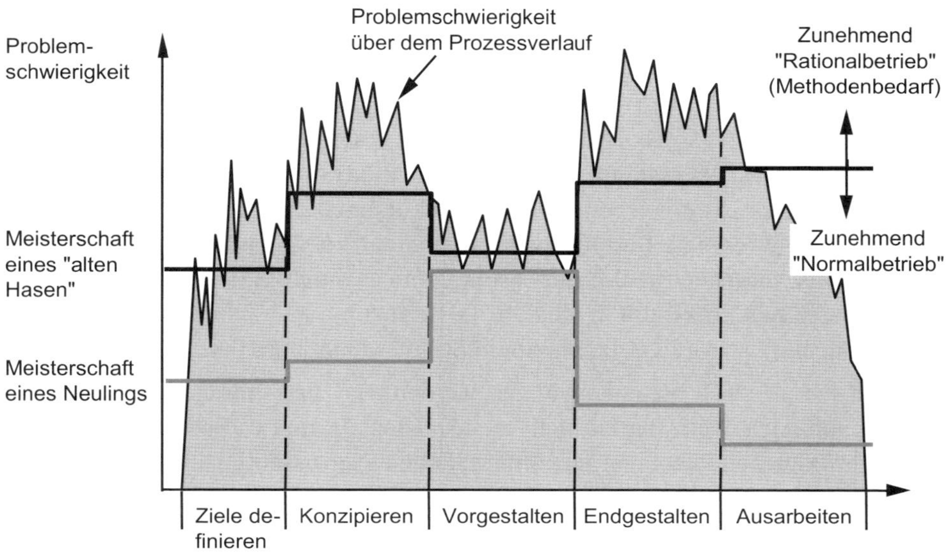

Bild 3.11 Meisterschaftskurven von Problemlösern im Konstruktionsbereich (nach Müller [18/3])

Vorgehen, Arbeiten / Kriterien	intuitiv, unbewußt, **"Normalbetrieb" Stufe 1**, wenn...	methodisch, rational, bewußt, **"Rationalbetrieb" Stufe 2**, wenn...
Wichtigkeit des Problems	– Problem nicht so wichtig – Fehlentscheidung leicht korrigierbar	– wichtiges Problem (z. B. hoher zu erwartender Umsatz) – Entscheidung von großer Tragweite
Neuheit des Problems	altes Problem, es genügt, übliche Lösungen zu verwenden	– vollkommen neue Lösung gesucht – keine ähnliche Lösung bekannt
Komplexität des Problems	– eher einfach, klar zu durchschauen – zeitlich konstant, "statisch" – klares, eindeutiges Ziel	– hohe Komplexität, schwer durchschaubar – zeitlich sich ändernd, "dynamisch" – unklare, widersprüchliche Ziele
Dringlichkeit des Problems (verfügbare Zeit)	– es eilt – Aufwand lohnt nicht	bei wichtigem und/oder neuem Problem sollte selbst unter Zeitdruck ein Minimum an Methodik angewandt werden
Organisation der Problembearbeitung	nur wenige aufeinander eingespielte Mitarbeiter, die kaum wechseln	Koordination von vielen oder im Lauf der Zeit wechselnden Mitarbeitern erforderlich

Bild 3.12 Wann methodisches, rationales, bewusstes (explizites) Arbeiten im „Rationalbetrieb“ (Stufe 2), wann intuitives, z. T. unbewusstes (implizites) Arbeiten im „Normalbetrieb“ (Stufe 1)?

Vergleicht man zusammenfassend die Vor- und Nachteile der beiden Arbeitsformen, so ergibt sich:

Vor- und Nachteile intuitiven Arbeitens im „Normalbetrieb“ (Stufe 1):

Intuitives (implizites) Arbeiten kann gute oder sehr gute Lösungen auch bei komplexen Problemen zustande bringen. Der Zeitaufwand ist meist gering, da nur eine oder wenige Lösungen mit geringem Dokumentations- und Selbstreflexionsaufwand erstellt werden. Da intuitives Arbeiten auf im Gedächtnis gespeicherten Wissens- und Vorgehensstrukturen beruht, kann es durch gezieltes Training, bzw. in der beruflichen Praxis durch langjährige Erfahrung, verbessert werden. Gerade diese Erfahrung ist Voraussetzung, um in Stufe 1 Qualität zu bewirken.

Intuition kann jedoch nicht erzwungen werden. Das Ergebnis ist stark vom Bearbeiter abhängig. Der Weg ist nicht nachvollziehbar, und es besteht die Gefahr, durch Vorfixiertheit Lösungen nur innerhalb eines gewissen fachlichen Horizonts zu finden (Kapitel 3.4.4). Bei mangelndem Wissen und Training können durch vornehmlich intuitives Arbeiten natürlich auch sehr schlechte Lösungen entstehen (Kapitel 8.3).

Vor- und Nachteile diskursiven, rational-methodischen Arbeitens im „Rationalbetrieb“ (Stufe 2):

Diskursives Arbeiten schließt die Intuition niemals aus. Viele Methoden, die diskursives Arbeiten ermöglichen, versuchen im Detail die Intuition anzuregen. Durch diskursives Arbeiten werden bessere Lösungen wahrscheinlicher, die Lösungsvielfalt wird größer und dadurch auch die Sicherheit, keine guten Lösungen vergessen zu haben. Außerdem wird der gesamte Problemlöseprozess dokumentierbar, was das Lösen nachfolgender, ähnlicher Probleme erleichtert und den Lösungsprozess für sich selbst und für andere einsichtig und außerdem lehrbar macht. Methoden helfen bei der Überwindung von Ideenfixierung, Gewohnheitsbremsen oder Betriebsblindheit, aber auch bei der zielgerichteten Lösungssuche, die sich so bei komplexen Problemen auf das Wesentliche konzentriert (Kapitel 3.8).

Nachteilig ist vor allem der höhere Zeitaufwand [24/1]. Gerade auch bei komplexen Problemen stehen zurzeit noch zu wenig effektive Methoden zur Verfügung, so dass erst problemspezifische Methoden formuliert werden müssten. Die Methoden müssten auch produkt- und betriebsspezifisch angepasst werden (Kapitel 6.4). Werden Methoden angewandt, taucht meist ein neues Problem infolge der zum Teil rasant wachsenden Lösungsmenge auf: Der Umgang mit den vielen Lösungen und eine vernünftige Einschränkung auf brauchbare Lösungen.

Zusammenfassend vier Thesen:

- Denken und Handeln im routiniert, unbewusst gesteuerten **„Normalbetrieb“ (Stufe 1)** sind wegen ihrer Effektivität zu bevorzugen.

- Auch beim „Normalbetrieb“ ist von Zeit zu Zeit eine **methodische Orientierung** zweckmäßig: „Wo stehen wir im Prozess? Was sind die weiteren Schritte? Wo können sich Probleme ergeben?“ (Siehe Kapitel 6.2.3, Gleichnis „Bergwanderung“).
- **„Rationalbetrieb“ (Stufe 2)**, also methodenbewusstes, laufend reflektiertes und kontrolliertes Denken und Handeln nur in Problemsituationen anwenden, wo es nötig ist. Also z. B. bei komplexen und besonders innovativen, sowie arbeitsteilig in der Gruppe vollzogenen Projekten.
- In Sprache, Schrift und Grafik **nur so abstrakt wie nötig**, aber immer **so konkret wie möglich** formulieren.

Eine ähnliche Problematik wird in Kapitel 5.1.4.3 beschrieben, wo es sich um korrigierendes bzw. generierendes Vorgehen bei der Lösungssuche handelt.

b) Folgerungen für die planende (konstruktive) Arbeit aufgrund der Besonderheiten unseres Denkapparats

Offenbar denken wir beim Konstruieren im Wechsel von Worten (Wortmarken) und Bildern, entsprechend dem „Sprache-Bildzyklus“ nach Dörner [83/3]. Beide verweisen gegenseitig aufeinander. Bilder konkretisieren mehr, während die Sprache eher zur Abstraktion führt, die wieder Anlass zu neuen Lösungen sein kann (Kapitel 3.4.4).

Die in Kapitel 3.2.2 aufgezeigten weiteren Besonderheiten unseres Denkapparats müssen sich direkt auf die planende und konstruktive Arbeit auswirken. Bild 3.13 fasst die Auswirkungen aufgrund der Begrenztheit des Kurzzeit- und auch Langzeitgedächtnisses (Punkt A und B) zusammen. (Siehe auch Bild 3.56).

Um diese von unserer Natur her gegebenen Nachteile auszugleichen, haben sich eine Reihe von **Denk- bzw. Handlungsstrategien** herausgebildet, wie z. B. „Aufgliedern in Teilprobleme“ oder „zuerst das Wesentliche, dann das weniger Wesentliche“. Aus diesen ergeben sich Grundlagen methodischen Arbeitens. Sie sind uns so selbstverständlich geworden, dass man sie als **„Naturstrategien“** bezeichnen kann. Sie dienen insbesondere der Kompliziertheitsreduzierung. (Soweit das zu bearbeitende System in seinem Umfang zunächst eingeschränkt wird, ist damit auch eine Komplexitätsreduzierung verbunden.) Sie werden nachfolgend näher besprochen und sind im Wesentlichen aus experimentellen Untersuchungen zum (konstruktiven) Problemlösen (Kapitel 3.4) abgeleitet [2/3; 3/3; 19/3; 20/3; 21/3; 22/3]. In Bild 3.32 wird ein Teil dieser Strategien dem Vorgehenszyklus zugeordnet (vgl. Angaben in den Klammern oben in Bild 3.13).

A **Folgerungen aus der Begrenztheit des Kurzzeitgedächtnisses** (Arbeitsspeicher)
Maßnahmen bzw. Strategien zur Bewältigung der Informationsüberforderung bzw. Kompliziertheitsreduzierung: Einsatz von **"Naturstrategien".**

- A.1 **Sequentielle Arbeitsweise:** Zwischenzielbildung vom Vorläufigen zum Endgültigen (I.1, II.2 und III.1–III.3); vom Qualitativen zum Quantitativen; vom Abstrakten zum Konkreten (X.4)
- A.2 **Aufgliederung in Teilprobleme:** Teilzielbildung
- A.3 **Vorgehen vom Wesentlichen zum weniger Wesentlichen;** vom Groben zum Feinen (I.2); zuerst das Dringlichste (I.3)
- A.4 **Pendeln zwischen dem Ganzen und dem Detail** (X.3)
- A.5 **Komplexbildung** (Superzeichenbildung)
- A.6 **Informationen auslagern** in ein **externes Gedächtnis**
- A.7 **Iterativ** im Wechsel zwischen Synthese und Analyse arbeiten (TOTE-Schema, Kapitel 3.3.1)
- A.8 **Mehrere Lösungen** suchen und dann begründet auswählen
- A.9 **Zusammenarbeit** von Spezialisten in einer **Gruppe**
- A.10 **Abspeicherung** im Langzeitgedächtnis

B **Folgerungen aus der Begrenztheit unseres Langzeitgedächtnisses**

- B.1 Das Wissen wird in Schriften (Büchern, Zeitschriften, Berichten...), in Bildern, in Zeichnungen und elektronisch (Programme, Datenbanken...) abgespeichert
- B.2 Da der Einzelne nicht alles wissen kann, konzentrieren sich Spezialisten auf bestimmte Gebiete

C **Folgerungen aus der Tendenz unseres "Denkapparates" zur Aufwands- und Zeitminimierung, den unbewußt, intuitiv ablaufenden Vorgängen den Vorzug vor diskursiven, rational gesteuerten zu geben**

- C.1 **Intensive Zielklärung** (Aufgabenklärung) betreiben
- C.2 **Intensive Eigenschaftsanalyse** alternativer Lösungen durchführen
- C.3 **Inhaltliche Steuerung des Prozesses**
- C.4 **Wichtige Entscheidungen rational** und nicht emotional treffen
- C.5 Sich selbst, den Prozeß und das Ergebnis **kritisch hinterfragen**
- C.6 **Kreativitätstechniken** einsetzen; die Erfahrung anderer Fachleute einsetzen; Ideenfixation auf das Gewohnte beachten; Brainstorming; Problem zu zweit oder zu dritt diskutieren; Teamarbeit

Bild 3.13 Folgerungen für konstruktive Arbeit aufgrund der Besonderheit unseres Denkapparats (in Klammern stehen die Nummer der zugehörigen Strategien aus Bild 3.32) siehe auch „Denkökonomie" in Kapitel 3.6; Bild 3.56

A Folgerungen aus der Begrenztheit der Kapazität des Kurzzeitgedächtnisses („Naturstrategien") siehe auch Bild 3.56.

A.1 Sequenzielle Arbeitsweise, Zwischenzielbildung, Abstraktion

Die anstehende Arbeit wird zweckmäßigerweise in Teilprobleme oder Arbeitspakete aufgeteilt, die nacheinander und schrittweise abgearbeitet werden. Damit verringert sich der gleichzeitig zu bewältigende Informationsumsatz.

Vom Vorläufigen zum Endgültigen

Bei dieser Strategie wird z. B. zunächst angenommen, dass die Gestalt eines Produkts nur durch die geforderte Funktion bestimmt wird. Das dadurch entstehende Gebilde ist ein **vorläufiges**, das unter Berücksichtigung der anderen Anforderungen in eine **endgültige** Form gebracht werden muss (Kapitel 3.3.3). Eine Reduzierung der Kompliziertheit ergibt sich durch die anfängliche Vernachlässigung von Einflussgrößen (z. B. Herstellbarkeit oder Ergonomie). Diese Strategie ist meist mit dem nachfolgenden Vorgehen „vom Abstrakten zum Konkreten" verbunden.

Vom Abstrakten zum Konkreten

Konkrete Anforderungen werden zunächst sprachlich in eine abstraktere Funktion umformuliert (Bild 3.14). Diese ist dann Ausgangspunkt für die Suche nach immer noch abstrakten, prinzipiellen Lösungen (Konzept). Diese werden dann schrittweise z. B. bildhaft konkretisiert (z. B. in einem Entwurf), bis schließlich die konkrete Lösung (z. B. in der Fertigungsdokumentation) erreicht ist (Kapitel 5.1.3.4). Die dabei notwendigen Teilschritte im Sinne einer Unterteilung des Lösungsprozesses sind leichter zu bewältigen als ein Übergang ohne Zwischenzustände.

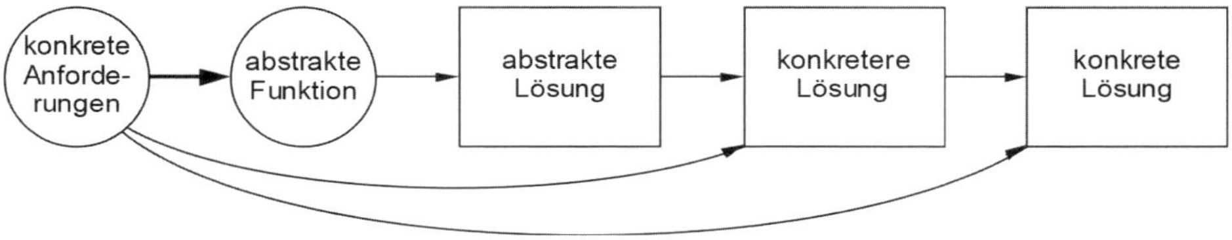

Bild 3.14 Strategie der Zwischenzielbildung (Dylla [2/3])

Um den Zusammenhang zwischen abstraktem Denken und der nötigen Konkretisierung nicht aus den Augen zu verlieren, zeichnen sich gute Problemlöser (Konstrukteure) durch ein fortwährendes „Pendeln zwischen dem Abstrakten und dem Konkreten" (s. a. Strategie A.4) aus.

Abstraktion ist ein wesentliches Mittel zur Verringerung der Kompliziertheit bzw. der Komplexität (je nach Definition). Es wird das für die jeweilige Zielsetzung Unwesentliche weggelassen. Die Abstraktion kann sich auf ganze Anforderungsgruppen (z. B. Funktion vor Fertigungs- und Kostenanforderungen) oder auf einzelne Teilfunktionen (zentrale Teilfunktion zuerst) beziehen. Sie kann sich ferner auf Beschaffenheitsmerkmale (Baugruppen, Teile, Werkstoffe, Maße ...) beziehen. Dies drückt sich in den Abstraktionsebenen der Konstruktionsmethodik aus (Bild 2.16). Da meist alle Eigenschaften mit allen vernetzt sind, resultiert aus der Abstraktion im Konstruktionsprozess die Notwendigkeit zur Iteration, d. h. man muss bei Berücksichtigung der zunächst weggelassenen Aspekte an bereits Bearbeitetem nachbessern [22/3]. Die **Iteration** gehört somit wesentlich zur methodischen Arbeit. Die vorhersehbare Iteration lässt sich auch einplanen [23/3].

Es scheint so zu sein, dass es unserem Denken leichter fällt, einen konkreten Gegenstand zu abstrahieren, als umgekehrt, sich zu einem abstrakten Begriff einen konkreten Gegenstand vorzustellen. Das ist wichtig für die Lehre, die zunächst eher zu konkret, als zu abstrakt sein sollte [85/3].

A.2 Aufgliederung in Teilprobleme (Teilzielbildung)

Dieser Strategie liegt die Annahme zugrunde, dass sich das Gesamtproblem (die Gesamtfunktion) soweit in Teilprobleme (Teilfunktionen) aufspalten lässt, bis sich dafür – relativ unabhängig voneinander – Teillösungen (Teilfunktionsträger) finden lassen, die schließlich zu einer Gesamtlösung zusammengesetzt werden können (Bild 3.15).

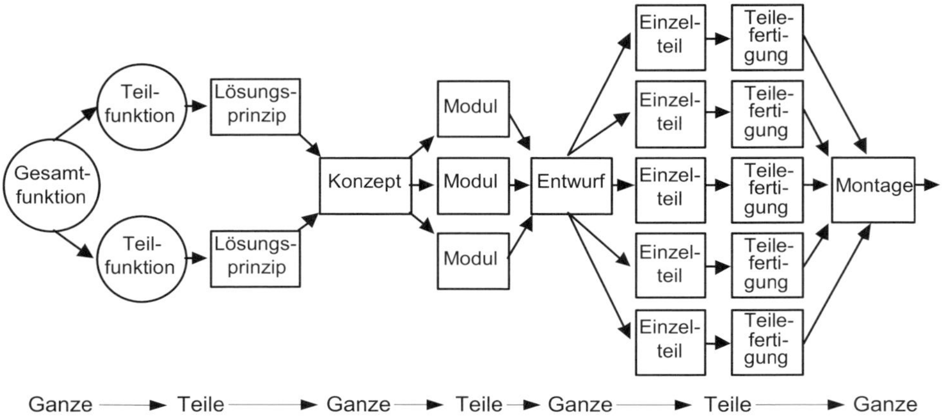

Bild 3.15 Strategie der Aufgliederung in Teilprobleme und des Wechsels vom Detail zum Ganzen (s. a. Bild 5.8 und Bild 6.12)

Die Unterteilung des Problems kann anfangs nur aufgrund der geforderten Funktionen geschehen und wird dann bei der entstehenden Lösung fortgesetzt. Das Vorgehen setzt aber voraus, dass die Struktur der Teilfunktionen mit der Struktur der Teillösungen zunächst übereinstimmt. Bei Funktionsvereinigung, d. h. bei der Erfüllung von mehreren Funktionen durch ein Lösungselement, kann sich die Struktur ändern (Kapitel 7.7.1).

Sofern ein Bearbeiter allein an einer Konstruktionsaufgabe arbeitet und nicht Teilprobleme an andere zeitlich parallel arbeitende vergeben werden, ist vom zeitlichen Arbeitsablauf selbstverständlich kein Unterschied zwischen der Teilzielbildung und der zuvor besprochenen Zwischenzielbildung. Die jeweiligen Teilprobleme müssen, soweit keine gegenseitige Durchdringung auftritt, sequenziell abgearbeitet werden.

A.3 Vom Wesentlichen zum weniger Wesentlichen

Dieses Vorgehen baut auf der Strategie der Aufgliederung in Teilprobleme auf. Durch die Bearbeitung der wesentlichen Teilprobleme am Anfang soll dabei eine Überlastung des Bearbeiters durch unwesentliche Details vermieden werden (vgl. Abstraktion bei Punkt A.1 oben und in Bild 3.13). Es geht dabei darum, sich zunächst auf wesentliche Funktionen oder Funktionsträger zu konzentrieren. Ein

Hilfsmittel zum Erkennen des Wesentlichen ist z. B. die ABC-Analyse (Bild 7.12). Man beschränkt sich zunächst auf das **„zentrale Problem"**, das Kernsystem bzw. die maßgeblichen Funktionsträger. Dies kann man dadurch erkennen, dass es viele Nachbarsysteme beeinflusst, selbst aber wenig beeinflusst wird. Im Beispiel der Getriebekonstruktion ist das Kernsystem der Radsatz (Kapitel 2.3.3 b). Siehe auch Kapitel 2.3.3 d: „SE = Systems Engineering".

In diesem Zusammenhang stellt sich auch die Frage, ob das zentrale Problem immer innen ist, d. h. ob man **„von innen nach außen"** oder **„von außen nach innen konstruieren"** soll. (Ein Spruch der Konstrukteure: „Am Anfang war die Mittellinie!"). Es kommt darauf an, wo die Hauptfunktion oder die wichtigsten Restriktionen des Produkts zu suchen sind: Diese können mehr innen liegen, wie z. B. bei den Zylindern und Kolben eines Verbrennungsmotors, sie können aber auch mehr außen liegen, wie z. B. bei den zulässigen Außenmaßen eines Lkw. In jedem Fall wird ein fortwährender Wechsel zwischen innen und außen, zwischen dem Ganzen und dem Detail nötig sein, wie nachfolgend beschrieben.

Diese Strategie wird manchmal auch als Weg **„vom Groben zum Feinen"** bezeichnet bzw. als **„schrittweise Erhöhung des Detaillierungsgrades"**. Der anfangs geringe Detaillierungsgrad ermöglicht eine Konzentration auf das Wesentliche. Damit verbunden ist ein Übergang **„vom Qualitativen zum Quantitativen"**. Dieser Übergang ist insofern zwangsläufig, als ohne vorherige Festlegung einer Qualität (z. B. Schaltkupplung vorsehen) eine quantitative Bestimmung (z. B. Durchmesser der Schaltkupplung 200 mm) keinen Sinn macht.

Die Strategien A.1–A.3 lassen sich im Grunde auf die **Abstraktion** von anfangs weniger wichtigen Eigenschaften, Teilaufgaben oder Teilen des gesuchten Objekts zurückführen. Die Abstraktion ist damit eine grundlegende Strategie zur Kompliziertheitsreduzierung. Allerdings ist damit auch das Nachbessern, das iterative Arbeiten zwangsläufig notwendig, um nachträglich eine Optimierung des Ganzen zu erreichen.

A.4 Pendeln zwischen dem Ganzen und dem Detail

Entsprechend Bild 3.15 wird aus einzelnen Lösungsprinzipien die prinzipielle Lösung (Konzept) gebildet. Diese wird in Module gegliedert, die entsprechenden Vorentwürfe werden zu einem Gesamtentwurf zusammengefasst, aus dem schließlich die Einzelteilzeichnungen erstellt werden. Daraus werden in der Teilefertigung Einzelteile, die dann in der Montage wieder zu einem Ganzen zusammengefügt werden. Dieses wiederholte Zusammenfassen der Teile im Konzept, im Vor- und Gesamtentwurf sowie in der Montage ist nötig, um die Kompatibilität und die Erfüllung von Systemeigenschaften prüfen zu können.

Um bei dieser Strategie die nötige Konkretisierung im Detail nicht aus den Augen zu verlieren, ist eine „zoomende Arbeitsweise" (Bild 3.16) und das Beachten der Teil-Ganzes-Beziehungen wesentlich. Der starke Wechsel des Detaillierungsgrades bei Beobachtung einzelner Vorgehensschritte wurde nicht nur von Dylla [2/3], sondern auch in anderen Untersuchungen des Konstruktionsprozesses beobachtet [22/3]. Die insgesamt zunehmende Erhöhung des Detaillierungsgrades steht dazu nicht im Widerspruch.

In Bild 3.16 ist am Beispiel einer Änderung einer Getriebelagerbefestigung gezeigt, wie der Blick laufend zwischen dem Ganzen (das Getriebe muss montiert werden können) und dem Detail (der Sicherungsring muss funktionssicher sein, die Nut muss fertigbar sein) hin und her springt. Durch die Kapazitätsgrenze des Kurzzeitgedächtnisses können nicht gleichzeitig das Getriebe als Ganzes und alle seine Details im Arbeitsspeicher gehalten werden. Wenn wir einen Überblick über das Ganze bekommen wollen, so muss auf abstrakterem Niveau gearbeitet werden, als wenn man Details bearbeitet. Wir lösen dann sogar das Getriebe in eine für die Funktion noch ausreichend abstrahierte Symboldarstellung in Form einer schematischen Skizze auf (vgl. Bild 2.7, unten links).

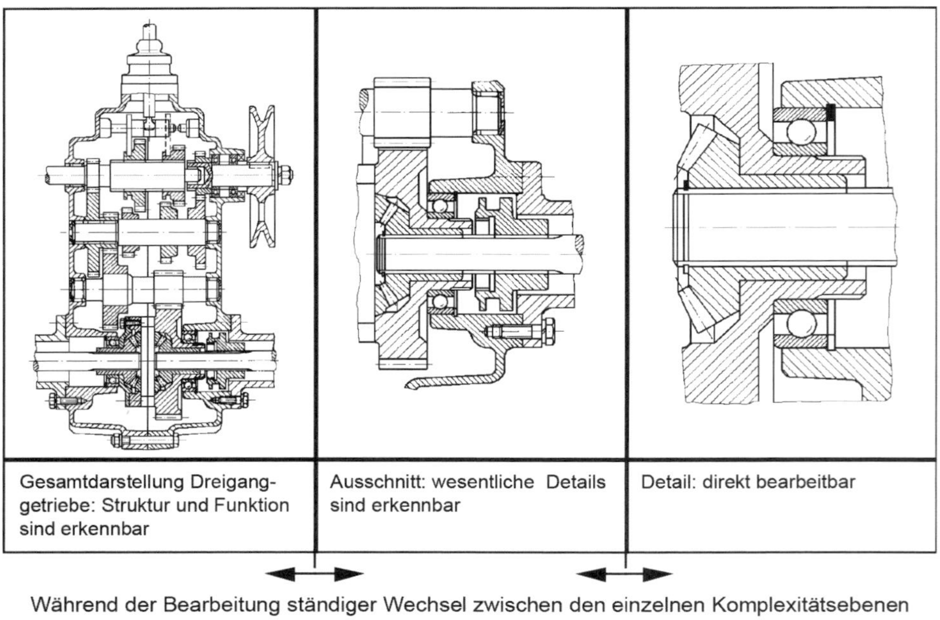

Bild 3.16 Zoomende Arbeitsweise der menschlichen Vorstellung

A.5 Komplexbildung (Superzeichenbildung)

Zur Entlastung des Gedächtnisses bildet man aus mehreren Elementen eine begrifflich zusammengefasste Einheit, die z. B. auch durch ein Symbol repräsentiert wird. Dadurch wird im Gedächtnis nur **ein** Chunk belegt. Ein Beispiel ist der Begriff „Gangschaltung“ bei einem Fahrrad, der viele Elemente umfasst: Zahnräder, Federn, Hebel, Bolzen usw.

A.6 Informationsauslagerung in ein „externes Gedächtnis" (Notizen und Skizzen)

Mit Notizen und Skizzen, die in unmittelbarem optischen Kontakt am Arbeitsplatz verfügbar sind (schneller Zugriff!), lässt sich das Kurzzeitgedächtnis entlasten. (Hacker spricht von „externem" Entwickeln [16/1 S. 19]. Das gleiche gilt für die Visualisierung mit Flip-Charts oder der Kärtchen-Methode bei Besprechungen. Das schriftliche Fixieren von Gedanken wirkt sich außerdem präzisierend aus: **„schriftlich nachdenken"** und **„skizzierend nachdenken"**. (Siehe Kapitel 5.1.3.2).

Insbesondere Skizzen „sagen mehr als tausend Worte" und sind ein hervorragendes Mittel nicht nur, um sich bei anderen verständlich zu machen, sondern auch, um den eigenen Denk- und Gestaltungsprozess voranzubringen. Man tritt sozusagen in einen Dialog mit seiner eigenen Skizze [16/1; 56/3].

A.7 Bearbeitung iterativ im Wechsel zwischen Synthese und Analyse

Um das Endgültige langsam und schrittweise verbessernd entstehen zu lassen („vom Vorläufigen zum Endgültigen" oder „vom Groben zum Feinen"), ist ein fortlaufender Wechsel zwischen Synthese und Analyse notwendig. Erfahrungsgemäß ist es besser, am Anfang Fehler zu riskieren und diese zu verbessern, als gar nichts zu machen. Da wir beim Problemlösen im Grunde nach dem „trial and error"-Verfahren arbeiten, muss zuerst ein Syntheseschritt ins Neuland geleistet werden: „Ohne Synthese, ohne riskantes Tun gibt es keine Fehlererkenntnis und keinen Erkenntnisfortschritt". Damit wird Innovation zu einem mit Iteration notwendig verknüpften Ablauf. Die im folgenden besprochenen Handlungsmodelle TOTE-Schema (Kapitel 3.3.1) und Problemlösungszyklus (Kapitel 3.3.2) entsprechen dieser Einsicht.

A.8 Suche nach mehreren Lösungen und dann begründete Auswahl

Mehrere Lösungen zu suchen ist nötig, da nicht garantiert werden kann, dass die „erstbeste" Lösung auch wirklich die beste ist. Diese Maßnahme ähnelt dem iterativen Arbeiten. Die Informationsüberforderung, sofort eine optimale Lösung finden zu müssen, wird verringert, indem der Anspruch aufgegeben wird, in **einem** Denkakt die beste Lösung zu erzeugen, die alle Anforderungen optimal erfüllt (vgl. generierendes Vorgehen bei der Lösungserzeugung in Bild 3.43).

A.9 Zusammenarbeit von Spezialisten

Die Informationen und ihre Verarbeitung werden auf verschiedene Bearbeiter (Spezialisten) aufgeteilt, so dass einer nicht alles wissen und bearbeiten muss. Das Problem ist dann allerdings die Organisation der arbeitsteiligen Arbeit (Kapitel 3.5; 4 und 5.2).

A.10 Abspeicherung im Langzeitgedächtnis

Informationen, die die Kapazität des Kurzzeitgedächtnisses übersteigen, werden ins Langzeitgedächtnis ausgelagert und bei Bedarf sehr schnell wieder zurückgeholt. Ein Nachteil ist dabei die geringe Abspeicherungsgeschwindigkeit durch wiederholtes Einprägen, einer Art „Auswendiglernen".

Die Maßnahmen und Strategien A.1–A.10 sind uns als zum Teil selbstverständlich „in Fleisch und Blut“ übergegangen. Sie bilden, wie gesagt, eine Art natürliche, biologisch notwendige Arbeitsmethodik, eine Reihe von „Naturstrategien“. Alle weiteren, bewusst entwickelten Arbeitsmethoden bauen darauf auf.

B Folgerungen aus der Begrenztheit unseres Langzeitgedächtnisses

Da man nicht alles im Kopf behalten kann, speichert man seit jeher Wissen in Büchern, Akten usw. (d. h. allgemein auf Papierträgern) oder heute durchweg elektronisch ab. Wichtig dabei ist aber, mindestens zu wissen, dass etwas gespeichert sein könnte und wie man es finden kann. Das heißt, man benötigt die Kenntnis über mögliche Wissensklassen und Suchsysteme.

C Folgerungen aus der Tendenz unseres „Denkapparats“ zur Aufwands- und Zeitminimierung, den unbewusst, intuitiv ablaufenden Vorgängen den Vorzug vor diskursiven, rational gesteuerten zu geben

Die drei Erkenntnisse in Bild 3.13, nämlich intensive **Zielanalyse** (C.1) sowie **Eigenschaftsanalyse** alternativer Lösungen zu betreiben (C.2) und den **Konstruktionsprozess nicht emotional** zu **steuern**, sondern **inhaltlich** aufgrund der Übereinstimmung von Anforderungen und Eigenschaften entwickelter Lösungen (C.3), stammen aus den Untersuchungen von Dylla [2/3] (Kapitel 3.4). Sie charakterisieren das Vorgehen erfolgreicher Konstrukteure. Wahrscheinlich gilt dies für alle Syntheseprozesse.

Dasselbe wie für C.3 gefordert, gilt für die Vorbereitung und das Treffen von **Entscheidungen** (C.4). Dies soll rational, diskursiv und aufgrund ausreichender entscheidungsrelevanter Informationen erfolgen.

Auf die Untersuchungen von Dörner [7/3] sind nicht nur obige Kriterien gestützt, sondern es ist auch bestätigt worden, dass Versuchspersonen, die sich selbst, den Prozess und das dabei entstandene **Ergebnis kritisch hinterfragen** („Metabetrachtung“), bessere Problemlöser sind (C.5). Wie bei Kapitel 3.3 a) erwähnt, ist es zweckmäßig, auch im „Normalbetrieb“ des Denkens von Zeit zu Zeit eine methodische Orientierung einzuschalten. Die Frustration negativer Folgerungen muss zunächst ausgehalten werden.

Da man auch aus Sicherheitsgründen dazu neigt, am Gewohnten festzuhalten und damit nicht zu neuen Sichten und Lösungen kommt, ist es zweckmäßig, die Erfahrung anderer (Spezialisten) zu nutzen, **Kreativitätstechniken** (z. B. „hybride Gruppenarbeit“: Kapitel 7.5.4) einzusetzen oder Probleme zu zweit oder zu dritt zu diskutieren (C.6); [103/3; 104/3; 52/7.5].

Fasst man das Bisherige zusammen, so ergibt sich die Notwendigkeit, Methoden einzusetzen, aus der Begrenztheit unseres Denkapparates (Kapitel 3.8.2). Ferner haben wir aus dem gleichen Grund die Tendenz zur „Denkökonomie“ (Kapitel 3.6).

3.3.1 Das TOTE-Schema

Das eigentliche Problem beim Problemlösen ist die **Lücke** [5/3; 24/3], das fehlende Glied zwischen einem unbefriedigenden Anfangszustand und einem angestrebten Endzustand, soweit letzterer klar definiert ist. Wenn der Endzustand (das Ziel) klar ist, werden somit nur Mittel zum Erreichen dieses Ziels gesucht, es besteht ein „Mittelproblem" (Bild 3.3). In Bild 3.17 ist an Hand eines Streichholzlegespiels ein einfaches Beispiel gegeben. Der Anfangszustand ist klar. Der Endzustand ist zum mindesten abstrakt klar formuliert.

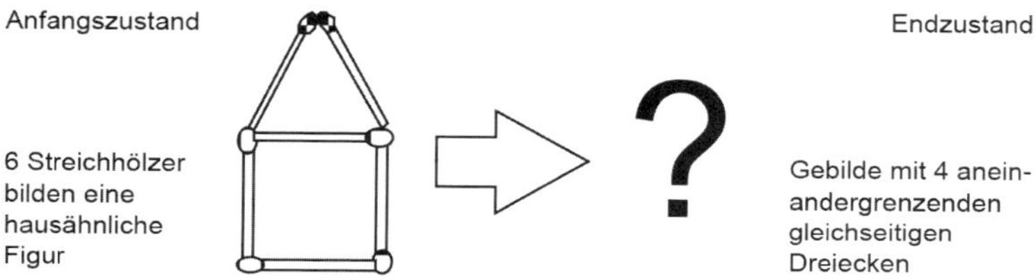

Bild 3.17 Einfaches Problem mit klar definiertem Anfangs- und Endzustand (Ist- und Sollzustand). Das Ziel ist klar, nur die Mittel sind unklar (Interpolationsproblem nach Dörner [3/3]). Lösung siehe Bild 3.20

Die Frage ist, wie man zum Lösungsgedanken kommt, der die Lücke füllt. Offenbar produziert der menschliche Geist bei der Beschäftigung mit einem Problem mehr oder weniger bewusst ständig Gedanken und Vorstellungsbilder (Operate). Diese werden mit einer meist intuitiven Analyse [25/3] auf eine **Ähnlichkeit** mit der auszufüllenden Lücke geprüft (Test). Wenn das „Lösungssein" vorläufig erkannt ist, setzt eine zweite bewusste Kontrollphase ein. Man sieht: Das Problemlösen geschieht durch eine zyklische Abfolge von Prüfschritten (**T**est) und Generierungs- oder Veränderungsschritten (**O**perate) oder anders ausgedrückt: von Analyse- bzw. Bewertungs- und von Syntheseschritten. Ist im Test das Erreichen eines End- bzw. Zielzustands erkannt worden, so ist das Problem gelöst (**E**xit). Damit ist der elementare Heurismus zum Problemlösen beschrieben: Das TOTE-Schema (Bild 3.18).

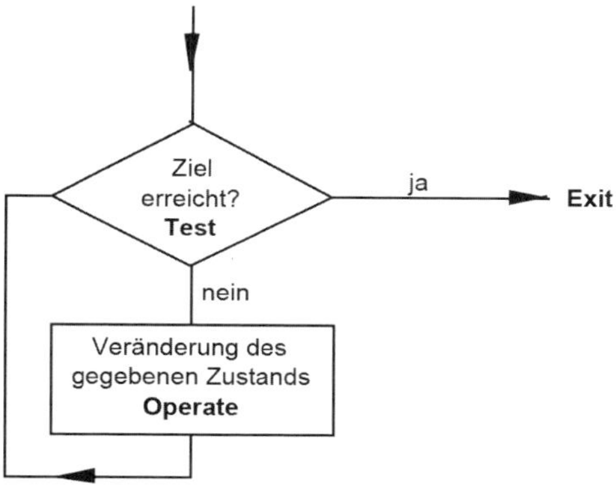

Bild 3.18
Das TOTE-Schema (**T**est-**O**perate-**T**est-**E**xit)

Das TOTE-Schema entspricht einem regelkreisartigen Vorgehen. Der Regelkreis wird so lange durchlaufen, bis die Ist-Soll-Abweichung null wird oder aus Zeitmangel abgebrochen wird. Diese Rückkoppelung wird auch als **Versuchs-Irrtumsprozess** bezeichnet und stellt ein grundsätzliches Denkschema dar („trial and error". Nach Miller, Galanter, Pribram 1960 [114/3]).

Wenn nicht nur das Mittel, sondern auch das Ziel unklar ist, wie es mit dem einfachen Beispiel in Bild 3.19 veranschaulicht wird, so muss mit dem TOTE-Schema zunächst das Ziel geklärt werden. Hier wird im Testschritt das Ziel „möglichst schönes Gebilde" als nicht ausreichend, als Lücke erkannt. Darauf wird im Operate-Schritt gefragt: „Was heißt schön?", worauf die Antwort „möglichst regelmäßig" eher ein klar definiertes Ziel zu sein scheint.

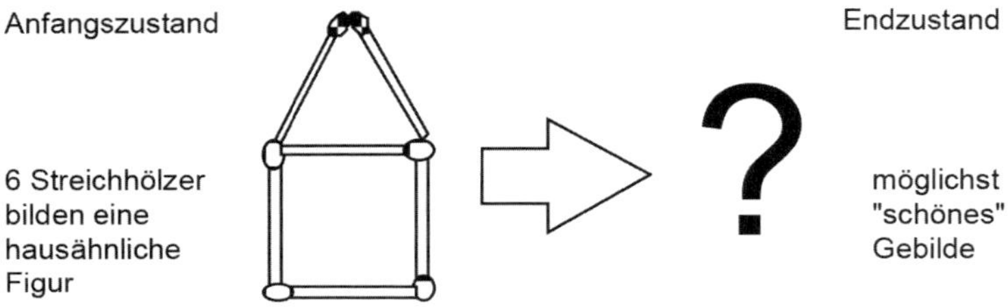

Bild 3.19 Problem wie oben (Bild 3.17), aber mit weniger klar definiertem Ziel. Nun sind Ziel und Mittel unklar (eher dialektisches Problem nach Dörner [3/3]). Lösung s. Bild 3.20

Die nächsten Durchläufe des TOTE-Schemas gelten dann wieder der Mittelsuche, um eine „schöne" Anordnung von sechs Streichhölzern zu erreichen. Das TOTE-Schema wurde in den beiden Beispielen also auf verschiedenen Problem- oder Schichtebenen [21/3] eingesetzt. Das bezeichnet man als **Rekursion**. Wenn ein Verfahren dagegen mit immer wieder anderen Eingangsdaten in der gleichen Problemebene wiederholt wird, wird das als **Iteration** bezeichnet (Bild 3.21; Bild 3.29 und Kapitel 3.3.2 c).

Das TOTE-Schema soll im Hinblick auf seine Bedeutung an einem **praktischen Beispiel** noch einmal erläutert werden: Jemand kommt mit dem Zug in eine fremde Stadt und will zur Langestraße Nr. 210. Intuitiv wird in einem Testschritt geprüft, ob das Ziel schon erreicht worden ist. Da dies nicht der Fall ist und die Lage des Ziels unklar ist, muss eine kreative „Operation" erfolgen, die den Versuch eines Lösungsansatzes für das gegebene Problem darstellt. Dafür gibt es mehrere Möglichkeiten, die mehr oder weniger Erfolg und Aufwand beinhalten: Einen Stadtplan kaufen und das mögliche öffentliche Verkehrsmittel ermitteln, jemanden fragen, eine aushängende Stadtkarte im Bahnhof suchen, ein Taxi nehmen. Bei der Suche nach diesen Möglichkeiten wurde in eine andere Schichtebene oder Problemebene gewechselt, und jetzt muss dort die am besten geeignete Möglichkeit ausgewählt werden. Wieder werden neue TOTE-Schemata durchlaufen. Man erkennt auch hierin deren iterativen und rekursiven Gebrauch.

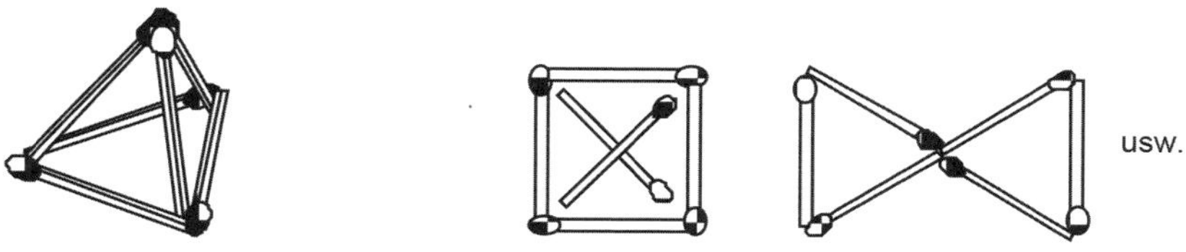

Lösung zu Bild 3.17:
Gleichseitiger Tetraeder

Lösungen zu Bild 3.19:
Viereck mit Kreuz, zwei gleichseitige Dreiecke usw.

Bild 3.20 Endzustände (Lösungen) zu Bild 3.17[5] und Bild 3.19

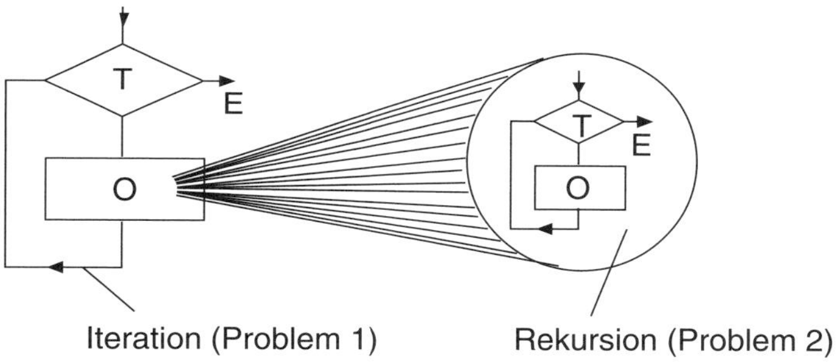

Bild 3.21 Zur Erläuterung der Iteration und der Rekursion (nach Rutz [5/3])

Denkstrategien sind mehr oder weniger bewusste Vorgehensweisen, die unterschiedliche Denkformen beinhalten können (Bild 3.5): Das völlig ziellose und zufällige „Versuch-und-Irrtum"-Verhalten auf der einen und das logische Schließen auf der anderen Seite. Zwischen diesen Extremen gibt es viele verschiedene Ausprägungen. Es wird vermutet, dass **zielorientiertes „trial and error"-Verhalten** (um den geläufigen englischen Ausdruck zu gebrauchen), wie es das TOTE-Schema verkörpert, für praktische Probleme am geeignetsten ist. Praktische Probleme sind komplex und vielschichtig und haben häufig kein klares Ziel. Logisches Schließen kann nur für Probleme mit klar formuliertem Anfangs- und Endzustand eingesetzt werden. Dies sind nach Dörner [3/3] **Interpolationsprobleme**, die wie Schachspielen oder das Entwerfen von Schaltplänen für Logiksteuerungen auch algorithmisch gelöst werden können [26/3]. Das Problem dabei ist meist die große Zahl von numerisch unterschiedlichen Lösungsvarianten. Deshalb werden dafür der Rechner eingesetzt und das TOTE-Schema in Form von Optimierungsprogrammen in vielen Wiederholungen abgearbeitet [27/3].

---

5) Das Mittel besteht bei dieser Lösung darin, drei Streichhölzer aus der Ebene herauszubewegen und einen Tetraeder zu bilden. Das Kreative ist dabei, „aus der Ebene in den Raum zu denken" (siehe Punkt 4.1 in Bild 3.10).

Die **Durchführung des TOTE-Schemas** kann also ganz unterschiedlich erfolgen:

- Der **Operate-Schritt** kann eine echte Handlung, eine gedankliche Vorwegnahme einer Handlung oder das Aufstellen einer Hypothese sein. Der Zugriff auf Wissen, Erfahrung und Fakten ist notwendig. Der Operate-Schritt stellt den synthetischen Teil des Prozesses dar. Bei Optimierungsverfahren werden die Parameterwerte des zu optimierenden Systems nach bestimmten Regeln variiert.
- Der **Test-Schritt** beinhaltet den analytischen Abschnitt des Prozesses. Hier wird die Kontrolle des vorangegangenen Schrittes auf Erreichen der Zieleigenschaften durchgeführt. Das geschieht z. T. aufgrund logischer Schlussketten. Bei der mathematischen Optimierung werden die Eigenschaftsberechnungsprogramme mit den vorher gewählten Parametern abgearbeitet und die Ergebnisse mit den Zielwerten verglichen.
- Mit dem Erkennen einer Lösung – oder bei Optimierungsprogrammen mit dem Erreichen des Zielwertes – kommt man zum **Exit-Schritt** des TOTE-Schemas.

Bisher wurde das TOTE-Schema bewusst nicht an Beispielen aus dem Maschinenbau erläutert. Dies erfolgt in Kapitel 6.2.2. Es sollte hier die universelle Bedeutung dieser Denkform deutlich werden.

Das TOTE-Schema ist als eine Art „Mikro-Logik“ so elementar, dass es wenig konkrete Hilfe für die persönliche oder gar betriebliche Handlungsorganisation darstellt. Es wird deshalb nachfolgend der Problemlösungszyklus vorgestellt, bei dem einzelne Schritte stärker spezifiziert sind. Durch Abstraktion lassen sie sich wieder auf das TOTE-Schema zurückführen.

3.3.2 Der Problemlösungs- und der Vorgehenszyklus

Das oben beschriebene TOTE-Schema ist eine – wie angedeutet – meist unbewusst ablaufende Denkform, bei der man im allgemeinen verschachtelt (rekursiv) von Problemebene zu Problemebene springt. Solche Problemebenen sind die Zielsuche und die Lösungsermittlung, wobei man letztere in eine bewusste Lösungssuche und eine Lösungsauswahl aufteilen kann. Will man eine Hilfe für eine bewusste, persönliche Arbeitstechnik geben, so ist es zweckmäßig, den Wechsel der Problemebenen nicht dem unbewussten Zufall zu überlassen, sondern mindestens zu empfehlen, die Zielbestimmung vor der Lösungsermittlung durchzuführen. So ist der **Problemlösungszyklus** der Systemtechnik entstanden [25/3; 25a/3].

a) Der Problemlösungszyklus der Systemtechnik

ist in Bild 3.22 dargestellt. Er besteht aus sechs Schritten, die zur Vereinfachung wieder in die drei Arbeitsabschnitte I) Zielsuche, II) Lösungssuche und III) Lösungsauswahl zusammengefasst werden können.

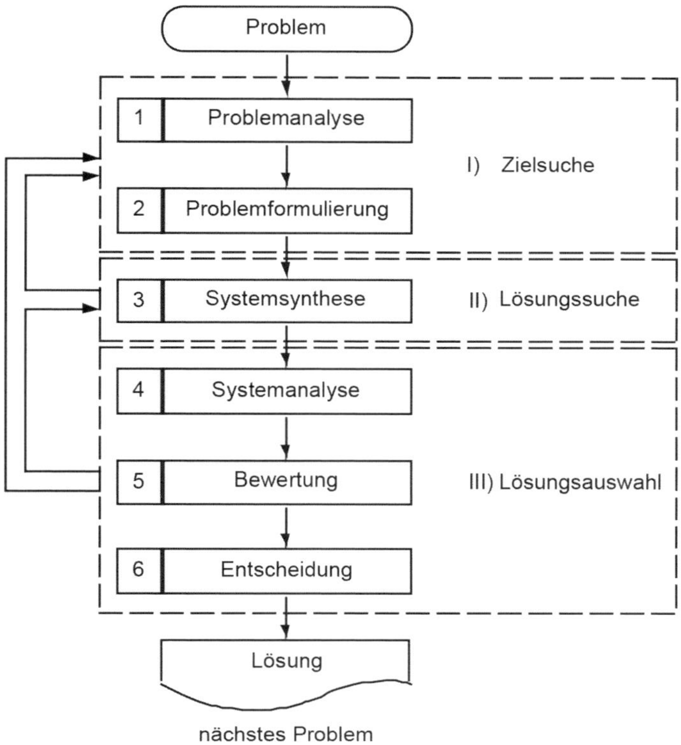

Bild 3.22 Der Problemlösungszyklus der Systemtechnik [25/3; 25 a/3]

Da beim Konstruieren, wie bereits in Kapitel 3.1 angedeutet, sehr oft von Aufgaben anstelle von Problemen gesprochen wird, soll der Begriff Problemlösungszyklus durch **„Vorgehenszyklus"** entsprechend Bild 3.24 ersetzt werden. Dies ist auch deshalb sinnvoll, da nach Arbeitsschritt 2 des Problemlösungszyklus ein **neuer Arbeitsschritt „Aufgabe strukturieren"** eingeführt wurde. Die Betonung dieses Arbeitsschrittes - der implizit im Problemlösungszyklus auch enthalten ist - hat sich in der Praxis als fruchtbar erwiesen. Dies wird später noch erklärt.

Ehe der Vorgehenszyklus näher erläutert wird, soll an Hand von Bild 3.23 dessen Entstehung aus dem TOTE-Schema verdeutlicht werden. Das noch mal links bei a) gezeigte TOTE-Schema wird immer wieder - auch mit unterschiedlichen Inhalten - durchlaufen wie z. B. für die Klärung des Problems oder für die Suche nach Lösungen.

Linearisiert man diesen Prozess, so ergibt sich eine Kette aus Test-(Analyse)- und Operate-(Synthese)-Schritten, wie sie unter b) gezeigt ist. Wenn man also im Sinne einer heuristischen Lösungssuche die Inhalte der Arbeitsschritte nicht offen lässt, sondern vorschreibt, ist ein Ablauf mit den Arbeitsabschnitten I), II) und III), wie er im Problemlösungs- oder Vorgehenszyklus verwirklicht ist, eine logische Konsequenz. Dabei sind im Sinne der Selbstähnlichkeit in diesen Arbeitsabschnitten sehr viele TOTE-Schemata enthalten. Dies ist im Bild 3.23 unter c) angedeutet.

b) Der Vorgehenszyklus

gibt also eine **Folge von Arbeitsschritten** an, die den Zweck hat, für eine Aufgabe (Problem) eine Lösung (Ergebnis) zu finden. Er besteht nach Bild 3.24 aus den drei großen Arbeitsabschnitten **I) Aufgabenklärung** (Zielsuche), **II) Lösungssuche** und **III) Lösungsauswahl**, die jeweils wieder unterteilt werden können, so dass sich neun konkrete einzelne Schritte ergeben:

I) Aufgabe (Problem) klären

- Aufgabe analysieren
- Aufgabe formulieren
- Aufgabe strukturieren

II) Lösungen suchen (und darstellen)

- vorhandene Lösungen suchen
- evtl. neue Lösungen generieren
- Lösungen systematisieren
- und ergänzen

III) Lösung auswählen

- Lösungen analysieren
- Lösungen bewerten analysieren + bewerten = beurteilen
- Lösung festlegen (entscheiden)

Hier wurde bewusst die Endung des Wortes „Lösungen" unterstrichen, um nochmals klar zu machen, dass es im Allgemeinen darauf ankommt, mehr als eine Lösung zu finden. Eine Lösung braucht ja nicht die optimale für die vorhandenen Anforderungen und die weiteren damit verbundenen Lösungselemente zu sein. – Das ist durchaus nicht selbstverständlich. Oft genug hören Konstrukteure auf zu suchen, wenn sie erst mal eine Lösung haben. Sie sparen sich ja damit zweifach Arbeit: Die für das weitere Suchen und die für das nachfolgende Auswählen. (Siehe Fußnote in Kapitel 3.2.2; [102/3]).

Die Anwendung des Vorgehenszyklus ist eine Aktion im Rahmen der Stufe 2 eines Zweistufen-Vorgehens („Rationalbetrieb"; siehe die Ausführungen zu Bild 3.6). wenn die drei Schritte aber so ins Unbewusste abgesunken sind, dass sie zu einer Denkgewohnheit geworden sind, erfolgt die Nutzung des Vorgehenszyklus auch im „Normalbetrieb" des Denkens. Erfahrene Entwickler schalten ohnehin, je nach Situation, laufend zwischen „Normalbetrieb" (Stufe 1) und „Rationalbetrieb" (Stufe 2) hin und her.

Der Vorgehenszyklus kann nicht nur für die Produktentwicklung, sondern auch für die **Prozessentwicklung** eingesetzt werden. Z.B. kann ein Montageprozess wie in Bild 6.6 dargestellt neu gestaltet und optimiert werden. – Auch für Inforationsprozesse ist er einsetzbar. Z.B. welches sind die günstigsten Methoden zum Informationsaustausch von Abteilungen.

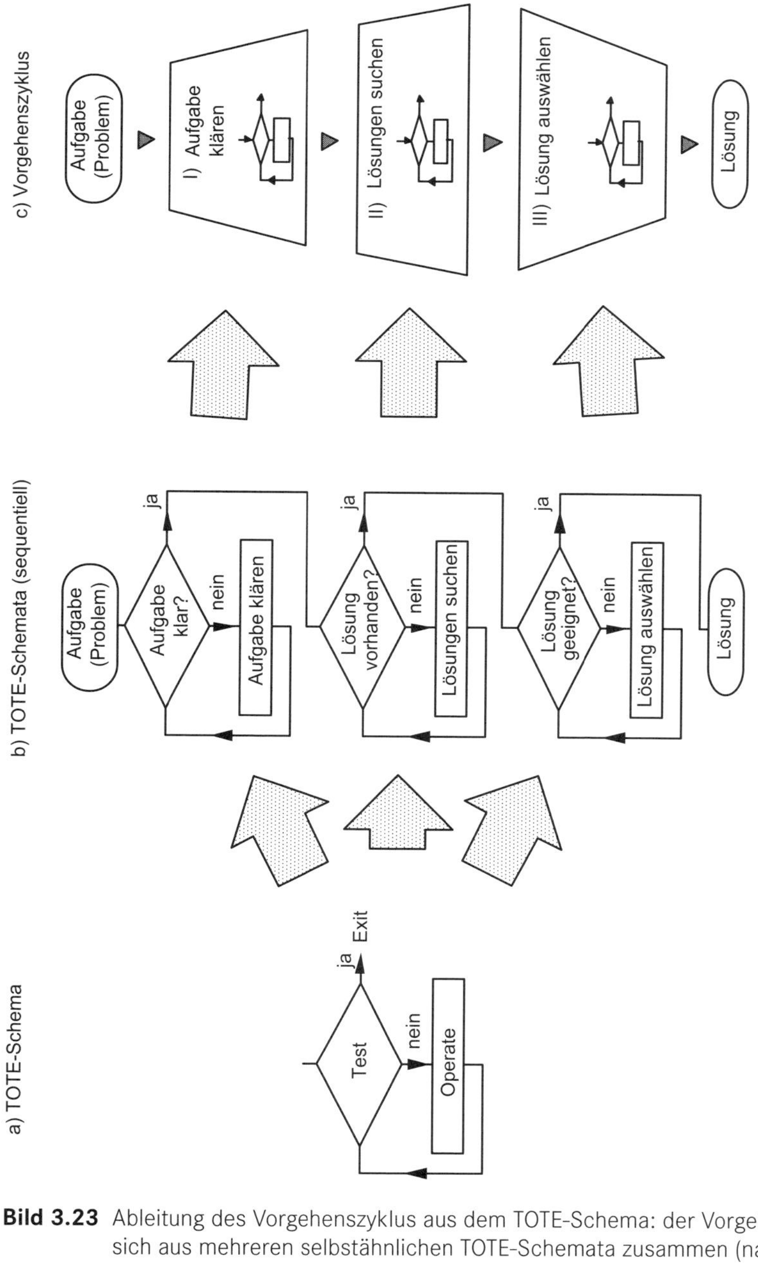

Bild 3.23 Ableitung des Vorgehenszyklus aus dem TOTE-Schema: der Vorgehenszyklus setzt sich aus mehreren selbstähnlichen TOTE-Schemata zusammen (nach Kiewert)

Ein weiterer Arbeitsabschnitt **IV) „Lösung verwirklichen“**, in dem das Ergebnis der Planung realisiert wird, wird in Bild 3.26 besprochen. Dazu gehört dann auch eine **Ergebniskontrolle**, ob das Ziel erfüllt worden ist. Planung ohne Kontrolle der Zielerfüllung ist wenig wert. Schließlich sollte aus der Prozesskontrolle ein **Erkenntnisgewinn** bezüglich der angewandten Methoden gezogen werden. Man sollte aus der Analyse des Bisherigen etwas lernen für die Verbesserung zukünftiger ähnlicher Prozesse [21/3].

In Bild 3.24 sind bewusst nur die drei hauptsächlichen Arbeitsabschnitte nummeriert, weil diese bei einfacheren Problemen unbedingt durchgeführt werden müssen und auch unbewusst (siehe oben TOTE-Schema) durchgeführt werden. Die einzelnen Arbeitsschritte können dagegen je nach Situation unterschiedlich intensiv bearbeitet werden.

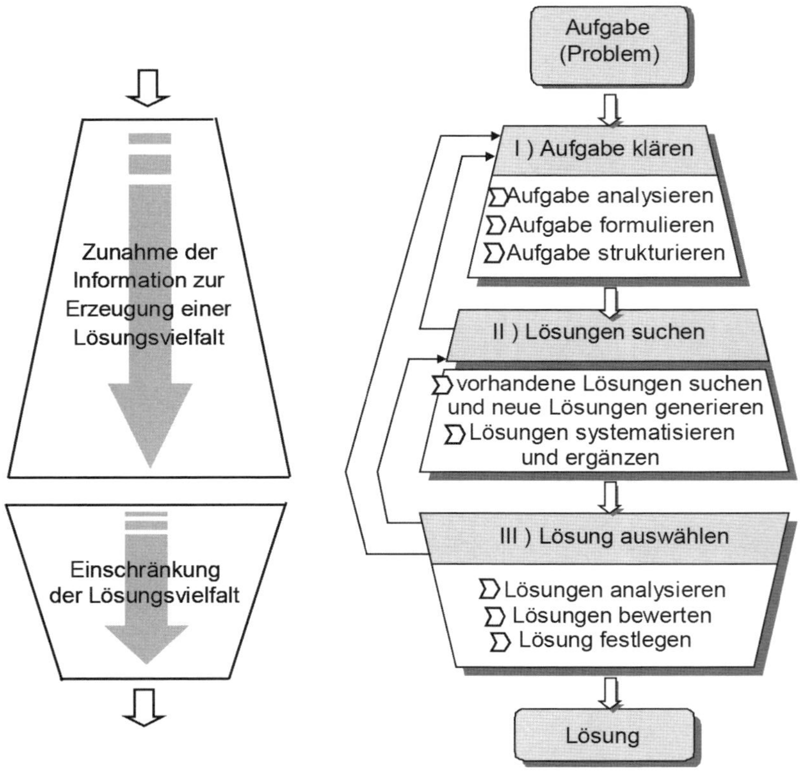

Bild 3.24 Vorgehenszyklus für die Systemsynthese (Lösungssuche), abgeleitet aus dem Problemlösungszyklus der Systemtechnik [25/3]

Bei der **grafischen Gestaltung** des Vorgehenszyklus ist bewusst eine Verbreiterung von oben (I) zur Mitte (II) gewählt, da tendenziell eine Informationszunahme zur Erzeugung einer (relativen) Lösungsvielfalt angestrebt wird. Im unteren Abschnitt III erfolgt dann bei der Auswahl eine Einschränkung auf die geeignetste Lösung.

Die sieben einzelnen Arbeitsschritte werden im Folgenden näher beschrieben. Die zugehörigen Methoden sind in den Kapiteln 7.2 bis 7.9 erläutert.

Arbeitsabschnitt I): Aufgabe klären

- **Aufgabe (Problem) analysieren**
  Durch die Aufgabenanalyse erfolgt eine systematische Klärung dessen, was eigentlich erreicht werden soll. Es kommt dabei insbesondere darauf an, die Schwachstellen der gegenwärtigen Situation bzw. der bisherigen Lösung(en) zu erkennen. Daraus ergeben sich zu verwirklichende Ziele und Anforderungen. Unterschiedliche Methoden können dabei zum Einsatz kommen, die dazu dienen, die gesamte Problemsituation erkennbar zu machen (Siehe Kapitel 7.3, besonders Bild 7.26 und 7.38). Zur Aufgaben-(Problem-)analyse gehört auch die Betrachtung der Situation, in der sich der spätere Nutzer befindet. (Wo hat er sein Problem? Was sind die Ursachen dafür? Könnte man das nicht ganz anders lösen? Man sollte also auch die Aufgabe (das Problem) hinterfragen). Medizinisch entspricht dem die Diagnose. [4a/2; S.194].
- **Aufgabe (Problem) formulieren**
  Die Aufgabenformulierung beinhaltet die Festlegung der Ziele, die in Zielsystemen und Anforderungslisten dokumentiert werden. Diese bilden die Grundlage für alle folgenden Schritte. Deshalb sind die richtigen Zielvorgaben Voraussetzung für erfolgreiche Lösungen. Man kann Ziele und Anforderungen wie folgt unterscheiden: **Ziele** sind Soll-Vorstellungen vom Auftraggeber (z. B. Kunde, Vertrieb oder Unternehmer). Sie haben einen Aufforderungscharakter und können unscharf sein. (Beispiel: „Die Spülmaschine soll leiser sein als alle von der Konkurrenz!“ oder „Suche nach einem Mechanismus, der ohne flüssigen Schmierstoff auskommt!“) Die Konstruktion formuliert diese Ziele in **Anforderungen** (Solleigenschaften) um, um sie für sich in einer Anforderungsliste bearbeitbar zu machen (Kapitel 7.3.6). (Beispiel einer Maximalforderung: Das Geräusch der Spülmaschine darf 70 dB_A in 2 m Abstand im Normraum nicht übersteigen). Das wichtigste formulierte Ziel entspricht dann der **Hauptforderung** (Kapitel 6.5).
- **Aufgabe (Problem) strukturieren**
  Strukturieren bedeutet ein Gliedern, Unterteilen und Verknüpfen eines Sachverhalts z. B. nach dessen Eigenschaften und Wichtigkeit (vgl. ABC-Analyse, Bild 7.12). Es ist ein hervorragendes Mittel, die Kompliziertheit einer Aufgabe zu reduzieren. Sie wird durchschaubar, und man erkennt durch wertende Unterscheidung die wesentlichen und unwesentlichen Bereiche, so dass man weiß, womit man zuerst bei der Bearbeitung beginnen soll. Man erkennt Teilaufgaben, die man entweder alleine nacheinander oder nach Aufteilung auf mehrere Personen sowohl sequenziell als auch parallel bearbeiten kann (siehe Kapitel 4.1.3, 4.3

und 4.4). – Dazu können beispielsweise Produkt, Funktions-, Zuverlässigkeits-, Kostenstrukturen usw. verwendet werden (vgl. Bild 5.3, Bild 5.4 und Kapitel 7.4). Ein gutes Beispiel ist in Bild 3.36 angegeben. Aufgrund der erkannten Teilaufgaben lässt sich auch der Arbeitsumfang abschätzen. Nach einer Strukturierung kann eine Projektplanung mit einer Zeit- und Kostenvorgabe durchgeführt werden (Kapitel 4.3.4 und 5.2.3). Da, wie gesagt, die einzelnen Schritte des Vorgehenszyklus nicht nummeriert wurden, um einen flexiblen Einsatz zu ermöglichen, kann auch dieser Schritt „Aufgabe strukturieren“ vor dem Schritt „Aufgabe formulieren“ durchgeführt werden. Man erhält dann eine Aufgabenformulierung, die bereits bearbeitungsgerecht durchstrukturiert ist. Ohnehin werden die drei Schritte laufend im Wechsel eingesetzt werden. Bei einfachen, wenig komplexen Aufgaben wird die Strukturierung einfach oder kann sogar entfallen.

Arbeitsabschnitt II): Lösungen suchen

Dieser Arbeitsabschnitt mit der Suche nach mehreren Lösungen kann weiter unterteilt werden:

- Zunächst sollten **vorhandene Lösungen** gesucht werden. Das ist nahe liegend. (Kapitel 7.5.2 und 7.5.3).
- Falls das nicht ausreichend ist, können **neue Lösungen** sowohl intuitiv als auch mit Kreativitäts- oder mit diskursiven Methoden **generiert** werden (Kapitel 7.5). Es wurde bewusst „Lösungen“ im Plural formuliert, da mehrere Lösungen gesucht werden sollen.
- Das **Systematisieren der Lösungen** (Kapitel 7.5.5) kann zu weiteren interessanten Lösungen führen. – Aus diesen wird im Abschnitt III) die beste ausgewählt. Dabei dürfen Teillösungen für Teilaufgaben nicht isoliert, sondern nur im Zusammenhang des Ganzen betrachtet werden. Dieser Abschnitt stellt einen Syntheseschritt dar, nachdem die bisherigen Arbeitsschritte der Aufgabenklärung einen analysierenden Charakter hatten.

Arbeitsabschnitt III): Lösung auswählen

- **Lösungen analysieren**
  Um die geeignetste Lösung erkennen zu können, müssen die Eigenschaften der Lösungen ermittelt werden, insbesondere soweit sie entsprechend den Anforderungen wichtig sind (s. Kapitel 7.8). Diese Analyse soll die erforderlichen Daten für die sich anschließende Bewertung liefern. Dabei sind nicht nur die im Rahmen der Teilaufgaben gezielt angesprochenen Eigenschaften zu überprüfen, sondern auch Auswirkungen auf andere Eigenschaften, sowie auf das gesamte System.
- **Lösungen bewerten**
  Bei der Bewertung werden die Ergebnisse der Analyse mit den Vorgaben der Anforderungsliste bzw. des Zielsystems verglichen. Dadurch werden die Vor-

und Nachteile der einzelnen Lösungsvarianten sichtbar. Die Darstellung der Nutzen- und der Aufwandsseite der Lösungsvorschläge sowie ihrer Schwachstellen liefert die Grundlage für die nachfolgende Entscheidung (s. Kapitel 7.9).

Bei einfacheren Aufgaben werden (z. T. intuitiv) die Lösungsanalyse, -bewertung und die Auswahlentscheidung in **einem** Arbeitsschritt vorgenommen. Es ist aber erfahrungsgemäß fruchtbar und führt zu viel mehr Klarheit, die drei Schritte möglichst zu unterscheiden. Kombiniert man Analyse und Bewertung in einem Schritt, so spricht man von Lösungsbeurteilung.

- **Lösung(en) festlegen (entscheiden)**

  Auf der Basis der Bewertung muss die Entscheidung getroffen werden, welche Lösungsvariante ausgewählt werden soll (siehe Kapitel 7.9). Diese wird dann weiter bearbeitet. Genügt keiner der zur Entscheidung stehenden Lösungsvorschläge den Anforderungen, erfolgt ein iterativer Rücksprung und, je nach den Gründen hierfür, ein erneutes Durchlaufen der entsprechenden Schritte des Vorgehenszyklus. Die Iteration kann man auch als Rückführung im Sinne eines Regelkreises auffassen.

  Entscheiden und die Sammlung entscheidungsrelevanter Informationen ist ein wesentlicher Teil des Konstruierens. Wie aus Kapitel 3.4 klar wird, erfolgen beim Konstruieren sehr viele Entscheidungen: Im „Minutentakt" und in noch kürzeren Zeitabständen („design ismakingdecisions" [28/3]).

Der Vorgehenszyklus ist „zielneutral", d. h. er kann durch Einsetzen geeigneter Begriffe auf bestimmte Ziele hin ausgerichtet werden: z. B. Qualität, Kosten (Bild 9.15), Zeiten, Verbindungsverfahren, Montage (Bild 8.56).

c) Die Wiederholung als Iteration und Rekursion

Die **Iteration**, d. h. das wiederholte, zyklische Durchlaufen von Arbeitsschritten, ist beim Vorgehenszyklus wesentlich und hat ihm seinen Namen gegeben. Eine Entscheidung in Arbeitsabschnitt III) kann z. B. den Rücksprung zum Abschnitt II) „Lösungen suchen" auslösen, d. h. es werden neue, besser brauchbare Lösungen gesucht. Vor allem mittels Iteration gelangt man zur optimalen Lösung. Der Rücksprung kann aber auch bis zum Abschnitt I) „Aufgabe klären" zurückführen. Dies ist dann der Fall, wenn für die Aufgabe, wie sie derzeit gestellt ist, keine befriedigende Lösung gefunden werden kann. Der Auftraggeber muss dann z. B. zu restriktive Forderungen abmildern. Im gleichen Sinn ist der iterative Rücksprung von Arbeitsabschnitt II) nach I) zu verstehen: Für die so gestellte Aufgabe wurde keine Lösung gefunden.

Wie schon in Kapitel 3.3.1 angedeutet, wird die **Wiederholung** in einer anderen Problem- oder Schichtebene als **Rekursion** bezeichnet (Bild 3.29). Beim praktischen Vorgehen ergeben sich laufend Rekursions- und Iterationsschritte.

Das iterative Vorgehen führt zu einem Anheben des Informationsniveaus für den nachfolgend wieder zu durchlaufenden Schritt entsprechend einem **Lernprozess**. Je öfter der Zyklus durchlaufen wird, umso zielsicherer wird man bei der jeweiligen Situation. Schließlich verliert sie ihren Problemcharakter. Sie wird zur Routineaufgabe. Dann wird der im „Rationalbetrieb" abgearbeitete Vorgehenszyklus im „Normalbetrieb" unbewusst als eine Kette von aneinanderhängenden TOTE-Schemata ablaufen. Das ist insbesondere dann der Fall, wenn die Aufgabe bzw. das Problem früher schon öfters ähnlich vorkam und die zugehörige Lösung oder Entscheidung als „Muster" im Langzeitgedächtnis gespeichert ist. Diese kann dann oft sehr schnell gefunden werden: Der „alte Hase" verblüfft den Anfänger.

Es gibt geplante und ungeplante Wiederholungen (Iterationen bzw. Rekursionen). Zu den geplanten gehört z. B. im Sinne der Eigenschaftsfrüherkennung (Bild 4.33 und Kapitel 7.8) die Folge: Überschlagsberechnung – Nachrechnung – Versuch. Zu den ungeplanten Wiederholungen gehören die meisten Änderungen (Bild 4.37 und Kapitel 4.2.3.2) sowie die Behebung von Beanstandungen und Schäden (Kapitel 3.3.4 und 7.8.1.2). Je **innovativer** eine Aufgabe gelöst werden soll, umso mehr Wiederholungen sind nötig (Kapitel 3.7).

d) Die Steuerung des Konstruktionsprozesses

erfolgt, wie in Kapitel 3.4 aus den experimentellen Beobachtungen gefolgert wird, durch den Vergleich der Lösungseigenschaften aus Arbeitsabschnitt III) mit den in Abschnitt I) formulierten Anforderungen. Deshalb ist nicht nur die kreative Lösungssynthese, sondern auch die Analyse von Aufgabe und Lösungseigenschaften wesentlich für einen erfolgreichen Konstruktionsprozess. Bei arbeitsteiligen Konstruktionsprozessen kommen zusätzliche Steuerungsaufgaben hinzu, die beispielsweise mit Methoden des Projektmanagements (Kapitel 4.3.4) erledigt werden können.

e) Der Vorgehenszyklus für die Systemanalyse

Der Vorgehenszyklus kann nicht nur für die Systemsynthese, also das Finden von Lösungen für gestellte Aufgaben (Probleme), erfolgreich eingesetzt werden, sondern auch für die **Systemanalyse**, d. h. für die **Erkenntnisgewinnung** von Systemeigenschaften. Dies ist in Bild 3.25 gezeigt. Dabei wurde gegenüber Bild 3.24 nur der **Begriff „Lösung" durch „Hypothese"** ersetzt. Es wird als Aufgabe z. B. die Erkenntnis über die zutreffende Ursachen-Wirkungs-Kette für einen Schaden (Wirkung) an einem Produkt gestellt. Dann werden in Arbeitsabschnitt II) verschiedene mögliche Ursachen-Wirkungs-Ketten als Hypothesen gesucht. Aus diesen wird in Abschnitt III) die am ehesten zutreffende Hypothese ausgewählt. In den Beispielen in Kapitel 3.3.4 und 7.8.1.2 wird dies näher gezeigt. Im Übrigen kann man den Vorgehenszyklus auch für die **Modellerstellung** zur Vereinfachung (Abstraktion) komplexer Systeme, deren Eigenschaften untersucht werden sollen, verwenden. So muss z.B. in der Mechanik oder Thermodynamik die Realität durch Modellvorstellungen ersetzt werden. Jeder Ingenieur weiß, wie wichtig geeignete Modellannahmen sind und dass es dafür keinen allgemein gültigen Algorithmus gibt (Kapitel 7.8.2). Diesen kann es auch nicht geben, da die Modellsuche genauso wie die Lösungssuche ein kreativer, unbestimmter, nicht eindeutiger Prozess ist. Wenn man in Bild 3.24 den **Begriff Lösung durch Modell ersetzt**, liefert der Vorgehenszyklus eine Handlungsanweisung für das Finden einer zutreffenden Modellvorstellung. Allerdings muss die Modellauswahl durch das Analysieren und Beurteilen der jeweiligen Modelle in Bezug auf die Systemrealität, d.h. über den Vergleich Rechnung oder Messung, geschehen. Das ist bekannt und üblich. Aber vielleicht helfen die Teilschritte des Arbeitsabschnitts I) (Aufgabe bzw. Problem klären) weiter.

Daraus wird deutlich, was der **Sinn des Vorgehenszyklus** ist: Er bringt nicht ein völlig neues Vorgehen, sondern er formalisiert bekannte, zweckmäßige Abläufe. Der Aufgaben- bzw. Problemlöseprozess soll aus dem meist unbewussten „Normalbetrieb" für bestimmte Fälle in den bewusst ablaufenden „Rationalbetrieb" überführt werden. Mangelndes Fakten- oder Methodenwissen wird dadurch nicht ersetzt. Es soll der geistige Prozess bewusst gemacht werden.

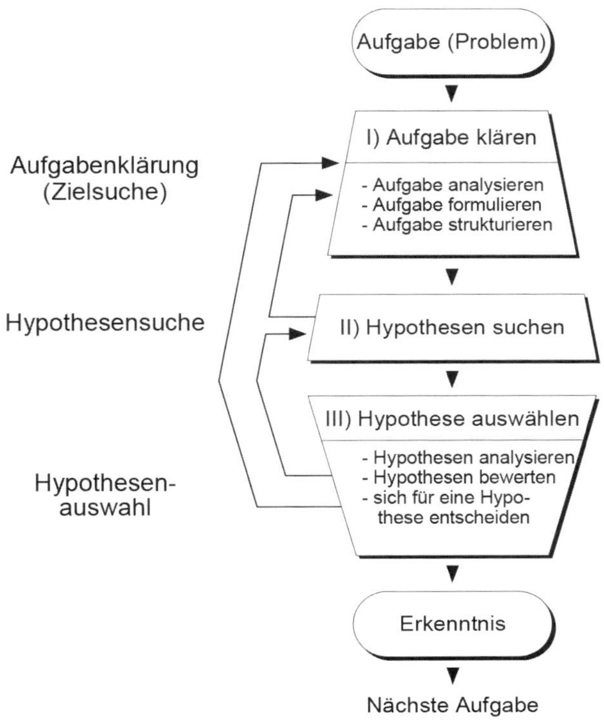

Bild 3.25 Vorgehenszyklus für Systemanalyse (Erkenntnisgewinnung)

Der Vorgehenszyklus ist nicht nur in der Konstruktion isoliert einsetzbar, sondern ist eine allgemein verwendbare Problemlösemethode, die in allen **Lebensphasen** von Produkten bzw. Systemen angewendet werden kann.

Immer wieder ergeben sich Probleme, die gelöst werden müssen. Dies zeigt Bild 3.26, in dem nur die Abschnitte des Vorgehenszyklus zur Strukturierung der Lebensphasen eines Systems entsprechend Bild 2.26 aufgetragen sind. Da im Planungsbereich (z.B. Produktplanung, Entwicklung und Konstruktion) zunächst noch keine materielle Realisierung der ausgewählten Lösung geschieht, war der **Arbeitsabschnitt IV) „Lösung verwirklichen“** noch nicht nötig. Er ist ab der Systemrealisierung hinzugefügt worden. Er kann in die folgenden einzelnen Arbeitsschritte unterteilt werden:

- **„Verwirklichung planen“**,
- **„Verwirklichung einleiten“**,
- **„Verwirklichung überwachen“** und
- **„Ergebnis kontrollieren“**.

Der Arbeitsabschnitt „Lösung verwirklichen“ – die Realisierung – muss jedoch nicht nur materiell verstanden werden, wie man aus der Lebensphase Vertrieb sieht. Die Vertriebsplanung wird z.B. im Verkauf von Produkten realisiert. Die Finanzplanung in Bild 3.27 hätte als Realisierung z.B. die Aufnahme eines Kredits zur Folge.

Sofern dabei Probleme auftauchen, wird versucht, diese entsprechend den Arbeitsabschnitten I) bis III) zu lösen. Auf den abschließenden methodischen Erkenntnisgewinn wurde oben bei Bild 3.24 hingewiesen.

Ferner ist der Vorgehenszyklus im Unternehmen natürlich nicht nur im Produktbereich einsetzbar, sondern in **allen Bereichen**, also von der Personal- bis zur Finanzplanung. Dies zeigt Bild 3.27 (die Rücksprünge innerhalb der Vorgehenszyklen und die vielfältigen Abhängigkeiten zwischen den einzelnen Ebenen sind nicht dargestellt).

Weiter ist der Vorgehenszyklus in verschiedenen **hierarchischen Ebenen der Produktentwicklung** einsetzbar, und zwar von der Produktplanung bis zur Bauteilkonstruktion (Bild 3.28) [29/3].

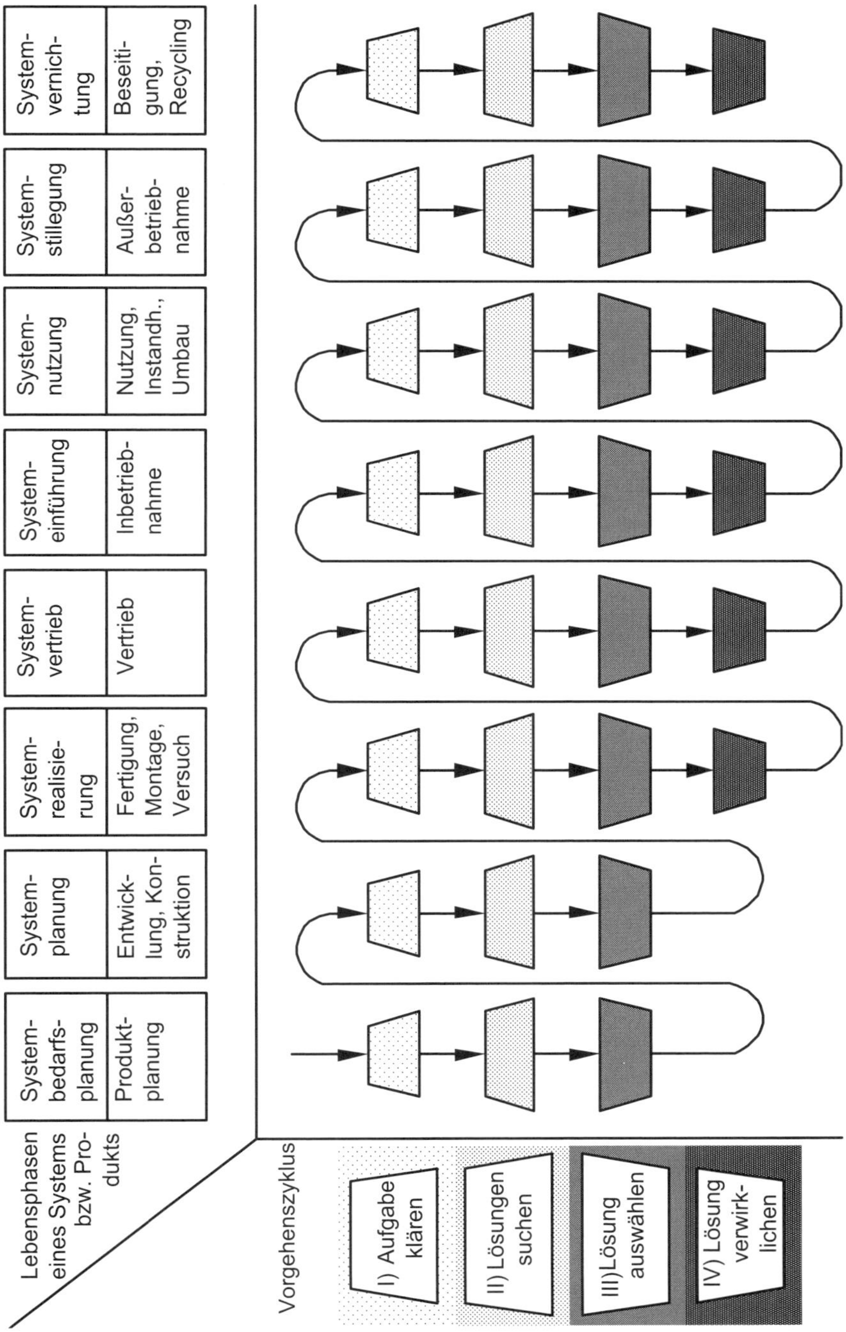

Bild 3.26 Der Vorgehenszyklus eingebettet in die Lebensphasen eines Systems bzw. Produkts (s. a. Bild 2.26)

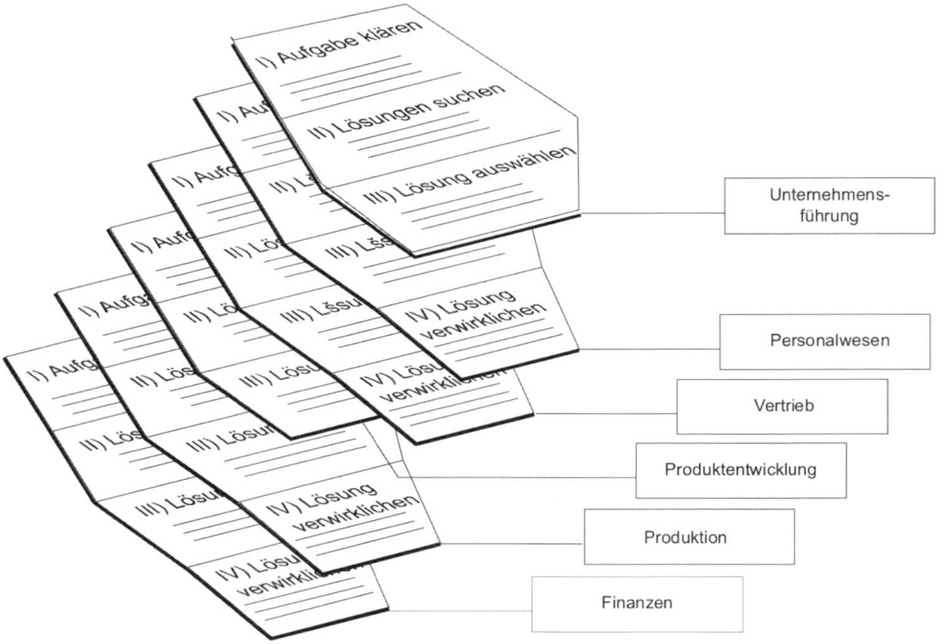

Bild 3.27 Einsatz des Vorgehenszyklus in verschiedenen Bereichen eines Unternehmens (bei nur planenden Bereichen tritt der vierte Arbeitsabschnitt „Lösung verwirklichen" nicht auf)

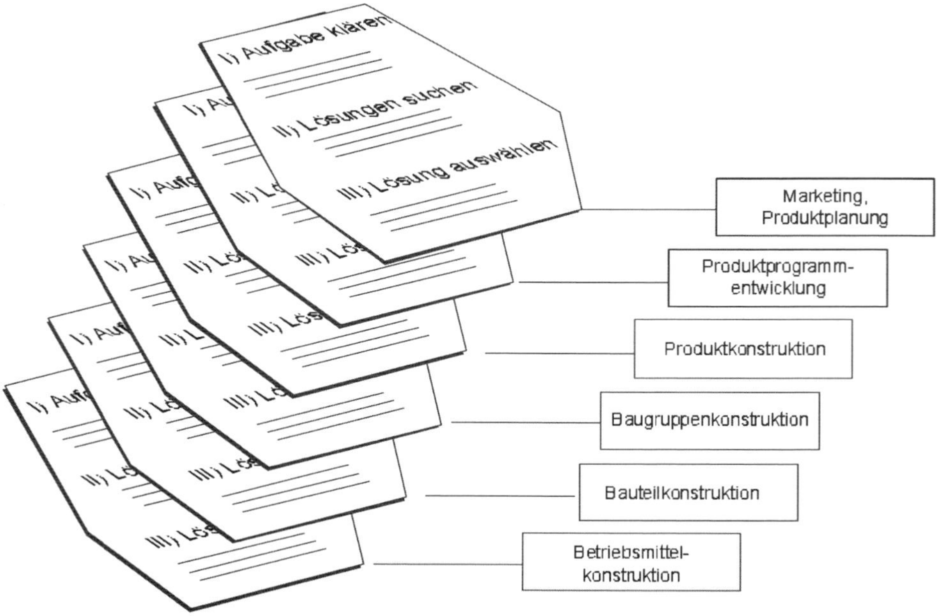

Bild 3.28 Einsatz des Vorgehenszyklus in hierarchischen Ebenen der Produktentwicklung

f) Einsatz des Vorgehenszyklus beim Wechsel des Problembereichs

Schließlich ist in Bild 3.29 an einem Beispiel dargestellt, wie der Vorgehenszyklus beim **Wechsel des Problembereichs** – also **rekursiv** – eingesetzt werden kann (Schichtübergang nach Müller [21/3]). Ein Produkt soll im Entwurf gestaltet werden. Man geht dabei strategisch vor (z.B. nach Bild 6.7 oder 6.12). Dabei ergibt sich, dass ein wichtiges Materialverhalten unbekannt ist (Ergebnisebene nach Bild 6.4). Mit Bereichswechsel 1 wird der Versuch veranlasst, dies zu klären. Dies ist im Sinne von Bild 6.4 ein operativer Schritt, der dadurch zustande kommt, dass sich unabhängig von der vorherigen Strategie eine Unkenntnis im Materialverhalten ergeben hat. Bei der Planung des Versuchs stellt sich heraus, dass dafür keine Messvorrichtung vorhanden oder zu beschaffen ist. (Wieder ein neuer operativer Schritt). Eine Messvorrichtung muss erstellt werden (Bereichswechsel 2 mit nachfolgender Strategie: konstruieren – bauen – erproben). Erst dann kann der Versuch begonnen werden (Bereichswechsel 3). Die Daten des Versuchs (Bereichswechsel 4) erlauben dann, die Gestaltung fortzuführen. Solche rekursive Aktionen gibt es in Unternehmen häufig (Kapitel 6.2.3; 8.5 und 8.6).

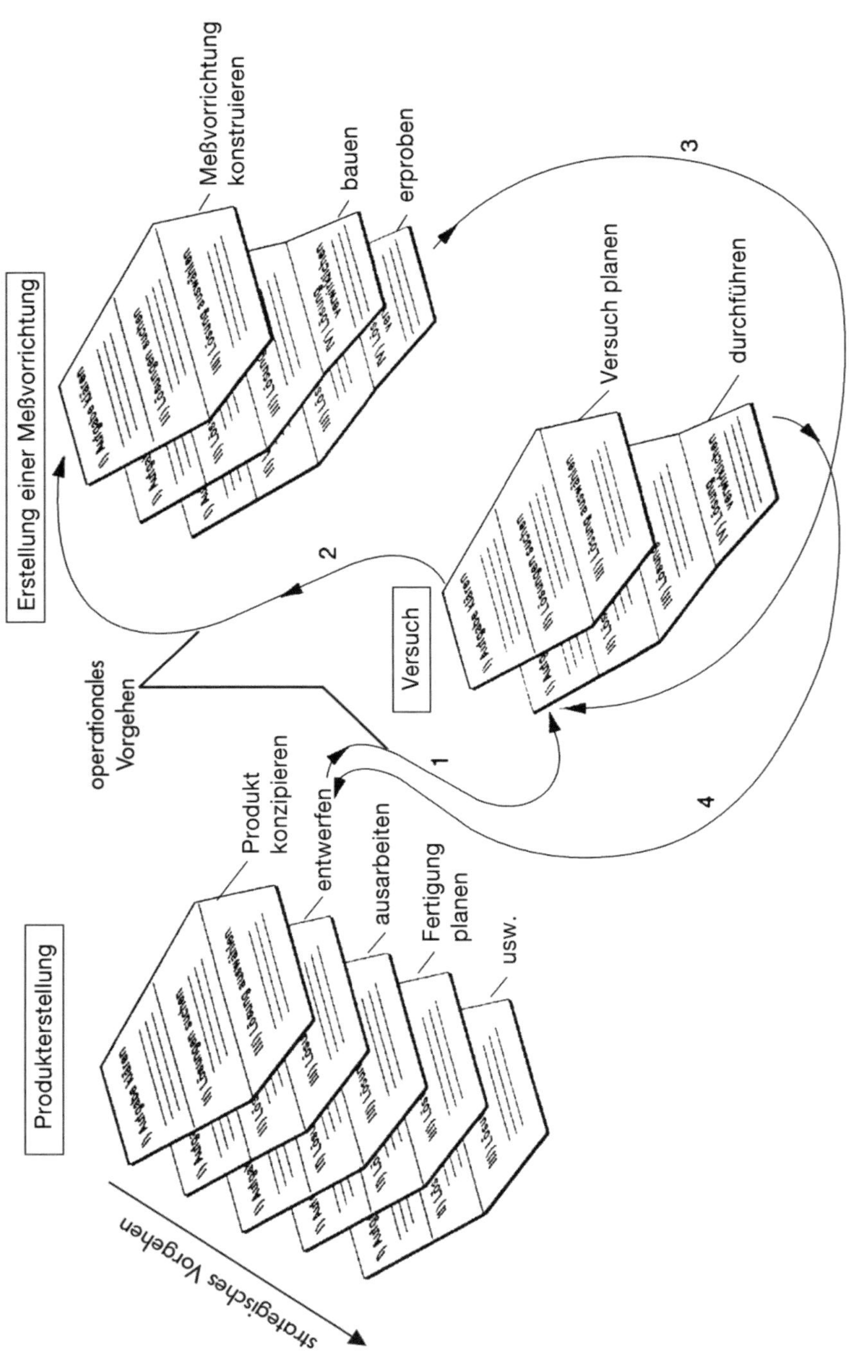

Bild 3.29 Rekursive Anwendung des Vorgehenszyklus: 1 = Wechsel vom Entwerfen in den Versuch, um unbekanntes Materialverhalten zu bestimmen. 2 = Von dort in die Stellung einer Messvorrichtung. 3 = Dann wieder zurück zur Versuchsdurchführung. 4 = Zurück zur Weiterarbeit im Entwerfen. Strategische und operationale Vorgehensweisen wechseln sich ab

g) Der Zusammenhang zwischen den Arbeitsschritten des Vorgehenszyklus und den Schritten anderer Problemlösemethoden

Ähnlich dem Problemlösungszyklus der Systemtechnik gibt es eine Reihe anderer Problemlösungsmethoden als den Vorgehenszyklus. Sie haben aber bezüglich der drei Hauptschritte I; II und III bis zu einem gewissen Grade die gleiche Bedeutung. Ein Vergleich von insgesamt 10 Vorgehensweisen ist in Bild 3.30 dargestellt. Man sieht, dass die Begriffe und deren Reihenfolge ähnlich sind. Unterschiedlich sind die Gewichtung der Schritte und deren mehr oder weniger feine Aufteilung. Der Vergleich bestätigt aber, dass der Problemlösungszyklus bzw. der daraus abgeleitete Vorgehenszyklus Allgemeingültigkeit besitzen, denn die im Bild dargestellten Methoden haben sich z.T. unabhängig voneinander entwickelt. Auch Ullman u.a. haben einen ähnlichen Zyklus zwischen der (intuitiven) Suche nach Lösungsprinzipien und deren nachfolgender (rationalen) Auswahl aus empirischen Daten abgeleitet. (Task-Episode Accumulation Model, TEAM) [118/3]. Interessant ist, dass auch in der Praxis ähnliche Vorgehensweisen entstanden sind, die ohne Wissen der Systemtechnik entstanden sind: Bild 8.26.

Im Übrigen beruht nicht nur der Vorgehenszyklus und das TOTE-Schema auf dem „trial and error"-Verhalten (Versuch und Irrtum), sondern auch die **natürliche Evolution** geht so vor. An die Stelle von Abschnitt II) „Lösungen suchen" tritt dort „neue Lösungen durch zufällige Mutation", an die Stelle von Arbeitsabschnitt III) „Lösung auswählen" tritt jedoch „Selektion während des Lebens" (survivalofthe fittest). Nur der Arbeitsabschnitt I) „Aufgabe klären" ist typisch für das menschliche Bewusstsein, das versucht, seine Lebensumstände selbst in die Hand zu nehmen. (Siehe Vajna [20/1] und Clement [110/3], der die Theorie an Hand verschiedener Beispiele darstellt). Im Übrigen arbeitet die Evolution nicht nur mit Konkurrenz und Selektion, sondern auch mit Arbeitsteilung und Kooperation! (also Integration! Beispiel: Ameisenstaat; Baum/Mykorrhiza-Pilz-Symbiose).

h) Selbstähnlichkeit des Vorgehenszyklus

Die Anwendung des Vorgehenszyklus zeigt, dass jeder Arbeitsabschnitt und jeder Arbeitsschritt je nach Aufgabenlage wieder mit einem „kleinen", untergeordneten Vorgehenszyklus bearbeitet werden kann. Diese Selbstähnlichkeit [35/3] ist in Bild 3.31 gezeigt. Die einzelnen Vorgehenszyklen sind kreisförmig angeordnet und vereinfacht dargestellt. – Ergibt sich z.B. beim „Lösungen suchen" ein neues Teilproblem, so kann zu dessen Lösung ein neuer untergeordneter Vorgehenszyklus begannen werden. Dies Ineinanderschachteln findet sich auch bei anderen Autoren [5/3; 25/3; 36/3; 37/3].

1	2	3	4	5	6	7	8	9	10
Problemlösungs zyklus der Systemtechnik [25/3; 30/3]	Vorgehenszy klus IPE Ehrlenspiel (Kap.3.3.2)	Allgemeiner Lösungs-prozess Pahl/Beitz [31/3]	Vorgehens-plan VDI 2222 [15/3] (geordnet nach 1)	Wertanalyse Arbeitsplan DIN 69910 [32/3]	Refa-6-Stufen-Methode [33/3]	Produnkt-planung VDI 2220 [34/3]	Generelle Problem-lösung nach Andreasen [87/3]	Problemlöse-zyklus (Mikrozyklus) VDI 2206 [58/5]	Münchner Vorgehensmo-dell MVM nach Lindemann [86/3]
	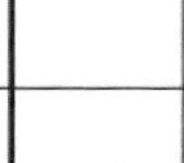							Anstoß	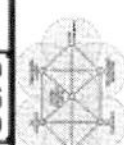 Einstieg variabel
• (Problemsuche) • Problemanalse • Problemformu-lierung	I) Aufgabe (Problem) klären	• Konfron-tation • Information • Definition	• Aufg. aus-wählen • Aufg. klären • Anford.liste	1. Projekt vorbereiten 2. Objektsitua-tion analy-sieren 3. Soll-Zust. beschreiben	• Problem definieren • Ziele setzen • Aufgabe ab grenzen	• Unter nehmens- und • Markt-analyse	• Produktbe-stimmung • Kriterien-festlegung	• Situations-analyse • Zielformu-lierung	• Ziel planen • Ziel analysie-ren • Ziel strukturieren
Systemsynthese (immer Iteration, da Zyklus)	II) Lösungen suchen (immer Iteration, da Zyklus)	• Kreation (immer Iteration, da Zyklus)	• Konzipie-ren • Entwerfen • Ausarbei-ten	4. Lösungs-ideen ent-wickeln	• Lösungen suchen	• Suchfelder aufstellen • Produkt-ideen sammeln	• Lösungs-suche	• Lösungs-alternativen 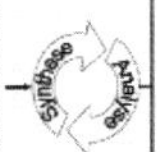	• Lösungs-alternativen suchen
• Sytemanalyse • Beurteilung • Entscheidung	III) Lösung auswählen	• Kontrolle • Beurteilung • Entschei-dung	• Techn/ wirtsch. Bewertung • Entschei-dung	5. Lösungen festlegen (bewerten, entschei-den)	• Informationen suchen • Lösungen auswählen	• Analyse • Auswahl • Entwick-lungsvor-schlag	• Bewertung und • Auswahl	• Lösungen prüfen, ver-bessern • Analyse • Bewertung • Entschei-dung	• Eigen-schaften ermitteln • Entscheidungen herbeiführen
	IV) Lösung verwirklichen Ergebniskontr. Erkenntnis-gewinn			6. Lösung verwirkli-chen	• Lösung ein-führen • Zielerfüllung kontrollieren				• Ziel ab-sichern

Bild 3.30 Gegenüberstellung verschiedener Problemlösemethoden. Die Schritte des Problemlösungszyklus der Systemtechnik sind mit ähnlichen Bezeichnungen in allen dargestellten Methoden enthalten. Direkt aus der Praxis heraus sind weitere ähnliche Vorgehensweisen entstanden, ohne vom Problemlösungszyklus der Systemtechnik gewusst zu haben. Das ist in Bild 8.27 gezeigt

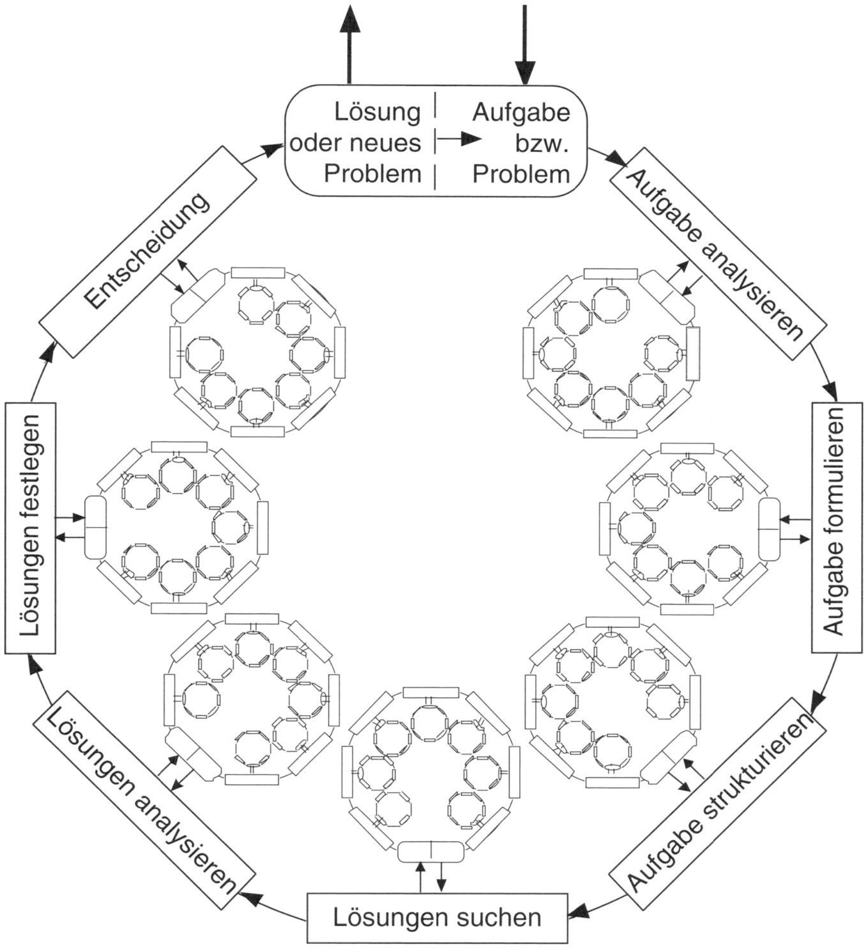

Bild 3.31 Selbstähnlichkeit des Vorgehenszyklus (vereinfachte Darstellung)

3.3.3 Der Vorgehenszyklus und zugehörige Strategien

Der Vorgehenszyklus ist ein übergreifend wirksames, aus der Systemtechnik abgeleitetes Hilfsmittel zur Lösung von Problemen bzw. zur Bewältigung von Aufgaben. Ferner haben sich zur Komplexitätsbewältigung – und das ist eine wesentliche Aufgabe jeder Methodik – bestimmte Strategien als zweckmäßig herausgestellt, die sich wiederum zum Teil aus „Naturstrategien" entsprechend der Begrenztheit des Kurzzeitgedächtnisses ableiten lassen (Kapitel 3.3 b). Durch diese Strategien wird das zu bearbeitende Problem (bzw. das zu überarbeitende Produkt) und der dafür möglicherweise geeignete Prozess „heruntergebrochen" in lösbare, machbare und von früheren Erfahrungen her bekannte Bausteine und Vorgehensschritte.

In Bild 3.32 sind zu einigen Schritten des Vorgehenszyklus solche **Strategien** zugeordnet worden, wie z. B. (I.1) „Teilaufgaben formulieren und sequenziell oder parallel abarbeiten“. Damit ist schon ein wesentliches Kennzeichen von **Methoden** angesprochen, nämlich das schrittweise Vorgehen, das ja allen Vorgehensplänen zu Grunde liegt (Kapitel 4.1.5 und 6.3). Man wird also bei umfangreichen Aufgaben aus dem Vorgehenszyklus auf einen **Vorgehensplan** übergehen.

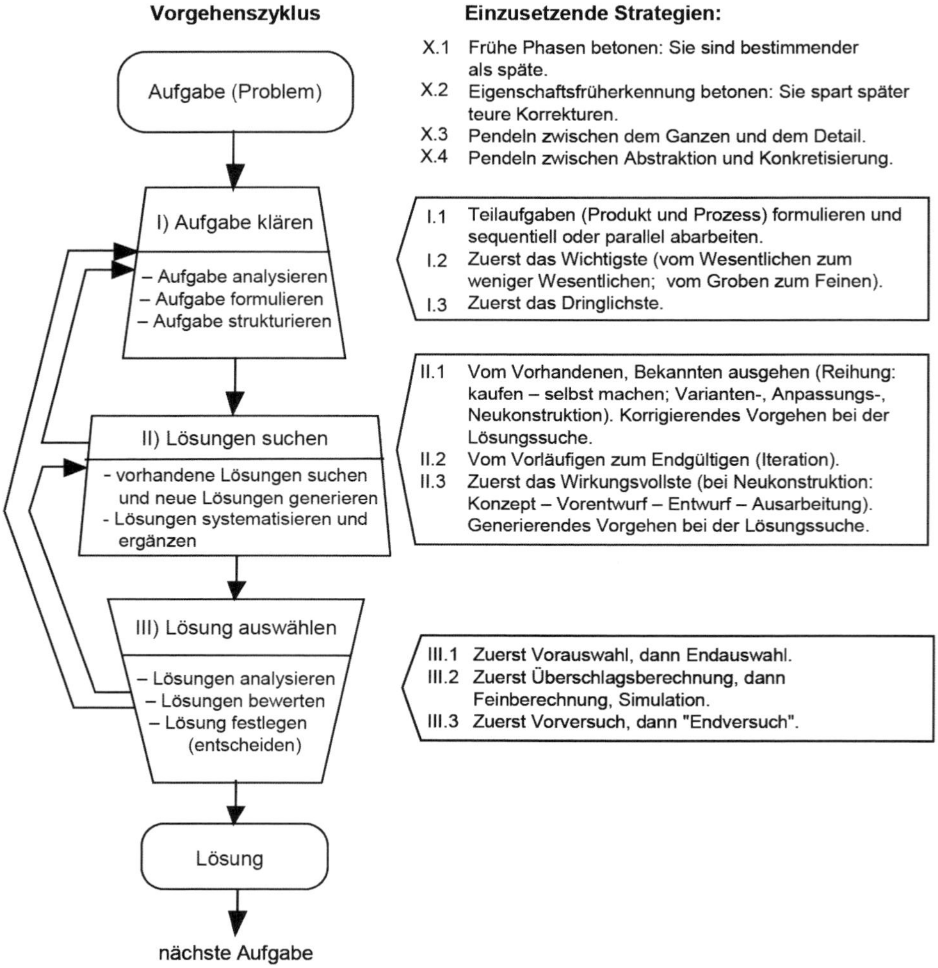

Bild 3.32 Vorgehenszyklus für die Lösungssuche mit zugehörigen Strategien

Beim Abarbeiten dieser Schritte kann entsprechend dem Prinzip der Selbstähnlichkeit (Bild 3.31) wiederum der Vorgehenszyklus eingesetzt werden. Etliche Strategien, wie „Zuerst das Wichtigste“ oder „Zuerst das Dringlichste“, leiten sich aus der „Ökonomie der Denkvorgänge“ heraus ab (Bild 3.13).

Es sind ferner allgemein einsetzbare Strategien (X.1 bis X.4) prinzipiell ableitbar, aber auch aus der Erfahrung bekannt, dass (X.1) frühe Phasen eines zusammenhängenden zielorientierten Prozesses, wie ihn der Produkt- oder Produktionsentwicklungsprozess darstellt, bestimmender sind als späte. Am Anfang werden die Weichen gestellt! Es lohnt sich also, mehr Aufwand in die frühen Phasen des Prozesses zu stecken, um später umso aufwendigere Iterationen und Korrekturen zu vermeiden (Bild 4.58). Die Strategie (X.2), Eigenschaftsfrüherkennung zu fördern, um späte, teure Korrekturen zu vermeiden und damit entscheidungsrelevante Informationen möglichst direkt zum Entscheider zu bringen, ergibt sich aus derselben Erkenntnis. Beide Strategien sind Gründe für den Erfolg des Simultaneous Engineering (Kapitel 4.4.1; 4.4.1.4 und 7.8).

Fast alle weiteren in Bild 3.32 aufgeführten Strategien (II.2, II.3, III.1, III.2, III.3) resultieren aus den übergeordneten Strategien A.1 bzw. A.3 (Bild 3.13), d.h. vom Vorläufigen zum Endgültigen vorzugehen, ferner zuerst das Ganze ins Blickfeld zu nehmen und grob anzugehen bzw. vom Wesentlichen zum weniger Wesentlichen fortzuschreiten, anstelle sich zu früh im Detail zu verlieren.

Die folgenden Beispiele verdeutlichen, dass die iterative Strategie II.2 **„Vom Vorläufigen zum Endgültigen“** nicht nur bei der Suche nach Lösungen eingesetzt wird, sondern bei praktisch allen Arbeitsschritten im Vorgehenszyklus bzw. der Produkterstellung, wie etwa

- bei der Aufgabenklärung: von der Vorklärung zur (End-)Klärung,
- beim Entwerfen: vom Vorentwurf zum (End-)Entwurf,
- beim Gestalten: vom Vorgestalten zum (End-)Gestalten,
- beim Berechnen: von der Überschlagsberechnung zur (End-)Berechnung,
- beim Versuchen: vom (orientierenden) Vorversuch zum (End-)Versuch,
- beim Kalkulieren: von der Vorkalkulation zur (End-)Kalkulation,
- beim Auswählen: von der Vorauswahl zur (End-)Auswahl usw.

Eine an sich selbstverständliche Besonderheit stellt die Strategie bei der Lösungssuche (II.1) dar, **vom Vorhandenen und Bekannten zum weniger Bekannten** bzw. **vom Käuflichen zum Selbstgemachten** vorzugehen. Das entspricht einer Strategie des minimalen Aufwands bzw. minimalen Risikos (Kapitel 3.6). Auf der gleichen Linie liegt – für den Praktiker selbstverständlich –, dass ein Produkt oder ein Prozess nur dann umfassend überarbeitet wird, wenn anders die gestellten Forderungen nicht erfüllbar sind (**korrigierendes Vorgehen** bei der Lösungssuche: Kapitel 3.4.2 und 5.1.4.3). Beim Konstruieren überlegt man also zunächst, die Forderungen in einer Variantenkonstruktion (z.B. durch Maßänderungen) zu erfüllen und geht nur bei möglicherweise unbefriedigendem Resultat über die Anpassungs- zur Neukonstruktion weiter.

Dass sich diese Strategien – ähnlich wie Regeln – bei ungeklärten Gültigkeitsbedingungen **anscheinend widersprechen**, erkennt man im Vergleich zur Strategie II.3, bei der empfohlen wird, **zunächst das Wirkungsvollste**, das Konzept, also die prinzipielle Lösung zu bearbeiten. Das vorher gesagte (II.1) gilt nämlich für die Weiterentwicklung von vorliegenden Lösungen, das in II.3 Angesprochene für die Neukonstruktion (**generierendes Vorgehen** bei der Lösungssuche: Kapitel 3.4.2 und 5.1.4.3).

Die Entscheidung zwischen dem korrigierenden Vorgehen (ein Bottom-up-Vorgehen) und dem generierenden Vorgehen (top-down) wird in Kapitel 5.1.4.3 eingehend behandelt. Sie kommt in der Praxis laufend vor, allerdings ohne dass sie bewusst wird.

Einige neuere Vorgehensweisen

Nachfolgend soll der in Bild 3.30 bereits angesprochene „Problemlösezyklus als Mikrozyklus“ aus der VDI Richtlinie 2206 [58/5] noch im Einzelnen dargestellt werden. (Bild 3.33), Das Bild spricht für sich und ist ein Bestandteil des V-Modells der Richtlinie als Makrozyklus (siehe Kapitel 5.1.4.4, Bild 5.29).

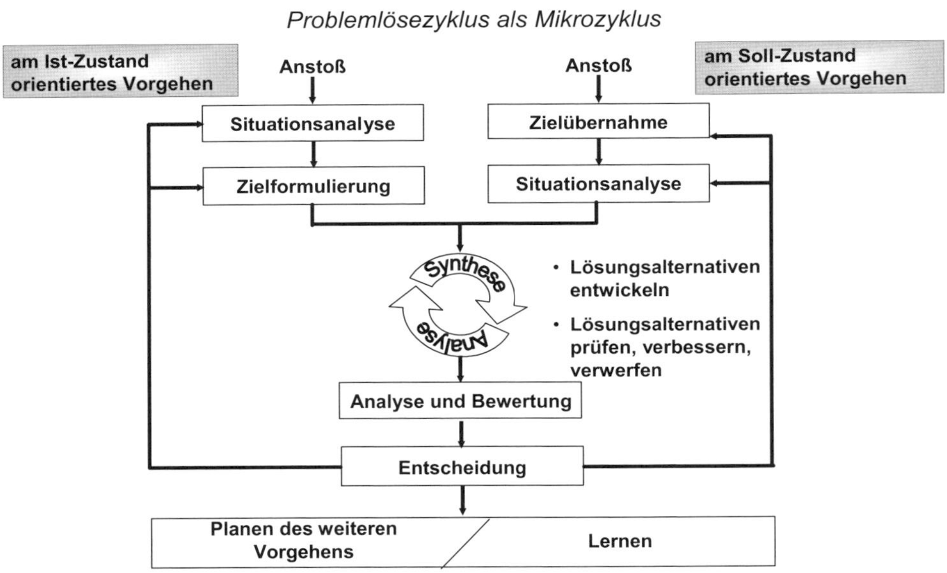

Bild 3.33 Problemlösungszyklus als Mikrozyklus (nach Daenzer [4/2] und VDI 2206 [58/5]). Besprechung des Bildes in Kapitel 5.1.4.4

In Bild 3.34 ist das „Münchner Vorgehensmodell“ (MVM) nach Lindemann [86/3] dargestellt. Damit wurde ausgehend vom Vorgehenszyklus eine gewisse erweiterte Flexibilität und Abstraktion der Darstellung erzielt. – Auch hier sind drei Hauptschritte zur Problemlösung vorhanden: Problem bzw. Ziel klären (links die drei); Lösungsalternativen suchen (Mitte) und Entscheidung herbeiführen (rechts die drei). Das Besondere ist der Netzwerk-Aufbau, der unterschiedliche Einstiegsmöglichkeiten und Intensitätsabstufungen der Vorgehensschritte bietet.

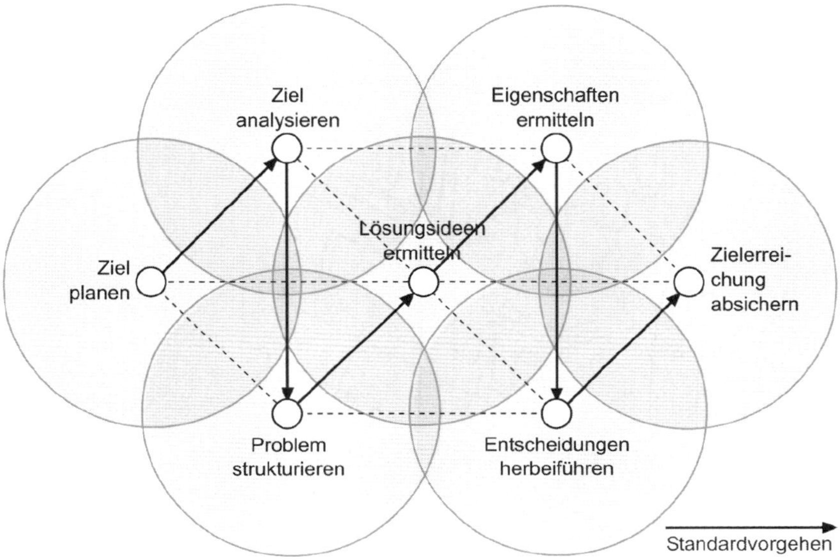

Bild 3.34 Das „Münchner Vorgehensmodell" (MVM) nach Lindemann [86/3]. Es ist mit den fetten Pfeilen ein Vorgehen hervorgehoben, das in etwa dem Vorgehenszyklus VZ entspricht. („Zielerreichung absichern" ist im VZ nicht enthalten)

3.3.4 Beispiel zum Vorgehenszyklus

Behebung einer Schwingungsbeanstandung an einem Gaskompressor

Das Beispiel zeigt, wie der Vorgehenszyklus bei der Klärung einer Beanstandung sowohl für die Analyse (vgl. Bild 3.25) wie für die Synthese (vgl. Bild 3.24) fruchtbar eingesetzt wird. - Am Schluss von Kapitel 7.10.7 „Verhalten in Krisen" wird dieses Beispiel noch einmal aufgenommen, um zu zeigen, wie man eine Krise in der Produktentwicklung mit Erfolg lösen kann.

a) Aufgabenstellung

Eine Gaskompressoranlage (Turbosatz) mit einer Leistung von 10 MW, bestehend aus einem Turbokompressor (8000 1/min), einem Stirnradgetriebe (8000/3000 1/min) und einem Elektromotor mit 50 Hz (3000 1/min), ist im Freien aufgestellt (Bild 3.35). Der Getriebelieferant bekommt vom Anlagenhersteller die Mitteilung, dass die Anlage beim Probebetrieb abgestellt werden musste, da die Schwingungen am Getriebe horizontal mit 150 μm Amplitude bei 50 Hz unzulässig hoch waren. Es werden ein Ingenieur und ein Monteur angefordert, um das Getriebe auf die garantierten Amplituden von ≤ 10 μm zu bringen.

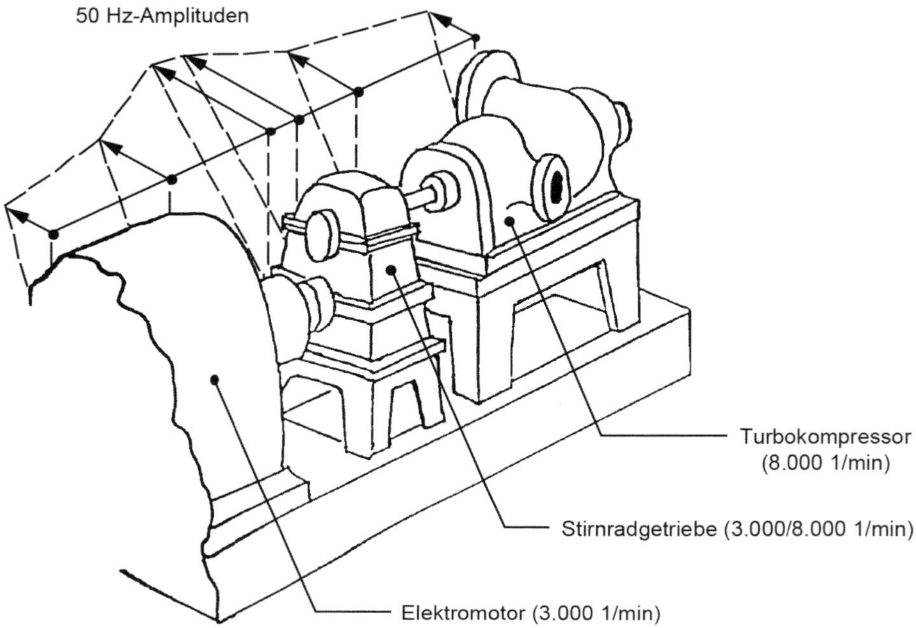

Bild 3.35 Gaskompressoranlage (Turbosatz) mit 50 Hz-Schwingungsprofil in horizontaler Richtung

I) Aufgabe klären

Aufgabenanalyse des Anlagenherstellers: Durch einen Schwingungsmesstrupp wird bei Leerlauf und bei unterschiedlicher Last die ganze Anlage auf Schwingungen nach Amplitude, Richtung, Phasenlage und Frequenz vermessen. Das Ergebnis ist, dass tatsächlich die 50 Hz-Amplituden in horizontaler Richtung dominieren, an der Stelle des Getriebes am höchsten sind (bei Leerlauf ca. 90 μm, bei 50 % Last ca. 95 μm) und nach unten zum aus Stahlträgern geschweißten Fundament hin deutlich abnehmen (Bild 3.35). Das Getriebe erweist sich offensichtlich als der Ort der höchsten Schwingungen und damit vermutlich auch als deren Ursache.

Aufgabenformulierung des Anlagenherstellers: Das Getriebe **ist** der Schwingungserreger. Der Getriebelieferant muss möglichst schnell und kostenlos Abhilfe bewirken.

Erste Aufgabenanalyse des Ingenieurs vom Getriebelieferanten: Das Getriebe **scheint** der Erreger zu sein. In einer Ursachenanalyse muss zunächst geklärt werden, ob nicht andere Komponenten der Anlage allein- oder mitverantwortlich sind.

Weitere Untersuchungen werden nötig sein. Interessant ist zu hören, dass der Anlagenhersteller sich überhaupt keine Schwingungsmodelle überlegt hat. (Das wäre jetzt, zum Zeitpunkt der 6. Auflage des Buches ziemlich undenkbar!)

Zweite Aufgabenanalyse und -strukturierung des Ingenieurs vom Getriebelieferanten: Der Ingenieur macht eine Iteration zurück in die Aufgabenanalyse und erzeugt zunächst im Kopf ein Systemmodell des schwingungsfähigen Gebildes Turbosatz (Bild 3.36). Daraus geht hervor, dass alle drei Komponenten (Motor, Getriebe und Turboverdichter) schwingungserregend sein können. Als schwingungsfähige Gebilde kommen aber vier Komponenten in Frage, da das Fundament allein oder im Zusammenwirken mit den Maschinen ebenfalls zu berücksichtigen ist. Zwischen den Maschinen können Torsionsschwingungen und Translationsschwingungen in x-, y-, z-Richtung übertragen werden. Der Turboverdichter scheidet als erregende Maschine praktisch aus, da er eine Drehfrequenz von 8000/60 = 135 Hz aufweist. Damit hat der Ingenieur die Aufgabe zunächst ausreichend strukturiert.

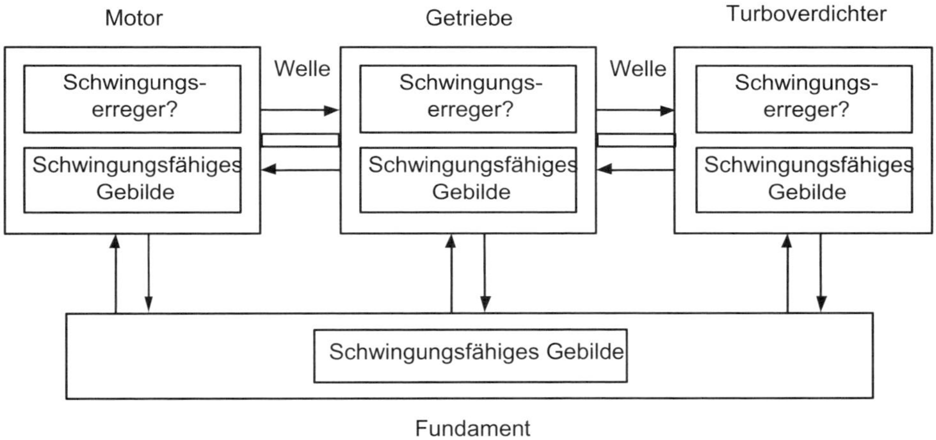

Bild 3.36 Systemmodell des schwingungsfähigen Gebildes Turbosatz (die Pfeile symbolisieren die mögliche Übertragung von Schwingungen)

II) Hypothesen suchen

Da es sich hier um eine Analyse eines Sachsystems handelt, sind Hypothesen zu entwickeln, die als Erkenntnis zu den Ursachen der Schwingungsüberhöhung führen (Bild 3.25). Dies ist ein kreativer Akt, der u. U. im Team von nicht voreingenommenen Fachleuten am besten abläuft. Da aber die Schwingungsfachleute hier von der „gegnerischen Partei" sind, ist der Monteur des Getriebelieferanten der einzige Gesprächspartner des Ingenieurs. Die Hypothesen sind mit H1, H2 usw. bezeichnet.

Hypothese **H1:** Das Getriebe hat an der langsam laufenden Welle (50 Hz) eine Unwucht.

Hypothese **H2:** Das Getriebe hat am langsam laufenden Rad einen Rundlauf- oder Summenteilungsfehler in der Verzahnung.

Hypothese **H3:** Vom Motor wird das Drehmoment nicht gleichmäßig bei jeder Umdrehung geliefert, sondern bei jeder Umdrehung mit einem Maximum bzw. Minimum. Da sich die Drehmomente an den Getriebelagern „abstützen", kann dies eine Schwingungserregung am Getriebe bedeuten.

Hypothese **H4:** Die Getriebemasse und die Fundamentnachgiebigkeit sind so geartet, dass das Feder-Masse-System eine Eigenfrequenz in der Nähe von 50 Hz ergibt. Die Erregung kann dann klein sein und sowohl aus dem Getriebe wie dem Motor stammen.

Hypothese **H5:** Das große, langsam laufende Zahnrad (50 Hz) hat sich vom Sitz der zugehörigen Welle gelöst.

III) Hypothese auswählen

Hypothesen analysieren (z. T. **Hypothesen bewerten**): Sämtliche Hypothesen müssen nun auf ihre Eigenschaften untersucht werden: Sind sie möglich oder nicht?

H1, H5: Das Getriebe wird demontiert. Der Sitz des Zahnrades ist in Ordnung. Bei einer in der Nähe befindlichen Maschinenfabrik wird die statische und dynamische Unwucht kontrolliert und als innerhalb der Toleranz befunden. Diese Hypothesen scheiden also aus.

H2: Durch Telefonkontakt mit der Qualitätssicherung des Getriebeherstellers kann geklärt werden, dass die Verzahnungsfehler des langsam laufenden Rades im Rahmen der üblichen Toleranzen liegen und damit die Hypothese hinfällig ist.

H3: Der Motorhersteller behauptet, dass drehfrequenzproportionale Drehmomentschwingungen „noch nie vorgekommen seien" und auch gar nicht auftreten könnten. Außerdem seien sie an der fertigen Anlage nur sehr aufwendig zu messen. Die Hypothese wird als ungeklärt zurückgestellt.

H4: Der Ingenieur prüft die Eigenfrequenz des Systems Getriebe und Fundament bei Anlagenstillstand. Er schaltet dazu die schreibenden Schwingungsmessgeräte am Getriebe oben, am Fuß und unten am Fundament ein und schlägt mit einem Vorschlaghammer auf den Getriebefuß. Er erhält Amplitude/Zeit-Diagramme, die nach Auszählen erstaunlicherweise eine Frequenz von ca. 49 Hz ergeben. Eine genaue Frequenzanalyse beim Hochlaufen des Turbosatzes ergibt ein Maximum der Schwingungen bei 49,4 Hz.

Hypothesen bewerten: Die fünf Hypothesen sind bis auf H3 in der Analyse geklärt worden. Die wahrscheinlichste ist H4. Dabei kann festgestellt werden, dass der Anlagenhersteller, der außer dem Kompressor auch das Fundament entworfen und geliefert hat, keine Schwingungsberechnung auf Eigenfrequenzen durchgeführt hat. Die Schwingungserregung kann auf geringe Unwuchten des entsprechenden Zahnrades bzw. der Welle mit 50 Hz (3000 1/min) zurückgeführt werden.

Entscheidung: ... des Anlagenherstellers: Die Hypothese H4 wird als Grund für die zu hohen Schwingungen angesehen.

b) Neue Aufgabenstellung

Als neue Aufgabe stellt sich für den Anlagenhersteller und den Getriebelieferanten die Beseitigung der störenden Eigenfrequenz. Jetzt geht es um konstruktive oder fertigungstechnische Maßnahmen, d. h. um eine Synthese bzw. Änderung des Sachsystems (Bild 3.24), und nicht mehr nur, wie vorher, um eine Erkenntnis durch eine Systemanalyse (Bild 3.25).

I) Neue Aufgabe klären

Neue Aufgabe analysieren: Es ist klar, dass die Eigenfrequenz $\varpi = \sqrt{c/m}$ des Systems Getriebe/Fundament (m = Masse des Getriebes einschließlich eines Anteils vom Fundament; c = Federrate des Fundamentrahmens) durch die beiden Parameter m und c beeinflusst werden kann. Um aus dem Betriebsbereich bei 50 Hz herauszukommen, muss die Eigenfrequenz mit einem deutlichen Abstand (ca. 20 %) von der Betriebsfrequenz 50 Hz entfernt liegen, also bei ca. $\leq$ 40 Hz oder $\geq$ 60 Hz. Die Anlage soll in spätestens drei Wochen endgültig betriebsbereit sein.

Neue Aufgabe formulieren: Anlagenhersteller und Getriebelieferant müssen miteinander eine wirkungsvolle, kostengünstige Abhilfemaßnahme überlegen, die in ca. zwei Wochen verwirklicht werden kann. Die Kosten trägt der Anlagenhersteller.

Neue Aufgabe strukturieren und planen: Man kommt überein, dass der Anlagenhersteller und der Getriebehersteller zunächst getrennt nach Lösungen suchen und jeweils ihre Experten in den Mutterhäusern befragen. Danach werden die Lösungen in einer gemeinsamen Sitzung besprochen und ausgewählt.

II) Für neue Aufgabe Lösungen suchen

Die Lösungen sind mit L1, L2 usw. bezeichnet.

Lösung **L1:** Anbringen eines hydraulischen Schwingungsdämpfers am Getriebegehäuse.

Lösung **L2:** Versteifen des Fundamentrahmens durch Einschweißen von Blechen und Profileisen.

Lösung **L3:** Vergrößern der Getriebemasse durch Aufschrauben eines Gewichts (z. B. aus Gusseisen) auf das Getriebegehäuse.

Lösung **L4:** Anbringen eines Schwingungstilgers.

III) Für neue Aufgabe Lösung auswählen (es werden alle drei Vorgehensschritte für die Auswahl entsprechend Bild 3.24 in der Diskussion durchlaufen)

L1: Dieser Lösungsvorschlag wird verworfen, da auf Dauer ein Schwingungsdämpfer nicht als genügend betriebssicher erachtet wird.

L2: Beim Einschweißen von Blechen in das Fundament wird sehr viel Wärme eingebracht, so dass sich das Fundament möglicherweise unzulässig verzieht und die Maschinenausrichtung nicht mehr stimmt. Eine mechanische Nachbearbeitung des Fundaments scheidet aus Termingründen aus.

L3: Die Getriebezusatzmasse ist auch kurzfristig realisierbar. Sie wird, da keine Berechnungsdaten vorliegen, auf 400 kg geschätzt. Die noch aufgekommene Idee, einen mit Sand gefüllten Blechkasten statt eines Gussgewichtes zu verwenden, wird aus Platzgründen verworfen.

L4: Die zwangsweise (gegenläufige) Synchronisation des Schwingungstilgers ist ungeklärt und scheint nicht realisierbar.

Für die neue Aufgabe **Lösung festlegen:** Die Lösung L3 mit der Getriebezusatzmasse soll realisiert werden. Der Anlagenhersteller rechnet überschlägig aus, ob 400 kg ausreichend sind. Es wird eine Gusseisen-Haube hergestellt und auf das Getriebe geschraubt.

Damit ist sowohl das Analyse- wie das Syntheseproblem geklärt. Die verwirklichte **Abhilfemaßnahme** ist zwar unkonventionell, aber ein **voller Erfolg**: Die 50 Hz-Schwingungen lagen bei Volllast nur noch bei einigen µm. Der Anlagenhersteller berechnet zukünftig die Eigenfrequenzen der Anlagen **(Erkenntnisgewinn).**

Man erkennt an diesen Beispiel, dass sich die sieben Schritte des Vorgehenszyklus in der Praxis nicht so klar trennen lassen und manchmal auch einer weniger wichtig ist. Trotzdem war es für den Autor immer wieder hilfreich, sich der Schritte auch im größten Durcheinander zu erinnern. Wenn man den Vorgehenszyklus verinnerlicht hat, kann man sich (und die Gruppe) immer wieder in einen sinnvollen Ablauf zurückholen. Wichtig ist z. B., mit der nötigen Ruhe und Beharrlichkeit lange genug und intensiv **Aufgabenanalyse,-formulierung** und -**strukturierung** zu betreiben. Man ist oft genug mit viel zu viel Ungeduld schon bei den Problemlösungen (Kapitel 3.7, 7.3, 8.2 und 8.3). Wichtig ist auch, **nicht nur eine** Lösung oder Hypothese zu entwickeln, sondern mehrere und diese dann in der Lösungsanalyse begründet zu untersuchen.

Man sieht ferner aus der anfänglichen Wiederholung der Aufgabenanalyse, dass auch hier Iteration zweckmäßig ist. In der Praxis laufen im Kopf sehr viel mehr Iterationen und Rekursionen ab, als hier dargestellt werden konnten.

Welche komplexen Zusammenhänge von Ursachen-Wirkungs-Ketten bei der Schadensanalyse vorhanden sind, zeigt Neese ([38/3] und [39/3]). Das Vorgehen bei der Schadensanalyse wird in Kapitel 7.8.1.2 besprochen.

3.4 Konstruktionsprozesse von Einzelpersonen

Um feststellen zu können, wodurch sich **erfolgreiche Konstrukteure** auszeichnen und wie sie ihren Konstruktionsprozess gestalten, werden nachfolgend experimentell gewonnene Erkenntnisse vorgestellt. Dabei wurden die Denkvorgänge und das Problemlöseverhalten von Konstrukteuren sowohl aus der Praxis wie aus der Hochschule - mit und ohne Schulung in Konstruktionsmethodik - an der TU München untersucht (Projekt 1) [2/3, 5/3]. Kapitel 8.3 zeigt an einem Beispiel aus diesem Projekt, wie eine Konstruktion missglückt, wenn man die Aufgabe nur mangelhaft klärt und eine verengte Sicht bei der Lösungssuche hat.

Ferner wurden reine Praktiker, die nie an einer Hochschule waren, um die Lösung der gleichen Aufgabe gebeten (Projekt 2) [51/3; 52/3].

Derartige Untersuchungen direkt in der Realität des Konstruierens sind erst in den achtziger Jahren begonnen worden [2/3, 5/3, 19/3, 20/3, 21/3, 40/3 und 41/3] und wurden meist in enger Zusammenarbeit mit experimentell arbeitenden Denkpsychologen durchgeführt. Hier mit Prof. Dörner; Universität Bamberg. Eine vollständige aktuelle Übersicht internationaler Arbeiten von Einzelpersonen und Gruppen, sowohl im Labor, wie im Feld dokumentiert Wallmeier. (Siehe Abb. 3.1 in [54/3]).

Der Zweck der Theoriebildung aus der Beobachtung real ablaufender Konstruktionsprozesse ist ein zweifacher:

- die **Weiterentwicklung der Konstruktionsmethodik** im Sinne einer größeren Anpassungsmöglichkeit an die Erfordernisse der zu bearbeitenden Probleme, der konstruierenden Personen und der Umgebungsbedingungen.
- ein besserer Aufbau und die benutzergerechte Gestaltung von **Hilfsmitteln** (Methodenbaukästen, Lösungskataloge, Checklisten ...) sowie von computergestützten Werkzeugen (CAD-Systeme, wissensbasierte Systeme ...).

Demgegenüber sind frühere Vorgehenspläne der Konstruktionsmethodik und Hilfsmittel für das Konstruieren jeweils aus der Selbstbeobachtung und der Erfahrung von Konstrukteuren entstanden und somit eher subjektgebunden.

Es ist aber klar, dass auch die nachfolgend beschriebenen Untersuchungen einzelner Konstrukteure in einer „Laborsituation“ gegenüber realen Konstruktionsprozessen stark vereinfacht sind. Denn in der Praxis sind es im Allgemeinen Gruppenprozesse, die in einer intensiven Kommunikation mit Kollegen und Vorgesetzten stattfinden und es besteht Zeitdruck. Entsprechende Untersuchungen, sogar direkt in Unternehmen, werden in Kapitel 3.5 besprochen.

3.4.1 Projekt 1: Versuchsbedingungen (nach Dylla)

Versuchsbeschreibung

Es wurde allen 10 Versuchspersonen immer die gleiche schriftliche **Aufgabenstellung** (Neukonstruktion einer Vorrichtung für das Verstellen eines optischen Geräts) gestellt (Bild 8.18). Bild 3.37 zeigt bereits eine von einer Versuchsperson erarbeitete Konstruktion. (Nachträglich als 3D Bild gezeichnet). An der Vierkantsäule kann ein optisches Gerät für die Entzerrung von Bildern auf und ab bewegt werden. Sie soll in Richtung α und senkrecht dazu in Richtung β geschwenkt werden. Sie ist außerdem zu lagern. Sie muss fein eingestellt und arretiert werden können. Die Vorrichtung muss an der Wand befestigt werden. Diese Aufgabe war für die Versuchspersonen neu und nicht zu komplex.

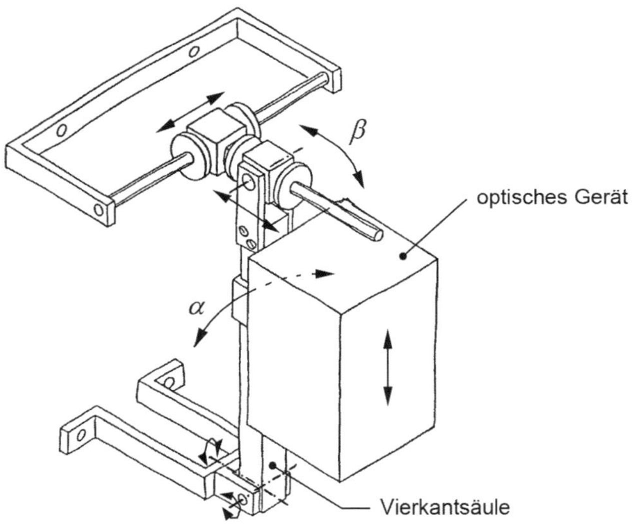

Bild 3.37 Beispiel einer Konstruktion der Vorrichtung von einer Versuchsperson

Die von Dylla für die Auswertung ausgewählten **Versuchspersonen** waren. z. T. Maschinenbau-Studenten (ohne Konstruktionsmethodik-Ausbildung), z. T. wissenschaftliche Mitarbeiter des Lehrstuhls mit Konstruktionsmethodik-Ausbildung und mit Erfahrung in eigenständigen Konstruktionen und nicht wissenschaftlich ausgebildete Konstrukteure aus der Industrie. Insgesamt sind rund 25 Versuche dieser Art durchgeführt worden. (Auch von [42/3; 51/3]).

Bild 3.38 zeigt Entwürfe von neun Konstrukteuren, die alle diese gleiche Aufgabenstellung und gleiche äußere Versuchsbedingungen (Bild 3.1, rechts) hatten. Es ist erstaunlich, welch unterschiedliche Ergebnisse dabei herauskamen: Jeder Konstrukteur macht seine eigene, typische Lösung! Unterschiedlich sind sowohl die prinzipiellen Lösungen (Konzepte) als auch die Gestaltung. Man kann daraus erkennen, welch großen Einfluss personspezifische Unterschiede, wie die Ausbildung oder die individuellen Erfahrungen und Fähigkeiten des Konstrukteurs auf das Ergebnis - und natürlich auch auf den Konstruktionsprozess - haben (Bild 3.2). In einem Unternehmen würden die Unterschiede infolge der ausgleichenden Diskussion mit Kollegen evtl. nicht so stark zutage treten (Kapitel 4.3.3).

Im Versuch konnte der Konstrukteur am Schreibtisch und am Zeichenbrett arbeiten, sollte dabei „laut denken" und wurde während der frei verfügbaren Konstruktionszeit von zwei Versuchsleitern mit einer Videokamera beobachtet (Bild 3.39). Es waren Maschinenbauhandbücher, Norm- und Halbzeugkataloge sowie Angaben über die Fertigungsmöglichkeiten der Modellwerkstatt verfügbar. Die Versuchsleiter beantworteten Fragen bezüglich der Aufgabenstellung.

Somit sind im Wesentlichen die Einflussfaktoren auf den Konstruktionsprozess nach Bild 3.1 bis auf die personspezifischen Einflüsse, die zu untersuchen waren, konstant gehalten worden. Natürlich liegt eine eingeschränkte Versuchssituation vor, die manche gewonnenen Erkenntnisse nur mit Vorsicht übertragbar macht.

Weitere Ergebnisse und eine Absicherung der Aussagen ergaben ähnliche Versuche mit der gleichen Aufgabenstellung, die an der TH Darmstadt [19/3, 42/3] durchgeführt wurden. Die **Einschränkungen der Aussagekraft** der Ergebnisse beziehen sich auf:

- die Art der Aufgabe,
- die geringe Zahl von Versuchspersonen,
- die für die Personen ungewohnte Umgebung, ohne die gewohnten Hilfsmittel, ohne Diskussionsmöglichkeit mit Kollegen und
- den Zwang „laut zu denken".

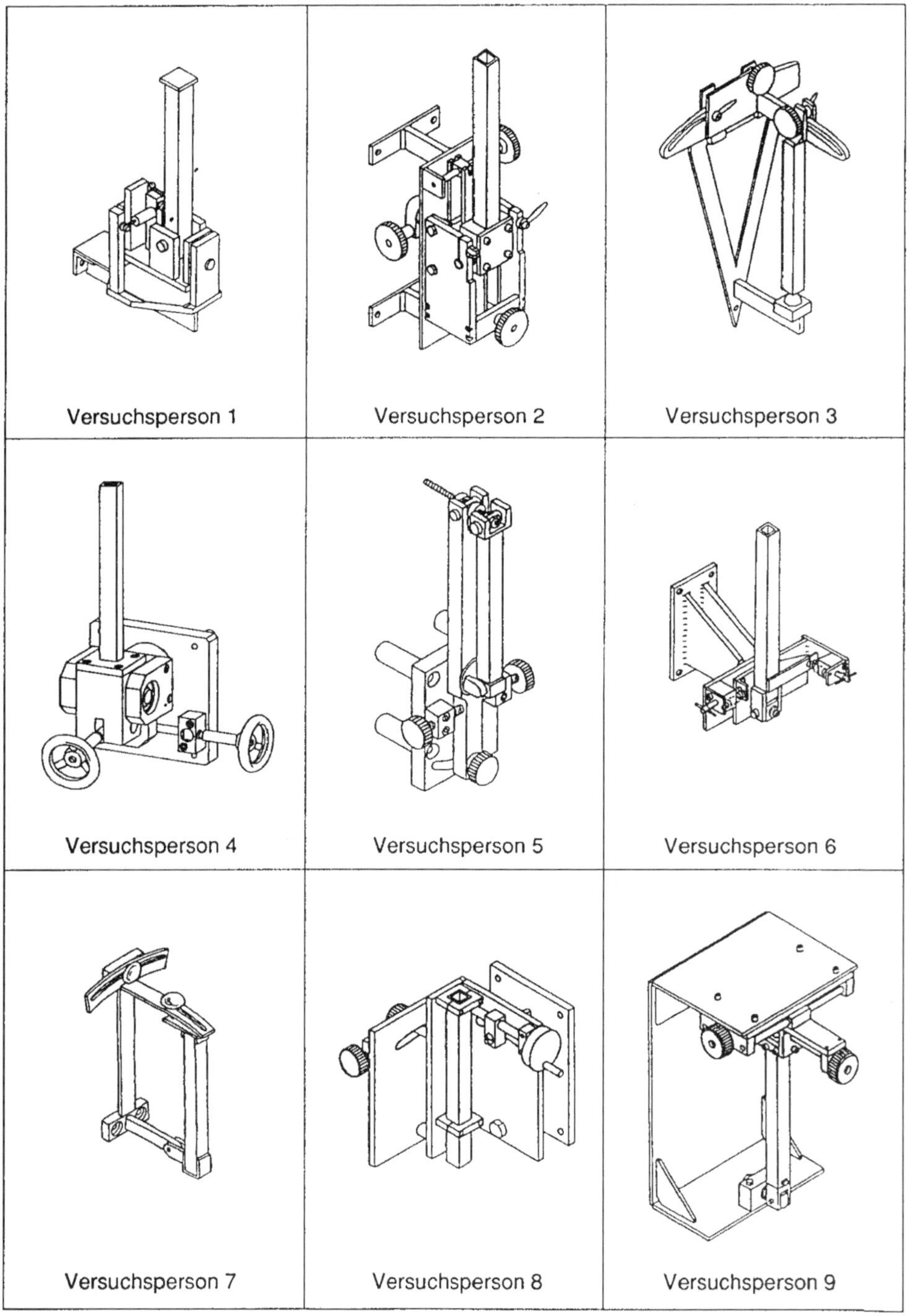

Bild 3.38 Beispiele für Vorrichtungen, die verschiedene Versuchspersonen entwickelt haben (zur besseren Übersicht ist jeweils nur die Vierkantsäule ohne optisches Gerät dargestellt)

Nach Aussage der Versuchspersonen war aber die Gegenwart der Versuchsleiter und der Zwang zu „lautem Denken" nach kurzer Zeit nicht mehr störend.

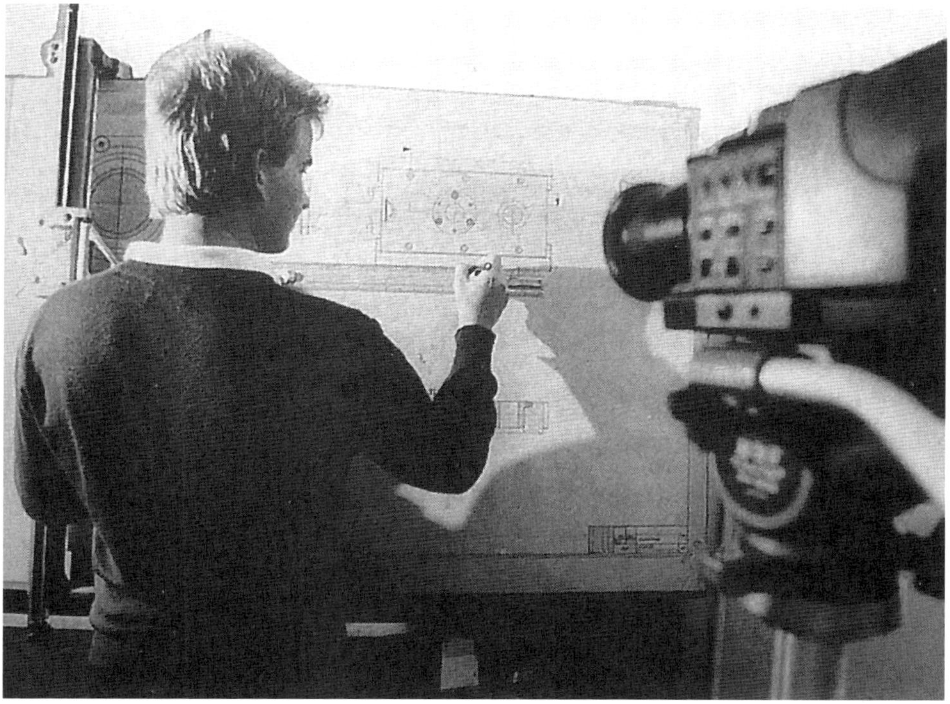

Bild 3.39 Videobeobachtung des Konstruktionsprozesses

Auch das Protokollier- und Auswerteverfahren ergibt eine spezielle Sicht für die damit gewonnenen Erkenntnisse.

Auswertung der Versuche

Die Auswertung sollte zwischen den Merkmalen der Personen, des Konstruktionsprozesses und der Qualität des Konstruktionsergebnisses Bezüge herstellen. Die Personenmerkmale ergaben sich aus vorgeschalteten Tests und der Prozessanalyse. Die Qualität der Konstruktionsergebnisse war aus einer von obigen zwei Lehrstühlen gemeinsam erfolgten Bewertung der Entwurfszeichnungen bestimmbar. Für den Konstruktionsprozess wurde ein Kategoriensystem mit 11 Klassen und bis zu 60 Einzelkategorien aufgestellt [2/3]. Den nachfolgend beschriebenen zahlenmäßigen Ergebnissen liegen die Auswertungen von sechs ausgewählten Versuchspersonen zugrunde.

Bild 3.40 zeigt, wie die Videoaufnahmen rechnergestützt z. B. in eine Grobstruktur von Problemlösephasen aufgeschlüsselt wurden, die dann wieder feiner in die Arbeitsabschnitte des Vorgehenszyklus unterteilt wurden. Die kürzesten ausgewerteten Verhaltenselemente lagen bei meist unter zehn Sekunden. Die Auswertungszeit dauerte oft mehr als die zehnfache Konstruktionszeit. Letztere schwankte von 5,5 bis 12 Stunden.

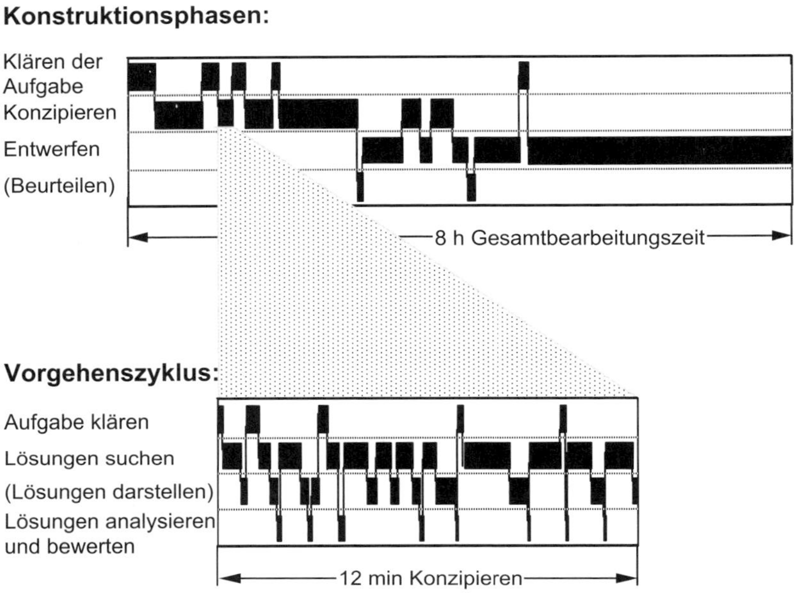

Bild 3.40 Zur Auswertung der Konstruktionsprozesse [2/3]. Oben: Grobe Auswertung über 8 Stunden Bearbeitungszeit. Unten: Feine Auswertung über 12 Minuten als Ausschnitt aus der Suche nach Lösungsprinzipien (Konzipieren)

3.4.2 Erkenntnisse aus Projekt 1

Arbeitsablauf

In Bild 3.40 ist oben der gesamte 8 stündige Konstruktionsprozess eines Konstrukteurs, der eine durchschnittliche Konstruktion erarbeitete, grob nach den Konstruktionsphasen (Kapitel 5.1.3) wiedergeben. Es wurde zusätzlich noch die Beurteilung der Lösungen erfasst. Nach dem Klären der Aufgabe (generell 5–12 % der Gesamtbearbeitungszeit) erfolgte eine immer wieder unterbrochene Suche nach Lösungsprinzipien (Konzipieren), die dann nach gelegentlich längeren Beurteilungsphasen in eine Konkretisierung, d. h. in die Entwurfsphase einmündete. Auffallend ist bei allen Personen das starke Hin- und Herspringen, das bei einer feineren Auflösung in elementare Arbeitsschritte des Vorgehenszyklus noch stärker sichtbar wird. Unten in Bild 3.40 ist ein 12-minütiger Ausschnitt aus der Phase des Konzipierens dargestellt. Man kann sich, obwohl dann noch feiner aufzulösen wäre, die Anzahl aufeinander folgender Durchläufe des TOTE-Schemas vorstellen.

Das Konstruieren bewegt also im Groben, wie in jedem **Vorgehensplan** beschrieben, von einer durch zeitweilige Lösungssuche unterbrochenen Phase der Ziel- oder Aufgabenklärung über Phasen der Suche nach Lösungsprinzipien (Konzipieren) zur Konkretisierung im gestalteten Entwurf. Die Ausarbeitungsphase war hier nicht gefordert und ist entsprechend nicht beobachtet worden. Die in Kapitel 5.1.3 beschriebenen Konstruktionsphasen werden aber im Einzelnen nicht streng sequenziell durchlaufen.

Innerhalb der Phasen wird der **Vorgehenszyklus** laufend eingesetzt. Offensichtlich geschieht dies aber auch mehr oder weniger vollständig und zum großen Teil unbewusst.

In Bild 3.41 sind die Mittelwerte der relativen Bearbeitungszeit für die **Arbeitsschritte** entsprechend dem **Vorgehenszyklus** aller sechs vollständig ausgewerteten Versuchspersonen aufgetragen. Man sieht, dass „Aufgabe klären" bzw. „Anforderungen analysieren" und „Anforderungen (um)formulieren" zusammen kaum 10 % der gesamten Bearbeitungszeit einnehmen. In gleicher Größenordnung liegen zusammen genommen „Lösungen analysieren" und „Lösungen bewerten". Trotz dieses im Vergleich zu „Lösungen darstellen" (zeichnen) geringen Zeitanteils (weniger als 20 %) haben diese Tätigkeiten, wenn sie sorgfältig und intensiv stattfinden, eine überragende Bedeutung für die Qualität der erarbeiteten Konstruktion und für die sinnvolle Steuerung des Konstruktionsprozesses, wie später gezeigt wird. Die Säule mit den Fragezeichen ganz rechts in Bild 3.41 fasst nicht interpretierbare Nachdenkphasen zusammen.

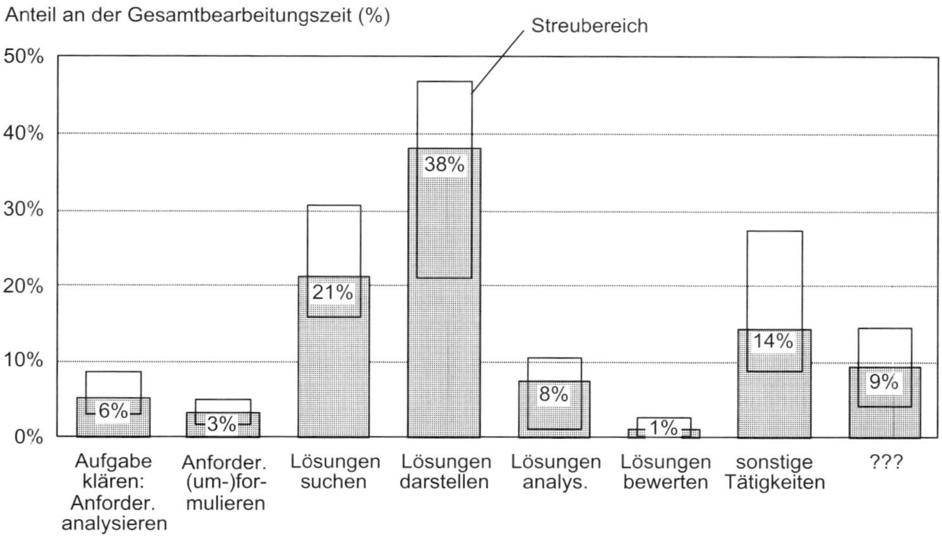

Bild 3.41 Mittelwerte der relativen Bearbeitungszeit für die Arbeitsschritte des Vorgehenszyklus bei den Versuchspersonen

Ergebnisse bezüglich des Suchens der prinzipiellen Lösung

Prinzipielle Lösungen werden meist mit **wenigen und konkreten Suchbegriffen aus dem Gedächtnis** gesucht. Die Versuchspersonen bewegen sich durchweg auf einer relativ konkreten Begriffsebene und verwenden kaum abstrakte Funktionsbegriffe oder gar **Funktionsstrukturen** (Bild 7.43). Dies kann aber auch typisch für die gestellte Aufgabe sein. Obwohl ca. zehn Anforderungsarten in Frage kämen (z. B. Funktion, Herstellung, Bedienung, Sicherheit, Kosten), werden nur ein oder zwei Anforderungsarten auf einmal verwendet (oft nur die Funktion). Ein möglicher Hinweis auf die begrenzte **Kapazität des Kurzzeitgedächtnisses**. Wenn andere Anforderungen analysiert werden sollen, werden später eigene gesonderte Analyseschritte eingeschaltet (Kapitel 3.2.1).

Beim Suchen werden **Skizzen** angefertigt. Bild 3.42 zeigt Beispiele für die untere Schwenklagerung der Vorrichtung (Kreuzgelenk, Kugel in Pfanne). Je nach Person sind die Skizzen in Perspektive oder als Rissdarstellung, aber immer sehr konkret ausgeführt.

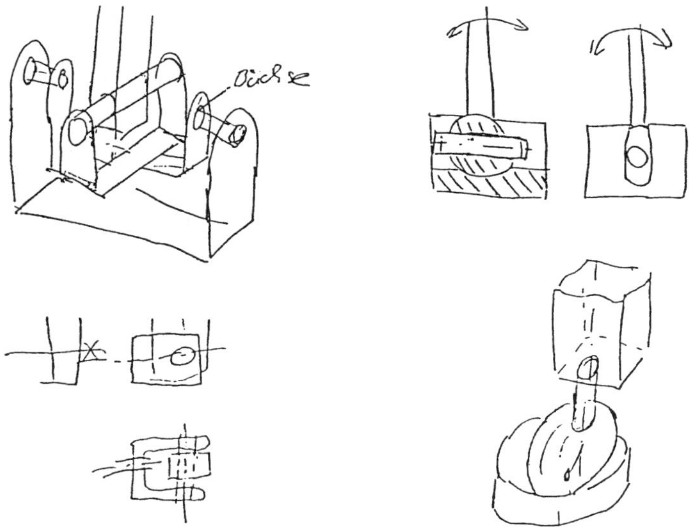

Bild 3.42 Beispiele für Skizzen von vier Lagerungen

Offenbar entlasten die Versuchspersonen damit ihr Kurzzeitgedächtnis (Strategie A.6 in Bild 3.13) und verwenden die Skizze als „Diskussionspartner“ zur Eigenschaftsanalyse und als Ausgangsbasis zum Anpassen an die konkrete Situation. Das Training des Skizzierens, auch als Mittel zur Verbesserung des räumlichen Vorstellungsvermögens, scheint demnach besonders wichtig. Interessant war aber, dass die intensivere Untersuchung der **Raumanschauung** der Versuchspersonen [71/3] keine eindeutige Korrelation zur Konstruktionsqualität ergab, obwohl es anfangs danach aussah [19/3]. Räumliches Vorstellungsvermögen wird erst dann beim Konstruieren wichtig, wenn es mit spezifischen Anforderungen im Konstruktionsprozess zusammentrifft [72/3]. – Normale **Intelligenztests** hatten noch weniger eine Korrelation, wie ja auch aus anderen Untersuchungen für solch komplexe Prozesse nicht anders zu erwarten war [3/3].

Konstrukteure, die Freihandskizzen, aufwandsarme Modelle aus Pappe, Draht und dgl. möglichst früh im Konstruktionsprozess anfertigen, haben statistisch signifikant weniger Konstruktionsschritte nötig und erzeugen bessere Konstruktionen. Dies ergibt sich aus Untersuchungen von Sachse und Hacker [16/1; 55/3; 103/3; 129/3; S. 369], sowie in ähnlicher Weise von Pache [56/3]. Bekannt ist ja, dass multimodales Denken und Handeln sich besonders intensiv einprägt. Und ganz allgemein gilt, dass sich Geistiges und Körperliches gegenseitig durchdringt [23/1]. Deshalb formuliert Hacker zugespitzt: „Menschen denken mit der Hand". Das Greifen ist nicht nur eine motorische Fähigkeit, sondern auch eine Erkenntnis-Handlung zum „Begreifen" (Piaget). Analog zu v. Kleists Spruch über „die allmähliche Verfertigung der Gedanken beim Reden" gilt auch: „die allmähliche Entwicklung des Lösungsgedankens beim Skizzieren und Modellieren". Denken ist also nicht nur ein Probehandeln mit dem Kopf, sondern auch mit der Hand [103/3]. Lernforscher haben experimentell erkannt, dass Schreiben, also ein buchstabenanaloges Bewegen der Hand mehr Lerneffekt bringt, als Tastendrücken. Das Gehirn lernt offenbar eher aus analogen Bewegungen und denkt nicht digital, sondern analog. – Aber auch das Reden mit Personen verbessert die Lösungsgüte, ja sogar unabhängig von der gewählten Vorgehensweise [104/3]. (Siehe Kapitel 3.4.4). Auch eine **Frageliste** (z. B. über die Anforderungen an Teile oder über Vor- und Nachteile unterschiedlicher Lösungselemente) verbessert die Lösungsgüte von konzipierten Konstruktionen, wie Winkelmann und Hacker am Beispiel eines Gartengrills festgestellt haben [107/3]. – Unsere CAD-Prozesse sind im Hinblick darauf mit Tasten- und Mausdruck wenig denk- und gestaltungsfreundlich (Pache [78/3]; Lippardt [80/3]). Pache zeigte, dass in Skizzen sprachliche Symbole und weniger scharfe Strichdarstellungen abstrahierend wirken und neue überraschende Lösungen anstoßen können. Ferner entwickelten Pache [88/3] und sein Kollege Müller [95/3] ein 3D-CAD-Skizzierverfahren, bei dem man nicht mehr mit Tastendruck, sondern räumlich mit der Hand Linien und Flächen erzeugt und diese mit entsprechendem Display auch räumlich sieht.

Ergebnisse hinsichtlich der Strategien der Lösungssuche

Erste Lösungen entstehen aus dem Gedächtnis (s. o.). Wenn dann Varianten erzeugt werden sollen, empfiehlt die Konstruktionsmethodik bisher, mehrere zunächst gleichberechtigte Lösungen zu suchen (wie auch immer erzeugt) und daraus die beste zu wählen. Dieses **generierende Vorgehen bei der Lösungssuche** (Bild 3.43) wird jedoch im Durchschnitt nur in 19 % der Bearbeitungszeit angewandt.

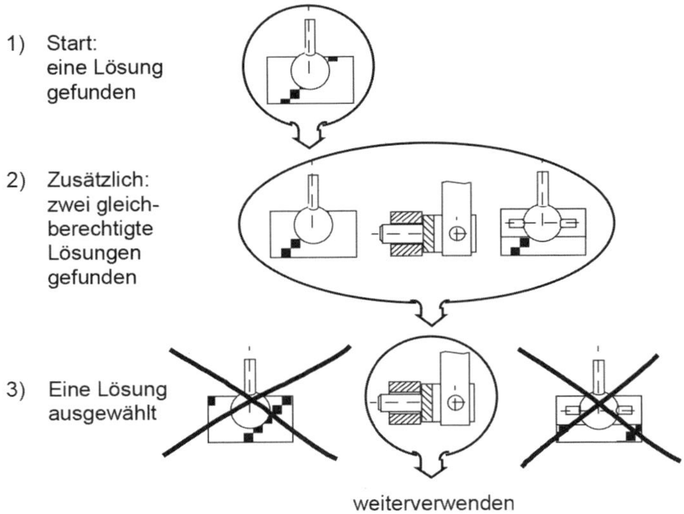

Bild 3.43 Beispiel für generierendes Vorgehen bei der Lösungssuche

In den meisten Fällen (81 % der Zeit) wird mit dem **korrigierenden Vorgehen bei der Lösungssuche** (Bild 3.44) zunächst nur eine Lösung angegeben. Diese wird gleich oder im Verlauf der weiteren Bearbeitung auf Schwachstellen analysiert und entsprechend abgeändert oder ersetzt.

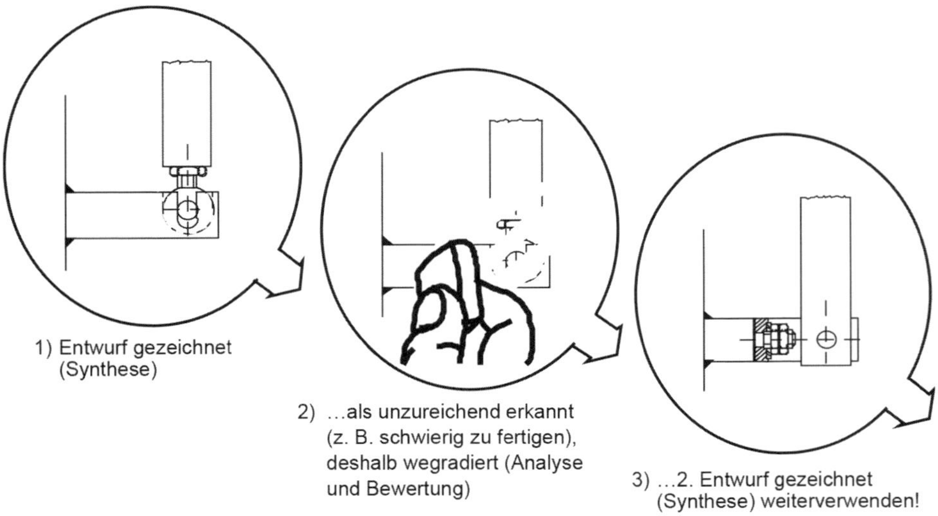

Bild 3.44 Beispiel für korrigierendes Vorgehen bei der Lösungssuche: Wechsel zwischen Synthese und Analyse

Das korrigierende Vorgehen spart sicher Aufwand und mindert die Frustration, längere Zeit eine ungewisse Lösungssituation aushalten zu müssen, aber man bleibt an das vorhandene Lösungsprinzip gebunden. Es erscheint sinnvoll, beim Konzipieren (wo der Aufwand zur Darstellung noch gering ist und die Auswirkung groß) das generierende Vorgehen bei der Lösungssuche vorzuziehen und beim Gestalten mehr das korrigierende Vorgehen einzusetzen. Die gegenseitigen Vor- und Nachteile sind in Bild 3.45 aufgeführt (vgl. Kapitel 5.1.4.3).

Generierendes Vorgehen bei der Lösungssuche (Funktions-getriebenes Konstruieren)	**Korrigierendes** Vorgehen bei der Lösungssuche (Schwachstellen-getriebenes Konstruieren)
Vorteile	
führt eher zu neuen, interessanten Lösungen	– geht schneller – weniger mentale Belastung – tiefergehende Analyse möglich – einfachere Kompatibilitätsprüfung
Nachteile	
– mehr Erzeugungsaufwand – größere mentale Belastung durch höhere Komplexität und längeres Aushalten in einer ungewissen Lösungssituation – Genauigkeit der Analyse schwieriger – Kompatibilitätsprüfung aufwendiger	eher Verharren bei bekannten Lösungen

Bild 3.45 Vergleich des generierenden und korrigierenden Vorgehens bei der Lösungssuche

Ergebnisse bezüglich der Analyse der Lösungen

Die Analyse der Lösungen erfolgt meistens qualitativ oder ungefähr quantitativ. Die Eigenschaften werden also nicht ganz genau ermittelt. Nur selten werden genaue Zeichnungen erstellt, um z. B. eine vermutete Kollision zu prüfen. Bei allen Analysevorgängen ist natürlich die Erfahrung der Versuchspersonen maßgebend. Studenten sind dabei im Nachteil, da sie meist zu wenig konstruktive Erfahrung haben.

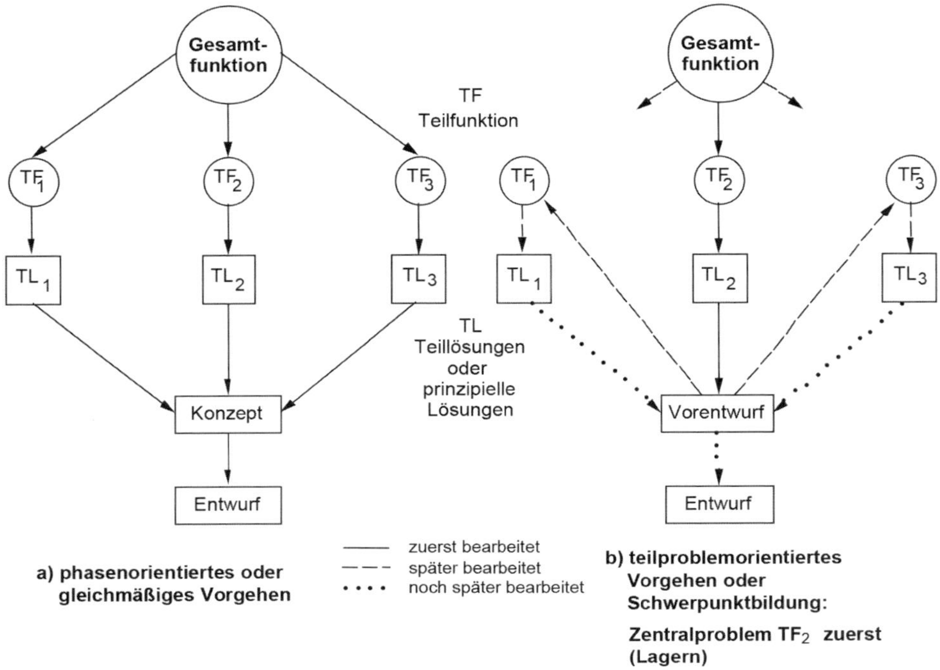

Bild 3.46 Lösungsstrategien: a) Phasenorientiertes bzw. gleichmäßiges Vorgehen oder b) Teilproblemorientiertes Vorgehen bzw. Schwerpunktbildung

Phasenorientiertes bzw. gleichmäßiges Vorgehen oder teilproblemorientiertes bzw. Schwerpunktbildung?

Nach dem Aufteilen der Gesamtfunktion in mehrere Teilfunktionen TF_i (Bild 3.46) empfiehlt die Konstruktionsmethodik [30/3] meist ein phasenorientiertes Vorgehen, indem zunächst Teillösungen TL_j in gleicher Weise für alle Teilfunktionen TF_i gesucht werden, die als prinzipielle Lösungen zu einem Konzept zusammengesetzt werden (links in Bild 3.46 dargestellt). Dieses wird dann bis zum fertigen Entwurf konkretisiert. Statt phasenorientiertem bzw. gleichmäßigem Vorgehen wird auch der Begriff „ablauforientiertes Vorgehen" [42/3; 51/3] verwendet.

Eine Alternative für kompetente Konstrukteure, die das Zentralproblem (hier Teilfunktion TF_2) sofort entdecken, besteht darin, dieses zunächst **teilproblemorientiert** anzupacken **(Schwerpunktbildung)** und über eine prinzipielle Lösung dafür zu einem konkretisierten Vorentwurf zu kommen. Erst dann werden die weniger wichtigen Teilfunktionen prinzipiell gelöst und dem Vorentwurf angepasst (rechts in Bild 3.46). Wahrscheinlich ist die Schwerpunktbildung aufwandsgünstiger, aber nur bei nicht zu komplexen Problemen einsetzbar. Man muss ja ahnen, ob sich die Teillösungen TL_1 und TL_3 harmonisch in den Vorentwurf für die zentrale Teillösung TL_2 (Lagerung) einfügen lassen. Es werden synonym die Begriffe Schwerpunktbildung, teilfunktions- bzw. teilproblemorientiertes Vorgehen [51/3] oder bereichsorientiertes Vorgehen [42/3] verwendet.

3.4.3 Projekt 2: Konstruktionsprozesse von Praktikern (Günther)

Das Ziel war der Vergleich von Konstruktionsprozessen zwischen Hochschulingenieuren und reinen Praktikern [51/3]. Alle untersuchten Einzelpersonen bekamen die „Wandhalterung" als gleiche Aufgabe (Bild 3.37). Die Versuchsbedingungen waren ebenso, wie oben unter Kapitel 3.4.1 beschrieben.

Versuchspersonen waren fünf einzeln arbeitende Praktiker (z. B. Zeichner, Techniker, Meister), die lange Jahre in der Industrie konstruiert, aber überhaupt keine Hochschulausbildung hatten und zwei Hochschulingenieure mit Methodik-Kenntnissen. Deshalb nur zwei aus 25 Versuchspersonen, da diese Prozesse aufwiesen, die der VDI 2221 [30/3] am ehesten nahe kamen. Die Praktiker sind im Folgenden als **p-Konstrukteure** bezeichnet, die Hochschulleute als **m-Konstrukteure**. In Bild 3.47 sind die Abläufe vergleichend dargestellt.

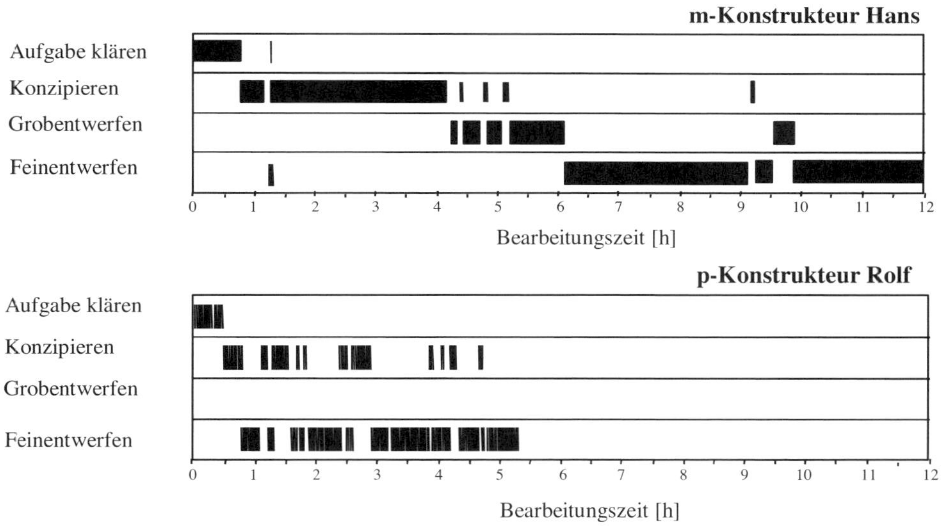

Bild 3.47 Typische Konstruktionsphasen von m- und p-Konstrukteuren

Hans als ein Beispiel für einen m-**Konstrukteur** arbeitet wie folgt:

- In einem **phasenorientierten** Ablauf geht er stufenweise jeweils alle fünf Teilprobleme durch und klärt die Aufgabe bzw. sucht Lösungen. Phasen sind dabei wieder wie oben: Aufgabenklärung, Konzeptphase, Entwurfsphase (grob und fein) ohne die hier nicht geforderte Ausarbeitungsphase.

- Nach der anfänglichen Aufgabenklärung sucht er mehrere Lösungen für jede Teilfunktion, die er schließlich zu mehreren Konzeptvarianten kombiniert. Daraus wählt er wieder aus. Dies ist die **„generierende“** Vorgehensweise (siehe Bild 3.43). Dieser Prozess ist ähnlich zum „multitasking“ am PC, da gleichzeitig mehrere Probleme und Lösungen in einer gedanklichen „Schwebe“ gehalten werden müssen (auch „offenes Konstruieren“ im Gegensatz zu dem „abschließenden Konstruieren“ der nachfolgend beschriebenen p-Versuchsperson Rolf). Es benötigt viel Speicherplatz im Kurzzeit-Gedächtnis, weshalb auch immer wieder dokumentiert (skizziert) werden muss. Dies nimmt natürlich entsprechend viel Zeit in Anspruch.
- Hans benötigt etwa 12 Stunden für seine Konstruktion, im Gegensatz zu Rolf, der nur 5,3 Stunden braucht. Es gab bei den Versuchen keine Zeitvorgabe, auch keinen Hinweis darauf, dass die Zeit wichtig wäre. Aber p-Konstrukteure leben offenbar mit und aus dem Zeitdruck der Praxis und streben eine „akzeptable“ Lösung in kurzer Zeit an. Sie verfolgen **zeitsparende Strategien**, während die m-Konstrukteure mehr **qualitäts-orientiert** sind. Zeit ist für sie eher sekundär.

Um in kurzer Zeit eine akzeptable Lösung zu erreichen, arbeitet der **p-Konstrukteur Rolf** wie folgt:

- Mit einer Schwerpunktbildung bzw. einem **teilproblem-orientierten** Vorgehen sucht er erst das für ihn zentrale Problem, die Lagerung der senkrechten Säule zu lösen und geht dabei durch alle Phasen hindurch bis zur gestalteten Entwurfszeichnung (siehe Bild 3.48). Er überspringt sogar die Phase des Grobentwurfs. Die weiteren Lösungen für die anderen Teilprobleme werden anschließend gesucht und an die zuerst gefundene Teillösung korrigierend angepasst (**korrigierende** Vorgehensweise; siehe Bild 3.44). In Bild 3.48 sind diese Begriffe einander gegenübergestellt.
- Typisch für Rolf ist: Die kurze Aufgabenklärung am Anfang, die wenigen Lösungsvarianten, das Auswählen der Besten mit einer sehr kurzen, intuitiven Bewertung und die knappe Dokumentation: alles ist auf die schließlich verlangte Entwurfszeichnung ausgerichtet. Dies und die meist unbewusst ablaufenden Prozesse sparen Zeit (Zeitverbrauch nur 44% von Hans. Trotzdem erreicht er 98% der Qualität von Hans! In Bild 3.54 sind die Mittelwerte aller m- und p-Konstrukteure einander gegenübergestellt).

Es scheint so, dass die Strategie der **m-Konstrukteure** besser geeignet ist für Innovation und hohe Qualitätsansprüche, während die der **p-Konstukteure** eher für im wesentlichen bekannte Produktvarianten bei knappen Zeitvorgaben sinnvoll ist. Hier liegen aber die meisten Aufgaben in der Praxis! – Es ist klar, dass die p-Konstukteure natürlich auch Methoden einsetzen, aber eben unbewusst, wenn auch z. T. andere als die von der Konstruktionsmethodik früher gelehrten. Die hier beobachtete teilproblem-orientierte Vorgehensweise ist eine davon. Sie wurde für die

Konstruktionsmethodik in Westdeutschland erst durch diese Untersuchungen bekannt. Dass die Versuchspersonen ihrer Strategien und Methoden nicht bewusst waren, zeigte die nachträgliche Frage. „Wie und warum sind sie denn dabei so vorgegangen?“ Die Antwort war: „Warum fragen sie? So macht man das eben! Kein Problem!“ Diese Methoden bilden sich im Lauf der Zeit aus der praktischen Erfahrung durch „trial and error“. Sie sind sicher subjektiv sehr unterschiedlich, ähnlich wie persönliche „Schwimmstile“. – Die eigentliche Forschung über die vom Unbewussten benutzten Methoden steht noch aus! (Siehe Bild 1.6).

m-Konstrukteur (z. B. Hans)	**p-Konstrukteur** (z. B. Rolf)
phasenorientiertes Vorgehen	**teilproblemorientiertes** Vorgehen
generierendes Vorgehen	**korrigierendes** Vorgehen
offenes Konstruieren	**schnell abschließendes** Konstruieren
qualitätsorientierte Strategie	**zeitorientierte** Strategie

Bild 3.48 Unterschiede zwischen m- und p-Konstrukteuren

3.4.4 Zum bildhaften Gedächtnis und Faktenwissen des Konstrukteurs

Wie die denkpsychologische Untersuchung des Konstruktionsprozesses [2/3; 42/3; 51/3] gezeigt hat, erfolgt die Lösungssuche überwiegend aus dem Gedächtnis. Auch die Initiative zur Suche in schriftlichen oder computergespeicherten Unterlagen oder zur Befragung bestimmter Personen geht von einer im Gedächtnis gespeicherten, meist vagen Ergebnisvorstellung aus.

Es müssen also **Fakten** (Bilder, Abläufe, Zusammenhänge) im Gedächtnis **gespeichert** sein, und es muss, analog zu einer Datenbank, ein **Suchsystem** existieren. Letzteres enthält möglicherweise ein Begriffs- und Bilderverzeichnis, das ähnlich wie bei einem Thesaurus mit Synonymbegriffen auf Umformulierungen und/oder Umstrukturierungen angewiesen ist, bis der richtige Suchbegriff, die Suchvorstellung gefunden ist. Diese ruft dann den gespeicherten Inhalt ab („Metaphern-Denken“).

Der **gespeicherte Inhalt** des Gedächtnisses ist sicher durch Bilder, Vorstellungen, Abläufe geprägt, die schon in der frühen Kindheit gründen und auch Erlebnisse über physikalische Vorgänge einschließen (z. B. Elastizität und Bruch eines Astes beim Hinaufklettern, Wirkung von Schneidflächen, Strömung von Wasser, Wärmeleitung von Porzellan und Eisen; Bild 3.49). Insofern hat das spielerische Tun, auch das Basteln von Kindern und Jugendlichen eine wichtige Bedeutung für die spätere Berufsbefähigung von Ingenieuren. Ich (Ehrlenspiel) habe das erlebt, als ich z. B. eine Segeleinrichtung für mein Paddelboot oder ein eng klappbares Malstativ baute. – Der **Bastler** simuliert unbewusst ein Unternehmen: Er lernt unbewusst Methoden wie in Bild 8.26 bzw. Bild 3.30. Er lernt aufwands-(kosten-)günstig mit dem Material und der Fertigung umzugehen, da er seinen persönlichen Aufwand minimieren will. Ja er lernt die Materialeigenschaften (z. B. Holz, Aluminium) beim Bearbeiten körperlich kennen. Er bekommt „ein Gefühl" dafür. Was oben unter Kapitel 3.4.2 zur Bedeutung des Skizzierens und Modellanfertigens gesagt wurde (Probehandeln nicht nur mit dem Kopf, sondern auch mit der Hand!) gilt ganz besonders für das frühe menschliche Lernen [55/3; 80/3; 88/3; 103/3].

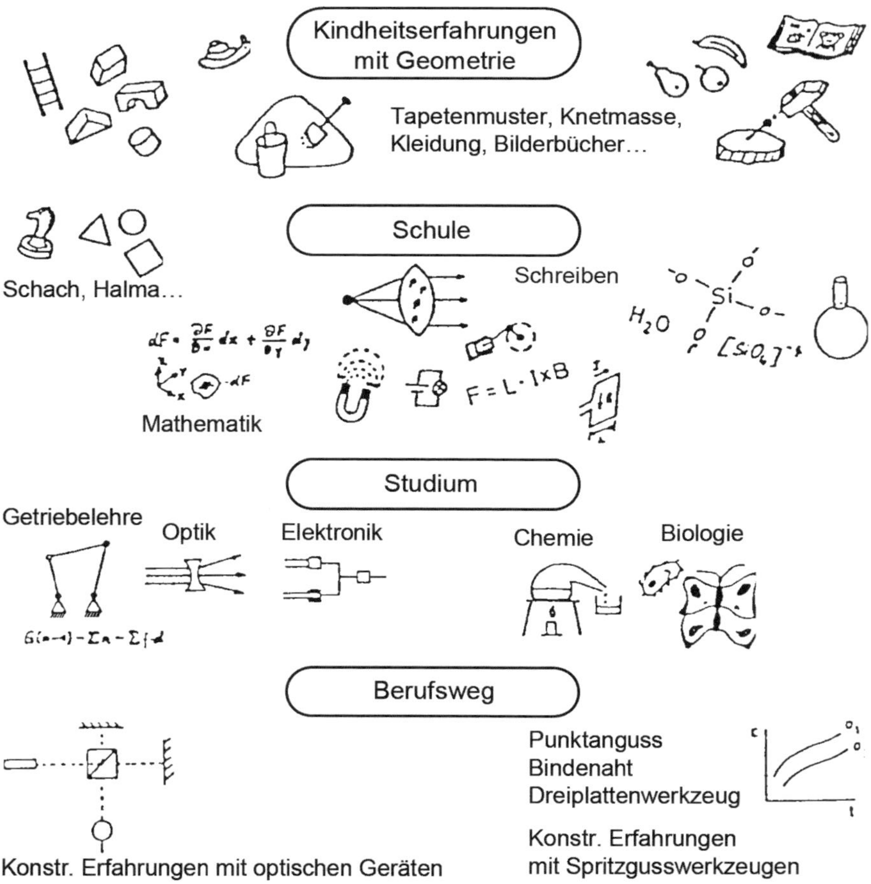

Bild 3.49 Zur Entstehung des Bild- und Faktengedächtnisses eines Konstrukteurs (nach Jung [28/3])

Das Gleiche trifft auch für das **soziale Verhalten** zu, das in der Untersuchung von Kapitel 3.5 als so wichtig für die Qualität der Konstruktion erkannt wurde. Wer z. B. als Einzelkind ohne wesentliche soziale Bezüge zu anderen Gleichaltrigen aufwächst, könnte später in der Zusammenarbeit Probleme bekommen. Auch die Vereinzelung von Kindern und Jugendlichen vor dem Handy, dem Computer, dem Fernseh-Bildschirm (ca. 4 Stunden pro Tag im Durchschnitt!) ist definitiv nachteilig („digitale Demenz"). Auch erfahren sie dabei nur passives, reproduktives Verhalten und üben nicht das aktive, produktive Denken, das ja für Konstrukteure besonders wichtig ist (Bild 3.5).

Alle diese Fähigkeiten werden insbesondere später in der wissenschaftlichen Ausbildung von Ingenieuren nicht verbessert oder gar trainiert. Denn Wissenschaft ist begrifflich und vermittelt deshalb begrifflich-abstrakte Inhalte. Industrial Designer, die „Raumgefühl" durch Klebearbeiten mit Pappe oder durch Schnitzen in Styropor vermitteln, gelten an Wissenschaftlichen Hochschulen als geduldeteRanderscheinungen.

Bei **Bildern** gibt es - wenn auch nicht so ausgeprägt wie bei Begriffen - eine große Spannweite der Abstraktion: vom „konkreten" Foto bis zum „abstrakten" Symbol (Bild 2.7). Möglicherweise wird auch durch **bildhafte Abstraktion** die Erzeugung einer Lösungsvielfalt begünstigt, analog zur **begrifflichen Abstraktion** (Bild 7.36 und 7.37).[6] Die Kombination von **„Bild und Begriff"**, wie z. B. in Bild 7.73, scheint die größte Merk- und Manipulationsmöglichkeit zu ergeben. Es wird der Sprache-Bild-Zyklus nach Badke-Schaub und Dörner wirksam (Kapitel 3.3 b) [83/3]. Bildhaft abstrahiert wird z. B. bei einer Skizze mit nur wenigen Strichen oder bei einer, die bewusst Leerstellen hat oder mit einem weichen Bleistift unscharf gezeichnet ist (Pache [78/3]). Der Grad der Abstraktion ist dabei abhängig vom Betrachter. Analoge Bilder prägen sich zudem besser ein, als abstrakte, digitale Informationen. Ein Beispiel dafür ist die digitale Uhr, die sich gegen die Zeiger-Uhr nicht im früher erhofften Maße durchgesetzt hat.

Konstruktive Vorbilder haben den **Vorteil**, dass dadurch sehr schnell eine „vernünftige" Lösung gefunden bzw. gestaltet werden kann. So hat sicher ein Konstrukteur, der ein Teil als Stahlguss-, Spritzguss- oder Blechbiegeteil gestaltet, eine typische Idealgestalt für das jeweilige Fertigungsverfahren vor seinem inneren Auge und passt diese den vorliegenden Randbedingungen an [57/3]. Er erlebt die „gesunde" Konstruktion als Auswirkung seines „Konstruktionsgefühls". Bild 3.50 zeigt dies an einem Hebel, der z. B. als Entwurf eines Schwermaschinenbauers oder eines Feinmechanikers gänzlich unterschiedlich gestaltet wird [90/3] (siehe Kapitel 3.6).

6) Das habe ich (Ehrlenspiel) 1994 geschrieben: Nun ist es durch Pache [88/3] wissenschaftlich bestätigt (2005).

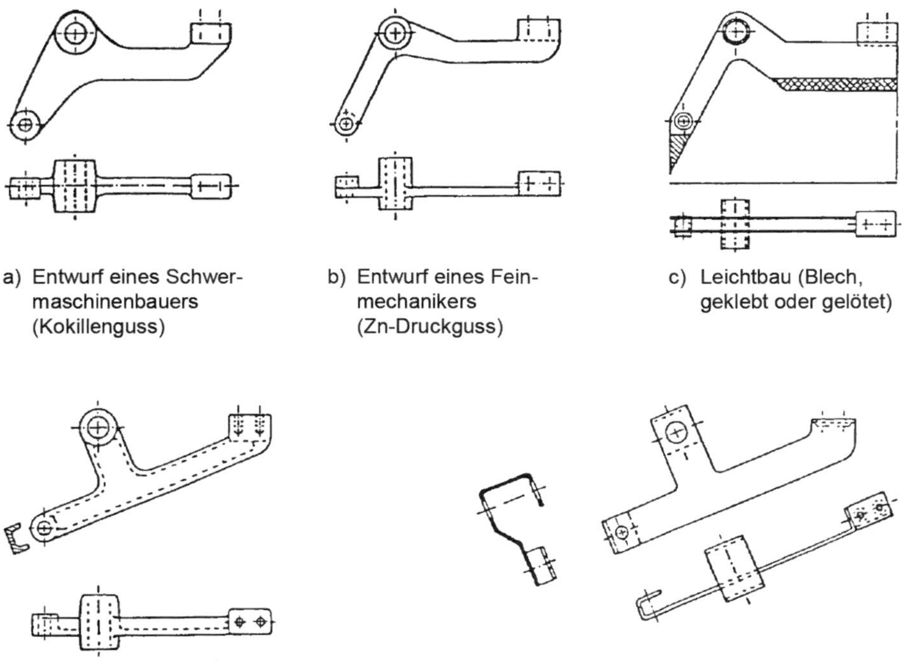

a) Entwurf eines Schwermaschinenbauers (Kokillenguss)

b) Entwurf eines Feinmechanikers (Zn-Druckguss)

c) Leichtbau (Blech, geklebt oder gelötet)

d) Kunststoff-Spritzguss

e) Leichte Blechkonstruktion

Bild 3.50 Gestaltvarianten eines Doppelhebels entsprechend unterschiedlichen Fertigungsverfahren (nach Hansen [43/3])

Damit ist aber auch bereits der **Nachteil** dieses vorbildhaften Denkens zu erkennen: Einmal gespeicherte Bilder prägen das Denken so stark, dass man sich nur sehr schwer wieder davon lösen kann. Die dafür nötige Abstraktion kann der dann gefundenen neuen Lösung Erfindungshöhe verleihen. Dies wurde durch eine Untersuchung von Janson & Smith [44/3] bestätigt. Sie gaben zwei Personengruppen die Aufgabe, einen Fahrradständer für das Dach eines Pkws zu entwerfen. Gruppe 1 bekam nur eine schriftliche Aufgabenstellung ohne jede Lösungsangaben, Gruppe 2 erhielt zusätzlich die Zeichnung eines ausgeführten Ständers mit Rinnen für die Fahrradreifen, einem Haltearm für das Festklemmen des Fahrradrahmens und mit elastischen Saugnäpfen zur Befestigung des Ständers auf dem Autodach. Die Zahl der Lösungen mit den in der Vorgabe enthaltenen Konstruktionselementen war bei der Gruppe 2 erstaunlich und signifikant höher als bei der Gruppe 1. Offensichtlich waren die meisten Versuchspersonen nicht in der Lage oder hatten es nicht für notwendig erachtet, davon zu abstrahieren. Auch bei Ingenieuren aus der Praxis war der gleiche Effekt der **Lösungsfixierung** zu beobachten. Sogar visuell vorgegebene konstruktive Fehler wurden bei den neuen Lösungen signifikant oft mit eingebaut.

3.4.5 Wodurch zeichnen sich erfolgreiche Einzelkonstrukteure aus?

Hat es überhaupt Sinn, sich mit einer Methodik an eine ganze Personengruppe zu wenden, d. h. eine interpersonelle Methodik zu empfehlen? Oder muss in Anbetracht des personspezifisch stark unterschiedlichen Vorgehens jeder Konstrukteur seine eigene Vorgehensweise entwickeln?

In der Untersuchung von Dylla [2/3] liefert der Vergleich von Merkmalen der Konstruktionsprozesse „nur wenig Hinweise auf die Ursachen von Erfolg bzw. relativem Misserfolg." Im Folgenden werden aber von Dylla doch mit einiger Wahrscheinlichkeit gefundene Merkmale angegeben, die erfolgreiche von weniger erfolgreichen Konstrukteuren unterscheiden. In einer Veröffentlichung von Fricke & Pahl [19/3] werden noch zusätzliche Merkmale festgestellt. Inzwischen sind mit dieser Aufgabe 25 Personen untersucht worden. Bei den sehr großen personspezifischen Einflüssen ist das jedoch immer noch eine zu schwache Basis, um endgültige Aussagen zu treffen. Es werden deshalb nachfolgende **Hypothesen formuliert.** Die Aussagen werden teilweise durch [7/3; 20/3; 22/3] gestützt.

Danach zeichnen sich **erfolgreiche Konstrukteure** gegenüber **weniger erfolgreichen** durch folgende **Merkmale** aus:

1. Bei der Aufgabenklärung, d. h. der **Analyse und Formulierung von Anforderungen** (Zielanalyse), sind sie genauer und wenden relativ mehr Zeit dafür auf (ca. 10 % der Bearbeitungszeit) [2/3]. Weniger gute Konstrukteure sind eher flüchtig und bleiben im Ungefähren, Unvollständigen.
2. Bei der Lösungssuche ist ihr Anteil an **suchraumerweiternden Denkprozessen** höher (Umstrukturieren und Zusammenfassen von Informationen) [19/3].
3. Sie legen die **Schwerpunkte** ihres Vorgehens auf technisch-konstruktiv notwendige, d. h. auf die wesentlichen Hauptarbeitsschritte [19/3]. Sie gehen nach der Strategie „Vom Wesentlichen zum weniger Wesentlichen" vor [30/3]. Sie sind also fähig zur zielführenden Abstraktion.
4. Sie erstellen **Varianten** und geben sich in wichtigen Problembereichen nicht mit der ersten und einzigen Teillösung zufrieden [19/3]. Methodisch ausgebildete Versuchspersonen erstellen mehr Varianten als „Nichtmethodiker". Schlechte Methodiker erzeugen eine nicht mehr sinnvoll reduzierbare Variantenflut. Es gibt offenbar eine optimale Variantenzahl.
5. Bei der **Analyse von Lösungen** sind sie genauer und wenden dafür relativ viel Zeit auf. Gestützt auf eine adäquate graphische Darstellung nutzen sie dafür ihr räumliches Vorstellungsvermögen und ihre Erfahrung [2/3]. Zusammen mit der intensiven Zielanalyse haben sie damit die besseren Voraussetzungen für die Lösungsbewertung. Sie bewerten ihre Lösungsalternativen systematischer und häufiger [16/1; 23/1]. Deshalb können sie ihre Lösungen eher den Anforderungen gemäß, genau und konkret entwickeln. Schlechte Konstrukteure erzeugen eher ungenaue, weniger konkrete Lösungen.

6. Sie berücksichtigen die **wichtigen Funktionen** (Hauptfunktionen) ausgeglichen und bearbeiten die Probleme vor allem in der Lösungssuche gegliedert nach den Hauptfunktionen [19/3]. Auch hier zeigt sich die Bedeutung zielführenden Abstraktionsvermögens.
7. Sie nutzen adäquate, inhaltlich begründete Strategien zur **Ablaufsteuerung** des Konstruktionsprozesses [2/3]. Die inhaltliche Steuerung stützt sich auf die sorgfältige Analyse der Anforderungen und der Lösungseigenschaften (siehe Hypothesen 1 und 5). Durch deren Übereinstimmung oder Nichtübereinstimmung und die Wichtigkeit der Anforderungen wird das weitere Vorgehen bestimmt. Im Gegensatz dazu sind weniger gute Konstrukteure eher oberflächlich, nicht so konkret bzw. mehr emotional.

Wenn diese Erkenntnisse bestätigt werden und weitere hinzukommen, lässt sich eine „interpersonelle" Konstruktionsmethodik begründen. – Ein positiver Einfluss des räumlichen Vorstellungsvermögens konnte für diese Aufgabe nach weiteren Untersuchungen nicht festgestellt werden.

Es muss auf die enormen **personspezifischen Unterschiede** im Vorgehen sowohl von konstruktionsmethodisch geschulten wie ungeschulten Konstrukteuren hingewiesen werden. (Siehe auch Bild 3.38). Jede Person hat offenbar für sie typische Denkschwächen, -fehler und -vorzüge. Diese wären individuell zu korrigieren bzw. zu schulen (z. B. durch Seminare, ähnlich dem Rhetoriktraining). Wallmeier [54/3] tat dies zusammen mit Entwicklern in Unternehmen.

Weitere Einflüsse

Bisher war die Betrachtung auf den Konstruktionsprozess und das dabei beobachtete Vorgehen ausgerichtet. Es ist aber klar, dass **Sachwissen** über Konstruktionsprobleme und -elemente von erheblicher Bedeutung sein muss.

Es ist ferner wahrscheinlich, dass mehr **Konstruktionserfahrung** im jeweils bearbeiteten Problembereich mindestens die Bearbeitungszeit verringert. Dass damit die Qualität der Konstruktion gesteigert wird, ist anzunehmen, kann aber noch nicht belegt werden. Nach Dörner [7/3] müsste sich positiv auswirken:

- die Fähigkeit zum Erzeugen realitätsnaher, konkreter Vorstellungsbilder,
- die Fähigkeit zum Denken in beziehungsreichen (vernetzten) Systemen,
- eine gewisse Frustrationstoleranz hinsichtlich des Umgangs mit Ungewissem und Ungelöstem,
- die Fähigkeit sowohl zu abstrahieren wie zu konkretisieren,
- ein Kompetenzbewusstsein, das sowohl aus der frühen Jugend und Familiensituation genährt wird als auch durch erfolgreich gelöste Probleme und schließlich
- die Bereitschaft, sich Denkarbeit zu machen, d. h. Spaß am Lösen von Problemen zu haben.

Bisher wurden Einflüsse besprochen, die für eine einzelne Person gültig sind. Auch die oben erläuterte Versuchssituation bezog sich nur auf **einen** Bearbeiter der Aufgabe. Es ist aber klar, dass Konstruieren in der Praxis in fortwährendem Informationsaustausch mit anderen Personen - wenn nicht sogar in Teamarbeit - geschieht (siehe Kapitel 3.5). Gute Konstrukteure müssen also die Fähigkeit besitzen, sich kooperativ in den Rahmen der Arbeitsteilung einzufügen. Das kann soweit gehen, dass der Einzelne seinen Erfolg zugunsten des Teamerfolgs oder des Erfolgs der Sache, des Produkts, zurückstellt. Bei leitenden Konstrukteuren muss ferner Führungsbefähigung hinzukommen (Kapitel 4.3.3; 5.2.1.4).

Hypothesen über neutrale Einflüsse hinsichtlich der Konstruktionsqualität

Ohne Einfluss auf die Qualität der Lösung scheint die bei der Bearbeitung verbrauchte Zeit zu sein, d. h. eine längere **Zeitdauer** ergab keine besseren Lösungen: In der kürzesten Zeit aller Versuchspersonen (5 Std. 22 Min.) erarbeitete ein Nichtmethodiker aus der Praxis (Rolf) die fast beste Lösung mit allerdings unbefriedigender Darstellung.

Kein Einfluss auf die Qualität der Lösung war hinsichtlich der gewählten Strategie der Lösungssuche (generierendes bzw. korrigierendes Vorgehen bei der Lösungssuche) und der Art des Vorgehens von der abstrakten Lösungsidee zum konkreten Entwurf (teilproblemorientiertem Vorgehen bzw. Schwerpunktbildung) erkennbar.

3.5 Konstruktionsprozesse von Gruppen in Unternehmen

Frankenberger und Badke-Schaub [53/3; 76/3] haben direkt in der Praxis, insbesondere bei vier Firmen, während mehrerer Wochen das durch Gruppenarbeit geprägte Konstruieren protokolliert. Die beobachteten Personen waren zum mindesten von ihrer Arbeitsweise her ähnlich, wie die p-Konstrukteure in der obigen Untersuchung von Günther: Sie arbeiteten kaum nach den Regeln der Konstruktionsmethodik, was nicht heißt, dass sie nicht methodisch gearbeitet hätten. Konstruiert wurde in den ersten beiden untersuchten Firmen eine Weinpresse bzw. eine Presse für Spanplatten. Frankenberger konzentrierte sich, auch im Hinblick auf den protokollierten riesigen Datenumfang, auf **„kritische Situationen"**, in denen wesentliche Entscheidungen für den Ablauf des Prozesses und die Festlegung von Produktmerkmalen fielen [56/4]. Diese insgesamt 895 Situationen brauchen nicht nur negativ gesehen zu werden. Es können auch positive Ereignisse sein. Z.B. das Hinzukommen eines besonderen Fachmanns oder Zulieferers. Die kritischen Situationen sind viel weniger als erwartet auf technische, sondern in hohem Maße auf psychologische und organisatorische Einflüsse zurückzuführen.

Diese Untersuchungen wurden von Wallmeier [54/3] und Badke-Schaub in anderen Firmen weitergeführt [76/3]. Die **Untersuchungsmethode** war wie folgt: Es wurden in 4 Unternehmen bei 10 Entwicklungsprojekten direkt der Ablauf und die Kommunikation von Entwicklern – teilweise mit Video – erfasst. Die Unternehmen waren Maschinenbau-Firmen mit Einzel-/Kleinserien-Fertigung, aber auch Großserien-Fertigung bei einem Pkw-Zulieferer. Die Beobachtenden waren jeweils eine Psychologin und ein Techniker, um beide Bereiche kompetent erfassen zu können. Die gesamte Beobachtungszeit war ca. 40 Wochen. Die Beobachtungen wurden mit nachfolgenden Interviews der Beobachteten vertieft. Dabei wurde auch bestimmt, was beim Umgang mit den kritischen Situationen als erfolgreich (positiv) zählte.

Die Strukturierung der kritischen Situationen erfolgte nach dem Problemlösungszyklus nach Bild 3.23 (Mitte) in drei Gruppen: Zielanalyse und -entscheidung, Lösungssuche und Lösungsanalyse und -entscheidung. Zusätzlich wurden im „sozialen Kontext“ noch das **Störungsmanagement** und das **Konfliktmanagement** aufgenommen. Beide Bereiche haben sich als wichtig im Hinblick auf den Erfolg des Arbeitens erwiesen. – Äußere Störungen kommen laufend vor und ergeben Sprünge und Unterbrechungen der Arbeit, aus denen sich kritische Situationen ergeben können. – Wir, also beide Autoren, haben es unabhängig voneinander in verschiedenen Branchen z. B. oft genug erlebt, dass Gruppenleiter bei einem Großteil ihrer Arbeitszeit kaum 5 Minuten an einer Arbeit ungestört tätig sein können. – Ähnlich ist es bei Konflikten, die sich zwischen Personen ergeben: Z. B. innerhalb der Gruppe, zwischen Abteilungen oder auch mit externen Partnern. – Während die Entwickler die inhaltlichen (technisch bedingten) drei Typen von kritischen Situationen zu 75 % erfolgreich meisterten, war dies in Störungs- und Konfliktfällen nur in rund 60 % möglich. In 40 % der Fälle wurde also dadurch der weitere Ablauf des Projektes negativ bestimmt! – Insgesamt liefen bei den kritischen Situationen 26 % schief, waren also negativ.

Bild 3.51 zeigt als Beispiel die verschachtelten Einflüsse auf positive Lösungsentscheidungen. – Das Bild ist aus 6 Blöcken eines grauen Hintergrunds aufgebaut: Rechts der Konstruktionsprozess mit der Aufgabenstellung als Eingang und dem Ergebnis als Ausgang, nämlich die Lösungsentscheidung für eine Produktkonstruktion, bewertet nach Qualitäts-, Kosten- und Zeit-Eigenschaften. Links oben die Voraussetzungen des Individuums, darunter die der Gruppe und ganz unten die Rahmenbedingungen im Unternehmen. Die kritischen Situationen lassen sich also aufteilen in die Einflüsse des Individuums (11 Stück), der Gruppe (5) und der Rahmenbedingungen (5). Die Zahlen in den Kästchen sind ein Maß für die Häufigkeit ihres Auftretens. Dementsprechend sind die Kästchen auch unterschiedlich dick umrandet. Unter Rahmenbedingung wird hier das jeweilige Arbeitsumfeld verstanden (organisatorische Bedingungen, Raumsituation, Arbeitsteilung und Kooperationsgestaltung innerhalb und zwischen den Abteilungen des Unternehmens.)

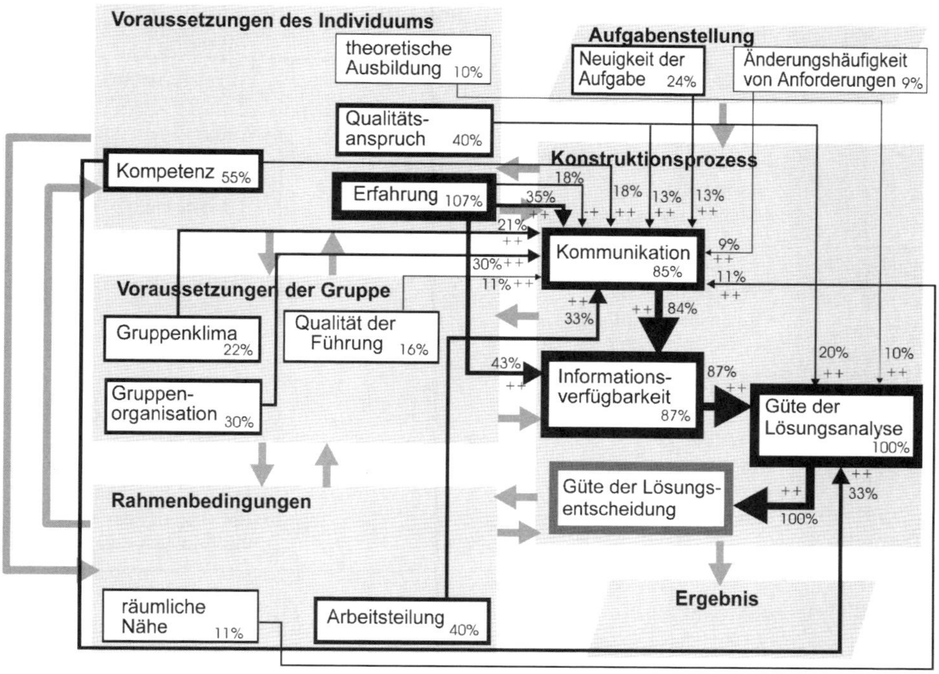

Bild 3.51 Mechanismen, die zu guten Lösungsentscheidungen führen [53/3]

Man erkennt die große Zahl der psychologischen und organisatorischen Einflüsse. Nur in der „Erfahrung" sind das Wissen und die Fähigkeiten des Bearbeiters bezüglich Technik enthalten. Das ist Wissen um die realisierbare Technik, das z. T. an den Hochschulen, im Wesentlichen aber in der Praxis in einem bestimmten Produktbereich erworben wird. Diese Einflussgröße ist zwar sehr wichtig, aber sie ist doch nur eine unter vielen (Bild 3.52). **Die bisherige Meinung, dass die Probleme der Praxis hauptsächlich in der Technik liegen, muss korrigiert werden**, denn der menschlich-organisatorische Bereich ist mit der Sozial- und Selbstkompetenz sehr bestimmend. Und gerade dafür werden Ingenieure bisher äußerst mangelhaft ausgebildet. Viele bleiben an der Hochschule und auch später in der Praxis fast „Fachidioten".

Erfolgsfaktoren zur Bewältigung kritischer Situationen

	Erfolgsfaktoren des Individuums	Erfolgsfaktoren der Gruppe	Erfolgsfaktoren der Organisation
Zielelaboration	• Erfahrung • Durchsetzungs-vermögen • Methodenwissen	• Teamorganisation • Führungsqualität	• Aufgabenverteilung Verantwortung • Koordination der Projektteams / Abteilungen
Lösungssuche	• Erfahrung • Aufgeschlossenheit • Kompetenzempfinden	• Gruppenklima	• Leistungsklima zur Förderung der Eigeninitiative • Informelle Kommunikation • Freiraum der Handelnden
Analyse und Entscheidung	• Erfahrung • Qualitätsanspruch	• Teamorganisation • Führungsqualität	• Unternehmenskultur • Arbeitsorganisation • Informationstechnik • Entwicklungshandbuch mit formalen Regeln

Bild 3.52 Erfolgsfaktoren zur Bewältigung kritischer Situationen. (Nach [76/3])

Wesentliche Einflussgrößen auf ein erfolgreiches Konstruktionsergebnis sind also nach Frankenberger: Beim Individuum, wie bereits erwähnt, die Erfahrung, die (heuristische) Kompetenz (Fähigkeit im Umgang mit neuen Problemen) und der Qualitätsanspruch. In der Gruppe sind dies: Die Qualität der Führung, die Gruppenorganisation und das Gruppenklima. Bei den Rahmenbedingungen des Unternehmens: Die Arbeitsteilung und die zugehörige Koordination von Aufgaben. Im Konstruktionsprozess selbst: Die Informationsverfügbarkeit und ganz wichtig, die Kommunikation. Je nach der Qualität dieser Einflussgrößen ergibt sich eine gute oder schlechte Lösungsanalyse und dementsprechend Lösungsentscheidung (Bild 3.51). Sehr erfolgsentscheidend war, so wurde oft beobachtet, ob ein erfahrener, kompetenter Mitarbeiter da war, der sich die Zeit nahm, wichtige Fragen von weniger erfahrenen Konstrukteuren zu beantworten. Die menschliche Kommunikation spielte eine weit größere Rolle als etwa die Suche in elektronischen Datenbanken, solange es nicht um nur routinemäßige Datensuche ging (Siehe Kapitel 3.8.2; zur räumlichen Entfernung als Kommunikationshindernis: Siehe Bild 7.154 und 7.155; zu Kommunikationsformen: Bild 7.156). Bei entsprechenden kritischen Situationen waren schließlich noch das Störungsmanagement und das Konfliktmanagement von Bedeutung.

In Bild 3.52 sind die Erfolgsfaktoren zur Bewältigung kritischer Situationen aus [76/3] zusammengefasst. Man sieht auch hier, wie schon erwähnt, dass die (technische) „Erfahrung" des Individuums nur ein Faktor von 19 anderen Faktoren ist. – In Kapitel 7.2.5 werden deshalb insbesondere die psychologischen und organisatorischen Erfolgsfaktoren für die Vermeidung negativer kritischer Situationen in den Bildern 7.23 bis 7.25 dargestellt und besprochen.

3.6 Denk- und Informationsökonomie als ein Haupteinfluss des Verhaltens

Wozu dieser ungewöhnliche Ausdruck? Wozu die nachfolgenden Überlegungen?

Wenn man das Vorgehen der Praktiker in obigem „Projekt 2" (Kapitel 3.4.3) kritisch ansieht, stellt man fest, dass diese intuitiv vorgehenden p-Konstrukteure (Praktiker) auf den letzten „Pfiff" an Qualität verzichten und dafür lieber schnell fertig werden. Sie verfolgen also das Praxis-Motto „Eine 80%-Lösung tut's auch; Hauptsache man kommt vorwärts. – Wenn's besonders auf Qualität ankommt, kann man immer noch mal korrigierend drüber gehen." Auf der anderen Seite gab es in „Projekt 1" Konstrukteure, die sich z. B. in die Lösungssuche „verbissen" haben und eine so große Lösungsvielfalt erzeugt haben, dass sie bei der Auswahl völlig frustriert wurden und auch zeitlich nicht mehr zurechtkamen. („unangemessene" Methodiker). Offenbar gibt es entsprechend dem „gesunden Menschenverstand" ein vernünftiges Maß von Nutzen zu Aufwand. – Nachfolgend wird die durch wissenschaftliche Untersuchungen [24/1] bestätigte These vertreten, dass diese „Art der Ökonomie", die Denkökonomie, ein Grundgesetz des Denkens und Handelns ist und wahrscheinlich auch der Evolution in der Natur.[7] Damit ist sie auch bestimmend für den Methoden- und Hilfsmittel-Einsatz beim Entwickeln und Konstruieren. Sie gilt sowohl für den Vorgang des Lernens als auch des Anwendens. – Ein einfaches Beispiel: Sicher kaufen sich viele ältere Leute deshalb keinen Computer, weil ihnen der damit verbundene Lernaufwand im Vergleich zu ihrem persönlichen Nutzen viel zu groß ist. – Ursachen und Folgen der „Kognitiven Ökonomie" werden von Hacker besonders betont [16/1; 24/1; 82/3].

Denkökonomie ist ursprünglich ein philosophischer Ausdruck für die Bewertung unterschiedlicher Theorien [21/3; 58/3]. Eine Theorie hat dann eher Anspruch auf Wahrheit, wenn sie klarer ist als andere und weniger Denkaufwand beansprucht. (Ähnlich dem „Rasiermesser" nach Ockham (1288–1347) und benutzt von den Physikern Ernst Mach und Werner Heisenberg). Hier wird **Denkökonomie definiert** als das Verhältnis zwischen Nutzen und Aufwand einer Denkoperation. Ana-

7) Auch Kahnemann, der Wirtschafts-Nobelpreisträger, zeigt in [127/3, S. 87], dass unser „Denkapparat faul ist und geistige Anstrengung gemieden wird". Er unterscheidet System 1 (das Unbewusste, hier Stufe 1) und System 2 (das rationale Denken, hier Stufe 2), die sich laufend abwechseln.

log die später behandelte **Informationsökonomie**. – Ein ähnliches Problem greift Kapitel 5.2.2.3 mit der **Leistungsmessung** in der Konstruktion auf.

Bild 3.53 zeigt einen Bruch, bei dem der Zähler das Ergebnis (Nutzen; Qualität) des Denk-(oder allgemein des Informations-)vorgangs darstellt und der Nenner den Denk-(oder Informations-)Aufwand, bzw. in einfachen Fällen, die dafür nötige Zeit. Die Zeit als Maßstab zu verwenden macht nur dann Sinn, wenn alle anderen Einflüsse auf den Aufwand zu vernachlässigen sind oder konstant sind.

Der Ausdruck hat zwei Wurzeln:

- Die begrenzte Kapazität des Kurzzeit-Gedächtnisses mit 7 +/− 2 Chunks [7/3; 17/3].
- Die Evolutionsstrategie der Natur: Ein Evolutionsvorteil wird immer mit dem geringst möglichen Aufwand realisiert.

• Bezug auf das einzelne Individuum:

$$\textbf{Denkökonomie} = \frac{\textbf{Denkergebnis (Nutzen; Qualität)}}{\textbf{Denkaufwand (-zeit)}}$$

• Bezug auf den gesamten Prozess: Personen, Methoden, Geräte...

$$\textbf{Informationsökonomie} = \frac{\textbf{Ergebnis des Informationsprozesses}}{\textbf{Aufwand (Zeit) für den Informationsprozess}}$$

Bild 3.53 Was heißt Denk- oder Informationsökonomie?

Am Beispiel der fünf untersuchten Praktiker nach Günther (Kapitel 3.4.3) sollen obige Formeln in ihrer Bedeutung konkretisiert werden. Der Aufwand ist im Allgemeinen. leicht zu messen, z. B. über die Arbeitszeit. Viel schwieriger ist es, das Ergebnis zu quantifizieren. In unserem Fall, bei der Konstruktion der Wandhalterung, wurde die Bewertung der Ergebnisse von zwei unabhängigen Gruppen in München und Darmstadt mit einer gewichteten Punktbewertung für die Qualität der Konstruktionen durchgeführt.

In Bild 3.54 ist die Arbeitszeit bzw. die Konstruktionsqualität der einzelnen Versuchspersonen aufgetragen. Man sieht, dass die Arbeitszeit der fünf p-Konstrukteure im Mittel nur 60 % der m-Konstrukteure beträgt. Die Praktiker sind also wesentlich schneller. Ihre relative Konstruktionsqualität ist 87 %, d. h. sie ist nur 13 % geringer als bei den m-Konstrukteuren. Die relative Denkökonomie beträgt also 87/60 = 1,45. Das heißt also, dass die p-Konstrukteure 45 % „ökonomischer“ denken bzw. ihre Informationsverarbeitung gestalten. Das ist vornehmlich durch deren Zeitorientierung bedingt und die entsprechende Strategie: Schnelles, abschließendes Konstruieren mit intuitivem, erfahrungsgeleitetem Arbeiten bei möglichst geringer Zwischendokumentation (Thesen 1, 2 und 3 in Bild 3.69).

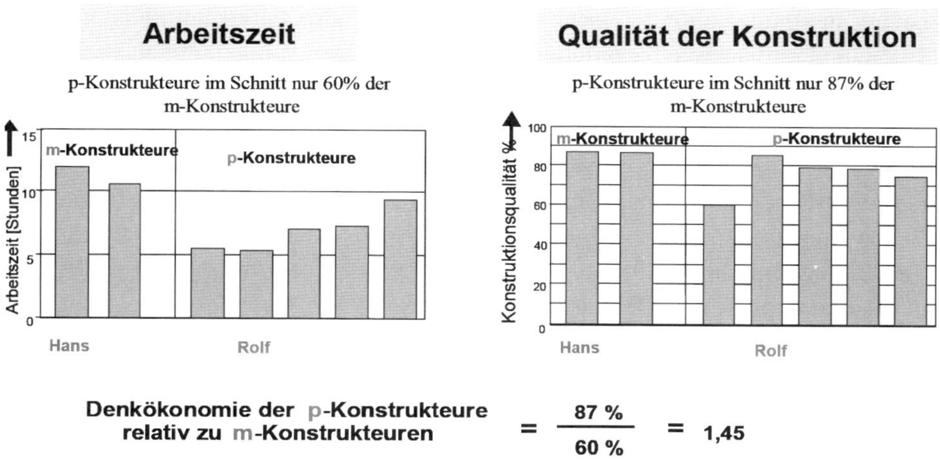

Bild 3.54 Arbeitszeit und Qualität der m- und p-Konstrukteure im Vergleich [77/3]

Günther [51/3] gab aus seiner Methodikerfahrung heraus einige Regeln an, wie die p-Konstrukteure ihre Konstruktionsqualität mit geringem Zusatzaufwand verbessern könnten. Dies sind z. B. folgende: eine Liste für Anforderungen und für Teilfunktionen/-probleme zu erarbeiten, dafür jeweils mehrere Lösungen zu suchen und daraus begründet auszuwählen. Ferner vor dem Feinentwurf einen Grobentwurf zu erstellen und die Vor- und Nachteile von Lösungen (fürs nächste Mal) zu dokumentieren. Also eine **„Minimal-Methodik"** für Personen, die keine Konstruktionsmethodik gelernt haben.

Es ist klar, dass diese Erkenntnisse wegen der geringen Zahl von Versuchspersonen eher Hypothesen darstellen als gesicherte Ergebnisse. Aber es handelt sich hier um erste Versuche und der Auswertungsaufwand pro Versuchsperson betrug mehrere Wochen. Zudem ist es schwierig, vergleichbare Versuchspersonen zu finden, z. B.: gleiche Ausbildung und gleiche Erfahrung! – Immerhin erhält man eine Ahnung, was in der Praxis geschieht und es ergeben sich neue Fragen für die zukünftige Forschung. Auch hängt die Vorgehensweise sicher von der Komplexität der Aufgabe ab. Möglicherweise ist das teilproblemorientierte Vorgehen ungünstig bei komplexen Aufgaben: Man favorisiert dann u. U. eine Lösung für die zentrale Teilfunktion, die im Hinblick auf andere Teilfunktionen und damit insgesamt suboptimal ist. (Bild 3.46). – Es ist ferner klar, dass man auch Hochschulingenieure als Testpersonen untersuchen sollte, die nach ihrer Methodikausbildung längere Zeit in der Praxis Erfahrung sammeln konnten. Vielleicht sind sie besser in der Qualität und fast so schnell, wie die reinen Praktiker. Bei komplexen Aufgaben wäre dies sogar sehr wahrscheinlich (siehe die Ausführungen zu Bild 3.57).

In Bild 3.55 sind obige Ergebnisse in einem Nutzen/Aufwand-Diagramm, oder genauer in einem Qualität/Geschwindigkeits-Diagramm, dargestellt. Es gibt einen Überblick über wichtige Situationen beim Konstruieren, ähnlich einem Portfolio.

Am besten ist der Sektor oben rechts: „Gut und schnell". Dort sind die p-Konstrukteure zu finden. Im Sektor oben links „Qualität am wichtigsten" sind die m-Konstrukteure. – Der Quadrant „schnell" ist vielleicht auf den ersten Blick attraktiv: Man nimmt aber dabei geringere Qualität in Kauf. Es ist klar, dass die Festlegung der Achsen ein offenes Problem darstellt. Hier wurde die Richtlinie VDI 2225, Blatt 3 [62/3] zugrunde gelegt. Die Qualität q ist das Verhältnis der realen ausgewerteten Qualität q_r und einer idealen Qualität q_i, die von den Auswertungsteams an der TU München und TH Darmstadt festgelegt wurde [51/3]. Die Geschwindigkeit s ist das Verhältnis der idealen Zeit t_i und der realen, gemessenen Zeit t_r. Die ideale Zeit t_i wurde entsprechend VDI 2225 [62/3] definiert als 70 % der mittleren, von den p-Konstrukteuren erreichten Zeit.

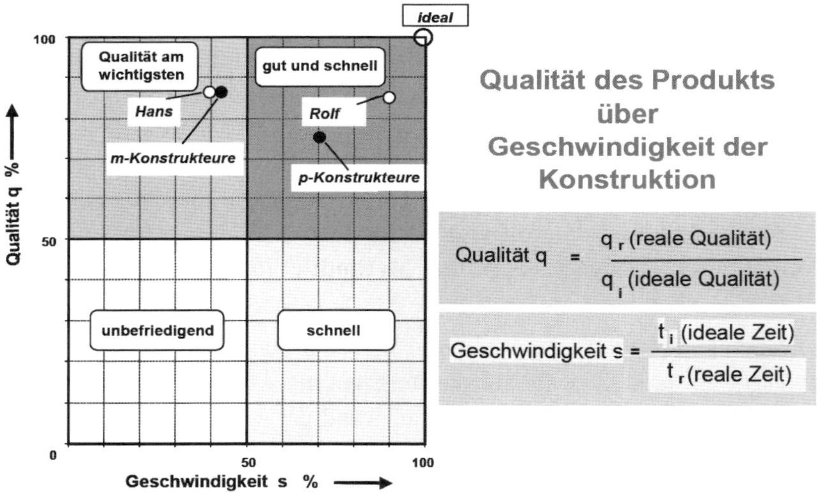

Bild 3.55 Qualität des Produkts über der Geschwindigkeit der Konstruktion (q/s-Diagramm). m-Konstrukteure sind „Methodiker"; p-Konstrukteure sind reine Praktiker

Wie kann man die Denkökonomie erhöhen?

Bild 3.56 zeigt einige Verhaltensweisen, die aus den Einschränkungen (Restriktionen) unseres Gehirns entstanden sind. – Unser Gehirn kann ja mit einer sehr einfachen Modellierung in drei Zentren aufgeteilt werden: Das Ultrakurzzeit-Gedächtnis (der sensorische Speicher, auch ein Filter für die Eingangsinformationen), das Kurzzeit-(oder Arbeits-)Gedächtnis und das Langzeit-Gedächtnis. (Siehe Bild 3.4).

Das Arbeitsgedächtnis hat, wie oben gesagt die sehr begrenzte Kapazität von 7+/−2 Chunks (Denkeinheiten)[8]. Im PC entspricht, noch mehr vereinfacht, der Arbeitsspeicher diesem Kurzzeitgedächtnis, der Plattenspeicher dem Langzeitgedächtnis. Man kann sich fragen, wie ein so ein eingeschränktes Gehirn eine so komplexe Zivilisation hat schaffen können, die ein Einzelner heute nicht mehr im ganzen Umfang verstehen kann. Vielleicht war das nur durch Arbeitsteilung zwischen unterschiedlichen Menschen (Gehirnen), Gruppen, durch entsprechende Dokumentation und über das Lernen möglich [17/3]. - Die Erhöhung der Denkökonomie findet (i. A. unbewusst) durch Reduzierung des Denkaufwandes, bzw. der Arbeitszeit statt, wobei das Ergebnis, die Qualität möglichst in einem akzeptablen Rahmen gehalten wird. - Dörner geht in [7/3; S. 289; 1. Aufl. 1989] sehr auf die „Langsamkeit des Denkens“ ein, die durch die „Ökonomie“ gemildert wird. Diese führt allerdings wieder zu „Fehlern“ des Denkens, wie z. B. zur Einkapselung, zur „Zentralreduktion“ (Kapitel 3.7).

Die **ersten 5 Punkte** in Bild 3.56 sind typisch für allgemeines Problemlösen. Wegen der eingeschränkten Kapazität des Kurzzeit-Gedächtnisses versuchen wir kurze und schnell abschließbare Prozesse zu realisieren: Arbeiten in Schritten. Das gleiche gilt für iteratives Arbeiten. Das heißt, nachdem wir eine vorläufige Lösung gefunden haben, wird diese dokumentiert und ist so aus dem Kopf. Später wird sie zur weiteren Verbesserung wieder aufgenommen und so fort.

▶ Verhalten wegen der Begrenzung des Arbeitgedächtnisses

1. schrittweises Arbeiten
2. iteratives Arbeiten
3. Pendeln zwischen dem Ganzen und dem Detail
4. Pendeln zwischen dem Abstrakten und dem Konkreten
5. das Wichtigste zuerst tun
6. teilproblemorientiertes Konstruieren
7. korrigierendes Konstruieren
8. bekannte Lösungen verwenden, möglichst aus der eigenen Erfahrung
9. Verringerung von alternativen Lösungen
10. Bewertung der Lösungen ohne vorhergehende Analyse

▶ Verhalten wegen der Begrenzung des Langzeitgedächtnisses

11. Informationen extern abspeichern (z.B. auf Papier, im Computer)
12. arbeitsteilig arbeiten: Jeder trägt seinen Anteil bei
13. kompetente, erfahrene und motivierte Kollegen fragen: Das Gehirn anderer nutzen

Bild 3.56 Arbeitsverhalten auf Grund der Restriktionen unseres Gehirns. Dieser Hintergrund methodischen Handelns ist wohl meistens unbewusst [15/1] (siehe auch Bild 3.13)

8) Ein Beispiel zum besseren Verständnis: Wir können 24 × 231 = 5544 direkt im Kopf multiplizieren, während wir bei den 8 bis 10 Denkschritten von 241 × 231 = 55 671 i. A. schon Zwischennotizen benötigen, also ein externes Gedächtnis!

Das benötigt Zeit, aber der Denkaufwand vor der Dokumentation ist nicht zu hoch. „Pendeln zwischen dem Abstrakten und Konkreten". meint, dass wir nicht fähig sind z.B. die Prinziplösung einer Konstruktion gleichzeitig mit allen z.B. fertigungstechnischen Details im Arbeitsspeicher gegenwärtig zu haben (Bild 3.16). Ähnlich ist es mit dem Pendeln zwischen dem Ganzen und dem Detail. – Die meisten Problemlösungsmethoden – auch die Konstruktionsmethodik – basieren mindestens auf diesen fünf Punkten. Sie wurden empirisch entwickelt ohne zu wissen, dass diese Art des Vorgehens einfach wegen der Einschränkungen unseres Denkapparates notwendig ist. („Naturstrategien", Bild 3.13).

Punkt 6 und 7 wurden oben in Kapitel 3.4.2 kurz erläutert. (Siehe auch Kapitel 5.1.4.3). Sie sind abhängig von der Art der Aufgabe: Innovative Entwicklung oder Variation (Umgestaltung) einer vorhandenen Lösung. Es ist die Frage, welche Aufgaben besonders für das korrigierende und teilproblem-orientierte Vorgehen geeignet sind. Unserer Erfahrung nach sollte die Aufgabe dabei nicht zu komplex sein und im Erfahrungsbereich des Konstrukteurs liegen. Die schnelle Konstruktion kann aber geringere Qualität bedingen, wie zu sehen war. **Punkt 8 und 9** wurde ebenfalls bei den p-Konstrukteuren beobachtet, sowie von Badke-Schaub und Stempfle [96/3]. Aus diesem Beitrag stammt auch **Punkt 10** und entspricht dort dem „Prozess 1" (Hier: **„Stufe 1"** entsprechend einer **Zweistufen-Vorgehensweise**). Bei diesem Vorgehen wird bewertet ohne vorhergehende tiefere Analyse des Objektes. Dies spart Denkarbeit und Zeit allerdings auf Kosten der Qualität. Man bewertet intuitiv aus dem Gefühl. Die oben zitierte Erkenntnis von Pöppel [97/3], dass Wahrnehmen ohne gleichzeitiges Erinnern und gefühlsmäßiges Bewerten nicht möglich ist, wird dadurch experimentell bestätigt. Die Punkte 8 bis 10 beobachtete auch Wulf auf S. 138 in [38/7.5] und bezeichnet sie als „eine unveränderliche psychologische Randbedingung des menschlichen Problemlösungsverhaltens".

Punkt 11 bis 13 rühren hauptsächlich von den Einschränkungen des Langzeitgedächtnisses her. Wir wissen einfach weniger als wir wissen sollten. Deshalb müssen wir Wissen speichern und dann wieder suchen. Nicht nur auf Papier, in Büchern und in Datenspeichern, sondern auch in dem „Gehirn anderer Personen": Arbeitsteilung, Teamarbeit! Das ist vor allem in komplexen Organisationen zu beobachten. Deshalb ist es auch nötig, auf gute Kooperation und Motivation zu achten. **Punkt 13** ergibt sich aus einer Beobachtung von Frankenberger [53/3], Badke-Schaub [98/3; 99/3]. Es ist viel effektiver, sowohl was die Qualität der Information, wie was die Zeit angeht, einen erfahrenen Spezialisten zu fragen, als in elektronischen Datenbanken zu suchen. Der Spezialist bringt einen oft erst auf die richtigen Fragen! (Es sei denn, es handelt sich lediglich um die Suche nach üblichen numerischen Daten).

Die Punkte 1 bis 10 in Bild 3.56 stellen eine vorläufige Beschreibung der Methoden dar, die methodisch untrainierte, aber erfahrene Praktiker benutzen um in kurzer Zeit mit sparsamem Denkaufwand Konstruktionsprobleme zu lösen. Sie entsprechen sozusagen dem **natürlichen Denkverhalten**. Man kann sich fragen, welche Bedeutung diese für das methodischen Konstruieren haben, das ja präskriptiv ist und nicht deskriptiv. Damit wird die Forschungsmethode des methodischen Konstruierens berührt, wie sie Blessing [100/3] gefordert hat. Man sollte ausgehen vom natürlichen Denkverhalten, das natürlich noch viel intensiver zu erforschen ist. (Da stehen wir erst am Anfang! Das wäre der „Normalbetrieb" des Denkens im Eisberg-Gleichnis nach Bild 3.6, Stufe 1). Dies sollte mit seinen Vor- und Nachteilen analysiert und bewertet werden und daraus eine Vorschriftenmenge erzeugt werden, die möglichst kompatibel mit dem natürlichen Denkverhalten ist, aber deren Nachteile vermeidet. (Das wäre dann z. B. der „Rationalbetrieb" im Eisberg-Gleichnis, Stufe 2). Deren Training und nachträgliche Effizienzkontrolle kann dann wieder zur Verbesserung dieser Vorschriftenmenge verwendet werden. So könnte man zu einem methodischen Konstruieren kommen, das unserem Denkverhalten eher entspricht und deshalb in der Praxis eher akzeptiert würde (siehe Kapitel 1.4). – Möglicherweise ergibt sich die **Zweistufen-Vorgehensweise:** Ein schnelles Vorgehen entsprechend Bild 3.56 für einfache Probleme und „akzeptable" Qualität in Stufe 1 (Normalbetrieb) und ein etwas zeitaufwendigeres Vorgehen für komplexe Probleme und hohe Qualität in Stufe 2 (Rationalbetrieb). Erfahrungsgemäß kann der Übergang von Stufe 1 (un- und halbbewusstes Arbeiten) zu Stufe 2 dadurch erleichtert werden, dass man die zu bearbeitende Thematik mit jemanden bespricht. Denn das Sprechen fördert rationales Bewältigen. Ähnlich positiv wirkt, einen Sachverhalt erst mal schriftlich darzulegen. (Z. B. jemanden Fiktivem einen Brief zu schreiben).

In Bild 3.57 sind einige Gedanken zusammengetragen wie man gleichzeitig **hohe Denk- und Informations-Ökonomie** erreichen kann, wenn es bei hohen Qualitätsanforderungen um eher komplexe oder innovative Aufgaben geht. In den meisten Fällen erreicht man dabei eine Zeitverringerung bis zur wirklich brauchbaren Lösung gegenüber dem oft praktizierten „Durchwursteln". Am wirkungsvollsten ist es dabei, die Aufgabe gleich von Anfang an methodisch anzupacken (Stufe 2) und versuchen so lange wie möglich iterative Schleifen zu minimieren.

Das ist nicht widersprüchlich zu Punkt 2 in Bild 3.56, dass nämlich unser Gehirn die Tendenz zu schnell abschließbaren Prozessen, zu „trial and error" und deshalb iterativen Schleifen hat. Diese Art des Verhaltens ist möglicherweise gut brauchbar für eher einfache (Teil-)Probleme, aber nicht für komplexe, bei denen die iterativen Schleifen im Unternehmen viel länger dauern und oft viele Personen verwickelt sind. Hier insbesondere ist ein geplantes, methodisches Vorgehen nötig. Dies Verhalten hat Badke-Schaub und Stempfle [96/3] in einer Gruppe beobachtet und dem entspricht der letzte Punkt von 2. in Bild 3.57 (Bei ihren „Prozess 2" einer eher planend und methodisch vorgehenden Gruppe. Im Gegensatz zu „Prozess 1" bei Punkt 10 von Bild 3.56).

► Wie kann man hohe Denk- und Informationsökonomie erreichen bei komplexen Produkten / Prozessen und hoher Qualitätsanforderung?
(bezogen auf den gesamten Produkterstellungsprozess)

1. langdauernde, aufwendige Iterationsschleifen vermeiden
- Aufgabenklärung im Team
- im Team sollten Personen von anderen Abteilungen sein und Personen, die mit dem Projekt zukünftig zu tun haben. Ebenso der Kunde (Nutzer) und der Zulieferer (mindestens zeitweise)
- Planung der Prozesstermine und der Kosten von Prozess und Podukt
- Motivation des Teams, Verantwortlichkeit und Freiheit zuweisen

2. flexible Nutzung des method. Konstruierens und seiner Werkzeuge
- frühe Phasen besonders intensiv bearbeiten
- phasen-orientiertes Konstruieren einsetzen
- generierendes Konstruieren einsetzen
- Kreativitätstechniken einsetzen um Denkbarrieren aufzulösen
- Lösungen erst nach intensiver Analyse bewerten

3. Computer-Werkzeuge einsetzen für Informations-Suche, Modellierung (CAD, Virtual Reality, Rapid Prototyping, TRIZ..), Projekt -Planung, Datenspeicherung

Bild 3.57 Arbeitsverhalten für hohe Denk- und Informationsökonomie bei komplexen und innovativen Aufgaben [15/1]

Zusammenfassend sollte in diesem Kapitel 3.6 sichtbar werden, dass unbewusste Prozesse eine erhebliche Rolle beim Entwickeln und Konstruieren spielen. Dies wurde sowohl beim Finden von neuen Konzepten, Produkten, Ideen, deutlich, als auch beim Gefühl für die ausgewogene Konstruktion prinzipiell bekannter Produkte (Anpassungs- und Varianten-Konstruktion; siehe auch Kapitel 3.4.4). Dass auch die im Unbewussten verankerte „Denkökonomie" eine Rolle für die Gestaltung des gesamten Prozesses spielt, zeigte besonders die Analyse der Praktiker (so genannte p-Konstrukteure; Bild 3.54).

Daraus zwei Regeln zum Entwickeln und Konstruieren:

- In „Standard-Konstruktionsbereichen"[9] folgende Arbeitsart: schnelle, intuitive Suche nach einer akzeptablen Lösung im **„Normalbetrieb"** mit minimalem Aufwand (Bild 3.6; Bild 3.12 und 3.56). **Stufe 1** bzw. Prozess 1 bei Badke-Schaub [96/3]).
- Wenn innovative Lösungen gefordert sind, Erarbeitung der besten Lösung im konstruktionsmethodischen **„Rationalbetrieb"**. Mit höherem, aber akzeptablem Aufwand (Bild 3.6, Bild 3.12 und Bild 3.57; **Stufe 2** bzw. Prozess 2 bei Badke-Schaub [96/3]).

9) Standardbereich = den Konstrukteuren bekannte, ausgereifte Produkte mit allgemein bekanntem Lösungsfeld.

Wie weit die „Informationsökonomie" (siehe Bild 3.53) für die Gestaltung vieler Prozesse bestimmend sein könnte, müsste eine eingehende Analyse (z.B. ein Forschungsvorhaben) zeigen. Hier sollte nur ein Hinweis gegeben werden. All das könnte einen erheblichen Einfluss auf die Gestaltung der Entwicklungs- und Konstruktionsmethodik haben, wie auf deren Lehre.

Informations-Ökonomie

Bisher waren die Ausführungen vornehmlich auf das individuelle Denken, den jeweiligen Einzelfall ausgerichtet, jetzt soll noch der Gesamtprozess der Informationsverarbeitung betrachtet werden. Dazu gehören nicht nur „einzelne Denker", also Personen, sondern auch die von einer Gruppe, einem Unternehmen gemeinsam genutzten technischen Methoden (z.B. Berechnungs- und Simulations-Methoden), die „menschzentrierten" Methoden (z.B. für Organisation, Kommunikation, Projektplanung), Geräte (z.B. Rechner, Messgeräte, Prüfstände) usw. Auch sie alle müssen dem Prinzip der Ökonomie gehorchen. Ferner muss auch die Wirtschaftlichkeit der Einführung und der Nutzung beachtet werden. Ist es z.B. je nach seiner Häufigkeit ökonomisch, den Informationsprozess selbst durchzuführen, oder an Spezialisten außerhalb des Unternehmens weiterzugeben (Outsourcing)?

Informations-Ökonomie (These 3 in Bild 3.69; Definition in Bild 3.53) ist also eine Verallgemeinerung des Begriffs Denkökonomie und bestimmt praktisch alle Maßnahmen beim Konstruieren oder allgemein in Informations-Verarbeitungsprozessen (Bild 3.58). Aus Bild 7.156 geht ebenfalls hervor: Denkökonomie betrifft im Schwerpunkt die individuelle Informationsverarbeitung, Informationsökonomie die arbeitsteilige.

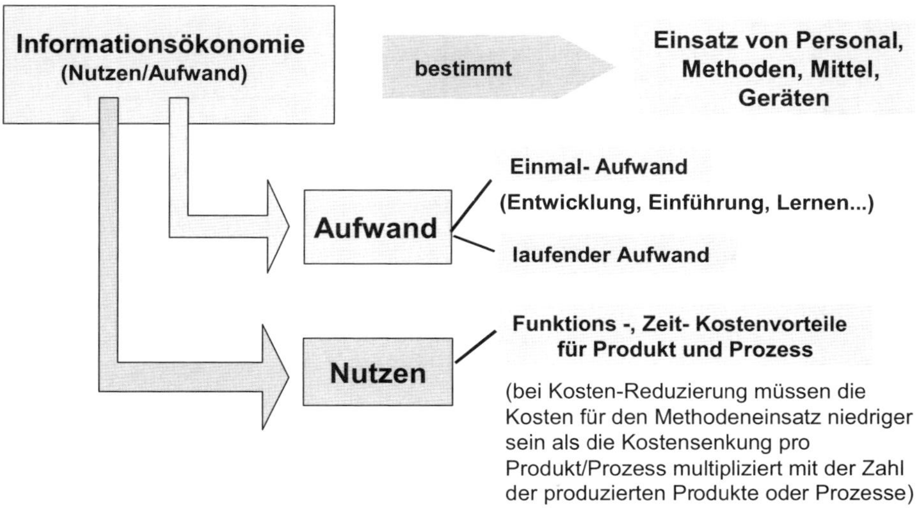

Bild 3.58 Erläuterung der Informationsökonomie nach Nutzen und Aufwand

Es wurde schon angedeutet, dass der **Aufwand** unterteilt werden muss einerseits in den „einmaligen Aufwand“ (z. B. für das Einführen einer Methode oder für den Lernvorgang) und andererseits in den „laufenden Aufwand“, die Methode für das konkrete Problem anzuwenden.

Wenn eine Methode sehr komplex ist und selten eingesetzt wird, kann es vom Aufwand her unsinnig sein, sie zu implementieren oder zu lernen. Ein Beispiel ist FEM. Es kann besser sein, einen Spezialisten außerhalb der Firma mit einer FEM-Untersuchung zu beauftragen, wenn die Notwendigkeit nur selten gegeben ist. – Man sieht, der Einsatz von Methoden und anderen Hilfsmitteln wird bestimmt und begrenzt durch ihren Aufwand.

Ähnlich muss der Nutzen bewertet werden: Sind die möglichen Vorteile für Funktion, Zeit oder Kosten höher als der Aufwand? Dies ist sicher oft schwer zu entscheiden, aber es wird in der Praxis gemacht, vielleicht oft eher unbewusst.

Das **Beispiel** in Bild 3.59 soll dies veranschaulichen: Zwei unterschiedliche Produkte sollen um 10 % in ihren Materialkosten gesenkt werden. Beide sind aus Stahl hergestellt, der pro kg 0,6 € kostet. Das Konstruktionsziel ist also, bei gegebener Funktion eine Materialkostensenkung von 10 % zu erreichen (Nutzen). Die Frage ist, wie lange man als Konstrukteur „Nachdenken“ darf, damit das Nachdenken nicht teurer wird, als die erzielte Materialkostensenkung. Unter „Nachdenken“ soll hier die Suche nach und das Anwenden von Methoden zum Kosten senken verstanden sein (Aufwand) [64/3].

Problem: Bei 2 unterschiedlichen Produkten aus Stahl sollen die Materialkosten um 10% gesenkt werden.
Stahlkosten 0,6 € / kg; Konstruktionskosten 60 € / Std.

Frage: Wie lange darf man Methoden und welche zum kostengünstigen Konstruieren einsetzen, ohne daß die Konstruktionskosten höher werden als die Materialkosten -Einsparung?

Produkt 1: Vorr.: „Wandhalterung“ Gewicht 10 kg Einzelfertigung		**Produkt 2**: PKW-Karosserie Gewicht 100 kg 1 Million mal hergestellt	
Materialkosten	6 €	Materialkosten	$60 \cdot 10^6$ €
10% Materialkosten	0,6 €	10% Materialkosten	$6 \cdot 10^6$ €
zul. Konstruktionskosten	0,6 €	zul. Konstruktionskosten	$6 \cdot 10^6$ €
zul. Konstruktionszeit	36 sec	zul. Konstruktionszeit	100 000 Std.
Welche Methoden?		= 100 Ingenieure arbeiten	1000 Std.
		sie nutzen WA, FEM, Crash -Versuche	

Bild 3.59 Der Methodeneinsatz hängt von dem dafür nötigen Aufwand ab. Hier Konstruktionsaufwand zum Materialkosten senken

Das eine Produkt ist eine **einmal** hergestellte **mechanische Vorrichtung** von ca. 10 kg Gewicht, ähnlich der obigen „Wandhalterung“ (Bild 3.37). Die Materialkosten sind dementsprechend 6 €. Die angestrebte 10 % Kostensenkung ist dann 0,6 €. Wenn die Konstruktionskosten pro Stunde 60 € betragen, darf der Konstrukteur sich nur 36 Sekunden mit dem Problem beschäftigen! Da kann er keinen iterativen Schritt zum gesonderten Kostensenken nach dem ersten Entwurf durchführen. Eine quantitative Aussage über die erzielte Kostensenkung bekommt er ohnehin nicht. Er könnte nur bei entsprechender Erfahrung während seines ohnehin laufenden Konstruktionsprozesses auf geringe Abmessungen (geringes Gewicht) - und damit geringe Materialkosten - achten.

Das andere Produkt ist eine **Autokarosserie** von 100 kg Gewicht, die **eine Million** mal hergestellt wird. In diesem Fall sind die 10 % zu reduzierenden Materialkosten 6 Millionen €. Für diesen Betrag können 100 Ingenieure 1000 Stunden arbeiten und Methoden einsetzen wie Wertanalyse, FEM und z. B. Crash-Simulation.

Man erkennt, dass die Wahl von Methoden klar von den gesamten Kosten des bearbeiteten Produkts abhängig ist (Kosten mal gefertigte und verkaufte Anzahl). - Dies ist genauso gültig für die Verbesserung der Funktion oder der Prozesszeit [64/3]. In diesem Beispiel war allerdings der Nutzen (10 % Materialkostensenkung) klar messbar vorgegeben.

3.7 Fehler - nicht nur beim Konstruieren

Zuvor ein Zitat von Friedrich Krupp: „Wer arbeitet, macht Fehler. Wer viel arbeitet, macht viele Fehler. Nur wer gar nicht arbeitet, die Hände in den Schoß legt, macht keine Fehler. Ich arbeite viel.“ Dabei kann „die Hände in den Schoß legen“ auch schon ein Fehler sein. Menschliches Versagen wird als Ursache für 70 bis 90 % aller Unfälle in technischen Systemen angegeben [91/3].

Wir handeln im Grunde - um ein Ziel zu erreichen - nach „trial and error“ (also nach dem TOTE-Schema in Kapitel 3.3.1) und zwar unbewusst und bewusst. Das heißt, wir machen einen gedanklichen Versuch und testen, ob er zielführend ist oder nicht. Die fehlerbehaftete Handlung ist also konstitutiv. Methoden sollen zielführendes Denken und Handeln unterstützen, also Fehler vermeiden helfen. Wenn trotzdem Fehler entstehen, ist es das Ergebnis zu geringen oder ungeeigneten Methodeneinsatzes, mangelnder Fachkenntnis und zu wenig vorhandener heuristischer Kompetenz (Bild 3.2). Die aus der Begrenztheit des menschlichen Denkapparats ableitbaren Denkschwächen und Denkfehler wurden in Bild 1.6 und Bild 3.10 wiedergegeben. Von daher gesehen ist die obige Aussage von Friedrich Krupp eigentlich selbstverständlich. Daneben existiert noch eine große Zahl von äußeren Einflüssen (Bild 3.1), die ebenfalls die Ursachen von Fehlern sein können.

Es kommt deshalb trotz Methodeneinsatzes immer wieder zu Fehlern. Und gerade beim Entwickeln und Konstruieren, d. h. beim Syntheseprozess, muss es, wie oben erwähnt, sogar **Iterationen**, d. h. mangelhaft zielführende Entscheidungen, geben, die dann wieder zu korrigieren sind. So denken und Lernen wir. Deshalb minimieren wir bei wichtigen Prozessen unsere Fehler mit Methoden, Kontrolle, Mehrfacheinsatz unterschiedlicher Personen. (Siehe die Methoden in Kapitel 7.8). – Somit ist der Weg ins Neuland, in die Innovation immer mit Fehlerrisiko verbunden. Nur bei Routinehandlungen lassen sich Fehler weitgehend vermeiden. Hier sind ja dann auch automatisierte Prozesse möglich. Nur wer es riskiert, einen ersten, vielleicht nicht optimalen Vorschlag, ein Lösungsprinzip einzubringen, kann einen innovativen Prozess starten.

Man sollte im Sinne der japanischen Einstellung (Imai [45/3]) froh sein, einen Fehler oder eine Schwachstelle zu entdecken, denn **jeder entdeckte Fehler eröffnet die Chance**, etwas besser zu machen. (Nach Prof. G. Niemann: „Ein gemachter Fehler muss sich lohnen“). Dies und nicht die zwanghafte Suche nach Schuldigen ist typisch für kreative und kooperative Personen und Unternehmen mit einer „Fehlerkultur“. Dazu gehört auch, eigene Fehler einzugestehen, statt sie auf Mitarbeiter abzuwälzen.

Weiter ist es unbedingt notwendig, gerade in den ersten Phasen der Produktentwicklung Schwachstellen und Fehler zu entdecken und zu beseitigen, da ihre Beseitigung im Verlauf der Produkterstellung progressiv teurer wird. 80 % der Produktfehler werden in der Entwicklungsphase früh erzeugt, aber leider erst zu 70 % in der Montage und im Versuch spät entdeckt. Entsprechend der **„rule of ten“** (Clark & Fujimoto [46/3]) kostet die Beseitigung eines Denkfehlers in der Konzeptphase z. B. 10 €, bei einer Entwurfsänderung 100 €, in der Produktionsvorbereitung 1000 €, Serienanlauf 10 000 € und beim Kunden (Rückrufaktion) 100 000 €. Bild 3.61 veranschaulicht das. (Kapitel 4.4.3 und 7.8.1.1). Im Durchschnitt der VDMA-Maschinenbau-Unternehmen betrugen 2004 die „Qualitätskosten“ d. h. die Kosten um Fehler zu verhüten und zu beseitigen 5,3 % vom Umsatz! [36/5]. Fehler sind letztlich, wie die Untersuchung von Badke-Schaub und Frankenberger in Kapitel 3.5 gezeigt hat, meist nicht technisch begründet. In der Technik werden sie eben später erst sichtbar. Dahinter stehen menschliche Fehlhandlungen, und zwar meist psychologische Fehler, Organisations- und Kommunikationsfehler; unter Zeit- und Kostendruck! (Siehe Hacker 2014 [129/3; S. 421–461]). Nach Dörner [7/3] ist unser Gehirn auf Grund der zu geringen Kapazität des Arbeitsgedächtnisses meist überfordert bei komplexen, dynamischen und vernetzten Systemen und wenn es sich um nichtlineare und besonders um exponentielle Abläufe handelt.

Die nachfolgend aufgezeigten Fehler stammen aus der Praxis des Autors Ehrlenspiel als Konstruktions- und Werkleiter einer Getriebefirma sowie seinen Erfahrungen als Hochschullehrer. Ein besonderer Schwerpunkt sind die **Fehler beim „Aufgabe klären“**. Hier liegen nach den Erfahrungen der Autoren die meisten Ursachen für Fehler beim Entwickeln und Konstruieren ([47/3 und 48/3]).

Die Fehler und ihre Ursachen werden nachfolgend in Bild 3.60 dem Vorgehenszyklus aus Kapitel 3.3.2 zugeordnet.

Bild 3.60 Ursachen für Fehler beim Konstruieren, den Arbeitsabschnitten des Vorgehenszyklus zugeordnet

I) Fehler beim „Aufgabe klären“

Fehler, die dem Arbeitsabschnitt „Aufgabe klären“ zuzuordnen sind, lassen sich oft auf die **Einkapselung** des Bearbeiters oder der Bearbeiter („Wir kümmern uns nur um dieses Problem und sind darin kompetent“), auf eine **Zentralreduktion** (zu starke Vereinfachung eines Problems auf wenige Einflussgrößen [7/3]) oder auf die **Nichtbeachtung der Systemumgebung** zurückführen (Schnittstellenprobleme, vgl. Kapitel 2.2.1).

Die folgenden Fehler sind an den Schnittstellen zweier Systeme aufgetreten. Gerade hier werden die Aufgabe und die Verantwortlichkeit z. B. zwischen Hersteller und Lieferant oft zu wenig geklärt.

- Ein Getriebe schwingt mit unzulässigen Amplituden: Es wurde vergessen, das von einer Fremdfirma gelieferte Stahlfundament mit der ihm eigenen hohen Elastizität und der vom Getriebehersteller zu nennenden Getriebemasse auf Eigenfrequenzen zu berechnen. Es ist typisch, dass das Gesamtsystem Getriebe und Fundament nicht befriedigt, da die Komponenten von unterschiedlichen Lieferfirmen stammen und sich niemand für das Gesamtsystem verantwortlich fühlt (Kapitel 3.3.4).
- Der Anlagenhersteller dimensioniert das Ölabflussrohr unter dem durchflussgeschmierten Getriebe eigenmächtig mit 150 mm statt 220 mm Durchmesser, also mit rund dem halben Ausflussquerschnitt. Die Folge ist, dass das Öl sich im Getriebe staut. Das Getriebe überhitzt sich durch die Pantschverluste und muss abgeschaltet werden. Die Anlage ist funktionsunfähig. Es war nicht leicht, diesen an sich so einfachen Fehler zu entdecken. Eine Erkenntnis daraus war, dass die Konstruktion eine am Getriebe befestigte Vorschrift für die erforderlichen Nennweiten der Ölzu- und Ölabflussrohre erstellte.

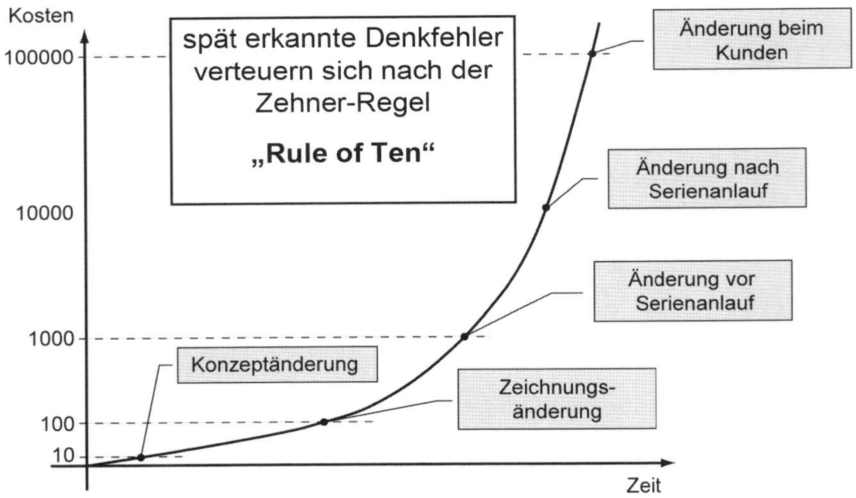

Bild 3.61 Je später ein Fehler entdeckt und behoben wird, umso teurer wird es! Deshalb „Fehler-Früherkennung" (nach Reinhart et al. 1996)

Weitere Fehler beim „Aufgabe klären" beruhen auf der ungenügenden Prognostik bzw. der **nicht ausreichenden Beachtung von zeitlichen Abhängigkeiten:**

- Ein Planetenträger wurde als von außen zugeliefertes Schmiedeteil unter Nichtberücksichtigung der langen Lieferzeit von der Konstruktion zu spät in Auftrag gegeben. Die Getriebeherstellerfirma wird infolgedessen wegen verspäteter Lieferung mit einer empfindlichen Konventionalstrafe belegt.

- Ersatzteile für kundenspezifische Radsätze von Getrieben wurden vom Kunden, d. h. Gesamt-Anlagenhersteller nicht bestellt. Bei einem Ausfall des in Einzelfertigung hergestellten Getriebes ist ein wochenlanger Stillstand einer ganzen Fabrik mit entsprechendem Produktionsverlust die Folge. Erkenntnis war auch hier ein Hinweis in der Auftragsbestätigung auf die langen Lieferzeiten kundenspezifischer Teile.

Dylla [2/3] und Fricke [42/3] stellten bei experimentellen Untersuchungen von Konstruktionsprozessen fest, dass bei der Klärung der Aufgabe die **Formulierung der wesentlichen Ziele** einen entscheidenden Anteil am Erfolg hat. Dies ist einleuchtend, da eine mangelhafte Analyse der geforderten Eigenschaften eines Produkts auch dazu führt, dass man bei der Beurteilung der Lösung keine klaren Kriterien zur Verfügung hat, nach denen man Lösungen beurteilen soll. Die Grundlage für eine fehlerhafte, falsch gewichtete Bewertung wird damit schon beim „Aufgabe klären" gelegt.

- Ein Konstrukteur legt bei der Entwicklung einer Wandhalterung für ein optisches Gerät besonderen Wert auf die seiner Ansicht nach wichtigen Eigenschaften „kompakte Bauweise und ansprechendes Design". Leider führt die starke Orientierung an diesen hier nebensächlichen Kriterien zur Vernachlässigung entscheidender Produktmerkmale wie Funktion, Sicherheit und Bedienungsfreundlichkeit (vgl. Kapitel 3.4).

II) Fehler beim „Lösungen suchen"

Unter dem Zeitdruck in der Praxis wird häufig nur die erste nahe liegende Lösung weiterentwickelt und ausgearbeitet. Der Drang des Menschen nach **Vermeidung von Unbestimmtheit** (möglichst nicht lange im Unklaren verbleiben) sowie die **Ökonomie des menschlichen Denkens** (warum soll man sich mit mehreren Lösungen beschäftigen, wenn man schon eine hat) unterstützen dieses Verhalten (nach Weinert [1/3], Vollmer [17/3] und Krause et al. [49/3]). Die Kombination mit einer ungenügenden Aufgabenklärung und fehlender Bewertung (man braucht ja dann nicht auswählen) führt schließlich zu einem rasch fertigen, aber nicht anforderungsgerechten Produkt (Kapitel 3.6). – Ein Fehler ist auch der mangelhafte digitale Rückfluss aus der Erfahrung mit früheren, ähnlichen Produkten (fehlende „Front Loading"), d. h. die Front, den Anfang, mit Informationen zu versorgen, die zur sachgerechten Entscheidung nötig sind.

- In einer kleinen Firma des Sondermaschinenbaus werden häufig interessante Ideen und Konzepte, die Konstrukteure entwickelt haben, vom Konstruktionsleiter mit Phrasen wie „Mit Spritzgussteilen haben wir noch nie gearbeitet. Das klappt nie! Außerdem haben wir keine Zeit, wir brauchen **jetzt** eine Lösung!" kommentiert. Dieses Verhalten, dieser Gebrauch sogenannter „Killerphrasen", führt dazu, dass in der Firma kaum alternative Lösungen für Produkte erarbeitet werden und keine neuen Prinzipien zur Anwendung kommen.

III) Fehler beim „Lösung auswählen“

Eine der Schwierigkeiten beim „Lösung auswählen“ ist, dass der Konstrukteur anhand einer vorläufigen unvollständigen Produktbeschreibung (z. B. Skizze eines Konzepts) **Eigenschaften des zukünftigen Produkts erkennen und beurteilen** muss. Das Vorstellungsvermögen des Konstrukteurs und seine Fähigkeit zum Analysieren spielen hier eine entscheidende Rolle.

Hier ergeben sich eine Fülle von Fehlerquellen, wie z. B. **mangelhafte Analyse der Eigenschaften** von technischen Lösungen, die Annahme unwichtiger oder **falscher Kriterien zur Bewertung** und die ungeprüfte Übertragung von Bekanntem auf neue Situationen („Das geht schon, das machen wir schon immer so“). Ein **Beispiel:**

- Bei der Entwicklung eines Mechanismus mit relativ komplexer Kinematik wird nach der Fertigung eines Prototypen festgestellt, dass in der Konstruktion ein Freiheitsgrad fehlt und der Mechanismus dadurch klemmt. Für den Mechanismus muss ein neues Konzept entwickelt werden. Der Konstrukteur und die Mitarbeiter aus der Fertigung verteidigen sich, dass sie den Fehler in der Kinematik nicht anhand der technischen Zeichnungen erkennen konnten. Geeignete einfache Hilfsmittel zur Eigenschaftsfrüherkennung (wie Pappmodelle und perspektivische Skizzen) oder Hilfsmittel zur Analyse der Kinematik (Bestimmung der Freiheitsgrade, kinematische Kette) wurden hier nicht eingesetzt.

Wie kann man Fehler vermeiden?

Die Methoden in diesem Buch haben auch den Zweck, mit Situationen, in denen Fehler entstehen, besser umgehen zu können und Fehler zu reduzieren bzw. diese durch geeignete Kontrollschritte früher zu erkennen. (Siehe Kapitel 7.8.1.1).

In Kapitel 8.2 und 8.3 sind Beispiele für fehlerhafte Konstruktionsprozesse enthalten, und in der Literatur gibt es weitere Hinweise (z. B. Petroski [50/3]). Der Leser findet aus seiner Erfahrung sicher auch genügend Beispiele. Aus fremden Fehlern zu lernen, ist ja günstiger als aus eigenen. Und wenn man bei der eigenen Arbeit auf Fehler stößt, ist eine Analyse der Gründe und Hintergründe z. B. anhand des Vorgehenszyklus, wie in Kapitel 3.3.4 gezeigt, zweckmäßig. In [79/3] wird mit der „Human-FMEA“ ein formalisierbares Verfahren zur Verringerung von Denk- und Handlungsfehlern vorgestellt. Wirksam ist die Einführung des Qualitätsmanagements (Kapitel 4.4.2) und ein Änderungsmanagement (Kapitel 7.10.4 c).

Abschließend sei auf das Feld rechts unten in Bild 3.60 hingewiesen: **Mangelnde Zusammenarbeit**. Entsprechend den Erkenntnissen aus Kapitel 3.5 liegen hier in der Praxis die größten Fehlerpotenziale.

■ 3.8 Die Wirksamkeit von Methoden

Ein Geschäftsleiter fragt den Entwicklungschef: „Wozu Methodik – das ging doch bisher auch ohne? Die ganze Technik ist ohne Konstruktionsmethodik entstanden: Von der Uhr übers Auto, Flugzeug bis zum Computer. – Wenn Sie den Zeitaufwand, die Methodik einzuführen, auf sich nehmen wollen, dann bringen sie mir wenigstens einen Nachweis über die Wirksamkeit: Rechnet sich Methodik?“ (Siehe Kapitel 1.1 c).

Darin sind einige Fragen enthalten, wie:

a) Was heißt Methodik überhaupt?

b) Stimmt es, dass Produkte bisher auch ohne Methodik entwickelt wurden?

c) Kann man die Wirksamkeit von Methodik nachweisen?

3.8.1 Überblick über Methoden

Zur Frage a: Der übergeordnete Begriff **Methodik** meint eine planmäßige Verfahrensweise zur Erreichung eines bestimmten Ziels nach einem Vorgehensplan unter Einschluss von Strategien, Methoden, Werkzeugen und Hilfsmitteln (Kapitel 10). **Methoden** sind also ein Teil der Methodik. Sie können bewusst oder unbewusst ablaufen und sind auf ein bestimmtes Ziel ausgerichtet, z. B. „Einhalten eines bestimmten Kostenziels“. Pläne, die eine Reihenfolge von Tätigkeiten enthalten, können also durchaus auch unbewusst ablaufen. Man braucht nur an den oft routinierten Ablauf beim Kochen zu denken. Methoden sind damit konkreter als die **Strategien**, unter denen man eher eine flexible Leitidee versteht, wie z. B. „Das Wichtigste zuerst“, oder: „Möglichst wenig Teile“. **Werkzeuge** sind noch konkretere Teilmethoden, sehr oft Computer-Werkzeuge, wie z. B. Simulationsmethoden FEM, BEM, MKS; Dokumentationsmethoden. Unter **Hilfsmitteln** schließlich kann man die körperlichen Objekte zur Abwicklung der Informationsverarbeitung des Entwickelns verstehen: z. B. Rechner, Zeichenbretter, Rapid Prototyping-Maschinen.

Methoden sind notwendig und wirksam, wenn sie individuelle und gruppenmäßige Schwächen und Grenzen des Entwickelns und überhaupt unseres natürlichen Denkens verringern. – Man kann den Konstruktionsprozess als eine zielgerichtete Abfolge von Tätigkeiten auffassen. Dann sind Methoden Hilfen, um das Ziel leichter und besser zu erreichen.

Die Frage ist, wie man zur jeweils dafür geeigneten Methode kommt. Ihre Auswahl richtet sich (nach Zanker [73/3]) einerseits nach den Tätigkeiten, die sie unterstützen sollen, andererseits spielen die Randbedingungen eine Rolle, die z. B.

vom Individuum, von der Gruppe, vom Unternehmen, und vom Produkt selbst herrühren. Die zu unterstützenden Tätigkeiten hängen ferner von der (Teil-)Aufgabe (input) für die Tätigkeitsfolge und vom verlangten Ergebnis (output) ab. Ein Vorgehensplan wiederum stellt eine Folge von Methoden dar, der auch seine Abhängigkeiten hat. – Insgesamt spielt somit die **Situation**, die durch die obigen Prozess-, Produkt- und Methodeneigenschaften beschrieben werden kann, die maßgebende Rolle für die Methodenwahl. (Siehe Kapitel 10, Begriff). Methoden müssen also situationsgerecht sein: Es gibt keine Universalmethode für jede Situation. (Ponn [113/3] und Jänsch [109/3]). – Immer wieder im Prozess muss die Ist- und die jeweilige Soll-Situation geklärt werden. (Das analoge Beispiel der Bergwanderung in Kapitel 6.2.3 a zeigt das auch. Ebenso enthält die „Kreative Klärung“ einer neuen Aufgabe in Kapitel 7.3.7 eine **Situationsanalyse**). Man braucht aber eine gewisse Produkt-, Prozess- und Methoden-Erfahrung, um dann die richtige Methode zu finden. (Siehe Kapitel 3.5).

Zur Frage b: Es ist richtig, dass die heutige Technik fast ganz ohne die heute gelehrte Konstruktionsmethodik entstanden ist. Die gibt es ja erst seit einigen Jahrzehnten. Aber es ist nicht richtig, dass diese Technik ohne Methodik entstanden ist. Die benutzten Strategien und Methoden waren meist unbewusst (intuitiv) in den Köpfen entstanden, sind wohl eher selten ausgesprochen worden und noch seltener aufgeschrieben worden. Das geschieht erst jetzt systematisch in der Entwicklungs- und Konstruktionsmethodik. Was von Konstruktions-Praktikern per „trial and error“ gelernt wurde und unbewusst eingesetzt wurde, ist in Kapitel 3.4.3 beschrieben. Die p-Konstrukteure konnten ihr Vorgehen, auch auf Nachfrage hin, kaum formulieren. Wir haben sogar daraus z. B. Methodenteile, wie teilproblemorientiert oder korrigierend vorzugehen, als für uns Wissenschaftler neu und interessant erkannt (Kapitel 5.1.4.3).

Wenn man das Wirken von Methoden so auffasst und ihren Kern in Betracht zieht, nämlich schrittweise und damit individuell arbeitsteilig, aber auch wieder zusammenfassend, integrierend vorzugehen, dann muss man obige Aussage b) direkt umdrehen und sagen: „Ohne weitgehend unbewusste (implizite) Methodik wäre die heutige komplexe Technik überhaupt nicht entstanden“. (Siehe das Motto von Albert Einstein im Vorwort der 4. Auflage des Buches).

Das zeigt auch der Blick auf Bild 3.62, das einen Überblick über die Vielfalt von Methoden und z. T. Werkzeugen gibt und eine Klassifikation versucht. Dem bisher gesagten entspricht der Punkt 2, die „Anwendungsart beim Menschen“: Unbewusst, intuitiv oder bewusst, rational vermittelbar. Bewusst (2.2) werden z. B. vor allem Berechnungsmethoden, also Analysemethoden (5.1) eingesetzt. Ferner Organisationsmethoden, die ja erst nach sprachlicher oder schriftlicher Mitteilung, und damit rational, umgesetzt werden können. Mit der Sprache sind sie eben schon ins Bewusstsein gehoben worden. Sie sind „interpersonell“ zu vermitteln, wovon Punkt 1.2 etliche Methoden zeigt. Das gilt auch für den Großteil der Methoden der Geisteswissenschaften (4.1).

Zur Frage c: Aus Bild 3.62 wird deutlich, dass ein Methodeneinsatz in vielen Bereichen selbstverständlich und wirksam ist und deshalb kaum mehr hinterfragt wird. Das ist vor allem in den Bereichen 1.2; 4.2 und 5.1 der Fall. Es ist klar, dass Methoden für Berechnungen nötig sind oder für Versuchs- und Messprogramme in den Naturwissenschaften, und dass für die Informatik und den gesamten Rechnerbereich (Software-)Methodenentwicklung eine zentrale Aufgabe ist. Ja, Computer oder verfahrenstechnische Anlagen sind „Gestalt gewordene Methoden“: Eine Funktion erfolgt nach der anderen in jeweils speziellen Funktionsträgern (Bauteilen; Maschinen).

Eine weitere Differenzierung wird in Kapitel 6.5 besprochen, nämlich die nach produktneutraler, produktartspezifischer und produktspezifischer Methodik. Die Auswahl von Methoden wird in Kapitel 7.1.2 und 7.1.3 gezeigt.

3.8.2 Warum Methoden verwenden?

Manche Konstrukteure werden skeptisch, wenn sie hören, sie sollten methodischer arbeiten. Sie befürchten umständliche, schematische Abläufe, die, falsch angewendet, auch wieder zu Fehlern führen. Aber wenn man die Vielfalt der angewandten Methoden in Bild 3.62 ansieht, kommt man zur Erkenntnis: Ich verwende ja bereits Methoden, auch wenn ich mir das im Einzelnen oft gar nicht klar mache. (Z.B. Abfassen einer SMS, Schreiben eines Briefs am PC, Gangschalten im Pkw). Eintrainierte Methoden werden dabei intuitiv aufgerufen und angewendet und laufen dann relativ rasch ab.

Die Frage ist: Warum brauchen, verwenden wir überhaupt Methoden?

Der eigentliche Grund für den Methodeneinsatz ist die Begrenzung des **Kurzzeitgedächtnisses**, also des **Arbeitsspeichers** in unserem Gehirn mit 7 ± 2 chunks (Denkeinheiten; siehe Kapitel 3.2; 3.6), worauf ja auch die Denkökonomie zurückzuführen ist. (Kapitel 3.6). Es scheint aber auch eine individuelle, für bestimmte Themen nötige methodische Aktivierung des **Langzeitgedächtnisses** zu geben.

Unterscheidungs-merkmal grob	Unterscheidungs-merkmal fein	Beispiele (technische und andere)
1. Anwendungs-gebiet „Mensch“	1.1 Individuum	Problemlösungs-, Vorgehenszyklus; Vorgehensplan; Gestaltungsregeln; Berechnungsmethoden; to-do-Liste; Arbeiten mit DV-Organiser
	1.2 Gruppe; Unter-nehmen; „inter-personell“	Vorgehensplan; Projektmanagement; FMEA; QFD; Methoden der Arbeitsvorbereitung; Methoden für Unter-nehmens-, Staats-Organisation; betriebswirtschaftliche Methoden
2. Anwendungs-art beim Men-schen	2.1 unbewusst, intuitiv	intuitives Problemlösen; Konstruieren; Gestalten; ein-trainierte Verhaltensweisen für Fremdsprachen; Kommu-nikation; Autofahren; Umgang mit dem Computer. Auch Fahrradfahren, Schwimmen.
	2.2 bewusst, ratio-nal vermittelbar	Berechnungsmethoden; Organisationsmethoden; Lehr- und Trainingsmethoden für Fertigen, Montieren; Metho-den zum Dokumentieren und Suchen; Konstruktions-methoden
3. Abstraktions-niveau	3.1 abstrakt	Funktionsanalyse und -synthese; mathematische Metho-den; Grammatik bei Sprachen; naturwissenschaftliche, philosophische Analysemethoden
	3.2 konkret	Lehr- und Trainingsmethoden fürs Fertigen, Montieren; Schwimmen, Skifahren, fürs Durchführen unternehmens-interner Abläufe; medizinische Behandlungs- und Opera-tionsmethoden
4. Anwendungs-gebiet	4.1 Geisteswissen-Schaft	philosophische Analysemethoden; Methoden der Litera-turanalyse, der Bibelanalyse (Exegese); Musikanalyse; juristische Methoden
	4.2 Naturwissen-schaft, Mathe-matik usw.	Beweis-, Berechnungsmethoden; Methoden der Infor-matik; ‚Physik, Chemie, Biologie; medizinische Behandlungsmethoden; Wettervorhersage
	4.3 Technik	Berechnungsmethoden für Festigkeit usw.; FEM; Meßme-thoden; CAD-; VR-; Rapid-Prototyping-Methoden; Ferti-gungs-, Montagemethoden; Konstruktions-; Design-; Ver-triebsmethoden
5. Ziel	5.1 Analyse von Eigenschaften	Berechnungsmethoden für Produkteigenschaften; Mess-methoden; Qualitätssicherungsmethoden; Simulations-methoden; statistische Methoden; Kostenberechnungs-methoden; Bilanzanalyse
	5.2 Synthese neuer Systeme	Konstruktionsmethodik für Schwerpunkt Funktion; bzw. Eigenschaft X; Methodik der Projekt-, Fabrik-, Bau-, Architekturplanung; Kompositionslehre in der Musik

Bild 3.62 Überblick und Einteilung von Methoden, Werkzeugen. (Viele der beispielhaften Methoden können, je nach Training, sowohl unbewusst, wie auch bewusst realisiert werden)

Beide Autoren haben unabhängig voneienander bei sich beobachtet, dass es einige Zeit dauern kann, bis ein bestimmter thematischer Bereich von Fakten und Vorge-hensweisen wieder aktiviert ist, wenn man sich längere Zeit nicht damit beschäf-tigt hat (z. B. eine spezielle Festigkeitsberechnung oder bestimmte Teile der Steuererklärung). Offenbar muss man sich gewisse Fakten erst wieder in Erinnerung rufen.

Es ist für das Gehirn wie die Herrichtung des Arbeitsplatzes zur Bearbeitung einer bestimmten Problematik, wo dann ringsherum einschlägige Zeichnungen, Notizen, Tabellen und Bücher liegen. Da wir nicht, wie beim PC, unseren Arbeitsspeicher einfach erweitern können, müssen wir das Gesamtproblem aufspalten in Teilprobleme und diese Schritt für Schritt (sequenziell, d. h. methodisch) abarbeiten, die Wichtigsten (Dringendsten?) zuerst.

Danach muss aus den Teilen wieder das Ganze erstellt werden. Damit das zuvor Erarbeitete nicht wieder vergessen wird, muss dies aufgeschrieben werden, muss dokumentiert werden. Was ist diese **„individuelle Arbeitsteilung"** anderes, als methodisches Vorgehen? (Siehe beispielsweise Bild 3.13: A1 bis A3; Bild 3.15; Bild 6.15). Wir erstellen uns Ablaufpläne und Vorgehensweisen.

Zusätzlich ist die Begrenzung der Kapazität des **Langzeitgedächtnisses** im Hinblick auf die komplexen Probleme bzw. Produkte dafür maßgebend, dass sich Spezialisten - nicht nur in der Technik - herausgebildet haben (Bild 4.31).

Einer kann nicht alles wissen. Deshalb haben wir Fachleute z. B. für Festigkeit, Kosten, Fertigung, Werkstoffe, die dann im Team problemspezifisch den jeweiligen Beitrag aus ihrem Wissensgebiet einbringen müssen (Kapitel 4.2.4; Bild 3.13: A9). Das ist dann eine Art gesellschaftliche oder **„interpersonelle Arbeitsteilung"**, die nicht nur zum sequenziellen, sondern gleichzeitig zum parallelen Abarbeiten des Problems führt (Kapitel 4.1.3.1). Damit entsteht das Problem, diese Arbeitsteilung zu koordinieren, also eine Methode wie Projektmanagement zu entwickeln oder überhaupt ein Unternehmen arbeitsteilig zu organisieren (Kapitel 4.1.3.2 und 4.3.4).

Insgesamt kann man offenbar unsere oft so selbstverständlichen Vorgehensweisen (Methoden) und unsere in der Gesellschaft gewohnte arbeitsteilige Struktur im Grunde auf die beschränkte Kapazität unseres Kurz- und Langzeit-Gehirns zurückzuführen. (Siehe auch Hacker 2014 [129/3; S. 368] - Ferner erkennt man daraus die Wichtigkeit, nicht nur der persönlichen Methoden (Kapitel 3.4.5), sondern auch die der zwischenmenschlichen, kommunikativen Methoden (Kapitel 3.5), die, wenn sie nicht beachtet werden, genau so zu Produktfehlern und Reklamationen führen können, wie technisches Nichtwissen (Kapitel 4.3 bis 4.4). Die fast ganz fehlende „Menschzentrierung" der Methodenlehre an unseren technischen Schulen ist insofern ein Problem.

Methodik wird zunehmend wichtig

Es ist nicht verwunderlich, dass in den letzten Jahrzehnten Methoden wie Systemtechnik, Konstruktionsmethodik, Projektmanagement, TQM (Total Quality Management), QFD, (Quality Function Deployment), Target Costing, und außerdem weitere Managementmethoden entstanden sind, wie z. B. Business Process Reengineering, Kontinuierliche Verbesserung/KAIZEN, Simultaneous Engineering, Benchmarking, Lean Development, Six Sigma, Strategisches Prozessmanagement, Fokussierung auf Kernkompetenzen, Outsourcing/Insourcing.

Denn vier langfristige Trends sind zu beobachten:

a) Die **Wissensexplosion** zwingt zur Spezialisierung und damit als Folge zur Zusammenarbeit im Team (Deshalb: Integrierte Produktentwicklung/-erstellung).

b) Es gibt – auch dadurch – eine **Vielfaltsexplosion** nicht nur an Produkten, sondern auch an Informationen, Medien, Meinungen, Zielen, die nach Orientierung ruft. Es geht um die Suche nach dem Wesentlichen (Was ist das?) und das dann gemeinsam zu verfolgen. Dazu gehört auch Beschränkung.

c) **Komplexere Systeme** entstehen im Lauf der technischen Evolution fast „naturgemäß". Heute vor allem weil die maschinelle Informationsverarbeitung eingebracht wird, die früher nicht möglich war (Mechatronik). Damit gibt es so komplexe Maschinen, dass sie vom einzelnen Ingenieur nicht mehr bis ins Detail verstanden werden können, sondern nur noch im Computer berechnet und simuliert werden. – Aber auch der Zuwachs an wissenschaftlicher Erkenntnis über Maschinenelemente und Maschinenarten trägt stark zur Komplexität bei. Man denke nur z. B. an die heutigen Erkenntnisse über Werkstoff-, Schmierstoff-, Oberflächeneigenschaften, die alle zum Zeitpunkt der Konstruktion berücksichtigt werden sollten. – Schließlich sind alle Eigenschaften der Produkte im Verlauf ihres Lebens zu berücksichtigen wie z. B. Mensch-Maschine-Kommunikation, Service, Instandhaltung, Energie- und Stoffverbrauch, Ökologie, Recycling. (Siehe Bild 6.17 DfX). Ein Einzelner kann das unmöglich beherrschen und ausgewogen einbringen!

d) Verschärfend wirkt der zunehmende **Zeitdruck:** Es soll alles immer noch schneller gehen, und das bei besserer Qualität, geringeren Kosten und mehr Flexibilität. Zur Beherrschung dieser Entwicklung ist sowohl eine individuelle, wie eine interpersonelle Methodik notwendig, um Ordnung in die eigene Arbeit zu bringen und Ordnung in die Zusammenarbeit. Beispielsweise Ordnung in die Informationsbeschaffung und -weitergabe.

Aus einer Umfrage von Klose [65/3] ist nämlich klar geworden, dass Konstrukteure 20 bis 30 % ihrer Arbeitszeit für die Informationsbeschaffung verwenden müssen, dass aber ihre Mittel dafür im Wesentlichen die bekannten von früher sind. Dominierend ist nämlich nicht etwa der Einsatz von Computerdateien mit entsprechenden Suchsystemen, sondern Gespräche, Fachzeitschriften und -bücher sowie handschriftliche Notizen und Skizzen. (Siehe hierzu Kapitel 7.10).

Wissensexplosion

Zur Wissensexplosion nachfolgend einige Daten und ein Denkmodell. Daraus soll der langfristige Trend deutlich werden, der die Spezialisierung vorantreibt und damit wieder die integrierenden Methoden und Verhaltensweisen. Es wird hier im wesentlichen Wissen aus dem naturwissenschaftlich-technischen Bereich angesprochen, obwohl das Phänomen allgemein gilt [66/3].

Was bei der schnellen Vermehrung des Wissens betrachtet wird, ist hauptsächlich die Menge des Wissens **(Quantität)**, da sie sich leicht zählen lässt, z. B. bei Büchern, Veröffentlichungen, Patenten, in Computer-Dateien. Damit entsteht die Computer-typische „Informations-Explosion", die allerdings den Vorteil hat, dass sich schnell suchen lässt. [115/3]. Es bleibt aber offen, wie sehr sich der Gehalt vermehrt. Qualität ist eben nicht so einfach zu beurteilen wie Quantität.

Die Frage ist auch, inwieweit welches **Wissen veraltet:** Ist es eher aktuelle Information und individuelles Wissen? Es werden wohl die Grundlagen und Strukturen, die wahrscheinlich langfristig wichtig sind und (z. B. schriftlich fixiert sind) erhalten bleiben. Der für den Wissensverlust pauschal verwendete Begriff **„Halbwertszeit"** für Wissen ist schwer zu fassen: In dieser Zeit soll die Hälfte des Wissens uninteressant geworden sein. Arbesman [121/3] ermittelt sie durch die Untersuchung der Zitierhäufigkeit einer wiss. Publikation. Danach ist die Halbwertszeit in der Physik 10 Jahre, in Geschichte und Psychologie 7 Jahre. Andere Autoren geben für Naturwissenschaftler und Ingenieure 5 [69/3] oder 6 bis 7 Jahre (E. Staudt) an.

Das **kollektive Wissen** der Gesellschaft verfällt also wahrscheinlich als Grundlagenwissen wenig, da es meist dokumentiert ist und jeweils wieder neu erarbeitet werden kann bzw. Basis für Neues ist. Es braucht nur an Namen wie Galilei, Kepler, Newton, Einstein erinnert werden.

Bei der enormen Menge gesammelten Wissens (z. B. in Google) wird die Frage wichtig, mit welchen Suchalgorithmen man das jeweils wichtige Wissen finden kann, also „die Nadel im Heuhaufen"? Ein trotz allem EDV-Fortschritt kaum gelöstes Problem. Der Computer ist eben vor allem für das Zählen und Sortieren von Quantitäten geeignet! Ist er für die Qualität, für die „Informationsveredelung" geeignet?

Zahlen zur Wissensexplosion

In Bild 3.63 sind aus verschiedenen Veröffentlichungen [67/3; 68/3; 115/3; 121/3] die Zuwachsraten und **Verdoppelungszeiten** dargestellt. Als Vergleichsbasis sind oben die Daten der explosionsartigen Vermehrung der **Weltbevölkerung** angegeben. Sie nimmt mit einer Wachstumsrate von 1,7 % pro Jahr oder einer Verdoppelungszeit von 40 Jahren von z. B. 1950 2,5 Mrd. auf 2016 ca. 8 Mrd. und in 2100 auf wahrscheinlich 11 Mrd. zu [105/3]. Allerdings erfolgt der Zuwachs nach einer

S-Kurve: Nach Berechnungen der UN wird die Wachstumsrate um 2050 von derzeit 1,7 % auf 0,4 % pro Jahr zurückgehen [105/3].

Aber viel schneller vermehrt sich das **Wissen** der Menschheit, das ja über medizinische und hygienische Kenntnisse die Bevölkerungsvermehrung mit ausgelöst hat. – Zu beachten ist der Zuwachs des Wissens mit 4,6 % pro Jahr, was einer Verdopplungszeit von 15 Jahren entspricht. (Nach neueren Untersuchungen von 2010 ergab sich eine Bestätigung mit 4,7 % [121/3], ebenso nach Erfassungen der DFG aus SCIE in F&L 10/15 S. 836).

Dementsprechend vermehrt sich auch die Zahl der immer mehr spezialisierten Fachleute. In den USA z. B. wächst die Zahl der Naturwissenschaftler alle 13 Jahre auf das Doppelte. Die Zahl der auf der Erde in wissenschaftlichen Berufen tätigen Personen wächst jährlich um etwa 350 000, so W. Frühwald in [117/3]. Setzt man alle Naturwissenschaftler, die je geforscht haben (z. B. seit Galilei) zu 100 %, so sind nach rohen Schätzungen 90 % heute von ihnen am Forschen. – Also ergibt sich die zwangsläufige Folge: Mehr Spezialisierung und damit weniger Überblick über das komplexe Gesamtwissen, das für die Produkt- und Prozesserstellung unbedingt erforderlich ist, und umso mehr Kommunikationsnotwendigkeit. Umso dringender Integration! – Wahrscheinlich begrenzt diese Wissensexplosion selbst auf längere Dauer die Effektivität des wissenschaftlich-technischen Fortschritts. Das Wissen muss ja auch bewertet werden und dazu ist meist unmittelbares, zeitaufwendiges menschliches Gespräch mit den Spezialisten nötig. – Die Welt könnte an ihrer selbst geschaffenen Informationsvielfalt „ersticken“. Damit wird auch das Gesamtverständnis z. B. der Finanzwelt, der globalisierten Politik, der Medienwelt fast unmöglich. Wer kann behaupten, er verstehe einen Computer mit seiner Hard- und Software bis ins Detail, oder ein modernes Auto oder die Weltwirtschaft? – Werden wir trotz computergestützter Methodik eine qualitätsbetonende, langsamere Gangart einschlagen müssen!?[10] – Die Autoren haben in ihrer Veröffentlichung [94/4] deshalb eine Initiative für eine Stärkung der Forschung und Lehre für die Synthese, d. h. integrativer Methoden und Verfahren vom technischen bis zum menschlichen Bereich vorgeschlagen.

10) Die Überforderung besteht ja nicht nur im technischen Bereich, sondern überall, wo Systeme realisiert werden müssen: In der Wirtschaft, in der Politik, im Sozialbereich.

Gegenstand	absolute Zahlen, (Jahr)	Zuwachs-rate pro Jahr in %	Verdoppe-lungszeit in Jahren	Quelle
Weltbevölkerung: um 1700		0,3 %	230	[68/3]
2011	7 Mrd	1,7 %	40	[68/3]
Bevölkerung in Entwicklungs-Ländern (z.B. Kenia)		3,8 %	18	[67/3]
Wetterschäden für die gesamte Vers. Branche weltweit 1980-2010 (nach Münchner Rückversicherung)	26 Mrd.€ (in 2009)	11 %	6,3	VDI-N. 27.8.10
Veröffentlichungen weltweit				
• Chem. Publikationen aus „Chemical. Abstract“	700 000	5,7 %	12	**[68/3]**
• Fachveröffentlichungen. in Naturwiss. u. Technik • Referate-Organe	(ca. 1993)	4,6 %	15	**[68/3]** [121/3]
• Datenbanken	1995-2002	4,4 %	15,7	**[124/3]**
• Bücher Konstruktionswissenschaft 1980 - 1995	40	2 %	34	[66/3]
(deutschsprachig) 1965 - 1975		4,4 %	16	+ Hubka
Zahl der Naturwissenschaftler in USA		5,3 %	13	[67/3]
Datenverarbeitung				
• Telefon, Internet (1986-2007)		28 %	2,5	[115/3]
• DV.techn. gespeicherte Information (1986-2007)		23 %	3.0	[115/3]
• Chip-Produktion weltweit (1980 – 1986)		6 %	11	[67/3]
• Leistungsfähigkeit von Prozessoren (1965-2011) („Moorsches Gesetz“)		46 %	1,5	[67/3] Moore /Intel

Bild 3.63 Zuwachsraten und Verdoppelungszeiten. (Datenbasis 1995 [66/3] und 2011 [115/3]; [121/3124/3])

Und, wenn sich der Wachstumstrend fortsetzt, wird in den nächsten 15 Jahren so viel erforscht, wie bisher in der Wissenschaftsgeschichte der letzten 2500 Jahre seit Heraklit geschehen ist [67/3; 68/3; 69/3]. Das dokumentierte Wissen, d. h. die Zahl der Veröffentlichungen, Bücher, Patente in Naturwissenschaft und Technik wächst ungefähr 2,7-mal so schnell wie die Weltbevölkerung. Heute wird in jeder Minute eine neue chemische Formel gewonnen, alle drei Minuten ein neuer physikalischer Zusammenhang und alle fünf Minuten eine neue medizinische Erkenntnis gefunden und publiziert.

Weil ein Unternehmen vom Wissen lebt, und Wissen gewonnen werden kann, kodifiziert, gespeichert wird, dann aber auch an die Person, die das Wissen aktuell braucht, wieder übertragen werden muss, ist **Wissensmanagement** als Problem erkannt worden [81/3; 92/3; 93/3]. Hier soll das Bild 3.64 nur als Überblick zum Wissensmanagement dienen.

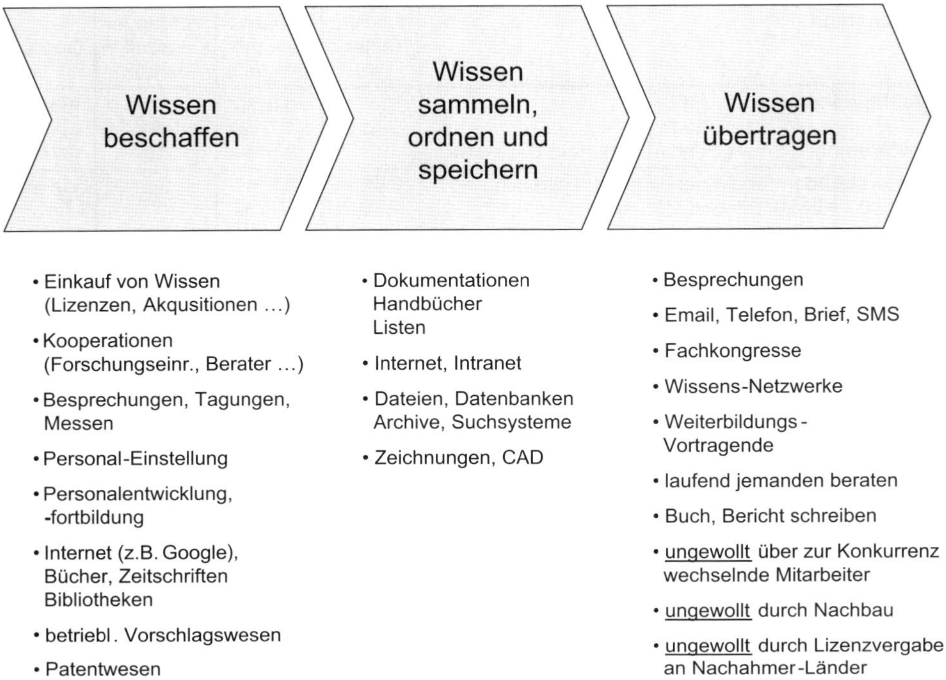

Bild 3.64 Prozess und Elemente des Wissensmanagements (in Anlehnung an Saiger 2001)

Ein Modell des Wissenszuwachses

In Bild 3.65 ist ein einfaches Grundmodell für den Wissenszuwachs in Form eines sich laufend ausdehnenden Kreisrings angegeben: Ähnlich der bei einem Stein, den man ins Wasser wirft, entstehenden Welle. Der „Steinwerfer“ war der Urmensch, als er anfing Wissen zu gewinnen. Aber im Gegensatz zur Welle von einem ins Wasser geworfenen Stein wird die Welle nicht dünner und weniger hoch, sondern sie wird größer.

Heute sind wir am Außenrand der Welle, der Forschungsfront. Je größer der Umfang der Forschungsfront wird, umso größer wird auch das außen umgebende Unbekannte. Für jede gelöste Frage ergeben sich mehrere neue. Oder anders: Unser Unwissen wächst schneller als unser Wissen, schreibt der ETH Astro-Physiker Arnold Benz [116/3].

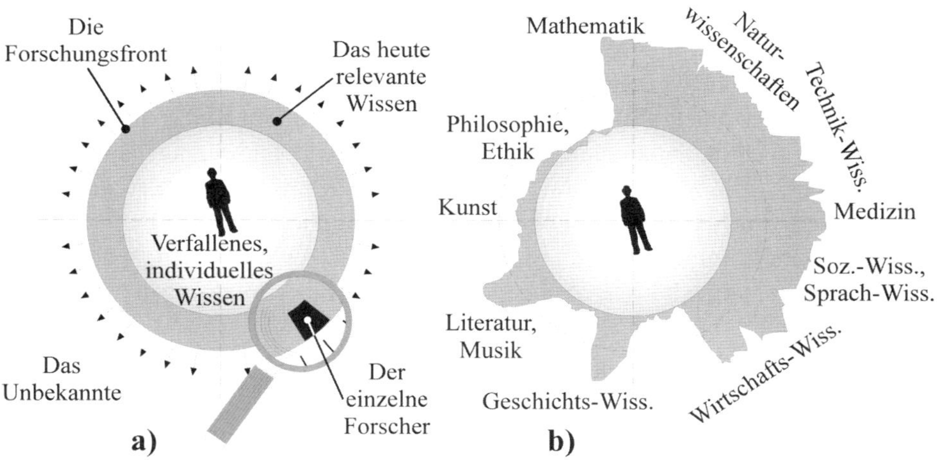

Bild 3.65 Ein Modell der Wissensexplosion. a) einfaches Grundmodell: Das Wissen breitet sich aus, wie eine Ringwelle im Wasser, b) beispielhafte Unterschiede im derzeitigen Wissen verschiedener Wissensbereiche

Die Fläche des Kreisrings entspricht dem heute relevanten Wissen. Dahinter – innen drin im Modell – sei das (z.B. individuell) veraltete Wissen. Mit einer Lupe wird im Bild ein einzelner Forscher – oder Ingenieur – an der Forschungs- oder „Neue Produkte-“Front herausgegriffen.

Da der Mensch einen limitierten „Denkapparat“ hat, müssen sich immer mehr Forscher an der sich ausdehnenden Wissensfront versammeln und dementsprechend auch immer spezialisierter werden [17/3]. **Spezialisierung ist die zwangsläufige Folge der Wissensexplosion**, sozusagen die Kehrseite der Medaille. Es wird auch von der „Atomisierung“ des Wissens und der Wissenschaften gesprochen. (Zur Integration als Gegenbewegung: Siehe Kapitel 1.1, Schwerpunkt a). – Das Modell gilt im Sinn der Fraktalauffassung nicht nur für die Gesellschaft, sondern auch für den Einzelnen oder für ein Unternehmen. Im Lebenslauf der Gesellschaft nimmt das Wissen – hoffentlich – laufend zu. Es wird ja auch dokumentiert. Das veraltete Wissen gilt allerdings hauptsächlich für das Individuum. Denn über entsprechend viele Spezialisten und über eine Dokumentation kann früheres Wissen wieder aktualisiert werden.

In Wirklichkeit aber ist, wie (Bild 3.65 rechts) schematisch zeigt, das Wissen auf die Wissensgebiete unterschiedlich verteilt. Unsere Gesellschaft hat sicher einen Mangel an Orientierungswissen und ein Übermaß an Faktenwissen in Naturwissenschaft und Technik. Orientierungswissen ist Wissen aus den Bereichen Philosophie, Ethik, Religion, Geschichte.

Auch für dieses Buch und die Autoren gilt, was Max Weber so ausdrückte: „Wissenschaftlich überholt zu werden ist nicht nur unser Schicksal, sondern unser Zweck. Nur so gibt es einen Fortschritt der Wissenschaft.“

3.8.3 Sind Methoden praktisch wirksam? Welche Lehre?

Im Grunde ist die obige Frage c nach der Wirksamkeit von Methoden absurd. Denn ohne Methoden können wir nicht erfolgreich denken, wären weder Wissenschaften, noch die Technik entstanden, könnten wir nicht Auto fahren, noch einen Computer bedienen. Die Masse der Methoden ist wohl in unserem Gehirn durch die Verschaltung von Neuronen verankert und läuft unbewusst und schnell ab. Wir lernen als Kinder intuitiv durch „trial and error" Spielen, Sprechen, später Computer bedienen, Auto fahren, Probleme lösen. (Zu Einschränkungen von Denkprozessen siehe Kapitel 3.2.3).

Die Autoren kennen Konstrukteure, die komplexe Produkte optimal entwickeln (z. B. Automatik-Getriebe für Sonderfahrzeuge), ohne je Konstruktionsmethodik gelernt zu haben. Sie arbeiten so gut, dass man nur staunen kann. Natürlich bedienen sie sich rational und bewusst der Berechnungsmethoden für Festigkeit, Verformung, Erwärmung. Aber den in ihrem Inneren ablaufenden Prozess mit seinen verschachtelten Verzweigungen können sie kaum beschreiben. Er hat aber offenbar eine beachtliche, unerkannte Logik. – In einem Sonderfall (Projektierung von komplexen Schiffsgetrieben [70/3]) gelang es, diesen intuitiven Prozess durch Befragung der Projektingenieure zuerst in Regeln zu formulieren, diese dann in einem wissensbasierten System zu verknüpfen und schließlich daraus ein FORTRAN-Programm zu erstellen. – Das setzten die befragten Projektingenieure schließlich auch für ihre praktische Arbeit ein. – Dabei hatten sie den Doktoranden zuerst ausgelacht, als er mit der Idee kam, ihre „kreativen" Prozesse zu formalisieren.

Die Frage nach der Wirksamkeit der Methoden muss umformuliert werden: Werden die heute gelehrten Methoden in der Praxis wirksam? Welche sind handlungssicher? Und welche Methoden in welchen Bereichen sind es?

Wirksam sind in Bild 3.62 weitgehend die Methoden aus den Bereichen 4.2 und 5.1, soweit man die Naturwissenschaften und die Technik betrachtet. Wir wissen z. B. um die Realitätsnähe von Berechnungs- und Simulationsmethoden. Sonst würden unsere Maschinen nicht funktionieren. Diese sind allerdings dann noch so einfach, dass sie in Programmen formalisiert werden können.

Die strittigen Methoden sind die im Individuum ablaufenden (1.1), vor allem, wenn es um die Synthese von Systemen (5.2) geht. Ferner die „weichen" Methoden für z. B. Kommunikation, Gruppenklima (siehe Bild 3.51) aus dem Zwischenbereich von Individuum (1.1) und Gruppe (1.2). Damit sind wir aber voll in der Problematik der Konstruktionsmethodik.

Welche Methoden wie häufig im Maschinenbau eingesetzt werden, zeigt Bild 3.66. Dabei wurde vom VDMA gefragt, ob die Methode in der Abteilung verwendet wird. Die „Ja-Angaben" wurden aufgetragen. Man sieht, wie wichtig erfasste Anforderungen für die Konstruktion sind und wie wichtig im Projektablauf die Termineinhaltung und die Senkung der Produktkosten sind. Die neuen Zahlen von 2012 bestätigen die Aussage.

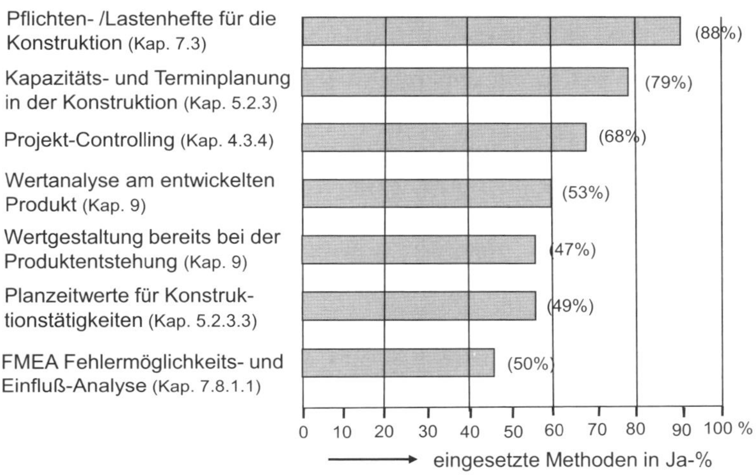

Bild 3.66 Eingesetzte Methoden in E&K nach VDMA 2007/2008 [71/5]. In Klammern Werte nach VDMA 2012 [86/5].

Die Gründe gegen einen intensiveren Einsatz von Methoden sind vor allem: a) Zu wenig Zeit im Tagesgeschäft, sich um Methoden zu kümmern, b) zu wenig Wissen über Anwendung und Nutzen von Methoden, schließlich c) „innere Faulheit" und mangelndes Vorbild der Chefs. (Befragung in 65 Unternehmen im Maschinenbau und Elektrotechnik 2000; nach Lindemann u. a. [26/1; S.625]). – Bei der gleichen Befragung wurde tendenziell die Nutzung der Methoden nach Bild 3.66 bestätigt, zusätzlich wurden Trend- und Portfolio-Analysen als gelegentlich genutzt angegeben, aber keine Nutzung wurden für QFD, Conjoint-Analyse, Szenario-Technik und Delphi-Umfragen genannt.

Welche Lehre, damit Methoden praktisch wirksam werden?

Nun muss genauer gefragt werden: Sind die z. B. an den Hochschulen gelehrten Produktentwicklungsmethoden a) realitätsnah und werden sie, wie bei Sprachen, b) in der Lehre so eintrainiert, dass sie im Unbewussten verankert, schnell ablaufen können? (**„Können vor Wissen"!**) – Sie treten nämlich in „denkökonomische" Konkurrenz zum bisher geübten persönlichen und in der Entwicklungsgruppe üblichen vorwiegend intuitiven Problemlösen. In vielen Fällen unterliegen sie dabei. Wohl meistens, weil ihre **Lehre** vorher oft ineffektiv war. – Wir (auch mein – Ehrlenspiel – anfängliches eigenes Tun!) stopfen Studierende wie Mastgänse nach der „Nürnberger Trichter-Methode" mit Fakten voll. (Deklaratives Wissen). Diese sind nur auswendig gelernt und nicht am Praxisbeispiel problemlösend per „trial and error" verinnerlicht. In einer dafür geeigneten Prüfung werden sie dann wieder „erbrochen" und anschließend vergessen. Wie sollen sie später in der Praxis wirksam werden?[11] – Etwas mehr wissenschaftlich formuliert, geht es darum, die Studierenden nicht als passiv (auswendig) Lernende aufzufassen, sondern mit Ihnen zusammen aktiv zu lernen und Neugier zu wecken. Sie sollen Rückmeldungen über das Gelernte geben, sollen es mit anderen im Team ausprobieren, sollen es diskutieren und präsentieren. (Interaktiver Lehransatz [119/3]). Sie sollen es in praxisnahen Übungen in einem „handlungsorientierten Lernen" selbstständig erproben. – Sie müssen Fehler machen dürfen und Erfolge erleben. Die Gefühle der Frustration und der Freude sind nämlich wirksame Gedächtnisverknüpfungen (nach Spitzer [106/3] und Günther [120/3])[12]. Sie sollten zudem multimedial tätig werden: Von Hand skizzieren, Modelle basteln, experimentieren, kurz: „Explorativ Lernen" (Albers [112/3]). Dann erst werden Fähigkeiten, wird Können vermittelt, das lange anhält. (Prozedurale Lerninhalte, die zum „Können" führen). Oder als Schlagwort: „Methodenüben statt nur Methodenwissen". – Das braucht Zeit, die man sich als Dozent verschaffen kann, wenn man auf einen erheblichen Teil des Stoffes verzichtet und nur exemplarisches, wichtigstes Wissen und Können vermittelt. Das empfiehlt sich auch aus neurowissenschaftlicher Sicht, denn die „Fülle des in Massenvorlesungen vorgetragenen Stoffs und die Spärlichkeit der „hängen bleibenden" Wissenselemente ist offensichtlich" (Günther [120/3]) Aber nicht nur die Art zu lehren ist oft genug ungenügend, auch inhaltlich gibt es große Defizite, wenn man die Erfolgsfaktoren für Technikprojekte in der Praxis ansieht. Es sind psychologische Fähigkeiten der Person und organisatorische Fähigkeiten für die Gruppenarbeit, die erst gute Technik zur Wirkung kommen lassen. (Siehe Kapitel 4.3.3 und 7.2.5 mit den Bildern 7.23 bis 7.25.) Im Studium müssen deshalb insbesondere Projektgruppen dafür erste Erfahrungen vermitteln. – Im Übrigen sind Dozenten meist keine „geborenen Lehrer", sondern müssen als „reflexive Praktiker" das Lehren selbst lernen. Und nur „begeisterte Lehrer" bringen ihre Begeisterung „rüber". Eine empirische Untersuchung dazu existiert in [85/3; 89/3] (Siehe auch die Kapitel 1.4 und 6.4.2). Da Studierende heute meist heute Laptops, Tablets und Smartphones in die Frontalvorlesung mitbringen, kann der Dozent ein „live-feed-back"-System organisieren: Er bekommt während der Vorlesung über Multiple-Choice-Fragen einen Überblick über das Verständnis und kann evtl. verändert Wiederholen. [122/3].

---

11) Zum Lernerfolg nach Konfuzius: „Erzähle mir und ich vergesse. Zeige mir und ich erinnere. Lass mich tun und ich verstehe.".

12) Neuronal gesehen, sind emotionale Beziehungen zwischen Lehrenden und Lernenden und Lernenden untereinander eine Voraussetzung für effektives Lernen. [120/3]. An diesem Defizit krankt auch computergestütztes Lernen.

Realitätsnah heißt wohl zum einen sachgerecht, aber auch zum anderen: **Nicht im Widerspruch zu effektiven intuitiven Prozessen**. Ein Beispiel: Es ist sachgerecht, die Anforderungen einer Konstruktionsaufgabe am Anfang gemeinsam zu klären. Aber es widerspricht oft genug dem inneren, unbewussten Problemlösen, dabei spontane Lösungsideen zu verbieten. Es ist also günstiger für unser natürliches Denken, diese Ideen auf einem gesonderten Papier oder Flipchart zu notieren, zu skizzieren. Dann wieder weiter die Aufgabe klären. (Möglicherweise tendiert unser Unbewusstes dazu, die Aufgabe in TOTE- oder Vorgehenszyklen zu klären, in denen ja laufend auch Lösungsideen erzeugt werden?! (Siehe Bild 3.18 und Bild 3.24).

Zusammenfassend: Wann ist Methodik in der Produktentwicklung wirksam?

- Man kann zwischen einer objektiv festgestellten Wirksamkeit und einer subjektiv erlebten unterscheiden.
- Subjektiv werden Methoden als wirksam erlebt, wenn sie verstanden wurden, und sie ausprobiert wurden, angepasst an sich selbst und an das Problem. Und wenn sie dann zu schnelleren oder besseren Lösungen führten.
- Eher objektiv werden sie nach der Erfahrung von Professoren und mancher Entwicklungsleiter als wirksam erlebt, wenn die Einarbeit von Jungingenieuren und Diplomanden sehr schnell erfolgt, wobei oft genug patentfähige Ideen entstehen.
- Objektiv, also hier z.B. statistisch signifikant, konnte die Wirksamkeit in einer umfangreichen Unternehmens-Befragung durch die TU Cottbus zusammen mit Roland Berger festgestellt werden: Diss. Graner [128/3]. Wie in Bild 3.67 schematisch gezeigt, hatte sich bei den 410 untersuchten Entwicklungsprojekten in 209 Unternehmen herausgestellt, dass die Nutzung von Methoden in kürzerer Zeit erfolgreichere Produkte hervorbringt. Es wurde ein „Multi-Methoden-einsatz“ bei 26 verschiedenen, in der Praxis gebräuchlichen Methoden abteilungsübergreifend, entsprechend der integrierten Produktentwicklung, berücksichtigt. Im Bild sind in der Mitte beispielhafte, unterschiedliche Methoden in den 5 untersuchten Bereichen aufgeführt. – Voraussetzung für den Erfolg ist die Unterstützung des Topmanagements und ein formaler Entwicklungsprozess. – Weder in der Literatur, noch in der Praxis existiere dafür ein standardisierter Ansatz. Es fehlen jeweils kohärente Methoden, denn jeder Bereich hat seine eigenen Methoden!

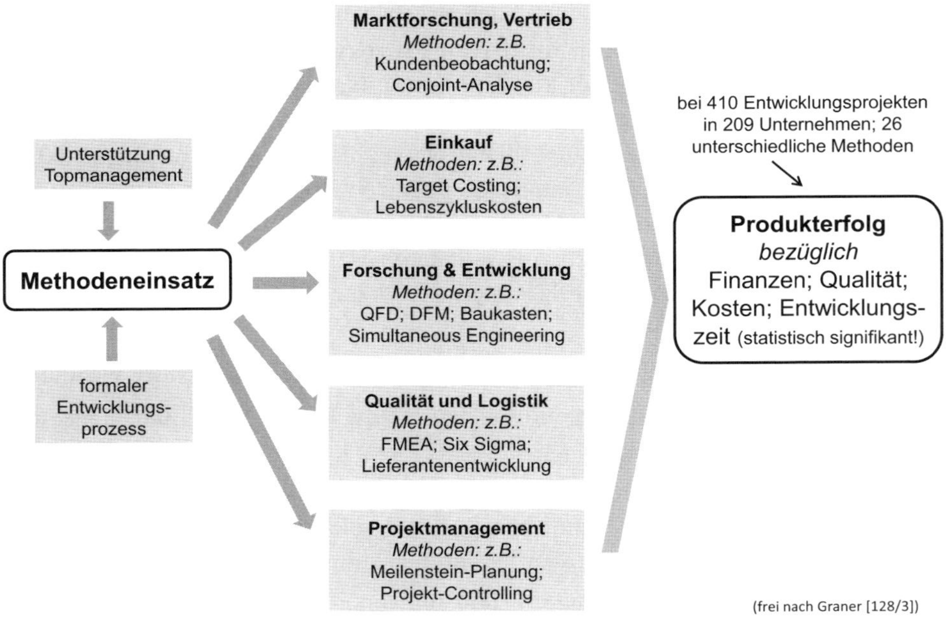

Bild 3.67 Methodeneinsatz ergibt einen Produkterfolg (Gestaltung eigen, nach Graner [128/3])

- Da Besonderheiten für Produkte und Unternehmen möglich sind, ist es zweckmäßig bei der Neueinführung eines Multi-Methodeneinsatzes in einem Unternehmen die positive Wirkung gesondert zu bestimmen. Beispielsweise kann man einen Vorher-/Nachher-Vergleich durchführen. Z.B. der Lösungs- (Patent-) ideen, der Kosten und Entwicklungszeiten (Endtermin und Stundensumme), der Zahl der notwendigen Änderungen nach Konstruktionsabschluss (z.B. veranlasst durch die Produktion), der Zahl der Reklamationen innerhalb der Garantiezeit. – Es kann trotz obiger Befragung keinen allgemein objektiven Nachweis geben, da die Methodenwirkung bei und nach der Einführung von vielen unternehmensspezifischen Faktoren abhängt. Dazu gehören: Die Aufgeschlossenheit von Führungspersonen und deren Geduld beim Einführungs- und Lernprozess, die Qualifikation der Mitarbeiter, die Art und Dauer der Vermittlung, das Gruppenklima, der Zeitdruck, die Art der Produkte und der Aufgaben und die Anpassung der Methoden selbst an die Aufgaben und Probleme, sowie die CA-Umgebung (Kapitel 6.2.3).

Zum Abschluss der Überlegungen werden fünf Thesen über Einflüsse aufgestellt, die für den Einsatz und die Wirkung von Methoden wichtig sind. Bild 3.68 fasst diese zusammen. Die Grafik spricht wohl für sich selbst, so dass sie nicht kommentiert werden muss.

1	**Denkökonomie** (Person; Gruppe)	**bestimmt**	**die Methoden** (auch unbewusste)
2	**unbewusst ablaufende** (eingeübte) **Prozesse**	**sind schneller als**	**Rational gesteuerte, jeweils neu zu definierende Prozesse**
3	**die Informationsökonomie** (Nutzen/Aufwand)	**bestimmt**	**Personen-, Methoden-, Geräte-Einsatz generell**
4	**„menschzentrierte" Methoden** (z. B. Organisation, Kommunikation, Führung) werden ungenügend eingesetzt, aber…	**Bestimmen das Entwicklungsergebnis mehr als…**	**„technikzentrierte" Methoden** (z. B. CAD, Berechnung…), **die bekannt und eingeübt sind**
5	**Grundwissen und Methoden der integrierten Produktentwicklung**	**…muss in offenen Team-Projekten trainiert werden…**	…**die Konstr.-Methoden werden so im Unbewussten verankert**

Bild 3.68 Fünf Thesen, die für den Einsatz und die Wirkung von Methoden wichtig sind

■ 3.9 Ist Konstruieren Kunst oder Wissenschaft?

Die Frage ob Entwickeln und Konstruieren eher natürlich oder streng systematisch vor sich geht, wurde angeregt durch das Buch von Heymann mit ähnlichem Titel [19/1]. Es soll hier am Ende des Kapitels 3, das sich mit den Denkvorgängen der Produktentwickler, deren Wissen und Können bzw. der Bedeutung der Rationalität und des Unbewussten (Impliziten) beschäftigte, die Problematik noch einmal aus einer anderen Richtung beleuchtet werden. Außerdem soll das dem vorliegenden Buch zu Grunde liegende Modell des Konstruierens dargestellt werden. Das heißt kurz das, was dies Buch als Vorgehen empfiehlt.

Die Frage „Kunst oder Wissenschaft" wurde immer wieder im Verlauf der Geschichte der Konstruktionswissenschaft gestellt und kann auch anders formuliert werden: „Ist Konstruieren eher ein intuitiv zu erlernendes Handwerk wie z. B. Töpfern oder Schreinern oder entspricht es mehr dem streng wissenschaftlichen Vorgehen eines Physikers oder Chemikers?" Heymann hat dieses „Hin und Her" über 150 Jahre verfolgt. Am Anfang, als wir deutsche „Praktiker" im 19. Jahrhundert von den Engländern lernten, wurde die Technik vorwiegend intuitiv abgeschaut und durch ausprobieren verbessert. (Siehe Heymann's Bild 1.5). Aber dann betonte Reuleaux und Grashoff die Systematik. Konstruieren sollte mit Recht lehrbar werden! Das war endlich nötig und ist heute gelungen. Noch mein (Ehrlenspiel)

Vorgänger Rodenacker[13] war stark auf der strikten wissenschaftlichen Seite, während nach seiner Zeit die Tendenz wieder mehr zur Pragmatik, zum Zulassen intuitiver, unbewusster Prozesse ging.

Zunächst: Konstruktion kann nicht **Wissenschaft** sein, denn das primäre Ziel jeder Wissenschaft ist aus der Analyse zur Erkenntnisgewinnung zu gelangen. Nicht, wie in der Technik, handelnd ein Produkt zu erstellen. Konstruktion ist also in einem Synthesevorgang auf ein neues Produkt ausgerichtet, wobei aber Technikwissenschaft hilfreich sein kann. Allerdings ist aber oft genug die rationale Erkenntnis des physikalischen Funktionszusammenhangs nur ungenügend vorhanden. („Man weiß wie's geht, aber nicht warum!") – Die Frage lautet hier, ob Konstruieren strikt **wissenschaftlich**, d. h. methodisch, systematisch und damit rational, bewusst abläuft. – Oder aber, ob es **„kunstartig"** abläuft, also intuitiv, gefühlsmäßig, eher unbewusst. – Konstruktion und Kunst haben ja gemeinsam, dass ein **neues „Produkt"** geschaffen wird. Das heißt, beide betätigen sich im Sinne der **Synthese**, die gegenüber der Analyse viel komplexer und deshalb wissenschaftlich schwerer anzugehen ist.[14]

Die **Antwort** ist: Konstruieren findet sowohl wissenschaftlich, rational, wie intuitiv, unbewusst im Sinne des Zweistufen-Vorgehens statt. Es wird sogar laufend gewechselt.

Begründung: Beim Konstruieren geht es einerseits um das technisch-physikalische **Produkt**, andererseits um den **Erstellungsprozess**, der z. T. menschlich „im Kopf" abläuft, z. T. technisch (z. B. CAD; Fertigung; Montage). Der technische Erstellungsprozess kann natürlich mit naturwissenschaftlichen Verfahren analysiert werden. Das gilt ebenso für das Produkt bzw. die zu konstruierende Produktart (z. B. Produktvorläufer) oder einzubauende Elemente (Maschinenelemente, physikalische Effekte ...). Insofern ist immer ein Teil der Konstruktion naturwissenschaftlich begründbar. Sogar der menschliche Teil des Prozesses (Individual- und Gruppenprozess) ist z. T. wissenschaftlich analysierbar. Allerdings nicht naturwissenschaftlich. Aber heute gibt es Methoden aus der Systemtheorie und den Managementwissenschaften. Ebenso die in Kapitel 3.4 und 3.5 gezeigten experimental-psychologischen Methoden, sogar hinsichtlich der z. T. unbewussten Abläufe. Natürlich ist man hier erst am Anfang. Aber man kann heute, in der Ära der Ge-

13) Er sagte zu mir sinngemäß: „Konstruktionsmethodik soll so wissenschaftlich funktionieren, wie die Physik oder das System der Elemente in der Chemie". Natürliches menschliches Denkverhalten war für ihn kein Interessebereich. Es war vielmehr im Sinne der Systematik umzuschulen.

14) In der **Synthese** werden aus „unklar formulierten" Soll-Anforderungen theoretisch unendlich viele Lösungen (mit Strukturen) erzeugt, die dann gewisse Ist-Eigenschaften haben. Das sind dann jeweils die technischen Funktionen, die sich schließlich beim Praxiseinsatz einer Lösung ergeben. Es sind also wegen dieser Unbestimmtheit keine wissenschaftlich begründbaren Algorithmen anwendbar. – Das ist ein Kennzeichen schöpferischer Leistung, wie es ähnlich für Künstler zutrifft. – Bei der **Analyse** dagegen wird von einer Eigenschaftsmenge A mit Hilfe z. B. der Gesetze der Physik auf eine Eigenschaftsmenge B geschlossen. (Z. B. aus den geometrischen und massenmäßigen Daten eines Getriebes auf dessen Eigenfrequenzen). – (Aus einem Briefwechsel vom März 2003 mit Prof. Höhne, Ilmenau).

hirn-Erforschung nicht sagen, Konstruieren könne nicht wissenschaftlich untersucht und dann auch mal so gelehrt werden. Eine Grenze stellen allerdings Bewertungs- und Gewichtungsvorgänge bei Anforderungen und bei der Auswahl von Lösungen dar, weil es da stark um Gefühle geht. Und Gefühle sind sehr von persönlichen Lebenseinstellungen und Sinnzusammenhängen abhängig. (Man fängt erst an, Gefühle wissenschaftlich zu bearbeiten). – Der „menschliche" Teil der Konstruktion muss mindestens vorerst auch „Kunst" sein, weil wir wissenschaftlich zu wenig über unsere Denkvorgänge wissen! Weil das aber wohl noch lange so sein wird, müssen wir darauf vertrauen, dass unser Gehirn es intuitiv, unbewusst oft besser und vor allem schneller macht, als wir es wissenschaftlich begründet tun würden. (Kapitel 3.6). – So läuft der menschliche Prozessteil beim Konstruieren häufig „kunstartig" ab, d.h. mit Intuition, Einfall und Gefühl. Aber eben auch manchmal mit (typisch menschlichen) Fehlern (Kapitel 3.2.3; 3.3.4; 3.5; 3.7; 8.2; 8.3), die wir versuchen z.B. durch Methoden zu verringern. Und selbst, wenn wir einmal den ganzen Gehirnprozess wissenschaftlich verstünden, kommt es immer noch darauf an, die als effektiv erkannten Verhaltensweisen durch Training so im Unbewussten abzuspeichern, dass sie bei Bedarf viel schneller ablaufen können, als dies diskursiv, mit dauerndem Reflektieren möglich wäre. Also auch dann wieder „kunstartiges" Vorgehen? Wie beim Fremdsprachen-Lernen und -Sprechen. – Also endgültig die Antwort. **„Entwickeln und Konstruieren lebt von Wissenschaft und Kunst!"**

Welches Modell des Konstruierens liegt hier zu Grunde? Was ist der Kern des methodischen Entwickelns und Konstruierens von Produkten?

Es kommt darauf an, bei ausreichender Produkterfahrung den Routineteil des Konstruierens im **„Normalbetrieb"** des Denkens (vorwiegend intuitiv, unbewusst oder implizit; Stufe 1 in einem Zweistufen-Vorgehen) und damit meist schnell zu durchlaufen. (Siehe Kapitel 3.6; Badke-Schaub [96/3]). Erst in schwierigen, kritischen Situationen zum **„Rationalbetrieb"** übergehen (rational, diskursiv, explizit; Stufe 2), also wenn man „hängen bleibt", Widerspruch erfährt oder einfach „etwas Besseres sucht". Es geht um eine flexible Mischung aus Intuition und Rationalität (Kapitel 1.1 d; 3.2.2; 3.3.2 b und 6.2.3). Eine gute Aufgabenklärung ist aber immer – in Stufe 1 und 2 – zentral. (Siehe auch das Bild 3.66 ganz oben).

Auch beim „Rationalbetrieb" (Stufe 2) das **Vorgehen** am Anfang zur Orientierung nur grob strategisch planen (z.B. nach Bild 6.6; 6.7; 6.11), denn zu detaillierte Vorgehenspläne (z.B. nach Bild 6.12 bis 6.14) sind für die Praxis meist unrealistisch, da sie den realen Prozess ungenügend abbilden.

Sich nicht wundern, wenn man aus der „Ergebnisebene" (Bild 6.4) heraus plötzlich das Vorgehen strategisch ändern muss! In vielen Fällen hat sich der so einfach zu verstehende **Vorgehenszyklus** bewährt (Kapitel 3.3.2; Bilder 6.16; 7.38): Die Aufgabe klären (Anforderungsliste!); nicht nur eine Lösung, sondern Varianten suchen; unter diesen begründet auswählen! – Am meisten Bedeutung hat das Verstehen der Aufgabe zusammen mit dem (den) Kunden im Gespräch. Die Aufgabe sollte dabei auch unterteilt werden und das Wichtigste hervorgehoben werden (Kapitel 7.3). Alternative Lösungen findet man am ehesten durch Abstraktion von Forderungen oder bisher bekannten Lösungen als Funktionsfomulierung oder durch Übergang in physikalisch übergeordnete Bereiche. (Beispiel: In Bild 7.37 „Zwei-Schalen-Wecker verbilligen" abstrahieren in „kostengünstig akustisch Wecken"). Bewährte Methoden sind das Suchen nach alternativen physikalischen Effekten und die Kombination alternativer Teil-Lösungen (z. B. mit dem morphologischen Kasten, Bild 7.68).

Woher nimmt man weitere **Methoden** für den Rationalbetrieb? (Stufe 2). Aus einem flexibel einzusetzenden „Methodenbaukasten" (Kapitel 7.1 bis 7.10; auch 4.3; 4.4; 5.2; 6; 9.2 bis 9.4). Darunter gibt es genaue und weniger genaue, aufwendige und einfachere Methoden. Zudem gibt's Strategien, Werkzeuge, Computer-Tools. Man muss sie kennen und können, und damit auch Erfahrung sammeln und ihren Einsatz durch Wiederholung ins Unterbewusste absinken lassen (Kapitel 3.8.3). Dann kann man auch methodisch rasch arbeiten und hat oft genug ein besseres Resultat, als intuitiv im „Normalbetrieb".

Das Vorgehen kann **unterschiedlich** sein, je nachdem, welches Ziel, welche **Hauptforderung im Vordergrund** steht. Für neue Produkte („Funktionen realisieren") geht man etwas anders vor, als wenn man bei vorhandenen Produkten Eigenschaften ändern muss (z. B. Kosten; Zuverlässigkeit ... „Design for X"). Bilder 6.16; 6.17; 9.15.

Also das **Modell:**

„Intuitives und rationales, aber flexibles Vorgehen mit der jeweils gespeicherten Erfahrung und den für die Situation zweckmäßigen Methoden".

3.10 Persönliche Integrationsfähigkeit – angeboren oder erlernbar?

Menschen spielen eine zentrale Rolle bei der Umsetzung der Integrierten Produktentwicklung denn sie haben die Fäden in der Hand. Sie entscheiden über die wesentlichen Eigenschaften des zukünftigen Produkts, den Einsatz der richtigen Methoden, der adäquaten technischen Hilfsmittel und über die geeignete Organisationsform. (Siehe [81/4]) (Bild 4.25). Um das erfolgreich zu tun, bedarf es einer ausreichenden individuellen Integrationsfähigkeit.

Was ist Integrationsfähigkeit?

Als Integrationsfähigkeit bezeichnet man die Fähigkeit des Menschen, mit anderen Menschen erfolgreich zusammenzuwirken. Sie kennzeichnet das personale Vermögen, unterschiedliche soziale Bestrebungen, Interessen und Aktionen zu gemeinsamem Handeln zu bündeln und für die Arbeit, das Unternehmen, die Organisation wirksam werden zu lassen.[15] Integrative Persönlichkeiten zeichnen sich durch einen weitgespannten Strauß von Eigenschaften aus, wie soziale Kompetenz/soziale Intelligenz (Integrations- u. Teamfähigkeit; Konfliktlösungsfähigkeit, Kommunikations- u. Kooperationsfähigkeit, Verständnisbereitschaft ...), Handlungskompetenz, sowie Fach- und Methodenkompetenz.

Integrationsfähigkeit: angeboren oder erlernt?

Diese Frage, ob „Integratoren" wesentlich durch Lernen unterstützt und weitergebildet werden können, liegt für verantwortliche Personen in Schulen, Universitäten und Unternehmen auf der Hand. Denn bei steigender Vielfalt von Forschungsergebnissen und Erfahrungen mit einem weltweiten Spektrum von Produktarten sind gerade Nachwuchskräfte gefragt, die diese vielfältigen Erfahrungen in ein neues Produkt oder eine neuartige Dienstleistung einbringen können und sich und andere dafür begeistern können. Klar ist: Integrierte Produktentwicklung steht und fällt in erster Linie mit den Menschen, die sie betreiben und vorantreiben. Also noch einmal die Frage: Werden integrative Persönlichkeiten als solche geboren oder werden ihnen diese Fähigkeiten mehr oder weniger mühsam antrainiert? Welche Charaktereigenschaften/Fähigkeiten könnten das sein? Sicher ist wohl, dass es Menschen gibt, die von Geburt an, auch durch die Familie bedingt, gute Integrationsfähigkeiten aufweisen. Werden diese im Laufe der Ausbildung und des Berufslebens durch Erziehung, gute Vorbilder, aber auch durch Training weiter entwickelt, so kann daraus eine integrative Persönlichkeit werden. Dabei dürfte die Weiterentwicklung der von Natur aus vorhandenen Anlagen eine erhebliche Rolle spielen.

Zur Persönlichen Integrationsfähigkeit aus der Sicht der Autoren Lang und Tippelt

Nach F. **Lang [132/3]**: Was macht Integrationsfähigkeit beim Menschen aus Sicht der Psychologie aus?

Relevante Persönlichkeitsmerkmale sind dabei:

- Wissen
- Intelligenz (schlussfolgerndes Denken)
- Kreativität (siehe im Einzelnen Funke [133/3] und Kapitel 7.5.4)

15) */Kompetenzatlas.fh-wien/*

- Empathie und die Fähigkeit zur Perspektivenübernahme
- Handlungskompetenz. Dabei ist Intelligenz in der Psychologie gut zu diagnostizieren, Handlungskompetenz dagegen lässt sich kaum einheitlich erfassen.

Integrationsfähigkeit muss abgefordert werden, nur dann wird sie auch gelernt.

Aber: nicht nur die Intelligenz ist wichtig für die Kreativität einer Person, sondern auch **andere Persönlichkeitseigenschaften** wie: geistige Unabhängigkeit, Nonkonformismus, unkonventionelles Verhalten, weitgespannte Interessen, Offenheit für neue Erfahrungen, Risikobereitschaft sowie kognitive Flexibilität.

Nach **Tippelt** entwickelt sich die Persönlichkeit eines Menschen ein Leben lang. Wichtig ist die Bereitschaft zu Veränderungen. Dabei ist die Lernfähigkeit abhängig von genetischen Anlagen und von den Lebensumständen. [134/3].

Erste Ansätze für Integrationsfähigkeit können sich ergeben:

- Schon im **Elternhaus** kann das Kind, je nach Aufgeschlossenheit der Eltern, eine Offenheit und Diskussionsfreudigkeit mit Nachbarn und Besuchern erleben. Dabei ist auch wichtig, ob das Kind als Einzelkind oder mit Geschwistern aufwächst, und ob es sich mit anderen (Nachbars-)Kindern oder im Kindergarten zurecht finden kann.
- In der **Schule (nach Tippelt** [134/3]**), Hochschule, im Unternehmen ergeben** sich vielfältige Kontakte und Kooperationsmöglichkeiten. Aber auch die negative Seite von Zurückweisungen oder gar Mobbing. Ebenso ist die Frage: welche Lehrer/Vorgesetzte können für fachliche oder auch überfachliche Stoffe Begeisterung wecken? Wie aufgeschlossen sind Lehrkräfte dafür? Inwieweit können folgende Inhalte vermittelt werden?
  - Mehrdimensionale Bildung = fachliche und überfachliche Kompetenzen
  - Fachlichkeit darf nicht konträr zur mehrdimensionalen Bildung sein, sie korrelieren miteinander
  - Interkulturelle Kompetenzen = überfachliche Kompetenzen, Lernkompetenz sowie Freude und Interesse an Lehrinhalten

In unseren Bildungs-Institutionen geschieht viel zu oft eine Verengung auf reines Fachwissen! Die Fähigkeiten zur Kommunikation und Kooperation werden eher zufällig nebenbei geübt. Beispielsweise durch Lernen in Gruppen, im Sport, in der Organisation von Wettbewerben. Die Einstellung zu dieser Frage ist auch entscheidend für den Erfolg der Bildung und der Ausbildung an den Universitäten und Hochschulen. (Siehe Kapitel 3.8.3).

Was macht nach einer Umfrage Integrationsfähigkeit und interdisziplinäres Denken aus?

Fragt man Vertreter verschiedener Fachrichtungen (z. B. Naturwissenschaftler, Geisteswissenschaftler, Ingenieure), was ihrer Meinung nach die Voraussetzungen für integriertes Denken und Handeln sind, so nennen sie interessanterweise übereinstimmend:

- Soziale Kompetenz/soziale Intelligenz (1)
- Kommunikationsfähigkeit (2)

zu 1

Der Begriff **„soziale Kompetenz“** wird in einer Vielzahl von Definitionen verwendet, was das Gebiet etwas verwirrend macht.

Laut Wikipedia ist darunter zu verstehen die Gesamtheit individueller Einstellungen und Fähigkeiten, die im Sinne der Kooperation nützlich sind, eigene Handlungsziele mit den Einstellungen und Werten einer Gruppe zu verknüpfen und so auch beim Verhalten und der Einstellung dieser Gruppe mitzuwirken.

Der Psychologe U. P. Kanning unterscheidet die Soziale Kompetenz und das daraus entstehende sozial kompetente Verhalten [131/3].

Und zwar versteht er unter Sozialer Kompetenz den Oberbegriff für Wissen, Fähigkeiten und Fertigkeiten einer Person, das sie in einer konkreten Situation in die Lage versetzt, sozial kompetentes Verhalten zu zeigen. Dabei wird sozial kompetentes Verhalten sinnvollerweise in unterschiedlichen Berufen und Situationen auch unterschiedlich definiert.

Zur Frage nach der Entstehung sozial kompetentem Verhaltens bietet Kanning zwei sich ergänzende Modelle an:

- Elaborierte Steuerung des Sozialverhaltens, also ein **rational** gesteuerter Prozess
- Automatisierte Steuerung des Sozialverhaltens. Es läuft „so nebenher“ ab. Also eher **unbewusst** gesteuert.

Soziale Intelligenz hängt auch von der „normalen“ Intelligenz ab. Dazu gehört auch die Bereitschaft, sich weiter entwickeln zu wollen. Denn kein Erfolg ohne eigenes Wollen.

zu 2

Unter **Kommunikationsfähigkeit/kommunikativer Kompetenz** verstehen wir die Bereitschaft und Fähigkeit, konstruktiv, effektiv und bewusst zu kommunizieren./Wikipedia /. Dabei bedeutet Kommunikationsfähigkeit, dass man sich verständlich und empfängerorientiert ausdrücken kann. Kommunikationsbereitschaft bezieht sich auf den eigenen Willen, sich mit anderen auszutauschen, Dinge verbal zu klären und Wissen mittels Kommunikation weiterzugeben. (Siehe hierzu auch die Bild 3.7 und Bild 7.155).

Bedeutung der Ausbildung in Produktentwicklung/Konstruktion für die Integrationsfähigkeit

Die konstruktive Ausbildung in der Universität/Hochschulekann hier eine entscheidende Förderrolle übernehmen. Das Arbeiten in Gruppen zur Erreichung eines Konstruktionsziels steht und fällt mit den oben angesprochenen Fähigkeiten. Wenn diese Fähigkeiten in der Beurteilung und Kritik nach der gemeinsam erlebten Teamarbeit bewusst gemacht werden, wird den Studierenden zum mindesten deren Bedeutung einsichtig. Das wäre eine Voraussetzung dafür, dass sich junge Menschen zu integrativen Persönlichkeiten entwickeln können.

Denn auch für die Umsetzung von Zukunftskonzepten wie „Industrie 4.0" bleibt der integrativ denkende Mensch unverzichtbar. (S. Rußwurm 2014 [135/3]). Die Menschen werden gebraucht als kreative Denker und als Lenker und Koordinatoren. Vor allem als Vordenker für alle! Vorgänge und Abläufe, die erst dann digital erledigt werden können.

Fazit

Werden integrative Persönlichkeiten als solche geboren oder werden ihnen diese Fähigkeiten mühsam antrainiert? Sicher ist wohl, dass es Menschen gibt, die von Geburt an, auch durch die Familie bedingt, gute Integrationsfähigkeiten aufweisen. Werden diese im Laufe der Ausbildung z. B. in Konstruktion/Produktentwicklung und des Berufslebens durch Erziehung, gute Vorbilder, aber auch durch Training weiter entwickelt, so kann daraus eine integrative Persönlichkeit werden. Dabei dürfte die Weiterentwicklung der von Natur aus vorhandenen Anlagen eine erhebliche Rolle spielen.

4 Methodik der Integrierten Produkterstellung im Unternehmen

In diesem Kapitel erfolgt der Übergang von der Einzelperson zum Unternehmen, in dem der Einzelne nur einer von Vielen ist und dementsprechend nur Teile des Produkterstellungsprozesses erlebt. – Nicht nur wegen der Menge an Arbeit bei einer Produktentwicklung ist Arbeitsteilung nötig, sondern auch weil die nötige Vielfalt an Spezialisten-Erfahrung in einem individuellen Gehirn nicht gespeichert werden kann.

Produkte für Kunden zu erstellen und zu vertreiben, ist Hauptzweck produzierender Unternehmen. Nur wenn ein Produkt Bedürfnisse eines Kunden befriedigen kann, ist dieser u. U. bereit, einen Preis für dessen Erwerb zu entrichten und so zum Umsatz und Gewinn des Unternehmens beizutragen. Deshalb ist der Kunden- bzw. Marktbezug eine der wichtigsten Aufgaben von Unternehmen. Die Bedürfnisse der Kunden sind aber zunehmend nicht allein aufs (materielle) Produkt ausgerichtet, sondern auf damit verbundene (immaterielle) Dienstleistungen. Es sei nur an moderne Formen des Carsharing erinnert. Auch diese sind in einem erweiterten Produkterstellungsprozess zu integrieren.[1]

Um für Kunden attraktive Produkte zur Verfügung zu stellen, kann man die Sicht auf das Produkt und die Technik richten. Man kann seinen Blick aber auch mehr auf den menschlichen Prozess lenken, aus dem heraus das Produkt entsteht. Hierbei ist eine wichtige Leitidee, dass hohe Prozessqualität zu hoher Produktqualität führt. Diese Sicht, welche auch diesem Buch zugrunde liegt, hat sich in den letzten 25 Jahren der Konstruktionsforschung herausgebildet (Kapitel 3.4).

In Kapitel 2 wurden technische Systeme betrachtet (Sachmethoden). In Kapitel 3 das Verhalten des Einzel-Menschen als Problemlöser (Allg. anwendbare Methoden). Nun soll im Kapitel 4 der Produkterstellungsprozess behandelt werden, in dem Menschen zusammenwirken, um technische Systeme für den Markt zu produzieren. Es geht also um organisatorische Methoden.

---

1) Dienstleistungen müssenwie Produkte methodisch geplant und entwickelt werden, beispielsweise nach Funktionsstrukturen und im Team, ähnlich wie in Bild 7.38.

Zu Beginn (Kapitel 4.1) werden der Prozess und die Organisation der herkömmlichen, stark arbeitsteiligen Produkterstellung betrachtet und heute zu beobachtende Schwachstellen analysiert. Darauf aufbauend wird als Ansatz zur Überwindung heutiger Probleme eine stärkere Integration der Produkterstellung vorgeschlagen (Kapitel 4.2).[2] Hierzu werden integrierende Methoden für die Organisation beschrieben (Kapitel 4.3). Diese finden, als einzelne Bestandteile von integrierenden Vorgehensweisen, bei den in Kapitel 4.4 beschriebenen Simultaneous Engineering, Qualitätsmanagement und Quality Function Deployment Anwendung. Kapitel 4.5 zeigt am Beispiel zweier Untersuchugen, welche Erfolge integrative Ansätze haben können. In Kapitel 6 wird die Methodik der integrierten Produkterstellung (IPE-Methodik) dann weiter vertieft.

4.1 Konventionelle – nicht integrierte – Produkterstellung

Zunächst wird hier die konventionelle Produkterstellung, d. h. im Wesentlichen die sequenzielle Abfolge von z. B. Vertriebs-, Konstruktions-, Fertigungsvorbereitungsprozessen beschrieben. Hierbei wird natürlich die integrative Komponente, die das Produkt als Ganzes begreifende Sicht, auch immer wieder vollzogen. Jedoch durch nachträgliche Schleifen und nicht in dem Ausmaß, wie es eigentlich nach Kapitel 4.2 sein sollte. – Auch in der Zeit der 6. Auflage ist in vielen Unternehmen nicht integriertes Vorgehen immer noch üblich!

4.1.1 Der Prozess der Produkterstellung

Unter dem Prozess der Produkterstellung[3] versteht man den Vorgang der Erzeugung eines Produkts von der ersten Idee bzw. der Auftragserteilung bis zur Auslieferung an den Nutzer (Bild 4.1). Während dieses Prozesses werden die Eigenschaften des Produkts erst modellhaft, dann in der Produktion materiell festgelegt, woran praktisch alle Abteilungen des Unternehmens beteiligt sind. Grundlegend dabei ist, dass alle Produkteigenschaften am stärksten durch die Entscheidungen beeinflusst werden, die am Anfang seines Lebenslaufs liegen, sozusagen bei Zeugung, Geburt und in der Kinderstube.

---

2) Die Erfahrungen und Gedanken von H. Meerkamm aus seinen Vorlesungen [81/4] und [82/4] sind insbesondere in den Kapiteln 4.2 und folgende, sowie 6, 7.9.7 und 8.8 eingearbeitet.

3) In der Praxis werden für diesen Prozess andere Begriffe verwendet (Auftragsabwicklung, gesamter Geschäftsprozess, Produktentstehung, integrierte Produktion). Da aber keiner dieser Begriffe die Aktivität formuliert, die zur Entwicklung und Produktion eines Produkts nötig ist, wird hier der Begriff „Produkterstellung" verwendet.

Am Anfang des Prozesses der Produkterstellung steht die Produktdefinition, welche die planenden Abteilungen, wie die Angebotsabteilung, die Konstruktion und Entwicklung und die Fertigungs- und Montagevorbereitung erarbeiten. Dabei werden die Produkt- und die Produktionseigenschaften definiert. (Siehe Bild 7.30 Leitlinie zur Anforderungsklärung). Außerdem werden auch das Verhalten des Produkts bei der Nutzung und seine Tauglichkeit für ein Recycling festgelegt. Gerade letzteres tritt zunehmend in den Verantwortungsbereich des Herstellers. (life-cycle-engineering). Ebenso können im ganzen Lebenslauf eines Produktes mit ihm externe und interne Dienstleistungen verknüpft werden.

Zweck der Produkterstellung ist das erfolgreiche Produkt. Der Produkterfolg hängt trotz der Bedeutung früher Phasen des Lebenslaufs nicht allein vom Ergebnis der Entwicklung und Konstruktion oder gar der Produktdefinition ab. Während der Produktdefinition wird nur geplant, die Realisierung durch Produktion, Vertrieb und Service kann aber erheblich vom Soll, z. B. bezüglich der Qualität, der Termine oder der Kosten, abweichen. Hinzu kommt die Akzeptanz vom Markt.

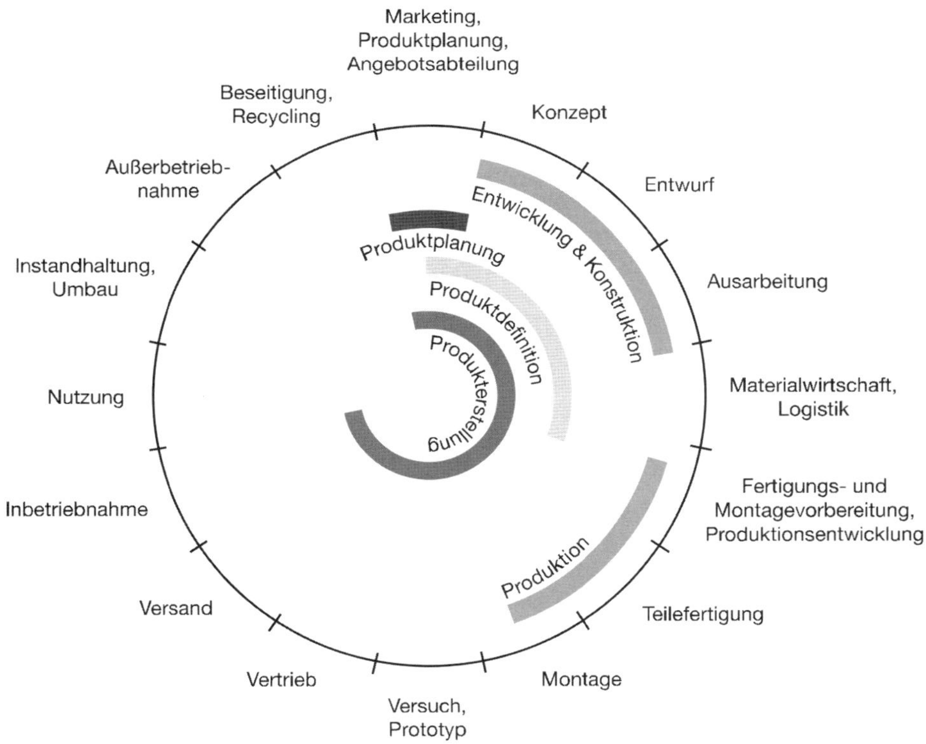

Bild 4.1 Produkterstellung im Lebenslauf eines Produkts: Im Kreislauf Nutzer (Markt) - Hersteller - Nutzer (Markt). Externe und interne Dienstleistungen treten in allen Phasen des Lebenslaufs auf. Zu jedem Begriff dieses Bildes gibt es die Betrachtung (das Management) der Qualität und der Sicherheit (Kapitel 4.4.2) sowie der Kosten (Kapitel 9)

4.1.2 Einflüsse auf den Prozess der Produkterstellung

Der Prozess der Produkterstellung wird abhängig von inneren und äußeren Einflüssen unterschiedlich gestaltet. Will man ihn in einem günstigen Sinn beeinflussen, so muss man die wesentlichen innerbetrieblichen und äußeren Einflüsse und mögliche „Stellschrauben" kennen. In Bild 4.2 ist eine Auswahl von Einflüssen auf die Produkterstellung zusammengestellt.

So haben äußere Einflüsse, wie die Konkurrenzsituation und die Konjunkturlage, Auswirkungen auf innerbetriebliche Einflüsse, wie die Leistungsbereitschaft und die Zusammenarbeit von Mitarbeitern. Daneben gibt es auch Einflüsse, die direkt auf der Schnittstelle zwischen außen und innen liegen. Hier seien als Beispiele das Vertriebsengagement und die Kundenorientierung genannt.

Die Einflussfaktoren haben Auswirkungen auf die unternehmensspezifische Ausprägung von Merkmalen der Produkterstellung (Bild 4.3). So können z. B. hohe Standortkosten dazu führen, dass man sich im Unternehmen dafür entscheidet, die Fertigungs- und die Montagetiefe bis auf Null zu verringern.

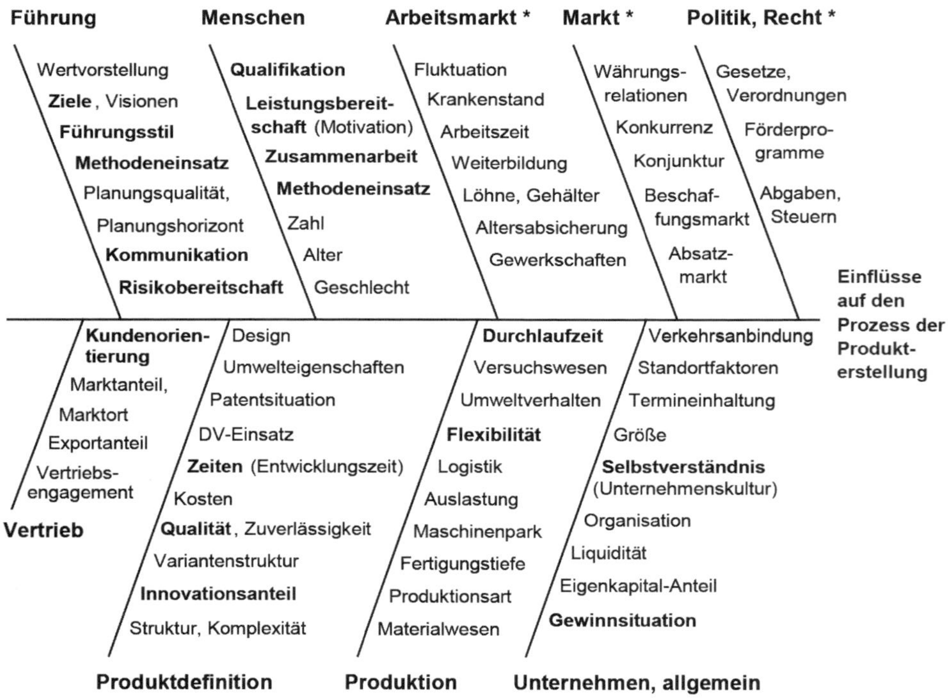

Bild 4.2 Einflüsse auf den Prozess der Produkterstellung (Ishikawa-Diagramm; * äußere Einflüsse)

Wenn man die Ausprägungen in Bild 4.3 unterschiedlich kombiniert ergeben nicht mehr überschaubare Arten von Auftragsabwicklungen. Dies erklärt die Vielfalt von Produkterstellungsprozessen und die Unterschiedlichkeit von Unternehmenscharakteristika und -problemen.

	Merkmale der Produkterstellung	Mögliche Ausprägungen der Merkmale der Produkterstellung				
Allgemein	Auftragsauslösung	Produktion auf Bestellung mit Einzelaufträgen	Produktion auf Bestellung mit Rahmenaufträgen	Anonyme Vorprod. auftragsbezogene Endproduktion	Produktion auf Lager	
Allgemein	Betroffene Standorte	Standort „X"	Standort „Y"	Standort „Z"		
Allgemein	Betroffene Abteilungen	Produktplanung	Vorentwicklung	Konstruktion	Fertigungsvorbereitung	....
Allgemein	Dringlichkeit, Priorität	gering	mittel	hoch		
Allgemein	Aufwand	gering	gering-mittel	mittel	mittel - groß	groß
Produktbezogen	Produktsparte	Produktgruppe „R"	Produktgruppe „S"	Produktgruppe „T"	....	
Produktbezogen	Produktart	nach Kundenspezifkation	typisiert mit kundenspezifischen Varianten	Standarderzeugnis mit Varianten	Standarderzeugnis ohne Varianten	
Produktbezogen	Produktkomplexität	mehrteilig mit komplexer Struktur	mehrteilig mit einfacher Struktur	geringteilig	....	
Produktbezogen	Voraussichtliche Stückzahl	sehr groß, Massenfertigung	groß, Massenfertigung	gering, Einzel- und Kleinserienfertigung	eins, Einmalfertigung	
Produktbezogen	Änderungsumfang	keine Änderung, nur Produktion	gering, Variantenkonstruktion	mittel, Anpassungskonstruktion	hoch, Neukonstruktion	
Produktionsbezogen	Bedarfsermittlung	bedarfsorientiert	erwartungs-/ bedarfsorientiert	erwartungsorientiert	periodenorientiert	
Produktionsbezogen	Auslösung des Sekundärbedarfs	auftragsorientiert	teilweise auftragsorientiert/ teilweise periodenorientiert	periodenorientiert		
Produktionsbezogen	Bevorratung	Bevorratung von Kleinteilen	Bevorratung auf Teileebene	Bevorratung auf Baugruppenebene	Bevorratung von Erzeugnissen	
Produktionsbezogen	Fertigungstiefe	hoch	mittel	gering	null	
Produktionsbezogen	Montagetiefe	hoch	mittel	gering	null	
Produktionsbezogen	Ablaufart in der Teilefertigung	Werkstattfertigung	Inselfertigung	Reihenfertigung	Fließfertigung	
Produktionsbezogen	Ablaufart in der Montage	Baustellenmontage	Gruppenmontage	Reihenmontage	Fließmontage	
Produktionsbezogen	Änderungseinflüsse des Kunden noch in der Produktion	in größerem Umfang	gelegentlich	sehr selten	keine	
	???	....				

Bild 4.3 Mögliche Ausprägungen von Merkmalen der Produkterstellung (nach Wach [1/4])

In der Praxis haben sich vor allem zwei stark unterschiedliche „Merkmalswelten" herausgebildet, nämlich auf der einen Seite die Klein- und Mittelunternehmen (KMU), auf der anderen Seite die Großunternehmen. Das geht aus Bild 4.4 hervor.

KMU sind stark von der Unternehmerpersönlichkeit geprägt und können deshalb sehr unterschiedlich sein. – Auf welche Weise die in den Unternehmen die oft sehr komplexen Prozesse bewältigt werden können, wird im Folgenden durch eine Beschreibung der Grundlagen der Arbeitsteilung erläutert.

Bereich	Klein- und Mittelunternehmen	Großunternehmen
Unternehmensführung	▪ Eigentümer /Unternehmer, oft patriarchalisch mit mangelnden Führungskenntnissen, kaum externe Kontrolle ▪ oft technisch orientierte Ausbildung ▪ wenig Planung, viel Improvisation, schnelle Entscheidungen, nahe am Betriebsgeschehen ▪ durch Funktionshäufung überlastet	▪ Manager, oft Gruppenentscheidungen ▪ fundierte Führungskenntnisse ▪ gutes technisches Wissen in Fachabteilungen ▪ umfangreiche Planung, oft träge Entscheidungswege z. T. fern vom Betriebsgeschehen ▪ stark sachbezogene Arbeitsteilung
Personal	▪ überschaubare Zahl von Mitarbeitern mit geringem Akademiker-Anteil ▪ meist breites Fachwissen und -können ▪ Jeder kennt fast Jeden; meist hohe Arbeitszufriedenheit	▪ große Zahl von Mitarbeitern, als Person aber meist „oben" unbekannt. Akademiker eher häufig ▪ meist starke Spezialisierung ▪ oft geringe Arbeitszufriedenheit
Organisation	▪ einfache Organisationsstruktur	▪ komplexe, verzweigte Organisationsstruktur
Absatz	▪ spezialisiertes Angebot in schmalen Marktsegmenten	▪ breites Angebot auch in breiten Marktsegmenten
F&E, Konstruktion	▪ bedarfsorientiert bei Produkten und Verfahren, kaum oder keine Forschung ▪ nach Erfindung schnelle Nutzung	▪ langfristige F&E-Abteilung, auch im Kontakt mit Grundlagenforschung ▪ träge Umsetzung von Erfindungen, Neuerungen
Beschaffung, Materialwirtschaft	▪ schwache Position am Beschaffungsmarkt ▪ häufig auftragsbezogene Materialbeschaffung	▪ starke Position am Beschaffungsmarkt ▪ eher auftragsunabhängige Beschaffung mit langfristigen Lieferverträgen
Produktion	▪ arbeitsintensiv mit geringer Arbeitsteilung an Universalmaschinen ▪ geringe Kostendegression bei steigendem Umsatz	▪ kapitalintensiv mit hoher Arbeitsteilung an Spezialmschinen ▪ große Kostendegression bei steigendem Umsatz
Finanzierung	▪ im Familienbesitz mit beschränktem Zugang zum Kapitalmarkt ▪ Gefahr, dass zerstrittene Familie die Zukunftsfinanzierung vernachlässigt ▪ in Krisensituationen kaum staatliche Unterstützung	▪ meist breit gestreuter Besitz (AG) mit vielfältigen Finanzierungsmöglichkeiten ▪ in Krisensituationen eher staatliche Unterstützung („zu groß, um pleite zu gehen")

Bild 4.4 Unterschiedliche Merkmale von Klein- und Mittelunternehmen im Vergleich zu Großunternehmen (weitgehend nach Heßling [65/4] und Pfohl u. Kellerwessel 1990)

4.1.3 Arbeitsteilung zur Bewältigung der Komplexität der Produkterstellung

4.1.3.1 Begründung und Arten der Arbeitsteilung

Die Komplexität der Produkterstellung wird einerseits durch die technische **Komplexität der Produkte** selbst beeinflusst. Komplexe Produkte haben meist auch komplexe Erstellungsprozesse zur Folge (Kapitel 2.3.2 b). Andererseits ist aber auch die geforderte **Menge** von Produkten **pro Zeit** von Einfluss auf die Komplexität des Prozesses. So kann die Herstellung eines sehr einfachen Produkts, z. B. einer Beißzange, bei einer geforderten Stückzahl von 10 000 Stück pro Tag durchaus ein komplexes Problem darstellen.

Je nach Komplexität gibt es unterschiedliche Vorgehensweisen, um von einem Ausgangszustand (Bedürfnis) zu einem Endzustand (Bedürfniserfüllung) zu kommen (Bild 4.5).

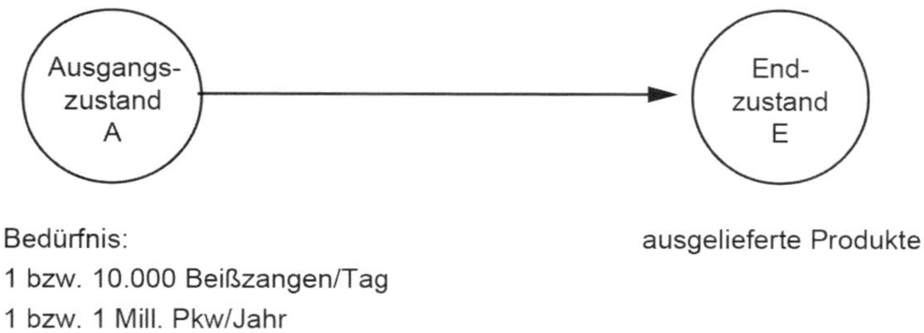

Bild 4.5 Übergang von einem Ausgangszustand A zu einem Endzustand E

- **Geringe Komplexität:** Es ist ohne weiteres klar, dass ein Facharbeiter in einer Schmiedewerkstatt durch eine teils geistige, teils handwerkliche Tätigkeitsfolge an einem Tag eine Beißzange herstellen kann. Es braucht dabei nichts Sichtbares dokumentiert zu werden: Es gibt keine Zeichnung und keinen Arbeitsplan. Die Komplexität des Produkterstellungsprozesses ist „im Kopf" beherrschbar.
- **Hohe Komplexität:** Bei 10 000 Beißzangen pro Tag wird der Prozess jedoch so vielschichtig, dass Maßnahmen zur Bewältigung der Komplexität des Produkterstellungsprozesses – nicht des Produkts – nötig werden. Es ist unzweckmäßig, 10 000 Arbeiter ohne weitere Planung und Koordination damit zu beauftragen, jeden Tag je eine Beißzange herzustellen. Jeder Arbeiter würde dann die Produktionsaufgabe komplett bearbeiten. Schon der Zu- und Abtransport des Materials wäre chaotisch. Man wird den Prozess also arbeitsteilig, d. h. mit Zwischenzuständen und zusätzlich mit mehreren parallel arbeitenden Werkern (Mengenteilung) organisieren.

Die Einführung von Zwischenzuständen **(Artteilung)** und die Aufteilung der Arbeit in parallele Prozesse **(Mengenteilung)** sind zwei wesentliche Maßnahmen zur Komplexitätsbewältigung, die im folgenden eingehender besprochen werden (Bild 3.14; 3.15).

Zwischenzustände können, auf das Beispiel der Beißzange bezogen, etwa folgende sein: die Zeichnung der Beißzange, der Arbeitsplan und die Vorgabezeitberechnung, das produzierte und geprüfte Schmiederohteil, das bearbeitete Fertigteil, die montierte Beißzange, die versandfertig verpackte Beißzange. Die Prozesse, die zu solchen Zwischenzuständen führen, können auch parallel von mehreren Personen ausgeführt werden.

Schematisch ist dies in Bild 4.6 dargestellt. Dabei ist es zunächst bedeutungslos, ob man den Zeitraum zwischen dem Ausgangs- und dem Endzustand durch Zwischenzustände oder durch Tätigkeiten (Operationen) unterteilt, die zu diesen Zwischenzuständen führen. Der konkrete Erstellungsprozess bei der geforderten hohen Stückzahl der Beißzangen ist dann eine Menge von parallel ablaufenden gleichartigen Tätigkeitsfolgen. Jede einzelne Person erledigt nur noch eine Teiltätigkeit mit hoher Effizienz, für die sie u. U. ausgebildet ist oder für die sie infolge von Training eine hohe Fertigkeit erlangt. Auch eine Arbeitsteilung zwischen planenden und ausführenden Tätigkeiten ist möglich.

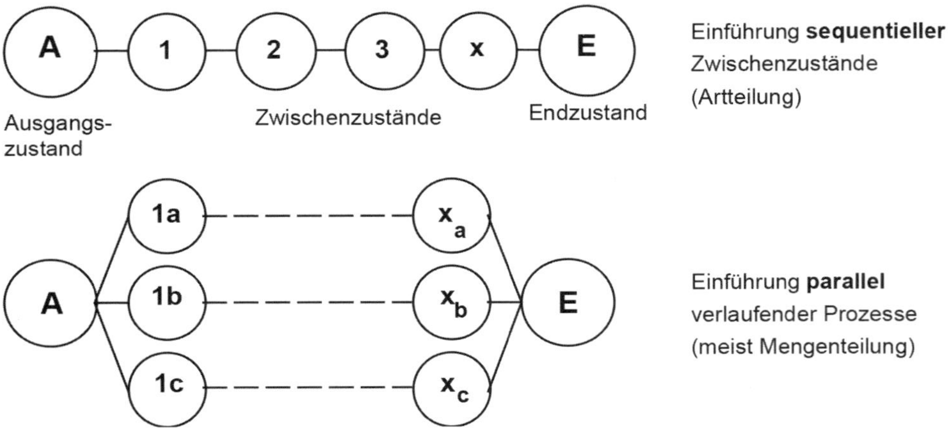

Bild 4.6 Unterteilung des Prozesses von A nach E. Oben sequenziell mit Zwischenzuständen. Unten das Gleiche, aber parallel zur Mengenteilung

Die beschriebenen Maßnahmen zur Komplexitätsbewältigung sind bei allen Tätigkeiten einsetzbar: Aufteilung des Gesamtprozesses in **sequenziell** aufeinander folgende Teilschritte bei gedanklichen wie bei körperlichen Tätigkeiten **einer** Person oder auch **vieler Personen**. Die Aufteilung in **parallele Prozesse** kann nach unterschiedlichen Funktionen, unterschiedlichen Baugruppen (z. B. beim Pkw:

Motor, Karosserie, Innenausstattung) und unterschiedlichen technischen Bereichen (z. B. bei Waschautomaten: Mechanik, Elektrik zum Antrieb, Steuerungstechnik, Software, Bild 5.30) usw. erfolgen (Bild 4.7). So werden in der Teilefertigung die Einzelteile eines Produkts parallel gefertigt, sie ergeben erst in der Montage wieder ein Ganzes. Aus dem Beispiel nach Bild 5.30 erkennt man übrigens, dass bei der Aufteilung in parallele Prozesse auch Artteilung vorliegen kann (siehe auch Bild 3.15).

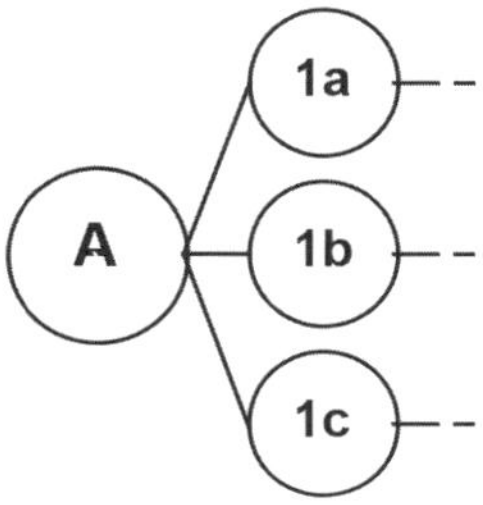

Aufteilung in **Parallelprozesse**
z.B. nach:
- Menge (d.h. Mengenteilung)
- Funktion
- Teilen
- Baugruppen
- techn. Bereichen
- ......

Bild 4.7 Verschiedene Möglichkeiten der übergreifenden Aufteilung des Produkterstellungsprozesses in Parallelprozesse (siehe auch Bild 3.15)

Ebenso kann die Aufteilung eines Produkterstellungsprozesses in Tätigkeitsfolgen nach unterschiedlichen **Strategien** sinnvoll sein (Bild 4.8):

- vom Vorläufigen zum Endgültigen (Konzept, Vorentwurf, Entwurf, Produktdokumentation, Prototyp, Teilefertigung, Vormontage, Endmontage, ...);
- vom Abstrakten zum Konkreten (geistige bzw. rechnerinterne Modellierung, Designmodell, Versuchsmodell, fertiges Produkt) (vgl. Bild 3.14);
- vom Wesentlichen zum weniger Wesentlichen. Zuerst die Funktionsfestlegung: Hauptfunktionen vor Nebenfunktionen. Anschließend die Sicherheitsauslegung. Dann die fertigungsgerechte Gestaltung: Grobgestaltung vor Feingestaltung; erst Haupt-, dann Nebenfunktionsträger; schließlich kostengünstige, ergonomische, optisch günstige Gestaltung (Bild 3.13; 6.12). Natürlich wird man versuchen, nicht nur sequenziell vorzugehen, sondern die wichtigsten Punkte gleichzeitig zu beachten.

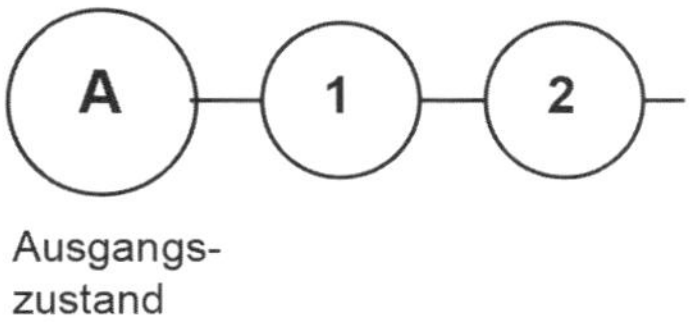

Aufteilung in **sequentielle Tätigkeiten**
z. B. :
- vom Vorläufigen zum Endgültigen
- vom Abstrakten zum Konkreten
- vom Wesentlichen zum weniger Wesentlichen
- vom Unvollständigen zum Vollständigen
- ...

Bild 4.8 Verschiedene Möglichkeiten der Unterteilung des Produkterstellungsprozesses in sequenzielle Tätigkeiten nach unterschiedlichen Strategien

4.1.3.2 Dokumente als Folge der Arbeitsteilung

Überträgt man die hier schematisch dargestellte Arbeitsteilung auf die Realität eines Unternehmens, so ergibt sich eine Vielzahl von **Schnittstellen**, wie Bild 4.9 zeigt. Das können nicht nur interne, sondern auch externe Schnittstellen sein, wie z. B. zum Kunden, zu Zulieferern, die ihrerseits wieder Zulieferer haben. Schnittstellen ergeben Probleme bezüglich des Informationsflusses: Die Information kommt nicht, falsch oder zur falschen Zeit (Kapitel 4.2.3; 3.7). Bei Produkterstellungsprozessen, die ohne Arbeitsteilung auskommen, gibt es diese Problematik nicht, wie Bild 4.9 unten am Beispiel eines Kunsthandwerkers zeigt.

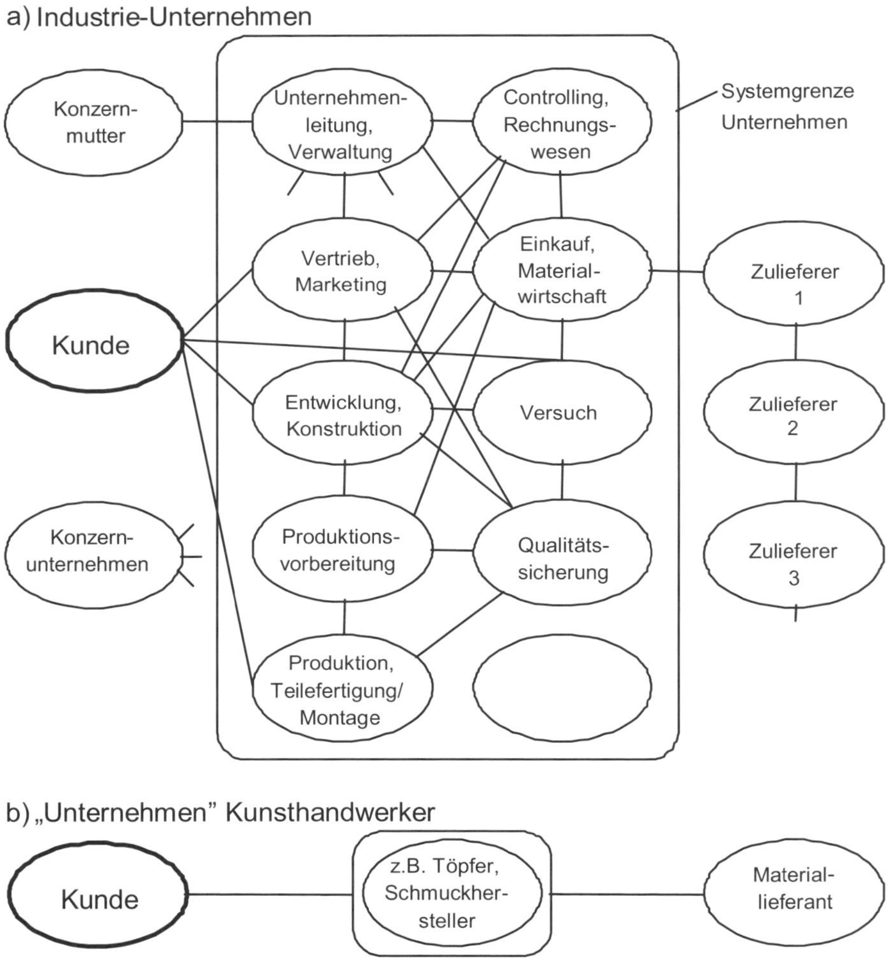

Bild 4.9 Schnittstellen: a) mit der Arbeitsteilung entstehende Schnittstellen sind Ursachen für Qualitäts-, Termin- und Kostenprobleme; b) ohne Arbeitsteilung kaum Schnittstellenprobleme

Um den Informationsfluss zu organisieren, wird zur Überwindung der Schnittstellenproblematik die weiterzugebende Information in Dokumenten „eingefroren". Damit wird die Information objektiv feststellbar und ähnlich wie ein Werkstück im Materialfluss der Produktion verplanbar.

Unter einem **Dokument** versteht man eine als Einheit gehandhabte Zusammenfassung oder Zusammenstellung von Informationen, die nicht-flüchtig auf einem Informationsträger gespeichert sind [2/4]. Dokumente als Datensätze oder in Papier entstehen bei der Produkterstellung vor allem in planenden Abteilungen aus den Modellen, die dort z.B. für das Produkt oder die Produktion erarbeitet werden. Beispiele für Modellierungen des Produkterstellungsprozesses als Arbeitsergebnisse zur Weitergabe an Schnittstellen sind in Bild 4.10 wiedergegeben. (Siehe Kapitel 2.1).

Die Dokumente sind bei konventioneller Arbeit nur bis zu einem bestimmten Grad formalisiert. Es gibt in Unternehmen formalisierte und abzulegende **„Muss-Dokumente"** (Fertigungszeichnungen und Berechnungen, Stücklisten, Prüfpläne etc.), die erstellt werden müssen, damit ein geordneter Informationsfluss zustande kommt. Andere Dokumente **(„Kann-Dokumente")** werden Hilfsweise erstellt, um den Arbeitsfortschritt zu erleichtern. Beispiele dafür sind Prinzipskizzen oder Überschlagsberechnungen. Sie werden u.U. nach Abschluss der Arbeiten weggeworfen. Wenn man rechnergestützt arbeitet und/oder die Produkthaftpflicht und die Qualitätssicherung (z.B. DIN ISO 9000) intensiver beachtet, muss man meist stärker formalisieren und eine Reihe von Kann-Dokumenten in Muss-Dokumente umwandeln (Kapitel 4.4.3).

Insbesondere dann wird in der Praxis der Produkterstellungsprozess in seinen Planungsanteilen als ein **„dokumentengetriebener" Prozess** aufgefasst. Das bedeutet, dass die Arbeitsfortschritte, die Termine und die an der Arbeit beteiligten Personen nach den zu erstellenden Dokumenten eingeteilt werden. („Wer macht bis wann die Festigkeitsrechnung, die Maßzeichnung, die Montageplanung?"). Dokumente sind in der Praxis bei jedem Planungsprozess die harten Fakten, nach denen man sich richtet und z.B. die Terminplanung durchführt (Kapitel 5.2.3).

In Bild 4.10 fällt auf, dass die einzelnen Modelle und Dokumente nicht durchgängig aufeinander aufbauen und nur mit Neugenerierung der Daten ineinander überführt werden können. Dieses Problem der Schnittstellen zu überwinden, war ein Anliegen von CIM und ist es von PDM (Produktdaten-Management). Ein verbesserter dokumentengetriebener Produkterstellungsprozess, wobei Dokumente nur einzelne Facetten eines allen Abteilungen gemeinsamen Produkt- und Produktionsmodells sind, ist an vielen Stellen Forschungsthema.

Auf die Folgen der Arbeitsteilung, die sich in der Aufbauorganisation von Unternehmen und im Ablauf der Produkterstellung niederschlägt, gehen die anschließenden Kapitel ein.

An der Produkterstellung beteiligte Abteilungen und ihre Tätigkeiten	In den Abteilungen dokumentierte Modellierung (Arbeitsergebnisse)
Produktplanung, Marketing	
• Markt- und Mitbewerber analysieren	• Vorläufige Produktdefinition • Wirtschaftlichkeitsabschätzung
• Vertrieb organisieren	• Vertriebsplan, Werbelayout
Entwicklung und Konstruktion	
• Klären der Aufgabe	• Anforderungsliste
• Strukturieren der Aufgabe	• Funktionsstruktur, Schaltplan, geforderte Kosten- oder Zuverlässigkeitsstruktur
• Suchen nach Lösungsprinzipien	• Prinzipielle Lösung (z. B. Skizze)
• Gliedern in realisierbare Module	• Modulare Struktur, Baustruktur
• Gestalten des Produkts	• Entwurfszeichnung, Berechnung
• Ausarbeiten der Produktdokumentation	• Produktdokumentation (z. B. Fertigungszeichnungen, Stückliste)
Materialwirtschaft	
• Strukturieren der Teile nach Fremd- und Eigenteilen	• Bestell-, Lager-, Fertigungsstückliste
• Bestell- und Kontrollvorgänge durchführen	• Anfragen und Aufträge • Eingangskontroll-Protokolle, Materialschein
Arbeitsvorbereitung	
• Fertigungsablauf, Fertigungsverfahren, Vorgabezeit, Werkzeuge, Vorrichtungen, Logistik und Prozeßüberwachung festlegen	• Fertigungsprozessplan, NC-Programm, Lohnbeleg, Terminplan • Beschaffungsantrag • Vorrichtungszeichnung • Montageplan
Qualitätssicherung	
• Prüfverfahren und Prüffolge festlegen, prüfen	• Prüfplan, Prüfprotokoll
Kalkulation	
• Herstellkosten errechnen	• Vorkalkulation, Nachkalkulation

Bild 4.10 Beispiele für Dokumente aus der Modellierung des Produkterstellungsprozesses

4.1.4 Aufbauorganisation

In Unternehmen werden umfangreiche Aufgaben häufig von Tausenden von Menschen arbeitsteilig bewältigt. Um die geistige und körperliche Arbeit der Mitarbeiter so zu organisieren, dass zu einem gewünschten Zeitpunkt ein qualitativ hochwertiges und kostengünstiges Produkt erstellt wird, ist die Strukturierung der betrieblichen Arbeit unumgänglich. Die Aufbauorganisation legt die hierarchische Gliederung des Unternehmens in Teilsysteme fest und regelt deren Beziehungen

(Kompetenz, Verantwortung, Kommunikation). Das hierfür gewählte sequenzielle und parallele arbeitsteilige Vorgehen ist in einem Unternehmen schon in der Gesamtorganisation und den Gebäuden sichtbar.

Man kann ein Unternehmen nach folgenden Kriterien gliedern [4/4]

- Gliederung nach Funktionsbereichen (Bild 4.11 bis Bild 4.13)
- Gliederung nach Produktbereichen/Sparten (Kapitel 4.3.1)
- Gliederung nach Phasen der Produkterstellung (Bild 2.26, Bild 4.1)
- Gliederung nach Marktbereichen/Regionen
- Gliederung nach Projekten (Kapitel 4.3.4)

Da die Gliederung nach **Funktionsbereichen** (funktionale Organisation, Linienorganisation, Verrichtungsmodell) der konventionellen – nicht integrierten – Produkterstellung zugrunde liegt, wird sie im Folgenden behandelt. Funktionsbereiche sind z. B. Entwicklung, Produktion, Vertrieb. Der Aufbau der Organisation geschieht hierarchisch, d. h. die Entwicklung ist wieder in Funktionsbereiche gegliedert usw.

In den Bildern 4.11 bis Bild 4.13 ist ein Beispiel für diese Organisation der Produkterstellung gezeigt. Bild 4.11 zeigt die Struktur des gesamten Unternehmens, Bild 4.12 in detaillierter Form die Struktur der Entwicklung und Konstruktion. Bild 4.13 gibt die Struktur der Produktion wieder.

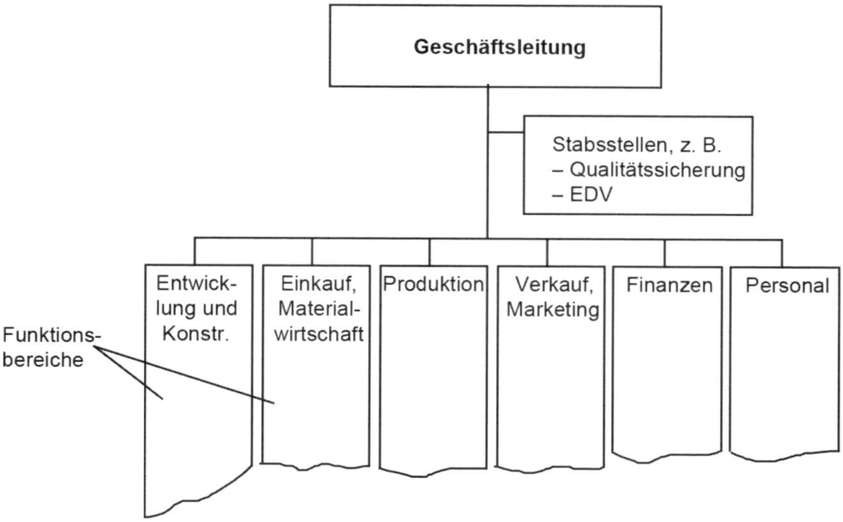

Bild 4.11 Organisation eines Maschinenbauunternehmens (siehe auch Bild 4.39 bis Bild 4.41)

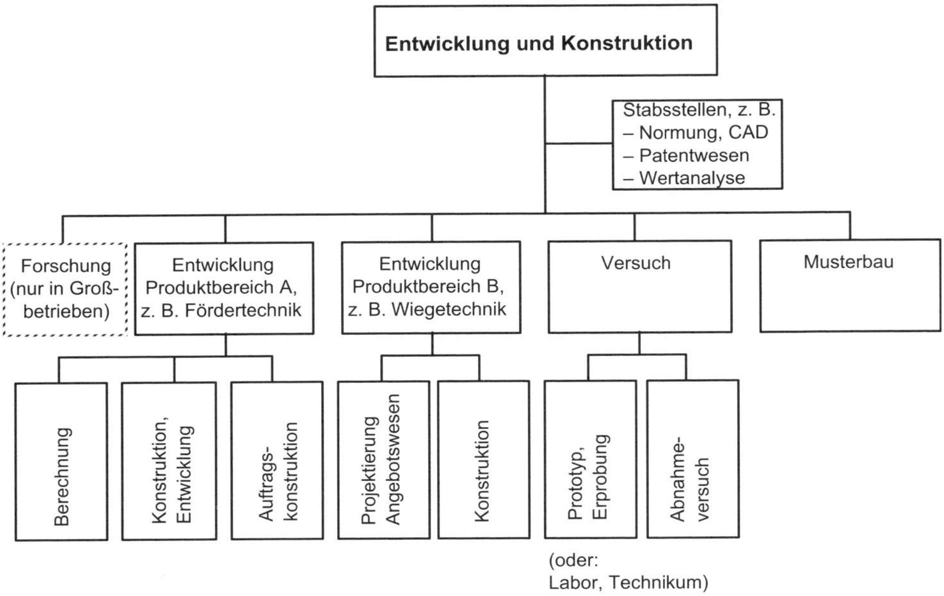

Bild 4.12 Organisation des Bereichs Entwicklung und Konstruktion

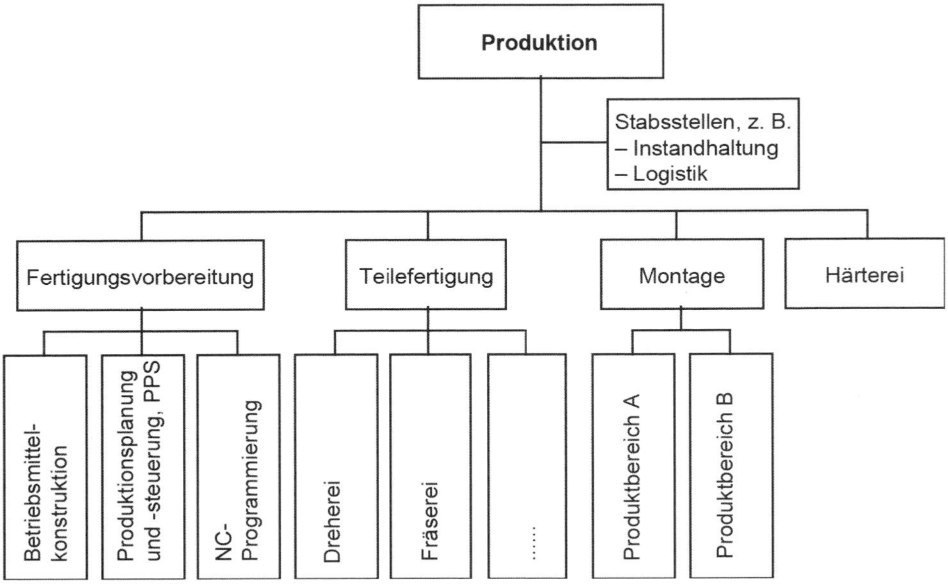

Bild 4.13 Organisation des Bereichs Produktion

Es wird oft sehr stark strukturiert. Und dies, obwohl sich schon aus den Erkenntnissen des Militärs und neu des Systems Engineering gezeigt hat, dass Systemhierarchien an eine Grenze der Arbeitsfähigkeit kommen, wenn sie mehr als 7±2 Untersysteme haben. [26/1; S. 161]. Dies entspricht der Zahl der Chunks, die im Arbeitsgedächtnis als Informationseinheiten gleichzeitig behalten werden können (Kapitel 3.2.1). Große Unternehmen, wie z. B. Pkw-Hersteller, unterteilen noch weiter. Der Konstruktions- und Fertigungsprozess wird z. B. nach **Produktbereichen**, d. h. nach der Baustruktur des Pkw, aufgeteilt (Abteilung für Motoren, Karosserie, ...) und hat dementsprechend auch eine Abteilung für die Integration (Entwicklung Gesamtfahrzeug). Es handelt sich hier also um eine produktbezogene Organisation, im Gegensatz zur obigen funktionalen Organisation. (Siehe Bild 4.39). Ferner gibt es Abteilungen, die **Phasen der Produkterstellung**, d. h. die Strategie „vom Vorläufigen zum Endgültigen“ (Bild 3.13), verkörpern (Forschung, Vorentwicklung, Prototyperprobung, Vorserienerprobung, Serienkonstruktion).

Die verschiedenen zu realisierenden **Eigenschaften** des Fahrzeugs werden außerdem von jeweils **spezialisierten Abteilungen** analysiert, die die Konstruktion beraten (Festigkeit, Steifigkeit, Fahrverhalten, Klima, Kosten, Zuverlässigkeit, Ergonomie, ...). Die Komplexität der Pkw-Erstellung wird also beherrschbar, indem von einzelnen Abteilungen jeweils nur Ausschnitte des Gesamtsystems und Teile der Eigenschaften betrachtet werden.

Welche weiteren Probleme die funktionale Organisation vor allem in größeren Unternehmen bezüglich der Zusammenarbeit aufweist, wird in Kapitel 4.1.6 besprochen.

4.1.5 Ablauforganisation und Vorgehenspläne

Ablauforganisation

Die Ablauforganisation im Sinne eines Unternehmens befasst sich mit der inhaltlichen, personellen, zeitlichen und räumlichen Gestaltung der Produkterstellung bzw. der Auftragsabwicklung durch die Stellen der Aufbauorganisation.

Begründung von Vorgehensplänen

Im Rahmen der beschriebenen betrieblichen Ablauforganisation hat jeder Mitarbeiter seine **persönliche Ablauforganisation** zu gestalten. Grundlagen dafür sind in Kapitel 3.3 und 3.4 beschrieben. In jedem Fall steht hier der **Vorgehenszyklus** im Vordergrund (Kapitel 3.3.2), auch wenn er als solcher nicht bewusst wird. Wenn der Umfang der Arbeit jedoch sehr groß wird bzw. andere Personen oder Gruppen eingebunden werden müssen, wie hier bei ganzen Produkterstellungsprozessen, ist eine Strukturierung nur mit dem Vorgehenszyklus nicht mehr ausreichend. So fängt man bei größeren Aufgaben an, die Arbeitsabschnitte schärfer abzugrenzen und zu formulieren, und entwickelt aus dem Vorgehenszyklus einen Arbeitsplan bzw. einen **Vorgehensplan** mit zeitlicher Strukturierung. In diesem lassen sich dann über die persönliche Arbeitsgestaltung hinaus gruppen- und abteilungsbezogene Abläufe darstellen. (Vgl. Definition des Begriffs Organisation am Beginn von Kapitel 5.)

Ein Vorgehensplan gibt im Unterschied zum **Projektplan** (Kapitel 4.3.4.1), der eine strenge Abarbeit mit einem „strikten Fahrplan" verlangt, eher eine Orientierung des zweckmäßigen Ablaufs nach Arbeitsabschnitten an, vergleichbar einer Wanderkarte mit Wegweisern.

Wie in Bild 4.14 schematisch angedeutet ist, enthält ein Vorgehensplan in jedem Arbeitsabschnitt hierarchisch untergliederbar viele Vorgehenszyklen. Man kann also selbstähnlich immer weiter detaillieren.

Entsprechend den jeweils neuen Inhalten in jeder Detaillierungsebene bekommen die Hauptschritte des Vorgehenszyklus jeweils spezielle Ausprägungen. So wird beim Konzipieren bei den Vorgehenszyklen in der Detaillierungsebene 1 das (I) „Aufgabe klären" zu „konzeptbestimmende Anforderungen ermitteln", in der Detaillierungsebene 2 zu „Anforderungen an Lösungsprinzipien klären" und in der Detaillierungsebene 3 zu „Anforderungen an physikalische Lösungen klären".

Das Schema der Bearbeitung bleibt also jeweils gleich, nur die konkreten Inhalte ändern sich problemangepasst. Die Tiefe der Detaillierung von Vorgehensplänen hängt von dem jeweiligen Problem und dem zulässigen Arbeitsaufwand ab (Kapitel 3.6) [4/4]. Vorgehenspläne haben in Anbetracht der Komplexität bearbeiteter Prozesse Grenzen: So ist es sinnlos, bei der Planung von ganzen Produkterstellungsprozessen jeden einzelnen Handlungsschritt oder Denkakt mit zugehörigem Zeitpunkt strategisch vorauszuplanen; eine Detaillierung wird durch die betroffenen Bearbeiter operativ mit Hilfe von Vorgehenszyklen bzw. danach abgewandelten Vorgehensplänen geleistet. Dafür muss der Vorgehensplan aber ein auszubauendes Rahmensystem bieten. Vorgehenspläne bewegen sich also in dem Spannungsfeld zwischen zu groben und zu feinen Vorgaben (Kapitel 2.3.3; 6.3).

Wesen und Aufbau von Vorgehensplänen

Vorgehenspläne dienen als **organisatorische Leitfäden** für das Vorgehen. Sie sind Hilfen zur Strukturierung und damit zur Bewältigung der Komplexität von sonst unklaren Abläufen. Sie entsprechen der sequenziellen Arbeitsweise unter Zwischenzielbildung. Sie geben aber **keine inhaltliche Hilfe**, beispielsweise zum Finden oder Auswählen von Lösungen für bestimmte Probleme.

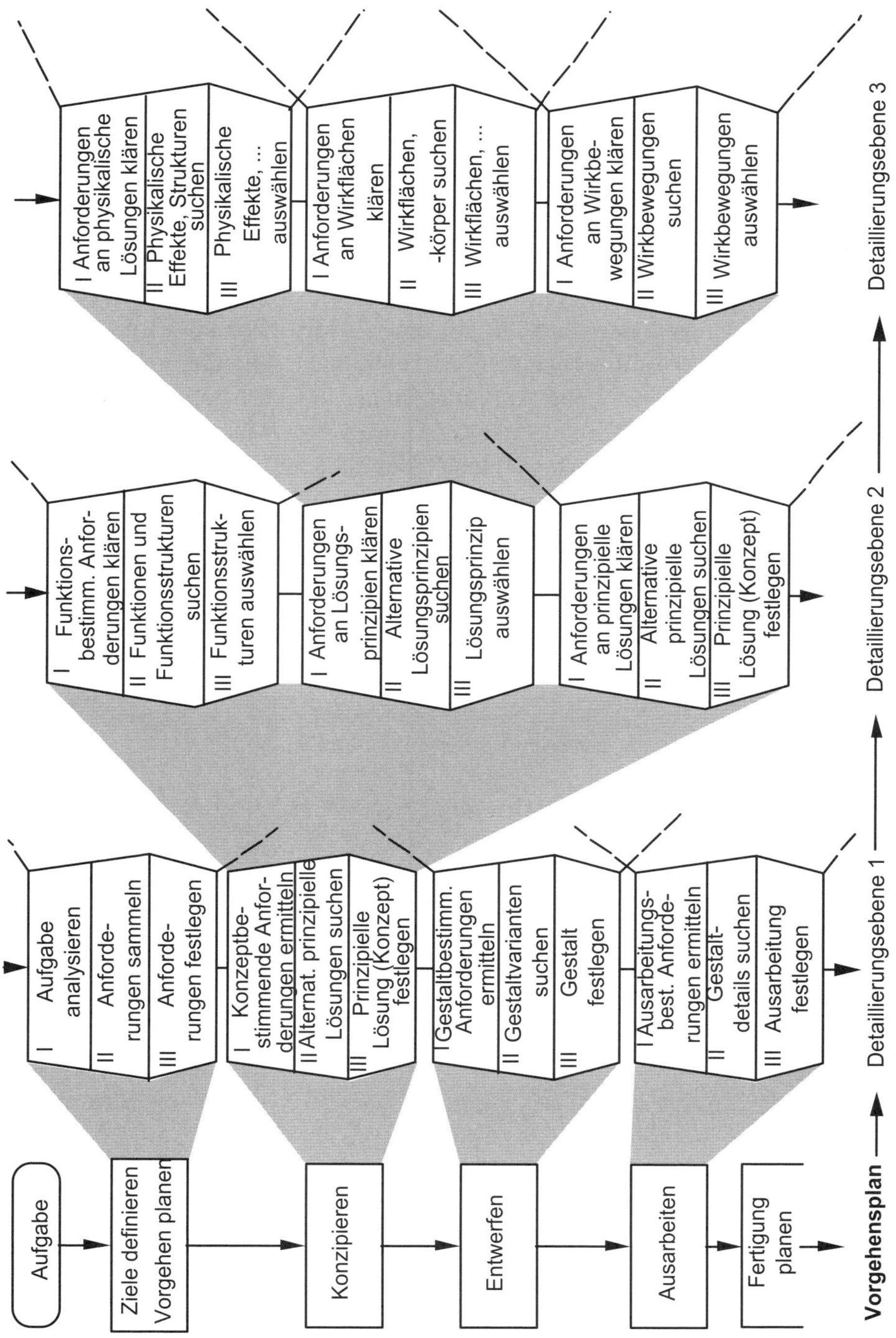

Bild 4.14 Der Vorgehensplan enthält viele selbstähnliche Vorgehenszyklen (nach Kiewert, siehe auch Bild 6.14)

In Vorgehensplänen werden Schritte angegeben, während derer man Merkmale festlegt. Bei der Produktentwicklung sind dies die **Produktmerkmale**, wie z. B. die Gestalt eines Teils. Die einzelnen Schritte wiederum sind eine Folge des Einsatzes von **Strategien** (z. B. der Zwischenzielbildung). So ist z. B. ein Schritt das Vorentwickeln und der nächste das Serienentwickeln (Bild 4.15). – Man kann also Vorgehenspläne auch als eine Verknüpfung von **merkmalsfestlegenden Tätigkeiten** und von **Strategien** auffassen und kann sie nach Teilobjekten und Teilprozessen detaillieren (Kapitel 6.3.2).

Ein allgemein formulierter Vorgehensplan für die Konstruktion und Entwicklung ist in der VDI 2221 zu finden (Bild 5.8). Allgemeine Vorgehenspläne werden in der Praxis jedoch nicht direkt übernommen. Erst eine Anpassung dieser Pläne u. a. an Produkt und Betrieb bringen eine Akzeptanz in der Industrie, falls sie nicht ohnehin aufgrund der Produktkomplexität oder wegen der Qualitätssicherung (z. B. DIN ISO 9000 [7/4]) erforderlich sind (siehe Kapitel 6.2.3). Das bedeutet, dass allgemeine Vorgehenspläne nur Anregungen zur Entwicklung betriebs- oder produktspezifischer Vorgehenspläne und Projektpläne sein können.

Beispiele für Vorgehenspläne aus der Praxis

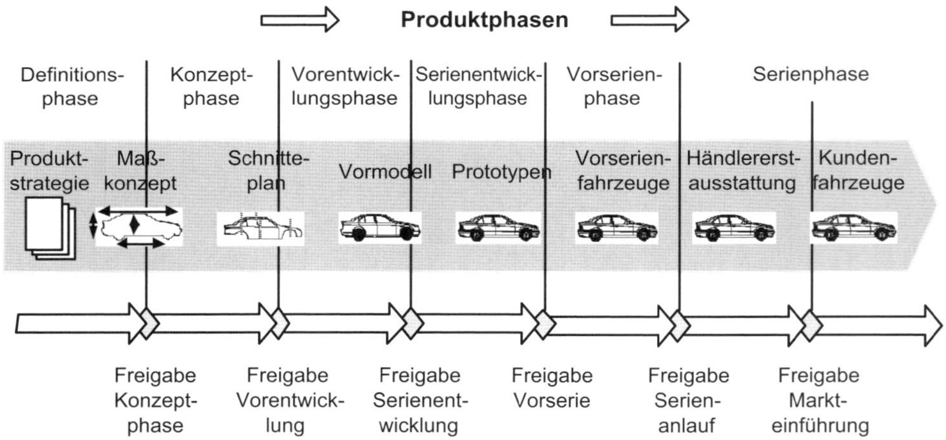

Bild 4.15 Vorgehensplan für die Pkw-Entwicklung [5/4]

In der Praxis werden je nach Erfordernissen unterschiedlich aufgebaute Vorgehenspläne eingesetzt: Sequenzielle Folgen von Arbeitsabschnitten (Bild 4.16 bis 4.18; Bild 6.11), ferner sequenzielle und parallele Folgen aufgetragen über dem zeitlichen Ablauf. (Bild 4.61; Bild 6.9; Bild 6.11).

Das Vorgehen ist in eine Folge von **Phasen**, wie die Produktplanung oder das Konzipieren und Entwickeln, gegliedert, die angeben, wie ein Problemlöseprozess zweckmäßig aufgeteilt werden kann. Nach jeder Phase kann eine Freigabebesprechung und -entscheidung erfolgen. (Dieses Vorgehen wird als **„Stage-Gate"-Prozess** bezeichnet. Nach jeder Phase erfolgt ein „gate", also ein Tor, das geöffnet wird, wenn alle Anforderungen erfüllt waren. Dies ist zeitaufwendig, weswegen „Simultaneous Enginneering" eingeführt wurde (Bild 4.43 u.f.)) Die einzelnen Phasen können noch in **Arbeitsabschnitte** untergliedert werden. Die Arbeitsabschnitte haben **Arbeitsergebnisse** oder **Dokumente** zur Folge. In der Industrie werden solche spezifischen Vorgehenspläne bewusst als Dokumente für die terminliche Grobplanung eingesetzt. Oft liegen auch sehr detaillierte Vorgehenspläne vor, die bereits Zeitvorgaben enthalten (z.B. Freigabetermine) und damit ähnlich wie Projektpläne werden (Bild 4.20 bis 4.21; 6.9). (Statt dem Begriff „Phase", der unter Umständen nur zeitlich aufgefasst wird, schlägt U. Lindemann „Konkretisierungsebene" vor).

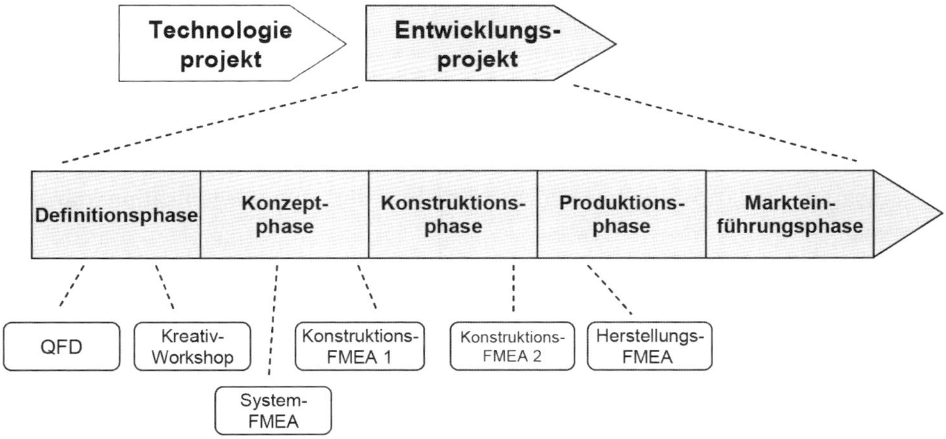

Bild 4.16 Ablauf eines Entwicklungsprojektes bei HILTI (nach Günther [72/4]; siehe auch das Beispiel in Kapitel 4.4.1.3)

In Bild 4.16 ist ein **Beispiel** für die Durchführung eines Entwicklungsprojektes bei HILTI gezeigt, z.B. für einen neuen Bohrhammer. (Nach Günther [72/4]). In Fällen, bei denen eine neue Technologie aussichtsreich sein könnte, wird dem Entwicklungsprojekt ein Technologieprojekt vorgeschaltet, in dem eine neue Art von Technik auf ihre Funktionsfähigkeit untersucht wird. - Das eigentliche Entwicklungsprojekt, das ein Projektleiter betreut, ist in 5 Phasen unterteilt, an deren Beginn und Ende durch „Gates" bestimmte Zwischenergebnisse erfüllt sein müssen (z.B. ein Lastenheft bzw. eine Anforderungsliste am Ende der Definitionsphase. [75/4]). In jeder Phase sind erfahrungsgemäß bestimmte Methoden fruchtbar, die im Bild unten in den abgerundeten Kästchen gezeigt sind. Diese werden dann von Methoden-Moderatoren betreut, die auf Grund ihrer Erfahrung das Entwicklungsteam anleiten. Das kann z.B. ein FMEA-Moderator sein (siehe Kapitel 7.8.1.1 a). Typisch ist, dass der Methoden-Moderator z. B. erfahrene Teilnehmer aus anderen Produktbereichen bzw. Praktiker aus dem Service oder der Produktion einbindet. Vorbereitung, Durchführung und Dokumentation übernimmt verantwortlich der Methoden-Moderator, der dadurch den Projektleiter entlastet. – Diese der Methoden-Moderatoren sind bei HILTI eine feste Einrichtung und sind zum gegenseitigen Erfahrungsaustausch in einer Gruppe zusammengefasst. – In Kapitel 4.4.1.4 ist am Beispiel eines HILTI-Diamentkernbohrsystems gezeigt, wie eine Umwelt-FMEA und eine dementsprechende QFD im Team erstellt und der Methodennutzen vom Team bewertet wurde [75/4].

Ein weiteres Beispiel eines Vorgehensplans eines **mittelständischen Kleinfahrzeugherstellers** (Kehrmaschinen, Schneeräumgeräte) [8/4] zeigt Bild 4.17. In der Mitte sind die Handlungsschritte in Blöcken angeordnet, nach denen immer wieder eine Freigabe, meist zusammen mit der Geschäftsleitung, erfolgt. Links ist etwas zur Planung und Verantwortlichkeit festgelegt, rechts sind die entstehenden Dokumente und Ergebnisse angegeben.

Wie schon in Kapitel 3.2 gezeigt, ist das Vorgehen im einzelnen nicht immer sehr bewusst verankert: „Man macht es eben so, man hat es immer so gemacht!". Aber trotzdem ist der Entwicklungs- und Konstruktionsablauf insgesamt durch die Organisationsstruktur und den Informationsfluss der Ablauforganisation klar vorgegeben.

Als Beispiel für einen derartigen **produktspezifischen Vorgehensplan** ist in Bild 4.18 das Vorgehen bei der konstruktiven Auftragsabwicklung eines **Planetengetriebes** (Bild 2.7) in Einzelfertigung wiedergegeben. Bemerkenswert ist, dass dieser Vorgehensplan früher nie aufgeschrieben wurde. Der Ablauf war so sachlogisch und als Know-how der Mitarbeiter unbewusst gespeichert, dass eine Dokumentation nicht nötig war.

Das obige Vorgehen war aus dem **rein technischen Verständnis** der Merkmalsfestlegung in Arbeitsabschnitten geprägt. Bei kosten- oder terminzielorientiertem Vorgehen muss man dies technisch-sequenzielle Vorgehen – soweit möglich – verlassen (Bild 7.42). Es müssen zuerst die **kosten- oder terminbestimmenden Baugruppen/-teile** bearbeitet werden. Die zugehörigen Arbeitsabschnitte sind dann, u. U. mit vorläufigen Annahmen, vorzuziehen. So wird z. B. ein freiformgeschmiedeter Planetenträger mit einem, nachträgliche Gestaltungsfreiheit erlaubenden Übermaß schon **vor** Abschluss der gesamten Getriebekonstruktion bei einem Zulieferanten bestellt werden, weil er bei Einzelfertigung eine lange Lieferzeit hat.

Weitere Beispiele für die Ablauforganisation sind die **Vorgehenspläne** der Konstruktionsmethodik, soweit sie nicht nur die persönliche Arbeitsorganisation des jeweiligen Konstrukteurs betreffen (Kapitel 6.5.1).

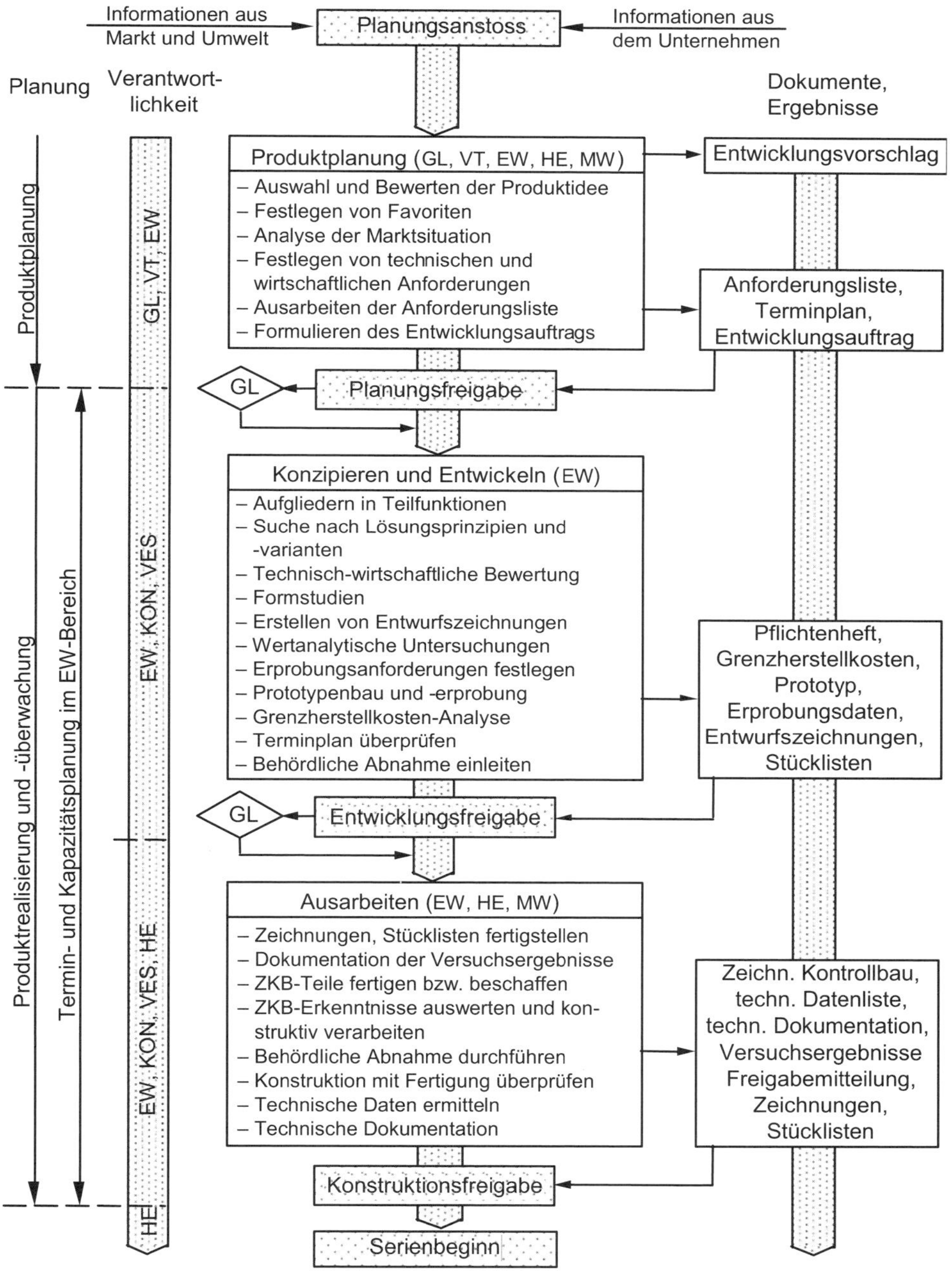

Bild 4.17 Vorgehensplan für Kleinfahrzeuge (EW = Entwicklung, HE = Herstellung, MW = Materialwirtschaft, VT = Vertrieb, GL = Geschäftsleitung)

Nutzen und Grenzen von Vorgehensplänen

Methoden und Vorgehenspläne werden in der **Praxis** nur dann explizit eingesetzt, wenn sie erkennbaren Nutzen bringen (siehe hierzu auch Kapitel 3.8 und 6.2.3). Wie in Kapitel 3.2 ausgeführt, wird niemand den effektiven intuitiven „Normalbetrieb“ des Denkens und Handelns verlassen, wenn er nicht muss. Vorgehens- und Projektpläne sind aber dann ein Muss, wenn komplexere Prozesse bewältigt und eine Vielzahl von Personen koordiniert werden müssen. Bei Einsatz insbesondere integrierter Datenverarbeitung erlangen Vorgehenspläne für die Anwendung in Leitsystemen eine besondere Bedeutung zur Organisation der Informationsverarbeitung.

Vorgehensplan für die Auftragsabwicklung eines Planetengetriebes in Einzelfertigung bei vorgegebener prinzipieller Lösung als Variantenkonstruktion

Aufgabenklärung

- Kontrolle des Auftrags auf ein Planetengetriebe hinsichtlich Vollständigkeit der Angaben (z. B. Leistung, Drehzahlen, Drehrichtungen, Ölversorgung, Kupplungen, Anordnung zwischen ...).
- Kontrolle, ob der Auftrag früher schon gleich oder ähnlich ausgeführt worden ist. Wenn gleich, dann keine Konstruktionsarbeit mehr. Wenn nicht, geht es mit Entwerfen weiter.

Konzipieren entfällt, da die vorhandene prinzipielle Lösung im Auftrag gefordert.

Entwerfen

- Festlegen der konstruktiven Ausführung (Radsatz, Gehäuse ähnlich oder gleich wie bisher; Werkstoffe, Wärmebehandlung liegen damit fest).
- Berechnung der nötigen Abmessungen von Radsatz, Lager, Wellen usw., ferner von Verzahnungsgeometrie und -messdaten.
- Einzeichnen des Radsatzes und aller auftragsspezifischen Teile in vorgegebenes Standardgussgehäuse nach Vorbildern bzw. mit CAD-Makros. Ergebnis: Schnittzeichnungen des Getriebes.

Ausarbeiten

- Erstellen der Fertigungszeichnungen der Einzelteile nach Standardvorgaben.
- Erstellen der Stückliste nach Vorbild, Instandhaltungsanleitung.
- Kontrolle der Maße und Stücklisten.

Bild 4.18 Vorgehensplan für die Variantenkonstruktion eines Planetengetriebes

Ablauforganisation und Vorgehenspläne können aber auch nur soweit positiv wirken, wie dies die Aufbauorganisation zulässt. **Die Effizienz der Aufbauorganisation kann nur an der Effizienz der Ablauforganisation gemessen werden.** Die Standardisierung der Abläufe und Formalisierung der Regeln, Anweisungen und Dokumente („Muss-Dokumente“) ergeben eine Entlastung von Improvisation und fallabhängiger Disposition, müssen aber von Zeit zu Zeit auf ihre Effizienz überprüft werden. „Es gibt zu viele starre und schwerfällige Strukturen, die zu wenig flexibel rasche Reaktionen verhindern" [9/4].

Erfahrungen in der **Lehre** aus dem Bereich der Entwicklung und Konstruktion haben gezeigt, dass auch schon der Einsatz allgemeiner Vorgehenspläne (wie in Bild 5.8 oder 6.12) für eine beschleunigte Einarbeitung und Know-how-Übernahme sehr hilfreich ist. Über die Konstruktion und Entwicklung hinaus wäre es interessant, über allgemeine Vorgehenspläne zur gesamten Produkterstellung als Basis für die Lehre zu verfügen.

4.1.6 Praxisbeispiel einer Produkterstellung: Heizgerät

Zweck des Beispiels

Das Beispiel soll zeigen, wie bei der üblichen konventionellen Produkterstellung Probleme entstehen können: Probleme aus ungenügender Zielsetzung, Mängel im Informationsaustausch, Mängel in der Ablaufplanung. Das Beispiel zeigt aber auch, wie man versucht, daraus zu lernen und durch Teamarbeit die Integration zu verbessern. Das Beispiel soll zusammen mit Kapitel 4.1.7 die Notwendigkeit zu mehr Integration in der Produkterstellung (Kapitel 4.2) aufzeigen.

Gesamtaufgabe

Ein größerer Hersteller von Zusatzheizungen für Kraftfahrzeuge (im Weiteren als Stammhaus bezeichnet) hatte einen kleineren, in Probleme geratenen Wettbewerber (im Weiteren als Zweigwerk bezeichnet) übernommen. Dieses örtlich weit entfernte Zweigwerk war auf dem Marktsegment Luftzusatzheizungen tätig, in dem das Stammhaus verstärkt Fuß fassen wollte. Dies sollte mit einer weitgehend neu zu entwickelnden Luftzusatzheizung geschehen, die sich durch bessere Funktionen und geringere Kosten gegenüber dem Wettbewerb abheben sollte.

Technik

Der Aufbau und die Funktionsweise des Heizgeräts stellte sich nach mehreren Konzeptverwerfungen und -änderungen wie folgt dar (vgl. Bild 4.19): Die Heizluft wird durch ein Heizluftgebläse angesaugt und durch das Heizgerät gefördert. Beim Passieren des Wärmeübertragers wird die Heizluft erwärmt. Die Brennluft wird vom Brennluftgebläse angesaugt und durch ein Luftführungssystem in die Brennkammer geleitet. Für einen optimalen Wärmeübergang liegt der Brenner mittig im Wärmeübertrager. Die Brennluft wird durch mehrere Löcher im Blechmantel der Brennkammer in den Brenner geleitet.

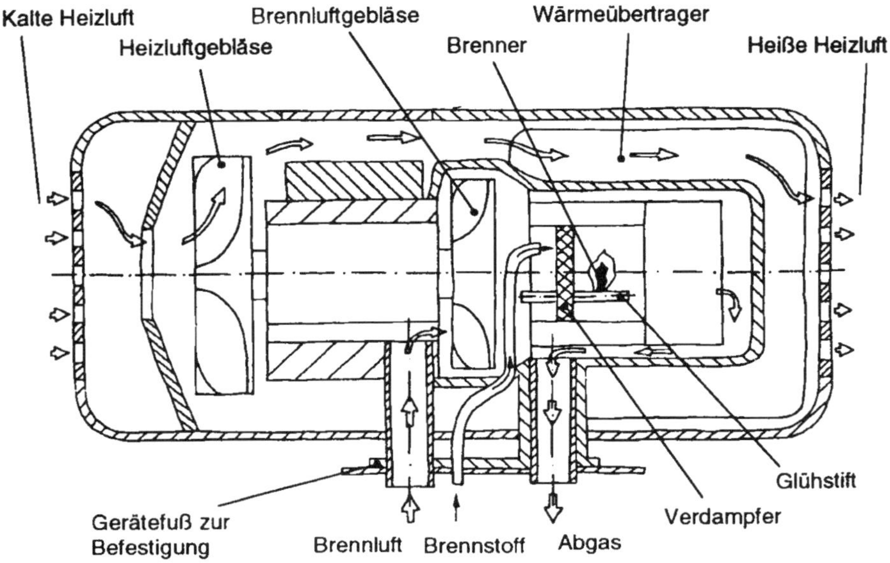

Bild 4.19 Das Heizgerät und seine Komponenten

Der Brennstoff wird von der Kraftstoffdosierpumpe aus dem Fahrzeugtank durch die Zuleitung dem Verdampfer bzw. Brenner zugeführt. Beim Durchtritt durch den Verdampfer wird der Kraftstoff durch Wärmerückführung aus der Brennkammer verdampft. Im Brenner werden dann der Kraftstoffdampf und die Brennluft miteinander vermischt. Durch den Glühstift wird die Verbrennung eingeleitet und das Kraftstoff-Luft-Gemisch zur Zündung gebracht. Die heiße Brennluft wird anschließend am Boden des Wärmeübertragers umgelenkt und strömt entgegen der Strömungsrichtung der Heizluft durch den Wärmeübertrager zum Abgasrohr. Ein elektronisches Steuergerät hat die Aufgabe, den gesamten Heizprozess zu regeln und zu überwachen. Als Sensoren dienen hierbei ein Flammwächter, ein Überhitzungsschutz und ein Temperaturfühler in der Ansaugluft.

Die gesamte Zusatzheizung ist vom Hersteller den Kundenwünschen entsprechend in das übergeordnete „System" Kraftfahrzeug mit entsprechend komplexen Randbedingungen einzubinden.

Phase A

Die Entwicklung bzw. Erstellung der Zusatzheizung begann mit der Vorgabe der ersten Anforderungen an das Produkt von der Unternehmensleitung bzw. vom Vertrieb des Stammhauses (Bild 4.20). Es wurde im neuen Zweigwerk entwickelt, wobei die Projektleitung ihren Sitz im Stammhaus hatte. Wohl auch durch die große örtliche Trennung von Entwicklung und Projektleitung und dem damit einhergehenden mangelhaften Informationsaustausch erschien es längere Zeit so, als ob die Entwicklung im neuen Zweigwerk ohne größere Probleme abliefe. Bei der Vorstellung bzw. Erprobung der ersten Prototypen nach etlichen Monaten zeigte sich jedoch, dass das System nicht den tatsächlichen Marktanforderungen entsprach und deutliche funktionelle Probleme mit den separaten Antrieben für Brennstoff- und Heizluftförderung auftraten. Überdies waren die Marktanforderungen nicht ausreichend erfasst bzw. beachtet worden, ferner fiel im Dauertest eine zentrale Komponente, der Verdampfer, sehr häufig aus. 16 Monate Entwicklungszeit waren in der Phase A inzwischen verstrichen.

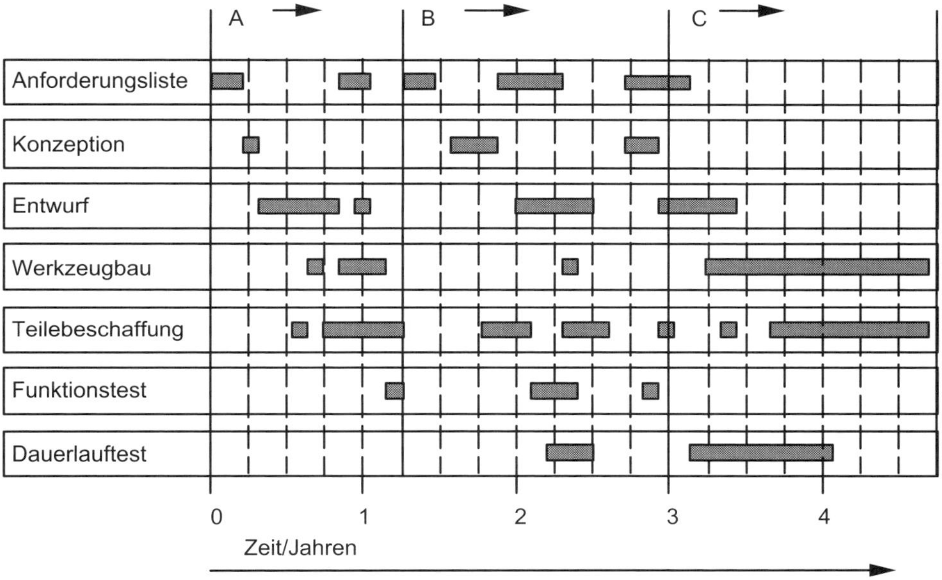

Bild 4.20 Projektablauf in der Übersicht

Phase B

Als Folge wurde unter neuer Leitung im Stammhaus eine genauere Marktanalyse durchgeführt, um die Anforderungen an das Produkt besser zu klären. Ferner erfolgte eine eingehende Schadensanalyse des im Dauertest häufig versagenden Verdampfers. Dabei zeigte sich, dass für eine zentrale Teilfunktion, die Brennstoff- und Heizluftförderung, ein neues Prinzip mit zwei separaten Antrieben angewandt wurde, ohne dass dessen Risiken durch entsprechende Voruntersuchungen ausreichend abgeschätzt worden waren. Konstruktions-FMEAs, Risikoabschätzungen oder umfassendere Versuche bzw. Simulationen zur Eigenschaftsfrüherkennung waren unzureichend durchgeführt worden. Das angewandte Prinzip war für die vorliegende Aufgabe nicht geeignet. Deshalb musste das Gesamtkonzept für das Produkt verworfen werden.

Da sich die große räumliche Entfernung von Entwicklung und Projektleitung nicht bewährt hatte, wurde die Entwicklung in das Stammhaus verlagert, um dort mit neuer Leitung und verstärkter bzw. geänderter Mannschaft die Entwicklung in einem klarer definierten Projekt fortzusetzen. In diesem Zusammenhang wurde auch die Organisationsstruktur vollständig umgebaut. Es wurde ein interdisziplinäres Team geschaffen, in dem u. a. der Vertrieb, das Controlling, die Arbeitsvorbereitung sowie Mitarbeiter aus den betroffenen Fachabteilungen für bestimmte Zeiträume eingebunden wurden. Hilfsmittel zur Projektsteuerung wurden eingesetzt, das Projekt bis zum Serienanlauf durchgeplant. Der geplante Serienanlauf musste trotzdem verschoben werden. Zur Unterstützung und der Verwirklichung einer „integrierten Produkterstellung" wurde die Zusammenarbeit mit einer Unternehmensberatung aufgenommen.

Der weitere Projektfortschritt im Stammhaus bis zur ersten Produktionsvorserie gestaltete sich wie in Bild 4.21 bzw. im Folgenden dargestellt (die beschriebenen Teilschritte waren teilweise stark ineinander verschachtelt):

Die Entwicklungsarbeit im Stammhaus begann mit einer ausführlichen Überarbeitung der Anforderungsliste (Teilschritt 2). Hierbei wurden die Ergebnisse aus Patentrecherche, Marktanalyse, Schadensanalyse und die Vorgaben aus der Fahrzeugindustrie eingearbeitet. An diesem Anforderungsklärungsprozess war neben der Entwicklung insbesondere die Vertriebsabteilung beteiligt. In diesem Zusammenhang tauchte z. B. das Problem auf, dass der Vertrieb nicht genügend Benzinproben aus dem Ausland beschafft hatte.

Erste Entwürfe wurden durch die Entwicklung angefertigt (Teilschritt 3). Controlling und Vertrieb führten eine erste Wertanalyse durch. Zu den Wertanalysen merkte das Controlling an, dass es lästig sei, wegen „Pfennigbeträgen" einen Berg an Formalismus bewältigen zu müssen. Die hierfür auftretenden Kosten würden dabei manchmal die gewünschten Einsparungen übersteigen.

Es folgte die Vorbereitung für den Bau eines Erprobungsgeräts mit Angebotseinholung und Bestellung von Musterteilen (Teilschritt 4). In der Konstruktion wurden detailliertere Entwürfe angefertigt. Das Projektteam führte eine Risikobetrachtung durch, und die Konstruktion berechnete die erforderlichen Toleranzen. Das Erprobungsgerät wurde montiert (Teilschritt 7), danach wurde es Funktionstests und firmenintern genormten Prüfungen unterworfen, und zwar für die Freigaben bzgl. Vertrieb, Systementwicklung, Einkauf, Arbeitsvorbereitung, Qualität und Entwicklung E-Technik. Unter Mitwirkung aller Abteilungen wurden die Bauteil- und Komponentenanforderungslisten genau festgelegt (Teilschritt 9). Des Weiteren erfolgte eine Konzeptbestätigung über eine Risikobetrachtung, in die ebenfalls alle Abteilungen eingebunden waren (Teilschritt 10).

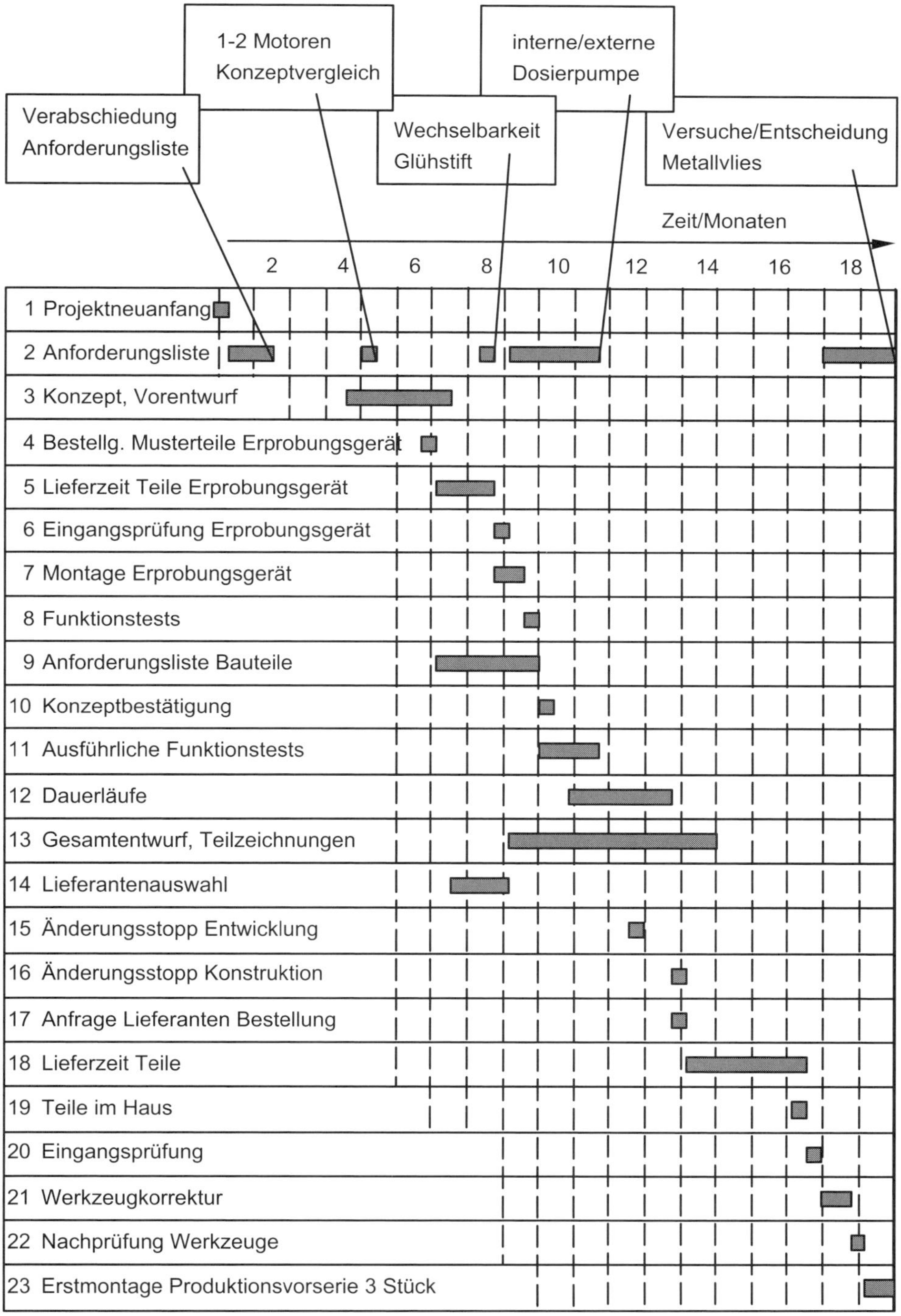

Bild 4.21 Detaillierter Ausschnitt aus dem Projektplan, Phase B

In diesem Zusammenhang dienten ausführliche Funktionstests und Dauerläufe durch den Versuch und die Konstruktion der Untermauerung der Risikoabschätzungen (Teilschritte 11/12). Dabei wurde wegen Komplikationen mit dem Leerlaufen der Kraftstoffleitung und nicht gelösten Temperaturproblemen das Gesamtkonzept erneut verworfen und zu einer Variante mit externer Dosierpumpe zurückgekehrt. Hier zeigte sich wiederum, dass die Qualitätssicherung und auch der Versuch zu wenig und zu spät in den Entstehungsprozess eingebunden waren, der Informationsaustausch zwischen den Abteilungen also ungenügend war.

Ausgehend von den festgestellten Schwachstellen bzw. Erfahrungen wurde wieder entsprechend umkonstruiert, die Konstruktion fertigte Stücklisten und Fertigungszeichnungen an. Die Arbeitsvorbereitung erarbeitete unter Mitwirkung der Qualitätssicherung die Arbeitspläne (Teilschritt 13). Parallel dazu erfolgte die Angebotseinholung und Auswahl der Lieferanten vorwiegend durch den Einkauf und die Arbeitsvorbereitung (Teilschritt 14).

Zur Absicherung des zum jetzigen Zeitpunkt im Projektverlauf vorgesehenen Änderungsstopps für die Entwicklung wurde der momentane Entwicklungsstand durch eine Risikobetrachtung bzw. Toleranzrechnung überprüft. Anschließend erfolgte die Werkzeugbestellung (Teilschritt 17). Die Werkzeuge wurden von der Qualitätssicherung und dem Versuch in Abstimmung mit dem Projektteam einer Eingangsprüfung unterzogen und teilweise korrigiert. In einem weiteren Schritt erfolgten die Nachprüfung und die Freigabe der Werkzeuge (Teilschritte 20/21/22).

Parallel dazu erfolgte auch die endgültige Bestellung der Zulieferteile, wobei selbst in dieser späten Phase noch Unsicherheiten bzgl. der Verwendung eines Metallvlieses als Verdampfer bestanden. Versuche hierzu wurden noch durchgeführt, während drei Zusatzheizungen der Produktionsvorserie bereits montiert wurden (Teilschritt 23). Schwierigkeiten bei der Montage zeigten, dass auch die Arbeitsvorbereitung nicht genügend bzw. zu spät in den Entwicklungsprozess integriert worden war.

Phase C

In der Phase C (siehe Bild 4.20) konnte die Luftzusatzheizung schließlich zur Serienreife weiterentwickelt werden.

Zusammenarbeit und Informationsfluss

Die insgesamt auffälligen Abstimmungsprobleme in dem Projekt wurden mit einer eingehenden Informationsfluss- bzw. Kommunikationsanalyse näher hinterfragt. Hierbei wurden alle Mitarbeiter des Projektteams rechtzeitig gebeten, über sämtliche von ihnen geführten Gespräche in einem zweiwöchigen Zeitraum Buch zu führen. In entsprechenden Formularen waren Zeitpunkt, Gesprächspartner, Initiator, Dauer und Anlass der Gespräche zu notieren. Eine Auswertung dieser Erhebung ist in Bild 4.22 dargestellt. Das Bild zeigt sternförmig aufgetragen die Gespräche des im mittleren Kreis genannten Mitarbeiters (Entwickler Wärmetauscher), wobei die Darstellung Folgendes anzeigt:

- die Pfeilstärke gibt die gesamte Gesprächsdauer an,
- die Pfeilrichtung verdeutlicht, wer das Gespräch initiierte und
- die Zahl am Pfeil symbolisiert die Anzahl der geführten Gespräche.

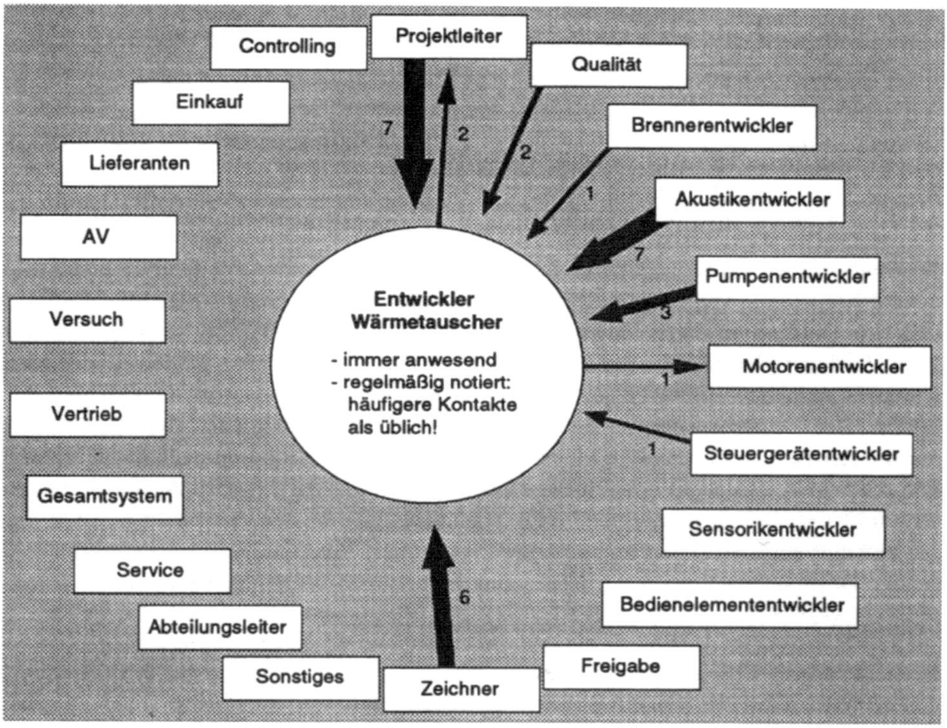

Bild 4.22 Auswertung des Informationsaustauschs eines Mitarbeiters über den Zeitraum von zwei Wochen. Die Zahlen beziehen sich auf die Häufigkeit der Gespräche, die Dicke der Pfeile auf deren Gesamtdauer (Bereichsangaben verändert). Siehe auch Bild 3.7

Durch diese Auswertung konnten so z.B. relativ eindeutig „Informationssenken“ erkannt werden. Der hier beschriebene Mitarbeiter – „Entwickler Wärmetauscher“ in der Mitte von Bild 4.22 – ging von sich aus sehr selten auf andere Projektbearbeiter zu: im Bild nur zweimal auf den Projektleiter und einmal auf den Motorverantwortlichen. Interviews zeigten, dass als Folge auch die anderen Mitarbeiter wenig Lust hatten, sich stets um die an sich unumgängliche Kommunikation mit ihm zu bemühen. Die Analysen wurden auch mit einer Abfrage des Soll-Zustands bezüglich der Kommunikation bei den jeweiligen Abteilungs- sowie Projektleitern abgeglichen. Auch dies zeigte sehr deutlich die Schwächen im Informationsfluss auf. Das Beispiel zeigt außerdem, dass das zu stark introvertierte Verhalten dieses Mitarbeiters zu technischen Problemen, Zeitverlust und überhöhten Kosten führte. (Kapitel 3.5; Bild 3.7).

Erkannte Probleme

Bei diesem Fallbeispiel, das über die Analysen und entsprechende Korrekturmaßnahmen zu guter Letzt doch noch erfolgreich zu Ende gebracht werden konnte, tauchten in mehreren wichtigen Bereichen folgende Probleme auf:

1. Mangelnde Zusammenarbeit durch eine (zunächst) ungeeignete Organisationsstruktur, schlechte Koordination und Abstimmung und auch eine mangelhafte Leitung des Projekts.
2. Unzureichende Marktanalyse und Aufgabenklärung, unzureichende Risikoabschätzung, also insgesamt mangelhafter Methodeneinsatz.
3. Missachtung von persönlichen, menschlichen Eigenschaften und individuell unterschiedlichen Verhaltensweisen.

Diese Probleme können meist nicht isoliert betrachtet werden. Sie sind voneinander abhängig, eng vernetzt und sich gegenseitig bedingend. Stimmt sich z. B. der Einkauf nicht ausreichend mit dem Versuch ab (u. U. ein menschliches oder ein organisatorisches Problem), so können technische Probleme die Folge sein, was sich als massives Zeitproblem in der Konstruktion auswirken kann. Letztlich bewirkt Zeitmangel dann häufig hohe Kosten. Aus der nachfolgenden Umfrage (Kapitel 4.1.7.2) erkennt man, dass diese Probleme für viele Unternehmen typisch sind.

4.1.7 Probleme heutiger Produkterstellung

4.1.7.1 Gründe für die Probleme aus der Geschichte der Produkterstellung

Innerhalb der letzten 100 Jahre hat sich die Güterproduktion fundamental gewandelt. Bis circa 1900 wurden viele benötigte Wissensbereiche durch erfahrene Meister abgedeckt und zum Großteil auch von ihnen erledigt. Mit der zunehmenden Industrialisierung, als große Mengen gleichartiger Produkte von schnell anzulernenden Arbeitern zu fertigen waren, begann die Aufteilung der früher vom Handwerker ganzheitlich verrichteten Arbeiten. Gleichzeitig wurden die Produkte und die Fabriken komplexer, so dass sich nicht nur die Zerlegung der Arbeit in kleinste Elemente empfahl, sondern auch die Trennung von planenden und ausführenden Arbeiten. Wegbereiter dafür waren A. Smith und F. Taylor [10/4]. Das Szenario der Produkterstellung hat sich seit den Anfangszeiten des Taylorismus stark verändert und verkompliziert. Diese Änderungen können aus der folgenden Gegenüberstellung des früheren und des heutigen Szenarios entnommen werden:

Früher zu Anfangszeiten des Taylorismus war

- ein **Produkt** über **lange Zeiträume unverändert** geblieben (z. B. T-Modell von Ford). Man hat die Abteilungen darauf optimiert ausrichten können. Es gab nur **wenige Varianten** (Ford: „Sie können jede Farbe haben, Hauptsache, sie ist schwarz"). Die Stückzahlen gleicher Produkte waren hoch.
- Das Produkt war **wenig komplex**: wenig Funktionen, kaum Elektrik, keine Elektronik. Mit einfachen Werkzeugen konnte ein normaler Arbeiter i. A. die Einzelteile herstellen, das Produkt montieren und warten.
- Das **Bildungsniveau der Arbeiter** und der meisten Angestellten war eher niedrig. Die stark hierarchischen Unternehmensstrukturen wurden größtenteils, auch wegen der noch schwachen Gewerkschaften, akzeptiert.
- Der **Markt** war ein **nationaler Verkäufermarkt:** Der Markt war aufgrund der großen Nachfrage von den Verkäufern dominiert. Der Preis wurde auf Grund der kalkulierten Kosten der Produktion gemacht.

Heute haben wir:

- einen **raschen Wandel der Produkte**. Der Faktor „Zeit" hat insbesondere im Konsumbereich seit den 70er Jahren an Gewicht gewonnen. Wegen der großen Konkurrenz auf dem Weltmarkt wurde neben Preis und Qualität eine **kurze Innovationszeit** zum erfolgsbegründenden Kriterium. Die Innovationen folgen rasch aufeinander. Die Marktlebensdauer der dadurch schneller entwickelten Produkte sank von 1980 bis 1990 im Computerbereich um 46 % und im Kfz-Bau um 12,5 % (Bild 7.8). Ein neuer Typ von Wettbewerbern, der schnelle Konkurrent, hat so alle Branchen umgestaltet. Die Produktentwicklungszeit muss kurz sein, da oft nur noch der Erste am Markt guten Gewinn macht.
- Im Investitionsgüterbereich wird fast jedem Kunden seine Wunschvariante gebaut („Käufermarkt"). Man erstickt in der teuren **Variantenflut**. Die Losgrößen bzw. Stückzahlen sind stark zurückgegangen („Losgröße 1"; „individualisierte Massenproduktion" [82/9]).
- Die Produkte und die Produktion sind z. T. durch Elektronik und Rechnersteuerung oft **sehr komplex** geworden: Mechatronik ist heute normal. Vieles wird automatisiert, was früher vom „Bediener" gesteuert wurde.
- Die Forderung nach **Sicherheit**, **Zuverlässigkeit** und **Qualität** ist dominierend. Qualitäts-Sicherungsnachweise und die zugehörige Dokumentation sind umfangreicher und teurer geworden (Produkthaftungs-Gesetz; DIN ISO 9000 [7/4]).
- Das **Bildungsniveau** der Arbeiter und Angestellten ist heute höher. Auch sind sie selbstbewusster geworden. Sie lehnen sich gegen streng hierarchische, verkrustete Strukturen auf. Sie suchen nicht nur Verdienst, sondern auch Selbstverwirklichung in der Arbeit.
- Der Markt ist zum weltweiten **Käufermarkt** geworden: Der Kunde ist König. Die Preise richten sich nach der internationalen und zahlreich gewordenen Konkur-

renz und danach, „wie viel der Kunde zu zahlen bereit ist" (vgl. Target Costing, Kapitel 9.3.3). Die Herstellkosten können nun nicht mehr einfach auf den Verkaufspreis hochgerechnet werden (bottom up), sondern der Produktpreis ist eine konstruktiv zu verwirklichende Zielgröße (top down).

- Die **Technikproduktion** ist **globalisiert**, d.h. vom Standort her flexibel: Es gibt weltweit technische Bildungs- und Produktionsmöglichkeiten und damit Bezugsquellen. Durch Automatisierung ist das „Meister-Know-how" als deutscher Vorteil nicht mehr so wichtig wie früher. Frühere „Billigländer" bringen bei entsprechenden Telekommunikations- und Verkehrsmöglichkeiten alteingesessene Produzenten in Bedrängnis.

4.1.7.2 Probleme der konventionellen – nicht integrierten – Produkterstellung am Beispiel Entwicklung und Konstruktion

Folgende drei Problembereiche in Entwicklung und Konstruktion sind sehr wahrscheinlich auch für die Produkterstellung insgesamt typisch:

- Problembereich 1: **organisatorische Probleme**. Hierunter fallen u.a. Zusammenarbeits-, Führungs-, Motivations-, Qualifikations- und Weiterbildungsprobleme sowie die Organisation von Hilfsmitteln (CAD; CAX; PDM; Simulation; Kataloge, ...).
- Problembereich 2: **Entwicklungs- und Konstruktionsprozess**. Hierunter fallen Probleme mit der Klärung der Anforderungen, der Suche nach Lösungen sowie mit der zeitlichen und inhaltlichen Steuerung der Prozesse (Terminprobleme).
- Problembereich 3: **technisch-wirtschaftliche Probleme** mit dem Produkt. Hierunter fallen die Funktions-, Fertigungs-, Werkstoff-, Zuverlässigkeits-, Umwelt- und Kostenprobleme.

Die Bewertung dieser drei Problembereiche wurde mit einer Umfrage 1991/92 abgefragt. Dies ist schon daher unerlässlich, weil eine sorgfältige Schwachstellenanalyse eine Grundvoraussetzung für entsprechende Verbesserungen der Produkterstellung und ihrer Abläufe ist.

a) Ergebnisse der Umfrage „Probleme in Entwicklung und Konstruktion"

Bei der Umfrage[4] wurden rund 300 Mitarbeitern aus unterschiedlichen Unternehmen die in Bild 4.23 in Kurzform angegebenen Fragen gestellt: organisatorische Probleme: Fragen 1.1 bis 1.8, Probleme im Entwicklungs- und Konstruktionsprozess: Fragen 2.1 bis 2.6; technisch wirtschaftliche Probleme: Fragen 3.1

4) Diese Umfrage wurde im Rahmen von Industrieseminaren zum „Kostengünstigen Konstruieren" in den Jahren 1991 und 1992 durchgeführt. Die Befragten stammten zu 70% aus dem allgemeinen Maschinenbau, zu 17% aus der Kfz-Industrie und deren Zulieferern. Die Unternehmensgröße hatte einen Schwerpunkt bei 500–2000 Mitarbeitern (24%), rund die Hälfte waren Konstrukteure (Sachbearbeiter), 23% Gruppenleiter, 15% Abteilungsleiter. Einzel- und Kleinserienfertigung dominierte. – Nach neueren Beobachtungen (5. Auflage Buch) sind wesentliche Aussagen der Umfrage immer noch gültig.

bis 3.8. Manche Fragen waren redundant. Zeit- und Kostenprobleme wurden direkt abgefragt (Frage 2.4; 2.5; 3.7), die Frage nach der Produktqualität dagegen war indirekt in den Fragen 3.1 bis 3.6 enthalten. Die Antworten konnten in einer fünfstufigen Skala von 0 = sehr gut (keine Probleme), bis 4 = sehr schlecht (große Probleme) gegeben werden. Der Mittelwert aller Antworten lag bei 2,01.

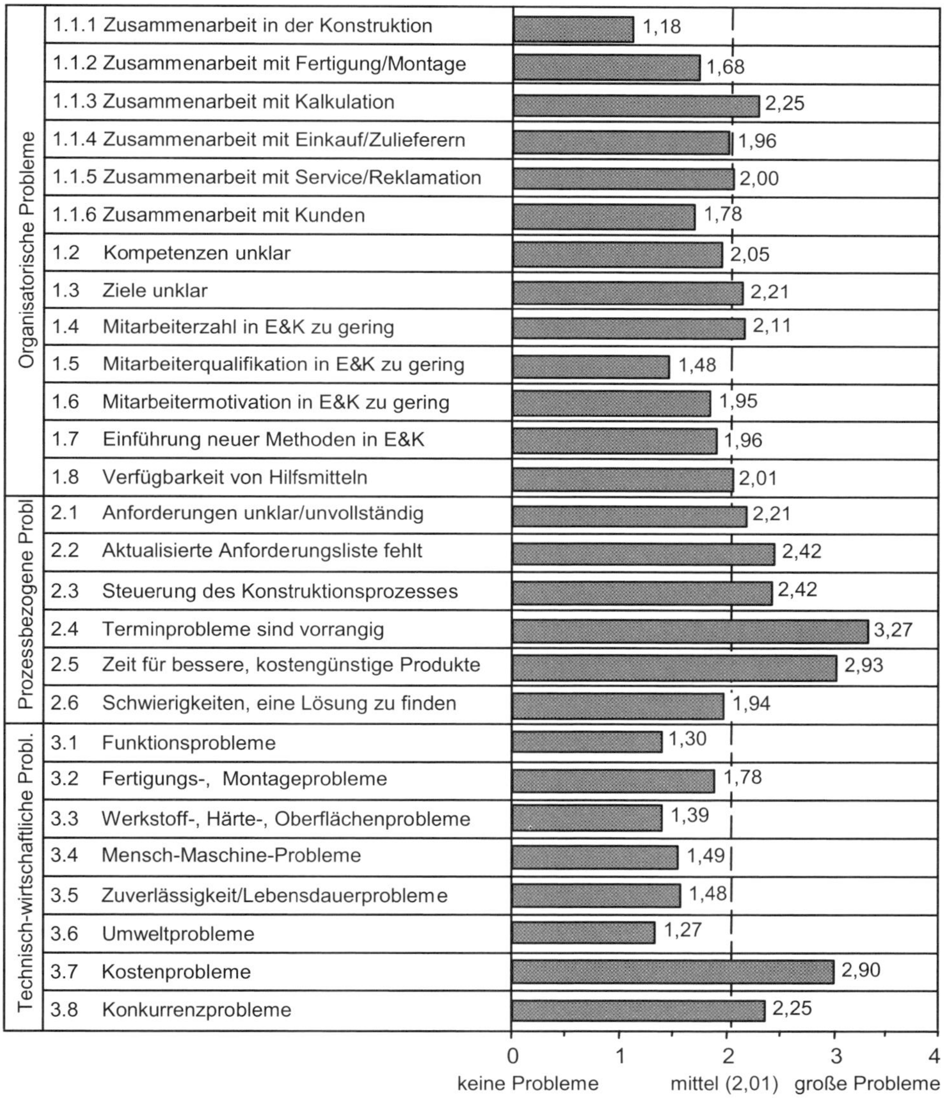

Bild 4.23 Auswertung von 295 Fragebögen zu Problemen in Entwicklung und Konstruktion

Die Ergebnisse der Umfrage waren statistisch fast unabhängig von Branche, Firmengröße, Serien- oder Einzelfertigung und von der hierarchischen Rangstellung der Befragten. Wahrscheinlich ist diese Befragung allgemein für die Probleme bei der heutigen konventionellen Produkterstellung repräsentativ. Die bei dem Praxisbeispiel in Kapitel 4.1.6 erkannten Probleme wurden auch genannt. Einzel- und Kleinserienfertigung dominierte. – Nach neueren Beobachtungen (6. Auflage Buch) sind wesentliche Aussagen der Umfrage immer noch gültig.

Auffallend am Ergebnis der Umfrage ist, dass die gravierendsten Probleme offensichtlich im Bereich der mangelnden Zeit, des Kostendrucks, der unklaren Zieldefinition bzw. der Steuerung des Konstruktionsprozesses gesehen werden. Probleme technischer Art sind seltener. Allerdings kumulieren die Probleme technischer Art sowie der Zusammenarbeit, der Prozesssteuerung bzw. der Zieldefinition meist in Kosten- und Zeitproblemen. Die einzelnen Probleme können nicht isoliert betrachtet werden; Probleme technischer Art können das Resultat mangelnder Zusammenarbeit sein. Dies führt zu Änderungen und Zeitdruck, eine Kostenminimierung ist nicht mehr durchführbar. Die Ursache-Wirkungs-Ketten lassen sich nicht ohne weiteres auf die eigentlichen Ursachen reduzieren und sind auch mit Sicherheit von Fall zu Fall sehr unterschiedlich. Die Aussage, dass dieses oder jenes Problem generell das gravierendste ist und genau jene Ursache hat, ist folglich sehr problematisch.

Im Folgenden werden die abgefragten Problembereiche inhaltlich genauer beleuchtet.

b) Organisations- und Führungsprobleme

Ein Großteil der heute auftretenden organisatorischen Probleme rührt von den **Nachteilen der Arbeitsteilung** her. Hierbei kann man grob in Nachteile bei manuellen und bei geistigen/planenden Tätigkeiten unterscheiden:

- Vor allem bei <u>manuellen</u> Tätigkeiten handelt es sich nach [11/4] um:
  - **Demotivation**, Entfremdung vom Sinn der Arbeit.
  - **Fehlen** der Möglichkeit zum **selbständigen Handeln**, da nur vorgeschriebene und kontrollierte Arbeit honoriert wird und menschliche Fähigkeiten nicht entsprechend genutzt werden;
  - **einseitige Beanspruchung**, die zu Ermüdung und Gesundheitsschäden führt;
  - daraus resultierende **höhere Fluktuation**, Abwesenheit vom Arbeitsplatz und Krankheit;
  - Mangel an **Flexibilität** bezüglich Menge und Inhalt der Arbeit;
  - Notwendigkeit vermehrter Planung, Organisation und Kontrolle;
  - Steigerung der Transportkosten und des **Logistik-Aufwands**;
  - Schwierigkeit, die **Gewinn- und Kostenverantwortung** einzelnen Funktionsbereichen zuzuordnen.

- Überträgt man diese Nachteile auf planende und teilweise kreativ zu verrichtende Arbeiten, so können die Defekte mit Bild 4.24 etwas überzeichnet anschaulich gemacht werden: Die Sachbearbeiter in den Abteilungen sind demotiviert, haben den Sinn fürs Ganze verloren.[5] Der Arbeitsablauf innerhalb der einzelnen Abteilungen wird bis ins Detail optimiert, wobei die Gesamtheit des Produkts selbst aus den Augen verloren wird. Die Abteilungsoptimierung verdrängt die ganzheitliche Produktoptimierung. Die Sachbearbeiter haben als Kaufleute, Techniker, Juristen etc. ganz verschiedene Ausbildungen und damit auch unterschiedliche Fachsprachen. Sie haben jeweils andere Probleme, reden zu wenig miteinander, um dem Produkt und dem Unternehmen zum Erfolg zu verhelfen und werfen lieber ihre erarbeiteten Informationen teilnahmslos über die Abteilungsmauern.
- Diese Mauern existieren nicht nur horizontal in den einzelnen Hierarchieebenen, sondern auch vertikal in Form von „hierarchischen Geschoßdecken“. Nach der Erfahrung des Autors ist dieses **„Mauerndenken“** die Hauptursache für Zeit-, Qualitäts- und Kostenprobleme in unseren Unternehmen. (Im Englischen geläufig unter „throw-it-over-the-wall“-Mentalität).

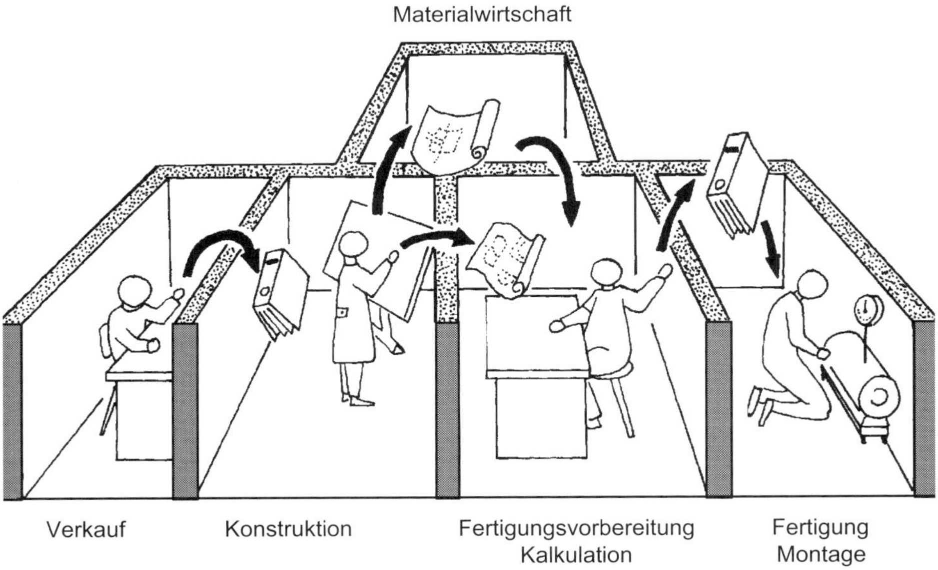

Bild 4.24 Geistige Mauern zwischen den Abteilungen behindern den Informationsfluss und ergeben zu teure Produkte (siehe auch Bild 4.58)

5) Es gibt etliche Untersuchungen, die bei Arbeitern und Angestellten von 60 bis 70 % Demotivation, „innerer Kündigung“ berichten: z. B. [22/5; 63/4].

Weitere Probleme auf der Seite der Organisation verursacht insbesondere bei größeren Unternehmen die vorherrschende **funktionale Organisation**: Linienbereichsleiter bemessen ihre Macht nach der Zahl der ihnen unterstellten Mitarbeiter. Sie dulden keine informellen Querbeziehungen zu anderen Funktionsbereichen. Bei notwendigen Änderungen geht alles die „Hierarchieleiter hinauf und hinunter" **(„Misstrauensorganisation")**. Die Vorgesetzten kümmern sich zuviel um die ihnen von früher vertrauten Details und lassen ihren Untergebenen zu wenig Gestaltungsfreiheit **(„Durchgreiforganisation")** Bei für das gemeinsame Produkt notwendigen Entscheidungen schieben Linienbereichsleiter die Entscheidung vor sich her und warten auf die Schnittstellenentscheidungen anderer. Damit vermeiden sie das Risiko des ersten Entscheiders **(„Entscheidungsscheu")**. – Ein anderes häufig auftretendes Problem ist das Fehlen von klaren **Anforderungen und Zielen**, wie auch Kostenzielen, die auf Baugruppen heruntergebrochen sind.

Die Kooperation mit der Kalkulation und dem Einkauf ist meist unzureichend. Insbesondere die Anforderungen des Kunden sind der Konstruktion in vielen Fällen nicht ausreichend bekannt. Der **Kontakt zum Kunden** ist oft durch den Vertrieb abgeschirmt (Bild 7.28). In der Folge wird die Konstruktion vom Vertrieb mit kundenspezifischen Varianten so eingedeckt, dass sie nicht mehr zur Neuentwicklung oder Standardisierung kommt.

Ebenso ist der Kontakt zu **Zulieferern und nachgelagerten Funktionsbereichen** (z. B. Fertigung, Montage, Qualitätssicherung) oft nicht ausreichend gegeben. So werden diese Bereiche nicht oder zu spät bei neu entstehenden Produkten mit einbezogen. Terminverzögerungen durch nachträgliche Änderungen sind häufig die Folge. Wenn nicht mehr geändert werden kann, bleiben die Kosten höher als nötig, und dies unerkannt! Die zunehmende Verringerung der Fertigungstiefe verstärkt das Problem bezüglich der Zulieferer noch!

c) Probleme des Entwicklungs- und Konstruktionsprozesses

Das dominierende Problem des Entwicklungs- und Konstruktionsprozesses, bei dem sich alle Mitarbeiter, alle Firmen, alle hierarchischen Positionen und alle Branchen treffen, ist das **Zeit- und Terminproblem**.

Es ist nahe liegend, dass es wesentlich durch mangelhafte Steuerung des Konstruktionsprozesses, durch Führungs-, Kompetenz- und Zusammenarbeitsprobleme zustande kommt. Eine Praxisanalyse der Gründe für Zeitüberschreitungen bis zur Auslieferung von Produkten hat ergeben, dass rund 60 % der Zeitüberschreitungen durch Planungsfehler im Entwicklungsbereich zustande kamen. Das waren unklare Projektdefinitionen und Aufgabenstellungen, Entwurfs- und Unterlagenfehler sowie Konzeptänderungen in der Entwurfsphase [12/4].

d) Technisch-wirtschaftliche Probleme

Ein häufiges technisch-wirtschaftliches Problem ist, dass **Prototypen** nicht ausreichend für Serienfertigungsverfahren konstruiert werden. Sie sind dementsprechend oft nicht serienfertigungsreif. Bei Serienanlauf sind hohe Kosten und Qualitätsmängel die Folge.

Allgemein treten die **technischen Probleme** aber eher gegenüber den „Managementproblemen" zurück. Wahrscheinlich auch deshalb, weil ja gerade diese intensiv gelehrt werden. Direkte Fragen, wie „Haben Sie wesentliche technische Probleme?", werden fast immer verneint. „Technische Probleme, die lösen wir gern; aber, was uns drückt, sind die unklaren Kompetenzen, die Informations- und Kommunikations-, d. h. die menschlichen Probleme."

Wertet man die Aussagen des Kapitels insgesamt, so ergibt sich die Notwendigkeit nach stärkerer **Zusammenarbeit der arbeitsteiligen Bereich**e im Sinne einer Gesamtoptimierung des Produkts. Eine Integration muss vor allem auf den Kundennutzen ausgerichtet sein. Im Folgenden werden Möglichkeiten und Methoden für eine integrierte Produkterstellung gezeigt.

4.2 Integrierte Produkterstellung[6]

Die **integrierte Produkterstellung** stellt einen Lösungsansatz zur Überwindung von Problemen der heutigen, stark arbeitsteiligen Produkterstellung dar [55/4; 57/4]. Der Wissenschaftsfortschritt hat nämlich notgedrungen zur Arbeitsteiligkeit geführt. (Kapitel 3.8.2; 4.1.3). Denn wir Menschen sind nicht in der Lage, alles zu wissen und alles zu können, weshalb es Spezialisten gibt (Bild 3.65). Auch die Unternehmen haben sich deshalb z. T. extrem verästelt in einzelne spezialisierte Abteilungen. (Kapitel 5.2.1.3). – Ein Produkt ist aber ein Ganzes aus vielen Teilen, vielen unterschiedlichen Fertigungsprozessen, vielen Eigenschaften und erlebt viele Lebensphasen von der Planung bis zum Recycling. (Kapitel 4.1.1). Deshalb müssen zur Überwindung der Spezialisierung integrierende Denkmethoden, Organisationsformen und Techniken erfunden und von kompetenten Mitarbeitern verwirklicht und umgesetzt werden. Da die Spezialisierung weiter zunehmen wird, müssen im Gegenzug auch diese Integrationsmaßnahmen weiter zunehmen. Die verschiedenen Arten der Integration werden in Kapitel 4.2.4 besprochen.

6) In vielen anderen Quellen wird für diesen Prozess der Begriff „Produktentstehung" benutzt. (vergl. z. B. Albers A. „Das integrierte Produktenstehungsmodell" in „Handbuch für Leichtbau" [60/6]. Die Autoren sind jedoch der Meinung, dass der Begriff „Produkterstellung" den Sachverhalt genauer und treffender wiedergibt, da er die aktive Rolle der Ingenieure in diesem Prozess besser wiedergibt.

Das Wichtigste sind aber nicht die (computergestützten) Methoden und Techniken, sondern dass die Menschen zusammenarbeiten wollen und Freude daraus schöpfen. Sie schaffen dann „von selbst" alles andere. Und Mitarbeiter sind dann erfolgreich, wenn sie in ihrem Bereich Gestaltungsfreiheit haben und wenn sie für Ihre Arbeit motiviert sind. Motivation durch Anerkennung und Lob ist das „Gewürz der Arbeit". Die Unternehmensleitung muss das wissen, wollen und vorleben! (Kapitel 5.2.1.4).

Ausgehend von Betrachtungen des konventionellen Informationsflusses bei der Produkterstellung werden in diesem Kapitel 4.2 und weiter bis 4.5 Methoden für die integrierte Produkterstellung vornehmlich aus organisatorischer Sicht beschrieben. In Kapitel 6 wird die IPE-Methodik weiter vertieft. – Es ist ein besonderes Anliegendes der Autoren, erkennbar zu machen, dass ein Überbetonen der Arbeitsteilung und des Spezialistentums in Selbstverwirklichungsmentalität auf Kosten des gemeinsamen, kooperativen und integrativen Handelns geht und so kein optimales Produkt und dies auch nicht termingerecht und zu günstigen Kosten entstehen kann.

4.2.1 Was heißt Integrierte Produkterstellung?

Am Anfang des Produkterstellungsprozesses steht natürlich die Produktentwicklung, die ja bekanntlich einen beträchtlichen Einfluss auf die folgenden Phasen hat. Was überhaupt ist „Integrierte Produktentwicklung"(IPE)? Ist es ein oft zitiertes Schlagwort oder ist es in erfolgreichen Unternehmen längst in die Realität umgesetzt und damit zum entscheidenden Wettbewerbsfaktor geworden?

Die Bedeutung der Produktentwicklung für den Unternehmenserfolg ist längst unbestritten. Vor allem neue, technologisch hoch stehende und ausgereifte Industrieerzeugnisse sichern die aktuelle Marktposition und die Zukunft eines Unternehmens. Was macht jedoch das Besondere der integrierten Produktentwicklung aus?

Wir verstehen darunter die zielorientierte Kombination organisatorischer, methodischer und technischer Maßnahmen/Hilfsmittel, genutzt von ganzheitlich denkenden Produktentwicklern, wie sie mit den vier Bereichen in Bild 4.25 zu sehen ist. Das Bild besteht also aus den „Kleeblättern" Mensch, Methodik, Organisation und Technik. Diese Komponenten bilden nicht nur die Hauptfelder der IPE, sondern darüber hinaus nach Meinung der Autoren eine leicht merkbare Unterteilung des Stoffes.

Glück – so sagt man – hat man nur mit einem vierblättrigen Kleeblatt. Erfolg mit der Integrierten Produktentwicklung auch nur, wenn man alle vier Felder konsequent nutzt. Ähnlich wie bei einem mathematischen Produkt, wo das Gesamtergebnis null ist, wenn ein Faktor null ist, wird die IPE misslingen, wenn man eines der vier Felder vernachlässigt. Entscheidend dabei sind aber vor allem die

Menschen, die koordinierend „alle Fäden in der Hand haben“ müssen. Sie allein entscheiden, wann und in welchem Umfang welche Methode, welches IT-Werkzeug zum Einsatz kommt und welche Organisationsform die effizienteste ist.

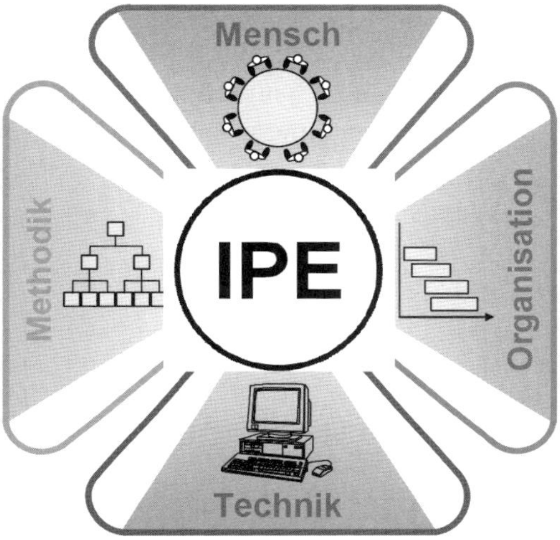

Bild 4.25 Integrierte Produktentwicklung mit vier Komponenten. („Kleeblattbild“ nach Meerkamm [81/4])

Dieser ganzheitliche Ansatz fordert einerseits ein geändertes Denkverhalten, umgesetzt in partnerschaftlichem, interdisziplinären Arbeiten sowohl innerhalb des Unternehmens als auch mit Kunden und Zulieferanten, andererseits eine methodische Vorgehensweise mit Betrachtung des gesamten Produktlebenszyklus und einer verstärkten Beachtung der Wechselwirkung zwischen Produkt und Prozess (Kapitel 4.2.2). Darüber hinaus sind Organisationsformen unerlässlich, die eine teilweise Parallelisierung der Arbeitsprozesse ermöglichen (Kapitel 4.3), sowie letztendlich der Einsatz leistungsfähiger Methoden und Werkzeuge der Informationstechnik zur Unterstützung dieses Ansatzes. (Kapitel 4.4 und 5.2.2.5).

Moderne, marktführende Produkte bestehen schon längst nicht mehr nur aus mechanischen und elektrischen/elektronischen Komponenten. Sie sind vielmehr eine gelungene Kombination aus Elementen der verschiedenen Fachgebiete wie Mechanik, Elektrik, Elektronik, Hydraulik, Pneumatik, Regelungstechnik und Informatik. (Kapitel 5.1.4.4). Zur Integration aller sich aus dem Produktlebenslauf ergebender Zustände gehören nicht nur z. B. die Anforderungs- oder die Montagegerechtheit, die in ein materielles Produkt münden, sondern auch die immateriellen Dienstleistungen, die mit dem Produkt verknüpft sein können. Jeder kennt z. B. beim PKW die nutzerspezifische Dienstleistung in Form von Meldungen im Cockpit-Display wie „Der Reifendruck hinten rechts ist zu niedrig“ oder „Sie müssen demnächst zum TÜV“. Noch intensiver ist die Verknüpfung von materiellem

Produkt und Dienstleistung beim Carsharing, wie car2go und DriveNow. Man spricht hier von „Hybriden Produkten“, die Dienstleistung ist untrennbar mit dem physischen Produkt verbunden. Und diese Gesamtlösung – im Sinne des Kunden – muss von Anfang an eingeplant werden. (Kapitel 4.2) [79/4; 83/4].

Erfolgreiche Unternehmen lösen das Spannungsfeld zwischen Zeit, Kosten und Qualität mit der „gelebten“ Integrierten Produktentwicklung. Nach Untersuchungen von McKinsey erreichen Unternehmen, denen diese Kulturveränderung gelingt, kürzere Entwicklungszeiten bei niedrigeren Kosten und gleichzeitig höherer Qualität [84/4].

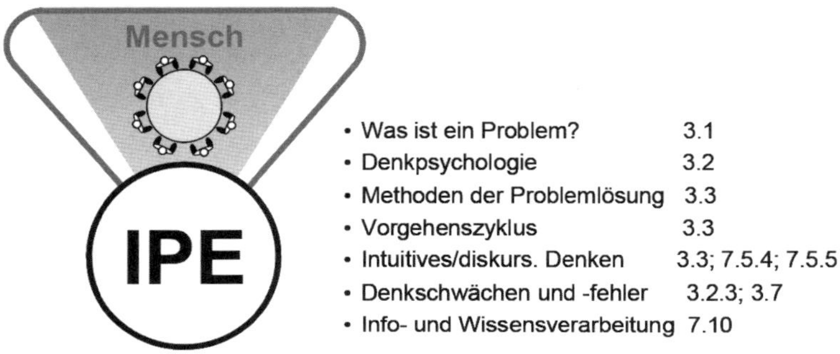

Bild 4.26 Integrationsbereich Mensch mit zugehörigen Buchkapiteln

Bild 4.27 Integrationsbereich Methodik mit zugehörigen Buchkapiteln

Die Einführung und Umsetzung der integrierten Produktentwicklung erfordert in den Unternehmen eine Abkehr vom traditionellen, rein funktionsorientierten und hierarchischen Denken und Arbeiten. Interdisziplinäres, teamorientiertes Arbeiten und life-cycle-orientiertes Denken stellen hohe Anforderungen an die Produktentwickler. Für die erfolgreiche Umsetzung dieser Anforderungen sollten sie vom Unternehmen mit geeigneten Schulungen und Training unterstützt werden.

Damit lässt sich auch die Motivation der Mitarbeiter erhöhen – ein Wettbewerbsfaktor, der allzu oft unterschätzt wird. Darüber hinaus muss das Unternehmen sicherstellen, dass seine Produktentwickler auf die für sie relevanten Methoden und modernen Werkzeuge der Informationstechnik zurückgreifen und diese auch effizient einsetzen können. Für die Ausbildung der Produktentwickler an den Universitäten und Fachhochschulen erfordert die integrierte Produktentwicklung, dass die Studenten möglichst frühzeitig lernen, ganzheitlich und vernetzt zu denken. Interdisziplinäre Teamarbeit muss bereits im Studium erlernt und in Projektarbeiten praktiziert werden. Die Ausbildung soll nicht allein Fach- und Methodenkompetenz vermitteln, sondern mit dem Blick über die eigenen Fachdisziplinen hinaus die Sozialkompetenz (Soft Skills) und die Fähigkeit zur zielgerichteten Zusammenarbeit verbessern. (Kapitel 3.8.3).

• Arbeitsteilung	4.1.3
• Prozesskette PE	6.2.3
• Aufbauorganisation	4.1.4; 4.3.1
• Ablauforganisation	4.1.5; 4.3.2
• Gruppen-, Teamarbeit	4.3.3
• Simult. Engineering	4.4.1
• Projektmanagement	4.3.4
• Management in E&K	5.2

Bild 4.28 Integrationsbereich Organisation mit zugehörigen Buchkapiteln. Hierzu gehört auch die Lebenslauf-Integration (Kapitel 2.4) und die Globale Integration (Kapitel 6.2.2; 7.3.2)

Wie die meisten ganzheitlich orientierten, übergreifenden Ansätze ist auch die integrierte Produktentwicklung nicht leicht fassbar. Aufgrund ihrer Vielschichtigkeit und Vielfältigkeit ist sie auch nicht einfach umsetzbar. Dagegen ist die Durchsetzung von Einzelmaßnahmen um ein Vielfaches leichter. Es ist eine alte Erfahrung: Spezialisten und Analytiker sind immer schneller und präziser als Integratoren und Synthetiker. Aber Einzelmaßnahmen sind auch längst nicht so wirkungsvoll in Bezug auf niedrige Herstellkosten, kurze Entwicklungszeiten und hohe Qualität. Diese drei für das Unternehmen so entscheidenden Größen sind beim Umsetzen der integrierten Produktentwicklung kein Entweder-Oder, sondern sie sind erfolgreich miteinander vereinbar. Integrierte Produktentwicklung im Unternehmen praktiziert und gelebt bedeutet über längere Zeit einen wesentlichen Wettbewerbsvorteil. – Nachfolgend werden die vier „Kleeblätter“ mit den zugehörigen Kapiteln des Buches vorgestellt. Damit ist noch einmal eine Möglichkeit gegeben, zusätzlich zu Bild 1.2 die Buchgliederung von einer anderen Seite zu sehen.

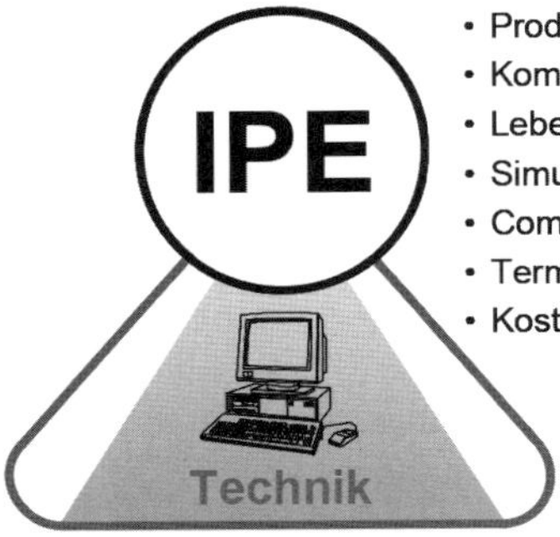

- Produktmodell, Systemtechnik 2
- Komplexität 2.3.3
- Lebenslauf 2.4; 4.1.1
- Simulation, Versuchstechnik 7.8.2
- Computereinsatz 5.2.2.5
- Termin und Kapazit. Planung 5.2.3
- Kostenoptimierung 9.3.4

Bild 4.29 Integrationsbereich Technik mit zugehörigen Buchkapiteln. Hierzu gehört auch die Technologie-Integration (Kapitel 5.1.4.4; 7.4.2.4)

Wie in der Praxis die Integration von fünf Unternehmensfunktionen dargestellt werden kann, zeigt Bild 4.30. Dabei kommt es dann darauf an, dass die Funktionen nicht nur ihre jeweils eigenen legitimen Ziele verwirklichen (z. B. beim Vertrieb: Mindestens die geplanten Verkaufserlöse zu erbringen), sondern in Kooperation mit den anderen Unternehmensfunktionen die im Unternehmen gemeinsam geplanten Produkte, Aufträge und Service-Leistungen zu realisieren.

Das setzt natürlich ein sehr kooperatives Unternehmensklima und eine sehr kompetente Unternehmensführung voraus.

Es ist also Kooperation angesagt und nicht nur egozentrische Beschränkung auf den jeweils eigenen Bereich. Eigentlich eine Selbstverständlichkeit, aber die Realität der Praxis sieht oft ganz anders aus! Hohe unerkannte Verluste sind in vielen Unternehmen die Folge mangelnder Zusammenarbeit. – Die Aussage ist deckungsgleich zu der vom „Mauernbild“ Bild 4.24 bzw. Bild 4.58.

Bei der konventionellen – nicht integrierten – Produkterstellung arbeiten die betroffenen Abteilungen selbstverständlich auch zusammen. Andernfalls würde kein Produkt entstehen können, da dies gerade als Ganzes, aus dem Zusammenwirken vieler Spezialisten, erzeugt wird. Aber die Reibungsverluste durch Bereichs-(oder hier Funktions-)Egoismen können doch erheblich sein. – Den Autoren sind mehrere Unternehmen bekannt, in denen z. B. der Verkauf das Sagen hatte. Er bestimmte, welche Produkte in welcher Komplexität und Stückzahl und mit welchen Kunden-Sonderwünschen die Konstruktion zu erarbeiten und die Fertigung zu realisieren hatte.– Der „Erfolg“ war, dass das Unternehmen in der Varianten-Vielfalt fast erstickte, die unerkannten Gemeinkosten den Gewinn verringerten und die Konstruktion personell aus dem Ruder lief. (Siehe Kapitel 9.4).

Bei der integrierten Produkterstellung jedoch werden in hohem Maße bewusst organisatorische Methoden zur Gesamtoptimierung des Produkts und der Produkterstellung eingesetzt. Hierzu gehören Methoden zur Zielorientierung und Zusammenarbeit von Menschen (vgl. Kapitel 4.2.4; 4.3), wobei die in Kapitel 6 beschriebene ganzheitliche Methodik als gemeinsame Grundlage dienen kann.

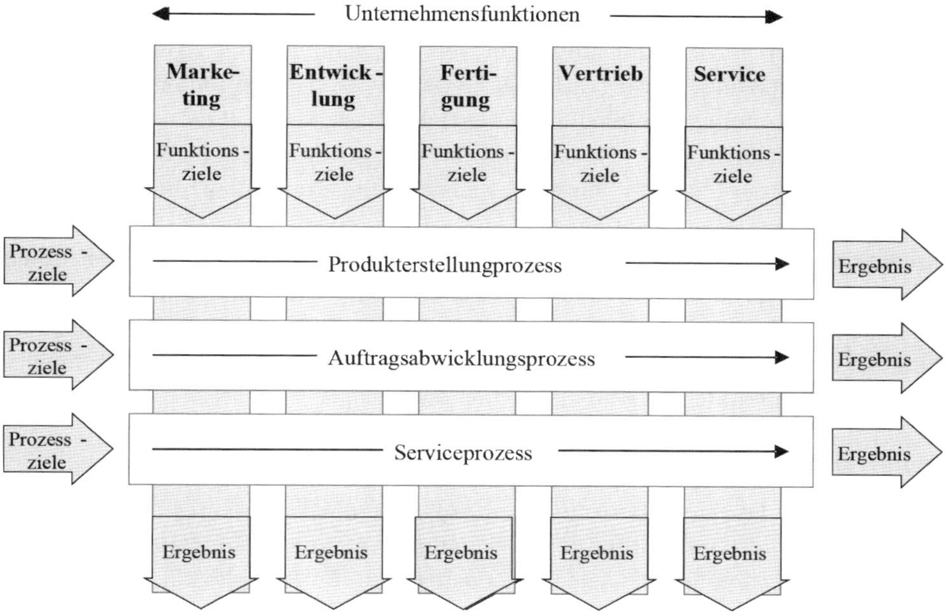

Bild 4.30 Integration der unterschiedlichen Unternehmensfunktionen zur Erreichung der Ziele von Produkten, Aufträgen und dem Service einschließlich Dienstleistungen (Nach Schmelzer & Sesselmann, S. 52 [62/4])

Die Ausrichtung der Mitarbeiter auf gemeinsam erarbeitete und akzeptierte Ziele kann nicht von heute auf morgen, z.B. durch Anordnung, erreicht werden. Vielmehr stellt dies einen Lernvorgang von Führung und Mitarbeitern dar, eine Bewusstseinsänderung im Unternehmen [13/4, 14/4]. Dieser Umdenkprozess, der wesentlich 1987 von Andreasen angestoßen wurde [61/4], ist nach wie vor ein Problem in der Praxis [86/4] und der Forschung, wie ein Blick in die Literatur zeigt [81/4; 87/4; 88/4]. In einem neuen Buch [93/4] schildert und erweitert er anschaulich diese umfassende Denkweise.

4.2.2 Bewusstseinsänderung

Die zunehmende Betonung des ganzheitlichen, integrativen Denkens und Handelns ist in Gesellschaft, Wissenschaft und Industrie ein seit längerer Zeit beobachtbarer Prozess. Wesentlich ist die Erkenntnis von neu gegründeten, erfolgreichen Unternehmen, dass das Potenzial nicht nur in den Finanzen und Einrichtungen, sondern in der Qualität, der Motivation und Leistungsbereitschaft der Mitarbeiter liegt (Kapitel 3.5). Es stellt sich die Frage, wie man aus Personal, das sich nur zu 10 % für das Unternehmen engagiert, Mitarbeiter gewinnen kann, die sich stärker einsetzen. Unternehmen sollten sich in Richtung Sinngemeinschaft entwickeln.

Wie oben bei Bild 4.30 durch die horizontalen Balken angedeutet ist es fruchtbar zwischen einer horizontalen und einer vertikalen Integration zu unterscheiden [60/4]. Die **horizontale Integration** vernetzt die Spezialisten in den unterschiedlichen Fachabteilungen miteinander (Vertrieb, Entwicklung, Produktion, Service; Bild 4.31, Bild 4.58; 6.7; 6.11). Die **vertikale Integration** vernetzt die Hierarchie-Ebenen des Unternehmens von der Unternehmensleitung über die Abteilungen bis zum Werker. Dem entspricht die „flache Hierarchie". Sie bewirkt eine bessere Kommunikation von Zielsetzungen und Plänen bis nach unten, und von unten nach oben, so dass die Motivation verbessert wird. (Siehe Bild 4.41 rechts). Man kann aber auch das life-cycle-engineering unter diesen Begriff fassen, obwohl dort oft auch eine kreisförmige Anordnung gewählt wird (Bild 4.1). Arten der Integration werden in Kapitel 4.2.4 ausführlicher besprochen.

4.2.2.1 Entwicklung der Produkterstellung

Zu Beginn des Jahrhunderts ist aus den Anfängen des Taylorismus (Kapitel 4.1.7) eine zunehmende Aufspaltung in spezialisierte Abteilungen entstanden. Die Spezialisierung in den Fachgebieten hat ebenso wie die Komplexität der Produkterstellungsprozesse in den letzten Jahrzehnten so stark zugenommen, dass ein tayloristisches Verteilen der Aufgaben und ein sklavisches Bearbeiten von nur der eigenen Problemstellung in engen Systemgrenzen nicht mehr möglich ist. Die Spezialisten in einer arbeitsteiligen Organisation sind auf die Kooperation der anderen Mitarbeiter angewiesen. So ist heute das ganzheitliche Denken vieler Mitarbeiter gefragt, damit qualitativ hochwertige Produkte entstehen können. Durch die vermehrte Bildung von Teams aus Mitarbeitern, die verschiedene Aspekte eines Problems bearbeiten, kann wieder eine ganzheitlichere Sicht ermöglicht werden (Bild 4.31; Bild 4.58). – Es ist z.B. sehr fruchtbar, mit Konstrukteuren einen Besuch in der Fertigung oder im Vertrieb zu machen und sich gegenseitig über die Probleme und das Unverständnis auszutauschen. Genauso umgekehrt!

4.2.2.2 Entwicklung des wissenschaftlichen Weltbildes

Eine dementsprechende Änderung des Denkleitbildes hat in der Wissenschaft schon mit Beginn des 20. Jahrhunderts begonnen.

Die früher vorherrschende Wissenschaftsauffassung und die dabei angewandten Methoden kann man unter dem „**Paradigma** oder **Leitbild der Elementarisierung**" (in Bild 4.32 links) zusammenfassen. Die überaus erfolgreiche Entwicklung der Naturwissenschaften und der Technik ist auf diese Leitsätze, die implizit mindestens bis Descartes verfolgbar sind, zurückzuführen: Die reale Welt wird, beschränkt auf ihre mess- und zählbaren Eigenschaften, in Elemente zerlegt. Man hoffte, das so in seine Elemente zerlegte Ganze wieder aus den untersuchten Elementen aufbauen und verstehen zu können [15/4].

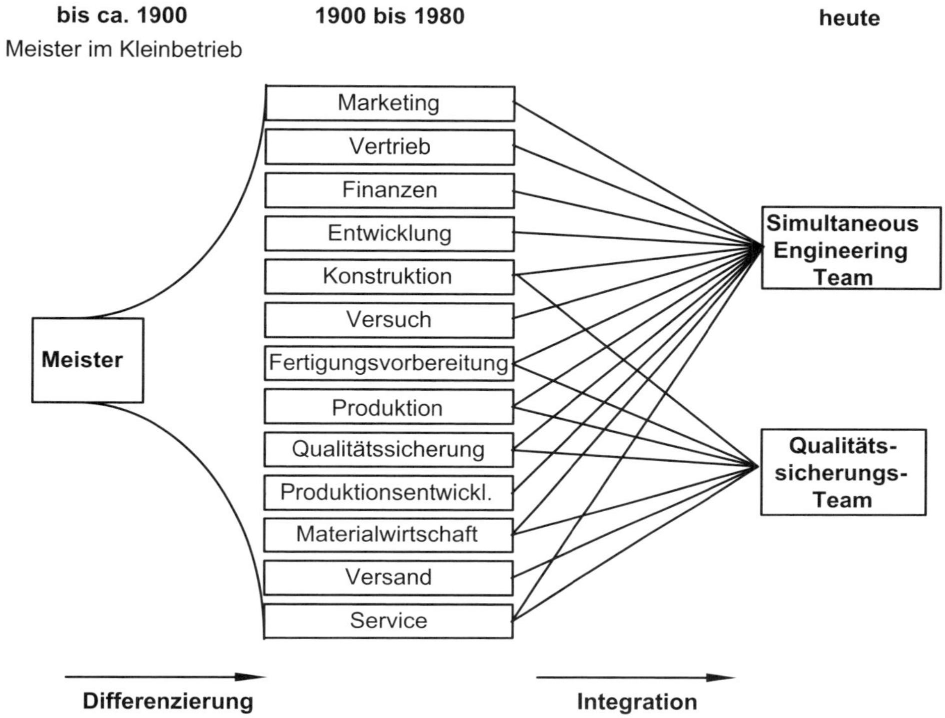

Bild 4.31 Von der Integration im „all-round"-Menschen zur Integration der Spezialisten

Heute ist man bescheidener geworden und ahnt, dass die Komplexität der Welt von uns nur unter bestimmten Aspekten und teilweise verstanden werden kann. Beispiele dafür liefern die Umweltproblematik, psychologische und wirtschaftliche Entwicklungen. Zudem ist das frühere Wissenschaftsverständnis voll auf die Analyse, d.h. die Eigenschaftserkenntnis, ausgerichtet. Synthesemethoden, also Methoden, um gezielt Neues zu schaffen, welches nicht durch einfache Kombination von Elementen entsteht, sind bei diesem Denken unterentwickelt geblieben. (Siehe hierzu den Aufsatz der Autoren in [94/4]). – Die Schöpfer der Konstruktionsmethodik faszinierte besonders immer wieder eine Theorie: Die Methodik sollte aufgebaut sein wie das chemische System der Elemente oder die Physik. – Wenn sich auch viel Neues sogar durch Kombination und Variation erzeugen lässt, so steht dem doch das Entstehen des „Unerwarteten", „ganz Anderen" im kreativen Akt entgegen. Auch bei der Entwicklung des rechnergestützten Konstruierens wurde oft angenommen, dass das menschliche Denken langfristig voll verstanden und mit dem Computer simuliert werden kann. Dazu müsste dann die Konstruktionsmethodik wie die Mathematik auf wenige Axiome aufgebaut sein, aus denen eine zwangsläufige einheitliche Lehre abgeleitet werden kann.

Paradigma der Elementarisierung ⟶	Paradigma der Integration
– **Abstraktion von Eigenschaften** zur Komplexitätsreduktion. – Betrachtung nur von Elementen des Ganzen **(Elementarisierung)**. Das Ganze wird aus den Elementen aufgebaut und ist daraus verständlich. – **Naturwissenschaftliche** Bearbeitung von mess- und zählbaren Eigenschaften. – Wesentlich ist die Eigenschaftsermittlung aus der (exakten) **Analyse.**	– **Ganzheitlich** mehrere Wissensbereiche integrierend. – **Systembezogen** statt nur eng produktbezogen. – Auf den Menschen, seine Umwelt und die dadurch gegebenen **Werte bezogen**. – Auf den **Lebenslauf** der Produkte und Prozesse bezogen. – Auf die **Synthese** statt nur auf die Analyse von Systemen bezogen.

Bild 4.32 Paradigmenwechsel in den Ingenieurwissenschaften (z. T. nach Ropohl [15/4])

Die hier behandelten integrierenden Methoden haben das **„Leitbild der Integration“** als Basis (in Bild 4.32 rechts). Es wird versucht, ganzheitlich, unter Einbeziehung mehrerer Wissensbereiche, also interdisziplinär, vorzugehen und die Synthese mehr ins Blickfeld zu rücken. Wie weit das gelingt, ist offen. Herbert Simon schreibt in seinem Buch „The Science of the Artificial“: „Science is the study of what is. Engineering is the creation of what is to be!“

Diese Unterscheidung der vorherrschenden Denkrichtungen heißt natürlich nicht, dass etwa unter dem Paradigma der Integration die sorgfältige Eigenschaftsanalyse von Produkten oder Prozessen unbedeutend geworden sei. Die große Bedeutung der Analyse für die Synthese von Produkten ist gerade durch die Untersuchung realer Konstruktionsprozesse herausgearbeitet worden [16/4].

Auch von der Zielausrichtung der Wissenschaften deutet sich ein Wandel an. Wissenschaften sind ja auch bestimmt von der gesellschaftlichen Situation. Deshalb beschäftigt man sich vermehrt mit der Erforschung und Gestaltung komplexer Prozesse. In vielen Bereichen: Z. B. in der Soziologie, Wirtschaft, im Finanzwesen, in der Technik. Man spürt die Zeitenwende: Höher-Schneller-Weiter ist eine vergangene Maxime. – Wie nachhaltig können wir leben? Wie sieht unsere Zukunft mit 10 Mrd. Menschen aus?

Die Autoren haben in einem Aufsatz [94/4] ihre Sorge beschrieben, dass über der Vielfalt der Analyse und deren Wachstumsgeschwindigkeit die Methoden der Synthese für die Gestaltung des Ganzen auf die Dauer in den Schatten treten. Es gibt bisher keine „Integrationswissenschaft“ mit Begriffen und Verfahren, die für alle Disziplinen und praxisnahen Anwendungen einsichtig und fruchtbar wären. Auch Systems Engineering“ [4/2] ist es nicht. Das zeigt ja schon der Begriff „Engineering". So werden Methoden der Integration auch in Nicht- Engineering-Abteilungen angewandt, wie z. B. in der Produktplanung, im Einkauf, im Vertrieb, im Service. Dies Defizit arbeitet besonders Graner [128/3] heraus. Den Schwerpunkt „Synthese" zu verstärken gilt nicht nur für die Forschung, sondern auch für die Lehre. Die Industrie „sehnt" sich nach kooperativen, offenen Gestaltern.

4.2.3 Begründung integrierter Produkterstellung aus dem Informationsfluss

Beim Produkterstellungsprozess ist ganz wesentlich, dass für Entscheidungen die richtigen Informationen zum rechten Zeitpunkt zur Verfügung stehen. In Kapitel 4.1.7 wurde gezeigt, welche Probleme bei der Produkterstellung auftreten können, wenn Informationen fehlen, die aufgrund der Sachlogik benötigt werden.

4.2.3.1 Arten und Organisation des Informationsflusses

Produkte wirken, nachdem sie ihren Produkterstellungsprozess durchlaufen haben und dabei mannigfaltige Informationen in sie eingeflossen sind, durch ihre Eigenschaften auf den Nutzer. Bei einem Pkw als stofflichem Gebilde sind Eigenschaften, wie eine gute Beschleunigung oder die Geräumigkeit, in dem vorausgegangenen Informationsprozess festgelegt worden. Die Geräumigkeit wird z. B. als Anforderung **definiert**, wird in Form von CAD-Daten bei der Karosserieentwicklung **festgelegt**, wird dann u. U. über NC-Daten in Presswerkzeugen bereits stofflich **realisiert** und **wirkt** sich nach der Produktion des Pkw beim Fahrer, als Betroffenem, unmittelbar körperlich aus.

An diesem Beispiel sieht man, dass der Informationsfluss sich in seiner Qualität ändert. Es gibt Stellen, die Informationen festlegen, indem sie ursächlich für Produkteigenschaften verantwortlich sind (hier die Entwicklung und Konstruktion), es gibt Stellen, die Informationen realisieren (hier die Karosseriefertigung), und es gibt Adressaten oder von der Information Betroffene (hier der Fahrer oder die Fahrerin). Damit aber Eigenschaften wie Funktion, Sicherheit, Produktionsverhalten, Mensch/Maschineverhalten, Umweltverhalten und Kosten entsprechend den Anforderungen des Nutzers und des Unternehmens „richtig" festgelegt werden können, ist nicht nur ein **Informationsvorfluss** (predictive engineering) in Richtung der Produkterstellung zu organisieren, sondern auch der **Informationsrückfluss** (feed back; reverse engineering), z. B. von ähnlichen Vorläuferprodukten, zur Produktdefinition. Insbesondere bei digitalem Rückfluss spricht man dabei von „Front Loading", d. h. die Front, den Anfang, mit Informationen zu versorgen, die zur sachgerechten Entscheidungen nötig sind.

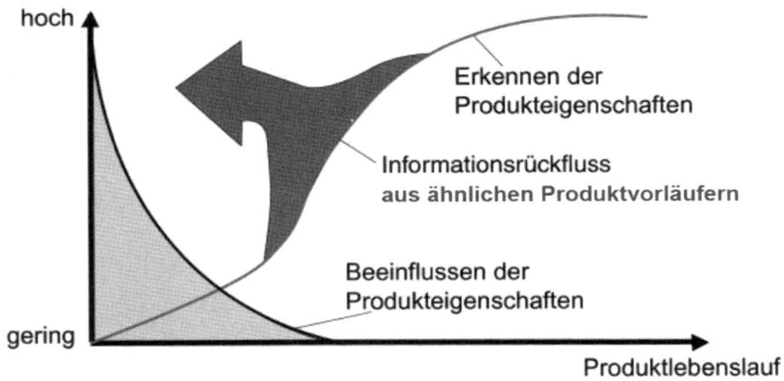

Bild 4.33 Ganz am Anfang kann ein Produkt noch leicht geändert werden. Es fehlt aber die Erkenntnis der zukünftigen Eigenschaften (Paradoxon der Konstruktion!). Ein Informationsrückfluss von früheren ähnlichen Produkten muss für das aktuell bearbeitete Produkt organisiert werden (reverse engineering)

Bild 4.33 zeigt den für die Produktdefinition notwendigen Informationsrückfluss schematisch. Während die Produkteigenschaften in den ersten Phasen des Produktlebenslaufs, also in der Planung und in der Konstruktion, am stärksten beeinflusst werden können und der Änderungsaufwand da noch am geringsten ist, ist im allgemeinen die Erkenntnismöglichkeit über die festzulegenden Produkteigenschaften gerade in diesen Phasen am geringsten: Ein **Paradoxon der Konstruktion** (siehe auch Bild 9.9). Die Erkenntnis über den Erfolg eines Produkts, die für den Hersteller wichtigste Eigenschaft, wird erst im Lauf der Nutzung gewonnen. Durch Informationsrückfluss aus früheren ähnlichen Produkten kann aber das Erkenntnisniveau in den frühen Phasen des aktuell bearbeiteten Produktes angehoben werden, so dass ein Teil der Produkteigenschaften realistisch vorausgesagt werden kann. („Eigenschaftsfrüherkennung“). Der Synthese-Treibende muss die Auswirkungen seiner Festlegungen analysieren können, um im Sinne eines Regelkreises bzw. einer Rückkopplung möglichst unmittelbar Korrekturen vornehmen zu können. Früher hat man zeitlich **lange Regelkreise** in Kauf genommen: Man hat den Pkw gebaut, sich hinein gesetzt und dann die unbequem engen Stellen geändert. Heute strebt man im Interesse der Zeiteinsparung **kurze Regelkreise** an: Man nutzt CAD im obigen Fall der Pkw-Entwicklung und berechnet die Abstände: Die Geräumigkeit wird simuliert. Ähnliches gilt allgemein für die computergestützte Simulation, Virtual Reality und Rapid Prototyping. So komfortabel quantitativ berechenbar, wie bei dieser Eigenschaftsfrüherkennung, sind aber nicht viele Produkteigenschaften. Die meisten müssen durch persönliche Diskussion mit den entsprechenden Fachleuten, zunächst vornehmlich qualitativ, nach Zielsetzung und Auswirkung durchgesprochen werden. Dafür müssen der Produktdefinition aus allen nachfolgenden Stationen (Bild 4.34) des Lebenslaufes Informationen zufließen. So muss z. B. im Kontakt mit der Fertigung geklärt werden, wie im Einzelnen gefertigt wird, welche Genauigkeiten erzielbar oder welche

Werkzeuge und Vorrichtungen verfügbar sind. Andernfalls kann der Konstrukteur nicht fertigungsgerecht konstruieren.

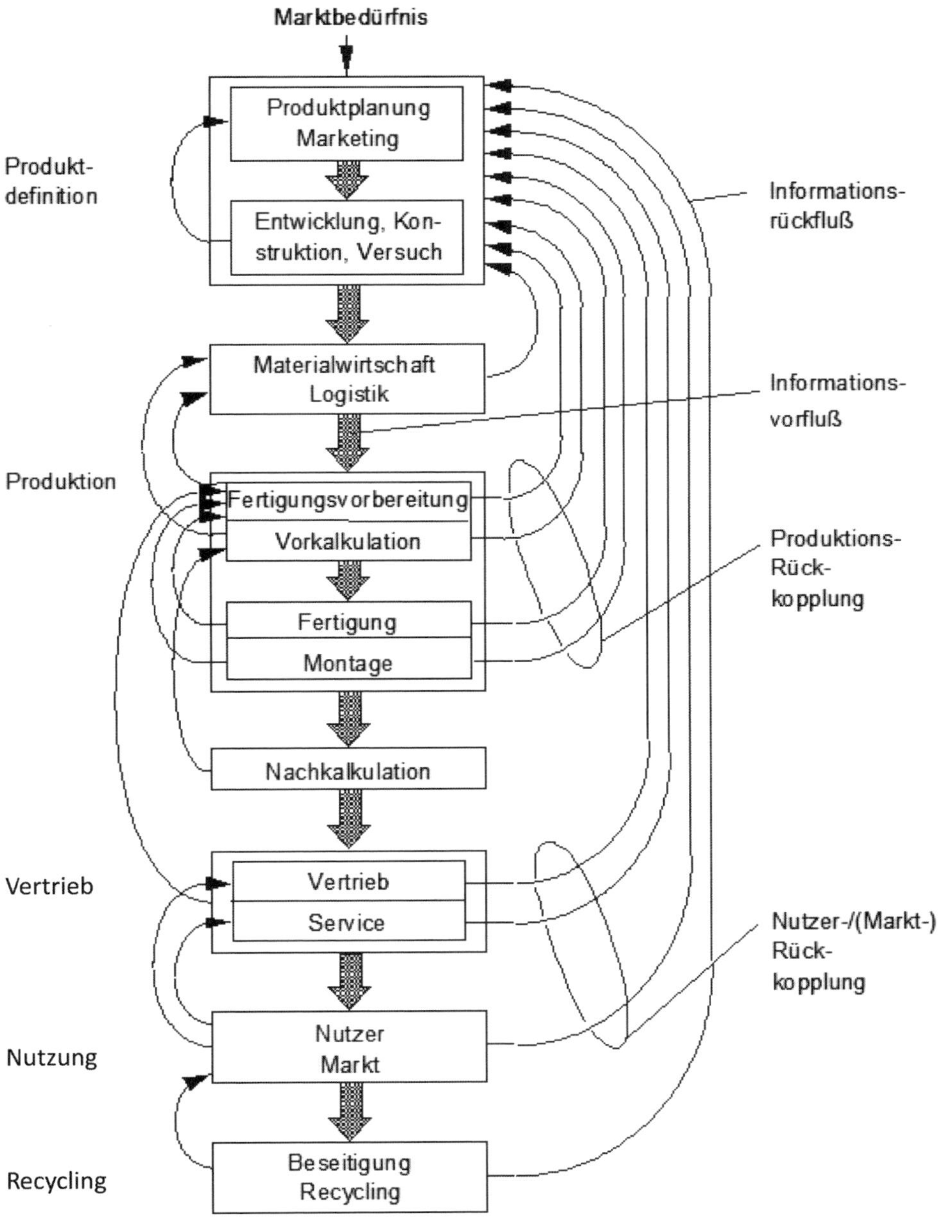

Bild 4.34 Der Produktlebenslauf mit Informationsrückflüssen bzw. Regelkreisen, auch von früher gebauten Produkten. („Front loading"; siehe auch Kapitel 5.2.2.5 und PLM = Product Life Cycle Management). Im Begriff Service sind Dienstleistungen enthalten

Der Informationsvorfluss von Abteilung zu Abteilung ist in Bild 4.34 durch einen dicken Pfeil symbolisiert. Er muss zustande kommen, da sonst kein Produkt erstellt werden kann. Rückwärts müssen die Informationen (dünne Pfeile) im Idealfall schon am Anfang des Produkterstellungsprozesses beim ersten Festlegen von Produkteigenschaften fließen. Ansonsten werden vorher fehlende Informationsrückflüsse später erzwungen, da aufgrund von Mängeln Nachbesserungen erforderlich werden (ungeplante Iterationen). Besonders wichtig für die Produktdefinition sind die Produktions- und die Nutzer-Rückkopplung. Mit der ersten werden kostengünstige, mit der zweiten marktfähige Produkte geschaffen. Für diese rückwärtsgerichteten Informationsflüsse gibt es im wesentlichen drei Möglichkeiten: den Informationsrückfluss durch Personen (Berater, Teamarbeit, Job Rotation), den durch Papier und den durch EDV.

Verringert man nun die Zahl der Schnittstellen, indem man den Informationsfluss direkt von Mitarbeiter zu Mitarbeiter im Sinne von Bild 4.31 im Team (z. B. Simultaneous Engineering) ermöglicht, so entfallen viele „Informationstransporte“ und Dokumente. Zudem spart man damit Zeit und Kosten. Dies zeigt der Vergleich von Bild 4.35 mit Bild 4.34. Die Informationen fließen schnell und effektiv auf direktem Weg zwischen den Fachleuten. Der Großteil der äußeren, bewusst zu organisierenden Informationsrückflüsse, ist weggefallen. Es bleibt im Wesentlichen die Rückkopplung vom Nutzer bzw. Markt übrig. „Lange“ Regelkreise sind zu „kurzen“ geworden.

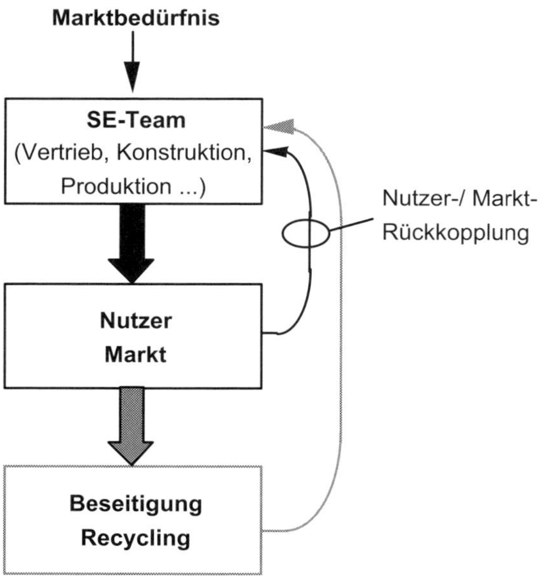

Bild 4.35 Das SE-Team reduziert die Vielfalt der nach außen auftretenden Informationsregelkreise praktisch auf den Nutzer-/Markt-Regelkreis

4.2.3.2 Folgen der schnittstellenbedingten Informationsverarbeitung

Die Folgen einer schnittstellenbedingten Informationsverarbeitung müssen nicht unbedingt negativ sein. So nimmt die **wertschöpfende Arbeitsleistung pro Person** bei einem fruchtbar arbeitenden Team durch Synergieeffekte sicher gegenüber der Einzelarbeit zu (Bild 4.36). Bei weiter zunehmender Arbeitsteilung kann allerdings die Arbeitsleistung wegen innerer Reibungsverluste zur gegenseitigen Information wieder abnehmen. Das kann so weit gehen, dass eine bürokratische Organisation nur noch mit sich selbst beschäftigt ist („Parkinson-Effekt"). Es gibt nur wenige Untersuchungen über die durch Arbeitsteilung bzw. Schnittstellen bedingten Kosten- und Zeitaufwände. Meist sind es Abschätzungen oder Fallbeispiele. Die Unternehmensberatung Arthur D. Little schätzt, dass in der Praxis bis zu ⅓ der Selbstkosten eines Unternehmens durch den Aufwand zur Überwindung der Abteilungsschnittstellen anfallen [17/4].

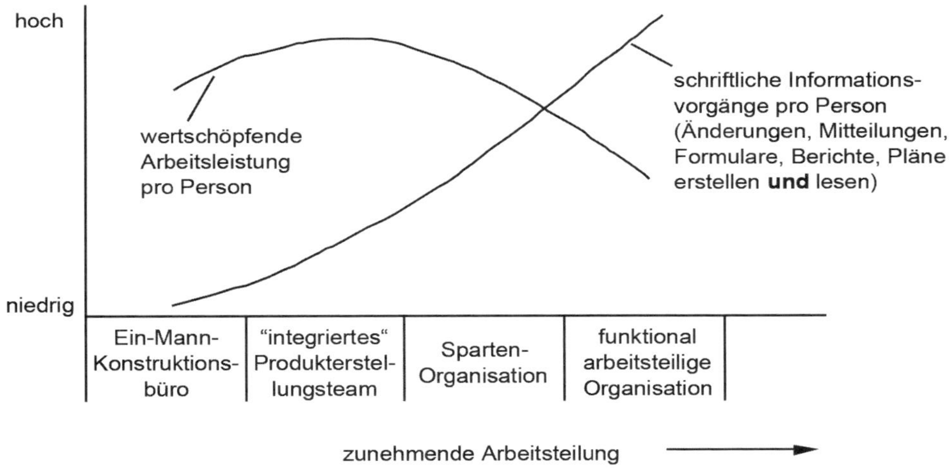

Bild 4.36 Je stärker die formale Arbeitsteilung, umso mehr Arbeitsleistung muss zur gegenseitigen Information aufgewendet werden („Informationslogistik")

Die unproduktiven **Übertragungs-**, **Liege-** und **Einarbeitungszeiten** an den Schnittstellen der Auftragsbearbeitung werden zu 70 % bis über 90 % der gesamten Durchlaufzeit eines Auftrags geschätzt [18/4; 19/4]. Dies entspricht Untersuchungen im Fertigungsbereich, nach denen die Liegezeiten der Werkstücke in der Gegend von 90 % betragen. Nur rund 10 % ist Bearbeitungszeit.

Einen Mangel an Informationsaustausch kann man an der **Änderungshäufigkeit** der Produktdokumente erkennen. Der Informationsaustausch gestaltet sich jedoch selten auch nur annähernd ideal, wie man an den meisten Abläufen der Produkterstellung ablesen kann. Bild 4.37 zeigt links den stark ausgezogenen, treppenförmigen idealen Ablauf der Produkterstellung ohne Änderungen. Durch das übliche, unkoordinierte Aneinandervorbeiarbeiten ergeben sich aber laufend in allen Abteilungen Änderungen, die ein erneutes Überarbeiten mit entsprechender Zeit- und Kostenauswirkung nötig machen.

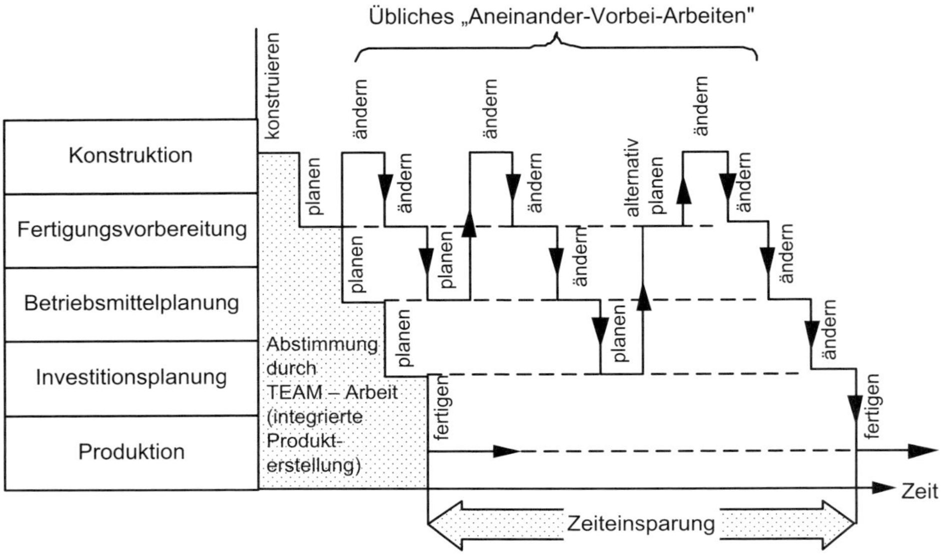

Bild 4.37 Beim Erarbeiten der Fertigungsunterlagen lohnt sich Teamarbeit. Die abgestimmte Informationsverarbeitung erspart das wiederholte Ändern und damit Zeit und Kosten (nach K. W. Witte)

Bei innovativer Produktentwicklung ist allerdings durch den iterativen Entwicklungsprozess („trial and error") ein gewisser Änderungsaufwand unvermeidbar [16/4]. Der größte Teil der Änderungen wird aber durch Planungsschlamperei und dadurch bedingten Zeitdruck verursacht (ungeplante Iteration). Wenn die Zeitknapp ist, unterbleiben sogar manche Überarbeitungen, worunter die Qualität leidet. (Beispiel Kapitel 4.1.6).

Prozesskosten-Untersuchungen für die **Zeichnungserstellung oder für Zeichnungsänderungen** wurden schon öfters durchgeführt. Je nach Größe bzw. Schnittstellenzahl des betroffenen Unternehmens sind Kosten von einigen hundert bis einigen tausend Euro pro Bauteil ermittelt worden (Bild 9.40), [20/4]. Die Erhaltung und Änderungen am Dokument kann noch mal ein Mehrfaches dieser Erstellungskosten betragen. Nach VDMA (Kapitel 5.2.2.3) beträgt der Aufwand für Änderungen 15,6 % des gesamten Aufwandes in Entwicklung und Konstruktion. 30 % davon werden allein zur Fehlerbereinigung benötigt. Bullinger [21/4] berichtet aufgrund einer Umfrage, dass sogar rund ein Drittel des ganzen Entwicklungs- und Konstruktionsaufwandes durch vermeidbare Änderungen verursacht werde. Es gibt Firmen, die bei Änderungen zur Kosteneinsparung einen „Malus" von

2000,- Euro vorgeben, der durch die Einsparung mindestens wettgemacht werden muss.

Zusammenfassend kann man sagen, dass durch integrative Maßnahmen zur Reduzierung der Zahl und Auswirkung der Schnittstellen Zeit und Kosten effektiv gesenkt werden können [55/4]. So waren bei einem Maschinenbauunternehmen vor Einführung der Fertigungsberatung (eine Methode der organisatorischen Integration: Bild 4.38), zwischen 50 und 60 % der DIN A0 und A1-Zeichnungen zu ändern, danach nur noch 10 %. (Siehe auch [59/4]).

4.2.4 Methodensystem für die integrierte Produkterstellung

Ähnlich wie der Prozess der Produkterstellung bei komplexen Produkten (z. B. Werkzeugmaschinen, Textilmaschinen, Pkw) selbst wieder komplex ist, so ist auch die Methodik, Personen mit ihren Informationen zur ganzheitlichen Produktoptimierung und -erstellung zusammenzuführen, nicht einfach.

Es handelt sich also um ein **„Methodensystem zur Zielorientierung und Zusammenarbeit von Menschen, die Produkte erstellen“**. Bekannt geworden sind dafür **integrierende Vorgehensweisen**, wie Simultaneous Engineering und Qualitätsmanagement (Kapitel 4.4), die selbst wieder aus Einzelmethoden (Kapitel 4.3) aufgebaut sind. Solche Einzelmethoden sind z. B. Teamarbeit (Kapitel 4.3.3) und Projektmanagement (Kapitel 4.3.4), ferner eine große Zahl von Methoden, wie sie in Bild 4.38 aufgeführt sind. In Kapitel 6.2 und 6.3 ist mit der **IPE-Methodik** ein ganzheitliches Methodensystem ausgehend von der Konstruktionsmethodik dargestellt, das vom Ansatz her für die gesamte Produkterstellung und für den gesamten Produktlebenslauf geeignet ist. Die Gesamtheit der Methoden (die Methodensysteme) ist also nicht einheitlich, sondern Methoden sind aus unterschiedlichen Notwendigkeiten und Sichtweisen in der Praxis entstanden. So entstanden z. B.:

- **Simultaneous** und **Concurrent Engineering** zur Verkürzung der Produkterstellungszeiten (Kapitel 4.4.1),
- **Qualitätsmanagement** oder Total Quality Management (TQM, Kapitel 4.4.2), z. B. mit Quality Function Deployment (QFD, Kapitel 4.4.3), aus Gründen der Qualitätssicherung,
- **Target Costing** zur Verringerung der Herstell- und Lebenslaufkosten (life-cycle-costs, Kapitel 9.3.3).

Da es sich bei Qualität, Zeit und Kosten um gekoppelte Querschnittsanforderungen handelt, wirken die Vorgehensweisen ganzheitlich. Simultaneous Engineering z. B. verringert nicht nur Zeitabläufe, sondern auch Kosten und wirkt qualitätssteigernd. Es ist vorstellbar, dass noch andere Vorgehensweisen für andere Querschnittsanforderungen entstehen, beispielsweise im Sinne der Ökologie für Produkte mit minimalen Gesamtenergie- oder Stoffverbrauch für Erstellung, Nutzung und Entsorgung.

Arten und Methoden der Integration

In Bild 4.38 wird versucht, die vielfältigen Arten, Vorgehensweisen, Methoden und Hilfsmittel, die zur Überwindung der Nachteile der Arbeitsteilung und Spezialisierung beitragen, zu ordnen. Wegen der vielfältigen Aspekte und Sichtweisen gelingt das natürlich nur zum Teil. Ferner überschneiden sich die Einteilungen. Z. B. könnte die IT-Integration ein Teil der Technologie-Integration sein. Beispielsweise sind bei Vajna „IDE" [95/4] im Kapitel 2.2 (S. 66) sechs Integrationsarten beschrieben.

Als **übergeordnete Arten der Integration** werden entsprechend dem „Kleeblattbild" Bild 4.26 bis Bild 4.29 die menschliche, die methodische, die organisatorische und die technische Integration unterschieden. Überschneidungen sind unvermeidlich.

1. Die **menschliche Integration** ist sicher am wichtigsten. Sie zielt darauf ab, Spezialisten mit dem Verständnis eines Generalisten auszustatten, der sich aufgrund gemeinsam erarbeiteter Ziele in seinem Bereich unternehmerisch engagiert (Kapitel 4.2.2).
2. Die **methodische Integration** hat wegen der Bedeutung der Methoden und der Information (Kapitel 4.2.3; 4.2.4; 6; 7) sehr viele Ausprägungen. Im Hinblick auf die Kundenausrichtung der Unternehmen ist sicher die **Integration des Kunden** vorrangig. Das wird unter der Aufgabenintegration von Vorgehensweisen wie Qualitätsmanagement und Target Costing (Kapitel 9.3.3) ebenfalls intensiv verfolgt. Die Globalisierung erfordert zunehmend die Integration der Anforderungen unterschiedlicher Nutzerländer in das Produkt. Mit unterschiedlichen Normen, Gewohnheiten, Wertmaßstäben, Designvorstellungen (Kapitel 6.2.2 und 7.3.2). Ferner ist in Kapitel 7.2.4 d die Kundenintegration aus dem Projekt AKINET beschrieben, oder ganz allgemein die „Open Innovation" (OI). **Aufgabenintegration** bedeutet, dass eine Person oder Gruppe, die von ihr verantworteten (durchgeführten) Aufgaben um solche bisher an den Systemrändern gelegenen erweitert. Beispiele sind Gruppenarbeit in der Fertigung (Ausführung und Planung) oder Übernahme der NC-Programmierung durch die Konstruktion. Hierzu gehört auch die Teamarbeit (Kapitel 4.3.3). Ferner gehören dazu die Methoden – Integration neuer Technikverfahren in der Fertigung, wie z. B. der 3D-Druck, oder Lasersintern, Oberflächen-Veredelung. (Siehe 4. Technik) Die **Lebenslauf-Integration** erfordert die Berücksichtigung der Anforderungen von der Inbetriebnahme bis zum Recycling, einschließlich Handhabung, Bedienung, Service, Instandhaltung, Umbau, Upgrading, Nachrüstung, Nutzung nur des Produktoutputs, wie bei Leihwagen oder just-drive, In- und Output von externen Informationen wie bei Smart-Produkten. (Kapitel 2.4; 7.2.1; 9.1.1)

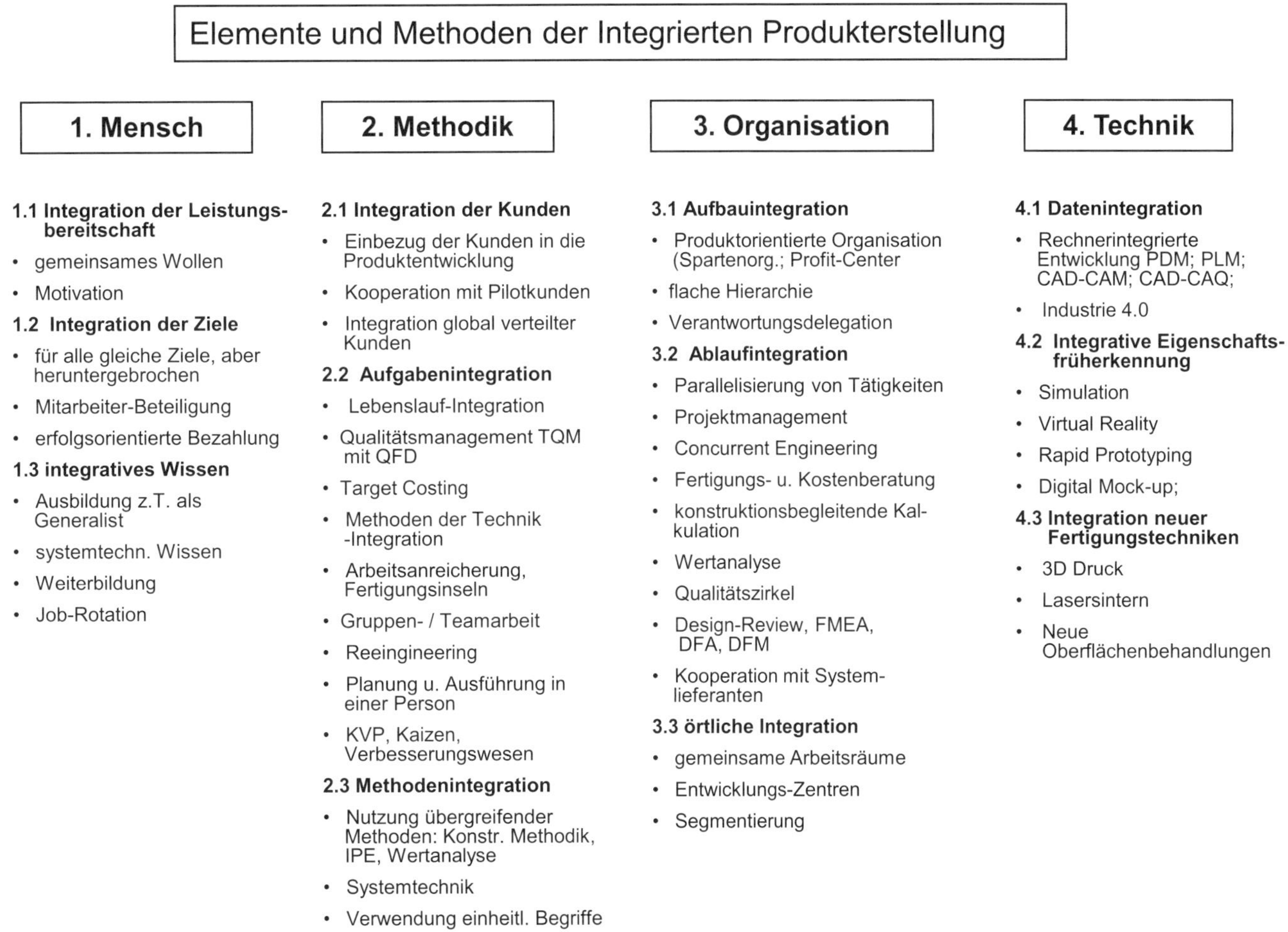

Bild 4.38 Arten und Methoden der Integration

3. Die **organisatorische Integration** ist sowohl in der Aufbau-, wie in der Ablauforganisation darauf ausgerichtet, dass nicht mit der engen Abteilungsbrille hintereinander her gearbeitet wird, sondern, dass der Blick „über die Mauern" gehen soll und dass das gegenseitige Verständnis gefördert wird. Flache Hierarchien mit Verantwortungsdelegation nach unten sind günstig.
   Die **Aufbauintegration** umfasst Organisationsformen, die entsprechend der integrierten Produkterstellung produktspezifisch gestaltet werden sollten (Kapitel 4.3.1 z. B. Spartenorganisation, Profit Center).
   Für die **Ablaufintegration** gibt es eine Vielzahl von Vorgehensweisen: Simultaneous Engineering (Kapitel 4.4.1); Wertanalyse (Kapitel 9.3.2) und Methoden: Projektmanagement (Kapitel 4.3.4); Fertigungs- und Kostenberatung (Kapitel 9.3.1); Freigabebesprechungen und Design-Review. Ferner kann man der Ablaufintegration Kommunikationshilfsmittel, wie z. B. QFD (Kapitel 4.4.3), die FMEA (Kapitel 7.8.1 a), zuordnen. Solche Matrizen oder Tabellen können nicht nur zur Verbesserung der Produktqualität, sondern prinzipiell auch zur Beeinflussung anderer Eigenschaften, wie z. B. Kosten, eingesetzt werden.
   Auch die **örtliche Nähe** begünstigt die Verständigung und den schnellen Informationsfluss. Die Wahrscheinlichkeit der Kommunikation zweier Mitarbeiter pro Tag verringert sich auf ein Fünftel, wenn die Arbeitsplätze statt 3 m eine Entfernung von 30 m haben (Bild 7.145), [23/4]. Ein bewährtes Mittel zur Kostensenkung ist z. B. das Zusammenlegen von Konstruktion, Fertigungsvorbereitung und Kalkulation in ein Büro.
4. Schließlich ist es die Aufgabe der **technischen Integration** die Berücksichtigung der Anforderungen der Technologien bei Mechatronik-Produkten, einschließlich Pneumatik, Hydraulik, Elektrik, Elektronik und der Technologien für die Fertigung und Montage. (Kapitel 5.1.4.4 und 7.4.2.4). Ferner gehört dazu die durchgängige, digitale Entwicklung, um digitale Produktion und den Vertrieb möglich zu machen. (Industrie 4.0. Siehe Kapitel 5.2.2.5). Dazu gehören nicht nur die **Datenintegration** entsprechend dem Product-Life-Cycle-Management PLM und das Arbeiten mit Produktmodellen. sondern auch die Eigenschaftsfrüherkennung im Sinn von Bild 4.34. Wichtig ist die Integration neuer Technikverfahren aus der Fertigung, wie z. B. der 3D-Druck, oder Lasersintern, Oberflächen-Veredelung. Hier ist die enge und frühzeitige Kooperation mit den Spezialisten der Fertigung ausschlaggebend. (Kapitel 5.1.4.4 und 7.4.2.4). All dies sind aber nur Hilfen für das Wichtigste: Die vertrauensvolle Kommunikation der Spezialisten/Mitarbeiter untereinander (Kapitel 3.5).

Produktmanagement, ein integrativer Ansatz aus dem Vertrieb[7]

Der Gedanke der Integration vieler Unternehmensfunktionen ist mit dem Thema Produktmanagement seit einiger Zeit auch von der Seite der Betriebswirtschaft und des Marketings verstärkt aufgegriffen worden. Zum Teil wird auch die Produkt- oder Programmpolitik darunter verstanden. Insbesondere bei Serienprodukten wird das Produktmanagement als eine zentrale Querschnittsfunktion im Unternehmen verstanden, die die Produktstrategie formuliert und durch Koordination der Schnittstellen Kunde, Entwicklung, Fertigung, Vertrieb, Marketing zu realisieren versucht. Dabei ist der gesamte Produktlebenslauf (PLM) im Blick. In letzter Konsequenz ist das Produktmanagement für den Markterfolg der Produkte verantwortlich. [76/4; 77/4]. Da die Zielsetzung der integrierten Produktentwicklung im Wesentlichen deckungsgleich ist, muss die Unternehmensleitung eine Koordination bewirken.

Ferner ist die **Integrierte Produktpolitik IPP** eine Initiative der EU im Sinne nachhaltigen Wirtschaftens der Unternehmen, sowohl was den Lebenslauf von Produkten, wie von Dienstleistungen angeht. Hierzu wurden Kerngrundsätze verabschiedet. (Kommission der Europäischen Gemeinschaften 2003)

4.3 Organisatorische Methoden der integrierten Produkterstellung

Aus der Vielfalt der Elemente und Methoden der integrierten Produkterstellung aus Bild 4.38 sollen nachfolgend einige wesentliche Methoden näher besprochen werden.

4.3.1 Produktbezogene Aufbauorganisation

In Kapitel 4.1.4 werden Formen der konventionellen funktionellen Aufbauorganisation gezeigt. Da dort die „Linien" Vertrieb, Konstruktion und Produktion jeweils für viele Produkte zuständig sein können, sind meist die Verantwortlichkeit und die Motivation für den Erfolg einer Produktart nur schwach ausgeprägt. Zudem lassen sich die Kosten nur ungenau auf die jeweiligen Produkte verrechnen.

Eine sehr effiziente Alternative stellt die **produktbezogene Organisation** (Spartenorganisation; Profit Center) dar (Bild 4.39 rechts). Bei ihr sind die Organisa-

7) Vom VDI-Fachbereich Vertrieb wurde 2009 ein Fachausschuss Produktmanagement gegründet (Zeitschrift Konstruktion, März 2010, S. 9), Siehe auch VDI-Richtlinie VDI 4520.

tionseinheiten unter dem Vorstand nach Produkten oder Produktgruppen orientiert. Das gibt erfahrungsgemäß ein stärkeres Zusammengehörigkeits- und Erfolgsgefühl als die Funktionsorientierung.

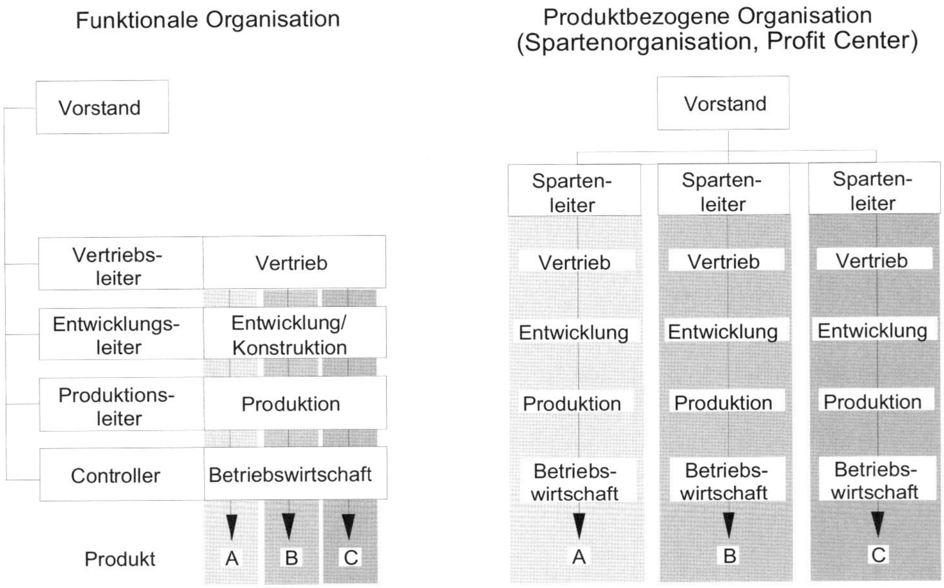

Bild 4.39 Unterschied zwischen funktionaler und produktbezogener Organisation (siehe Bild 4.11 bis Bild 4.13)

Der angestrebte Erfolg „ihres" Produkts integriert die arbeitsteilig tätigen Personen mehr als die Tatsache, gemeinsam z. B. in einer großen Konstruktionsabteilung zu arbeiten, in der die unterschiedlichsten Produkte konstruiert werden. Deshalb gehen immer mehr funktional organisierte Unternehmen zur Spartenorganisation über (siehe Kapitel 7.3.2).

Eine Mischform zwischen der Gliederung nach Funktions- und Produktbereichen ist die in Bild 4.40 gezeigte **Matrix-Organisation**, die in vielen Unternehmen verwirklicht ist. Hier gibt es Produktverantwortliche bzw. Projektmanager, deren Aufgabe es ist, für ein Produkt, das in mehreren Funktionsabteilungen bearbeitet wird, den Erstellungsprozess zu koordinieren. Daneben gibt es Funktionsbereichsleiter, wie z. B. einen Konstruktionsleiter, in dessen Büro dann viele Produktarten bearbeitet werden. Wenn das Betriebsklima, z. B. wegen Kompetenz- und Machtansprüchen, nicht stimmt, können aufgrund von Mehrfachunterstellungen und Entscheidungsunklarheiten Probleme entstehen. Eine Grundregel der Organisation heißt: „Es kann nur **eine** Person verantwortlich sein". Demgegenüber können Konflikte zwischen Linien- und Projektverantwortlichen auch fruchtbar sein, wenn ein gemeinsames Ziel wie der Produkterfolg koordinierend wirkt. Wirkt ein Manager nur zeitlich begrenzt verantwortlich für ein Projekt, so ist der Übergang zum Projektmanagement angedeutet (Kapitel 4.3.4).

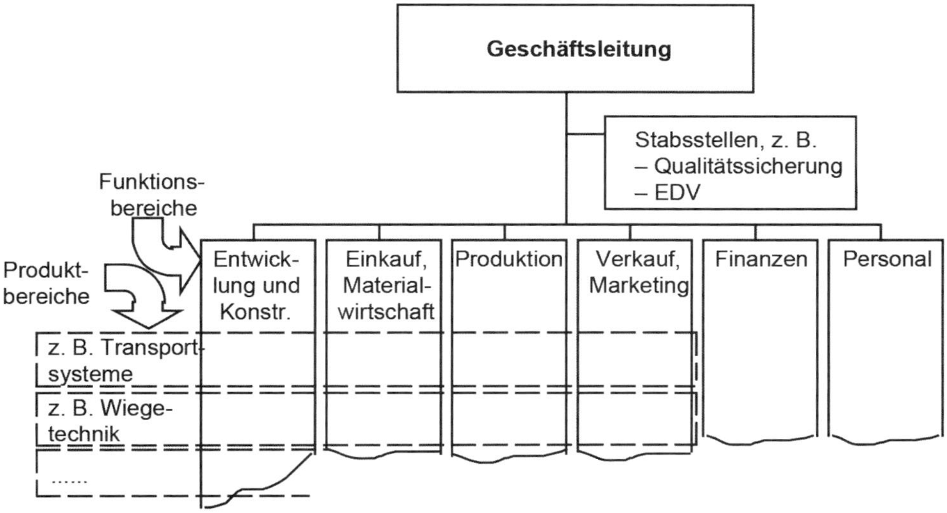

Bild 4.40 Matrix-Organisation bei einem Maschinenbauunternehmen

Eine andere Methode zur organisatorischen Integration der Aufbauorganisation ist die **Verantwortungsdelegation**. Das Mitarbeiterpotenzial eines Unternehmens kann besser zur Wirkung kommen, wenn entsprechend Bild 4.41 (rechts) eine Organisationsform mehr im Sinne einer **vernetzten Regelkreispyramide**, denn als tayloristisch zentralgesteuertes Uhrwerk, realisiert wird. Die Gruppen regeln sich dann selbst im Rahmen der Führungsgrößen (Rahmenbedingungen) der jeweils übergeordneten Instanz (Bild 4.52). Dabei sieht das Subsidiaritätsprinzip vor, dass der übergeordnete Regelkreis nur das tut und vorgibt, was der untergeordnete nicht kann. Eine solche Vertrauensorganisation mit wenig Kontrolle ist erfolgreicher als eine Organisation nach dem Motto „Vertrauen ist gut, Kontrolle ist besser“ (Misstrauensorganisation). Flexibilität im Umgang und informelle Kontakte sind fruchtbarer als das Durchsetzen einer strikten Ordnung, bei der jeder nur genau das tut, was ihm vorgeschrieben ist. Mitarbeiter an der Basis wissen oft viel besser, was zweckmäßig ist, als in der Hierarchie höher stehende. Deshalb sollte man ihnen die Möglichkeit geben, kreativ zu sein.

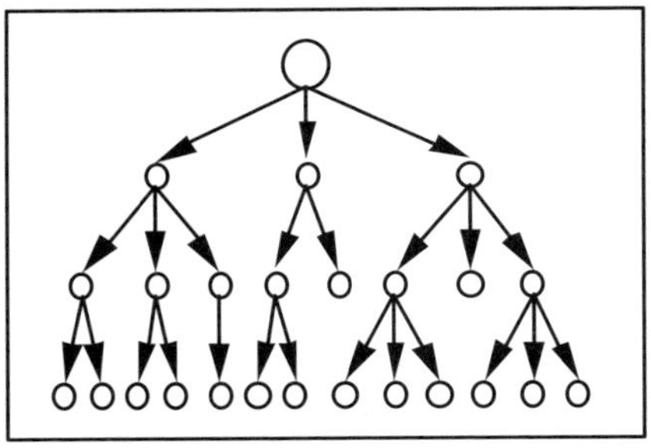

Zentral gesteuertes,
„planwirtschaftliches“ Unternehmen

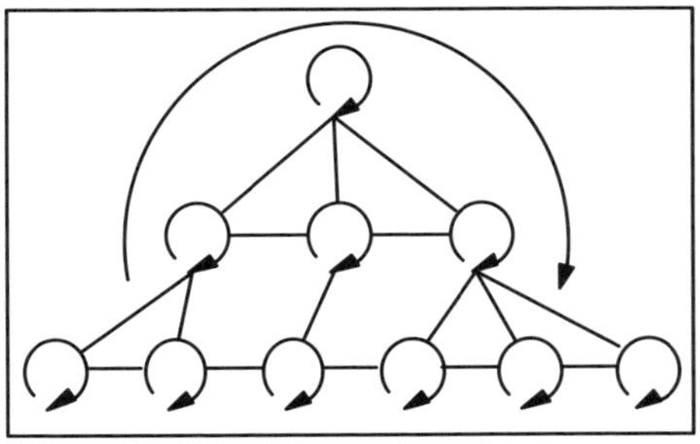

Unternehmen als **Regelkreispyramide**
mit informeller, vernetzter Querkommunikation

Bild 4.41 Herkömmliche Organisationsform eines Unternehmens (links) und Organisation nach dem Subsidiaritätsprinzip in Regelkreisform (rechts)

4.3.2 Methoden der Ablauforganisation

Die in Bild 4.38 aufgelisteten Möglichkeiten der Ablaufintegration haben unterschiedlich starke integrative Wirkung. Drei davon, die im Schwerpunkt die Konstruktion, die Produktion, die Kalkulation und den Vertrieb betreffen, sind in Bild 4.42 vergleichend gegenübergestellt. Von a) nach d) nimmt der Grad der Integration zu. Die übliche funktionelle Aufbauorganisation kann erhalten bleiben.

- Links in Bild 4.42 ist unter a der **traditionelle, sequenziell ablaufende Prozess** gezeigt. Es sind allenfalls Regelkreise innerhalb der einzelnen Abteilungen vorhanden. Zeiten, Kosten und Qualität sind nicht befriedigend. Doppelarbeit und wiederholter Entwicklungsbeginn sind die Regel.
- Bei Bild 4.42 unter b sind nach den frühen Phasen der Produkterstellung **Freigabebesprechungen** zwischengeschaltet, an denen alle das Produkt beeinflussenden Abteilungen teilnehmen (Design-Review). Dies kann auch detaillierter innerhalb der Konstruktion z. B. nach der Konzept- und der Entwurfsphase geschehen (Bild 6.12). Zweckmäßig ist es, wenn die Zeichnungen von der Fertigungsvorbereitung mit einem Freigabevermerk abgezeichnet werden. So werden zeitaufwendige, nachträgliche Änderungen zur fertigungs-, montage- und kostengünstigen Konstruktion rechtzeitig vermieden.
- Eine ähnlich wirkungsvolle Maßnahme ist (vgl. Kapitel 4.2.4), Konstruktion, Fertigungsvorbereitung, Kalkulation und Einkauf **örtlich zusammenzufassen**, um die Kommunikation zwischen den Abteilungen zu verstärken (Bild 4.38).
- Bei Bild 4.42 unter c wird eine frühe Einbindung der Fertigung und Kalkulation (u. U. des Einkaufs) in die Konstruktion durch die **Fertigungs- und Kostenberatung** erreicht [20/4] (Kapitel 9.3.1). Dies ist vor allem dort vorteilhaft, wo Produkte in ihrer prinzipiellen Lösung lange Zeit gleich bleiben und Anpassungs- sowie Variantenkonstruktion vorherrschen. Hier ergeben sich dann hauptsächlich

fertigungstechnische Probleme, wofür Vertrieb und Marketing nicht unbedingt eingebunden werden müssen. Das ist oft bei Investitionsgütern wie z. B. Getrieben, Turbinen oder Kompressoren der Fall.

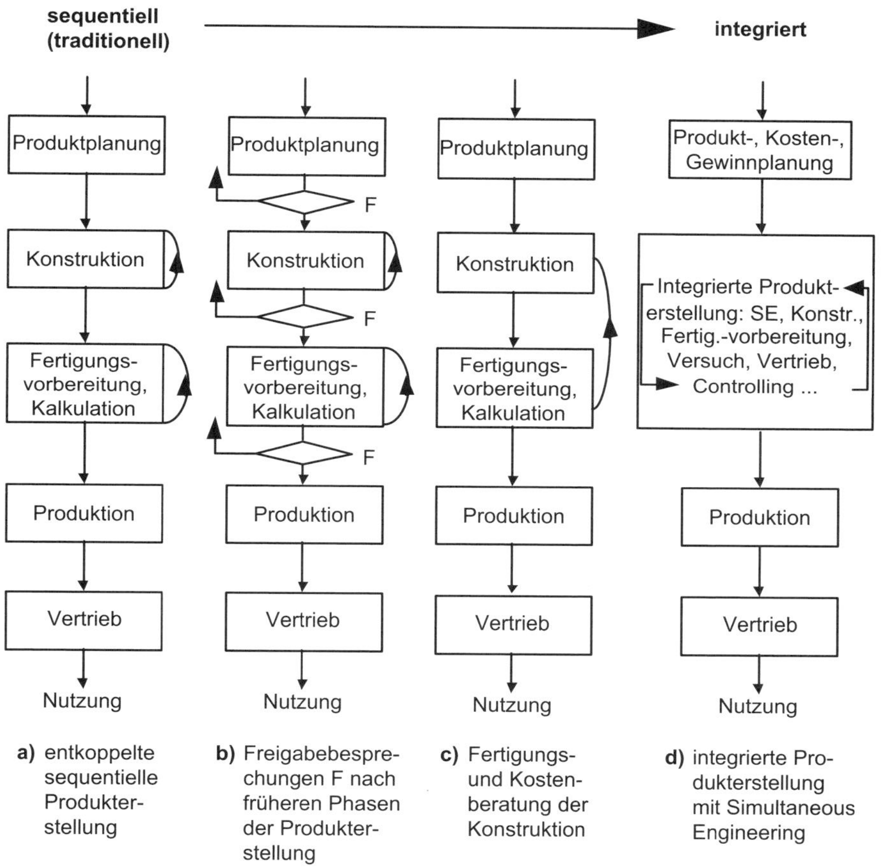

Bild 4.42 Vier Formen der Produkterstellung (mit von a nach d zunehmender Integration im Sinne kurzer Regelkreise; bzw. mehr Front Loading) [24/4]

- Eine **alternative Möglichkeit** zu Bild 4.42 unter c fertigungsgerechte bzw. kostengünstige Produkte zu realisieren, besteht darin, die **Schnittstelle** zwischen Konstruktion und Fertigungsvorbereitung geeignet zu verändern. Dies ist eine Maßnahme der Aufgabenintegration nach Bild 4.38 vor allem in kleineren Unternehmen:
  - Die **Konstruktion** nimmt in ihrem Bereich Fertigungsvorbereiter oder NC-Programmierer auf und **erstellt Fertigungspläne bzw. NC-Programme** selbst. Damit ist das Know-how der Fertigungsvorbereitung rechtzeitig vorhanden. Ähnliches ist möglich für die Montage z. B. durch Montagevorranggraphen.

- Umgekehrt wurde von Linner [25/4] gemeinsam mit Firmen erprobt, das **Ausarbeiten von der Fertigungsvorbereitung** durchführen zu lassen. Dazu wurden von der Konstruktion funktionswichtige Wirkflächen, Maße, Werkstoffe u. dgl. als unveränderlich markiert und so für die fertigungsgerechte Gestaltung Freiräume eröffnet. Ähnliches ist mit Zulieferanten möglich.
  In beiden Fällen muss eine gegenseitige Abstimmung erfolgen, so dass die Verantwortung für das Produkt bzw. die Produktion vom jeweiligen Bereich getragen werden kann.

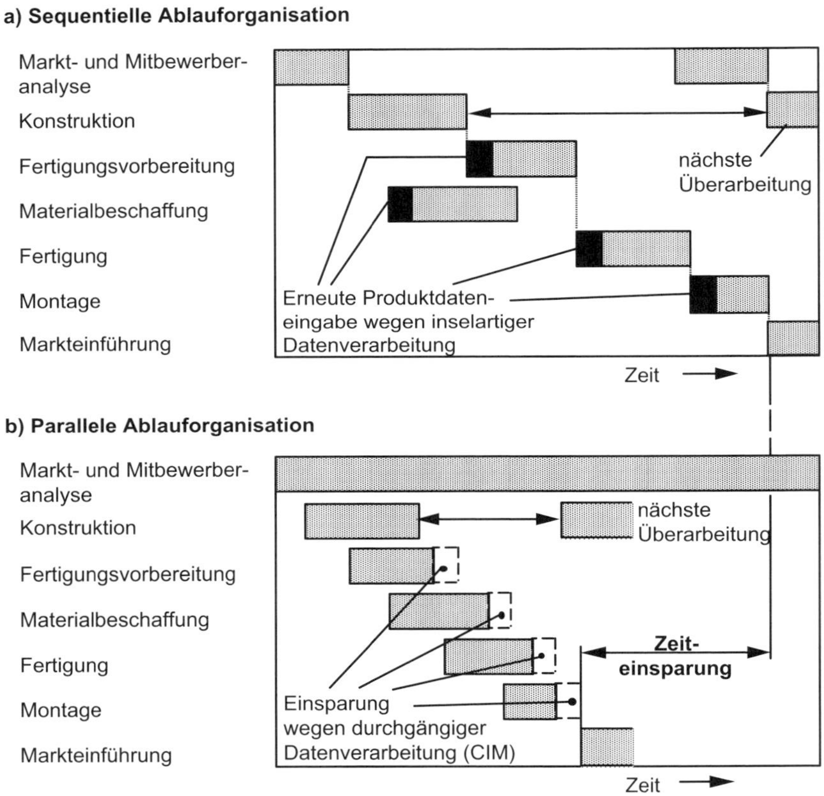

Bild 4.43 Zeiteinsparung bei der Durchlaufzeit durch Parallelisierung der Arbeiten im Vergleich zu konventioneller Produkterstellung (oben). Schemabild: Siehe auch das reale Bild 4.61

- Eine besonders intensive Form der Integration (Bild 4.42 unter d rechts) ist das **Simultaneous Engineering**[8] (SE, Kapitel 4.4.1). Die Integration kann beim SE so weit gehen, dass nicht nur Modell-, Prototyp- und Nullserienproduktion, sondern auch Versuche von diesem Team in einem Entwicklungslabor oder einer

8) Im Maschinenbau wird auch die Bezeichnung „(interdisziplinäre) Projektarbeit" verwendet. (VDMA [71/5], wobei diese umso häufiger eingesetzt wird, je innovativer die Arbeit ist. Bei Neuentwicklung zu 79 %, bei Weiterentwicklung zu 51 %, bei Kundenvarianten zu 39 %.

Entwicklungswerkstatt durchgeführt werden. Dabei strebt man ein Parallelisieren der Arbeitsabläufe an. Die Integration umfasst dabei die Produktions- und Vertriebsentwicklung, wenn in diesen Bereichen neue Strukturen zweckmäßig sind. So muss z. B. bei neuen Serienprodukten auch die Montage neu gestaltet werden.

Eine weitere Methode der Ablaufintegration, die **Parallelisierung der Arbeitsabläufe** vom Entwicklungsauftrag bis zur Freigabe des Produkts, ist im Vergleich zur sequenziellen Ablauforganisation in Bild 4.43 schematisch dargestellt. Sie ermöglicht große Zeit- und Kosteneinsparungen, wobei Arbeiten teilweise mit vorläufigen Annahmen begonnen und u. U. im Verlauf der Arbeit wieder geändert werden müssen. Diese „Annahmekorrekturen" sind erfahrungsgemäß aber zeit- und kostengünstiger als die früher üblichen ungeplanten „Nachbesserungen".

Die **reale Zeiteinsparung** geht aus Bild 4.44 hervor. Wie der VDMA durch eine Umfrage bei seinen Mitgliedern herausfand, wirkte die Parallelisierung so gut, dass im Zeitraum von 10 Jahren 2,5 Wochen (11 %) der Durchlaufzeit für die Produkterstellung eingespart werden konnte [71/5]. Dabei ist anzunehmen, dass auch schon vorher teilweise parallel gearbeitet wurde. Typischerweise wurde die Bearbeitungszeit in E & K länger! Eine längere Verweildauer in der Konstruktion kann also die Gesamtdurchlaufzeit des Auftrags verkürzen! Man vermeidet so Änderungsschleifen.[9]

Wie hoch die mittlere Bearbeitungsdauer nur innerhalb der Produktentwicklung in Wochen ist, zeigt Bild 4.45 (ebenfalls nach VDMA [71/5] ähnliche Daten 2012 [86/5]).

Nach Bild 4.44 war 2007 die mittlere Durchlaufzeit (Verweilzeit) eines Auftrags in der Konstruktion ca. 9 Wochen. Im nachfolgenden Bild 4.45 ist aber die mittlere Bearbeitungsdauer in der Konstruktion je nach Konstruktionsart 8,1 bis 42,7 Wochen. Die Diskrepanz rührt wohl daher, dass sich in Bild 4.44 im Mittel reale Aufträge zu einem erheblichen Teil aus schnell bearbeitbaren Kundenvarianten und Weiterentwicklungen zusammensetzen. (Siehe Fußnote zu Anfang Kapitel 5.1.4.1).

9) Bei der 6. Auflage des Buches gibt es keine neueren Untersuchungen vom VDMA.

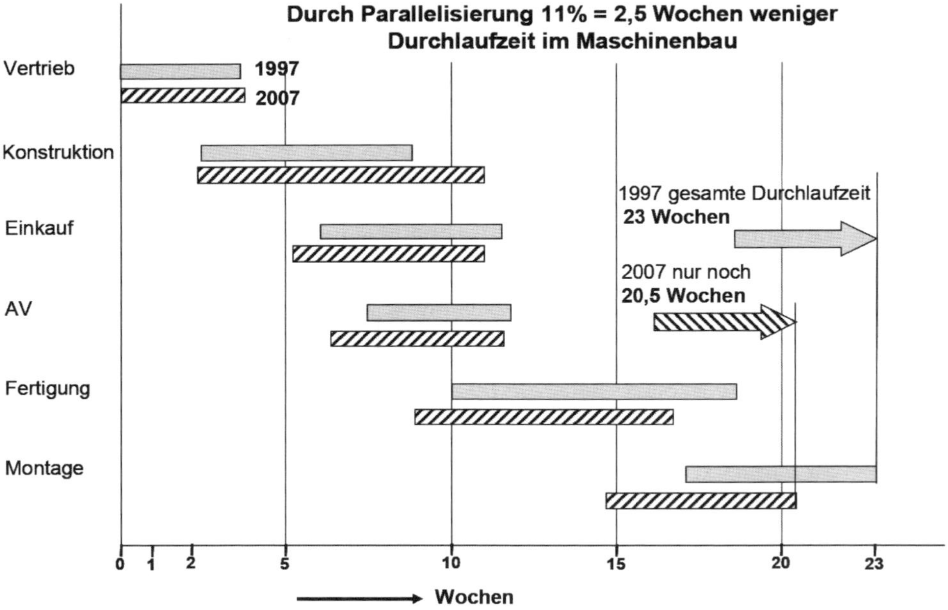

Bild 4.44 Im Zeitraum von 10 Jahren wurden nach VDMA [71/5] 2008 im Maschinenbau durch Parallelisierung 2,5 Wochen Durchlaufzeit für die Produkterstellung eingespart (Siehe Bild 4.59). In 2012 ist allerdings die gesamte Durchlaufzeit wieder auf 29,2 Wochen angestiegen; insbesondere bei Einzelfertigern (dort 39 Wochen!)

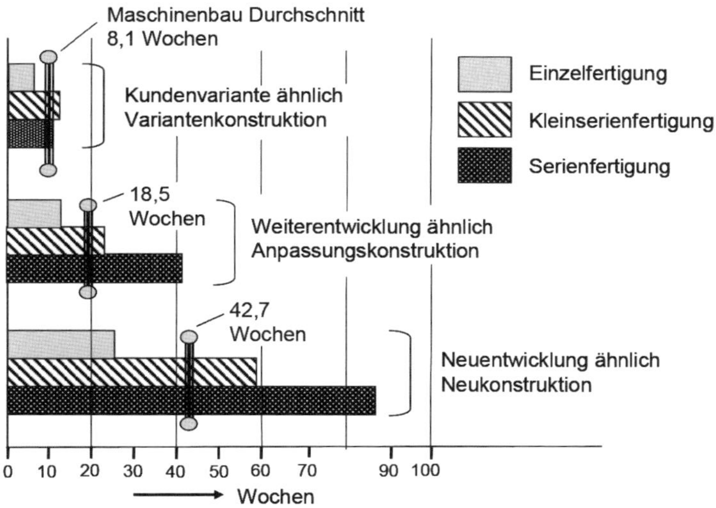

Bild 4.45 Mittlere Bearbeitungsdauer bei der Produktentwicklung (E & K) in Wochen (nach VDMA 2008 [71/5]). Ähnliche Daten 2012 [86/5]

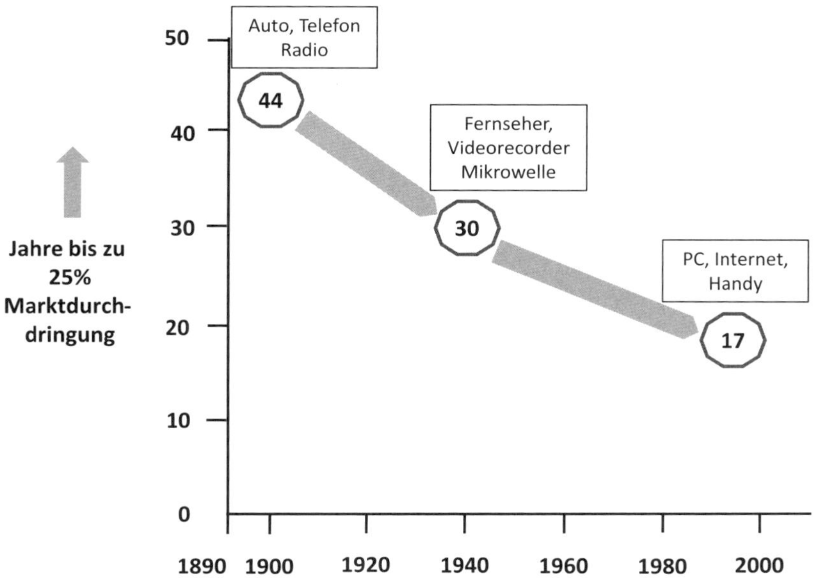

Bild 4.46 Technologiebeschleunigung, d. h. wieviel Jahre hat es gedauert, bis eine neu entwickelte Technik 25% des potenziellen Marktes erobert hat? (frei nach Sven Olaf Schulze [26/1;S. 164]. Daten nach INCOSE (Systems Engineering Handbook). Die Angaben sind durch Mittelwertbildung stark vereinfacht)

Aus Bild 4.46 geht hervor, dass die heutige Technikentwicklung in immer kürzerer Zeit in den Markt kommt und ihn durchdringt. Beim Telefon hat es um 1880 noch 44 Jahre gedauert bis 25% des potenziellen Marktes durchdrungen waren, beim Handy nur noch 17 Jahre. Das heißt, dass trotz viel größerer Komplexität die Entwicklungs- und Erprobungsdauer ebenfalls immer kürzer werden muss. Das ist nur mit modernen Methoden zu erreichen.

4.3.3 Gruppen- und Teamarbeit

Die Gruppen- und Teamarbeit ist als Aufgabenintegration sowohl eine informatorische Integration, wie auch als Bestandteil von SE ein Mittel zur Integration und Überbrückung der organisatorischen Nachteile der Arbeitsteilung (Kapitel 4.3.2).

4.3.3.1 Was versteht man unter einer Gruppe, was unter einem Team?

Unter einer **Gruppe** versteht man mehrere Personen, die sach- oder prozessbezogen zusammenarbeiten. Gruppen können im Rahmen der Produkterstellung z. B.

- funktions- oder baugruppenorientiert (z. B. Antriebs-, Steuerungsgruppe),
- eigenschaftsorientiert (z. B. Schwingungs-, Kostengruppe) oder
- phasenorientiert (z. B. Entwurfs-, Detaillierungsgruppe) ausgerichtet sein.

Ist die Gruppe zielorientiert mit der Bewältigung einer gemeinsamen Aufgabe beschäftigt, so spricht man von einem **Team**[10]. Teams werden meist ad hoc zur Lösung eines bestimmten Problems gebildet und bleiben dann nur zeitlich befristet bestehen. Es gibt aber auch Unternehmen mit Matrixorganisation, deren Struktur auf dem Teamgedanken gründet, so dass dort Teams eine feste Einrichtung sind. Häufig verfügen sie über eine interdisziplinäre, fachübergreifende Zusammensetzung, nur selten sind sie monodisziplinär aufgebaut. Teamarbeit ist dort zweckmäßig, wo neuartige, komplexe Aufgaben zu lösen sind (Kapitel 3.5). – Unabhängig von der integrativen Wirkung von interdisziplinären Gruppen liegt der Vorteil von **Kleingruppen** (zwei bis drei Personen) darin, dass ein sehr intensiver Gedankenaustausch stattfinden kann. mit dem Vorteil, dass Inhalte bewusst diskutiert werden, die sonst im Unbewussten geblieben wären. Das haben die Autoren, wie auch Herr Wulf [38/7.5], oft genug erfahren.

4.3.3.2 Vorteile und Anwendungsbereiche von Gruppenarbeit

Vorteile von Gruppen- und Teamarbeit, insbesondere der interdisziplinären Teamarbeit, gegenüber Einzelarbeit sind die höhere Quantität und Qualität von Ideen und Meinungen, das größere Wissen und die breitere Urteilsbasis. Es können kreative Prozesse in Gang kommen (siehe Kapitel 7.5.4). Durch die Koordination der verschiedenen Fähigkeiten und Erfahrungen können Irrtumsausgleichsmechanismen entwickelt und Interessensausgleiche erreicht werden [27/4]. Bei der Teamarbeit sind erfahrungsgemäß durch das gemeinsame zielgerichtete Arbeiten mehr Personen informiert und für die weitere Verwirklichung gemeinsam geschaffener Lösungen motiviert. Liege- und Einarbeitungszeiten sind dann im Allgemeinen geringer. – Zu Zweifeln an der Effizienz von Gruppenarbeit und Brainstorming: Siehe Kapitel 7.5.4 a.

10) Die Bezeichnungen Team und Projektgruppe werden oft gleichwertig verwendet. Der Teamleiter entspricht dann dem Projektleiter (Kapitel 4.3.4).

Die interdisziplinäre Teamarbeit hat sich z.B. bei der Beschleunigung des methodischen Konstruierens in folgenden Bereichen bewährt:

- Bei der **Aufgabenklärung**, die Einzelnen bringen unterschiedliche Erfahrungen ein.
- Zur **ersten Lösungssuche**. Das intensive methodische Durcharbeiten muss dagegen in Einzelarbeit erledigt werden. (Siehe „hybride Gruppenarbeit", Kapitel 7.5.4 b)
- Bei **Auswahl und Endprüfung von Lösungen und Entwürfen**, z.B. bei der Freigabebesprechung für neue Lösungen. Hier ist die Beteiligung aller zur Produkterstellung beitragenden Abteilungen für den Produkterfolg besonders wichtig.

Meist kommen die oben aufgezählten Vorteile der Teamarbeit nicht voll zum Tragen, da sich die gemeinsame Arbeit oft schwierig gestaltet, wie nachfolgend gezeigt.

Platz	Faktor	Prozent
1	Kommunikationsschwierigkeiten	97,0
2	Unklarer Auftrag	94,3
3	Keine Zusammenarbeitskultur	91,0
4	Unausgesprochene Konflikte	90,2
5	Fehlendes Vertrauen	90,2
6	Machtkämpfe	87,8
7	Uneffektive Teambesprechungen	84,8
8	Kein Teamleiter	79,6
9	Dominanz eigener Interessen	69,2
10	Unklare Hierarchie	56,9
11	Offene Konflikte	52,9
12	Zu wenig Zeit	47,8

Akademie-Studie: Befragung von 376 Führungskräften zu Hemmnissen für eine effektive Gruppenarbeit

Bild 4.47 Hemmnisse für eine effektive Teamarbeit. (Nach Bild der Wissenschaft 10/2004)

4.3.3.3 Probleme bei Teamarbeit

Wie Bild 4.47 zeigt, können Probleme bei der Teamarbeit vor allem dadurch entstehen, dass die Mitarbeiter bezüglich **sozialer Kompetenzen** zu wenig geschult sind und sich schwer tun, die Barrieren unterschiedlicher Ausbildung, Zielsetzungen, Erfahrungen und Begriffswelten diskutierend zu überbrücken. Langsamer, aber häufig gründlich denkende Mitarbeiter haben oft nicht genug Zeit, ihre Ideen in die Diskussion einzubringen. Das Dominanzstreben von Gruppenmitgliedern – so genannte „Vielredner" – führt dann zu Akzeptanzverlust, zu menschlicher, emotionaler Kritik und zu schlechtem Gruppenklima. Mehr introvertierte, selbstkritische Gruppenmitglieder zögern dann, auch gute Ideen zu äußern. Der Zeitaufwand, um diese Abstimmungsprozesse bis zum Ende durchzuführen, kann sehr hoch sein. – Bei einem neu gegründeten Team haben die Mitglieder oft viel implizites Wissen, das für sie aus ihrer bisherigen Erfahrung selbstverständlich ist, aber an die anderen nicht so leicht vermittelbar ist. Siehe hierzu Kapitel 7.10.1 und Bild 7.152.

Erfolgreich sind Teams, deren Mitglieder vom Arbeitseinsatz, der Motivation, der Kooperationsfähigkeit einigermaßen homogen sind. Stars, Überflieger einerseits und „trübe Tassen" andererseits können sich leistungsmindernd auswirken. [89/4]

Je nach Zusammensetzung des Teams kann der Gruppendruck Abstimmungsprozesse und auch offene Meinungsbildung verhindern: Selbstzensur der Gruppe zur Harmonieerhaltung (so genanntes **„group-think"-Verhalten;** Beispiel Tschernobyl [26/4], Challenger-Katastrophe; Mercedes A-Klasse [76/3] (siehe hierzu Bild 5.27); Toll-Collect-System für Lastwagen auf Deutschen Autobahnen; Start Flughafen Heathrow 2008 [70/4]). Wegen des Gruppendrucks entwickelt sich dann ein „selbstverständliches Verhalten" für bestimmte Lösungen. Eine kritische Bewertung findet dann nicht mehr statt. Entscheidungen können infolge von Gruppenbefangenheit auch einseitig werden. So entscheidet sich ein Team im Vergleich zu einer Einzelperson oft weniger risikofreudig. Gute Lösungen können untergehen. Wegen einer „Verantwortungsdiffusion" werden u.U. aber auch von **„heimlichen Teamleitern"** eingebrachte problematische Entscheidungen nicht korrigiert **(„soziales Faulenzen")** [27/4][11]. Je interdisziplinärer, abteilungsübergreifender ein Team besetzt ist, umso schwieriger wird es, diesem Team allgemein akzeptierte Ziele vorzugeben. Ohne klare und akzeptierte Aufgabenstellung wird aber das vom Auftraggeber gewünschte Ergebnis nämlich in der Regel nicht erarbeitet [29/4]. Das Team muss die Ziele diskutieren und selbst voll bejahen!

Probleme kann es auch zwischen **Teammitgliedern** und dem Teamleiter sowie Mitarbeitern der **Linienorganisation** geben. So wird im Team oft die qualitativ hochwertige und interessante Arbeit geleistet, in der Linie die Routinearbeit. Das erzeugt Spannungen. Der Linienchef muss also laufend über den Arbeitsfortschritt im Team informiert werden, damit er leichter akzeptieren kann, fähige Mitarbeiter an das Team abzutreten. Als Unterstützung der Teamarbeit gegenüber der Linie hat sich ein beratender **Lenkungsausschuss** direkt unter dem Vorstand, in dem unabhängige, erfahrene Ingenieure (senior engineers) sitzen, bewährt. (Zu den der Linie verbleibenden Aufgaben: Kapitel 4.4.1.2). Um Probleme der Teamarbeit innerhalb der Gruppe zu vermeiden, sollten bei Aufbau und Organisation des Teams einige grundlegende Regeln beachtet werden.

11) Zur Effektivität der Teamarbeit, siehe auch Kapitel 7.5.4 a. – Die Begriffe Effektivität und Effizienz sind in Kapitel 7.10.1 besprochen.

4.3.3.4 Regeln für effektive Teamarbeit

- Ein Team sollte als aufgabenorientierte Gruppe **nicht zu groß** werden. Eine Gruppe sollte so groß wie nötig und so klein wie möglich sein [52/7.5]. Gruppen mit mehr als 7 bis 8 Mitgliedern arbeiten mit zunehmender Größe (z. B. über 15 Mitarbeiter) immer uneffektiver. Das ist eine alte Erfahrung, die in der militärischen, wie kirchlichen Organisation immer wieder zu beobachten ist. (Zu Kleingruppen: Siehe Beginn von Kapitel 7.5 [38/7.5]). Nach VDMA 2012 liegt die mittlere Teamgröße bei Neuentwicklung bei 7 Personen, bei Anpassungskonstruktion und Kundenvarianten noch kleiner bei 4 Personen [86/5].
- Bevor die Arbeit aufgenommen wird, muss in der Phase der ersten Aufgabenklärung festgelegt werden, wer entsprechend Bild 4.48 zum **Kernteam** gehören soll (möglichst wenige), wer zum **erweiterten Team** zu zählen ist und wer von Fall zu Fall (wie z. B. Experten, Zulieferer, Kunden) einzuladen ist. Teammitglieder sollen kompetente Personen sein und nicht solche, die die Linie am ehesten entbehren kann.

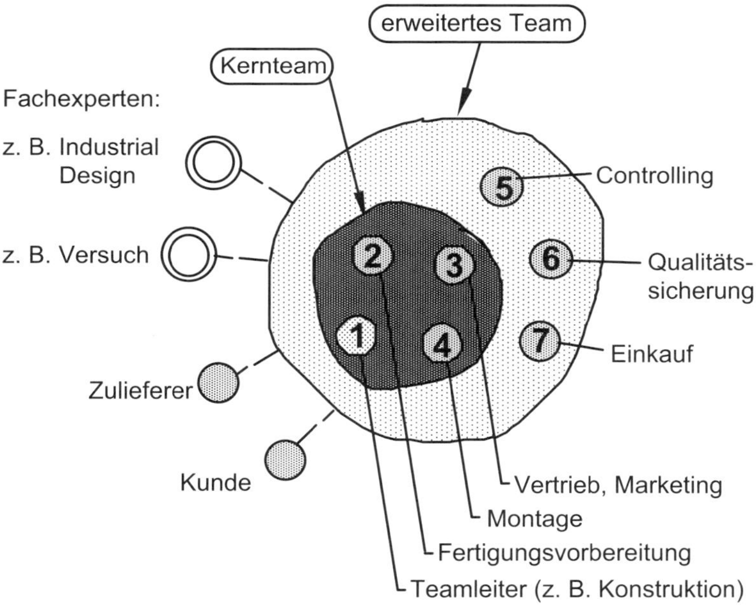

Bild 4.48 Beispiel für die Teamzusammensetzung (Kernteam, z. B. aus Konstruktion (1), Fertigung (2), Montage (3), Vertrieb (4); erweitertes Team, z. B. aus Controlling (5), Qualitätssicherung (6), Einkauf (7); Fachexperten, z. B. Versuch, Industrial Design) [13/4]

- Entsprechend dem Arbeitsfortschritt sollte die **Teamzusammensetzung** geändert werden, z. B. am Anfang mehr konstruktions-, später mehr fertigungsorientiert.
- Der **Teamleiter** sollte sich nach innen eher als Moderator (primus inter pares) denn als Vorgesetzter verstehen. Er braucht genauso viel Fach- wie Führungskompetenz und sollte eine starke Persönlichkeit sein. Nach außen sollte er mit Kompetenz die Teamentscheidungen auch gegen Widerstände vertreten. Dazu benötigt er Budgetverantwortung. In Japan hat sich der vollverantwortliche „Heavy-Weight-Manager" bewährt [28/4].
- Ein Team benötigt eine klare **Zielsetzung**, eine Termin-, Kapazitäts- und Kostenplanung mit entsprechender Aufgabenverteilung (Kapitel 5.2.3). Es müssen rechtzeitig Entscheidungen getroffen und festgehalten werden.
- Für erfolgreiche Meetings ist es nötig, rechtzeitig die Besprechungspunkte (Agenda) für das nächste Treffen zu verschicken und dann im Protokoll festzulegen, wer was bis wann in seiner Abteilung zu erledigen hat. Dieser Aktionsplan dient bei Beginn des nächsten Meetings zur Erfolgskontrolle. [96/4]
- Die Entwickler und Konstrukteure müssen auch zur **eigenen Arbeit** kommen. In Unternehmen mit starkem „Outsourcing" (z. B. in Pkw-Unternehmen) sind sie fast durchweg mit den Zulieferern beschäftigt. Sinnvoll ist aber 20 bis 30 % Gruppenarbeit, der Rest ist Einzelarbeit [76/3]. Oft jagt eine ineffektive Besprechung die andere.

Neben den organisatorischen Voraussetzungen für eine effektive und für den einzelnen befriedigende Teamarbeit sind die Grundeinstellung und die soziale Kompetenz der einzelnen Teammitglieder für die Arbeit eine wichtige Grundlage.

Persönliche Voraussetzungen der Gruppenmitglieder:

- Die Bereitschaft zu kooperativer Arbeit (Andere akzeptieren und sich persönlich einbringen).
- Geistige Beweglichkeit und die Bereitschaft, sich überzeugen zu lassen.
- Dennoch das Vermögen, den eigenen Standpunkt nicht leichtfertig aufzugeben.
- Die Fähigkeit, Kritik zu äußern, ohne den anderen zu verletzen und selbst Kritik anzunehmen, also die Fähigkeit, Fairness gegenüber Teampartnern zu üben.
- Die Fähigkeit und Bereitschaft zum Lernen. Das positive Bewerten des Auffindens von Fehlern als Chance zu deren Behebung. (Die Suche nach Schuldigen ist sekundär.)

Daraus folgen einige **Bedingungen:**

- **Akzeptanzbedingungen**
  - Mitglieder müssen sich als gleichwertige Partner anerkennen.
  - Konflikte dürfen nicht verschleiert werden, sondern müssen aufgedeckt und diskutiert werden. Sie sollen als Informationsquellen, nicht als Störungen betrachtet werden. Dabei soll sachlich diskutiert und nicht persönlich getadelt werden.
- **Kommunikationsbedingungen**
  - Die Teilnehmer sollen alle Ideen, die ihnen einfallen, mitteilen. Das Klima im Team sollte so sein, dass auch unkonventionelle, neue Ideen geäußert werden können. Neue Ideen stoßen häufig auf Ablehnung, manchmal sogar im Kopf desjenigen, der die Idee hat (NIH-Einstellung = „not invented here"). Motivation ist aber eine Schlüsselbedingung für kreative Arbeit [76/3].
  - Das Team sollte versuchen, neue Ideen positiv aufzunehmen und sie weiterzuentwickeln.
  - Ideen und Arbeitsergebnisse sollten laufend sichtbar für alle festgehalten werden. Die Visualisierung koordiniert die Gedanken, bindet eine Gruppe zusammen.
  - Neue Aspekte und Zielsetzungen sollten sofort mitgeteilt und diskutiert werden, um eine Bildung von Informationsmonopolen zu vermeiden.
  - An Patentideen sollte das jeweilige Team insgesamt beteiligt werden.

In den Kapiteln 3.5 und 7.2.5 werden auf Grund von wochenlangen Beobachtungen von Entwicklungsteams in der Praxis insbesondere die psychologischen und organisatorischen Erfolgsfaktoren für die Vermeidung negativer kritischer Situationen in den Bildern 3.51, 3.52 und Bild 7.23 bis 7.25 dargestellt und besprochen. (Badke-Schaub und Frankenberger [76/3]).

4.3.4 Projektmanagement

Ein **Projekt** unterscheidet sich von einem routinemäßigen betrieblichen Prozess durch seine Einmaligkeit und durch ein definiertes Ziel, das in einer definierten Zeitspanne erreicht werden soll. (DIN 69901 [31/4]). Ein Projekt hat ferner eine eigenständige Organisation mit definierten Verantwortlichkeiten und hat begrenzte Ressourcen.

Das **Projektmanagement** ist die Gesamtheit von Führungsaufgaben, -organisation, -techniken und -mitteln für die Abwicklung eines Projektes und dient als Methode der Ablaufintegration bei der organisatorischen Integration der Produkterstellung (Bild 4.38). Die Produkterstellung vollzieht sich im Unternehmen interdisziplinär,

d. h. im Informationsaustausch mit vielen Personen, Gruppen oder Abteilungen [30/4, 31/4]. Deshalb wird das Projektmanagement auch als ein Fach im Bereich zwischen den Ingenieur- und Wirtschaftswissenschaften beschrieben, das die betroffenen Fachbereiche bezüglich des gemeinsam anzustrebenden Produkterfolgs koordiniert [31/4; 32/4; 33/4; 34/4; 35/4; 36/4].

Geschichtlich gesehen ist Projektmanagement vor allem in den USA seit Mitte der 50er Jahre aus Vorhaben der Luft- und Raumfahrt entstanden. Es hat seine positiven Einflüsse auf Qualität, Termine und Kosten z. B. bei den Programmen Apollo (20 000 Unternehmen, 300 000 Personen) und Ariane gezeigt. Zu problematisch verlaufenen Großprojekten zählen das Großklinikum Aachen, der Schnelle Brüter Kalkar und das Flugzeug Tornado [32/4]. Neueren Datums sind der Flughafen Berlin und die Elbphilharmonie Hamburg. Bei diesen Projekten mangelte es an gutem Projektmanagement, und so traten extreme Termin- und Kostenabweichungen auf.

4.3.4.1 Aufgaben des Projektmanagements

Die Aufgaben, die das Projektmanagement im Rahmen des Organisierens und Leitens des Problemlösungsprozesses zu erfüllen hat, sollten möglichst in enger Abstimmung mit den am Projekt Interessierten, den Projektverantwortlichen und den im Projekt Beschäftigten bearbeitet werden. Andernfalls fehlen das gemeinsame Verständnis und die Motivation für das Ziel und für die Durchführung. Dabei kann ein Durchgehen der sieben Fragen (Bild 4.49) hilfreich sein. Nach Hacker [104/3] verbessert die Diskussion die Lösungsqualität, sogar unabhängig von der jeweils gewählten Vorgehensweise.

Warum	das Projekt? Allgemeine Zielsetzungen?
Was	soll das Projekt erreichen? Spezielle Ziele? Konkret meßbar?
Wie	soll vorgegangen werden? Was ist an Mitteln nötig?
Wer	soll am Projekt teilnehmen? Wer ist finanziell beteiligt?
Wo	soll es bearbeitet werden?
Wann	beginnt das Projekt? Wann soll es fertig sein?
Wieviel	wird das Projekt kosten?

Bild 4.49 Checkliste mit sieben hilfreichen Fragen zum Start eines Projekts

Welche Zeit und Meilensteinvorgaben ein Entwicklungsprojekt haben kann, zeigt beispielhaft Bild 4.50.

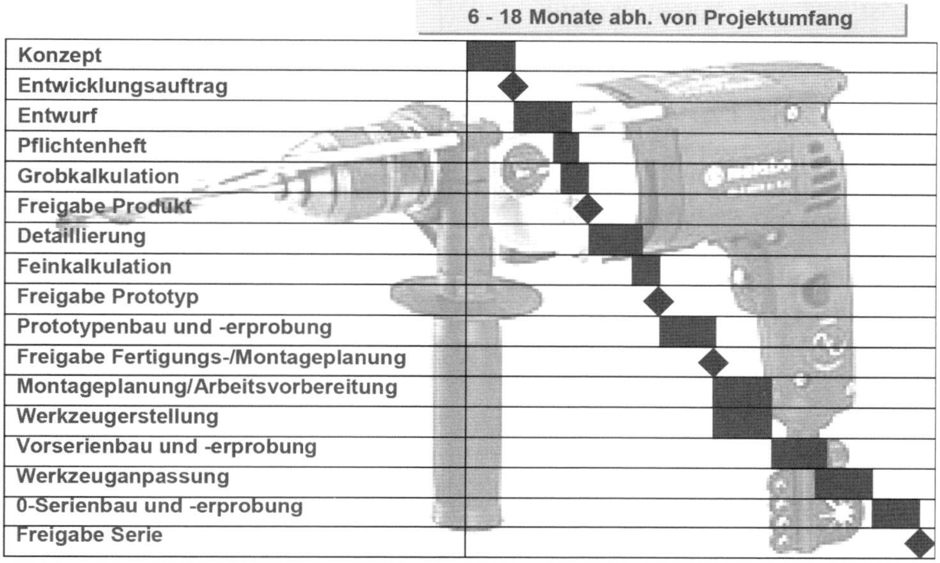

Bild 4.50 Entwicklungszeit und Meilensteine bei der Entwicklung einer Bohrmaschine [48/6]

Die Aufgaben des Projektmanagements werden im Folgenden kurz angesprochen:

- Im Rahmen einer **Projektaufbauorganisation** muss das **Projekt strukturiert** werden. Umfangreiche Projekte werden zunächst in Teilprojekte – u.U. über mehrere Stufen – unterteilt (vgl. Strategien A1 und A2 in Bild 3.13). Als letzte Stufe ergeben sich Arbeitspakete (Bild 4.51). Damit verbessern sich die Übersicht über das Projekt und die Zusammenhänge von Teilprojekten und Arbeitspaketen, die dann jeweils an verantwortliche Stellen übertragen werden können. Die Definition von geeigneten Schnittstellen zur Abgrenzung der obigen Teilprojekte und Arbeitspakete kann auf der Grundlage dieser Strukturierung vorgenommen werden.
- Parallel zu der Strukturierung müssen die **Zieldefinition** und die Aufgabenklärung erarbeitet werden. Bei einem Produkt müssen die zu realisierenden Produkteigenschaften (Anforderungen) einschließlich der Zielkosten festgelegt und unterteilt sowie zugeteilt werden (Kapitel 7.3; 7.4; 9.3.3).
- Die terminlichen und kostenmäßigen Bedingungen des Projekts müssen bei der Zuordnung der personellen, finanziellen und sachlichen Ressourcen im Rahmen der **Projektablauforganisation** berücksichtigt werden. Die Möglichkeiten der **Projektplanung**, -kalkulation und -steuerung müssen erarbeitet und akzeptiert werden. Hierzu verhilft das **Workflow-Management** als aktive Steuerung der arbeitsteiligen Prozesse [83/4].

- Es ist dafür ein **Projektplan** aufzustellen, der, wie in Bild 5.52 vereinfacht gezeigt die betroffenen Abteilungen, Teams mit ihrer jeweiligen Zielsetzung ihren Terminen (evtl. Meilensteinen) und ihren Ressourcen festlegt. (Beispiel in Kapitel 4.1.6, Bilder 4.20 und 4.21). Der Unterschied zum Vorgehensplan wird in Kapitel 4.1.5 besprochen.

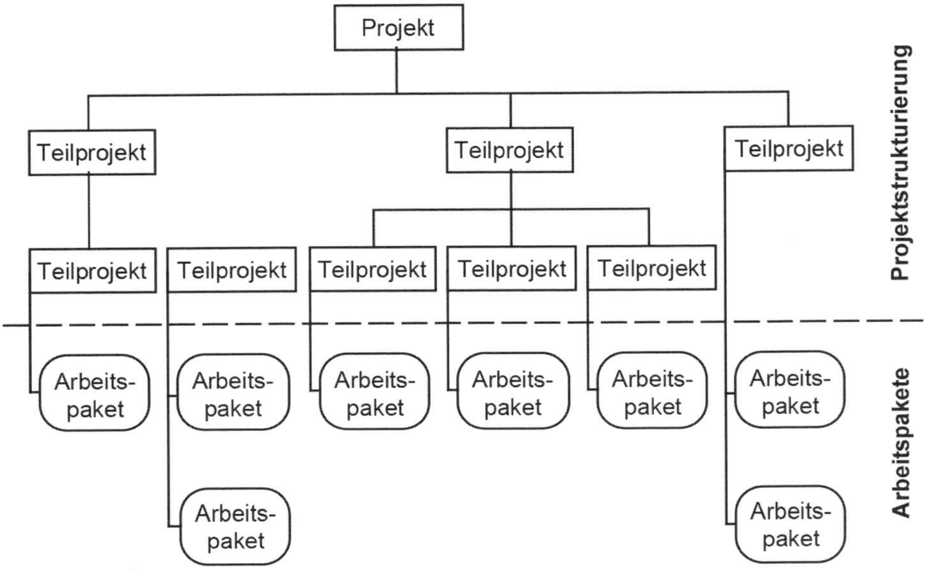

Bild 4.51 Beispiel für eine hierarchische Gliederung eines Projekts in Teilprojekte und Arbeitspakete

- Ein einerseits kooperativer, andererseits durchsetzungsfähiger Projektleiter muss benannt werden. Die Projektgruppen oder Teams sind, soweit möglich, zu bilden (Kapitel 4.3.3).
- Ab Anlauf des Projekts muss von der Projektleitung eine mitlaufende **Projektkalkulation** und **-steuerung** durchgeführt werden. Dabei wird die Projektplanung weiter detailliert und u. U. angepasst (Kapitel 5.2.3). Der Einsatz eines **sozialen Netzwerks** innerhalb eines Unternehmens (Projekt der BASF) kann Zeit sparen. Es ist von Vorteil, wenn alle Beteiligten jeweils auf eine aktuelle „digitale Pinnwand" schauen können und sich von da aus weiter planend abstimmen können. (Kapitel 5.2.3.2).

  Für die Steuerung eines Projekts hat sich die Denkweise aus der Regelungstechnik bewährt. In Bild 4.52 ist ein aufs Projektmanagement zugeschnittenes Regelkreis-Schema wiedergegeben. Der zu regelnde Prozess – die Regelstrecke – ist das Projekt, der Regler ist z. B. der Projektleiter. Da die Regleraktivität eines Menschen im Regelkreis als Steuern bezeichnet wird, steuert er also das Projekt.

Er hat dazu als Führungsgröße möglichst quantitative Ziel- und Vertragsvorgaben. Aufgrund der verschiedenartigen Soll-Ist-Abweichungen gibt er Anweisungen bzw. versucht, die Mitarbeiter zu überzeugen, um das Ist mit dem Soll zur Deckung zu bringen. Dieses Regelkreis-Denken ist allgemein fruchtbar. Auch der Vorgehenszyklus ist so aufgebaut. (Bild 3.24).

Bewährt hat sich in gut geführten Unternehmen, die ein positives Betriebsklima haben, nur die Ziele der Endmeilensteine vorzugeben, ohne auf inhaltliche Lösungsdetails einzugehen. Das Team arbeitet daher selbstorganisiert und teilweise auch selbstkontrolliert [60/4].

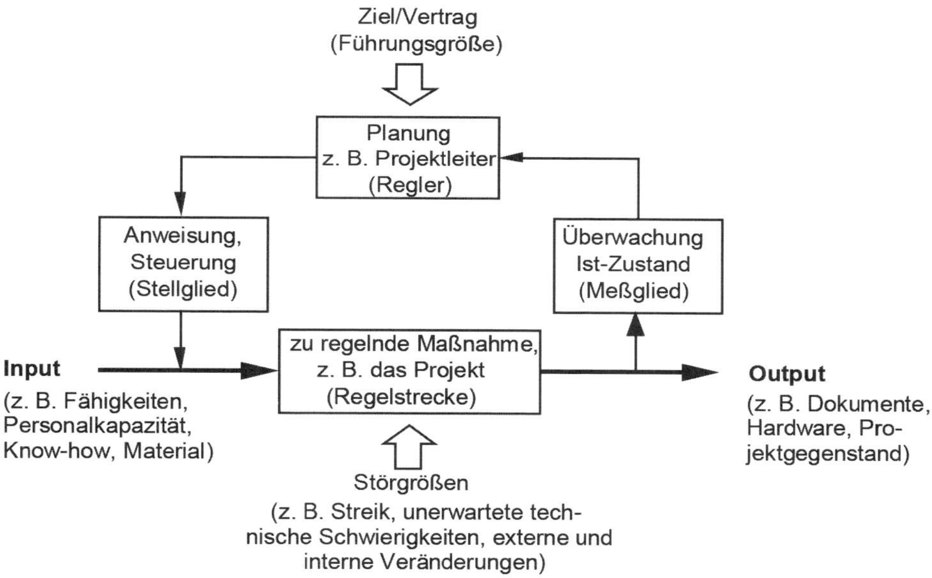

Bild 4.52 Allgemeiner Management-Regelkreis [32/4]

Bild 4.53 stellt noch einmal vorrangige Aufgaben des Projektmanagements dar.

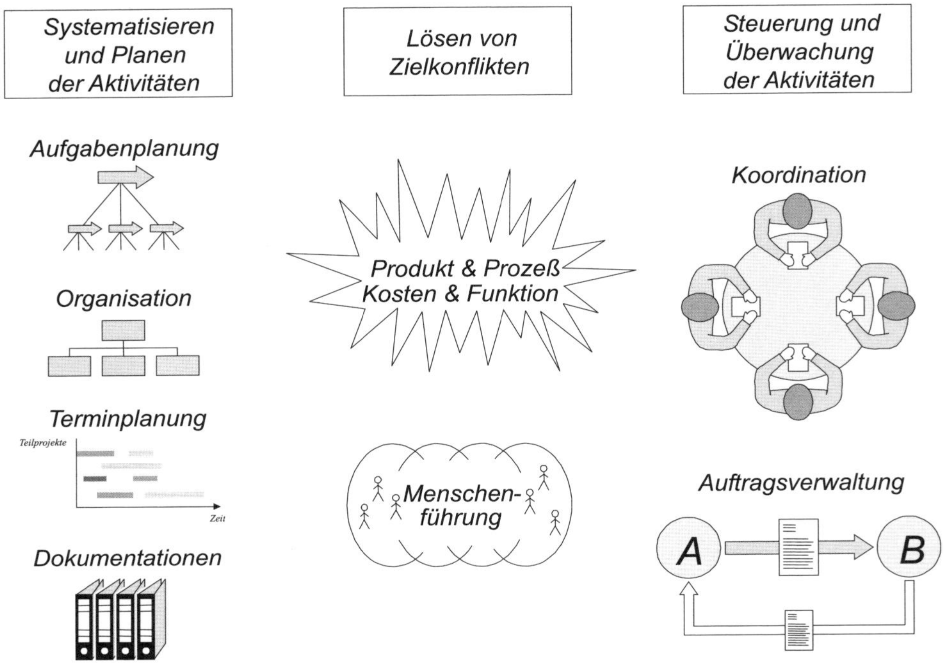

Bild 4.53 Aufgaben des Projektmanagements (nach Schöpf)

4.3.4.2 Einsatzbereiche des Projektmanagements

Während eine Kleingruppe von z. B. drei bis vier Mitarbeitern, die mit einem Projekt beauftragt ist, sich im Wesentlichen selbst organisiert, gewinnen die Methoden des Projektmanagements bei größeren Vorhaben zur Qualitäts-, Termin- und Kosteneinhaltung zunehmend an Bedeutung.

Der Einsatz des **Projektmanagements** ist also vor allem dann **zweckmäßig**, wenn

- zur Bewältigung des Vorhabens nicht nur verschiedene Fachdisziplinen, sondern auch verschiedene Abteilungen innerhalb der eigenen Firma und auch fremder Firmen beteiligt werden müssen;
- eine Aufgliederung in verschiedene, aber miteinander verbundene und wechselwirkende Teilaufgaben notwendig ist;
- die Teilaufgaben miteinander oder mit anderen Aufgaben der Firma um die Zuteilung von verfügbarem Personal, von Budgetanteilen, von Laboratorien, Werkstätten etc. konkurrieren [31/4; 37/4].

Projektmanagement ist oft genug auch für kleinere Vorhaben, wie z. B. die Einführung eines neuen CA-Systems, zweckmäßig, da gerade die Zieldefinition, Ablauforganisation, Termin- und Kostenkontrolle und die Koordination von Aufträgen und Vorhaben einen Schwachpunkt in vielen Unternehmen darstellt, wie aus Kapitel 4.1.6 und 4.1.7 hervorgeht.

Wie kann man ein Projekt von Anfang an beschleunigen?

- Das Projekt frühzeitig starten und zwar mit der Geschäftsleitung zusammen.
- Immer wieder die Ziele klar machen.
- Den Informationsaustausch verbessern. Die wichtigen Leute im gleichen Büro!
- Den kritischen Pfad suchen und diesen zum Planungsschwerpunkt machen.
- Den Zeitpuffer ganz zum Schluss einbauen.

4.3.4.3 Methoden und Hilfsmittel des Projektmanagements

Entsprechend dem interdisziplinären Ansatz des Projektmanagements stammen seine Methoden aus vielen Bereichen. In Bild 4.54 sind sie nach den oben angesprochenen Aufgaben des Projektmanagements zusammengestellt. Sie entstammen der Systemtechnik, der Betriebswirtschaft (Kostenrechnung, Controlling), den Managementwissenschaften und der Ingenieurplanungsmethodik.

Um die Methodenkompetenz eines Unternehmens zu stärken, wird als organisatorischer Markstein zunehmend eine zentrale Stelle oder Gruppe für den Methodeneinsatz geschaffen. (Siehe Text bei Bild 4.16 [72/4] und [25/1]).

Aufgaben	Methoden und Hilfsmittel
Zieldefinition	▪ Problemanalysen (z. B. in Projektstart-Workshop) ▪ Projektdeckungsrechnung (Zeit, Kosten) Siehe Prozesskostenrechnung in Kap. 9.4.2 ▪ Produktplanung (Kapitel 7.2) ▪ Zufgabenklärung (Kapitel 7.3)
Projektaufbau-organisation	▪ Matrix-Organisation (Kapitel 4.3.1) ▪ Projektteammanagement (Kapitel 4.3.3)
Projektablauf-organisation	▪ Konfigurationsmanagement [32/4] ▪ Phasenorganisation mit Meilensteindefinition (Kapitel 5.2.3.2)
Projektplanung (Terminplanung)	▪ Struktur-, Ablaufplanung [32/4; 33/4; 34/4] ▪ Netzplantechnik [38/4] ▪ Balken-, Kapazitätsdiagramm (Kapitel 5.2.3)
Projektkalkulation	▪ Vor-/Nachkalkulation [32/4] ▪ Erfahrungsdatenbank
Projektsteuerung	▪ Meilensteine, Kostentrendanalyse (Bild 5.52) ▪ Rückmeldeverfahren, Freigabebesprechungen ▪ Projektberichtswesen; Dokumentation ▪ Qualitätsaudits [33/4]

Bild 4.54 Methoden und Hilfsmittel des Projektmanagements mit Kapitelverweisen und Literatur

4.4 Integrierende Vorgehensweisen

In diesem Kapitel werden das Simultaneous Engineering (SE) und das Qualitätsmanagement, sowie das Quality Function Deployment (QFD) als Beispiele für in der Praxis bewährte, integrierende Vorgehensweisen des Produkterstellungsprozesses vorgestellt. Die in Kapitel 4.3 dargestellten Methoden der Produkterstellung sind häufig Bestandteile von solchen integrierenden Vorgehensweisen. Eine weitere Vorgehensweise, die in sich eine Reihe von Einzelmethoden und Hilfsmitteln vereinigt, ist die Wertanalyse (Kapitel 9.3.2). Diesen integrierenden Vorgehensweisen ist gemeinsam, dass sie den Gedanken des Informationsrückflusses (Kapitel 4.2.3), der Eigenschaftsfrüherkennung (Bild 4.33 und 7.122) und der Konzentration auf Kundenbedürfnisse (Bild 4.35) verwirklichen, indem sie eine frühe Einbindung der mit der Produkterstellung befassten Abteilungen verfolgen. Dieses Merkmal war bei einer Umfrage zur Verkürzung der Produktentwicklungszeit auch vorrangig. Gleichzeitig soll die Arbeit durch Projektmanagement effektiv organisiert werden (Bild 4.55).

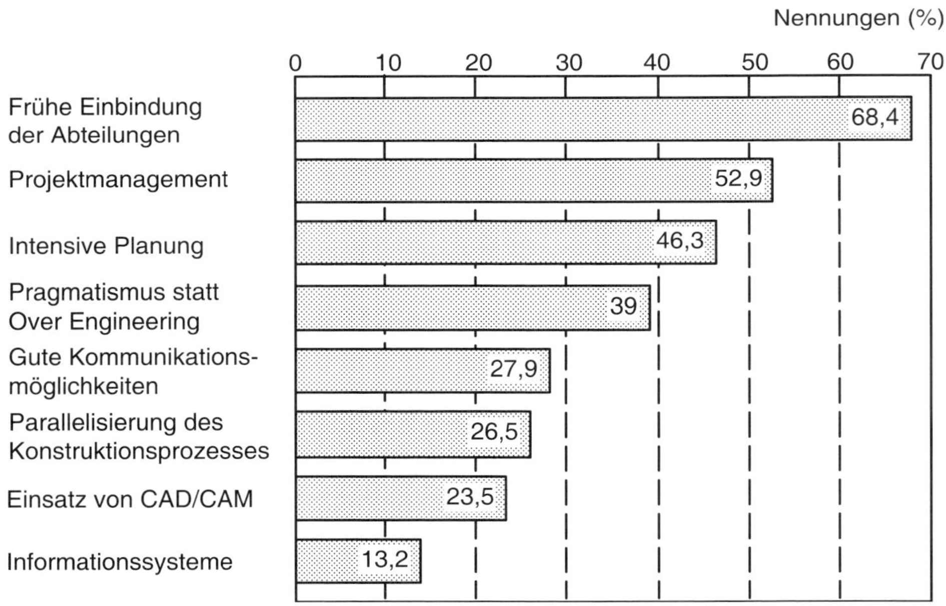

Bild 4.55 Maßnahmen zur Verkürzung der Produktentwicklungszeit [21/4]

4.4.1 Simultaneous Engineering

4.4.1.1 Idee und Arbeitsweise des Simultaneous Engineering

Unter der integrierenden Vorgehensweise des **Simultaneous Engineerings (SE)** versteht man die zielgerichtete, interdisziplinäre Zusammen- und Parallelarbeit von Produkt-, Produktions- und Vertriebsentwicklung mit Hilfe eines straffen Projektmanagements, wobei der gesamte Produktlebenslauf betrachtet wird (Bild 4.56).

Simultaneous Engineering bedeutet

– zielgerichtete } Zusammen- und
– interdisziplinäre } Parallelarbeit

- für Produkt-, Produktions- und Vertriebsentwicklung
- für den ganzen Produktlebenslauf
- mit straffem Projektmanagement

Bild 4.56 Definition des Simultaneous Engineering

Im Rahmen des Simultaneous Engineering[12] werden folgende **Einzelmethoden** (Kapitel 4.3) entsprechend Bild 4.38 eingesetzt: Teamarbeit (Kapitel 4.3.3), Projektmanagement (Kapitel 4.3.4), Parallelisierung von Arbeitsabläufen (Kapitel 4.3.2), Einbezug der Kunden, Kooperation mit Systemlieferanten, Schwerpunktbildung mit ABC-Analyse, FMEA, DFA, DFM, Target Costing, zielkostengesteuertes Konstruieren, Simulation und Rapid Prototyping. Wichtig auch im Sinne des schnellen und einheitlichen Verständnisses ist eine Betonung der Visualisierung von Zielen und Ergebnissen.

Folgende Zielsetzungen sollen mit Unterstützung des Simultaneous Engineering bei der Produkterstellung erreicht werden: **Zeiteinsparung** bei der Produkterstellung, **Kostenverringerung** bezüglich der Produktgesamtkosten, insbesondere der Entwicklungs- und Herstellkosten, **Qualitätsverbesserung**, bezogen auf die Vorstellungen der Kunden [56/4; 58/4].

12) Der Unterschied zwischen SE und Concurrent Engineering (CE) wird vor allem darin gesehen, dass SE bewusst auf die Parallelisierung von Produkt- und Produktentwicklung abzielt, während CE im Schwerpunkt eine optimale Produktentwicklung durch parallele interdisziplinäre Zusammenarbeit anstrebt. Z. B. parallel die Steuerung, die Software und die Antriebstechnik entwickeln. Dabei sind besonders die Schnittstellen kritisch. (Bender u. a [26/1, S. 404]. In der Bundesrepublik Deutschland wird beides meist unter SE zusammengefasst. So soll es auch hier geschehen [20/4]. In der Praxis wird es auch einfach als (interdisziplinäre) Projektarbeit bezeichnet.

Die Produktverantwortung wird einem SE-Team übertragen, die der Teamleiter zusammen mit dem Team bis zur Serienfertigung oder den ersten Verkaufserfolgen übernimmt. Dabei wird dieses Team speziell für die Entwicklungs- und Erstellungsdauer eines innovativen Produkts gebildet. Es löst sich nach Abschluss des Projekts wieder auf. Die sonstige Geschäftsabwicklung läuft projektunabhängig im Unternehmen weiter. Es können in einem Unternehmen parallel mehrere SE-Teams arbeiten. Die Merkmale des Simultaneous Engineering sind in Bild 4.57 zusammenfassend dargestellt.

Merkmale des Simultaneous Engineering

1) Organisation der Arbeit

- Arbeiten im **SE-Team** (Kernteam und erweitertes Team; Bild 4.3-6)
- **Ablaufplan** mit Meilensteinen, Zwischenrevisionen und Freigabebesprechungen
- **Parallelisierung** von Produkt-, Fertigungs- und eventuell Vertriebsentwicklung (SE-Team setzt z. B. in der Realisierungsphase mehrere Gruppen ein, die durch gute Kommunikation und vorläufige Annahmen Arbeiten parallel erledigen können.)

2) Gestaltung der Arbeit

- veränderte **Zielsetzung**, durch mehr Zeit für Aufgabenklärung und Konzeptphase auf Kosten der Realisierungszeit ("Mach´s gleich richtig.")
- **Integration** der Ziele und Erfahrungen durch SE-Team und Einbezug von Kunden und Lieferanten
- **Eigenschaftsfrüherkennung** für Produkt, Produktion, Vertrieb durch Berechnung, Simulation, frühzeitige Kostenschätzung, orientierende Versuche, Rapid Prototyping, Prototyp mit Serienfertigungsverfahren ...
- **Einsatz effektiver Werkzeuge** z. B. für Visualisierung und Informationssuche mit Datenbanken, CAD, ...
- **Reduzierung der Besprechungsdokumentation** durch gute Kommunikation

Bild 4.57 Erfolgsmerkmale des Simultaneous Engineering

Ein SE-Team kann, muss aber nicht örtlich vereint sein. Es trifft sich nur zu bestimmten Zeiten und kann, wie in Bild 4.58 gezeigt, zusammengesetzt sein. Der Kunde ist nicht Mitglied des Teams, aber von Zeit zu Zeit eine wichtige Informationsquelle. Insbesondere bei geringer Fertigungstiefe ist die Zusammenarbeit mit Zulieferern im Team von großer Bedeutung. In Abstimmung mit dem Einkauf werden so häufig enge langfristige Beziehungen mit ausgewählten Zulieferern aufgebaut, um den Lieferumfang gemeinsam zu optimieren. In Zukunft wird die Arbeit durch eine rechnerintegrierte Produkterstellung unterstützt werden (Kapitel 5.2.2.5 und 9.3.4).

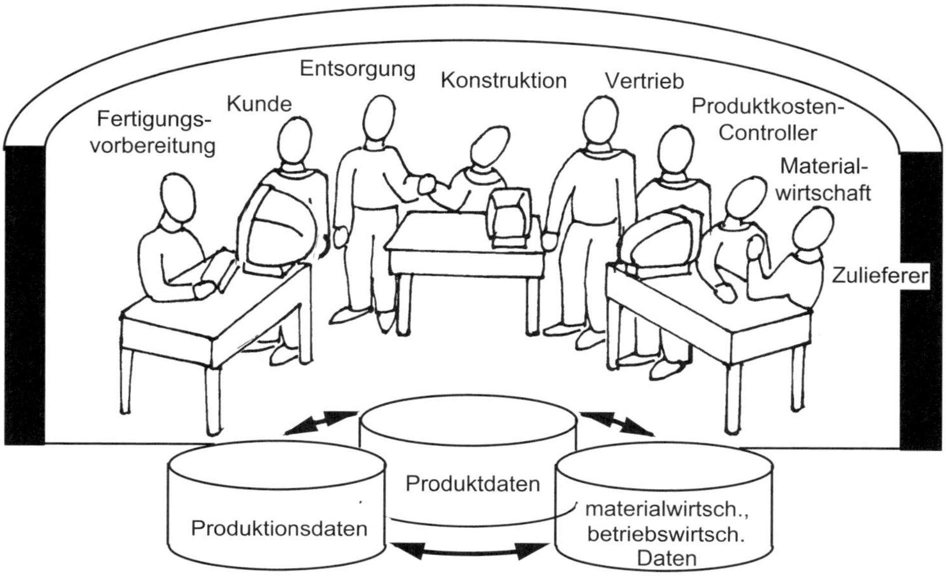

Bild 4.58 Zusammenarbeit von produkt-, produktions- und vertriebsdefinierenden Bereichen im Team als Voraussetzung für das Simultaneous Engineering (siehe auch Bild 4.24)

4.4.1.2 Auswirkungen des Simultaneous Engineering

Die **Produkterstellungszeiten** werden vom Entwicklungsauftrag bis zum Serienbeginn oft auf die Hälfte und weniger verringert. Trotz des anfangs erhöhten Aufwands werden die Entwicklungskosten insgesamt eher geringer als bei konventioneller Entwicklung. (Siehe Bild 4.44). Die Zeiteinsparungen als solche wirken schon kostenverringernd. Durch die frühzeitige Abstimmung werden wiederum lange Iterationsschleifen, Fehler oder aufwendige Änderungen vermieden. Der Grund dafür liegt in den „kurzen Regelkreisen" oder im direkten Informationsfluss (Kapitel 4.2.3).

Bild 4.59 zeigt zusammenfassend, dass sich intensiver Arbeitseinsatz fähiger Personen aus allen betroffenen Abteilungen gerade in den ersten Phasen der Produkterstellung durch Zeit- und Kosteneinsparungen im weiteren Verlauf mehr als bezahlt macht. Am Anfang werden die Weichen gestellt und die wesentlichen Entscheidungen getroffen, die alle späteren Prozesse bestimmen.

Um die Zusammenhänge zu visualisieren, sind in Bild 4.59 folgende realistische Annahmen für die Entwicklungs-, Herstell- und Betriebskosten getroffen worden, die auf Praxiserfahrungen beruhen (weitere Kosten unberücksichtigt):

- Durch bessere Planung, intensiveren Personal- und Methodeneinsatz ist die **Entwicklungszeit bei der integrierten Produkterstellung** (fette Linie) gegenüber der konventionellen Produkterstellung (gestrichelte Linie) **auf die Hälfte reduziert** (bei Neukonstruktion in Einzelfertigung sogar auf 40 %! [54/4]). Die **Entwicklungskosten bleiben** mit 30 % der alten Herstellkosten **konstant**.

- Durch die integrierte Produktentwicklung werden die **Herstellkosten um ca. 25 % gesenkt**. Das führt dazu, dass sich auch die **Durchlaufzeit in der Fertigung um ca. 25 % verkürzt**.
- Ferner wird angenommen, dass sich die **Betriebskosten um 20 % verringern**.

Damit ergeben sich folgende **Vorteile**:

- Für den **Hersteller** wird die **Durchlaufzeit** bei diesen Annahmen um insgesamt **43 % kürzer**. Er ist somit entweder **schneller im Markt** oder kann u. U. später mit der Entwicklung anfangen und besser auf Marktänderungen reagieren. Die **Selbstkosten sinken um ca. 20 %**. Hier wird angenommen, dass diese Senkung direkt im Preis an den Kunden weitergegeben wird.
- Für den **Kunden** ergibt sich eine Senkung des Preises um 20 % und abhängig von der Betriebszeit eine **erhebliche Senkung der Lebenslaufkosten**.

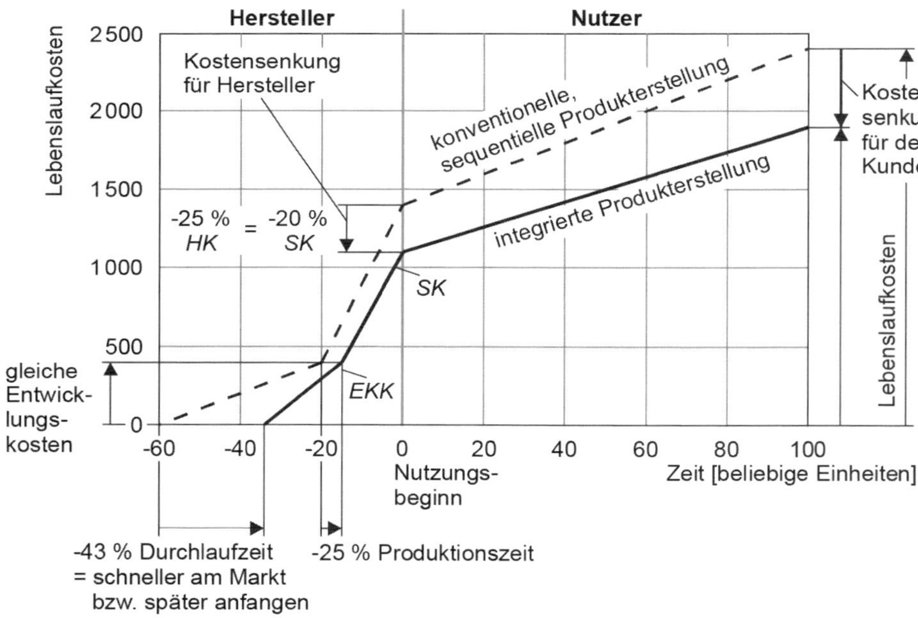

Bild 4.59 Intensiver Arbeits- und Zeiteinsatz in frühen Phasen der Produkterstellung verkürzen Entwicklungs- und Produktionszeiten und verringern Herstell- und Gebrauchskosten (EKK = Entwicklungs- und Konstruktions-Kosten; SK = Selbstkosten; HK = Herstellkosten). Siehe auch Bild 4.44

Bei Integrierter Produkterstellung (hier speziell: Simultaneous Engineering) können die Entwicklungskosten anfangs sogar höher sein, aber die Herstellkosten und eventuell die Gebrauchskosten werden gerade durch die intensive Anfangsbearbeitung niedriger (Erfahrungswerte: 20 bis 40 %). Die Zeiten bis zur Auslieferung werden gegenüber früherer konventioneller Arbeit um 30 bis 50 % reduziert. Im allgemeinen wird die Qualität des Produkts besser, die Zahl der Reklamationen nimmt ab. Das sind gemittelte Praxiserfahrungen. Zum Teil geht das aus der Umfrage des VDMA nach Bild 4.44 hervor!

Die **Zeitersparnis** hat folgende **Ursachen**:

- **Parallelisierung der Arbeitsabläufe** (vgl. Kapitel 4.3.2)
- **Enge informatorische Zusammenarbeit** zwischen den Spezialisten der einzelnen Abteilungen. Man trifft sich regelmäßig im Team zum schnellen und wirkungsvollen Informationsaustausch. In der übrigen Zeit wird das Projekt in abgestimmter Einzelarbeit vorangetrieben.
- Es gibt einen konsequent einzuhaltenden **Entwicklungsplan** mit Meilensteinen und Kostenvorgaben.
- Die Beteiligten des Teams aus den verschiedenen Abteilungen sind in der Regel **motiviert**, weshalb Liegezeiten und die Suche nach „Schuldigen“ beim Auftreten von Fehlern kaum auftreten.
- Die Verantwortung für alle Produkteigenschaften wird klar dem Team übertragen.
- Nach VDMA [54/4] wird die Durchlaufzeit bei Neukonstruktion um 60 % reduziert, bei Anpassungs- und Variantenkonstruktion kaum. 50 % der Unternehmen praktizieren die überlappende Arbeitsweise des Simultaneous Engineering (Bild 4.44, Bild 4.61).

Zu den **Risiken** des Simultaneous Engineering zählen:

- Das Risiko des **Misserfolgs**, da die Arbeit stark von der Qualifikation des Teamleiters und der Kooperation der Teammitglieder sowie von der Akzeptanz der Linie abhängt. (Der Teamleiter bekommt u. U. aus „Macht-Neid“ zu wenig Kompetenz).
- Bei zu hohem Zeitdruck und betonter Parallelarbeit mit vorläufigen Annahmen das Risiko eines **nicht optimalen Produkts** mit Fehlern.
- Das Risiko die **Linienverantwortung** zu vernachlässigen. (Aufgaben der Linie sind: fachliche „Heimat“, Langfrist-Entwicklungen, Komponenten-Entwicklung, Modellpflege, Auftragsabwicklung und Kundenservice). In manchen Unternehmen wird die Linie durch so genannte „Kompetenzzentren“ ersetzt.

4.4.1.3 Praxisbeispiel zu Simultaneous Engineering[13]: Entwicklung eines digitalen Manometers[14]

Simultaneous Engineering (SE) wird bisher vor allem bei stark innovativen Produkten, die kurze Innovationszeiten erfordern, angewandt. Dabei handelt es sich meist um Serienprodukte für den Konsumbereich (Consumer-Elektronik und Optik, Haushaltsgeräte, Mess- und Sensortechnik, Kfz-Technik). Das in Bild 4.60 gezeigte digitale Manometer wurde mit Hilfe des Simultaneous Engineering in weniger als 1,5 Jahren, statt wie sonst zu erwarten in mindestens 3 Jahren, vom Entwicklungsauftrag bis zur Serienproduktion realisiert. (Dies ist ein mechatronisches Produkt. Siehe deshalb auch Kapitel 5.1.4.4 mit Besprechung der VDI/VDE-Richtlinie 2206 und Kapitel 7.4.2.4 mit Besprechung der VDI/VDE-Richtlinie 2422).

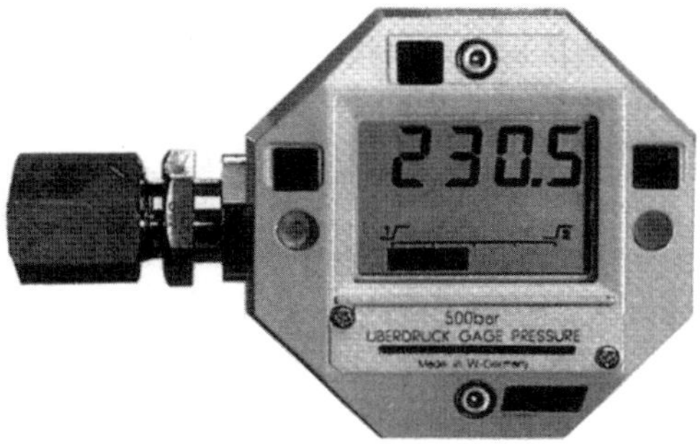

Bild 4.60 Digitales Differenzdruckmessgerät

Das digitale Manometer vereinigt in sich einen Drucksensor (sieben Druckbereiche bis 1000 bar), eine Verstärker- und die Auswerteelektronik sowie eine LCD-Anzeige. Bemerkenswert sind u. a. folgende technische Merkmale: eine Tendenzanzeige, ein erschütterungsunempfindlicher Grenzwertschalter, ein „elektronischer Schleppzeiger“, Unempfindlichkeit gegen mechanische Schwingungen.

Der Projektablauf ist in Bild 4.61 dargestellt. Man sieht die Parallelisierung der früher im Betrieb als unbedingt sequenziell angesehenen Arbeitsvorgänge. Das **SE-Team** bestand unter Leitung eines Entwicklers im Kern aus Entwicklung, einschließlich Elektroniker, Vertrieb, Arbeitsvorbereitung und Vorrichtungsbau. Hinzu kamen fallweise Qualitätssicherung, Einkauf, Marketing und Fertigung. Das Team traf sich anfangs alle 1 bis 2, später alle 4 bis 6 Wochen. Der Projektleiter bearbeitete nur dieses termingebundene Projekt. Weitere Projekte übernahm er zur Überbrückung von Wartezeiten. Die Verantwortung des Teams endete mit der störungsfreien Serienfertigung des Produkts.

13) Ein weiteres Beispiel ist in Kapitel 9.3.3.2 wiedergegeben. Siehe auch den Text bei Bild 4.16.

14) Für die Überlassung der Unterlagen danke ich Herrn Dr.-Ing. R. Hellwig.

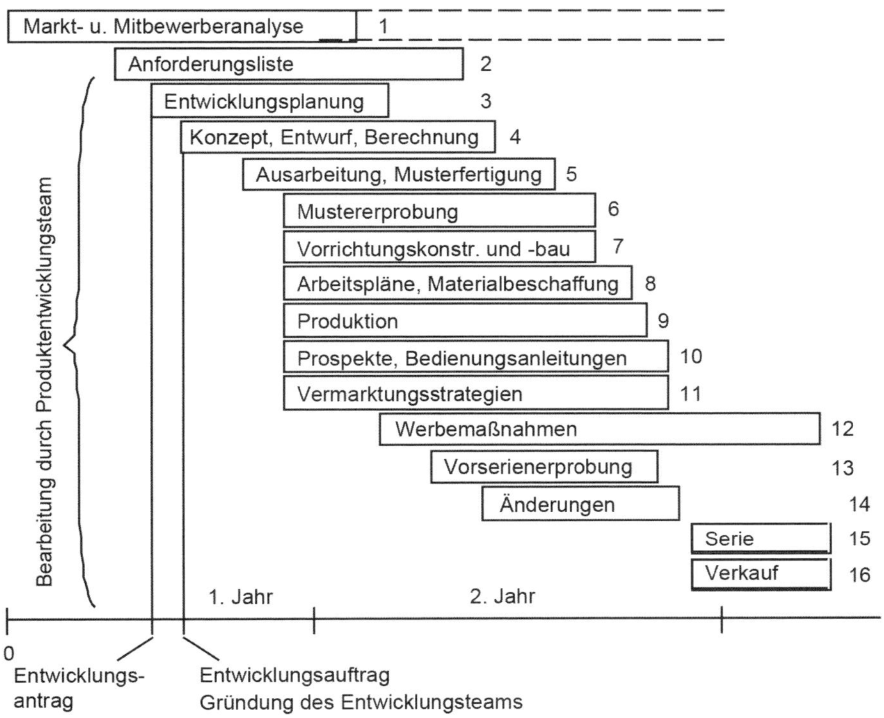

Bild 4.61 Ablaufplan des Simultaneous Engineerings bei der Produkterstellung des digitalen Manometers. (Siehe auch die Parallelisierung der Arbeit in den Bildern 4.43 und Bild 4.44)

Bei den **Meilensteinen der Terminplanung** handelte es sich im Wesentlichen um die gewohnten: Entwicklungsantrag, Entwicklungsauftrag, Konzept- und Planungsfreigabe für die Vorserie, Start der Vorserie, Planung der Folgeserie und der Verkaufsfreigabe, Verkaufs- und Angebotsfreigabe. Es galt der Grundsatz: „Lieber anfangs höhere Entwicklungskosten als längere Entwicklungszeit". (In Praxi gibt's dann meist doch keine höheren Entwicklungskosten, da Änderungsschleifen eingespart werden und die Gesamt-Entwicklungszeit kürzer wird).

Im Einzelnen lief das Projekt folgendermaßen ab (die Nummern geben die Phasen in Bild 4.61 an):

1. Die **Markt- und Mitbewerber-Analyse** fand in einem Start-Team von Vertrieb und Entwicklung statt. Gemeinsame Reisen zu potenziellen Kunden wurden unternommen, um frühzeitig die Anforderungen aus erster Hand zu erhalten.

2. Die **Anforderungsliste** wurde im engen Kontakt mit dem zukünftigen Anwender von Entwicklung (Mechanik und Elektronik) und Vertrieb gemeinsam erstellt (Bild 4.62). In der ersten Teamsitzung wurde der Termin für den Änderungsstopp der Anforderungsliste auf den Tag nach Ablauf der Hälfte der geplanten Entwicklungszeit festgelegt.

Merkmal	Einheit	Wert	F = Forderung W = Wunsch	Quelle
1. Eingangsgrößen				Vertrieb und Entwicklung 1
– Meßbereiche	bar	1.....1000	F	
– Meßbereich-Stufung	psi	150, 300 750	F	
– ...				
2. Ausgangsgrößen				
2.1 Digitalanzeige				
– größter angezeigter Druck	%	110	F	Vertrieb und Entwicklung 1
– kleinste angezeigte Druckstufe	%	120 0,1	W F	
– ...				
2.2 Quasi-Analog-Anzeige				
– Balkenform, Anzahl, Segmente	–	20	F	Vertrieb und Entwicklung 2
– ...				
2.3 Speicher-Grenzwert-funktion	–	Speicher vorhanden	F	Vertrieb und Entwicklung 2
– Minimalwert	–			
– ...				
2.4 Ablesen				
– Ableseentfernung	m	4.....6	F	Vertrieb und Entwicklung 1 + 2
– ...				
3. Mechanische Eigen-schaften				
– Gewicht	kg	< 1	F	Vertrieb und Entwicklung 1
– ...				

Bild 4.62 Anforderungsliste für Digibar (Siehe auch Bild 5.11 und Bild 8.3)

3. Die **Entwicklungsplanung** umfasste eine Wirtschaftlichkeitsabschätzung des Entwicklungsprojekts unter Berücksichtigung der Entwicklungskosten. Diese wurden über die voraussichtlich absetzbare Stückzahl der ersten fünf Verkaufsjahre abgeschätzt. Ferner wurden Entwicklungsziele und der Zeitplan mit Entwicklungsschritten festgelegt. Anschließend wurde ein **Entwicklungsantrag** erstellt.

   Nach der Erteilung des Entwicklungauftrags wurde ein SE-Team gegründet. Bei den routinemäßigen Entwicklungsbesprechungen mit den Vorgesetzten wurde dem Auftrag eine Priorität vor allgemeinen Linienbelangen eingeräumt.

4. Das **Konzipieren, Entwerfen und Berechnen** fand hauptsächlich in Einzelarbeit statt. Im SE-Team wurden die Lösungen dann bewertet und ausgewählt. Nach der Lösungsfindung wurden die ersten Skizzen gleich in CAD erstellt, ebenso die Stückliste, die dann laufend weiter vervollständigt wurde. Die Herstellkosten wurden grob abgeschätzt.

5. Parallel zur Konstruktion wurde die **Ausarbeitung** in Fertigungszeichnungen vorangetrieben; die ersten **Muster** wurden auf NC-Maschinen hergestellt, um Fertigungsmöglichkeiten zu erproben. Wichtig waren dabei fertigungsgleiche Bedingungen, wie sie bei der späteren Serienfertigung vorlagen.

   6. - 10. Unter Berücksichtigung der Verbesserungen und Änderungsvorschläge aus **Mustererprobung** (6), **Vorrichtungskonstruktion** und -bau (7), **Arbeitsplanerstellung** und **Materialbeschaffung** (8) wurde das Produkt optimiert. Diese Arbeitspakete wurden parallel durchgeführt. Zeitgleich mit der **Produktion** (9) wurden **Prospekte** und **Bedienungsanleitungen** (10) erstellt. Die Mitarbeiter mussten bereit sein, im Interesse des gesamten Zeitgewinns, Arbeiten vorläufig durchzuführen und später Änderungen einzuarbeiten.

   11.-12. **Vermarktungsstrategien** (11) und **Werbemaßnahmen** (12) wurden schon vor der Vorserienerprobung eingeleitet, so dass zur Serienfreigabe für den Verkauf alle Wege geöffnet waren.

   13.-16. Aufgrund der **Vorserie** (13) (es gab keine zusätzliche Nullserie mehr) wurden noch **Änderungen** (14) eingebracht, worauf die Serienfreigabe erfolgte. Der **Verkauf** (16) wurde eingeleitet.

Bei diesem Projekt konnten folgende Erfolge und Nachteile beobachtet werden:

Zu den beobachteten **Erfolgen** zählen:

- Eine Zeiteinsparung von insgesamt 40–50 % gegenüber der sonst benötigten Zeit für eine vergleichbare Produkterstellung. Diese Zeiteinsparung war auch bei weiteren Projekten dieses Unternehmens realisierbar.
- Eine deutliche Qualitätsverbesserung. Nachbesserungen aufgrund von Reklamationen aus der Serienfertigung oder von Kunden kamen praktisch nicht mehr vor.
- Das Produkt und der Entwicklungsprozess wurden kostengünstiger als erwartet. Die Produktkosten wurden durch die mitlaufende Kalkulation und daraus stimulierte Kostensenkungsvorschläge der Teammitglieder beeinflusst.
- Es wurde eine Entwicklungsdokumentation erarbeitet, die von der Anforderungsliste bis zur letzten Messreihe zu Entscheidungen bei Vorhaben herangezogen werden konnte und gut nachvollziehbar war.

Beobachtete **Nachteile:**

- Die notwendigen Änderungen in der Entstehungsphase schlugen auch auf „Hardware"-erzeugende Bereiche durch. So mussten im Vorrichtungsbau ganze Vorrichtungen weggeworfen werden.
- Neben diesem Projekt kam kein anderes zum Tragen.
- Bei zeitweisen Schwächen der Projektleitung litt das Projekt.
- Durch Elite-Verhalten von Teammitgliedern kam es zu einzelnen Kompetenzüberschreitungen und Spannungen mit den Stammabteilungen (Linie).

4.4.1.4 Realisierung des Simultaneous Engineering (SE) in der Praxis

Die Frage ist, in welchem Umfang Simultaneous Engineering (SE) bzw. allgemein integriertes Entwickeln in der Praxis eingesetzt wird. – Es wird versucht, dies über einen Zeitraum von 25 Jahren (ca. 1985 bis 2010) zu beurteilen. In den 80er Jahren fing man in der Wissenschaft und in der Praxis an, SE zu untersuchen und zu erproben. Man war sich klar darüber, dass die zunehmende Komplexität der Produkte und dementsprechend die Spezialisierung der Bearbeiter vor allem bei neuen Produktkonzepten nur durch rechtzeitige Kooperation und Kommunikation beherrscht werden kann. Auf Grund positiver Erfahrungen machte man sich für die Zukunft große Hoffnungen.

Zwei Befragungen stimmen heute aber eher ernüchternd.

- Die eine wurde vom Fraunhofer-Institut für Systemtechnik (ISI) 2006 bei ca. 1700 Unternehmen in allen Bereichen des verarbeitenden Gewerbes durchgeführt [67/4]. 39 % der Maschinenbau-Unternehmen nutzen SE vorwiegend aus Zeitgründen. 10 % in hohem Umfang, 29 % mittel bis gering. Noch mehr als im Maschinenbau wird SE in der Medizin-, Mess-, Steuer-, Regelungstechnik, sowie in der Optik und im Fahrzeugbau genutzt. Dort setzen 25 % der Unternehmen SE in hohem Umfang ein. In anderen Branchen trifft dies nur für 5 % der Unternehmen zu. Ähnliche Verhältnisse bestehen für den Einsatz von Computersimulation und Virtual Reality.
- Die andere Befragung wurde 2006 in der Konstruktion eines Automobilherstellers, allerdings nur bei 49 Mitarbeitern durchgeführt [68/4, S. 85]. Die befragten Ingenieure halten die derzeitige Zusammenarbeit nur zu 25 % als parallel organisiert, sind aber der Ansicht, dass eine engere Zusammenarbeit viel brächte und notwendig sei.
- Über die Gründe dieser eher eingeschränkten SE-Nutzung kann man nur spekulieren. Eine Ursache für die doch gegenüber früheren Hoffnungen geringere Nutzung ist sicher die, dass die Maschinenbauunternehmen grundsätzlich neue Produktkonzepte eher selten realisieren und damit auch selten mit Zusammenarbeit der Spezialisten in SE-Teams. Es werden nämlich 84 % der Produkte aus einem Grundprogramm durch Variantenkonfiguration nach individuellen Kundenwünschen erstellt. Eine routinemäßige Arbeitsparallelisierung ist dann einfach aus Lieferzeitgründen zweckmäßig.
- Einen weiteren Hinweis erhält man aber aus Bild 4.63, das die Häufigkeit von Forschungsveröffentlichungen auf dem Gebiet der „Integration von Konstruktion und Berechnung" zeigt.

Danach liegen die inhaltlichen Schwerpunkte der Veröffentlichungen bei den Werkzeugen, d. h. CA_x-Systeme, im Datenmanagement und allenfalls noch bei den notwendig ablaufenden Prozessen. Das Produkt wird meist abstrahiert, mit den Menschen als handelnden und steuernden Individuen beschäftigt man sich kaum.

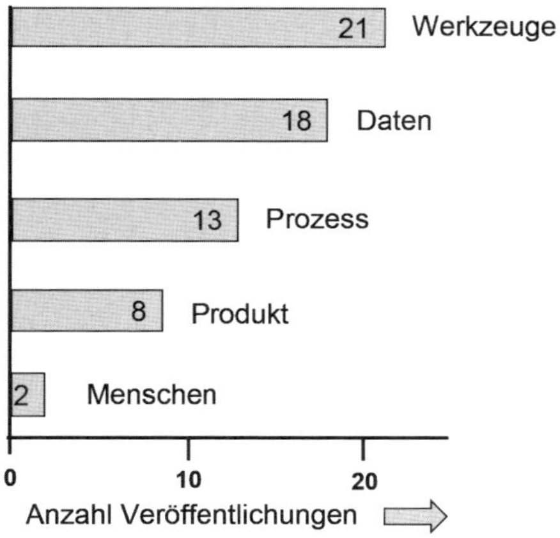

Bild 4.63 Forschungsveröffentlichungen zur Integration von Konstruktion und Berechnung in unterschiedlichen Problemfeldern. Nach Herfeld ([69/4], S. 94 und Kreimeyer u. a. [68/4])

Das ist typisch:

Man meint nämlich nicht nur in der Forschung, sondern auch in der Praxis, dass Integration und Parallelisierung von Abläufen vornehmlich ein technisches Problem seien, was sie aber nur zu einem geringen Teil sind. Die **Haupt-Reibungsprobleme und Fehlerquellen bei Projekten sind seit jeher menschlich bedingt**. In der Technik und den sie befruchtenden Wissenschaften herrscht nämlich ein materialistisches Denken vor, das sich an technischen, naturwissenschaftlichen Fakten orientiert und begeistert. – „Human Faktors" oder „Soft Skills" seien etwas für Psychologen oder Frauen und kein Thema in der Technik. – Man meint deshalb, die zur Zusammenarbeit notwendige menschliche Kompetenz, Verantwortlichkeit, Motivation und Gefühlslage stelle sich von selbst ein. Das stimmt einfach nicht! (Siehe Kapitel 1.1 c). Nach der Erfahrung der Autoren liegt hierin ein wesentlicher Grund für die relativ geringe Nutzung des SE und von integrierten Abläufen. – Dieses Defizit bewusst zu machen ist ein Hauptanliegen dieses Buches. (Siehe die Kapitel 3, 4.3; 5.2.2.5).

Wie man in einer interdisziplinären Gruppe eine Umwelt-FMEA und eine dementsprechende QFD zum ersten Mal erstellt und welche Bewertung der Prozess in der Praxis bei HILTI bekommt, zeigt Günther in [75/4]. Es wird dabei auch sichtbar, wie wichtig es ist, dass die Arbeit mit Methoden von der Geschäftsleitung als ein Ziel des Unternehmens definiert wird. (Siehe auch hierzu Kapitel 4.1.5 unter „Beispiele für Vorgehenspläne in der Praxis").

4.4.2 Qualitäts- und Sicherheitsmanagement

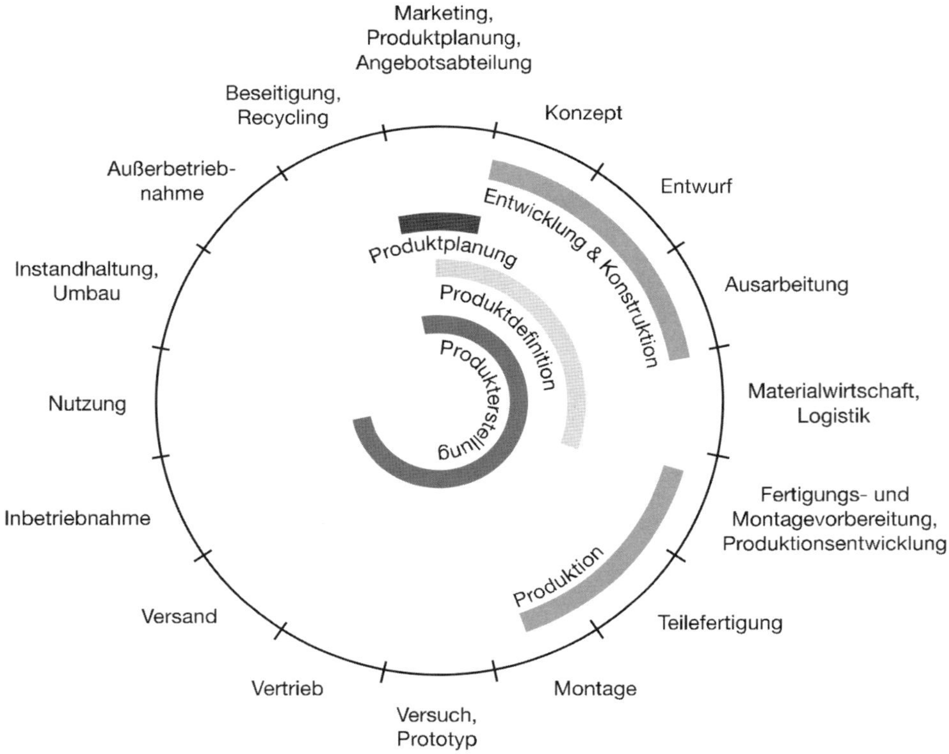

Bild 4.64 (Wiederholung): Produkterstellung im Lebenslauf eines Produkts: Im Kreislauf Nutzer (Markt) – Hersteller – Nutzer (Markt). Externe und interne Dienstleistungen treten in allen Phasen des Lebenslaufs auf. Zu jedem Begriff dieses Bildes gibt es nachfolgend die Betrachtung (das Management) der Qualität und der Sicherheit (Kapitel 4.4.2) sowie der Kosten (Kapitel 9)

Lieber Leser, hier erfahren Sie nichts darüber, wie man ein Produkt z. B. bruch- oder unfallsicher macht. Dafür gibt es spezielle Bücher, die z. T. in Bild 6.17 angegeben sind. „Design for X" ist eben nicht die Aufgabe dieses Buches, wie schon am Anfang in Kapitel 1.1e geschrieben. Hier geht es um die Übersicht und um den richtigen Denkansatz.

Das Erreichen einer optimalen Produktqualität und Sicherheit erfordert **integrierende Vorgehensweisen** und hat damit eine Analogie zum Produktkosten-Senken. (Kapitel 9). Denn fast alle Mitarbeiter im Unternehmen schaffen mehr oder weniger Qualität, ebenso wie sie alle Sicherheit und Kosten erzeugen oder beeinflussen. Vergleichbar dazu (Bild 9.5) entstehen nach Masing [47/4] 80 % aller Produktfehler in der Entwicklung, Konstruktion und Planung. Und die späteren Ausfälle des Produkts innerhalb der Garantiezeit sind zu 60 % darauf zurückzuführen.

In Bild 4.65 ist die diese integrative Qualitätsauffassung dargestellt: technische Sicherheit, Arbeitssicherheit und Umwelt-Qualität oder -Sicherung müssen einbezogen werden. Diese beziehen sich auf das Produkt, das Verfahren oder allgemein auf das System. Die vier Schwerpunkte bedingen einander. Das sollen die Bezugspfeile kenntlich machen.

Denn **Qualität** ist nach der Norm EN ISO 9000:2005-12 (die Norm für Qualitätsmanagement), das „Vermögen einer Gesamtheit inhärenter (lat. innewohnend) Merkmale eines Produkts, eines Systems oder eines Prozesses zur Erfüllung von Forderungen von Kunden und anderen interessierten Parteien." [7/4]. Inhärent bezeichnet objektiv feststellbar oder messbar. Die Qualität gibt damit an, in welchem Maße ein Produkt (Ware oder Dienstleistung) den bestehenden Anforderungen in einem bestehenden Zeitraum entspricht. Dies entspricht der Auffassung des Total-Quality-Managements und erstreckt sich auf das gesamte Leben eines Produkts oder Verfahrens, wie es in Bild 4.1 dargestellt ist. Entsprechend den Gliederungen von Anforderungen in Bild 7.31 und der Produkteigenschaften in Bild 2.8 können auch die Qualitätsmaßnahmen strukturiert werden. – Mehr umgangssprachlich ausgedrückt wird unter Qualität verstanden: „fitness for use", d.h. Gebrauchstauglichkeit, die voraussetzt, dass die explizit formulierten Kundenwünsche (Pflichtenheft bzw. Anforderungsliste) und die implizit – oft unbewusst – vorhandenen Kundenvorstellungen im Produkt realisiert sind. Sie wird so oft als Synonym für Güte verstanden, und dementsprechend ist daher von „guter" oder „schlechter" Qualität die Rede. Entsprechend ist die Aussage „Was Qualität ist, bestimmt der Kunde" oder: „Qualität ist, wenn der Kunde zurückkommt und nicht das Produkt": Ein Leitsatz von Unternehmen nach japanischem Vorbild (Kapitel 5.1.2 [33/4]).

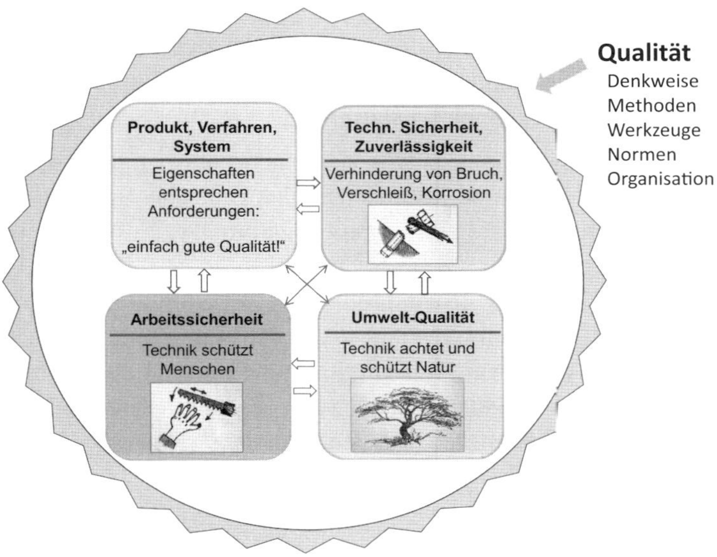

Bild 4.65
Schwerpunkte zur Verwirklichung von Qualität

Das zu erreichen erfordert die enge, abgestimmte Zusammenarbeit aller an der Produkterstellung Beteiligten, da in allen Phasen (z.B. Marketing, Entwicklung und Konstruktion, Teilefertigung, Materialwirtschaft, Montage, Qualitätssicherung, Vertrieb) Fehler als die „Nichterfüllung einer festgelegten Anforderung" gemacht werden können: Fehlerketten ziehen sich durch. Nach VDMA 2004 [46/4] betragen die Qualitätskosten 5,3% vom Umsatz, sie sind also in einer Größenordnung wie die gesamten Entwicklungskosten eines Serienfertigers. Von Pkw-Unternehmen gibt es Abschätzungen, dass die Garantie- und Kulanzkosten, bezogen auf den Umsatz sogar 8 bis 12% betragen. Die Rückrufaktionen haben sich im Verlauf von 10 Jahren zwischen 1993 und 2003 von 35 auf 144 mehr als vervierfacht (Kraftfahrt-Bundesamt).

Sicherheit ist damit ein Teil der Qualität, da sie wegen der Zuverlässigkeitsanforderung auf die störungsfreie und gefahrenfreie Funktion eines technischen Gebildes oder Verfahrens abzielt. Damit werden also die Qualitätsmerkmale sichergestellt.– Störungsfrei, d.h. betriebssicher ist das technische Gebilde dann, wenn die (technische) Zuverlässigkeit der Teile und des Systems, wie gefordert erreicht wird. – Gefahrenfrei meint darüber hinaus die „Arbeitssicherheit" für den Menschen (Nach Neudörfer [53/6]). – Hilfreich ist die Unterscheidung von drei Arten der Sicherheitstechnik nach der früheren DIN 31000:

- **unmittelbare Sicherheit** bezeichnet technische Lösungen (z.B. sichere Auslegung, redundante Anordnung, gefahrlose Abschaltung)
- **mittelbare Sicherheit** bezeichnet schützende technische Lösungen (z.B. Maschinenverkleidungen, Sicherheits-Sensoren und -Aktoren).
- **hinweisende Sicherheit** ist die schwächste Form von Sicherheitsmaßnahmen. (Z.B. Verkehrszeichen, Signalfarben, Sicherheitshinweise in Bedienungsanleitungen).

Normen sind z.B.: Die Grundnorm DIN EN ISO 12100:2010 „Sicherheit von Maschinen, Allgemeine Gestaltungsleitsätze" bringt Begriffsdefinitionen und beschreibt das Verfahren der Risikobeurteilung ausführlich.

Die ISO 26262 („Road vehicles – Functional safety") ist eine bewusst englisch-sprachige ISO-Norm für sicherheitsrelevante elektrische/elektronische Systeme in Kraftfahrzeugen. Sie beschreibt für die funktionale Sicherheit ein Vorgehensmodell sowie die anzuwendenden Methoden in Entwicklung und Produktion. Ferner die geforderten Aktivitäten und Arbeitsprodukte („work products). Sie ist vornehmlich softwaretechnisch orientiert und auf mechatronische Produkte anzuwenden [90/4]. Ferner existiert die Norm IEC 61508 als eine internationale Norm zur Entwicklung von elektrischen, elektronischen und programmierbar elektronischen Systemen, die eine Sicherheitsfunktion ausführen.

Wie wird Qualität/Sicherheit erreicht?

Im Qualitätsmanagement soll durch die Zusammenarbeit der Verantwortlichen die Festlegung der Qualitätsziele, -politik, -planung, -methoden, -sicherung (früher „Kontrolle") und die Qualitätsdokumentation organisiert und verwirklicht werden (DIN ISO 9000:2005-12 [7/4]). Dementsprechend ist das Qualitätsmanagement nach VDMA [46/4] bei 72 % aller Firmen im Maschinenbau eine eigene Abteilung mit im Durchschnitt ca. 10 Personen (1998). Rund 87 % der Unternehmen haben ein zertifiziertes Qualitätsmanagement-System. Die Bedeutung für die Praxis ist: Eine vernachlässigte Kundenbetreuung kann zum Kundenverlust führen. Die Kosten zum Erhalt eines Kunden sind nur 1/5 derer, die zum Gewinnen eines neuen Kunden aufzuwenden sind. Es zahlt sich also auch bei Reklamationen aus, eher großzügig zu sein [71/4]. Da die Ingenieure den Kunden im Umgang mit dem Produkt selten unmittelbar erleben, „entwickeln Ingenieure für Ingenieure" (A. Geiwitsch).[15] Deshalb sind gelegentlich direkte Kundenkontakte nicht nur motivierend, sondern auch ein gutes Mittel zur Qualitätsverbesserung!

Fruchtbar ist dabei von der inneren Einstellung her, nicht nur an den externen Kunden zu denken, sondern auch die Mitarbeiter im eigenen arbeitsteiligen Unternehmen selbst als Kunden aufzufassen. Jeder Mitarbeiter, jede Abteilung ist interner Kunde von anderen und liefert selbst wieder an „Kunden" im eigenen Haus, die jeweils ihre besonderen Vorstellungen und Forderungen haben. Das Gegenteil davon ist in Bild 4.24 dargestellt, in dem die Informationen über die „Abteilungsmauern" geworfen werden, ohne weitere Kommunikation. So ist z. B. die Teilefertigung und die Montage Kunde der Konstrukteure, und diese müssen wissen, wo dort „der Schuh drückt".

Eine ganzheitliche Sicht nach Masing [47/4] erfordert zudem in jeder Phase des Produktlebenszyklus die Verwirklichung von Qualität. Diese ist also beim Auftrag festzulegen, beim Konstruieren, beim Fertigen, beim Einkauf und ebenso auch beim Inbetriebnehmen (Betriebsanleitungen!), bei der Bedienung, beim Service, bei der Entsorgung zu realisieren. (Analog den Lebenszykluskosten in Kapitel 9.1.1 und entsprechend Bild 4.1). Ein methodisches Vorgehen in diesen Phasen führt erfahrungsgemäß zu mehr Qualität und weniger Fehlern. – In Kapitel 7 wird deshalb davon ausgegangen, dass es selbstverständlich ist, in jeder Phase der Produktentwicklung Methoden der Qualitätssicherung einzusetzen. Einige seinen nachfolgend genannt.

15) A. Geiwitschin „Technik in Bayern" 05/2016.

Methoden, Werkzeuge zur Verbesserung der Qualität und der Sicherheit: Eine Übersicht.

a) allgemein eingesetzte Methoden

- TQM = Total Quality Management + EFQM-Modell (European Foundation for Quality Management)
- KAIZEN, KVP = Kontinuierlicher Verbesserungsprozess
- BVW = Betriebliches Vorschlagswesen

b) Methoden mit Schwerpunkt in der Produktentwicklung
(siehe Kapitel 6.5.2; Design for X; Bild 6.17)

- Entwicklungs- und Konstruktionsmethodik
- QFD = Quality Function Deployment. (siehe Kapitel 4.4.3)
- FMEA = Fehler-Möglichkeits- und Einflussanalyse (siehe Kapitel 7.8.1.1 a)
- Fehlerbaumanalyse (siehe Kapitel 7.8.1.1 b)
- Methode der Schadenanalyse (siehe Kapitel 7.8.1.2)
- Risikoanalyse
- Design Review
- Sicherheitstechnik: Siehe die Berechnungsvorschriften einschlägiger Normen über Sicherheit von Maschinen. Z.B. EN ISO 12100:2010

Erläuterungenzu obigen Methoden, soweit sie nicht mit Kapitelverweisen versehen sind.

- **TQM** ist nach DIN EN ISO 8402 [45/4] ein universales Qualitätsmanagement-System, das ausgehend von den Erfahrungen in Japan entstanden ist und als ein Führungsmodell mit einer Änderung der Unternehmenskultur verbunden ist. Ein Kennzeichen von TQM ist eine Teamorganisation, in der die Mitarbeiter, Kunden und Lieferanten eine zentrale Stellung einnehmen. Entscheidungskompetenzen werden weitgehend an diese – nach „unten" – verlagert.
- **Kaizen** ist japanisch und heißt eigentlich nur „Verbesserung". Es bedeutet aber ein intensives, „unaufhörliches" Streben nach Perfektion in Harmonie und Konsens der Gruppe und ist ein prinzipieller Bestandteil des TQM. Ursprünglich ist es religiös aus dem japanischen Konfuzianismus begründet [48/4]. Steigerung der Effektivität („die richtigen Dinge tun") und der Effizienz („die Dinge richtig tun").
- **KVP** bedeutet die Übernahme des kontinuierlichen Verbesserungsprozesses im Team entsprechend Kaizen in europäische Verhaltensweisen. Es ist verbunden mit dem von Deming eingeführten Zyklus „plan – do – check – act". Nach VDMA [46/4] wurden 1999 bei den Maschinenbau-Unternehmen pro Mitarbeiter und Jahr 0,39 Verbesserungsvorschläge eingereicht, wovon ca. 60 % umgesetzt wurden. Die durchschnittliche Prämie pro Vorschlag betrug ca. 850,– DM (435 €).

Teilweise ist somit eine Vermischung mit dem BVW entstanden, denn KVP kennt ursprünglich kein Prämiensystem. Bei Audi wird es als „Ideenagentur" bezeichnet, woran sich fast die Hälfte der Belegschaft beteiligt. Eine Weiterentwicklung bei VW wird mit KVP² bezeichnet und nutzt zusätzlich einwöchige Workshops, in denen auch die Umsetzung der Verbesserung geschieht. (Im Jahr 2011 wurden dort mehr als 150 000 Maßnahmen realisiert.)

- **BVW,** das bekannte betriebliche Vorschlagswesen soll Verbesserungsvorschläge von Mitarbeitern nutzbringend und prämierend erfassen [49/4]. Es wird jedoch von Vorständen immer noch zu „stiefmütterlich" behandelt. Menschen an der Basis kennen ihre täglichen Probleme. Trotzdem werden ihre Abhilfe-Ideen nicht ernst genommen. (Umfrage dib [66/4]). Erfolge sind aber: Von 306 Unternehmen aus 18 Branchen mit ca. 2 Millionen Mitarbeitern wurden 2005 1,3 Millionen Verbesserungsvorschläge eingereicht. Der errechenbare Nutzen betrug 1,4 Mrd. €, also im Schnitt 1080 € pro Verbesserungsvorschlag. Die Prämie pro Mitarbeiter betrug ca. 200 €. Es beteiligten sich 15 bis 20 % der Mitarbeiter. – Zudem wird wesentlich die Mitarbeiter-Motivation und die Identifikation mit dem Unternehmen verbessert! (Siehe auch Kapitel 4.5 a).
- **Risikoanalyse** ist auch ein Teil der FMEA mit Ermittlung der Risikozahl. Das Risiko steigt mit der Wahrscheinlichkeit des Schadenseintritts und der Höhe des Schadens. Abhilfe bringt dementsprechend die Fehlervermeidung und die Schadensbegrenzung im Sinne des Qualitätsmanagements [33/4] und der Grundnorm DIN EN ISO 12100:2011-03. Diese Norm spricht den Maschinenkonstrukteur an, der schon bei der Entwicklung und zum Bau sicherer Maschinen/Anlagen entsprechende Grundprinzipien und Methodiken umsetzt, um künftige Risiken zu minimieren.
- **Design Review** ist ein Soll/Ist-Vergleich an definierten Meilensteinen des Produkterstellungsprozesses. Gemeinsam im Team werden die Eigenschaften des Produkts mit den Anforderungen verglichen. Wenn dieser Vergleich positiv ausfällt, erfolgt die Freigabe für weitere Prozessschritte (Bild 4.17; Bild 6.12 [48/4; 50/4]).
- **Sicherheitstechnik** ist eng verknüpft mit der Risikoanalyse. Unsicherheiten ergeben sich aus Daten-, Messverfahrens-, Informations-, Modellierungsunsicherheiten. – Die gefährliche „Computergläubigkeit" muss durch Überschlagsabschätzungen verringert werden. (Bild 6.17). [25/6; 78/4; 63/6].

Das Qualitätsdenken muss im Zeichen der globalen Überforderung der Welt bezüglich Stoff- und Energieumsatz über Produkte hinausgehen und die Umweltqualität und -sicherheit in den Blick nehmen. Wichtige Begriffe enthält die DIN EN ISO 14020:2001 „Umweltkennzeichnungen und -deklarationen – Allgemeine Grundsätze".

4.4.3 Qualitätssteigerung mit QFD

Der veränderte Produkterstellungsprozess durch komplexere, kurzlebigere Produkte sowie überregionale und transparentere Märkte (vgl. Kapitel 4.1.7) erfordert eine angepasste Dokumentation und Vermittlung der Produktanforderungen. Ziel muss in erster Linie die hinreichende Erfüllung der vom Kunden geforderten bzw. benötigten Funktionen sein. Es geht darum, die Sprache des Kunden in die des Unternehmens umzusetzen.

Neben den Kundenforderungen an Produkt und Prozess sind auch durch externe und firmeninterne Richtlinien oder durch die Unternehmensstrategie vorgegebene Anforderungen zu berücksichtigen. Um alle Forderungen ausreichend zu erfüllen, dabei jedoch keine Mittel zur Erfüllung überflüssiger Funktionen aufzuwenden, muss der **Ressourceneinsatz** während der Produkterstellung gezielt geplant werden. Aufwendige Methoden wie z.B. die FMEA für die präventive Qualitätssicherung oder Versuche zur Eigenschaftserkennung (Kapitel 7.8) sollen bevorzugt an den kritischen Schwachstellen des Entwurfs eingesetzt werden.

Wesentlich für den Erfolg aller Anstrengungen zur Erfüllung der externen und internen Anforderungen ist, wie oben gesagt, die Integration aller an der Produkterstellung beteiligten Fachbereiche (Vertrieb, Konstruktion, Produktion ...) in interdisziplinären Teams, z.B. in SE-Teams (Kapitel 4.4.1). Nur so ist eine ausreichende Berücksichtigung der teilweise gegensätzlichen Ziele der verschiedenen Bereiche möglich. Aus diesem Grunde müssen während des Prozesses der integrierten Produkterstellung die Zusammenhänge zwischen den Anforderungen an ein Produkt über die verschiedenen Konkretisierungsstufen (z.B. Kundenwünsche/-forderungen, Funktionen, Baugruppen) transparent und nachvollziehbar dokumentiert werden.

Eine Methode zur durchgängigen Vermittlung und Dokumentation der Anforderungen stellt hierbei das erstmals in den 60er Jahren in Japan von Akao eingeführte Quality Function Deployment (QFD) [39/4; 40/4; 51/4; 26/1, S. 629] dar, mit dem die integrierte und gezielte Umsetzung von Anforderungen im gesamten Produkterstellungsprozess möglich ist.

Matrizen als Kommunikationsmittel

Grundlegender Ansatz des QFD ist die Verbindung verschiedener Begriffswelten – bzw. Modellierungsstufen der Produkteigenschaften – über Matrizen. Diese dienen als Kommunikationsmittel und Schnittstellen für die integrierte, simultane Arbeit in SE-Teams. Damit wird die „Stimme des Kunden“ durchgehend im Unternehmen vermittelt und bleibt Maßstab für alle Entscheidungen. Wesentlich wäre, wirklich die Stimme des Kunden einzubringen, nämlich durch Beteiligung mehrerer Kunden gleich zu Beginn. Leider wird das selten gemacht. Wenn man Produkte für unterschiedliche Zielgruppen bearbeitet (z. B. Miele bei Waschmaschinen für den Haushalt oder für Wäschereien [92/4; S. 128]), ist es sinnvoll, den QFD-Prozess jeweils spezifisch durchzuführen. – Man kann damit auch einen Wettbewerbsvergleich durchführen. – (Derartige Kommunikationsmittel, also vereinbarte Matrizen oder Tabellen, können prinzipiell auch zur Beeinflussung anderer Eigenschaften, wie z. B. Kosten, eingesetzt werden [51/4])

Zu Beginn bereitet ein Team aus Marketing und Entwicklung die „unscharfen“ Kundenforderungen auf und setzt sie mittels QFD in quantifizierbare, d. h. mit technischen Daten definierbare Qualitätsmerkmale bzw. Anforderungen um. Dazu wird das sog. **„House of Quality“** erstellt (Bild 4.66). Die Anforderungen werden als Zielvorgaben für die Entwicklung und Produktion an alle betroffenen Stellen weitervermittelt und angepasst. Als Beispiel ist ein Waschmaschinen-Reihenschalter gewählt (Kapitel 8.6).

Folgende **Schritte** werden bei der **Erstellung des „House of Quality“** abgearbeitet:

- Die Kundenforderungen werden in Matrix (1) strukturiert und aus Sicht der Kunden gewichtet. Wichtige Forderungen – sog. Verkaufspunkte – werden zusätzlich durch den Hersteller hervorgehoben. (Wünsche sind dann nicht mehr nötig, vgl. Kapitel 7.3.2.1).
- Der Beurteilung des eigenen Vorgängerprodukts durch die Kunden wird die angestrebte Beurteilung des neuen Produkts gegenübergestellt. Aus der daraus ableitbaren zu realisierenden Verbesserung, multipliziert mit den Gewichtungen durch die Kunden und mit den Verkaufspunkten, ergibt sich die Priorität der einzelnen Forderungen. Dies entspricht der Anstrengung, die zur ausreichenden Erfüllung des jeweiligen Kundenwunsches durch den Hersteller aufzubringen ist.
- Im nächsten Schritt werden in der Übertragungsmatrix (2) die Zusammenhänge zwischen Kundenforderungen und Qualitätsmerkmalen festgelegt und ihrer Stärke nach bewertet. Verschieden starke Zusammenhänge werden durch unterschiedliche Symbole (oder auch Zahlenwerte) markiert.
- Die Prioritäten der Kundenforderungen aus (1) werden mittels der Übertragungsmatrix (2) in Prioritäten der Qualitätsmerkmale in (3) umgerechnet. Durch Vergleich der technischen Daten des Vorgängerprodukts und der Wettbewerber werden die technischen Vorgabewerte für das neue Produkt festgelegt. Besonders kritische Punkte können wiederum gekennzeichnet werden.
- Das „Dach“ des House of Quality verdeutlicht Zielkonflikte, indem Zusammenhänge zwischen einzelnen Qualitätsmerkmalen – in Form positiver oder negativer Beeinflussung – symbolisch dargestellt werden (z. B. Einrasten und Ausrasten stehen möglicherweise im Konflikt miteinander).

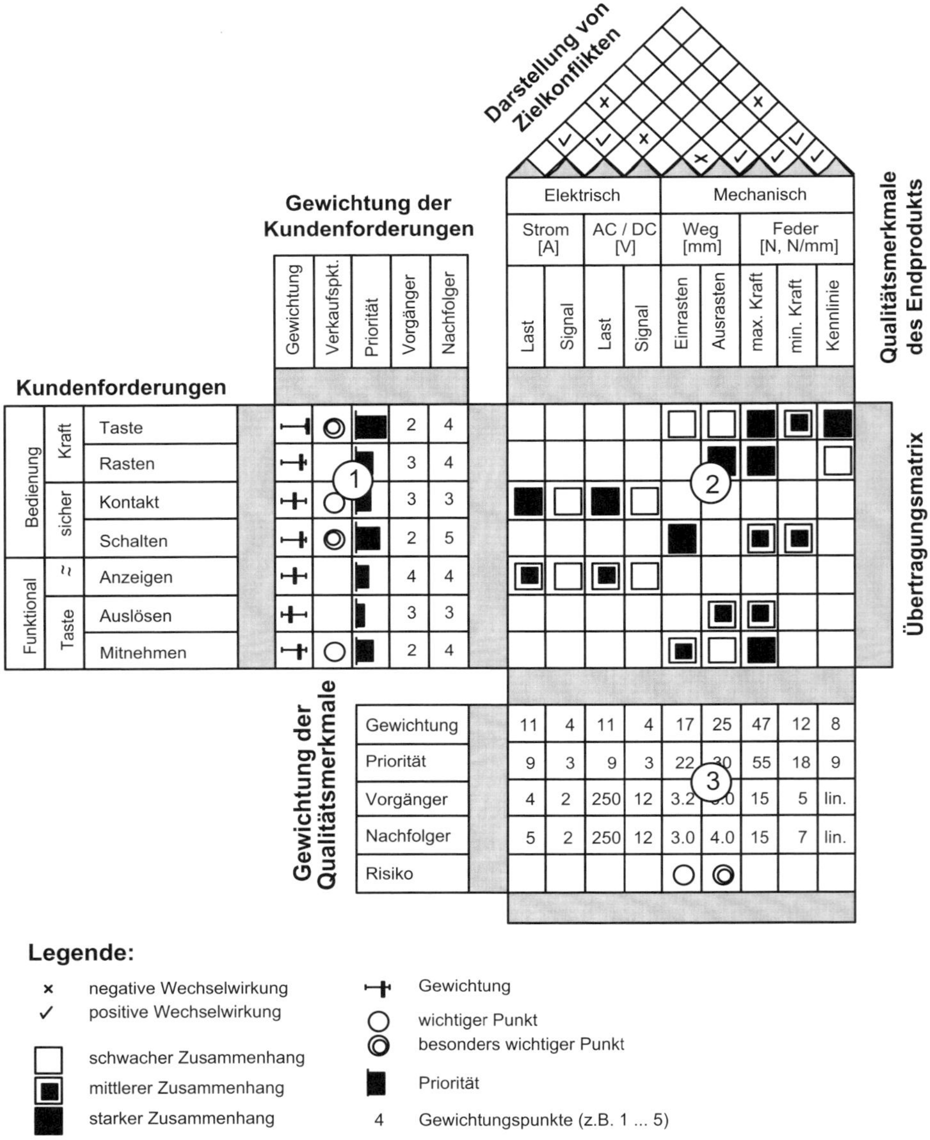

Bild 4.66 Das „House of Quality" zur Umsetzung von Kundenforderungen in Qualitätsmerkmale als erster Teil eines umfassenden QFD am Beispiel eines Waschmaschinen-Reihenschalters

Dieser gezeigte Lösungsweg zur **Dokumentation der Kundenforderungen** bleibt durch das standardisierte und bis zur Festlegung der Herstellungsprozesse konsequent weitergeführte Vorgehen der Umsetzung von Kundenvorgaben in Produkt- und Prozessmerkmale immer nachvollziehbar. QFD vermittelt so die Kundenforderungen mittels eines Systems von Verknüpfungsmatrizen über die unterschiedlichen Begriffswelten hinweg bis zur Fertigungs-, Montage- und Qualitätskontrollplanung (Bild 4.67).

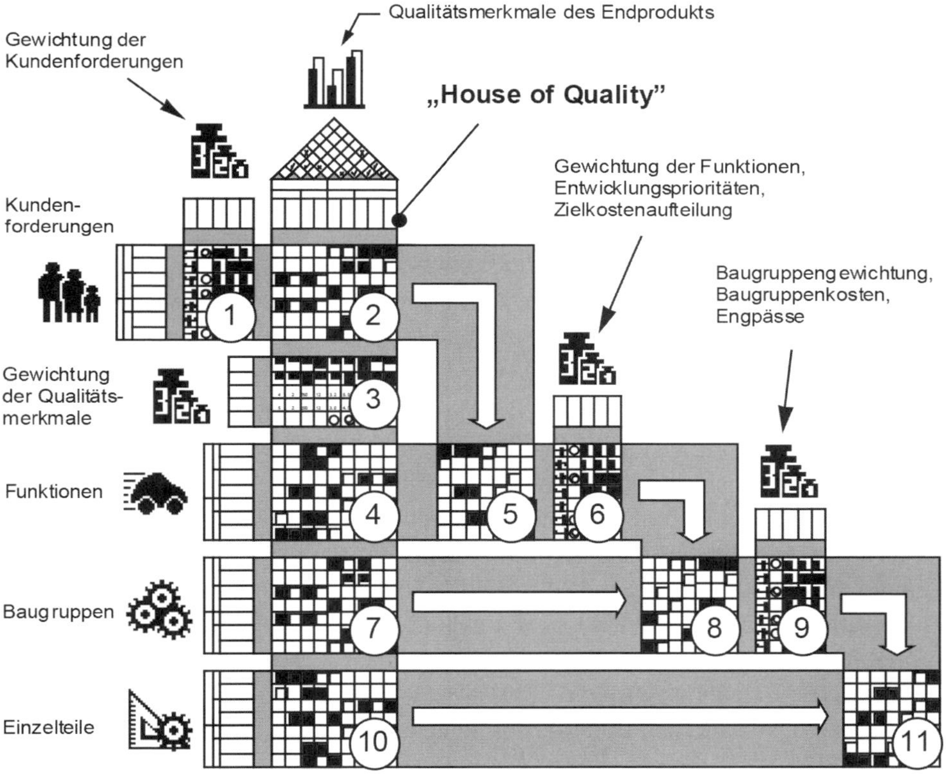

Bild 4.67 QFD-Matrizen dienen der systematischen Umsetzung von Kundenforderungen auf Produkt- und Bauteileigenschaften

Die Wünsche der Kunden als Ausgangspunkt für methodische Produkterstellung

Da Kundenaussagen die Anforderungen an das Produkt meist nur unvollständig beschreiben, erfolgt parallel zur Analyse dieser Aussagen eine Festlegung der aus technischer Sicht erforderlichen Produktfunktionen. Die Funktionsbeschreibung im QFD berücksichtigt auch alle impliziten Anforderungen, wie sie durch gesetzliche Vorgaben (z. B. Produkthaftung oder Normen) festgelegt werden. Die im QFD festgehaltene, abstrakte Beschreibung der Funktionen ist Voraussetzung für eine methodische Lösungsfindung. Daraus werden letztlich die Anforderungen an die Herstellungs- und Prüfprozesse abgeleitet.

Auf dieser Basis werden weitere Konkretisierungsschritte durchgeführt, bei denen jeweils für die Stärke des Zusammenhangs mit den Qualitätsmerkmalen und der Gewichtung entsprechend der Kundenwünsche bzw. des nötigen Verbesserungsbedarfs eigene Matrizen erstellt werden. Einzelne Konkretisierungsschritte, die beispielhaft in Bild 4.67 dargestellt sind, können sein:

- Funktionen: Matrix (4), (5) und Tabelle (6)
- Baugruppen: Matrix (7), (8) und Tabelle (9)
- Einzelteile: Matrix (10), (11)

Diese Schritte sowie ihr Zusammenhang sind produkt- und erstellungsprozessabhängig. Sie müssen daher im jeweiligen Unternehmen angepasst werden, um die Produkterstellung optimal zu unterstützen.

Für die Durchführung im Einzelnen wird auf die Literatur von Akao [39/4] und King [40/4] verwiesen, die Beispiele und Vorgehensanweisungen enthalten.

Durch die klare und gegenüber heute üblichen Erstellungsprozessen sehr viel umfassendere anfängliche Aufbereitung der Problemstellung mit QFD konzentrieren sich die späteren Entwicklungsanstrengungen auf Engpassbereiche mit hohem Verbesserungsbedarf und hohem Nutzen für die Kunden mit dem gleichzeitigen Effekt einer Nutzenmaximierung der eingesetzten Ressourcen. Das nachträgliche Ändern von Produkteigenschaften innerhalb der dann sehr komplexen Wechselwirkungen im Produkt – und damit die Möglichkeit, Zusammenhänge zu übersehen und „Fehler zu machen" – wird so weitgehend vermieden (vgl. Kapitel 4.1.6). So können auch die Risiken des Simultaneous Engineerings (vgl. Kapitel 4.4.1.2) verringert werden. Daneben wird die Einhaltung oder sogar Verkürzung von Entwicklungszeiten durch die Identifikation von Engpassbereichen erleichtert.

QFD ist vor allem bei **Weiterentwicklungen** einsetzbar, wo auf eine bereits existierende Produktstruktur aufgebaut werden kann. Im Allgemeinen kann ja davon ausgegangen werden, dass für das zu bearbeitende Produkt in irgendeiner Weise ein Vorgängerprodukt existiert. Dennoch ist QFD auch zur systematischen Anforderungserstellung und Dokumentation bei Neuentwicklungen geeignet, wenn dies auch mit erheblichem Aufwand verbunden ist. Zur Erstellung der Anforderungslisten und Produktstrukturen sind dann die bekannten Methoden heranzuziehen (vgl. Kapitel 7).

Wie man bei HILTI eine Umwelt-QFD erstellt, welche gemeinsamen Zielvereinbarungen von der Geschäftsleitung bis zum Team dafür nötig sind und wie die Bewertung des Teams dann aussieht, beschreibt Günther in [75/4].

Die enge Teamarbeit von Vertretern aller mit dem Produkt befassten Abteilungen ermöglicht, u.a. mittels QFD, erhebliche Kostensenkungen am Produkt. Dies ist v.a. dann möglich, wenn mit QFD nicht nur eine Produktplanung, sondern damit kombiniert auch eine Kostenplanung mit entsprechenden Kostenzielvorgaben durchgeführt wird. Dieser Ansatz entspricht der Idee des Target Costing (Kapitel 9.3.3, [41/4; 42/4]).

4.5 Auswirkung der Integration: Merkmale erfolgreicher Unternehmen

Eine effiziente Produktentwicklung kann auf Dauer nur dann Bestand haben und sich positiv auswirken, wenn sie eingebettet ist in eine Erfolg versprechende Unternehmensstruktur, die von einer qualifizierten, kooperativen und motivierenden Führungsmannschaft geleitet wird. Gerade Ingenieure seien nochmals daran erinnert, dass die wichtigsten Ressourcen eines Unternehmens nicht Maschinen, Hallen und Computer sind, sondern fachlich qualifizierte und in ihrer Persönlichkeit entwickelte Menschen, die „es miteinander können".

Es kann hier nicht die Aufgabe sein, Rezepte für erfolgreiches Führen von Unternehmen zu geben. Dazu sind die Verhältnisse zu komplex. Nicht umsonst wurde die situative Managementlehre entwickelt [9/4]. Aber es sind interessante Unternehmensvergleiche entstanden (MIT-Studie [28/4]; McKinsey-Studie [43/4]), die die integrierte Produkterstellung als einen wesentlichen Faktor im Rahmen anderer Erfolg versprechender Maßnahmen sehen. Es sollen deshalb hier einige dieser unterstützenden Maßnahmen besprochen werden. Die MIT-Studie von J. P. Womack u.a. (1991) stellt die Pkw-Produzenten von Japan, den USA und Europa einander gegenüber, die McKinsey-Studie von G. Rommel u.a. (1993) vergleicht erfolgreiche und weniger erfolgreiche Maschinenbauunternehmen und Kfz-Komponentenhersteller in Deutschland.

Die Grundaussagen dieser Studien sind auch rund 25 Jahre später immer noch gültig, wie auch Dombrowski 2015 [92/4] schreibt. Ferner unterstreicht auch eine US-Veröffentlichung die bis heute durchschlagende Gültigkeit des Toyota-Systems [97/4]. Die japanische Art, Qualität, Kosten und Zeitabläufe gezielt zu beeinflussen, hat in Europa und USA vieles in Bewegung gebracht. (Viele der nachfolgenden Kennwerte sind inzwischen – Jahr 2009 – in USA und Europa verbessert worden.)

a) Die **MIT-Studie** [28/4] hat mit dem Schlagwort **„Lean Production"** einen Umdenkungsprozess in der deutschen Industrie eingeleitet. Es hat sich nämlich auch durch andere Untersuchungen z.B. im Bereich der Werkzeugmaschinen gezeigt, dass die grundsätzlichen Aussagen nicht nur für die Pkw-Produktion, sondern recht allgemein gelten. Untersucht wurden vor allem Großserienhersteller von Pkw in Japan, den USA, in japanischen Werken in den USA und Europa. - Diese globale Methoden- und Vorgehensanalyse ist heute noch mustergültig für Lernvorgänge im Zeichen der Globalisierung. Dass Japan seither ein langjähriges wirtschaftliches Tal durchschreiten musste hat andere Gründe. Das Toyota-Produktionssystem ist weltweit anerkannt. Nicht der Roboter, sondern der Mensch, der Werker steht im Vordergrund. Seine Motivation, seine Verbesserungsvorschläge werden ernst genommen. (Siehe Kapitel 4.4.2) Trotz der Erfolge sind nur schätzungsweise 10% der deutschen Unternehmen bisher so organisiert (z.B. Porsche). Noch 2005 hatte VW eine mittlere Montagezeit von 37 Stunden pro Pkw, Nissan aber von 14,6 Stunden [64/4].

Beachtlich war bei der Studie der internationale **Zahlenvergleich**, aus dem z.B. hervorgeht (Bild 4.68), dass die Montagezeit für vergleichbare Pkw in Japan nur rund die Hälfte der in Europa beträgt und dass japanische Firmen in den USA auch nur ca. 60% der europäischen benötigen. Das ist nur ein Indiz für andere Prozesse und wirkt sich dementsprechend in den Kosten aus. Dabei liegen die kürzeren Zeiten nicht an der verringerten Qualität der Pkw. Sie ist oft sogar höher als bei US-amerikanischen oder europäischen Pkw.

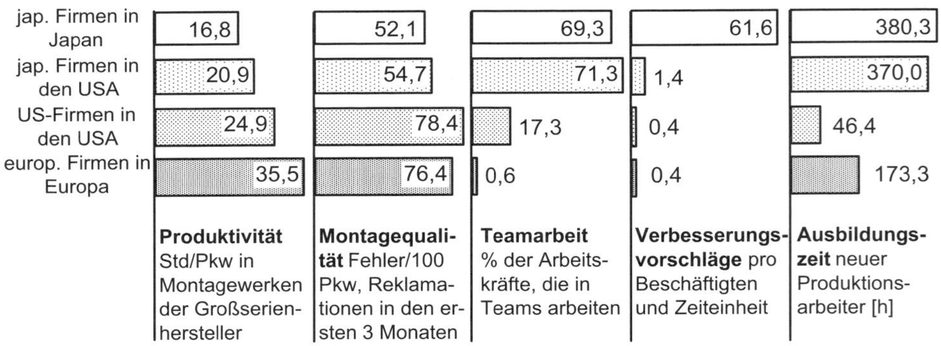

Bild 4.68 Pkw-Produktionsvergleich nach [28/4]

Bei amerikanischen und europäischen Pkw wurden in den ersten drei Monaten nach Kauf rund 1,5-mal so viel Fehler beanstandet wie bei japanischen[16]. Die hohe Zuverlässigkeit japanischer Pkw ist auch durch TÜV-Reports bekannt geworden. Auch hier ist wieder erstaunlich, dass die Pkw-Qualität selbst dann fast gleich hoch ist wie in Japan, wenn die Pkw in japanischen Fabriken in Nordamerika oder England produziert werden.

Wie man den Untersuchungen entnehmen kann, liegen die **Gründe** für die günstigen Werte z.B. nicht etwa an der höheren Automatisierung in Japan. Die Montage-

16) Inzwischen (2016) gibt es z.B. auch bei deutschen Pkw-Herstellern eine vergleichbar niedrige Reklamationsrate.

automatisierung ist in Europa im Pkw-Bereich eher höher als in Japan. Ein Beispiel war die Halle 54 bei Volkswagen. Die Gründe sind auch nicht allein in der japanischen Mentalität des Fabrikpersonals zu suchen – obwohl hier wesentliche Unterschiede zu den USA und Europa bestehen, sondern offenbar in einem besonderen Managementstil, den die Autoren des Buches eben „lean production" oder „schlanke Produktion" genannt haben. Dazu gehört die weitgehende Beseitigung von Verschwendung z. B. durch den „Fluss des Wertstroms" (Moll in [26/1; S. 575]). Natürlich ist eine wesentliche Ursache der Entstehung dieses Managementstils auch die gruppenorientierte, kooperative Lebensauffassung der Japaner, die dazu führt, dass alle im Interesse des Erfolges ihres Unternehmens so lange diskutieren, bis Zielsetzung und Motivation für alle klar sind, so dass alle am Werk und Ergebnis gleichermaßen interessiert sind, am „gleichen Strick" ziehen. Das zeigt z. B. die Zahl auch kleiner Verbesserungsvorschläge pro Beschäftigtem (Bild 4.68), die in Japan 100-mal höher ist als in den USA oder Europa (Kaizen; KVP = kontinuierlicher Verbesserungsprozess). Offenbar ist es den Japanern in den USA noch nicht gelungen, diese hohe Zahl bei den amerikanischen Arbeitern in ihren amerikanischen Fabriken zu erreichen. Aber das team-orientierte Arbeiten und die hohe Ausbildungszeit für Produktionsarbeiter wurden durch das Managementsystem von Japan auf die USA übertragen (Bild 4.68).

Welche **Lehre** kann man für die eher individualistisch orientierte Gesellschaft in Europa und den USA daraus ziehen? Zunächst einmal die, dass diese Art individualistisch zu arbeiten ihre Vorteile hat, weil dadurch eher individuell originelle und kreative Lösungen gefördert werden. Das war ein oft von Japanern beklagtes Defizit. Dann zeigt aber die Untersuchung des Autorenteams, dass die konsequente Verwirklichung von Simultaneous Engineering mit voll motivierten Mitarbeitern unter Abbau bürokratischer Abteilungs- und Hierarchieschranken, mit weit nach unten verlagerten Kompetenzen, Erstaunliches bewirken kann.

Im Einzelnen wirkt positiv:

- engste **Marktorientierung:** Japaner haben z. B. bei Pkw-Unternehmen das Kundenbedarfsprofil im Laptop und korrigieren es beim Hausverkauf von Pkw. Kauf, Verkauf, Reparaturen werden vom Serviceteam erledigt. Die Ingenieure fassen sich als Dienstleister am Kunden auf. Der Kunde soll nur fahren.
- Die **Entwicklung erfolgt im interdisziplinären Team** unter einem starken, hauptverantwortlichen Teamleiter (Chief Engineer). Die Zulieferer werden in die Entwicklung integriert. Der Gewinn aus Verbesserungen wird aufgeteilt. Bei einem Pkw-Hersteller entwickeln die Zulieferer gemeinsam mit den Pkw-Entwicklern in einem großen Raum. Nötig ist Eigenschaftsfrüherkennung d. h. „Frontloading" zu betreiben, z. B. durch frühes 3D-Prototyping oder durch Simulation. Ebenso FMEA und Fertigungs- und Kostenfrüherkennung (siehe Kapitel 9.3.1).
- Die **Fertigung** erfolgt „just in time" in einem engen Vertrauensverhältnis mit relativ wenigen Zulieferer, die eher selten gewechselt werden.

- Die **Montage** erfolgt im Wesentlichen mit auf Lebenszeit eingestellten, motivierten Mitarbeitern, deren Kosten nicht als variable Kosten angesehen werden. Die Teammitglieder ersetzen sich gegenseitig am Fließband. Die Fluktuation ist gering.
- Die **Ausbildung** aller technischen Mitarbeiter fängt am Band an. Ingenieure wechseln dann z.B. zum Marketing und zu allen wichtigen Funktionen der Pkw-Produktion. Beständiges Lernen ist ein Berufsprinzip. Auch später dient **Job-Rotation** dem geplanten Wissenstransfer (Bild 4.24).
- Die **Organisation** ist auf eine flache Hierarchie mit weit nach unten verlagerter Verantwortung hin ausgerichtet (z.B. nur 4 bis 5 Hierarchieebenen statt 8 bis 14 wie früher in Europa).

Die Vorteile dieser Art, Produkte zu erstellen, sind gegenüber der bisher üblichen Massenfertigung:

- etwa halber Personalbedarf,
- etwa halber Investitionsbedarf,
- etwa halbe Entwicklungszeit für neue Produkte,
- Verringerung der Stückkosten um 30–40 % gegenüber Europa,
- Verbesserung der Produktqualität,
- Vergrößerung der Produktvielfalt (Japaner sind bekannt für schnelles Entdecken von Marktnischen),
- Verringerung der Lagerhaltung,
- weniger Fabrikflächenbedarf,
- anspruchsvollere, weniger monotone Arbeit.

Die **Nachteile** sind in dem erwähnten Buch [28/4] zu wenig besprochen. Es scheint aber doch den Nachteil der hohen Störungsanfälligkeit zu geben. Wenn das Management nicht führt, die Motivation verloren geht und die Mitarbeiter nicht ständig im Verbesserungsprozess engagiert sind, entfallen die obigen Vorteile.

Eine zusammenfassende Charakterisierung:

Während die unter Taylor und Ford begonnene **Massenfertigung** auf den möglichst zu ersetzenden „dummen“, ungelernten Arbeiter gesetzt hat, der keine Verantwortung hat, außer die einfachen Handgriffe weisungsgemäß durchzuführen, setzt die **„schlanke Produktion“** auf den kooperativ im Team arbeitenden, verantwortlich mitdenkenden, motivierten, vielseitig ausgebildeten, dem Unternehmen auf lange Zeit verbundenen Mitarbeiter: in einem System gegenseitiger Verpflichtung. Die „schlanke Produktion“ entspricht nach Ansicht der Autoren der Vereinigung der besten Merkmale der handwerklichen Fertigung und der Massenproduktion. – Sicher müssen wir Europäer einen Mittelweg zwischen unserer individualistischen und der gruppenbetonten Arbeitsauffassung der Japaner finden und dabei unsere typischen Stärken betonen.

Europäische Gestaltungsfreiheiten liegen weniger in den einfach kontrollierbaren Einflussgrößen wie längere Arbeitszeiten, besseres soziales Netz, mehr Automatisierung oder schärfere Kostenkontrolle, sondern eher in „weichen" Einflussgrößen. Diese beruhen im Wesentlichen auf besserer menschlicher Zusammenarbeit im Sinne eines **gemeinsamen Nutzens von Kunden, Mitarbeitern, Zulieferern und Unternehmern**. Es handelt sich dabei um eine Unternehmenskultur, die den einzelnen Mitarbeiter verantwortlich zur Geltung kommen lässt, die Mitdenken belohnt und Personalqualifikation und Lernbereitschaft fördert. Warnecke [44/4] schätzt aufgrund seiner Erfahrung, dass in herkömmlichen Organisationsstrukturen nur 10 bis 20% der Mitarbeiter ihr volles Leistungspotenzial einbringen. – Ein sehr bekannt gewordenes Beispiel für die erfolgreiche Anpassung obiger Methoden an deutsche Verhältnisse hat die Porsche AG gezeigt und ist damit offenbar zum effektivsten PKW-Produzenten geworden.

b) Die **McKinsey-Studie** [43/4] fasst im Zeichen zunehmender Komplexität mit den Schlagworten „Einfachheit und Schwerpunktsetzung" ihre Untersuchung von erfolgreichen und weniger erfolgreichen Unternehmen zusammen. Leider werden keine Angaben über den statistischen Hintergrund gemacht.

Erfolgreiche Unternehmen zeichnen sich danach im Maschinenbau insbesondere durch folgende Merkmale aus:

- In der **Produkt- und Kundenstruktur** konzentrieren sie sich auf A-Produkte und A-Kunden. Die übliche Zuschlagskalkulation macht nämlich keine Aussagen über den „realen Gemeinkostenanteil", d. h. die Komplexitätskosten von Nischenprodukten und Ausnahmekunden. Sie rechnet diesen eine nicht vorhandene Kostendeckung zu. Ein von der Produktnormung ungesteuerter Verkäufer wirkt komplexitätssteigernd. Er sollte umgekehrt den Kunden auf das bevorzugte Kernsegment lenken.
- Geringe **Leistungstiefe** (Fertigungstiefe; Entscheidung „make or buy") ist nicht einfach immer besser. Wenn aber nach außen verlagert wird, sollte man sich auf wenige Lieferanten konzentrieren und eine langfristige Vertrauensbasis aufbauen. Die Entwicklung und Fertigung gemeinsam mit dem Lieferanten besprechen. Die Basis bildet eine enge Zusammenarbeit zwischen Entwicklung und Einkauf des Unternehmens, z. B. durch gegenseitige „Job-Rotation".
- Die **integrierte Produkterstellung und Kundennähe** senken bei einem eingeplanten zeitlichen Mehraufwand in der Konzeptphase die mittlere Gesamtdauer von der Projektstudie bis zum Produktionsbeginn von 30 Monaten (weniger erfolgreiche Unternehmen) auf 13 Monate (erfolgreiche Unternehmen). Durch die „Know-how-Integration" am Anfang ergibt sich eine relativ störungsarme Hauptentwicklungsphase mit weniger Änderungen. „Wir kommen gegenüber

Japan auf kürzere Entwicklungszeiten, wenn wir das tiefverwurzelte Ressort- und Bereichsdenken als unser Haupthindernis überwinden." – Damit die Kundenwünsche, die für die Kaufentscheidung maßgebend sind, erfüllt werden, sollten die Entwickler den Kundennutzen aus persönlicher Anschauung verstehen: „Entwickler an die Kundenfront!", „Der Entwickler muss den Kunden besser verstehen als der Kunde sich selbst!" (Bild 7.28). Es ist besser, in kleinen Verbesserungsschritten mit geringen Risiken zu entwickeln, als sich umwälzende Innovationen vorzunehmen (Kaizen; KVP). Der damit verbundene enorme Lernvorgang des ganzen Unternehmens dauert zwei Produkterstellungszyklen.

- Der **Logistikaufwand** wird durch die reduzierte Produkt- und Kundenvielfalt stark verringert und ist am geringsten, wenn sich das gesamte Geschäftssystem vom Vertrieb bis zur Montage an einem Standort befindet. Das praktizieren erfolgreiche Unternehmen allerdings mehrheitlich durch einen Neuanfang „auf der grünen Wiese". Die Lagerhaltung teurer Teile wird im Bestand minimiert, aber öfters disponiert. Von „handlingsintensiven" billigen Teilen werden langfristige Bestände seltener eingelagert. Die Produktionsplanung erfolgt mittelfristig zentral und grob und später kurzfristig dezentral und fein auf Meisterebene statt langfristig zentral mit EDV.
- Die **Organisation** wird wirkungsvoll durch akzeptierte (gemeinsam erarbeitete), einfache Ziele, durch selbststeuerungsfähige, dezentrale Strukturen sowie durch kompetente, flexible und motivierte Mitarbeiter. Weiterbildung und Job-Rotation ist bei erfolgreichen Unternehmen weitaus intensiver. Erfolgreiche Unternehmen haben häufiger produktorientierte Organisationsformen (Profit Center, Spartenorganisation).

Insgesamt stellen die beiden Studien übereinstimmend die in Bild 4.69 zusammengefassten Maßnahmen zur Verbesserung unserer Konkurrenzfähigkeit heraus: produktorientiert organisierte, für die Mitarbeiter durchschaubare kleine Unternehmenseinheiten, die kooperativ geführt werden. Durch klare, verstehbare Zielsetzung, Information und Kommunikation bis in die Werkerebene hinein, durch Delegation von Verantwortung in Gruppen und durch integrierte Produktentwicklung sollen die Mitarbeiter so motiviert werden, dass sie sich für ihr Unternehmen und ihren Produkterfolg engagieren.

Die europäische Stärke: **Individuelle Kreativität** verbunden mit der „Einbindung aller Mitarbeiter in den motivierenden Produkterfolg“	
▶	**Kooperative Führung,** die für Visionen und strategische Ziele begeistert
▶	**Kundenorientierung!** Begreifbar machen, dass Gehalt und Stelle jeden Mitarbeiters aus der Kundenzufriedenheit stammt.
▶	**Durchschaubare kleine Einheiten** (Profit Center), mit **Eigenverantwortung** von Arbeitsgruppen. Verantwortungs-Delegation nach „unten“.
▶	**Information und Kommunikation** bis zum „letzten“ Mitarbeiter und mit diesen „physisch begreifbare“ Ziele erarbeiten.
▶	**Abteilungsübergreifendes, ganzheitliches Denken** stärken. Z. B. durch kurzfristige Job-Rotation, durch Verbesserung der Ausbildung.
▶	**Integrierende, ganzheitliche Methoden** einsetzen. Z. B. in allem Tun Qualität anstreben. Kostenzielorientiertes Entwickeln im SE-Team. „Frontloading“: Eigenschaftsfrüherkennung, z. B. durch 3D-Prototyping
▶	**Komplexitätsreduzierung:** Vereinfachen von Produktprogramm, Fertigungstiefe, Arbeitsprozessen.

Bild 4.69 Unternehmerische Maßnahmen zur Verbesserung unserer Konkurrenzfähigkeit

5 Entwicklung und Konstruktion – Grundlagen

Nach der unternehmensweit aufgefassten Darstellung der Produkterstellung im vorigen Kapitel 4 wird diesem Kapitel versucht, den eigentlichen Prozess des Entwickelns und Konstruierens – den Kern der Produkterstellung – verständlich zu machen. Im Folgenden werden Angaben zum äußeren, zwischenmenschlichen Prozess gemacht, wie er im betrieblichen Alltag beobachtet werden kann.

Voraussetzungen dafür waren die Ausführungen in Kapitel 3.4 über das individuelle Problemlösen als innerem, mentalem Prozess und der Überblick über den Gesamtprozess der konventionellen, wie auch der integrierten Produkterstellung in Kapitel 4.1 und 4.2. Dieser zwischenmenschliche Prozess muss organisiert werden. Dabei sei unter Organisation die Gesamtheit der Regelungen verstanden, welche die Aufgabendurchführung der Mitarbeiter für eine optimale Produkterstellung gewährleisten. In Bild 5.1 sind – ohne Anspruch auf Vollständigkeit – Einflüsse wiedergegeben, die den Konstruktionsprozess bestimmen, ihn effektiv, schwierig oder komplex, schnell oder träge, erfreulich oder menschlich problematisch gestalten können.

Die sechs Einflussgruppen und die aufgeführten Stichworte sprechen soweit für sich, dass sie hier nicht vorab behandelt werden müssen. Zudem sind bei den Stichworten zu den Einflüssen auch die Kapitel angegeben, in denen der jeweilige Sachverhalt besprochen wird.

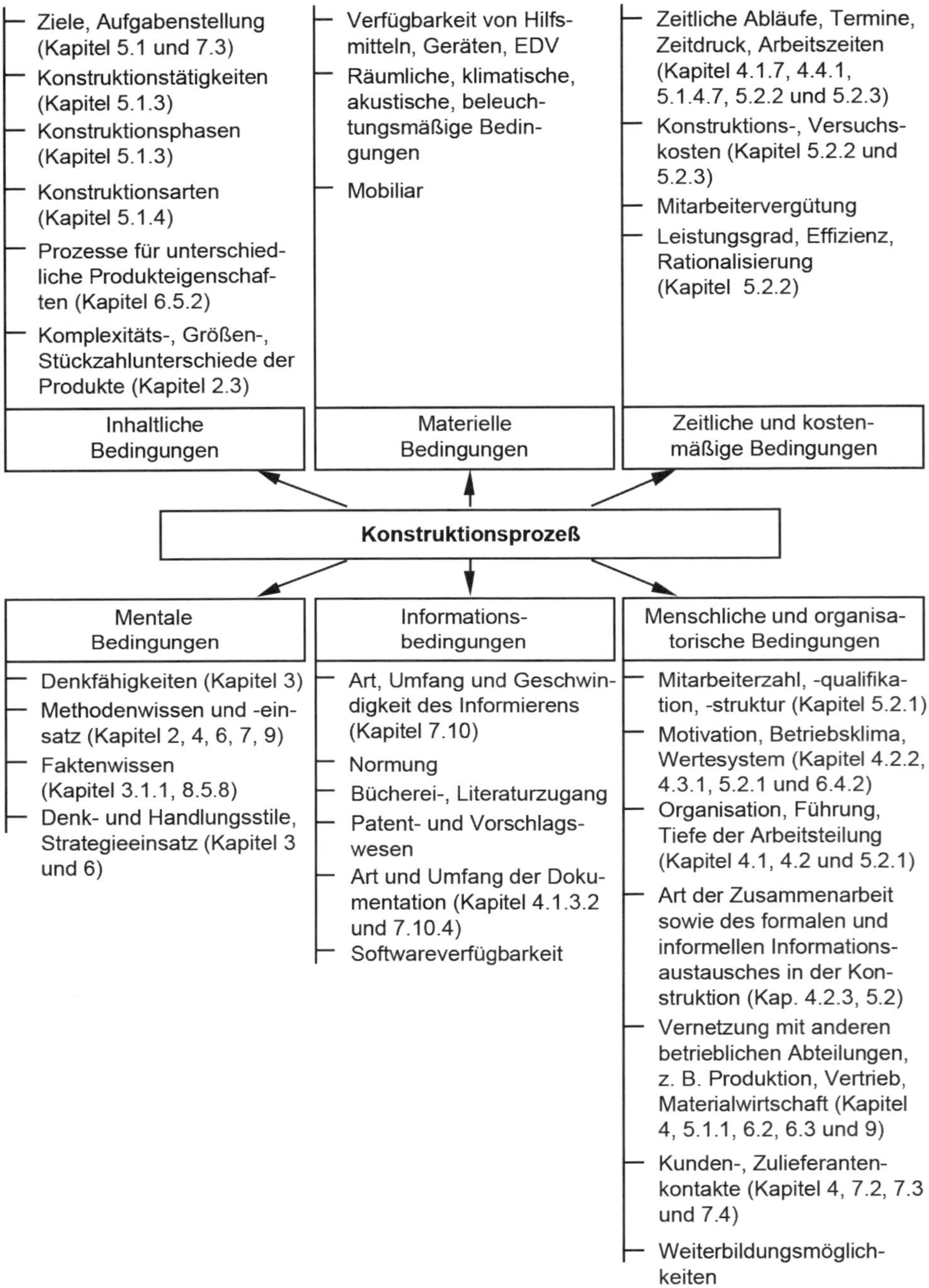

Bild 5.1 Sichtweisen und Einflüsse auf den Konstruktionsprozess mit Angabe der entsprechenden Kapitel, in denen diese besprochen werden

5.1 Ziele, Aufgaben und Tätigkeiten in Entwicklung und Konstruktion

5.1.1 Definition und Bedeutung des Entwickelns und Konstruierens

Mit der Einführung der Arbeitsteilung zu Anfang des 20. Jahrhunderts trennte sich die Konstruktion zunehmend von der Produktion. (Siehe Kapitel 4.1.7.1). Als Schnittstelle wurde die Werkstattzeichnung eingeführt, deren Darstellungsart und Symbole z. B. in DIN 6 [1/5], DIN 15 [2/5], DIN 30 [3/5], DIN 199 [4/5] und DIN 406 [5/5] genormt wurden [6/5]. (Siehe auch Technisches Zeichnen in Hoischen [79/5]). Seither ist die Aufgabe der Abteilung „Entwicklung und Konstruktion" das Festlegen der Produkteigenschaften ausgehend von der Aufgabenstellung (Eingangspfeil in Bild 5.2) in Form von Informationen auf verschiedenen Informationsträgern (Zeichnungen, Stücklisten, Beschreibungen auf papierenen oder elektronischen Medien: Ausgangspfeil in Bild 5.2). Das Produkt wird aufgrund dieser Dokumentation dann von der Produktion materiell hergestellt, d. h. das durch die Informationen beschriebene Produkt wird materiell realisiert. Diese Arbeitsteilung hat nicht nur Vorteile, sondern bringt auch die Nachteile, dass oft zu wenig fertigungs-, montage- oder kostengünstig konstruiert wird (Kapitel 4.1.7).

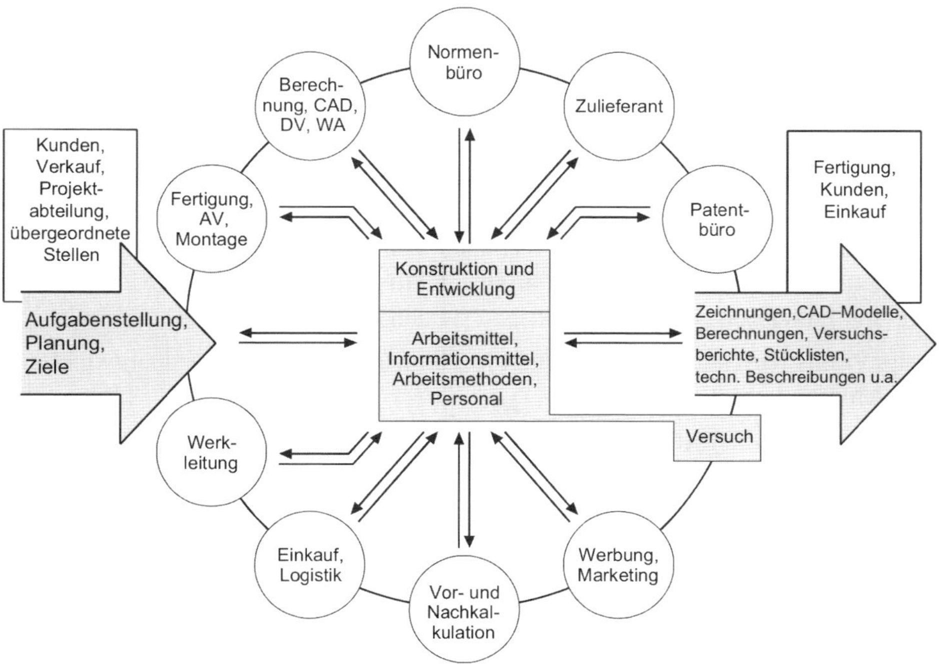

Bild 5.2 Abteilung „Entwicklung und Konstruktion" als Knotenpunkt des Informationsumsatzes

Wie Bild 5.2 zeigt, stehen Entwicklung und Konstruktion als informationsumsetzende Abteilungen in engem Austausch mit einer Vielzahl anderer Abteilungen, wovon besonders die Berechnung und Datenverarbeitung sowie der Versuch genannt seien.

Dieser Informationsumsatz lässt sich in drei elektronisch unterstützte Phasen einteilen:

- **Informationsgewinnung** aus der Aufgabenstellung, dem Auftrag, dem Pflichtenheft, der Spezifikation und aus Berechnungen, Zeichnungen, Stücklisten, Normen, Patent- und anderer Literatur, aus Gesprächen mit Experten, Kunden, Vertretern, aus Beobachtungen und Versuchen.
- **Informationsverarbeitung** durch Analyse der Information, Abstraktion, kreativer Lösungssuche (Synthese), durch Kombination und Variation von Lösungen, durch Berechnung und Versuche, insbesondere aber durch Erarbeitung von Skizzen, Zeichnungen und Stücklisten.
- **Informationsweitergabe** durch die Produktdokumentation: Zeichnungen, Stücklisten, Berechnungen, Tabellen, Handlungsanweisungen und Beschreibungen.

Obwohl die Begriffe „Entwicklung“ und „Konstruktion“ oft synonym gebraucht werden, besteht in der Praxis doch eine gewisse Tendenz zur Unterscheidung:

Die **Entwicklung** als Abteilung (Bild 4.12) wird **organisatorisch** der Konstruktion übergeordnet und umfasst zusätzlich noch die Abteilungen Versuch, Musterbau (Prototyperstellung), Berechnung, u. U. Projektierung sowie als Stabsstellen Normung, CAD-Betreuung, Patentwesen und Wertanalyse. (Dies ist kein Widerspruch zu Bild 5.2, da die Zuordnung variabel gehandhabt wird. Siehe Bild 1.3).

Man kann dementsprechend die **Entwicklungstätigkeit** definieren als die Tätigkeit, bei der ausgehend von Anforderungen die geometrisch-stofflichen Merkmale eines technischen Produkts mit allen seinen lebenslaufbezogenen Eigenschaften bis zur Entsorgung bzw. Recycling festgelegt werden (**life-cycle-engineering**). Dabei handelt es sich um einen Optimierungsprozess bei zum Teil widersprüchlichen Zielsetzungen unter enger Einbeziehung von Musterbau, Versuch, Fertigung, Montage und Zulieferern (Siehe das Bild 2.27 zu den life-cycle-costs).

In der Praxis wird auch noch aufgeteilt in Vorentwicklung und Serienentwicklung. (Siehe hierzu Kapitel 5.1.4).

Die **Konstruktionstätigkeit** entspricht der Entwicklungstätigkeit, ohne dass die unmittelbare Einbeziehung von Musterbau und Versuch bei der jeweils anstehenden Aufgabe nötig ist.

Es muss noch erwähnt werden, dass unter Produktentwicklung in der Praxis oft auch der ganze Prozess der Produkterstellung gemäß Bild 4.1 verstanden wird. Als Konstruktion wird ferner nicht nur die oben definierte Tätigkeit bezeichnet, sondern auch die Konstruktionsabteilung und das daraus entstandene Ergebnis, sowohl als Zeichnung, wie auch als gebautes Produkt.

Im weiteren Verlauf dieses Buches wird zur Vereinfachung nicht mehr zwischen Entwicklung und Konstruktion unterschieden. Es wird, wie an der Hochschule üblich, der Begriff „Konstruktion" als Abteilung bzw. Tätigkeit verwendet, sofern die Versuchstätigkeit nicht direkt angesprochen ist.

Die **Bedeutung des Entwickelns und Konstruierens** ist für ein produzierendes Unternehmen beträchtlich: Der Unternehmenserfolg wird weitgehend durch den Produkterfolg bestimmt, der zu entsprechenden Erlösen bzw. Gewinnen führt. Die Erfolgsverantwortung für das Produkt liegt wiederum wesentlich im Entwicklungs- und Konstruktionsbereich, d. h. in den frühen Phasen der Produkterstellung. Dabei ist aber klar, dass entsprechend dem zur Arbeitsteilung Gesagten praktisch alle Abteilungen eines Unternehmens im Hinblick auf den angestrebten Produkterfolg in dieser Phase zusammenarbeiten müssen.

Dies wird auch durch die Devise „Lieber höhere Entwicklungskosten als längere Entwicklungszeit" deutlich (Kapitel 4.4.1.3). Im Endeffekt führt dies zu niedereren Selbstkosten eines Produkts und u. U. auch zu niedereren Gebrauchskosten für den Kunden. Insgesamt werden so die Lebenslaufkosten (life cycle costs) verringert und die Zeiten verkürzt. Die Zukunftsentscheidungen werden eben am Anfang der Produkterstellung getroffen, nicht am Ende bei der Teilefertigung oder der Montage. „Über das Ende wird am Anfang entschieden." Dieser Bedeutung wird oft weder die Qualifikation, noch die Zahl, noch die Bezahlung, noch das Prestige der Konstrukteure gerecht. Aber rein zahlenmäßig ist Entwickeln und Konstruieren für Ingenieure zusammen mit der Versuchstätigkeit für mehr als die Hälfte aller Ingenieure die dominierende Sparte. (Bild 5.34).

Es besteht eine **Tendenz zum Wandel**, der durch folgende Veränderungen zustande kommt: Die Verschiebung vom Verkäufer- zum Käufermarkt mit Lebenslaufberücksichtigung verlangt mehr marktorientierte, kundenangepasste Produkte, deren Innovationszyklus sich immer mehr verkürzt. Die Produkte werden durch die Einbeziehung elektronischer Steuerungs- und Regelungstechnik, durch erhöhte Sicherheits- und Umweltforderungen bei verstärktem Kostendruck immer komplexer. Beide Veränderungen resultieren in komplexeren und deshalb verstärkt methodisch durchzuführenden Konstruktionsprozessen, die nur von qualifizierten Personen beherrscht werden können. Enge Zusammenarbeit und gute Motivation sind Voraussetzung. Ferner verlangt das Vordringen der Datenverarbeitung mehr wissenschaftliche Durchdringung und den Einsatz von Methoden. Nur so können die seit Einführung von CAD steigenden Arbeitsplatzkosten in einen Rationalisierungsgewinn umgewandelt werden. Dementsprechend ist der Ingenieuranteil an der Gesamtbelegschaft von 1950 mit ca. 4 % auf ca. 17 % in 2013 gewachsen (Bild 5.36).

Die Komplexität von Konstruktionsprozessen kann an Hand Bild 5.3 abgeschätzt werden. Hier sind in der Art eines morphologischen Schemas die Einflussgrößen auf Konstruktionsprozesse mit ihren Ausprägungen angegeben. Je nach den aktuellen Ausprägungen und ihren Verknüpfungen ergibt sich eine sehr große Zahl von unterschiedlichen Konstruktionsprozessen. Es liegt auf der Hand, dass Methoden und Hilfsmittel wenigstens einem Teil dieser Einflussgrößen angepasst („heruntergebrochen") werden müssen (Kapitel 6.2.3; 6.4; 6.5).

Einflussgrößen auf Konstruktionsprozess		Ausprägung der Einflussgrößen					
Individuelle Einflüsse	Ausbildung	techn. Zeichner	Techniker	Ingenieur	"Leiter"		
	Berufserfahrung	hoch	mittel	gering			
	"Fähigkeiten"	Kreativität	"Theoretiker"	Praxiserfahrung	...		
	Motivation	hoch	mittel	gering			
Arbeits-umgebung	Unternehmensgröße	< 100 MA	100 - 1000 MA	1000 - 5000 MA	> 5000 MA		
	Organisationsstruktur	Ein-Linien-O.	Mehr-Linien-O.	Stab-Linien-O.	Matrix-O.		
	"Teamarbeit"	keine	zeitweise	immer			
	soziale Einbindung	hoch	mittel	gering			
Äußere Einflüsse	Marktattraktivität	hoch	mittel	gering			
	Wettbewerbssituation	zersplitterter Markt	oligopolistischer M.	monopolistischer M.			
	Reifegrad d. Marktes	junger Markt	wachsender M.	reifer Markt	rückgängiger M.		
	Marktposition	sehr gut	gut	mittel	schlecht		
	gesellsch. Akzeptanz	hoch angesehen	normal	schlechte Akzeptanz			
Restrik-tionen	Zeitdruck	extrem hoch	hoch	normal	unproblematisch		
	Gesetzgebung ...	sehr restriktiv	z. T. restriktiv	unproblematisch			
	spez. Anforderungen	Funktion	Kosten	Teilefertigung	Montage		
	Festlegungen	Kundenspezifikation	teilweise Kundenspez.	interne Festlegung			
Produkt	Produktart	Turbinen	Lokomot.	Getriebe	Werkzg.m.	Kleingeräte	...
	Teilezahl	sehr hoch	hoch	mittel	gering		
	Stückzahl	Massenprod.	Großserienprod.	Serienprod.	Einzelprod.		
	Komplexität	hochkomplex	komplex	normal	einfach		
	Variantenzahl	sehr hoch	hoch	mittel	gering		
	Neuheit	völlig neu	neu	eingeführt	alt		
	Konstruktionsart	Neukonstruktion	Anpassungskonstrukt.	Variantenkonstruktion			
	Fertigungstiefe	sehr hoch	hoch	mittel	gering		
Produktion	mögliche Verfahren	Drehen	Gießen	Schweißen	Biegen	Härten	...
	verfügbare Anlagen	Bearb.zentrum X	Fräsmasch. Y	Montageanlage Z	...		
	Know-how	hoch	mittel	gering			
	Automatisierungsgrad	hoch	mittel	gering			
Arbeits-mittel	verfügb. Werkzeuge	CAD-System	Datenbank	Teilesuchsystem	...		
	verfügb. Methoden	FMEA	Kalkulationsverf.	FEM-System	...		
	Versuchsmöglichk.	umfangreich	begrenzt	nicht gegeben			
verfügbare Informationen	allg. Sachinformation	umfangreich	begrenzt	nicht verfügbar			
	Methodeninformation	umfangreich	begrenzt	nicht verfügbar			
	Vorläuferproduktinfo.	umfangreich	begrenzt	nicht verfügbar			
	bisherige Dokumentat.	umfangreich	begrenzt	nicht vorhanden			
	erfahrene Kollegen	vorhanden	begrenzt vorhanden	nicht vorhanden			

Bild 5.3 Schema zur Klassifikation von Konstruktionsprozessen an Hand von Einflussgrößen (nach Wach [7/5])

5.1.2 Ziele des Entwickelns und Konstruierens

Die Ziele des Entwickelns und Konstruierens im Unternehmen leiten sich von den Unternehmenszielen ab. Ein wesentliches Unternehmensziel ist der Produkterfolg, d.h. dass die Produkte langfristig am Markt mit auskömmlichen Preisen und entsprechendem Gewinn abgesetzt werden können. Dies bedingt, dass die Produkte Eigenschaften aufweisen, die den Nutzern Geld wert sind (z.B. sichere Funktion, geringe Emissionen, gute Ergonomie ... insgesamt hohe Qualität bei nicht zu hohen Preisen und kurzen Lieferzeiten). Dies sind also **marktspezifische Ziele**, die sich z.T. gegenseitig widersprechen, neutral sind oder gleichsinnig wirken (Bild 7.27). (Zum Unterschied von Zielen relativ zu Anforderungen siehe Kapitel 3.3.2 b.)

Das Konstruieren hat aber auch **herstellerspezifische Ziele** zu erfüllen, die sich ebenfalls aus obigen Unternehmenszielen ableiten. Ein wesentliches Ziel ist, die unternehmensinternen Kosten gering zu halten, d.h. den Aufwand für den Konstruktionsprozess, für Versuche, Prototypen, Sondermaschinen usw. zu minimieren. Es ist klar, dass dies dem Anspruch nach der Konstruktion qualitativ hochwertiger, sicherer, umweltfreundlicher Produkte widerspricht. Beim Konstruieren muss man hierfür einen Kompromiss finden. Viele markt- und herstellerspezifische Ziele wirken jedoch gleichsinnig.

Das wesentliche Ziel des Konstruierens ist also, die Eigenschaften eines Produkts so festzulegen, dass sie den Forderungen und Wünschen des Nutzers sowie des Marktes entsprechen, und zwar so, dass das Produkt eine hohe Qualität erreicht (Kapitel 4.4.2). Dabei wird unter Qualität der Grad der Annäherung der Ist- an die Soll-Eigenschaften verstanden, und es sind alle Eigenschaftsarten gemeint. Es gibt also eine Qualität der Funktionserfüllung, der Sicherheit, der Ergonomie usw. [8/5]. Die Soll-Eigenschaften werden sinnvollerweise von der Stelle vorgegeben, die später von den Ist-Eigenschaften direkt betroffen ist. Im Allgemeinen ist das der Nutzer oder der Markt. Im Unternehmen sind für die Festlegung der Ist-Eigenschaften eines Produkts im Wesentlichen die Stellen maßgebend, die das Produkt definieren, also vornehmlich die Entwicklungs- und Konstruktionsabteilung. Durch diese Festlegungen ist bereits die Qualität des Produkts weitgehend bestimmt. Der direkte Kontakt zwischen festlegender Stelle und betroffener Stelle ist für eine hohe Produktqualität von elementarer Bedeutung. Der Kontakt zwischen Konstrukteur und Nutzer bzw. Markt darf durch den Verkauf, das Marketing oder durch Vertreter nicht abgeschnitten werden (Bild 7.25). Dementsprechend müssen Entwickler und Konstrukteure bei der Produktplanung mitarbeiten (Bild 1.1, Bereich 1; Kapitel 7.2). Ebenso wichtig ist der Kontakt zur Produktionsabteilung und der Materialwirtschaft (siehe hierzu Bild 4.34 und Kapitel 7.10.3).

Außer diesen durch das Unternehmen vorgegebenen Zielen des Konstruierens gibt es aber auch die **persönlichen Ziele** der Konstrukteure. Hesser [9/5] hat einer Befragung entnommen, dass sich Konstrukteure am ehesten mit dem Architekten und Erfinder identifizieren und sich dabei als ideale Tätigkeit „eine frei wirkende, aber zielstrebige, konstruktive Kreativität in Unabhängigkeit und Selbstständigkeit“ vorstellen. Dieses Leitbild steht aber nur selten im Einklang mit der tatsächlichen Arbeitssituation, die oft gekennzeichnet ist durch starke Arbeitsteilung und den Zwang, in kurzer Zeit mit unzureichenden Informationen und zu geringer Mitarbeiterqualifikation zu brauchbaren Lösungen zu kommen. Es kommt hinzu, dass der Konstrukteur mit der Zeichnung eines der wenigen zentralen Dokumente im Unternehmen schafft, das oft willkommenen Anlass zur Kritik bietet, da es für viele andere eine nicht selbst erstellte Arbeitsgrundlage ist. Aber trotzdem bleibt der Reiz des Konstruierens: für ein Problem eine Lösung auszudenken, diese zu gestalten und dann zu erleben, wie sie materiell entsteht und sich schließlich im Gebrauch bewährt. Dies gilt auch für noch so kleine Probleme.

5.1.3 Tätigkeiten und Konstruktionsphasen

Beim Konstruieren wird ausgehend von einer verbalen oder schriftlichen Aufgabenstellung in schrittweisem und z. T. wiederholendem Vorgehen die Dokumentation eines neuen Produkts erarbeitet. Dabei kann man, wie in Bild 5.4 aufgeführt, laufend durchgeführte **Grundtätigkeiten**, wie „Anforderungen analysieren“, „Lösungen suchen“ und „gestalten“, von begleitenden Tätigkeiten, wie z. B. „sich informieren“ und „ordnen“, unterscheiden. Grundtätigkeiten sind für das Konstruieren unverzichtbar, während begleitende Tätigkeiten unterstützend wirken und allgemein bei der Informationsverarbeitung nötig sind. Zanker ([42/5] S. 62) formuliert 26 Grundtätigkeiten, die in Methoden enthalten sind, aus denen er auch z. T. neue Methoden aufbaut.

Denken ist in Bild 5.4 nicht als besondere Tätigkeit angegeben, da es bei allen Tätigkeiten selbstverständlich ist. Es gibt natürlich Routinetätigkeiten wie das Darstellen (z. B. CAD-Befehle zum Schraffieren oder Platzieren), bei denen kaum mitgedacht werden muss. Es fällt auf, dass die Grundtätigkeiten dem Vorgehens- oder Problemlösungszyklus entsprechen (Kapitel 3.3.2).

Obwohl diese Tätigkeiten im Konstruktionsprozess laufend vorkommen, konzentrieren sie sich in bestimmten Schwerpunkten, den so genannten **Konstruktionsphasen** [10/5] *Nachfolgend sind kursiv die Aktivitäten nach der neuen VDI 2221 [12a/5] (Siehe Bild 5.9) angegeben, obwohl sich diese überlappen. (Diese Darstellung ist nicht in VDI2221neu enthalten!):*

- **Aufgabe klären** *VDI2221 neu: Klären und Präzisieren des Problems*
- **Konzipieren** *Ermitteln von Funktionen und deren Strukturen; Suchen nach Lösungsprinzipien; Bewertung und Auswahl des Lösungskonzeptes*

- **Entwerfen** *Gliedern in Module; Gestalten der Module; Integration des gesamten Produktes*
- **Ausarbeiten** *Ausarbeiten der Ausführungs- und Nutzungsangaben*

Vor der näheren Erläuterung der Konstruktionsphasen (oder nach U. Lindemann: Konkretisierungsebenen) steht ein Überblick über deren zeitliche Häufigkeit. Diese ist mit Prozentzahlen in Bild 5.5 für verschiedene Tätigkeiten in Konstruktionsabteilungen als Mittelwert aus sieben statistischen Untersuchungen [11/5] bei konventionellem Konstruieren (ohne CAD-Unterstützung) angegeben. Dabei wurden konstruktiv tätige Personen befragt. Ponn und Lindemann verwenden statt Entwerfen und Ausarbeiten den Begriff „Baumodell erarbeiten", da seit der 3D-CAD-Arbeitsweise[1] die Schritt für Schritt detaillierende Gestalt- und Werkstofffestlegung – wie früher am Zeichenbrett – so nicht mehr stattfindet [69/5]. (Zum Begriff Gestalt und Gestaltung siehe Kapitel 7.6). Nach der 2016 neu überarbeiteten VDI-Richtlinie 2221 [12a/5] („VDI 2221 neu") gibt es diese Phasen nicht mehr ausdrücklich, sondern stattdessen 8 Aktivitäten. (Siehe Bild 5.9).

1) Die Grundtätigkeiten bei Computernutzung werden entsprechend Bild 5.4 in Kapitel 5.2.2.5 besprochen.

		Nr.	Tätigkeiten	ähnliche Begriffe	Hilfen
Grundtätigkeiten		1	Anforderungen klären	Aufgabe klären, Ziele erkennen, Anforderungen, Restriktionen erkennen	Checklisten, Bewertungsverfahren, Markt-, Fremderzeugnis-, Schwachstellenanalyse
	Lösungen suchen	2	Prinzipielle Lösung suchen	Konzept, Funktionsprinzip suchen	Checklisten, Kreativmethoden, Kataloge, Literatur, Patentliteratur, Diskussionen, Erfahrung
		3	Gestalterische Lösung suchen	Lösungen gestalten, Lösungen suchen, übernehmen	Gestaltungsregeln, -vorbilder, -richtlinien, ähnliche Konstruktionen, Literatur, Diskussion, Beratung, CAD
		4	herstellger. gestaltete Lösung suchen	Fertigungs-, montage- und normgerecht fertig gestalten	Normen, Gestaltungsrichtlinien, Beratung, Diskussionen, ähnliche Vorbilder, CAD; CAD/CAM
	Analysieren und Lösung auswählen	5	Berechnen, Simulieren, Optimieren	Auslegen, Dimensionieren, Simulieren, Kalkulieren, Abschätzen	Berechnungsformeln und -modelle, Simulationssoftware; FEM; FDM; DMU
		6	Experimentieren	Probieren, Testen, Simulieren, Versuchen, Modelle erstellen	Versuchs- und Meßtechnik, Modelltechnik, Modellwerkstatt, Rapid Prototyping; DMU; VR
		7	Beurteilen, Entscheiden	Bewerten, Auswählen, Vergleichen, Festlegen	Erfahrung, Auswahl-, Bewertungstechniken, FMEA, Teamdiskussion
	Darstellen	8	Zeichnerisch darstellen	Skizzieren, Zeichnen, Dokumentieren, Darstellen	Darstellungstechniken, Zeichnungsregeln und -normen, CAD, Graphiksysteme
		9	Schriftlich darstellen	Schreiben, Stücklisten erstellen, Beschriften, Dokumentieren	Schreibautomaten, CAD, Textsysteme, ähnliche Stücklisten, PPS; PDM
unterstützende Tätigkeiten		10	Sich informieren	Informationen suchen, auswerten	Info-Datenbanken, Kataloge, Normen, Richtlinien, Berichte, Zeichnungen, Zeitschriften, Bücher; PDM
		11	Strukturieren, Ordnen	Analysieren, Systematisieren, Gliedern, Reihen, Klassifizieren	Ordnungssysteme, Klassifikationstechniken, Nummernsysteme, Sachmerkmalsleisten; PDM
		12	Kontrollieren, Prüfen	(Ab-)Messen, Testen, Vergleichen, Prüfen	Checklisten, Fragebögen, Softwareprogramme, Qualitätssicherungssysteme, Schwachstellenanalyse, Verfahren von Taguchi, Shainin
		13	Korrigieren	Ausbessern, Optimieren, Iterieren, Ändern	Löschtaste, Korrekturflüssigkeit, Radiergummi, Erfahrung, Optimierungsprogramme
		14	Organisieren, Planen	Verantwortlich machen, Einteilen, Reihen, Festlegen, Motivieren	Projektmanagement, Organisationslehre, -psychologie
		15	Korrespondieren	Nachfragen, Schreiben, Erkunden	Briefwechsel, Fax, Telefon, Sprachkenntnisse
		16	Diskutieren, Beraten	Erklären, Horchen, Formulieren, Verstehen, Erkennen, Zweifeln	Vortragstechnik, Strukturieren von Besprechungen; Virtuelle Konferenztechnik

Bild 5.4 Grundtätigkeiten und begleitende Tätigkeiten beim Konstruieren

Phase	**Tätigkeit**	**Häufigkeit** (Streubereich)
Aufgabe klären	Aufgabe analysieren, strukturieren und formulieren	?
Konzipieren	Funktionen ermitteln und strukturieren, Lösungsprinzipien suchen und strukturieren	0–10 %
Entwerfen	Gestalten 17 % Berechnen 4 % Informieren 8 %	20–40 %
Ausarbeiten	Zeichnen 30 % Ändern 10 % Stücklisten erstellen 10 % Kontrollieren 6 %	50–60 %
Sonstiges	Schriftwechsel, Verkaufsunterstützung	10–20 %

Bild 5.5 Zeitliche Häufigkeit von Phasen und Tätigkeiten in Konstruktionsabteilungen (nach [11/5])

Die Zahlen streuen in hohem Maße je nach Unternehmen, Produktart und Konstruktionsart. Von Bedeutung ist jedoch, wie Bild 5.6 anschaulich zeigt, dass der Arbeitsaufwand zum Ende des Konstruierens hin steil ansteigt. Das ist wohl auch bei anderen Projekten ähnlich und bedeutet, dass man bis zur endgültigen Realisierung eines Projekts einen gegen Ende exponentiell ansteigenden Arbeitsaufwand einplanen muss. Während die ersten Phasen vornehmlich von Ingenieuren bearbeitet werden, werden später bei zunehmenden Routineanteilen auch CAD-Techniker tätig. Dieser Zuwachs an Routine und algorithmisierbaren Wiederholoperationen ist auch der Grund für die Bearbeitungsmöglichkeit durch den Rechner (CAD und CAD/CAM). Ganz im Gegensatz dazu hat der Beginn der Konstruktionstätigkeit beim Klären der Aufgabe und Konzipieren hohe kreative Anteile.

Dieser Abschnitt ist wissenschaftlich intensiv durch die Entwicklungs- und Konstruktionsmethodik bearbeitet worden. Die Pfeile in Bild 5.6 sollen das Vordringen der Konstruktionsmethodik bzw. des CAD vom Beginn und Ende des Konstruierens her andeuten.

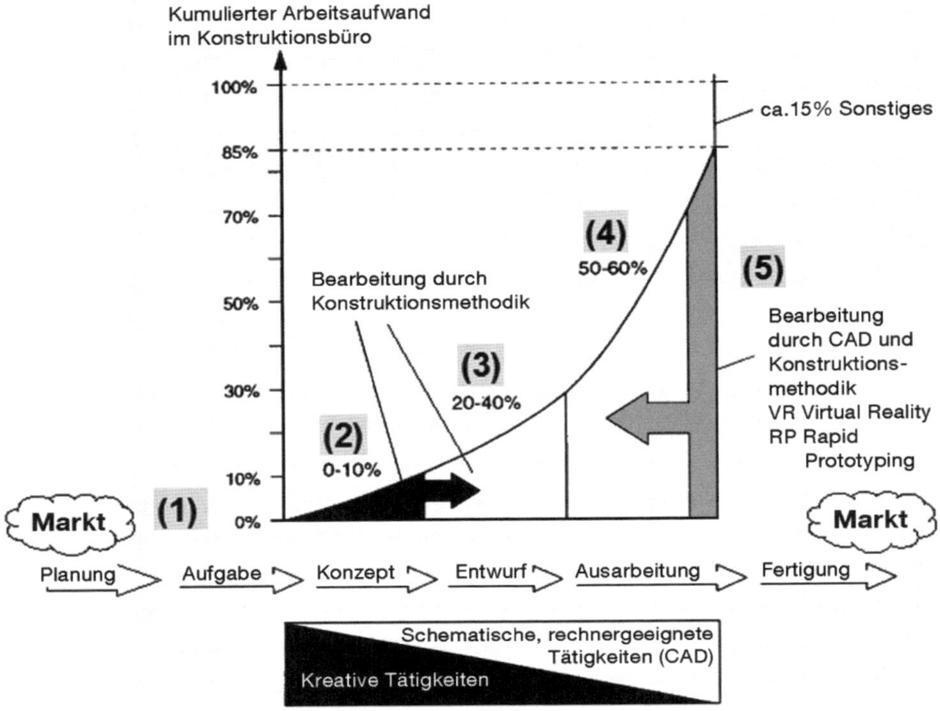

Bild 5.6 Arbeitsaufwand im Konstruktionsbüro (kumuliert). (Siehe auch Bild 1.1)

Einen mit dem benötigten Arbeitsaufwand (Zeit) gekoppelten ähnlich hohen Anstieg der Kosten zeigt Bild 5.7 am Beispiel der Erstellung einer Werkzeugmaschine in einem Zeitraum von 2,5 Jahren. Man sieht die anfänglich niedrigen Kosten für Systemstudien, im Grunde für „Papier- und DV-Arbeit“: Die ersten 50 % der Erstellungszeit machen nur 22 % der gesamten Kosten aus. Danach steigen die Kosten und natürlich auch der Arbeitseinsatz stark an. Im Unterschied zu Bild 5.6 ist hier die Produktion der ersten Maschine mit enthalten.

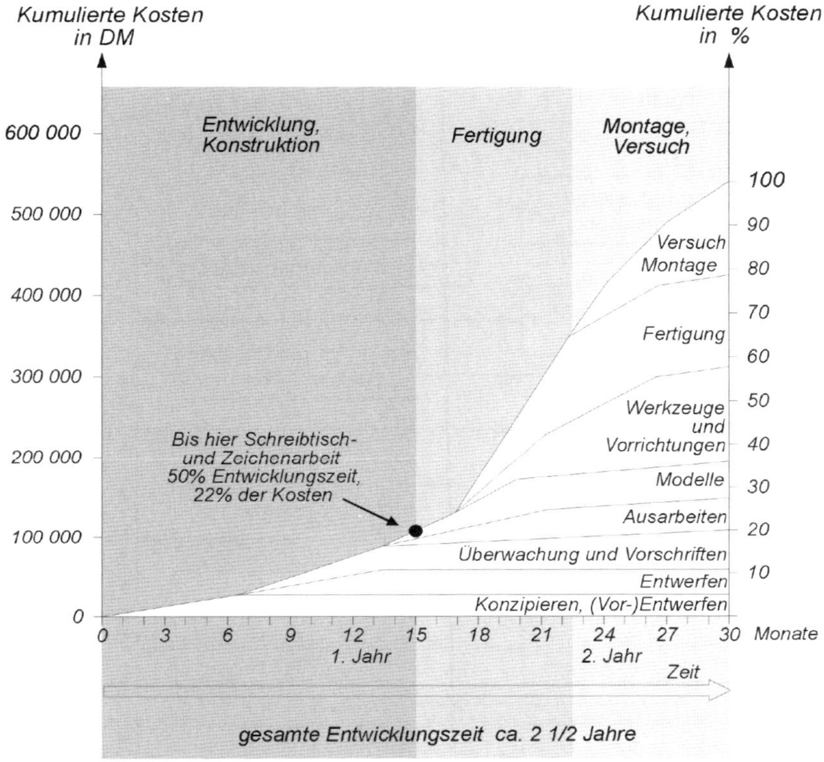

Bild 5.7 Produkterstellungskosten einer Werkzeugmaschine (aus Handelsblatt Nr. 61; 1973; deshalb auch die Skalierung mit DM statt Euro)

Bevor im Folgenden die einzelnen **Phasen des Konstruierens**, wie sie in der VDI-Richtlinie 2222 aus dem Jahre 1973 [10/5] definiert wurden, beschrieben werden, soll zur Übersicht der generelle Vorgehensplan für das Entwickeln und Konstruieren nach VDI-Richtlinie 2221 ([12/5];1993; Bild 5.8) vorgestellt werden.

Durch diese beiden VDI-Richtlinien sind die verwendeten Begriffe inzwischen in der Produktentwicklungs-Literatur üblich [46/5; 47/5; 13/7.6] und in der Industrie weitgehend eingeführt (Zur flexiblen Anpassung von Vorgehensplänen siehe Kapitel 4.1.5 und 6.2.3. Die Schritte 4, 5, 6, die das Entwerfen betreffen, werden in der VDI-Richtlinie 2223 [43/5] vertieft). Die VDI-Richtlinie 2221 „Entwicklung technischer Produkte und Systeme" wurde 2016 neu überarbeitet. Da, wie erwähnt, die bisher gültige an den Hochschulen und in der Industrie mit z.B. den Begriffen Konstruktions- Arten und Phasen eingeführt ist, ist sie nach wie vor in Bild 5.8 belassen und auf die „VDI 2221neu" [12a/5] wird mit zwei Bildern (Bild 5.9 und Bild 5.10) hingewiesen. Ebenso auf die neuen Begriffe.

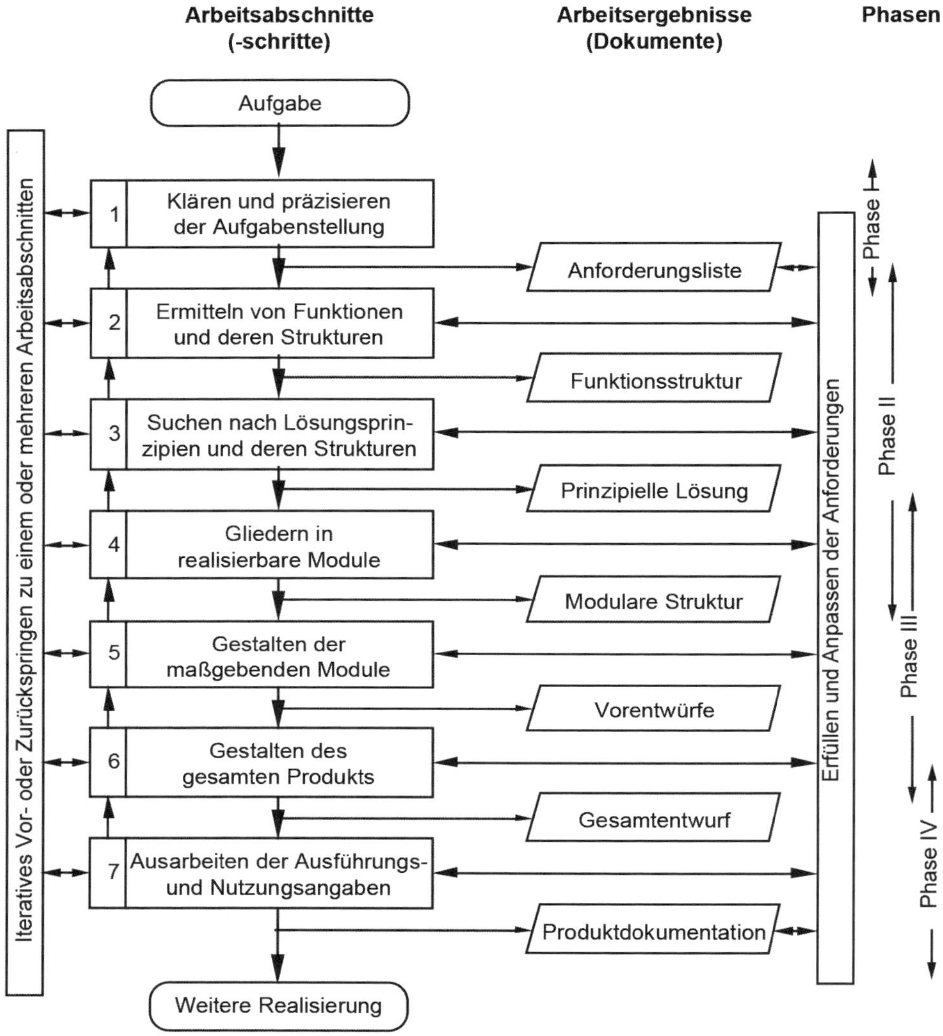

Bild 5.8 Generelles Vorgehen beim Entwickeln und Konstruieren (VDI 2221 [12/5]). Ein Vorgehensplan mit 7 Arbeitsabschnitten und Informationsbrücken zur Erhöhung der Flexibilität rechts und links. Die Phasen ganz rechts entsprechen den Konstruktionsarten nach Kapitel 5.1.4.1

Der Vorgehensplan besteht aus einer Folge von **Arbeitsabschnitten** oder **-schritten** 1 bis 7, die zu entsprechenden **Arbeitsergebnissen** führen. (In „VDI 2221neu“ nach Bild 5.9 sind es 8 Aktivitäten, die zu 8 Ergebnissen führen). Mehrere Arbeitsabschnitte können zu **Entwicklungs**- bzw. **Konstruktionsphasen** zusammengefasst werden (ganz rechts). Im Maschinenbau sind das z.B. „Aufgabe klären“, „Konzipieren“, „Entwerfen“, „Ausarbeiten“. Der Plan kann entsprechend seinen 7 Arbeitsabschnitten wie folgt beschrieben werden:

1. Nach dem Klären und Präzisieren der Aufgabenstellung stehen die möglichst vollständigen und konkreten Anforderungen in Form einer Anforderungsliste zur Verfügung.
2. Daraus lassen sich abstrakte (Teil-)Funktionen ableiten, die zu einer Funktionsstruktur zusammengefasst werden. Bei Design for X (z. B. Kosten senken) können das auch Eigenschaftsschwerpunkte (z. B. Kostenverursacher und Kostenstrukturen) sein. Da dabei oft genug Produkte zu bearbeiten sind, die ihre Funktion ja bereits erfüllen, aber z. B. zu teuer sind oder zu viel Verluste verursachen geht es in erster Linie nicht darum neue Funktionsträger zu finden, sondern z. B. Hauptkostenverursacher oder Hauptverlustverursacher aufzudecken. (Kapitel 6.5.2; Bild 6.16; Bild 9.15).
3. Für die Funktionen (bzw. Eigenschaftsschwerpunkte) werden Lösungsprinzipien gesucht und zu der prinzipiellen Lösung (Konzept) kombiniert.
4. Diese wird in realisierbare Module gegliedert, woraus sich eine modulare Struktur (neu: Systemarchitektur) ergeben kann.
5. Die Module werden im nächsten Schritt gestaltet, also konkretisiert.
6. Die so entstandenen Vorentwürfe (neu: Teilentwürfe) werden in einen Gesamtentwurf integriert,
7. der die Grundlage für die weitere Ausarbeitung (zur Produktdokumentation) bildet.

Ganz rechts in Bild 5.8 ist eine vertikale Informationsbrücke zwischen Anforderungsliste und Arbeitsabschnitten eingezeichnet. Die Darstellung könnte den Eindruck einer sequenziellen Abarbeitung machen. Sie wird aber laufend iterativ, mit Rücksprüngen bearbeitet. Damit soll auch das ständige Anpassen und Ergänzen der Anforderungsliste während des Arbeitens angedeutet werden. Ganz links in Bild 5.8 ist eine ähnliche Informationsbrücke eingegeben, die das iterative Vor- und Zurückspringen zu einem oder mehreren Arbeitsabschnitten darstellt. In VDI 2221 neu ist in Bild 5.9 mit den Pfeilen oben und unten ebenfalls das iterative Bearbeiten gemeint.

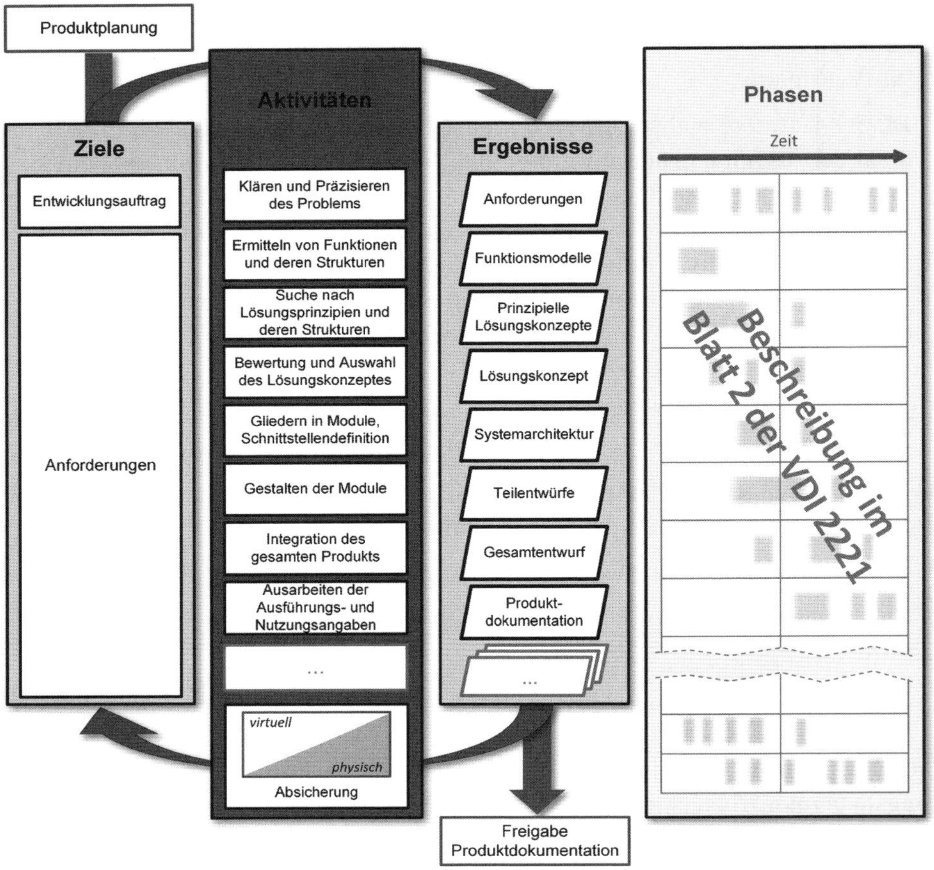

Bild 5.9 Überblick „VDI 2221 neu" (dort in Blatt 1 Abb.10) Ziele, Aktivitäten, Ergebnisse und Phasen [12a/5] (Die neuen Bezeichnungen sind oben im Text in Klammern gesetzt).

In Bild 5.10 sind zusätzlich zu den Aktivitäten nach Bild 5.9 noch Begleitaktivitäten und Querschnittsaktivitäten als unterstützende Elemente der Produktentwicklung aufgeführt. (In „VDI 2221 neu" in Blatt 1 Abb.12). Die Abb. ist noch vorläufig, da der Gründruck noch nicht abgeschlossen ist.

Dabei werden unter **Begleitaktivitäten** projektbezogene Aktivitäten verstanden, wie z.B. Projektmanagement (IPE: Kapitel 4.3.4), Qualitätsmangement (IPE: Kapitel 4.4.2), Änderungsmanagement (IPE: Kapitel 4.2.3.2), Kostenmanagement (IPE: Kapitel 9).

Unter **Querschnittsaktivitäten** sind projektübergreifende Aktivitäten gemeint, wie z.B. Wissensmanagement (IPE: z.T. in Kapitel 7.10), Innovationsmanagement (IPE: z.T. in Kapitel 7.5).

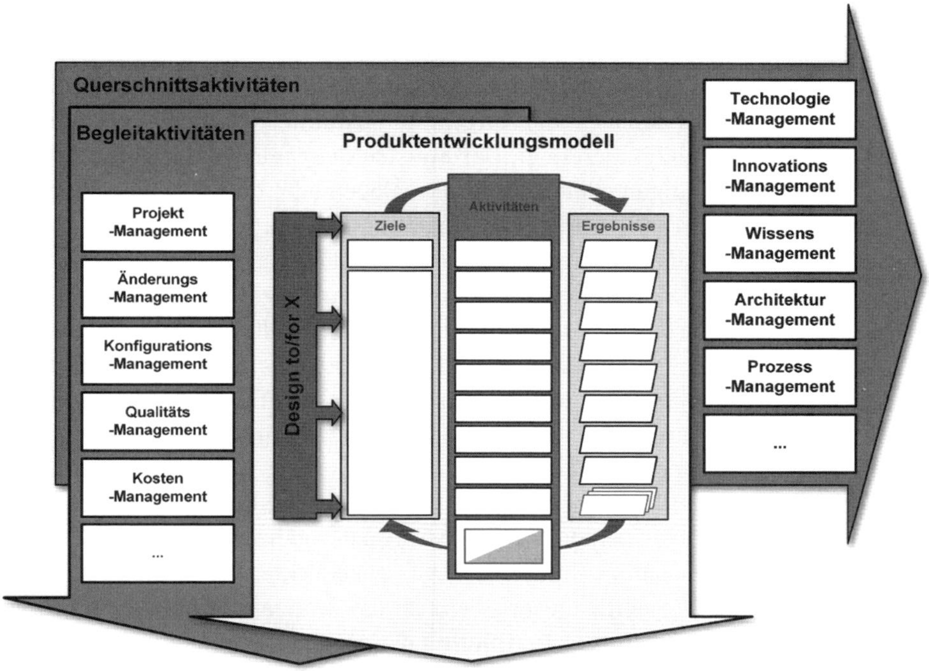

Bild 5.10 Zum Überblick „VDI 2221 neu" sind hier die Begleitaktivitäten und Querschnittsaktivitäten angegeben (dort in Blatt 1 Abb. 12)

Die einzelnen Phasen und Arbeitsabschnitte nach der bisherigen VDI 2221 mit den zugehörigen Arbeitsinhalten und den zu erzielenden Arbeitsergebnissen werden im Folgenden eingehend beschrieben.

5.1.3.1 Klären der Aufgabenstellung

Das **Klären der Aufgabenstellung bzw. des Problems** dient zur Klärung aller Zusammenhänge, die mit der Aufgabenstellung verknüpft sind. Der Konstrukteur versucht die Aufgabe zu gliedern, den Arbeitsablauf zeitlich und personell zu organisieren, Informationen, die mit der Aufgabe im Zusammenhang stehen, zusammenzutragen, wie z. B. das Feststellen des Standes der Technik, der geltenden Vorschriften und Gesetze, der zu berücksichtigenden Normen usw. Aus dem Lastenheft des Kunden oder dem Pflichtenheft des Verkaufs und in Abstimmung mit dem Kunden bzw. mit vorgesetzten Stellen erstellt er schließlich eine **Anforderungsliste** als die Gesamtheit aller Anforderungen in der Sprache des Konstrukteurs (Bild 5.11, vgl. Kapitel 7.3 und 7.3.6). – Maßgebend ist immer der Markt, entsprechend der Frage: „Warum wird der Kunde unser Produkt kaufen und nicht das der Konkurrenz?"

5.1.3.2 Konzipieren

Beim **Konzipieren** versucht man, eine Vorstellung darüber zu gewinnen, wie und mit welchen Mitteln die Maschine/das Gerät prinzipiell oder qualitativ funktionieren könnte. Dabei wird zunächst die Aufgabe in bekannte Teilaufgaben (z. B. nach Teilfunktionen; Kapitel 7.4.2) zerlegt. Der Konstrukteur muss dann durch die Suche in Lösungssammlungen oder (Zuliefer-)Katalogen oder durch Analogiebildung und Assoziationen, also durch Rückgriff auf seine Erfahrung, prinzipielle Lösungen finden, die er als Module kennzeichnet und damit eine modulare Struktur oder Systemarchitektur konzipiert. Beim Arbeiten im Team ergeben sich allein durch die Summierung der Erfahrungen viele Lösungsvarianten (Kapitel 7.5). Bei mechatronischen Produkten kommen z. B. elektrische/elektronische und softwaretechnische Lösungselemente dazu. Weitere Produkteigenschaften, z. B. Kosten, Beanspruchung, Mensch-Maschine-Beziehung, Umweltverträglichkeit usw., sind zwar wichtig, können aber noch nicht genau ermittelt werden. Bei Produktsystemen, wie bei Baukasten- oder Baureihenkonstruktionen oder bei Anlagen mit wechselnden Betriebsweisen, wird auch die Funktionsweise des ganzen Systems (z. B. Kombinationslogik der Bausteine, Stufensprünge, abgedeckter Größenbereich) vorläufig festgelegt. Das Ergebnis dieser Phase ist das **Konzept**, eine aus mehreren Lösungsvarianten ausgewählte **prinzipielle Lösung** eines Produkts, die die wichtigsten Anforderungen, insbesondere die Funktionsanforderungen am wahrscheinlichsten und optimal erfüllt. (Zum Bewerten siehe Kapitel 7.9). Es handelt sich um eine teilweise noch abstrakte Lösung. Die Gestalt steht noch nicht im Vordergrund. (Siehe hierzu auch Bild 6.15). Die Darstellung des Konzepts erfolgt im Allgemeinen durch **Skizzen**, Schemata, Laufpläne oder grobmaßstäbliche Zeichnungen (vgl. Konzeptskizze in Bild 5.12). Es ist empirisch erwiesen, dass das Skizzieren von Hand und das Anfertigen einfacher Modelle (z. B. aus Pappe oder Draht) sich positiv auf die Kreativität und die Lösungsqualität auswirken [16/1]. Im Übrigen gaben bei einer Befragung von Entwicklern aus der Praxis 95 % an, dass sie häufig mit Handskizzen arbeiten, obwohl ihnen CAD zur Verfügung steht. Skizzen dienen vornehmlich der Kommunikation mit Anderen, aber auch mit sich selbst, zur Veranschaulichung und als Erinnerungshilfe. CAD dagegen dient zur (maßstäblichen) Überprüfung und natürlich zur Dokumentation [49/5; 56/5]. Nötig wären einfach nutzbare CA-Skizziersysteme.

lfd. Nr.	Anforderung		Zahlenwert mit Toleranz	Forderung Wunsch	Name	Datum
1	Gleichförmige Momentübertragung	-	-	F	Maier	12.4.02
2	übertragbares Moment	M_{max}	200 Nm	F		
3	übertragbare Drehzahl	n_{max}	5000/min	F		
4	übertragbarer radialer Versatz	V_{max}	9 mm	F		
5	Durchmesser An-/Abtriebswelle	D_A	34-0,1mm	F		
6	Länge An-/Abtriebswelle	L_A	70 mm	F		
7	Durchmesser Gelenk	D_G	150 mm	F		
8	Rückstellkräfte möglichst gering	-	-	W		
9	Lebensdauer	LD	1000 h	F		
~~10~~	~~Herstellkosten Prototyp~~	~~HK~~	~~500 Euro~~	~~F~~		
11	Prototyp fertig bis		1.9.02	F	Müller	5.5.02

lfd. Nr.	Änderung		Zahlenwert mit Toleranz	Forderung Wunsch	Name	Datum
10	Herstellkosten Prototyp	HK	600 Euro	F	Müller	20.8.02

Bild 5.11 Anforderungsliste einer Ausgleichskupplung (siehe auch Kapitel 7.3.6)

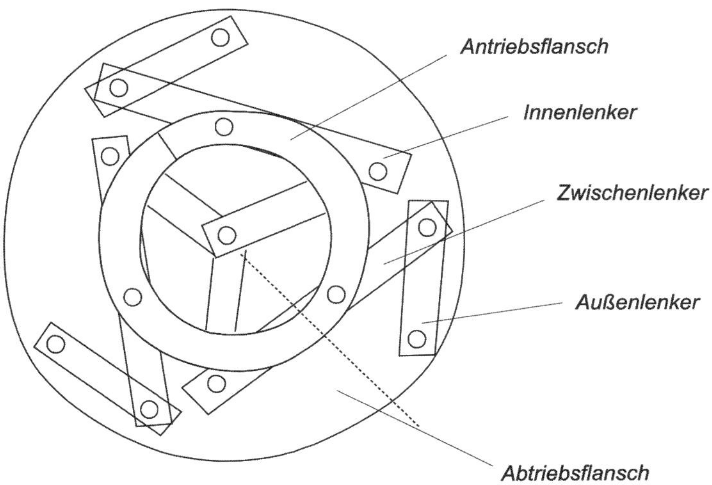

Bild 5.12 Konzeptskizze einer Ausgleichskupplung

Mit der Wahl des Konzepts hat man den „längsten Hebel“ in der Hand, um die Eigenschaften eines Produkts im gewünschten Sinne zu beeinflussen. Beispielsweise die Funktion, die Qualität, die Herstell- und die life-cycle-Kosten, die Umweltverträglichkeit. Natürlich ist ein neues Konzept risikoreicher, als wenn man das Produkt im Prinzip so lässt, wie es war. Die Industrie hat aber den Vorteil des Konzipierens bisher kaum erkannt [60/4]. Andreasen weist deshalb erneut und mit Recht darauf hin, dass Innovation als Fortschritt der Technik über neue Konzepte geschieht. [93/4]. Das gilt auch für die Möglichkeit Kosten zu senken! (Siehe Bild 9.5).

Der **Begriff Konzept** wird noch auf eine andere Art gebraucht, wenn man z. B. fragt: „Welches Konzept hat der ‚Golf Plus‘ gegenüber dem ‚Golf‘“? Und die Antwort bekommt: „Er ist höher, hat mehr Platz und hat mehr Flexibilität im Innenraum“. – Hier wird unter Konzept nicht die prinzipielle technische Lösung verstanden, sondern eher die „Lösungsidee im Vergleich zu ...“. (Siehe auch Kapitel 10 Begriffe).

5.1.3.3 Entwerfen

Das **Entwerfen** bezeichnet die Phase, in der das qualitativ funktionierende Produkt aus der Form eines Konzepts in ein quantitativ funktionsfähiges, kostengünstig fertigbares, recyclefähiges körperlich gestaltetes Gebilde überführt wird. Dabei werden noch nicht sämtliche Details fertig gestaltet, sondern nur die wesentlichen Bauteile und Baugruppen (Module) mit ihren Werk- und Hilfsstoffen. Man spricht von Vorgestalten oder Grobgestalten. Dies ist ein ausgeprägt iterativer Prozess, bei dem sich Synthese (Vorstellung, Zeichnung) und Analyse (Berechnung, Versuch, Bewertung ...) ständig gegenseitig beeinflussen und abwechseln.

Die Zeichnung ist in dieser Phase das wichtigste Arbeits- und Ausdrucksmittel des Konstrukteurs. In der Verfahrenstechnik gehören Fließbilder dazu. Für Elektroniker sind es Schaltpläne. Das Ergebnis ist der **Entwurf**, die Festlegung aller wesentlichen geometrischen und stofflichen Merkmale eines Produkts in Form einer bzw. mehrerer maßstäblicher Entwurfszeichnungen einschließlich den Auslegungsrechnungen, vorläufiger Stücklisten und später entstehenden Versuchsprotokollen. – Das Entwerfen beginnt beim Kern der Aufgabe, der meist durch die Hauptfunktion gegeben ist. Dort sind die buchstäblich maßgebenden Bauteile. Das ist bei einer Kreiselpumpe das Laufrad, bei einem Getriebe der Radsatz.

In Bild 5.13 ist ein **Vorentwurf** einer Kupplung gezeigt, in Bild 5.14 der **endgültige Entwurf** als Zusammenstellungszeichnung mit den als Stücklistenpositionen durchnummerierten Einzelteilen. Eine der wesentlichen Tätigkeiten in der Entwurfsphase ist das Gestalten. Entwerfen umfasst aber mehr: z. B. das Berechnen, Informieren, die Eigen- und Gruppenarbeit organisieren (Kapitel 7.6). Die VDI-Richtlinie 2223 gibt Hilfen zum Entwerfen [43/5]. Bei der Entwicklung von **mechatronischen Produkten** nach VDI 2206 [58/5] in Kapitel 5.1.4.4 wird das Entwerfen ganzheitlich verstanden als ein Prozess der „von den Anforderungen zur Konkretisierung eines technischen Systems führt". Es umfasst damit auch das Konzipieren, das es in VDI 2206 als eigene Phase nicht gibt.

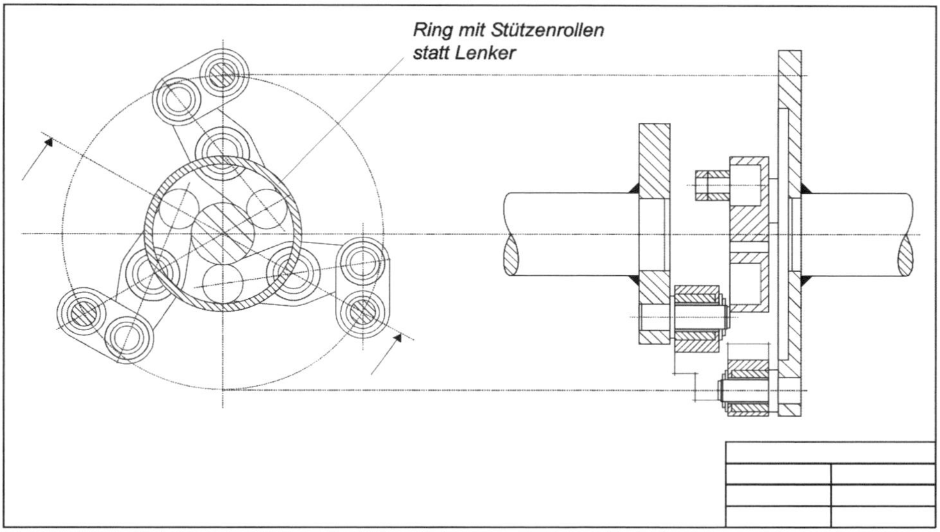

Bild 5.13 Vorentwurf der Ausgleichskupplung

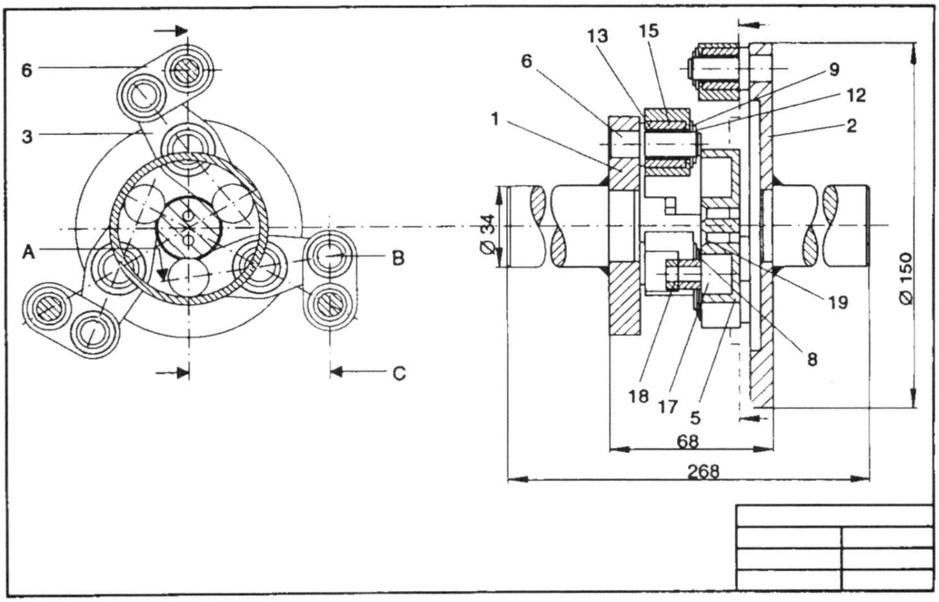

Bild 5.14 Zusammenstellungszeichnung des endgültigen Entwurfs ausgehend vom Vorentwurf

5.1.3.4 Ausarbeiten

Beim **Ausarbeiten** des Entwurfs werden die wesentlichen Informationen niedergelegt, die man zu Materialbeschaffung und Produktion benötigt. Die endgültige Gestaltung und maßliche Festlegung aller Details wird vorgenommen. Dieser Phase des Konstruktionsprozesses kommt durch die stark betriebliche Arbeitsteilung wesentliche Bedeutung zu. Hierher gehört auch die letzte Detailprüfung und entsprechende Umgestaltung auf Fertigungs- und Montagegerechtheit, auf Recyclebarkeit, auf Einhaltung der geforderten Kosten, auf günstige Nutzbarkeit (Design). Aus Gründen der allgemeinen Verständlichkeit muss sich der Konstrukteur bzw. CAD-Techniker einer genormten Darstellungsweise bedienen. Infolge der CAD Technik verschwimmt die Unterscheidung Entwerfen und Ausarbeiten.

Das Ergebnis ist die **Produktdokumentation**. Sie umfasst alle im Rahmen des Konstruktionsprozesses geschaffenen Unterlagen für die Herstellung und Nutzung des Produkts, wie z.B. die Zusammenstellungszeichnung, Einzelteilzeichnungen (Werkstatt- oder Fertigungszeichnungen), Stücklisten und Nutzungsunterlagen, Betriebsanleitungen. Bild 5.15 zeigt die Fertigungszeichnung einer Kupplungslasche.

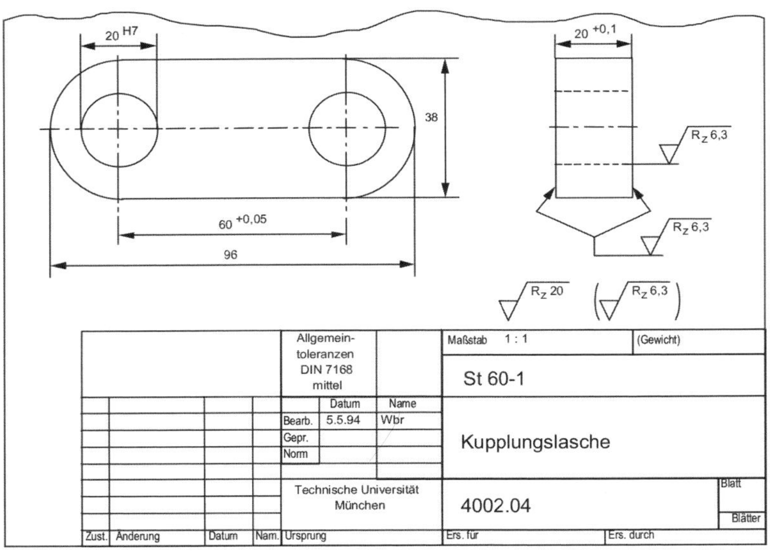

Bild 5.15 Fertigungszeichnung einer Kupplungslasche

Zusammenfassend lässt sich feststellen, dass die umfangreichste Tätigkeit beim Konstruieren von mechanischen Produkten das **Gestalten** – das Festlegen der Form und der Abmessungen eines technischen Gebildes – ist. Diese Tätigkeit lässt sich nicht eindeutig einer Konstruktionsphase zuordnen. Allerdings ist die Entwurfsphase der Schwerpunkt des Gestaltens. Parallel zur geometrischen Gestalt werden die **Werkstoffe** und **Fertigungsverfahren** einschließlich der Montageverfahren festgelegt [43/5]. Das Festlegen von Gestalt, Werkstoff und Fertigungsverfahren (implizit) ist von wesentlicher Bedeutung, da sich jede Anforderung und jede Eigenschaft letztlich darin niederschlagen muss. Ein „mechanisches" Produkt besteht aus „Gestalt und Stoff". Dies sind die Beschaffenheitsmerkmale (Kapitel 2.3.1) oder die unmittelbar festgelegten Merkmale, aus denen sich dann alle Funktions- und Relationsmerkmale mittelbar ergeben. Methoden zum Gestalten werden in Kapitel 7.6 und Kapitel 7.7 vorgestellt.

Wie **komplex die Einzelteilgestaltung** sein kann, zeigt Bild 5.16 am Beispiel der PKW-Stirnwand. Hier geht es um den Entwurf und die Ausarbeitung eines Teils, das nicht, wie die obige Kupplungslasche von Bild 5.15 relativ unabhängig von anderen Teilen konstruiert werden kann. Vieles aus der Umgebung und viel mehr Anforderungen spielen hier eine Rolle und fließen in die Zeichnung ein. Der Konstrukteur ist zu enger Abstimmung mit den Team-Spezialisten, selbst der Elektrik und der Elektronik gefordert. Allerdings handelt es sich hier meist um das so genannte „korrigierende Vorgehen" (Kapitel 5.1.4.3), bei dem man von einem Vorgängerentwurf ausgeht und diesen „nur" an die neue Situation anpassen muss.

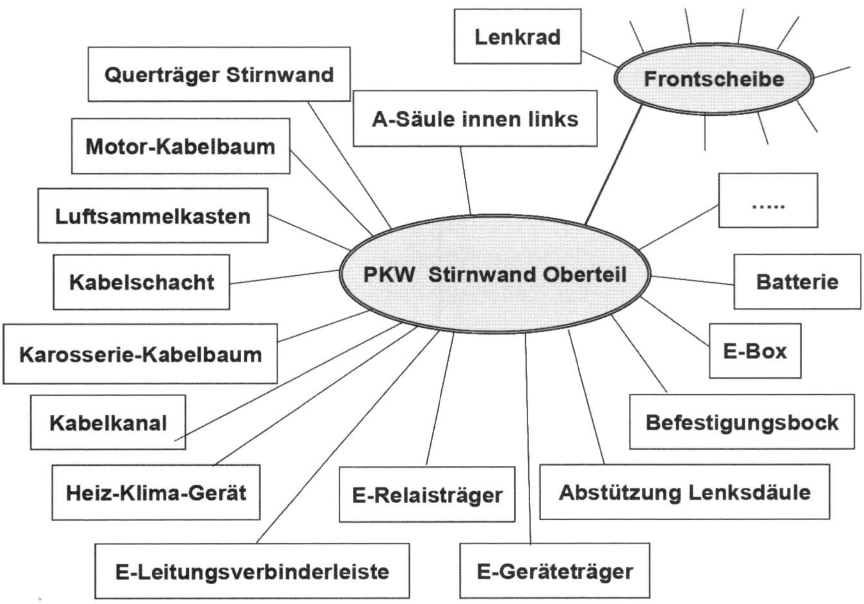

Bild 5.16 Komplexe Abhängigkeit eines PKW-Teils (nach Lindemann und Steinmeier) [20/7.8]

5.1.4 Arten des Konstruierens

Während die bisher besprochenen Phasen des Konstruierens eine Einteilung des Konstruktionsprozesses nach der Strategie „Vom Vorläufigen zum Endgültigen" (A.1 in Bild 3.13) darstellen, sollen nun noch weitere Unterscheidungsmerkmale für Konstruktionsprozesse eingeführt werden:

- Unterscheidung: **Vor-/Serienentwicklung**. Aufgabe der Vorentwicklung ist es – für Komponenten eines Produktes (z. B. beim PKW: Radaufhängung, Karosserie-Leichtbau) innovative Ideen (fast) bis zur Serienreife zu entwickeln. Damit kann dann die Serienentwicklung relativ schnell ein neues Produkt baukastenartig zur Serienreife bringen.
- Konstruktionen unterschiedlicher Bearbeitungstiefe bzw. unterschiedlicher Konkretheit bei Arbeitsbeginn: **Konstruktionsarten** (Kapitel 5.1.4.1);
- Konstruktionen mit **unterschiedlicher Eigenschaftsermittlung** durch Berechnung und Versuche (Kapitel 5.1.4.2);
- **Korrigierendes und generierendes Vorgehen** (Kapitel 5.1.4.3);
- Konstruktionen unterschiedlicher **Komplexität**, besonders **Mechatronik** (Kapitel 5.1.4.4);
- Konstruktionen unterschiedlicher Art der **Hauptforderung** (Kapitel 5.1.4.5);
- Kundengebundene und kundenoffene Konstruktion (Kapitel 5.1.4.6);
- Konstruktionen unterschiedlicher Konstruktionszeit und -kosten (Kapitel 5.1.4.7).

5.1.4.1 Konstruktionen unterschiedlicher Bearbeitungstiefe: Konstruktionsarten

Wenn die Bearbeitungstiefe eines Produkts unterschiedlich groß ist, kann man verschiedene Konstruktionsarten (Neu-/Anpassungs-/Variantenkonstruktion) definieren. Diese sind dadurch gekennzeichnet, dass die Konstruktionsphasen (Kapitel 5.1.3) unterschiedlich intensiv und teilweise gar nicht durchlaufen werden: je nach Konkretheit bei Arbeitbeginn. Die Bearbeitungstiefe eines Produkts bestimmt sich also aus der **Neuheit seiner Merkmale**. Wenn man auch vereinfachend sagt, dass ein Produkt durch Gestalt und Stoff bestimmt sei, so sind diese primären Merkmale doch netzartig und eng mit anderen Merkmalen, wie z. B. der Teilefertigung, dem Montage- und dem Entsorgungsverfahren, verknüpft, die sich gegenseitig beeinflussen.

Man kann mindestens acht produktbestimmende Merkmale in Form eines morphologischen Schemas anordnen und diesen die Ausprägungen „neu", „ähnlich wie" und „gleich wie" zuteilen (Bild 5.17). „Ähnlich wie" kann dabei bedeuten „wie frühere Produkte im selben Unternehmen". Dabei wird noch vereinfachend angenommen, dass nicht hinsichtlich der Komplexität unterschieden wird, wie es später in Kapitel 5.1.4.4 geschieht.

Daraus ergibt sich durch Kombination eine große Zahl von Abstufungen von Produkten unterschiedlicher Bearbeitungstiefe. Entsprechend der ganzheitlichen Auffassung der Produkterstellung ist dabei eingeschlossen, dass ein Produkt z. B. bezüglich der Merkmale 1 bis 4 gleich bleibt wie bisher und nur Merkmal 5, der Werkstoff, sich ändert. Meist werden dann aber auch die Teilefertigung und das Entsorgungsverfahren tangiert.

Aus diesen Änderungen könnten sich dann aber im Rückschluss wieder Änderungen der Merkmale 3 und 4 (Teilgestalt) ergeben, da die Merkmale vielfach miteinander vernetzt sind. Nachfolgend werden stark vereinfachend die drei in der Konstruktionsmethodik üblichen Konstruktionsarten Neu-, Anpassungs- und Variantenkonstruktion besprochen, bei denen nur die Merkmale 1 bis 5 zur Unterscheidung verwendet werden. In Bild 5.17 sind Beispiele dazu eingetragen.

Die drei Konstruktionsarten unterscheiden sich erheblich in ihrem Informationsbedarf: Wenn eine Neukonstruktion oder Neuentwicklung ansteht, benötigt man sehr viele Informationen – auch von vielen Personen –, im Gegensatz zu einer Variantenkonstruktion. – Ebenso unterschiedlich ist auch die Planbarkeit: Bei der Neukonstruktion gering, bei der Variantenkonstruktion hoch.

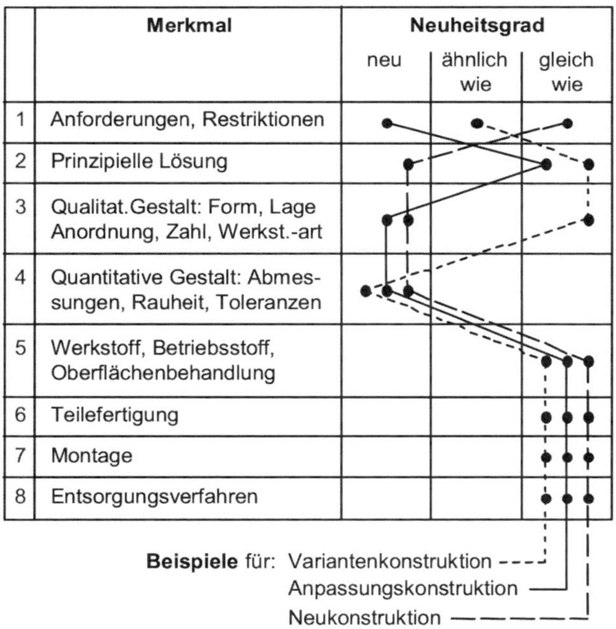

Bild 5.17 Die Bearbeitungstiefe eines Produkts ergibt sich aus der Variabilität der produktbestimmenden Merkmale. (Die Merkmale 3 bis 6 können bei Kaufteilen zu einem Merkmal zusammengezogen werden.)

a) Neukonstruktion

Wie Bild 5.18 schematisch angibt, bezeichnet man eine Konstruktionsaufgabe als eine **Neukonstruktion**, wenn alle drei Phasen: Konzipieren, Entwerfen und Ausarbeiten in gleicher Weise **neu** zu bearbeiten sind. Dies kommt nach einer Befragung des VDMA [13/5] aus dem Jahre 1987 in einer zeitlichen Häufigkeit von rund 33 % (bis 31 %)[2] aller Konstruktionsaufgaben vor. Dabei muss natürlich mit erheblichen begrifflichen Unklarheiten und firmenspezifischen Streuungen gerechnet werden. So hat die Analyse eines konstruktionsmethodisch Sachkundigen bei sechs Werkzeugmaschinenherstellern ergeben, dass nur ca. 10 % der Konstruktionsaufgaben der Neukonstruktion zuzurechnen sind, ca. 15 % der Anpassungskonstruktion und ca. 70 % der Variantenkonstruktion. Diese Zahlen sind in Bild 5.18 in Klammern angegeben [14/5].

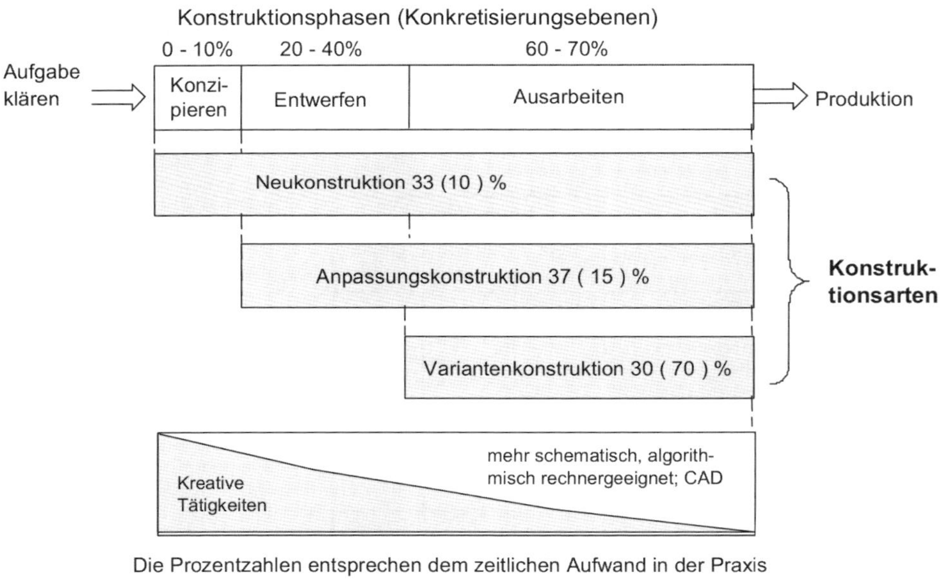

Bild 5.18 Zuordnung der Konstruktionsarten zu den Konstruktionsphasen (nach VDI-Richtlinie 2222 [10/5]). Zahlenangaben s. Bild 5.5, VDMA [13/5], in Klammern nach Romanow [14/5]. Die Angaben des VDMA [13/5] stimmen im Rahmen der Streuung mit denen von 2007 [75/5] und 2012 [86/5] überein. (Siehe Fußnote)

Wirklich innovative Neukonstruktionen, für die weder in der eigenen Firma noch bei Konkurrenten nicht wenigstens ähnliche Vorläufer bekannt sind, dürften sehr selten sein. Beispiele dafür wären die Neukonstruktion des ersten Düsentriebwerkes oder die Neukonstruktion der ersten Magnetschwebebahn. Dies sind Verwirk-

2) Die erste Zahl des VDMA ist die von 1987 [13/5], die zweite Zahl im Text in Klammer ist die von 2007 [75/5] bzw. 2012 [86/5].

lichungen von physikalischen Effekten, die bei einer bestimmten Produktart erstmalig angewendet werden.

Eine auf Innovation ausgerichtete Konstruktionsart kann nach Schiele [15/5] auch als **Fortschrittskonstruktion** bezeichnet werden. Im Maschinenbau stammen 28 % des Umsatzes von Produkten, die drei Jahre zuvor so noch nicht bekannt waren (Innovationsrate; siehe auch Bild 7.8). Unter Fortschrittskonstruktion kann man die Neukonstruktion und die Anpassungskonstruktion an innovative Bedingungen (z. B. bisher nicht eingesetzte Werkstoffe) verstehen. Die nachfolgend beschriebenen Konstruktionsarten sind dann mehr der **konstruktiven Abwicklung** zuzuordnen (siehe Kapitel 5.2.2).

b) Anpassungskonstruktion

Ist die prinzipielle Lösung (Konzept) bekannt und „nur" noch ein neuer Entwurf und die Ausarbeitung nötig, so wird diese Konstruktionsart mit **Anpassungskonstruktion** bezeichnet. Häufigkeit nach VDMA 37 % (bis 31 %). Dabei werden Gestalt, Werkstoff und Abmessungen an veränderte Anforderungen angepasst.

Die Anforderungen bezüglich Gestalt und Abmessungen können auch durch andersartige Werkstoffe und/oder Fertigungsverfahren bedingt sein. Selbstverständlich kann bei komplexen Produkten im Rahmen einer Anpassungskonstruktion die Neukonstruktion einzelner Funktionsträger notwendig werden (siehe Verschachtelung in Bild 5.20). Die **Weiterentwicklung** ausgehend von bekannten Produkten und die **Konstruktion eines Baukastens** oder einer **Baureihe**[3] bei meist vorhandenen Vorläufern in Form von Einzelmaschinen ähneln dieser Konstruktionsart.

c) Variantenkonstruktion

Sind auch die Gestalt und der Werkstoff bekannt und müssen im wesentlichen nur noch Maße z. B. aufgrund veränderter Kundenanforderungen geändert werden, so spricht man von **Variantenkonstruktion**. Beispiele dafür sind Getriebe oder Turboverdichter, die für andere Leistungsanforderungen, Durchsatzmengen oder Drehzahlen geändert werden müssen. Variantenkonstruktionen eignen sich nach der Programmierung der Konstruktionslogik (d. h. nach der Formalisierung der Beziehungen zwischen Anforderungen und Beschaffenheitsmerkmalen) hervorragend für automatisches Konstruieren (Kapitel 2.3.3) [16/5]. Die Häufigkeit von Variantenkonstruktionen mit 30 (bis 38 %) könnte wahrscheinlich noch erhöht werden, wenn gezielt darauf hingearbeitet würde und mehr Nachdruck auf modulare Konstruktionen, wie u. U. kombinierte Baureihen- und Baukastensysteme sowie Plattfombauweisen gelegt würde, so dass dann mehr standardisierte Teile und

3) Hier sind die Definition und Konstruktion von Elementen eines Baukastens bzw. des Grundentwurfs einer Baureihe gemeint, und nicht das Zusammenstellen von Baukastenelementen zu einem Produkt oder das Ableiten einer bestimmten Baugröße aus dem Grundentwurf einer Baureihe. Letzteres ähnelt einer Variantenkonstruktion.

Abmessungen vorkommen und nur noch geringfügig geändert werden muss. (Siehe Kapitel 9.4 Variantenmanagement).

Grenzen der Einteilung in Konstruktionsphasen und -arten

Konstruktionsphasen können in der Praxis selten so sequenziell abgearbeitet werden, wie man das aus Bild 5.18 entnehmen könnte. Das ist nur bei Aufgaben mit nicht stark voneinander abhängigen Teilfunktionen oder bei geringerem Neuheitsgrad möglich. Um in der Lage zu sein, z. B. prinzipielle Lösungen, die in der Konzeptphase noch verhältnismäßig abstrakt erdacht und skizziert worden sind, zu beurteilen und feststellen zu können, ob sie zu anderen bereits gefundenen Teillösungen passen, muss man die entsprechende Baugruppe (Modul) konkretisieren und u. U. sogar dimensionieren. Das bedeutet, dass man alleine deshalb schon von der Konzeptphase in die Entwurfsphase vordringen muss.

Bild 5.19 zeigt dieses typische iterative Springen am realen Ablauf der Neukonstruktion einer Verpackungsanlage. Die Ursachen waren hier Änderungen am ursprünglichen Mechanisierungs- und Automatisierungsgrad aufgrund von Projektergebnissen, die vorher nicht absehbar waren, oder Zusatz- und Änderungswünsche der Kunden. Zu beachten ist auch, dass zwischendurch zweimal Muster gebaut wurden [17/5]. Es sei noch einmal betont, dass die Unterteilung des Konstruktionsprozesses in die obigen Konstruktionsphasen nur eine Arbeitshilfe darstellt. Ein gutes Konzept braucht nicht unbedingt einen guten Entwurf und dieser kein erfolgreiches Produkt ergeben.

Trotzdem ist es im Sinne effektiven Konstruierens anzustreben, keine unnötigen Rücksprünge zu machen, die z. B. auf gedankliche Fehler, Ungeduld oder innere Unordnung zurückzuführen wären. Wie Fricke [18/5] zeigt, führt das „flexible" Abarbeiten eines Vorgehensplans zumindest bei der untersuchten Aufgabenart (Vorrichtung) zu guten Konstruktionsergebnissen. Ähnliches zeigt sich auch bei eigenen Untersuchungen (Kapitel 3.4).

Bei komplexen Produkten lassen sich ferner die Konstruktionsphasen schon deshalb nicht für das ganze Produkt eindeutig abgrenzen, da in mehreren Ebenen der späteren Baustruktur gearbeitet wird (Bild 5.20). Beispielsweise muss beim **Entwerfen** eines Getriebes ein **Konzept** für eine vom Getriebeinneren her angetriebene, angeflanschte Schmierölpumpe gefunden werden. (Zusatzbaugruppe; siehe Bild 8.25). Das bedeutet eine Entscheidung zu treffen zwischen verschiedenen möglichen Arten von Schmierölpumpen (z. B. Schraubenspindel-, Zahnrad-, Ringscheibenpumpe) und verschiedenen Antriebsarten (z. B. Direktantrieb, Zahnrad-, Zahnriemenantrieb). Daraufhin wird ein **Entwurf** für eine gewählte prinzipielle Lösung durchgearbeitet (z. B. für eine Schraubenspindelpumpe mit Stirnzahnradantrieb). Dabei zeigt sich, dass zunächst die Lagerung des Antriebsrades für die Pumpe **konzipiert** werden muss (z. B. ohne Lagerung direkt auf den Wellenstumpf der Pumpe aufgesetzt; mit getrennter Gleit- oder Wälzlagerung; dann, mit welcher

Kupplungsart verbunden?). Dann muss diese Lagerung **entworfen** und in die bereits vorgestaltete Umgebung des Getriebegehäuses bzw. Radsatzes eingepasst werden. Erst dann geht es wieder weiter mit dem Entwerfen des Getriebes insgesamt. Die **Konstruktionsphasen** sind also **ineinander verschachtelt** (vgl. Verschachtelung von Vorgehenszyklen in Bild 4.14, bzw. rekursiver Einsatz in Bild 3.29).

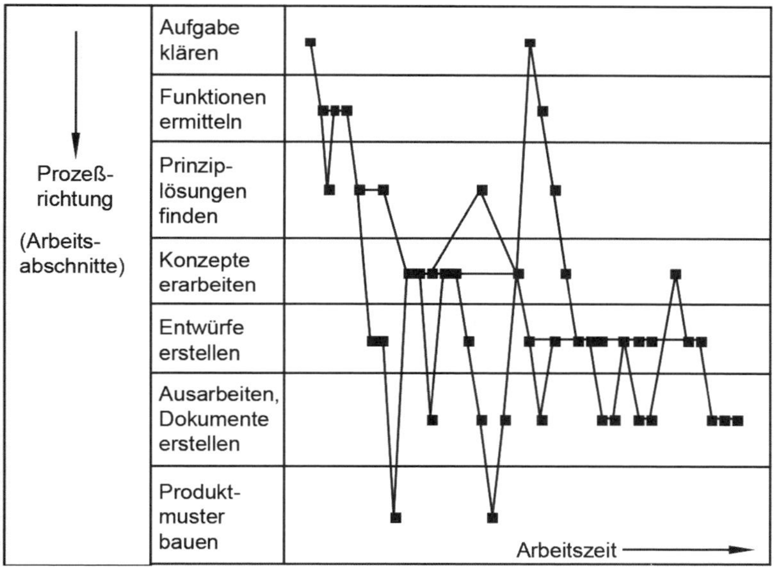

Bild 5.19 Realer Ablauf der Neukonstruktion einer Verpackungsanlage (nach Birkhofer [17/5])

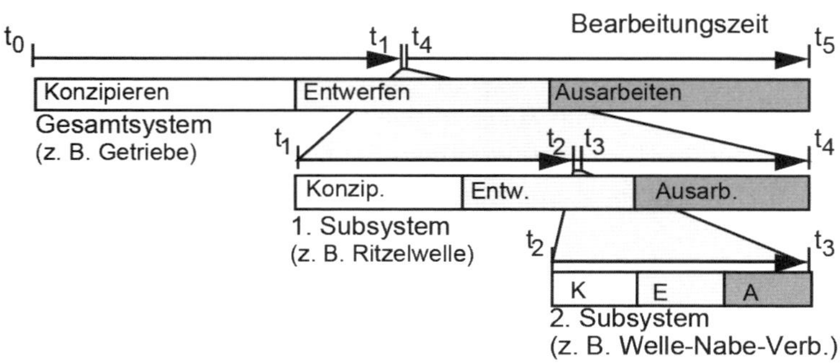

Bild 5.20 Verschachtelung der Konstruktionsphasen Konzipieren, Entwerfen und Ausarbeiten. Es gibt nicht nur den kontinuierlichen Ablauf oben von der Zeit t_0 nach t_5, sondern eben auch dazwischen (t_1 nach t_4) zu schiebende Abläufe für wichtige Unterteile des Projektes

Konstruktionsarten sind ebenso wenig für das gesamte Produkt eindeutig abzugrenzen, da auch hier häufig eine Verschachtelung, bezogen auf die Komponenten des Produkts, eintritt. So kann z. B. die Gesamtkonstruktion einer Fräsmaschine durchaus eine Neukonstruktion sein, obwohl der Hauptantrieb eine Variantenkonstruktion darstellt. Es muss dafür keine neue prinzipielle Lösung gesucht werden, da die bisher bekannte befriedigt und nur in den Abmessungen verändert werden muss. In Kapitel 9.3.3.2 ist die Verschachtelung am Beispiel eines Betonmischers gezeigt.

5.1.4.2 Konstruktionen mit unterschiedlicher Eigenschaftsermittlung durch Berechnung und Versuche

Die Produkteigenschaften bei der Nutzung des Produkts müssen vor der Auslieferung an den Kunden möglichst genau vorhergesagt werden. Andernfalls riskiert man Beanstandungen und Schäden. Da Berechnung und Simulation der Eigenschaften meist sehr viel kostengünstiger und weniger zeitaufwendig sind, strebt man an, Versuche mit Labormustern oder Prototypen möglichst zu vermeiden (Kapitel 7.8). Dies ist aber meist nur bei Anpassungs- und Variantenkonstruktionen möglich, wenn man sich im Rahmen bekannter Eigenschaften bewegt. Das bedeutet, dass man sich auch im Rahmen bekannter Abmessungen, Werkstoffe, Fertigungsverfahren, Umsatzprodukte und Einsatzarten befinden muss. Alle anderen konstruktiven Lösungen, insbesondere Neukonstruktionen, müssen meist trotz Computersimuilation (FEM, VR, DMU) versuchsmäßig erprobt werden. Sie werden also in enger Zusammenarbeit mit dem Versuch entwickelt.

Wie Bild 5.21 zeigt, geht man dabei sowohl bei der **Eigen**- wie der **Kundenerprobung** nach der Strategie „Vom weniger Kostspieligen zum Kostspieligen" vor. Man schraubt sich mit den gewonnenen Versuchserfahrungen immer weiter hinunter „auf den Boden der realen Bedingungen" und durchläuft immer wieder iterativ den Konstruktions- und Produktionsprozess. (Man erreicht die „Ergebnisebene" nach Bild 6.4). Nach jeder Erprobung werden konstruktive und evtl. produktionstechnische Änderungen durchgeführt. Trotzdem kommen dann im praktischen Einsatz immer wieder neue Überraschungen vor, von deren Bedingungen man im Versuchsbetrieb (oft unbewusst) abstrahiert hatte.

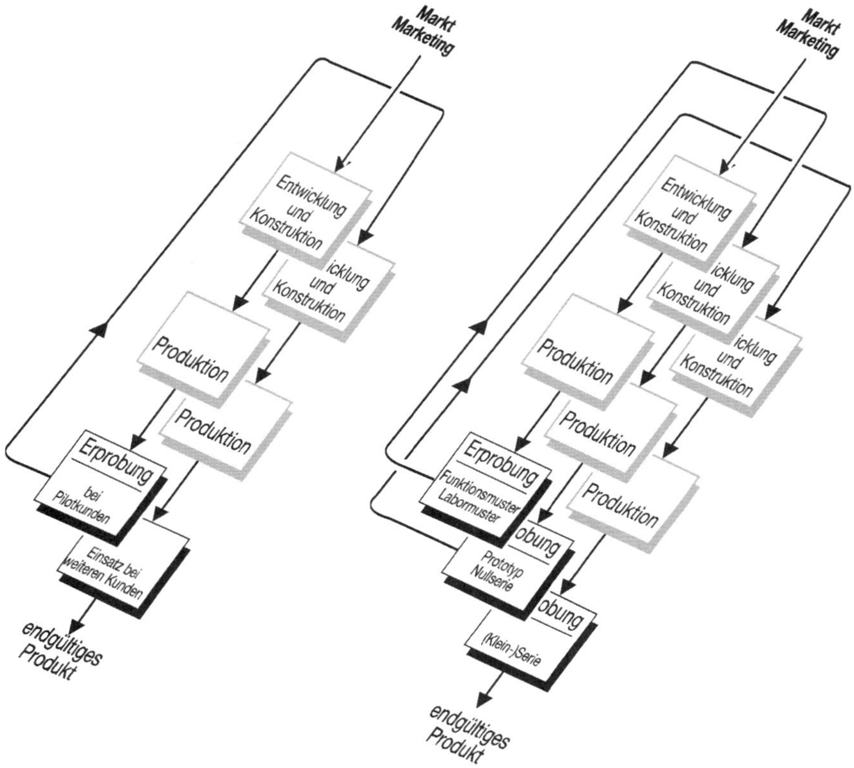

a) Produkterstellung mit **Kundenerprobung**

b) Produkterstellung mit **Eigenerprobung**

Bild 5.21 Produkterstellung mit unterschiedlicher Erprobung (iterative Anwendung des Vorgehenszyklus): a) Kundenerprobung insbesondere bei Einzelfertigung (z. B. Großmaschinen wie Großgetriebe, Kompressoren, Papiermaschinen); b) Eigenerprobung insbesondere bei Serien- und Kleinserienfertigung (z. B. kleinere verfahrenstechnische Maschinen, elektronische, optische Geräte, Fahrzeuge)

5.1.4.3 Korrigierendes und generierendes Vorgehen

Ein Großteil der Konstruktionsarbeit betrifft die **Weiterentwicklung** von Produkten. Darunter sei verstanden, dass das zu bearbeitende Produkt wenigstens als prinzipielle Lösung (Konzept) im Unternehmen existiert. Somit enthält die Weiterentwicklung im Schwerpunkt die Phasen Entwerfen und Ausarbeiten und die Konstruktionsarten Anpassungs- und Variantenkonstruktion.

Man geht dabei von einem **Vorläuferprodukt** und der Analyse von dessen **Schwachstellen** aus und hat ganz spontan erste Lösungsideen, wie die Schwachstellen beseitigt werden können. Damit steht man vor der Entscheidung, ob man diese ursprünglichen Lösungsideen weiterverfolgen soll, also korrigierend tätig wird, oder ob man einen grundsätzlich neuen, generierenden Ansatz wählen soll (vgl. auch Bild 3.43, Bild 3.44 und Kapitel 8.5).

a) Beispiel

An einem einfachen Beispiel soll das erläutert werden (Bild 5.22). Ein Schieber wird in zwei Führungen 1 und 2 eines Führungsteils, das mit vier Schrauben an einer Grundplatte befestigt ist, geführt (Lösung a in Bild 5.22). Als eine **Schwachstelle** hat sich die Montage erwiesen. Die Montagekosten sind zu hoch. Die Analyse ergibt, dass das Einfädeln des Schiebers wegen der scharfen Kanten schwierig ist und dass der Schieber manchmal klemmt, da offenbar die Führungen statisch überbestimmt sind. Aus dieser genauen Analyse sind bereits erste Lösungsideen sichtbar geworden, die zu einer **Korrektur** des Schiebers an der Stelle A (mehr Luft, andere Toleranzen) und an der Stelle B (Schieberkanten mit Fasen versehen) führen können (Lösung b in Bild 5.22). Mit diesen Korrekturen wäre also die Schwachstelle behoben.

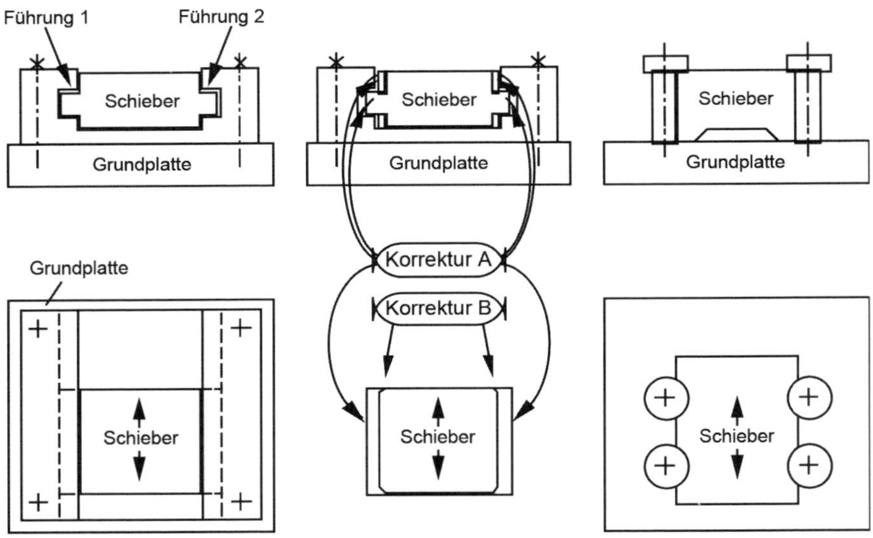

a) Ausgangsprodukt

b) Korrektur des Schiebers an Stelle A (mehr Luft, andere Toleranzen) und B (Fasen): 15% Montagekosten gespart oder 3% der Herstellkosten

c) Neues Grundprinzip 80% der Herstellkosten gespart

Bild 5.22 Beispiel für korrigierendes und generierendes Vorgehen beim Konstruieren: a) Ausgangsprodukt; b) korrigierte Lösung; c) neu generierte Lösung

Die dargestellten Korrekturen lassen sich mit einem geringen **Änderungsaufwand** durchführen. Das **Risiko**, die Funktion des Produkts durch die Korrekturen zu verschlechtern, wird vom Konstrukteur als gering eingestuft, da die Korrekturen in ihren Auswirkungen gut zu überblicken sind.

Bei der Analyse der Korrekturen stellt sich für den Konstrukteur aber die Frage, ob die Lösung nicht grundsätzlich **„generierend“** verbessert und hinsichtlich der Kosten günstiger gestaltet werden könnte. Er ahnt Potenziale und überlegt weiter, ob die **Konstruktionszeit** für ein generierendes Vorgehen bei der Lösungssuche überhaupt zur Verfügung steht. Aufgrund dieser Überlegungen entschließt er sich zu „generierendem Vorgehen bei der Lösungssuche“. Das Ergebnis von 15 Minuten Variationsüberlegungen und 1½ Stunden Konstruktionsarbeit zeigt Lösung c) in Bild 5.22. Ein neues Konzept wurde entwickelt: Die Führung besteht nur noch aus je zwei abgesetzten Schrauben, die mit einer Passung direkt in die Grundplatte geschraubt sind. Das komplizierte Führungsteil mit Führung 1 und 2 ist unnötig. Der Schieber selbst ist einfacher geworden. Eine Überschlagskalkulation ergibt, dass bei Lösung b) 15 % der Montagekosten, aber nur 3 % der Herstellkosten gespart werden, während bei Lösung c) ca. 80 % der Herstellkosten dieser Funktionsgruppe eingespart werden. Inwieweit die Lösungen b) und c) technisch gleichwertig sind, soll hier nicht analysiert werden. Weitere Beispiele für korrigierendes Vorgehen zeigen Kapitel 8.5 und 8.6.

b) Erkenntnis

Man erkennt aus dem Beispiel die **Problematik der Entscheidung zwischen korrigierendem und generierendem Vorgehen**. Da nach Dylla rund 80 % der Konstruktionszeit mit korrigierendem Vorgehen bei der Lösungssuche verbracht werden [19/5], liegt diese Art des Vorgehens nahe: Sie geht unmittelbar aus der Schwachstellenanalyse hervor und ist schnell zu bewerkstelligen (Kapitel 3.4.2). Sie dominiert in der Praxis.

Die Entscheidung muss also die Fragestellung beantworten: „Soll ausgehend von einer Schwachstellenanalyse korrigierend vorgegangen werden oder eine generierende, grundsätzliche Lösungssuche vorgezogen werden?“ Die Kriterien dafür wurden im obigen Beispiel aufgezeigt (s. a. Vorteil-Nachteil-Vergleich in Bild 3.45). Um diese Entscheidung bewusst zu machen und sie in die Methodik einzugliedern, sollen Begriffe und das Vorgehen genauer aufgezeigt werden.

c) Begriffe

- Unter **korrigierendem Vorgehen** versteht man eine Änderung eines Produkts aufgrund einer Anforderung oder erkannten Schwachstelle mit minimalem Änderungsaufwand. Das Vorgehen ist dementsprechend „schwachstellengetrieben“. Das vorhandene Konzept oder Gestaltungsprinzip wird beibehalten. Dies entspricht einem Vorgehen „bottom-up“ und dem kontinuierlichen Verbesserungsprozess (KVP, KAIZEN; Kapitel 4.4.2). Für den Konstrukteur ergibt sich ein Gefühl innerer Sicherheit und Kompetenz. Das Vorgehen entspricht auch dem Einfachheitsprinzip (Kapitel 3.2.2) und der Denkökonomie (Kapitel 3.6). Das Funktionsrisiko der korrigierten Lösung ist im Allgemeinen gering, denn es wird ja wenig geändert. Deshalb entstehen auch kaum neue Schwachstellen oder Mängel. Die Konstruktionsarten Anpassungs- und Variantenkonstruktion sind beim korrigierenden Vorgehen vorherrschend.

- Unter **generierendem Vorgehen** werden - oft ausgehend von einer bestehenden Lösung - durch einen Abstraktions- und nachfolgenden Konkretisierungsprozess meist mehrere völlig neue Lösungen angestrebt, aus denen ausgewählt wird. Das Vorgehen ist eher „anforderungs- oder funktionsgetrieben". Das vorhandene Konzept oder Gestaltungsprinzip kann sich ändern. Das Vorgehen entspricht also einer Neukonstruktion mit dem bekannten konstruktionsmethodischen Vorgehen: „top-down" (Bild 6.12). Es wird im Gegensatz zu der in Bild 3.32 angegebenen Strategie II.1 („Vom Vorhandenen, Bekannten ausgehen") die Strategie II.3 („Zuerst das Wirkungsvollste") bevorzugt. Der größere Aufwand und das Risiko der Innovation werden im Hinblick auf die erhoffte durchschlagende Wirkung in Kauf genommen.

d) Vorgehen

Das Vorgehen unter Einsatz des Vorgehenszyklus ist in Bild 5.23 dargestellt. Der mittlere Arbeitsabschnitt „Lösungen suchen" hat zwei Alternativen. Je nach Entscheidung wird der linke Teil II a) „korrigierendes Vorgehen bei der Lösungssuche" oder der rechte II b) „generierendes Vorgehen bei der Lösungssuche" eingeschoben. Dabei kann es sein, dass die Aufgabe nicht nur noch einmal abstrahiert, sondern auch verfeinert strukturiert werden muss. Dies ist im Bild 5.23 durch den gestrichelt eingezeichneten Arbeitsabschnitt I b) des Vorgehenszyklus angedeutet.

Unter „**I) Aufgabe klären**" werden zunächst die Anforderungen ermittelt und das Ausgangsprodukt auf Schwachstellenarten und -ursachen analysiert. Das geht meist „Hand in Hand". Bei komplexeren Verhältnissen wird man zur Strukturierung gezwungen sein, d. h. zur Aufgliederung nach ordnenden Gesichtspunkten (Kapitel 7.5.5.1). Meist kommen dabei schon erste Lösungsideen ins Blickfeld. Das entspricht unserem Denken in TOTE-Schemata und kann nicht auf Arbeitsabschnitt II a) oder II b) verlagert werden, obwohl dies im Sinne eines systematischen Vorgehens folgerichtig wäre.

Wie aus obigem Beispiel erkennbar ist, ergeben sich um so eher wirkungsvolle Abhilfe- oder Lösungsideen, je sorgfältiger die Schwachstellenanalyse mit der zugehörigen Ursachenforschung durchgeführt wird (s. a. Kapitel 8.5.4). Das Vorgehen bei der Schwachstellenanalyse wird in Kapitel 3.3.4 und bei der Schadenanalyse in Kapitel 7.8.1.2 angesprochen. Siehe auch nachfolgend das Vorgehen, beim Mercedes A-Klasse das Schleudern zu verhindern.

Ein weiteres Beispiel: Als Ursache für den Dauerbruch einer Welle wird eine zu scharfe Kerbe entdeckt. Bei korrigierendem Vorgehen wird z. B. der Ausrundungsradius der Kerbe vergrößert, bei generierendem Vorgehen wird dagegen z. B. eine neue Lösung ohne Kerbe erzeugt.

Die weiteren in Bild 5.23 angegebenen **Arbeitsabschnitte II a) bzw. II b) und III) „Lösung auswählen“** sprechen in ihren Teilschritten für sich selbst, so dass sie hier nicht mehr weiter erläutert werden müssen. Die Beispiele in Kapitel 8.5 und 8.6 beschreiben das Vorgehen ausführlich.

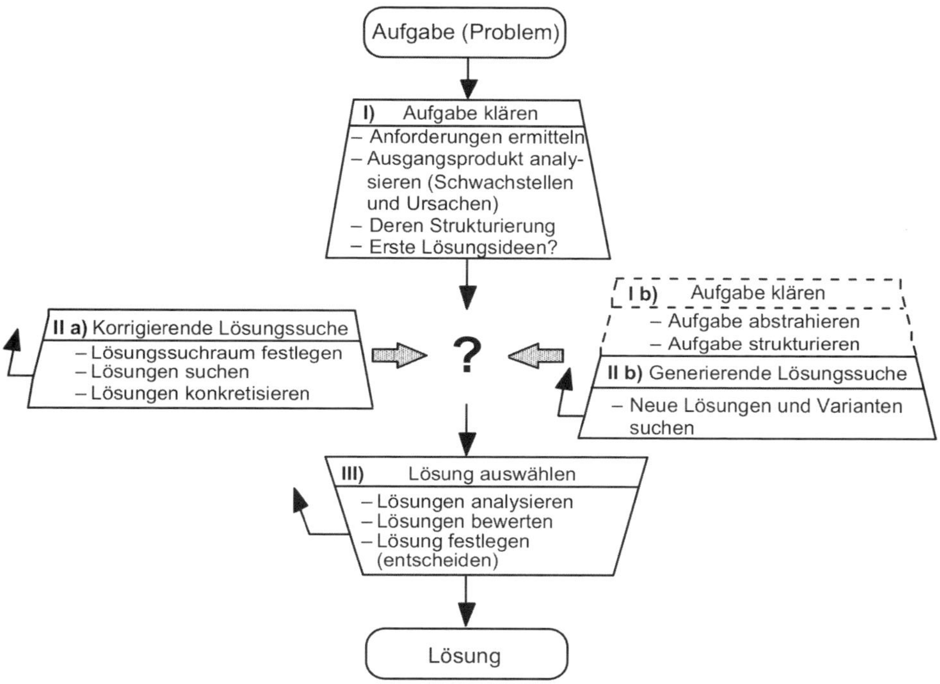

Bild 5.23 Vorgehenszyklus mit alternativer Lösungssuche: Entscheidung zwischen korrigierendem Vorgehen (II a, links) oder generierendem Vorgehen bei der Lösungssuche (II b, rechts) [nach Giapoulis, Günther, Schlüter]

Generell ist anzumerken, dass ein **generierendes Vorgehen** eher im Bereich der Konzeptphase bei der Neukonstruktion eingesetzt werden dürfte, während ein **korrigierendes Vorgehen** beim Entwerfen und Ausarbeiten seinen Platz hat. Da diese Konstruktionsphasen in der Praxis dominieren, ist auch die quantitativ überragende Bedeutung des korrigierenden Vorgehens einleuchtend. (Siehe Dylla [19/5]).

5.1.4.4 Konstruktionen höherer Komplexität – mechatronische Produkte

Produkte erstrecken sich von Einzelteilen (z.B. einfachen Werkzeugen) bis zu hochkomplexen Anlagen (Bild 2.15). Dementsprechend unterschiedlich komplex sind die zugehörigen Konstruktionsarbeiten und deren Organisation. Konstruktionsprozesse können ferner bei komplexen Produkten, die zunehmend mehr durch den Einbau von elektronischen oder softwaretechnischen Steuerungs- und Regelungsanteilen entstehen, eine neue Qualität bekommen.

„Mechatronische“ Produkte, die heute zur Regel geworden sind, erfordern das Zusammenwirken unterschiedlicher Spezialisten z.B. aus Mechanik, Elektronik, Pneumatik, Software in einem parallelisierten Prozess (siehe Bild 5.24, Kapitel 4.4; Kapitel 10; Beispiel Kapitel 4.4.1.3; siehe auch Kapitel 7.4.2.4 mit Besprechung der VDI/VDE-Richtlinie 2422) [57/5; 59/5; 77/5]. Viel beachtete Beispiele sind Pkw mit hybridem oder rein elektrischem Antrieb, z.B. mit Radnaben-Elektromotor und elektronischer Keilbremse.

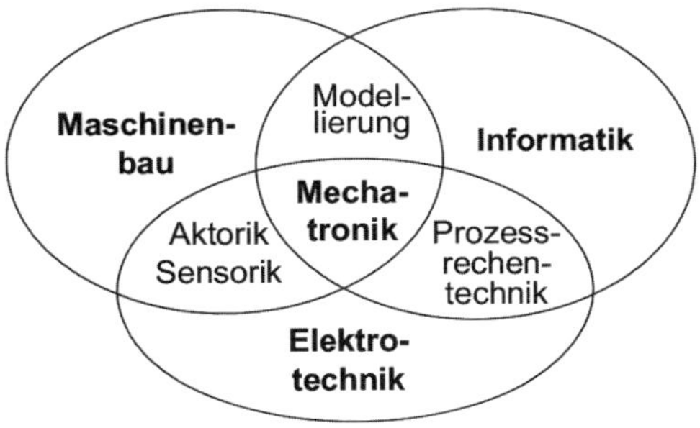

Bild 5.24
Was ist Mechatronik? (Nach Noack, SKF)

Bei komplexeren Geräten und Maschinen muss deshalb bereits bei der Aufgabenklärung gemeinsam (z.B. von der mechanischen Konstruktion, elektronischen Entwicklung bzw. Software-Entwicklung) festgelegt werden, welche Konstruktions-/Entwicklungsgruppe welche Aufgabenteile bearbeitet und wo die gegenseitigen Schnittstellen liegen (Bild 5.29 bis 5.30 und Bild 5.32). Dies ist auch deshalb wichtig, da **Aufgabenteile gegenseitig verschoben** werden können: Es kann z.B. eine Waschmaschinensteuerung jeweils mehr elektromechanisch, elektronisch oder in Software realisiert werden. Das hat Einfluss auf Baugröße, Kosten und Zuverlässigkeit (Bild 6.11). Bei Kiel [70/5] ist ein **mechatronisches Baukastensystem** beschrieben, das die Funktionen „Antreiben“ und „Bewegen“, vorzugsweise für die Maschinenbau-Praxis, durch eine enge Abstimmung von Mechanik und Steuerungssoftware erfüllt. Die Mechanik wird also immer mehr abhängig von der Elektronik und diese wird durch die Software geregelt. Damit wird eine hohe Flexibilität möglich. – Andere Beispiele sind Sonder- und Werkzeugmaschinen, Papiermaschinen, Verpackungsanlagen, die heute vielfältige Steuerungs- und Regelungsprozesse enthalten. Im Maschinenbau wird der Anteil der Mechanik an den Produktselbstkosten im Lauf der Jahre immer mehr von den **Kosten der Elektronik und der Software** zurückgedrängt. Dies ist natürlich stark abhängig von der Produktart. – So machte nach VDMA Maschinenbaunachrichten 1998 der Softwareanteil an den Investitionskosten eines Produktes bereits 40 % der Gesamtkosten aus und war damit so hoch wie der Kostenanteil der Mechanik. Und die

Arbeitsumfänge in Stunden in **Entwicklung und Konstruktion** sind nach VDMA [86/5] im Mittel über alle Konstruktionsarten 2012 wie folgt gewesen:

- 45–49 % Mechanik
- 21–26 % Elektrik/Elektronik
- 25–33 % Software

Um aber nachfolgend nicht nur Fahrzeugbeispiele anzuführen sei erwähnt, dass selbst in das fast einfachste Maschinenelement Schraube Elektronik integriert wird: In [62/5] wird eine Schraube mit einem mittigen Ultraschall-Sensor beschrieben, mit dem man auf ±3 % genau, selbst bei Serienmontage, die Vorspannkraft messen kann.

Hervorragend ist in VDI 2206 dargestellt wie in 120 Jahren die Entwicklung der Pkw-Bremse von der mechanischen Benz-Bremse 1885 bis zur heutigen elektromechanischen Bremse mit einer Steuerung „By Wire" ohne Bremsflüssigkeit in vielen Etappen vor sich ging. Die Informationen aus ABS und ESP werden mitverarbeitet. (Die Markteinführung war 2003 für 2006 vorgesehen [58/5]) – Die „By-Wire-Technologien" machen nicht nur die hydraulische Bremse, sondern auch die mechanische Kupplung und Lenkung überflüssig. – Während der Fahrt kann sich das Fahrwerk dem Fahrstil des Fahrers beliebig anpassen.[4]

Ein weiteres anschauliches Beispiel für ein mechatronisches System mit integrierten mechanischen, hydraulischen, elektronischen, softwaretechnischen Baugruppen ist das in modernen Kraftfahrzeugen heute serienmäßige **Elektronische Stabilitätsprogramm ESP**.

Motivation für die Entwicklung war die Erhöhung der Fahrsicherheit von Fahrzeugen. Diese erfolgt einerseits durch Vermeiden des Blockierens der Räder und andererseits durch Vermeiden von Schleuderbewegungen. Ausgangspunkt war die Entwicklung von Antiblockiersystemen (ABS), deren Funktionalität heute integriert ist in das EPS.

Bild 5.25 beschreibt die wesentlichen Kriterien für EPS, Bild 5.26 zeigt eine aktuelle Realisierung in der neuen A-Klasse von Mercedes.

Während die Antiblockier-Funktion vor allem auf die Fahrzeug-Längsrichtung konzentriert ist, beeinflusst das ESP die Querdynamik. Die Fahrdynamik-Regelung stellt sicher, dass ein Schleudern des Fahrzeugs vermieden wird. Die Stabilisierung wurde nicht etwa durch eine wesentliche Veränderung der mechanischen Eigenschaften des Fahrzeugs erreicht, sondern durch Sensoren an den Rädern, am Steuerrad und im elektronischen Steuergerät, die über ein Programm (ESP) Aktoren z. B. zum gezielten Bremsen der richtigen Räder veranlassen. Unabhängig von der Reaktion des Fahrers!

---

4) Bis zur 6. Auflage ist es nur versuchsweise realisiert worden. Es scheint noch nicht sicher genug und die Kosten sind auch noch zu hoch.

Elektronisches Stabilitätsprogramm ESP
Ausgangspunkt: Bei 30-40% aller tödlichen Pkw-Unfälle ist die Unfallursache auf überzogene Lenkreaktionen und dadurch verursachtes Schleudern zurückzuführen. (*Quelle: Bosch*)
Ziel: Richtungsstabilität des Fahrzeugs unter allen Umständen aufrecht erhalten.
Anforderungen: • gezieltes Bremsen einzelner Räder • Reduzierung des Motordrehmomentes • Stabilisierung durch Lenkkorrekturen
Realisierung: • Erweiterung des Sensor-Konzeptes (Gierraten- / Querbeschleunigungs- / Lenkradwinkel- und Vordrucksensor • Unabhängig vom Fahrer kann hydraulischer Druck in einzelnen Radbremszylindern aufgebaut werden • Hauptaugenmerk: Informationsverarbeitung und Sensorik

Bild 5.25 Das Elektronische Stabilitätsprogramm ESP (nach [81/4])

Heute ist diese Technik eine Sebstverständlichkeit. – Übrigens wurde hier nicht nur korrigierend vorgegangen, sondern in einer generierenden Sicht eine ganz neue Idee realisiert!

Der Anlass, das ESP serienmäßig einzubauen, kam, als sich im Oktober 1997 bei der ersten Präsentation der A-Klasse herausstellte, dass das Fahrzeug beim „Elchtest“ schleuderte und sich überschlug. Als besonderes Sicherheitskonzept sollte sich der tiefgelegte Motor im Fall eines Aufpralls unter den Fahrer schieben und so die Aufprallenergie vernichten. Der Fahrer saß deshalb höher als sonst und damit auch die anderen Passagiere. Als Folge war das Fahrzeug kurz, aber hoch und hatte einen doppelten Boden. Außerdem wurde bei Mercedes zum ersten Mal ein Frontantrieb realisiert. – Um trotz der geforderten kurzen Entwicklungszeit sicher zu gehen, wurden von dem jungen Entwicklungsteam intensiv Computer-Simulationen eingesetzt. Aber unter den durchgeführten Test-Arten war der erwähnte Schleuder-Test eben nicht. [32/7.10].

Der Hintergrund für diesen Entwicklungsfehler war nach Badke-Schaub und Frankenberger [76/3] kein technischer, sondern ein psychologischer, nämlich das „group-think“-Phänomen: Es wurde Konsens um jeden Preis gesucht. Damit ging alles plangemäß schnell, denn unliebsame Gegen-Meinungen und widersprüchliche Informationen wurden unterdrückt. Man schottete sich nach außen ab. Notfall-Konzepte fehlten – Die goldene Mitte der Gruppe zwischen Homogenität und Heterogenität war eben nicht gewahrt. Die „jungen Wilden“ waren nicht nur jung und wild, sondern auch überzeugt, dass sie dadurch einen derartigen Entwicklungsvorteil hätten, dass nichts mehr schief gehen könne. Welche Eigenschaften dabei auftreten zeigt Bild 5.27.

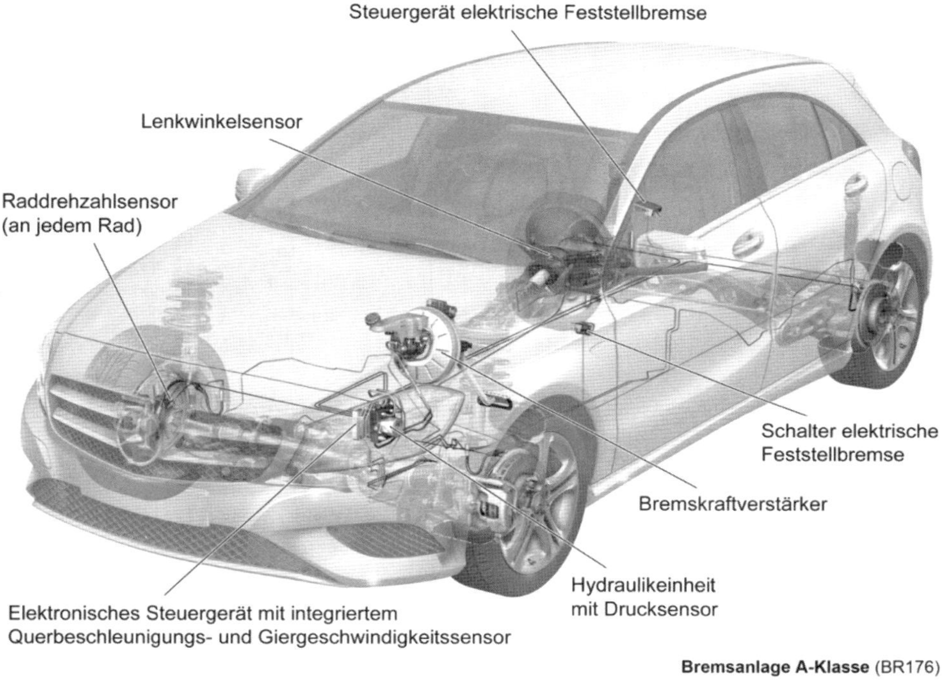

Bild 5.26 Das elektronische Stabilitätsprogramm ESP in der Mercedes A-Klasse (Quelle: Daimler mit freundlicher Genehmigung)

Voraussetzungen	direktive Führung kohäsive Gruppe = hoher Gruppenzusammenhalt Fehlen von Entscheidungsprozeduren Stress-Situation
Symptome	Konsenssuche um jeden Preis = Harmonie-Norm Abschottung nach außen Selbstüberschätzung der Gruppe Druck auf „Andersdenkende“
Fehler im Prozess	Nichtberücksichtigung alternativer Erklärungen mangelnde Wahrnehmung widersprüchlicher Informationen fehlende Notfall-Konzepte

Bild 5.27 Typische Eigenschaften von group-think-Fehlern (nach Badke Schaub u. a. [76/3])

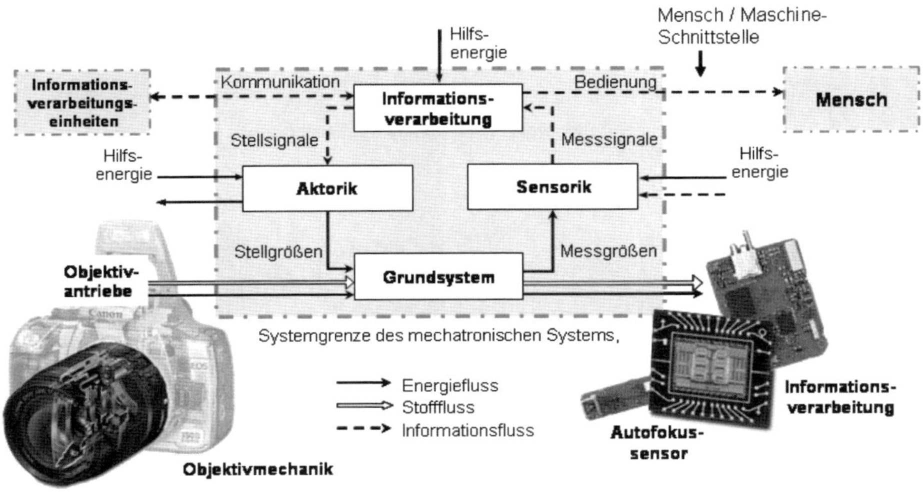

Bild 5.28 Grundschema eines mechatronischen Systems (nach VDI 2206 [58/5] und S. Zirkler [78/5]; Kamera mit freundlicher Genehmigung von Canon). Siehe auch das ähnliche Bild 7.46

Was versteht man unter einem mechatronischen System?

Ein mechatronisches System wird nach Bild 5.28 in vier Funktionsgruppen unterteilt, die meist einen Regelkreis bilden (nach VDI-Richtlinie 2206 [58/5]).

- **Grundsystem:** Dies hat im Allgemeinen eine mechanische, elektromechanische, hydraulische oder pneumatische Struktur bzw. eine Kombination aus diesen. Hier ist der Energie- und Stofffluss im Zentrum. (Generell ist allerdings ein beliebiges physikalisches System als Grundsystem denkbar, so dass insbesondere auch hierarchisch strukturierte mechatronische Systeme darstellbar sind).
- **Aktoren:** Diese bewirken das gewünschte Verhalten des Grundsystems. Sie werden durch die Stellsignale der Informationsverarbeitung gesteuert.
- **Sensoren:** Ihre Aufgabe ist die Bestimmung von ausgewählten Zustandsgrößen des Grundsystems. Sensoren können dabei physisch vorhandene Messwertaufnehmer oder aber reine Softwaresensoren sein. Die Sensoren liefern die Eingangsgrößen für die Informationsverarbeitung.
- **Informationsverarbeitung:** Diese erfolgt heute in den meisten Fällen digital, d. h. wert- und zeitdiskret, mittels Mikroprozessor [77/5]. Sie ist allgemein aber auch mittels rein analoger oder gemischt analog/digitaler (hybrider) Elektronik realisierbar. Die Informationsverarbeitung bestimmt die notwendigen Einwirkungen, um die Zustandsgrößen des Grundsystems in gewünschter Weise zu beeinflussen. Wichtig ist dabei die richtige Gestaltung der Mensch-Maschine-Schnittstelle. (Im Bild oben rechts). Diese ist erfahrungsgemäß bei vielen Geräten eher eine „Schwachstelle“!

Hinzu kommt die Energieversorgung der mechanischen Haupt- und regelungstechnischen Hilfssysteme. Zusätzlich von Bedeutung ist die Umgebung, in der das mechatronische System betrieben wird.

In VDI 2206 wird Mechatronik so **definiert:** Mechatronik bezeichnet das synergetische Zusammenwirken der Fachdisziplinen (Domänen) Maschinenbau, Elektrotechnik und Informationstechnik beim Entwurf und der Herstellung industrieller Erzeugnisse sowie bei der Prozessgestaltung. (Dabei enthält **Entwerfen** im Gegensatz zum Verständnis des Maschinenbaus auch das Konzipieren. Es ist ein Vorgang, der „ausgehend von den Anforderungen zu einer Konkretisierung eines technischen Systems führt": siehe Kapitel 5.1.3.3).

Methoden für die Entwicklung von mechatronischen Produkten

Nach VDI 2206 wird das Vorgehen beim Entwickeln mechatronischer Produkte in einen **Makrozyklus** (Bild 5.29) und einen Mikrozyklus (Bild 3.26) unterteilt, der immer wieder, bei jedem Einzelproblem, eingesetzt wird. Der **Mikrozyklus** entspricht dem Vorgehenszyklus von Kapitel 3.3.2. (Siehe Bild 3.24 und Bild 3.30). Er hat nur einen doppelten Eingang, nämlich beim einen erfolgt die Zielformulierung nach einer Situationsanalyse (Vorläufer bekannt), beim anderen ist die Zielformulierung schon vorgegeben. Im Zentrum sind zwei bogenförmige Pfeile: Synthese und Analyse, die wohl eine gelungene Darstellung des natürlichen Denkvorganges TOTE verkörpern: Jedem Lösungseinfall folgt eine (intuitive) Kurzanalyse und Bewertung. Je nach Ausgang wird dann der Lösungseinfall weiter ausgestaltet oder eine weitere Lösung gesucht.

Das **V-Modell als Makrozyklus** in Bild 5.29 ist dem Mikrozyklus übergeordnet und entspricht so einem Vorgehensplan der Konstruktionsmethodik, der ja ein Modell des gesamten Entwicklungsprozesses darstellt. (Beispiel Bild 6.11 oder Bild 6.12). Das V-Modell ist gegenüber diesen bekannten Vorgehensplänen sozusagen nur V-förmig gefaltet und enthält nicht so viele Schritte. Links oben startet man mit den gemeinsam ermittelten Anforderungen, danach folgt gemeinsam von Maschinenbau, Elektrotechnik und Informationstechnik der Systementwurf mit der Zerlegung der Gesamtfunktion in Teilfunktionen und der jeweiligen Suche nach Wirkprinzipien, woraus ein (Vor-)Entwurf entsteht. (Konstruktionsmethodisch: ein Konzept; aber hier als Entwurf bezeichnet: siehe Kapitel 5.1.3.3).

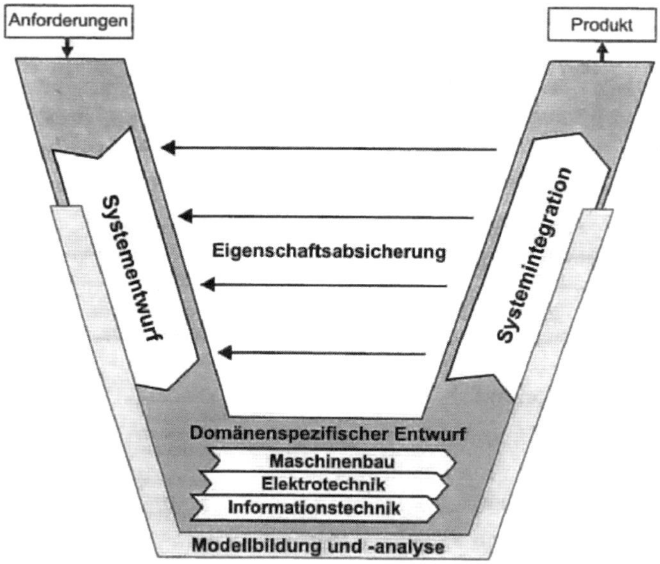

Bild 5.29 V-Modell als **Makrozyklus** (nach VDI 2206 [58/5]). Vergleiche Bild 5.30 und Bild 6.11

Die weitere Entwurfsbearbeitung erfolgt meist nach Disziplinen (Domänen) getrennt. Diese domänenspezifischen Entwürfe werden dann im aufwärtsgerichteten Schenkel zur Gesamtlösung integriert. Die vorher vereinbarte Absicherung der Eigenschaften relativ zu den Anforderungen vom linken absteigenden Ast ist hier ein wesentlicher Schwerpunkt. (Dies entspricht den rückwärts gerichteten Pfeilen in den linear aufgebauten Ablaufplänen, z.B. in Bild 6.11).

Man geht mehrmals durch dieses V hindurch: Um das Labor-, das Funktionsmuster und das Vorserienprodukt zu erzeugen. – Kritisch ist beim V-Modell anzumerken, dass nach dem gemeinsam entwickelten Lösungskonzept der Entwurf im abwärts gerichteten Schenkel nach Domänen getrennt erfolgt und dann erst im aufwärts gerichteten Schenkel die Integration dieser Entwürfe zu Stande kommen soll. – Die Erfahrungen aus der Praxis zeigen aber, dass das Integrationsgespräch während der ganzen Entwicklung fortwährend nötig ist. – Dies geht auch aus [74/5] hervor. Deshalb haben Anderl und Nattermann das V-Modell zu einem W-Modell weiterentwickelt [75/5]. Bei diesem werden die disziplinspezifischen Komponenten sehr früh gegenseitig abgeglichen. Dabei spielt eine neue Art des Datenmanagements und der Simulation eine wichtige Rolle. Diese engere Integration der Aktoren und Sensoren als elektronische Komponenten in der mechanischen Struktur wird **Adaptronik** genannt. *(www.dik.tu-darmstadt.de).*

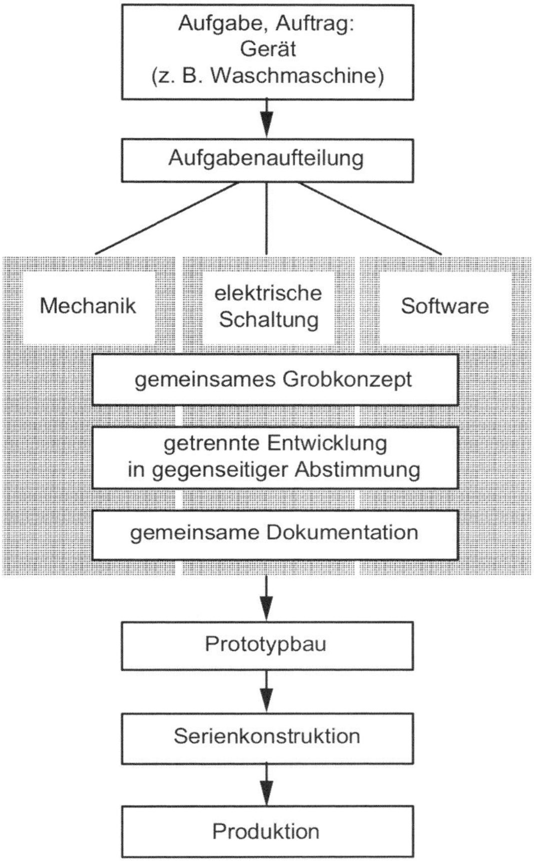

Bild 5.30 Vorgehen bei mechatronischen Produkten: Aufgabenaufteilung bei der Konstruktion einer Waschmaschine in drei verschiedene, parallel im laufenden Kontakt abzuwickelnde Konstruktionsarten: mechanische Konstruktion mit Antrieb, Entwicklung und Konstruktion der elektrischen Schaltung, Entwicklung der Software (VDI-Richtlinie 2422 [20/5]; s. auch Bild 6.11)

Weiterhin ist in Bild 5.30 ein viel einfacheres Vorgehen aus VDI 2422, auch für mechatronische Geräte, gezeigt, das allerdings gedanklich noch an den Kästchen um rückwärtsgerichtete Iterationspfeile ergänzt werden sollte. – Der mehrmalige Optimierungsdurchlauf wird nämlich mit Recht bei obigem V-Modell besonders betont. Dieser Vorgehensplan entspricht fast dem aus Bild 6.11, der sich in der Praxis bei mechatronischen Keramik-Formmaschinen bewährt hat.

Die weitere **Entwicklung von mechatronischen Produkten** wird bestimmt durch Fortschritte in der Informations- und Softwaretechnik, die auch durch das Internet der Dinge bzw. der Daten und Dienste vorangetrieben werden.

Intelligente (smarte, kognitive) Produkte richten sich auf die Situation des Nutzers ein, in dem sie durch Sensoren und Aktoren und IT-Lernen ein situationsbedingtes Verhalten zeigen, das die bisherige einfache „Bedienung" überflüssig macht. (Lindemann in [26/1; S. 872]). Beispiele: Smartphone oder Hörgerät, das durch GPS weiß, welche Lautstärke und welchen Frequenzverlauf der Nutzer in welcher Situation erwartet und sich darauf einstellt. – Autopiloten in Flugzeugen. – Selbstfahrende Pkw, die auf Anforderung durch das Smartphone selbsttätig von ihrer Parkposition losfahren, den Kunden vor Ort abholen, zum gewünschten Ziel transportieren und wieder selbsttätig in eine günstige Parkposition zurückfahren. – Pkw-Service-Systeme können bei einem bestimmten erkannten Fehler einen Notruf an einen Dienstleister zur Reparatur aussenden. – In der Industrie 4.0-Umgebung „wissen" Teile, welcher Arbeitsgang als nächster für sie ansteht, begeben sich dorthin und wissen am Schluss woran sie montiert werden sollen. – Man sieht an den PKW-Beispielen auch die zukünftig stärker werdende Ausrichtung auf die Dienstleistung.

Ein Beispiel für die starke Vernetzung eines mechatronischjen Produktes

Die Vernetzung einer mechatronischen Baugruppe aus dem Automobilbereich zeigt das **Nachführgerät für einen Lidar-Sensor**. (Ein Ausschnitt, frei nach Zirkler [78/5]).

Ein Lidar ist ein Abstandsmessgerät zu vorausfahrenden Fahrzeugen. Er sendet einen Laser-Impuls vom Pkw B aus, der am vorderen Fahrzeug A reflektiert wird und wieder im Pkw B empfangen wird. Aus der Lichtlaufzeit kann die Entfernung berechnet werden. Das Fahrerassistenzsystem von B kann dann ein Auffahren verhindern. In Bild 5.31 zeigen die oberen zwei Straßendarstellungen, wie die Geschwindigkeit des nachfolgenden Pkw B verringert wird. – Da durch Straßenneigungen und Beladungsunterschiede sich der Höhenwinkel zwischen A und B verändert, muss das Lidargerät höhenmäßig nachgeführt werden.

Dies ist die Aufgabe, die das Mechatronik-Team hatte. Es bestand aus Entwicklern für Mechanik, Elektronik, Software und aus Personen von Einkauf und Fertigung. Nach Klärung der Anforderungen wurden entsprechend Bild 5.29 gemeinsam mehrere Systementwürfe (Konzepte) für die Verstellung entwickelt.

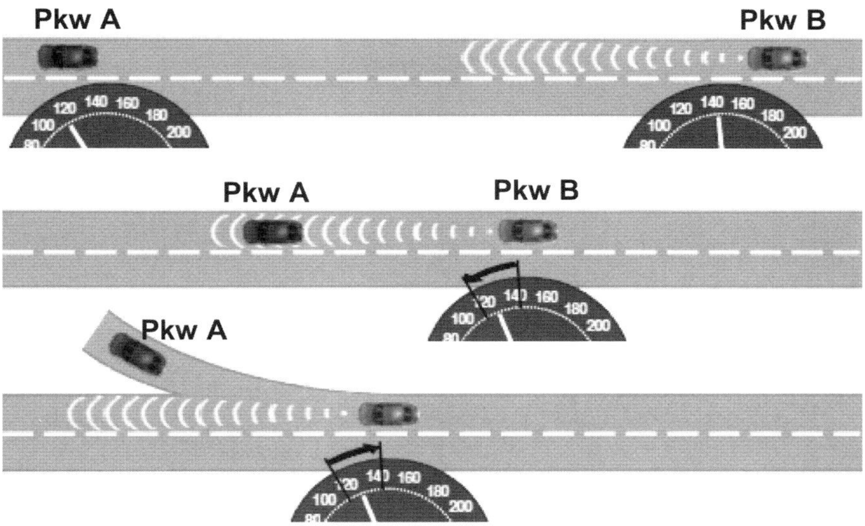

Bild 5.31 Automatische Geschwindigkeitabsenkung durch Lidar an Pkw B, um ein Auffahren auf Pkw A zu verhindern (nach Zirkler [78/5])

Nach einer ersten Bewertung und Auswahl standen zwei Konzepte als günstigste an, die weiter im Detail untersucht werden sollten: Ein elektromechanischer und ein piezogetriebener Verstellantrieb.

In Bild 5.32 ist für den elektromechanischen Antrieb ein Pfadmodell für die Aktivitäten der verschiedenen Spezialisten dargestellt, damit durch weitere Konkretisierung Bauraum, Kosten und Zuverlässigkeit beurteilt werden können. Es geht um Bauteile (Gehäuse, Lager, Zapfen, Spiegel, Magnete), um Elektronik-Komponenten (Leiterplatte, Laser-Quelle und -Empfänger) und um Software (Kontrolleinheit), die entweder entwickelt und gefertigt oder zugekauft werden müssen. Das Bild soll als Ausschnitt aus dem gesamten Team-Prozess zeigen, wie vernetzt die jeweiligen Aktivitäten sind. Und zwar vernetzt zwischen Komponenten, Personen und Prozessen.

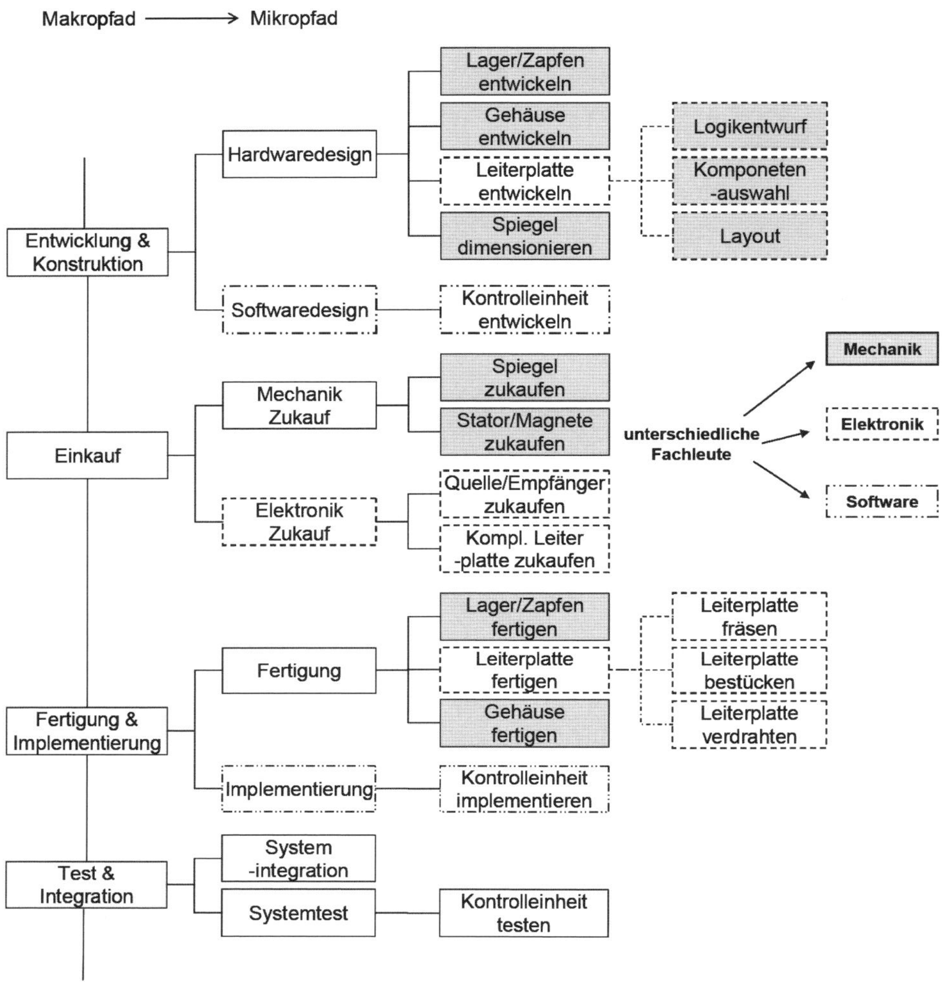

Bild 5.32 Pfadmodell für den Verstellantrieb des Lidar mit Magneten. Aktivitäten der verschiedenen Teammitglieder aus unterschiedlichen Disziplinen zur weiteren Beurteilung des Konzepts (nach Zirkler [78/5])

5.1.4.5 Konstruktionen unterschiedlicher Art der Hauptforderung – Design for X

Es ist klar, dass je nach der **Hauptforderung** an das neue Produkt große Unterschiede in der Art des durchzuführenden Konstruktionsprozesses bestehen. Darunter versteht man **die** zentrale, bestimmende Forderung an ein Produkt. Diese kann z. B. betreffen:

- die Funktion, d. h. das Funktionieren überhaupt,
- die Sicherheit bei gegebener Funktion und bekanntem Produkt,
- das Gewicht oder die Baugröße (Leicht- und Kleinbau),

- das Erscheinungsbild (Industrial Design),
- die Herstellkosten (kostengünstig Konstruieren) usw.

Die hier aufgezählten Punkte stellen nur einen Bruchteil aus der Vielzahl der X im DfX dar. Unterschiedlich sind bei deren Bearbeitung, weniger die Methodik als vielmehr der Wissensbereich und das Beschaffen der benötigten Informationen. Es ist klar, dass dies in den meisten Fällen nur interdisziplinär möglich sein wird (Kapitel 4.4; 6.5.2 und 9.2).

5.1.4.6 Kundengebundene und kundenoffene Konstruktion

Die Produkterstellung und damit die Konstruktion kann in **kundengebundene** Vorgänge (meist mehr Einzelfertigung) und **kundenoffene** Vorgänge (eher Serie) unterschieden werden [21/5]. Bei kundengebundenen Konstruktionen liegt der Auftrag eines externen Kunden vor. Durch das von der Projektierung ausgearbeitete Angebot und die festgelegte Lieferzeit ist der konstruktive Freiheitsgrad bereits sehr stark eingeschränkt. Die wichtigsten Entscheidungen über das zu konstruierende Produkt sind also bereits in der Projektierungsphase, beim Angebot und in den Verhandlungen mit dem Kunden gefallen.

Bei der kundenoffenen Konstruktion spielen die Produktplanung und das Marketing zur genauen Ermittlung der Marktbedürfnisse eine große Rolle. Auch kann die Entwicklung in Zusammenarbeit mit Versuch und Industrial Design größere Neuerungen gegenüber früheren Produkten einführen. Man ist dann eher fähig (im Sinne von Kapitel 5.1.4.1), die Neu- oder **Fortschrittskonstruktion** zu betonen. Dies alles bedingt erhöhten Entwicklungsaufwand, der im Allgemeinen nur tragbar ist, wenn er bei Serienproduktion auf eine größere Stückzahl umgelegt werden kann.

5.1.4.7 Konstruktionen mit unterschiedlichen Konstruktionszeiten und -kosten

Eine nahe liegende, bisher kaum beachtete Unterscheidung für Methodik, Konstruktionsaufgaben usw. bietet die für das Produkt benötigte Konstruktionszeit t_K, die von dem **„Produktumfang“** bzw. der **Produktkomplexität** (Bild 2.15) abhängt. Vom Produktumfang abhängig ist die notwendige Entwicklungs- und Konstruktionszeit. Diese ist maßgebend für die dort entstehenden Kosten (vgl. Planzeitvorgaben in Kapitel 5.2.3.3), die selbst wieder ein Kostenziel sein können (Kapitel 9.3.3 Target Costing). Die benötigte Konstruktionszeit hat einen großen Einfluss auf die konkrete Ausgestaltung des Konstruktionsprozesses, die Anwendung von Methoden usw. **Kurze Konstruktionsprozesse sind ganz anders organisiert als lange**, wobei prinzipielle Strukturen erhalten bleiben.

Entwicklungs-/Konstruktionszeitachse

Um die Zeit als Einfluss auf den Entwicklungs- bzw. Konstruktionsprozess darzustellen, zeigt Bild 5.33 nach Kiewert eine logarithmische Zeitachse („kurze" Prozesse im Minutenbereich wären bei einer linearen Teilung im Verhältnis zu „langen" nicht mehr erkennbar). Eine Konstruktionsstunde ist als Wert 1 (10^0) gesetzt. Der logarithmischen Teilung sind **nicht Kalenderzeiten**, sondern **Arbeitszeiten** (Minuten (min) bis Jahre (a)) zugeordnet. Dabei wird von einer tatsächlichen Jahresarbeitszeit von 1600 Stunden und einem 8-Stunden-Arbeitstag ausgegangen [23/5].

Hier wird als Konstruktionszeit die **Bearbeitungszeit** betrachtet. Davon zu unterscheiden ist die **Durchlaufzeit**. Sie kann, da der Bearbeiter nicht ununterbrochen an einer Aufgabe arbeitet und Liege- bzw. Wartezeiten auftreten, sehr viel länger sein oder aber, weil mehrere Bearbeiter parallel arbeiten, kürzer als die Bearbeitungszeit sein. Die Beachtung der Durchlaufzeit, gerade in der Konstruktion, wird zunehmend wichtiger. (Siehe Bild 4.44).

Parallel zur Zeitachse kann eine Kostenachse für Entwicklungs- und Konstruktionskosten (EKK) aufgetragen werden. Sie geht von 100 DM/h als Kostensatz für die Konstruktion aus. Nach einer VDMA-Untersuchung aus dem Jahre 1991 [24/5] beträgt der durchschnittliche Verrechnungssatz für die eigene Konstruktion 101,25 DM/h (ca. 52 Euro/h. Im Jahr 2002, war er 56 bis 67 Euro/h (Nach VDMA-Angaben von 2006 [36/5]). Das Bild wurde 2006 auf 100 Euro/h aktualisiert, da dieser Betrag in Zukunft zu erwarten ist, und es bei den dargestellten 10 Zehnerpotenzen ohnehin nur auf die Größenordnung ankommt.

Die **Spannweite von 10 Zehnerpotenzen** (1 : 10 000 000 000!) der Zeit- und Kostenachsen zeigt die Spannweite der unterschiedlichen Produkte und Probleme beim Entwickeln und Konstruieren, Kostensenken usw. auf. Entsprechend dem unterschiedlichen Umfang müssen **unterschiedliche Schwerpunkte** gesetzt werden sowie **unterschiedliche Methoden und Hilfsmittel** verwendet werden. Die jeweils benötigte Konstruktionszeit muss bei der flexiblen Anwendung der IPE-Methodik und der Auswahl geeigneter Methoden (Kapitel 7.1.2) mit als Kriterium betrachtet werden. Ein Patentrezept für alles gibt es nicht. Es kommt immer auf das richtige Bündel von Maßnahmen an.

Konstruktionsaufgaben (Produktumfänge)

Der Zeitachse nach Bild 5.33 kann man verschiedene Konstruktionsprozesse bzw. Produktumfänge (I – IV) zuordnen. Folgende Einteilung wird hier vorgeschlagen:

I) **Minuten** bis **Stunden** umfasst die Konstruktionszeit für einzelne Konstruktionsschritte, z. B. um eine Gestaltzone, ein Maß oder eine Toleranz festzulegen. Nach [19/5] fallen solche Entscheidungen im Sekunden- bis Minutentakt beim Konstruieren. Hier muss sich jeder Konstrukteur selbst „nebenher" organisieren.

Der Konstruktionsprozess wird durch das **TOTE-Schema** (Kapitel 3.3.1) oder evtl. durch den Vorgehenszyklus (Kapitel 3.3.2) beschrieben.

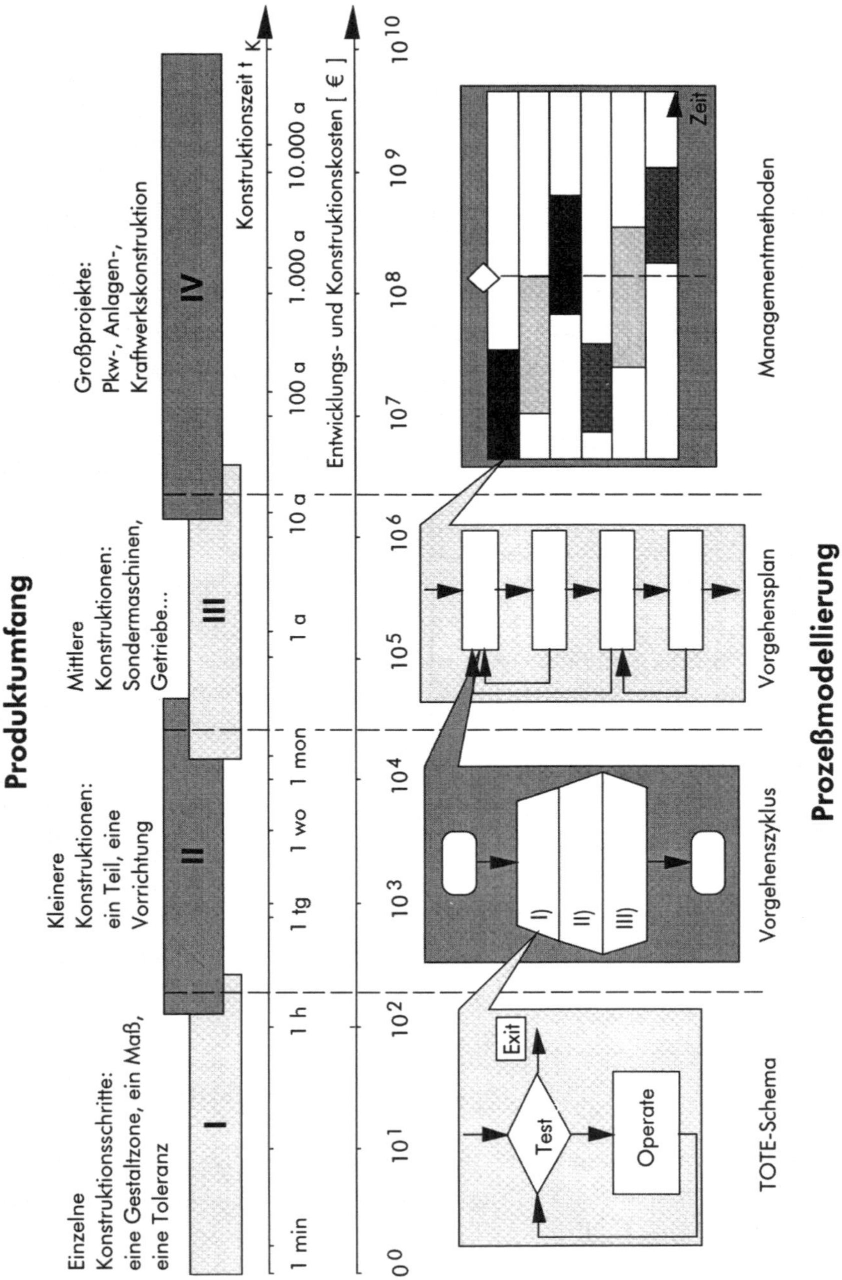

Bild 5.33 Produktumfang und Prozessmodellierung über der Entwicklungs- und Konstruktionszeit (nach Kiewert)

II) **Stunden** bis **Monate** dauert es, einfache Teile, Vorrichtungen, Baugruppen usw. zu konstruieren. Nach [24/5, 25/5 und 26/5] braucht die Erstellung einer DIN A4 Zeichnung für ein einfaches Teil einige Stunden. Komplizierte, große Teile, Vorrichtungen und Ähnliches können aber auch eine sehr viel längere Konstruktionszeit beanspruchen. Es kann eine Arbeit im Team erforderlich sein, die schon mehr oder weniger Organisationsaufwand erfordert. Hier wird der Konstruktionsprozess durch den **Vorgehenszyklus** (Kapitel 3.3.2) oder bei längeren Prozessen (Tage/Wochen) durch einen **Vorgehensplan** (Kapitel 6.3 und 6.4) beschrieben.

Bei den denkpsychologischen Untersuchungen von Konstrukteuren (Kapitel 3.4) ist diese Einteilung zu erkennen: Für die Analyse einzelner Konstruktionsentscheidungen wurden der Vorgehenszyklus und für die Analyse des Gesamtprozesses die Phasen des Vorgehensplanes verwendet (Bild 3.40).

III) **Monate** bis **Jahre** umfasst die Konstruktionszeit für kleinere bis mittelgroße Maschinen. Zu ihrer Bewältigung wird schon eine ganze Konstruktionsabteilung oder ein entsprechendes Ingenieurbüro mit der dazugehörigen Organisation benötigt. – Dies ist der typische Einsatzbereich für einen **Vorgehensplan** (Kapitel 6.3 und 6.4) und für **Projektmanagement** (Kapitel 4.3.4).

IV) **Viele Jahre** Entwicklungs-/Konstruktionszeit werden für Großprojekte wie z.B. eine Pkw-Entwicklung, Kraftwerks-, Anlagenkonstruktion usw. benötigt. Solche Projekte können nur große Firmen z.T. wieder nur in Zusammenarbeit mit weiteren Firmen (Zulieferern) mit geeigneten Aufbau- und Ablauforganisationen durchführen. Entsprechend wächst auch der Aufwand für die Organisation des Prozesses. Hier müssen **„Managementmethoden“**, Netzpläne usw. eingesetzt werden (Kapitel 4.3 und 4.4).

Die Grenzen der Bereiche sind „fließend“ und überschneiden sich. Die „längeren“ Produkt- und Prozessumfänge (Bereiche II–IV) setzen sich aus einer Reihe der jeweils „kürzeren“ Bereiche (I – II) zusammen. Die Verfahren und Methoden links in Bild 5.33 aus den kurzen Bearbeitungsprozessen (z.T. TOTE-Schema oder Vorgehenszyklus) werden rechts bei den längeren Prozessen immer mit eingesetzt (s.a. Bild 3.23; 3.31 und 4.14). Die Methoden sind **„aufwärtsverschachtelt“**.

5.1.5 Wie arbeitet man sich in ein neues Produktspektrum ein?[5]

Erfahrungsgemäß ist es für einen Anfänger schwierig ein Unternehmen mit seinem Produktspektrum in kurzer Zeit verstehen zu lernen. Vielleicht sind die nachfolgenden Stichworte eine Hilfe dafür.

5) Anregung von Prof. Artur Jung in „40 Jahre IKFF“, Uni-Stuttgart 2008; *www.uni-stuttgart.de/ikff*

1. Wie steht das Unternehmen im Markt?

- Was macht das Unternehmen? (Prospekte, Bilder, Zeichnungen sammeln und auswerten).
- Bedeutung und Größe des Unternehmens im Produktbereich? (Exportanteil direkt/indirekt?).
- Was macht die Konkurrenz? Wer ist Marktführer? In welchen Ländern?
- Wie ist das Absatz-/Marktvolumen? Welche Stückzahlen? Wie hat sich der prozentuale Absatz verändert? (Bild 7.12 bis 7.15).
- ABC-Analyse der verkauften Produkte/Produktgrößen? (Bild 7.12 und 7.14).

2. Welche Produkte werden geliefert? Was ist verschieden – was ähnlich?

- Welche Funktionen werden verwirklicht? Funktionsstruktur? (Bild 2.11; Kapitel 7.4).
- Welche Zusatzfunktionen und Eigenschaften sind wichtig? Welche schätzen die Kunden?
- Was ist Kaufentscheidend? Wo sind Begeisterungsmerkmale? Wie weit spielt Design eine Rolle?
- Liefert das Unternehmen nur Komponenten für Anlagen oder ganze Anlagen?
- Wer hat wo welche Schutzrechte?

3. Was könnte die Konstruktionsmethodik dabei an Zusatzerkenntnissen liefern?

- Welche Probleme gibt es in Entwicklung und Konstruktion? (Bild 4.23).
- Wie werden Kundenwünsche erfasst, Aufgaben geklärt? (Kapitel 5.1.3.1 und 7.3).
- Welche Konzepte werden verwirklicht? (Kapitel 5.1.3.2 und 7.5; Bild 7.17 und 7.18).
- Welche sind auch denkbar? Warum werden sie nicht verwirklicht?
- Wie geschieht die Steuerung und Regelung, die Automatisierung (Mechatronik, Kapitel 5.1.4.4)?
- Welche Produktparameter sind die Leistungsbestimmenden, die Kostenbestimmenden, die Sicherheitsbestimmenden? (Bild 9.17).
- Qualitätsvergleiche, auch zur Konkurrenz? Versuche im eigenen Haus oder beim Kunden? (Kapitel 4.4.2 und 7.8).
- Inwieweit wird kostengünstiges Konstruieren unterstützt? (Siehe Kapitel 9.2.3).
- Wie groß ist die Teilezahl im Unternehmen, bei der Konkurrenz? (Siehe Kapitel 9.4).
- Welche Verbindungsverfahren werden eingesetzt, welche nicht?

- Wieviel Varianten werden geliefert? (Bild 9.47). Wie hoch ist der Normungsgrad? (Bild 9.51).
- Welche Werkstoffe werden eingesetzt? (Bild 9.20).
- Welche Fertigungs- und Montageverfahren werden eingesetzt? (Bild 9.20).
- Was wird selbst gemacht, was von außen bezogen? Warum nicht mehr/weniger von außen?

4. Organisatorische/menschliche Parameter (siehe Kapitel 5.2.1).

- Wie ist das Unternehmen organisiert? (Kapitel 4.1.4 und 4.3).
- Wie ist die Entwicklung und Konstruktion organisiert? (Kapitel 4.1.4 und 4.3).
- Prozentualer Anteil der Produkt-Entwickler an der Mitarbeiterzahl im Unternehmen, bei der Konkurrenz? (Kapitel 5.2.1).
- Wer ist im Unternehmen für welche Produkte oder Teile und für welche arbeitsteiligen Aufgaben verantwortlich? (Was wird im Team, was in Einzelarbeit gemacht? Siehe Kapitel 4.3.3 und 5.2.1.4).
- Gibt es Vorgehens- oder Projektpläne? (Kapitel 4.1.5 und 4.3.4).
- Wie ist der Vertrieb organisiert? Nationale und internationale Verkäufe? Direkt oder mit Vertretern?

5.2 Management in Entwicklung und Konstruktion

Der Entwicklungs- und Konstruktionsprozess ist infolge seiner Vernetzung mit anderen Unternehmensbereichen einerseits komplex, andererseits ist er für das Unternehmen besonders wichtig, weil hier die Produkte und Dienstleistungen entstehen, von denen das Unternehmen lebt. – Deshalb muss dieser Bereich kompetent geführt werden. Er benötigt ein Management, das im Sinne des **„Management-Zirkels“** Ziele setzt, diese plant, sie zu erreichen versucht, die Pläne kontrolliert und laufend entscheidet. – Der Kranz dieser Tätigkeiten umgibt das Zentrum: Informieren und Kommunizieren als laufendes Grundverhalten [50/5]. Dazu gehört auch: Schaffung von Ausweichmöglichkeiten; Regelmäßige Bewertung von Lieferanten und Kunden; Ausbildung des Krisenstabs (siehe Kapitel 5.2.1.4 und Bild 5.41).

Nach einer Praxisuntersuchung von J. Stimpfle [48/5] verhalten sich E&K-Manager in einem fragmentierten Arbeitstag nicht nur auf äußere Einflüsse reagierend, wie es die derzeitige Managementtheorie („work activity“-Forschung) annimmt, sondern sie haben auch die Möglichkeit, geplant, strukturiert und zielgerichtet vorzugehen. – Die Führungskraft der Zukunft muss nicht „nur organisieren“, sondern **auch die Technik beherrschen** (manchmal bis in die Details, wenn die Mitarbeiter nicht weiterkommen) und sie muss über sich selbst nachdenken können, lernbereit und flexibel sein. – So hat mangelnde Ingenieur-Kultur im Vorstandsbereich z.B. bei Flugzeug-Herstellern nachweislich zu großen Verzögerungen der Auslieferung von Neuentwicklungen geführt (Boeing 747, 787; Airbus A380, A400M; SZ 17.12.09).

Was sind die **Ziele des Entwicklungsmanagements**? – Mit qualitativ hochwertigen und kostengünstigen Produkten den Markt so zu bedienen, dass man Marktführer wird, den Gewinn erhöht, die Shareholder bedient, Arbeitsplätze erhält und so das Überleben des Unternehmens absichert. Dazu gehören auch die Arbeitzufriedenheit und die Motivation der Mitarbeiter. Schließlich geht es auch darum, mit Budgets und Ressourcen sparsam umzugehen und schlimme Entwicklungsfehler oder Flops zu vermeiden.

Da man sich als E & K-Manager immer wieder an üblichen Strukturen orientiert, werden nachfolgend Angaben aus der Praxis gebracht. E & K-Management ist ein weites Feld geworden. Deshalb wird aus Umfangsgründen auf die Literatur verwiesen [51/5 bis 55/5; 48/5].

5.2.1 Organisation und Führungsanforderungen

5.2.1.1 Die Mitarbeiterstruktur

Der Anteil der in Entwicklung und Konstruktion, **Versuch und Forschung** in der Maschinenindustrie tätigen Ingenieure stellt mit 44–46 % die dominierende Gruppe der Ingenieure (Bild 5.34). Die **Produktion** einschließlich Montage und Inbetriebnahme beschäftigt ungefähr 14 % der Ingenieure. Stark zugenommen haben in den letzten Jahren die **Vertriebsingenieure**, die mit 16–20 % die zweitstärkste Gruppe bilden.

In absoluten Zahlen waren im Jahr 2016 rund 191 000 Ingenieure und Informatiker im Maschinenbau bei rund 1,02 Mio Beschäftigten tätig (nach VDMA 2016). Insgesamt arbeiteten im Jahr 2014 in Gesamtdeutschland rund 1,7 Millionen Ingenieure aller Art. – Bild 5.35 zeigt, dass sich das Zahlenverhältnis von **Ingenieuren aus Fachhochschulen** zu denen aus **Universitäten** bzw. **Technischen Hochschulen** 1961 wie fast 4 zu 1 verhielt. 1988 dagegen betrug das Verhältnis 2,4 zu 1. Die Zahl der Ingenieure von wissenschaftlichen Hochschulen ist also schneller gewachsen. Von 100 Ingenieurstudierenden studierten 2015 56 % an FHS, 44 % an wiss. Hochschulen (Universitäten) (Nach VDI-N. 12.6.15) – Ferner hat sich der **Ingenieuranteil** an der Gesamtbeschäftigtenzahl des Maschinenbaus in 57 Jahren von 4,2 % auf 17 % (in 2013) vervierfacht (Bild 5.36). In der Elektrotechnik ist 2012 der Ingenieuranteil sogar 22 %. Damit ist ein zunehmender Einsatz von wissenschaftlicher und methodischer Denkweise verbunden: Bild 5.35 (Im Jahr 2013 waren das 183 000 Ingenieure, und es gibt weiteren Bedarf, wie 56 % aller Unternehmen antworten. Vor allem Maschinenbau-Ingenieure. [87/5])

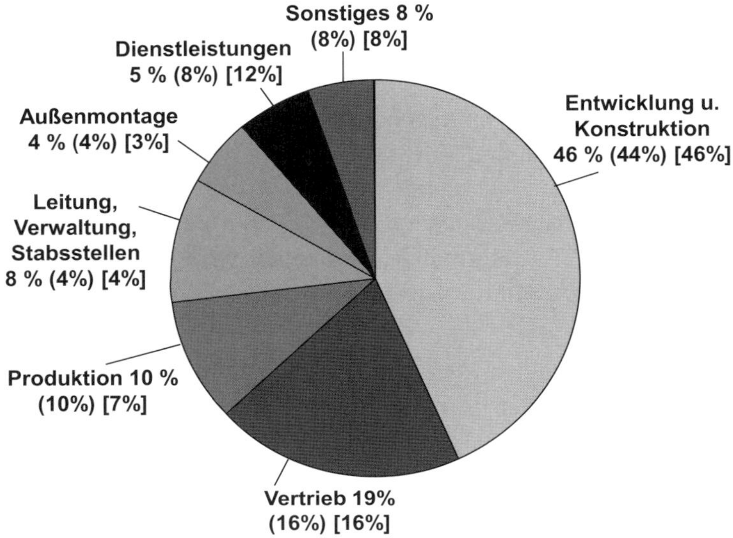

Bild 5.34 Tätigkeitsbereiche aller Ingenieure in der Maschinenindustrie in 2007 (nach VDMA 2007 [71/5]) (In Klammern die Daten für 2010, in eckigen Klammern für 2013 [87/5])

Allerdings gibt es je nach Produktionsart in den Firmen große Unterschiede. Nach VDMA [24/5] waren 1987 in Unternehmen mit Einzelfertigung ca. 17 %, bei Serienfertigung ca. 6 % aller Mitarbeiter Ingenieure (Die Gesamtzahl war damals nur 8,2 % und nicht 17 %!). Nach einer Veröffentlichung der VDI-Nachrichten vom 4. 4. 2008 wächst die Zahl der Akademiker (darunter auch Ingenieure) in der Automobilindustrie noch stärker als im Maschinenbau.

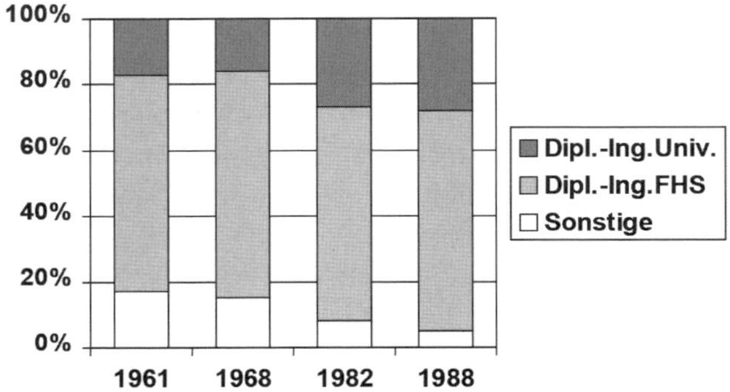

Bild 5.35 Prozentuale Verteilung von Ingenieuren nach Ausbildungsart (nach VDMA 1986/87 [13/5])

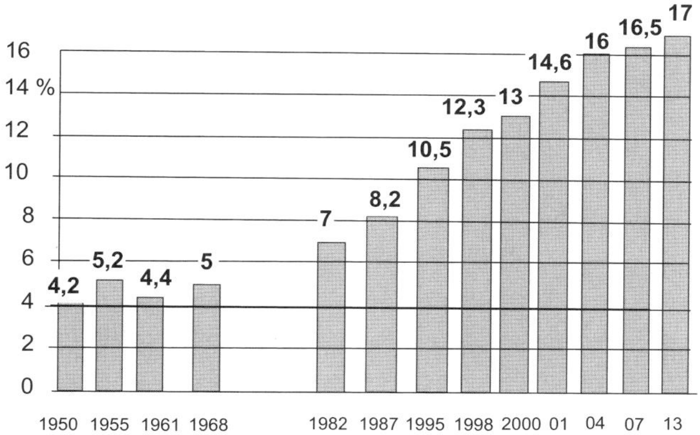

Bild 5.36 Prozentualer Ingenieuranteil an der Gesamtzahl der Beschäftigten im Maschinenbau (nach VDMA 2006 [36/5]; (Im Jahr 2013 waren das insgesamt 183 000 Ingenieure [87/5])

Aus derselben Erhebung [24/5] geht auch hervor, wie die **Mitarbeiterstruktur** in Bild 5.37 zeigt, dass von den in Entwicklung und Konstruktion Beschäftigten im Maschinenbau nur 13 % Ingenieure für Entwicklung und Entwurf im Detail tätig sind. Im Übrigen ist eine große Vielfalt von Beschäftigten anderer Vorbildung vertreten. Nach VDMA [13/5] haben sich 1987 rund 77 % aller Entwicklungs- und Konstruktionsmitarbeiter mit mechanischer Konstruktion beschäftigt, 18 % mit Elektro-Konstruktion und 10 % mit Software-Erstellung. Im Jahr 2009 ist der Anteil Elektronik und Software sicher gestiegen. Neuere Zahlen liegen nicht vor.[6]

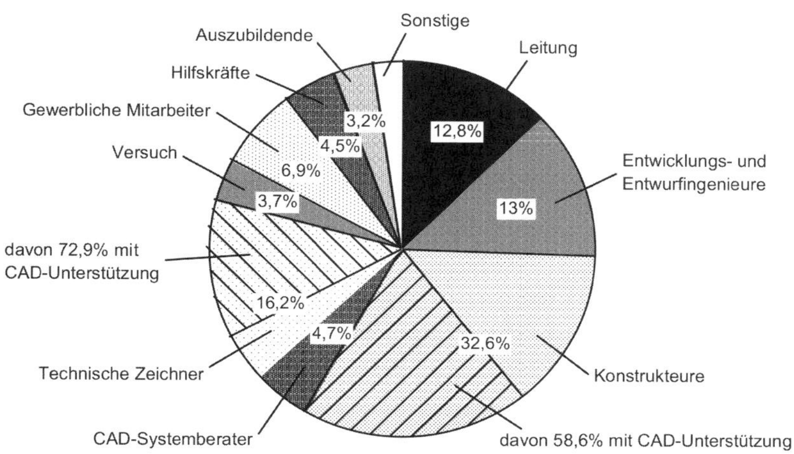

Bild 5.37 Mitarbeiterstruktur in Entwicklung und Konstruktion (nach VDMA 1991) [24/5]; es wurden keine neueren Zahlen bis 2016 erhoben)

6) Notiz im Jahr 2016: Für viele der obigen Statistiken waren keine neueren Zahlen zu bekommen!

Wie die **Tätigkeiten im Bereich E&K** des Maschinenbaus im Einzelnen verteilt sind, zeigt Bild 5.38. Man sieht die Vielfalt der Aufgaben. Danach befassen sich rund 7 % der Personen neben der eigentlichen Konstruktionstätigkeit mit Angebotstätigkeit und rund 9 % mit Versuchstätigkeit.

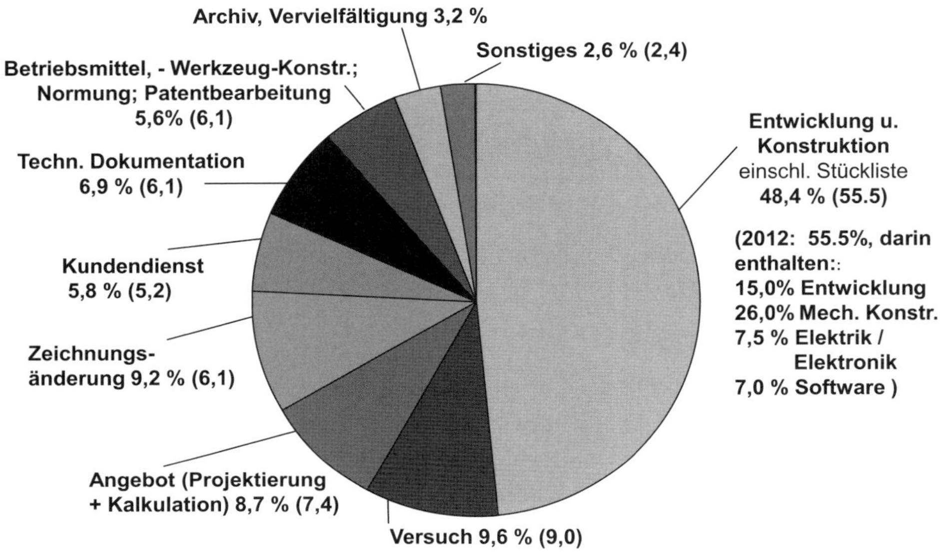

Bild 5.38 Tätigkeitsverteilung im Bereich E & K des Maschinenbaus (VDMA 2007 [71/5]; in Klammern Werte von VDMA 2012 [86/5])

In Bild 5.39 sind nach der gleichen Quelle die Tätigkeiten nach den verschiedenen Unternehmen mit ihren Fertigungsschwerpunkten aufgeteilt. Man sieht, dass insbesondere im Bereich Einzelfertigung die Entwicklung und Konstruktion stark gefordert ist, da immer wieder neue Kundenwünsche zu erfüllen sind und der Entwickler „Mädchen für Alles" ist, wie man früher sagte. Deswegen zeigt auch die Grafik rechts oben, wie die eigentliche Konstruktionstätigkeit dadurch immer mehr abnimmt.

Mit Bild 5.40 wird noch gezeigt, welche Wünsche die VDMA Mitgliedsfirmen zur **Ingenieurausbildung** haben. Es handelt sich hier zum überwiegenden Teil um Klein- und Mittelunternehmen, in denen „Multifunktionalität" gefragt ist. – Da nach VDMA 2013 [87/5] ca. 80 % aller Ingenieure leitend tätig sind, ist ihnen deshalb die Verstärkung der interdisziplinären Kenntnisse und der methodischen sowie sozialen Kompetenzen wichtig. Der theoretische Bereich kann bleiben wie bisher.

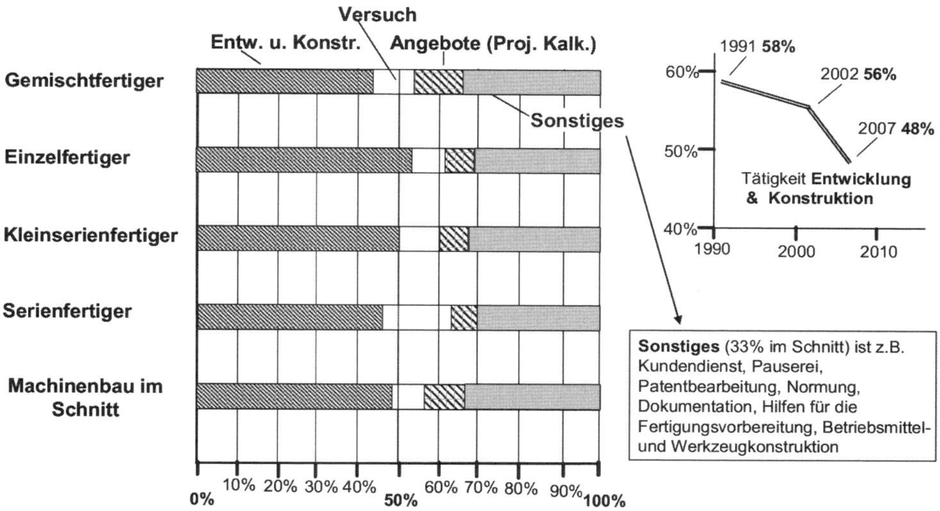

Bild 5.39 Tätigkeitsverteilung im Bereich E & K des Maschinenbaus nach **Fertigungsschwerpunkten** der Unternehmen aufgeteilt (VDMA 2008 [71/5] keine neueren Zahlen bis 2016 erhoben)

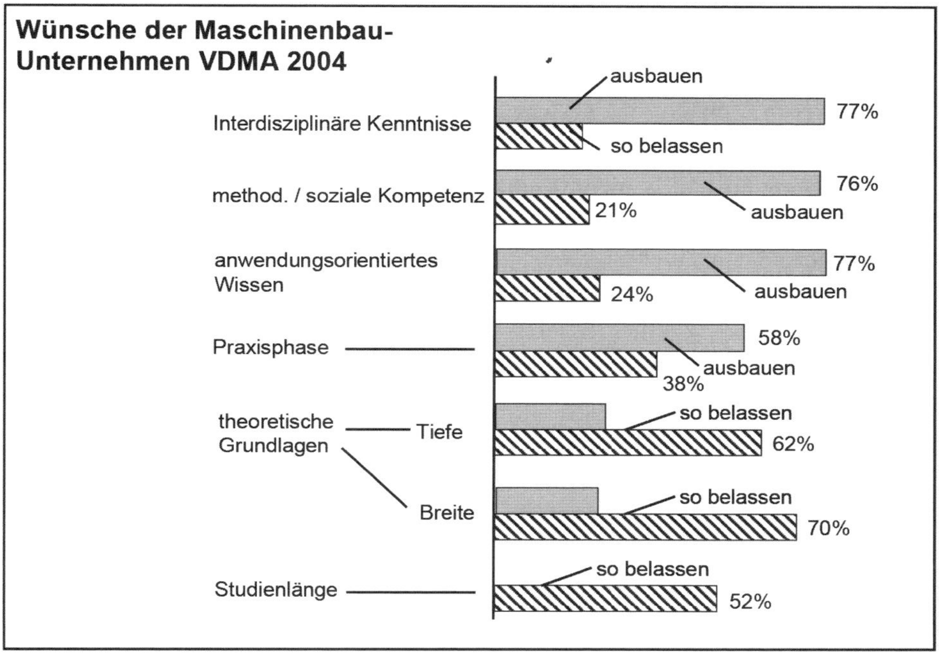

Bild 5.40 Ingenieurausbildung. Wünsche der VDMA-Mitgliedsfirmen bei Umfrage 2004 [61/5] (keine neueren Zahlen bis 2016 erhoben)

5.2.1.2 Berufsbilder in Konstruktion und Fertigungsvorbereitung

Im Folgenden werden einige typische **Berufsbilder** beschrieben, die selbstverständlich nur in großen Unternehmen so differenziert zu beobachten sind [27/5]. In kleineren Unternehmen sind Konstrukteure in hohem Maße „multifunktional" tätig, d.h. sie erledigen je nach Erfordernis Entwicklungsaufgaben, Detaillierung, Patentbearbeitung oder Projektierungsaufgaben [11/5] (Bild 5.38). Mitarbeiter, die Dienstleistungen am Kunden im Team methodisch planen, bilden ein neues Berufsbild.

Berufsbilder

- **Entwicklungskonstrukteure** haben die Aufgabe, aus der Beobachtung von technischen Trends, Marktveränderungen, aufkommenden technischen Lösungen, ausgehend von dem im Unternehmen vorhandenen Produkt-Know-how „innovative Lösungen zu konzipieren" und bis zum Erkennen der Realisierbarkeit voranzutreiben. Die Anforderungen an ihren Arbeitsstil sind eher strategisch-innovatorische, mit der Fähigkeit zum Abstrahieren und Erkennen von Zusammenhängen. Sie müssen sich ferner kommunikativ und kooperativ verhalten, denn es ist wichtig, dass sie das neue Projekt an die Unternehmensleitung und die Kollegen „verkaufen" können.
- **Entwurfskonstrukteure** haben die Aufgabe, das Konzept der Entwicklungskonstrukteure gestaltend und berechnend in einen machbaren Entwurf am CAD-System zu überführen. Sie stehen dabei in meist enger Zusammenarbeit mit einer Gruppe von CAD-Technikern, die wichtige Einzelheiten ausarbeiten. Sie benötigen einen relativ engen Kontakt zu Fertigung, Montage und Kundenservice. Oft genug sind sie von ihrer Herkunft Praktiker mit einer betrieblichen Lehre, die sich zum Techniker oder Diplom-Ingenieur (FH) weitergebildet haben.

  Ihr Arbeitsstil ist eher konservativ als innovativ, denn sie orientieren sich auch wegen des hohen Zeitdrucks, dem sie ausgesetzt sind, an früheren Lösungen. Sie benötigen ein gutes räumliches Vorstellungsvermögen und die Flexibilität des Pendelns zwischen dem Detail und dem Gesamten.
- **Detailkonstrukteure**, **CAD-Techniker** haben die Aufgabe, Einzelteilzeichnungen für die Fertigung und zugehörige Stücklisten herzustellen. Teilweise müssen sie bisher noch nicht festgelegte Einzelheiten konstruieren. Die Anforderungen bestehen in ausgeprägtem produktspezifischem Erfahrungswissen und in Kenntnissen über Fertigungs- und Montageprozesse. Ihre Entscheidungskompetenzen sind eher gering. Ihre Arbeit besteht in Veränderungen am Detail und wird heute fast durchweg an CAD-Systemen ausgeführt. Ihre Arbeit wird allerdings in vielen Unternehmen zunehmend von den obigen Entwurfskonstrukteuren im Rahmen von CAD miterledigt.
- **Berechnungsingenieure** sind für Details hochqualifizierte Einzelarbeiter, die z.B. Festigkeits-, Schwingungs- und Strömungsberechnungen und -simulationen

durchführen. Ihre Denkweise ist oft von der Universität geprägt, wo sie ihre Fähigkeit zum analytisch-kritischen Denken geschult haben und das nötige physikalisch-technische Wissen vermittelt bekamen.

- **Angebotsingenieuren** obliegt es, die technische Aufgabenklärung einerseits mit dem Kunden, andererseits mit unternehmensinternen Konstrukteuren, Vertriebsspezialisten und Kalkulatoren bis zu einem auftragsreifen Zustand durchzuführen. Sie sind von den Anforderungen her eher Generalisten und benötigen gute Fähigkeiten zur Kooperation sowie eine rasche Auffassungsgabe. Problematisch bei dieser Tätigkeit ist, dass die Zahl der angeforderten Angebote immer mehr zunimmt (auch deshalb, da sie im Allgemeinen kostenlos sind) und immer mehr Angaben und Garantiezusagen pro Angebot erwartet werden.
- **Projektleiter** sind von der Aufgabe her mitkonstruierende Auftragsmanager, die Konstruktionsaufträge verantwortlich abwickeln. Von ihnen wird ein gutes technisches Verständnis gepaart mit guter Kommunikations- und Kooperationsfähigkeit erwartet. Sie benötigen die Bereitschaft zu entscheiden und notfalls unter Zeitdruck „ihre" Konzeption durchzuziehen, auch wenn sie nicht immer optimal ist (Kapitel 4.3.1 und 4.3.4).

Nachfolgend wird noch der Aufgabenbereich des Fertigungsplaners, des NC-Programmierers und des Vorrichtungskonstrukteurs beschrieben: einerseits um das Verständnis für die nachfolgenden Prozesse zu fördern, andererseits wegen der Tendenzen, Arbeitsinhalte aus der Fertigungsplanung bereits in der Konstruktion vorzubereiten (CAD/CAM, Fertigungs- und Kostenberatung; siehe Kapitel 4.3.2 und 9.3.1).

- **Fertigungsplaner** legen die Bearbeitungsverfahren, deren Abfolge und die Fertigungsmittel (Maschinen, Werkzeuge, Vorrichtungen) im Fertigungsplan fest. Ihre Aufgabe ist ferner, Abmessungen des Werkstückrohlings festzulegen und zu entscheiden, welches die kostengünstigste Fertigungsweise unter Berücksichtigung der Maschinengenauigkeit und der Auslastung der Fertigungsmittel sein wird. Sie legen die Vorgabezeiten fest und machen Aufspann-, Vorschub- und Drehzahlangaben. Teilweise programmieren sie wichtige Prozesse für NC-Maschinen und erhalten dabei die Hauptzeiten für mögliche Zeitvergleiche als „Abfallprodukt".

  Es gibt zwei Organisationsprinzipien: die Spezialisierung nach Bearbeitungsverfahren (z. B. konventionelle spanende Verfahren, Bearbeitungszentren, Schweißverfahren), wie sie in der Serienfertigung üblich ist, und die Spezialisierung nach Baugruppen, so dass die Fertigungsplaner direkte Gesprächspartner für die entsprechenden Konstruktionsgruppen sind. Letzteres ist vornehmlich in der Einzel- und Kleinserienfertigung üblich (Kapitel 9.3.1).

  Ihr Arbeitsstil muss sehr kooperativ sein: sowohl gegenüber den Werkern wie auch den Konstrukteuren, gegenüber dem Einkauf und der Kalkulation. Seit durch die Datenverarbeitung die Änderungs- und Variantenplanung und bei einfachen Rotationsteilen die automatische Arbeitsplanerstellung möglich wurden, nimmt die Bedeutung der manuellen Tätigkeit ab. In manchen Unternehmen wird deshalb umorganisiert und die Fertigungsplanung aufgeteilt.

- **NC-Programmierer** haben die Aufgabe, NC-Programme zu entwerfen, zu erzeugen, zu kontrollieren und evtl. zusammen mit den Werkern zu optimieren. Sie sind am dichtesten an der Fertigung angesiedelt, denn sie simulieren detailgenau die Fertigung (gedanklich oder mit entsprechender Software auch graphisch). Sie sind „ins Büro versetzte Zerspanungsfachleute". Dieser Beruf ist durch die DV neu entstanden, wobei die Tätigkeit des Anreißers entfallen ist.
- **Informatiker** werden in Zukunft verstärkt in Unternehmen eingesetzt. Insbesondere auch für die zunehmende Einführung von „Industrie 4.0".
- **Vorrichtungskonstrukteure** erstellen für komplizierte Werkstücke Sondervorrichtungen für bestimmte, ihnen gut bekannte Werkzeugmaschinen. Sie benützen dabei, wie es für einfache Werkstücke üblich ist, möglichst standardisierte Elemente. Sie müssen den Arbeitsraum, die Kollisionsmöglichkeiten, die Werkzeuge und das Materialverhalten bei den Zerspanungsprozessen genau kennen. Sie sind von ihrer Vorbildung her meist gelernte Metallfacharbeiter, die sich weitergebildet haben.

5.2.1.3 Organisation

Eine Möglichkeit, die Aufbauorganisation des Entwicklungs- und Konstruktionsbereiches zu gestalten, wurde bereits in Bild 4.12 gezeigt.

Die Entwurfstätigkeit und Zeichnungserstellung ist in manchen Unternehmen aufgeteilt in eine Entwurfs- und eine Detaillierungsabteilung, soweit nicht die CAD-Nutzung die Grenzen bereits verwischt hat. Dies ist bei immer wieder ähnlichen Produkten sinnvoll, die als Anpassungs- oder Variantenkonstruktion erstellt werden. Außerdem ist dies nur möglich, wenn der notwendige Informationsaustausch zwischen Entwurfskonstrukteur und Detailkonstrukteur eher gering ist. Der Vorteil dieser Arbeitsteilung liegt bei der größeren Flexibilität und der gleichmäßigeren Arbeitsauslastung der für mehrere Produkte zuständigen Detaillierungsabteilung.

Bei neuen oder komplexen Aufgaben ist diese Arbeitsteilung unzweckmäßig. Entweder erledigt der Entwurfskonstrukteur die Detaillierung selbst (wie dies zunehmend beim Einsatz von CAD festzustellen ist), oder er arbeitet in engem Kontakt mit den für ihn zuständigen Detailkonstrukteuren zusammen.

Angesichts des großen Informationsbeschaffungsbedarfs und der starken Notwendigkeit terminlicher und kapazitätsmäßiger Vorplanung wird in manchen Unternehmen eine **Arbeitsvorbereitung** für die **Konstruktion** eingerichtet [29/5].

Im Zeichen des CAD-Einsatzes **verschieben sich** manche traditionellen **Grenzen der Arbeitsteilung:** Die Detailkonstrukteure erledigen bei bestimmten Bauteilen auch das NC-Programmieren bzw. konstruieren bereits mit NC-gerechten Formelementen (features). Es gibt aber auch den umgekehrten Vorgang, dass bestimmte Bearbeitungszonen oder auch Objekte (Rohrleitungen, Überwachungsgeräte ...) von der Fertigungsvorbereitung, Fertigung oder Montage sozusagen „vor Ort“ festgelegt werden [30/5].

In jedem Fall muss die **Verantwortung** für die Gestaltung des funktionsbestimmenden Umfangs eines Produkts in der Hand des Konstrukteurs bleiben, sofern es sich nicht um Produkte handelt, die stark vom Aussehen und der Ergonomie bestimmt sind. Bei jenen hat der Designer u. U. die Hauptverantwortung.

Aufgabe des Entwicklungsmanagers ist, die Mitarbeiter entsprechend deren Fähigkeiten richtig einzusetzen und die Weiterbildung zu veranlassen.

5.2.1.4 Führungsanforderungen

Oft besteht die Meinung, der Leiter einer Konstruktionsgruppe – oder gar der Entwicklungsleiter sei als technischer „Chefdenker“ der Verantwortliche für die Zukunft der Produkte und sei hauptsächlich dafür da. Das ist auch eine seiner Aufgaben. Noch viel mehr aber ist er **„Entwicklungsmanager“** und hat vielfältige organisatorische, terminliche und personelle Entscheidungen zu treffen [31/5; 48/5] (Peter u. a. [26/1; ab S. 1013]).

Welche Anforderungen an eine Führungskraft bestehen, geht aus dem direkt nach Kapitel 5.2 geschriebenen hervor, und im Detail aus Bild 5.41. Links ist dieser Manager eine Art „Familienmutter“, rechts muss er eher ein umsichtiger Organisator sein: Er pendelt dauernd zwischen Technik, Menschenführung und Organisation hin und her! Wie wichtig dabei die **Motivation** der Mitarbeiter ist, hat die aktuelle Gehirnforschung ermittelt, nach der jede längerfristig im Langzeit-Gehirn gespeicherte Information nur dann gespeichert wird, wenn sie einen emotionalen Anteil enthält (Kapitel 3.2.2) [101/3].

Helmut Schmidt nach seiner Haupttätigkeit als Bundeskanzler befragt, antwortete: „Ich habe mich zu 90 % meiner Zeit wie eine ‚Kindergartenmutter‘ gefühlt“. Auch für Entwicklungsleiter ist Kommunikation und Information nicht ohne Grund das Herz des oben angesprochenen Management-Zirkels.

Mitarbeiterbezogene Führungsaufgaben	Aufgabenbezogene Führungsaufgaben
▶ Teamarbeit sicherstellen und fördern ▶ Motivieren der Mitarbeiter durch Zielvereinbarung ▶ Mitarbeiter informieren, anleiten, in Aufgaben einführen und coachen ▶ Konflikte lösen und vermeiden ▶ Kommunikation und Zusammenarbeit fördern ▶ transparentes Feedback geben und Mitarbeiter wertschätzen und fördern ▶ Vorbild für die Mitarbeiter sein ▶ Mitarbeiter bei persönlichen Problemen unterstützen „auf Augenhöhe“	▶ Auswahl geeigneter Mitarbeiter ▶ Planen und Ziele setzen ▶ Entscheiden und anordnen ▶ Delegieren ▶ Koordinieren ▶ Kontrollieren ▶ Korrigieren ▶ Probleme lösen ▶ Organisieren und koordinieren ▶ Repräsentieren

Bild 5.41 Aufgaben einer Führungskraft (z. T. nach Voegele [54/5],], z. T. nach Peter u. a. [26/1])

Bild 5.42 veranschaulicht die Anforderungen unmittelbar am Beispiel des Tagesablaufs eines Abteilungsleiters für 20 Mitarbeiter.

Eine rein technische **Ausbildung** der Ingenieure besonders an Universitäten wird diesem Berufsbild zu wenig gerecht, denn Organisations- und Führungsprobleme dominieren in der Praxis. Es sollten wenigstens Grundlagen als Impuls für eine ganzheitliche Orientierung und spätere Weiterbildung vermittelt werden.

Die in Bild 4.23 wiedergegebene Umfrage bestätigt diese Aussage.

Dabei muss man sich vor Augen führen, dass nach Befragungen des VDMA [32/5] Konstruktionsingenieure im Mittel zu 70 % Führungsfunktionen übernehmen (Diplom-Ingenieure (FH) zu 64 % mit Schwerpunkt Gruppenleiter, Diplom-Ingenieure (Univ.) zu 81 % mit Schwerpunkt Abteilungsleiter). 85 % aller Universitätsabsolventen erreichen spätestens nach fünf Jahren Berufstätigkeit mindestens die Position eines Gruppenleiters. Wie Bild 5.43 und Bild 5.44 zeigen, fällt dann die selbst durchgeführte Konstruktions- und Berechnungstätigkeit stark ab, und Führungstätigkeiten überwiegen.

Uhrzeit	Tätigkeit	Problemart
8.00 Uhr	Planung der Konstruktionstermine.	Organisation
8.20 Uhr	Suche nach externem Konstruktionsbüro. Telefonische Verhandlung über den Einsatz zweier Konstrukteure für sechs Wochen.	Organisation
8.30 Uhr	Anruf von engl. Raffinerie: „Getriebe-Totalschaden". Suche nach Berechnung und Zeichnung; Studium der Unterlagen.	Sprachproblem
9.00 Uhr	Suche nach einem Konstrukteur und Monteur, die sofort hinfahren, Schaden klären, Ersatzradsatz einbauen. – Besprechung der Verhaltensregeln gegenüber Kunden.	Organisation Menschenführung Technik
9.30 Uhr	(Zu spät gekommen: 9.45 Uhr) Produktbesprechung „Getriebe" mit Verkauf, Projektierung, Produktion, Werksleitung: – Liefertermin von Getrieben mit Konventionalstrafe; – Auftragseingang mäßig! Was tun? • Kundenbesuche...welche...wer? • Preisnachlässe in Sonderfällen...wieviel? • Werbeschrift direkt...Anzeigen? – Entwicklungsplanung für die nächsten drei Jahre; – Lizenzabgabe an Japan?...Firma? • Vorbesprechung einer Japanreise.	Organisation Organisation Technik Technik Organisation
12.00 Uhr	Mittagspause.	
13.00 Uhr	Rundgang zu fünf Konstruktionsgruppen. Diskussion am Brett. – Wie kostengünstiger? – Berechnungsansätze richtig? Belastungsgrenze? – Ein Getriebe nicht montierbar!	Wirtschaftlichkeit Technik Technik
15.15 Uhr	Besuch am Abnahmeprüfstand: Lärmminderung an Getriebe. Konventionalstrafe?	Technik/Akustik
16.00 Uhr	Überarbeiten eines Investitionsplanes für die CAD-Anlage mit vier Bildschirmen.	Technik + Wirtschaftlichkeit
16.45 Uhr	Studium von zwei Patentschriften einer konkurrierenden Firma.	Technik
17.15 Uhr	Gespräch mit einem Zeichner, der weggehen will, über Arbeitsklima und Gehaltserhöhung.	Menschenführung
17.45 Uhr	Idee für neue Sondergetriebe-Lösung durchgedacht und skizziert.	Technik
18.30 Uhr	Nach Hause; auf dem Weg Vertriebskollegen getroffen; „Lauter Kleinkram, man kommt zu nichts Rechtem!"	Kommunikation

Bild 5.42 Beispiel eines Tagesablaufs eines Diplom-Ingenieurs als Konstruktionsleiter „Getriebe"

Bei der genannten Befragung des VDMA [32/5] aus dem Jahr 1981 (referiert auch in Rademacher [29/5]) wurden 1700 Fragebögen ausgewertet, die allerdings von eher größeren Unternehmen stammten: 80% der Unternehmen hatten mehr als 1000 Mitarbeiter. Hier wird daraus in Bild 5.44 nur das Tätigkeitsprofil von Diplom-Ingenieuren (FH), Diplom-Ingenieuren (Univ.) und Doktor-Ingenieuren wiedergegeben. Bei der im Allgemeinen sehr langsamen Änderung grundsätzlicher Strukturen und Auffassungen in der Gesellschaft ist anzunehmen, dass die Grundaussagen auch heute (6. Auflage Buch) noch gültig sind. Die Befragten sollten aus einem Katalog von Tätigkeiten die Rangfolge der bei ihnen am häufigsten vorkommenden bilden. In Bild 5.44 sind daraus drei Häufigkeitsangaben (hohe, mittlere, geringe Häufigkeit) zusammengezogen.

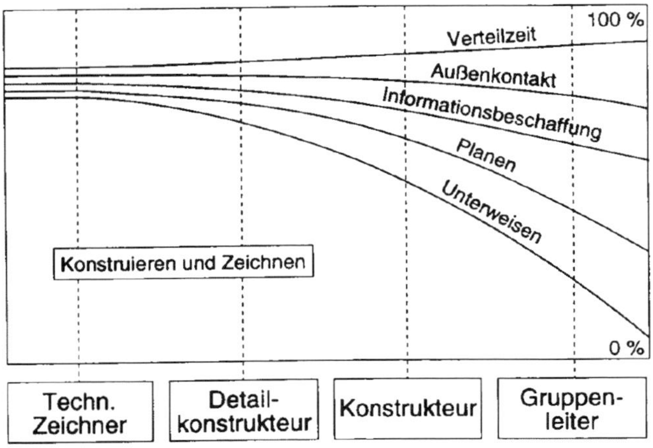

Bild 5.43 Verteilung der Tätigkeiten im Bereich Entwicklung und Konstruktion

Neben der erwähnten Zunahme an Führungstätigkeiten bei Diplom-Ingenieuren (Univ.) und Doktor-Ingenieuren ist interessant, dass „Konstruktionen beurteilen" (fünfte Zeile von oben) weniger häufiger ist als „an Besprechungen teilnehmen" (zweitunterste Zeile). Letzteres ist, wenn man Ingenieure insgesamt betrachtet, überhaupt deren häufigste Tätigkeit.

In der Rangfolge der wichtigsten **Fähigkeiten**, die von Mitarbeitern aller Art im Bereich der Konstruktion erwartet werden (in Bild 5.44 nicht dargestellt), steht „Verantwortungsbewusstsein" unter 44 vorgegebenen Möglichkeiten an der Spitze. Dann folgt bei Sachbearbeitern „Fähigkeit zur Zusammenarbeit" und bei Führungskräften „Entscheidungsfreudigkeit". Führungskräfte müssen ein Klima schaffen, das die **Zufriedenheit und Motivation am Arbeitsplatz** fördert. Hierfür ist nicht in erster Linie das Gehalt maßgebend, sondern die Leistungsmotivation, die Art der Arbeit, die Anerkennung und die Aufstiegsmöglichkeit (Bild 5.45). Erst bei Unzufriedenheit erscheint an dritter Stelle das Gehalt. (Siehe auch Kapitel 6.4.2).

Führen heißt mit den Mitarbeitern Werte und Ziele erarbeiten und sie dafür zu begeistern. Dies ist heute im Zeichen sozialer Medien keine „einsame" Entscheidung mehr, sondern sie wird zuzusagen „öffentlich" diskutiert. [81/5]. Die klassische Linienhierarchie wird als Hindernis angesehen. Es kommt darauf an, die Mitarbeiter mit Eigenverantwortung und Freiräumen zu motivieren. Dies zählt mehr als Geld.

Legende
- ● Hohe Häufigkeit
- ◑ Mittlere Häufigkeit
- ○ Geringere Häufigkeit

Tätigkeiten			Gruppenleiter Dipl.-Ing. (FH)	Gruppenleiter Dipl.-Ing. (Univ.)	Gruppenleiter Dr.-Ing.	Abteilungsleiter Dipl.-Ing. (FH)	Abteilungsleiter Dipl.-Ing. (Univ.)	Abteilungsleiter Dr.-Ing.	Hauptabteilungsleiter, Vorstand Dipl.-Ing. (FH)	Hauptabteilungsleiter, Vorstand Dipl.-Ing. (Univ.)	Hauptabteilungsleiter, Vorstand Dr.-Ing.
	Langfristige Planung	Ziele definieren	○	○	○	○	○	○	◑	●	●
	Langfristige Planung	Entwicklungsvorhaben bewerten	○	○	○	○	○	●	◑	◑	◑
	Konstruktionsaufgaben	Konstruktionslösungen prinzipiell erarbeiten	●	◑	◑	◑	◑	○	○	○	○
	Konstruktionsaufgaben	Berechnungen durchführen	◑	●	◑	○	○	○	○	○	○
	Konstruktionsaufgaben	Konstruktion beurteilen	●	◑	◑	●	●	◑	●	◑	○
		Versuche und Messungen durchführen	○	◑	●	○	○	○	○	○	○
Allgemeine Tätigkeiten	Organisation, Koordination, Führung	Mitarbeiter anweisen	●	●	○	○	○	○	○	○	○
Allgemeine Tätigkeiten	Organisation, Koordination, Führung	Mitarbeiter motivieren	○	○	○	○	○	○	●	●	●
Allgemeine Tätigkeiten	Organisation, Koordination, Führung	Aktivitäten der eigenen Abteilung organisieren	○	○	○	●	●	●	○	○	○
Allgemeine Tätigkeiten	Organisation, Koordination, Führung	Aktivitäten der eigenen Abteilung überwachen	○	○	○	◑	●	◑	●	○	○
Allgemeine Tätigkeiten	Organisation, Koordination, Führung	Aktivitäten mit anderen Abteilungen koordinieren	○	○	○	○	◑	●	○	◑	●
Allgemeine Tätigkeiten	Organisation, Koordination, Führung	Besprechungen selbst abhalten	○	○	○	○	○	○	●	●	◑
Allgemeine Tätigkeiten	Besprechungen	An Besprechungen teilnehmen	◑	●	●	●	○	●	●	○	●
Allgemeine Tätigkeiten	Besprechungen	Durch Lesen informieren und weiterbilden	○	○	●	○	○	○	○	○	○

Bild 5.44 Tätigkeitsprofil von Konstruktions- und Entwicklungsingenieuren verschiedener Hierarchiestufen (nach Hillebrand, Ehrlenspiel [33/5] und Rademacher [29/5])

Faktoren der Zufriedenheit	
• Leistung	41%
• Art der Arbeit	20%
• Anerkennung	16%
• Aufstiegsmöglichkeit	12%
• Verantwortung	11%

Faktoren der Unzufriedenheit	
• Unternehmenspolitik	35%
• Beziehungen unter den Mitarbeitern	20%
• Gehalt und Sicherheit	16%
• Arbeitsbedingungen	10%

Prozentsatz befragter Personen

Bild 5.45 Faktoren der Zufriedenheit/Unzufriedenheit in der Konstruktion (Befragung von Turner, Fa. Krauss Maffei)

Gute Führungskräfte hören deshalb zu und versuchen jedem in seiner Besonderheit, seinen Stärken und Schwächen gerecht zu werden [67/5]. - Welches Potenzial auf Grund mangelnder Motivation ungenützt bleibt, zeigen Umfragen über das Betriebsklima seit Jahren: Rund 70% der Mitarbeiter machen „Dienst nach Vorschrift", 15 bis 20% haben innerlich gekündigt [65/5]. Nur die restlichen 10 bis 15% wollen das Unternehmen produktiv und innovativ weiter bringen.[7] Diese sind dann die Partner für Führungskräfte mit Charisma, die zu ihren Mitarbeitern eine Beziehung mit persönlichem Vertrauen aufbauen und sie für lohnende Ziele begeistern können. (Gemeinsam erstellte Zielvereinbarungen sind dann nur die Folge davon). - Untersuchungen haben ergeben, dass sie in Phasen grundlegender Veränderungen erfolgreicher sind als nur sachorientierte Manager [63/5; 53/5]. Führungskräfte müssen bei veralteten und hemmenden Organisationsstrukturen auch den Mut haben, bessere, innovative Strukturen einzuführen. (Hier besteht eine Analogie zur Innovation bei Produkten!) Was sollte man tun? Vielleicht mal mit der ganzen Abteilung, einschließlich des Chefs, an einem Kommunikationsseminar mit praktischen Übungen teilnehmen?!

Wie wichtig es ist, dass auch die Arbeit mit Methoden von der Geschäftsleitung als ein Ziel des Unternehmens definiert wird, zeigt Günther am Beispiel von HILTI beim Einführen von Methoden für umweltgerechte Produkte (Text bei Bild 4.16; [75/4]).

Wie aus Bild 5.44 zu erkennen ist, dominieren bei Führungskräften Planungs- und Steuerungsaufgaben. Welche Inhalte diese haben können, ist in Bild 5.46 dargestellt.

Das heute angestrebte **sachorientiert-partnerschaftliche Führungsverhalten** statt des **autoritär-direktiven** ist aber offenbar mehr ein hehres Ziel als Realität. Eine Umfrage zeigte, dass Mitarbeiter rund 70% der Manager als autoritär einstufen, während die Manager dies nur zu 30% von sich selbst meinten. Das Personal wird zu wenig informiert, zu wenig in Entscheidungsprozesse eingebunden und zu wenig durch Leistungsrückmeldungen motiviert [34/5]. D. Frey (LMU München) schreibt in [76/5], dass vermutlich jede zweite Führungsposition falsch besetzt ist. Nämlich von Narzissten, Egoisten, Opportunisten, die ihre machtpolitische Selbstverwirklichung höher einstufen, als die Zukunft der Organisation. Es ist ein Irrtum zu meinen, die besten Fachkräfte seien auch die besten Führungspersonen. Sozialkompetenz wird schon in der Familie gelernt. Und Führungskräfte, die moralische Prinzipien vorleben, sind zusammen mit ihren Mitarbeitern erfolgreich [82/5]. Oder nach Stiglitz [84/5, S. 140]: Eine Gemeinschaft kann nicht erfolgreich werden, die ungebremst Egoisten Vorfahrt verschafft. Dann verschwindet die Motivation. Die Basis der Pyramide zerbröselt.

---

7) Diese Zahlen wurden auch in einer Gallup-Umfrage 2010 im wesentlichen bestätigt.

Planungs- und Steuerungsaufgaben in der Konstruktion

1) Auftragsneutrale, langfristige Planungsaufgaben

- Systematisierung der Erzeugnisstruktur (Erzeugnisgliederung, Normung...)
- Planung des Dokumentationssystems (Nummernsysteme, Zeichnungs-, Unterlagenverwaltung, Wiederholteilsuchsystem...)
- Grundlagen der Termin- und Kapazitätsplanung (Auftragsstruktur, Zeitrichtwerte...)
- Planung des Hilfsmitteleinsatzes (Informationssysteme, Mikrofilmsystem, CAD-System, CAD/CAM/CIM/CID, Datenbanken, Produktmodell, FMEA, Berechnungsmethoden...)
- Produkt- und Entwicklungsplanung
- Patent- und Lizenzplanung
- Organisationsplanung
- Personalplanung
- Kostenplanung und -kontrolle
- Einführung von Konstruktionsmethoden (Qualitätssicherung, SE-Team, Konstruktionsmethodik, Wertanalyse)
- Weiterbildungsplanung

2) Auftragsbezogene Steuerungsaufgaben

- Termin- und Kapazitätsplanung anstehender Aufträge (Auftragssteuerung, Terminkontrolle...)
- Zusammenstellen der auftragsbezogenen Informationen, verwendbaren Lösungen und Hilfsmittel
- Änderungsüberwachung und -steuerung
- CA-System-Belegungsplanung

Bild 5.46 Planungs- und Steuerungsaufgaben in der Konstruktion (nach Radermacher [29/5])

5.2.2 Leistungssteigerung, Durchlaufzeitverkürzung und Effizienzmessung in Entwicklung und Konstruktion

Der Anteil von Entwicklung und Konstruktion an den Gesamtkosten eines Unternehmens beträgt im Mittel ca. 10 % (Streuung ca. 3 % bei Serie bis 30 % bei Sonderkonstruktion in Einzelanfertigung), liegt also gegenüber anderen Bereichen wie Fertigung oder Materialwirtschaft eher niedrig. Aber die Konstruktion legt rund 60–80 % der änderbaren Kosten fest (Bild 9.5), d. h. sie **beeinflusst rund 6–8-mal so viel Kosten, wie sie selbst kostet**. Weiterhin **legt sie fast alle marktrelevanten Produkteigenschaften fest** (Kapitel 5.1.2). Das bedeutet, dass der Produkterfolg und damit auch in erheblichem Maß der Unternehmenserfolg von der Kreativität und der Leistung der Konstruktion abhängt.

Wird man nun ausgerechnet am Herz des Unternehmens Rationalisierungsoperationen vornehmen, d. h. Personal reduzieren (rund 70 % der Kosten der Konstruktion sind Personalkosten)? Das scheint absurd. Im Gegenteil, man wird in diese sensible Abteilung möglichst **qualifiziertes Personal, arbeitserleichternde**

Hilfsmittel und Methodentraining einbringen, um die Qualität der Produkte zu steigern **und** Kosten und Zeiten zu senken (Kapitel 3.8). Die Kehrseite der heutigen Rationalisierung ist nämlich, dass besonders die besten Mitarbeiter „multifunktional gestresst“ sind und durch die elektronischen Medien zeitlich „zerhackt“ werden und kaum mehr über eine zusammenhängende Arbeitszeit für kreative Prozesse verfügen. Wie soll da qualitativ Neues entstehen? Von Henry Ford soll der Spruch stammen: „Der größte Feind der Qualität ist die Eile“.

Doch man muss differenzieren: Das Gesagte gilt vor allem für die so genannte **„Fortschrittskonstruktion“** (nach Schiele [15/5]), die neue, konkurrenzfähige Produkte entwickelt, von denen das Unternehmen in Zukunft leben wird. Daneben gibt es die **konstruktive Abwicklung** (vornehmlich Varianten- und Anpassungskonstruktion), die Kundenaufträge für bekannte Produkte eher routinemäßig abzuwickeln hat. Hier ist weniger Innovation gefordert, sondern sichere und fehlerfreie konstruktive Arbeit, die nach möglichst kurzer Zeit (und damit meist auch mit geringen Konstruktionskosten) in der Produktion verwirklicht werden kann. Der Zeitdruck ist dabei groß, denn mindestens 50% der gesamten Lieferzeit ist „Verweilzeit“ im gesamten planenden Bereich. (Also: „Die Unterlagen liegen nur herum!“) Durchlaufzeitverkürzung ist besonders in Bereichen wichtig, wo die Konstruktion allein z. B. 15–35% der Lieferzeit benötigt: bei kundenangepassten Einzelaufträgen, in Ingenieurbüros usw. Für diese konstruktive Abwicklung bestehen Analogien zur Fertigung. Hier ist Rationalisierung, d. h. Zeit- und Kostensenkung sinnvoll, solange darunter nicht die Produktqualität leidet. In der Praxis vermischen sich die beiden Konstruktionsarten je nach Auftragslage. Es gibt dafür ja selten getrennte Abteilungen. – Seit dem Bekanntwerden der japanischen **„Lean Production“** bei Toyota (Kapitel 4.5 [28/4]) wurde diese Denkweise mindestens teilweise auch in der Produktentwicklung als „Lean Development“ eingeführt (Siehe Dombrowski [92/4] und VDI-Richtlinie 2870 „Ganzheitliche Produktionssysteme“ [85/5]). Es geht dabei um eine besondere Denkweise, die z. B. auf enge Kundenorientierung, kontinuierliche Verbesserung und Vermeidung von Verschwendung ausgerichtet ist. Sie ist für alle Prozesse des Unternehmens anzuwenden.

Im Übrigen wird auch die geplante Zukunft „Industrie 4.0“ rationalisierend wirken, sofern sie sich dann über den Bereich der Produktion hinaus erstreckt.

5.2.2.1 Was heißt Leistungssteigerung in Entwicklung und Konstruktion?

Wenn man die Leistung steigern will, muss zunächst geklärt werden, was man unter Leistung zu verstehen hat [35/5].

- Bei der **konstruktiven Abwicklung** ist Leistung die anforderungsgemäße fehlerfreie Erstellung der Produktdokumentation eines prinzipiell bekannten Produkts in minimaler Zeit mit geringsten Konstruktionskosten. Diese Konstruktionsart betrifft mindestens zwei Drittel aller Konstruktionsarbeit (Bild 5.18).

- Bei der **Neuentwicklung (Fortschrittskonstruktion)** und Anpassungskonstruktion an innovative Bedingungen ist Leistung der Markterfolg des neu entwickelten Produkts. Dabei ist zu berücksichtigen, dass dieser Erfolg natürlich durch die **gemeinsamen** Anstrengungen von z.B. Konstruktion, Produktion, Materialwirtschaft, Controlling und Vertrieb zustande kommt, also der Konstruktion nicht allein zugerechnet werden kann (Kapitel 4.1.1; 4.2 und 4.4).

  Dann kann es aber auch nicht darauf ankommen, im rationalisierten Konstruktionsprozess mit geringstem Personal- und Zeitaufwand irgendein Produkt zu erstellen. Diese Art Konstruktion betrifft rund ein Drittel aller Konstruktionsarbeit.

Die **Möglichkeiten zur Leistungssteigerung** sind in Bild 5.47 für die beiden o.g. unterschiedlichen Entwicklungs- bzw. Konstruktionsarten unterschiedlich angegeben.

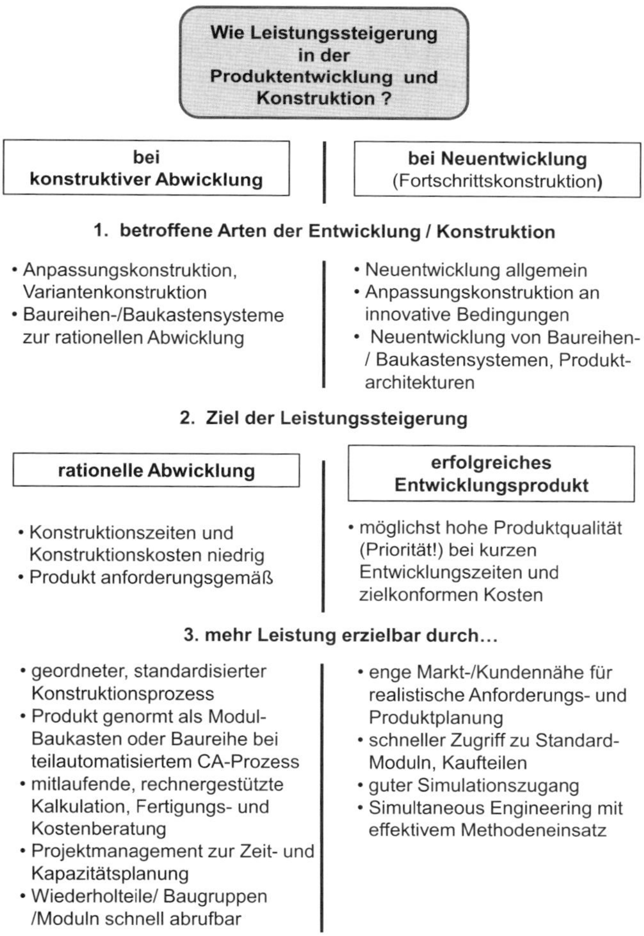

Bild 5.47 Leistungssteigerung in der Konstruktion. (Das Bild wurde an die Begriffsverschiebung der letzten 10 Jahre angepasst. Statt Neukonstruktion sagt man Neuentwicklung; Konstruktion wurde eher abgewertet zur Detailkonstruktion)

Bei der **konstruktiven Abwicklung** ist Leistungssteigerung möglich durch folgende Maßnahmen:

- **Ordnen und Standardisieren** des Konstruktionsablaufs, bei dem möglichst viele Routinevorgänge rechnerunterstützt, schnell und fehlerfrei erledigt werden.
- Das **Produkt möglichst „normen"** und als Baukasten bzw. Produktarchitektur oder als Baureihe mit Hilfe von CAD-Programmen teilautomatisiert konstruieren (Kapitel 2.3.3; 9.3.4 und 9.4).
- Eine **mitlaufende rechnergestützte Kalkulation der Kosten** verwirklichen (Kapitel 9.3.4). In besonderen Fällen hinsichtlich Fertigungsproblemen erfolgt eine Fertigungs- und Kostenberatung (Kapitel 9.3.1). Bei der zunehmenden Bedeutung von Zukaufteilen bzw. der Verringerung der Fertigungstiefe ist ein enger Kontakt zur Materialwirtschaft nötig (**technischer** Einkauf, Kapitel 7.10.3).
- Den **Konstruktionsprozess geplant nach Zeit und Kapazität** durch ein entsprechendes DV-System vorplanen. Alternativ können Konstruktionsgruppen sich im Einzelnen ihre Arbeit selbst vorgeben. Sie bekommen dann nur noch einen Fertigstellungstermin für die Produktdokumentation mitgeteilt (Bild 4.41; Kapitel 5.2.3). Eine „Arbeitsvorbereitung Konstruktion" klärt, soweit möglich, alle fehlenden Informationen [29/5].
- Frühzeitige und realitätsnahe **Prüfung und Beurteilung** der Entwicklungsergebnisse durch Berechnung und Simulation bzw. Virtual Reality (VR), Digital Mock Up (DMU) vermeidet spätere, aufwändige Überarbeitungen (siehe Kapitel 5.2.2.5)
- Bessere **Dokumentation konstruktiver Entscheidungsprozesse**, so dass im Wiederholungsfall darauf zurückgegriffen werden kann. Hierzu hilft ein Konstruktionsleitsystem mit dem Zwang zur Ablage definierter Dokumente oder Protokolle, wie sie zu einem Produktmodell gehören (Kapitel 9.3.4). Wiederholteile/-gruppen zu finden, ist wichtig (Kapitel 7.10.2). Die für die Erstellung verantwortlichen Abteilungen können auch für bestimmte Produktarten räumlich zusammengelegt werden.
- Verstärkung des **Informationsaustauschs** von der Entwicklung/Konstruktion nach „vorn" zum technischen Vertrieb und nach „hinten" zur Produktion und zur Materialwirtschaft, um wie bei einem „Stafettenlauf" einen effizienten Informationsfluss zu erreichen. Insgesamt kommt es darauf an, den Arbeitsablauf und das Produkt möglichst gut durchdacht und geordnet zu gestalten. Dies ist wieder eine Voraussetzung für den DV-Einsatz. Ein Großteil der zeit- und kostenintensiven Änderungsvorgänge, wie sie derzeit üblich sind, muss vermieden werden. (Front Loading!) (Bild 4.37; siehe [75/9]).

Bei der **Neuentwicklung (Fortschrittskonstruktion)** ist Leistungssteigerung möglich durch folgende Maßnahmen:

- Möglichst **enge Markt- bzw. Kundennähe** verwirklichen, um daraus eine realistische Produktplanung und umfassende Anforderungsliste ableiten zu können (Bild 7.28).
- Die **Integrierte Produkterstellung** (Kapitel 4.4, z. B. Simultaneous Engineering) verwirklichen, um marktnahe, kostengünstige Produkte in kurzer Entwicklungszeit bauen zu können. Innerhalb dieses Ablaufs sollte mit konstruktionsmethodischen Teilmethoden und Hilfsmitteln gearbeitet werden (Kapitel 7).
- Auch hier sollten **Informations-, Konstruktions-, Analyse- und Simulationsprozesse** soweit wie möglich durch DV unterstützt werden.

Insgesamt kommt es darauf an, ein Produkt zu entwickeln, das nach Qualität und Preis den Käufer besticht und das nach kurzer Entwicklungszeit gefertigt werden kann, um damit der erste am Markt zu sein. Kurze Entwicklungszeit und hohe Produktqualität haben Vorrang vor niedrigen Entwicklungskosten (Bild 4.59).

5.2.2.2 Vorgehensweise bei der Rationalisierung und Durchlaufzeitverkürzung

Es ist zunächst, wie in Bild 5.48 gezeigt, eine **Analyse des Ist-Zustandes** in Konstruktion und Entwicklung notwendig, um Schwachstellen zu entdecken, für die dann kurz- und mittelfristige Maßnahmen überlegt werden können.

Da den Ist-Größen (z. B. Umsatz pro Mitarbeiter, Zahl der Zeichnungen pro Mitarbeiter, Qualifikationsprofil) nur ungenaue oder gar keine **Soll-Größen** gegenüber gestellt werden können, ist eine Beurteilung des Ist-Zustandes schwierig. Es ist im allgemeinen noch nicht einmal möglich, die Kenngrößen des eigenen Betriebes mit statistischen Durchschnittsdaten anderer Unternehmen Erfolg versprechend zu vergleichen, da diese zu sehr streuen und zu wenig aufgegliedert sind (z. B. Prozentsatz der Mitarbeiter in Entwicklung und Konstruktion an der Geamtbeschäftigtenzahl nach Branchen oder Produktionsart; z. B. 36/5]; (Im Jahr 2013 waren das insgesamt 183 000 Ingenieure [87/5]). Bild 5.36). Immerhin gibt z. B. der Kennzahlenkompass des VDMA [36/5] einen ungefähren Anhalt.

Ferner können insbesondere durch **Interviews der Mitarbeiter** offensichtliche **Schwachstellen** aufgedeckt werden, da starke Mängel den unmittelbar Betroffenen meist bekannt sind (Kapitel 7.10.2). Nach der Ist-Zustandsanalyse werden für die dann aufgedeckten Schwachstellen Maßnahmen zur Verbesserung überlegt und ausgewählt.

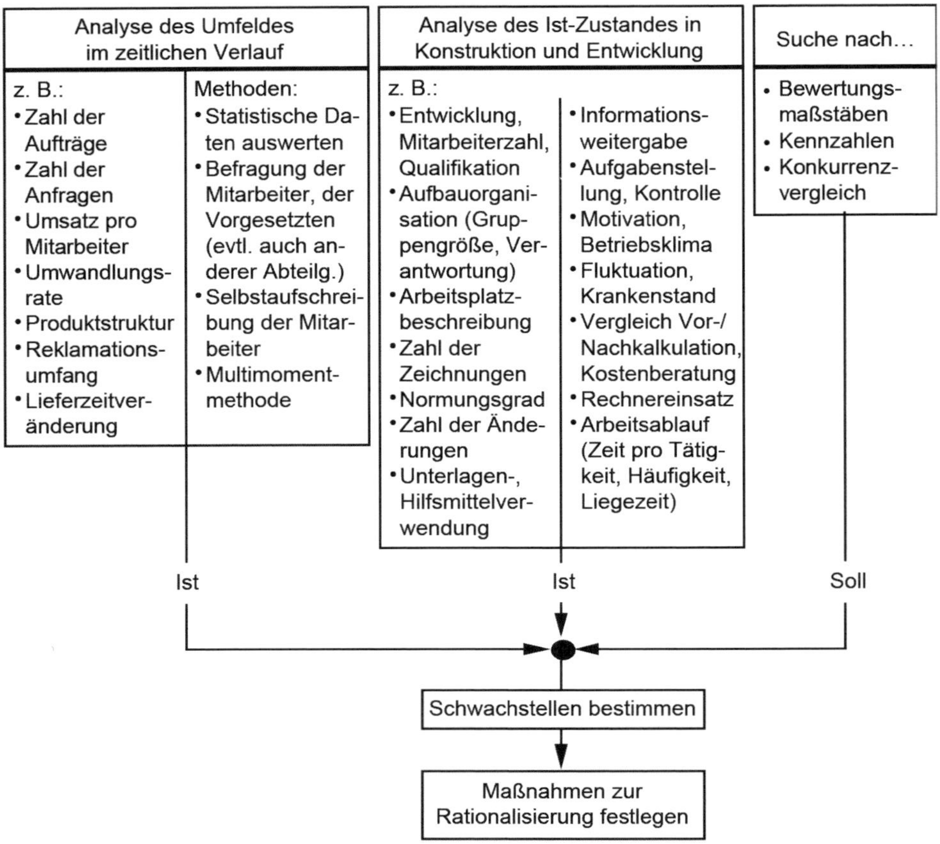

Bild 5.48 Vorgehensweise bei der Rationalisierung in Konstruktion und Entwicklung

Parallel zu dieser Untersuchung müssen aber Vorgänge analysiert werden, die das **Unternehmen als Ganzes** betreffen oder auch vom Markt bzw. von der Konkurrenz herrühren **(Umfeldanalyse)**. Es stellen sich z.B. folgende Fragen: Wie hat sich über längere Zeit die Zahl der zu betreuenden Produkttypen verändert (Variantenvielfalt), die Zahl der Anfragen, die Umwandlungsrate von Anfragen zu Aufträgen? Hat sich im Lauf der Zeit die Produktstruktur verändert, z.B. von Serien- mehr zu Einzelfertigung, von Standardmaschinen mehr zu Sondermaschinen und Anlagen, von nichtautomatisierten zu automatisierten Maschinen usw.? Dies ist deshalb interessant, weil dann die Konstruktionsabteilung bei gegebener Mitarbeiterzahl und gleichem Umsatz mehr belastet wird. Je nach Produktprogramm und je nach spezifischen Problemen wird eine unterschiedliche Qualifikation und Zahl der Mitarbeiter gefordert.

Maßnahmen zur Rationalisierung und Durchlaufzeitverkürzung

Die Maßnahmen können folgende Bereiche betreffen:

- **Organisation** (vgl. Kapitel 4.1 und 4.3):

  Veränderung der Struktur durch Aufteilen oder Zusammenfassen von Gruppen. Im Allgemeinen sind 8 bis 10 Mitarbeiter pro Gruppe ideal.

  Bei größeren Konstruktionsbüros ist zu überlegen, ob eine stärkere Arbeitsteilung nicht Rationalisierungsvorteile bringt! Die Aufteilung kann z. B. erfolgen in: Projektierung, „Arbeitsvorbereitung und -beschaffung" für die Konstruktion, konstruktive Entwicklung (nicht auftragsgebunden), auftragsabwickelnde Konstruktion, CA-Büro, Berechnungsbüro, Fertigungs- und Kostenberatung. Bei schon vorhandener starker Unterteilung sollte man deren Zweckmäßigkeit bei stark schwankendem Arbeitsvolumen analysieren! Stärkere Spezialisierung erschwert den bei Auftragsschwankungen nötigen personellen Ausgleich. Die Schnittstellen zwischen den einzelnen Funktionsblöcken der Ablauforganisation können durch Arbeitsplatzbeschreibungen und Angabe der Verantwortlichkeiten präzisiert werden. Dies wird jedoch z. B. in Japan zur Steigerung der Flexibilität gerade vermieden.

  Die in Kapitel 4.3, 4.4 und in Bild 4.38 beschriebenen integrierend wirkenden Organisationsformen können in erheblichem Maß zeit- und kostenverringernd sowie qualitätssteigernd sein.

  Die Entscheidung, ob mehr Arbeitsteilung oder mehr Integration, hängt vom Ausgangszustand ab, der in beiden Richtungen nicht optimal sein kann.

- **Struktur des Produktprogramms:**

  Durch eine geplante, auf Schwerpunkte konzentrierte Zahl von Varianten der Produkte können erhebliche Kosten und Zeitanteile gespart werden (Kapitel 4.5 b und Variantenmanagement, Kapitel 9.4). Neue Produkte sind ferner relativ schnell und sicher durch eine langfristig geplante Vorentwicklung von wichtigen Komponenten erstellbar.

- **Personal:**

  Maßnahmen bezüglich Versetzung, Neueinstellung von Mitarbeitern, bessere Schulung, Weiterbildung, Veränderung der fachlichen Qualifikation bei Neueinstellung. Versuch einer Verbesserung der Motivation, des Betriebsklimas z. B. durch bessere Anerkennung und Information. Der Chef muss fachlich und menschlich anerkannt sein.

- **Methoden und Hilfsmittel** (vgl. Kapitel 7 und Kapitel 9):

  Bessere und gemeinsame Planung von Zeiten und Kosten der Konstruktion (siehe Kapitel 5.2.3) verhindert Leerlauf, Doppelarbeit und Hetze mit entsprechenden Fehlern. Dies gilt auch für die Produktplanung und für die Produktbereinigung („halbtote" Produkte können hohe Kosten verursachen!). Suchsysteme für Normteile, Wiederholteile und Teilefamilien einschließlich deren Kosten am Bildschirm einführen (PDM). Anwendung von Konstruktionskatalogen, Relativkosten, Erstellung von Vorgehensplänen und Konstruktionsrichtlinien überlegen. Variantenmanagement (Kapitel 9.4). Kontin. Verbesserungsprozess KVP einführen. [92/4; S.32]. Ferner ein Änderungsmanagement einführen, da Änderungen am Produkt, je später im Prozess sie erfolgen, enorme Kosten verursachen können. Siehe die 10er-Regel in Bild 3.61. (Langer in [26/1; S.524]).

- **Zeichnungserstellung:**
  durchweg mit CAD
- **Rationalisierungs-Software- und geräte:**
  Rechnereinsatz (PDM; VR; 3D-Druck); Rapid Prototyping, Mikrofilmeinsatz, Kopiermaschinen.
- **Innerbetriebliche Normung:**
  Werknorm, Teilefamilien, Baureihen, Baukastensysteme und Produktarchitekturen mit entsprechender Normprüfung der Zeichnungen (Kapitel 9.3).
- **Vermeidung von Verschwendung** durch bessere Abstimmung und Planung:
  Z.B. für Wartezeiten, mehrfache Wiederaufnahme des gleichen Projekts wegen fehlenden Informationen, Doppel- und Nacharbeit, Zeichnungs- und Berechnungsfehler.

5.2.2.3 Leistungsmessung in Entwicklung und Konstruktion

Unter **Leistung** soll hier das Verhältnis von Konstruktionsergebnis zum eingebrachten Aufwand, d.h. zur Arbeitszeit oder den Konstruktionskosten verstanden werden. Man könnte diese Art von Effizienz auch als Leistungsgrad bezeichnen.

$$\text{Leistung} = \frac{\text{Konstruktionsergebnis}\,[\varepsilon]}{\text{Konstruktionsaufwand}\,[\text{Personenstunden}]}$$

Formel für die Leistung in der Konstruktion

An der verschwommenen Begrifflichkeit „Konstruktionsergebnis“ wird bereits das Problem der Messung von Qualität offenbar. (Das Ergebnis im Zähler müsste ja entsprechend der Messgröße des Nenners in Zeit oder in Geldeinheiten bewertet werden). Das ist aber weder für die konstruktive Abwicklung und schon gar nicht für die Neuentwicklung (Fortschrittskonstruktion) möglich. Wie will man z.B. die Idee von Diesels Motor oder von Zuses erstem Computer in Zahlen ausdrücken? Qualität lässt sich eben zahlenmäßig schwer definieren. (Es liegt eine Analogie zum Begriff der Denk- und Informationsökonomie vor (Kapitel 3.6): Dort ist für ein spezielles Beispiel eine zahlenmäßige Bewertung wiedergegeben; siehe auch Kapitel 3.8). - Der VDMA (Betriebswirtschaft BW 12) listet unter „Qualitätsperspektive“ zur Leistung der Konstruktion folgende Begriffe auf: Qualität der Konstruktion, Kreativität, Innovation, Wertgestaltung, Mitarbeiter, Qualität der Konstruktionswerkzeuge. Für deren Bestimmung werden aber keine Angaben gemacht.

Maßgebend ist der **Produkterfolg**, der nicht nur von der Konstruktion, sondern von mehreren Abteilungen im Unternehmen und zudem noch von verschiedenen äußeren Einflüssen bestimmt wird (Kapitel 4.1.1). Eine absolute Leistungsmessung für die Konstruktion ist also schon deshalb nicht möglich, weil man die anderen Einflüsse nicht konstant halten kann. Möglich ist nur, im Sinne von „**benchmarking**“, der relative Vergleich mit möglichst ähnlich strukturierten, und damit auch hinsichtlich der Qualität ähnlichen Konkurrenzunternehmen über **Kennzahlen**, die allerdings nicht einfach zu beschaffen sind [45/5; 56/5].

Was für die Entwicklung und Konstruktion gesagt wurde, **gilt für alle planenden, produktdefinierenden Abteilungen**, wie z. B. Produktplanung, Industrial Design, Fertigungs- und Montagevorbereitung. Unklar definierte, vage Eingangs- und Ausgangszustände dieser Abteilungen sowie deren nicht eindeutig algorithmisch und quantitativ zu beschreibender Prozess vom Eingangs- zum Ausgangszustand macht den quantitativen Vergleich alternativer Arbeitsmethoden unmöglich. Dementsprechende Investitionen in qualifiziertes Personal, Methoden oder Weiterbildung bleiben also der Einsicht, der Überzeugung, dem Glauben der Geschäftsleitung überlassen. Das Ergebnis ist die **Nicht-Kalkulierbarkeit** der Leistung oder der Effizienz von produktdefinierenden Abteilungen.

Dies wird sofort **anders, wenn** sich die **Arbeitsabläufe routineartig** wiederholen, wenn sie z. B. **mit dem Rechner automatisiert** werden können. Die Arbeit ist dann kaum mehr kreativ, ist von der Qualität her vergleichbar, und ähnelt der Produktion. Die Investition in Hard- und Softwarealternativen wird dann, wie in der Produktion, **kalkulierbar**.

Es sollen im Kontrast zum bisher Gesagten noch die Verhältnisse in der **Produktion** angesprochen werden: Sie geht von der klar definierten Produktdokumentation der Konstruktion aus und endet in dem noch klarer definierten Endzustand „fertiges Produkt“. Der **Produktionsprozess** zwischen definiertem Ein- und Ausgangszustand ist im Allgemeinen bekannt und kann hinsichtlich Kosten- und Zeiteinsparung kalkuliert werden. Damit können klare Entscheidungen für erhebliche Fertigungsinvestitionen getroffen werden, die ihr „Return on Investment“ bringen.

Zum angesprochenen **Relativvergleich** („benchmarking“) von Konstruktionsabteilungen sind direkt nur Kennzahlen aus dem zwischenbetrieblichen Vergleich eines weit gefassten Produktbereichs erhältlich. Nachfolgend sind einige **Zahlenangaben des VDMA** aus dem Jahr 1991 [24/5] für den Maschinenbau aufgeführt:[8]

8) Notiz im Jahr 2016: Für viele der obigen Statistiken waren keine neueren Zahlen zu bekommen!

- **Personalanteil** in Entwicklung und Konstruktion bezogen auf die Gesamtmitarbeiterzahl: im Mittel 13 % (zwischen 6,3 % bei Großserie und 17,2 % bei Einzelfertigung).
- **Einkauf von Konstruktionsleistungen** (ausgelagerte Konstruktionskapazität): im Mittel 9,4 % der gesamten Konstruktionskapazität (zwischen 3 % und 15 %).
- **Entwicklungs- und Konstruktionskosten** bezogen auf Gesamtkosten: im Mittel 10,2 % (zwischen 6,1 % Großserie und 12,7 % Einzelfertigung).
- **Kostenstruktur Entwicklung und Konstruktion:** im Mittel 69,1 % Personalkosten; 5,8 % EDV-Kosten (davon 71,6 % für CAD); 4,9 % Material; 4,5 % Fremdvergabe (3,1 % bei Großserie und 5,1 % bei Einzelfertigung); 4,7 % Raumkosten; 1,6 % Reisekosten.
- **Pro-Kopf-Umsatz je E & K Mitarbeiter:** im Mittel 0,82 Mio. Euro (zwischen 0,66 Mio. Euro bei Einzelfertigung und 1,6 Mio. Euro bei Großserie). Pro-Kopf-Umsatz je Mitarbeiter **gesamt** in 2004 [36/5]: 0,183 Mio. Euro; in 2007 [71/5]: 0,214 Mio. €
- **Wertanalyse-Erfolgsquote** (durchschnittliche Einsparung an Herstellkosten): 11 % (zwischen 5 % bis 18 %).

Die folgenden Zahlen stammen aus einer ähnlichen Untersuchung des VDMA aus den Jahren 1986/87 [13/5]:

- **Zahl der** pro Jahr von E & K Mitarbeitern **erstellten äquivalenten DIN A4-Zeichnungen:** 247 (bezogen auf sämtliche Mitarbeiter der Konstruktion bzw. 485 bezogen auf tatsächlich konstruierende Mitarbeiter).
- **Zeitaufwand** pro äquivalenter **DIN A4-Zeichnung:** 3 bis 4 Stunden.
- **Beschleunigungsfaktor durch CAD:** im Mittel bei Neukonstruktion 1,4 (1,0 bis 2,0) bei Anpassungskonstruktion 2,3 (1,5 bis 3,0) und bei Variantenkonstruktion 3,0 (1,5 bis 5,0).
- Zahl der angemeldeten **Patente** pro Mitarbeiter und Jahr: im Mittel 0,4, d. h. alle 2 bis 3 Jahre wird pro E & K-Mitarbeiter im Durchschnitt ein Patent angemeldet.

Auch wenn obige Zahlen für den zukünftigen Leser nicht auf dem aktuellsten Stand sind, so geben sie doch einen Hinweis auf die Größenordnungen und zeigen, welches Zahlenmaterial grundsätzlich beschaffbar ist. – Als Anregung zu Kennzahlenvergleichen die Literatur: Gentner [56/5].

5.2.2.4 Kosten der Konstruktionsabteilung

Bisher wurden bereits an verschiedenen Stellen Angaben zu den Kosten der Entwicklungs-/Konstruktionsabteilung gemacht. Diese werden im Folgenden zusammengefasst und ergänzt.

Die Entwicklungs-/Konstruktionsabteilung macht ca. 10 % der Gesamtkosten eines Unternehmens aus, wobei sich der Wert aufspalten lässt in 6,1 % bei Großserienfertigung und 12,7 % bei Einzelfertigung (VDMA [24/5]). Zahlen des VDMA von 2001 in [41/5] geben die obigen Kosten der Konstruktionsabteilung ohne EDV-Anteil mit 7 % an. Bei Sonderkonstruktionen und Einzelfertigung können die Entwicklungskosten höher sein als die Fertigungskosten. – Rund 70 % der Gesamtkosten des Konstruktionsbereiches sind Personalkosten, 5,8 % EDV-Kosten (einschließlich CAD). Die Konstruktionskosten werden von rund zwei Drittel aller Firmen direkt auf einzelne Kundenaufträge verrechnet. Die restlichen Firmen errechnen einen Prozentzuschlag auf die Herstellkosten. Dieser Zuschlagssatz (EKK, Bild 9.3) bezogen auf die Herstellkosten liegt bei 8–10 % (Streuung 4–15 %). Die aktuellen Kostensätze (Euro/Std.) sind den Angaben des VDMA [24/5; 36/5] zu entnehmen.

Rund 10 % der Konstruktionskapazität wird nach außen an zuliefernde Konstruktionsbüros vergeben **(„outsourcing")**. Dies ist im Interesse der Flexibilität und oft auch der Kosten interessant. Die unternehmensinternen Kostensätze liegen rund 40 % über den Fremdsätzen. Um jedoch die Vergabe nach außen aus Kostengründen zu entscheiden, muss intern von Vollkosten auf entscheidungsrelevante Grenzkosten heruntergerechnet werden. (Siehe Kapitel 9.1.2).

5.2.2.5 Computereinsatz beim Entwickeln und Konstruieren

Ohne Datenverarbeitung und Informationstechnik ist die Produkt- und Prozessentwicklung heute nicht mehr denkbar. Sie ist seit den Jahren ab 1960 mit einem unglaublichen Fortschritt, sozusagen „von hinten", von der konkreten Seite, in die Produktentwicklung eingedrungen, wie Bild 1.1 zeigt, während die Konstruktionsmethodik vorne, auf der abstrakten Seite begonnen hat.[9] Beide haben sich befruchtet: Ohne klare Strukturierung und Formalisierung ist Programmieren nicht möglich und ohne Methode kann Kreativität in komplexen Situationen chaotisch wirken.

Da in diesem Buch, wie schon in Kapitel 1.1 d erwähnt, die DV-Technik des Entwickelns aus Umfangsgründen nicht behandelt wird, soll hier wenigstens ein Überblick über den heutigen Stand und die voraussichtliche Zukunft gegeben werden. (z. T. nach Berliner Kreis [64/5] bzw. WiGeP; Shea [66/5]; Grieb [73/5]).

Was leistet die Informationstechnik heute?

In Bild 5.49 ist gezeigt inwieweit die Grundtätigkeiten des Entwickelns von Bild 5.4 durch den Computer unterstützt werden. Dabei ist der Maschinenbau im Vordergrund.

Die Automobil- und Flugzeugtechnik ist meist Vorreiter bei neuen Verfahren. Triebkräfte sind gestiegene Anforderungen (z. B. von der Sicherheitstechnik, vom

9) Der Autor beschaffte 1977 den ersten CAD-Rechner stellvertretend für die ganze Maschinenbau-Fakultät der TU München. Damals kostete eine Speichernachrüstung von 1000 kBit ca. 5000 DM. Man war froh 2D-Zeichnungen von Maschinenteilen, statt von Hand, nun im Computer erzeugen zu können.

Markt, von der Fertigung, Zeit- und Kostenreduzierungen, höhere Qualität). Ferner auf Seiten des Computers die rasante Zunahme der Leistung von Hard- und Software bei sinkenden Kosten. Grenzen des Computereinsatzes sind in Kapitel 1.4 angedeutet. Manches können Menschen besser, manches – zunehmend mehr – der Computer.

Der Computer ist nach wie vor ideal für formalisierbare Tätigkeiten wie Berechnen, Simulieren, Optimieren (5) und graphisch mit CAD darstellen (8). Insbesondere durch die volumenorientierten **3D CAD-Programme** ist es zum ersten Mal in der Technik möglich geworden die Körpereigenschaften der Maschinenteile als Information abzubilden. Damit ist nicht nur die fotorealistische Darstellung (Visualisierung und Animation) möglich geworden, sondern auch der Übergang direkt zur automatisierten Fertigung der Bauteile (CAD/CAM) und zur Montagesimulation: Virtual Reality (VR). Ebenso ist die sofortige Direktherstellung mit Rapid Manufacturing oder Rapid Prototyping und heute der 3D-Druck fertiger Bauteile industrielle Realität. (6). Mit der 3D-Darstellung ist ferner die Simulation, Abschätzung und z. T. Berechnung vieler Bauteileigenschaften möglich, wie von Spannungen, Verformungen sowie von dynamischen, thermischen, fluidischen, und akustischen Vorgängen (mit FEM und FDM = Finite Elemente bzw. Differenzen Methode). Die **„digitale Absicherung“** mit Hilfe eines Digital Mock Up (DMU) statt langwieriger und teurer Versuche (Physical Mock Up) wird mit Intensität vorangetrieben (6). Bei Automobilherstellern wird deshalb nur noch eine Prototypgeneration, statt früher 2 bis 3 gebaut. Das reduziert die Kosten und verkürzt die Entwicklungszeiten erheblich! Im Maschinen- und Anlagenbau wird der sofortige Funktionseinsatz nach der Erstellung der Maschine oder Anlage verbessert. Durch parametrisch-assoziative und feature-basierte CAD-Systeme können vereinfacht Änderungen und Varianten erzeugt werden. Damit ist zumindest ein Weg zur automatisierten Konstruktion insbesondere von Variantenkonstruktionen frei (Bild 5.18). Hier handelt es sich ja mehr um Konfigurationsaufgaben, weniger um kreative Konstruktionen. Nach Meinung der Autoren wird selbst bei noch so intensivem Einsatz leistungsfähiger Informationstechnik auf absehbare Zeit wohl nicht möglich sein, automatisch absolute Neuentwicklungen zu generieren.

An dieser Stelle sei vor zu großer „Computer-Gläubigkeit“ gewarnt: der Einsatz von CAX-Systemen und Simulationen ersetzt nicht das ingenieurmäßige Denken! (Siehe die Krise am Start der Mercedes A-Klasse. Kapitel 5.1.4.4).

			Tätigkeiten	beispielhafte Computerunterstützung	Erläuterungen, Ergänzungen
Grundtätigkeiten		1	Anforderungen klären	DV-Anforderungslisten von Vorläufern,	
	Lösungen suchen	2	Prinzipielle Lösung suchen	TRIZ (Kap. 7.5.5.4 Fußnote);; Zephram; Innovations-software [44/7.5] ; Lösungen von DV-Zuliefer-Katalogen	im PDM = Produktdaten-Management, CAD nach brauchbaren oder ähnlichen Lösungen suchen (Kap. 7.5.3)
		3	gestalterische Lösung suchen	Gestaltmakros in produktspezifischen Datenbanken suchen	im CAD; CAD/CAM nach ähnlichen Vorgängern, Features suchen
		4	herstellgerecht gestal-tete Lösung suchen	Simulation und Integration von Fertigungs- und Montagevorgängen mit CAD	im PDM, CAD nach brauchbaren oder ähnlichen früheren Lösungen suchen
	Analysieren und Lösung auswählen	5	Berechnen, Simulieren, Optimieren	Simulation von mech. (FEM), fluidischen (FDM), thermi-schen Vorgängen; DV-Kollisionstest; MKS; AR;	Spezialisten vermehrt nötig; Siehe Kap.7.8.2.1 und 7.8.2.2; Bild 8.5-13
		6	Experimentieren Rapid Prototyping	mit Rapid Prototyping Modelle erstellen; Digital Mock-up; (DMU); Functional Digital Mock-up (FMU); CAT; 3D Druck	Simulation nimmt Experiment z.T. vorweg: (DMU; VR) + Rapid Prototyping; Computer Aided Testing (CAT)
		7	Beurteilen, Entscheiden	FMEA; Digital Mock-up (DMU); Teilprozesse in digitaler Fabrik; z.B. Produkt „DELMIA“ von Dassault	Virtuual Reality VR; FMEA (Kap. 7.8.1.1)
	Darstellen	8	zeichnerisch, graphisch oder körperlich darstellen	in 2D und 3D darstellen, abspeichern, suchen, wieder verwenden; abändern; CAM; CAx	CAD, DV-Graphiksysteme; computergestütztes Skizzieren (Kap. 5.2.2.5; Kap. 3.4.2)
		9	Schriftlich;; graphisch und körperlich darstellen	Textverarbeitungs-, Texterkennungssysteme	PPS; PDM
unterstützende Tätigkeiten		10	sich informieren	Informationen in Datenbanken und in PLM = Produkt-Life-Cycle-Management, in PDM suchen, auswerten	transparente DV-Prozesse als Voraussetzung für IPE; PDM; siehe Kap. 7.10
		11	Strukturieren, Ordnen	PDM; PPS System; PLM; elektronische Zeichnungs-archive (EZA)	PDM ist der Kern der übergeordneten Strategie PLM; siehe Kap. 7.10.4
		12	Kontrollieren; Prüfen	Toleranzrechnung und 3D Vermessung und Prüfung fertiger Bauteile	Vollständigkeitsprüfung, Abstandsprüfung von Bauteilen in 3D-CAD-Systemen
		13	Korrigieren	Gerade die DV-Technik unterstützt auch kleinste Änder-ungen optimal! (Man denke an die alte Kratztechnik!)	
		14	Organisieren; Planen,	DV-Projektplanung nach Terminen und Kapazitäten durchgängige Prozesskette (M2M Kommunikation)	siehe Kap. 5.2.3
		15	Korrespondieren	Email; SMS;	Verschicken von Zeichnungen, Protokollen mit Email
		16	Diskutieren, Beraten	virtuelle Konferenztechnik; an Standorten verteilte Produktentwicklung	Virtuelle Konferenztechnik allein reicht meist nicht; man sollte sich auch von Zeit zu Zeit persönlich kennen lernen

Bild 5.49 Computerunterstützung bei Grundtätigkeiten in der Produktentwicklung, z. T. nach [64/5] [73/5]; (siehe auch Bild 5.4)

In Bild 5.50 wird die zentrale Stellung von CAD für die unterschiedlichen Anwendungen gezeigt. Ein bisher offener Einsatz ist die Kommunikation mit einer computergenerierten Handskizze. Es ist aber zu erwarten, dass sich die Lücke in Zukunft schließt (siehe Kapitel 3.4.2) [95/3]. Hilfsmittel zum digitalen Skizzieren beschreibt Grieb in [73/5, Kapitel 3].

Die erhebliche Bedeutung der Handskizze vor und auch während des CAD-Einsatzes wird aus einer Befragung von Entwicklern klar: Mehr als die Hälfte aller Entwickler nützen Handskizzen häufig vor dem CAD-Einsatz, zu 35 % auch während der CAD-Arbeit [95/3]. Skizzen sind eine schnelle Denkunterstützung und eignen sich hervorragend zur Kommunikation (Kapitel 3.4.2).

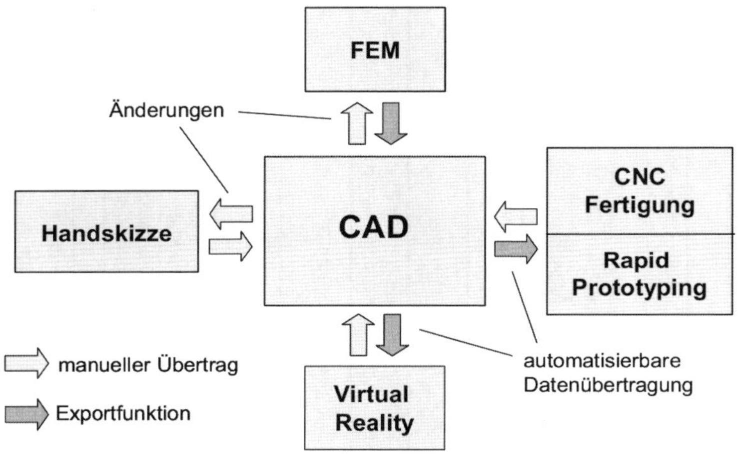

Bild 5.50 Datenaustausch in der Prozesskette zur Verarbeitungen von Geometrieinformationen (nach Müller [95/3])

Aus dem Bild ist auch zu ersehen, dass zwar die Datenübertragung von CAD zu den Anwendungen automatisiert werden kann, aber bisher nicht die Änderung (z. B. einer FEM-Kontur) zurück zum CAD-System. Dieses „unidirektionale" Verhalten ist eine Folge der jeweils unterschiedlichen Produktmodelle. Und trotz einiger Forschungsvorhaben zum bidirektionalen Verhalten gibt es noch keine Praxisrealisierung.

Ein weiterer Schwerpunkt des Computereinsatzes ist die Unterstützung des Informierens (10 in Bild 5.49), Strukturierens (11) und Korrigierens (13). Denn ein wesentlicher Vorteil der CAD-Technik ist ja nicht nur das Darstellen, sondern das rationelle Suchen im Abgespeicherten, das Korrigieren, Wiederverwenden und Abändern. Dazu ist eine leistungsfähige, gut strukturierte Ablage- und Suchtechnik nötig, meist in Datenbanken. Die Daten müssen auch allen an der Wertschöpfung Beteiligten verfügbar sein. Dieser Informationsbedarf geht heute über PPS-

Systeme (Produktions-Planungs- und Steuerungs-System) weit hinaus und umfasst zunehmend integrativ das **PDM** (Produktdaten-Management mit Hilfe der PDM-Datenbanken; auch **EDM** genannt, d.h. Engineering Data Management) als Integrationsplattform für z.B. CAD-, NC-, Berechnungs-, Simulationsdaten. Ferner das **PLM** (Product Lifecycle Management) das als Strategie den ganzen Produktlebenslauf vom Lastenheft des Kunden bis zur Entsorgung verwaltet mit PDM als Kern und als „datentechnisches Rückgrat". Und zwar nicht nur die Daten, sondern auch die Engineeringprozesse und -anwendungen; (z.B. von Dassault V6 PLM für Catia; siehe auch Kapitel 7.2.1 und 9.1.1). Die Softwareentwicklungssprache UML (Unified Modeling Language) wurde zur SysML (System Modeling Language) weiterentwickelt. [26/1; S.159]. Dabei wird nicht nur an die Vorwegnahme zukünftiger Prozesse, wie Fertigung, Montage, Service sowie Dienstleistung gedacht, sondern auch an das „feed-back" aus diesen Bereichen, wie es auch in Bild 4.34 regelkreisartig dargestellt ist. Hier ist also die Bedeutung der integrierten Produktentwicklung voll erkannt. Das derzeitige Problem dabei ist aber eben meist der Mangel an Integration: Sowohl die historisch entstandenen Programme, als auch die verantwortlichen Manager und die Kostenrechnungssysteme haben isolierte Sichten, sind „Insellösungen"[10]. Deshalb versteht sich PLM auch nicht nur als ein Softwaresystem, sondern als ein ganzheitliches Managementsystem. (Siehe hierzu Kapitel 4.4.1.4). Zudem ist eine Wirtschaftlichkeitsrechnung von PLM kaum einfach möglich, weil der Nutzen – im Gegensatz zu den Kosten – nicht leicht zu quantifizieren ist und oft nur langfristig entsteht.

Was könnte die DV-Technik in Zukunft leisten?

Die Verschmelzung der virtuellen mit der physikalischen Welt zu „Cyber-Physical-Systems" wird sehr wahrscheinlich unsere Zukunft bestimmen. („Industrie 4.0" sowie „Internet der Dinge und der Daten und Dienste"). Damit ist die weitere Entwicklung von mechatronischen Produkten vorgezeichnet. (Siehe Kapitel 5.1.4.4). Die dynamisch steigende Speicherkapazität, die Leistungsfähigkeit der Rechner und die Erkenntnis der enormen Zeit- und Kostenvorteile durch softwaretechnische **Integration**über den ganzen Produktlebenslauf (PLM mit Basis PDM) wird die Integration der Informationen und Programme vorantreiben und verspricht mit der Datendurchgängigkeit im ganzen Produktentwicklungsprozess mehr Qualität und bei weniger Iterationsschleifen weniger Zeitaufwand. Damit wird auch ein derzeitig unbefriedigender Zustand im Bereich der Mechatronik überwunden werden. Es wird leichter möglich die unterschiedlichen Komponenten und das Wissen aus verschiedenen Fachdomänen zu einem homogenen Gesamtsystem zusammenzuführen. (Die Pfeile mit manueller Datenübertragung in Bild 5.50 wer-

10) Nach [72/5] haben 2010 nur ca. ⅓ von 250 Firmen vor- und nachgelagerte Prozesse mit PDM oder PLM gekoppelt. Bei den anderen werden Vorplanung, Konstruktion, Projektierung, Fertigung, Montage sequenziell abgearbeitet, die Daten mehrfach eingegeben. Die Übergabe in kaufmännische Bereiche erfolgt meist manuell.

den weniger). (Siehe hierzu Eigner [83/5]). - Ferner wird es durch das **„virtuelle Engineering“** möglich das 3D-Produkt bzw. seine Teile, Baugruppen in seiner Fertigungs-, Montage-, endgültigen Funktionsumgebung zu sehen und darin zu optimieren. Ergonomie- und Fahrsimulationen werden virtuell möglich. Ein Service-Monteur sieht das zu reparierende Teil und bekommt die nötigen Informationen dafür eingeblendet. (Bauer u.a. [26/1; ab S. 939]).

Ferner wird die **Simulationstechnik** (5) im Sinne der Eigenschaftsfrüherkennung für Produkte und Prozesse im Rahmen der Modellierungsgenauigkeit eine ungeahnte Vorwegnahme zukünftiger Eigenschaften und Prozesse gestatten. Hier verschmilzt die digitale Entwicklung des Produkts mit der digitalen Fertigung und der „Digitalen Fabrik“. (Siehe Kapitel 9.3.4). Dazu gehört aber nicht nur eine durchgängige Software, sondern die Prozesse in den Unternehmen müssen durchgängiger werden. Ansätze dafür gibt's schon heute: Das Verhalten spezieller Produkte kann bezüglich der Funktion, dem Gebrauch und der Ergonomie (**FMU** = **Functional Digital Mock-up** (6)), bezüglich Herstellung und Montage, bezüglich Service, Instandhaltung und Recycling simuliert werden. (Siehe Kapitel 7.8.2.2). Ein hervorragendes Mittel ist auch die Mehrkörper-Simulation bei dynamisch beanspruchten (auch elastischen!) Bauteilverbänden (**MKS**). Mit diesem „Predictive Engineering“ spart man Versuchsmuster, späte und teure Änderungen, Enttäuschungen im Betrieb. Zunehmen wird auch Computer Aided Testing CAT (6) als Hilfsmittel bei und statt Versuchen. Ein Schwerpunkt wird die Möglichkeit werden, mit **Optimierungsprogrammen** (5) zielangepasste Produkte zu erzeugen. Eine filmartige **Virtual Reality (VR)** und **Digital Mock-up** (**DMU** = virtueller Prototyp eines Bauteils im CAD-System zum Durchführen von verschiedenen Simulationen, Animationen und Tests [80/5]) wird erkennen lassen, wo noch auszumerzende Schwachpunkte liegen. Interaktion ist dabei möglich [108/3]. Dabei kann auch die reale Welt mit computergenerierten Informationen in der Augmented Reality (**AR**) verknüpft werden. Ferner wird das **Rapid Prototyping** bzw. Rapid Manufacturing (6) bzw. 3D-Druck weiterentwickelt, so dass Bauteile vor allem in kleineren Stückzahlen angepasst an spezielle Kundenwünsche in kurzer Zeit entstehen können. Es entstehen nicht nur Anschauungsobjekte, Handhabungsmuster sondern es ist nach heutigen Stand der Technik möglich, betriebstaugliche, d.h. voll belastbare Teile zu generieren. Die Anpassung von Baukastensystemen und von Ersatzteilen an kundenspezifische Wünsche wird dadurch möglich.

Das bisher händische Skizzieren vor Einsatz der CAD-Technik wird, wie oben in Bild 5.50 angedeutet, vom computergenerierten Skizzieren (8) abgelöst werden. Damit sind die Vorteile von CAD auch hierfür vorhanden: Schnelle Änderungen, zentrale Speicherung, Verwaltung und Verknüpfung mit anderen Bauteilen und Anwenderprogrammen.

Im so genannten **„Internet der Dinge“** bzw. Industrie 4.0 wird es möglich, dass Dinge infolge ihrer digitalen Identität „wissen“ was mit ihnen im Prozess geschehen soll und wohin sie gehören. Damit werden die Prozesse in der gesamten „digitalen Fabrik“ verbessert (Stichworte: „Vierte industrielle Revolution“; Industrie-4.0-Konzepte).

Es ist auch klar, dass bei dieser „Industrie 4.0“ in erheblichem Maße integratives Denken und Tun gefordert wird, denn die digitale Information eines Teils oder Produkts soll ja alle von ihm tangierten Bereiche umfassen, vom Marketing, zur Produktentwicklung, zur Produktion bis zum Einsatz und zur Entsorgung. – Aber: je vernetzter und undurchsichtiger die Produkterstellung wird, umso anfälliger für Hacker. Es ist vorstellbar, dass ganze Produktionsbereiche ausfallen.

Schließlich wird das **Organisieren, Planen und Korrespondieren** (14 bis 16 in Bild 5.49) durch immer mehr realitätsnahe Systeme unterstützt. (Siehe Kapitel 5.2.2). Die virtuelle Konferenztechnik, selbst am CAD-Platz, wird selbstverständlich werden. Auch die an Standorten verteilte Produktentwicklung wird zunehmen, was nichts daran ändern wird, dass direkte Gespräche die häufigste Kommunikationsform bleiben werden (Kapitel 3.5).

Welche Probleme entstehen dabei voraussichtlich?

Die Programmsysteme werden **unübersichtlich komplex**. Auch sind die darin verarbeiteten Ansätze und Vereinfachungen nicht immer bekannt, sodass die „Computergläubigkeit“ zu Überraschungen im praktischen Betrieb der Produkte führen kann und man deshalb um rechtzeitige Plausibilitätsabschätzungen aus seinem Wissen z. B. um Mechanik, Methodik und schließlich um körperliche Versuche nicht herumkommt.

Es ist fraglich, wieweit es gelingt, für komplexe Produkte die Integration der Einzelkomponenten zu realistischen Simulationssystemen zu erreichen, die dann auch noch wirtschaftlich genutzt werden können. Ein Problembereich ist dabei z. B., dass unterschiedliche Rechenverfahren auch unterschiedliche Modelle benötigen. Die einzelnen Systeme basieren oftmals auf unterschiedlichen Datenstrukturen.

Wichtig ist zu erreichen, dass die geplanten und die realen Prozesse nicht auseinanderklaffen. Wie oft heißt es „Lass die da oben ruhig planen, wir wissen ja, wie's wirklich geht“. Das rechtzeitige Einbinden aller Beteiligten kann bei einem guten Betriebsklima weiterhelfen.

Außerdem wird das **Lernen** des Umgangs mit diesen Systemen so aufwendig, dass für die Bedienung wieder Spezialisten nötig sind, die rechtzeitig in das Produktentwicklungsteam eingebunden werden müssen. Es werden so genannte „kollaborative Arbeitsplätze“ entstehen und die Zahl der Berechnungsingenieure und der Softwaretechniker wird zunehmen.

5.2.2.6 Zur Begründung der Termin- und Kapazitätsplanung

Rund 80% aller vom VDMA 1986 [13/5] befragten Firmen führen eine Termin- und Kapazitätsplanung durch, wobei die Zeitaufschreibung bei 82% und die Ermittlung von Planzeitwerten bei 50% aller Firmen eine Voraussetzung dafür sind. Bei einem mittleren Jahresumsatz von 0,82 Mio. Euro (1991; 1,17 Mill. Euro in 1999) pro Mitarbeiter in der Konstruktion scheint dies sinnvoll – auch unter Berücksichtigung der Tatsache, dass zumindest in der **konstruktiven Abwicklung** (Bild 5.47) die kreativen Anteile eher gering sind[11]. Auch werden mit dem Einzug der „Maschine CAD" fertigungsähnliche Strukturen nahe liegend. Viele angeblich kreative Anteile entpuppen sich zudem bei näherer Analyse als unerkannte, intuitiv abgewickelte Konstruktionslogiken (siehe Kapitel 2.3.3 und [37/5]). Es wird angegeben, dass mindestens 75% der Konstruktionszeit verplanbar ist. Schließlich verbrauchen die planenden Abteilungen (einschließlich Fertigungsvorbereitung) rund 50% der Lieferzeit der Produkte, so dass eine straffe **Terminplanung** auch zur Vermeidung von Konventionalstrafen notwendig ist. Nach VDMA 1997 beträgt die durchschnittliche Gesamtdurchlaufzeit eines Kundenauftrags im Maschinen- und Anlagenbau 23 Wochen (Streuung 4 bis 40 Wochen!). Einzelfertiger: 32 Wochen; Kleinserienfertiger: 13 Wochen. Je größer das Unternehmen ist, umso länger dauert der Durchlauf. Offenbar gibt es dann mehr Koordinationsaufwand [44/5]. Die Durchlaufzeit von 23 Wochen konnte durch **Parallelisierung** der Arbeit in den verschiedenen Abteilungen 2007 [71/5] auf 20,5 Wochen gesenkt werden. (Siehe Bild 4.44).

Es ist klar, dass beim traditionellen Selbstverständnis des Konstrukteurs als dem „kreativen Vordenker" (Kapitel 5.1.2) nicht nur eine Termin-, sondern auch eine **Zeitvorgabe** wie in der Fertigung heftig abgelehnt wird. Aber analog zur Fertigung gibt es **zwei Strategien**, unter denen ausgewählt werden kann:

- **Zeitvorgabe** für Konstruktionsarbeiten auf die jeweilige **Person** bezogen und unter deren Einbeziehung. Dies gestaltet sich meist schwierig.
- **Terminvorgabe** für eine **Konstruktionsgruppe**, die bis zu diesem Termin einen größeren Konstruktionsauftrag abzuwickeln hat. Die interne Terminabstimmung ist dann Angelegenheit der Gruppe. Dies entspricht der Gruppenarbeit in der Produktion. Auch hier ist die Einbeziehung des Gruppenleiters in die Terminplanung Voraussetzung für eine realitätsnahe Planung.

Schließlich ist klar, dass für die **Fortschrittskonstruktion** (innovative Neukonstruktion) zwar Terminpläne gemacht werden müssen, aber im Einzelnen Freiheit gegeben werden muss. Obwohl offenbar leichter Termindruck die Kreativität erhöht [38/5], ist kreative Leistung grundsätzlich nicht planbar.

---

11) Notiz im Jahre 2016: Neuere Zahlen waren nicht erhältlich.

Zeitmanagement ist ein Thema der Organisationspsychologie. Typisch ist demnach, dass Aufgaben aufgeschoben werden, weil sie zwar wichtig, aber nicht dringend sind. Die Flut von angeblich dringenden Emails und SMS zerhackt die Zeit. – Ferner unterschätzt man fast immer die Dauer von Aufgaben. Also bei der Planung einen Puffer einbauen. – Schließlich sollte man wissen, dass man bei längeren Planungszeiträumen meist doch erst kurz vor dem Termin in der Sache aktiv wird. Also Zwischenziele einbauen!

5.2.2.7 Durchführung der Termin- und Kapazitätsplanung

Die Terminplanung der Konstruktion muss integriert sein in ein **(Grob-)Terminplanungssystem der gesamten Auftragsabwicklung**, in dem ausgehend vom Liefertermin des Produkts rückwärts Termine für die Fertigstellung der Montage, der Fertigung der Teile des Produkts, der Bereitstellung zu beschaffender Materialien, der Durchführung der Fertigungsplanung, der Konstruktion, der Auftragsklärung usw. angegeben werden. Es hat keinen Sinn, in einem Teilbereich hohen Planungsaufwand zu treiben, wenn die Abwicklung dann woanders hängen bleibt [39/5]. Außerdem gilt die **Regel:**

„Maßnahmen zur Einhaltung von Terminen sind **umso kostengünstiger, je früher** sie eingeleitet und realisiert werden". Maßnahmen zur Zeitverkürzung sind in Kapitel 5.2.2 zusammengefasst. Mittlere Durchlaufzeiten in E&K aus 2007 sind in Bild 4.45 angegeben [71/5].

Es ist zweckmäßig, die Terminplanung an den entstehenden Dokumenten bzw. Ergebnissen zu orientieren. Sie sind die „Werkstücke" im Informationsfluss – entsprechend den Bauteilen im Materialfluss. In einem **„dokumentengetriebenen Prozess"** sind sie konkret ansprechbar bezüglich Inhalt, Erarbeitungsstelle und Terminabfolge (Kapitel 4.1.3.2). Es ist zweckmäßig, zuerst die zu erstellenden Dokumente zu planen und davon ausgehend die Vorgehensschritte mit ihren Terminen zusammenzustellen (Kapitel 6.3.2 und 6.5). In der Endphase der Produkterstellung wird aus dem dokumentengetriebenen ein **„objektgetriebener Prozess"**. Es geht dann um Termine für Versuchsteile, Prototypen, Vorserien- und Serienausführungen. Die wichtigste Aufgabe der Terminplanung ist die Koordination der betroffenen Stellen und Personen. Dazu gehört die **Akzeptanz** der inhaltlichen und der terminlichen Ziele. **Motivation** ist auch hier ein besserer Antrieb als äußerer Druck.

Voraussetzung für die Terminplanung ist die längerfristig angelegte Beschaffung der Informationen über: (Siehe Bild 5.51):

- **1. Lasten:** Konstruktionsaufträge, Angebote, Entwicklungsaufträge.
- **2. Belastungs-Struktur** mit **Arbeitszeitabschätzung:** Klassifizierungssystem für Tätigkeitsarten, Arbeitsinhalten mit Planzeitwerten (Kapitel 5.2.3.3). Je feiner die Aufgabe unterteilt wird, umso genauer wird die Zeitabschätzung ausfal-

len (Fehlerausgleich, Kapitel 9.2.3 a). Unter Umständen Gewichtung der Tätigkeiten aus Kundensicht! (QFD, Kapitel 4.4.3).

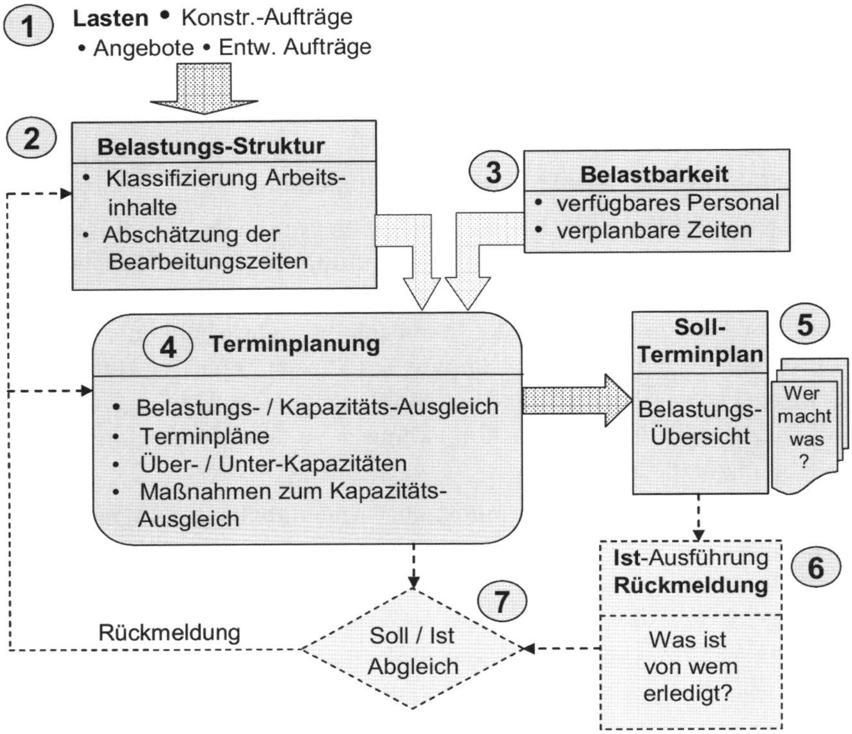

Bild 5.51 Ablauf der Terminplanung

Bestimmung der Belastung entsprechend den vorgegebenen Lasten**:** Das angestrebte Ergebnis ist die abgeschätzte Bearbeitungszeit für die gegebenen Lasten. Die **durchzuführenden Arbeiten werden klassifiziert** und mit **Planzeitwerten** abgeschätzt: Klassifikation z. B. nach Neu-, Anpassungs-, Variantenkonstruktion; Bestimmung des Ähnlichkeitsgrades zu Vorläufern; Vergleich der Planzeitwerte mit den real verbrauchten Zeiten. Es kann ferner feiner klassifiziert werden nach: Konzipieren, Entwerfen, Ausarbeiten, Berechnen, Informationen beschaffen, Versuchsarbeit, technische Dokumentation erstellen. Dabei kann nach Zeichnungsanzahl (DIN A4-äquivalent) und Stücklistenseiten unterschieden werden. Diesen Messgrößen wird eine **Zeitangabe** zugeordnet: z. B. Stunden pro DIN A4-Zeichnung, Stunden pro Seite Stückliste. Hier sind die oben erwähnten Zeitaufschreibungen auf Projekte nützlich [17/5]. Leider werden sie bei der Mehrzahl der Unternehmen nicht geeignet ausgewertet und können daher nicht zu Planzeitvorgabe oder zur Vorkalkulation eingesetzt werden.

- **3. Belastbarkeit, Kapazität:** Zahl der Personen mit ihrer zukünftigen realen Stundenkapazität aufgeschlüsselt nach von ihnen durchführbaren Arbeitsarten. „Engpasspersonen“ (Spezialisten) müssen besonders berücksichtigt werden.
- **4.** Die **Terminplanung** wird dann entsprechend Bild 5.51 durch Vergleich der **Belastung (2)** in Stunden mit der **Belastbarkeit (3)**, d.h. der verfügbaren Kapazität, möglich. Dabei wird die zu geringe oder zu große Kapazität der Gruppe oder Abteilung rechtzeitig erkennbar. **Maßnahmen zum Kapazitätsausgleich** können eingeplant werden. Diese können z.B. sein: Überstunden; Einstellung von Personal oder Leihkräften ins Unternehmen; Vergabe an externe Konstruktionsbüros; Outsourcing: Entwicklungsleistung voll von außen.
- **5.** Der **Soll-Terminplan** ist das Endergebnis.
- **6.; 7.** Die **Ist-Zeiten und -Probleme** werden zurückgemeldet, so dass über einen Soll-Ist Abgleich die Planung laufend an die Realität angepasst werden kann.

Die Planung wird meist auf einem PC durchgeführt und z.B wöchentlich aktualisiert. Eine graphische Belastungs-/Kapazitätsübersicht ist zweckmäßig (Bild 5.52). **Probleme der Praxis** liegen häufig darin, dass die rechnerunterstützte Terminplanung i. Allg. als Einzelprojektplanung durchgeführt wird. Das ist aber bei mehreren parallelen Projekten wenig hilfreich. Durch Vernetzung der Projektplanungen kann aber trotz der Komplexität der existierenden DV-Systeme eine Gesamtabstimmung eingeführt werden. (*www.actano.de;* Stuffer [40/5]). Der Einsatz **sozialer Netzwerke** innerhalb eines Unternehmens scheint sich zu bewähren, wie ein internationales Projekt der BASF gezeigt hat. Es ist von Vorteil, wenn alle Beteiligten jeweils auf eine aktuelle „digitale Pinnwand“ schauen können und sich von da aus weiter planend abstimmen können.

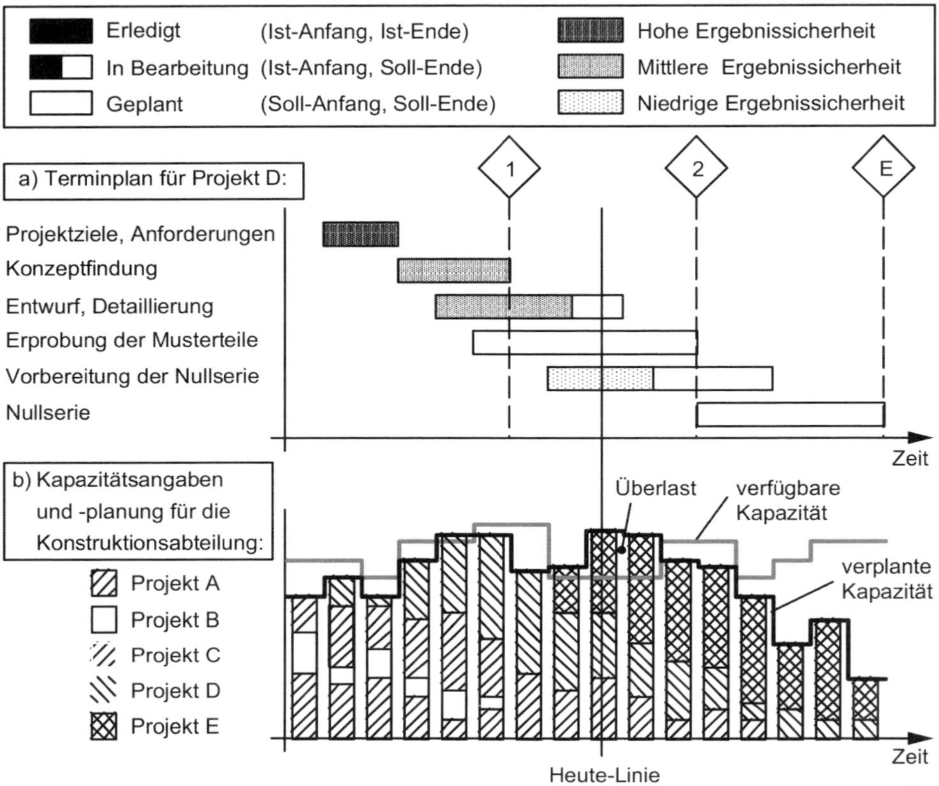

Bild 5.52 Beispiel für eine Terminplanung: a) Graphische Angabe der Termine für ein Projekt mit Meilensteinen 1, 2 und Endtermin E; b) Kapazitätsangabe einer Konstruktionsabteilung aufgrund der Verplanung mehrerer Projekte (nach [40/5])

5.2.2.8 Einführung einer Termin- und Kapazitätsplanung

Die nachfolgende Checkliste (Bild 5.53) gibt einige Anhaltspunkte, die bei der Einführung einer Termin- und Kapazitätsplanung in Entwicklung und Konstruktion berücksichtigt werden sollten. Sehr wichtig ist dabei, dass die Betroffenen von Anfang an motiviert sind, weil sie bei der Einführung mitarbeiten und mitgestalten können. Ideal ist, wenn die Betroffenen die nachfolgenden Ziele annehmen, zu ihren eigenen machen und selbständig verfolgen.

1) Welche Ziele haben wir?
- Termintreue für das Produkt
- Kapazitätsengpässe früher erkennen
- Gesamtauslastung transparent machen
- Rechtzeitigen Kapazitätsausgleich ermöglichen
- Unternehmensweite Grobplanung, abteilungsweite Feinplanung
- Regelmäßige Kosten- und Qualitätsprüfung

2) Typische Schwachstellen
- Mangelnde abteilungsübergreifende Kommunikation
- Mangelnde Motivation der Mitarbeiter
- Ungenügende Auftrags-/Aufgabenklärung macht realistische Planung unmöglich

3) Wie kann man Produkt und Prozeß strukturieren?
- Produktstruktur nach
  - Baugruppen
  - Terminkritischen Kaufteilen bzw. Fertigungsteilen (Langläufer)
- Prozessstruktur nach
  - Konstruktionsphasen
  - Auftragsabwicklungsphasen
- Die Phasenenden ergeben Meilensteine, z. B. Auftragsbestätigung, Konstruktionsfreigabe, Prototypenerstellung
- Dem aus Produkt- und Prozessstruktur abgeleiteten Mengengerüst werden Planzeiten aus Erfahrung zugeordnet

4) Welche Werkzeuge/Hilfsmittel gibt es?
- Werkzeuge mit einfacher Handhabung bevorzugen: PC-Systeme (z. B. MS-Project, Timeline...)
- Eigenentwickelte Software
- Terminlisten
- Regelmäßige Querschnittsbesprechungen

5) Wie gestaltet man die Einführung?
- Mit den Betroffenen einführen, Team bilden, Gemeinsamkeiten erreichen
- Schrittweise Einführung mit zunehmender Planungsgenauigkeit

6) Wie geschieht die Durchführung und Kontrolle der Ergebnisse?
- Organisatorische Trennung von konstruktiver Abwicklung und Fortschrittskonstruktion zweckmäßig
- Aufgrund kurzfristiger "Kleinaufgaben" nur 60–80% der Kapazität sinnvoll verplanbar
- Engpaßaufgaben besonders berücksichtigen
- Dezentrale Feinplanung auf Gruppen- statt Mitarbeiterebene (Bild 4.41)
- Aufwand für Planung begrenzen (ca. 0,5–2% der E&K-Kosten)
- Regelmäßiger Abgleich wichtiger als einmaliger hoher Planungsaufwand

Bild 5.53 Checkliste zur Einführung der Termin- und Kapazitätsplanung [39/5]

6 Methodik der integrierten Produkterstellung IPE in Entwicklung und Konstruktion

6.1 Einleitung und Zielsetzung

Die Beschreibung des Menschen als Problemlöser in Kapitel 3 hat gezeigt, dass der bewusste und unbewusste Methodeneinsatz in unserem täglichen Handeln auf Grund unseres Denkapparates normal ist. **(Allgemein gültige Methoden).** Dies gilt natürlich erst recht für die Produkterstellung in einem Unternehmen bzw. für die Entwicklung und Konstruktion, wie dies aus der Schilderung von Problemen in den Kapiteln 4 und 5 ersichtlich ist. **(Organisatorische Methoden).** In Kapitel 7 kommen die **sachgebundenen Methoden** hinzu. Das betriebliche Geschehen ist derart komplex geworden, dass die „intuitiven" Verhaltensweisen des Menschen allein zu dessen effektiver Bewältigung nicht mehr genügen.

Allgemein nimmt in der Evolution der Technik die Komplexität der zu erstellenden Produkte und der notwendigen Prozesse zu (vgl. Kapitel 4.2 und das Komplexitätsmanagement in Kapitel 2.3.3 d). Es könnte in Zukunft sein, dass die „Vielfalts-Bewältigung" sowohl bei Pruduktkomponenten, als auch überhaupt der auf uns einströmenden Informationen, ein wesentliches Problem wird. Ferner sollen in immer kürzerer Zeit immer mehr neue Produkte entwickelt werden. In die gleiche Richtung wirkt die Forderung nach einer Qualitätssicherung von Anfang an (Kapitel 4.4.2). Dies kann nur durch eine insgesamt methodisch geordnete Produkterstellung erreicht werden. Denn nur in einem fehlerarmen, zielsicheren Prozess können fehlerarme Produkte erstellt werden, deren Ist-Eigenschaften den Soll-Eigenschaften entsprechen [1/6]. Auch ist die Ausweitung rechnergestützter Teilprozesse der Produkterstellung ohne methodisch aufgebaute, in Teilbereichen auch algorithmische Abläufe, undenkbar.

Im Folgenden wird eine **Methodik vorgestellt**, die nicht allein für die Entwicklung und Konstruktion, sondern vom Ansatz her für die gesamte Produkterstellung geeignet ist. Also vom Ansatz her auch für die Bereiche Produktion, Vertrieb und Materialwirtschaft. Sie ist aus den Erfahrungen mit der Konstruktionsmethodik entstanden und mit systemtechnischem Denken abstrahiert worden. Sie ist also eine Über- oder Metamethodik zum Problemlösen bei der Produkterstellung.

Das **Ziel** dieses Kapitels ist, einen **Vorschlag für eine gemeinsame bereichsübergreifende Methodik-Grundstruktur** zu machen, aus der z.B. durch Einbringen von bereichsspezifischen Begriffen, Faktenwissen oder Einzelmethoden jeweils eine entsprechende Methodik abgeleitet werden kann. Das ist natürlich ein „kühnes Unterfangen", da in diesem Buch zu den meisten Bereichen neben der Konstruktion kaum Aussagen gemacht werden können. Allenfalls noch aus den Erfahrungen des Autors mit der Produktion.

Doch die zu erwartenden **Vorteile** eines solchen gemeinsamen Methodikverständnisses rechtfertigen diesen Vorschlag:

- Gemeinsame Begriffe, Denkweisen, Methoden erleichtern integriertes, abgestimmtes, **ganzheitlich optimales Handeln**. Man erkennt dies, wenn man sich das einigende Band vorstellt, das bestimmte Berufs- oder Interessengruppen immer schon in sich verbindet: So spricht man innerhalb der Berufsgruppen von Betriebswirten, Ingenieuren oder DV-Spezialisten jeweils die gleiche Sprache, hat ähnliche Probleme; man versteht sich. In einem Unternehmen arbeiten bei der Produkterstellung gerade diese unterschiedlichen Berufsgruppen mit dem gemeinsamen Ziel des Produkterfolges zusammen. Sie haben aber jeweils ihre berufsgruppenspezifische Sprache. Es wäre gut, wenn sie auch gemeinsam gleiche Begriffe und eine gleiche Methodik hätten, um das gemeinsame Ziel zu erreichen. – Im Grunde ist es wie bei einem **Orchester:** Ohne die gemeinsame Methodik der Notenschrift und ohne die organisatorische Methode des Orchester-Aufbaus und des Prozessablaufs käme kein Musikgenuss zu Stande. Auch hier ist die Kommunikation, das auf einander Rücksicht nehmen, eine wesentliche Voraussetzung.
- Diese Gemeinsamkeit führt zu **besseren Produkten** (Qualität, Zeit, Kosten). Sie ist als Gegengewicht zur immer weiter fortschreitenden Spezialisierung nötig. Integral denkende, das Ganze sehende und verfolgende Personen sind heute schon selten gegenüber der Vielzahl von Spezialisten. (Wissensexplosion: Kapitel 3.8.2). Ein Produkt ist aber ein Ganzes. Die Optimierung des Ganzen darf nicht vernachlässigt werden.

Um die nachfolgend beschriebene Methodik ansprechen zu können, wird als **Begriff „Integrierte Produkterstellungsmethodik (IPE-Methodik)"** vorgeschlagen. Darunter wird also eine Methodik zur Produkterstellung unter besonderer Berücksichtigung der Zielorientierung und Zusammenarbeit der beteiligten Menschen verstanden.

Eine integrierende Methodik für die gesamte Produkterstellung sollte **folgende Eigenschaften** haben. Sie sollte

- produkt- und betriebsspezifisch konkretisier- und anpassbar,
- für den gesamten Produktlebenslauf (life-cycle) geeignet,
- für alle Hauptforderungen geeignet

- für alle Unternehmensbereiche gültig, aber bereichsspezifisch ausbaufähig,
- dem natürlichen Denken entsprechen, leicht erlernbar, didaktisch günstig [5/1; 15/1],
- für Anfänger und Fortgeschrittene gleichermaßen geeignet,
- in Teilbereichen für die Rechnerunterstützung algorithmisierbar sein [6/7.1],
- Unterstützung für durchgängige Denk- und Handlungsprozesse darstellen (Kapitel 7.2.5 [23/7.2]),
- bezüglich sinnvollem Zeit- und Arbeitseinsatz flexibel einsetzbar sein (Kapitel 3.6).

Es wird noch einmal betont, dass diese Ansprüche nur für den Ansatz der Methodik gelten. Das konkrete Ausgestalten ist in diesem Buch auf Erfahrungen in Entwicklung und Konstruktion und z. T. auf Produktionsprozesse (z. B. Montage) begründet. Die verarbeiteten Erkenntnisse stammen aus diesen Bereichen, ferner aus langjährigen Arbeiten zur Herstellkostensenkung, aus Untersuchungen über Simultaneous Engineering und Systemtechnik in der Industrie sowie aus der Beobachtung von Konstruktionsprozessen mit denkpsychologischen Methoden. – Ein weitergehendes Ausgestalten der Methodik in anderen Bereichen (z. B. Produktion, Finanzwesen, Vertrieb) bleibt hier offen.

6.2 Darstellung der IPE-Methodik

6.2.1 Inhalte

Nachfolgend wird ein theoretisches Gerüst für die Methodik der integrierten Produkterstellung vorgestellt. – Unabhängig von aller Theorie gilt aber: Die gegenseitige Abstimmung (Information, Kommunikation) der Verantwortlichen in den verschiedenen Bereichen und Abteilungen ist die zentrale Aufgabe für funktionierende Integration (Siehe Kapitel 5.2.1.4). – Die Inhalte der IPE-Methodik müssen sich aus den Problemen und den Problemlösungsmöglichkeiten aller an der Produkterstellung beteiligten Teilsysteme ergeben (Kapitel 2.2.1).

Diese Teilsysteme sind in Bild 6.1 in Form abgerundeter Balken schematisch wiedergegeben. Es handelt sich um das …

- **Sachsystem Produkt:** Darunter werden alle physikalisch-technischen Eigenschaften und Lösungsmöglichkeiten verstanden, wie sie in Bild 2.16 angedeutet sind: Physikalische, gestalterische, stoffliche Merkmale.
- **Sachsystem Produktion:** Da jedes von der Entwicklung und Konstruktion modellierte Produkt erst produziert werden muss, stehen die Eigenschaften und

Lösungsmöglichkeiten der Produktionstechnik in Wechselwirkung mit dem Produkt. Sie sind entsprechend Bild 2.16 die Basis für die Erzeugung des Produkts.

- **Ziel- und Handlungssystem Mensch:** Darunter sei zunächst das einzelne Individuum verstanden, das im Zielsystem seine Motivation und Wünsche für die Arbeit im Unternehmen einbringt. Sein Handlungssystem enthält seine Fähigkeiten, Kenntnisse und seine Kompetenz, wie sie in Bild 3.2 als Mittelmerkmale zum Problemlösen gekennzeichnet worden sind. Für das Konstruieren gibt Kapitel 3 Aufschluss über die individuellen Möglichkeiten und Einschränkungen beim Denken und Handeln. Dazu gehört auch die Gruppe, das Team mit den Merkmalen entsprechend Kapitel 3.5.
- **Ziel- und Handlungssystem Entwicklung und Konstruktion** (Das Zielsystem ist jeweils gestrichelt hinter dem Handlungssystem angedeutet): In Kapitel 5 sind die Inhalte, die Organisation und organisatorische Methoden der Entwicklung und Konstruktion angegeben, in Kapitel 7 die sachgebundenen Methoden, die ebenfalls zum Handlungssystem zu rechnen sind.
- Ziel- und Handlungssysteme der weiteren an der Produkterstellung beteiligten **Bereiche X:** Als Beispiel ist nur noch die Produktion aufgeführt. Es gehören aber natürlich auch andere Bereiche, wie der Vertrieb, die Materialwirtschaft, das Controlling, die Lieferanten ... dazu.
- **Ziel- und Handlungssystem Kunde:** Es ist klar, dass der Kunde, für den ja die Produkte bestimmt sind, direkt oder indirekt an der Produkterstellung beteiligt ist.

Die Sachsysteme der an der Produkterstellung beteiligten Bereiche wurden, ausgenommen die Produktion, hier nicht erwähnt, da sie in diesem Zusammenhang wenig Bedeutung haben. Im Zentrum aller Teilsysteme ist – sozusagen als Vereinigungsmenge – das Gesamtsystem integrierte Produkterstellung schematisch eingezeichnet. Die Inhalte, die Organisation und organisatorische Methoden sind in Kapitel 4 dargestellt worden.

Die Abstraktion und die gemeinsame Struktur der organisatorischen und sachgebundenen Einzelmethoden dieses Gesamtsystems stellt die Methodik der integrierten Produkterstellung dar. Sie unterstützt (unten im Bild 6.1) den Prozess der integrierten Produkterstellung, dessen Eingangsgröße das Kundenproblem ist und ein (hoffentlich) erfolgreiches Produkt als Ausgangsgröße zur Folge hat.

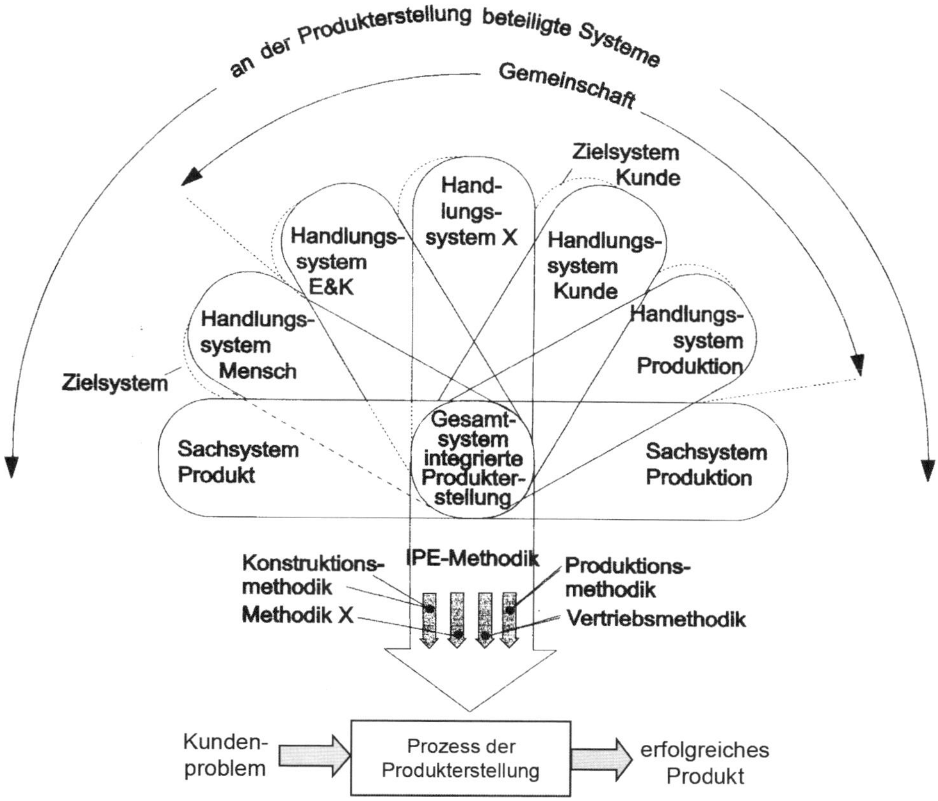

Bild 6.1 Die Methodik der integrierten Produkterstellung (IPE-Methodik) entsteht aus dem Zusammenwirken von verschiedenen Sach-, Handlungs- und Zielsystemen

Unter einem erfolgreichen Produkt sei ein Produkt verstanden, das vom Markt intensiv nachgefragt wird, da es die Kundenprobleme besser als die Konkurrenz löst, das staatliche Regelungen, wie z. B. Umweltauflagen, erfüllt und Gewinn abwirft (zur Beeinflussung des Erfolgs: Kapitel 4.1.1, Kapitel 5.2.2.3). – Albers zeigt mit dem ZHO-System einen fast deckungsgleichen Ansatz (Z = Zielsystem; H = Handlungssystem; O = Objektsystem) [62/6].

6.2.2 Elemente der IPE-Methodik und ihr Zusammenwirken

Elemente dieser **Methodik** sind in Bild 6.2 angegeben. Sie sollen nachfolgend näher besprochen werden, wobei im Uhrzeigersinn beginnend von links oben vorgegangen wird.

Bild 6.2 Elemente und Einflussfaktoren der IPE-Methodik, die je nach Situation eine Rolle spielen (teilweise nach U. Lindemann)

a) Links oben das **TOTE-Schema** (Kapitel 3.3.1) das den unbewussten Ablauf von Denkprozessen regelkreisartig beschreibt (vorwiegend Normalbetrieb: Stufe 1 in einem Zweistufen-Vorgehen. Stufe 2 ist dann der Rationalbetrieb, wie unten unter b) bis e) angesprochen (siehe Erläuterungen zu Bild 3.6). Das Abarbeiten erfolgt im Sekunden- bis Minutenbereich.

b) Rechts davon der **regelkreisartige Vorgehenszyklus (VZ)**, wobei die Herleitung aus dem TOTE-Schema in Kapitel 3.3.2 dargestellt wurde. Da der Vorgehenszyklus zusammen mit **Strategien** zu einem erheblichen Teil im Rationalbetrieb des Denkens eingesetzt wird und aus ihm sich auch Vorgehenspläne entwickeln lassen, stellt er einen Kern der Methodik dar. Das Abarbeiten erfolgt in einem Zeitraum von einer bis zu vielen Stunden (siehe Bild 5.33).

c) Die für die Bearbeitung nötigen **Einzelmethoden**, die in einem **Methodenbaukasten** zusammengefasst sein können, sind hier schematisch als Liste dargestellt (Kapitel 7.1).

d) Rechts davon der **Vorgehensplan**, mit dem größere Projekte in Arbeitsabschnitte oder auch Phasen unterteilt werden und in der Praxis, vor allem im Projektmanagement, in einem Zeitraum von Stunden bis Wochen abgearbeitet werden (Kapitel 4.1.5 und 4.3.4). Hier sind zwischen den Abschnitten rautenförmig angedeutete Analyseprozesse eingefügt. Dadurch soll auch hier der Regelkreis-Charakter betont werden: Falls ein Abschnittsergebnis z.B. nach Meinung eines interdisziplinären Expertenteams nicht ausreichend ist und keine Freigabe erhält, wird eine Überarbeitung (Iteration) eingeleitet. Im Vorgehensplan sind hier vereinfachend nur einige Phasen der Produkterstellung angegeben. Natürlich können diese Prozesse auch in einem Team routiniert, ohne besonders ins Bewusstsein zu treten, ablaufen. Damit werden sie dann auch nicht dokumentiert.

e) Unter **Werkzeugen** sind Bearbeitungs- und Rechenschemata zu verstehen, die heute meist als „DV-Tools" zur Verfügung gestellt werden.

f) Wichtige Einflussfaktoren auf den IPE-Prozess sind von der Funktion her vergleichbare **Produkte**, die im eigenen Haus oder am Markt von der Konkurrenz bekannt sind, bzw. als Komponenten von Zulieferern angeboten werden.

g) Einflussfaktor ist weiter der **Kunde**, dessen Nutzen zu erfüllen ja die zentrale Aufgabe ist. Hierzu gehört auch die Planung von Dienstleistungen [79/4].

h) Dies geschieht mit dem Ziel nach **Innovation**, das aber unter den Forderungen des **Leistungsdreiecks** steht: Qualität, Kosten, Zeit-/Termineinhaltung. Auch die Forderungen der **Gesellschaft** (Gesetze, Verordnungen ...), der **Ökologie**, der **Flexibilität** sind zunehmend bedeutungsvoll. Das Ganze wird verschärft und beschleunigt durch die **Wettbewerber** am Markt.

i) Da die Produkterstellung arbeitsteilig geschieht, ist die **Organisation** der Zusammenarbeit im Unternehmen mit seinen **Mitarbeitern** und **Gruppen** ein wesentliches Kennzeichen der Produkterstellungsmethodik. Es geht eben nicht nur um Sachprobleme, wie man sie früher in der Ausbildung fast ausschließlich behandelt hat, sondern um Führung, Motivation, Kommunikation, Information. Dafür geeignete Formen, Vorgehensweisen und Methoden sind in den Kapiteln 3.5; 4.1.4; 4.1.5; 4.2.4; 4.3; 4.4; 5.2 und 9.3 wiedergegeben, wie z.B. geeignete Aufbau- und Ablauforganisation, Teamarbeit, Einsatz des **Projektmanagements**, Simultaneous Engineering.

Die Elemente und Methoden der integrierten Produkterstellung sind in anderer Strukturierung in Bild 4.26 bis 4.29 und in Bild 4.38 aufgeführt.

Zwei mögliche **graphische Darstellungen** für Vorgehenspläne mit den aus den Arbeitsabschnitten entstehenden Arbeitsergebnissen (Dokumente, Prozesse oder Produkte) unter Einbeziehen des Vorgehenszyklus zeigt Bild 6.3. Die Form der Arbeitsabschnitte soll andeuten, dass diese entsprechend den Schritten des Vorgehenszyklus abgearbeitet werden. Beispiel Teilarbeitsabschnitt: „Lösungsprinzip für eine Teilfunktion suchen". Es wird nach dem Vorgehenszyklus die Aufgabe geklärt. Es werden mehrere Lösungsprinzipien (mit Methoden z.B. nach Kapitel 7.5) gesucht und daraus begründet ausgewählt. Die Darstellung in Bild 6.3 links a entspricht der üblichen von Vorgehensplänen (Kapitel 4.1.5); die nach Bild 6.3 rechts b enthält eine Zeitachse, so dass Termine, Meilensteine und evtl. Parallelarbeiten daraus hervorgehen (vgl. Bild 5.52; Bild 4.61).

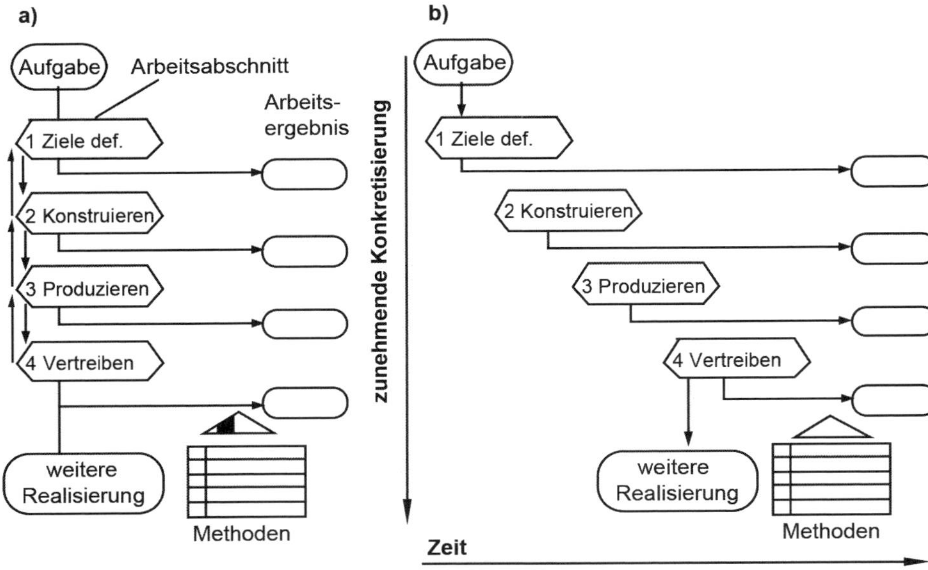

Bild 6.3 Schematische Darstellungen der Methodik a) Arbeitsabschnitte sequenziell, b) Arbeitsabschnitte sequenziell und parallel, Darstellung mit Zeitachse. Der Vorgehenszyklus ist in jedem Arbeitsabschnitt enthalten, was durch Form der Kästchen angedeutet ist

6.2.3 Zum flexiblen Einsatz der IPE-Methodik

Da in diesem Kapitel die Notwendigkeit der flexiblen Nutzung von Methodik allgemein besprochen wird, muss auch auf die entsprechenden VDI-Richtlinien eingegangen werden. Die überragende Bedeutung der VDI-Richtlinie 2222 (1973) [6/6] und später der VDI Richtlinie 2221 (1993) für die deutsche und internationale Verbreitung der Konstruktionsmethodik betonen 2006 Jänsch und Birkhofer [54/6]. – Insbesondere die VDI 2221 [8/6] mit ihren 7 Arbeitsabschnitten (Bild 5.8) ist seither die Basis zur Strukturierung von Entwicklungsprozessen. – Inzwischen ist sie 2016 neu überarbeitet worden. [8a/6] und ist wesentlich flexibler geworden. Sie umfasst auch die vielen „Querschnittsaktivitäten“ beim Entwickeln. (Siehe Bild 5.10). Allerdings hat sie ihren Schwerpunkt nach wie vor bei zu realisierenden Funktionen[1]. Auf den ersten Blick sieht es nämlich rein graphisch als linearem Vorgehensplan so aus, als sei sie vor allem für Neuentwicklungen und nicht für Anpassungs- oder Variantenkonstruktionen oder -entwicklungen gedacht. (Siehe Bild 5.9).

1) Bei der Realisierung von Hauptforderungen „Design for X“ sind anfangs nicht unbedingt Funktionen zu betrachten, sondern die Ermittlung der Hauptträger für die Eigenschaft X oder „Eigenschaftsschwerpunkte“. (Z. B. bei „Design for Cost“ sind das die Hauptkostenträger am Vorläufer-Produkt. (Siehe unten).

Im Text ist allerdings die Flexibilität vermerkt. Die Beobachtung von Projekten in der Praxis hat nämlich gezeigt, dass Vorgehenspläne mit festgelegten Arbeitsabschnitten nicht starr vorgegeben werden können und dann für alle Produkte, alle Probleme (z. B. Hauptforderungen; Kapitel 6.5.2), alle Personen, alle Unternehmen, in gleicher Weise gelten (Kapitel 3.6 und 3.8.3). Die mangelnde Flexibilität der Konstruktionsmethoden ist auch ein oft geäußerter Einwand von Praktikern. - Hacker [16/1; 23/1] hat in seinen Untersuchungen zur konstruktiven Entwicklungstätigkeit festgestellt, dass „natürliches" Vorgehen weder „teilaufgabenrein" noch „arbeitsschritterein" geschieht. Auf Grund unseres kapazitätsbeschränkten Arbeitsgedächtnisses (siehe: „Denkökonomie") wird laufend zwischen opportunistischem (gelegenheitsbetontem) Vorgehen und systematischen Episoden hin- und hergeschaltet. So wird mit nicht zu hohem Denkaufwand nach zunächst brauchbaren Lösungen gesucht. Diese können ja gegebenenfalls noch weiter verbessert werden.

Der Arbeitsabschnitt 2 „Ermitteln von Funktionen und deren Strukturen" ist sowohl in der bisherigen, wie in der neu überarbeiteten VDI 2221 gleich geblieben. Aber bei einer Anpassungskonstruktion (siehe Bild 6.13), bei der das Konzept schon vorgegeben ist, ist es natürlich nicht sinnvoll, den Arbeitabschnitt 2 „Ermitteln von Funktionen und deren Strukturen" vollkommen erneut zu bearbeiten. Diese sehr häufige Konstruktionsart liegt meist dann vor, wenn die Hauptforderung nicht die Funktion ist, sondern z. B. „Kosten verringern" oder „Zuverlässigkeit erhöhen" (allgemein „Design for X"). Natürlich kann es sein, dass einzelne Baugruppen dann trotzdem als Neukonstruktion zu behandeln sind. Das Beispiel des Betonmischers in Kapitel 9.3.3.2 zeigt genau das mit dem dort neu zu konzipierenden Mischerantriebsprinzip. Das Vorgehen ist also „verschachtelt" (Bild 5.20). Das ist nur ein Beispiel, das unten noch weiter ausgeführt wird. Es gibt noch weitere Gründe, die Flexibilität stärker zu betonen.

Das **„Zweistufen-Vorgehen"** scheint dem natürlichen menschlichen Denken besser angepasst, wie oben angedeutet: Im „Normalbetrieb" (Bild 3.6), also in **Stufe 1**, werden nach eingehender Anforderungsermittlung erst mal aus Erfahrung[2] Lösungen erzeugt und ausgewählt (verinnerlichter Vorgehenszyklus), dann kann man evtl. im „Rationalbetrieb" in **Stufe 2** sorgfältiger methodisch vorgehen, sofern man sonst nicht weiterkommt oder eine besonders gute Lösung sucht. - Bei komplexen Projekten ist es aber oft besser gleich im „Rationalbetrieb", in Stufe 2 zu starten. (Kapitel 3.6 und 3.8.3). Auch Badke-Schaub hat diesen, ursprünglich von J. Müller [14/3] stammenden Ansatz durch Praxisuntersuchungen verifiziert und statt Stufe 1 und 2 neu Prozess 1 und 2 formuliert. [96/3]. Zu ähnlichen Erkenntnissen ist Hacker gekommen [16/1].

---

2) Es ist klar, dass in Stufe 1 nur dann in kurzer Zeit ein brauchbares Ergebnis entstehen kann, wenn der Bearbeiter genügend Erfahrung gesammelt hat. (Siehe in Kapitel 3.4.3 die Praktiker, die „p-Konstrukteure").

Kahnemann [127/3] spricht vom „schnellen“ eher unbewusstem (System 1) und vom „langsamen“ eher rationalem (System 2) Denken.

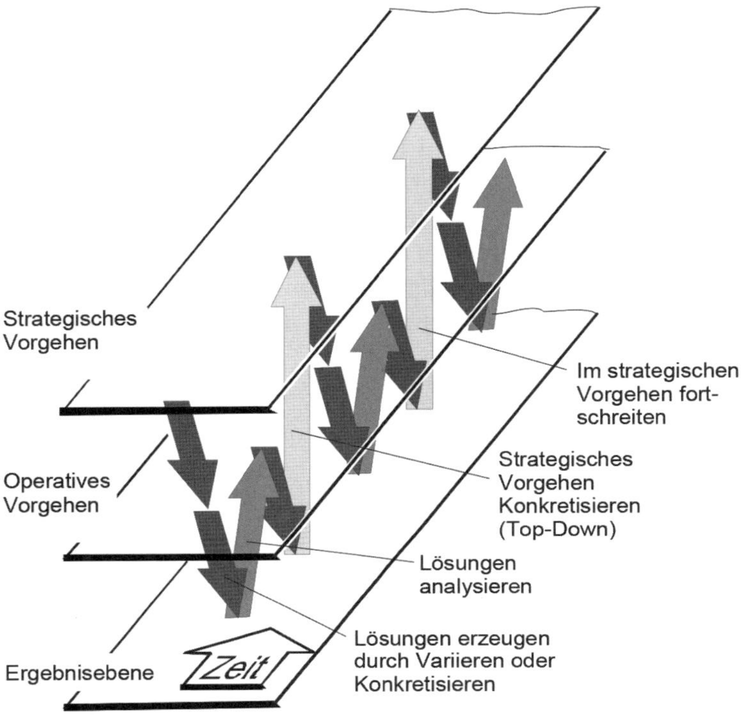

Bild 6.4 Drei-Ebenen-Modell für methodisches Vorgehen nach Giapoulis [32/6]. Das strategische Vorgehen oben entspricht z. B. den Strategien und dem Vorgehensplan, das operative Vorgehen in der Mitte dem konkreten Tun. In der Ergebnisebene unten zeigen sich Analyse-Ergebnisse z. B. aus Berechnungen, Versuchen, die bestimmend werden können für die Ebenen darüber

Nachfolgend sechs **Gründe Methodik flexibel einzusetzen:**

a) Die **Ergebnisunsicherheit** des Entwicklungsprozesses (Bild 6.4).

b) Die **Problem-/Zielabhängigkeit** (Bild 6.16; andere Hauptforderungen als „Funktion“ können verschachtele Abläufe ergeben. Siehe oben)

c) Die **Produktabhängigkeit** (mechatronische anders als rein mechanische!? Komplexe Produkte (z. B. Pkw) anders als einfache (z. B. Spannvorrichtungen))

d) **Die Personenabhängigkeit** (Vorbildung; Einfluss der persönlichen Erfahrung)

e) **Die Umsatz- und Zeitabhängigkeit** sinnvollen Methodeneinsatzes (Bild 3.59)

f) Die **Unternehmensabhängigkeit** (z. B. Groß-, bzw. Kleinunternehmen)

Zu a) Die **Ergebnisunsicherheit bzw. -abhängigkeit** des Entwicklungs- und Konstruktionsprozesses ist in Bild 6.4 mit dem Drei-Ebenen-Modell nach Giapoulis [32/6] dargestellt. Es ist aus den Praxiserfahrungen mit hydraulisch dämpfenden, elastischen Kupplungen entstanden und auch in der VDI-Richtlinie 2223 [34/6] enthalten. Das **strategische** Vorgehen oben im Bild entspricht dem Vorgehensplan oder im Wesentlichen Stufe 2 eines Zweistufen-Vorgehens („Rationalbetrieb"). Das **operative** Vorgehen in der Mitte entspricht dem konkreten Tun beim Entwickeln, das situationsabhängig ist. (Im Wesentlichen Stufe 1 „Normalbetrieb"). Die dieses Handeln bestimmenden Situationen sind in der **Ergebnisebene** unten dargestellt. Das können Analyse-Ergebnisse z. B. aus Berechnungen, aus Versuchen mit einem Prototyp sein, oder einfach Erkenntnisse von befragten Fachleuten („Das Bauelement hat sich nicht bewährt", oder: „Wir können die dafür nötige Genauigkeit nicht fertigen", oder: „Das brauchen Sie nicht konstruieren, wir können es kaufen"). Es kann auch sein, dass der Konstrukteur entsprechend Bild 3.29 seinen ursprünglich geplanten Konstruktionsprozess verlassen muss und rekursiv eine Versuchs- und Messvorrichtung planen und konstruieren muss. Oder er muss einfach – obwohl er im Arbeitsabschnitt 4 „Gestalten der maßgebenden Module" (VDI 2221, Bild 5.8) ist – ein komplexes Bauteil (nach Arbeitsabschnitt 7) detaillieren, um es bei einer Zulieferfirma hinsichtlich der Kosten kalkulieren zu lassen. Anders erreicht er sein Kostenziel evtl. nicht. – Vor- und Rücksprünge sind zwar nach VDI 2221 vorgesehen, aber nicht rekursive oder völlig neue, vorher nicht geplante, ganz andere Prozesse.

Man sieht aus Bild 6.4, die Erkenntnisse aus der Ergebnisebene können sehr wohl die strategische Planung, also das „Generelle Vorgehen" beeinflussen: Der hinterste Pfeil in Bild 6.4, der von unten nach oben geht, soll das darstellen. **Die Wahl von Strategien und Methoden ist also in vielen Fällen ergebnisabhängig.** Man pendelt somit fortlaufend zwischen der strategischen und der operativen Ebene hin und her, bzw. zwischen Stufe 2 und 1. Wobei das konkrete Tun in der operativen Ebene mal „top down", mal „bottom up" bestimmt ist. Man verhält sich also flexibel, „adaptiv". Das gilt umso mehr, je innovativer ein Produkt ist. Das Innovative ist ja gerade das „nicht geplante", das Überraschende. (W. Frühwald, formulierte als DFG-Präsident am 25. 2. 99 sogar: „Kreativität ist nicht planbar").

Da das so wichtig ist, soll das **Gleichnis von der Bergwanderung** aus Kapitel 1.1 noch einmal aufgenommen werden.

Der Prozess der Produktentwicklung gleicht einer Wanderung einer Gruppe auf einen ca. 2300 m hohen Berg vom 800 m hohen Voralpenland aus. Keiner kennt ihn genau. (Er stellt das neue Produkt dar). Im Nebel kann man ihn ahnen. Auf diesen angeblich aussichtsreichsten Gipfel will man. (Analogie: „Konstruktionsaufgabe mit der Forderung aussichtsreich"). Die benachbarten Berge sind niedriger. (Sie stellen Konkurrenzprodukte dar). Der Weg ist nicht markiert. Die Karte ist wenig konkret, ungenau (Vorgehensplan). Die Gruppe trifft sich morgens früh auf einer Wiese, von der man den Weg einigermaßen sieht. Man bespricht in einer Art „kreativer Klärung“ (Bild 7.38; eine Situationsanalyse mit Ist- und Sollzustand, Kapitel 3.8.1), wie man am besten hinaufkommt, man macht sich ein erstes „Wander-Konzept“ zurecht. Schätzt die Zeitdauer und die notwendigen Ressourcen – Kleidung, Proviant – ab. Man sieht: Es gibt viel Bergwald, ahnt, dass eine nicht einsehbare Schlucht mit einem Bach dazwischen liegt. Die Aufgabe scheint zunächst (!) geklärt. (Entspricht Stufe 1, dem „Normalbetrieb“. Auch beim Entwickeln sind die Anforderungen am Anfang selten ganz klar). Man weiß, dass der genaue Weg unbekannt ist. Man muss sich „operativ“ situationsabhängig verhalten. Was von der „strategischen Seite“ her klar ist, sind nur die zu durchlaufenden „Phasen oder Konkretisierungsebenen“: Der Bergwaldbereich (1 „Konzeptentwicklung“): 800 bis 1600 m, der Latschenwaldbereich (2 „Entwurfsbereich“): 1600 bis 2000 m und der kahle Gipfelbereich (3 „Ausarbeitung“) bis 2300 m. Man geht los, wandert – unbewusst, routiniert – so dahin. (Man geht nach bekanntem Vorgehensplan operativ vor). In der Schlucht stellt man plötzlich fest, dass der Bach Hochwasser hat (unerwartetes Ergebnis oder eine „kritische Situation“: Siehe Kapitel 3.5 und 3.8.1; Bild 6.4), das die strategische Planung verändert. Beim Entwickeln z. B.: Das gedachte Konzept ist so nicht realisierbar. Man ist ja noch im Konzeptbereich (1) auf 800 bis 1600 m Höhe). Man schaltet in Stufe 2 in den „Rationalbetrieb“, diskutiert, erwägt Lösungsalternativen. Man macht eine erneute Situationsanalyse. Man beschließt schließlich bachabwärts bis zu einer vermuteten Brücke zu gehen. (Analogie: Im Zuliefermarkt suchen, ob die Baugruppe nicht gekauft werden kann. Dann ginge das Konzept doch noch). Es gibt eine Brücke und danach eine Lichtung, von der aus man den Berg sieht. Es wird nun neu geplant: Ein leicht verändertes Konzept. Auf einem Waldweg nimmt ein freundlicher Forstmann die Gruppe auf einem Kleinlastwagen mit nach oben und weist auf einen günstigen Steig hin, der im Latschenwald weiter führt (Entspricht z. B. einem Berechnungs- oder Simulations-Programm, auf das ein Fachmann aus der Zulieferfirma aufmerksam macht). Wir sind im Latschenwald 2 (Entwurfsbereich) auf 1600 bis 2000 m Höhe. Schließlich kommt die Gruppe in den kahlen Gipfelbereich 3: Alles ist überschaubar. Es ist nur noch Anstrengung. Ja, es wird der obere Teil eines Sessellifts sichtbar, der die Gruppe zum Gipfel nimmt. (Wir sind im Bereich „Ausarbeitung oder Detaillierung“ mit CAD als „Sessellift“.) Juhu, wir haben's geschafft!

Erkenntnis für Bild 6.4: **Bewusste Planung** ist wichtig (Strategische Ebene mit „Top down“ zur operativen Ebene). Dazwischen **unbewusste Routine** (operative Ebene, Stufe 1). Dann ab und zu in Stufe 2: Wo sind wir denn? (Kritische, rationale Unterbrechung des Vorgehens im Normalbetrieb). Daraus entsteht dann eine neue **angepasste Planung** in der strategischen Ebene! – Aber die strategische Ebene bekommt auch ihre Impulse und Änderungen aus der **Ergebnisebene**: „Bottom up“. Insgesamt ein flexibles, adaptives Vorgehen. – Das **Beispiel hinkt** natürlich: Hier hat man den Gipfel, das neue Produkt, schon vorher gesehen. Bei einer Neuentwicklung sind der Gipfel und der Weg oft unbekannt. Auch die Analogie zu den Konkretisierungsebenen Konzept-, Entwurfs- und Ausarbeitungs-Bereich ist schwach. Das Ganze ist analog zu der 2-Stufen-Vorgehensweise, wie sie vor dem Bild 6.4 und bei Bild 3.6 kurz beschrieben wurde.

Zu b) Die **Problem-/Zielabhängigkeit**. Der gesamte, graphisch gezeigte Vorgehensplan nach VDI 2221 (Bild 5.8) ist, wie oben gesagt, so nur für die Neukonstruktion eines Produktes geeignet, nicht für andere Hauptforderungen, wie z. B. Realisierung eines Kostenziels an einem existierenden Produkt, das ja bereits seine Funktion erfüllt und bereits eine prinzipielle Lösung aufweist. Wie Bild 9.15 oder Bild 6.16 („Design for X") zeigt, kommt es hier bei der Aufgabenklärung zunächst darauf an, die Baugruppen oder Bauteile zu identifizieren, die die höchsten Kosten verursachen und die evtl. in der Fertigung oder der Montage liegenden Gründe dafür zu erkennen. Je nachdem wird man dann bei der Lösungssuche im Entwurfsbereich (Abschnitt 5 bis 7 der VDI 2221) versuchen, durch dafür günstige Gestaltung oder anderen Werkstoff, das Kostenziel zu erreichen. Erst, wenn das nicht gelingt, macht man sich mehr Arbeit und geht man u. U. in Richtung Neukonstruktion weiter, um ein kostengünstigeres Konzept zu finden. Dann erst wird Abschnitt 2 und 3 der Konzeptphase aufgegriffen. Es ergeben sich so **verschachtelte Abläufe**, denn das neue Konzept mit seinen Funktionsrisiken und dem Aufwand für u. U. notwendige Versuche stand dann eben gerade nicht am Anfang, wie das die VDI 2221 fordert. Dies entspricht übrigens auch der Denkökonomie (Kapitel 3.6). Denn was soll man sich die Arbeit machen, ein neues Konzept zu entwickeln, wenn es auch einfacher geht. (Kapitel 9.3.3.2 Beispiel Betonmischer). Das obige Beispiel gilt natürlich übertragen auch für andere Hauptforderungen, wie „geringes Gewicht" oder „hohe Zuverlässigkeit".

Zu c) Die **Produktabhängigkeit**. Wie in der VDI 2221 angemerkt, gibt es vom Energie-Stoff- oder Informationsfluss her gesehen, so einfache Produkte, dass eine detaillierte Untersuchung des Arbeitsabschnittes 2 „Ermitteln von Funktionen und deren Strukturen" zum Lösungsfortschritt so gut wie nichts beiträgt. Jemand, der damit keine Erfahrung hat, kann zu der Meinung kommen, dieser in Bild 5.8 optisch gleichberechtigte Abschnitt müsse auch intensiv bearbeitet werden. Es müssten also entsprechende Funktionsstrukturen aufgestellt werden. Er vergeudet dabei aber nur Zeit. Bemerkenswert ist, dass diese angeblich einfachen Produkte recht komplex sein können. Beispiele sind: homokinetische Kupplungen (z. B. für PKW-Vorderachsgelenke) [35/6; 5/7.4; 7/7.4]. Bei diesen gibt es im Energiebereich nur die Teilfunktionen Drehmoment verzweigen – übertragen und – vereinigen. Das führt nicht weiter. Die eigentliche Problematik für neue patentfähige Lösungsprinzipien liegt hier im Bereich der Kinematik. Noch ein anderes Beispiel: Entwicklung von sich nicht beschlagenden Brillengläsern. Hier liegt die Problematik im Bereich von Werkstoffen und in der Oberflächen-Physik, nicht in den Funktionsstrukturen. (Siehe Kapitel 7.4.2.). – Mechatronische Produkte benötigen ferner andere Vorgehensweisen, als mechanisch einfache. Das geht z. B. aus den Bildern 6.11; 5.29; 5.30 hervor.

Zu d) Die **Personenabhängigkeit** des Einsatzes von Methodik wird in den Kapiteln 3.4.3 und 3.6 deutlich: Die erfahrenen Praktiker (p-Konstrukteure) realisieren unbewusst vollkommen andere Prozesse als die konstruktionsmethodisch Geschulten (m-Konstrukteure), wie Bild 3.47 und 3.48 zeigt. Erstere können auf Grund ihrer Erfahrung Schritte überspringen, teilproblemorientiert und korrigierend vorgehen. Alles Verhaltensweisen, die uns konstruktionsmethodisch vorher unbekannt waren und deshalb auch von den Hochschulen nicht empfohlen waren. Das phasenorientierte und generierende Vorgehen der Konstruktionsmethodik empfiehlt sich, wenn wenig Erfahrung mit der Produktart vorliegt, die zudem komplex ist und es auf optimale Funktionserfüllung ankommt. – Ferner verbot früher das „puristische Denken" mancher Methodiker es den Konstrukteuren während des Abschnitts 1 „Aufgabenklärung" schon spontan auftretende Lösungsideen zu äußern. Da das aber in der Natur unseres Denkens liegt, werden diese heute im Team auf einem getrennten Flipchart notiert. Es liegt auf der Hand, dass im Konstruieren sehr Erfahrene zum Mindesten manche Schritte im Unbewussten durchlaufen, die damit nach außen hin nicht erkennbar werden. Dann werden nur die zu dokumentierenden Schritte oder für sie problematische sichtbar.

Zu e) Die **Umsatz- und Zeitabhängigkeit** sinnvollen Methodeneinsatzes geht aus Bild 3.59 hervor. Dort ist an einem Beispiel gezeigt, dass es bei einfachen, nur einmal gefertigten Produkten aus Kostengründen sinnlos sein kann, eine besondere Zeit fürs methodische Kostensenken zu investieren, da diese teurer kommt, als das Ergebnis des Kostensenkens („Umsatz" wird hier vereinfacht als Kosten × Stückzahl aufgefasst. Dieser Wert ist bei der Vorrichtung minimal). Im Prinzip gilt für jeden Methodeneinsatz, dass er angemessen sein muss. Es hat z. B. keinen Sinn, für einen Hebel einer einmal gefertigten Montagevorrichtung FEM einzusetzen. Da macht man ihn lieber dicker, überdimensioniert ihn, dann hält er. – Dasselbe gilt für die Zeit. Wenn nicht genügend Zeit zur Verfügung ist, methodisch zweckmäßig zu entwickeln, muss man mit dem Risiko nicht optimaler Lösungen oder gar eines Fehlschlages leben. Allgemein gilt eben auch für den Methodik-Einsatz die Denk- und Informationsökonomie (Bild 3.69).

Zu f) Die **Unternehmensabhängigkeit** von Vorgehensplänen ist in VDI 2221 angesprochen und geht aus dem Vergleich des Bildes 5.8 mit Bild 4.16, Bild 4.17 sowie Bild 4.18 und Bild 6.11 hervor. Im Vorgehensplan eines Beispiel-Unternehmens (Bild 4.17) ist Konzipieren und Entwerfen ein Block. Funktionsstrukturen kommen nicht vor, ebenso nicht „Gliedern in realisierbare Module" usw. Möglicherweise ist das auch produkt- und personenspezifisch bedingt. Ebenso wurde der Vorgehensplan eines Keramikmaschinen-Herstellers (Bild 6.11) bewusst stark vereinfacht, da er sich für interdisziplinäres Arbeiten eignen musste [34/6].

Zusammenfassend ist deutlich geworden, dass es eine Vielfalt von Gründen für einen flexiblen, adaptiven Einsatz von Methodik gibt und dass ein streng prozeduraler, linearer Ablauf für alle Fälle nicht sinnvoll sein kann. (Kapitel 2.3.3 b; 4.1.5) Eine befriedigende Darstellungsform für dies meist vernetzte und verschachtelte Vorgehen gibt es bisher nicht. Deshalb wird die bisherige Darstellung in den Bildern 6.12 bis Bild 6.14 zum mindesten für die Lehre beibehalten und dabei auf den notwendigen flexiblen Gebrauch hingewiesen.

Ein **streng prozeduraler, linearer Ablauf** ist nur bei der Variantenkonstruktion von prinzipiell bereits existierenden Produkten möglich (Phase IV in VDI 2221), die ja dann auch in einem EDV-Programm mit CAD automatisch konstruiert werden können [38/6]. Allerdings gibt es dabei auch schon eine Fülle von logischen Verzweigungen und keinen linearen Ablauf!

6.3 Anwendung der IPE-Methodik in unterschiedlichen Bereichen

Im Folgenden wird zunächst an Beispielen gezeigt, wie die oben dargestellte Methodik in drei unterschiedlichen Unternehmensbereichen (z. B. Konstruktion, Produktion und Vertrieb) angewendet wird. Danach wird gezeigt, wie sich Vorgehenspläne sowohl nach Teilprozessen als auch nach Teilobjekten hierarchisch strukturieren lassen, und zwar unabhängig vom Unternehmensbereich.

6.3.1 Vergleich der Methodikelemente in drei Unternehmensbereichen

In Bild 6.5 werden die Elemente der IPE-Methodik nach Bild 6.2 in den drei Unternehmensbereichen Konstruktion, Produktion und Vertrieb verglichen. Es zeigt sich, dass einige durchgehend eingesetzt werden, wie z. B. die oft implizit durchgeführte Anwendung des Vorgehenszyklus. Da in der Praxis häufig ganz verschiedene Begriffe verwendet werden, wird das dort nicht deutlich. Auch der Einsatz des Vorgehensplans und von organisatorischen Methoden ist generell in allen Unternehmensbereichen üblich. Dies ist darin begründet, dass diese Methoden zur gegenseitigen Abstimmung der Bereiche eingesetzt werden müssen. Unterschiede gibt es bei den angewandten Methoden (analog zu Kapitel 7.3 bis 7.9) von der Aufgabenklärung bis zur Beurteilung von Lösungen. Es scheint so, dass man hierbei gegenseitig voneinander lernen könnte.

Vergleichsobjekt	**Beispiele in den Bereichen ...** Konstruktion	Produktion	Vertrieb
1) **TOTE-Schema** 2) **Vorgehenszyklus**	← durchgängig anwendbar und z. T. explizit genutzt →		
3) **Strategien**, z. B. – vom Wesentlichen zum weniger Wesentlichen	für Produkt: Anforderungsliste/Konzept/ Entwurf/ Ausarbeitung	für Fertigungsanlage: Pflichtenheft/ Konzept/Entwurf/ detaillierte Feinplanung	für Vertriebssystem: Pflichtenheft/Konzept/Pla n/endgültige Feinplanung
4) **Methoden** ... – zur Aufgabenklärung	Merkmalslisten, Checklisten	Checklisten	Conjoint-Analyse, Portfolio-Analyse
– zur Aufgabenstrukturierung	Funktionsmodellierung	?	?
	← ABC-Analyse durchgehend eingesetzt →		
... nach Neuigkeit der Aufgabe	Neu-/Anpassungs-/Varianten-konstruktion	?	?
– zur Lösungssuche	← Kreativmethoden werden durchgehend eingesetzt →		
	systematische Methoden, z. B. morphologischer Kasten	?	?
– zur Eigenschaftsanalyse, z. B. • Berechnung • Simulation • Versuch	z. B. Festigkeit z. B. Kinematik z. B. Pkw-Fahrversuch	z. B. Zerspanungszeit z. B. Durchlaufzeit z. B. Montageversuch	z.B. Logistikdaten z. B. ? z. B. Versuch mit Testmarkt
– zur Beurteilung	← z. B. Nutzwertanalyse wird durchgehend eingesetzt →		
5) Vorgehensplan	← durchgängig eingesetzt wie aus Projektmanagement bekannt →		
6) Organisatorische Methoden	← z. B. Aufbau-/Ablaufstrukturierung, Projektmanagement, Teamarbeit, Termin- u. Kapazitätsplanung durchgehend →		

Bild 6.5 Vergleich der Elemente der IPE-Methodik anhand von Beispielen aus Unternehmensbereichen

6.3.2 Einsatz von Vorgehensplänen

In Unternehmen wird die Produkterstellung bei komplexen Produkten (z. B. Pkw, Werkzeugmaschinen) mit Vorgehensplänen nach Teilprozessen unterteilt (Kapitel 4.1.5) und bei sinnvoll abtrennbaren Produktteilen in Teilobjekte (z. B. Karosserie, Antrieb) aufgeteilt (Kapitel 4.1.3). So soll auch hier gegliedert werden. Nachfolgend soll gezeigt werden, dass der Einsatz von Vorgehensplänen in beliebiger hierarchischer Aufteilung (z. B. mit der Strategie „Vom Vorläufigen zum Endgültigen") bereichsneutral ist und so sowohl für das Montieren wie für das Konzipieren von Produkten möglich ist.

6.3.2.1 Aufteilung in unterschiedliche Teilprozesse am Beispiel der Produktion

In Bild 6.6 ist der Gesamtprozess „Produkt erstellen" unterteilt in Teilprozesse der Produktion und dann weiter in Teilprozesse der Montageplanung [2/6]. Dabei wird sowohl der Montageprozess wie das konkret zu bauende Montagesystem (z. B. Roboter mit Peripherie) zuerst grob, dann fein geplant. Es liegt auf der Hand, dass auch hier wieder weiter detailliert werden kann. Sofern man die Inhalte (Begriffe, Methoden, Hilfsmittel) den jeweiligen Aufgaben anpasst, bleibt die Vorgehensweise gleich, wie sie am Beispiel des Konstruierens gezeigt wird (vgl. z. B. Bild 6.7). Man erkennt also Analogien im Vorgehen und im Einsatz von Strategien zwischen der Produktions- und der Konstruktionstechnik.

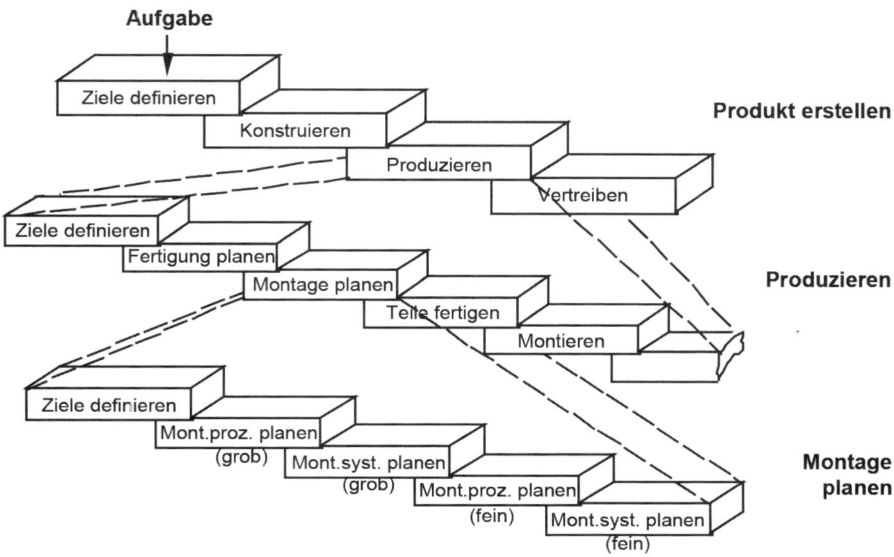

Bild 6.6 Montageplanung mit unterschiedlichen Teilprozessen

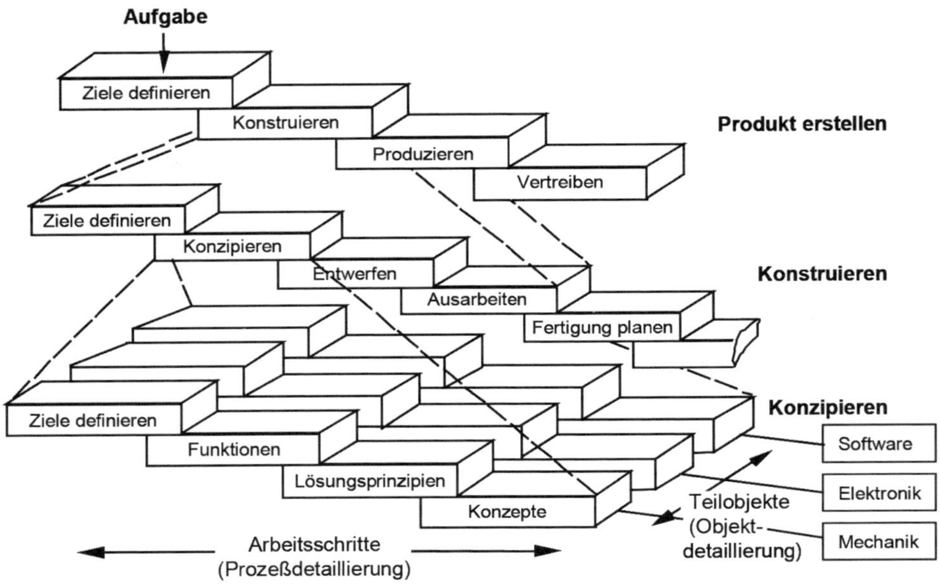

Bild 6.7 Die Detaillierungstiefe beim Einsatz der Methodik ist je nach Problemstellung variabel. Das gilt sowohl für die zunehmende Verfeinerung der Arbeitsabschnitte (Prozessdetaillierung) wie für die Unterteilung des Objektes in Teilobjekte, wie Teilfunktionen, Subsysteme, Module, Baugruppen ... (Objektdetaillierung)

6.3.2.2 Aufteilung in unterschiedliche Teilprozesse und Teilobjekte am Beispiel Konstruktion

Bisher wurde der Prozess der Produkterstellung mehr oder weniger weit detailliert, um ihn zeitlich sequenziell oder arbeitsteilig bearbeitbar zu machen. In gleicher Weise müssen komplexe, z.B. mechatronische Objekte in Teilobjekte detailliert werden. Ein Beispiel stellt die Konstruktion einer Waschmaschine in Bild 5.30 dar.

Teilobjekte sind dort: Mechanik, elektrische Schaltung und Software. Parallel arbeitende Gruppen definieren Arbeitsabschnitte und erarbeiten in gegenseitiger Abstimmung geeignete Dokumente. (Siehe auch Bild 5.29 und Bild 6.11).

Eine verallgemeinerte Darstellung der **Detaillierungstiefe** sowohl der Arbeitsabschnitte wie der Teilobjekte zeigt Bild 6.7. Oben sind wieder die Arbeitsabschnitte der Produkterstellung angedeutet, darunter die der Konstruktion. Am Beispiel Konzipieren wird eine Aufspaltung in drei Teilobjekte vorgenommen. Das sind hier z.B. Mechanik, elektrische Antriebstechnik, Software. Diese werden wieder in Arbeitsschritte aufgeteilt.

Es ist sowohl nach Dylla [3/6] wie nach Hoover [4/6] beim Konstruieren (auch beim Planen der Fertigung) typisch, dass man laufend mit unterschiedlicher Detaillierungstiefe arbeitet. (Verschachteltes Arbeiten: Bild 5.20). Dabei ist es der heuristischen Kompetenz des Bearbeiters überlassen, welches Teilobjekt er definiert und zuerst bearbeitet (schwerpunktartiges Vorgehen: Bild 3.46) oder ob er in gleichmäßigem Vorgehen alle Teilobjekte in gegenseitiger Abstimmung vorantreibt. In jedem Fall müssen laufend „Teil-Ganzes-Betrachtungen" vorgenommen werden (Strategie X3 in Bild 3.32). So soll durch die gestrichelten Strahlen in Bild 6.7 angedeutet werden, dass z.B. das Konzipieren einzelner Teilobjekte sich am Gesamtobjekt messen muss und dieses wiederum an den Ergebnissen aus den Arbeitsabschnitten „Ziele definieren", „Produzieren", „Vertreiben" usw.

Die Unterteilung in Teilobjekte kann gemäß Bild 6.8 unterschiedlich sein. Es kann sich um unterschiedliche Funktionen, physikalische Bereiche oder um unterschiedliche Baugruppen handeln, z.B. beim Pkw um Motor, Fahrwerk, Karosserie. Dort sind diese Teilobjekte in einem Unternehmen ganzen Hauptabteilungen mit Hunderten von Beschäftigten zugeordnet. Die Teilobjekte sind dann mit organisatorischen Unterteilungen verknüpft. Es handelt sich dann nicht mehr nur um ein Modell eines individuell ablaufenden Konstruktionsprozesses, sondern um einen Prozess, der sich in der Organisationsstruktur eines Unternehmens abbildet (Kapitel 4.1.4). Teilobjekte können also nicht nur Unterteilungen eines Produktes sein, sondern auch Unterteilungen von organisatorischen Einheiten wie Produktion oder Vertrieb. Damit soll angedeutet werden, dass mit der IPE-Methodik nicht nur Produkte geplant und erstellt werden können, sondern auch andere Objekte, wie die Einführung eines DV-Systems.

System und Subsystem	**mögliche Teilobjekte**
1) System allgemein	– Subsysteme, Module (z. B. beim Pkw: Fahrwerk, Karosserie, Antrieb...)
2) Produkt	
Umsatzart	– Modul für Energie-, Stoff-, Informationsumsatz
Funktion	– Haupt-/Nebenfunktion, Teilfunktion, Elementarfunktion (z. B. Antreiben, Steuern...)
Physik	– hydraulisches, elektrisches, mechanisches Teilprojekt
Modul	– Anlageteil, Baugruppe, Teileverband
Element	– Bauteil, Funktionsträger, Gestaltzone
3) Produktion	– Materialvorbereitung, Teilefertigung, Montage, Abnahmeversuch
Fertigungsvorbereitung	– Fertigungsplanung, Zeitvorgabe, Betriebsmittelplanung, NC-Programmierung
4) Vertrieb	– Marketing, zentraler Vertrieb, produkt-, landes-, kundenspezifischer Vertrieb, Vertriebscontrolling

Bild 6.8 Beispiele für Teilobjekte zur Objektdetaillierung (nach Bild 6.7)

6.3.2.3 Beispiele für einen Vorgehensplan bei integrierter Produkterstellung

Simultanes Konstruieren des Produktes und Entwickeln der Produktionsverfahren und -systeme im Sinne des „Simultaneous Engineering“ wurde in Kapitel 4.4.1 angesprochen. Vorgehenspläne sind in Bild 4.43 und 4.61 angegeben. Leitgedanke ist dabei das möglichst parallele, zeitsparende, informationstechnisch gut abgestimmte Entwickeln von Produkt, Produktion und Vertrieb.

Bild 6.9 zeigt am Beispiel eines elektromechanischen Schalters (ähnlich wie in Bild 4.43) die gleichzeitige Produktkonstruktion und Erstellung der zugehörigen Montageanlage in gegenseitiger Abstimmung. [5/6]. Hier wurden im Sinne des Projektmanagements die Freigabetermine zeitlich als Meilensteine fixiert. (Mit Rauten dargestellt).

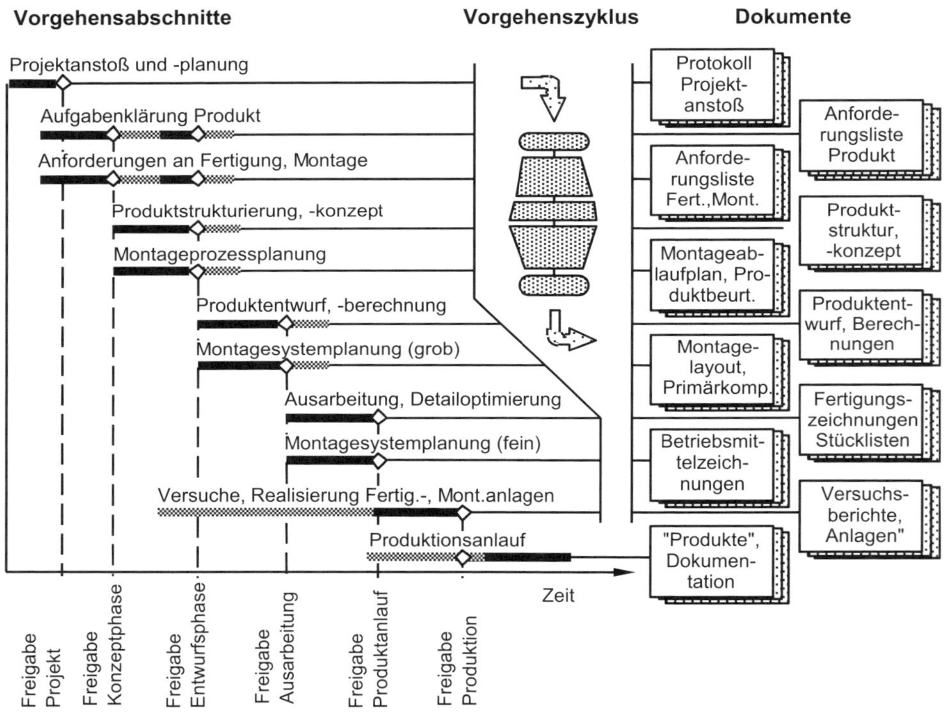

Bild 6.9 Vorgehensplan für integrierte Produkt- und Montageanlagenerstellung [5/6]

6.4 Unternehmens- und produktspezifische Anpassung und Einführung der IPE-Methodik

Um die in Kapitel 6.2 wiedergegebene allgemeine Methodik auf betriebs- und produktspezifische Erfordernisse „herunterzubrechen" bedarf es ebenfalls einer zielgerichteten Vorgehensweise bzw. einer Anpassungsmethode. Es entstehen daraus problemspezifische Standardvorgehenspläne, Auswahl und Gliederung von Methoden in einem Methodenbaukasten, Checklisten und Sachinformationen wie Regelsammlungen und Vorschriften für die konkrete Arbeit. Ein Beispiel für einen in der Praxis entstandenen Vorgehensplan, der die Integrierte Produktentwicklung für ein mechatronisches Produkt verkörpert, ist in Bild 6.11 gezeigt. Weitere Beispiele sind in Kapitel 4.1.5 angegeben. (Siehe auch Bild 4.16).

6.4.1 Vorgehensweise

Wie Bild 6.10 zeigt, muss die Anpassung in einen größeren Rahmen eingebunden werden, der sicherstellt, dass Führungskräfte und Mitarbeiter von der Notwendigkeit der Verbesserung bzw. vom Nutzen überzeugt sind (Schritt 1 und 2). Danach ist es zweckmäßig zunächst am Beispiel eines Pilotprojektes die oben besprochene Anpassung der Methodik durchzuführen (Schritt 3).

Bild 6.10 rechts b zeigt mit den Schritten 3.1 bis 3.4, wie man dabei vorgehen kann. In diesem Rahmen analysiert man die Produkterstellung bzw. konkret für das Pilotprojekt die Auftragsabwicklung und stellt Schwachstellen und betriebsspezifische Notwendigkeiten fest (Schritt 3.1; 3.2). Der Vergleich mit den Methodikelementen und der Methodik nach Kapitel 6.2 und 6.3 sowie den organisatorischen Möglichkeiten der integrierten Produkterstellung (Kapitel 4.2) ergibt Anregungen für den Aufbau der konkreten angepassten Methodik (Schritt 3.3). Das Abarbeiten von sieben Fragen (wer, wann, wie, womit, was, wo und warum) kann dabei hilfreich sein (Bild 4.49). Danach erfolgt der Test des Systems und die entsprechende Weiterentwicklung und Korrektur (Schritt 3.4). Es werden (Bild 6.10 links a) die Einführungsmaßnahmen festgestellt und überprüft (Schritt 4) und bei voraussichtlich erfolgreicher Einsatzmöglichkeit die Einführung beschlossen (Schritt 5).

a)

1	Notwendigkeit der Verbesserung aufzeigen – Zielsetzung – ...
2	Verantwortliche und Mitarbeiter vom Nutzen überzeugen – ... – ...
3	Pilotprojekt suchen – interdisziplinäres Team gründen – Anforderungen an Pilotprojekt – alternative Projekte – Projekt auswählen – ...
4	Einführungsmaßnahmen – Machbarkeit – Schulungsmaßnahmen – Organisation – ...
5	Einführung beschließen – Vorgehensplan zur Einführung – ... – Kontrolle Zielerfüllung

b)

3.1	Analyse der Produkterstellung – Ist-Abläufe, Dokumente – Produktprogramm – angewandte Methoden, Hilfen – Schwachstellen – ...
3.2	Strukturierung der Auftragsabwicklung – bestimmende Parameter – Standardabwicklungen – Dokumente – Methoden, Sachinformationen – ...
3.3	Aufbau und Anpassung der Methodik – Standardvorgehenspläne – Dokumente, Ergebnisse – Teilmethoden dafür – ...
3.4	Test der Methodik – ... – ...
–	– ...

Bild 6.10 Vorgehensplan für Aufbau, Anpassung und Einführung der Methodik nach Kapitel 6.2: a) Einführungsmaßnahmen; b) Aufbau und Anpassung der Methodik [5/6]

In Bild 6.11 ist ein Vorgehensplan für mechatronische Produkte nach Derhake [36/6] wiedergegeben, der auch in VDI 2223 [34/6] enthalten ist. Er wurde in einem Industrieunternehmen erprobt und eingeführt bei der Entwicklung weitgehend automatisch arbeitender Keramikformmaschinen. (Siehe auch Kapitel 5.1.4.4 und Bild 5.30)

Wie aus den vier senkrechten Balken zu sehen ist, ist es Herrn Derhake als Entwicklungsleiter gelungen, die Spezialisten für Mechanik, Elektronik, Pneumatik und Software im Entwicklungsteam so zu motivieren, dass alle einen gemeinsamen Vorgehensplan als Leitlinie für die Zusammenarbeit vereinbarten. Damit war auch die Basis gelegt für enge Zusammenarbeit, die gemeinsame Produktverantwortung, für gegenseitiges Informieren. Ein Musterbeispiel für die Entwicklung mechatronischer Produkte! (Siehe Kapitel 3.5 und Kapitel 5.1.4.4).

Verknüpft mit diesem Vorgehensplan wurde eine einheitliche Erzeugnisgliederung, mit der ein Termin- und Kapazitätsplanungssystem, eine Kostenrechnung und ein Ablagesystem für die Dokumentation verbunden wurden. Damit konnte die Umsetzung von Simultaneous Engineering wesentlich erleichtert werden, die

Durchlaufzeiten wurden kürzer, die Besprechungsflut wurde eingegrenzt und die Lösungen konnten schon in frühen Phasen optimiert werden (z. B. wurde gleich zu Anfang diskutiert, ob ein Regler besser durch Soft- oder Hardware zu realisieren ist).

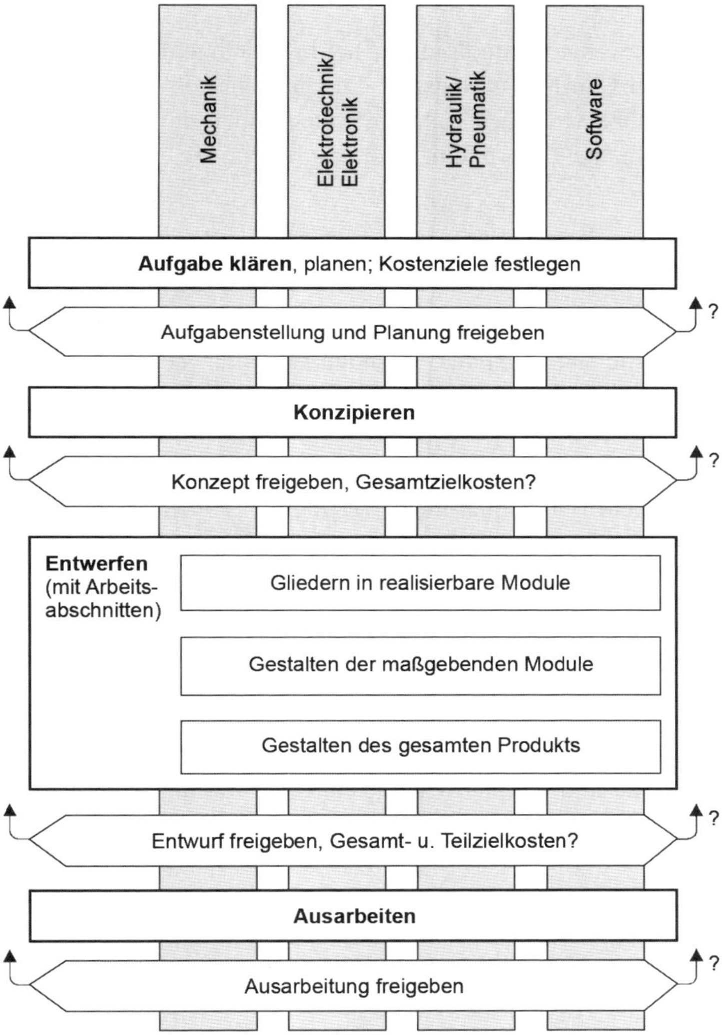

Bild 6.11 Praxiserprobter Vorgehensplan für mechatronische Produkte (nach Derhake [36/6]). Vergleiche die alternativen Vorgehenspläne in Bild 5.29 und Bild 5.30

Um das zu erreichen, musste die Zahl der Arbeitsabschnitte im Vorgehensplan möglichst gering gehalten werden, aber doch in den Inhalten überschaubar und für alle aussagekräftig. Arbeitsabschnitte, die stark iterativ zu bearbeiten waren, wurden zusammengefasst, aber doch so klar abgegrenzt, dass danach in den Freigabebesprechungen klar entschieden werden konnte. (Wie die praktische Arbeit damit geschieht ist im Buch „Kostengünstig Entwickeln und Konstruieren“ [20/4] beschrieben, Kapitel 4.8.3.2 a). - Dies Vorgehen erlaubt auch eine ganzheitliche Abbildung des Produktlebenszyklus, wie sie in PLM (= Product-Lifecycle-Management) angestrebt wird.

Wie neue Methoden für umweltgerechte Produkte bei HILTI eingeführt und angepasst werden können, zeigt Günther am Beispiel der Umwelt-FMEA und der Umwelt-QFD [74/4; 75/4]. Dabei wird auch sichtbar, welche Rolle der gemeinsame Wille und die Motivation von der Unternehmensleitung bis zum Team spielen.

6.4.2 Personenbezogene Voraussetzungen

Die Einführung von Methoden kann nur dann erfolgreich sein, wenn die mit der Einführung befassten und die Methoden anwendenden Personen geeignet und motiviert sind. Zur Eignung gehört eine gewisse **Abstraktionsfähigkeit**, da Methoden immer abstrakter sind, als die daraus abgeleiteten konkreten Handlungen.

Mindestens ebenso wichtig ist die **Motivation** (Kapitel 5.2.1.4; [38/7.5]). Da sich Methodenanwendung meist wirtschaftlich nicht „rechnen“ lässt (Kapitel 5.2.2.3), ist es nötig die Überzeugung zu vermitteln, dass es sich lohnt, bei bestimmten Problemen Methoden anzuwenden. Das gilt mindestens so sehr für den „Chef“ wie für die Bearbeiter. Als günstig hat sich „Entdeckendes Lernen“ erwiesen, wenn die Mitarbeiter z. B. am Pilotprojekt entdecken, wie ein vorher offensichtlich ungünstiger Zustand durch bessere Organisation, bessere Methoden und Hilfsmittel positiv verändert wird. Dies tritt aber nur ein, wenn die Unternehmenskultur oder das Arbeitsklima stimmt, die Mitarbeiter von vornherein in den Lern- und Umgestaltungsvorgang integriert sind und ihn selbst mitgestalten. - Wallmeier [54/3] hat direkt in Unternehmen Schwachstellen in kritischen Situationen analysiert und mit den Betroffenen ein korrigierendes Verhalten trainiert (siehe Kapitel 3.8.3)

Schließlich muss auch ein bestimmtes **Anfangswissen** und Training für Methoden vorhanden sein. Hier helfen Trainer, Weiterbildungsseminare und Bücher. Der zu Beginn hohe Zeitaufwand zum Ausarbeiten und Einführen der Methoden verringert sich entsprechend der Trainierkurve schnell.

6.5 Anwendung für das Vorgehen beim Entwickeln und Konstruieren

Die in Kapitel 6.2 dargestellte Methodik verfügt über eine große Flexibilität. Sie ist für eine Vielzahl von Aufgaben und Problemen in unterschiedlichen Bereichen anwendbar. So allgemein ist sie aber wenig hilfreich. Sie muss deshalb, wie in Kapitel 6.4 angedeutet, angepasst und konkretisiert werden. (Zur Flexibilität siehe auch Kapitel 6.2.3).

Für die Lehre ist eine Anpassung auf einen bestimmten Produkt-/Betriebsbereich allein, wie z. B. an den produktspezifischen Vorgehensplänen im Bild 4.17 oder 4.18 gezeigt, nicht sinnvoll. Sie muss bei den 20 000 verschiedenen Produktarten im Maschinenbau (nach VDMA) einigermaßen produktneutral erfolgen. (Siehe Anmerkung zu Bild 6.12).

Allerdings ist es eine grundsätzliche Entscheidung, ob man Vorgehenspläne

a) produktneutral (Konstruktionsmethodik nach [8/6; 9/6]

b) produkt<u>art</u>spezifisch (für bestimmte Klassen von Produkten, z. B. Pumpen [28/3]

c) produktspezifisch (z. B. für Planetengetriebe in Bild 4.18)

erstellen will.

Produktneutral (a) sind die Vorgehenspläne der Konstruktionsmethodik zum mindesten für Produkte des Maschinenbaus gedacht (z. B. Bild 6.12). VDI 2221 geht darüber hinaus in die Verfahrens- und Software-Technik. Produktartspezifische (b) hat A. Jung in seiner „funktonalen Gestaltbildung“ betont [28/3]. Er bevorzugt sie als anwendungsnäher, wirkungsvoller und leichter zu lernen, da sie nicht so abstrakt sein müssen. Produktklassen können z. B. sein: Werkzeugmaschinen, Vorrichtungen, optische Geräte.

Auf die lange Dauer ist es möglich, dass beide Formen a) und b) sich gegenseitig beeinflussen und nebeneinander verwendet werden. Allerdings sollte die produktneutrale Methodik eine Art gemeinsames „Dach“ bilden. Sonst gibt es bei wahrscheinlich einigen hundert produktartspezifischen Methodiken und Plänen ein unübersichtliches Durcheinander.[3] Dabei geht es auch nicht nur um Methodik oder gar Vorgehenspläne, sondern auch um das produktartspezifische Fachwissen, das mindestens genauso wichtig ist. (Siehe den Beginn des Kapitels 3). Dementsprechend haben die größeren technischen Verlage bereits heute schon einige Dut-

3) Es gibt im VDMA 31 Fachzweige (von der Antriebstechnik über die Verfahrenstechnik bis zu Werkzeugmaschinen). Wenn man für jeden Fachzweig nur 10 grundsätzlich verschiedene Produktarten annimmt, erhält man schon 310 Methodiken und Vorgehenspläne.

zend produktartspezifische Fachbücher im Angebot: z. B. über Antriebstechnik, Messmaschinen, Werkzeugmaschinen.

Eine weitere sinnvolle Differenzierung der Methodik ist die nach Hauptforderungen (Kapitel 6.5.2). Dementsprechend gibt es zunehmend Richtlinien und Bücher für „X-Gerechte" (Bild 6.17), wie z. B. festigkeits-, tribologie-, umweltgerechtes Konstruieren. Insgesamt dürften dies auch mindestens 20 bis 30 Themenarten sein.

Im Folgenden wird die Konkretisierung für Vorgehenspläne gezeigt, die allgemein für Produkte des Maschinenbaus eingesetzt werden können. Diese werden nach Neuheitsgrad d. h. nach Neu-, Anpassungs- und Variantenkonstruktion unterschieden. Die Inhalte bauen auf der Literatur [6/6: 7/6; 8/6; 9/6] und auf Erfahrungen aus einer großen Zahl von Produktentwicklungen zusammen mit der Industrie auf. Das Vorgehen entspricht zunächst der sequenziellen Arbeitsweise, die aber flexibel und entsprechend den Rückpfeilen iterativ angewendet werden soll (Kapitel 6.2.3). Man kann aber einzelne Teilobjekte (Module) eines Produkts auch mit diesen Vorgehensplänen parallel entwickeln.

Die Hauptforderung ist dabei zunächst die Funktion. Unter Hauptforderung soll die zentrale, im Vordergrund stehende Forderung verstanden werden. Die Funktion ist natürlich für ein Produkt unabdingbar. Sie muss auch dann immer beachtet werden, wenn es um andere Hauptforderungen geht, wie z. B. um die Senkung der Kosten oder die Verbesserung der Zuverlässigkeit eines Produkts. Diese anderen Hauptforderungen werden später behandelt (Kapitel 6.5.2). Bei anderen Hauptforderungen kann eine andere Reihenfolge der Arbeitsschritte sinnvoll sein, als sie im Folgenden dargestellt wird (Kapitel 6.2.3; 7.4.1.2).

6.5.1 Vorgehenspläne für die Hauptforderung Funktion

Ein neutraler Vorgehensplan (z. B. Bild 6.3) nach Kapitel 6.2 enthält nur eine Folge von nicht produktspezifischen Arbeitsabschnitten mit zugehörigen Arbeitsergebnissen sowie die Information, dass die Arbeitsabschnitte mit den Schritten des Vorgehenszyklus und u. U. mit Methoden z. B. aus einem Methodenbaukasten abgearbeitet werden können. Die Arbeitsabschnitte und die Methoden sind also zu konkretisieren.

Das muss entsprechend den Inhalten der in Bild 6.1 gezeigten Ziel-, Handlungs- und Sachsysteme für den Bereich des mechanischen Maschinenbaus geschehen. Dabei müssen z. B. das Denk- und Arbeitsverhalten des Einzelmenschen, die zwischenmenschliche Kommunikation und Organisationslogik, der prinzipielle Aufbau von Produkten und Ablauf von Verfahren sowie von Produktionsprozessen berücksichtigt werden. (Siehe auch die Gründe für den flexiblen Einsatz der Methodik in Kapitel 6.2.3).

Für die **Anpassung des neutralen Vorgehensplans** nach Bild 6.3 links a werden z. B. folgende stichwortartig dargestellte Informationen eingesetzt:

- aus den Zielsystemen „Kunde" und „Unternehmensbereiche": Anforderungen, Ziele (Kapitel 7.3),
- aus dem Sachsystem „Produkt" (Bild 2.16): Funktionsträger (Elemente) und ihre geometrische, stoffliche Beschreibung (Physik); Produktlogik (Bild 2.19),
- aus dem Sachsystem „Produktion": Teilefertigung, Montage; Produktionslogik (Bild 2.19),
- aus dem Handlungssystem „Entwicklung und Konstruktion" (Bild 5.1): Konstruktionsarten; Dokumentationsarten (Anforderungsliste, Zeichnungsarten ...); Methoden; Organisationslogik,
- aus dem Handlungssystem „Mensch" (Konstrukteur; Kapitel 3.3 b und Gruppe, Kapitel 3.5): Strategien nach Bild 3.32 z. B.: I2: „Vom Wesentlichen zum weniger Wesentlichen": Konstruktionsphasen; Wirkflächen; maßgebende, abhängige Funktionsträger (Bild 3.15; 3.46). Strategie II2: „Vom Vorläufigen zum Endgültigen": Vor- und Endgestalten; Vorentwurf und Gesamtentwurf, Freigaberauten.

Vorgehenspläne für Neu-/Anpassungs- und Variantenkonstruktionen

Wie in Kapitel 6.2.3 gezeigt wurde, muss also die Konkretisierung der Vorgehenspläne unter praxisnahen Bedingungen (z. B. Produktart, Unternehmen ...) geschehen. Da dies für die allgemeine Lehre an der TU nicht möglich ist und keine geeignete Darstellung bekannt ist, die den sonstigen Flexibilitätsanforderungen nach Kapitel 6.2.3 genügt, werden in den Bildern 6.12 bis Bild 6.14 beispielartig sehr detaillierte Pläne gezeigt. Sie sind in dieser Form kein „Muss" für ein Unternehmen.

Im Bild 6.12 ist ein funktionsorientierter Vorgehensplan für die **Neukonstruktion** von Maschinenbauprodukten entsprechend der schematischen Darstellung Bild 6.3 links a dargestellt. (Siehe auch Kapitel 5.1.4.1). – Wie aus Bild 6.12 zu ersehen ist, sind links die Arbeitsabschnitte und Arbeitsschritte angegeben, die mit den Schritten des **Vorgehenszyklus** in Arbeitsergebnisse überführt werden (rechts im Bild). Der Vorgehenszyklus (VZ) ist dabei symbolisch nur einmal quer eingezeichnet. Wichtige Arbeitsschritte wie Planen, Analysieren, Bewerten sind dabei bewusst nochmals formuliert, obwohl sie auch entsprechend dem Vorgehenszyklus ohnehin durchzuführen sind.

Sachgebundene Methoden aus Kapitel 7 werden je nach Erfordernis zum Erarbeiten der Arbeitsergebnisse eingesetzt.

Zwischen den mit 1 bis 4 nummerierten Arbeitsabschnitten sind an wichtigen **Stellen Freigaberauten** eingezeichnet, die die Freigabe der Arbeitsergebnisse durch z. B. ein interdisziplinäres Team in einer **Freigabebesprechung** andeuten sollen. Dabei gibt es folgende Entscheidungen: weiter zum nächsten Arbeitsabschnitt, zurück zu einer Nachbesserung bzw. Iteration oder Stopp: Abbruch der Entwicklung.

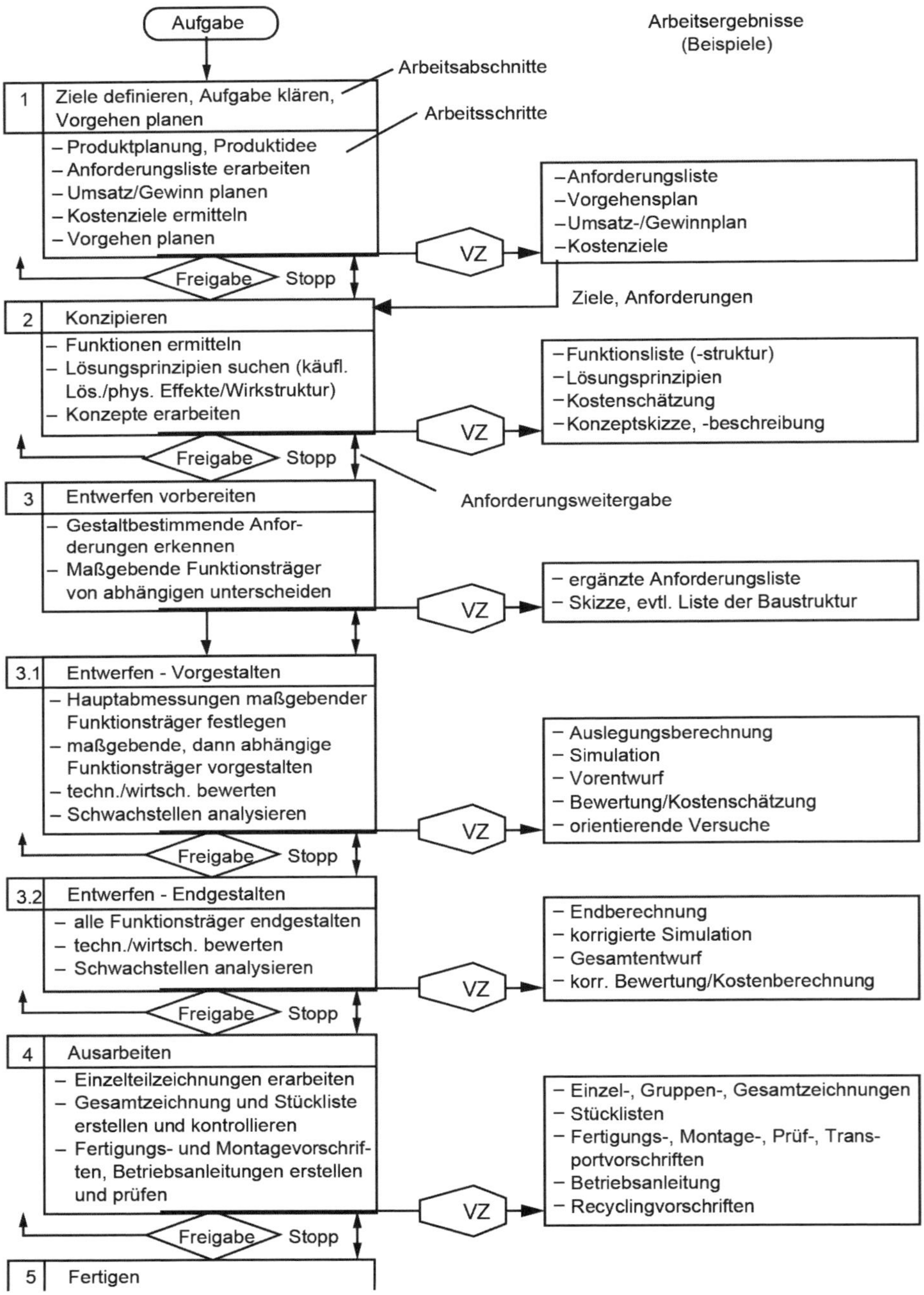

Bild 6.12 Vorgehensplan für die **Neukonstruktion** für die Hauptforderung „Funktion" (VZ = Vorgehenszyklus). Die Praxis erfordert einen sehr flexiblen Einsatz (siehe Kapitel 6.2.3)

Zwischen den Kästchen der Arbeitsabschnitte ist rechts ein Doppelpfeil angeordnet. Dieser soll symbolisch das Überspringen von Arbeitsabschnitten vorwärts andeuten, wenn der jeweilige Inhalt durch frühere Arbeiten schon vorhanden ist, wie es z. B. bei Iterationen der Fall ist. Ferner soll damit die **Anforderungsweitergabe**, d. h. die laufende **Aktualisierung der Anforderungsliste** und des **Vorgehensplans** sowie der **Rückgriff** auf diese Vorgaben und Ziele angedeutet sein. Folgende **Begriffe** seien noch näher erläutert: **Funktionsträger** kann ein Lösungsprinzip, eine prinzipielle Lösung, ein Teil, eine Baugruppe oder auch ein (einzubringendes) Produkt sein. Beim Entwerfen (Arbeitsabschnitt 3) werden **maßgebende** und **abhängige Funktionsträger** unterschieden. Wie in Kapitel 2.3.3 b erläutert, sind maßgebende Funktionsträger solche, deren Einfluss auf andere Funktionsträger groß ist, die aber selbst wenig von anderen beeinflusst werden. Diese werden nach Möglichkeit zuerst festgelegt, da dann der Konstruktionsprozess mit weniger Iterationen abläuft (Bild 2.22).

Der obige Vorgehensplan für die Neukonstruktion (Bild 6.12) kann im Prinzip auch für die **Anpassungskonstruktion** (Bild 6.13 links a) oder für die **Variantenkonstruktion** verwendet werden (Bild 6.13 rechts b).

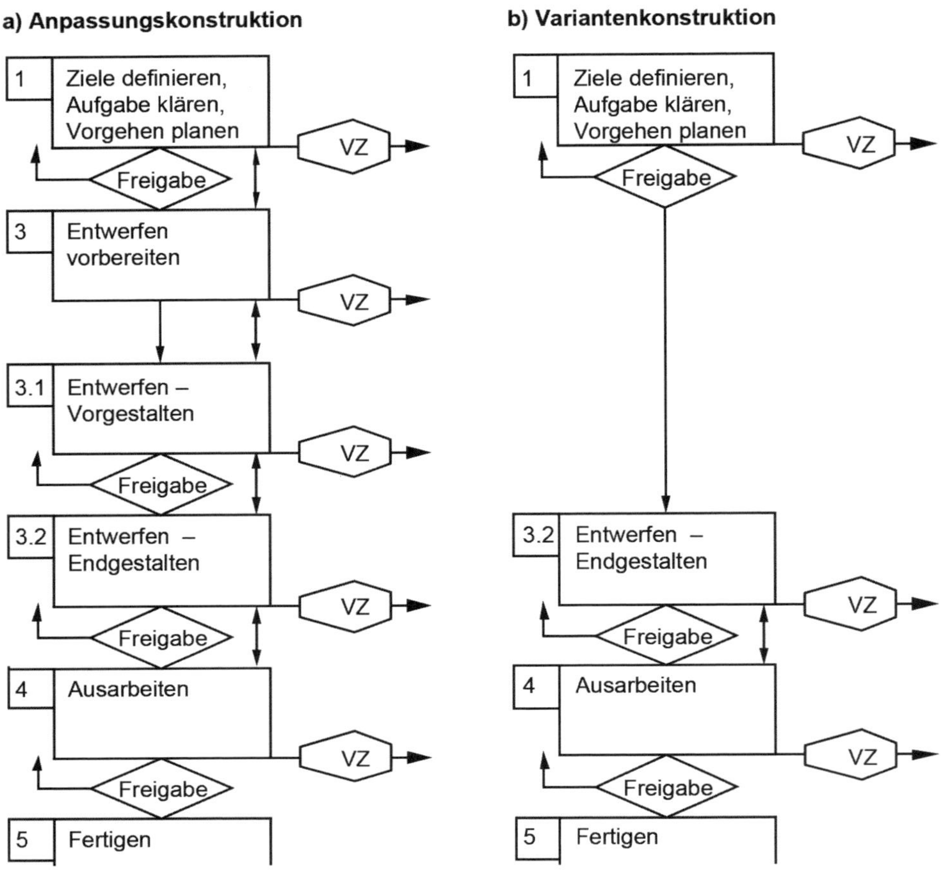

Bild 6.13 Vorgehensplan für a) Anpassungskonstruktion und b) Variantenkonstruktion ausgehend von Bild 6.12 für die Neukonstruktion. Die Arbeitsschritte entsprechen ihrem Inhalt nach Bild 6.12. Die Arbeitsergebnisse sind nicht wiedergegeben. Die Praxis erfordert einen sehr flexiblen Einsatz (siehe Kapitel 6.2.3)

Dabei wird lediglich die Konzeptphase (2) übersprungen, da ja bei beiden Konstruktionsarten die prinzipielle Lösung bestehen bleibt. Bei der Variantenkonstruktion wird insbesondere das Entwerfen (3) reduziert auf die Dimensionierung der Funktionsträger, da Werkstoff und Fertigung im Wesentlichen bestehen bleiben (Zur Definition der Konstruktionsarten siehe Kapitel 5.1.4.1). Die Arbeitsergebnisse sind in diesen Plänen nicht eingezeichnet.

Den Arbeitsabschnitt 2 **„Konzipieren“** in Bild 6.12 kann man nach Erkenntnissen der Konstruktionsmethodik in weitere Arbeitsabschnitte unterteilen (Bild 6.14).

Dabei werden in Arbeitsabschnitt 2.1 und 2.2 **neue Begriffe** verwendet, die nachfolgend an Hand Bild 6.15 erläutert werden sollen. – Die in Arbeitsabschnitt 2 ermittelte Gesamtfunktion GF des zukünftigen Produkts wird in Teilfunktionen TF unterteilt, deren logische Verknüpfung die Funktionsstruktur ergibt (Kapitel 7.4.2; Anhang A1).

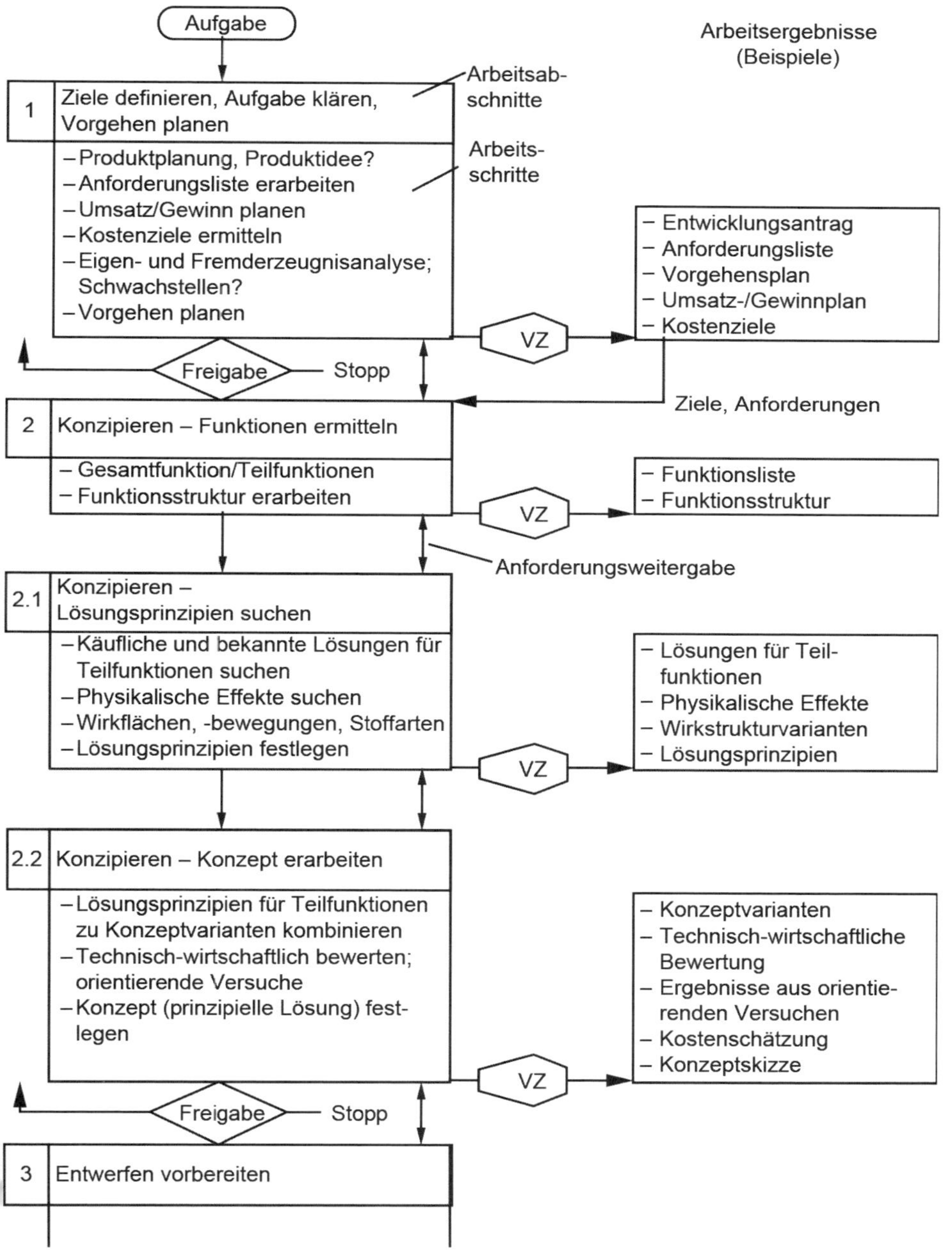

Bild 6.14 Vorgehensplan für den Arbeitsabschnitt 2, **Konzipieren** nach Bild 6.12 weiter unterteilt (vgl. Bild 4.14). Die Praxis erfordert einen sehr flexiblen Einsatz (siehe Kapitel 6.2.3)

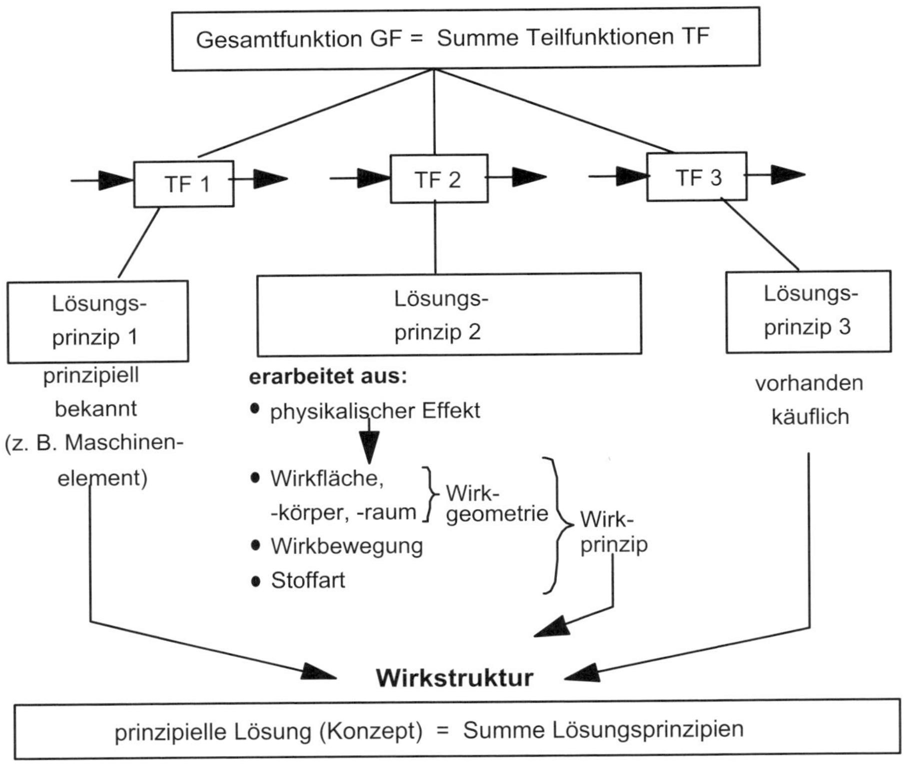

Bild 6.15 Zur Begriffsklärung beim Arbeitsabschnitt 2 „Konzipieren" (vgl. Bild 6.14, Bild 3.15)

Für diese Teilfunktionen werden jeweils mehrere Lösungsprinzipien gesucht (Kapitel 7.5). Diese können entsprechend der Strategie II1 „Vom Vorhandenen, Bekannten ausgehen" (Bild 3.32) entweder vorhanden, käuflich oder prinzipiell bekannt sein. Falls dies nicht zutrifft oder diese nicht befriedigen, müssen neue Lösungsprinzipien erarbeitet werden. Dies kann über die Suche nach physikalischen Effekten (Kapitel 7.5.5.3) geschehen, die dann bezüglich ihrer Wirkgeometrie, ihrer Wirkbewegung und Stoffart zu konkretisieren sind. Dabei bedeutet die Vorsilbe „Wirk-" funktionsrelevant. Zweckmäßigerweise setzt man zur Erweiterung der Lösungsvielfalt Methoden zur Gestaltvariation ein (Kapitel 7.6, 7.7). So kommt man zu den Wirkprinzipien. (Dies ist ein anderer Begriff für Lösungsprinzip, gesehen aus der Sicht der Funktionserfüllung.)

Danach wählt man unter den gefundenen Lösungs- bzw. Wirkprinzipien z. B. ein bis zwei geeignete aus (Kapitel 7.8 und 7.9), kombiniert sie entsprechend der Funktionsstruktur der Teilfunktionen und wählt daraus die beste prinzipielle Lösung, das Konzept, aus. Aus Sicht der Funktionserfüllung wird auch von Wirkstruktur gesprochen. (Die Vielfalt der Begriffe entspricht dem Gebrauch in der Literatur [8/6; 9/6].)

Methodisches Vorgehen mit Vorgehensplänen in der Praxis

Die Praxis hat gezeigt, dass auch im Industrieeinsatz eine **sehr schnelle Bearbeitung** von Projekten an Hand der Vorgehenspläne möglich ist, die in Projektpläne überführt werden (Kapitel 4.1.5; 4.3.4.1; [69/5]). Man muss dabei allerdings auf „100%-Lösungen" verzichten (Kapitel 3.6). Besonders die Konzeptphase von neu zu erarbeitenden Produkten (Neukonstruktion) eignet sich dafür.

Es wird ein Team von zwei bis vier konstruktionsmethodisch geübten Personen gebildet, das mit einer Zeitvorgabe von z. B. ein bis zwei Tagen diese Zeit entsprechend den Vorgehensplänen strukturiert. Man beginnt mit der Aufgabenklärung, schreibt die Anforderungsliste, geht über zur Funktionsermittlung usw. Wichtig ist dabei, die Resultate zu visualisieren, so dass schließlich ein ganzer Raum voller Notizen und Skizzen hängt. Es werden die mehr sachgebundenen Methoden der Konstruktionsmethodik mit Kreativitätstechniken (z. B. Brainstorming, Galeriemethode) verknüpft (Kapitel 7.5.4). Vorgehensplan und Vorgehenszyklus werden in vergrößerter Form zentral sichtbar ausgehängt. Eine Telefonverbindung in den Raum sollte vermieden werden, nach außen aber möglich sein, um schnell nötige Informationen zu beschaffen.

6.5.2 Vorgehen für beliebige Hauptforderungen – Design for X

Die eigentliche und wichtigste Hauptforderung beim Konstruieren ist selbstverständlich die Funktion des Produktes. Wenn deshalb in diesem Abschnitt das Konstruieren mit der Ausrichtung auf andere Hauptforderungen wie Sicherheit, Kosten gezeigt wird, so bedeutet das nicht, dass die Funktionserfüllung in den Hintergrund tritt, sondern dass sie bei Zielkonflikten immer Vorrang hat. Leider ist es aber so, wie in Kapitel 3.2 gezeigt wurde, dass unsere Denk- und Arbeitskapazität so begrenzt ist, dass die Vielzahl aller gegenseitig vernetzten Forderungen und Restriktionen nicht gleichzeitig im Sinne einer „Multizieloptimierung" erfüllt werden können (Bild 4.2, 5.17). Wie Dylla zeigte (Kapitel 3.4), werden im ersten Durchgang beim Konstruieren im wesentlichen Funktion und Fertigung berücksichtigt. Bei weiteren (Haupt-)Forderungen müssen erneute konstruktive Überarbeitungen erfolgen. Ein Produkt ist also immer ein verbesserungsfähiger Kompromiss, der ganz im Sinn der „Integrierten Produktentwicklung", auch unter sich widersprechenden Zielen, gestaltet werden muss! Bei der Entwicklung von Produkten z. B. im **Simultaneous Engineering-Team** oder **Projekt-Team** kann ein Produkt allerdings eher im Sinn der Multizieloptimierung gestaltet werden, da das Wissen von mehreren Personen unmittelbar gebündelt wird. Die nachfolgende beschriebene Vorgehensweise soll mit dieser Teamarbeit verknüpft werden.

Gerade aber bei der Weiterentwicklung alt eingeführter Produkte, deren Funktion durch jahrzehntelange, z. T. internationale Iterationsprozesse optimiert sind, können andere **nicht funktionsrelevante Forderungen** wie Verfügbarkeit, Kosten, Industrial Design, d.h. alle so genannten „Gerechten" bzw. „Gestaltungsrichtlinien" (oder hier als inzwischen eingeführter englischer Ausdruck: „Design to X")[4] (Bild 6.17), so wichtig werden, dass sich ihre Erfüllung ganz in den Vordergrund drängt. - Jeder kennt Aussagen, wie „Unser Produkt ist rundum richtig, aber zu teuer!". Dann ist Kostensenken bei Beibehaltung möglichst aller übrigen guten Eigenschaften die wichtigste Forderung. Hierfür gibt, wie auch aus Kapitel 9 und Bild 9.15 hervorgeht, der Vorgehensplan nach Bild 6.12 zu wenig spezifische Hilfestellung. Vorgehensschritte, wie das Definieren und Aufteilen von Kostenzielen oder das Erkennen von Kostenschwerpunkten und Kostensenkungspotenzialen sowie wesentliche Einflussgrößen auf die Kosten werden darin nicht erwähnt.

In ähnlicher Weise wie bei Kosten, aber mit anderen Begriffen ist dies Erkennen und Aufteilen von Schwerpunkten z.B. bei der Hauptforderung technische Sicherheit nötig: Sicherheitsfaktor, Lebensdauer, Verfügbarkeit sind dann statt Kostenziel zu definieren, bzw. Sicherheits- oder Zuverlässigkeitsschwachstellen statt Kostenschwachstellen sind dann zu ermitteln usw. **Es fehlt also bisher eine jeweils hauptforderungsspezifische Vorgehensweise**.

Der Vorgehensplan nach Bild 6.12 ist eben für die Hauptforderung „Funktion" und die Neukonstruktion mit einer Konzeptphase aufgestellt. Da es sich bei den meisten Konstruktionsarbeiten um bereits vorhandene Produkte handelt, die zudem andere Hauptforderungen als die Funktion haben, muss die prinzipielle Lösung gar nicht mehr gesucht werden: Das Konzept ist schon da. Es geht dann um Anpassungskonstruktionen nach Bild 6.13 links a (siehe auch Kapitel 6.2.3 b).

Vorgehensweise bei „Design for X" (DfX)

Es gibt in den Fachbüchern entsprechend Bild 6.17 immer wieder DfX-Richtlinien, -Methoden, -Werkzeuge und Bilder für die DfX-gerechte Gestaltung (z.B. gussgerecht, montagegerecht). Dies sind Anregungen und Ratschläge für die Gestaltung des Teils/Produkts (z.B. „besser/schlechter"). Im Grunde sind das Rückflüsse aus späteren Phasen des Produktlebens für ähnliche Produkte entsprechend Bild 4.34. Es ist klar, dass man dabei laufend mit widersprüchlichen Forderungen und Gestaltvorschlägen zu tun hat, die entsprechend bewertet werden müssen. (Z.B. ein kostengünstiges Kunststoff-Spritzgussteil ist temperaturempfindlicher und nicht so steif wie ein teureres Aluminium-Gussteil). Zielkonflikte sieht man in Bild 7.27 und bei der Methode WOIS in Kapitel 7.2.4 d.

Ein vielfach in der Praxis erprobtes **Vorgehen** zeigt Bild 6.16 am Beispiel eines Betonmischers. Es behandelt in Kurzfassung die Hauptforderungen Funktion („Der Mischer muss in der Mischqualität besser sein, als bei der Konkurrenz"), Herstell-

4) Beide Schreibweisen „Design to X" und „Design for X" sind gebräuchlich. Design **to** ist zielgerichteter, mehr quantitativ: z.B. „Design to a Cost Target"; Design **for** wird mehr allgemein benutzt; z.B. „Design for Disposal"

kosten („Der Mischer muss um 20% kostengünstiger werden“) und technische Sicherheit („Der Mischer muss zuverlässiger werden“). Die Hauptforderung „niedere Herstellkosten“ wird in Kapitel 9.3.3.2 eingehend behandelt.

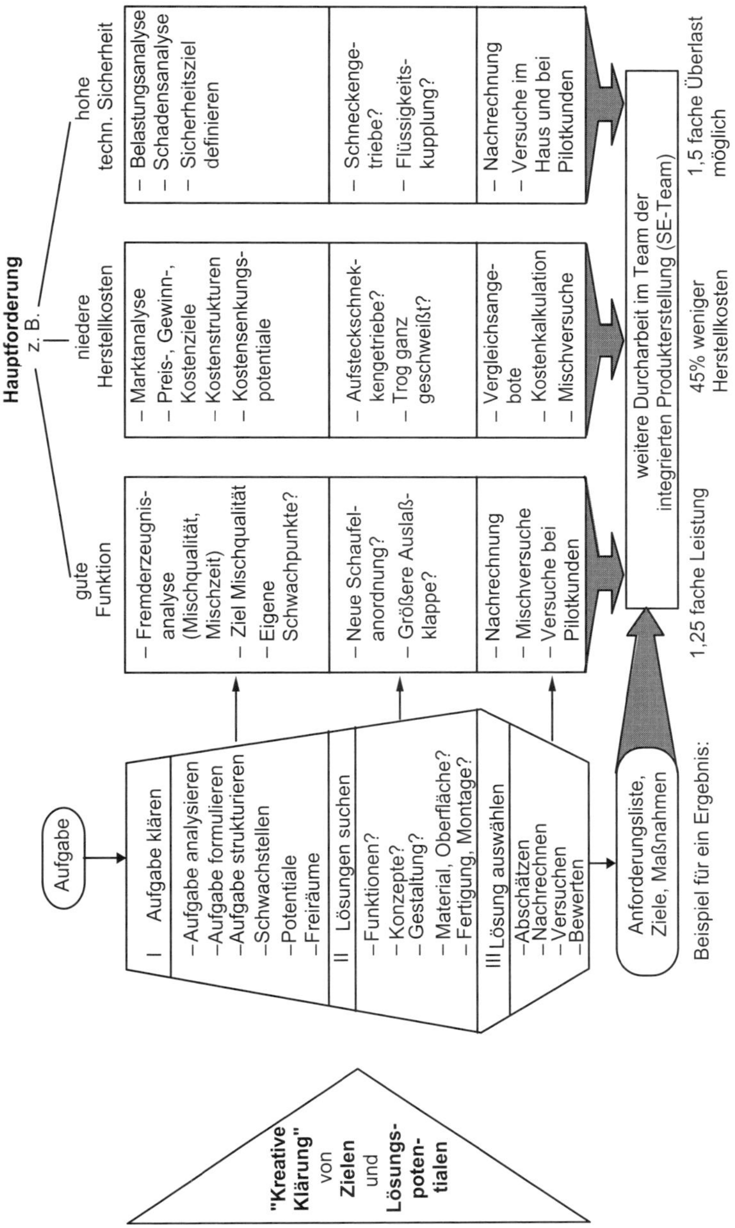

Bild 6.16 Der Vorgehenszyklus ist angepasst für beiliegende Hauptforderungen einsetzbar (Design to X). Rechts Beispiele für 3 Hauptforderungen an einen Betonmischer (siehe auch Kapitel 9.3.3.2)

Wesentlich ist, eine **Phase kreativer Klärung** der Aufgabe und des Vorgehens der weiteren detaillierten konstruktiven Bearbeitung vorzuschalten (Kapitel 7.3.7; Bild 7.38). Dabei wird nach der Strategie „Vom Wesentlichen zum weniger Wesentlichen“ (Bild 3.32, I.2) zunächst geklärt, wo die **wesentlichen Forderungen, Schwachstellen, Potenziale liegen und welche konstruktiven Freiräume** bestehen (I Aufgabe klären).

Dies ist ganz links im Bild 6.16 allgemein und **am Beispiel des Mischers** speziell in den drei mittleren Blöcken für die drei beispielhaften Hauptforderungen gezeigt. Diese Vorgehensstrukturierung wird am besten im interdisziplinären Team der über Funktion, Fertigung, Montage, Einkauf, Service, Verkauf, Kostenkalkulation kundigen Personen geleistet (SE-Team Kapitel 4.3.3; 4.4.1.1). Dabei werden auch **erste Lösungsideen** (II Lösungen suchen) und mögliche Potenziale sowie Einflussgrößen ermittelt. Kann und soll man neue Konzepte wagen? (Z. B. hier bei Herstellkosten des Mischerantriebs). Oder soll man Fertigungsvarianten bevorzugen? (Hier der Mischtrog als Schweißkonstruktion). Daraus entscheidet sich dann die weitere detaillierte Bearbeitung: für welche Funktionsträger wird in welcher Phase weitergearbeitet, in der Konzept-, Entwurfs- oder Ausarbeitungsphase?

Oder überlässt man wesentliche Anteile einem Lieferanten? Die weitere Bearbeitung erfolgt in einem Vorgehen analog zu Bild 6.12 bis Bild 6.14 bzw. entsprechend der Strukturierung nach Kapitel 7.4.

Ferner wird bei dieser Vorgehensstrukturierung schon angesprochen, wie die **Brauchbarkeit der neuen Lösungsvorschläge** analysiert werden kann (III Lösung auswählen), ob Versuche nötig und möglich sind, ob gerechnet werden kann, usw. Schließlich wird das weitere Vorgehen strukturiert.

Man sieht, der Vorgehenszyklus gibt in Verbindung mit den Strategien nach Bild 3.32 eine hinreichende, flexible Vorgehensweise an, um gezielt auch jeweils Hauptforderungen zu erfüllen. Es sind den Teilschritten links in Bild 6.16 nur die jeweiligen hauptforderungsspezifischen Begriffe zuzuordnen. Natürlich muss die Vorgehensstrukturierung an die produkt- und betriebsspezifischen Eigenheiten angepasst werden (Kapitel 6.4). Bild 6.16 wird für die Hauptforderung Kosten im Bild 9.15 detailliert.

Da alle Gestaltungsrichtlinien und viele Restriktionen (z. B. Leichtbau, Kleinbau, verlustarm, schwingungsarm, geräuscharm, dicht, emissionsarm) zu **Hauptforderungen** werden können, ergäbe die ins Einzelne gehende Behandlung des Konstruierens für Hauptforderungen („Design for X“) jeweils ein eigenes Buch (z. B. [10/6; 11/6]). Es müsste ja auch das zugehörige Faktenwissen eingebracht werden, das mindestens so wichtig wie die Methodik ist. In Bild 6.17 ist eine Auswahl von Gestaltungsrichtlinien („Design for X“) gezeigt.

Das vorliegende Buch kann also nur das grundsätzliche Vorgehen im Kapitel 9 für die Kosten beispielhaft andeuten. (Eingehender in Ehrlenspiel, K.; Kiewert, A.; Lindemann, U.; Mörtl, M: [1/9]).

Gestaltungsrichtlinie für „Design for X“	Literatur: „X-gerechte“ bzw. „Design for X“
Design for X (DfX)	Meerkamm et al. in Handbuch Konstruktion (F. Rieg/R. Steinhilper, Hanser 2012)
ausdehnungsgerecht	Konstruktionslehre, (Pahl/Beitz, [9/6])
ergonomiegerecht (Design for Handling)	Konstruktionslehre, (Pahl/Beitz, [9/6]) Konstruieren ergonomiegerechter Erzeugnisse, (VDI-Richtlinie 2242, [12/6]) Lehrbuch der Ergonomie, (Schmidtke, H., [13/6])
fertigungsgerecht (Design for Manufacturing)	Konstruktionslehre, (Pahl/Beitz, [9/6]); Handbuch der Fertigungstechnik, (Spur, G.; Stöferle, T., [14/6]); Generative Fertigung: VDI-Richtlinie 3404
festigkeitsgerecht	Maschinenelemente (Niemann , Winter, Höhn [44/6]), Kerbspannungslehre, (Neuber, H., [15/6]), Konstruktionslehre für den Maschinenbau, (Koller, R., [16/6])
formgebungsgerecht (Industrial Design)	VDI-Richtlinie 2224 [39/6], Tjalve [40/6], Seeger [41/6], Klöcker [42/6]
gerontogerecht	Richtlinie VDI/GGT 2236: Gestaltung und Bewertung generationengerechter Produkte.
instandhaltungsgerecht	Konstruktionslehre, (Pahl/Beitz, [9/6]), VDI-Richtlinie 2246, Blatt 1 [43/6]
kostengünstig (Design to Cost)	Kostengünstig Entwickeln und Konstruieren, (Ehrlenspiel, Kiewert, Lindemann, Mörtl [10/6])
korrosionsgerecht	Konstruktionslehre, (Pahl/Beitz [9/6]) Korrosionsschutzgerechte Konstruktion, (Dechema, [17/6])
kriech- und relaxations-gerecht	Konstruktionslehre, (Pahl/Beitz, [9/6])
Lärmarm konstruieren	Lärmarm konstruieren (Kurtz [56/6])
Leichtbau	Leichtbau-Konstruktion (Klein, B.: [51/6]; Wiedemann, J. [52/6]) Handbuch Leichtbau. (Henning, F.; Moeller, E.; Hrsg. München: Hanser 2015
montagegerecht	Konstruktionslehre, (Pahl/Beitz, [9/6])
(Design for Assembly)	Konstruktionslehre für den Maschinenbau, (Koller, R., [16/6]) Montagegerechtes Konstruieren, (Gairola, A., [18/6]) Montagegerechtes Konstruieren, (Andreasen et al., [19/6]) Montage und Demontage, (VDI Berichte 999, [20/6])
normgerecht	Konstruktionslehre, (Pahl/Beitz, [9/6]) Einführung in die DIN-Normen, (Klein, M., [21/6])
risikogerecht	Konstruktionslehre, (Pahl/Beitz, [9/6]); 2006/42/EG Risikobeurteilung. Berlin: Beuth 2011
servicegerecht	Service, Wartung und integrierte Dienstleistungen [79/4]
sicherheitsgerecht zuverlässig (Design for Safety) (Design for Reliability)	Sicherheitsgerechtes Gestalten technischer Erzeugnisse, DIN VDE 1 000, [22/6]), DIN EN ISO 12100, DIN EN 292. Konstruieren sicherheitsgerechter Produkte, (VDI-Richtlinie 2244, [23/6] ; VDI Richtlinie 4006 Menschl. Zuverlässigkeit [64/6] und Neudörfer [53/6]) Qualität und Zuverlässigkeit technischer Systeme (Birolini [24/6]) Qualitätsmerkmal „Technische Sicherheit“. Berlin: Beuth 2016 Zuverlässigkeit im Maschinenbau (Bertsche; Lechner [25/6]); Zuverlässigkeit mechatronischer Systeme (Bertsche u. a. [63/6])
tribologiegerecht	Tribologie Handbuch – Reibung und Verschleiß, (Czichos, H., Habig, K.-H., [26/6])
umweltgerecht (Design for Disposal) (Design for Recyclability)	DIN EN ISO 14001, Umweltmanagementsysteme – Anforderungen mit Anleitung zur Anwendung. Berlin: Beuth 2015 Konstruktionslehre, (Pahl/Beitz, [9/6]) Umwelt- und recyclinggerechte Produktentwicklung, (Brinkmann, T. et al., [27/6]; Phleps [45/6], Birkhofer, H.: [50/6]) Upgrading-gerecht (Mörtl [46/6]) Recyclinggerechtes Konstruieren, (Weege, R.-D., [28/6]) recyclingorientierte Produktentwicklung, (VDI-Richtlinie 2243, [29/6]) Nachhaltige Produktgestaltung (Lindemann,U., [48/6]) Umweltverträgliche Produktgestaltung (Quella, F., [49/6]) Eco-Design (Abele, E. u. a.[74/4])
verbindungsgerecht	Kleben (Habenicht, G. [47/6]); Handbuch Klebetechnik (Rasche, M. [61/6])
verschleißgerecht	Verschleiß und Härte von Werkstoffen, (Habig, K.-H., [30/6])
werkstoffgerecht	Werkstoff- und verfahrensgerecht Konstruieren, (Bode, K.-H., [31/6]); Konstruktionslehre für den Maschinenbau, (Koller, R., [16/6]); Ashby-Diagramme zur Materialwahl (z. B. hohe Steifigkeit bei geringem Gewicht) [55/6]

Bild 6.17 Auswahl an Gestaltungsrichtlinien **(„X-gerechte“)** und Restriktionen mit Literaturangaben

7 Sachgebundene Methoden für die Entwicklung und Konstruktion

Sachgebundene Methoden sind auf das Erreichen eines vorgegebenen **sachlichen Ziels**, z. B. eines **Dokuments** oder **Objekts, ausgerichtet**. Insofern unterscheiden sie sich von den **Organisationsmethoden** (Kapitel 4.3; 4.4; 5.2), deren Ziel die Gestaltung eines Prozesses ist, und auch von den **allgemein anwendbaren Methoden** (Kapitel 3 und 6). Das Kapitel 7 bietet für die Entwicklung und Konstruktion eine Reihe von Methoden, die in erster Linie auf das Suchen von Lösungen zur Erfüllung von Funktionsforderungen ausgerichtet sind.

Die **Gliederung** richtet sich nach dem Vorgehenszyklus (Kapitel 3.3.2) von der Aufgabenklärung (Kapitel 7.3) bis zur Beurteilung und Entscheidung über Lösungsalternativen (Kapitel 7.9). Da Innovation häufig über neue Aufgabenstellungen erfolgt, werden in Kapitel 7.2 Methoden zur Produktplanung und Innovation vorangestellt.

Die Methoden können als Einzelmethoden im Rahmen eines Vorgehens eingesetzt werden, z. B. bei der Anwendung des Vorgehenszyklus oder eines Vorgehensplans (Kapitel 4.1.5) bzw. der IPE-Methodik (Kapitel 6.2). Sie sind z. T. **alternativ** für ein zu lösendes Problem einsetzbar. Dies wird deutlich, wenn man die Vielzahl von Methoden betrachtet, z. B. für die Lösungssuche in Kapitel 7.5, zum Gestalten in den Kapiteln 7.6 und 7.7 oder zum Beurteilen und Entscheiden in Kapitel 7.9. Deshalb bilden sie eine Art Baukasten, einen **Methodenbaukasten**, aus dem man sie flexibel an das zu lösende Problem angepasst nach bestimmten Kriterien, wie z. B. nach verlangter Genauigkeit oder verfügbarer Zeit, auswählt, soweit ihre Anwendung nicht vorgeschrieben ist. Methodische Vorschriften machen z. B. Abnahmegesellschaften, aber auch Kunden, für die Anwendung bestimmter Methoden, meist spezieller Rechen- oder Messverfahren (Kapitel 7.8).

7.1 Methodenbaukasten

Die meisten Methoden laufen wohl unerkannt **im Normalbetrieb des Denkens** und Handelns ab, soweit sie nicht explizit in Formularen, Dokumenten festgeschrieben sind. Ein Formular, z. B. für ein bestimmtes Rechenverfahren, ist ja nicht nur in seinem ausgefüllten oder programmierten Zustand das Ergebnis der Methode, sondern legt durch seine Struktur ja auch weitgehend den Ablauf der Methode fest. Die Vielfalt der implizit in der Praxis eingesetzten Methoden ist bisher kaum untersucht (Kapitel 3.4 und 3.8).

Die nachfolgenden Ausführungen zu einem Methodenbaukasten haben, wie bei den Vorläufern [1/7.1, 2/7.1, 3/7.1, 4/7.1], den Zweck, Methoden einheitlich zusammenzustellen um ihren Einsatz zu erleichtern. **Es fehlen** noch weitere Methoden, deren Beschreibung und vor allem deren Eigenschaften (z. B. Leistungsfähigkeit, Genauigkeit, Anwendungsaufwand), um sie nach entsprechenden Kriterien auswählen zu können. (Siehe Ponn [113/3], Kapitel 3.8.1)

7.1.1 Struktur und Anwendung des Methodenbaukastens

Unter einem **Methodenbaukasten** versteht man eine systematisch geordnete Sammlung von Methoden, die für bestimmte Arbeitsabschnitte eines Prozesses alternativ eingesetzt werden können und für deren Auswahl Hilfen angegeben sind.

Vergleicht man Methoden mit handgreiflichen Werkzeugen, so entspricht eine geordnete Sammlung von Methoden einem Werkzeugkasten. Man findet jedes Werkzeug an seinem Platz: die Schraubendreher hier, die Zangen dort. Von einem Baukasten erwartet man außerdem eine Arbeitsanleitung, die Auswahlkriterien für die einzelnen Bausteine bzw. Werkzeuge angibt. Dies ist auch hier angestrebt. Es ist eine **Situationsanalyse** nötig, wie in Kapitel 3.8.1 beschrieben.

Beobachtet man die **Praxis**, welche Methoden aus welchen Gründen explizit eingesetzt oder neu eingeführt werden, so sind das sicher im wesentlichen Analysemethoden (z. B. Berechnungs-, Versuchs- und Simulationsmethoden), Organisationsmethoden sowie Methoden der Datenverarbeitung. Meist sind es so genannte **„Mussmethoden“**, weil man anders das angestrebte Ergebnis nicht erreicht oder weil sie vorgeschrieben sind (Bild 3.62). Hier geht es mehr um **„Kannmethoden“**, also heuristische Methoden, die nur die Wahrscheinlichkeit, ein Ergebnis zu erreichen, erhöhen (siehe Kapitel 3.8). Die Einführung von Methoden erfolgt aufgrund von sachlicher Notwendigkeit (z. B. besseres Berechnungsergebnis), von Rationalisierungseffekten (z. B. Gruppenarbeit), von Verordnungen, Gesetzen (z. B. Kostenrechnung, Qualitätsverbesserung durch DIN-ISO 9000 ff) oder aufgrund von Modeerscheinungen. Methoden müssen gelernt, betrieblich angepasst und in die tägliche Arbeit eingeführt werden. Das ist im Hinblick auf die zunehmende Zahl von Methoden sicher nur eingeschränkt der Fall.

Da der ganze Produktlebenslauf im Verlauf der Produkterstellung mit dem Rechner unterstützt werden kann und zunehmend werden muss, müssen auch dafür Methoden zur Verfügung stehen. Beim **rechnergestützten Konstruieren** verwendet man bestimmte Werkzeuge (tools), die Methoden enthalten, um die zur Produktdefinition nötigen Dokumente zu erstellen. (Siehe Kapitel 5.2.2.5). So ist es prinzipiell auch beim Erstellen von Dokumenten ohne Rechner [6/7.1].

Damit wird das Potenzial eines **übergeordneten Methodenbaukastens** deutlich, das nicht nur die Entwicklung und Konstruktion betrifft. In Bild 7.1 ist dies in einer Matrix gezeigt, welche die Phasen des Produktlebenslaufs und Schritte des Vorgehenszyklus als Achsen hat. In den Feldern sind einige Methoden eingetragen.

Ein Methodenbaukasten muss folgende **Anforderungen** erfüllen:

- Er soll die Verknüpfung zwischen Aufgaben (Arbeitssituationen) und den für sie zweckmäßigen Bearbeitungsmethoden angeben (Funktion der Methoden).
- Er soll Methoden identifizierbar beschreiben.
- Er soll Auswahlkriterien und Hinweise für den Methodeneinsatz geben.
- Er soll Hinweise geben, wo man mehr über die Methoden erfahren kann bzw. wie man sie lernen kann.
- Er soll erweiterbar und aktualisierbar sein.

Schritte des Vorgehenszyklus ↓ / Produktlebensphasen →	Produktverfolgung, -steuerung	Produktplanung	Produktentwicklung	Fertigung, Montage	Vertrieb, Verkauf	Gebrauch, Rücknahme, Entsorgung
I Aufgabe klären						
Aufgabe analysieren	Unternehmensanalyse, Informationsfluß-analyse ...	Marktanalyse, Benchmarking ...	Vorläuferproduktanalyse, Schadenanalyse ...	Produktionsprozessanalyse, Wettbewerberanalyse ...	Gewinn-/Verlustanalyse, Kundenanalyse ...	Lebensdauerstruktur, Entsorgungsanalyse ...
Aufgabe formulieren	Meilensteine ...	Entwicklungsdefinition ...	Anforderungsliste, Änderungsdefinition ...	Aufgabendefinition, Terminfestlegung ...	Pflichten-/Lastenheft ...	Zieldefinition für Gebrauch, Rücknahme, Verwertung ...
Aufgabe strukturieren	Standardablaufpläne, Netzplantechnik ...	Produkt-, Marktmatrix, QFD ...	Funktionsstrukturen, Baustruktur ...	Produktionsstruktur ...	Vertriebsstruktur ...	Entsorgungsstruktur ...
II Lösungen suchen und darstellen						
	Qualitätsmanagement, Freigabewesen ...	Suchfelder, Produktbereiche ...	Variation der Wirkstruktur, morph. Kasten ...	Produktionsprozessentwurf, Produktionsanlagen-Layout ...	Vertriebsformen ...	Rücknahmelogistik, Verwertungsverfahren ...
III Lösung auswählen						
Lösungen analysieren	Soll/Ist-Vergleich, ABC-Analyse ...	Conjointanalyse, Umsatzanalyse ...	Berechnung, Simulation, Versuche ...	Produktionsprozessanalyse ...	Vertreteranalyse, Reklamationsanalyse ...	Schadstoffbilanz ...
Lösungen bewerten	Fehlerbaumanalyse ...	Suchfeldbewertung ...	Punktbewertung, Nutzwertanalyse ...	Techn./wirtsch. Bewertung, Kalkulation ...	Kosten/Nutzen-Bewertung ...	Ökologisch/ökonomische Bewertung ...

Bild 7.1 Mögliche Einordnung von Methoden in eine Matrix aus Vorgehenszyklus und Produktlebensphasen

7.1.2 Auswahl von Methoden

In Bild 7.2 sind **Kriterien** angegeben, die zur Auswahl von Methoden wichtig sein können. In erster Linie ist zunächst die Leistungsfähigkeit der Methode wichtig. Welche Teilaufgabe oder welchen Vorgehensschritt unterstützt sie? Des Weiteren ist wichtig, ob die Eingangsinformationen zum Einsatz der Methode vorhanden oder beschaffbar sind. Schließlich sind auch die persönlichen bzw. gruppenmäßigen und betrieblichen Voraussetzungen von großer Bedeutung: Wer kennt und kann die Methode?

Kriterien für die Methodenauswahl	
Kriterien	Erläuterungen und Beispiele
Leistung der Methode (Zweck, Gültigkeitsbereich)	Bei welchem Arbeitsabschnitt oder für welches Dokument ist die Methode **nötig** oder **zweckmäßig?** (Synthese- oder Analysemethode?) Welche Eingangsinformation benötigt sie, welche Ausgangsinformation liefert sie? **(Funktion** oder Methode?) Wie **genau** ist sie? Wie **sicher** führt sie zum Ziel?
Anwendbarkeit	Ist die benötigte **Eingangsinformation** vorhanden oder in **angemessener Zeit** mit angemessenem Aufwand beschaffbar? (Zum Beispiel entfällt eine Nutzwertanalyse mit Konkurrenzprodukten bei unvollständigem Datenmaterial der Konkurrenz.)
Verfügbare Zeit, Kosten	Ist die Zeit für das Anwenden und Lernen der Methode vorhanden? Gibt es einfachere, schneller anwendbare Methoden? Was kostet ihr Einsatz? (Bild 3.6-7)
Betriebliche Eignung	Ist die Methode im Unternehmen **bekannt**? Muss sie erst eingeführt, durchgesetzt werden? Ist sie für **Einzel- oder Gruppenarbeit** geeignet? Wenn sie teamorientiert ist: Gibt es ein Team, das sie beherrscht und dafür motiviert ist?
Persönliche Voraussetzungen	Für welchen **Bearbeiter** (z. B. Forscher, Entwickler, Konstrukteur, Fertigungsvorbereiter, Einkäufer ...) ist die Methode vorgesehen? Sind **Kenntnis** und **Erfahrung** mit der Methode vorhanden? Motivation?
Verfügbare Hilfsmittel	Sind Hilfsmittel wie EDV Hard-/Software oder Versuchs-, Mess- und Produktionseinrichtungen für die Methode nötig und vorhanden?

Bild 7.2 Checkliste für die Auswahl von Methoden aus dem Methodenbaukasten

Leider ist bisher keine einigermaßen objektive Einstufung der Wirksamkeit und des Lern- und Anwendungsaufwandes alternativer Methoden bekannt. Es kann nur eine vorläufige Abschätzung aus dem Gebrauch in der Lehre vorgenommen werden.

Bild 7.3 zeigt beispielhaft einen Teil des Methodenbaukastens aus der VDI-Richtlinie 2221 [1/7.1]. Seine Zugriffsmerkmale sind die Arbeitsabschnitte 1 bis 7 des Vorgehensplans entsprechend Bild 5.8.

Methoden \ Arbeitsabschnitte	1	2	3	4	5	6	7
Analyse- und Zielvorgabe-Methoden Aus der Analyse eines vorhandenen bzw. aus Vorstellungen über die Eigenschaften eines neuen Produkts sowie des künftigen Produktumfeldes werden Ziele hergeleitet, die Orientierungsvorgaben für die Produktentwicklung und -konstruktion sind.	Klären und präzisieren der Aufgabenstellung	Ermitteln von Funktionen und deren Strukturen	Suchen nach Lösungsprinzipien und deren Strukturen	Gliedern in realisierbare Module	Gestalten der maßgebenden Module	Gestalten des gesamten Produkts	Ausarbeiten der Ausführungs- und Nutzungsangaben
Marktanalyse [10, 12] (Bedarf, Preise, Funktionen, Trends, Anwendergruppen, Zielgruppen ...)	●					●	●
Prognosemethoden [3, 10, 12, 14, 45, 65, 80, 83] (Anwendergruppen, Bedarf, Trends ...)	●		●				
Wettbewerberanalyse [10, 12, 139] (Stärken, Schwächen, vermutete Strategie ...)	●	○	○	○	○	○	●
Fremderzeugnisanalyse [139] (Leistung, Kosten, Stärken, Schwächen, Funktionen, Technik ...)	●	●	●	●	●	●	○
Unternehmensanalyse [6, 52, 142] (Finanzen, Personal, Fertigungsmöglichkeiten ...)	●		○	○	○		

● gut geeignet ○ geeignet
für den jeweiligen Arbeitsabschnitt

Bild 7.3 Auszug aus dem Methodenbaukasten in VDI 2221 [1/7.1]. (Die Literaturangaben beziehen sich auf die VDI-Richtlinie)

Bild 7.4 zeigt einen Teil einer strukturierten Sammlung der in diesem Buch vorgestellten Methoden (vollständig im Anhang A3 im Internet: Adresse im Vorwort). Wegen der noch großen Unvollkommenheit in Bezug auf die oben dargestellten Anforderungen und Auswahlkriterien wurde der Begriff „Methodenbaukasten“ hier vermieden. Der Anhang A3 wurde „strukturierte Methodensammlung“ genannt. Die Methoden wurden gegliedert nach:

a) allgemein anwendbaren Methoden,

b) organisatorischen Methoden und

c) sachgebundenen Methoden.

Methode (Maßnahme) a) Allgemein anwendbare Methoden	Kapitel	allgemein anwendbar	besonders integrativ	Produkt-planung	Entw. & Konstr.: Aufg. klären Vorg. planen	Entw. & Konstr.: Konzipieren	Entw. & Konstr.: Entwerfen	Entw. & Konstr.: Ausarbeiten	Produktion	Vertrieb	Controlling
Systemmodellierung											
– Technische Systeme	2.2.1	●	●	●	●	●	●	○	●	●	●
– Produktlogik	2.3.3	○	○		●	●	●	●	●	○	○
Basismethoden für Prozesse											
– Vorgehenszyklus	3.3.2	●	○	●	●	●	●	○	●	●	●
– Vorgehensplan	4.1.5 6.3.2	○		○	●	●	●	●	●	●	○
– IP-Methodik	6.2	●	●	●	●	●	●	●	●	●	●
– Methodenbaukasten	7.1	●	○	●	●	●	●	●	○	○	○
Analyse- und Strukturierung											
– ABC-Analyse	7.2.3	●		●	●	●	●	●	●	●	●
– Klassifizierung	2.3.2	●		●	●	●	●	●	●	●	●
– Ordnungsschemata	7.5.4.1	●		●	●	●	●	○	○	●	○
– Checklisten	7.5.4.4	●	○	●	●	●	●	●	●	●	●
– Portfolio-Analyse	7.2.3	○		●	○	○			○	●	●
– Morphologischer Baum	7.2.4	○		●	○	●					
– Morphologisches Schema	7.5.4.1	●		●	○	●	●	○	○		
– Morphologischer Kasten	7.5.5	●		●	○	●	●	○	○		
– Schwachstellenanalyse	7.8.1.1	●	●	●	●	●	●	○	●	●	●
– Rechen- und Simulationsmethoden	7.8.2	●	●	●	●	●	●	○	●	●	●
– Schadensanalyse	7.8.1.2	○	○		●	○	○	○	●	○	

● stark betroffen, anwendbar ○ schwach betroffen, anwendbar

Bild 7.4 Teil der strukturierten Methodensammlung (Methodenbaukasten, Anhang A3, Internet)

Da Eigenschaften zur Auswahl entsprechend Bild 7.2 noch nicht bekannt sind, wurden nur die betroffenen Bereiche bzw. Phasen der Produkterstellung zugeordnet.

Kritisch ist anzumerken, dass die vorliegende Methodensammlung keinen Anspruch auf Vollständigkeit erheben kann. Außerdem sind die Methodeneigenschaften zu wenig bekannt. Die Zuordnung der Methoden zu Phasen des Konstruierens, wie oben in Bild 7.4, ist noch sehr grob. Es müssten dort z. B. **kritische Situationen** enthalten sein, in denen man nach Methoden als Hilfe sucht (siehe Kapitel 3.5; Kapitel 3.8.2). Es fehlt hierüber noch an Untersuchungen. – Allerdings ist auch ein umfangreicher Methodenbaukasten dann wenig hilfreich, wenn der Bearbeiter oder das Team viele Methoden nicht kennt oder in ihrer Anwendung nicht geübt ist. – Schließlich erfordert es einen noch nicht bekannten Aufwand, einen Methodenbaukasten zu pflegen, d. h. aktuell zu halten.

Es soll ferner noch einmal daran erinnert werden, dass die **bewusste Anwendung von Methoden im „Rationalbetrieb“** nur eine unterstützende Funktion für den routinemäßig ablaufenden **„Normalbetrieb“**, die vorwiegend unbewusste, rasch ablaufende Arbeit eines Konstrukteurs haben können. Methodenbeherrschung ist nur eine das Faktenwissen ergänzende Komponente der Problemlösefähigkeit (Kapitel 3.2, Bild 3.2).

7.1.3 Beispiel für eine Methodenauswahl

An einem Beispiel soll gezeigt werden, wie die Auswahl von Methoden durchzuführen ist, wenn die wichtigsten Eigenschaften der Methoden für diese Auswahl verfügbar sind.

Ausgangspunkt für das Beispiel sind **13 Methoden**, die **zur Bestimmung von Haltekräften bei Schnappverbindungen** geeignet sind. Die **Eigenschaften** dieser Methoden sind, aufgrund von Erfahrungen im Umgang mit den Methoden, bekannt (Bild 7.5). Die **Methoden sind im einzelnen**:

- Zwei analytische Berechnungsmethoden: Überschlagsrechnung und Einsatz der Differenzialrechnung.
- Vier 2D-FE Methoden und vier 3D-FE Methoden, die sich durch unterschiedliche Werkstoffgesetze, Berücksichtigung der Kontakt- und Reibungsverhältnisse unterscheiden.
- Drei Versuchsmethoden: Erste orientierende Versuche können z. B. an aus Grundelementen montierten einfachen Versuchskörpern durchgeführt werden. Weiterhin können Versuche mit gefrästen oder gespritzten Prototypen unternommen werden.

Abhängig von der **Schnappergeometrie** treten verschiedene physikalische Effekte auf, die bei der Haltekraftermittlung berücksichtigt werden müssen. Zur genauen Berechnung von Schnappverbindungen mit einem Haltewinkel ≥ 90° sind beispielsweise Reibungseinflüsse und ein nichtlineares Werkstoffverhalten zu beachten [5/7.1]. In Abhängigkeit von bestimmten Geometrieparametern und den aus diesen Parametern resultierenden physikalischen Effekten wurden daher die in Bild 7.5 dargestellten Problemklassen gebildet. Die für die Problemklassen geeigneten Methoden wurden eingeordnet, die Erfüllung der Kriterien Aufwand und Genauigkeit wurde festgestellt.

In dem hier behandelten Beispiel benötigt ein Konstrukteur eine Schnappverbindung, die **möglichst große Haltekräfte erreicht**. Aus seiner Erfahrung entscheidet er sich für eine Geometrie mit einem Haltewinkel von 100°. Zur Berechnung der Verbindung ist demnach die Problemklasse „großer Haltewinkel" aus der Methodensammlung auszuwählen (horizontal grau unterlegt).

Die Auswahl einer geeigneten Methode erfolgt dann über den Erfüllungsgrad der einzelnen Kriterien. Im diesem Beispiel wird insbesondere gefordert:

1. Die **Genauigkeit** der Methode soll bei ± 10 % liegen.
   Aufgrund der komplexen und teuren Spritzgussformen im Beispiel sollen die zu erwartenden Haltekräfte möglichst genau bestimmt werden, um nachträgliche, hohe Änderungskosten an der Form zu vermeiden.
2. Der zeitliche **Aufwand** sollte maximal bei einer Woche liegen.
   Aufgrund der für die Entwicklung gesetzten Meilensteine ist in diesem Beispiel das geforderte Ergebnis innerhalb einer Woche zu liefern. Unter Einbeziehung von Kostenaspekten ist jedoch ein geringerer Aufwand bei der Methodendurchführung wünschenswert. Die aus der Zeitdauer ableitbaren **Durchführungskosten** (z. B. Personal- und Sachkosten weniger als 2500 Euro) wären dementsprechend als ein weiteres Kriterium möglich.
3. Die **Verfügbarkeit** und **Beherrschung** sollen im Beispiel gleichermaßen für alle aufgeführten Methoden gewährleistet sein.

Zusätzlich zu den **methodenspezifischen** Kriterien unter Punkt 1 und 2 sind weitere, äußere Einflüsse von großer Bedeutung für die Methodenauswahl. Solche äußeren Einflüsse sind z. B. die **Verfügbarkeit der Einrichtungen** zur Methodendurchführung oder die **Beherrschung der Methode** selbst. Diese Kriterien können nicht allgemeingültig in das Schema von Bild 7.5 eingetragen werden, da sie von den wechselnden innerbetrieblichen Randbedingungen abhängen.

Methoden zur Ermittlung von Schnapperhaltekräften

Problemklassen in Abhängigkeit von der Geometrie
1. ε = Dehnung
2. β = Haltewinkel
3. Art der Elastizität: 3D-Biegung, 2D-Biegung

Problemklassen		Analy.: Überschlag	Analy.: Differentialgleichung	2D-FEM: linearer Werkstoff	2D-FEM: nichtlin. Werkstoff	2D-FEM: Kontaktrechnung	2D-FEM: Reibung	3D-FEM: linearer Werkstoff	3D-FEM: nichtlin. Werkstoff	3D-FEM: Kontaktrechnung	3D-FEM: Reibung	Versuch: orientierend	Versuch: Prototyp gefräst	Versuch: Prototyp gespritzt	Bewertung
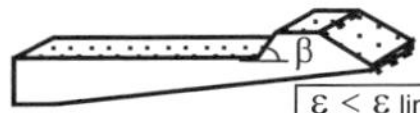 Standard-schnapper	ε ≤ ε linear, β < 90°, 2D-Bieg.	○	◐	◐	◐	◐	◐	◐	●	●	●	◐	●	●	Aufwand
		○	○	○	○	○	○	○	○	○	⊗	●	◐	○	Genauigkeit
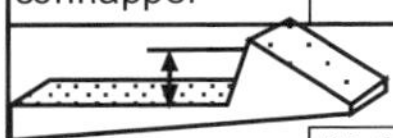 großer Hinterschnitt	ε > ε linear, β < 90°, 2D-Bieg.	○	◐	◐	◐	◐	◐	◐	●	●	●	◐	●	●	Aufwand
		●	●	◐	○	○	○	◐	○	○	⊗	●	◐	○	Genauigkeit
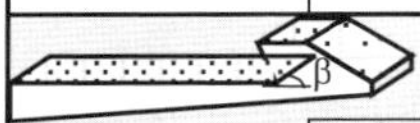 großer Haltewinkel	ε = beliebig, β ≥ 90°, 2D-Bieg.	○	◐	◐	◐	◐	◐	◐	●	●	●	◐	●	●	Aufwand
		⊗	●	●	◐	◐	○	◐	◐	⊗	⊗	●	◐	○	Genauigkeit
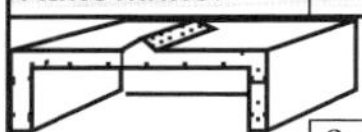 räumliche Biegung	ε = beliebig, β = beliebig, 3D-Bieg.	○	◐	◐	◐	◐	◐	◐	●	●	●	◐	●	●	Aufwand
		⊗	⊗	⊗	⊗	⊗	⊗	◐	○	⊗	⊗	●	◐	○	Genauigkeit

Bewertung

Genauigkeit
- ⊗ unbrauchbar
- ● qualitativ
- ◐ ±50%
- ○ ±10%

Zeitlicher Aufwand
- ● hoch (Tage)
- ◐ mittel (Stunden)
- ○ gering (Minuten)

Bild 7.5 Methodenauswahl für verschiedene Objekte (Schnapper unterschiedlicher Ausführung) zur Bestimmung der Haltekräfte der Schnapper

Anhand von Bild 7.5 kann nun die Methodenauswahl durchgeführt werden. Es zeigt sich, dass prinzipiell sowohl eine 2D-FEM-Berechnung unter Einbeziehung der Reibverhältnisse als auch ein Versuch mit gespritzten Prototypen die gewünschte Genauigkeit erreichen. Aufgrund des geringeren Untersuchungsaufwands wird die FEM-Berechnung vorgezogen.

Wie man aus Bild 7.5 erkennt, wurde für die Methodenauswahl zunächst die geeignete Problemklasse „großer Haltewinkel" bestimmt. Unter den ausreichend genauen Methoden (vertikal grau unterlegt) wurde dann die Methode ausgewählt, deren Anwendung mit dem geringsten Aufwand verbunden ist.

Was zeigt das Beispiel?

Man sieht, dass die Methodenauswahl **nicht nur von der zu bestimmenden Eigenschaft** (hier Haltekräfte), sondern auch **von dem zu untersuchenden Objekt** abhängt. Die Methoden eignen sich unterschiedlich gut je nach Art und Ausführung der Schnappverbindung. Das gilt möglicherweise ganz allgemein. Damit werden die Struktur eines zukünftigen Methodenbaukastens (Kapitel 7.1.1) und die Methodenauswahl (Kapitel 7.1.2) komplex.

7.2 Methoden zu Produktplanung und Innovation

Fragen:

- Warum sind neue Produkte für das Unternehmen so wichtig?
- Wie wird das vorhandene Produktprogramm analysiert?
- Wie werden Ideen für neue Produkte gefunden?
- Welche Randbedingungen sind bei der Produktplanung zu beachten?
- Wie kann man Flops bei neuen Produkten vermeiden?

In diesem Kapitel werden Methoden dargestellt, wie man zu neuen Ideen für Produkte und Verfahren kommen kann. Natürlich kann nicht der eigentlich kreative Prozess aufgedeckt werden. Aber diese Methoden erleichtern und stimulieren den Prozess durch geeignete Analysen des Umfeldes und die Organisation günstiger Voraussetzungen. Da es sich um Zukünftiges handelt, sind die Ergebnisse unsicher: „Je komplexer ein Bereich ist, um so weniger exakt sind die möglichen Aussagen, insbesondere Voraussagen.“ Es ist aber nicht hilfreich, deshalb den Kopf in den Sand zu stecken!

Es geht hier also um das **Finden und Erfinden neuer Aufgaben, neuer Geschäftsmodelle, neuer Tätigkeitsfelder** (Bild 1.1 links; Bild 3.26 links; Bild 3.28 oben). Es ist im Sinne der Innovation mindestens ebenso wichtig, **neue Probleme und Problembereiche für Produkte** zu finden, wie die Lösungen dafür. Insofern liegen diese Methoden eine Ebene vor den Methoden zur Lösung gestellter Aufgaben, wie sie z. B. in der VDI-Richtlinie 2221 [1/7.1] beschrieben sind und entsprechen dem Ansatz der VDI-Richtlinie 2220 Produktplanung [2/7.2]. – Die Methoden daraus werden hier verwendet. – Ein Beispiel stellt am Schluss in Kapitel 7.2.6 die Produktplanung praktisch vor. Den Einsatz der Szenariotechnik zeigt Gausemeier. [26/1; S. 9–13].

Was macht die Produktplanung besonders schwierig?

- Das **Alter der Produkte** wurde in den letzten Jahren immer geringer, wie Bild 7.8 am Beispiel von Siemens und des Maschinenbaus zeigt. Das gilt besonders für mechatronische Produkte. Heute konkurrieren Unternehmen außer über Qualität und Kosten besonders über die Innovations- und Lieferzeit. Schnelle

Technologieerneuerungen – Elektronik und Software-Integration! – wirken beschleunigend. (Denken Sie nur an den Bereich Smart-Phone und Tablet-Computer).

- Andererseits beträgt die **Entwicklungszeit** für neue Produkte im Maschinenbau etwa 1 bis 10 Jahre. Bei Konsumgütern und in der Elektrotechnik sind kürzere Entwicklungszeiten üblich, die z. T. sogar länger als die Marktlebensdauer der Produkte sind. Also müsste man z. B. für einen Zeitraum von 3 bis 6 Jahren rechtzeitig planen. Dies ist trotz der Unsicherheit von Prognosen wichtig.
- Die Zahl der **erfolgreich** am Markt **eingeführten Produkte** ist mit einigen Prozent der ursprünglichen Produktideen verschwindend gering (Bild 7.9). Aber die Kosten für die Produktentwicklung und -einführung steigen rasch an. Also sind Methoden und Maßnahmen zur Auswahl des richtigen Entwicklungsfeldes und -objekts nötig.
- Es ist klar, dass eine **neue Programm- oder Produktidee** nicht allein durch Kundenbefragung zustande kommen kann, sondern, dass die enge Kommunikation zwischen Hersteller und Kunden dazu gehört: Der Kunde kann sich nicht vorstellen, was technisch möglich ist. Und der Hersteller kennt oft die (geheimen) Wünsche und Träume der Nutzer nicht. Deshalb intensive Gespräche mit wichtigen Kunden! Es gehört schließlich auch ein Gefühl für das Kommende dazu. Eine Anforderungsliste reicht nicht! Obwohl auch für solche Kundengespräche die Strukturierung durch den **Vorgehenszyklus** zweckmäßig ist [18/7.2; 6/7.1].

7.2.1 Produktstrategien und Innovation

Entsprechend dem Vorgehensplan in Bild 7.6 sollte zuerst im Rahmen des Unternehmensziels eine mittelfristige Produktstrategie definiert werden: Es geht nicht nur ums Produkt oder den Produktbereich, sondern auch um den Markt und wie er sich entwickeln wird. Beides kann entweder neu werden oder beibehalten werden. Daraus ergeben sich die vier Strategiefelder in Bild 7.7. (Siehe hierzu Jonas [114/9]).

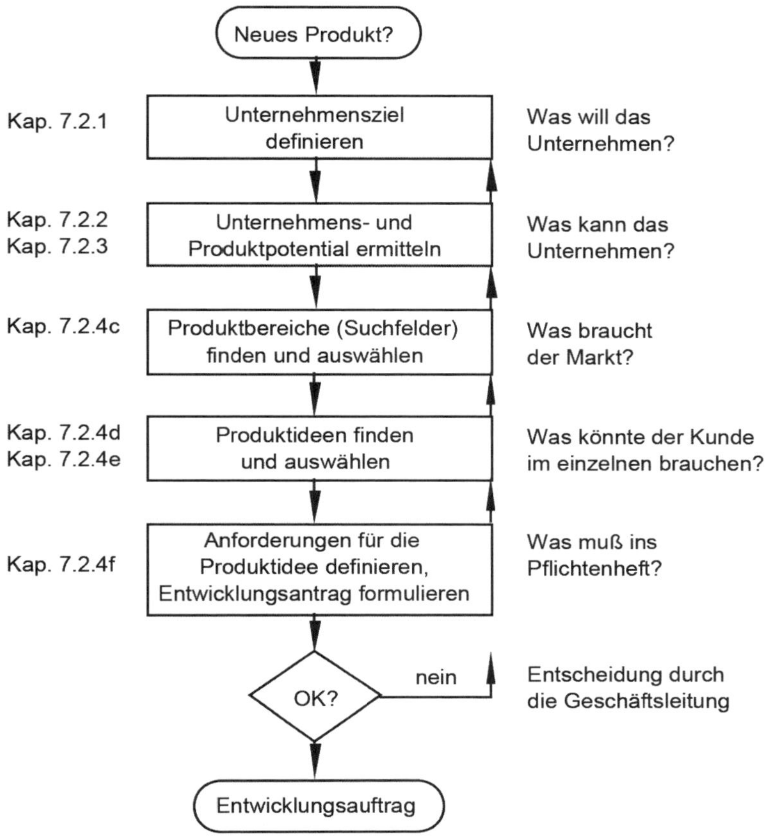

Bild 7.6 Vorgehen bei der Produktplanung (z. T. nach VDI 2220 [2/7.2])

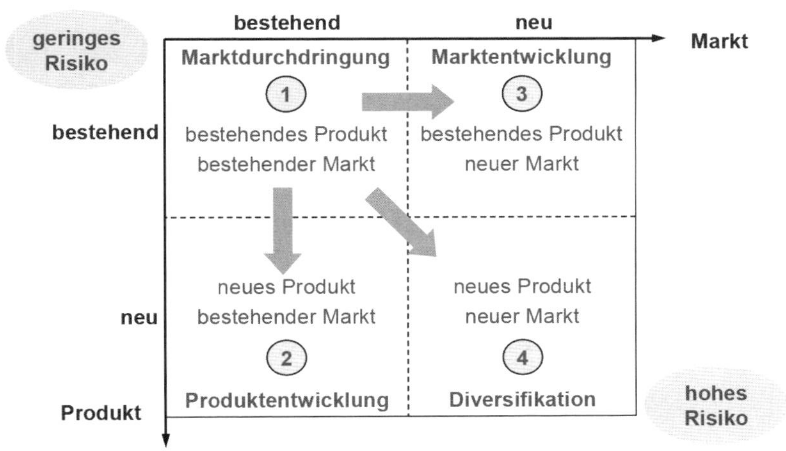

Bild 7.7 Produktstrategien im Produkt-Markt-Portfolio (nach Ansoff 1988 und [48/6])

Strategie 4 ergibt mit neuem Produkt im neuen Markt die stärkste Innovation, aber auch das größte Risiko. Jungunternehmen müssen oft da durch. Meist wird man sich aber in Strategie 2 oder Strategie 3 bewegen und dafür planen. Strategie 3 ist vielfach eine reine Marketingaufgabe. Markt ist dabei nicht nur örtlich zu verstehen, sondern es können auch unterschiedliche Personen als Kunden angesprochen werden nach Alter, Geschlecht, Ausbildung, Einkommen, Lifestyle. Strategie 2 ist die für Techniker wohl häufigste. Neue Produkte im gleichen Produktfeld planen? (z. B. Sortimentserweiterung im Heimwerkerbereich). Das vorhandene Produkt mit neuen Funktionen ergänzen? (z. B. Verpackungsmaschine mit zusätzlicher Ettikettiereinrichtung als nachgelagertem Prozess; oder zusätzliche Sortiereinrichtung als vorgelagertem Prozess usw.)

Eine Unternehmensleitung kann also das Entstehen neuer Produkte nicht mehr oder weniger dem Zufall überlassen. Neue Produkte und deren Markterfolg können bis zu einem gewissen Grad methodisch geplant werden. Dabei geht es nicht nur um **diskursive Methoden**, z. B. zur Informationssammlung und -auswahl, sondern auch um **Kreativität** und methodische Hilfen dafür. Es soll ja eine Innovation entstehen, die zum „Ausbruch aus dem Gewohnten" führt. (Siehe Kapitel 7.5.4).

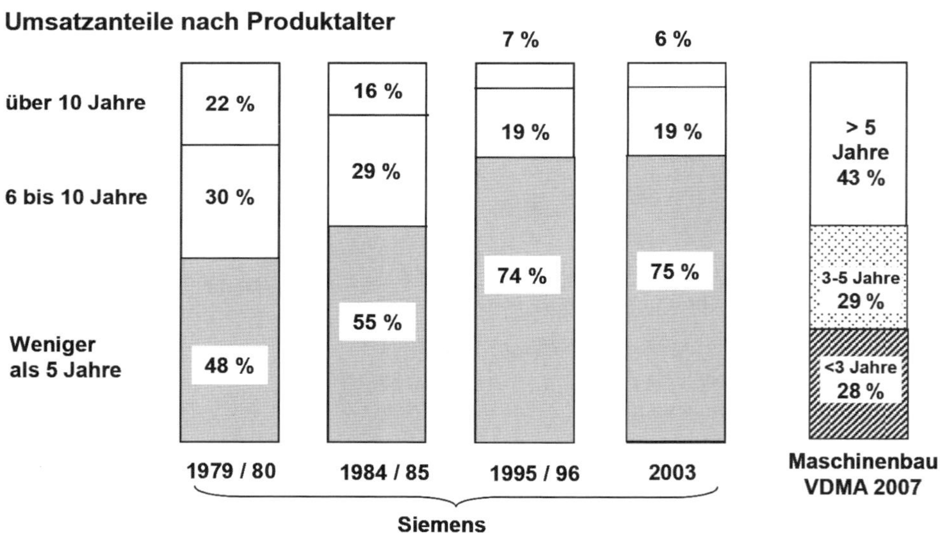

Bild 7.8 Umsatzanteile unterschiedlich alter Produkte (links für Siemens, Jungmann 1997, Nottbeck, 2004; rechts für den Maschinenbau nach VDMA 2008 [71/5])

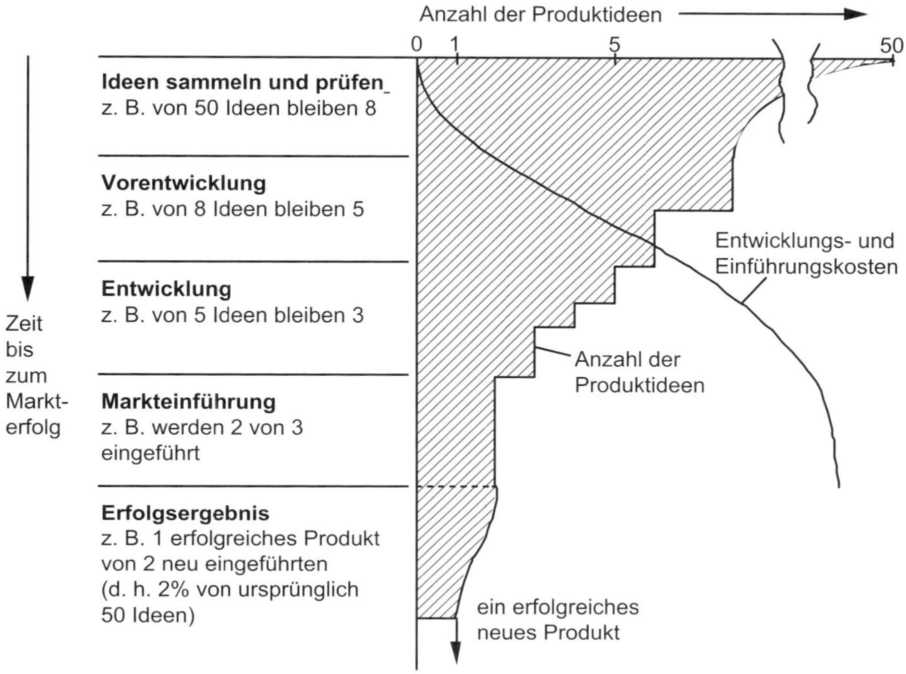

Bild 7.9 Ausfallkurve für Produktideen: z. B. 50 Ideen ergeben ein erfolgreiches Produkt

Zum Begriff Innovation

Unter Innovation versteht man üblicherweise die Einführung einer neuartigen, fortschrittlichen Lösung für ein bestimmtes Problem bis zum Markterfolg. Wie Bild 7.10 zeigt, gibt es unterschiedliche Arten von Neuheit: neu global, neu für die Branche oder neu für das Unternehmen selbst (links im Bild). Die Innovation sollte Nutzer-bezogen sein, sie sollte einen Lebenslaufbezug haben und sollte auf die Realisation in der Praxis ausgerichtet sein. Oder bereits in der Praxis realisiert sein, um als Innovation bezeichnet zu werden. Die Innovation kann ein Produkt oder ein Prozess (Verfahren, Programm, Organisationsstruktur) materieller oder immaterieller Art sein (rechts im Bild). Es geht also nicht nur um die Innovation von Produkten, sondern manchmal mehr um eine Innovation bei Vermarktungs- oder Organisationsprozessen. Ja, es kann sich auch um eine soziale Neuerung handeln. (Siehe unten: Christensen [30/7.2]). Zu den immateriellen Innovationen gehören auch die mit einem Produkt eng verknüpften Dienstleistungen (Beispiel „Car-sharing“). Das sind dann so genannte Produkt-Service-Systeme oder hybride Leistungsbündel [79/4].

Innovation ist im Maschinenbau entsprechend dem VDMA Zukunftspanel 2010 neben Prozessverbesserungen die wichtigste Maßnahme zur Krisenvermeidung. Während die laufenden F&E-Ausgaben ca. 3% des Umsatzes ausmachen, liegen die Innovationsaufwendungen beim 2 bis 3-fachen. (Einschließlich Investitionen, Weiterbildung, Markteinführung [32/7.2]).

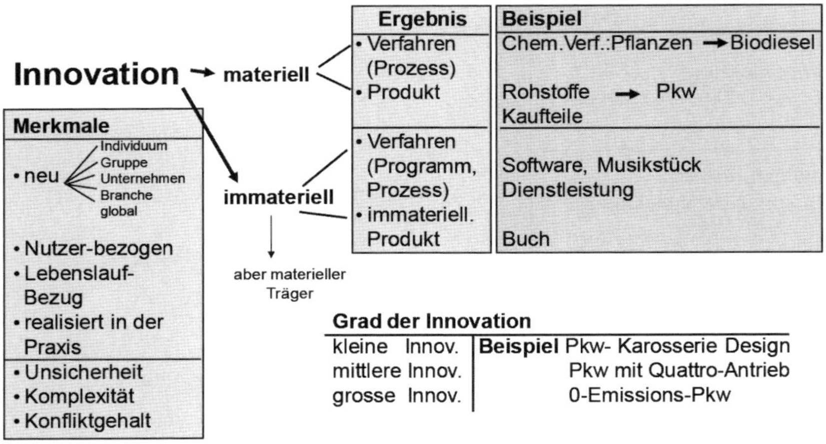

Bild 7.10 Zum Begriff der Innovation [20/7.2]

Man kann den Grad der Innovation unterscheiden (unten im Bild): Eine neue Lösung hinsichtlich der Funktion, also ein **neues Konzept** (prinzipielle Lösung) wäre dann eine große Innovation, oder eine **Basis-Innovation** (Hauschildt [19/7.2]). Eine kleine Innovation wäre z.B. ein Produkt, das eine bekannte prinzipielle Lösung mit einer **neuen Gestaltvariante** realisiert. Schließlich gibt es die „nur äußerliche" oder die Scheininnovation, die in der Werbung angepriesen wird und schnell wieder vergessen wird.

Die Gestaltvariante kann z.B. durch neue Werkstoffe, Fertigungsverfahren und Montagetechnologien oder eine neue Designidee bedingt sein. – Bei der Einführung der Uhrenfamilie Swatch wurde vieles davon, einschließlich einer Vertriebsinnovation, gleichzeitig verwirklicht [1/7.2].

Innovation kann aber auch die Entdeckung oder Formulierung eines **neuen Problems**, Problembereichs, eines neuen Marktfeldes oder einer neuen Aufgabe sein (z.B. in Kapitel 7.2.4 d die 3D-Maus; siehe dort auch WOIS nach Linde). – Ohne Innovation gibt es auf die Dauer weder in der Industrie, noch in der Gesellschaft ein Wachstum. – Da die Summe unserer Ressourcen in der Natur konstant ist, bedeutet Wachstum aber auch Sterben: Es stirbt ein altes Produkt, eine alte Idee. Von Schumpeter stammt der Satz „Innovation ist kreative Zerstörung", d.h. das kreativ Neue baut auf der Zerstörung – oder der Überwindung – des Alten auf. Aus der Leiche eines alten umgestürzten Baums wächst ein junger, unter Umständen ganz anderer Baum heraus. – Das gilt vor allem geistig: Es ist für Manager gut laufender, früher innovativer Produkte oft genug schwer, sich vorzustellen, dass völlig neue Produktkonzepte oder Märkte (Kundenkreise, Dienstleistungsarten) für sie eine Zukunft sein könnten. Christensen zeigt in seinem Buch „The Innovators Dilemma“ [30/7.2] nach Untersuchung der Entwicklung elektronischer Komponenten, (z. B. von Festplatten-Laufwerken) gerade das: Die Manager hören ihren bekannten Kunden zu, aber die Kunden von morgen existieren für sie nicht. Ihre derzeitigen Kunden sind z. B. bei ihm Computerhersteller. Dass Privatleute bei preisgünstigen Konzepten als Kunden einen viel größeren Zukunftsmarkt für Festplatten-Laufwerke bilden könnten, kommt nur kleinen Newcomern in den Sinn. – Wie man im komplexen Feld des Sports Innovation ganzheitlich (holistisch) bezüglich Geräten, Abläufen, Märkten methodisch angehen kann, zeigt Moritz [29/7.2].

Die Innovation ist also stark mit Kreativität verknüpft (Kapitel 7.5.4). Deshalb gibt es auch Hemmnisse ähnlicher Art.

Innovationshemmnisse und Scheitern von Innovationen

Neues einzuführen ist immer mit Risiko verbunden, z. B. mit der Möglichkeit von Geld-, Ansehens- oder Kundenverlust. In Konjunkturzeiten schieben vor allem große Unternehmen mit gut laufenden Produkten Innovationen auf die lange Bank. „Kreative Spinner“ werden kaltgestellt, denn sie passen nicht in den so gut laufenden Routinebetrieb. Beispiele: Die Computer-Basisinnovation kam von Zuse in Deutschland, die Realisation aber von USA, das Fax wurde in Deutschland erfunden, aber von Japan aus ein Welterfolg. Ebenso der Scanner (Fa. Hell). – Kleine Unternehmen sind im Schnitt wohl innovativer als große. Dafür haben sie meist nicht das Kapital und die Durchhaltekraft nach obiger Strategie 4 (Bild 7.7) der Idee zum Erfolg zu verhelfen. Sowohl betrieblich wie persönlich stellt die „NIH-Mentalität“ (Not Invented Here) das wohl größte Innovationshemmnis dar: Nämlich die mangelnde Bescheidenheit anzuerkennen, dass andere auch etwas Gutes oder gar Besseres erdacht und verwirklicht haben könnten als man selbst. Japan hat es fertig gebracht, seit seiner Öffnung 1854 hundert Jahre lang vom Westen zu lernen! – Eine Innovation stellt das „bekannt gute“ Alte in Frage: Dagegen sträuben sich viele und bleiben lieber beim sicheren und bequemen Gewohnten! Machiavelli sagte „Wer Neues schaffen will, hat alle die zu Feinden, die aus dem Alten Nutzen ziehen“. Das gilt nicht nur für die Wirtschaft, sondern ganz allgemein im Leben. – Umgekehrt sind viele Techniker oft wie im Rausch auf ihre innovative Technik fixiert und unterschätzen die notwendige Marktanalyse und die frühe (persönliche!) Kundeneinbindung [24/7.2].

Folgende Thesen, auch aus persönlicher Erfahrung**: Was ist nötig für eine Innovation?** [20/7.2] (Siehe auch Kapitel 7.2.5 [23/7.2]).

- Wissensdurst verbunden mit dem Mut Bestehendes in Frage zu stellen und Wissensgrenzen zu überschreiten [27/7.2].
- Neue Ideen zu generieren in Suchfeldern (Kapitel 7.2.2 bis 7.2.4)

- Mut, Selbstvertrauen, eine kreative Idee voranzutreiben, die man als marktfähig ansieht.
- Eigene Motivation und Willen zum Engagement, zum „Arbeit reinstecken“.

Aber auch Chefs, die motivieren und den Mitarbeitern Freiräume gewähren. (Nach Gürtler u. a. [26.1; S. 484])

- Unterstützung durch das Top-Management suchen. („Promotor“). Auch gegen eine interne Opposition der Kollegen, die evtl. neidisch sind. („Innovation im Konsens ist Nonsens“). [26/7.2].
- Eine gewisse Freiheit in der Wahl des Entwicklungs-/Forschungsthemas und Vorgehens („U-Boot-Forschung“). Persönlich Experimentieren und Messen; nicht sich das arbeitsteilig wegnehmen lassen [31/7.2]. Dabei ginge sonst das Gefühl und die Kommunikation mit der „Sache“ verloren.
- Ein Unternehmensklima, das erlaubt, in einem frühen Stadium, ohne patentrechtliche Absicherung, Probleme und Lösungen mit anderen zu diskutieren. Überhaupt ist Diskussion erfahrungsmäßig sehr fruchtbar! Lieber danach zusammen einen Patententwurf einleiten , so dass der Partner mit von der Partie ist. – Dazu gehört auch die Fehlerkultur im Unternehmen. Wie geht man mit Misserfolgen um?
- Die ersten Kunden finden und sie für eine Realisierung begeistern.
- Kommunikationsfähigkeit, um Andere zu finden, die sich mit auf den Innovationsweg machen. Es ist zweckmäßig als „Fachmann“ einen „Macht- und Finanzpromotor“ zu finden (und auch umgekehrt).
- Glück, wenn das Marktklima positiv ist und wenn der Markt „neuerungsbereit“ ist. – Dass deshalb Innovation nur bedingt planbar ist, betont auch Hauschildt [19/7.2] und Fischer [31/7.2]. Beispiele: Mini-Verbrauchs-Pkw mit 3 l/100 km wie AUDI A2, VW Lupo, die nach Jahren eingestellt wurden und früher innovative Hoffnungsträger waren. Heute (6. Auflage des Buches) sind sie im Zeichen der CO_2-Minimierung prinzipiell wieder „in“.

Das Scheitern von Innovationen hat im Wesentlichen folgende Gründe. (Anregungen entsprechend einem Vortrag/Buch [35/7.2] von Prof. Dr. Reinhold Bauer)

1. Technische Probleme: Es funktioniert nicht so, wie gedacht.
2. Konkurrenz-Situation. Die Konkurrenz dominiert den Markt, verbessert ihr Produkt um die Vorteile des innovativen Produktes zu minimieren.
3. Nutzer-Fehleinschätzung. „Am Kunden vorbei entwickelt“.
4. Zu hoher „Neuigkeitsgrad“. Die Neuerung kommt am Markt noch nicht an, sie ist zu radikal. Auch als falsches „timing“ bezeichnet. Sie kann aber evtl. später interessant werden. Eine (technische) Innovation ist ja eingebettet in eine soziale und wirtschaftliche Situation, die dazu passen muss und sich auch verändert.

5. Nicht ausreichendes Entwicklungsumfeld. Viele Gründe können eine Rolle spielen, wie z. B. zu wenig qualifiziertes Personal, nicht ausreichende Berechnungs-, Versuchs- oder Fertigungsqualität und -kapazität, mangelnde Erfahrung des Entwicklungsteams, wie z. B. in Bild 5.26 bei der Mercedes A-Klasse das „groupthink"-Phänomen.
6. Betriebsblindheit, falsche Einschätzung der Marktentwicklung, mangelnde Motivation – oft ausgehend von Führungspersonen: „Unser Produkt ist so gut, dass wir nichts Neues brauchen". (Siehe oben: NIH und group-think-Phänomene).

Diese 6 Gründe sind von Bauer aus der technikgeschichtlichen Untersuchung öffentlich bekanntgewordener „Innovationsflops" aufgestellt worden (z. B.: Stirling-Motor, Bild-Telefon von AT&T, Mikrowellenherd von Rayteon). – Sie könnten aber auch im jeweils eigenen Unternehmen zum Anlass genommen werden, eine kritische Selbstanalyse beim Beginn eines Innovationsprojektes anzusetzen. – In jedem Unternehmen gibt es ja wohl vielmehr abgebrochene oder gescheiterte Innovationen, als erfolgreiche. Darüber wird aber üblicherweise nicht geredet, obwohl man viel daraus lernen könnte. Scheitern ist ja keine Schande, sondern komplementär zum Erfolg. Sozusagen die Rückseite der Medaille. – Nur wer gar nichts unternimmt, erlebt kein Scheitern. Dies kann aber gerade der größte Fehler sein: siehe oben 6. Unser Zögern elektronische Schreibmaschinen oder Uhren zu realisieren hat ganze Industriezweige eingehen lassen. (Ein Bonmot von Verena Pausder: „Es ist teurer stehen zu bleiben, als Fehler zu machen").

Ein **Innovationsmanagement** im Unternehmen ist, wie oben schon angedeutet, wesentlich, um den Erfolg zu erreichen. Dazu gehören auch ein flexibles Projektmanagement und die Einbindung von Marketing und Vertrieb. (Nach Gürtler u. a. [26/1; S. 485])

7.2.2 Ermitteln des Unternehmenspotenzials

Dies Kapitel greift die Gliederung der Produktplanung aus Bild 7.6 auf.

a) Fragestellung. „Was heißt Unternehmenspotenzial?"

Welche Stärken und Schwächen hat das eigene **Unternehmen** bezogen auf die Konkurrenz derzeit und in absehbarer Zukunft? Dies kann sich auf ein Produkt, einen Produkt- oder Prozessbereich, auf eine am Markt zu erfüllende Funktion oder Dienstleistung beziehen. Das **Unternehmenspotenzial** ist die Gesamtheit der Möglichkeiten eines Unternehmens, eine Nachfrage nach Problemlösungen (Produkten, Dienstleistungen) erfüllen zu können [2/7.2, 3/7.2, 4/7.2].

b) Zweck der Methode

Das Erkennen des Unternehmenspotenzials mit seinen Stärken und Schwächen soll je nach Zielsetzung der Unternehmensleitung bewirken, dass man sich nicht „verzettelt", sondern seine Kräfte konzentriert und entweder die weitere Produktentwicklung dort beginnt, wo man ohnehin stark ist, um diese starke Position weiter auszubauen, oder gerade in Schwachstellen einsetzt, um diese zu beseitigen (Kapitel 4.5 b). Das bedeutet auch, dass die entsprechenden **Unternehmensziele** präzisiert werden.

c) Inhalt der Methode

Es werden Daten über die Potenziale des eigenen Unternehmens und vergleichbare Daten über die der Konkurrenz gesammelt. Da letzteres oft schwierig ist, müssen Schätzungen genügen. Dies betrifft z. B. die Potenziale der Entwicklung, des Vertriebs, der Produktion, der Beschaffung und der Finanzen. Diese sind natürlich zahlenmäßig im einzelnen aufzuschlüsseln, was nach den Potenzialarten, Informationen, Sachmitteln, Personal und Finanzmitteln geschehen kann (Bild 7.11).

Die Zahlen werden jeweils in ABC-Analysen verglichen (Bild 7.12). Bei der ABC-Analyse werden Massenphänomene gegliedert in die wichtige A-Gruppe, die mittelwichtige B-Gruppe und die untergeordnete C-Gruppe. Zweck ist, das Wichtige zu erkennen und vom Unwichtigen zu trennen. In Bild 7.12 sind die Umsätze und Gewinne der Produkte A bis P aufgetragen. Dabei machen die drei Produkte der A-Gruppe (19 % aller Produkte) 70 % des Umsatzes, die sechs Produkte der B-Gruppe (37 % aller Produkte) weitere 23 % des Umsatzes und die vielen untergeordneten Produkte (44 %) der C-Gruppe nur noch 7 % des gesamten Umsatzes aus.

Beim Gewinn sieht die Rangfolge anders aus! Man sieht also sofort, an welcher Stelle der Rangliste bzw. in welcher Gruppe sich das Produkt befindet. Die ABC-Analyse ist eine einfache, aber aussagekräftige Methode zum Strukturieren von zunächst undurchsichtigen Verhältnissen.

Poten- tialart	Potentialbereiche Entwicklung	 Beschaffung	 Produktion	 Vertrieb
Infor- mation	- Erfahrung - Entwicklung von Funktionen und Eigenschaften - Arbeitsprinzipien - Organisations-methoden - Schutzrechte - Patente - Lizenzen usw.	- Erfahrung - Aushandeln von Lieferbedingungen - Organisations-methoden - Beschaffungs-organisation - Lieferanten-beziehungen - Material - Zukaufteile - Betriebsmittel usw.	- Erfahrung - Verfahren - Fertigung • Werkstoffe • Abmessungen • Genauigkeit - Montage - Organisations-methoden - Organisations-struktur usw.	- Erfahrung - Werbung - Kundendienst - Organisations-methoden - Vertriebs-organisation - Abnehmer-beziehungen • Absatzvermittl. • Endabnehmer - Marktanteile usw.
Sach- mittel	- Entwicklungs-mittel - Versuchsfelder - Prüfmittel - Informations-mittel usw.	- Ausstattung - Transportmittel - Informationsmittel usw.	- Grundstücke - Gebäude - Infrastruktur - Produktions-, - Informations-mittel usw.	- Nieder-lassungen - Ausstattung - Transport-mittel usw.
Personal	- Forschungs-personal - Konstrukteure - Zeichner usw.	- Personal im • Innendienst • Außendienst usw.	- Fachpersonal - Hilfspersonal usw.	- Personal im • Innendienst • Außendienst usw.
Finanz- mittel	Budgetierung: langfristige Finanzierungsmöglichkeiten			

Bild 7.11 Unternehmenspotenzial: Potenzialbereiche und Potenzialarten (nach VDI 2220 [2/7.2])

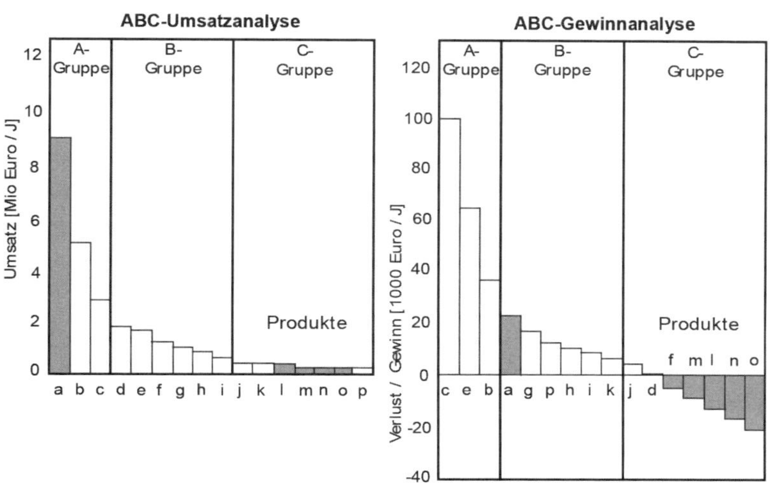

Bild 7.12 ABC-Produktanalyse (nach Meerkamm)

d) Folgerungen hinsichtlich der Unternehmensziele

Erfahrungsgemäß lassen sich neue, geeignete Produkte nur sehr schwer finden, wenn sich die Unternehmensleitung nicht festlegt, was sie auf Dauer will. Eine Unternehmenszielsetzung, besser noch eine **Vision**, eine **Leitidee** für die Zukunft des Unternehmens, wirken richtungweisend und motivierend. Geht es um technische Führerschaft auf bestimmten Gebieten? Will man den Marktanteil erhöhen? Will man hinsichtlich der Unternehmensgröße wachsen oder gleich bleiben? Will man in der Qualität, der Lieferzeit, den Kosten, in der Dienstleistung, im Service führend werden?

7.2.3 Ermitteln des Produktpotenzials

a) Fragestellung

Welche Stärken und Schwächen haben die **Produkte** des eigenen Unternehmens bezogen auf die der Konkurrenz derzeit und in absehbarer Zukunft?

b) Zweck der Methode

Das Erkennen des Produktpotenzials mit seinen Stärken und Schwächen ist eng verknüpft mit dem Erkennen des Unternehmenspotenzials, da der Zweck eines Unternehmens die Marktbefriedigung mit Produkten und/oder Dienstleistungen ist. Da aber die produktbezogene Analyse auch unabhängig vom Unternehmenspotenzial durchgeführt werden kann, wird sie hier getrennt behandelt. Vor der Neukonstruktion oder konstruktiven Überarbeitung eines neuen Produkts ist eine **Bewertung des bisherigen Produkts** möglichst aus Nutzersicht, aber auch aus Herstellersicht eine unbedingte Voraussetzung (Kapitel 7.9). Diese sollte sich auf das ganze einschlägige Produktprogramm beziehen. Nur wenn erkannte Schwachstellen in Ziele und Anforderungen umgesetzt werden, besteht Hoffnung, einen wesentlichen Marktvorsprung zu erreichen. Hilfreich ist dabei, fremde Erzeugnisse mit in die Betrachtung einzubeziehen **(Fremderzeugnisanalyse)**.

c) Inhalt der Methode

Das Produktprogramm bzw. das einzelne Produkt kann nach **Marktkriterien** (z. B. Umsatzanteile relativ zur Konkurrenz, auch nach Branchen, Ländern, Lieferzeiten, Preisen, Qualitätskriterien), nach **Nutzerkriterien** (z. B. realisierte Funktionen, Handhabung, Zuverlässigkeit, Dienstleistung und Service, Design, Gebrauchskosten, Emissionen, Geräusch, Lebensdauer) und nach **Herstellerkriterien** (z. B. interne Durchlaufzeit, Fertigbarkeit, Prüf- und Montierbarkeit, Herstellkosten, Gewinn, Ausschuss- und Reklamationsquote) beurteilt werden.

Von Interesse kann ferner eine **Patent- und Lizenzanalyse** relativ zur Konkurrenz sein. Schwachstellen können auch aus der Auswertung von Reklamations-, Service-, Montage- und Prüfberichten erkannt werden. Fehlende Funktionen, Leistungsdaten und Ausführungsvarianten sind oftmals den Kundenrückfragen auf Angebote zu entnehmen.

Die formale Auswertung kann über Rangreihenlisten, ABC-Analysen (Bild 7.12), Portfolio-Diagramme (Bild 7.13) oder Bewertungsverfahren (Kapitel 7.9) erfolgen, wie sie nachfolgend beispielhaft gezeigt werden.

Die oben erwähnte **Fremderzeugnisanalyse** ist besonders bei Pkw-Herstellern verbreitet. (Produkt-Benchmarking; siehe unten). Sie kann in ein Bewertungsverfahren (z.B. gewichtete Punktbewertung) überführt werden. Fremd-Pkw werden z.B. zerlegt und die Einzelteile für Konstrukteure zugänglich in eigenen Räumen, beispielsweise an Wandtafeln, befestigt. Den Teilen können die Werkstoffe, Fertigungs- und Montageverfahren und die selbst kalkulierten Kosten zugeordnet werden. Es ist klar, dass Fremderzeugnisse auch betrieben und getestet werden. Man kann kaum schneller entwickeln, als sich von der Konkurrenz anregen zu lassen. Das bedeutet aber zunächst, sie ernst zu nehmen und ferner, sie nicht einfach nachzuahmen, sondern sich bewusst von ihr zu unterscheiden.

d) Beispielhafte Arten der Auswertung

Im besprochenen Bild 7.12 ist die ABC-Analyse gezeigt, die für die Produkte A bis P links nach Umsatz pro Jahr und rechts nach Gewinn pro Jahr durchgeführt wurde. Man sieht daraus, dass das Produkt A mit dem höchsten Umsatz kaum Gewinn abwirft. Es ist rechts nur noch im Mittelfeld, in der B-Gruppe. Zu ermitteln wäre nun, ob es in der Lebensdauerkurve (Bild 2.27) auf dem absteigenden Ast liegt, ob es einfach zu teuer hergestellt wird, oder ob der abgesunkene Preis auf Konkurrenten mit einem besseren Preis-Leistungsverhältnis zurückzuführen ist.

Bild 7.13 zeigt ein **Portfolio-Diagramm**, in dem der Kostendruck, dem die Produkte beim Verkauf unterliegen, über dem jeweiligen Umsatzanteil des Produkts aufgetragen ist. Aus einem derartigen Diagramm kann man erkennen, welche Produkte als erste ein Kostensenkungsprogramm nötig haben: Es sind die mit dem größten Umsatz und größten Kostendruck im Feld rechts oben. Dort würde auch das Produkt A zu finden sein (Kapitel 9.3.3). Ähnliche Diagramme (z.B. Bild 7.14) kann man auch für andere Eigenschaften, z.B. für die Marktattraktivität, die Ausschuss-/Reklamationsquote aufstellen.

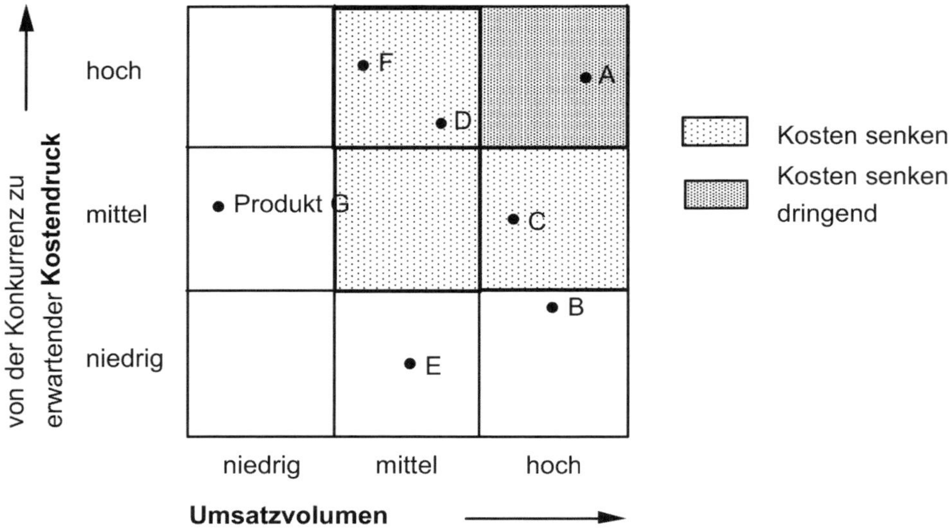

Bild 7.13 Portfolio-Diagramm für die Auswahl von Produkten, die zur Kostensenkung anstehen

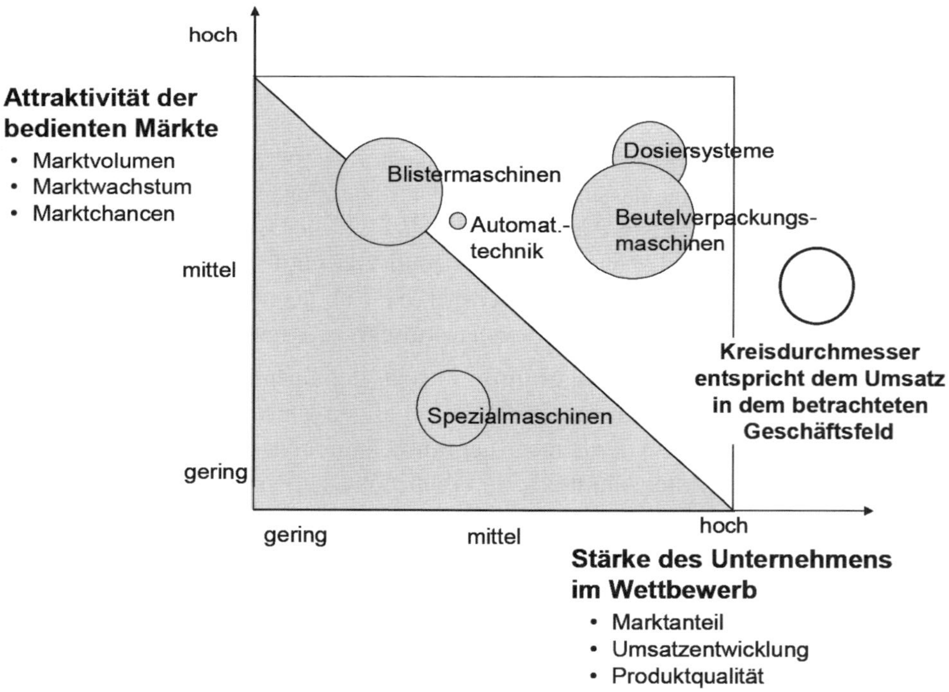

Bild 7.14 Portfolio-Diagramm für die Markattraktivität/Wettbewerbsstärke Beispiel Verpackungsmaschinen (nach Lindemann [86/3])

Das Bild 7.15 bezieht sich auf die **Altersverteilung** eines ganzen Produktprogramms. Die geschätzte Lebenserwartung der Produktarten am Markt ist absteigend nach oben aufgetragen. Je breiter die Basis ist, desto gesünder ist das Programm. Ein solches ist links gezeigt. Rechts sieht man ein überaltertes Programm.

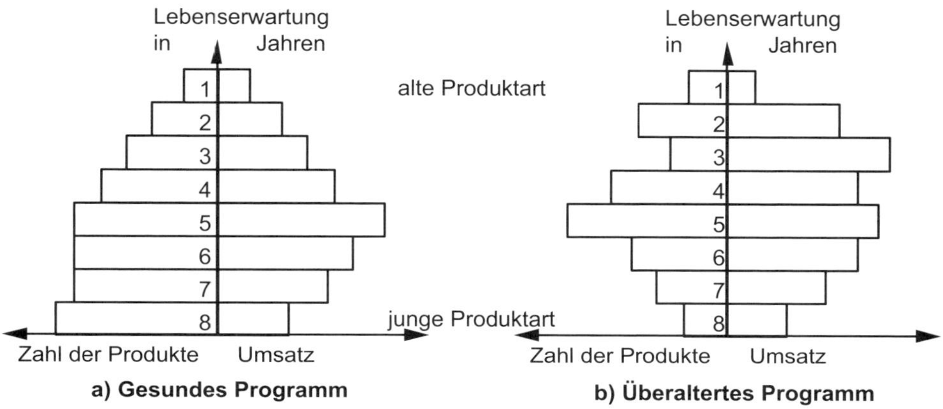

Bild 7.15 Alterspyramide von Produktprogrammen (nach Brankamp [5/7.2])

Wenn diese Darstellung auch idealisiert ist, da die zu erwartende Lebensdauer nur grob geschätzt werden kann, vermittelt sie für die Produktplanung doch wesentliche Erkenntnisse. (Siehe hierzu die Lebensdauerplanung Kapitel 2.4). – Alte Produkte, die sich noch einigermaßen gut verkaufen, aber lange nicht überarbeitet wurden, sollten zunächst in die engere Auswahl zur Überarbeitung gezogen werden.

Doch immerhin waren nach VDMA 2012 [86/5] 46% aller Produkte älter als 5 Jahre, gegenüber 2002 hat sich dieser Wert um 5% erhöht. (27% waren 2012 zwischen 3 und 5 Jahre alt und nur ebenfalls 27% waren jünger als 3 Jahre)

7.2.4 Finden von Produktbereichen und Produktideen

Dies Kapitel greift die Gliederung der Produktplanung aus Bild 7.6 weiter auf.

a) Fragestellung

Welche Produktbereiche (Suchfelder) und welche konkreten zukunftsträchtigen Produktideen gibt es darin?

b) Zweck der Methode

Die bisher gezeigten Methoden der Ermittlung des Unternehmens- und des Produktpotenzials sind als typische Analysemethoden nur eine Vorbereitung für die

Suche nach zukunftsträchtigen Produktideen. Dabei ist jedoch bekannt, dass gerade Analysen mit der dazu notwendigen Abstraktion und dem Aufdecken von Schwachstellen Ideen für Verbesserungen oder neue Produkte geradezu herausfordern. Im folgenden wird nun direkt synthetisierend und kreativ verfahren, um Ideen für Produkte zu finden. Es hat sich bewährt [2/7.2], vom Ganzen zum Detail vorzugehen und **zunächst Produktbereiche (Suchfelder)** zu ermitteln, in denen dann im Einzelnen gesucht wird. Durch den vorhandenen Produktbezug liegen die Produktbereiche meist fest. Das bedeutet jedoch nicht, dass es nicht fruchtbar wäre, sich davon zu lösen und auf benachbarte Produktbereiche überzugehen. Besonders schwierig wird es, wenn es um Suchfelder in fremden Märkten und Kulturen geht. Hier kommt man mit eigener Erfahrung nicht weiter. Man muss sich einheimische Kontaktpersonen und Marktanalysen verschaffen. – Bei der Festlegung der Suchfelder usw. ist zu berücksichtigen, dass entsprechend Bild 7.16 die meisten Anregungen für neue Produkte direkt von Kunden, aus Tagungen oder Messen und von Kontakten mit der Konkurrenz entstehen. Das Schlusslicht bilden Ideen aus dem Wissenschaftsbereich und aus Patentschriften! Die systematische Auswertung von Patentschriften ist aber fruchtbar. (Nach Reichwald 2004 ist der Anteil der Kundenanregungen sogar noch höher und eher bei 50%). – Im Bereich von Sportgeräten, -abläufen, -märkten zeigt Moritz Methoden zur Innovation [29/7.2].

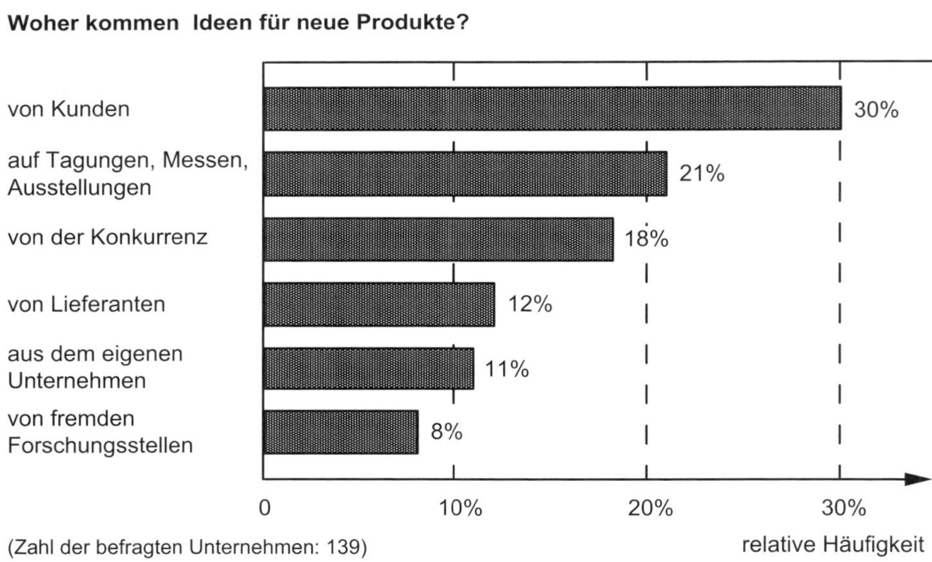

Bild 7.16 Herkunft der Ideen für neue Produkte (nach Brankamp [5/7.2])

c) Produktbereiche (Suchfelder) finden

Produktbereiche sind der Produktfindung vorzugebende Aktionsbereiche, innerhalb derer nach neuen Produktideen gesucht werden soll. Sie sollen dem Unternehmenspotenzial entsprechen und zukunftsträchtig sein. Sie sind gemäß Bild 7.17 durch die Parameter Funktionen, Arbeitsprinzipien, Stoffe, Verfahren, Abnehmerbereiche usw. beschreibbar. (Siehe auch nachfolgende Erläuterung unter d). Die Begriffe entsprechen nur z. T. den sonst in Kapitel 7 verwendeten.

Der Parameter **Funktion** ist hierbei nicht im Sinne der strengen Definition aus der Konstruktionsmethodik und der Wertanalyse zu verstehen, sondern soll – relativ weit gefasst – bestimmte Aufgaben oder Zwecke beschreiben. Dazu gehören auch Dienstleistungen, die die Aufgabe haben, Bedürfnisse des Kunden immateriell zu befriedigen [79/4; 83/4]. Ein Funktionsfeld umfasst alle Produkte, die dieselbe Funktion erfüllen.

Der Parameter **Arbeitsprinzip** beschreibt die Wirkungsweise der Produkte aufgrund physikalischer oder chemischer Gesetzmäßigkeiten (ähnlich der prinzipiellen Lösung eines Produkts).

Suchfelder, z. B. für Unternehmen der Konsum- und Gebrauchsgüterindustrie, können durch den Parameter **Stoff** gekennzeichnet sein.

Unternehmen der Investitionsgüterindustrie orientieren sich vielfach mit Hilfe des Parameters **Verfahren** (ähnlich der prinzipiellen Lösung eines Prozesses).

Produktbereich (Suchfelder)	
Parameter	**Beispiele**
Funktionen	Transportieren, Verpacken, Prüfen, Messen, Service, Dienstleistung
Arbeitsprinzipien	Hydraulik, Lasertechnik, Mikroelektronik
Stoffe	Glas, Kunststoff, Leichtmetall, Edelstahl
Verfahren (Prozess)	Gießen, Walzen, Schweißen, Schleifen
Abnehmerbereiche	Bergbau, Landwirtschaft, Automobilbau, Wehrtechnik
Trends	Umweltschutz, mittlere Technologien, Rohstoffrückgewinnung, Mikroelektronik
Design	Handhabung/Ergonomie, Umgebungsbezug, Zeitbezug, Wertvorstellungen
Bionik	Analogien zur Natur, Lösung äquivalenter Funktionen

Bild 7.17 Parameter und Beispiele für Suchfelder (z. T. nach VDI 2220 [2/7.2])

Soll die Suche nach neuen Produkten auf bestimmte Abnehmer zielen, so sind die Suchfelder durch den Parameter **Abnehmerbereich** zu beschreiben.

Häufig sind anfallende Änderungen in Technik, Wirtschaft und Gesellschaft unmittelbare Impulse für neue Produkte. Ebenso lassen sich aus der Analyse derartiger **Trends** Suchfelder für neue Produkte erschließen [6/7.2].

Design als Parameter zur Beschreibung von Suchfeldern soll neben Ergonomie auf Wertvorstellungen, Zeitbezug (z. B. modisch, konservativ, futuristisch) und dergleichen hinweisen.

Auch aus der **Bionik** können durch Analogien zur Natur Suchfelder gefunden werden (siehe unten).

Dabei können systematisch Produktbereiche (Suchfelder) durch **Suchfeldhierarchien** bzw. **morphologische Bäume** (Kapitel 7.5.5.1) aufgedeckt werden, wie Bild 7.18 am Beispiel des Transportierens zeigt. Vom wenig konkreten Hauptsuchfeld Transportieren kommt man so zu immer engeren Suchfeldern wie Erde bewegen, Getreide verladen. Die geeigneten Suchfelder sind entsprechend der Zukunftsbedeutung, dem Unternehmenspotenzial und der Unternehmenszielsetzung auszuwählen. Dabei ist auch zu entscheiden, welche **Strategie** man einschlagen will: ob man der **Produktart,** der **Problemart,** der **Kundengruppe** oder der **Produktionsart treu** bleiben will.

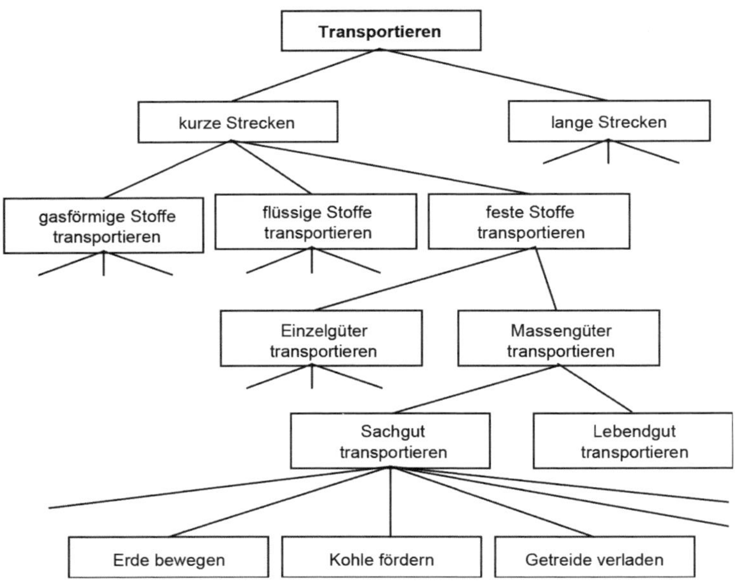

Bild 7.18 Aufstellung und Strukturierung der Suchfeldhierarchie „Transportieren" als **„morphologischer Baum"** (nach VDI 2220 [2/7.2])

Man geht am **wenigsten Risiko** ein, wenn man bei der gleichen Produktart bleibt. Bleibt man z. B. bei der vorhandenen Produktionsart, so hat man den Vorteil, auf das bekannte Produktions-Know-how zurückgreifen zu können und nicht wesentlich neu investieren zu müssen. Man kann aber natürlich fast alle obigen Einschränkungen verlassen und versuchen, mit neuen Produkten in neue Märkte vorzudringen.

d) Produktideen finden

Eine Produktidee ist eine vage Vorstellung von einem möglichen Produkt noch ohne klare Konzeption dieses Produkts. In manchen Fällen handelt es sich um eine neue oder erfinderische Aufgabenstellung. So war z. B. die Idee des Konstruierens im Raum mit einer **3D-Maus** und der holographischen Darstellung des konstruierten Körpers eine erfinderische Aufgabenstellung, die 1994, als sie aufkam, ungelöst war. (Inzwischen – 2002 – ist sie durch M. Pache und F. Müller gelöst [15/7.2]).

Neue Ideen kann man durch Einsatz von Kreativmethoden (z. B. hybride Gruppenarbeit, Methode 6.3.5: Kapitel 7.5.4) oder mit systematischen Lösungsfindungstechniken (z. B. morphologische Schemata, Wirkbewegungs- oder Wirkflächenvariation, Kapitel 7.5.5, 7.6, 7.7) finden. Von Bedeutung ist auch das innerbetriebliche Vorschlagswesen.

Die Fragestellungen sind ähnlich wie beim Klären der Aufgabe (Kapitel 7.3) und überschneiden sich z. T. mit den obigen Fragen beim Klären des Produktpotenzials. Sie sollen entsprechend Bild 7.17 an Beispielen erläutert werden.

- **Funktionen:** Welche Funktionen werden bis jetzt geliefert? Welche Funktionen sucht der Kunde eigentlich? Z. B. Automatisieren des Haushalts: Welche Funktionen gibt es dabei: Reinigen der Wäsche, des Geschirrs, der Zimmer, Versorgen/ Entsorgen im Lebensmittelbereich, Zubereiten der Speisen, andere Dienstleistungen.? Welche Funktionen werden technisch unterstützt, welche nicht oder unzureichend?
- **Arbeitsprinzipien:** Statt spülen: essbares oder verrottbares Geschirr? Kaufläden ohne Personal mit komfortablen Abrechnungsautomaten? Wie sieht das ideale Produkt, der ideale Prozess aus? **Widerspruchsorientierte Ideen**: Türen öffnen ohne Schlüssel, ohne Kraft; Geschirr, das nicht zerbricht, nicht schmutzig wird. **Analogien** suchen, z. B. ausgehend vom leitungslosen Telefon, Rasierer: Wo sind heute noch Stromzuleitungen? Wie können sie vermieden werden? **Ideen**: Bügeleisen ohne Leitung, mit induktiver Energieübertragung durch das Bügelbrett. Induktive Energieübertragungsschiene an der Wand entlang, auf Tischen: für Radios, Toaster, Küchenmaschinen [6/7.2] (Kapitel 7.5.5.3).
- **Stoffe:** Ein Unternehmen XY stellt bisher Betonmischer her (Kapitel 9.3.3.2). Ist das Arbeitsprinzip des Mischers (Zweiwellen-Zwangsmischer) auch für das Mi-

schen anderer Stoffe einsetzbar? **Ideen**: Einsetzbar beim Herstellen von Kalksandsteinen; für das Mischen chemischer Substanzen; für das Mischen von Asphalt und Split. Falls diese Ideen verwirklicht würden, bliebe das Unternehmen der Produktart (Mischer) und der Produktionsart treu. Die Kundengruppe würde gewechselt, die Problemart würde sich aufgrund der neuen Stoffe geringfügig verändern. Das Risiko (s. o.) wäre also beherrschbar. Die Unternehmensleitung könnte ein Unternehmensziel formulieren: „Mischtechnologie von Firma XY" oder „Die Mischspezialisten von XY".

- **Verfahren:** Ein Unternehmen stellt kontinuierliche, rotierende Fest-Flüssig-Filter für die chemische Industrie her. Man überlegt, mit welchen Wirkflächen/Wirkbewegungen man andersartig filtrieren könnte. **Ideen:** Statt Rotation Translation in Form von Bandfiltern; statt bewegten ruhende Filterflächen, deren Filterkuchen im Batchbetrieb durch Schüttelschwingungen automatisch entfernt wird (Kapitel 7.6).
- **Abnehmerbereiche:** Der geschilderte Filterhersteller überlegt, welche Branchen außer der Chemie Filterprobleme haben. Folgende **Ideen** ergeben sich: Abwasser-Filtration, Bier-Filtration, Filtration in der Galvanotechnik (Kapitel 7.2.6).
- **Trends:** Welche Trends existieren: Trend zum Einzel- und Kleinhaushalt; weniger Pkw-Verkehr in Großstadtzentren; zu wenig Zeit zum Einkaufen; zunehmende Freizeitorientierung usw. Ein Produktplanungsteam überlegt sich Ideen zum sich immer mehr verstärkenden Freizeittrend. Was folgt daraus? Aus einer dafür erstellten **Suchfeldhierarchie** ähnlich Bild 7.18 mit den untersuchten Feldern Reisen, Sport, Kultur, Weiterbildung wählen sie den Sport aus und erstellen gemeinsam ein **morphologisches Schema** „Sportgeräte", aus dem z. B. folgende **Ideen** geboren wurden (Bild 7.22): Eissegeln mit nur einer Kufe ähnlich dem Snowboard bzw. dem Surfen; Segeln auf dem Wasser, wobei statt des Boots, ähnlich wie bei einem Fahrzeug, vier große aufblasbare Rollen den Auftrieb und den Vortrieb übernehmen. (Siehe auch Moritz [29/7.2]). – **Trend-Aussagen** und Prognosen sind notwendigerweise **unsicher**. Drei „Flops": Albert Einstein 1932: „Es gibt nicht die geringsten Anzeichen, dass wir jemals Atomenergie entwickeln können." Batelle-Institut 1965: „Die letzten Omnibusse werden 1990 aus dem Stadtverkehr verschwinden". Ken Olsen, Vorstandsvorsitzer Digital 1977: „Ich sehe keinen Grund, warum einzelne Individuen ihren eigenen Computer haben sollten" [11/7.2].
- **Bionik:** Bionik befasst sich mit der technischen Umsetzung von Konstruktionen, Verfahren und Entwicklungsprinzipien biologischer Systeme. Es werden z. B. für die zu bearbeitenden technischen Funktionen äquivalente Funktionen in der Natur gesucht, und es wird analysiert, wie sie in der Natur gelöst werden. [9/7.2; 28/7.2; 16/7.5]. Daraus ergeben sich Anregungen für neue Produkte oder Teile davon. Es sind VDI-Richtlinien VDI 6220, VDI 6224 bis VDI 6226 vorhanden.

  Beispiele sind: Integriertes Fliegen mit Flugantrieb bei Vögeln und Fledermäusen; Schwimmen mit Schwimmantrieb bei Fischen (Funktionsvereint! Kapitel

7.7.1). Leichtbaustrukturen mit Schalen, Waben, Rohren, Geweben [7/7.2; 8/7.2; 9/7.2]. Strömungsgerechtes Profil ähnlich wie beim Delphin. Ebenso mindert dessen flexible, näpfchenartige Körperoberfläche den Strömungswiderstand. Wie kann dies an technischen Produkten realisiert werden? – Die Lotos-Pflanze hat auf ihren Blättern eine noppenbesetzte Oberflächenstruktur, die „selbsthelfend" Benetzung und Verschmutzung minimiert. Dieser Lotus-Effekt konnte z.B. für weniger schmutzempfindliche Fassadenfarben ausgenutzt werden. – Selbstschärfende Nagetierzähne ergeben sich durch unterschiedlich verschleißende Zahnschichten (Kapitel 7.7.5). Geckos laufen infolge der Van der Waals-Kräfte an einer Unzahl von Fußhärchen an der Decke entlang. Wann haben wir z.B. ähnliche Klebestreifen? – Sogar viereckige Löcher bohren ohne Drehbewegung bringen **Holzwespen** fertig, indem sie zwei Raspel-ähnliche Stichel axial nach einem Pendelhub-Prinzip in das gewünschte Loch treiben.
(„Stechend Bohren"). Eine Idee für Hüftgelenkimplantate.

Bisher sind die Spezialisten der Biologie und der Produktentwicklung geistig zu wenig integriert: Die einen analysieren in ihrer Fachsprache, die anderen suchen nach Ingenieur-Lösungen, verstehen aber die Biologen zu wenig. So ergeben sich die Analogien oft erst hinterher, wenn die technische Lösung da ist, wie z.B. die Festigkeitsanalogien bei Knochen oder Bäumen. (Siehe aber Mattheck [21/7.2; 22/7.2; 25/7.2]). Auch im Fall von Bild 7.19 war es umgekehrt! Eine Assoziationsliste der beiden Fachsprachen liefert Gramann [17/7.2]. Man müsste Biologen in das Entwicklungsteam einladen. (Es gibt ein Bionik-Kompetenznetz Biokon e.V.; *www.biokon.net*) In der Zeitschrift Konstruktion Sept. 2014 sind Beispiele zu „Bionik Learning" von Firmen und Hochschulen dargestellt.

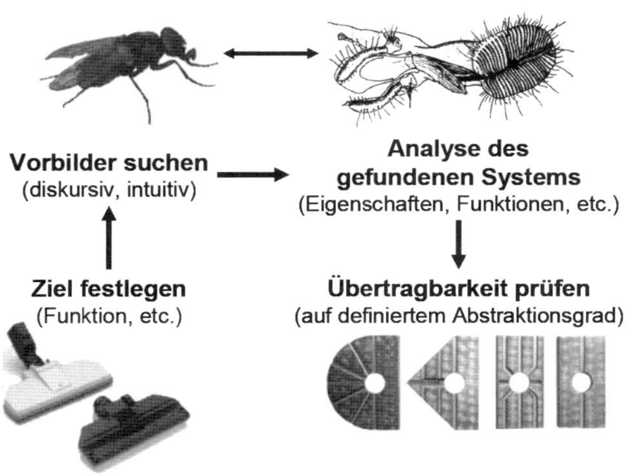

Bild 7.19 Analogiebildung am Beispiel der Bionik. Technisches Problem war die Saugleistung von Staubsaugern zu verbessern. Der Fliegenrüssel mit seinen strömungsgünstigen Nuten war eine fruchtbare Analogie für das Mundstück des Staubsaugers. (nach Lindemann [86/3; 69/5])

- **Szenario-Technik:** Ein Szenario ist ein mögliches komplexes Zukunftsbild, das sich von eher „eindimensionalen" Trendaussagen insofern unterscheidet, dass es durch systematische Verknüpfung vieler Einflussgrößen zustande kommt. Es gibt dafür Methoden, die zu einem besseren Systemverständnis führen können [12/7.2]. Es werden mehrere mögliche Szenarien gegeneinander bewertet. **Beispiel:** Ein Hersteller von PKW-Anhängern will wissen, in welche Richtung er entwickeln soll. Wie verändert sich das Bedürfnis nach Mobilität und wie nehmen Sportarten mit großen Transportvolumina zu (Drachenfliegen, Golfen, Reiten ...)? Wie ist das Bedürfnis verknüpft mit evtl. zunehmender Verkehrsdichte? Welche Rolle spielen dabei Moden und gesellschaftliche Trends (z.B. Off-Road-Mode; Umweltbewusstsein; Veränderung von individuellem Reichtum; Freizeitanteil; Vergreisung.). Es kann sinnvoll sein, die unterschiedlichen Szenarien von Vetriebsfachleuten und ausgewählten Kunden bewerten zu lassen [86/3].
- **Open Innovation d.h. aktive Kundeneinbindung in Innovationsnetzwerke** ist eine neue Möglichkeit, Kunden mit ihren Ideen sowohl für neue Produkte, wie für die Verbesserung vorhandener Produkte zu engagieren. Bekannt ist ja, potenzielle Kunden mit einem „Produktkonfigurator" z.B. Autos selbst gestalten zu lassen. – Man kann aber auch weiter gehen, wie es bei AKINET [50/7.5] gezeigt wurde: Über eine gute Software-Unterstützung können Interessierte direkt ihre Bedürfnisse oder Verbesserungsvorschläge für ein Produkt einbringen. Das entwickelte Tool wurde so gestaltet, dass Informationen über ein einfaches Interface zu jeder Zeit in ein System eingegeben werden können. Über eine graphische Oberfläche, beispielsweise eines Tablet-Computers ist ein direkter Zugriff auf das gefragte Produkt möglich. Nach einer semantischen Analyse werden die Eingaben ausgewertet, geclustert und dargestellt. Die Ergebnisse können dann von den Produktentwicklern unmittelbar am Arbeitsplatz eingesehen werden. So können zu verbessernde Zonen oder Merkmale an Bauteilen direkt markiert werden und der Verbesserungsvorschlag daneben eingetragen werden. – Bild 7.20 zeigt ein Beispiel, wie ein Nutzer eines Telefons auf einem Tablet-Computer ein direktes Feedback und Optimierungsvorschläge über Verbesserungen graphisch übermittelt hat. Diese Informationen werden den im Bild gezeigten Entwicklern des Telefons auf einem großen Bildschirm für alle sichtbar visualisiert.

  Open Innovation (OI) oder „Crowd Sourcing" ist inzwischen bei einigen Unternehmen eingeführt. (Z.B. Beiersdorf, BMW, Continental, Henkel, IABG, VW; nach VDI-N 28.8.15). (Nach VDMA 2012 [86/5] haben 7% der Unternehmen OI getestet). Zweck ist dabei z.B. unbekannte externe Talente in die Produktentwicklung einzubeziehen, von neuen, ungewohnten Ideen zu profitieren und auch Kunden besser zu verstehen. Natürlich müssen die Ideen erst anwendungsgerecht gestaltet werden. Es hat sich auch bewährt, in größeren Unternehmen mit verschiedenartigen Produkten andere eigene Produktbereiche mit in die Ausschreibung einzubeziehen. – Zu beachten ist dabei, die Aufgabe so zu formulieren, dass nicht typisches Unternehmens-Knowhow nach außen preisgegeben wird. Zu berücksichtigen ist auch, dass der Entwicklungsprozess, je nach mehr oder weniger qualifizierter Beteiligung, sehr ausgedehnt oder komplex werden kann. (Nach Gürtler u. a. [26/1; S. 502]).

Bild 7.20 Produkt – hier ein Telefon – mit zu verbessernden Zonen oder Merkmalen nach A. Lang [34/7.2]

- **Mind Mapping:** Es wird nach Buzan [33/7.2] eine „Gedankenlandkarte" entwickelt. Dabei wird um ein mittig in ein Flipchartblatt eingezeichnetes Ausgangsproblem eine locker durch Zuruf aus der Gruppe erzeugte Sammlung von Lösungs-Ideen, Begriffen, Aktionen gezeichnet, die mit Bezugslinien verbunden sind. Umrandete Begriffe sind dabei Schlüsselworte, von denen weitere Ideen ausgehen können. – Ein Beispiel zeigt das Bild 7.21 für ein Problem „Reifenpanne beim Pkw verhindern". Dies ist natürlich eine fertige Mind Map, die in einzelnen Zweigen auch farbig gezeichnet sein könnte und durch Skizzen ergänzt werden könnte. – Der Vorteil ist, dass bildhaftes Skizzieren unbewusst in der rechten Gehirnhälfte kreative Prozesse anregt. Dies insbesondere dann, wenn nicht gleich bewertet und ausgesondert wird. Es gilt auch hier: „Keine Kritik". – Es ist eine Ähnlichkeit zum „morphologischen Baum" (Bild 7.18) erkennbar. Nur dass hier die Logik der Unterteilung nicht betont wird. (Die Mind Map sollte von Hand, nicht am Computer, gezeichnet werden. Das kommt der Kreativität entgegen. Das Blatt sollte groß und quer gewählt werden, um schon von daher nicht eingeengt zu sein. [95/4; S. 506]). Manche Anwender nutzen aber trotzdem den Computer, weil hierbei übersichtlichere Mind Maps entstehen können. Ein typischer Konflikt zwischen Kreativität und Strukturierung.

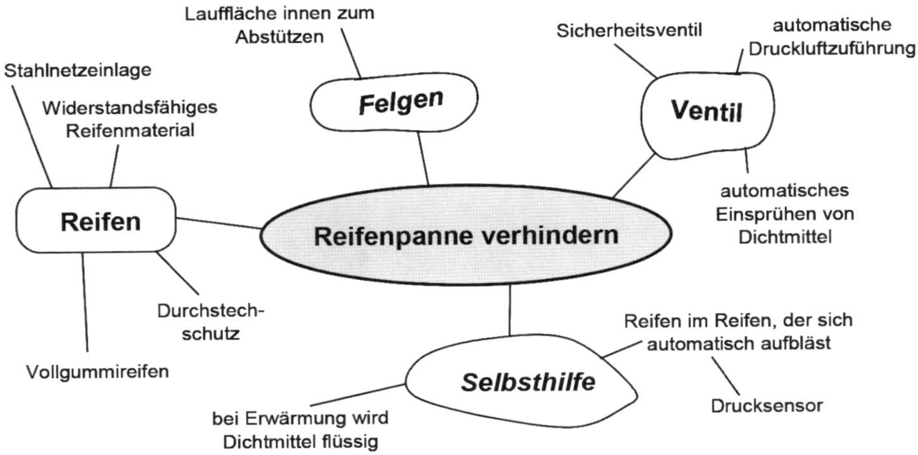

Bild 7.21 Mind Map „Reifenpanne beim Pkw verhindern" (frei nach Conrad [47/5])

- **Benchmarking:** Es handelt sich um eine allgemein anwendbare Methode, von dem Wissen des jeweils Besten zu profitieren. Sie kann unternehmensintern (andere Produkt-Bereiche), extern mit Wettbewerbern und extern mit Branchengleichen oder Branchenfremden durchgeführt werden. Die Verbesserung durch das Wissen kann Produkte, Prozesse oder Dienstleistungen betreffen und kann tief greifende Veränderungen bewirken. Dies natürlich nur, wenn man dazu bereit ist und den Benchmarking-Partner ernst nimmt [45/5]. (In Kapitel 4.5 sind Benchmarking-Ergebnisse beschrieben.)
- **Conjoint-Analyse:** Dies ist eine quantitative Marktforschungsmethode, bei der nicht einzelne Produkteigenschaften direkt von Kunden beurteilt werden, sondern alternative Produkte mit einer Kombination unterschiedlicher Eigenschaften. Beispiel: Wie werden bei einem PKW die Merkmalskombinationen Verbrauch (6; 7; 8 l/100 km), Fahrleistung (60; 70; 80 kW) und Crashverhalten (gut; mittel; schlecht) beurteilt? Welches ist die gefragteste Merkmalskombination? Welcher Umsatz ist damit zu erwarten? [11/7.2; 13/7.2].
- **Ordnungsschemata zur Lösung technischer Widersprüche** (Altschuller; **TRIZ**; siehe Kapitel 7.5.5.4).
- **Widerspruchsorientierte Entwicklungsstrategie (WOIS)** nach Linde, Hill [6/7.2, 10/7.2, 14/7.2]. Die vom Kunden gestellte Aufgabe wird nicht nur einfach als gegeben hingenommen, sondern sie wird, zusammen mit dem Kunden, hinterfragt, u. U. „überhöht": Es werden „erfinderische" Aufgabenstellungen gesucht. Die Aufgabe wird dabei bewusst so umformuliert, dass das scheinbar Unmögliche gefordert wird, obwohl z. B. Naturgesetze zu widersprechen scheinen; „Zulassen des scheinbar Unzulässigen". Aus der Lösung der inneren Widersprüche können sich überraschende, neue Ideen ergeben. Hilfreich ist dabei die For-

mulierung von Oberzielen, Megatrends, Evolutionsgesetzen und des „Idealen Systems“. **Beispiele:** Forderung an einen konventionellen Schütz, der in Luft arbeitet: „Schütz mit eigenem konstanten Klima“ ergibt den Vakuum-Schütz. Traktor, der seine eigene Straße mit sich führt, ergibt den Traktor mit Gleiskette. – WOIS ist eine aus den Vorarbeiten von Altschuller entwickelte Kreativitätsmethode, die die Entwicklungsaufgabe in Frage stellt und zunächst dafür neue Ansätze sucht, um daraus dann neue prinzipielle Lösungen (Konzepte) zu erzeugen (siehe Kapitel 7.5.5.4). „Häufig erfordert es mehr Kreativität, die richtigen Aufgaben zu finden, als deren Lösungen“ oder: „Eine richtige Aufgabenstellung ist bereits die halbe Lösung.“ (H. Linde)

Merkmal des Sportgerätes	Lösungselemente					
1. Bewegungsart	1.1 Gleiten	1.2 Rollen	1.3 Schwimmen	1.4 Tauchen	1.5 Laufen	1.6 Tanzen
2. Stoffart	2.1 fester Boden	2.2 Eis	2.3 Schnee	2.4 Kaolin	2.5 Kunststofffläche	2.6 Kunststoffkugeln
	2.7 Kunststoffschnee	2.8 Süßwasser	2.9 Salzwasser	2.10 Öl	2.11 Luft	
3. Wirkflächenart: 3.1 Kufen (Schneiden)	3.1.1 Eine Kufe pro Fuß	3.1.2 Eine Kufe pro Person	3.1.3 Zwei Kufen pro Fuß	3.1.4 Zwei Kufen pro Person	3.1.5 n Kufen	
3. Wirkflächenart: 3.2 Flächen	3.2.1 Eine Fläche pro Fuß	3.2.2 Eine Fläche pro Person	3.2.3 Zwei Flächen pro Fuß	3.2.4 Zwei Flächen pro Person	3.2.5 n Flächen	
3. Wirkflächenart: 3.3 Rollen (Räder)	3.3.1 Eine Rolle pro Fuß	3.3.2 Eine Rolle pro Person	3.3.3 Zwei Rollen pro Fuß	3.3.4 Zwei Rollen pro Person	3.3.5 n Rollen pro Person	3.3.6 n Rollen hinter-/nebeneinander
3. Wirkflächenart: 3.4 Raupen	3.4.1 Eine Raupe pro Fuß	3.4.2 Eine Raupe pro Person	3.4.3 Zwei Raupen pro Fuß	3.4.4 Zwei Raupen pro Person	3.4.5 n Raupen pro Person	3.4.6 n Raupen hinter-/nebeneinander
4. Antriebsart	4.1 Eigen auf Ebene	4.2 Eigen auf Hang	4.3 Windsegel	4.4 Motor mit Propeller	4.5 Motor treibt Wirkfläche an	

Beispiele: bekannt: 1.1 + 2.2 + 3.1.1 + 4.1 = Schlittschuhe; 1.2 + 2.1 + 3.3.4 + 4.1 = Fahrrad;
1.1 + 2.8 + 3.2.2 + 4.3 = Surfen;
neu: 1.1 + 2.5 + 3.1.1 + 4.1 = Schlittschuhe auf Kunststoffbahn;
1.1 + 2.2 + 3.1.2 + 4.3 = Eissegeln mit nur einer Kufe ähnlich Snowboard;
1.2 + 2.8 + 3.3.6 + 4.3 = Segeln mit z.B. 4 großen aufgeblasenen Kunststoffrädern;

Bild 7.22 Morphologischer Kasten für Sportgeräte (siehe Kapitel 7.5.6.2)

e) Produktideen auswählen

Ebenso wie zuvor die geeigneten Suchfelder, müssen auch die geeigneten Produktideen entsprechend Zukunftsträchtigkeit, Unternehmenszielsetzung und Unternehmenspotenzial (siehe Bild 7.11) ausgewählt werden. Dazu können die Methoden nach Kapitel 7.9 eingesetzt werden. Nach VDI 2220 [2/7.2] ist eine dreistufige Bewertung und Auswahlentscheidung zweckmäßig:

Stufe 1: Grobbewertung auf der Basis der Erfahrung der Teilnehmer (direkt im Anschluss an die Ideenfindung).

Stufe 2: Qualitative Feinbewertung basierend auf Kurzanalysen (nach ca. 2 Wochen).

Stufe 3: Qualitativ-quantitative Bewertung aufgrund umfangreicher Detailanalysen (z. B. innerhalb von drei bis sechs Monaten).

f) Anforderungen für die Produktidee; Entwicklungsantrag

Die Anforderungen an das zukünftige Produkt werden festgelegt, um den Übergang in die weitere konstruktive Bearbeitung zu ermöglichen. Es sollen nur unbedingt notwendige Einschränkungen gemacht werden, um nicht Lösungsmöglichkeiten beim Konstruieren unnötig zu blockieren. Neben den technischen Anforderungen sollen wirtschaftliche Anforderungen (z. B. vorgesehener Markt und Umsatz, Stückzahl pro Jahr, zulässige Herstell- und/oder Betriebskosten, zulässige Entwicklungs- und Investitionskosten, zulässiger Preis) und terminliche Anforderungen (z. B. Zeitplan) so konkret wie eben möglich formuliert werden. Zusammen mit der Konstruktion wird daraus ein **Entwicklungsantrag** formuliert, der in einen **Entwicklungsauftrag** münden kann (Bild 4.61; Bild 7.26).

7.2.5 Organisatorische und psychologische Maßnahmen zur Förderung der Innovationsfähigkeit

Das **Innovationstempo** zu erhöhen ist allein keine ausreichende Maßnahme, um am Markt erfolgreiche Produkte einzuführen: Es geht um die **Innovation, die den Kunden anspricht**, die er kaufen will. Da der Kunde oft selbst nicht weiß, was der Hersteller kann, ist ein enger Kontakt zum Produktentwickler besonders wichtig. Viele Schnittstellen dazwischen sind nachteilig (Bild 7.28)! Wie Christensen am Beispiel der Mikroelektronik zeigt, kann es in stark innovativen Bereichen auch vorkommen, dass man seine potenziellen Kunden noch gar nicht kennt und damit verfehlt. ([30/7.2], Kapitel 7.2.1).

Ferner wird man durch neue Erfahrungen und Situationen kreativ und durchbricht die Routine eher. Auch verhelfen Anreize, Konkurrenzsituationen und Methoden dazu die innere (Denk-)Trägheit zu überwinden. Nachfolgend sei dies zusammengefasst:

- **Kundenkontakt stärken:** Entwickler bei Verkaufsgesprächen, zur Reklamationsbeseitigung und auf Messen mit dem Kunden in Kontakt bringen. Den „Kundeningenieur“ im Unternehmen definieren. Er vertritt den Kunden, untersteht direkt der Unternehmensleitung und wird aus dem Projekterfolg bezahlt. Den Kunden zeitweise in Entwicklungsteams aufnehmen (Kapitel 4.4.1.1). Eine enge

Zusammenarbeit zwischen „Problem-Habenden" (allgemein: Der Kunde) und Problemlösern haben Reichwald und Piller erprobt [23/7.2]. Für ein Problem kann auch durch eine offene Ausschreibung im Internet eine Lösung gefunden werden. *(www.open-innovation.de).*

- **Neue Erfahrungen vermitteln:** Job-Rotation fördern. Entwickler beim Kunden arbeiten lassen; in andere Länder versetzen (Kapitel 4.5 b).
- **Neues von außen einbringen:** Kreative Mitarbeiter, Firmen einkaufen. Lizenzen übernehmen. Innovationsaufträge nach außen vergeben (z. B. an Hochschulen). Fachfremde Personen, auch Nichtfirmenangehörige ins Entwicklungsteam aufnehmen (Beispiel Swatch [1/7.2]).
- **Innere Anreize schaffen:** Kreativitätstechniken (Kapitel 7.5.4), psychologisch günstige Bedingungen schaffen. (Siehe unten). Ferner diskursive Methoden (Kapitel 7.5.5, 7.5.6, 7.6, 7.7) und obige Methoden (Kapitel 7.2.2–7.2.4) evtl. unter Anleitung eines Moderators anwenden.

Beim innovativen Entwickeln gibt es immer wieder **kritische Situationen,** die man durch nachfolgende Maßnahmen überwinden kann. Diese sind aus der Beobachtung von 10 Entwicklungsprojekten in vier Unternehmen als wichtig erkannt worden. (Badke-Schaub und Frankenberger [76/3]). Eine kritische Situation ist dabei ein Abschnitt, der den weiteren Verlauf der Entwicklung hemmt oder fördert. Diese konnte man auch nachträglich aus den aufgenommen Videos erkennen. Man erwartete in der Beobachtungszeit von insgesamt ca. 40 Wochen bei den 895 kritischen Situationen hauptsächlich technisch bedingte. – Es waren aber im Wesentlichen psychologische und organisatorische! – In Kapitel 3.5 sind die Untersuchungen eingehend geschildert. Dort geht auch aus den [53/3] Bildern 3.51 und [76/3]) 3.52 hervor, dass die Einflussfaktoren für die kritischen Situationen auf folgende Bereiche konzentriert werden können.

- Voraussetzungen des Individuums
- Voraussetzungen der Gruppe
- Voraussetzungen der Rahmenbedingungen (des Umfelds im Unternehmen)
- im Störungsmanagement
- im Konfliktmanagement

Die nachfolgenden Bilder 7.23 bis Bild 7.25 gehen im Wesentlichen auf die ersten drei Bereiche ein. – Man sieht die Vielfalt der inneren Haltungen, die förderlich sind in Bild 7.23, aber auch die notwendigen Fähigkeiten, eine Gruppe erfolgreich zu machen in Bild 7.24. Und bei den Rahmenbedingungen in Bild 7.25 überlappen sich die Fähigkeiten und Maßnahmen. (Zur Gruppen- und Teamarbeit: siehe Kapitel 4.3.3). Leider vernachlässigt die Bildungsarbeit für Ingenieure an den Hochschulen diese Erfolgsfaktoren fast ganz: Technik dominiert, der „Mensch" soll schauen, wie er weiter kommt! (Siehe Kapitel 3.8.3).

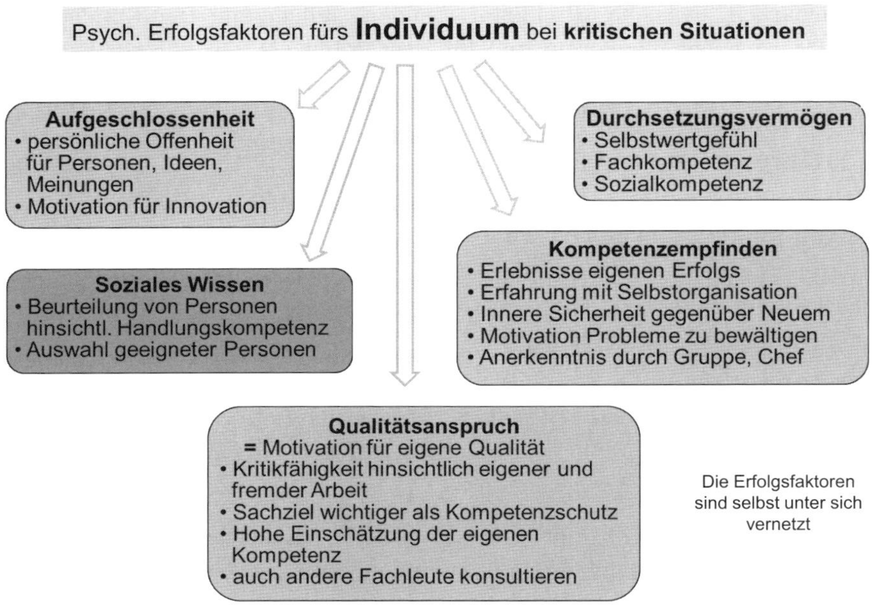

Bild 7.23 Erfolgsfaktoren des Individuums in kritischen Situationen (frei nach Badke-Schaub u. Frankenberger [76/3; S. 256]

Bild 7.24 Erfolgsfaktoren der Gruppe in kritischen Situationen (frei nach Badke-Schaub u. Frankenberger [76/3; S. 265]

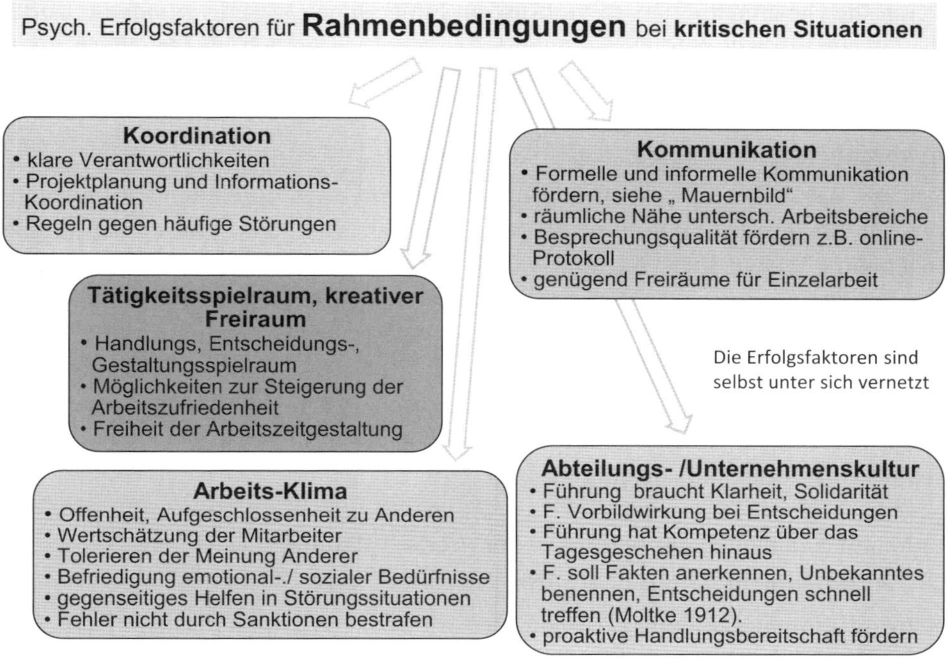

Bild 7.25 Erfolgsfaktoren der Rahmenbedingungen in kritischen Situationen (frei nach Badke-Schaub u. Frankenberger [76/3; S. 273]

7.2.6 Praxisbeispiel: Müllgroßbehälter

Was zeigt das Beispiel?

Das Beispiel behandelt, hier in stark verkürzter Form dargestellt, die **Produktplanung eines mittleren Stahlbauunternehmens**, wobei obige Methoden zum Teil angewendet wurden. Der Ablauf der Arbeiten erfolgte ungefähr nach Bild 7.6.

a) Ausgangssituation und Zielsetzung

Das Unternehmen beschäftigt rund 140 Mitarbeiter im Stahlbau im Wesentlichen im Unterauftrag von Bauunternehmen, Maschinenfabriken und Ingenieurbüros. Es ist im Stahlhochbau, in der Stahlsonderkonstruktion und im Behälterbau tätig. Zum Unternehmen gehören noch zwei weitere Produktbereiche andersartiger Produkte mit insgesamt ähnlicher Mitarbeiterzahl.

Der **Anlass** für die Produktplanung ist die teilweise Unterauslastung des Stahlbaus und die ungenügende Gewinnsituation, weil ein eigenständiges Produktprogramm fehlt.

Ziel ist, zusätzlich zur bisherigen Arbeit ein eigenes Produktprogramm aufzubauen, um das vorhandene Unternehmenspotenzial besser auszulasten und dadurch die Gewinnsituation zu verbessern. Einige Ideen waren vorhanden. Durch die Systematik will man sicherstellen, dass nicht wesentlich bessere Ideen übersehen werden.

b) Vorgehen

Von der Werksleitung wird ein **Planungsausschuss** aus drei leitenden Ingenieuren von der Konstruktion, Projektierung und der Produktion und einem jungen Ingenieur gebildet, wobei letzterer die Planungsarbeit verantwortlich durchzuführen hat. Der Ausschuss trifft sich mindestens einmal im Monat, wobei Mitarbeiter aus dem Verkauf, Einkauf und der Finanzabteilung fallweise zugezogen werden. Es wird jeweils ein Protokoll geschrieben, das auch die vereinbarten Aufgaben der Ausschussmitglieder enthält. Das Planungsergebnis soll nach einem halben Jahr vorgelegt werden. Im Nachhinein erwies es sich als ungünstig, dass dem Ausschuss keine Kaufleute angehörten.

c) Ablauf und Zwischenergebnisse der Produktplanung

c1) Unternehmenspotenzial ermitteln (Kapitel 7.2.2)

- **Produktionspotenzial:** 110 produktive Mitarbeiter, davon 45 Facharbeiter; Einzel- und Kleinserienfertigung im Stahl- und Behälterbau bei einem maximalen Stückgewicht von 15 t. Schweißnachweis A und B vorhanden. Alle Stähle, auch Edelstähle können verarbeitet werden. Maximale Länge des Ausgangsmaterials 25 m. (Weitere Details werden hier nicht erwähnt).
- **Konstruktionspotenzial:** 10 Mitarbeiter der Stahlbaukonstruktion. Keine eigenen Schutzrechte. Die Projektierung wird ebenfalls dort erledigt.
- **Vertriebspotenzial:** 9 Mitarbeiter. Kein Außendienst. Kein auswärtiger Kundendienst. Kaum Werbung.
- **Beschaffungspotenzial:** 5 Mitarbeiter.
- **Finanzpotenzial:** Investition in Höhe eines Jahresumsatzes erscheint möglich.
- **Auftragsanalyse:** Hauptauftraggeber sind Bauunternehmer und Ingenieurbüros. 60 % des Umsatzes stammen aus einem Umkreis von 200 km Radius. Die Umwandlungsrate der Angebote in Aufträge liegt zwischen 10 und 20 %.
- **Konkurrenzanalyse:** 42 % aller Stahlbaufirmen haben ein gleiches Programm, teilweise haben sie aber auch zusätzlich ein anderes (z. B. Hallen, Behälter, Kranbau). Bei der Konkurrenz ist sehr gutes Werbematerial vorhanden. Dies steht im Kontrast zum eigenen.
- Die Analyse des **Produktpotenzials** (Kapitel 7.2.3) entfällt hier, weil ein eigenes Produkt nicht vorhanden ist, sondern neu gesucht werden soll.

c2) Unternehmensziele formulieren

- Ausweitung der Unternehmensgröße und Ausbau der Arbeitsplätze, da Arbeitsuchende vorhanden sind.
- Eigenes Produktprogramm mit höherem Know-how, das anfangs mit dem vorhandenem Unternehmenspotenzial erfüllbar ist. Es soll nach drei Jahren einen Mindestumsatz von 10 Mill. Euro aufweisen.
- Gewinnsituation verbessern.

c3) Finden und Bewerten von Produktbereichen und Produktideen (Kapitel 7.2.4)

- Aus dem systematischen Warenverzeichnis der Industriestatistik (Statistisches Bundesamt), werden 64 Produktbereiche (Suchfelder) zur weiteren Bewertung durch Mitarbeiter ausgewählt. Diese Bewertung wird mit Fragebögen durchgeführt, wobei die Verwandtschaft zum bisherigen Programm (Entscheidung für hohe Produktionstreue!) das wichtigste Kriterium ist.
- Es bleiben die Produktbereiche Umweltschutztechnik, Behälterbau, Stahlhochbau übrig, die bezüglich Zukunftsaussichten aus Statistiken und Prognosen weiter bewertet werden.
- Die dabei am besten beurteilte Umweltschutztechnik wird weiter aufgeschlüsselt in Abfallbeseitigung, Strahlenschutz, Wasserhaushalt, Immissionsschutz, wonach wieder eine Bewertung und Auswahl vor allem nach Know-how, Entwicklungs- und Vertriebskapazität erfolgt (Problemtreue!). Es bleibt die Abfallbeseitigung übrig.
- Dieses Suchfeld wird weiter unterteilt in fünf Teilsuchfelder, aus denen schließlich die **Entsorgung von Haushalts- und Kleingewerbemüll** ausgewählt wird.
- Hierfür wird eine Funktionsanalyse erstellt: Sammeln – Transportieren – Zwischenlagern – Transportieren – Aufbereiten – Endlagern. Für das Sammeln und Transportieren werden vorhandene Behältersysteme analysiert und vorläufig neue konzipiert. Damit sind bereits Produktideen vorhanden.
- Endgültig ausgewählt wurde danach der Produktbereich „Anlagen und Behälter zum Sammeln, Vorbehandeln und/oder Sortieren von Haushalts- und Kleingewerbemüll".
- Parallel zur systematischen Ermittlung von Produktideen werden **spontan von Mitarbeitern geäußerte Produktideen** gesammelt. Dies sind z.B. Park- und Feuerschutzsysteme.
- Die endgültige Auswahl der Produktideen wird von der Unternehmensleitung zusammen mit dem Planungsausschuss durchgeführt. Es wird als Startprodukt **Müllgroßbehälter** gewählt. Dafür wird ein Pflichtenheft einschließlich Kostenziel erstellt.

Was kann man daraus lernen?

- Die Konstruktion von **Müllgroßbehältern** war zu Beginn der Produktplanung noch nicht ins Auge gefasst worden. Dies war also eine **Innovation für das Unternehmen**. Sie wurde durch Einstellen eines erfahrenen Konstrukteurs realisiert. Er übernahm anfangs zum Teil zusammen mit der Unternehmensleitung auch den Vertrieb. Der Umsatz entwickelte sich innerhalb von 2 Jahren auf 15 % des Stahlbauumsatzes.
- Die Konstruktion, der Bau und der Vertrieb von **Stahlparkhäusern** waren ursprünglich schon eine **Idee des technischen Werksleiters**. Diese konnte durch den Kauf eines Ingenieurbüros realisiert werden, das dafür auch Schutzrechte einbrachte.
- Die Produktplanung war also **insgesamt erfolgreich**. Die Einbeziehung des kaufmännischen Bereichs hätte die Produktplanung erleichtert.
- Die Beschaffung vieler Daten und Fakten war zeitaufwendig, aber notwendig und fruchtbar. Der Einsatz der **Systematik** ist aber nur <u>ein</u> Hilfsmittel. Es war darüber hinaus viel Kreativität, Fingerspitzengefühl und Erfahrung nötig. Um die Arbeit nicht ausufern zu lassen, war oft nach der Ausweitung des Lösungsfeldes eine begründete Auswahl nötig.
- Die interdisziplinäre **Planungsgruppe** war nicht immer einfach zu motivieren und zu fundierter Zusammenarbeit anzuhalten. Die Zusammensetzung der Planungsgruppe bezüglich Persönlichkeit, Erfahrungsbereich, Kooperationsbereitschaft ist ausschlaggebend für den Erfolg. Darüber wird in der Literatur kaum berichtet

7.3 Methoden zur Aufgabenklärung

Fragen:

- Was ist der Kern der Aufgabe?
- Was sind Anforderungen?
- Warum sind Anforderungen wichtig?
- Wie findet man Anforderungen?
- Wie erstellt und aktualisiert man eine Anforderungsliste?

7.3.1 Zweck und Gültigkeitsbereich der Methoden

Das Wichtigste: Der Kunde kauft nicht das Produkt oder die Technologie, sondern den Nutzen! – Und wie kann man den erkennen?

Zweck und Bedeutung: Aufgabenstellungen an die Entwicklung und Konstruktion kommen meist aus folgenden Bereichen:

- von Kunden und Nutzern als Aufforderung zu einem **Angebot** oder als **Auftrag** aufgrund eines früheren Angebots;
- von externen oder unternehmensinternen Stellen als **Entwicklungsauftrag**;
- von unternehmensinternen Stellen einschließlich der Entwicklung und Konstruktion zur **Verbesserung eines vorhandenen Produkts**, z. B. zur Leistungssteigerung oder Kostensenkung.

In den meisten Fällen ist dem Auftraggeber nicht klar, was die Konstruktion als Information im Detail braucht, bzw. die Konstruktion weiß nicht recht, worauf es dem Auftraggeber sowohl im Schwerpunkt als auch in den Einzelheiten ankommt. Es liegt ein typisches **„Schnittstellenproblem"** vor: Man muss sich verständigen, Fragen und Antworten austauschen. Das soll effektiv geschehen. Es soll möglichst nichts vergessen werden, was hinterher Anlass zu Qualitätsbeanstandungen, Nacharbeit, Zeitverzögerungen oder Kostenerhöhung und damit zu Ärger und Auseinandersetzungen zwischen Kunden und Hersteller führen könnte. „Die **Stimme des Kunden** soll laut im Unternehmen zu hören sein!" (Kapitel 4.4.3). Ein Negativbeispiel dafür zeigt Kapitel 8.2: Ein „Marktflop".

Damit wird die **Bedeutung** der Aufgabenklärung deutlich[1]. Es gibt aus der Erfahrung der Autoren wohl keinen Zeitpunkt und keine Phase in der Produkterstellung, die so ausschlaggebend für den Erfolg des Produkts ist wie die Aufgabenklärung. Sie ist sozusagen die zentrale Zeugungsphase. In den Anforderungen liegt der Kern des zukünftigen Produkts. In einer Anforderungsliste können durchaus auch **Ziele** aufgeführt werden, wenn sie als solche gekennzeichnet werden. Z. B. „Das Produkt soll leichter sein, als alle vergleichbaren am Markt!" oder „Der Mechanismus soll ohne flüssigen Schmierstoff auskommen". (Zum Unterschied Ziel und Anforderung: Siehe Kapitel 3.3.2 b und Kapitel 10 Begriffe)

Dementsprechend sollte man gerade am Anfang alles tun, um die Kommunikation mit dem Auftraggeber bzw. Endkunden zu verbessern: Intensive Gespräche unterstützt durch Check- und Fragelisten, durch Vergleiche zu früheren Erfahrungen und zur Konkurrenz. Dabei kann es soweit kommen, dass ganz neue, sozusagen „erfinderische" Aufgaben formuliert werden, die zunächst scheinbar unlösbar sind. (Siehe Kapitel 7.2.4 d „WOIS"). Als Endergebnis ist die „gelebte" und immer

1) Aufgabenklärung wird auch als „Requirements Engineering" bezeichnet. Dies ist ein Begriff aus der Softwareentwicklung, der zunehmend in der Mechatronik verwendet wird. (nach Baumgart [26/1; S. 426]). Unterteilung in Aufgabenklärung und Anforderungsmanagement (Kapitel 7.3.6).

wieder **aktualisierte Anforderungsliste** gefordert, die auch aus einem evtl. vorliegenden Pflichten- oder Lastenheft anderer Stellen von der Konstruktion formuliert werden kann. Die Anforderungsliste ist eine der wichtigsten Dokumente beim methodischen Konstruieren! **Beispiele für Anforderungslisten** zeigen die Bilder 4.61, 5.9, 8.3 und 8.60. – Natürlich ergeben sich Anforderungen auch oft erst durch die zunehmende Erkenntnis bei der Bearbeitung eines Auftrags. Deshalb spricht man vom Anforderungsmanagement während des ganzen Prozesses der Produktentwicklung. Aber der Start dafür muss intensiv gerade am Anfang gemacht werden.

Dementsprechend wichtig sind die Methoden zur Aufgabenklärung, die aber im Wesentlichen nur Anlass zu strukturierten, oft bohrenden Gesprächen sein können. Die Aufgabenklärung bezieht sich natürlich **nicht nur auf technische**, sondern auch auf wirtschaftliche und zeitliche Fragen und auf die genannte Klärung der Schnittstellen mit den Kunden und Zulieferern. Wer ist wann für was verantwortlich?

Sie bezieht sich auch **nicht nur auf das externe Verhältnis zum Kunden**, sondern auch auf **die Klärung interner Fragen:** Welche Stückzahlen, Umsätze, Gewinne sind auf welchen Märkten zu erwarten? Wie entwickelt sich die Konkurrenzsituation? Entspricht das eigene Potenzial, die eigene Kapazität den Anforderungen? Die **„W-Fragen“:** (Wer? Was? Wozu? Warum? Mit wem?) führen nicht nur bei der Aufgabenklärung weiter, sondern auch sonst im ganzen Prozess bis zur Schlussprüfung einer Konstruktion [17/7.10]. (Siehe auch Bild 4.48 und Kapitel 7.10.5). Im Gespräch wird auch die Lösungsqualität verbessert [104/3].

Die Vielfalt der Festlegungen externer und interner Art geht am besten aus dem Deckblatt einer Anforderungsliste eines Unternehmens hervor, wie sie Bild 7.26 zeigt. Die Technik wird in dieser Liste nur ganz kurz behandelt. Sie wird in der eigentlichen Anforderungsliste als Anhang aufgeführt. Zunächst stehen Umsatz-, Gewinn-, Kosten-, und Aufwandszeitabschätzungen im Vordergrund.

Gültigkeitsbereich:

Die Methoden führen **nicht zwangsläufig zum Ziel**. Dem Anwender werden im Rahmen vor allem technischer Problemstellungen, insbesondere des Maschinenbaus, Anregungen gegeben, mit welchen Fragestellungen und Überlegungen Klarheit in die Aufgabenstellung zu bringen ist.

ENTWICKLUNGSAUFTRAG Auftragsnummer Erzeugnisnummer	Bezeichnung	Abteilung Projektleiter Tag Änderung

1 Beschreibung

Ersetzt Gerät:

Hierzu gehört Ablaufplan vom
Anforderungsliste vom

2 Veranlassung — zutreffende angekreuzt

- neues Arbeitsgebiet
- Ergänzung Geräteprogramm
- zu hohe Herstellkosten
- technische Mängel bestehender Geräte
- Marktlücke
- Anpassung an Stand der Technik
- Konkurrenzdruck
- Kundenwunsch
- sonstige

3 Umsatzerwartung U und geplanter Gewinn G

		U	G	U	G	U	G
günstig	Stück						
	Wert						
normal	Stück						
	Wert						
ungünstig	Stück						
	Wert						
Jahr		1		2		3	

	geschätzt	vor-kalkuliert	nach-kalkuliert
4 Kosten HK zulässige Herstellkosten VP angestrebter Brutto-Verkaufspreis			
5 Aufwand Entwicklung und Konstruktion bis endgültiger Genehmigung Entwicklung und Konstruktion danach Prototypenerstellung — Werkstattstunden, Material Sonderwerkzeuge, Maschinen Vorrichtungen bei Einzelfertigung bei Serienfertigung bis … Stück bei Serienfertigung über … Stück			
6 Zeitplan Monate bis zur endgültigen Genehmigung Monate danach bis Ablieferung durch Sonderfertigung Monate danach bis Ablieferung durch Serienfertigung			

7 Warenzeichen	BRD	International
zu beantragendes Warenzeichen festgelegtes Warenzeichen		

8 Genehmigungen

vorläufige Genehmigung — Serienfertigung / Einzelfertigung — endgültige Genehmigung

9 Schlußbemerkungen

Geprüft Tag

Bild 7.26 Zusammenfassendes Deckblatt eines Entwicklungsauftrages aus der Praxis

7.3.2 Systematisches Finden von Anforderungen

Eine Aufgabe besteht aus der Summe aller Anforderungen, wobei unter Anforderung die knappe und präzise Formulierung eines gewünschten Sachverhalts in der Sprache des Konstrukteurs verstanden wird. Anforderungen sind Soll-Eigenschaften, denen hinterher die Ist-Eigenschaften (Maschinenmerkmale) eines Produktes entsprechen sollen.

Die Gesamtheit der Anforderungen stellt also bereits eine abstrakte Beschreibung der Lösung dar. Die Informationen werden im Lösungsprozess nach und nach ergänzt, bis konkrete Maschinenmerkmale erhalten werden (siehe auch Quality Function Deployment, Kapitel 4.4.3) – Daraus erkennt man aber auch, dass die Anforderungsliste für ein sehr innovatives Produkt sehr kurz sein wird: Es werden nur die allerwichtigsten Anforderungen festgelegt. Sonst bestimmen die vielen Anforderungen bereits das zukünftige Produkt.

Der **wesentliche Lieferant der Anforderungen** ist der **„Endkunde"**, der spätere Nutzer des Produkts. Das geht auch aus Bild 7.27 hervor, in dem Kunde und Markt im Zentrum sind! Da bis zu diesem Endkunden aber oft mehrstufige Kunden-Lieferanten-Relationen bestehen, müssen **auch die Anforderungen der „Zwischenkunden"** berücksichtigt werden. Dies können z.B. Firmen sein, die dem Endkunden, dem Anlagenbetreiber, eine Anlage liefern (siehe Bild 2.7 und Bild 7.28). Gerade bei der globalen Verteilung der Nutzer entstehen Herausforderungen: Andere Länder, andere Sitten, andere Gewohnheiten, andere Standards! Hinzu kommt, dass heute der Kunde nicht nur nüchtern rational das Produkt nach seinen Vor- und Nachteilen beurteilt, sondern Erlebnisse – also Gefühle – damit sucht. (Beispiel iPhone). Das moderne Marketing ist darauf ausgerichtet. Eine VDI-Richtlinie 4520 „Produktmanagement" beschreibt Maßnahmen zur Integration von Vertrieb und Entwicklung. (Siehe Bild 4.39)

Bild 7.27 Quellen für Anforderungen. (Nach Lindemann) [86/3]

Schließlich gibt es noch Anforderungen des Herstellers selbst und von dessen Lieferanten. Man sollte versuchen, die Kette der Lieferanten von Anforderungen auf den Endkunden hin auszurichten (Bild 7.28). Andernfalls ergeben sich durch **„Kommunikationsmauern" Vergessen, Verfälschen und falsches Gewichten von Anforderungen**. Es ist ein unbedingtes Muss, dass Entwickler und Konstrukteure vor der Auftragserteilung einer kundengebundenen Lösung (Kapitel 5.1.4.6) direkt mit dem Endkunden verhandeln, wenn es um mehr als Routineaufträge geht. Ein weiterer Zweck solcher Gespräche ist auch, unerkannt teure Sonderlösungen nach Möglichkeit zu vermeiden und dem Kunden die **konstruktionsinterne Standardisierung zu „verkaufen"**. Bei der Einzel- und Kleinserienfertigung ist diese für einen Außenstehenden und dem Kollegen aus dem Vertrieb meist nicht erkennbar.

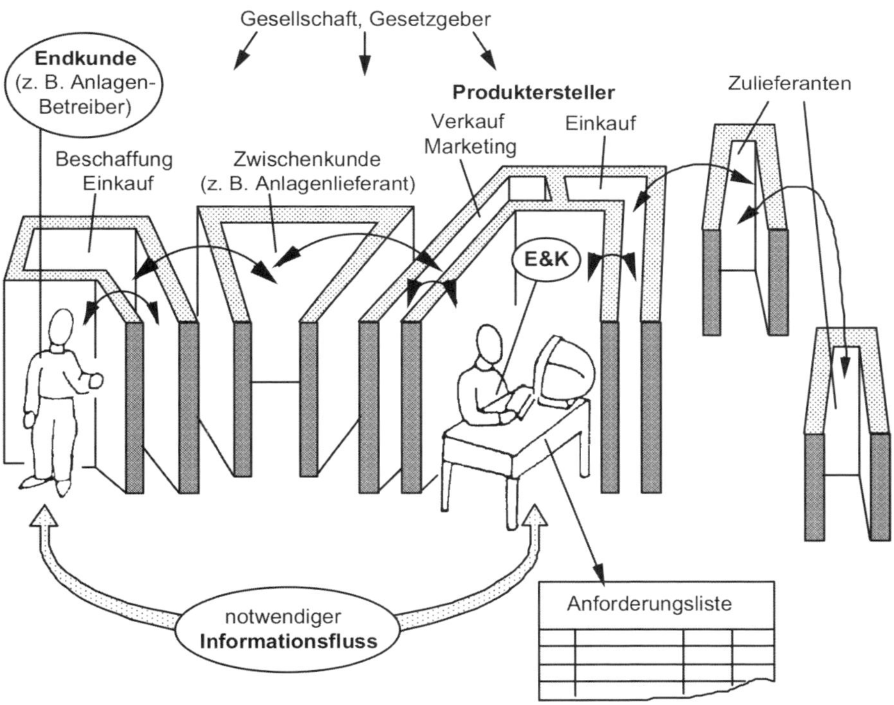

Bild 7.28 Mehrstufige Kette der Lieferanten von Anforderungen für die Anforderungsliste. Kommunikationsmauern verfälschen die Anforderungen!

Im Bild 7.28 ist oben mit den schwarzen Pfeilen gezeigt, welche gedanklichen und örtlichen Mauern die notwendige Kommunikation verhindern. Unten ist der Direktkontakt zum Endkunden angedeutet.

7.3.2.1 Arten von Anforderungen

Es gibt ausgesprochene **(explizite)** und unausgesprochene **(implizite)** Anforderungen, wie unten noch weiter erläutert wird. – Explizite Anforderungen lassen sich auf verschiedene Weisen klassifizieren, z. B. nach der Wichtigkeit, nach technisch-wirtschaftlichen und organisatorischen Aspekten sowie nach den einzelnen Lebensphasen des Produkts. Man kann auch nach der Ausrichtung der Anforderungsermittlung unterscheiden, z. B. nach der hersteller-, umwelt- und nutzerorientierten Anforderungsermittlung [1/7.3, 2/7.3]. Bei Anforderungen sollte man unterscheiden zwischen dem Merkmal und dessen Ausprägung. Zum Beispiel ist in Bild 7.29 der Gestängedurchmesser der Kopfstütze das Merkmal. Die Ausprägung ist z. B. 8 mm.

Im QFD (Kapitel 4.4.3) werden die Anforderungen auf Grund der Erfahrung mit Produkt-Vorläufern gewichtet. Man sollte danach die Intensität ihrer Bearbeitung richten (Zeitanteile für die Projektplanung). Dies ist analog zur Gewichtung von Bewertungskriterien (Kapitel 7.9.5). Diese Gewichtung kann als Unterscheidungsmerkmal zu existierenden Produkten vom Vertrieb oder Marketing gefordert werden: Bewusst festgelegte Verkaufsargumente oder „unique selling points".

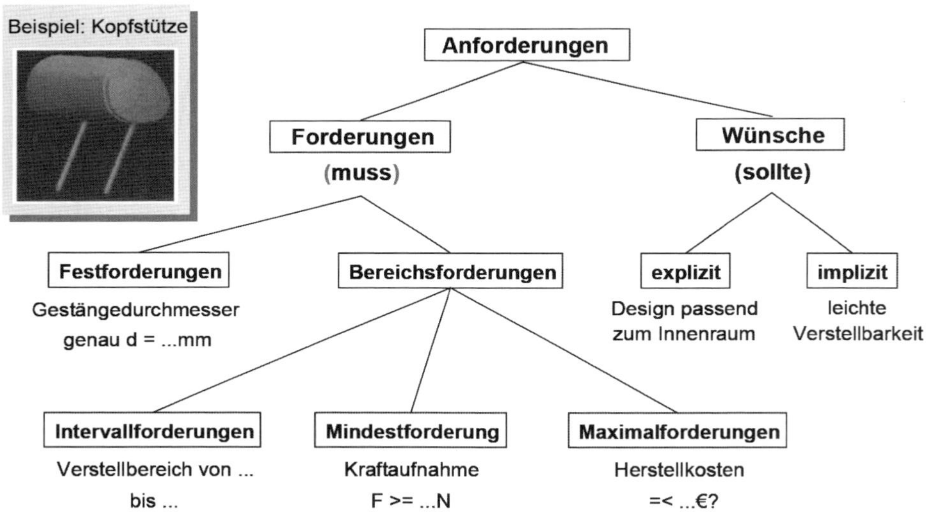

Bild 7.29 Gliederung der Anforderungen nach ihrer Wichtigkeit. (Beispiel Kopfstützen für einen Pkw nach Lindemann [8/7.3])

a) Gliederung der Anforderungen nach ihrer Wichtigkeit

Wenn die Anforderungsliste **zu viele Anforderungen** enthält, wird sie so unübersichtlich, dass niemand mehr sie liest. (S. Danner spricht von 1500 Anforderungen bei einer Autotüre!). Dann muss sie nach Wichtigkeit aufgeteilt werden.

Nicht jede Anforderung ist gleich wichtig. Deshalb empfiehlt sich eine Unterteilung der Anforderungen in

- **Forderungen** und
- **Wünsche**.

Forderungen müssen unter allen Umständen erfüllt werden. Sie sind ein „Muss"! Ein Lösungsvorschlag, der die Forderungen nicht erfüllt, ist nicht akzeptabel. Die Forderungen können in Fest- und Bereichsforderungen unterteilt werden und sollten nach Möglichkeit zahlenmäßig festgelegt werden (siehe Bild 7.29).

- **Festforderungen** sind (Muss-)Forderungen ohne Toleranzbereich.

  Beispiele für Festforderungen:

  - Der Gestängedurchmesser d muss ... mm haben.
  - Das Getriebegehäuse muss gegossen werden.
  - Der Videorecorder muss blu-ray fähig sein.
- **Intervallforderungen** sind Forderungen mit einer Intervallangabe

  Beispiele für Intervallforderungen:

  - Verstellbereich der Kopfstütze von ... bis ... mm.
  - Nötige Dicke des Bleches 2 +/− 0,2 mm.
- **Mindestforderungen** sind (Muss-)Forderungen mit einem Toleranzbereich nach oben, ab einem festgelegten Mindestwert. Demzufolge können Mindestforderungen mehr oder weniger gut erfüllt werden.

  Beispiele für Mindestforderungen:

  - Der Wirkungsgrad muss mindestens 95 % betragen.
  - Die Kraftaufnahmekapazität muss mindestens ... N sein.
- **Maximalforderungen** sind umgekehrt Forderungen miteinem Toleranzbereich unterhalb eines festgelegten Maximalwertes.

  Beispiel für Maximalforderungen:

  - Die Herstellkosten für die Kopfstütze dürfen maximal ... € betragen.
- **Wünsche** sollen nach Möglichkeit erfüllt werden. (Bei der QFD gibt es statt dessen unterschiedlich gewichtete Forderungen; Kapitel 4.4.3)

Analog zu den Folgefunktionen (Kapitel 7.4.2.2) gibt es auch **Folgeforderungen** und -wünsche. Diese entstehen dann, wenn man sich im Laufe des Konstruktionsprozesses für eine wichtige Teillösung entschieden hat. (Beispiel: Entscheidung bei einem Sonderfahrzeug für den Antrieb durch einen Elektro- statt einem Verbrennungsmotor. Der Elektromotor bringt keine Folgeforderungen aus der Abgasemission ein.)

Bei Produkten, die im Laufe der technischen Evolution relativ gleichartig geworden sind, sollte man sich „Begeisterungs-Anforderungen" überlegen, die in **„Begeiste-**

rungsmerkmale" münden. Denn die sind es dann am ehesten, die den Kunden zum Kauf veranlassen. (Beispiel: Von VW der 3- oder gar 1-Liter-Pkw; nach Kano in [9/7.3]; siehe auch Danner [10/7.3]).

Diese Gliederung der Anforderungen ist auch für die spätere Beurteilung der Lösungsvorschläge und -varianten von Bedeutung, da die Anforderungsliste die wichtigste Grundlage beim Finden von Bewertungskriterien ist (Kapitel 7.3.6 und Kapitel 7.9). – Lösungen, die Festforderungen nicht erfüllen, scheiden von vorneherein aus der Bewertung aus.

Bei einer **einfachen Lösungsauswahl** führen nicht erfüllte Forderungen zu einem Ausscheiden prinzipiell ungeeigneter Lösungsvorschläge.

Bei der späteren **Bewertung** der Lösungsvarianten (sie erfüllen mindestens die Forderungen) ist u. a. der Grad der Erfüllung von Bereichsforderungen, Wünschen und selbstverständlichen Anforderungen ein geeignetes Mittel zur Auswahl der besten Variante (Kapitel 7.9).

- Es gibt, wie oben erwähnt, auch Anforderungen, die nicht formuliert werden, weil sie **implizite** oder allgemein **selbstverständliche Anforderungen** sind, wie z. B. günstige Fertigung, leichte Montage, Kleinbau oder guter Wirkungsgrad. In besonderen Fällen, bei denen ein Produkt konstruktiv überarbeitet werden soll, weil es z. B. schlecht automatisch zu montieren ist, kann eine solche Anforderung ganz zentral werden. Sie wird zur **Hauptforderung** (Kapitel 6.5). Darunter kann man die zentrale, bestimmende Forderung für die Bearbeitung einer Entwicklung verstehen.
- Unangenehm bei der Aufgabenklärung sind implizite, **nutzerselbstverständliche Anforderungen**, also solche, die für den Nutzer des Produkts selbstverständlich sind, weil er täglich mit dem Produkt umgeht. So kann ein Endkunde z. B. keine Anschlagösen für Kranseile von stationären Maschinen fordern, weil er sie im Gegensatz zum Hersteller für selbstverständlich hält.
- Oftmals **widersprechen sich Anforderungen**. Bei solchen Zielkonflikten (zur Unterscheidung von Zielen und Anforderungen siehe Kapitel 3.3.2 b) muss entsprechend den gesetzten Prioritäten ein Kompromiss gefunden werden.[2] Es lassen sich generell folgende Beziehungen zwischen Anforderungen unterscheiden (siehe Bild 7.30):
  - **Zielkonflikt**: Die Anforderungen widersprechen sich (zumindest teilweise); Beispiel: Möglichst preisgünstiger Cabrio-Pkw – möglichst automatisch öffnendes Verdeck.

2) Manchmal lassen sich solche Zielkonflikte auch mittels neuer technologischer Entwicklungen auflösen. Z. B. „harte Federung" und „weiche Federung" war früher eine einmal feststehende Wahl gemäß der Philosophie des Automobilherstellers. Heute können mechatronische Fahrwerkssysteme angeboten werden, bei denen der Fahrer per Knopfdruck zwischen „sportlicher" und „bequemer" Variante wählen kann.

- **Zielunabhängigkeit:** Die Anforderungen betreffen voneinander unabhängige Eigenschaften des gesuchten Produkts; Beispiel: Möglichst schneller Pkw – möglichst gutes Heizungssystem.
- **Zielunterstützung:** Die Anforderungen beziehen sich auf Eigenschaften, die ähnliche Maschinenmerkmale erfordern; Beispiel: Hohe Fahrsicherheit – hoher Innenraumkomfort.

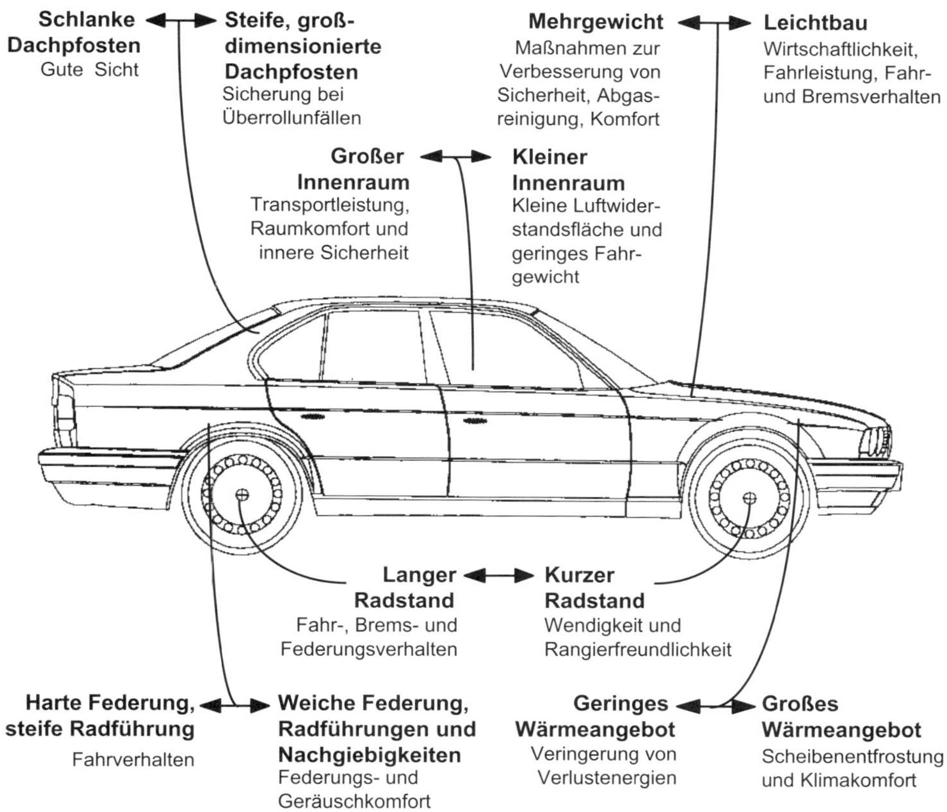

Bild 7.30 Zielkonflikte im Automobilbau [3/7.3]

Zielkonflikte wurden erstmalig praxisnah von Eiletz untersucht [11/7.3]. Sie werden meist am Anfang nicht offen ausgesprochen, sind oft unbewusst schwelend, bis sie dann erst beim Prototyp zum Ausbruch kommen, wenn schon viel unnütze Entwicklung investiert ist. Eiletz gibt Handlungsempfehlungen, um die Konflikte früh zu erkennen, die Diskussion möglichst früh aufzunehmen und einen Kompromiss zu finden.

b) Gliederung der Anforderungen nach inhaltlichen Klassen und nach Produktlebensphasen

Wie Bild 7.31 zeigt, kann man Anforderungen in verschiedene Klassen einteilen, wie z.B. in technisch-wirtschaftliche und organisatorische Anforderungen, die dann noch tiefer untergliedert werden können. Sehr fruchtbar ist auch die Ermittlung von Anforderungen über die gedankliche Vorwegnahme von Lebensphasen, die das Produkt durchlaufen wird (Bild 2.26; 2.27).

Dabei beeinflusst das Produkt sowohl seine Umgebung, wie es andererseits auch von ihr beeinflusst wird. Fremdeinwirkungen (z.B. Kurzschluss, Blitz, Hochwasser, Verschmutzung oder Bedienungsfehler) wirken auf das Produkt; Geräusch, Schwingungen, stoffliche Emissionen sind Auswirkungen des Produkts auf seine Umgebung. – In Bild 7.31 sind nur beispielhafte Stichworte zum Lebenslaufbezug angegeben.

7.3.2.2 Hilfsmittel für das Ermitteln von Anforderungen

Gegen Vergessen sollte man **Checklisten** einsetzen, wie eine in Bild 7.31 beispielhaft gezeigt wird (siehe auch Bild 7.33). Trotzdem kann man besonders bei neuen Produkten und ungewohnten Situationen auch damit nicht mit Sicherheit Lücken in den Anforderungen ausschließen. In diesem Zusammenhang gilt der alte Spruch: „Man kann kaum so verrückt denken, wie es dann in der Praxis passiert“. Zweckmäßig ist es deshalb, auch **im interdisziplinären Team** (z.B. auch mit Serviceleuten und Kundenmonteuren!) seine Phantasie walten zu lassen.

Welche Schäden eintreten, wenn man das nicht tut, zeigt folgendes **Beispiel:**

Im Winter 1987 brach der Münchner S-Bahnverkehr zusammen, weil sich die **Schiebetüren** bei minus 20 °C nicht mehr öffneten. Die S-Bahnzüge waren aber im Entwicklungsstadium bei weit tieferer Temperatur getestet worden. Leider hatte man die Anforderung vergessen, das Türeöffnen bei vorher nassem Zug zu erproben. Darauf war offenbar niemand gekommen. In der Realität trat aber das ein: Eis schmolz im Innenstadttunnel und fror beim Herausfahren wieder fest. **Schwenktüren** wie im Busbetrieb einzubauen hätte damals nachträglich ca. 40 Mill. Euro gekostet: Bild 7.32. Das Ergebnis war zunächst eine neue Frage in der Checkliste: „Wird der Wagen bei Frost kurzzeitig aufgetaut?“ – Wie man sieht, können vergessene Anforderungen und Eigenschaften sehr erhebliche Auswirkungen haben.

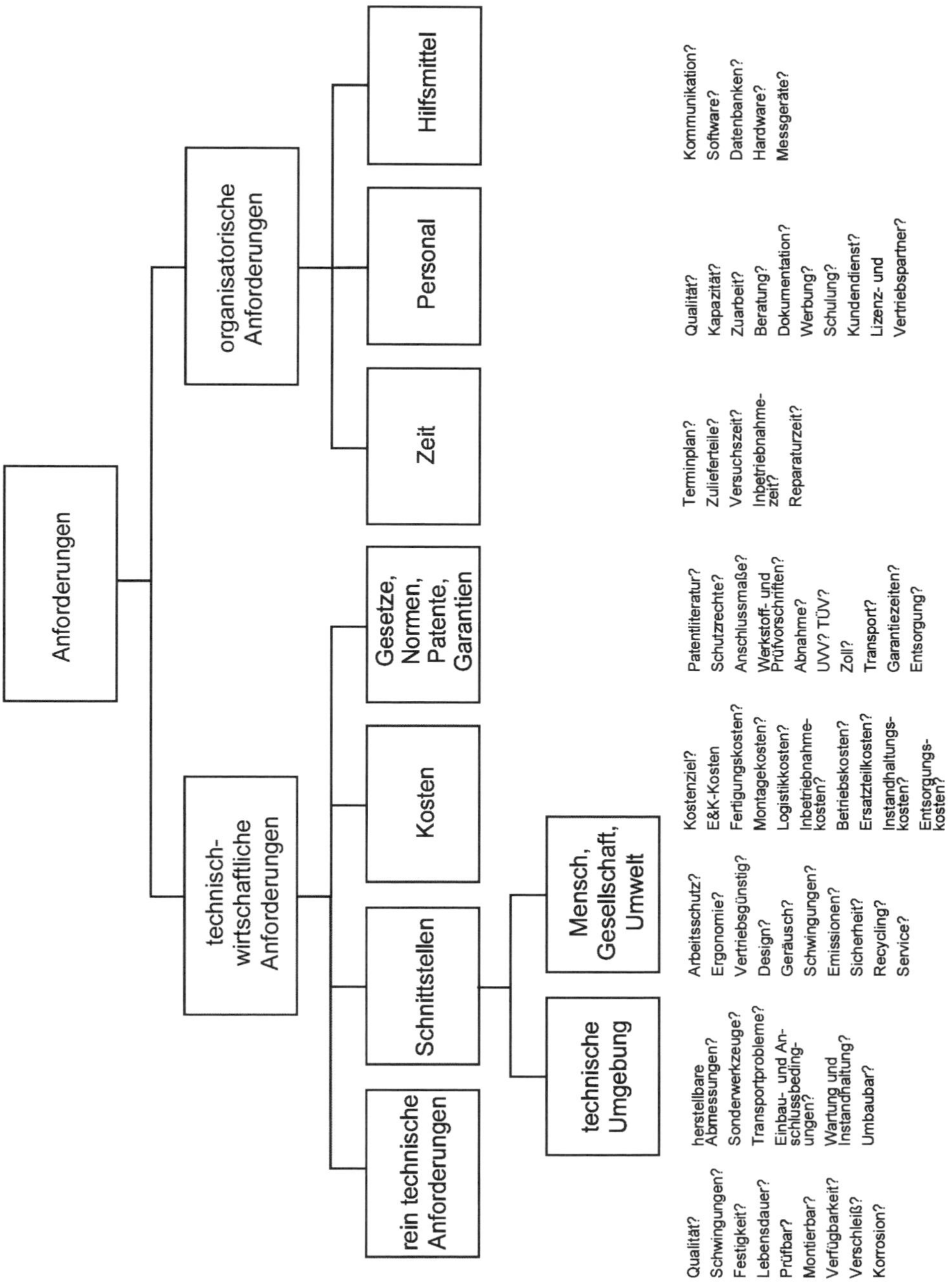

Bild 7.31 Anforderungsarten mit einigen lebenslauforientierten Fragen

Bild 7.32 Münchner S-Bahn-Türen 1987. Links die Schiebetüre, die einfror. Rechts die Schwenktür als frostsichere Lösung. [86/3]

Hilfsmittel gegen Vergessen oder fehlerhafte Festlegung von Anforderungen sind:

- **Checklisten, Klassifikationen** (Bild 7.31),
- **Leitlinie** (Bild 7.33),
- **Fragelisten** für **nicht-technische Fragen**: (Bild 7.34),
- **Fragebögen** an Endkunden,
- **Gespräche** mit Endkunden, Nutzern, Serviceverantwortlichen und Kundenmonteuren unter Einsatz obiger Listen,
- **Aufgabenklärung** im **interdisziplinären Team**,
- **Erstellen eines Polaritätsprofils (Semantisches Differenzial)**

Nachfolgend sollen noch einige Erläuterungen hierzu gegeben werden. Die im Bild 7.33 gezeigte technische **Leitlinie** zum Aufstellen einer Anforderungsliste geht von den Hauptmerkmalen Geometrie, Kinematik, Kräfte, Energie, Stoff, Signal usw. aus und bewirkt zusammen mit den aufgeführten Beispielen Assoziationen zu weiteren Anforderungen beim Bearbeiter. Sie ist als Ergänzung zu der lebenslauforientierten Checkliste Bild 7.31 vorwiegend nach technischen Hauptmerkmalen aufgebaut.

Aber nicht nur technische Fragen sind nötig. Hacker hat in der Praxis festgestellt, dass gerade nicht-technische Fragen sehr hilfreich sind [52/7.5]. In der Luftfahrt, Medizin und Energieerzeugung hat sich ein System nichttechnischer Befähigungen bewährt. Deshalb zeigt Bild 7.34 ein Beispiel für eine solche Liste nichttechnischer Fragen, die die obige technische Leitlinie ergänzen soll.

Hauptmerkmal	Beispiele
Geometrie	Größe, Höhe, Länge, Durchmesser, Raumbedarf, Anzahl, AnordnungAnschluss., Ausbau und Erweiterung
Kinematik	Bewegungsart, Bewegungsrichtung, Geschwindigkeit, Beschleunigung
Kräfte	Kraftgröße, Kraftrichtung, Krafthäufigkeit, Gewicht, Last, Verformung, Steifigkeit, Federeigenschaften, Stabilität, Resonanzen
Energie	Leistung, Wirkungsgrad, Verlust, Reibung, Ventilation, Zustandsgrößen wie Druck, Temperatur, Feuchtigkeit, Erwärmung, Kühlung,Anschlussenergie, Speicherung, Arbeitsaufnahme, Energieumformung
Stoff	Physikalische, chemische, biologische Eigenschaften des Eingangs- und Ausgangsprodukts, Hilfsstoffe, vorgeschriebene Werkstoffe (Nahrungsmittelgesetze u. ä.),Materialfluss und Materialtransport, Logistik
Signal	Eingangs- und Ausgangssignale, Anzeigeart, Betriebs- und Überwachungsgeräte, Signalform
Sicherheit	Unmittelbare Sicherheitstechnik, Schutzsysteme, Betriebs-, Arbeits- und Umweltsicherheit
Ergonomie	Mensch-Maschine-Beziehung: Bedienung, Bedienungsart, Übersichtlichkeit, Beleuchtung, Formgestaltung
Fertigung	Einschränkung durch Produktionsstätte, größte herstellbare Abmessungen, bevorzugtes Fertigungsverfahren, Fertigungsmittel, mögl. Qualität und Toleranzen
Kontrolle	Mess- und Prüfmöglichkeit, besondere Vorschriften (TÜV, ASME, DIN, ISO, AD- Merkblätter)
Montage	Besondere Montagevorschriften, Zusammenbau, Einbau, Baustellenmontage, Fundamentierung
Transport	Begrenzung durch Hebezeuge, Bahnprofil, Transportwege nach Größe und Gewicht, Versandart und -bedingungen
Gebrauch	Geräuscharmut,Verschleissrate, Anwendung und Absatzgebiet, Einsatzort (z. B. schwefelige Atmosphäre, Tropen)
Instandhaltung	Wartungsfreiheit bzw. Anzahl und Zeitbedarf der Wartung, Inspektion, Austausch und Instandsetzung, Anstrich, Säuberung
Recycling	Wiederverwendung, Wiederverwertung, Endlagerung, Beseitigung
Kosten	Zul. Herstellkosten, Werkzeugkosten, Investition und Amortisation, Betriebskosten
Termin	Ende der Entwicklung, Netzplan für Zwischenschritte, Lieferzeit

Bild 7.33 Technische Leitlinie mit Hauptmerkmalen zum Aufstellen einer Anforderungsliste im Sinne einer life-cycle-Betrachtung. (Nach Pahl/Beitz) [4/7.3]

„Wer gescheit fragt, bekommt eine gescheite Antwort.“ Diese Binsenweisheit gilt auch bei der Aufgabenklärung. Ein Auftraggeber setzt häufig vieles als selbstverständlich voraus, was eben nicht selbstverständlich ist. „Wer sich einschließt, konstruiert leicht am Ziel vorbei!“ Das bedeutet eine gewisse Offenheit des Konstrukteurs und Verständnis beim Auftraggeber. Fragebögen für Endkunden werden bei immer wieder ähnlichen Produkten und Problemen vor oder zusammen mit einem ersten Angebot verschickt. Die Fragetechnik ist auch allgemein vorteilhaft, nicht nur für die Aufgabenklärung. (Siehe Kapitel 7.10.5 z. B. die W-Fragen in Bild 4.48)

Problem-schwerpunkt	Was war der eigentliche Anlass für die Aufgabe? Was ist das eigentliche Entwicklungsziel? Wo liegt das eigentliche Problem? Hauptforderung?
	Welche Eigenschaften muss das Produkt haben? Welche darf es nicht haben?
	Welche Wünsche und Erwartungen sind selbstverständlich?
	Was waren die bisherigen Beanstandungen und Schwachstellen? Welche hat die Konkurrenz? Wo ist die Konkurrenz besser?
	Wer hat die Forderungen und Wünsche formuliert? Kann man rückfragen?
Widersprüche	Welche Anforderungen widersprechen einander? Welche schließen sich völlig aus?
Unterstützungen	Welche unterstützen sich? Welche beeinflussen einander?
Freiheiten	Welche Randbedingungen, Restriktionen sind eventuell doch veränderlich? Wo liegen Gestaltungsfreiheiten und offene Wege? Können Systemgrenzen verschoben werden? (Kapitel 7.3.4)
	Wie sieht das ideale Produkt aus?

Bild 7.34 Nichttechnische Fragen zur Aufstellung einer Anforderungsliste. (Nach Hacker [52/7.5])

Zum Polaritätsprofil oder **Semantisches Differenzial** folgende Anmerkungen: Darunter versteht man ein Verfahren, das in der Psychologie entwickelt wurde, um herauszufinden, welche gefühlsmäßigen Vorstellungen Personen mit bestimmten Begriffen, Sachverhalten oder Planungen verbinden.

Bei einer derartigen Kundenbefragung verwendet man keine direkten Fragen wie: Was halten Sie von ...? Woran denken Sie bei ...? Stattdessen werden die Personen indirekt befragt, indem man ihnen die Möglichkeit gibt gefühlsmäßig mitzuteilen, wie stark sie z. B. den Begriff „Design" mit bestimmten Eigenschaften verbinden. Sie bekommen dazu eine Reihe von Eigenschaftspaaren wie „groß - klein", „stark - schwach" und können jeweils angeben, ob sie „Design" eher mit „groß" oder „klein" verbinden und in welchem Maße sie das tun. - Die Befragten sollen den Zusammenhang zwischen dem Begriff und den Eigenschaftspaaren nicht sofort erkennen. Sie geben dann weniger die vom Fragensteller möglicherweise erwartete Antwort.

Durch die Verbindung der einzelnen Wertungen entsteht ein Polaritätsprofil, das mit Hilfe der Berechnung von Mittelwert und Streuungsmaß ausgewertet wird. Mehr Informationen in der Literatur [13/7.3] und in Wikipedia.

7.3.3 Aufgabenklärung und Systemabgrenzung mittels Black-Box

Bei Konstruktionsproblemen mit dem Schwerpunkt auf der Konzepterstellung sind die Funktionsanforderungen am wichtigsten. Um diese zu ermitteln, benutzt man die Black-Box-Darstellung. Sie dient dazu, sich klar zu werden, was die Maschine nur eigentlich bewirken soll, und um die Formulierung des Kernproblems zu erleichtern.

Die gesuchte Maschine wird durch einen **schwarzen Kasten (Black-Box)** repräsentiert, der als höchste Abstraktion des zu erstellenden Systems anzusehen ist.

Eine Black-Box hat demnach **Ein- und Ausgänge an den Systemgrenzen**, über die die Umgebung durch das Umsatzprodukt mit dem System kommuniziert. Nach dem Zeichnen der Black-Box muss zunächst geklärt werden, welches Umsatzprodukt die Maschine verändern soll. Danach werden der vorliegende gegebene, evtl. unerwünschte, sowie der gesuchte gewünschte Zustand des Umsatzprodukts am Ein- und Ausgang der Black-Box formuliert und die **Zustandsänderung** stichpunktartig beschrieben (Bild 2.3).

Dabei ist es zweckmäßig, sich auf die wesentlichen Größen zu beschränken und z. B. nicht alle denkbaren Eigenschaften der Umsatzprodukte aufzuzählen. Skizzen erleichtern die Vorstellung (Bild 2.11).

7.3.4 Problemanalyse durch Systemgrenzenverschiebung

Die Systemgrenzenverschiebung kann hilfreich sein, wenn es darum geht, ein Problem klarer zu erkennen oder einen ins Stocken geratenen Lösungsprozess wieder zu aktivieren.

Systemgrenzenverschiebung:

Eine Systemgrenzenverschiebung kann sowohl eine **Ausdehnung** wie auch eine **Verringerung der Systemgrenzen** bewirken. Im ersten Fall versucht man, Teile der Systemumgebung, z. B. Anschlusssysteme, mit in die Problemlösung einzubeziehen, und definiert ein übergeordnetes Problem. Im zweiten Fall konzentriert man sich auf das Wesentliche, das Kernproblem, und vernachlässigt unbedeutende Teilprobleme.

Praxisbeispiel: Umkonstruktion eines Sicherheitsstiftes

Einer der Verfasser wurde zu einer Firma gerufen, wo man ihn in der Entwicklungsabteilung für Bremsen von Eisenbahnfahrzeugen bat, einen Verbesserungsvorschlag für den Sicherungsstift einer Scheibenbremse zu machen.

Wie Bild 7.35 zeigt, ist eine innenbelüftete Grauguss-Bremsscheibe mit einer Stahlgussnabe über Schwerspannhülsen verbunden. Die Nabe selbst ist auf einer

Radwelle des Fahrzeugs aufgeschrumpft. Da die Grauguss-Bremsscheiben beim Bremsen hohe Temperaturen erreichen, müssen sie wegen der Wärmedehnung radial nachgiebig mit der kühleren Stahlgussnabe verbunden werden. Hierzu dienen die Schwerspannhülsen, die an mehreren Stellen des Umfangs radial eingepresst werden. Damit sie durch die Fliehkraft nicht wieder radial nach außen wandern, wurden sie durch einen gehärteten Sicherungsstift (parallel zur Achsrichtung der Welle) in der Graugussnabe festgehalten.

Das ursprüngliche **Problem** war nun, dass durch Reibkorrosion die Sicherungsstifte durchgescheuert wurden (Bild 7.35, rechts) und die Sicherung damit funktionsunfähig war. Die Schwerspannhülsen wanderten aus, wodurch die Bremsen versagten. Das war nur im Ausland auf besonders schlechten Strecken mit hohen Wellenschwingungen der Fall. Die zugehörige Kostenlawine kann man sich vorstellen.

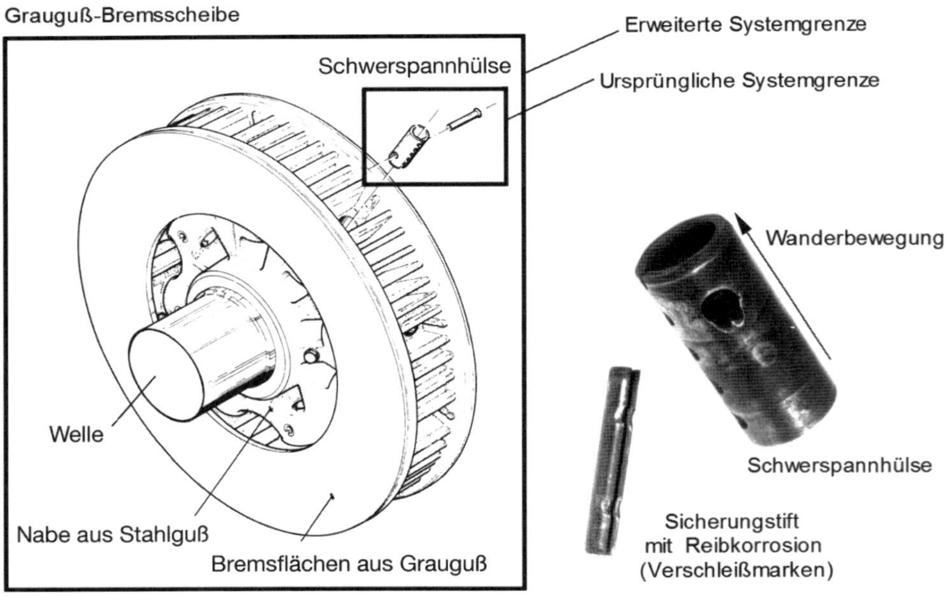

Bild 7.35 Scheibenbremse für eine Fahrzeugwelle

Die ersten Fragen bezogen sich auf die **ursprüngliche Systemgrenze:** Schwerspannhülsen und Sicherungsstift (Bild 7.35, Mitte). Waren eine sinnvolle Veränderung des Werkstoffs, der Härte, der Toleranzen, der Abmessungen von Nutzen? All das war schon ohne Erfolg getestet worden (korrigierendes Vorgehen, aber ohne eigentliche Schwachstellenkenntnis: Kapitel 5.1.4.3).

Es blieben nur noch Fragen bezüglich einer **erweiterten Systemgrenze,** die sich auf die ganze Bremse, das Fahrzeug und die Strecke bezogen.

Nachdenklich machte die Aussage, dass die Schwerspannhülsen in manchen Fällen auch nach innen, entgegen der Fliehkraft, wanderten und sich in die Stahlgussnabe einarbeiteten. Wie der Autor Ehrlenspiel feststellen konnte, kannte man den Mechanismus der eigenartigen Wanderbewegung nicht. Damit war die „Schlüsselfrage" gestellt. Dementsprechend war das ursprüngliche Problem, den Sicherungsstift widerstandsfähiger zu machen, übergegangen in ein neues Problem: Den Wandermechanismus der Schwerspannhülsen aufzudecken. Der Gedanke dabei war, dass bei Ausschalten dieses **Wandermechanismus der Sicherungsstift** eigentlich überflüssig ist und nur zur letzten Absicherung dient.

Es wurde ein Simulationsprüfstand für die Grauguss-Bremsscheibe und die Stahlgussnabe konstruiert, bei dem zwei Metallplatten, die durch eine Schwerspannhülse verbunden waren, gegeneinander schwingend bewegt wurden. Und tatsächlich, bei bestimmten Schwingungen fing die Schwerspannhülse an zu wandern. Es stellte sich schließlich ein Wandermechanismus heraus, der analog zum Herauswandern eines Korkens aus einer Flasche war, bei welcher der schon herausschauende Korken von Hand immer wieder hin und her gebogen wird. Der Korken entspricht dabei der Schwerspannhülse, das Flaschenloch der Bohrung in der Bremsscheibe und das Hin- und Herbiegen den Relativschwingungen zwischen Bremsscheibe und Nabe. Es konnten einige konstruktive und fertigungstechnische Maßnahmen angegeben werden, das Wandern gezielt zu verhindern. Damit war das Problem gelöst [5/7.3].

Man erkennt daraus, wie wichtig eine intensive Problemanalyse ist. Die ursprüngliche Systemgrenze um den Sicherungsstift mit dem mutmaßlichen Verschleißproblem wurde erweitert. Erst die Betrachtung der ganzen Bremsscheibe mit Nabe und Scheibe brachte die wirkliche Ursache zu Tage, das Schwingungswandern der Spannstifte.

7.3.5 Aufgabenanalyse durch Abstraktion

Je enger und konkreter die Problemstellung und letztlich sämtliche Forderungen formuliert sind, desto kleiner wird die mögliche Lösungsvielfalt. (Bild 2.16 unten). Abstraktion macht umgekehrt mehr Lösungen möglich (**Suchraumverengung bzw. -erweiterung:** Bild 2.16 oben). Neben der obigen Systemgrenzenverschiebung dient auch die oft damit verbundene Abstraktion zur Klärung des eigentlichen Problems, aber auch zur Festlegung des Suchfeldes. „Problemlösen heißt sich vom Problem lösen" (Linde [6/7.2].

Die Abstraktion führt meist zum Oberbegriff für ein Phänomen und damit zu einer größeren Lösungsmenge. (Siehe Kapitel 10).

1. Beispiel: Wagenheber

In Bild 7.36 ist die Funktion eines Wagenhebers durch die Ein- und Ausgänge einer Black-Box dargestellt.

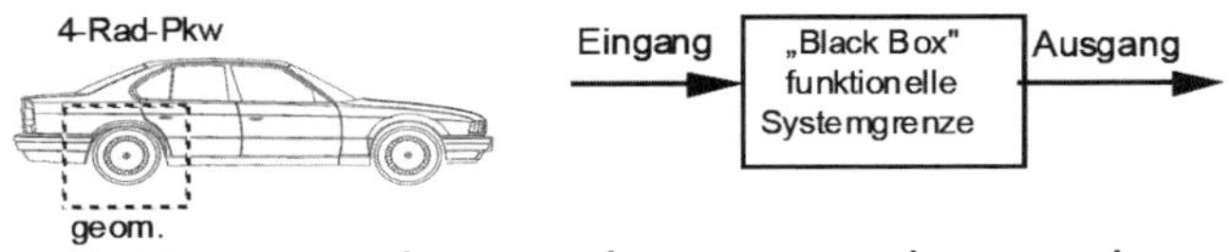

spezielle Formulierung → Frage: Worauf kommt es eigentlicht nur an? → abstrakte Formulierung

Abstraktionsstufe	Eingang	Ausgang	mögliche Lösungen
1	horizontale Drehbewegung von Hand	Anheben der Pkw-Karroserie in Radnähe	üblicher Wagenheber mit Handkurbel, mechanisch
2	beliebige Bewegung eines Menschen		Lösung 1 und Wagenheber mit "hin- und her-" und "auf- und abgehender" Bewegung, mech. und hydraul. Übersetzung (auch Fußbetätigung)
3	beliebiger Energieeinsatz, sofern an der Straße verfügbar		Lösung 1, 2 und elektr., hydraul., pneum. Antrieb vom Motor gespeist, gesonderter Fluid-Zylinder an Karosserie, aufblasbares Kunststoffkissen
4		Entlastung eines beliebigen Rades	Lösung 1 bis 3 und Aufpumpen von nur 3 hydropneumatischen Radfedern, Einfahren in eine Grube mit einem Rad
5 Ursache der Aufgabe: Warum wurde sie gestellt? Systemgrenzenerweiterung	Radpannen verhindern, so dasskein Notwechsel nötig ist (damit werden Aufgabe und Gerät unnötig)		Reifen mit Selbstdichtung, Reifen mit Kunststoffüllung, Vollgummireifen

Bild 7.36 Abstraktion des Problems „Wagenheber"

Die Eingangsbewegung am Wagenheber (von Hand oder maschinell) wird in eine Ausgangsbewegung der Pkw-Karosserie umgeformt. Natürlich ist der zugehörige Energieeinsatz ebenfalls angesprochen. Man sieht, wie mit zunehmender Abstraktion und Systemgrenzenverschiebung immer mehr Lösungen möglich werden.

In der Abstraktionsstufe 5 wird schließlich die Ursache-Wirkungs-Kette aufgedeckt, aufgrund derer der Wagenheber überhaupt nötig wird. In einer Systemgrenzenerweiterung wird das Problem des pannenfreien Rades formuliert. Damit würden Wagenheber und Reserverad unnötig.

2. Beispiel: Zweischalenwecker

Die Aufgabe nach Bild 7.37 bestand in der Kostensenkung an einem **„Zweischalenwecker"**, z. B. für ein Telefon. Dies war der unmittelbare Anlass für eine nachfragende Firma. Nahe liegend wären demnach z. B. die Änderung des bisher für die Schalen benutzten Messingwerkstoffes in Stahl oder eine Änderung der Fertigungsvorgänge gewesen. Damit wäre man in der ursprünglichen Systemgrenze verblieben.

Durch Abstraktion der „Schalen" kam man zur Beschreibung „Zwei-Ton-Wecker". Damit werden in dieser ersten Abstraktionsstufe eine Reihe weiterer Lösungen zur Erzeugung von zwei Tönen erschlossen, die zum Teil kostengünstiger als der Zweischalenwecker sind.

In einer zweiten Abstraktionsstufe erhält man den Oberbegriff **„akustischer Wecker"** und damit den Zugang zu allen entsprechenden Möglichkeiten von Weckern.

Eine dritte Abstraktionsstufe führt zu der bloßen Forderung **„Wecken"**, die neben einem akustischen auch pneumatisches, optisches, mechanisches usw. Wecken zulässt. Eine weitere Abstraktion würde das Wecken selbst in Frage stellen und damit die Systemgrenze „Wecken" verlassen. (Analogie zu Bild 7.36).

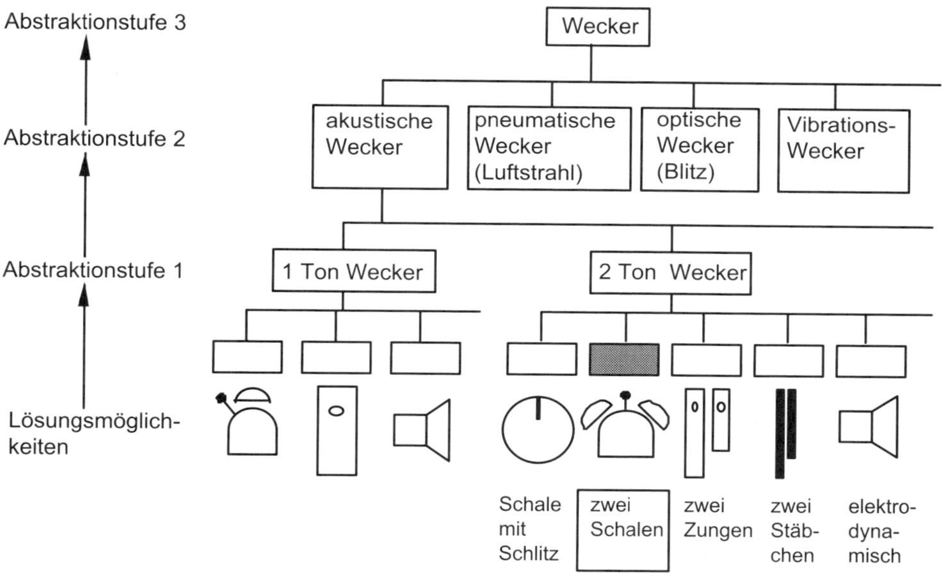

Bild 7.37 Abstraktion des Problems „Zweischalenwecker"

Wie weit jeweils abstrahiert werden soll, hängt von der gewünschten Lösungsvielfalt bzw. der Anwendungsbreite einer Lösung ab. Die **Abstraktion muss sich auf die Forderungen beziehen, die die Zahl der Lösungen unnötig einschränken** (wie z. B. oben die Forderung nach Schalen), nicht auf Forderungen, von denen man im Interesse des Auftraggebers nicht absehen kann, wie z. B. nach einem akzeptablen Klang.

In Grenzbereichen der Abstraktion findet also, wie gezeigt, häufig eine Systemgrenzenverschiebung statt.

Abschließend soll aber davor gewarnt werden, jeweils möglichst abstrakt zu formulieren. Viele Aufgabenstellungen sind zu Beginn der Bearbeitung bereits zu abstrakt formuliert. Für eine Erfolg versprechende Bearbeitung ist dann oft eine **Konkretisierung** und damit Einschränkung auf ein enges, dafür aber vollständig bearbeitbares Suchfeld zu empfehlen.

7.3.6 Erstellen einer Anforderungsliste und Anforderungsmanagement

Eine Anforderungsliste wird meist **aus einem Lastenheft des Kunden- oder Pflichtenheft** z. B. des **Vertriebs** erstellt. (DIN69901 und DIN 69905 [12/7.3]). Sie ist deren Umformung in die Begriffswelt und Notwendigkeiten der Konstruktion. Im Pflichtenheft beschreibt der Produkthersteller, welche Kundenanforderungen anstehen und umgesetzt werden. (DIN 66 905). Es sind vertragliche Bestandteile enthalten. Es sollte vom Auftraggeber genehmigt werden. Es ist notwendig, daraus eine betriebsintern vereinbarte **verbindliche Form** einer **Anforderungsliste** festzulegen, denn sie ist für die ganze Produkterstellung, d. h. für viele Abteilungen, ein wichtiges Dokument. Sie ist zum einen integrativ, begleitet zum anderen aber auch die Produkterstellung. Ein einfaches Beispiel zeigt Bild 5.11 (siehe Bild 4.62; 8.3). Anregungen zum Finden und Strukturieren von Anforderungen kann man aus dem Lebenslauf-Bild 4.1 entnehmen und den Gliederungen von Anforderungen in Bild 7.31 und der Produkteigenschaften in Bild 2.8.

Das Dokument sollte **folgende Informationen** enthalten:

- Den Gegenstand, eine Auftragsnummer, die Projektnummer.
- Eine laufende **Nummer** für alle **Anforderungen**, die mit **Zahlenwert, Toleranz und Dimension** eingetragen werden. Sie sollen so konkret wie möglich und nur so abstrakt wie zweckmäßig eingetragen werden. Je detaillierter eine Anforderungsliste ist, um so stärker wird die Zahl der möglichen Lösungen eingeschränkt. Doppelungen müssen auf eine Anforderung reduziert werden. Widersprüchlichkeiten müssen geklärt und u. U. gekennzeichnet werden.
- Eine Angabe, ob es sich um eine **Forderung F** („muss") oder einen **Wunsch W** („kann") handelt (Bild 7.29). **Hauptforderung** kennzeichnen (Kapitel 6.5). (Es muss nicht unbedingt zwischen Forderung F und Wunsch W unterschieden werden, wenn der Unterschied bei den Zahlenwerten und Toleranzen erkennbar wird.)
- Den **Namen** des Eintragenden und das **Datum**.
- Die **Quelle** der Anforderung, so dass bei Änderungen oder Präzisierungen dort nachgefragt werden kann. Außer dem Kunden (Nutzer) können z. B. noch folgende „Stakeholder" Anforderungen stellen: Vertrieb, Marketing, Entwicklung, Fertigung, Montage, Versuch, Ergonomie, Industrial Design, Service, Versand.
- Eine Möglichkeit, Änderungen oder Ergänzungen vorzunehmen.
- **Offene Fragen** als unbeantwortet kennzeichnen.

- Eine sinnvolle **Gliederung** (z. B. nach Bild 7.31), so dass man sich schnell zurechtfindet. Zweckmäßig ist dabei auch eine Möglichkeit, hierarchisch oder nach Teilobjekten zu gliedern (z. B. Antriebstechnik, Grundmaschine, Steuerungstechnik, Software), so dass verschiedene Abteilungen ihren Anteil an der gemeinsamen Anforderungsliste zunächst getrennt erarbeiten können.
- Auch u. U. **Lösungen**, Zeichnungen von angrenzenden Systemen oder auch vom zu konstruierenden Produkt, wenn bestimmte Teilsysteme bereits festgelegt sind (z. B. bei Anpassungs- und Variantenkonstruktionen).

Anforderungslisten sollen möglichst im interdisziplinären Team erstellt, mindestens geprüft und vom federführenden Entwicklungs- oder Projektleiter verantwortet und unterschrieben werden. Damit bekommt dieser auch einen Überblick über spätere wesentliche Änderungen, die u. U. Qualitäts-, Zeit- und Kostenprobleme verursachen.

Die Erstellung der Anforderungsliste vereinfacht sich, wenn auf ähnliche Produkte, und somit ähnliche Anforderungslisten zurückgegriffen werden kann. Dann liegt schon eine Standardliste vor, die nur ergänzt werden muss.

Anforderungsmanagement

Anforderungslisten und die enthaltenen Anforderungen müssen im Anforderungsmanagement während der ganzen Produktentwicklung aktualisiert und nach Änderungen jeweils freigegeben werden. Es gibt z. B. Folgeanforderungen aufgrund gewählter Lösungselemente). Der Prozess muss auf dem Rechner zurückverfolgt werden können. Es gibt Software zu ihrer Erstellung und Aktualisierung [6/7.3].

Anforderungslisten sollen also einem **Änderungsdienst**, wie er bei Zeichnungen üblich ist, unterworfen werden Ferner muss man die „lebende", d. h. zunehmend präziser werdende Anforderungsliste, ebenso wie die Produktdokumentation („design freeze"), irgendwann mal im Prozess „einfrieren". Man muss einen **Änderungsstopp** definieren. (Zum Änderungsmanagement allgemein: Siehe Kapitel 7.10.4c; Kapitel 9.4.4.2). Das Anforderungsmanagement ist besonders in der Softwaretechnik und bei der Bestellung großer Systeme durch Vorschriften geordnet. Die Betonung des **Anforderungsmanagements** ist in der Automobilindustrie schon wegen der Komplexität des Objekts und des Unternehmens wichtig. – Es ist üblich Anforderungen in mehreren Stufen immer mehr zu verfeinern. – Mit der Unternehmensleitung wird eine Liste von z. B. bis zu 50 Eigenschaften definiert, die dann für die nächste Managementebene z. B. in eine Excel-Liste von einigen hundert Eigenschaften verfeinert werden. – Die weiteren Stufen gehen von einer Datenbank aus, die eine Basis für alle relevanten Fachbereiche liefert. – Der Entwickler kann sich dann am Arbeitsplatz seine Anforderungen (z. B. für eine Pkw-Lenkung) holen und ebenso die früherer ähnlicher Bauteile bzw. die von Zulieferanten. Er erstellt dann auch neue Lastenhefte z. B. für Lieferanten. – Es ist klar, dass die Abstimmung mit allen beteiligten Fachbereichen erfolgen muss und ebenso das zugehörige Änderungsmanagement. Dabei sind nicht nur technische, sondern auch terminliche und kostenmäßige Eigenschaften bei entsprechenden projektierten Stückzahlen enthalten. – Bei einer Datenbank können z.B. eingetragene Anforderungen durch Verlinkung auf Kundenanforderungen zurückgeführt werden. Damit wird vermieden, dass unnötige Anforderungen auftauchen, die auf keine Kundenanforderungen oder berechtigte Anforderungen des Unternehmens zurückzuführen sind. So kann das Overengineering verringert werden.

7.3.7 Aufgabenklärung und Vorgehensstrukturierung „Kreative Klärung“

Bei größeren Projekten oder auch, wenn wesentliche Hauptforderungen, wie z.B. niedrige Kosten, höherer Kundennutzen, im Vordergrund einer Neuentwicklung oder Produktüberarbeitung stehen, ist die Aufgabenklärung mit der Ermittlung der Anforderungen ein **interdisziplinärer Prozess** (Kapitel 6.5.2). Die Anforderungsliste muss noch mehr in gegenseitiger Abstimmung, im Team entstehen, als dies sonst schon – und wie oben beschrieben – der Fall ist.

Es wird in dieser Phase der **„Klärung der Ziele und Lösungspotenziale“** (Bild 7.38, links) nicht nur die erste Anforderungsliste besprochen und festgelegt, sondern es werden auch gemeinsam Ziele und Maßnahmen für alle an der Produkterstellung mitwirkenden Abteilungen definiert. Außerdem wird ein erster Plan für das gemeinsame Vorgehen aufgestellt (Bild 7.38, rechts: **„Vorgehensstrukturierung“**; Bild 6.11). In der Industrie wird dies auch „Auftragsstartgespräch“ genannt. Es handelt sich dabei um eine Situationsanalyse hinsichtlich des Ist- und Sollzustands. (Kapitel 3.8.1).

Dabei kann z.B. vereinbart werden, dass das Marketing eine spezielle Kundenbefragung organisiert, Konkurrenzprodukte zur Analyse von deren „Gut- und Schwachstellen“ beschafft, die Entwicklung bestimmte Funktionsträger völlig neu konzipiert, andere nur für ein alternatives Fertigungsverfahren umgestaltet, der Einkauf bestimmte Funktionsträger als Zulieferumfang anfragt bzw. Zulieferanten zu gemeinsamen Entwicklungsbesprechungen einlädt, die Produktion Untersuchungen für alternative Fertigungsverfahren plant und der Versuch mit dem Service eine Versuchsplanung und einen Pilotkundentest vorsieht. (Siehe Bild 5.21).

Der **Vorgehenszyklus** (Bild 7.38 Mitte) verhilft zur Klärung:

I) Es wird das Vorgehen soweit strukturiert, dass entsprechend dem Vorgehenszyklus vorläufig klar ist, welche konstruktiven, fertigungstechnischen und z.B. vertriebsmäßigen **Anforderungen und Freiräume** bestehen. Was soll geändert werden, was soll beibehalten werden? **Verfügbare Ressourcen** (Menschen, Zeit; Finanzen, Geräte ...)

II) Wo sind im Hinblick auf **erkannte Schwachstellen** aussichtsreiche **Lösungspotenziale**?

III) Welche **Analyse- und Bewertungsmöglichkeiten** können besonders wirkungsvoll eingesetzt werden?

Man geht im Gespräch sowohl das Produkt, wie auch den Erstellungsprozess entsprechend dem Vorgehenszyklus nach Bild 7.38 durch. Man erzeugt und simuliert bei dieser **Kreativen Klärung** (Kapitel 6.5.2) nicht nur Ziele, sondern auch erste Lösungen und Lösungspotenziale, die dann später detailliert und entsprechend dem vereinbarten Vorgehensplan oder im Simultaneous-Engineering-Team weiterverfolgt werden. Danach kann es nötig werden, eine neue derartige „Kreative Klärung“ zu vereinbaren. Ferner sollte das Team bei wesentlichen Freigaben mitwirken, z. B. bei der Konzept- und Entwurfsfreigabe.

Um dieses Ergebnis erreichen zu können, ist in Bild 7.38 der Vorgehenszyklus mit Stichworten aus der gesamten Produkterstellung ergänzt worden. Er enthält also Fragen, die alle Phasen des Konstruierens betreffen. Das konnte hier aus Platzmangel nur beispielhaft geschehen. Auch fehlen Fragestellungen, die den Vertrieb, die Produktion oder die Materialwirtschaft im Einzelnen betreffen. Ein solcher Fragenkatalog sollte produkt- und betriebsspezifisch aufgestellt werden. Ferner gehört als Vorarbeit für eine solche Sitzung die Strukturierung des Produkts nach den Eigenschaften der Hauptforderung (Kapitel 6.5.2, z. B. Kostenstruktur nach wichtigen Baugruppen, Ausfallraten nach Funktionsträgern, Terminengpässe) [7/7.3]. Zweckmäßigerweise benutzt man zur **Visualisierung** der Ergebnisse drei Flip-Charts, die jeweils die Abschnitte I, II und III des Vorgehenszyklus darstellen.

Als **Erkenntnis** dieser Ausführungen sollte festgehalten werden, dass Aufgabenklärung nicht nur heißt, im „abstrakten Raum“ Anforderungen an ein Produkt zusammenzutragen. Es müssen auch ausgehend vom Kundennutzen, Unternehmenspotenzial, Risikoabschätzungen und terminlichen Restriktionen bereits vorläufig Freiräume und **Lösungspotenziale** für die nachfolgende detaillierte Bearbeitung vereinbart werden.

Zieldefinition und Vorgehensplanung bedingen eine „visionäre Sicht“ auf potenzielle Lösungsansätze. Man darf sich von den Vorgehensschritten eines standardisierten Vorgehensplans (z. B. Bild 5.8) nicht „versklaven“ lassen, bei dem vom Abstrakten zum Konkreten nur langsam zunehmend mehr Produkt- und Produktionsmerkmale festgelegt werden (siehe Kapitel 6.2.3). Wenn man sich über die Strategien X.1 und II.3 in Bild 3.32 im klaren ist (frühe Phasen sind bestimmender als späte; zuerst das Wirkungsvollste), kann man sehr wirkungsvoll und vor allem in motivierender Gemeinsamkeit wesentliche Wege für die kommende Produkterstellung vorschlagen und verkürzt damit auch die Durchlaufzeit.

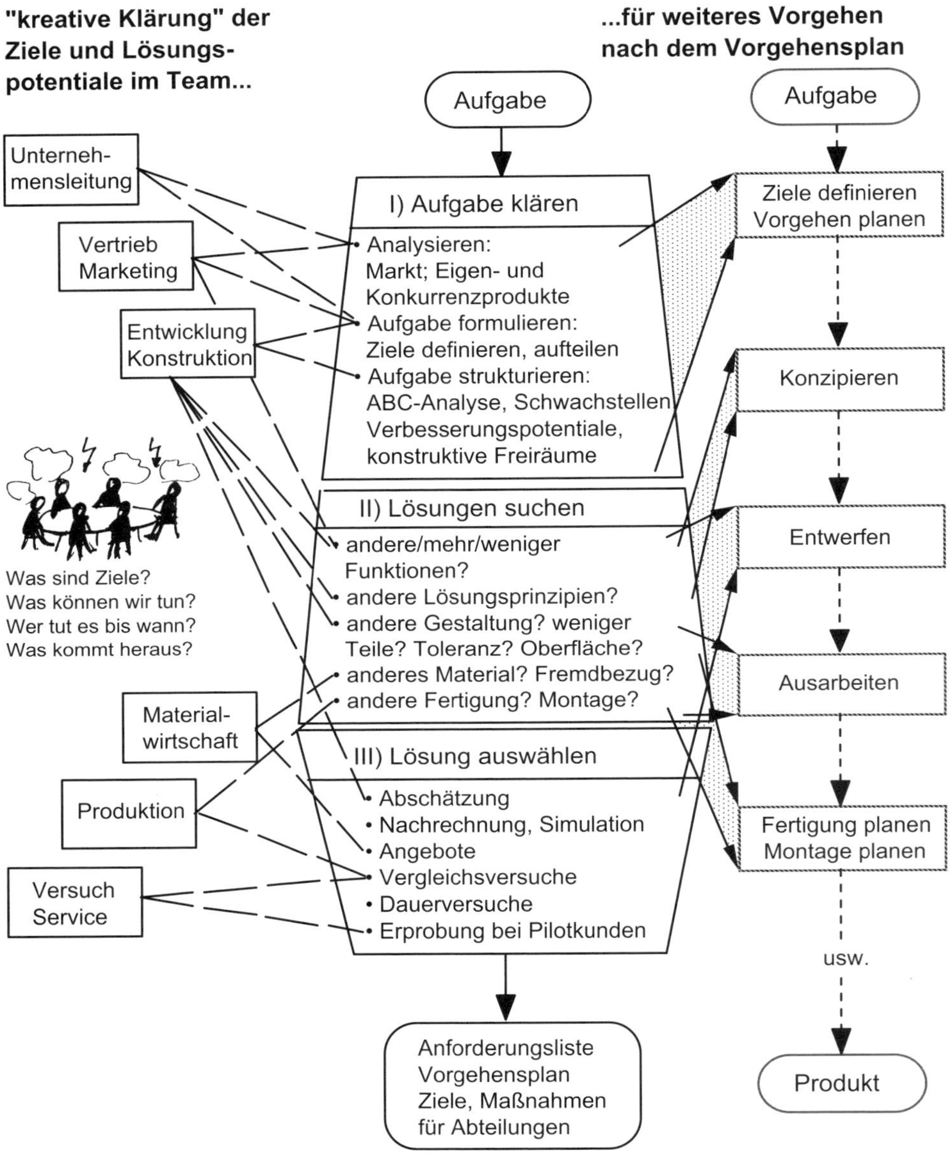

Bild 7.38 Der Vorgehenszyklus als Hilfe für die **„Kreative Klärung“** des weiteren Vorgehens

Es können so gemeinsam die konkret einzusetzenden Strategien und Methoden besprochen werden (z. B. Was soll im Haus entwickelt werden, was wird von außen bezogen? Mit welchen Methoden wird gearbeitet? Wo soll man FEM einsetzen? Was wird wo getestet? Wie geht man bei Target Costing vor?). Die Vorschläge sind Denkanregungen und können im Lauf der Entwicklung geändert werden. Änderungen sollten aber mit dem Team kritisch diskutiert werden.

Diese Art der simultanen, kreativen Klärung im interdisziplinären Team kann sehr fruchtbar sein, wenn sie danach durch eine kritische, systematische Durcharbeit mit weiteren Treffen ergänzt wird (Bild 7.38, rechts; Bild 6.11). **Das gemeinsam geschaffene und am Markt erfolgreiche Produkt ist das Ziel.**

7.4 Methoden zur Aufgabenstrukturierung

Fragen:

- Wie kann man eine komplexe Aufgabe so unterteilen, dass sie leichter überschaubar wird, mit bekannten Methoden bearbeitet werden kann und an Personen oder Gruppen zur Bearbeitung weitergegeben werden kann?
- Was ist zuerst zu tun, was danach?
- Wie kann man eine Aufgabe lösungsneutral mit Funktionen beschreiben?
- Wie kann man ein System in einer abstrakten Form mit Funktionsstrukturen beschreiben und eventuell alternative Strukturen bilden?

Grundsätzliches:

Strukturieren bedeutet ein Gliedern und Unterteilen eines Sachverhalts nach dessen Eigenschaften und deren Wichtigkeit (Bild 7.12, ABC-Analyse). Es ist ein hervorragendes Mittel, die Komplexität einer Aufgabe zu reduzieren. Sie wird durchsichtig, man erkennt durch wertende Unterscheidung die wesentlichen und unwesentlichen Bereiche, so dass man weiß, womit man zuerst bei der Bearbeitung beginnen soll. Man erkennt Teilaufgaben, die man nacheinander bearbeiten oder an andere Bearbeiter vergeben kann (Kapitel 4.3.3; 4.3.4).

Strukturieren kann man alle Arten von Systemen nach vielen Gesichtspunkten, z. B.:

- **Produkte** nach deren Eigenschaften, wie z. B. nach Arten, Funktionen, besonderen Merkmalen, umgesetzten Energien, Stoffen usw.
- **Prozesse** nach deren Eigenschaften, wie z. B. nach Arten, Funktionen, Methoden und Hilfsmitteln zur Planung, zum Betrieb usw.

Man kann dabei z. B. folgende Ordnungsprinzipien benützen (Kapitel 2.3.2):

- **einfache Reihung nach einem Kriterium** (Neuigkeit, Umfang, Wichtigkeit, Dringlichkeit (Termin), Kosten, Häufigkeit, Gewicht, Größe, Alphabet usw.)
- **hierarchische Ordnung** durch Über-, Unter-, Gleichordnung (z. B. Organisationsstruktur bzw. Aufbaustruktur, Baustruktur bzw. Stücklistenstruktur).
- **Vernetzung**, indem Elemente durch ihre gegenseitigen Beziehungen in einen Ordnungszusammenhang gebracht werden (z. B. Informationsbeziehungen von

Mitarbeitern (Bild 4.22); Funktionsbeziehungen der Komponenten eines Pkw (Bild 7.45)).

Es ist zweckmäßig, auch beim Strukturieren den **Vorgehenszyklus** wie folgt einzusetzen:

I) Ziele und Anforderungen des Strukturierens klären.

II) Möglichkeiten der Strukturierung suchen.

III) Zweckmäßigste Art der Strukturierung festlegen, entsprechend einer Abschätzung von Nutzen und Aufwand.

Im Folgenden wird zunächst gezeigt, wie eine Aufgabe nach der vorhandenen Organisation strukturiert werden kann (Kapitel 7.4.1). Diese Strukturierung ermöglicht es, die Aufgabe im Unternehmen an den dafür geeigneten Stellen zu bearbeiten. Danach wird nach inhaltlichen Kriterien – hier nach Funktionen – neu strukturiert (Kapitel 7.4.2). Weitergehende inhaltliche Strukturierungen geben Vorgehenspläne an (Kapitel 4.1.5; 6.3.2; 6.5.1).

7.4.1 Organisatorische Strukturierung

Je nach Umfang eines Unternehmens gibt es nach unterschiedlichen Kriterien strukturierte Abteilungen, Arbeitsgruppen und Einzelbearbeiter, denen Teile einer anstehenden Aufgabe zugeteilt werden. Die Bearbeitung kann dann arbeitsteilig und sequenziell – allerdings unter gegenseitiger Abstimmung – erfolgen oder im Rahmen eines Projekts im Team (Kapitel 4.3.3; 4.3.4; 4.4.1).

Je nach der erwähnten Arbeitsteilung des Unternehmens kann die Strukturierung der Aufgabe nach folgenden **Kriterien** durchgeführt werden:

- Nach **Neuigkeit**, z. B. Neu-, Anpassungs-, Variantenkonstruktion (Kapitel 5.1.4.1).
- Nach **Modulen**, z. B. Steuerungs-, Antriebs-, Messtechnik, Baugruppen, Bauteile (Kapitel 7.4.1.1). Dabei kann man auch nach deren **Bearbeitungsreihenfolge** gliedern (Kapitel 7.4.1.2).
- Nach **Arbeits**- bzw. **Konstruktionsphasen** und **Tätigkeiten**, z. B. Projektieren, Konzipieren, Entwerfen, Ausarbeiten, Berechnen, Versuchen (Kapitel 5.1.3; 7.8; 7.9).
- Nach **Hauptforderungen**, z. B. Design oder Zuverlässigkeit verbessern. Es kann besondere Gruppen geben, die sich schwerpunktartig damit befassen (Kapitel 5.1.4.2; 5.1.4.5). Die Eigenschaften der Hauptforderungen ergeben unterschiedliche Strukturierungsbegriffe (Kapitel 6.5).
- Nach **externer/interner Bearbeitung**, z. B. teilweise Auswärtsvergabe an einen anderen Werksteil; an einen Lieferanten, der nicht nur die Entwicklung, sondern

auch die Produktion übernimmt; an ein Ingenieurbüro, speziell für den E&K-Umfang.

In jedem Fall müssen die Arbeitspakete nicht nur nach ihren **Anforderungen** klar sein, sondern sie müssen auch bezüglich **Arbeitsumfang** aufgrund früherer ähnlicher Arbeiten eingeschätzt werden. Damit kann ausgehend von dem gegebenen Abschlusstermin beurteilt werden, ob die vorhandene interne Bearbeitungskapazität ausreicht oder ob etwas getan werden muss, um die Kapazität zu vergrößern (Kapitel 5.2.3).

Es soll nachfolgend nur noch kurz auf **Konstruktionsphasen** und **Tätigkeiten** eingegangen werden. Dafür ist aufgrund des Neuigkeitsgrades und im Vergleich zu früheren ähnlichen Aufgaben abzuschätzen, was getan werden muss. Es muss z. B. festgestellt werden, welche Module (Baugruppen) der anstehenden Aufgabe eine Neu-, Anpassungs- oder Variantenkonstruktion darstellen. Dann können entsprechende Vorgehenspläne (Kapitel 6.3.2; 6.5.1) zur weiteren Arbeitsorganisation verwendet werden, sofern nicht betriebsintern bereits angepasste Vorgehenspläne vorhanden sind. Welche Tätigkeiten unterschieden werden können, geht aus den Bildern 5.4 und 5.16 hervor.

7.4.1.1 Strukturieren nach Modulen

Die gebräuchlichste Art der Strukturierung einer Konstruktions- oder Produktionsaufgabe ist die nach Modulen, die z. B. als Grundmaschine, Antriebstechnik, Steuerungstechnik bezeichnet werden. Module sind auch Baugruppen und Bauteile (Bild 2.15). Diese Art der Strukturierung ist deshalb in der Entwicklung und Konstruktion möglich, da in fast allen Fällen Produkte mit Vorläufern bearbeitet werden, deren Struktur in etwa schon bekannt ist. Die Baugruppen können dabei funktionsorientiert gebildet werden. Alle Bauteile, die zusammen eine bestimmte Funktion erfüllen, werden zusammengefasst **(Funktionsgruppe)**.

Üblich ist die Orientierung an der Fertigung und besonders an der Montage. Alle Bauteile, die zusammen eine (Vor-)Montageeinheit bilden, werden zu einer **Montagegruppe** zusammengefasst und insgesamt hierarchisch gegliedert. Funktionsüberschneidungen werden in Kauf genommen.

Die **Baustruktur** (oder auch „Produktstruktur“ nach Jeschke [107/9]) stellt also die Baugruppen und Bauteile als Systemelemente eines Produkts mit ihren Beziehungen dar. Die Beziehungen können z. B. Funktions- oder Montagebeziehungen sein.

In Bild 7.39 ist beispielhaft ein Teil der Baustruktur eines Fahrzeugantriebs dargestellt. Ersetzt man die Namen der Komponenten durch deren Funktionsbezeichnungen, so erhält man eine **„funktionale Baustruktur“**, die auch als „Produktarchitektur“ bezeichnet wird, wie nachfolgend erläutert.

Diese Darstellungsarten der Baustruktur in Form einer funktionalen Baustruktur oder eines Funktionsbaumes haben eine große Bedeutung für die Arbeitsorganisation und die Informationsflüsse. Sie sind oft eine zentrale Ablagesystematik für Informationen und Dokumente der Produktentwicklung [107/9]. Der funktionalen Baustruktur eines Automobils in Bild 7.45 wird direkt die Struktur der zuständigen Abteilungen zugeordnet. Das Sachsystem mit den Eigenschaften der Module ist so direkt mit dem Handlungssystem verknüpft (Kapitel 2.3.3).

Die **Darstellung** einer Baustruktur kann wie in Bild 7.39 entsprechend der Systemtechnik erfolgen oder als technische Zeichnung. Auch die Stückliste ist eine gebräuchliche Darstellungsart. In der **Struktur-Stückliste** werden Bauteile und Baugruppen entsprechend dem Fertigungs- bzw. dem Montageablauf gegliedert. Die Positionsangaben darin ergeben die Zuordnung der Teile zur Zeichnung. Über eine Stufung der Positionsnummern wird der hierarchische Rang der Teile zur Baugruppe bzw. zum ganzen Produkt gekennzeichnet.

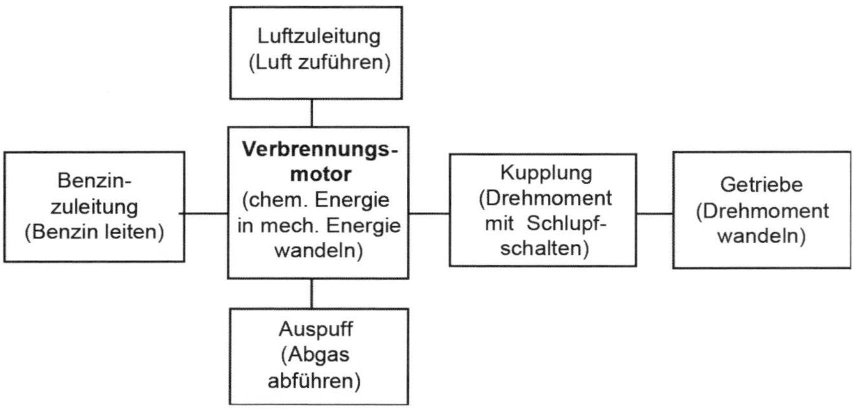

Bild 7.39 Teil der Baustruktur eines Fahrzeugantriebs. Die Bezeichnungen in Klammern entsprechen einer funktionalen Baustruktur (seit 1. Aufl. 1995; jetzt auch als „Produktarchitektur" bezeichnet).

Sie kann ferner in einfacher Zuordnung (Bild 7.39) geschehen oder in Form eines hierarchischen Baums (Bild 7.40). Auch in diesem Bild sind die Bauelemente ergänzt durch die zugehörigen Funktionsbezeichnungen. Damit wird die Darstellung zum so genannten **Funktionsbaum** (funktionale Baustruktur). Bei der konstruktiven Entscheidung z. B. für einen Verbrennungsmotor wird gleichzeitig über die **Folgefunktionen** unterhalb der gestrichelten Linie mit entschieden.

Die gleiche Anordnung wie in Bild 7.39, nämlich die Zuordnung der Baustruktur zur Funktionsstruktur, also die funktionale Baustruktur, wird seit einiger Zeit als **Produktarchitektur** bezeichnet. (Siehe Bild 7.40). Auf die praktische Anwendung wird in Kapitel 9.4.3 und Kapitel 9.4.7 eingegangen. – Unter dem Begriff Produktarchitektur wird inzwischen vieles zusammengefasst, was bisher unter Variantenmanagement oder kostengünstigem Entwickeln verteilt zu lesen war. (Göpfert u. a. [16/2a; Kapitel 4.5; S. 252]). Auch Systems Engineering schätzt das Vorgehen positiv ein, mit ähnlichen Zielen wie in moderner Produktentwicklungsmethodik [4a/2].Das Bild 7.41 zeigt den prinzipiellen Denkansatz für die Produktarchitektur nach Ulrich [106/9] und Schuh [105/9].

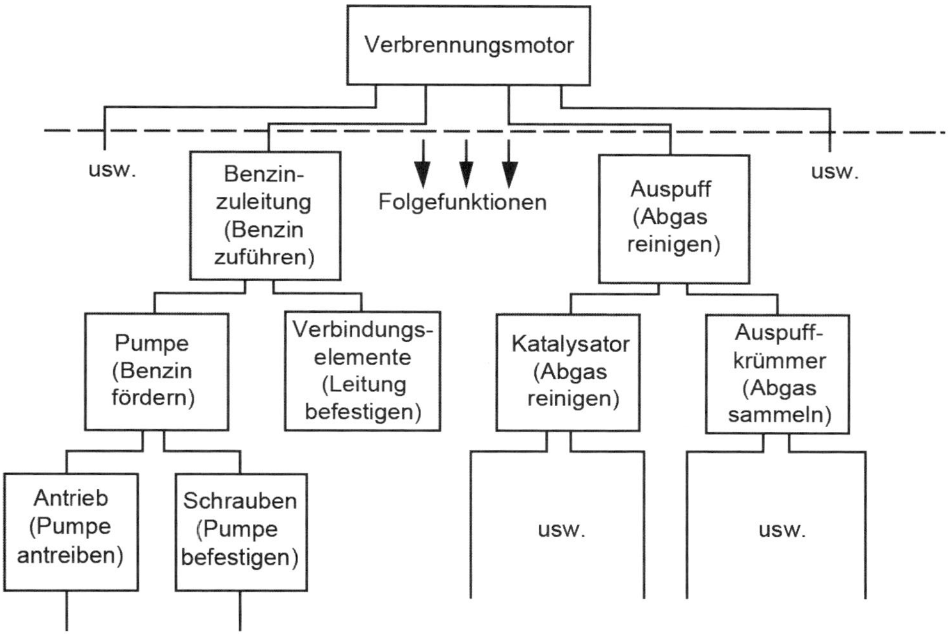

Bild 7.40 Baustruktur in hierarchischer Baumdarstellung („Produktarchitektur"). Durch die Funktionsbezeichnung (in Klammern) gleichzeitig ein Funktionsbaum

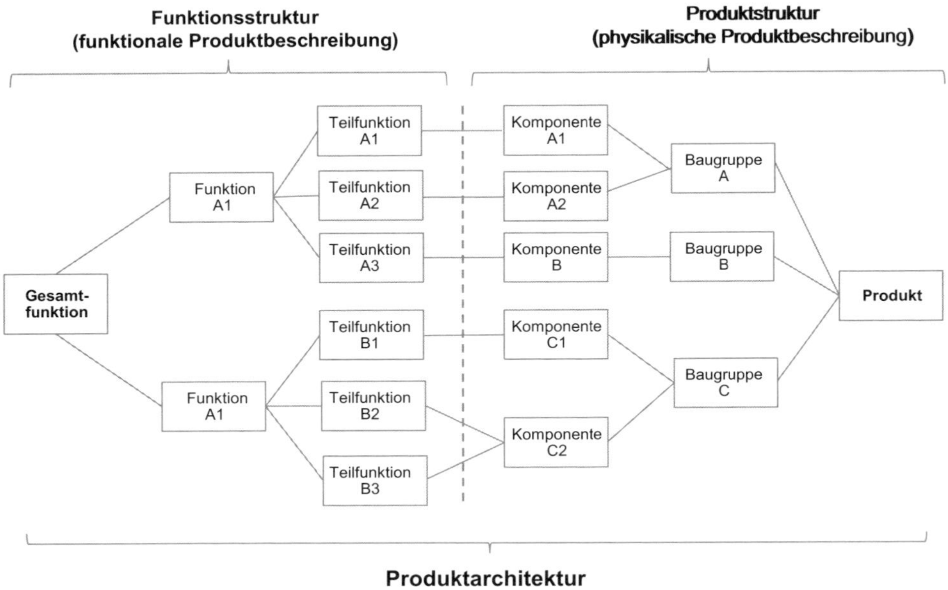

Bild 7.41 Prinzipieller Denkansatz für die Produktarchitektur nach Ulrich [106/9] und Schuh [105/9]

7.4.1.2 Strukturieren nach der Bearbeitungsreihenfolge von Modulen

Nachfolgend wird gezeigt, dass es nicht gleichgültig ist, welche Module (z. B. Baugruppe, Teil) zuerst bearbeitet werden, welche danach. Wie Bild 7.42 zeigt, gibt es mindestens drei **wichtige Alternativen des Vorgehens**. Diese werden am Beispiel der Anpassungskonstruktion einer Bettfräsmaschine erläutert [2/7.4]. Vereinfacht sind hier 14 Baugruppen angegeben. Üblicherweise besteht eine solche Maschine aus 10 bis 20 Hauptgruppen, wobei sich durch die ersten 10 bereits 80 % der Herstellkosten ergeben. 25 % Herstellkosten werden durch die Steuerung, ca. 10 % durch den Maschinenschutz abgedeckt. Wenn man Bauteile betrachtet, legen 9 % der Bauteile 80 % der Herstellkosten fest, während 70 % der Teile nur noch 5 % zu den Herstellkosten beitragen.

Es macht also Sinn, die **kostenintensiven Baugruppen bzw. -teile** im Konstruktionsprozess **zuerst festzulegen** (A-Baugruppen). Damit bekommt man bei Einsatz der konstruktionsbegleitenden Kalkulation sehr früh eine Angabe, ob man das Kostenziel erreichen kann (Target Costing, Kapitel 9.3.3).

a) In Bild 7.42 ist im Gegensatz dazu die sehr häufige Vorgehensweise nach **rein technischer Reihung** der zu konstruierenden Baugruppen gezeigt. Die kostenmäßig wichtigen A-Baugruppen 1, 2, 3 und 4 werden zum Teil sehr spät bearbeitet, was dann die aus Kostengründen, durch Pfeile dargestellten Iterationen zur Folge hat. Trotz 66 % zu langer Entwicklungszeit werden die Zielkosten um 14 % überschritten. Die technische Reihung kann aber dann sehr bedeutsam für den effektiven Informationsaustausch und damit für den Zeitaufwand sein, wenn die Hauptforderung die Funktion ist und z. B. die Kosten eher zweitrangig sind (Kapitel 2.3.3 b).

b) Bild 7.42 zeigt mit der **Priorisierung kostenintensiver Baugruppen** das sinnvoll integrierte, z. T. parallele Vorgehen, das hier im Beispiel bereits in 60 % der Entwicklungszeit eine Maschine mit der Kenntnis von 80 % der zu erwartenden Herstellkosten ergibt. Zuerst werden die A-Baugruppen 1 bis 4 soweit möglich bearbeitet. In ähnlicher Weise geht man vor, wenn eine andere Hauptforderung dominiert, wie z. B. die Zuverlässigkeit oder die Gewichtsreduzierung (siehe Kapitel 6.5.2).

c) Eine **dritte Alternative**, die sich vor allem bei engen Lieferterminen als Notwendigkeit ergibt, ist die **Priorisierung terminbestimmender Baugruppen**. Solche können z. B. neu gestaltete Schmiede- und Gussteile sein. Diese müssen zuerst bearbeitet und in Auftrag gegeben werden. Manchmal müssen vorläufige Annahmen getroffen werden. Das Produkt ist dann u. U. nicht optimal, aber termingerecht. Bild 7.42 ist auch dafür gültig, wenn man in der vertikalen Achse Herstellkosten durch Lieferzeit ersetzt.

Man sieht, dass es auch für das Abarbeiten von Vorgehensplänen noch andere Gesichtspunkte gibt als rein technische (Kapitel 4.1.5; Kapitel 6.2.3 und 6.3.2).

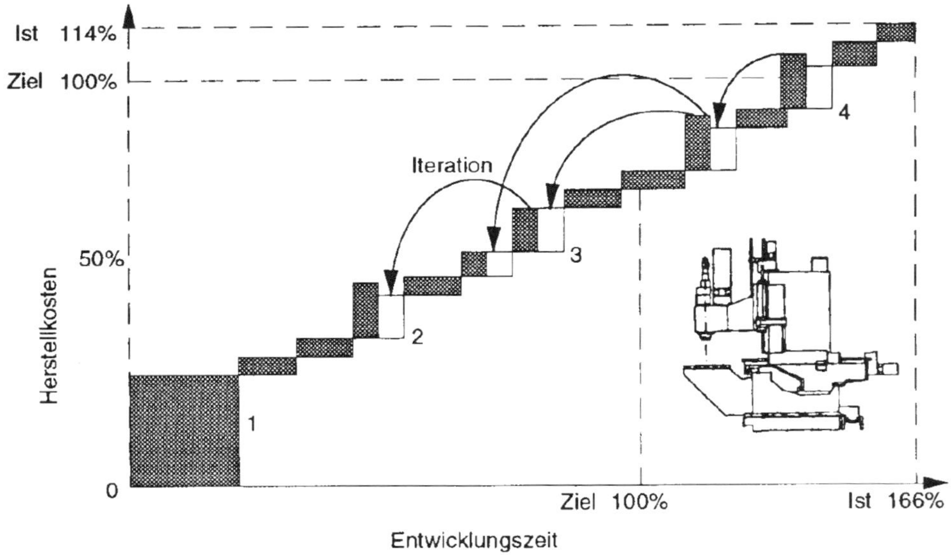

a) Sequentielles Vorgehen nach rein technischer Reihung der Baugruppen/Bauteile

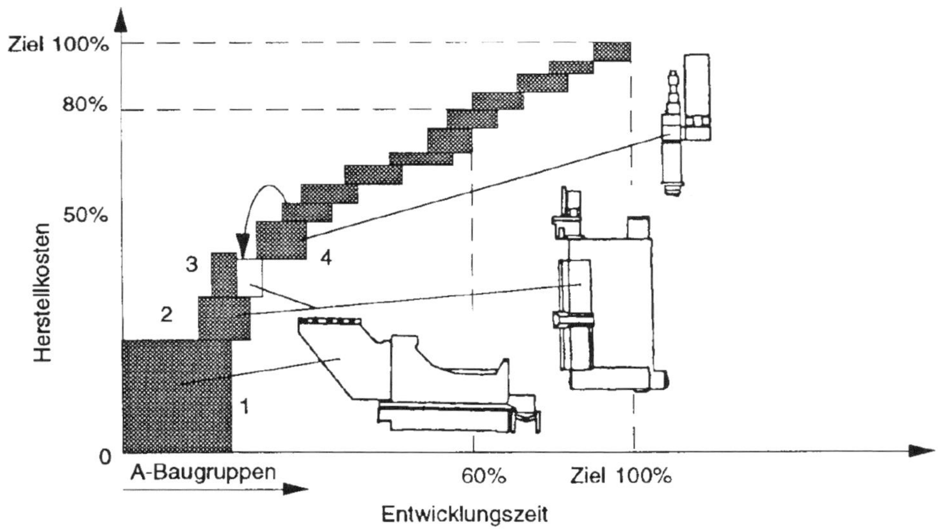

b) Integriertes, paralleles Vorgehen, „A-Baugruppen" (Kosten) zuerst

Bild 7.42 Zwei Arten der Bearbeitungsorganisation für die Konstruktion einer Bettfräsmaschine. **Oben a)**: Rein technische Reihung der Baugruppen; **unten b):** Reihung nach einer ABC-Analyse hinsichtlich der kostenintensivsten Baugruppen. **Weiße Rechtecke:** nachträglich iterativ überarbeitete Baugruppen, um Kosten zu senken

7.4.2 Inhaltliche Strukturierung nach Funktionen

Unter inhaltlicher Strukturierung sei hier die Strukturierung nach rein technischen Merkmalen verstanden, wie z.B. nach Funktionen, Energiearten, Stoffarten, Fertigungs- oder Montagearten. Da beim Entwickeln und Konstruieren die Erfüllung der Funktion zunächst Vorrang hat, werden hier die Möglichkeiten der Funktionsstrukturierung intensiv dargestellt, wie sie die Konstruktionsmethodik entwickelt hat (siehe Anhang A1). Die Funktionsstrukturierung liegt in der Schnittstelle zwischen Aufgabenklärung und Lösungssuche. Sie ist sozusagen die abstrakteste Darstellung eines Produkts. Dementsprechend begründen alternative Funktionsstrukturen ganze Lösungsfamilien. Die Funktionsstrukturierung kann so der Aufgabenstrukturierung oder der Konzeptphase zugeordnet werden (Bild 6.12; 6.14).

Zu Beginn der nachfolgenden, eher abstrakten Ausführungen über Funktionen und Funktionsstrukturen von technischen Systemen seien einige **Beispiele** aufgeführt.

a) Das **erste Beispiel** beinhaltet die Aufgabe, eine Kamera vertikal und winklig verstellen zu können. Damit sollen verzerrte Bilder wieder entzerrt werden können. Diese Wandhalterungen wurden in den Kapiteln 3.4.1; 3.4.3 und 8.3 eingehend beschrieben. Die hier in Bild 7.43 gezeigte Ausführung ist die Lösung einer weiteren Versuchsperson als die aus Bild 3.37 bzw. 3.38.

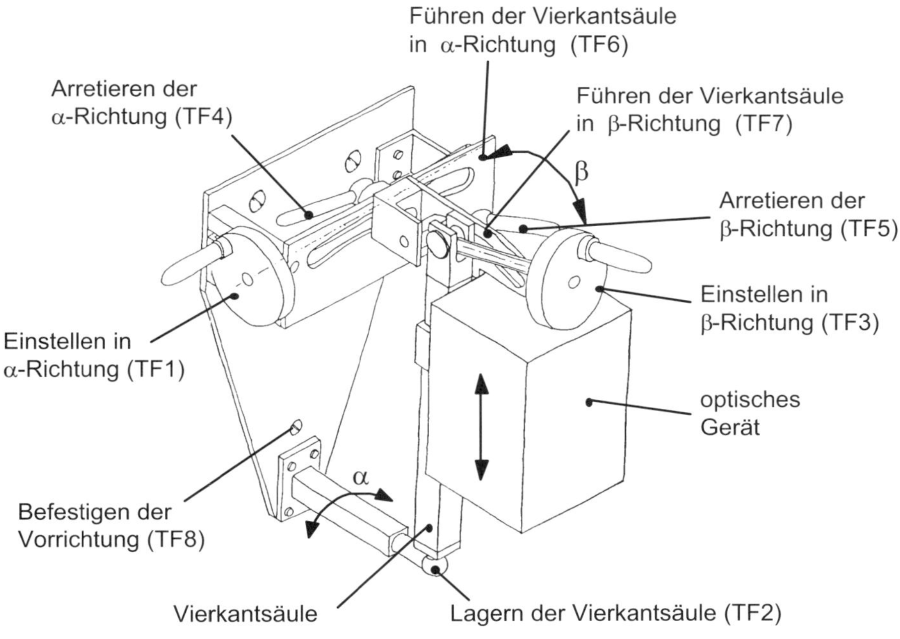

Bild 7.43 Vorrichtung für das Verstellen eines optischen Geräts mit Angabe von Funktionen der Funktionsträger bzw. Bauteile

Die **Gesamtfunktion GF** der Vorrichtung kann so formuliert werden: „Vorrichtung zum Verstellen und Schwenken einer Kamera". Da sie so nicht bearbeitet werden kann, muss sie entsprechend der Strategie I.1 (Teilaufgaben formulieren; Bild 3.32) aufgeteilt werden in Teilfunktionen (TF). Diese ergeben in der Summe wieder die Gesamtfunktion ($GF = \Sigma TF$). Die Teilfunktionen sind in Bild 7.43 den Funktionsträgern zugeordnet worden.

Für die Neukonstruktion einer solchen Vorrichtung ist nach Kapitel 6.5.1 in den Bildern 6.12 und 6.14 im Arbeitsabschnitt Konzipieren ein Schritt „Funktionen ermitteln" angegeben, der als Ergebnis die Darstellung der Teilfunktionen in einer **Liste**, einem **Funktionsbaum** oder einer vernetzten **Funktionsstruktur** haben kann.

Eine Funktionsliste wird nachfolgend gezeigt, ein Funktionsbaum ist in Bild 7.40 zu sehen. Eine einfache, lineare Funktionsstruktur ist z. B. in Bild 6.15 und komplexer in den Bildern 2.11; Bild 7.46; 8.5 bis 8.7 gezeigt.

Das Erstellen von Funktionsstrukturen ist im Anhang unter A1 beschrieben.

In diesem ersten Schritt nach dem Klären der Aufgabe reicht es durchaus, sich zunächst die wichtigsten **Teilfunktionen** für die Vorrichtung nach Bild 7.43 als **Liste** aufzuschreiben:

- Lagern der Vierkantsäule,
- Einstellen in α und β Richtung und
- Arretieren in α und β Richtung.

Dass man zu diesen Teilfunktionen noch weitere formulieren kann, ist in Bild 7.43 angegeben: z. B. Führen der Vierkantsäule, Befestigen der Vorrichtung an der Wand. Wie weit man hier ins Detail geht, hängt von der Wichtigkeit der jeweiligen Teilaufgabe ab.

Damit hat man eine **Liste** von lösungsneutralen Teilfunktionen, die ausreichen, um Lösungsprinzipien zu finden. Eine **Funktionsstruktur**, die die Beziehungen zwischen den Teilfunktionen darstellt, bringt bei diesem Beispiel keinen Nutzen im Sinne eines besser beherrschbaren Konstruktionsprozesses oder einer günstigeren konstruktiven Lösung. Dies haben auch die Untersuchungen nach Kapitel 3.4.1 gezeigt. Funktionsstrukturen sind ein sinnvolles Beschreibungsmittel und arbeitserleichternd, wenn es um Energie-, Stoff- und Signalflüsse in größeren oder komplexen Systemen geht (Kapitel 6.2.3 c).

b) In einem **zweiten Beispiel** sei am einfachen Beispiel „Wasser speichern" eine Funktionsstruktur gezeigt, wie sie in diesem Kapitel näher behandelt wird (Bild 7.44). Die Teilfunktionen

- Wasser zuleiten,
- Wasser speichern und
- Wasser ableiten

sind jeweils charakterisiert durch Ein- und Ausgangszustände (Kreise) des Umsatzprodukts Wasser und durch Operationen (Rechtecke), die die geforderten Änderungen erzwingen. Die dafür vorhandenen (oder gefundenen) technischen Lösungen oder Funktionsträger sind angegeben: Zulaufrohr, Speicher, Ablaufrohr.

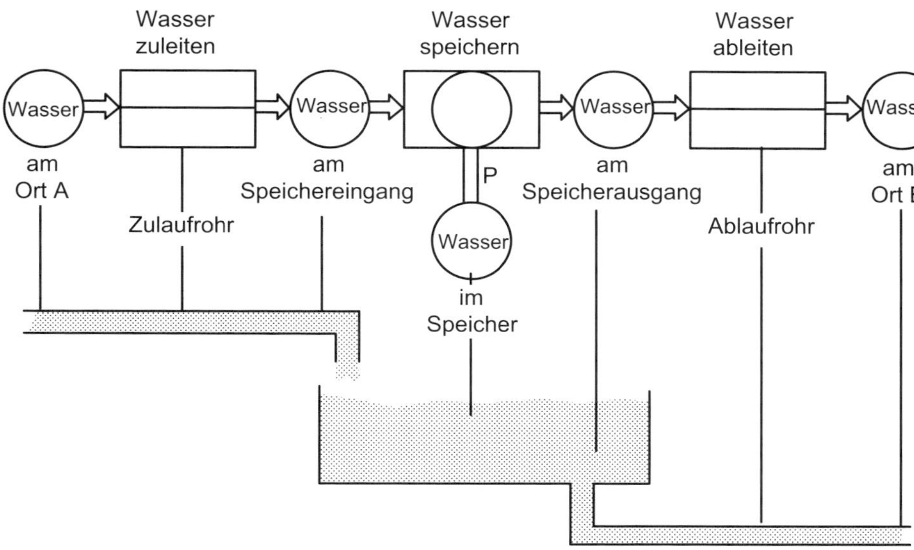

Bild 7.44 Funktionsstruktur für die Gesamtfunktion „Wasser speichern". (Umsatzorientierte Funktionsmodellierung). Die Symbole sind im Anhang in Bild A1.15 und A1.16 erläutert

Ferner ist in Bild 2.11 die vereinfachte Funktionsstruktur einer NC-Drehmaschine wiedergegeben. Es ist klar, dass für diese Verhältnisse eine derart einfache Funktionsstruktur nur einen begrenzten Nutzen hat. Wichtig und unentbehrlich wird sie bei komplexen Systemen, wie sie ausschnittsweise (in Bild 7.45 bis 7.46) dargestellt sind.

7.4.2.1 Zweck und Begründung der Methode

Die Methode dient der funktionellen Systembeschreibung, unterstützt die Synthese und Analyse von Systemen bei komplexen funktionellen Zusammenhängen und ermöglicht eine Systematisierung und Klassifizierung von Systemen (Kapitel 2.3.2).

Technische Systeme können auf verschiedene Weisen beschrieben werden. Die funktionelle Beschreibung ist eine davon und kann als Beschreibungsmittel z. B. Maschinenzeichnungen, verbale Beschreibungen von Anforderungen oder Eigenschaften von Systemen ergänzen. Wie bei anderen Beschreibungsweisen wird bei der funktionellen Beschreibung nur ein Aspekt des Systems erfasst, nämlich die Funktion, der Zweck des Systems.

Zwecke der Funktionsformulierung sind:

a) **Abstraktion** zur Vergrößerung der Lösungsvielfalt. „Problemlösen geschieht durch das sich Lösen vom Problem!"

Die gedankliche Fixierung an konkrete Lösungen kann durch eine lösungsneutrale Formulierung aufgehoben werden. (Bei Skizzen, Zeichnungen (z.T. auch bei Begriffen) hat sich ein mit dem Stift „wolkig" verschwommen machen bewährt).

b) **Modellierung** komplexer Systeme auf abstraktem Niveau, wie z.B. bei Schaltplänen, Anlagen-Flussplänen (Verfahrenstechnik), zur Erleichterung des Überblicks und der Manipulation.

zu a) Das am Systemzweck orientierte Denken in Funktionen verhilft zum Überblick über das Ganze, durchbricht die Ideenfixierung durch Bekanntes und ermöglicht durch Formalisierung das Umgehen von in der konkreten Vorstellungswelt angesiedelten Denkblockaden. Eine **Funktion ist die lösungsunabhängige Darstellung einer Aufgabe**. Statt „Konstruiere ein Garagentor" formuliert man z.B.: „Konstruiere einen diebstahlsicheren Garagenverschluss" (Kapitel 7.4.2.2). Durch Variation von Funktionsstrukturen können schon in einem sehr frühen und abstrakten Stadium der Produktentwicklung die Weichen für wesentliche neue Lösungsfamilien gestellt werden (Beispiel Fischentgrätmaschine Kapitel 8.1).

zu b) Die Strukturierung der Systeme mit Funktionsstrukturen kann sich beziehen auf:

- **Funktionale Baustrukturen**. Die Baugruppen oder Funktionsträger eines technischen Systems werden mit ihren Funktionsbegriffen bezeichnet und durch ihre gegenseitigen Beziehungen strukturiert. Diese können **hierarchische** (Bild 7.40) oder **vernetzte** Strukturen ohne erkennbare Über-/Unterordnung darstellen (Bild 7.45). Letztere auf einer Datenbank implementierte Struktur hat den Zweck, die Vielfalt der Abhängigkeiten von Funktionsträgern mit deren unterschiedlichen Eigenschaften übersichtlich zu machen. Bei einem Pkw sind 10 000 bis 20 000 Funktionsträger zum großen Teil aufeinander abzustimmen.
- **Flussstrukturen**. Beschreibung der Energie-, Stoff- und Signalflüsse. Diese Nutzung wird in der Konstruktionsmethodik bisher vorrangig behandelt und steht auch im folgenden im Vordergrund (Bild 2.11; Bild 7.44, Bild 7.46).

Für das Konstruieren im Maschinenbau sind erfahrungsgemäß **folgende Anwendungen fruchtbar:**

- **Stofffluss-Strukturen:** Da Stoffe örtlich identifizierbar sind und ihre Fließrichtung gut feststellbar ist, lässt sich die Struktur leicht geometrisch darstellen und nachprüfen. Stofffluss-Strukturen sind deshalb bei komplexen Systemen eine gute Hilfe für deren Entwicklung. Sie erleichtern die Übersicht, den Vergleich und die Neugenerierung (Bild 7.46). Das Beispiel zeigt, dass auch Fertigungsverfahren mit der Methode übersichtlich beschrieben werden können. Die Arbeit hat den Zweck, aus einer Vielfalt von Fertigungsverfahren für faserverstärkte (Pkw-)Teile das optimale zu wählen. Bei einfachen Systemen ist eine formale Darstellung, wie z.B. in Bild 7.44, nicht nötig. Man durchschaut sie auch so.

- **Energiefluss-Strukturen** sind dann hilfreich, wenn der Fluss im System örtlich gut identifizierbar ist, d.h. das System relativ zu den Funktionsträgern große Abmessungen hat (z.B. Pkw-, Schiffsantriebe bzw. wenn Stoffflüsse Energie transportieren, wie z.B. in Dampf- und Wasserkraftwerken). Als weniger hilfreich haben sie sich erwiesen, wenn es sich um kompakte mechanische Strukturen handelt (z.B. bei der Kupplungsentwicklung: Balken [5/7.4], John [6/7.4], Feichter [7/7.4]; Vorrichtung nach Bild 7.43). Hierfür ist die Strukturierung mit dem **Kraftfluss-Prinzip** besser geeignet (Kapitel 7.7.3). Außerdem gibt es die Beschreibungsmöglichkeiten der Getriebelehre.

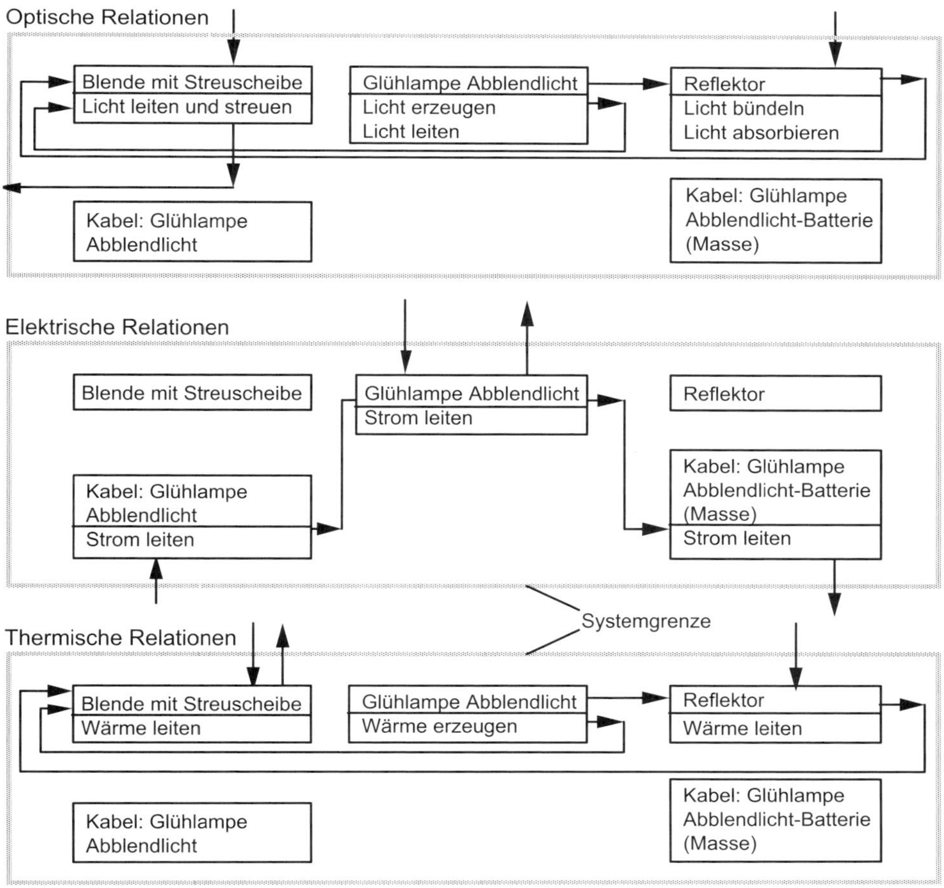

Bild 7.45 Ausschnitte aus der funktionalen Baustruktur („Produktarchitektur") von AUTOSYS: Beispiel Pkw-Scheinwerfer mit drei verschiedenen Umsatzarten (nach Steinmeier) [1/7.4]. (Siehe Bild 8.67)

- **Signalflussstrukturen** sind mit der hier gezeigten formalen Darstellung bisher wenig eingesetzt worden. Das ist sicher auch darauf zurückzuführen, dass es in der Elektronik und Fluidik eingeführte Beschreibungsformen für die Steuerungs- und Regeltechnik gibt (Schaltpläne, Schaltnetze, Schaltwerke). Schließlich sind die Programmlogiken der Informatik ebenfalls Signalflussstrukturen (Kapitel 7.10.3).

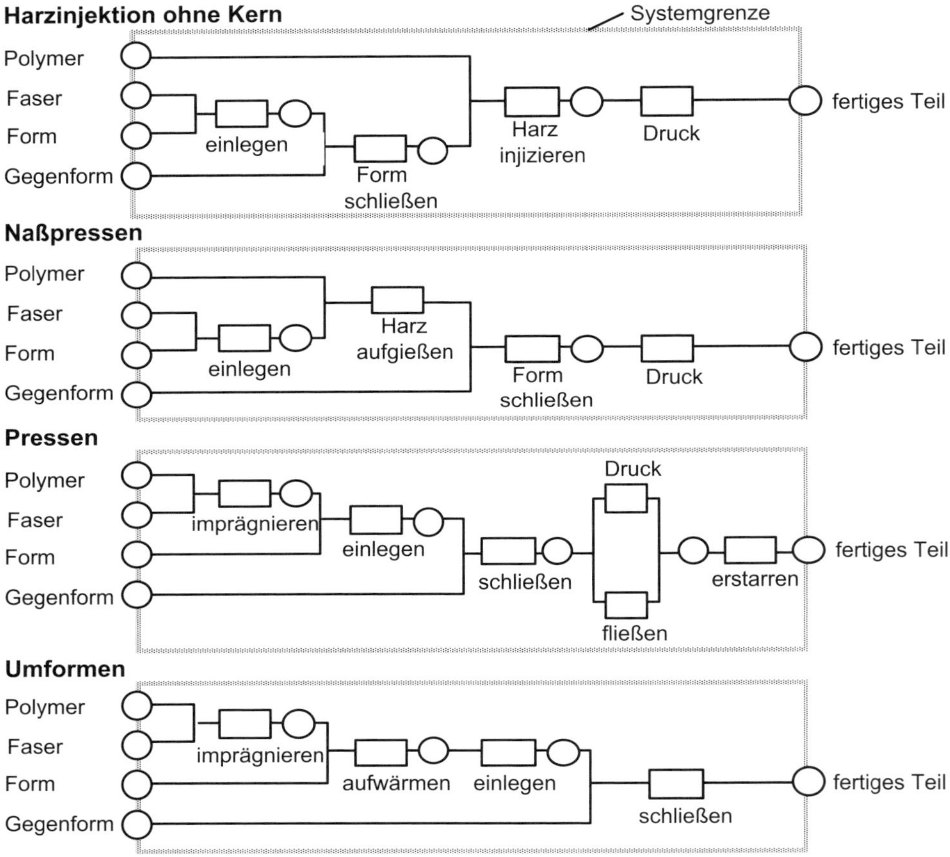

Bild 7.46 Stofffluss-Struktur für Fertigungsverfahren von faserverstärkten Kunststoffen u. a. für Pkw-Teile (Umsatzorientierte Funktionsmodellierung; nach Zoll) [4/7.4]

7.4.2.2 Begriffe zu Funktion

Es werden hier nur die wichtigsten Begriffe erläutert (siehe auch Kapitel 10).

Ein System bzw. ein Produkt hat **Eigenschaften** bzw. **Merkmale** als wichtige, gekennzeichnete Eigenschaften (Kapitel 2.3.1). Die Eigenschaften zerfallen in zwei Gruppen: Funktionseigenschaften und Nichtfunktionseigenschaften (nach Bild 2.9: Beschaffenheits- und Relationsmerkmale, z. B. Werkstoff, Größe bzw. Lebensdauer, Kosten).

Eine **Funktion** ist allgemein in den Natur- und Ingenieurwissenschaften die Darstellung eines physikalischen oder mathematischen Zusammenhangs, z.B. in Form einer Gleichung. Sie kann aus dem Unterschied der Eingangs- und Ausgangszustände und der inneren Eigenschaften eines Systems definiert werden (Bild 2.2). Die damit erfassten Zustände können in zweckentsprechende (oder nützliche) und störende (oder schädliche) eingeteilt werden. Dementsprechend kann man **Zweck- und Störfunktionen** unterscheiden. Bei dem System „Brot schneiden“ in Bild 2.3 ist eben dies die Zweckfunktion. Die Wandlung der elektrischen Energie am Eingang in Geräusch und Wärme am Ausgang entsprechen Störfunktionen, die beim Konstruieren meist zu unterdrücken sind. Ein technisches Gebilde kann auch zu ungeplanten Zwecken verwendet werden (z.B. Reifen als Schiffs-Fender). Im Folgenden wird unter Funktion grundsätzlich nur die geplante oder bestimmungsgemäße Zweckfunktion verstanden.

- Unter **Funktion** versteht man also die lösungsneutrale Formulierung des gewollten Zwecks eines Produkts. Sie drückt die Zustandsänderung eines Umsatzprodukts aus, welche durch den Funktionsträger bewirkt wird. (So ist in Bild 7.44 der gewollte Zweck „Wasser speichern“. Dieser wird dadurch erreicht, dass pro Zeiteinheit über einen definierten Zeitraum gesehen weniger Wasser austritt als eintritt, d.h. die Ausgangs- und Eingangszustände sind unterschiedlich.)

Den Begriff Funktion kann man entsprechend den Strategien (Bild 3.32) I.1 (Unterteilung des Ganzen) und I.2 (Wesentliches und weniger Wesentliches) weiter spezifizieren:

- **Gesamtfunktion** – **Teilfunktion**.
- **Hauptfunktion** (Beschreibung des Hauptzwecks) – **Nebenfunktion** (Unterstützung der Hauptfunktion). Im gleichen Sinne wird bei der Art des Umsatzes eines Systems (Energie-/Stoff-/Signalumsatz) der Haupt- und Nebenumsatz unterschieden.
- **Elementarfunktion** ist eine Funktion, die nicht weiter untergliederbar und allgemein anwendbar ist (siehe Anhang, elementare Operationen, Bild 11.15, 11.16).
- Die Funktionsstruktur eines Produkts wächst während dessen Entwicklung mit der zunehmenden Detaillierung laufend mit. Die Entscheidung für eine bestimmte Lösung zieht nämlich **Folgefunktionen** nach. So bedingt die Entscheidung für einen Verbrennungsmotor statt eines Elektromotors z.B. die ganze Stoffzu- und -abfuhr mit sich. Folgefunktionen können dann u.U. hierarchisch geordnete **Funktionsbäume** beinhalten (z.B. von der Abgasleitung bis zur Sicherung einer zugehörigen Befestigungsschraube (Bild 7.40).

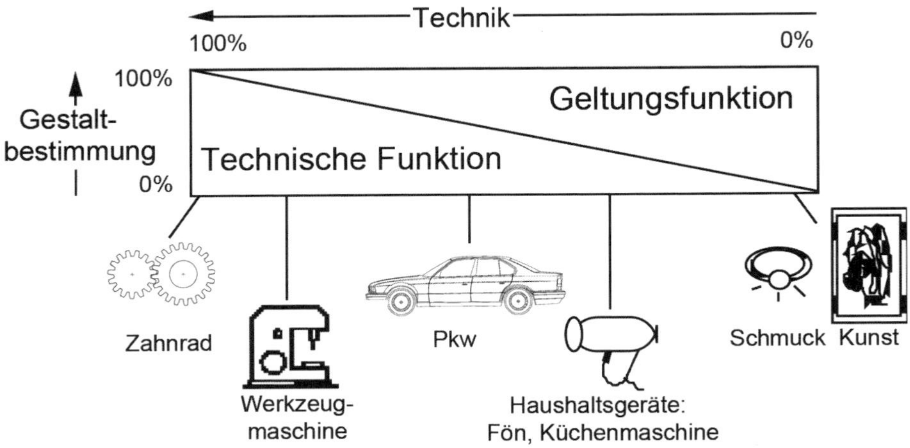

Bild 7.47 Bestimmung der sichtbaren Gestalt durch die Geltungsfunktion bzw. die technische Funktion

Neben der technischen Funktion, die die Eigenschaftsänderung (Zustandsänderung) eines Umsatzprodukts ausdrückt, gewinnt die **Geltungsfunktion** immer mehr an Bedeutung. So kann man Produkte nach dem Grad, in dem die Gestalt von der technischen Funktion oder der Geltungsfunktion bestimmt wird, einteilen (Bild 7.47). Man kann unter Geltungsfunktion im Sinne der Wertanalyse [3/7.4]) die Wirkung eines Produkts auf den Sinn für Ästhetik verstehen, ferner auf das Ansehen – die Geltung – das eine damit verbundene Person erfährt. Sie ist eher subjektiv, nicht objektiv quantifizierbar. Die Realisierung ist meist Aufgabe des **„Industrial Design“**, wofür Fachleute nicht erst am Ende des Entwurfsprozesses eines Produkts eingeschaltet werden sollten, sondern gleich am Anfang [41/6]. – Einen guten Überblick über verschiedene Möglichkeiten der Funktionsmodellierung zeigt Ponn, Lindemann [69/5].

7.4.2.3 Definition der Elemente und Symbole einer Funktionsstruktur

- Es ist zweckmäßig, Funktionen möglichst mit **Substantiv** und **Verb** zu **formulieren** (z. B. Wasser speichern). Das Substantiv beschreibt das Umsatzprodukt (Wasser), das Verb die Eigenschaftsänderung (Operation, Aktivität).
- **Symbole** sollen die funktionelle Beschreibung technischer Systeme vereinfachen und eine anschauliche Darstellung ermöglichen.
- Wie oben bereits angesprochen, wird durch eine Funktion die Eigenschaftsänderung eines Umsatzprodukts ausgedrückt, die durch einen Funktionsträger bewirkt wird. Der **Funktionsträger** wird im hier behandelten Zusammenhang meist eine Maschine oder ein Maschinenteil sein, eben das Konstruktionsobjekt. Es kann sich jedoch ebenso um einen Menschen handeln, der die Eigenschaftsänderung bewirkt oder um ein biologisches oder chemisches System (Kapitel 2.3.3 c).

Aus dieser Funktionsdefinition lassen sich drei formale Elemente ableiten:

1. Element: **Zustand**

   Der Zustand eines Umsatzprodukts wird durch die Summe seiner momentanen Eigenschaften bestimmt. Als Symbol wird ein Kreis definiert (Bild 7.48). Die ausdrückliche Definition und das Symbol haben sich im Interesse der Nachvollziehbarkeit von Funktionsstrukturen als zweckmäßig erwiesen.

2. Element: **Operation**

   Die Operation beschreibt die Eigenschaftsänderung zwischen zwei Zuständen. Als Symbol wird ein Rechteck definiert (Bild 7.48). Anstelle des Begriffs „Operation“ findet man in der Literatur häufig auch die Begriffe „Prozess“ und „Verfahren“. Eine Spezifizierung unterscheidet dann nach technischen, biologischen, chemischen, und anderen Prozessen bzw. Verfahren.

3. Element: **Relation**

   Die Relation stellt die logische Beziehung zwischen Zuständen und Operationen her, gibt also an, welche Zustände durch welche Operation verknüpft werden sollen. Als Symbol wird ein Pfeil definiert (Bild 7.48).

Name	Darstellung	Formaler Inhalt
Zustand	○	Eigenschaften des Umsatzprodukts
Operation	▭	Eigenschaftsänderung, hervorgerufen durch Funktionsträger (Systeme)
Relation	⟶	Beziehung zwischen Zuständen und Operationen

Bild 7.48 Symbole für die Elemente der Funktionsstruktur

Formal besteht eine Funktion dann aus der Folge:

Zustand – Relation – Operation – Relation – Zustand.

Am Beispiel eines Montageroboters wird die Funktionsbeschreibung (Bild 7.49) verdeutlicht. Umsatzprodukt ist eine Schraube, deren Eigenschaften vorher (X1 = Schraube auf Palette) und nachher (X2 = Schraube montiert) im Eingangs- bzw. Ausgangszustand beschrieben werden. Der Roboter bewirkt die Eigenschaftsänderung (das Einschrauben) und ist so Ursache für den ablaufenden technischen Prozess, also für die Operation.

Die Arten von Operationen, Relationen und Regeln zum Umgang mit Elementen sowie die Definition von Elementarfunktionen bzw. -operationen sind im **Anhang A1** des Buches aufgeführt. Ebenso ist dort dargestellt, wie man aus diesen Elementen Funktionsstrukturen erstellen kann, wie sie bisher von der Art her in den Bildern 2.11; Bild 7.44 und Bild 7.46 gezeigt wurden.

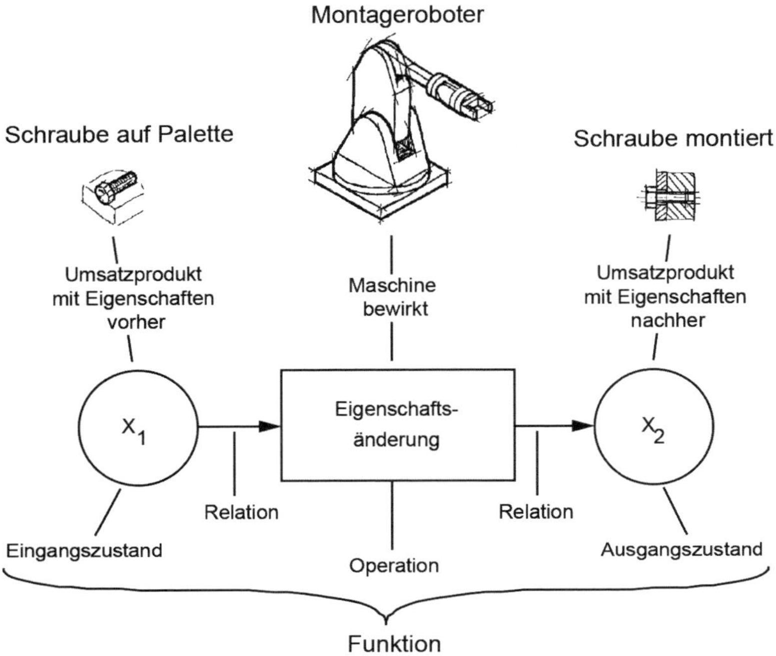

Bild 7.49 Funktionsbeschreibung, Beispiel: „Schraube montieren“

Um die Eigenschaftszustände am Ein-und Ausgang einer Operation klarer definieren zu können, wird als Beispiel im Bild 7.50 ein kleiner Kreis an die Ein- und Ausgänge gezeichnet. Dann kann man dort z. B. bei Verwendung von fertigen Komponenten, wie z. B. einer Hydraulikpumpe, am Eingang einschreiben: Zahl der Hydraulikleitungen mit xy Druck; Art der Rohrleitung usw. Am Ausgang entsprechend.

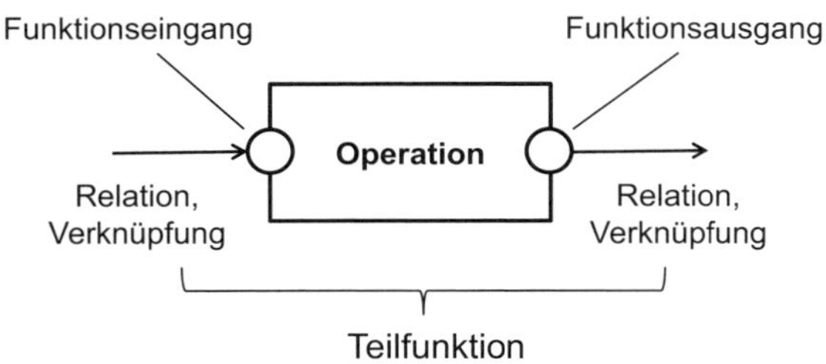

Bild 7.50
Teilfunktion mit spezieller Eigenschaftsbeschreibung am Funktionsein- und ausgang (nach Kartika in [16/2a; S. 243])

Besonders wegen der Bedeutung der Benutzerschnittstelle, d. h. dem Informationsfluss zwischen Mensch und Maschine, wird das Nachfolgende gebracht.

7.4.2.4 Funktionsstruktur für Geräte mit zentraler Steuerung (Mechatronik)

Geräte mit zentraler Steuerung sind z. B. Waschmaschinen, Verpackungsmaschinen, Roboter. Diese mechatronischen Geräte können nach der VDI/VDE-Richtlinie 2422 [8/7.4] nach Bild 7.51 beschrieben werden, das den Informationsfluss zeigt. (Siehe auch Kapitel 5.1.4.4 mit Besprechung der VDI-Richtlinie 2206 [58/5] und das Beispiel für die Entwicklung eines mechatronischen Produkts in Kapitel 4.4.1.3).

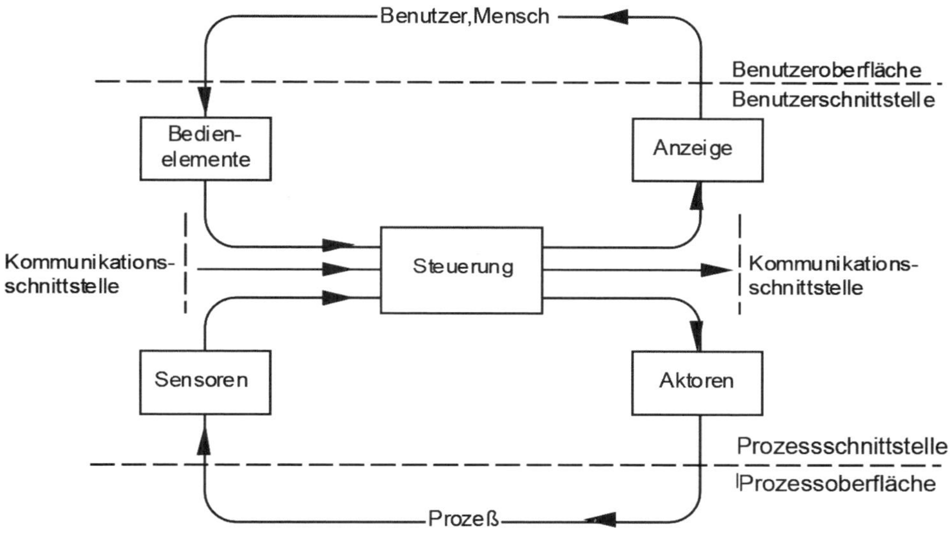

Bild 7.51 Informationsflussstruktur eines Gerätes mit zentraler Steuerung nach VDI 2422 [9/7.4] (siehe auch Bild 5.25 aus VDI Richtlinie 2206 [58/5]

Das Gerät vermittelt i. Allg. zwischen dem Menschen und einem technischen Prozess. Es ist wichtig, die jeweiligen Schnittstellen schon am Anfang, bei der Aufgabenklärung und -strukturierung zu definieren. So kann z. B. die Benutzeroberfläche festgelegt werden, ehe das Gerät selbst konstruiert ist: Es wird definiert, was dem Benutzer angezeigt wird und wieweit er Bedienfunktionen ausübt (z. B. mehr oder weniger automatischer Ablauf). Ebenso wird die Schnittstelle zum Prozess hin definiert: inwieweit die Steuerung über Aktoren in den Prozess eingreift und welche Informationen aus dem Prozess über die Sensoren in die Steuerung eingespeist werden (müssen). Eine derartige Aufgabenklärung ist z. B. zwischen Maschinenkonstrukteur und Steuerungsfachmann von Bedeutung.

Ein Waschvorgang läuft dabei z. B. mehr oder weniger automatisch ab (siehe Bild 7.52). Das Beispiel zeigt, wie sich der Automatisierungsgrad, der Grad der Eingreifbarkeit und Bedienmöglichkeiten auf die Maschinenkonstruktion auswirkt. Es ist also fruchtbar, zunächst die Benutzerschnittstelle bei solchen Geräten zu betrachten. So kann es bei einem hohen gewünschten Grad an Eingreifbarkeit günstiger sein, statt eines funktionsvereinten Vollautomaten, Einzelmaschinen zum Waschen zu konstruieren (Bild 7.52, links).

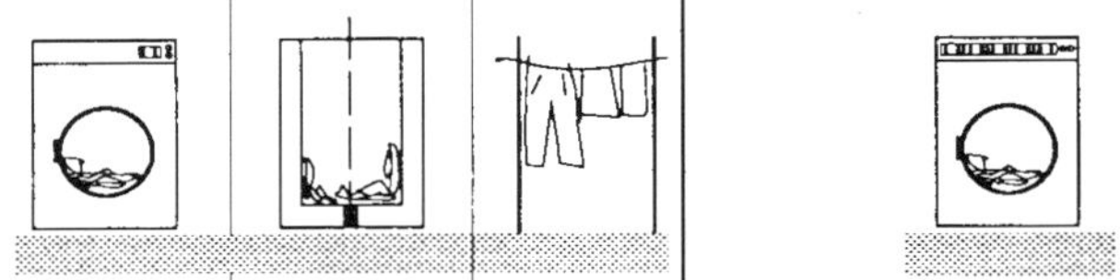

		a) Einzelmaschinen waschen	schleudern	trocknen	b) Vollautomat Gerät mit zentraler Steuerung waschen	schleudern	trocknen
Benutzer-schnitt-stelle	Bedien-elemente	← Ein/Aus-Schalter → ← Zeitwähler → ← Temp. wähler →		Hand	← Ein/Aus-Schalter → ← Programmwähler →		
	Anzeigen	← Ein mech.? Licht? → ← Ende Vorgang mech.? Licht? →		—	← Programmzustand mech.? Licht? → Wäsche fertig Ton? Licht? mech.?		
Prozess-schnitt-stelle	Aktor	Wasser-ventil auf/zu Spülmittel-behälter auf	Schleuder-motor ein/aus	Sonne	Wasser-ventil auf/zu Spülmittel-behälter auf	Schleuder-motor ein/aus	Heizung/ Luft an/aus
	Sensor	Temperatur-fühler	—	—	Temperatur-fühler Durchfluss-messer Wasserfühler	—	Temperatur-fühler

Bild 7.52 Beeinflussung der Maschinenkonstruktion durch die Benutzerschnittstelle

■ 7.5 Methoden zur (prinzipiellen) Lösungssuche

Fragen:

- Wie geht man bei der Lösungssuche vor?
- Wie findet man eine neue prinzipielle Lösung?
- Soll man konventionelle Lösungen übernehmen oder völlig neue erzeugen?
- Soll man dies allein oder im Team tun?
- Wie kann man durch systematisches Vorgehen kreative Einfälle unterstützen?
- Was hemmt uns, neue Lösungen zu finden?

Hier werden Methoden zum Finden aller Arten von Lösungen beschrieben, z. B. Einzellösungen, Baugruppen usw. Der Schwerpunkt liegt aber auf der Suche nach prinzipiellen Lösungen, wie sie für das Auffinden eines neuen Konzepts benötigt werden. (Kapitel 5.1.3.2). Deshalb die Klammer in der Überschrift.

7.5.1 Grundlagen zur Lösungssuche

Nach der Aufgabenklärung ist die **Suche nach Lösungen** der Arbeitsschritt im Konstruktionsprozess, der den „Erfindergeist" des Ingenieurs am meisten beansprucht. Die Lösungssuche für Schlüsselprodukte eines Unternehmens kann über dessen Bestehen am Markt entscheiden. Das unterstreicht die Bedeutung dieses Arbeitsabschnittes.

Das Lösungsfinden allein bringt aber noch nicht den Fortschritt beim Konstruieren, sondern es muss die gefundene (gute) Lösung auch weiterverfolgt, konkretisiert werden, an andere im Team und bei Vorgesetzten „verkauft" werden. Wie Wulf [38/7.5] betont, sind dafür Kleingruppen von zwei bis drei Personen förderlich, die sich einerseits unterstützen, andererseits aber auch eine gesunde Konkurrenz zeigen: Wer eine Lösung fand, macht sie zu „seinem Baby" und verfolgt sie weiter. Auch die Autoren haben die Erfahrung gemacht, dass sich jemand mit einer Lösung identifizieren muss und versuchen muss, ihr den „Weg zum Leben" zu bahnen. Sonst bleibt sie im Informationsspeicher liegen.

Wie Bild 7.53 zeigt, gibt es Barrieren beim Festlegen der prinzipiellen Lösung: Man hat (links) nach der Aufgabenstellung für das neue Produkt ein konkretes Problem um eine gesuchte prinzipielle Lösung (rechts) zu finden. Es baut sich eine **Barriere** auf. Denn geeignete Lösungen zu finden ist nicht selbstverständlich. Gründe für solche Barrieren sind unten zusammen gestellt. Die Barriere kann überwunden werden, indem man, wie das Bild zeigt, darüber steigt: Das Problem abstrahieren, Funktionen definieren, für die Funktionen mit Hilfsmitteln z. B. physikalische Effekte oder vorhandene technische Lösungen finden, daraus auswählen um so („hinter der Barriere") zur gesuchten prinzipiellen Lösung zu kommen.

Hilfsmittel zum Übersteigen der Barriere werden nachfolgend besprochen: Einige Strategien zur Suche nach Lösungen entsprechend Bild 3.32 oder Kapitel 7.5.2, konventionelle Arbeitstechniken (Kapitel 7.5.3), Kreativitätstechniken (Intuitives Vorgehen in Kapitel 7.5.4) und Systematiken (Diskursives Vorgehen in Kapitel 7.5.5). Es können auch Methoden aus Kapitel 7.2.4 d verwendet werden, z. B. aus der Bionik, aus TRIZ, aus WOIS [14/7.2].

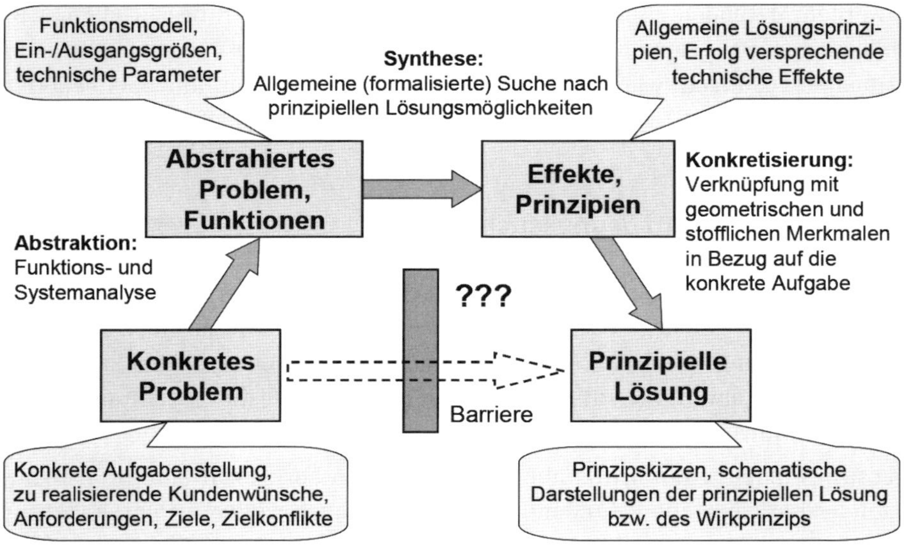

Bild 7.53 Generelles Vorgehen bei der Festlegung der Prinzipiellen Lösung [48/6]

Barrieren von der Anforderung zu interessanten, neuen Lösungen zu kommen können zahlreich sein:

- Denken in alten Lösungsmustern
- Zufriedenheit mit dem Bekannten
- Normen- und Systemtreue
- Furcht vor Risiko und Chaos
- rein logisches Denken, statt seine Intuition laufen zu lassen
- Hemmung, sich in der Gruppe zu äußern
- Suche nach dem absolut Richtigen usw.

Der **Vorgehenszyklus** kann auch bei der Lösungssuche helfen. Wie Bild 7.54 zeigt, kann die Lösungssuche als die Folge mehrerer aufeinander folgender Vorgehenszyklen dargestellt werden. Eine geeignete Vorgehensweise lässt sich an Hand von drei Ebenen beispielhaft veranschaulichen.

- Der Vorgehenszyklus auf der ersten Ebene **dient der Orientierung über die Art der Lösungssuche.** Soll man korrigierend oder generierend vorgehen (Kapitel 5.1.4.3)? Überlegen, welche Methoden und Hilfsmittel zur Lösungssuche zweckmäßig sein können.
- Die zweite Ebene dient der **tatsächlichen Lösungssuche.** Je nach Methode (z. B. Konstruktionskatalog, Kreativitätstechnik) werden Lösungen erarbeitet und ein Feld von Lösungen aufgestellt.
- Die dritte Ebene dient der **Vervollständigung des Lösungsfeldes.** Es wird ana-

lysiert und bewertet, inwieweit die Anforderungen erfüllt sind. Unter Umständen erfolgt eine **Anpassung** von gefundenen Lösungen. Danach wird ausgewählt. Falls das Ergebnis negativ ist, können anschließend weitere Vorgehenszyklen durchlaufen werden.

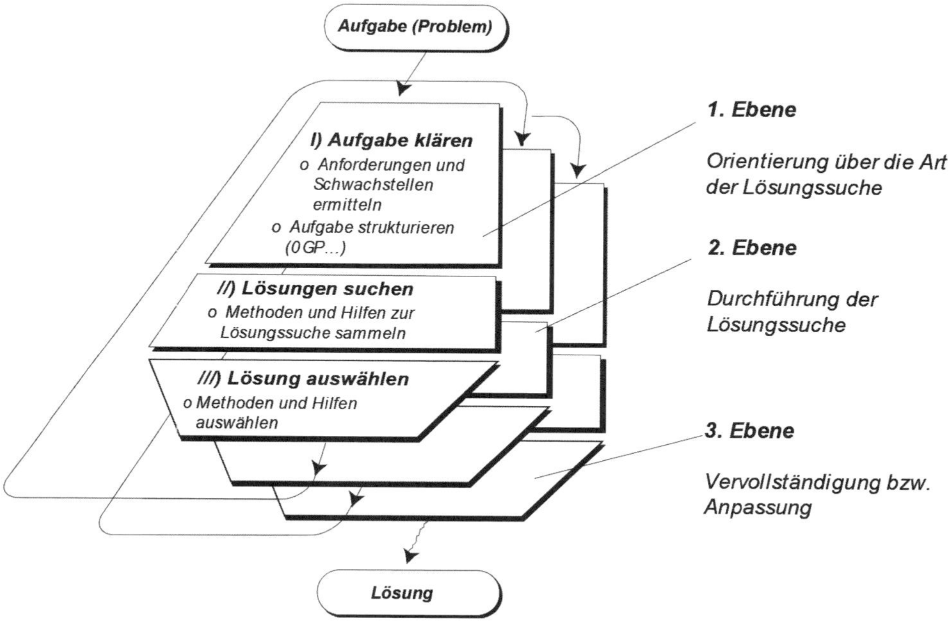

Bild 7.54 Beispielhafte Vorgehensweise beim Suchen von Lösungen mit dem Vorgehenszyklus

7.5.2 Strategien zur Lösungssuche

Es gibt nach dem Vorgehenszyklus in Bild 3.32 einige Strategien, die besonders bei der Lösungssuche zweckmäßig sind:

Strategie II.1: Zuerst vorhandene, bekannte Lösungen

Zuerst ist zu prüfen und zu überlegen, ob das Problem nicht durch Übernehmen von bekannten Lösungen oder durch Korrekturen gelöst werden kann. Diese Strategie ist ökonomisch, spart Zeit und Kosten und ist risikoarm, weil man Bekanntes und Bewährtes weitgehend beibehält (Kapitel 5.1.4.3; 7.5.3; 8.5; 8.6 sowie [1/7.5]).

Strategie II.2: Vom Vorläufigen zum Endgültigen

Diese Strategie legt nahe, das Konzept oder die Gestalt eines Produkts zuerst grob zu bestimmen. Das zuerst gesuchte Gebilde ist vorläufig. In einem zweiten Schritt der Lösungssuche wird dann die vorläufige Lösung verfeinert und konkretisiert.

Der Vorteil liegt dabei z. B. in der Entlastung des Gedächtnisses durch die externe Speicherung der vorläufigen Lösung (z. B. in einer Hand- oder CAD-Skizze mit schriftlichen Notizen). Außerdem kann man dadurch dem Verlust von Ideen durch Vergessen vorbeugen. Schließlich hilft diese Vorgehensweise, das „Wirkungsvollste" im Sinne von Strategie II.3 zu erkennen, was oft Schwierigkeiten macht [2/7.5].

Strategie II.3: Zuerst das Wirkungsvollste

Dieser Strategie liegt die Erkenntnis zugrunde, dass sich die Gesamtfunktion jedes etwas komplexeren Systems in mehr oder weniger wichtige Teilfunktionen aufspalten lässt, die man einzeln bearbeiten kann. Der Vorteil ist, dass das System auf überschaubare Komplexität reduziert wird. Die wichtigen bzw. wirkungsvollen Teilfunktionen oder -probleme bearbeitet man zuerst. Ebenso soll damit ausgedrückt werden, dass die Suche nach Lösungsprinzipien wirkungsvoller ist als die Suche nach Gestaltdetails (Bild 2.16).

7.5.3 Nahe liegende Lösungen suchen

Ziel einer konventionellen Lösungssuche ist, das „vernünftig Nahe liegende" zu tun, nämlich für ein Konstruktionsproblem vorhandene Lösungen zu finden, zu übernehmen und, falls nötig, anzupassen. Dabei geht man von der Erfahrung aus, dass es für die meisten Probleme bewährte Lösungen gibt, die man „nur" noch finden muss.

Das können folgende sein:

- im eigenen Haus vorhandene oder bekannte Lösungen,
- käufliche Lösungen von Zulieferanten (Prospekte, Kataloge),
- verständlich aufbereitete Lösungen aus der Literatur (Fachzeitschriften, Fachbücher, Firmenschriften, Forschungsberichte, Literaturdatenbanken),
- Lösungen aus der Patentliteratur (Patentrecherchen),
- Lösungen der Konkurrenz (Prospekte, Messebesuche),
- Lösungen von Kunden oder Nutzern (Siehe Kapitel 7.2.4 d AKINET [50/7.5])

Im Zeichen geringerer Fertigungstiefe und größerer Flexibilität kommt vor allem **Zulieferkomponenten** eine steigende Bedeutung zu [3/7.5; 4/7.5]. Das können fertig käufliche Komponenten sein oder solche, die der Zulieferer gemeinsam mit dem Hersteller erst entwickelt bzw. auf ihn abstimmt (Outsourcing). Nach VDMA [36/5] ist der Zukaufanteil an den Herstellkosten über 50 % und steigt weiter. Von großer Bedeutung ist deshalb die enge Zusammenarbeit mit dem Einkauf („global sourcing"). So können neue Zulieferer gefunden werden, die ihre Komponenten auch DV-technisch so strukturiert haben, dass sie sofort in die Konstruktion eingebaut werden können. (CAD-Zulieferkataloge; auch für Normteile) [5/7.5].

Typisch für die konventionelle, meist angewandte Lösungssuche ist, dass leider nur auf **im eigenen Kopf gespeicherte Lösungen** zugegriffen wird. Es wird dann nur noch zur Konkretisierung in Unterlagen nachgeschlagen (Kapitel 3.4).

7.5.4 Lösungssuche mit Kreativitätstechniken (Intuitives Vorgehen)

Entscheidend für das Finden von neuen, tauglichen Lösungen ist ganz allgemein - auch bis zu einem gewissen Grade beim diskursiven Vorgehen - die Kreativität des Gestalters bzw. Konstrukteurs [7/7.5; 104/9]. Bisher sind wirklich kreative Denkvorgänge im einzelnen wissenschaftlich noch nicht verstanden. So „wartet man auf gute Einfälle, auf seine Intuition" und versucht die Bedingungen dafür günstig einzurichten.

Was ist Kreativität?

Kreativ sein heißt, schöpferisch und einfallsreich Neues zu schaffen. Man versteht unter **Kreativität** allgemein die **Fähigkeit des Menschen, Ideen, Konzepte, Kombinationen und Produkte hervorzubringen, die in wesentlichen Merkmalen neu sind und dem Bearbeiter vorher unbekannt waren**. (Siehe im Einzelnen auch Funke [133/3]). Kreativität hat auch Beziehungen zum Begriff der **Innovation**, da diese ja oft genug aus kreativen Prozessen entsteht. Die Merkmale von Bild 7.10 lassen sich also zum Teil auf den Begriff der Kreativität übertragen (Neuheit, Grad der Kreativität, materielle, immaterielle Ergebnisse und Markterfolg).

Kreativität beinhaltet auch die Übertragung bekannter Zusammenhänge auf neue Situationen, wie auch die Entdeckung neuer Beziehungen zwischen bekannten Elementen. Kreativität kann sich auf viele Prozesse, Beziehungen und Objekte auswirken, z. B. auf neuartige Kundenbeziehungen, Verbesserung der Anforderungsklärung, bessere Kommunikation im Unternehmen, bessere DV-Systeme usw. Also nicht nur auf neue Produkteinfälle! Man kann entsprechend Bild 3.5 produktives von reproduktivem Denken unterscheiden. (Letzteres generiert nur Routine-Lösungen).

Wie und wann entsteht Kreativität?

Die Frage ist, wie und wann kreative Einfälle persönlich entstehen und wie sie durch äußere Einflüsse und Methoden begünstigt werden können.

I) Eine **persönliche Vorbedingung** ist sicher nötig: Eine **positive Einstellung** zum Leben. „Wie kann man auch aus Fehlern und Irrwegen noch etwas Positives machen?" Das ist freilich meist schon in der frühen Kindheit angelegt und kaum lernbar. - Kreative Einfälle ereignen sich nicht in Zuständen emsiger Betriebsamkeit, sondern in Übergangs- und Wartezeiten, beim Müßiggang. Phasen der Langeweile, des Dösens können schöpferische Zustände sein[3]. – Vom Prozess her gesehen, sind die **vier Phasen der Kreativität**, die Wallas schon 1926 beschrieben hat [39/7.5][4], heute in der Denkpsychologie immer noch von Bedeutung: (1) Preparation d.h. eine intensive Beschäftigung mit dem Problem. Auch in der Diskussion! Man braucht das Wissen[5] um ein ungelöstes Problem und bisherige Lösungsansätze, (Beispiel siehe Kapitel 8.4.6). Wie überhaupt die Kombination von Wissen und Intuition am fruchtbarsten ist. (2) Inkubation d.h. das Untersuchte soll in einer Ruhephase ins Unbewusste absinken können. Damit ist auch ein Vergessen des Unwesentlichen verbunden. (3) Illumination d.h. dem Einfall in entspannter Situation eine Gelegenheit zu geben und (4) Verifikation d.h. die Ausarbeitung und weitere Gestaltung und den Test des Einfalls vorzunehmen. (Nach Pöppel geht's bei den Einfällen auch gar nicht unbedingt um Lösungsideen, sondern es reicht schon oft das Finden der richtigen Frage. Da steckt die Lösung u.U. schon drin).

Eine Anmerkung zur (2) „Inkubationszeit". Das Unbewusste verarbeitet ja z.B. im Schlaf die vorher durchdachten Inhalte aus dem Protokollgedächtnis (D. Dörner) und schiebt sie ins Langzeitgedächtnis, sozusagen in „neue Fächer eines Speicherregals, die verknüpft sind". Nicht umsonst wird auch empfohlen, „etwas zu überschlafen". Aus eigener Erfahrung der Autoren und der von Bekannten scheint es dann so zu sein, dass (3) kreative Einfälle (z.B. Patentideen) bei Entspannung (z.B. in der Freizeit, im Bett, im Zug oder im lockeren Gespräch) entstehen. Guter Kontakt zu anderen kann wesentlich sein. (Der Autor Ehrlenspiel hatte die besten Patentideen in und nach einer Diskussion). Werner Heisenberg schrieb: „Wenn man sich in einem kreativen Prozess nah dem Ziel glaubt, soll man die Lösung nicht erzwingen, sondern eine Pause einlegen, darüber schlafen, und das Gehirn selber denken lassen." (Nach Pöppel [48/7.5]) – Aus der Erfahrung mit Konstruktionsmethodik haben nicht nur wir, sondern auch Prof. Pahl/TU Darmstadt den Eindruck, dass sich manchmal intuitiv ganz erstaunliche Lösungen ergeben können, auf die man bei vorheriger methodischer Lösungssuche nicht gekommen war. Das heißt, dass unser Gehirn Assoziationen und Kombinationen vollziehen kann, die bei systematischem Vorgehen unentdeckt bleiben. Das Meiste allerdings lässt sich jedoch vorher systematisch finden. Es wäre aber verkehrt, wenn ein Systematiker sich wegen eines guten Einfalls schämt, der ihm „nur einfach so", ohne große Anstrengung gekommen ist. (Siehe auch das Beispiel bei Bild 7.135) Er sollte sich vielmehr über sein kreatives Unbewusstes freuen! (Siehe das Motto der 4. Auflage im Vorwort)

---

3) Andrè schreibt in [55/7.5] „Unser Geist verliert seine Fruchtbarkeit, wenn er sich von der Leere und dem Spektakel der Außenwelt anstecken lässt". Also Achtsamkeit und Meditation.

4) Vorher schon hat Helmholtz seine Gedankenprozesse anlässlich seines 70. Geburtstages am 31.8.1891 so dargestellt [54/7.5].

5) Weinert [45/7.5] betont, dass eine reiche, flexibel nutzbare Wissensbasis notwendig ist, deren Erwerb in der Regel viele Jahre dauern kann. „Kreative Einfälle sind meist das Ergebnis harter Arbeit".

Kreativität erfordert neben Motivation für Neues eine „körpernahe" Vorstellungsfähigkeit (D. Dörner). Ferner Flexibilität im Denken und die Fähigkeit, Dinge aus einer anderen Perspektive zu sehen, d.h. ein Maß an Vorurteilsfreiheit für neue Wege. Man sollte deshalb nicht sofort jede Lösungsidee durch Kritik vernichten. Jeder Mensch besitzt die Fähigkeit, kreativ zu sein [8/7.5; 9/7.5; 49/7.5]. Zur Kreativität gehört ein gewisses Maß an Freiheit. Kreative Mitarbeiter fühlen sich in einer auf Effektivität getrimmten Betriebsumgebung nicht wohl. – Kinder haben oft viel mehr Kreativität als Erwachsene. Leider wird sie dann im Lauf der Schule durch das Übermaß an rationalen und analytischen Inhalten bei begrenzter Gehirnkapazität verdrängt (E. Pöppel). Der gleiche Vorgang dürfte auch an unseren wissenschaftlichen Hochschulen ablaufen! Folgerungen wurden bisher nicht erarbeitet. (Kapitel 3.2.2).

II) Äußere Einflüsse spielen auch eine große Rolle. Zur Kreativität gehört ein gewisses Maß an Freiheit. Kreative Mitarbeiter fühlen sich in einer auf Effektivität getrimmten Betriebsumgebung nicht wohl. Das heißt, dass das Unternehmensklima und eine positive Einstellung der Führung von großer Bedeutung sind. – Eine Kombination von relativ offener Organisation für das Zusammenführen impliziten Wissens in kleinen interdisziplinären Teams bietet das aus der Softwaretechnik entstandene **SCRUM.** Es wird auch als die Umsetzung von Lean Development für das Projektmanagement bezeichnet. Die Anfänge entstanden in den 90 er Jahren in Japan. Dort wird rationales Wissen nur als die Spitze des Eisbergs bezeichnet. Das meiste Wissen ist demnach implizit und damit subjektiv und intuitiv. Es kann aktiviert werden durch eine gute Interaktion zwischen den Personen. Diese erfolgt durch regelmäßige kurze Abstimmgespräche im Rahmen einer effizienten Organisation. [57/7.5; 58/7.5].

III) Die folgenden **Kreativitätstechniken** können Hilfestellung bieten, die kreative Lösungssuche anzuregen bzw. die geeigneten Randbedingungen zur Entfaltung von Kreativität zu schaffen. Es gibt eine große Anzahl davon (50 bis 100), woraus einige wichtige hier angesprochen werden [13/7.5]. – Diese Techniken a) bis e) sind alle darauf ausgerichtet, das Wissen anderer Personen in den kreativen Prozess mit einzubeziehen. Einfach aus der Erkenntnis heraus, dass die individuelle Erfahrungs- und Hirnkapazität eben eingeschränkt ist. – Fruchtbar können auch **Analogiebetrachtungen** sein, wie sie sich z.B. durch Lösungen aus der Natur ergeben. (Siehe „Bionik" in Kapiteln 7.2.4 d). Ebenso Analogien zu anderen Bereichen der Technik. (Z.B. Techniken des Mischens aus dem Betonbereich übertragen auf Stoffe im Chemiebereich. (Siehe Bild 9.28)). – Schließlich sind Abstraktionen (z.B. Funktionsbetrachtungen in Kapiteln 7.2.4, die nachfolgenden Systematiken (Kapiteln 7.5.5) und alle weiteren Anleitungen zur Lösungssuche in Kapiteln 7.5 und Kapiteln 7.6 immer wieder Anlass für kreative Einfälle, ganz im Sinn von Bild 3.6 mit dem hin und her von Rationalität und Intuition.

Ferner geben Firmen Anregungen durch spezielle Aktivitäten, wie z. B. Ferrari durch den „Creativity Club“, gestaltet von verschiedenen Künstlern [43/7.5].

a) Brainstorming

Brainstorming ist eine bisher sehr bekannte Methode zur Problemlösung und Ideenfindung durch gegenseitige Anregung des intuitiven, kreativen Denkens im Rahmen einer Gruppe von 5 bis 8 Personen. Brainstorming wird als geeignet bezeichnet vor allem für klar definierte, weniger komplexe Probleme und ist nicht nur zur Lösungsfindung geeignet, sondern für fast alle Arbeitsschritte des Entwicklungsprozesses, also auch z. B. zur Suche von Anforderungen, Bewertungskriterien, Fehlern [37/7.5]. Nach einer Umfrage in 65 Unternehmen beurteilen Praktiker Brainstorming als leicht anwendbare und wirkungsvolle Kreativmethode. (Lindemann in [26/1; S. 745]). Trotzdem gibt es aber auch erhebliche Zweifel an der Effizienz von Brainstorming [40/7.5; 45/7.5; 47/7.5; 52/7.5; 53/7.5]. – Danach wäre es wirkungsvoller die Ergebnisse von Einzelarbeit oder von Arbeit zu zweit in einer Gruppe zu präsentieren und dann in der Gruppe zu verbessern. – Zunächst soll kurz der Ablauf des Brainstormings gezeigt werden. Danach wird eine bessere Form von Einzel- und Gruppenarbeit dargestellt: die „hybride Gruppenarbeit“, die vor allem von Hacker u. a. [51/7.5; 52/7.5] erprobt wurde.

Durchführung des Brainstormings.

Nach einer Darlegung und **Klärung des Problems** angeleitet von einem Moderator sollen die Teilnehmer frei und ungehemmt eine **große Anzahl von Ideen** produzieren („Gedankensturm“), die ins „Unreine gesprochen“ und für alle sichtbar notiert werden. Wesentlich ist, dass an den Vorschlägen **keine Kritik** geübt wird.

Die Ideen werden also **visualisiert** (Flip-Chart, Tafel, Overhead, White Board) und sollen von anderen Teilnehmern aufgegriffen, abgewandelt und weiterentwickelt werden bzw. durch **Assoziationen zu neuen Vorschlägen** führen.

Der Teilnehmerkreis sollte möglichst **interdisziplinär** zusammengesetzt sein, um eine gesunde Mischung aus verschiedenen Einstellungen und Fachkenntnissen zu erhalten. Die Wichtigkeit der Zusammensetzung aus verschiedenen Fachleuten beim Brainstorming betont auch Weisberg [9/7.5]. Wesentlich ist, dass Rangunterschiede der Teilnehmer ausgeschaltet werden. Das Ergebnis der Sitzung wird erst später von Fachleuten kritisch gesichtet, systematisch geordnet und ausgewählt. Brainstorming entspricht damit den Abschnitten I, II des Vorgehenszyklus (Bild 3.32). Abschnitt III (Lösungsauswahl) wird getrennt durchgeführt.

Für das Brainstorming gelten folgende **Grundregeln** (nach [10/7.5] und [11/7.5]):

- Klare **Problemdarstellung** zu Anfang. (Siehe unten).
- **Freies Gedankenspiel** ist willkommen. Je ungezwungener Einfälle sind, desto besser. Es ist leichter, sie wieder auf die Erde zurückzuholen als sie „hochzudenken“.

- Es kommt auf die **Menge der Einfälle** an. Je größer die Anzahl der Vorschläge, desto wahrscheinlicher, dass unter ihnen ein „Gewinner“ ist.
- Suche nach **Verbesserung und Kombination der Vorschläge** zu neuen Ideen. Neben der Beisteuerung eigener Einfälle sollten die Teilnehmer Anregungen geben, wie die Vorschläge der anderen verbessert oder wie zwei oder mehr zu einem neuen Vorschlag kombiniert werden könnten.
- **Kritik** findet erst nach der Ideengenerierung statt (keine „Killerphrasen“). Das bedeutet, dass negative Kritik auf eine **besondere Sitzung für die Ideenauswahl** zu verschieben ist.

Wichtig für die Problemdarstellung sind **Fragen, die genau den Kern des Problems treffen**. Zu allgemein formulierte Fragen machen die Lösungsfindung schwierig. Eine solche zu allgemeine Frage lautet z.B.: „Wie können wir unser Produkt A auf den Markt bringen?“ Bessere Fragestellungen, die sich auch während einer Sitzung entwickeln können, wären dann konkreter:

- Wie soll Produkt A verpackt sein?
- Wie soll die Werbung für A aussehen?
- Welche Kunden spricht Produkt A an?
- Welche Kunden spricht es nicht an? Warum?

Bei aller Kritik hat Brainstorming den Vorteil, dass es das soziale Klima einer Gruppe fördert und die Teilnehmer für die Realisierung der gemeinsam gefundenen Ideen motiviert. Ferner gilt nach wie vor: An der Notwendigkeit und Bedeutung von Gruppenarbeit in gemischter, interdisziplinärer Zusammensetzung, wie in Kapitel 4.3.3 und Bild 4.48, Bild 4.58 beschrieben, kann es auf Grund von vielen Praxiserfahrungen keinen Zweifel geben. Sie ist einfach notwendig zum Ausgleich des zunehmenden Spezialistentums in einer immer arbeitsteiligeren Wirtschaft und Gesellschaft.

Hier geht es aber nicht primär um den Erfahrungsausgleich, sondern um die Erzeugung neuer Ideen. Hacker schreibt dazu [52/7.5] „Gruppenprozesse zur Ideenerzeugung sind nicht besser und vielfach sogar schlechter als die beste Einzelleistung“ und stützt sich dabei stark auf Stroebe u.a. [53/7.5]. Die Ursachen für die mangelnde Effizienz sind vielfältiger psychologischer Art. und ähneln denen bei der Teamarbeit überhaupt (Kapitel 4.3.3.3 und 7.9.2). – Deshalb soll nun die besser geeignete „hybride Gruppenarbeit“ nach Hacker [52/7.5] beschrieben werden.

b) hybride Gruppenarbeit

Der Name „hybrid“ soll andeuten, dass es sich hierbei um eine Kombination von Gruppenarbeit und Einzelarbeit handelt. Die Auswahl der Teilnehmer (möglichst interdisziplinär; siehe auch Kapitel 4.3.3.4) und die Möglichkeiten zur Visualisierung (Flip-Chart, Laptop-Projektor) erfolgen wie oben beim Brainstorming. Für jede Gruppensitzung gibt es eine Tagesordnung.

- **1. Gemeinsam in der Gruppe** geschieht mit Anstoß durch den Moderator die Darlegung des Problems, die Aufgabenanalyse und die Zielfestlegung. Ferner die Aufteilung in Teilziele und eine Zeitplanung.
- In **Einzelarbeit** werden von jedem Teilnehmer Lösungsideen entwickelt, notiert, skizziert. Dabei kann, wie vereinbart, von allen die gleiche Aufgabe bearbeitet werden oder Einzelne bearbeiten ein besonderes Problem, um für alle Zeit zu sparen. Ebenso müssen Bewertungsmerkmale überlegt werden.
- **2.** In einer **nächsten Gruppensitzung** werden die Ergebnisse der Einzelarbeit eingebracht und zusammengestellt. (Gerade auch die Notizen und Skizzen der Einzelnen). Es hilft sehr, diese Blätter an die Wand zu kleben und mit der Gruppe zur Erläuterung von Station zu Station zu gehen. (Ähnlich wie bei der unten besprochenen Galeriemethode). Gleichartige und ergänzende Vorschläge werden integriert. Auch könnte eine Integration von Teillösungen/Ideen erfolgen.

  Unterschiedliche Vorschläge werden für die nachfolgende Bewertung und Auswahl so klar wie möglich dargelegt. In einem Protokoll wird alles festgestellt und den Gruppenmitgliedern zeitnah zugestellt.
- In **Einzelarbeit** geschieht die kritische Durchsicht und die Vorbereitung der Bewertung und Auswahl.
- **3.** In einer (letzten) **Gruppensitzung** erfolgt die Besprechung von Einwänden und Korrekturen. Danach geht es um die Bewertung und Auswahl der Lösungen. Dabei können die Methoden für die „Einfache Bewertung" helfen: Kapitel 7.9.5 a bis 7.9.5 d. Auch hier wird wieder ein Protokoll erstellt.

c) Brainwriting und Methode 6.3.5

Brainwriting ist eine Weiterentwicklung des Brainstormings in schriftlicher Weise. Die übliche Form ist die Methode 6.3.5. Diese ist ein Verfahren zur Problemlösung und Ideenfindung in einer Gruppe von **sechs** Personen, die je **drei** Lösungsvorschläge erstellen und diese im Umlauf **fünfmal** ergänzen.

Nach Diskussion und Analyse des Problems werden die Teilnehmer also aufgefordert, jeweils drei Lösungsansätze in ein Formular einzutragen und stichpunktartig zu erläutern. Nach einiger Zeit (ca. fünf Minuten) werden die Unterlagen an den Nachbarn weitergegeben. Dieser ergänzt, angeregt von den Vorschlägen des Vorgängers, das Formular um weitere drei Lösungen. Das Verfahren wird fortgesetzt bis jeder alle Formulare bearbeitet hat.

Die Methode lässt sich auch räumlich und zeitlich getrennt anwenden. Der Teilnehmerkreis sollte möglichst interdisziplinär zusammengesetzt sein. Ein Moderator ist nicht nötig. Das Ergebnis der Sitzung wird von Fachleuten ausgewertet [12/7.5; 13/7.5; 14/7.5]. Die Methode hat den Vorteil, dass dominierende Teilnehmer den Gruppenprozess nicht stören, Ideen nicht zerredet werden und dass das Ergebnis gleich schriftlich dokumentiert ist. Aber es produziert eher untergeordnete Verbesserungsvorschläge und nicht wirklich innovative Ideen [19/7.2]. Die intuitive Anregung durch den Gruppenprozess findet eben nicht statt. – Das Vorgehen kann auch mit einer Internetplattform als „Electronic Brainstorming" durchgeführt werden. (Lindemann in [26/1; S. 755]).

d) Synektik

Synektik ist eine Methode zur Problemlösung und Ideenfindung mit gezieltem Einsatz des kreativen Denkens im Rahmen einer Gruppe von vier bis sieben Personen. Im Unterschied zum Brainstorming wird versucht, sich durch **Analogien aus dem nichttechnischen Bereich** (z. B. der Biologie) anregen zu lassen, um Lösungen für technische Probleme zu finden [13/7.5; 14/7.5; 15/7.5].

Eine **Synektiksitzung läuft nach folgenden Schritten ab:**

- Darlegen des Problems.
- Vertraut machen mit dem Problem (Analyse).
- Verfremden des Vertrauten, d. h. Analogien und Vergleiche aus anderen Lebensbereichen anstellen.
- Analysieren der geäußerten Analogie.
- Vergleichen zwischen Analogie und bestehendem Problem.
- Entwickeln einer neuen Idee aus dem Vergleich.
- Entwickeln einer möglichen Lösung.

Der Teilnehmerkreis sollte möglichst interdisziplinär zusammengesetzt sein. An den Vorschlägen sollte keine Kritik geübt werden.

Eine Forschungsrichtung, die sich schwerpunktmäßig damit befasst, Analogien aus der Natur zu erkennen und deren Funktionen technisch nutzbar zu machen, ist die **Bionik** (Kapitel 7.2.4 d) [16/7.5; 9/7.2].

e) Galeriemethode

Ziel dieser Methode ist **Anregung von Assoziationen durch die bildhafte Präsentation von Lösungen**. Sie unterstützt besonders die anschauliche Darstellung der Gestalt und Anordnung von konstruktiven Teillösungen.

Die Galeriemethode [18/7.5] eignet sich besonders zur **Lösungssuche bei Gestaltungsproblemen** und verbindet Einzel- mit Gruppenarbeit. Die Methode kommt dem bildhaften Denken von Konstrukteuren entgegen, da Lösungsideen von mehreren Bearbeitern in Form von Skizzen oder Zeichnungen in einer Art Galerie nebeneinander präsentiert werden und als Anregung für weitere Lösungsideen dienen.

Nach einer Einführungsphase, in der das Problem in der Gruppe dargelegt wird, folgt eine Phase der Lösungssuche, in der jeder Bearbeiter für sich intuitiv Lösungen in Skizzen und Notizen festhält und so dokumentiert, dass sie für andere verständlich sind.

Die gefundenen Lösungen werden an den Raumwänden aufgehängt, damit alle Gruppenmitglieder sie sehen, gedanklich verarbeiten und diskutieren können. Die bei der Betrachtung anderer Lösungen neu gewonnenen Ideen werden dann von Gruppenmitgliedern weiterentwickelt und auf Papier festgehalten. Alle entstandenen Ideen werden vervollständigt, geordnet und gesichtet und stehen damit für einen folgenden Auswahlschritt oder für einen erneuten Galerierundgang zur Verfügung.

7.5.5 Lösungssuche mit Systematiken (Diskursives Vorgehen)

Die **Fragen**, die dieses Kapitel behandelt, sind:

- Was ist eine Systematik?
- Verwendet man besser vorhandene Systematiken oder erstellt man eigene?
- Kann man mit Hilfe einer Systematik eher eine gute Lösung finden?

Eine **Systematik** ist eine Ordnung von Lösungselementen oder von Merkmalen, die für Lösungen wesentlich sind.

In diesem Kapitel wird gezeigt, wie man mit Systematiken zu einer Lösung, möglicherweise sogar zu einer guten Lösung kommen kann. Ob man mit einer Systematik arbeiten will oder (zunächst) lieber konventionell (Kapitel 7.5.3) oder mit einer Kreativitätstechnik (Kapitel 7.5.4) Lösungen sucht, hängt vom eigenen Arbeitsstil oder von der Entscheidung der Gruppe ab, in der man arbeitet.

Es wird gezeigt, wie man sich für sein spezielles Problem ein Ordnungsschema von Merkmalen erstellen kann, das unter Umständen Lücken zeigt, in welchen bisher unerkannte Lösungen enthalten sein können (Kapitel 7.5.5.1).

Es wird aber auch gezeigt, wie man vorhandene **Konstruktionskataloge** (Kapitel 7.5.5.2) und **Listen von physikalischen Effekten** (Kapitel 7.5.5.3) nutzen kann, um Lösungselemente oder Anregungen zu Lösungen zu finden.

Schließlich wird noch auf die Nutzung und Erstellung von **Checklisten** (Kapitel 7.5.5.5) eingegangen. Diese sind Merkmalslisten, die helfen sollen bei der Vielfalt des zu Bedenkenden nichts zu vergessen.

Der **Vorgehenszyklus** ist in diesem Kapitel mit dem Übergang von Analyse bzw. Strukturierung der Aufgabe (I) zur Lösungssuche (II) angesprochen.

7.5.5.1 Ordnungsschemata

Zweck der Methode

Ein Ordnungsschema ist, wie schon angedeutet, eine Ordnung von Merkmalen eines Lösungsfeldes. In ihm können vorhandene und bisher unerkannte Lösungen oder Lösungselemente für die vorliegende Aufgabe enthalten sein.

Das **Arbeiten mit Ordnungsschemata** ist ein wichtiger Bestandteil des methodischen Konstruierens. Zahlreiche Beispiele zeigen, dass die Lösungssuche mit Hilfe von Ordnungsschemata sehr effektiv sein kann [6/7.5; 19/7.5]. Die Vorgehensweise der Arbeit mit Ordnungsschemata darf allerdings nicht als zwangläufiger Algorithmus missverstanden werden. Sie sind ein Hilfsmittel für die Unterstützung der Intuition des Konstrukteurs und als solche sollen sie an seine individuelle Denk- und Arbeitsweise angepasst werden. Immerhin zeigen sie eine Systematik des Lösungsraumes auf. (Ponn in [26/1; S. 716]).

Man kann je nach Art der Ordnungsschemata (Erklärung unten) drei Zwecke bei der Anwendung unterscheiden:

- **Alle Schemata** stellen (mögliche) **Lösungsspeicher** dar [6/7.5; 19/7.5]. Sie dienen also dazu, Lösungen zu finden bzw. einzuordnen.
- **Schemata mit zwei Achsen** nach Dreibholz [21/7.5] (**morphologische Kästen** nach Zwicky [22/7.5], offene morphologische Schemata) bei denen für Teilfunktionen jeweilige Lösungsprinzipien angegeben sind, geben einen hervorragenden Überblick über die **Kombination** der einzelnen Lösungsprinzipien zur Gesamtlösung ([6/7.5]) (Bild 7.67, Bild 7.110).
- **Zwei- und mehrdimensionale Schemata** nach Dreibholz [21/7.5] lassen **fehlende Lösungen** („weiße Felder") erkennen, die dann relativ leicht erzeugt werden können, da die sie bedingenden Merkmale definiert sind ([19/7.5; 22/7.5; 23/7.5; 24/7.5]) (Bild 7.56 bis 7.58) (geschlossene morphologische Schemata).

Ein **Beispiel** soll das Gesagte verdeutlichen:

Eine Firma stellte sich die Aufgabe, vorhandene, automatisch auslösende **Skibindungen** zu systematisieren, um die Bildungsgesetze der Auslösemechanismen zu erkennen und daraus vielleicht wieder neue, bessere und patentfähige Lösungen zu erzeugen.

Nach Klärung der Aufgabe und Erstellung der Anforderungsliste erfolgt eine Strukturierung der Aufgabe (Vorgehenszyklus), wobei die Strukturmerkmale aus bisher vorhandenen Lösungen (eigene und der Konkurrenz) gefunden werden können. Dies ist **eine** Möglichkeit, neue Lösungen zu erzeugen.

Man sammelt also Lösungen bekannter und patentierter Skibindungen, wie z.B. einige in Bild 7.55 gezeigt sind. Hier geht es um den Auslösemechanismus am Fersenhalter beim Sturz nach vorne.

Weiter wird nun nach **ordnenden Gesichtspunkten** (nach Hansen [25/7.5]) in den Wirkflächen (Kapitel 7.6.1.1) und Wirkbewegungen (Kapitel 7.6.2.3) dieser Mechanismen gesucht. Die bekannten Skibindungen ließen sich auch – wenn man in der Getriebelehre bewandert ist – nach der Art der kinematischen Ketten analysieren und ordnen. Bei eingehender Analyse des Auslösevorgangs erkennt man, dass der Sohlenhalter, der die Sohle des Stiefels im eingerasteten Zustand nach unten auf den Ski drückt, beim Auslösen um einen Drehpunkt am skifesten Gestell nach oben klappt und den Skistiefel dadurch freigibt. Darin sind **alle Bindungen gleich**. Ebenso haben alle ein Federelement, das mit einstellbarer Federkraft in eine Raste des Sohlenhalters drückt. **Nicht gleich** sind sie bezüglich der Bewegungsart des Federelements (**„unterscheidende Merkmale“** nach Hansen [25/7.5]). Diese kann rotatorisch oder translatorisch sein. Unterschiede bestehen außerdem darin, an welchem Bindungsteil das Federelement befestigt ist: am Gestell oder am Sohlenhalter.

Damit sind bereits **ordnende Gesichtspunkte** (Wirkbewegung des Federelements, Befestigung des Federelements) und **unterscheidende Merkmale** (Rotation/ Translation, bzw. Befestigung am Gestell/Sohlenhalter) gefunden.

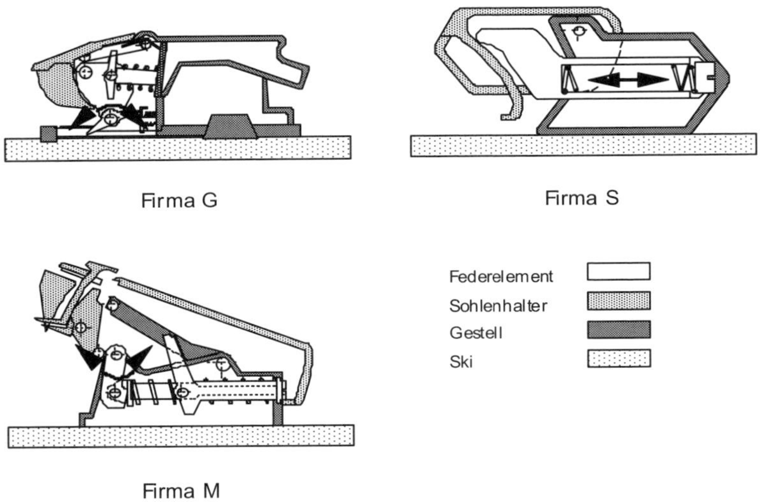

Bild 7.55 Auslösemechanismen am Fersenhalter verschiedener Skibindungen beim Sturz nach vorn

Die Skibindungen lassen sich nun in einer Matrix nach diesen Gliederungsmöglichkeiten einzeichnen, wie es in Bild 7.56 geschehen ist. Damit hat man sich eine aufgabenspezifische Systematik erarbeitet und kann erkennen, ob „weiße Felder“ darin enthalten sind. Dies sind Felder, für die bisher keine Lösungen existiert. (Hier als „Neue Lösung“ bezeichnet). Es ist damit relativ leicht, die betreffenden Lösungen zu konzipieren. Entsprechend Abschnitt III im Vorgehenszyklus wird man diese neuen Lösungen analysieren und gegenüber den vorhandenen bewerten, um zu sehen, ob es Sinn macht, sie weiterzuverfolgen. – Im vorliegenden Beispiel ist so eine Patentanmeldung entstanden.

Die in Bild 7.56 gezeigte Matrix kann deshalb als „geschlossenes morphologisches Schema“ bezeichnet werden (Erläuterung folgt), da alle möglichen Lösungen für die gefundenen ordnenden Gesichtspunkte darin enthalten sein müssen. Das Lösungsfeld ist somit abgeschlossen.

Begriffe und Darstellungen

Als **Ordnungsschema** oder **morphologisches Schema** wird eine matrizenartige Darstellung von konstruktiven Lösungen bezeichnet. (Nach Zwicky [22/7.5] kann man dies auch als „**morphologischen Kasten**" bezeichnen.)

- Ein Ordnungsschema weist Zeilen und Spalten auf, nach denen die konstruktiven Lösungen geordnet werden. Die Oberbegriffe der Zeilen bzw. Spalten sind nach Hansen [25/7.5] **ordnende Gesichtspunkte** (**OGP**). Unterschiedliche Ausführungen (Merkmale) der ordnenden Gesichtspunkte sind **unterscheidende Merkmale**.
- Eine Darstellung, wie in Bild 7.56, wird auch als **geschlossenes morphologisches Schema** bezeichnet, da alle mit den erfassten Merkmalen möglichen Lösungen darin prinzipiell enthalten sind. Da die ordnenden Gesichtspunkte in jeder der Lösungen enthalten sein müssen, ist es oft nicht einfach, diese zu finden.
- Viel häufiger lassen sich Lösungen nur nach einem **ordnenden Gesichtspunkt** darstellen, z.B. nach der Funktion. Dann sind die unterscheidenden Merkmale die einzelnen Teilfunktionen. Es gibt dann eine systematische Einteilung nur noch von Zeile zu Zeile. Die Zahl der Spalten ergibt sich je nach der Zahl der gefundenen zuzuordnenden Lösungen. Diese morphologischen Schemata können deshalb auch als offene morphologische Schemata (oder auch sehr häufig als „morphologischer Kasten") bezeichnet werden. (Beispiele dafür enthalten die Bild 7.22, Bild 7.67 bis 7.68, Bild 7.81, Bild 7.110; 8.63).
- Ergeben sich ordnende Gesichtspunkte (OGP), deren unterscheidende Merkmale wieder zu OGP werden können usw., so ist eine Darstellung als **„morphologischer Baum"** mit hierarchischen Ebenen und Verzweigungen nahe liegend (Bild 7.18). In Bild 7.95 ist am Beispiel von Federarten ein solcher Baum gezeigt: Er verzweigt sich immer mehr, je mehr OGP herangezogen werden. – Im Grunde stellt ein solcher „Baum" eine Begriffshierarchie dar, wie sie mit der Unterscheidung in Oberbegriff/Unterbegriff allgemein üblich ist. „Ordnender Gesichtspunkt" und „unterscheidendes Merkmal" entsprechen Ober- und Unterbegriff [20/7.5].

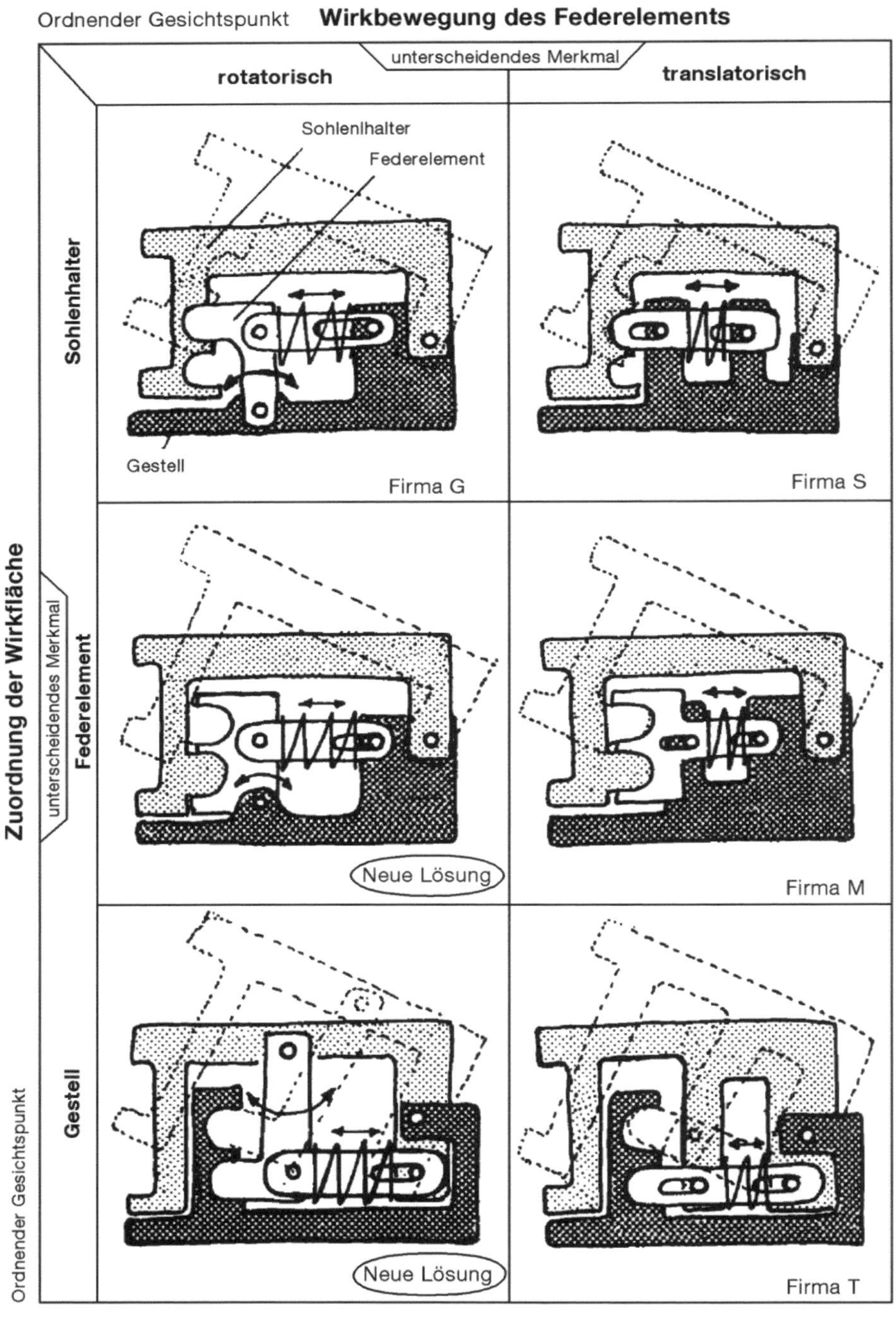

Bild 7.56 Systematik von Auslösemechanismen für Fersenhalter von Skibindungen

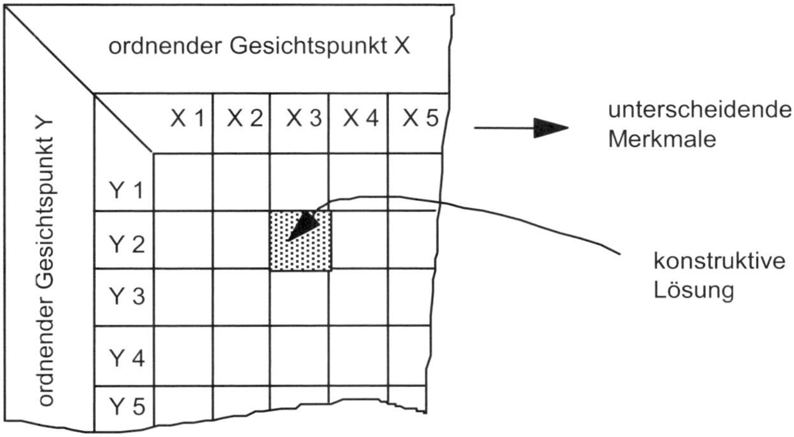

Bild 7.57 Prinzipieller Aufbau eines zweidimensionalen Ordnungsschemas

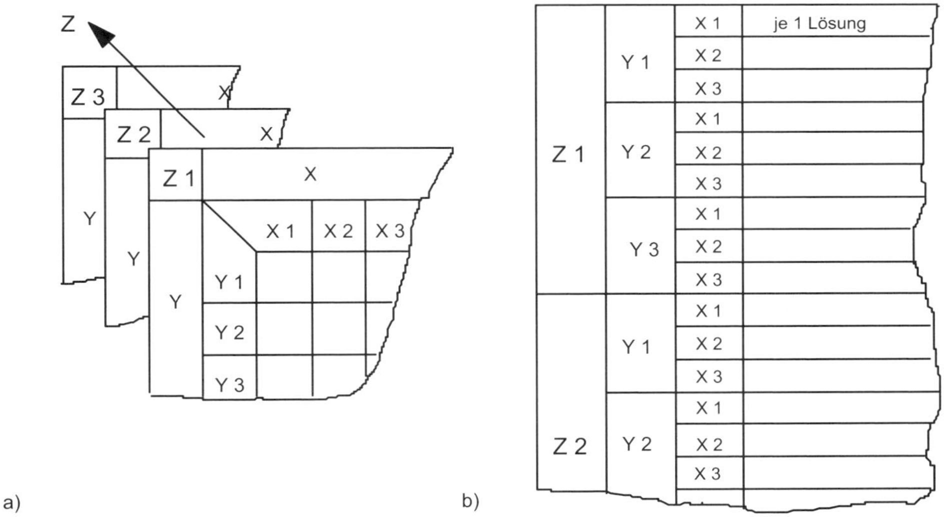

Bild 7.58 Mehrdimensionale Ordnungsschemata

- Ein **zweidimensionales Ordnungsschema** (geschlossenes morphologisches Schema) wird im folgenden Bild 7.57 seinem prinzipiellen Aufbau nach gezeigt. Den ordnenden Gesichtspunkten X und Y sind unterscheidende Merkmale X_i und Y_i zugeordnet.
- Ein Ordnungsschema kann auch **mehrdimensional** sein, indem z.B. mehrere zweidimensionale Schemata als Variationen eines zusätzlichen ordnenden Gesichtspunktes Z in ein dreidimensionales Ordnungsschema eingeordnet werden (siehe Bild 7.53, 7.58 [19/7.5]). Durch Wiederholung dieses Verfahrens können beliebige mehrdimensionale Schemata entstehen. Alternativ besteht die Mög-

lichkeit, um auf die vereinfachte Form der zweidimensionalen Darstellungsart zurückzugreifen, mehrere ordnende Gesichtspunkte oder eine weitergehende Aufgliederung der unterscheidenden Merkmale in einer Dimension des Schemas zu verknüpfen (Bild 7.53, 7.58, siehe auch Konstruktionskataloge in Kapitel 7.5.5.2). Ein großer Nachteil der mehrdimensionalen Ordnungsschemata ist allerdings die schnell wachsende Unübersichtlichkeit und dadurch ihre für den Benutzer aufwendige Handhabung.

- In ein Ordnungsschema können Lösungen in jeder Darstellungsart eingebracht werden. In Bild 7.18 und Bild 7.22 sind die Lösungen **begrifflich** aufgeführt, in Bild 7.64 als Sinnbilder und in den Bildern 7.67 und Bild 7.108 in Form von **Skizzen**. Es ist verständlich, dass für Konstrukteure die bildhafte Darstellung besondere Bedeutung hat.

Arbeiten mit Ordnungsschemata

Entsprechend den oben angegebenen drei Zwecken von Ordnungsschemata kann man auch drei Nutzungsmöglichkeiten unterscheiden:

- Suche von Lösungen aus vorhandenen **Konstruktionskatalogen** (Kapitel 7.5.5.2) (z.B. nach Roth [19/7.5]) oder aus vorhandenen Lösungssammlungen ([20/7.5]). Dies ist einfach. Über geeignete ordnende Gesichtspunkte (OGP), d.h. über den Gliederungsteil oder über den Zugriffsteil, geht man in den Katalog und findet im Hauptteil Lösungen. Auch hier ist natürlich der Einsatz des **Vorgehenszyklus** Voraussetzung:
  I) Anforderungen und OGP erkennen,
  II) Lösungen aus dem Katalog entnehmen, und
  III) die geeignete Lösung auswählen.
- **Eindimensionale Schemata** zur Kombination von Lösungsprinzipien werden in Kapitel 7.5.6 besprochen.
- Hier soll gezeigt werden, wie man z.B. ein **zweidimensionales Ordnungsschema** aufstellt und weiße Felder durch neue Lösungen ausfüllt (Bild 7.56).

Aufstellen und Nutzen eines zweidimensionalen Ordnungsschemas

Das Aufstellen des Ordnungsschemas kann durch die Anwendung des Vorgehenszyklus in zwei aufeinander folgenden Ebenen beschrieben werden. In der 3. Ebene wird das Ordnungsschema genutzt, indem die fehlenden neuen Lösungen in den weißen Feldern gebildet werden (Bild 7.59).

Natürlich ist es – wie gesagt – nicht einfach, die richtigen ordnenden Gesichtspunkte (OGP) und unterscheidenden Merkmale für ein Lösungsfeld zu finden. Es ist kein zwangsläufiger Vorgang, sondern ein kreativer Akt. Die intensive Lösungssuche des Konstrukteurs sollte dabei nicht behindert, sondern gefördert werden. Ein Ordnungsschema ist kein Selbstzweck: Der Aufwand für das Aufstellen muss klein genug sein. Problematisch kann auch das Finden des richtigen Abstraktionsgrades für die OGP sein.

1. Ebene: Orientierung über die Art der Lösungssuche

Die Anforderungen und Schwachstellen der bisherigen Lösung werden ermittelt. Daraus versucht man die Aufgabe zu strukturieren, um so die OGP zunächst vorläufig zu ermitteln. Hierzu können prinzipiell alle Beschaffenheitsmerkmale von technischen Gebilden, die Merkmale der Leitlinie (Bild 7.33), die Teilfunktionen nach Kapitel 7.4.2, die physikalischen Effekte aus Kapitel 7.5.5.3 und die Variationsmerkmale aus Kapitel 7.6 eingesetzt werden.

2. Ebene: Aufstellen des Ordnungsschemas und Durchführung der Lösungssuche

Man versucht zu klären, wieweit die OGP und unterscheidenden Merkmale für alle relevanten Lösungen zutreffen. Das Ordnungsschema bzw. Varianten davon werden aufgestellt. Diese werden analysiert und bezüglich ihrer Schwachstellen bewertet (evtl. nochmals iterativ korrigiert).

3. Ebene: Vervollständigung bzw. Anpassung

Mit den gefundenen OGP und unterscheidenden Merkmalen werden in einem kreativen Akt Lösungen für die weißen Felder gesucht. Diese werden nach den Anforderungen analysiert, bewertet und ausgewählt.

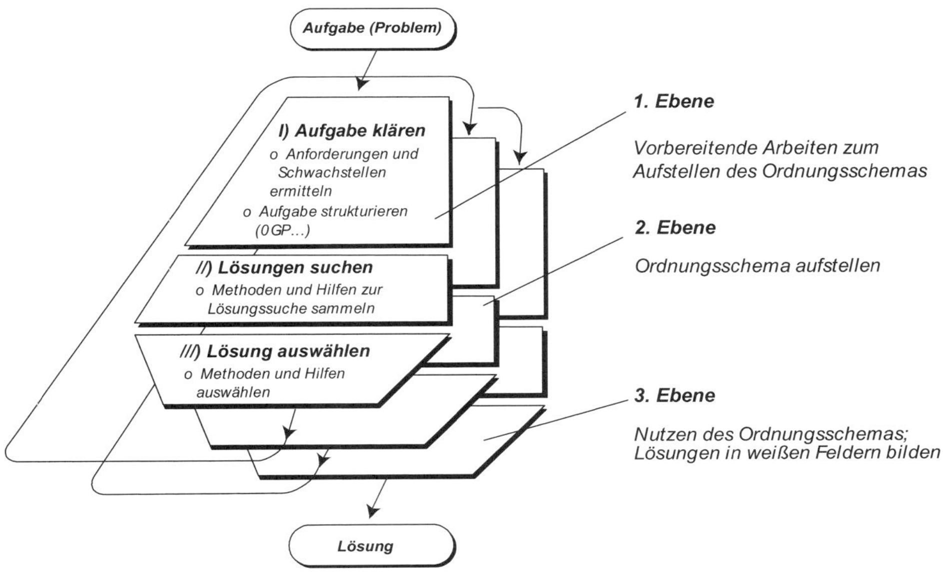

Bild 7.59 Vorgehensweise beim Lösungen suchen mit dem Vorgehenszyklus

7.5.5.2 Konstruktionskataloge

Unter einem Katalog wird eine geordnete Sammlung von bewährten und möglichen technischen Lösungen verstanden.

Man unterscheidet

- **konventionelle Kataloge** von Lieferanten, die z.B. Normteile, Maschinenelemente und allgemein Funktionsträger enthalten (Kapitel 7.5.3),
- **Sammlungen technischer Lösungen** in der Literatur und
- **systematisch geordnete Konstruktionskataloge** z.B. nach Roth [19/7.5] und VDI-Richtlinie 2222 [26/7.5].

Letztere werden nachfolgend weiter besprochen.

Kataloge im konstruktionsmethodischen Sinn sind meist mehrdimensionale Ordnungsschemata (Bild 7.53, 7.58). Sie haben folgende **Ziele:**

- schnellen, aufgabenorientierten Zugriff zu Lösungen ermöglichen,
- möglichst ein vollständiges Lösungsspektrum anbieten,
- Auswahl der geeigneten Lösung durch die Merkmale des Zugriffteils erleichtern,
- Algorithmisierung des Konstruierens und dadurch des Rechnereinsatzes unterstützen.

Kataloge nach Roth [19/7.5] sind, wie auch im Beispiel von Bild 7.60 gezeigt, aus vier Teilen aufgebaut:

- Gliederungsteil (OGP und unterscheidende Merkmale),
- Hauptteil (Bild, Schema),
- Zugriffsteil (Eigenschaften der Lösung) und
- Anhang (z.B. Literatur).

Der **Gliederungsteil** ist insofern wichtig für den Katalog, als durch ihn die Vollständigkeit weitgehend abgeprüft werden kann. In ihm sind die ordnenden Gesichtspunkte und die unterscheidenden Merkmale in eine Dimension (nur Zeilen) des Katalogs eingegliedert (Bild 7.58). Dadurch wird die eindimensionale Eintragung der Lösungen im Hauptteil (Spalte) und eine eindeutige Zuordnung zu den unterscheidenden Merkmalen möglich. Die Übersicht und Handhabung des Katalogs wird so vereinfacht.

Für die zukünftige **DV-Nutzung** von Konstruktionskatalogen ist die strenge Unterscheidung obiger vier Teile wenig relevant, da die Lösungen mit ihren Eigenschaften (Merkmalen) in einer Datenbank abgespeichert werden. Sucht man eine Lösung, so können über die Eingabe aller geforderten Sollmerkmale, mit einem bestimmten Toleranzbereich, entsprechende Lösungen angezeigt werden.

Es wäre eine enorme Erleichterung des methodischen Konstruierens, wenn für alle wesentlichen Aufgabenstellungen Kataloge mit Lösungen vorhanden wären. Da aber mit zunehmender Konkretisierung der Lösungen sowohl deren Vielfalt wie die Zahl ihrer Merkmale „explodieren“ und der Erarbeitungsaufwand sehr groß ist, sind entweder nur relativ abstrakte Kataloge (z. B. physikalische Effekte) verfügbar oder solche aus ausgewählten konkreten Bereichen (z. B. Welle-Nabe-Verbindungen). Eine Übersicht über verfügbare Konstruktionskataloge (nach Pahl/Beitz [6/7.5]) enthält der Anhang A3.

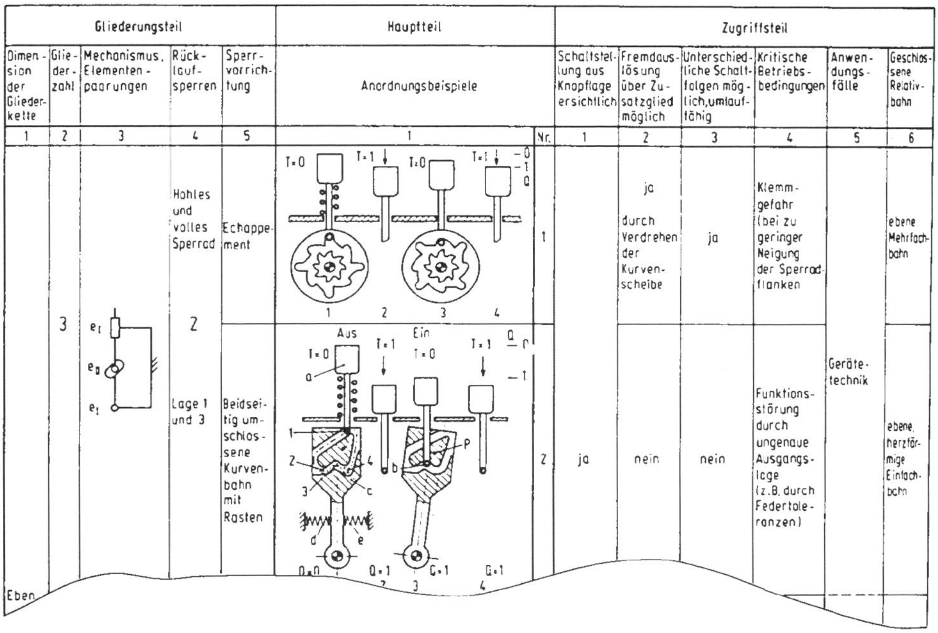

Bild 7.60 Grundsätzlicher Aufbau von Konstruktionskatalogen mechanischer T-Flipflops (Tastschalter; Blatt 1); Konstruktionskatalog nach Roth [19/7.5]

7.5.5.3 Ordnungsschemata für physikalische Effekte

Fragen:

- Kann man wirklich über solch abstrakte, elementare Beschreibungen, wie sie physikalische Effekte darstellen, zu neuen, brauchbaren Lösungsprinzipien kommen?
- Wie geht man dabei vor?
- Welche Effekte gibt es?

In diesem Kapitel wird gezeigt, wie man physikalische Effekte benutzt, um neue Lösungsprinzipien zu finden (nach Rodenacker [27/7.5] und Koller [28/7.5]), welche es gibt und wie man sie einteilen kann. In vielen Fällen lässt man sich durch die im Anhang (Internet-Adresse im Vorwort) bei „Arbeitsblätter und Checklisten“ aufgeführten Listen (Ordnungsschemata) der physikalischen Effekte nur anregen

(„Aha, man könnte das Problem ja auch elektrostatisch lösen"), in anderen Fällen arbeitet man sich systematisch durch die Ein- und Ausgangsgrößen der physikalischen Effekte und bildet Effektketten, die dann später gestaltet werden (Kapitel 7.6).

a) Wichtigkeit der physikalischen Effekte für den Konstrukteur

Produkte funktionieren meistens physikalisch. Sie sind dann angewandte Physik. Aus diesem Grund ist es für einen Maschineningenieur unerlässlich, dass er mit dem physikalischen Ursache-Wirkungsdenken vertraut ist und die Eigenschaften und Anwendungsmöglichkeiten der physikalischen Energien und Effekte kennt. Wirklich neue Maschinen entstehen häufig durch neuartige Anwendung der Physik: Düsen-Triebwerke für Flugzeuge, Atom-Kraftwerke, Tragflügel-Boote und Magnet-Schwebebahnen sind Beispiele dafür.

Physikalische Effekte sind elementare, abgrenzbare physikalische Erscheinungen, die auf der Grundlage der Erhaltungssätze (Masse-, Energie, Impuls-, Drallerhaltungssatz) und Gleichgewichtssätze (Kräfte-, Momentengleichgewicht) sowie durch Beziehungen von physikalischen Größen zueinander beschrieben werden können. In der Praxis sind viele Ingenieure physikalisch fixiert, d. h. „Mechaniker denken mechanisch, Hydrauliker hydraulisch, Elektriker elektrisch" (Bonmot von Prof. Gustav Niemann). Auch Unternehmen sind oft fixiert. Das hat Vorteile wegen der gesammelten Erfahrung, aber auch Nachteile durch eine träge Reaktion auf technische Entwicklungen (siehe z. B. die Umstellungsschwierigkeiten der mechanischen Uhrenindustrie auf die Elektronik).

Aber Produkte funktionieren **nicht nur** physikalisch! Es gibt auch biologische und chemische Alternativen. Durch die Biochemie und die Bioverfahrenstechnik entstehen neue Apparateprinzipien. – Ein kleines Beispiel für die Anwendung der chemischen Effekte: Alte Farben lassen sich von Schränken eben auch abbeizen, nicht nur mechanisch abschaben und abschleifen oder thermisch abbrennen. Chemische und biologische Effekte werden hier aber nicht weiter behandelt, obwohl sie z. B. für die Umwelttechnik zunehmend wichtiger werden (Z. B. bei Wasser-Reinigungs- und Aufbereitungsanlagen, im Bereich der Lebensmitteltechnik).

Die Wichtigkeit des gezielten Einsatzes physikalischer Effekte lässt sich am **Beispiel der Drucker-Entwicklung** (Bild 7.61) zeigen. Ganze Lösungsfamilien von Druckern verdanken ihre Existenz der Ausnutzung jeweils anderer physikalischer Effekte: vom Nadeldrucker bis zum Laserdrucker. Die jeweiligen Eigenschaften bezüglich Schnelligkeit, Auflösungsgenauigkeit, Geräusch, Unempfindlichkeit gegen Papiereigenschaftsschwankungen und Kosten können sehr unterschiedlich sein.

b) Zweck und Begründung der Methode

Der Zweck des Konstruierens mit physikalischen Effekten verfolgt drei Hauptziele:

- **Physikalisch orientierte Konstruktionsprobleme** können mit einem physikalisch orientierten Vorgehen effektiver gelöst werden [27/7.5].
- Bisher traditionell produzierte Produkte können wieder **innovativ** werden, wenn die zu Grunde liegende Physik besser verstanden und optimiert wird.
- Bei vielen – auch kleinen – konstruktiven Aufgaben kann die Lösungssuche mit physikalischen Effekten **neue Sichtweisen eröffnen** und Denkblockaden auflösen.

Diese Zweckbestimmungen werden nachfolgend besprochen.

Physikalisch orientierte Konstruktionsprobleme

Bei manchen Konstruktions- oder besser Entwicklungsproblemen liegt die Lösung in der Wahl der richtigen Physik. Das sind häufig Stoffumsatzprobleme der Verfahrenstechnik, wie die Herstellung von Pulverkaffee oder das Aufbringen von Farbe auf Papier, z. B. bei Druckern (Bild 7.61). Es leuchtet ein, dass man dabei intensiv Versuche durchführen muss. Dies ist generell typisch für die Beschäftigung mit alternativer Physik. Oft wird dabei ein neuer Funktionsträger, ein neuer Apparat beinahe ausschließlich versuchstechnisch entwickelt. Konstruieren im Sinne von Gestalten tritt zunächst in den Hintergrund. Dies wird später wichtig.

Im Gegensatz dazu liegt bei vielen Produkten das physikalische Prinzip fest, weil es sich schon über Jahrzehnte als optimal erwiesen hat, wie z. B. bei Zahnradgetrieben, Kolben-Verbrennungsmotoren und Turbinen. Dann liegt der **Schwerpunkt des Konstruierens** an anderer Stelle, meist auf dem **Gestalten** (Kapitel 7.6) oder der Optimierung der **Werkstoffeigenschaften** mit oft zugehöriger Veränderung der Fertigungstechnik und der Herstellkosten. Das physikalische Prinzip wird in der Maschinenindustrie selten geändert, da dies mit langen Entwicklungszeiten und hohen Risiken verbunden sein kann. Wer aber innovativ sein will, überlegt sich die Physik seiner Produkte und Verfahren.

Innovative Produkte durch besseres Verständnis der physikalischen Vorgänge der bisher produzierten Produkte

Verstehen wir wirklich immer vollkommen, was sich in unseren Maschinen physikalisch abspielt? Welches physikalische Geschehen ereignet sich? Bei welchen Einflussgrößen ([27/7.5]) liegen die Schwerpunkte? In vielen Fällen sind wir einfach gewohnt, dass es so funktioniert. Was heißt physikalisch im Detail, z. B. Mischen, Dosieren, Trennen von Stoffen? Was heißt Drucken? Was heißt Verbrennen bestimmter Stoffe? Das intensive Studium der Physik hat gerade bei Verbrennungsmotoren sowohl den Verbrauch wie die Abgasemission erheblich verbessert!

<table>
<tr><th></th><th colspan="2">Prinzipielle Lösungen von Druckern</th><th>Physikalische Effekte</th></tr>
<tr><td>Nadeldrucker</td><td>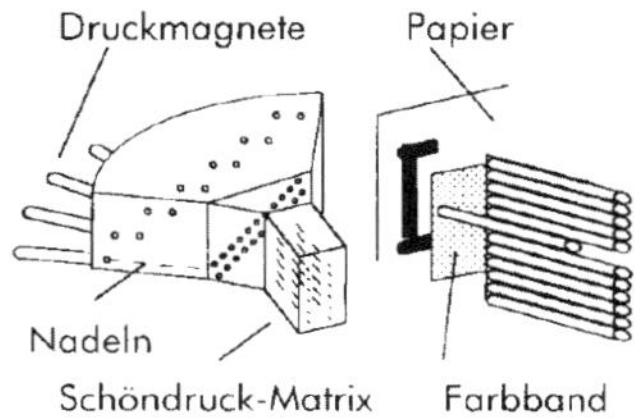
</td><td>Bei einem 24-Nadel-Drucker ermöglichen zwei Reihen gegeneinander versetzter Nadeln (Schöndruck-Matrix) einen durchgezogenen, lückenlosen Strich. Die Nadeln werden durch einen Elektromagneten hinausgestoßen und schnellen durch Federkraft wieder zurück.
Mit dieser Technik sind auch Graphiken und eigene Zeichen möglich.</td><td>Elekromagnetische Anziehung
Trägheit
Stoß
Adhäsion</td></tr>
<tr><td>Tintenstrahldrucker (thermisch)</td><td>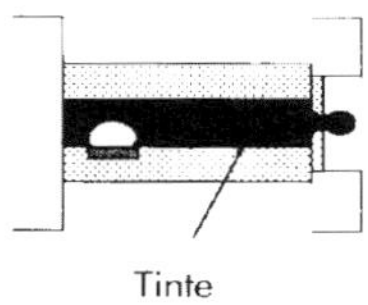
</td><td>Das Prinzip des Tintenstrahldruckers: Durch Erhitzen mit einem Heizelement entsteht eine Dampfblase, die sich explosionsartig ausdehnt und die Tinte durch eine Düse hinausschießt.</td><td>Gay-Lussac
Elastische Verformung
Druckfortpflanzung
Bernoulli
Adhäsion (Kapillarwirkung)</td></tr>
<tr><td>Tintenstrahldrucker (piezoelektrisch)</td><td>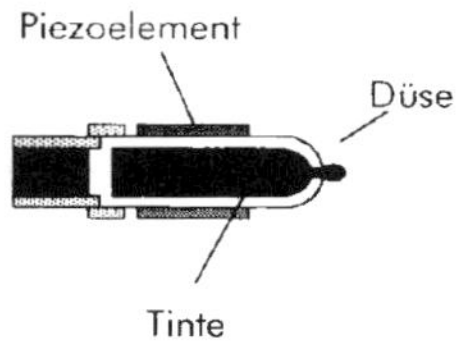
</td><td>Hier eine verbesserte Version:
Ein piezoelektrisches Element rund um den Tintenbehälter zieht sich durch Anlegen einer elektrischen Spannung zusammen und verdrängt so die Tinte.
Vorteil: Die Druckköpfe halten länger.</td><td>Piezo-Effekt
Druckfortpflanzung
Bernoulli
Adhäsion (Kapillarwirkung)</td></tr>
<tr><td>Thermotransferdrucker</td><td>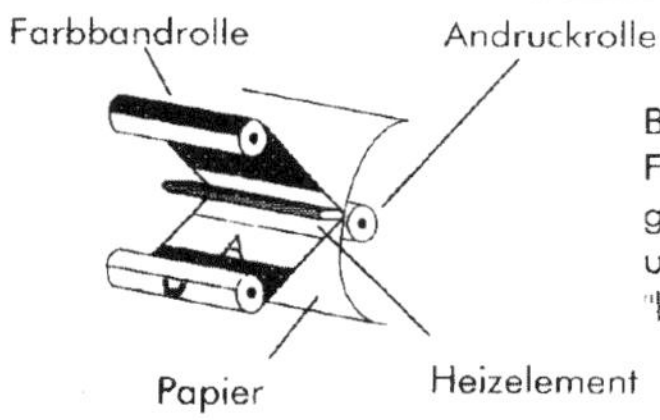
</td><td>Beim Thermotransferdrucker wird die Farbe ebenfalls durch Hitze aufs Papier gebracht, und zwar von drei unterschiedlichen Farbfolien. Die Hitze "brennt" die Farbe ins Papier.</td><td>Änderung des Aggregatzustandes
Plastische Verformung</td></tr>
<tr><td>Laserdrucker</td><td>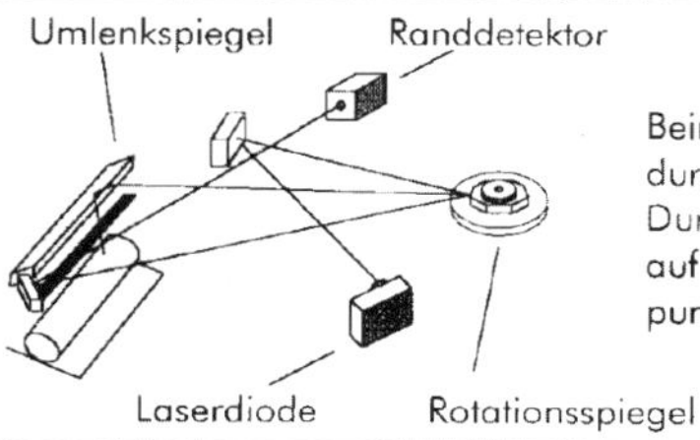
</td><td>Beim Laserdrucker wird der Laserstrahl durch einen Rotationsspiegel gelenkt. Durch den Umlenkspiegel gelangt er auf die Kopiertrommel, die er punkt-weise entlädt oder nicht entlädt.</td><td>Strahlungswärme
Thermoeffekt
Elektrostatische Anziehung
Adhäsion</td></tr>
</table>

Bild 7.61 Einige prinzipielle Lösungen von Druckern (nach Repota) [31/7.5]

Das folgende **Beispiel** der Umkonstruktion einer **Entstaubungsmaschine** für Baumwollfasern soll zeigen, was die Untersuchung der physikalischen Vorgänge in einer seit Jahren gebauten Maschine bringen kann.

Die Maschine nach Bild 7.62 zieht pneumatisch staubige Baumwollfasern bei E ein. Die Walze 1 beschleunigt mit Flügeln die Fasern und bringt sie zum Aufprallen auf dem Stabrost 2, wobei Staub freigesetzt wird. Der Ventilator 4 saugt den Staub ab. Danach legen sich die Fasern auf das gewebte Edelstahlband 3, das sie nach oben befördert. Sie treten dann durch die Zellenradschleuse 5 entstaubt nach oben aus (A), wobei sie wieder pneumatisch weiterbefördert werden. Die Zellenradschleuse dichtet den Unterdruck im Innenraum der Maschine gegen die Umgebung ab. Während die Fasern auf dem Edelstahlband nach oben wandern, werden sie über die durchgezogene Frischluft ebenfalls weiter entstaubt.

Der Grund für die konstruktive Überarbeitung waren zu hohe Kosten (Edelstahlband samt Antrieb) und Verfügbarkeitsprobleme. (Das Edelstahlband bekam Dauerbrüche).

Man strebte die ideale Entstaubungsmaschine möglichst ohne bewegte Teile an. Es wurde durch Versuche ermittelt, welche der zwei physikalischen Vorgänge (Aufprallen auf dem Stabrost; Luftströmung durch die auf dem Edelstahlband liegenden Fasern) zur Entstaubung mehr beiträgt. Man war erstaunt, dass ⅔ der Entstaubungswirkung durch das Aufprallen verursacht wurde.

Daraufhin wurde die neue Maschine nach Bild 7.62 ohne Edelstahlband erst als Prototyp und dann mit Erfolg in Kleinserie gebaut. Es wurde nur noch mit mehrfach angeordneten „Entstaubungsrosten“ (1) gearbeitet. Oben, in der Mitte und unten wurden jeweils drei dieser Roste angeordnet. Die Fasern wurden durch mehrfache Frischlufteinblasungen (2) für diesen dynamischen Entstaubungsvorgang beschleunigt. Außer den technisch unproblematischen Ventilatoren waren keine bewegten Teile mehr vorhanden. Die Maschine war bei gleicher Leistung kleiner, kostengünstiger und zuverlässiger. (Siehe das gleiche Beispiel hinsichtlich der Kostensenkung genauer dargestellt in Kapitel 8.9).

Natürlich hätte man noch mehr in die „physikalische Tiefe“ gehen und das Haften des Staubs (und in der Umkehr das Lösen) an der Faseroberfläche untersuchen können. Der Erfolg war aber auch so schon erheblich.

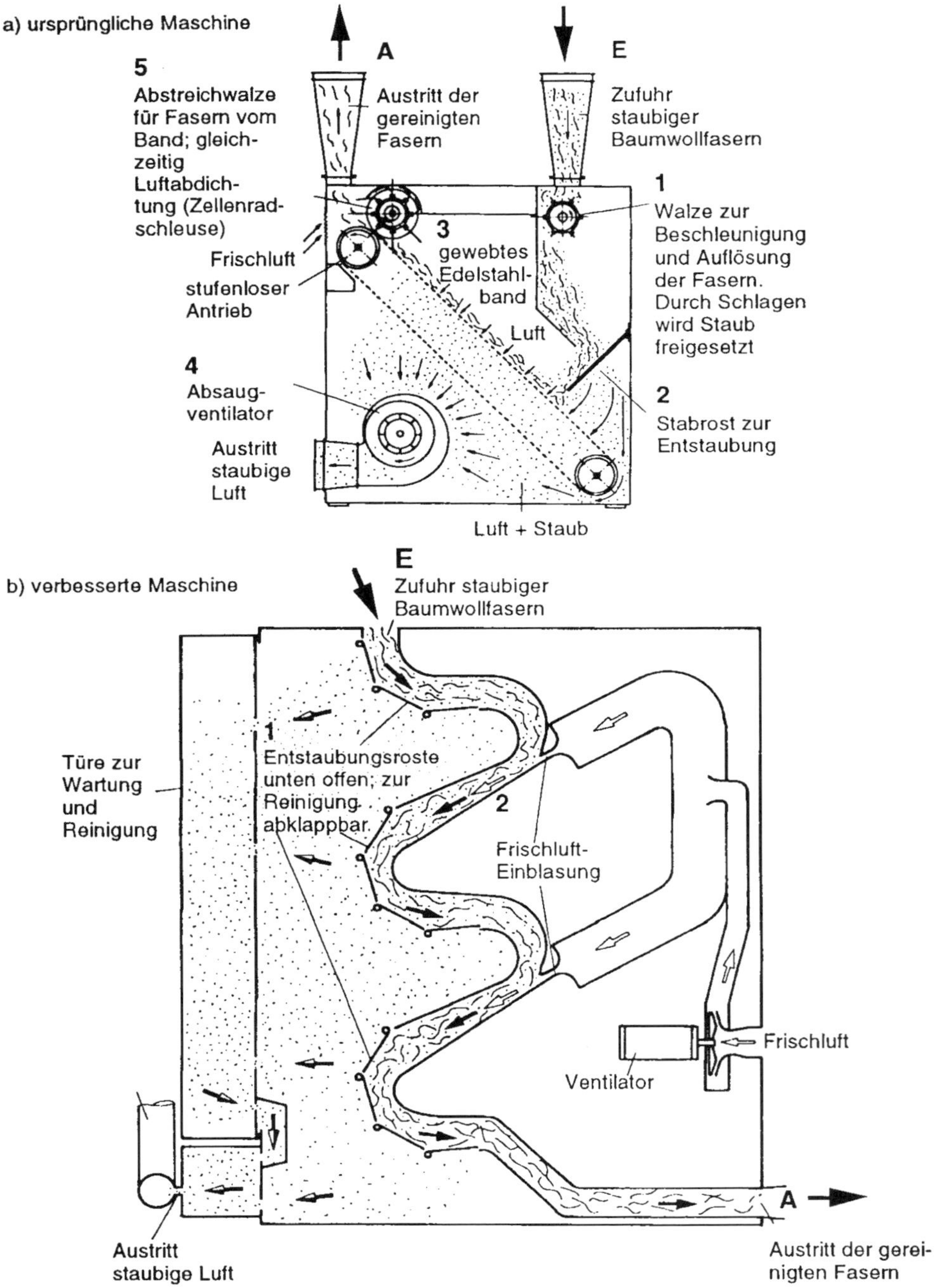

Bild 7.62 Entstaubungsmaschine für Baumwollfasern mit und ohne bewegte Teile (Ventilatoren werden – da besonders betriebssicher – nicht berücksichtigt)

Das Arbeiten mit physikalischen Effekten löst Denkblockaden auf

Physikalische Effekte sind für Maschineningenieure ungewohnt abstrakt. Deshalb werden am Konkreten verhaftete Denkblockaden aufgelöst. Dementsprechend erfordert die Lösungssuche mit physikalischen Effekten kritisches **und** kreatives Denken.

Ein physikalischer Effekt kann nur in Verbindung mit einer „Primitivgeometrie" bildhaft dargestellt werden (Prinzipskizze in Bild 7.64). Man befindet sich damit bereits in gestaltenden Festlegungen. Diese primitive Wirkgeometrie soll aber so abstrakt sein, dass man bei der Gestaltvariation und -festlegung (Kapitel 7.6) nicht unnötig fixiert ist.

Allerdings arbeiten die meisten Konstrukteure sehr effektiv mit konkreten Maschinenelementen und Funktionsträgern, die selbst wieder ganze physikalische Komplexe verkörpern (Kapitel 3.4.1). So ist ein Gewinde z. B. die rotatorische Form eines Keils. Ebenso beinhalten ein Keilriementrieb oder eine Lamellenkupplung eine Vielzahl physikalischer Effekte.

Es bleibt dem Geschick des Konstrukteurs überlassen, das jeweilig zentrale Problem zu erkennen und nur dort in eine physikalische Vertiefung einzusteigen, ansonsten aber mit konkreten Funktionsträgern effektiv zu arbeiten.

c) Eigenschaften physikalischer Effekte

Es ist wichtig, die Eigenschaften der physikalischen Effekte zu kennen, damit eine sinnvolle Auswahl und Kombination von Effekten zu einer konstruktiven Lösung möglich wird.

Einflussgrößen

Zusätzlich zur bildhaften Darstellung (Bild 7.64) kann jedem physikalischen Effekt eine Gleichung zugeordnet werden. An Hand dieser Gleichung können zunächst die Einflussgrößen erkannt werden. Diese können wiederum in **Haupteinflussgrößen** und **Störgrößen** unterteilt werden.

Während die physikalische Anordnung zunächst als ideales Gebilde zu verstehen ist, bringt die reale Anordnung eine Fülle von weiteren Einflussgrößen mit sich, die in die ideale Gleichung der Effektparameter als Haupteinflussgrößen nicht mit eingehen. Es sind dies effekttypische Störgrößen, die den gewollten, eindeutigen Zusammenhang der Haupteinflussgrößen stören.

Die Haupteinflussgrößen eines physikalischen Effekts lassen sich in zwei Gruppen aufspalten, einmal in Parameter, die **Ausgangsgrößen** (Folgegrößen) werden können, und in Parameter, die sich nur als **Eingangsgrößen** (Stellgrößen) eignen. Letzteren sind die Störgrößen zuzurechnen.

Der Wert der Ausgangsgröße hängt stets und eindeutig von den Werten der Eingangsgrößen ab. In vielen Fällen sind die Werte von Eingangsgrößen Konstanten.

Beispiel: Coulombsche Reibung

Bei dem Effekt „Coulombsche Reibung“ mit der Beziehung

$$F_R = F_N \cdot \mu$$

Reibungskraft = Normalkraft · Reibungsbeiwert

(1 Ausgangsgröße) (2 Eingangsgrößen)

kann zwar bei einem Versuchsaufbau durch Messung von F_R und F_N auf μ geschlossen werden, dennoch kann der Reibungsbeiwert, genauso wie die Normalkraft, nicht zur **Ausgangsgröße** des physikalischen Systems werden, wohl aber zur Eingangsgröße.

Als **Störgrößen,** z. B. des Reibungsbeiwerts treten auf:

Stoffart, Härte, Schmierstoffart, Berührfläche, Oberflächenkrümmung, Oberflächenrauheit, Riefenrichtung, Temperatur, Gleitweg, Relativgeschwindigkeit usw.

Wird der Reibungsbeiwert als Eingangsgröße vorgesehen, kann er über diese Störgrößen verändert werden.

Bei der **Wahl eines Effekts** für eine bestimmte Funktion wird man sich von der Anzahl möglicher Störgrößen leiten lassen.

Allgemein gilt: Physikalische Effekte mit wenigen und bekannten Einflussgrößen (Haupteinflussgrößen und Störgrößen) erfüllen eine Funktion meist sicherer und verursachen weniger Entwicklungsaufwand, da sie meist vorausberechnet werden können und kaum Versuche nötig sind. So sind z. B. bei einer Krafterzeugung über Hebel und Gewichte weniger Einfluss- und Störgrößen vorhanden als bei einer magnetischen Krafterzeugung. Der Entwicklungsaufwand zur sicheren und definierten Krafterzeugung dürfte also bei der mechanischen Lösung geringer sein.

Starke – schwache Effekte

Je nach Zweck können Effekte in „starke“ und „schwache“ Effekte unterschieden werden. Starke Effekte (bezogen auf das beanspruchte Volumen) sind i. Allg. zu bevorzugen. Für die Krafterzeugung z. B. sind „Gravitation“, „hydrostatischer Druck“, „Zentrifugalbeschleunigung“ starke Effekte; „elektrostatische Anziehung“, „Induktion“ sind schwache Effekte. In Bild 7.63 wird dies am Beispiel von Motoren klar.

Statische – dynamische Effekte

Effekte können zeitlich unabhängig (statisch) und zeitlich abhängig (dynamisch) von Einflussgrößen sein. Statische Effekte sind in der Regel zu bevorzugen.

Drehmomenterzeugung		Gewicht / Leistung	Volumen / Leistung	einige Vor-/Nachteile
elektrisch	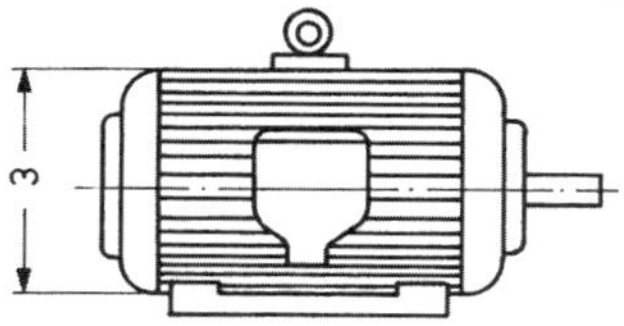	z. B. 10-fach	z.B. 15 ÷ 30	● unbeschränkte Leitungslänge ● relativ guter Wirkungsgrad ● großes Trägheitsmoment ● Drehzahl aufwendig regelbar ● niedere Energiekosten („1“) ● Energie schlecht zu speichern ● Stillstandsdrehmoment gering ● geräuscharm
pneumatisch	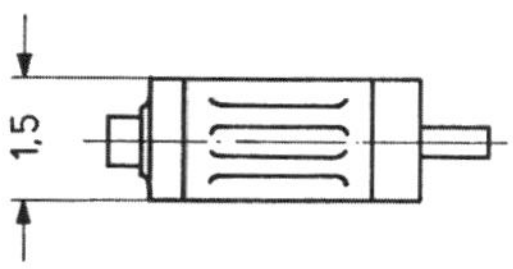	z.B. 2 ÷ 7	z.B. 2 ÷ 10	● Leitungslänge ca. 1000 m (keine Rückführung!) ● schlechter Wirkungsgrad ● gut regelbar; n aber lastabhäng. ● brand-, explosionssicher ● starke Geräusche ● hohe Energiekosten „10-fach“ ● Translation leicht erzeugbar
hydrostat.	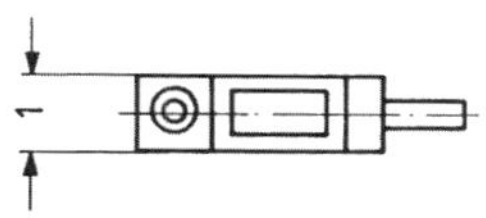	1	1	● Leitungslänge ca. 100 m ● kleines Trägheitsmoment (leicht umsteuerbar!) ● gut regelbar; n kaum lastabhäng. ● starke Geräusche ● hohe Energiekosten „4-fach“

Bild 7.63 Unterschiedliche Stärke von drei physikalischen Effekten am Beispiel von Motoren

d) Ordnungsschemata physikalischer Effekte als Arbeitsgrundlage

Physikalische Effekte sind zweckneutral. Den Zweck (die Funktion) bestimmt erst der Mensch. Jeder Effekt kann verschiedene Funktionen erfüllen, je nachdem, welche Parameter zu Eingangs- und Ausgangsgrößen werden. Damit sind diese bereits als **Suchbegriffe** in Ordnungsschemata geeignet. Die hier vorgenommene Ordnung von physikalischen Effekten muss sich aber an den Suchbegriffen von Konstrukteuren bei der Arbeit orientieren. – Eine der meistgebrauchten Einordnungen ist die nach Energiebereichen.

Ordnung nach Energiebereichen oder Umsatzart

Selbst wenn nicht im Einzelnen mit physikalischen Effekten beim Konstruieren gearbeitet wird, so orientiert sich doch jeder Konstrukteur an den Energiebereichen, wenn er eine Funktion realisieren will. Die **Frage,** ob **eine Lösung besser mechanisch, elektrisch, elektronisch, hydrostatisch, hydrodynamisch, pneumatisch oder thermisch** zu verwirklichen wäre, stellt sich jedem Konstrukteur. Dementsprechend müssen die physikalischen Effekte danach grob gegliedert werden.

Ordnung nach Einflussgrößen

In der Regel steht bereits nach der Erstellung der Anforderungsliste mindestens eine Einflussgröße für die physikalische Effektkette fest. Es ist entweder die zur Verfügung stehende Eingangsgröße (z. B. elektrische Energie) oder die Ausgangsgröße (es soll z. B. eine Kraft einer bestimmten Größe erzeugt werden), oder es sind beide Einflussgrößen bestimmt. Eine Ordnung der physikalischen Effekte in einem Konstruktionskatalog mit den Eingangs- und Ausgangsgrößen als ordnende Gesichtspunkte ist daher für den Konstrukteur sehr sinnvoll und hilfreich. Eine solche Ordnung der physikalischen Effekte befindet sich unter „Arbeitsblätter und Checklisten“ in der abrufbaren pdf-Internet-Datei (Adresse im Vorwort). Ferner gibt es im Internet eine Sammlung physikalischer Effekte in einer Datenbank (TechOptimizer von Fa. Invention Machine; siehe Kapitel 7.5.5.4). Das nachfolgende Beispiel zeigt eine Sammlung von physikalischen Effekten mit einer „Kraft F“ als Ausgangsgröße (Bild 7.64).

	Physikalischer Effekt (Prinzip)		
Name / Nummer	Prinzipskizze	Gleichung	Anwendung / Literatur
Kohäsion fester Körper $F_1 = f(F_2)$ 01.01-1	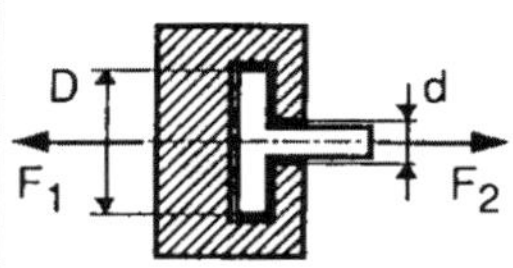	$F_1 = F_2$ für $D > d$	Formschluß
Hebel $F_1 = f(F_2)$ 01.01-2	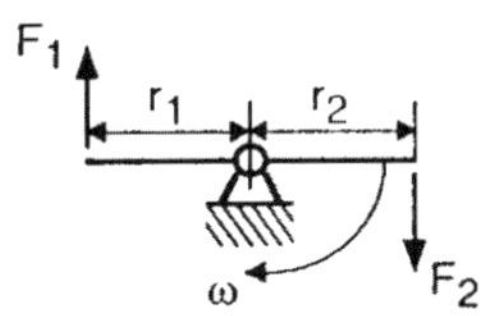	$F_2 = \frac{r_1}{r_2} F_1$	Kraftübersetzung Zahnrad Hebelgetriebe
Kniehebel $F_1 = f(F_2)$ 01.01-3	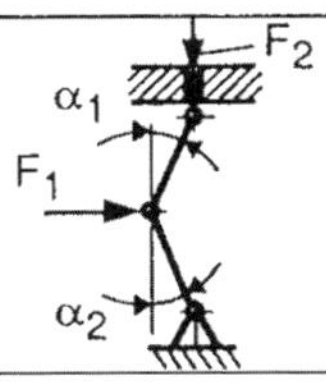	$F_2 = \frac{1}{\tan\alpha_1 + \tan\alpha_2} F_1$	Backenbrecher
Keil ohne Reibung $F_1 = f(F_2)$ 01.01-4	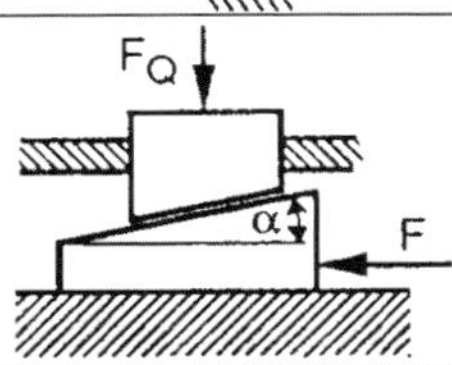	$F = \tan\alpha\ F_Q$	Bewegungsschraube

Bild 7.64 Physikalische Effekte mit Ausgangsgröße „Kraft F“ (siehe Arbeitsblätter und Checklisten im Internet mit der Adresse aus dem Vorwort)

Ordnung nach elementaren Funktionen der vorhandenen Funktionsstruktur

Wenn für die abstrakte Darstellung der Konstruktion Funktionsstrukturen verwendet werden, können physikalische Effekte den verwendeten elementaren

Funktionen (Leiten, Ändern, Wandeln, Vereinigen, Speichern) zugeordnet werden. In Kapitel 8.1 werden eine sinnvolle Lösungsfindung und Einordnung an Hand von physikalischen Effekten nach der Erstellung der Funktionsstruktur gezeigt.

e) Erstellung von Effektketten

Eine Effektkette verbindet in Reihe geschaltete Effekte, um die gewünschte Eigenschaftsänderung zu bewirken.

Die prinzipielle Arbeitsweise mit Effektketten geht von der Suche physikalischer Effekte geordnet nach Eingangs- bzw. Ausgangsgrößen aus. Mit dem oder einem der gegebenen Parameter wird auf Effektsuche gegangen. Die gefundenen Effekte werden auf ihre Einflussgrößen untersucht und diese, je nach Suchrichtung, d. h. ob vom Eingang oder Ausgang ausgehend, als Eingangs- oder Ausgangsgrößen für weitere Effekte verwendet. Das Verfahren kann beliebig lange, zumindest aber so lange fortgesetzt werden, bis ein Effekt dann die gegebene oder gewünschte Ein- bzw. Ausgangsgröße des Problems enthält und die Effektkette abschließt.

Da ein rein formales Verfahren zum Bilden von Effektketten leicht zum Aufstellen unsinniger Lösungen führt, muss eine kritische Überprüfung auf Realisierbarkeit laufend parallel durchgeführt werden.

7.5.5.4 Ordnungsschemata zur Lösung technischer Widersprüche (Altschuller; TRIZ)

Das Ziel von TRIZ ist u. a. zu helfen, die Problemstellung klar zu definieren, innovative Lösungen zu generieren und Trendaussagen über Produkte, Prozesse und Systeme der nächsten Generation zu machen. Dabei geht man insbesondere von technischen Widersprüchen aus.

Wichtig sind auch die 3 Grundthesen Altschullers:

1. Technische Systeme entwickeln sich nach bestimmten Mustern.
2. Erfinden macht das Überwinden von Widersprüchen notwendig.
3. Einer großen Zahl von Erfindungen liegt eine vergleichsweise kleine Zahl von Lösungsprinzipien zugrunde.

Technische Widersprüche äußern sich in Zielkonflikten (Kapitel 7.3.2.1) deren Auflösung besonders interessante und innovative Produktkonzepte geben kann. Ein Zielkonflikt ist z. B. bei der Entwicklung eines neuen Bügeleisens vorhanden, wenn dies einerseits besser Glätten soll, andererseits leichter handhabbar sein soll. Wie? Durch Gewichtsverringerung?! Daraus der Zielkonflikt: „Bügelkraftvergrößernde Gewichtsreduzierung“ [34/7.5]. Das Ergebnis war ein leichtes Bügeleisen mit einem Schwingungserreger zum „glatt klopfen“ und einer induktiven Leistungsübertragung aus dem Bügelbrett statt einer hinderlichen Leitungsschnur (siehe auch WOIS, Kapitel 7.2.4 d).

Altschuller, ein russischer Patentingenieur bei der russischen Marine [32/7.5] hat aus der Analyse einer enorm großen Zahl internationaler Patentschriften unter anderem 40 „Lösungsprinzipien zur Überwindung technischer Widersprüche" erarbeitet, die problemspezifisch mit Hilfe der „Altschuller-Matrix" gefunden werden können, wenn man mit zwei geeigneten technischen Parametern der Aufgabe in die Matrix reingeht. Um diese Parameter zu finden muss allerdings die Aufgabe stark abstrahiert werden. Es hat sich gezeigt, dass es bei dieser sehr analytisch orientierten Methode „eine Kunst sein kann" die richtigen Parameter zu formulieren. Wenn das nicht gelingt, erhält man als Ergebnis Sinnloses. (Eine Matrix gibt es unter: *http://www.trizonline.de/fileadmin/trizonline/downloads/Widerspruchs matrix_Format_A3.pdf*).

Für das Vorgehen, die Matrix und die Listen muss auf die Literatur verwiesen werden [35/7.5; 36/7.5] (siehe auch: Arbeitsblätter und Checklisten im Internet mit der Adresse aus dem Vorwort). – Hier seien zur Veranschaulichung nur noch drei aus der Matrix gefundene Lösungsprinzipien genannt, die bei der Bügeleisenaufgabe Anregungen gaben. Prinzip 1: „Das Objekt ist in unabhängige Teile zu zerlegen". Daraus entstand die Idee, von der Bügeleisensohle eine besondere Masse abzutrennen. Prinzip 15: „Das Objekt ist in Teile zu zerlegen, die sich zueinander verstellen oder verschieben lassen". Damit und mit Prinzip 19: „Von der kontinuierlichen Wirkung ist zur periodischen (Impulswirkung) überzugehen" entstand die Idee des Schwingers. – Man erahnt, wie viel kreative Ideen immer noch vom Bearbeiter kommen müssen. Man sieht ferner, dass nur Ideen für neue Lösungsprinzipien erarbeitet werden können, keine konstruktiven Entwürfe. Ob das Lösungsprinzip dann wirklich zu einer praktisch brauchbaren Lösung führt, muss weiter untersucht werden. Im obigen Fall müssen z. B. intensive Bügelversuche mit einem derartigen, leichten, schwingenden Bügeleisen gemacht werden.

TRIZ ist besonders fruchtbar für die Analyse von Systemen. Interessant ist auch das „Neun-Felder-Denken", wie in Bild 7.65 beispielhaft gezeigt. Ziel der Methode ist die Erweiterung des Systemverständnisses, indem zunächst eine Matrix von 3 × 3 Feldern aufgezeichnet wird. In der Mitte wird das Ausgangsobjekt (hier eine CNC-Fertigungsmaschine) mit seinen Merkmalen platziert und z. B. auch mit einer Skizze dargestellt. Dies wird auf Systemebene abstrahiert nach oben (Supersystem) und konkretisiert nach unten (Subsystem). Davon ausgehend wird nach links die Vergangenheit, die oder der Vorläufer eingetragen und nach rechts eine mögliche Zukunft. Durch die Abstraktion und das Denken von der Vergangenheit in die Zukunft werden neue Lösungsideen ermöglicht.

Insbesondere durch die TRIZ-Software hat sich die Methode in der Praxis relativ rasch verbreitet (TechOptimizer von Fa. Invention Machine; *www.invention-machine.com*; und Fraunhofer TEG [44/7.5]) [33/7.5; 53/5; 41/7.5; 42/7.5]. TRIZ ist inzwischen zu einer internationalen Organisation geworden. (Informationen zur MATRIZ: *http://matriz.org/about-matriz/history-of-matriz/*). Ferner gibt es eine Richtlinie VDI 4521 „Erfinderisches Problemlösen mit TRIZ".

	Vergangenheit 1950	Gegenwart 2017	Zukunft 2030
Supersystem	andere Maschinen, Werker, Lager...	andere Maschinen, Lager, Werker, lokale Bussysteme...	vernetzte Maschinen, Internet, Werker, intelligentes Lager...
System	Werkbank	**CNC-Fertigungs-maschine**	intelligente Fertigungsmaschine
Subsystem	Schraubstock, handgeführte Werkzeuge...	Maschinenbett, Werkzeugschlitten, Steuerung...	dezentrale Steuerung, Sicherheitstechnik, Apps...

Bild 7.65 Beispielhafte 9-Felder-Matrix nach TRIZ (nach Gürtler u. a. [26/1; S.493])

7.5.5.5 Checklisten

Jeder kennt Checklisten, wie sie z. B. Piloten durchgehen müssen, um vor dem Start nichts vergessen zu haben. Vom Prinzip her können sie auch beim Konstruieren gut eingesetzt werden und haben dann noch eine weitere Funktion, nämlich die Intuition anzuregen.

Zweck und Anwendung

Checklisten sind systematisch aufgebaute Merkmalslisten, die im gesamten Konstruktionsprozess verwendet werden können.

Ihr **Zweck** ist

- nichts zu vergessen, insbesondere in Zeitnot und Überforderung, wodurch eine Entlastung beim Denken und das Vermeiden von Fehlern erreicht wird und
- eine Anregung der Intuition.

Ihre **Anwendung** kann entsprechend dem Vorgehenszyklus geschehen:

- Bei der **Aufgabenklärung** (I): Üblich ist z. B., dass Firmen Merkmalslisten mit dem Angebot versenden, um beim Auftrag vom Kunden alle für die Auftragsabwicklung relevanten Daten bereit zu haben. Bild 7.31 mit lebenslauforientierten Anforderungsarten oder die Leitlinie in Bild 7.33 sind dafür anregend.
- Bei der **Lösungssuche** (II): Sämtliche Listen oder Ordnungsschemata für physikalische Effekte (Kapitel 7.5.5.3), Lösungssammlungen, alle Variationsmerkmale für das Gestalten (Kapitel 7.6) eignen sich zur Anregung der Intuition sowohl für den einzelnen Bearbeiter wie auch bei der Gruppenarbeit. Zum fertigungs- und kostengerechten Konstruieren eignen sich die Checklisten nach Heil (siehe Bild 9.20).
- Bei der **Auswahl** (III) der geeigneten Lösung: Die Merkmale, die bei der Aufgabenklärung eine Rolle gespielt haben, können als Kriterien verwendet werden. Insbesondere ist aber die Anforderungsliste die wichtigste Prüf- und Checkliste!

Zweckmäßig ist eine produktspezifische Checkliste zur Schlussprüfung einer Konstruktion. (Siehe Arbeitsblätter und Checklisten unter der im Vorwort angegebenen Adresse).

Erstellung

Checklisten allgemeiner Art und entsprechende Merkmalslisten müssen betriebs- und produktspezifisch erstellt und meist aktualisiert werden. Geschieht dies nicht, so werden sie nicht genutzt, da irrelevante Merkmale oder ungebräuchliche Begriffe ihren Einsatz erschweren.

Eine gute Checkliste soll objektiv, vollständig und verständlich sein.

Bewährt hat sich die Befragung von Konstrukteuren zu bestimmten Themengebieten, wie z.B. zu Maßnahmen zum Kostensenken oder zur Wiederholteilsuche. Danach werden diese betriebs- und produktspezifischen Listen im Team ergänzt und nach systematischen Gesichtspunkten geordnet. Der Aushang am Arbeitsplatz ermöglicht die laufende Nutzung.

Allerdings hängt die Nutzung von der Art der Konstrukteure ab. Es gibt mehr systematisch oder mehr am unmittelbaren Einfall orientierte Konstrukteure. Die ersteren wenden eher Checklisten an, die zweiten weniger, obwohl gerade sie diese nötig hätten.

7.5.6 Kombination von Lösungsprinzipien: morphologischer Kasten

Fragen

- Gibt es eine Methode zur optimalen Kombination von Lösungsprinzipien?
- Wie kann man gestaltete Lösungen (im Raum) kombinieren?

Entsprechend der Strategie I.1 „Teilaufgaben formulieren" (Bild 7.35) kann man analog Teilfunktionen als Teile der Gesamtfunktion aufstellen (Kapitel 7.4.2) und für diese möglichst mehrere Lösungsprinzipien suchen. Anschließend müssen diese Teillösungen wieder zur Gesamtlösung kombiniert werden ([6/7.5], [29/7.5], [30/7.5]). Da meist mehrere Teillösungen für eine Teilfunktion gefunden werden, ergeben sich bei dieser Kombination auch mehrere Varianten der Gesamtlösung. Daraus muss dann wieder die optimale prinzipielle Lösung (Konzept) ausgewählt werden (Bild 7.60, Bild 7.68). Das Vorgehen gilt natürlich ganz allgemein und nicht nur zum Finden eines Konzepts. Die hier vorgestellte Methode zur Kombination ist der **morphologische Kasten** [22/7.5]. Dabei bedeutet morphologisch: „gestaltgebend".

Im Folgenden wird formal gezeigt, wie sich gestaltete Lösungen kombinieren lassen.

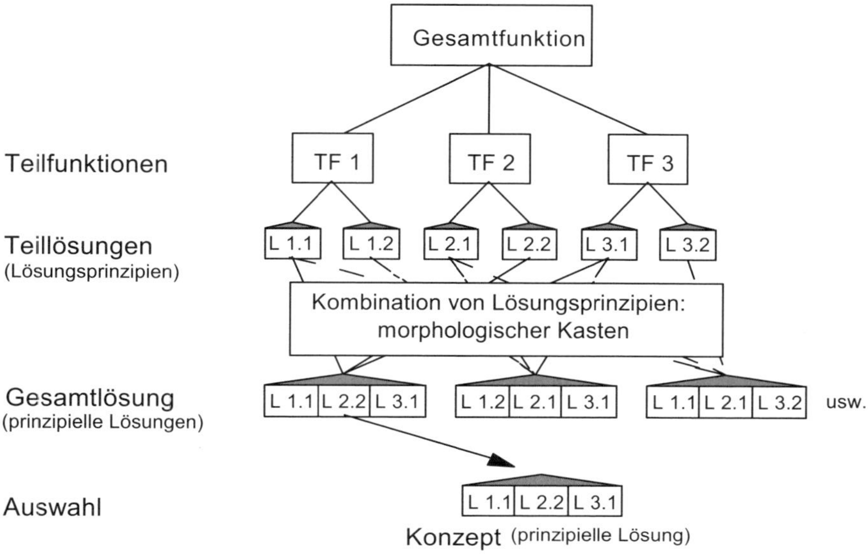

Bild 7.66 Strategie beim Vorgehen zur Lösungssuche: Aufteilen ... Kombinieren. Hier: 3 von 8 möglichen Konzepten

7.5.6.1 Zweck und Begründung der Methode

Ein morphologischer Kasten ist ein Ordnungsschema mit zwei Achsen (Kapitel 7.5.5.1). Den Zeilen werden die Teilfunktionen zugeordnet. In die Spalten werden die zugehörigen Teillösungen eingetragen, in der Regel in Form von Skizzen. (Z. B. Bild 7.68, Bild 7.110).

Für jede Teilfunktion kann zunächst eine Teillösung aus der Zeile ausgewählt und alle Teillösungen können zu einer Gesamtlösung (Konzept) verbunden werden.

Die Anzahl N der theoretischen Kombinationsmöglichkeiten ergibt sich aus:

$$N = m_1 \cdot m_2 \cdot \ldots \cdot m_i \cdot \ldots \cdot m_{n-1} \cdot m_n$$

(m_i = Anzahl der Teillösungen, die zu der Teilfunktion i gehören).

Wichtig bei der Verbindung der Teillösungen ist die Überprüfung, ob die Lösungen miteinander **verträglich** und kombinierbar sind. So müssen z. B. die Schnittstellen (Energie, Stoff, Signal), die Geometrie und die Raumanordnung passen. Die theoretische Zahl der Kombinationsmöglichkeiten wird dadurch zu einer realistischen Gesamtlösungszahl reduziert. Ansonsten besteht beim Zusammenführen der Teillösungen die Gefahr der **„kombinatorischen Lösungsexplosion“**. Das heißt, dass man mit „zig“ bis Hunderten von prinzipiellen Lösungen konfrontiert ist, aus denen man nicht mehr begründet auswählen kann. Man sucht deshalb nur für die wichtigsten Teilfunktionen nach Lösungen und verfolgt dann weiter solche Teillösungen, die sich prinzipiell unterscheiden und nicht nur graduell. Die Reduktion der Lösungsvielfalt kann prinzipiell nach Kapitel 7.9.4 geschehen, z. B. mit der Auswahlliste. Zweckmäßig werden die Teilfunktionen nach Wichtigkeit geordnet, evtl. unwichtige zunächst ganz weggelassen und physikalisch sehr unterschiedliche Ideen gegeneinander bewertet. [46/7.5; 69/5]. Oft ist es danach nötig, interessante Gesamtlösungen weiter zu detaillieren, um sie technisch und wirtschaftlich ausreichend beurteilen zu können.

Wie man sieht, ist der morphologische Kasten nach Bild 7.67 ein zweiachsiges (offenes) Ordnungsschema mit **einem** ordnenden Gesichtspunkt (OGP) und den Teilfunktionen als unterscheidenden Merkmalen (Kapitel 7.5.5.1). Da die Zahl der Lösungen, die in den Zeilen eingetragen werden, nicht festgelegt ist und sich nach den gefundenen und sinnvollen Lösungen richtet, ist das Ordnungsschema offen.

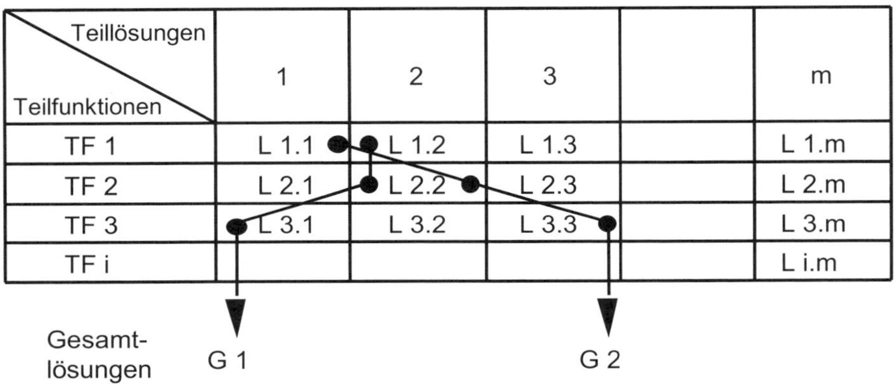

Bild 7.67 Prinzipieller Aufbau eines morphologischen Kastens zur Kombination der Teillösungen L zu Gesamtlösungen G

Die **morphologische Methode** oder die Anwendung des morphologischen Kastens ist in der Praxis aufgrund ihrer Vorteile sehr verbreitet.

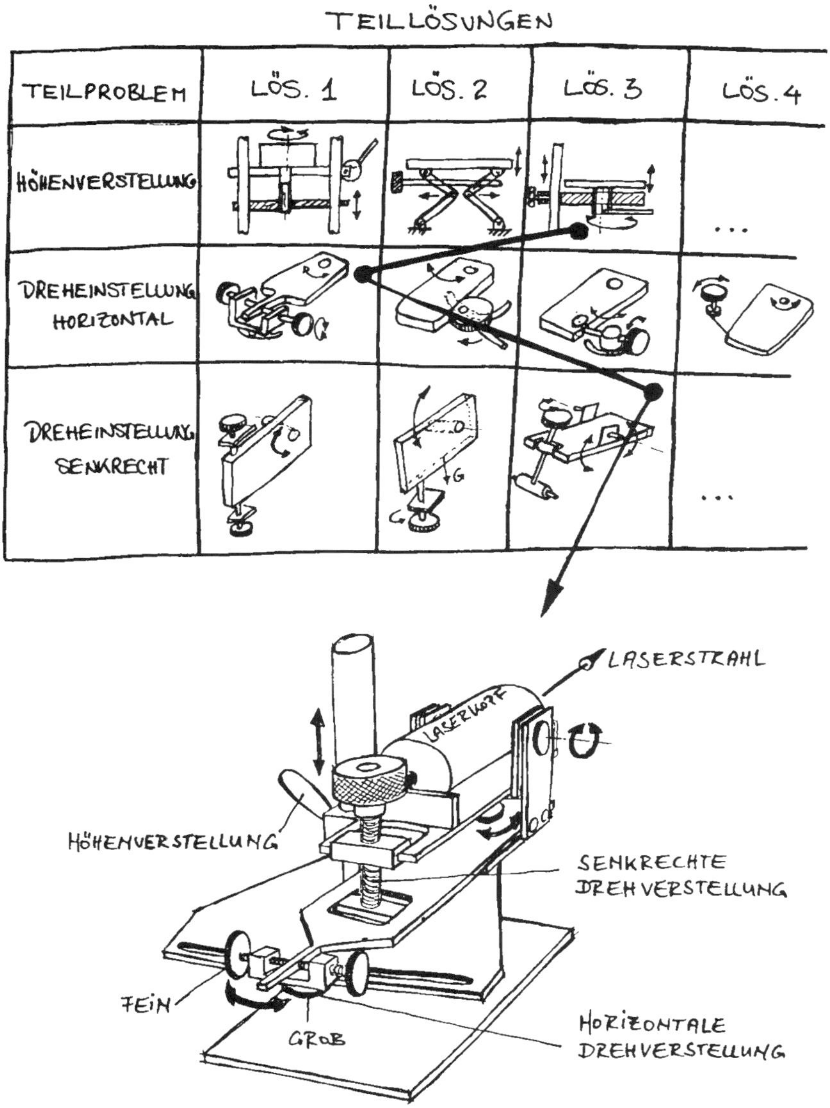

Bild 7.68 Lasereinstellgerät: Kombination von Teillösungen zum Konzept mit Hilfe eines morphologischen Kastens. (Siehe auch Bild 8.75)

Der **Zweck** der Methode ist:

- **Dokumentation und Überblick über das gesamte Lösungsfeld**

  Beim unmethodischen Vorgehen werden Teillösungen oft vergessen oder zu schnell verworfen, da sie mit manchen anderen nicht kombinierbar sind. Durch eine solche Dokumentation der Teillösungen können alle sinnvollen Teillösungen in Betracht gezogen und systematisch mit den anderen zur Verfügung stehenden Teillösungen auf Verträglichkeit überprüft werden. Keine Lösung wird einzeln verworfen, sondern die Gesamtlösungen werden bewertet.

Wichtig ist auch, dass hierbei die Teillösungen möglichst bildhaft dargestellt werden. Insgesamt wird so erreicht, dass wohl das Kurzzeitgedächtnis durch die externe Lösungsabspeicherung entlastet wird und die Kapazität zur Kombination der Teillösungen freigesetzt wird (Kapitel 3.2.1).

- **Unterstützung der Methode der Funktionsaufteilung** und **Suche nach mehreren Teillösungen**

  Das Schema des morphologischen Kastens fordert direkt dazu heraus, die Gesamtfunktion in Teilfunktionen aufzuspalten. Es fordert ferner dazu heraus, mehr als eine Teillösung zu suchen. Die nachfolgende Kombination ist zwangsläufig.

- Aufgrund des Schemas wird die **Nachvollziehbarkeit** der Lösungssuche für Außenstehende erleichtert.

Der morphologische Kasten kann **auf verschiedenen Konkretisierungsebenen** eingesetzt werden. Dadurch können physikalische Effekte zur Effektkette, Prinziplösungen zum Konzept, konkretere Teillösungen zum Entwurf oder sogar konkrete Bauteile zu einer Baugruppe kombiniert werden. Auch alternative Fertigungsverfahren für Bauteile eines Produkts können als Teillösungen eingesetzt und zu einem Gesamt-Fertigungskonzept kombiniert werden.

Morphologische Kästen können **verschachtelt** sein: Jede Teillösung kann aus einem untergeordneten morphologischen Kasten entstanden sein. Umgekehrt können die Gesamtlösungen eines betrachteten morphologischen Kastens als Teillösungen in übergeordnete morphologische Kästen eingehen.

Die hier gezeigte Elementarisierung von existierenden Vorgängerlösungen in Lösungselemente (physikalische Effekte, Wirkflächen usw.) und der Kombinationsvorgang zu neuen Gesamtlösungen mit anderer Funktion, sind **grundsätzliche Ansätze der Konstruktionsmethodik**. Er entspricht z.B. dem Vorgehen in der Chemie bzw. der Physik mit der Elementarisierung in Moleküle, Atome usw. und dem anschließenden Aufbau (Synthese) neuer Strukturen mit anderen Eigenschaften.

Die Konstruktion hat allerdings nicht nur die Aufgabe, diskrete Lösungselemente (Art und Zahl) zu neuen Strukturen (Lage) zu kombinieren, sondern auch Lösungen maßlich zu gestalten (Form, Größe).

Lösungseinschränkung. Da die Lösungsmenge durch Kombinatorik unübersichtlich groß werden kann, kann man sie z.B. nach folgenden Gesichtspunkten einschränken: (nach Ponn; Birkhofer [26/1; S. 729-742]).

- Teilfunktionen nach Wichtigkeit ordnen
- Teillösungsideen nach Eignung sortieren (links die geeigneteren usw.)

- Ähnliche Ideen für jede Teilfunktion zu Klassen zusammenfassen (z. B. mechanische Teillösungen/elektrische Teillösungen/hydraulische Teillösungen)
- Für diese Klassen jeweils eine Kombination bilden. Also z. B. mechanische Gesamtlösung usw

Danach muss man die einzelnen Teillösungen auf Unverträglichkeiten untersuchen und die günstigen weiter Ausgestalten und dann Beurteilen.

7.5.6.2 Beispiele für die Verwendung des morphologischen Kastens

Als Beispiel zeigt Bild 7.68 den mit Teillösungen in Form von Skizzen versehenen offenen morphologischen Kasten für **Lasereinstellgeräte**.

Die Gesamtaufgabe war folgende:

Für einen zylindrischen Laserkopf soll eine Vorrichtung konstruiert werden, die eine Höheneinstellung und Winkeleinstellung sowohl in der vertikalen als auch in der horizontalen Ebene bietet. An Hand eines morphologischen Kastens werden die im Team gefundenen Teillösungen für die angegebenen drei Teilprobleme eingetragen und zu einem Konzept kombiniert. Der morphologische Kasten ist bewusst im Skizzenzustand belassen worden, wie er im Laufe der Bearbeitung entstand.

Weitere Darstellungen offener morphologischer Kästen sind in folgenden Bildern enthalten: Bild 7.22, 7.68, 7.110 und 8.63.

7.6 Methoden zum Gestalten – Variation der Gestalt

Fragen:

- Wie kann man neue, innovative Produkte durch gezieltes **Verändern der Wirkgestalt**, d. h. der Gestalt der **prinzipiellen Lösung**, finden?
- Wie kann man durch **Gestaltvariation beim Entwerfen** günstige Bedingungen für z. B. die Funktion, Fertigung, Montage, Ergonomie oder das Design erreichen?
- **Von welchen Parametern hängt die Gestalt** ab, und wie kann man sie dementsprechend beeinflussen?

Gestalten ist eine der wesentlichen Tätigkeiten beim Konstruieren. Dementsprechend soll zunächst etwas zu den **Begriffen der Gestalt und des Gestaltens** gebracht werden. Danach folgen Anmerkungen zum korrigierenden und generierenden Vorgehen beim Gestalten. Die Kapitel 7.6.1 bis 7.7.5 bringen Methoden zum

Variieren der Gestalt. Ein Vorschlag zum zeichnerischen Vorgehen beim Gestalten wird in Kapitel 7.6.4 gezeigt.

a) Der Begriff Gestalt

Die Gestalt ist, gemeinsam mit dem Werkstoff, ein wesentliches Beschaffenheitsmerkmal eines technischen Gebildes (Bild 2.9).

Unter der **Gestalt eines materiellen Produkts** kann man die Gesamtheit seiner geometrisch beschreibbaren Merkmale einschließlich der Werkstoffart verstehen. Fasst man ein Produkt als System von Gestaltelementen auf, so kann man die Gestalt eines Elements durch die Merkmale Form, Größe (Makrogeometrie), Werkstoffart und Oberfläche (Mikrogeometrie: Rauheit) definieren. Das Produkt als System lässt sich dann durch die Gestalt aller Elemente (deren Zahl) und deren Lage darstellen. Gleichbedeutend mit der Lage der Elemente ist die Anordnung der Elemente. – Diese Einteilung ist deshalb hilfreich, weil sie die verwirrende Vielfalt von Produktgestalten auf die Gestalt und die Anordnung weniger, komplexer Elemente zurückführt. Damit wird systematisches Gestalten möglich.

Die Gestalt eines Produkts kann zeitlich variabel sein, z. B. bei einem sich bewegenden Roboter oder weil sich stoffliche Zustände wandeln, wenn sich beispielsweise feste Stoffe elastisch verformen oder flüssige, textile, teigige oder körnige Stoffe sich unter Krafteinwirkung verändern. Daraus ist ersichtlich, dass die Werkstoffart zweckmäßig in den Begriff Gestalt einbezogen wird.[6]

Je nach dem Ziel der Gestaltfestlegung kann man folgende Begriffe unterscheiden:

- **Wirkgestalt** (auch Wirkgeometrie) bezeichnet die Gestalt, die durch die (Zweck-) Funktion festgelegt ist. – Im Industrial Design gilt der Satz „form follows function". Im bildhaften Gedächtnis sind die Gestalt und Funktion eng verknüpft [1/7.6]. Es scheint so zu sein, dass die im Gedächtnis abgespeicherten Strukturen und „features" weitgehend deckungsgleich sind. Es handelt sich dabei um geometrische Objekte mit Bedeutung bzw. Semantik. Je nachdem, was man weiß oder für wichtig hält, kann man zu der gestalthaften Erscheinung z. B. stoffliche, fertigungstechnische, ergonomische oder ästhetische Inhalte assoziieren. – In vielen Fällen ergibt sich aber die wesentliche Gestalt aus dem Verbund mit anderen Körpern.
- **Produktionsgestalt** bezeichnet die Gestalt, die durch Forderungen der Teilefertigung und der Montage bestimmt ist.

Am Beispiel eines Nagelbohrers (Bild 7.69) sei der Begriff Wirkfläche veranschaulicht. Die **Wirkfläche** für die **Hauptfunktion** „Lochbohren" ist die Wendelfläche

6) Wie in Kapitel 10 erläutert ist, wird hier die Gestalt als die Gesamtheit der geometrisch beschreibbaren Elemente eines materiellen Gebildes einschließlich der Werkstoffart definiert. Das entspricht dem Sprachgebrauch. Die **Gestaltung** als Prozess umfasst auch die Stoffbestimmung im Einzelnen. (Siehe hierzu Hoenow [60/5] und Ponn, Lindemann [69/5].

mit Schneide an der Spitze des Bohrers. Sie verwirklicht den **Hauptumsatz Stoff** (Stoff herausschneiden). Der Griff dagegen ist die Wirkfläche für die **Nebenfunktion** „Drehmoment und Axialkraft erzeugen" und den **Nebenumsatz Energie**. Schließlich gibt es noch eine **Konturfläche**, die nicht direkt von der Funktion her gefordert ist, sondern z. B. durch fertigungstechnische Gesichtspunkte oder vom Design bestimmt ist. Sie ist also nicht durch die Funktion festgelegt („Wirk = funktionsrelevant") sondern dient zur Verbindung von Wirkflächen zu Wirkkörpern.

Bild 7.69 Wirk- und Konturflächen am Beispiel eines Nagelbohrers

Im nachfolgenden Kapitel 7.6.1 wird unter der **direkten Variation** die Veränderung von Wirkflächen, Wirkkörpern, d. h. der Wirkgestalt durch Einflüsse bzw. Variationsmerkmale besprochen, die direkt darauf wirken wie z. B. Form, Lage, Zahl oder Größe von Flächen und Körpern.

In Kapitel 7.6.2 werden bei der **indirekten Variation** andere Einflüsse auf die Gestalt angesprochen, wie z. B. Varianten des Werkstoffs, des Fertigungs- oder Montageverfahrens. Grundsätzlich wirken sich **alle** Anforderungen an ein Produkt auf die Gestalt aus. Ein Produkt ist ja physikalisch durch die Gestalt und den (Werk-) Stoff definiert. Das gesagte trifft auch für alle Gestaltungsrichtlinien, die so genannten „Gerechten" zu, wie z. B. ergonomie-, recycling-, festigkeitsgerecht (siehe Bild 6.17).

b) Die Begriffe Gestalten und Entwerfen

Gestalten heißt Gestalt festlegen und dies erfolgt fast in allen Phasen des Konstruierens: bei der Aufgabenklärung (z. B. durch Anschlussmaße), in der frühen Konzeptphase durch die Wirkgestalt physikalischer Effekte und besonders in der Entwurfs- und Ausarbeitungsphase. Beim Gestalten werden alle Gestaltelemente nach Form, Abmessungen, Oberfläche, Werkstoff und bezüglich ihrer Anordnung (Lage), Anzahl und Verbindung festgelegt. Indirekt werden damit produktionstechnische Festlegungen (Teilefertigung, Montage) weitgehend vorgegeben, bzw. vorab berücksichtigt.

Der Prozess des **Entwerfens** umfasst einerseits das Gestalten selbst, andererseits die Organisation des Gestaltens (z. B. Eigenarbeit, Gruppenarbeit und Hilfsmitteleinsatz organisieren). (Siehe hierzu die VDI Richtlinie 2223 [43/5]. Bei der Gestaltung wird aber nicht nur die Gestalt im obigen Sinn, sondern auch der Stoff (Werk- und Betriebsstoff) festgelegt. [60/5]. Wie Bild 7.70 zeigt, ist jedes Gestaltdetail aus bestimmten Einflussfaktoren heraus entstanden. Diese sind z. B. aus der Funktion, der Fertigung, den Kosten zu erklären. Das heißt „dahinter steckt" die „Produktlogik" (Kapitel 2.3.3 a). Technische Gebilde sind also nicht „zufällig" so, wie sie sind, sondern alles hat seinen Grund.

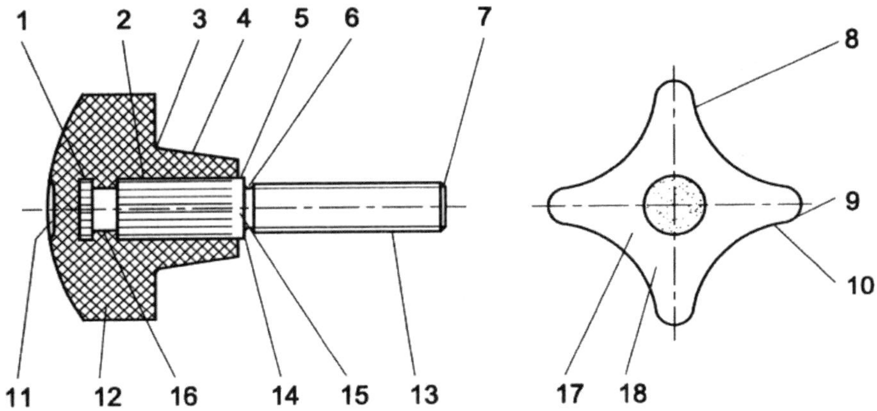

1. Kurze Schrumpflänge - verhindert Reißen.
2. Rändel ermöglicht Formschluss und Ausgleich des unterschiedlichen Schwundes.
3. Rundungen erleichtern das Fließen des Gusswerkstoffes.
4. Schrägen erleichtern das Ausformen.
5. Unauffälliger Ausgleich des Schrumpfmaßes.
6. Freistich erleichtert Herstellung und Funktion.
7. Fase erleichtert Herstellung und Montage.
8. Mittlerer Abstand zur Schraubenachse beeinflusst das erreichbare Drehmoment.
9. Herstellung durch Gießen ermöglicht eine ergonomisch günstige Form (Rundungen, glatte Oberfläche) bei geringer Fertigungszeit. Größere Stückzahlen notwendig.
10. Vertiefung ermöglicht einen Formschluss mit der Hand und damit größere Drehmomente.
11. Kaschiert Markierungen des Einlegeteiles auf der Oberfläche.
12. Verbundguss begünstigt Werkstoffkombinationen.
13. Durchmesser und Steigung beeinflussen die erreichbare Axialkraft.
14. Absatz ermöglicht Kraftkurzschluss bei der Nutzung und verhindert die axiale Belastung der Verbundgusspaarung.
15. Zylindrischer Absatz ermöglicht besseres Abdichten der Gießform.
16. Formschlüssige Sicherung gegen Axialkräfte.
17. Kunststoff (z. B. holzmehlgefüllter Phenolharztyp) physiologisch günstiger als Metall.
18. Eingefärbter Kunststoff verhindert Abnutzen oder Abblättern.

Bild 7.70 Einflüsse auf Gestaltdetails bei einem Klemmgriff [14/7.6]

Es mag sein, dass beim Konstruieren diese Gründe nicht immer alle bewusst werden, sondern dass aus Erfahrung einfach so gestaltet wurde. Trotzdem bestehen die logischen Beziehungen zu den Anforderungen. - Gestalten geschieht, vor allem bei konstruktionsmethodisch nicht erfahrenen Konstrukteuren, weitgehend aus der im Unbewussten (implizit) gespeicherten Erfahrung aus früheren Projekten. Es ist wie beim Radfahren oder beim routinierten Autofahren. (Normalbetrieb des Denkens und Handelns in Stufe 1 nach Bild 3.6).

c) Generierendes und korrigierendes Vorgehen beim Gestalten

Entsprechend Kapitel 5.1.4.3 versteht man unter **generierendem Vorgehen** die Erzeugung mehrerer Lösungsvarianten, die durch einen vorhergehenden Abstraktionsprozess hervorgerufen, mindestens aber begünstigt wurden. Aus diesen wird die geeignetste ausgewählt (Bild 3.43). Beim **korrigierendem Vorgehen** dagegen wird an einem Vorläuferteil(-baugruppe, -produkt) auf Grund einer erkannten Schwachstelle eine Änderung mit möglichst geringem Änderungsaufwand vorgenommen (Bild 3.44).

Die nachfolgenden Variationsmerkmale eignen sich sowohl für das generierende als auch für das korrigierende Vorgehen beim Gestalten. Mindestens ergeben sich aber Anregungen für Korrekturen.

- **Generierend gestaltet** wird im Allgemeinen in der **Konzeptphase** entsprechend konstruktionsmethodischem Vorgehen (Beispiele in und Kapitel 7.6.5 und 8.7). Es werden z. B. mit den Variationsmerkmalen mehrere Lösungsvarianten erzeugt, aus denen ausgewählt wird. Die vorhergehende Abstraktion kann über die (Teil-)Funktionsformulierung und die Wahl physikalischer Effekte erfolgen.
- **Korrigierend gestaltet** wird meist schon aus Aufwandsgründen in der **Entwurfsphase** ausgehend von Bauteilen oder Baugruppen, die entweder im eigenen Haus vorhanden, bekannt oder über andere (Konkurrenz-)Firmen oder die Literatur bekannt sind. Auch neue Konzepte (prinzipielle Lösungen) werden ja mindestens zum Teil aus früheren, ähnlichen Bauteilen oder Baugruppen entwickelt (Beispiele in den Kapiteln 9.2.4, 9.3.3.2 f). Nachfolgend soll angedeutet werden, wie man auch in der Entwurfsphase generierend gestalten kann.

d) Generierendes Gestalten in der Entwurfsphase

Generierendes Gestalten in der Entwurfsphase, also bei vorgegebenem Konzept, kann analog dem Vorgehen in der Konzeptphase entsprechend Bild 6.15 geschehen. Anstelle der Funktionsstruktur tritt als abstrakte Modellierung die Baustruktur mit der minimal notwendigen Teilezahl (siehe Strategie der einteiligen Maschine, Kapitel 7.7.2). Wie in der Konzeptphase die Teilfunktionen über physikalische Effekte und Wirkprinzipien mit konkreten Lösungen versehen werden, so werden hier die Bauteile mit aufeinander abgestimmten **Werkstoffen und Fertigungsverfahren** versehen. Diese sind allerdings wieder vernetzt mit den für die

Baustruktur maßgebenden Einflussgrößen **Verbindungs-** und **Montageverfahren**. Gerade diese enge Abhängigkeit macht das methodische Entwerfen sehr viel komplizierter als das methodische Konzipieren.

Die nachfolgenden **Variationsmerkmale** sollen helfen, alternative Lösungen für Bauteile (z. B. Werkstoff- oder Fertigungsvarianten) und die konkrete Baustruktur (z. B. Verbindungs- oder Montagevarianten) zu generieren, um daraus auszuwählen. (Siehe hierzu auch die Bilder und Tabellen im Internet-Anhang A6 und A9.3).

e) Gültigkeitsbereich der Methoden zur Gestaltvariation

Die Methoden sind **nicht als vollständig** anzusehen. Sie sind aber im Maschinenbau wesentlich. Sie lassen sich uneingeschränkt auf jede vorliegende Lösung anwenden und gelten damit für Teillösungen genauso wie für beliebig komplexe Gesamtlösungen. Die Methoden helfen zu variieren, sagen aber nie, was oder warum variiert werden soll, so dass in jedem Fall kreatives Denken die elementare Voraussetzung für eine erfolgreiche Anwendung dieser Methoden ist.

f) Das Arbeiten mit Variationsmerkmalen: Variation durch Analogieschluss

Vorhandene Lösungen werden mit **Variationsmerkmalen** verändert. Ein Variationsmerkmal besteht aus einem **Schlagwort** und **bildhaften Beispielen**, die die Anwendung des Variationsmerkmals zeigen, bzw. es definieren. Es kommt unserem Denken entgegen, Bilder mit Begriffen zu verknüpfen, wodurch eine bessere geistige Manipulationsmöglichkeit entsteht. Das Arbeiten mit Variationsmerkmalen zielt darauf ab, durch systematische Anregung der Intuition Ideen zu erzeugen. Durch einen Analogieschluss werden an Variationsmerkmalen gezeigte Gestaltvariationen auf das vorliegende Original übertragen.

Im **Vorgehenszyklus** (aus Kapitel 3.3.2) müssen beim Arbeiten mit der Methode Variation der Gestalt die drei Teilschritte Aufgabe klären, Lösung suchen und Lösung auswählen durchlaufen werden, wobei die jeweiligen Inhalte an diese spezielle Methode angepasst werden müssen (siehe Bild 7.71).

I) Aufgabe klären:

Um variieren zu können, muss zu Beginn der Arbeit eine **Ausgangslösung** vorhanden sein. Erfahrungsgemäß ist das mit einer Vorgängerlösung meist der Fall. Sie kann auch aus der Fach- oder Patentliteratur stammen. Es muss auch klar sein, welche Wirkflächen und Wirkbewegungen dabei maßgebend sind. Ferner müssen die Anforderungen an das Produkt klar sein. – Nicht nur für das korrigierende Vorgehen sollten Schwachstellen analysiert werden. So kann die Variantenflut gezielt sinnvoll reduziert werden.

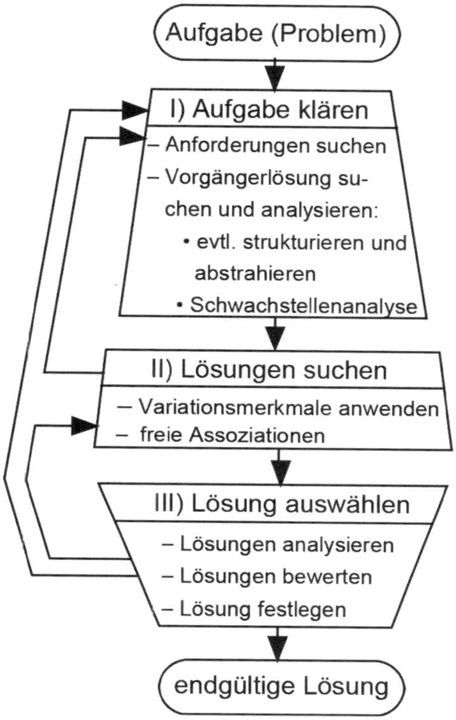

Bild 7.71
Vorgehenszyklus bei der Variation der Gestalt

II) Lösungen suchen:

Man geht von einer vorhandenen Lösung (**Bezugslösung**) aus und erzeugt analog zu den Variationsmerkmalen neue Varianten. Deren Kennzeichnung zur Bezugslösung macht den Konstruktionsprozess transparent (siehe). Beim Arbeiten werden als Nebeneffekt auch **freie Assoziationen** angeregt. Allein die intensive Beschäftigung mit dem Problem führt oft schon auf intuitive Weise zu neuen Lösungen.

Das **Arbeiten mit Variationsmerkmalen** ist nicht eindeutig. Durch unterschiedliche Merkmale können gleiche (Gestalt-)Ergebnisse entstehen („Viele Wege führen nach Rom“). Das kommt auch daher, dass eine Bezugslösung meist viele Ansatzpunkte bietet, Variationsmerkmale anzuwenden. Sie hat mehrere Wirkflächen oder auch Wirkbewegungen.

Die **Variationsvielfalt** ist prinzipiell so groß, dass auch schon bei einfachen Produkten kein vollständiges Lösungsfeld erzeugt werden kann. Man muss sich auf Schwachstellen konzentrieren, um mit Verbesserungsregeln (die es gesammelt noch nicht gibt) den Variationsaufwand zu begrenzen.

III) Lösung auswählen:

Aus der Vielfalt der gefundenen Lösungen werden ein oder zwei weiterzuverfolgende Lösungen ausgewählt. Falls diese noch nicht befriedigen, wird iterativ weiter variiert.

Die folgenden mehr als zwanzig Variationsmerkmale lassen sich zum Teil auf die ersten vier (Form, Lage, Zahl und Größe) zurückführen. Trotzdem ist ihre Darstellung im Sinne einer unmittelbar anschaulichen Auffassung und Nutzung zweckmäßig. Bild 7.72 zeigt einen Überblick über die Variationsmerkmale in diesem Kapitel.

7.6 Variation der Gestalt

7.6.1 Direkte Variation

- **7.6.1.1 Flächen und Körper**
  Form, Zahl, Lage, Größe
- **7.6.1.2 Flächen- und Körper beziehungen**
  Verbindungsart, Berührungs - und Kontaktart, Koppelungsart, Verbinungsstruktur, Reihenfolge, Kompaktheit von Bauweisen
- **7.6.1.3 Stoffart**
  Zustand, Verhalten, makroskop. Beschaffenheit (Bild 7.6-16)

7.6.2 Indirekte Variation

- **7.6.2.1 Stoffliche Eigenschaften**
  (Werk-)stoff im Einzelnen
- **7.6.2.2 Fertigungs- und Montageverfahren**
- **7.6.2.3 Bewegungen**
  Bezugssystem, Bewegungsarten, zeitlicher Verlauf, Freiheitsgrade
- **7.6.2.4 Kraftübertragung**
  Lagerstellen, elastische Glieder, statischer Bestimmtheitsgrad, Schaltungsart
- **7.6.2.5 Getriebeart**

7.6.3 Umkehrung (Negation)

geometrische..
kinematische
Umkehrung

Bild 7.72 Übersicht über die Variationsmerkmale

7.6.1 Direkte Variation der Gestalt

Die Gestalt wird direkt (unmittelbar) verändert, wenn die erzeugenden Flächen und Körper und/oder die Flächen- und Körperbeziehungen variiert werden.

Die wichtigsten Variationsmerkmale sind: Form, Lage, Zahl und Größe. Sie gelten systemtechnisch gesehen sowohl für Flächen, Einzelteile, Baugruppen und ganze Produkte in einem übergeordnetem System. Man wird entsprechend der Strategie I.2 (zuerst das Wichtige, Bild 3.32) zunächst die Wirkgestalt variieren und festlegen, danach die Gestalt insgesamt angehen (z.B. Fertigungsgestalt, Design oder Ergonomie).

7.6.1.1 Variation der Flächen und Körper

Die hier zusammengestellten Variationsmerkmale dienen zur Veränderung der absoluten und relativen Beschaffenheit und Eigenschaft von Flächen und Körpern.

a) Variation der Form

Unter Form wird der Umriss, das Äußere, verstanden. Die Form kann durch Krümmungsradien, Umrisspolygone, Begrenzungsflächen usw. beschrieben werden. Bei Größen- und Zahländerungen in Grenzbereichen (z. B. gegen Null oder Unendlich) ergeben sich ebenfalls oft Formänderungen (Bild 7.73).

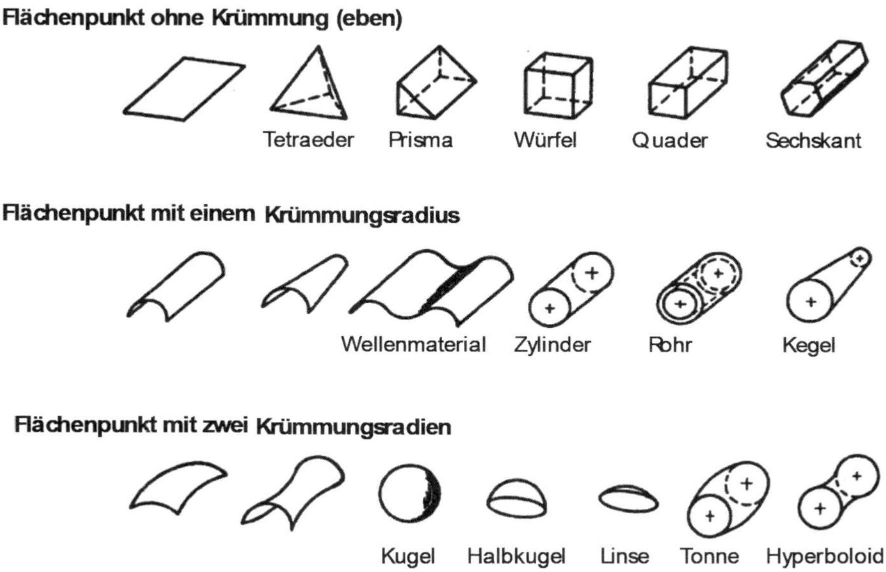

Bild 7.73 Variationsmerkmal Form an geometrischen Basiselementen

b) Variation der Lage

Beim Variationsmerkmal Lage werden die relative oder absolute Lage von Flächen, Körpern, deren Flächennormalen, erzeugenden oder sonstigen Bezugslinien (z. B. Mittellinien) verändert. In Bild 7.74 ist dieser Sachverhalt an Hand von Wirkflächen an einem Reibrad dargestellt.

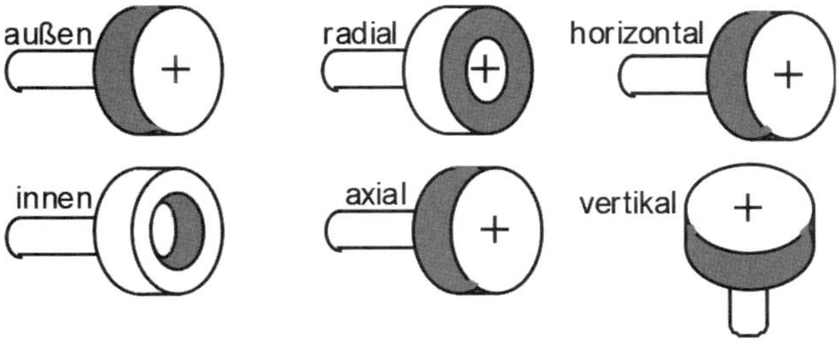

Bild 7.74 Variationsmerkmal Lage, die Wirkfläche ist grau gekennzeichnet

c) Variation der Zahl

Die Veränderung der Anzahl von Flächen, Körpern, Umrisskanten usw. führt zu einer direkten Variation der Gestalt. Im Bild 7.75 wird dieses Variationsmerkmal bei der Zylinderanzahl eines Verbrennungsmotors gezeigt.

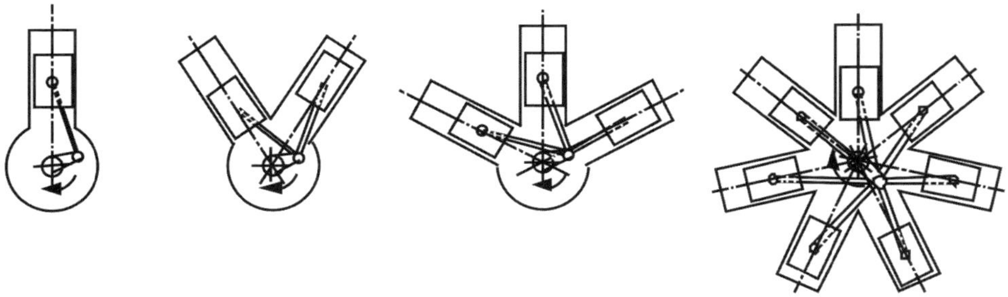

Bild 7.75 Variationsmerkmal Zahl bei Verbrennungsmotoren [3/7.6]

d) Variation der Größe

Die Abmessungen von Flächen, Körpern sowie deren Abstände zueinander werden geändert. In Grenzbereichen (Maß gegen Null oder Unendlich) ergeben sich Formvarianten. Gehen mehrere Maße gegen Null, kann dies zum völligen Entfallen von Flächen (Körpern) führen, was auch als Zahlvariation gedeutet werden kann. Eine Anwendung des Variationsmerkmals Größe auf ein Zweigelenk zeigt Bild 7.76.

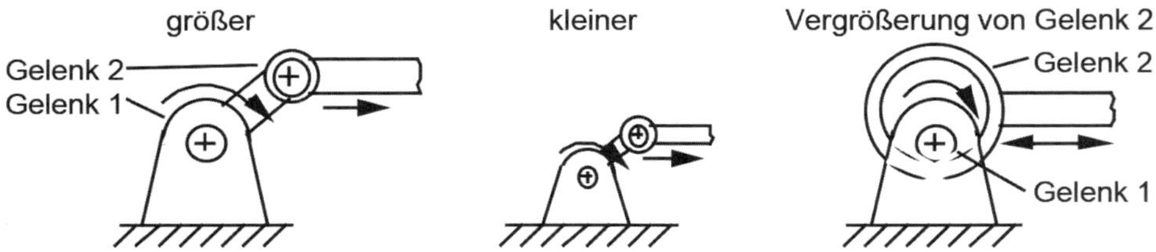

Bild 7.76 Größenvariation eines Zweigelenks

In Bild 7.77 wird die **Anwendung** der vier Variationsmerkmale Form, Lage, Zahl und Größe am Beispiel von Schraubenköpfen gezeigt. Ausgehend von der Bezugslösung Schlitzschraube werden durch die Variation der Flächen und Körper „neue" Lösungen gefunden. Durch die fortlaufende Nummerierung und den Hinweis auf die jeweilige Bezugslösung ist eine verständliche Dokumentation gewährleistet.

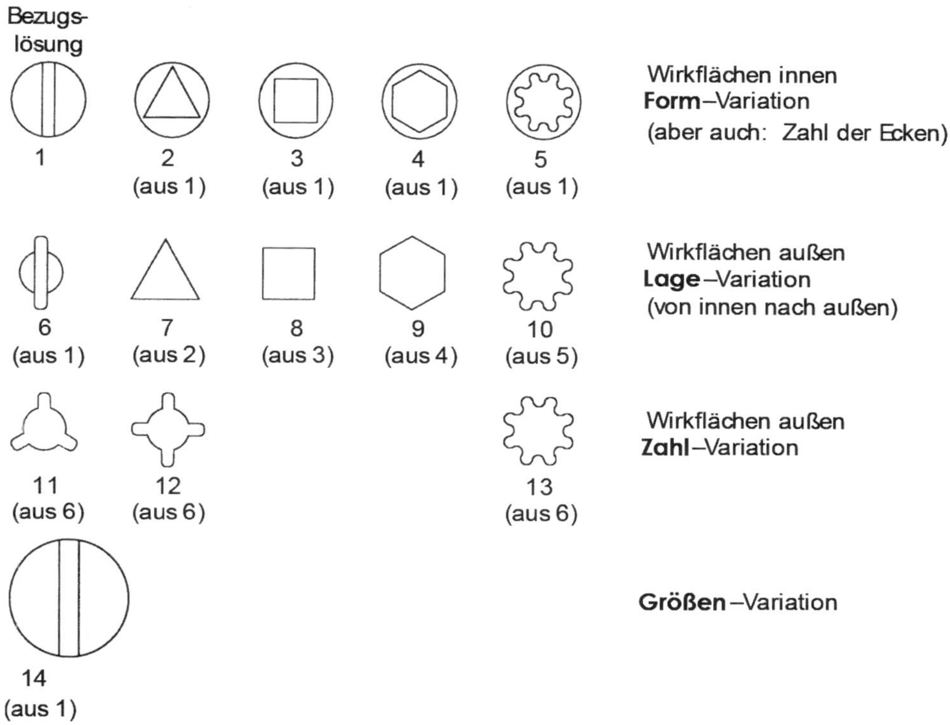

Bild 7.77 Variation von Flächen und Körpern am Beispiel Schraubenkopf

7.6.1.2 Variation der Flächen- und Körperbeziehungen

Die nachfolgend aufgeführten Variationsmerkmale dienen zur Variation der Beziehungen von Flächen und Körpern untereinander. Wirkflächen sind in der Regel in Aktion mit anderen Wirkflächen. Sie bilden Wirkflächenpaare, die Energie, Stoff und Signal leiten. Sie werden in ihrer Kombination nach Matthiesen [15/7.6] als „Leitstützstruktur" bezeichnet. Hier wird weiter der Begriff Wirkstruktur verwendet.

a) Variation der Verbindungsart

Mit diesem Variationsmerkmal werden Beispiele möglicher Verbindungen von Flächen und Körpern gezeigt (Bild 7.78). Eine Klassifizierung von Verbindungen kann über die Merkmale „starr, gelenkig oder elastisch", „lösbar oder unlösbar" und „stoffschlüssig, formschlüssig oder kraftschlüssig" erfolgen, wobei letztere wegen des unterschiedlichen Gebrauchs der Begriffe wie folgt definiert werden:

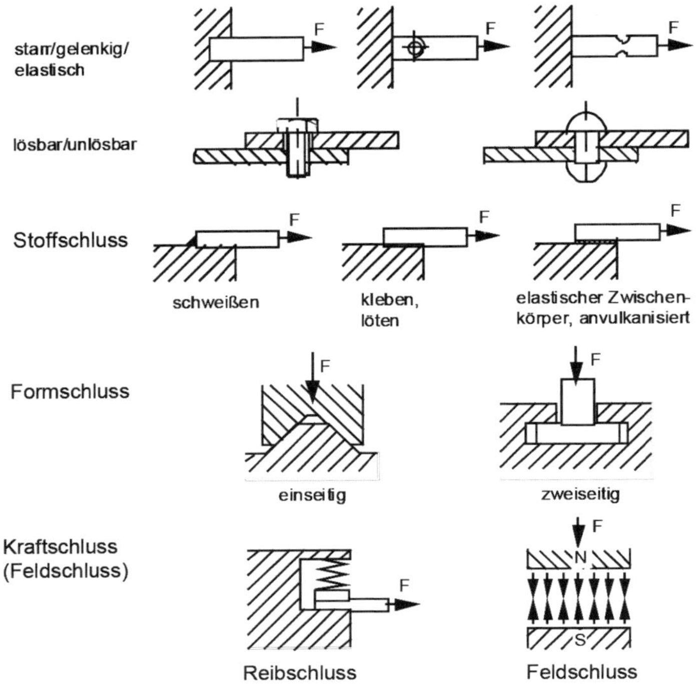

Bild 7.78 Variationsmerkmal Verbindungsart

Stoffschluss

Stoffschluss ist der durch molekulare Kräfte entstehende Schluss, der zu einem Festkörperverhalten führt. Kraftübertragung ist in jeder Richtung möglich.

Formschluss

Die Körper berühren sich. Die Kraftübertragung erfolgt in Richtung der gemeinsamen Flächennormale. Man kann einseitigen und zweiseitigen Formschluss unterscheiden, je nachdem, ob der Kraftvektor eine oder beide Orientierungen annehmen darf.

Kraftschluss

Es können zwei Fälle unterschieden werden:

a) Die Körper berühren sich. Die Kraftübertragung erfolgt in der gemeinsamen Tangentenebene infolge einer normal dazu gerichteten Anpresskraft **(Reibschluss)**.

b) Die Körper berühren sich nicht. Die Kraftübertragung erfolgt längs der gemeinsamen Flächennormale infolge eines Kraftfelds (Kraftschluss oder **Feldschluss**).

b) Variation der Berührungs- und Kontaktart

Insbesondere bei form- und reibschlüssigen Verbindungen sind Variationen der Berührungs- bzw. Kontaktart zweier Flächen von Interesse. Punkt-, Linien- oder Flächenberührung haben Einfluss auf die Flächenpressung und Hertzsche Pressung. Diese sind klein, wenn es sich um **konforme Flächen** (konvex/konkav) handelt, wogegen bei **kontraformen** Flächen (konvex/konvex) die Flächenpressung und die Hertzsche Pressung ansteigen (Bild 7.79).

Bild 7.79 Variationsmerkmal Berührung/Kontaktart

c) Variation der Kopplungsart

Die Kopplung, Verbindung bzw. Lagerung relativ zueinander bewegter Körper erfolgt durch **Gleiten** (Gleitlager), **Rollen** (Rollenlager) und **Wälzen** (Zahnräder). Dabei sind Rollen und Wälzen dem Gleiten vorzuziehen, da im allgemeinen größere Schmierfilmdicken entstehen (bei gleicher Fortschrittsgeschwindigkeit) und damit weniger Verschleiß auftritt, die Reibungskräfte niedriger sind und eventuell Schmierstoff ganz entbehrlich wird (Bild 7.80).

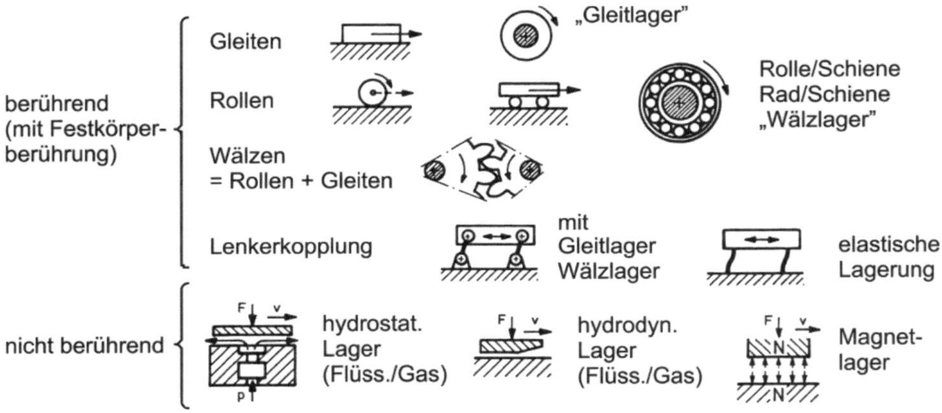

Bild 7.80 Variationsmerkmal Kopplungsart

Die zu koppelnden Flächen müssen sich nicht direkt berühren. Bei Wälzlagern sind als Zwischenelemente Wälzkörper vorhanden. Ferner ist es möglich, Körper mittels **Lenkern** oder elastischen Zwischenelementen relativbeweglich zu koppeln (Bild 7.80). Die Lenker ihrerseits können ebenfalls wieder Gleit-, Roll-, Wälz- oder **elastische Lager** haben oder selbst elastisch sein. Bei hin- und hergehenden Teilen sind **elastische Elemente** besonders vorteilhaft, da sie verschleißfrei sind, nicht geschmiert werden müssen und auch die Gefahr der Reibkorrosion vermeiden.[7]

Neben diesen direkt oder indirekt auf Berührung basierenden Koppelungen sind auch rein kraftschlüssige, nicht berührende Kopplungen möglich (hydrostatische, hydrodynamische, Magnet-Lager) (Bild 7.80). Eine Anwendung des Variationsmerkmals Kopplungsart auf Lager, Führungen und Gewinde zeigt das Bild 7.81.

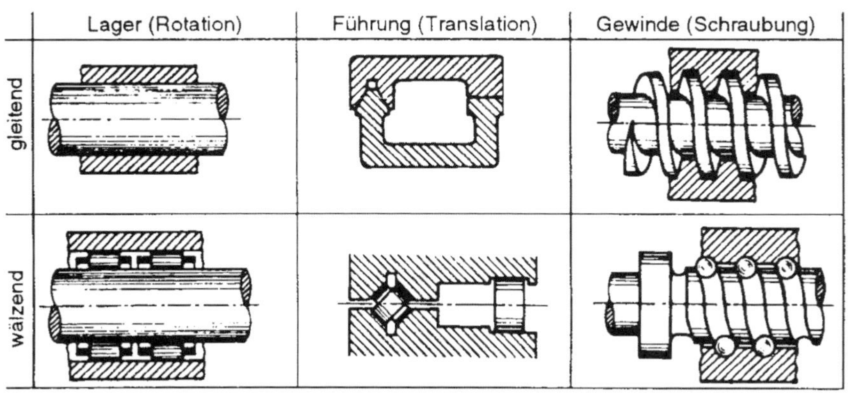

Bild 7.81 Geschlossener morphologischer Kasten (Kapitel 7.5.5.1) für Kopplungsartvariationen bei Lagern, Führungen und Gewinden [3/7.6]

7) Eine schweizerische Firma hat sich darauf spezialisiert. *(www.monolitix.com)*

d) Variation der Verbindungsstruktur

Flächen, Körper oder ganze Bauteile und deren Beziehungen zueinander lassen sich auf abstrakte Weise mit den Mitteln der **Graphentheorie** darstellen. Den Flächen bzw. Körpern werden Symbole zugeordnet, die alle gleich, aber auch unterschiedlich (flächen-/körperspezifische Symbole) sein können und als „Knoten“ bezeichnet werden. Deren Verbindungen werden als „Kanten“ dargestellt. Die sich so ergebenden Darstellungen bezeichnet man als Verbindungsstrukturen. Im Zusammenhang mit ganzen Bauteilen ist auch der Begriff **Baustruktur** gebräuchlich (Kapitel 2.3.2 b). Die Strukturen eignen sich zur Klassifikation und zum Vergleich von Objekten und sind ein leicht handhabbares Hilfsmittel für das systematische Variieren. Durch die systematische Variation erhält man ein vollständiges Lösungsfeld, das aber auch unsinnige Lösungen enthalten kann.

Mit der Zahl n der zu verbindenden Elemente nimmt die Anzahl der möglichen Verbindungsstrukturen rasch zu. Bei drei zu verbindenden Elementen beträgt die Zahl z der möglichen Minimal-Verbindungsstruktur-Varianten drei. Bei vier Elementen beträgt sie bereits 16. Sie ergibt sich nach dem Gesetz:

$$z = n^{n-2}$$

Damit ist jedes Element gerade über eine Relation angeschlossen. In Bild 7.82 ist die systematische Variation für ein Objekt mit drei Elementen dargestellt. Mit der überbestimmten (die Elemente sind über mehr als eine Relation angeschlossen) Verbindungsstruktur ganz rechts ergeben sich dann vier Varianten.

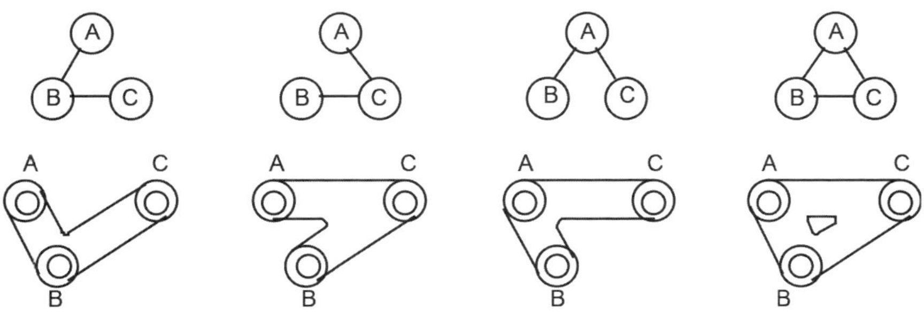

Bild 7.82 Variationsmerkmal Verbindungsstruktur

e) Variation der Reihenfolge

Die Reihenfolge ist eine häufig anwendbare Vereinfachung des Variationsmerkmals Verbindungsstruktur. Stehen mehr als zwei Flächen oder Körper miteinander in irgendeiner Beziehung, kann deren relative Anordnung zueinander, deren Reihenfolge, verändert werden. Dabei ist Voraussetzung, dass die variierten Elemente nicht in unmittelbarem funktionellen Zusammenhang stehen. Eine Anwendung des Variationsmerkmals auf Fest-Los-Lagerungen zeigt Bild 7.83.

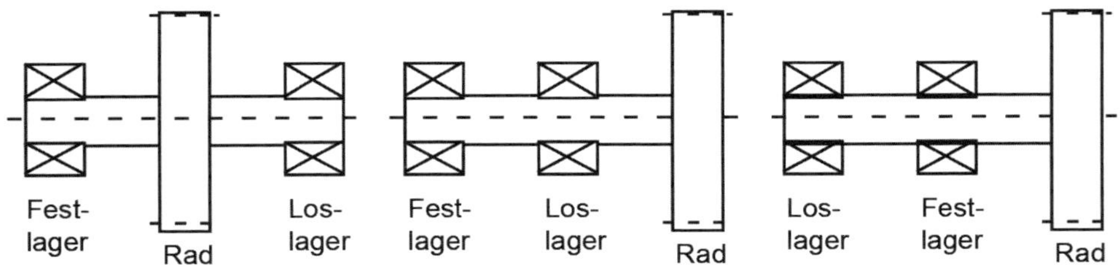

Bild 7.83 Reihenfolgevariation bei einer Fest-Los-Lagerung

f) Variation der Kompaktheit von Bauweisen

Bauteile und Produkte können unterschiedlich kompakt gestaltet werden. Man kann von Massiv-, Hohl- und offener Bauweise sprechen. Bei **Trägern**, wie z. B. Kranträgern, Hochspannungsmasten, Brückenkonstruktionen oder Maschinengestellen ist die in Bild 7.84 gezeigte Variation der Bauweise häufig zu beobachten. Massive (a) oder geschlossene bzw. hohle Ausführung (b) oder die offene Ausführung mit Rippen aus Profilmaterial oder Rohren (c) sind hier die häufigsten Bauweisen. Dass diese Bauweisen auch bei **Rotoren** möglich sind, zeigen die Varianten (d) und (e) in Bild 7.84. Das Variationsmerkmal „Kompaktheit von Bauweisen" ist auch durch die geeignete Kombination der Merkmale Form, Größe und Lage herleitbar. Damit würde aber auf die unmittelbar anschauliche und merkbare Darstellung verzichtet.

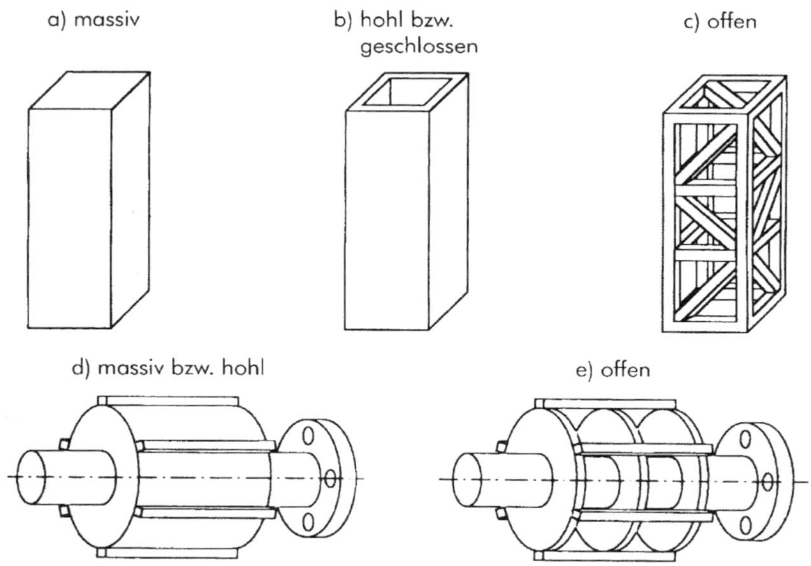

Bild 7.84 Variation der Kompaktheit von Bauweisen: a) bis c) Träger; d) und e) Rotore (hier von einer Prallmühle)

7.6.1.3 Variation der Stoffart

Körper bestehen aus Stoffen mit bestimmten Stoffmerkmalen. Unter dem Variationsmerkmal Stoffart sind Beispiele zusammengefasst, die Änderungen des Stoffzustands, des Stoffverhaltens sowie der makroskopischen Beschaffenheit zeigen (Bild 7.85).

Zustand	Verhalten	makroskopische Beschaffenheit
fest, flüssig, gasförmig; metallisch/nicht metallisch; organisch/anorganisch	starr, elastisch, plastisch, viskos; leitfähig/nicht leitfähig für Wärme, Elektrizität oder Magnetismus; durchsichtig/undurchsichtig; brennbar/nicht brennbar; edel/unedel; korrodierend/nicht korrodierend	"Festkörper"; körnig; fasrig; pulvrig; staubförmig

Bild 7.85 Variationsmerkmal Stoffart

7.6.2 Indirekte Variation der Gestalt

Die Gestalt wird indirekt (mittelbar) verändert, wenn z. B. die stofflichen Eigenschaften im Einzelnen, das Fertigungs- und Montageverfahren, die Bewegungen, die Kraftübertragung oder die Getriebeart variiert werden. Ferner haben fast alle Anforderungen und Restriktionen indirekt Einfluss auf die Gestalt. Eine Fundgrube für Beispiele dieser Art ist das Buch von Hoenow/Meißner [60/5].

7.6.2.1 Variation der stofflichen Eigenschaften im Einzelnen

Variation des Werkstoffs

Das Variationsmerkmal Werkstoff beinhaltet die Änderung der Werkstoffart im Einzelnen, der Qualität und Anzahl des/der Werkstoffe (Bild 7.86, ein sehr einfaches Beispiel!). Außerdem kann auch allein eine Änderung des Halbzeugs (Blech, Rundmaterial, Profilmaterial) einen Einfluss auf die Gestalt haben. Man sieht aber, dass **Werkstoff, Fertigungsverfahren und Gestalt** fast unlösbar miteinander verknüpft ist. (Siehe auch Bild 8.71 und Bild 7.72). Trotzdem kann man das Fertigungs- und auch das Montageverfahren getrennt ansprechen, wie im nachfolgenden Kapitel gezeigt. Die rasche Änderung der konstruktiven Möglichkeiten durch neue Werkstoffe sieht man am Beispiel der „Carbon Composites“. Auch hier befinden sich Gestaltung, Festigkeitsberechnung des anisotropen Verhaltens, Art der Halbzeuge, Fertigungsverfahren und Montageverfahren durch Roboter eng verknüpft in einer raschen Entwicklung. (Drechsler u. a. in [26/1; ab S. 877]).

Merkmal	Beispiele		Bemerkung (Einfluss auf die Gestalt)
	vorher	nachher	
Werkstoffart	St 37	GG 20	Änderung des Fertigungsverfahrens: gussgerecht gestalten
Werkstoffqualität	unbehandelt	gehärtet HRC 55	u. U. Schleifen nötig, deshalb u. U. Schleifauslauf vorsehen
Werkstoffzahl (Ein- oder Mehrstoffbauweise)	Polyamid unverstärkt	glasfaserverstärktes Polyamid	andere Fertigungs- und Trennverfahren? Gestalt?
Halbzeug	Profilmaterial	Blech	u. U. umformgerecht gestalten

Bild 7.86 Variationsmerkmal Werkstoff (St 37 = neu nach EN 10027-1 Bezeichnung S235JR)

7.6.2.2 Variation des Fertigungs- und Montageverfahrens

Durch die Wahl des Fertigungsverfahrens beeinflusst der Konstrukteur indirekt die Gestalt eines Bauteils. Eine Variation des Fertigungsverfahrens von spanender (z.B. Fräsen) zu urformender Fertigung (z.B. Gießen) hat eine deutliche Änderung der Gestalt zur Folge (siehe Bild 7.87 und Bild 7.88). Dieses Merkmal hängt eng mit dem Variationsmerkmal Werkstoff (Bild 7.86) zusammen. (Eine Checkliste für Fertigungsverfahren ist in der abrufbaren Internet-Datei „Arbeitsblätter und Checklisten" enthalten; Adresse im Vorwort). Wie rasch sich Fertigungsverfahren ändern sieht man an der „Additiven Fertigung" (3D-Druck), die in die industrielle Fertigung eindringt. Damit ändern sich die Konstruktionsmöglichkeiten in früher nicht vorstellbarem Maß. (Siehe Schmutzler u.a. in [26/1; ab S. 953] ebenso: VDI-Richtlinie 3404).

Wie in Bild 7.89 gezeigt, hat auch die Variation des Montageverfahrens einen indirekten Einfluss auf die Gestalt eines Bauteiles. (Eine Checkliste zum montagegerechten Konstruieren ist in „Arbeitsblätter und Checklisten" enthalten. Internet-Adresse im Vorwort).

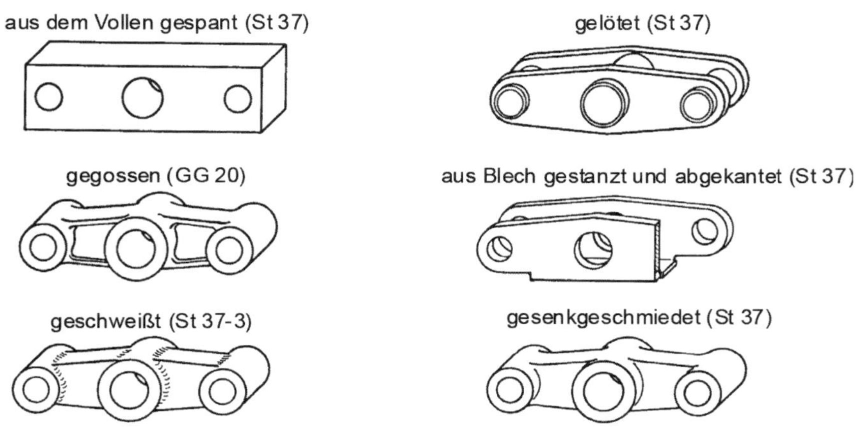

Bild 7.87 Variationsmerkmal Fertigungsverfahren am Beispiel eines Doppelhebels

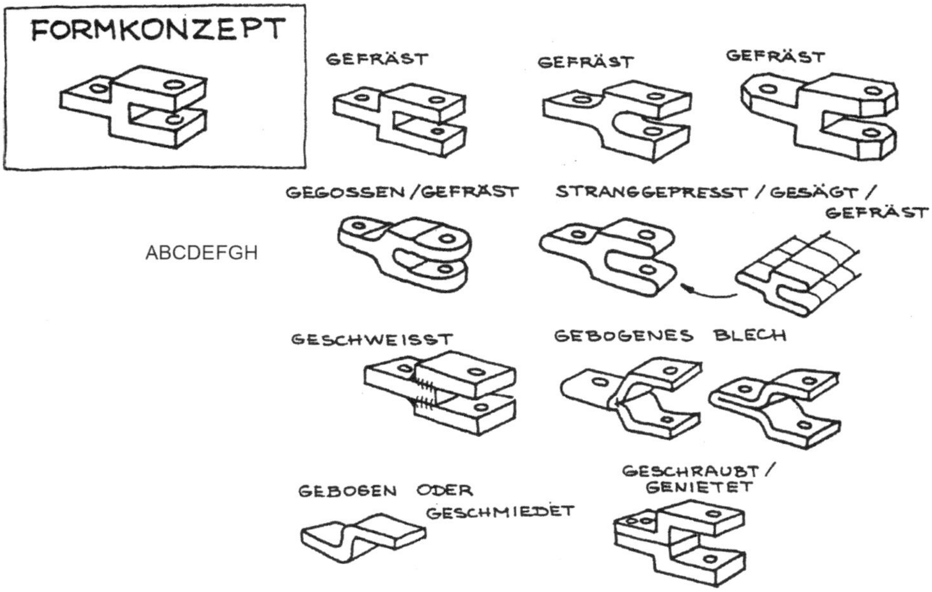

Bild 7.88 Variationsmerkmal Fertigungsverfahren am Beispiel einer Gelenkgabel (nach Tjalve) [40/6]

"früher" Handmontage	"heute" automatisierte Montage
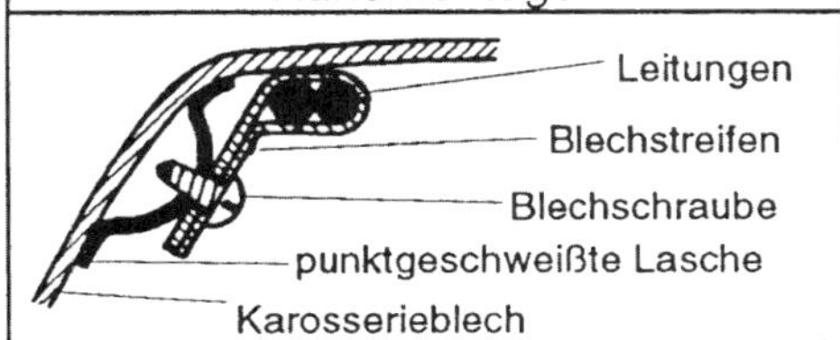	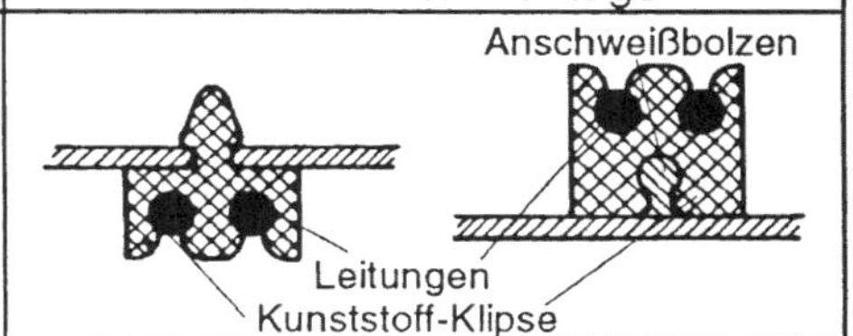
3 Teile	1 Teil
Blechlasche an der Karosserie anpunkten; Leitungen in Blechstreifen legen; Blechstreifen und Schraube positionieren; verschrauben	Loch in Karosserie vorsehen oder Anschweißbolzen aufpunkten; Leitungen in Klipse legen; positionieren; einklipsen

Bild 7.89 Variationsmerkmal Montageverfahren: Befestigung von Leitungen an einer Pkw-Karosserie

7.6.2.3 Variation der Bewegungen

Durch die vorgegebenen oder gewählten Bewegungen eines technischen Gebildes wird die Gestalt eines Produkts bestimmt. Die für die Funktionserfüllung nötigen Bewegungen werden **Wirkbewegungen** genannt.

a) Variation des Bezugssystems

Bewegungen werden stets gegenüber Bezugssystemen betrachtet. Bezugssysteme sind z. B. die Umgebung einer Maschine oder fest an die Umgebung gebundene

Maschinenteile wie Gestelle oder Gehäuse. Man spricht dann von Absolutsystemen. – Hingegen sind bei der Betrachtung von Teilsystemen innerhalb von Maschinen mitbewegte Bezugssysteme, so genannte Relativsysteme, interessant.

Je nachdem, welches Relativsystem zum Absolutsystem erklärt wird (Gestellwechsel), erhält man unterschiedliche Konzepte (Bild 7.90 oben).

Eine weitere Unterscheidung von Bezugssystemen bringt die Art des Systems mit sich. Es gibt ebene und räumliche Bezugssysteme (Bild 7.90 Mitte). Durch die Wahl des Absolutsystems wird zwischen bewegten und nicht bewegten Elementen unterschieden. Bei den bewegten Elementen kann weiter differenziert werden, je nachdem, ob es sich um Antriebsglieder, Abtriebsglieder oder mitbewegte Glieder handelt (Bild 7.90 unten).

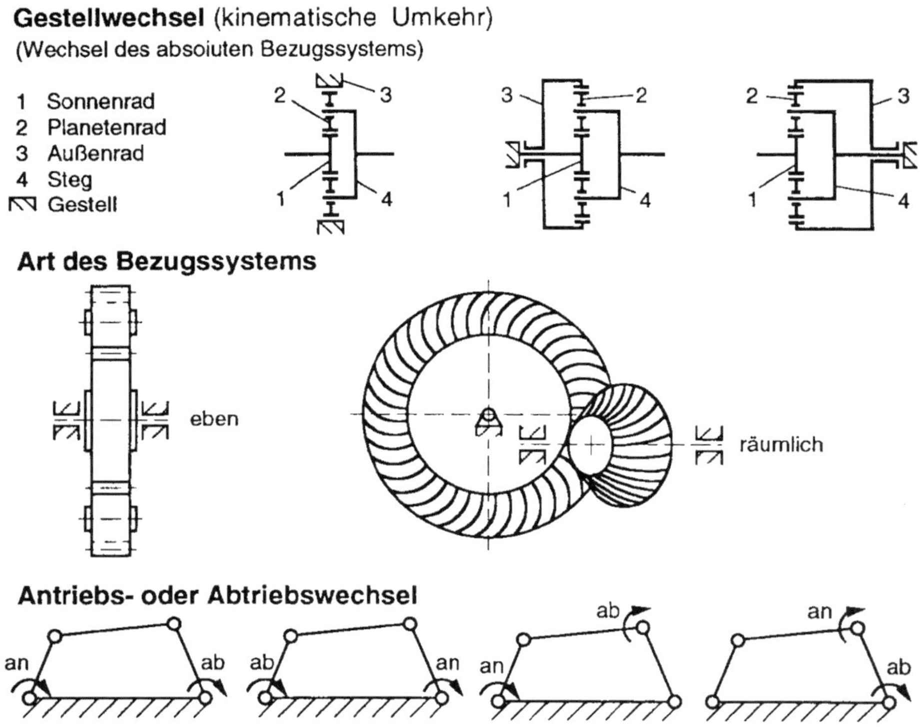

Bild 7.90 Variationsmerkmal Bezugssystem

b) Variation der Bewegungsarten

Prinzipiell lassen sich zwei Arten von Bewegungen unterscheiden, aus denen durch Überlagerung alle anderen Bewegungsarten hergeleitet werden können: die **Translations**- und die **Rotationsbewegung**. Die einfachsten zusammengesetzten Bewegungen, die im Maschinenbau große Bedeutung haben, sind die **Schraubbewegung** (Translations- und Rotationsbewegungsvektor fallen zusammen) und die Wälzbewegung (Translations- und Rotationsbewegungsvektor schneiden sich). Die Ergebnisse dieser Variationen überschneiden sich zum Teil mit denen des Variationsmerkmals Kopplungsart. Die prinzipiell möglichen Arten von Bewegungen werden in Bild 7.91 dargestellt.

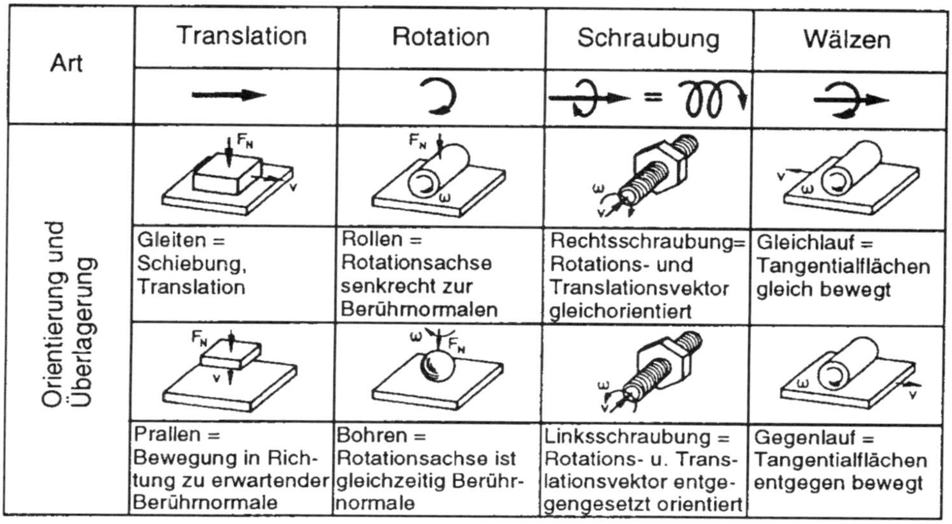

Bild 7.91 Variationsmerkmal Bewegungsart

c) Variation des zeitlichen Verlaufs der Bewegung

Bewegungen können ferner nach ihrer zeitlichen Änderung differenziert werden. Bewegungen, als Vektoren aufgefasst, können ihre **Größe** (schneller, langsamer, beschleunigt, ruhend), ihre **Orientierung** (Bewegungsumkehr) und ihre **Richtung** (in x-, y-, z-Richtung bzw. um die x-, y-, z-Achse) ändern. Die ersten beiden Möglichkeiten sind zusammen mit der Bewegungsart und ihren unterscheidenden Merkmalen in Bild 7.92 zusammengestellt.

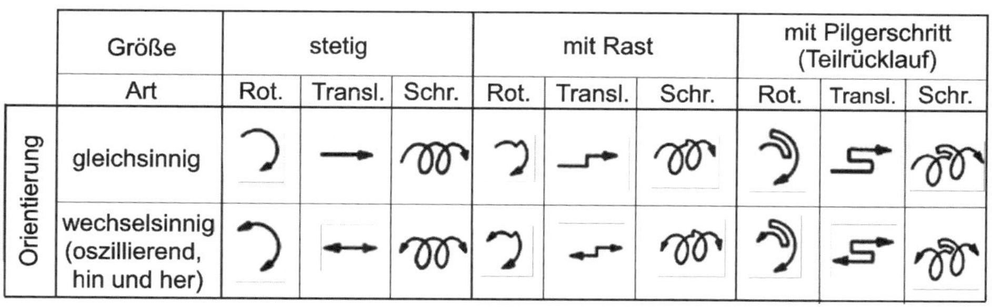

Bild 7.92 Morphologisches Schema für das Variationsmerkmal zeitlicher Verlauf der Bewegung

d) Variation der Freiheitsgrade

Eine Körperpaarung erlaubt je nach Beschaffenheit eine bis maximal fünf voneinander unabhängige Relativbewegungen der zugehörigen Körper zueinander. Gerade bei kinematischen Problemen kommt daher der Wahl der Anzahl der Freiheitsgrade und deren Aufteilung in Bewegungsarten (Translation, Rotation) große Bedeutung zu.

e) Variation des Getriebefreiheitsgrades

Für die Verwendung dieses Variationsmerkmals werden Kenntnisse der Getriebelehre vorausgesetzt. Hier kann nur ein stark komprimierter Abriss der Variationsmöglichkeiten aufgezeigt werden.

Ein System von Körpern ist kinematisch bestimmt, wenn die Relativbewegungszustände aller Körper eindeutig von den Relativbewegungen angetriebener Körper abhängen. Kinematische Bestimmtheit liegt vor, wenn die Summe aller Antriebsbewegungen mit dem Getriebefreiheitsgrad übereinstimmt.

Eine Variation des Getriebefreiheitsgrades, bzw. des kinematischen Systems bei gleichem Getriebefreiheitsgrad, kann auf verschiedene Weise erfolgen, und zwar durch:

- Veränderung der Freiheitsgrade der Lagerstellen,
- Veränderung der Anzahl der Lagerstellen,
- Veränderung der Anzahl der Körper und durch
- Veränderung des Bezugssystems.

Bild 7.93 zeigt Beispiele zum Variationsmerkmal **Getriebefreiheitsgrad**.

7.6.2.4 Variation der Kraftübertragung

Ähnlich wie die Bewegungen bestimmt auch die Kraftübertragung in einer Maschine die festzulegende Gestalt. Deshalb kann auch hier eine Veränderung der Gestalt durch Veränderungen in der Kraftübertragung bewirkt werden. Die hierunter zusammengefassten Variationsmerkmale Lagerstellen, statischer Bestimmtheitsgrad, Schaltungsart und elastische Glieder unterscheiden sich von den Kraftflussbetrachtungen im Bereich der Maschinenelemente, die als z. B. Hilfsmittel zum beanspruchungsgerechten Konstruieren dienen (siehe auch Kapitel 7.7.3).

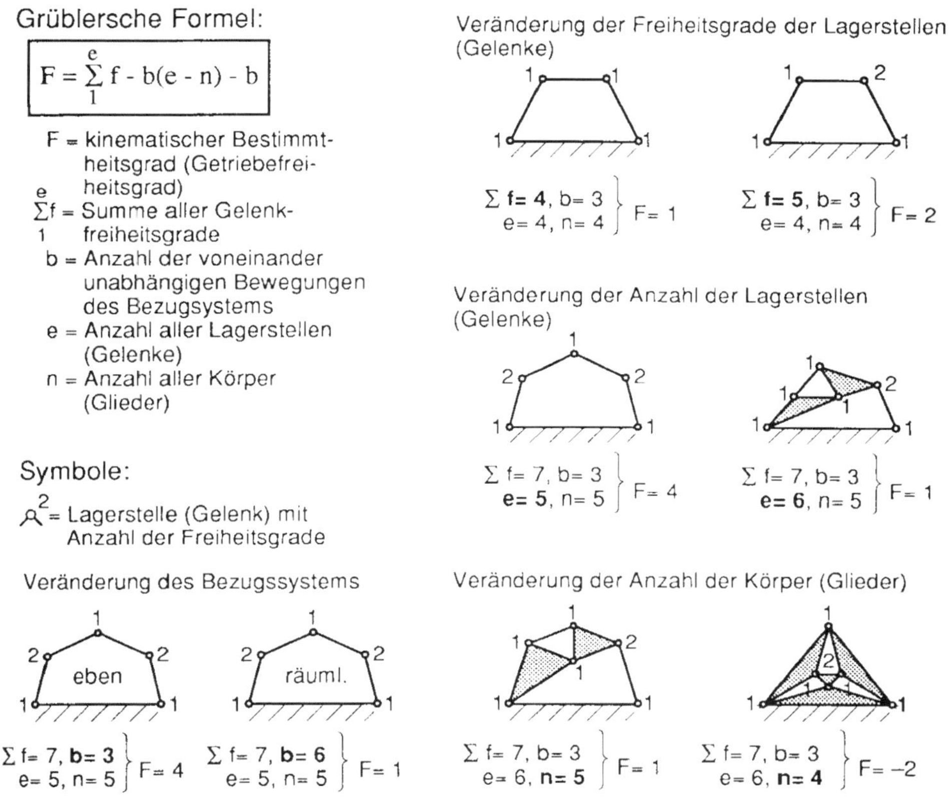

Bild 7.93 Variationsmerkmal Getriebefreiheitsgrad

a) Variation der Lagerstellen

Hier besteht eine Überschneidung mit dem Variationsmerkmal Freiheitsgrad (Kapitel 7.6.2.3). Da Lager und Führungen im Maschinenbau jedoch einen vorrangigen Platz einnehmen, soll hier auf die wesentlichsten Variationsmöglichkeiten hingewiesen werden (Bild 7.94).

Variationsmöglichkeit	Beispiele	Bild
Lageranordnung	Fest-Los-Lagerung schwimmende Anordnung **X-Anordnung** O-Anordnung	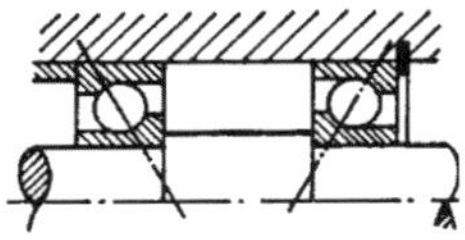
Wälzlager	Kugellager (axial + radial) **Rollenlager** (axial + **radial**) Nadellager (axial + radial) Drahtkugellager (axial + radial)	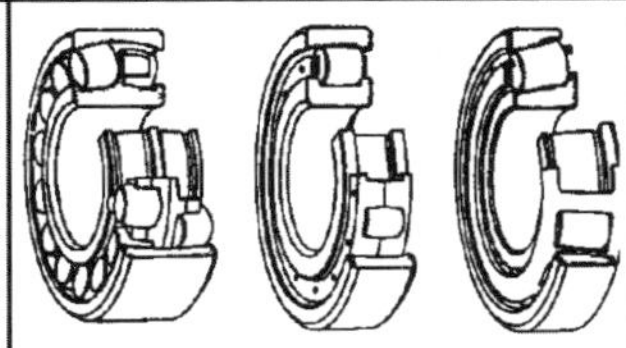
Gleitlager	hydrodynamische Lager zylindrisch **Segmentlager** **Kippsegmentlager** hydrostatische Lager	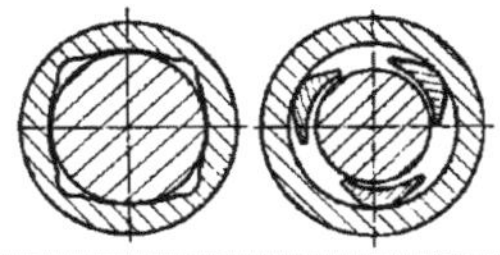
Führungen	offene Führungen umschließende Führungen **umgreifende Führungen** Wälzführungen Gleitführungen hydrodynamisch hydrostatisch	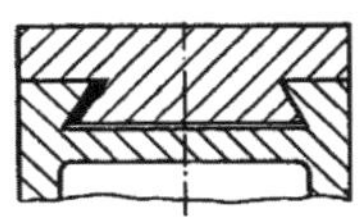

Bild 7.94 Variationsmöglichkeiten von Lagerstellen

b) Variation der elastischen Glieder

Ähnlich wie Lager und Führungen sind elastische Glieder (Federn) im Maschinenbau häufig verwendete Elemente. Bild 7.95 gibt einen groben Überblick über die vielfältigen Variationsmöglichkeiten bei den elastischen Gliedern am Beispiel von meist **metallischen Federn**. Sehr vielfältige Gestaltvarianten gibt es bei (meist anvulkanisierten) **Elastomerfederelementen**.

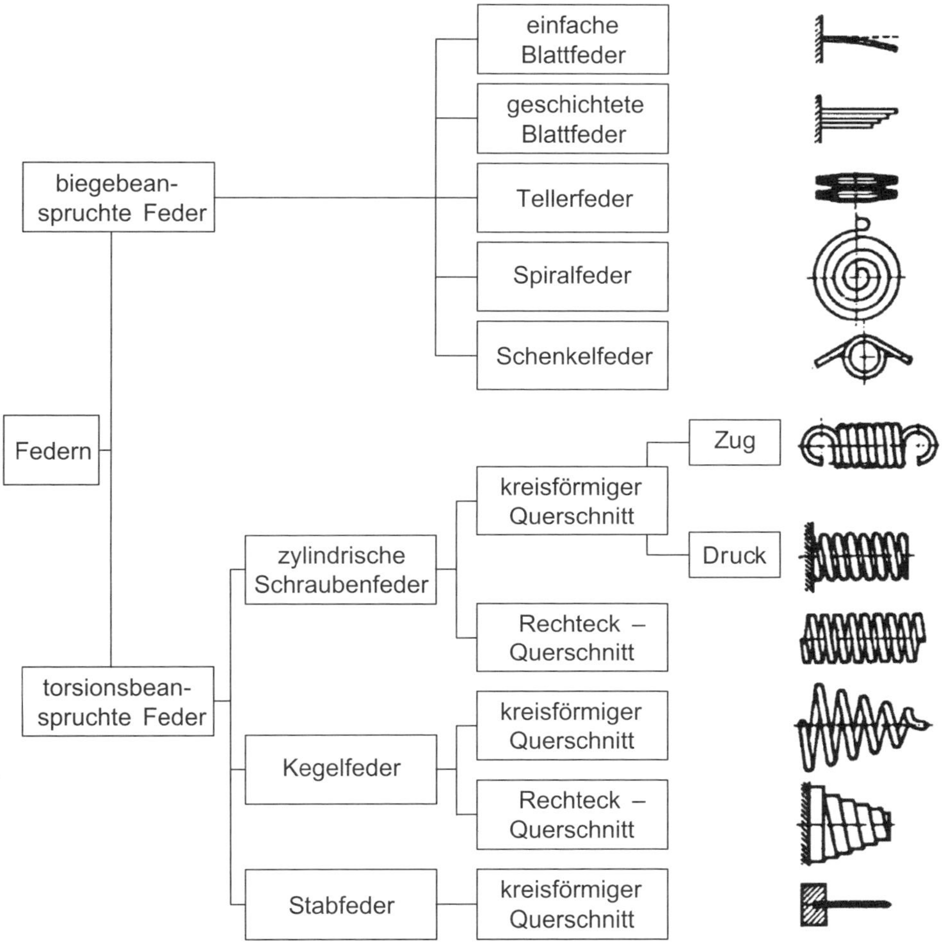

Bild 7.95 Variationsmerkmal elastische Glieder am Beispiel von Federn. Dies ist gleichzeitig eine Darstellung für einen „morphologischer Baum“ mit hierarchischen Ebenen und Verzweigungen (siehe Kapiteln 7.5.5.1)

c) Variation des statischen Bestimmtheitsgrades

Ein System aus starren Körpern (z. B. Stabwerk) ist statisch bestimmt, wenn die Lagerreaktionen innerhalb des Systems eindeutig aus den Gleichgewichtsbedingungen berechnet werden können. Bei statischer Unbestimmtheit reichen die Gleichgewichtsbedingungen zur Ermittlung der Lagerreaktionen nicht aus.

Da im allgemeinen räumlichen Fall insgesamt 6 Gleichgewichtsbedingungen für einen Körper zur Verfügung stehen, darf eine statisch bestimmte Lagerung dieses Körpers höchstens 6 Lagerreaktionen enthalten. Statische Bestimmtheit bei komplexeren Systemen kann, von Sonderfällen abgesehen, mit der beim Variationsmerkmal Getriebefreiheitsgrad angegebenen Grüblerschen Gleichung (Bild 7.93) leicht berechnet werden.

Es gilt dann:

F = 0: statisch bestimmt, F < 0: statisch unbestimmt und F > 0: Getriebe.

Variationsmöglichkeiten ergeben sich ähnlich dem Variationsmerkmal Getriebefreiheitsgrad:

- Veränderung der Lagerreaktionen der Lagerstellen,
- Veränderung der Anzahl der Lagerstellen,
- Veränderung der Anzahl der Körper,
- Veränderung des Bezugssystems.

Die für das Variationsmerkmal Getriebefreiheitsgrad gezeigten Beispiele können daher hier in ähnlicher Weise angewendet werden. Ergänzend hierzu werden in Bild 7.96 einige Beispiele zum statischen Bestimmtheitsgrad von Körpern in einer Ebene gezeigt.

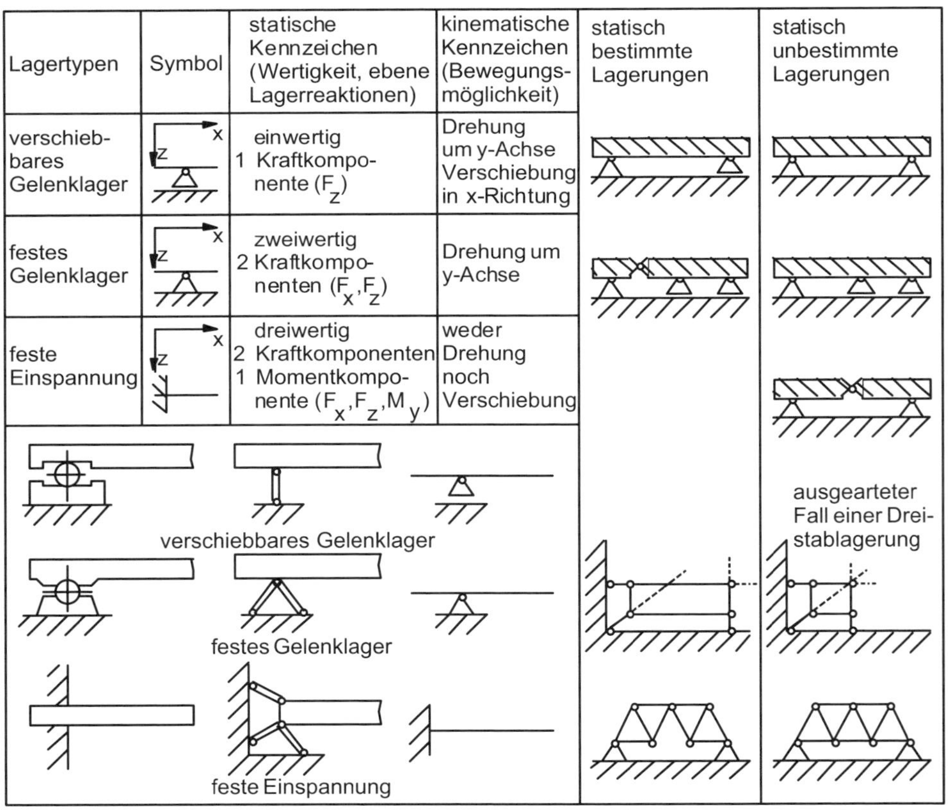

Bild 7.96 Variationsmerkmal statischer Bestimmtheitsgrad [4/7.6]

d) Variation der Schaltungsart

Das Variationsmerkmal Schaltungsart ist unter die Kraftübertragungsvariationen einzuordnen, da sich im Maschinenbau hier die häufigsten Anwendungen finden lassen. Es gilt jedoch teilweise auch für den Energie-, Stoff- und Signalfluss.

Die wichtigsten Schaltungsarten sind die Reihenschaltung (Hintereinanderschaltung) und die Parallelschaltung von Flächen, Körpern oder ganzen Systemen.

Reihenschaltung

Alle in Reihe geschalteten Elemente werden vom gesamten (Energie-, Stoff-, Signal-)Fluss durchströmt. In Bild 7.97 werden z. B. alle Lamellen in Paket 3 und 4 von der Anpresskraft F beaufschlagt.

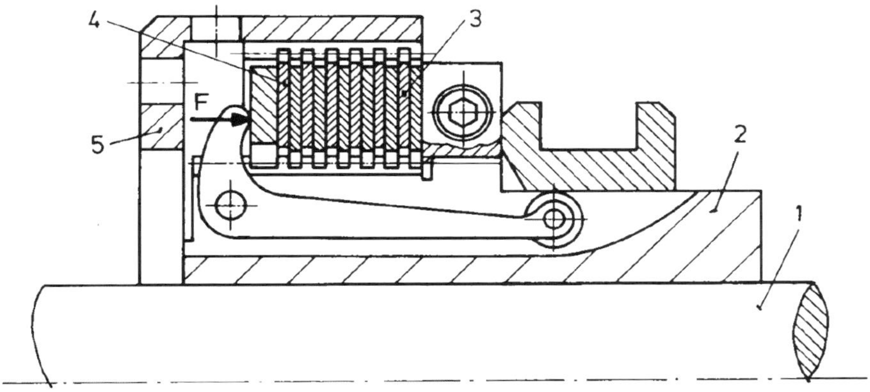

Bild 7.97 Lamellenkupplung mit Reihenschaltung der Bauteile (1, 2, 5) Parallelschaltung der Lamellen (3, 4) und der Hebel (hier nicht gezeigt, dass es mehrere Hebel sind)

Parallelschaltung

Die parallel geschalteten Elemente werden nur von Teilen des gesamten (Energie-, Stoff- oder Signal-)Flusses durchströmt. Bei der Lamellenkupplung in Bild 7.97 überträgt z. B. eine Lamelle 4 nur ⅙ des Reibmoments. In Bezug auf das Reibmoment sind also die Lamellen in Paket 3 und 4 parallel geschaltet.

Neben diesen Schaltungsarten ergibt sich aus dem Flussdenken die Kreisschaltung, die ebenfalls Auswirkungen auf die Gestalt hat.

Kreisschaltung

Die Elemente sind so angeordnet, dass ein Teil des gesamten (Energie-, Stoff- oder Signal-)Flusses zurückgeführt wird. Dies geschieht meist so, dass dieser Teil als Bedingungsgröße über ein entsprechendes Element den Gesamtfluss beeinflusst (siehe Kapitel 7.7.5 Selbsthilfe). Auch das Prinzip der Selbsthemmung basiert auf dem Kreisschluss.

Anwendung der Reihenschaltung

Die meisten Maschinen haben, bezogen auf den jeweiligen Fluss, hintereinander angeordnete Elemente. Bei der Lamellenkupplung nach Bild 7.97 wird z.B. das Drehmoment in der Elementenreihenfolge 1, 2, 3 bzw. 4 und 5 übertragen. Das Merkmal Reihenschaltung soll daher nur bei gleichartigen hintereinandergeschalteten Elementen hervorgehoben werden.

Gründe für eine Reihenschaltung im eben genannten Sinn ergeben sich häufig aus technischen oder wirtschaftlichen Überlegungen. So werden z.B. bei Zahnradgetrieben ab bestimmten Übersetzungsverhältnissen mehrere hintereinandergeschaltete Übersetzungsstufen verwendet. Das gesamte Rädervolumen kann dadurch verringert werden. Durch Verschachtelung baut das Getriebe trotz mehrerer Stufen kleiner. Mehrere Stufen bedingen auch niedrigere Umfangsgeschwindigkeiten und geringere Lagerbelastungen.

Anwendung der Parallelschaltung

Für Parallelschaltungen lassen sich ebenfalls sowohl wirtschaftliche als auch technische (funktionsnotwendige) Gründe angeben, wie nachfolgend gezeigt.

d1) Parallelschaltung zur Verringerung von Baugröße, Gewicht und Kosten

Beispiele hierzu sind:

Lamellenkupplung (Bild 7.97), Planetengetriebe mit mehreren Planetenrädern (Bild 7.98), Wälzkörper in Wälzlagern oder Freiläufen, mehrgängige Gewinde, Vielnutwellen (statt einer Passfeder), Dampfturbinenschaufeln in einer Reihe oder Drahtwindungen an Elektromagneten/-motoren. Die Baugrößenverringerung kommt dadurch zustande, dass der Energiefluss auf mehrere Elemente aufgeteilt wird, die entsprechend kleiner bemessen werden können. Meist kann ohnehin vorhandener rotationssymmetrischer Bauraum besser ausgenutzt werden (Planetengetriebe, Wälzlager). Bei Parallelschaltung entsteht meist das Problem des Lastausgleichs (Kapitel 7.7.4).

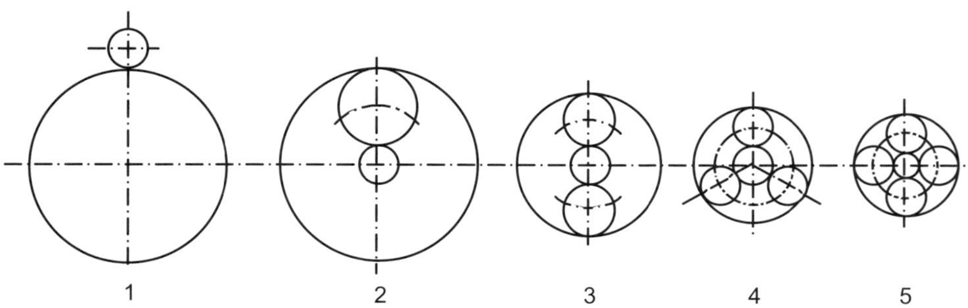

Bild 7.98 Größenvergleich zwischen Parallelwellengetriebe (1) und Planetengetrieben (2 bis 5) für gleiches Drehmoment und gleiche Übersetzung

Schließlich werden schwache physikalische Effekte (z.B. an Dampfturbinenschaufeln) durch die Mehrfachanordung in ihrer Gesamtwirkung verstärkt.

Die Kostenverringerung kommt vor allem bei großen, schweren Maschinen zustande, die materialkostenintensiv sind, da sich die Materialkosten in der 3. Potenz aus der Baugröße verändern (Bild 9.10). Die größere Teilezahl bringt zwar eine Steigerung der Fertigungskosten, die jedoch nur bei kleineren Maschinen überwiegt (Kapitel 9.4).

d2) Parallelschaltung als Funktionsvoraussetzung

Beispiele hierzu sind: Mindestens 3 Räder beim PKW oder mindestens 3 Füße beim (frei beweglichen) Stuhl, infolge hoher Anforderung an Biegsamkeit eine Großzahl dünner Drähte beim Drahtseil oder eine Großzahl dünner Drähte bei einer elektrischer Litze.

Die hier betrachtete, am **Flussgedanken orientierte Parallelschaltung** muss jedoch stets von der **sicherheitstechnischen (Redundanz)** unterschieden werden. Die Lamellen der Kupplung nach Bild 7.97 sind zwar bezogen auf den Energiefluss (aus Reibmoment) parallelgeschaltet, beim Fressen einer Lamelle ist meist jedoch die ganze Kupplung blockiert, weshalb keine sicherheitstechnische Parallelschaltung vorliegt.

7.6.2.5 Variation der Getriebeart

Die bisherigen Variationsmöglichkeiten blieben alle im Bereich des vorliegenden physikalischen Prinzips. Ein Übergang auf ein anderes Getriebeprinzip bedeutet u.U. die Wahl eines physikalisch anderen Lösungsprinzips für eine Aufgabe oder zumindest eine Gestaltvariation, die sich nicht nur auf einen einzelnen Funktionsträger, sondern auf ein ganzes System von Elementen gleichermaßen erstreckt.

Es gibt verschiedene Möglichkeiten, Getriebe zu klassifizieren und danach zu variieren:

nach dem **physikalischen Prinzip** (Bild 7.99):

- Hebelgetriebe,
- Keilgetriebe,
- Torsionsgetriebe,
- Querkontraktionsgetriebe,
- Fluidgetriebe,
- elektromagnetische Getriebe;

nach dem **konstruktiven Aufbau** (aus der Gruppe der Hebel- oder Keilgetriebe):

- Rädergetriebe,
- Kurvengetriebe,
- Gelenkgetriebe,

- Wälzhebelgetriebe Schraubgetriebe,
- Zug-/Druckmittelgetriebe,
- hybride Getriebe;

phys. Effekt Getriebeprinzip	Hebel-/Keilgetriebe	Torsionsgetriebe	Querkontraktionsgetriebe	Fluidgetriebe	elektr./magn. Getriebe
Prinzip	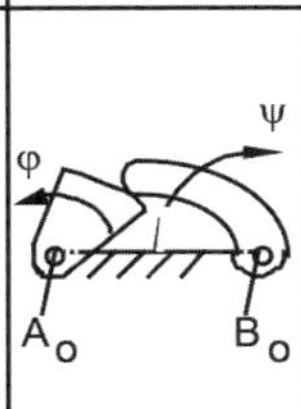	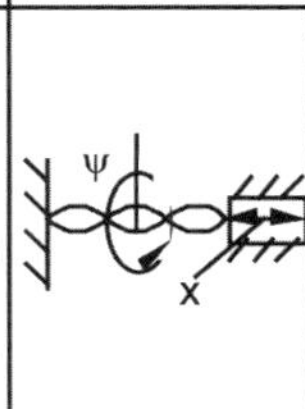	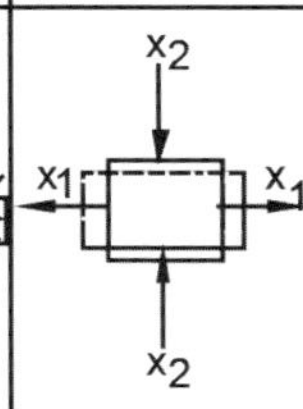	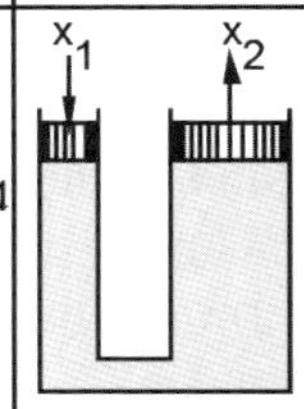	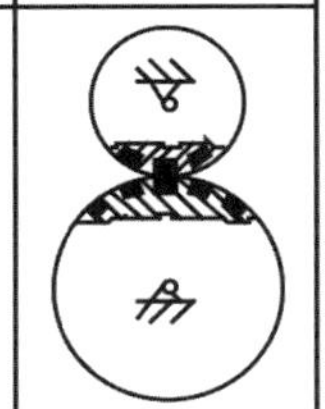

	Kurvengetriebe	Gelenkgetriebe	Räder-/Wälzhebelgetriebe	Zug-/Druckmittelgetriebe	hybride Getriebe
Gestaltvarianten 1. Ordnung (Getriebeart)	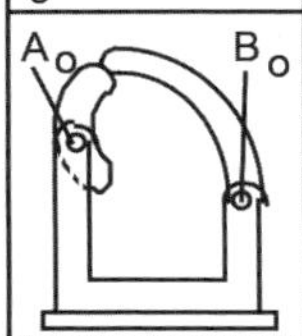	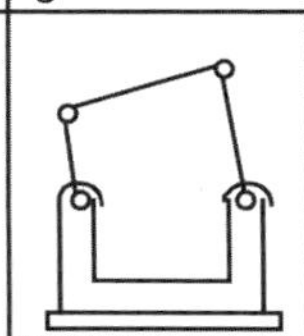	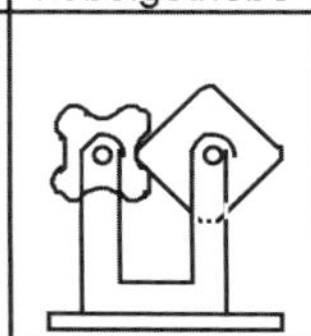	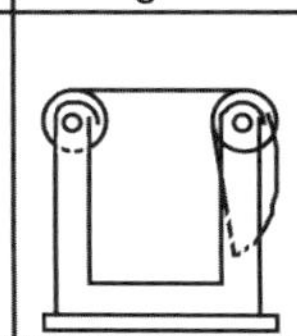	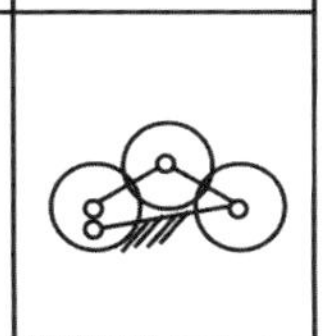
Gestaltvarianten 2. Ordnung ebene, sphärische, räumliche Getriebe	ebene Kurvengetriebe Schwingen-, Stößel-, Keilg.	ebene Gelenkgetriebe	ebene Rädergetriebe Stirnradgetriebe	ebene Zug-/Druckmittelgetriebe	ebene hybride Getriebe
	sphärische Kurvengetriebe Kugelkurveng.	sphärische Gelenkgetriebe	sphärische Rädergetriebe Kegelradgetr.	sphärische Zug-/Druckmittelgetriebe	sphärische hybride Getriebe
	räumliche Kurvengetriebe Zylinder-, Kurven-, Schraubgetriebe	räumliche Gelenkgetriebe	räumliche Schraubenrad-, Schneckenrad-, Räder-, Hyperboloidradgetr.	räumliche Zug-/Druckmittelgetriebe	räumliche hybride Getriebe

Bild 7.99 Getriebearten mit unterschiedlichem physikalischen Prinzip bzw. Gestalt [3/7.6]

nach dem **zeitlichen Verlauf der Bewegung:**

- gleichförmige Getriebe (z. B. Zahnrad-, Reibrad-, Riemengetriebe),
- ungleichförmige Getriebe (z. B. Gelenk-, Kurvengetriebe);

nach der **Art der Kraftübertragung:**

- zwangsläufige Getriebe (Zahnrad-, Gelenkgetriebe) (Bild 7.100 rechts unten),
- schlupfläufige Getriebe (Riemen-, Reibrad-, hydrodynamische Getriebe),
- schaltläufige Getriebe (Schaltwerks-Getriebe);

nach **Zweck oder Funktion:**

- Getriebe für eine bestimmte Ortskurve = Bahngetriebe (Storchschnabel, Stoffvorschub bei der Nähmaschine, Gradführungen (Bild 7.100, rechts oben)),
- Getriebe für eine bestimmte zeitliche Zuordnung = Zeitgetriebe (Nockenwelle, Ventiltrieb, Malteserkreuz (Bild 7.100, links unten)),
- Getriebe für eine bestimmte Übersetzung = Geschwindigkeitsgetriebe (Stirnradgetriebe, stufenloses Riemengetriebe (Bild 7.100, links oben)).

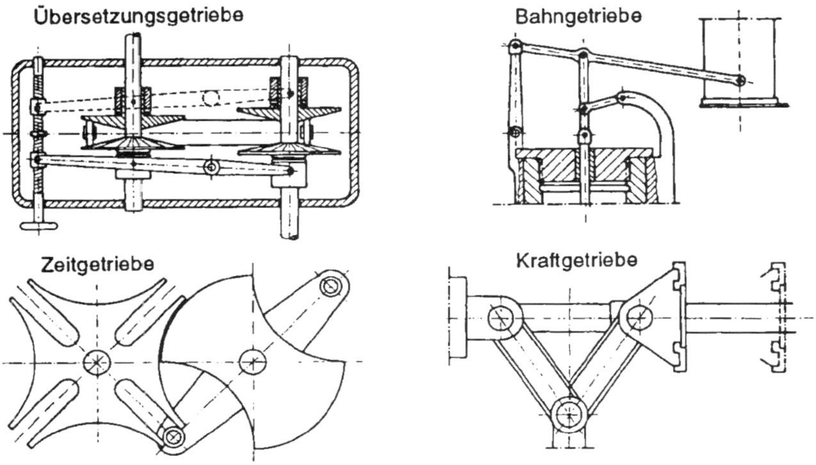

Bild 7.100 Getriebetypen, geordnet nach ihrer Funktion [5/7.6]

7.6.3 Umkehrung als negierendes Variationsmerkmal

Das generell anwendbare Variationsmerkmal Umkehrung überschneidet sich teilweise mit anderen Merkmalen. Wegen der vielfältigen Möglichkeiten sowohl zur direkten Variation von Flächen und Körpern als auch zur Variation der Flächen- und Körperbeziehungen, der Bewegungen und des Kraftflusses soll es hervorgehoben werden. In Bild 7.101 sind Beispiele der **geometrischen** und **kinematischen Umkehrung** gezeigt. Ferner wird unter Negierung auch die **völlige Entfernung** einer Teilfunktion, eines Teils oder einer Verbindung verstanden. Eine solche Negierung kann hilfreich bei der Suche nach neuen Lösungen sein.

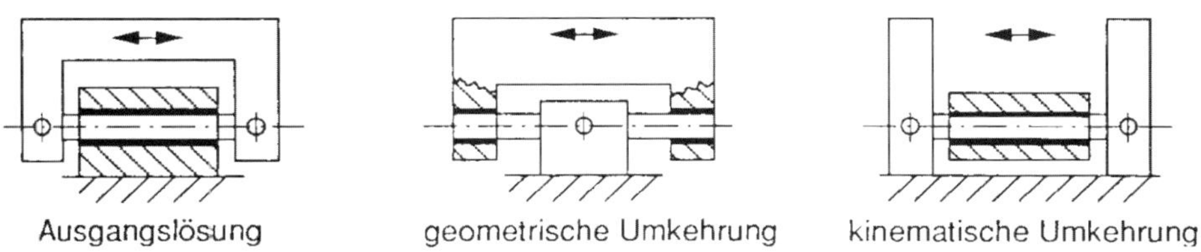

Bild 7.101 Variationsmerkmal Umkehrung

7.6.4 Vorgehen beim zeichnerischen Gestalten und Variieren von Lösungen

Fragen:

- Auf welcher Abstraktionsebene soll die Variation der Wirkstruktur stattfinden?
- Wie detailliert sollen die Skizzen der Varianten sein?
- Welche Aspekte sollen bereits bei der Wirkstrukturvariation und Gestaltung vom Konstrukteur berücksichtigt werden?

Im folgenden Beispiel soll gezeigt werden, wie man die Gesamtgestalt eines Produkts in einzelne **Gestaltelemente** aufspalten kann. Die einzelnen Gestaltelemente kann man zunächst abstrahieren und entsprechend skizzieren. Auf diese Weise können sehr einfach und schnell Variationen der Anordnung dieser Elemente, also alternative Konzepte, vom Konstrukteur erzeugt werden. Der Vorteil bei dieser Vorgehensweise ist, dass nur die wichtigsten Aspekte der konstruktiven Lösung berücksichtigt werden müssen. Der Konstrukteur kann sich zunächst auf die Funktion konzentrieren und andere Aspekte wie Fertigung und Montage in späteren Phasen berücksichtigen. Dadurch dass die Skizzen nicht detailliert sind, ist es einfach für den Konstrukteur, in kurzer Zeit spielerisch mehrere Lagevariationen der gestalteten Elemente zu erzeugen und die geeigneten Anordnungen in späteren Phasen zu konkretisieren.

Wichtig bei dieser Vorgehensweise ist, dass durch Skizzieren **von Hand** gestaltet wird, da CAD-Systeme bisher nicht eine ähnlich leichte Möglichkeit der Variantenerzeugung bieten. Außerdem besteht eine besondere kreative Beziehung im (teilweise unbewussten) Austausch Gehirn – Hand. („Denken mit der Hand" nach Hacker). Die Art, mit ersten, nur qualitativen Konzeptskizzen umzugehen, wird immer bestehen bleiben. Sie erlaubt eine schnelle Vorarbeit, um sich über den grundsätzlichen Aufbau eines Produkts und mögliche Varianten klar zu werden. Das **Eckventil** als Beispiel wurde deshalb verwendet, weil es einfach und weithin bekannt ist. Es wird üblicherweise so nicht mehr gestaltet, da es genormt ist.

Der **Zweck** des Beispiels ist folgender:

- Eine beispielhafte Vorstellung über das Vorgehen beim Gestalten zu geben – insbesondere für Anfänger.
- Ermutigen, mit vorläufigen, nicht detaillierten Skizzen zu arbeiten.
- Zeigen, dass man am Anfang noch rein funktionsbetont arbeiten kann, ohne an Fertigungs- und Montageanforderungen zu denken. Diese werden nachfolgend berücksichtigt.
- Zeigen, wie man mit der Skizze – als externer Repräsentation – ins Zwiegespräch eintritt, um schrittweise gestaltend weiterzukommen.

Es ist den Autoren klar, dass dies nur <u>eine</u> **Art der Vorgehensweise** ist. Wir kennen Konstrukteure, die nicht skizzieren, sondern gleich maßstäblich in den Entwurf gehen. Sie haben ihre Gestaltvorstellung im Kopf oder eine ähnliche Zeichnung als Vorlage. – Die Speicherkapazität der Gehirne ist sehr unterschiedlich. (Kapitel 3.2.2).

Der Vorgang der **Konzepterstellung** ist auch ein Vorgang der **Konzeptdarstellung**. Die Teillösungen müssen räumlich und grob maßstäblich angeordnet werden. Unter grob maßstäblicher Anordnung wird hier das grobe Abstimmen der Abmessungen der einzelnen Teile aufeinander verstanden. Zur Beurteilung eines Konzepts ist eine Darstellung notwendig, die vernünftige relative Maße erkennen lässt. Die Abstimmung und Anordnung der Teile zueinander führt auch zwangsläufig zu der Problematik, wie viele Bauteile es sein sollen und wie die Teile verbunden werden sollen. Auch dies sollte aus der Konzeptdarstellung erkennbar sein.

Der Methode liegen die Strategien „Von Innen nach Außen", „Vom Groben zum Detail" und „Vom Wesentlichen zum Unwesentlichen" zugrunde. Wer die Vorstellung über ein Getriebekonzept zu Papier bringt, fängt bestimmt nicht mit der Darstellung einer Bohrung am Gehäusedeckel an.

Damit lassen sich die Schritte wie folgt angeben:

1. Schritt: „Hüllelemente bilden"

Die Teillösungen können in einem Abstraktionsschritt durch **Hüllelemente** ersetzt werden, die in ihrer Größe bereits grob aufeinander abgestimmt sein sollen. Hüllelemente können dabei Flächen, Körper oder Hohlkörper sein und eine mehr oder weniger starke Abstraktion der Teillösungen darstellen (Bild 7.102).

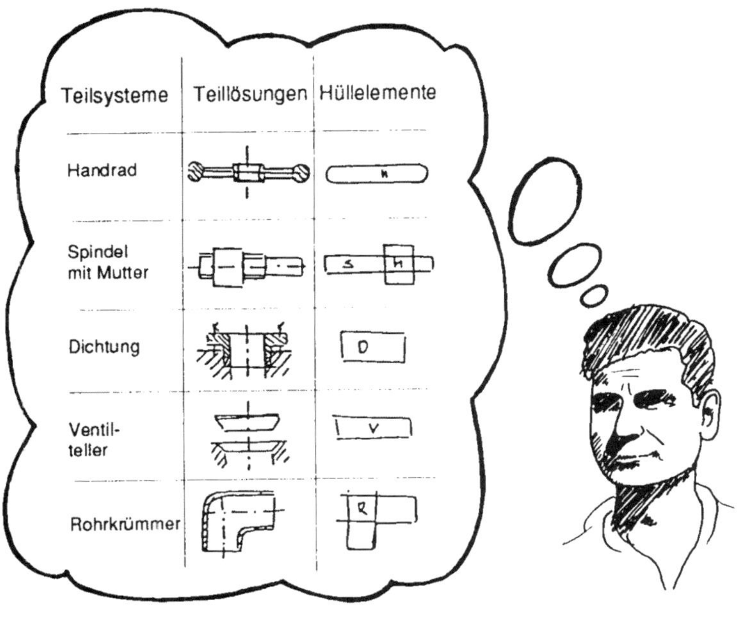

Bild 7.102
Abstraktion von Teillösungen zu Hüllkörpern

2. Schritt: „Hüllelemente anordnen“

Die Hüllelemente werden zunächst mit ihren Bezugslinien (z. B. Mittellinie) räumlich auf verschiedene Weise zueinander angeordnet, wobei ihre funktionelle Zusammengehörigkeit berücksichtigt wird. Je nach Art der Hüllelemente sind dabei auch Durchdringungen oder Ineinanderschachtelungen zulässig. Es gilt die Strategie **„Vom Groben zum Detail“**. Sind aufgrund von Schnittstellenforderungen vorhandene Maschinen, Maschinenteile, Anschlussteile oder auch Einbauverhältnisse zu berücksichtigen, so werden diese zuerst gezeichnet bzw. durch Hüllelemente angegeben, so dass bei der Planung des Konzepts diese Bedingungen berücksichtigt werden können (Bild 7.103).

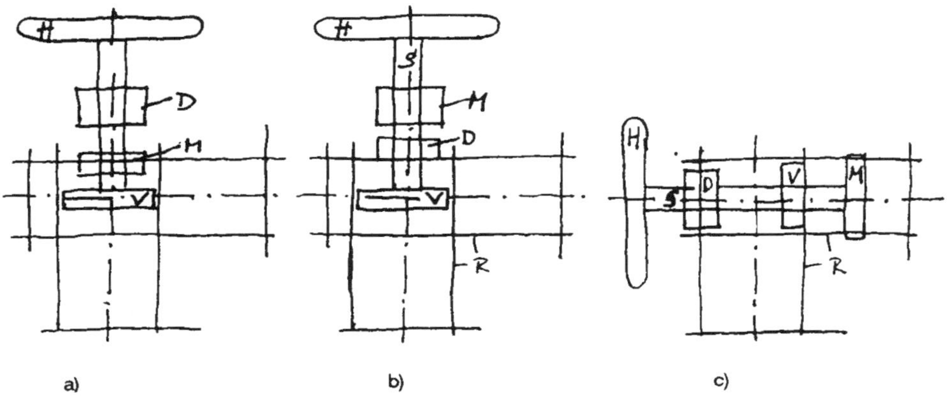

Bild 7.103 Anordnung der Hüllelemente und Bezugslinien mit Lagealternativen a) bis c)

In diesem Schritt stellt man die **Anordnung der Hüllelemente** dar (Bild 7.103) und zeichnet die Bezugslinien, hier die Mittellinien der Teillösungen, ein.

3. Schritt: „Aus einer Teillösung ein gestaltetes Konzept skizzieren“

Nach den Strategien „Von Innen nach Außen“, „Vom Groben zum Detail“ und „Vom Wesentlichen zum Unwesentlichen“ werden nun die **Teillösungen**, die in ihren Proportionen den zugehörigen Hüllelementen angepasst sind, beginnend von der inneren um ihre Bezugslinien herum nach außen fortschreitend gezeichnet und verbunden.

Es ist zweckmäßig, die Hüllelemente mit dünnen Strichen vorzuzeichnen und dann schrittweise auf derselben Zeichenunterlage das Konzept aufzubauen. Mit dem Zeichnen der Hüllelemente wird auch gleich die Darstellungsart festgelegt, ob perspektivisch oder in ebenen Ansichten (Bild 7.104).

Bei der Anordnung der Hüllelemente und Bezugslinien können selbstverständlich Varianten mit Variationsmerkmalen (z. B. Form, Lage, Zahl, Größe ...) erzeugt werden, wie in Bild 7.102 gezeigt wurde.

Vor diesem Schritt kann durchaus bereits eine Bewertung der obigen Varianten erfolgen. Ist man sich über die grobe Anordnung im Klaren, versucht man jetzt, mit einer anderen Strichstärke, die **Teillösungen** in ein **gestaltetes Konzept** einzupassen und zu verbinden.

Bei der Konzeptdarstellung in Bild 7.104 werden als maßgebende Funktionsträger zuerst die Spindel als Innerstes eingezeichnet, dann die Innenkontur des Rohres, das Ventil mit Ventilsitz, die Spindelmutter und die Dichtung, das Handrad und zuletzt die Außenkontur des gesamten Eckventils mit den Flanschen.

Probleme der Fertigung und Montage sind bei dieser Konzepterstellung unberücksichtigt geblieben. Es handelt sich um die Darstellung einer funktionalen Konzeptvorstellung, die dann Ausgangspunkt für Veränderungen und Verbesserungen sein kann.

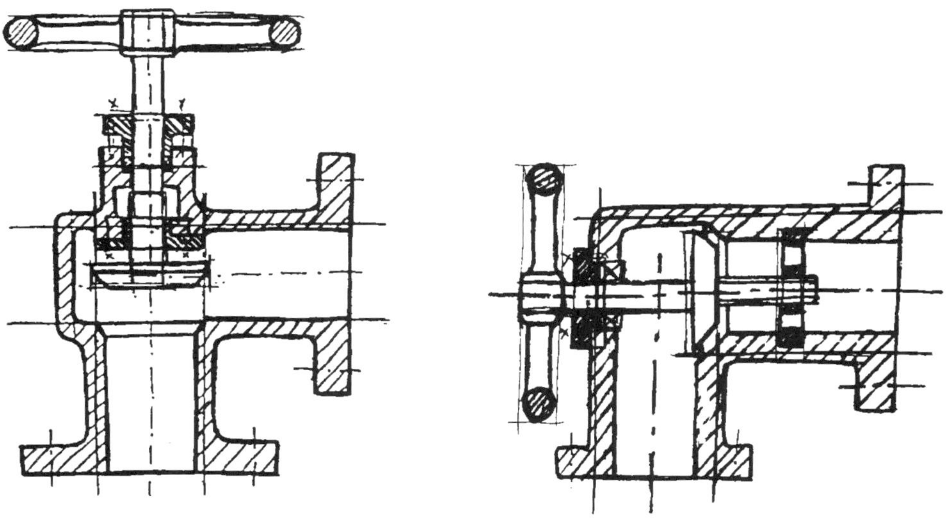

aus a) aus c)

Bild 7.104 Verbindung der Teilelemente zu fertigungs- und montagetechnisch durchgearbeiteten Konzeptvarianten. (Zu a) und c) siehe Bild 7.103)

Ein Vorentwurf eines Eckventils, der auch schon fertigungs- und montagegerecht durchgearbeitet ist, kann dann wie in Bild 7.105 aussehen. Zwischen Vorentwurf und grobgestaltetem Konzept gibt es einen fließenden Übergang.

Man sieht, dass es gewisse **Gestaltungsstrategien** gibt. Hier wurde **„von Innen nach Außen“** gestaltet, da die maßgeblichen Funktionsträger innen liegen. Das ist sicher bei vielen Investitionsgütern, wie Verbrennungsmotoren, Getrieben, Strömungsmaschinen, z. T. selbst bei Pkws, ähnlich („Am Anfang war die Mittelinie“).

Bei anderen Produkten, die mehr vom Design her bestimmt sind (z. B. Küchenmaschinen, Haartrockner) oder bei denen äußere Maße einzuhalten sind (z. B. Eisenbahnwaggons, stapelbare Verpackungen) kommt die Strategie **„Von Außen nach Innen"** zum Zuge. – In den meisten Fällen handelt es sich aber um ein Wechselspiel zwischen beiden Strategien, da sich die innere und äußere Gestalt gegenseitig bedingen.

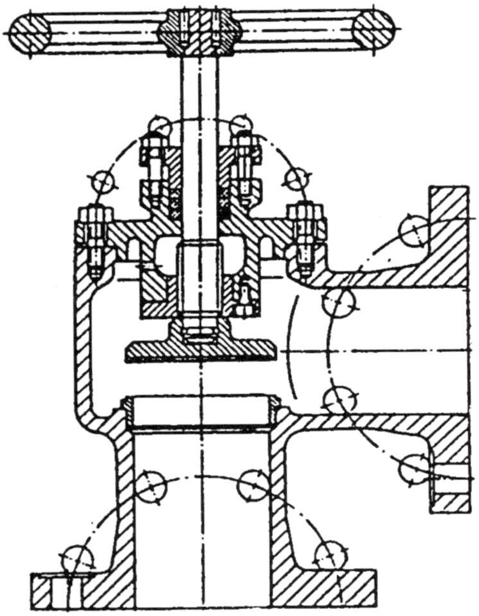

Bild 7.105
Vorentwurf eines Eckventils

7.6.5 Variationsbeispiel Wellenkupplung

Im folgenden Beispiel soll gezeigt werden, wie durch Anwendung der verschiedenen Variationsmerkmale, ausgehend von einer bekannten Bauform der Oldhamkupplung, neue, patentfähige Lösungen gefunden werden können [9/7.6].

Da sich prinzipiell neue Lösungen nicht durch Variation fertigungsbedingter Gestaltmerkmale finden lassen, muss in einem ersten Schritt die Abstraktion der Ausgangslösung hinsichtlich ihrer wirkgeometrischen Gestalt-Merkmale vorgenommen werden und somit der Bereich festgelegt werden, in dem die Variation erfolgen soll. Bei einer Radialversatz ausgleichenden Wellenkupplung treten zwei Hauptfunktionen auf, die als „Drehmoment übertragen" und als „Radialbeweglichkeit ermöglichen" bezeichnet werden können. Die Wirkflächen, die diese Hauptfunktionen erfüllen, sind in Bild 7.106 unten schwarz gekennzeichnet.

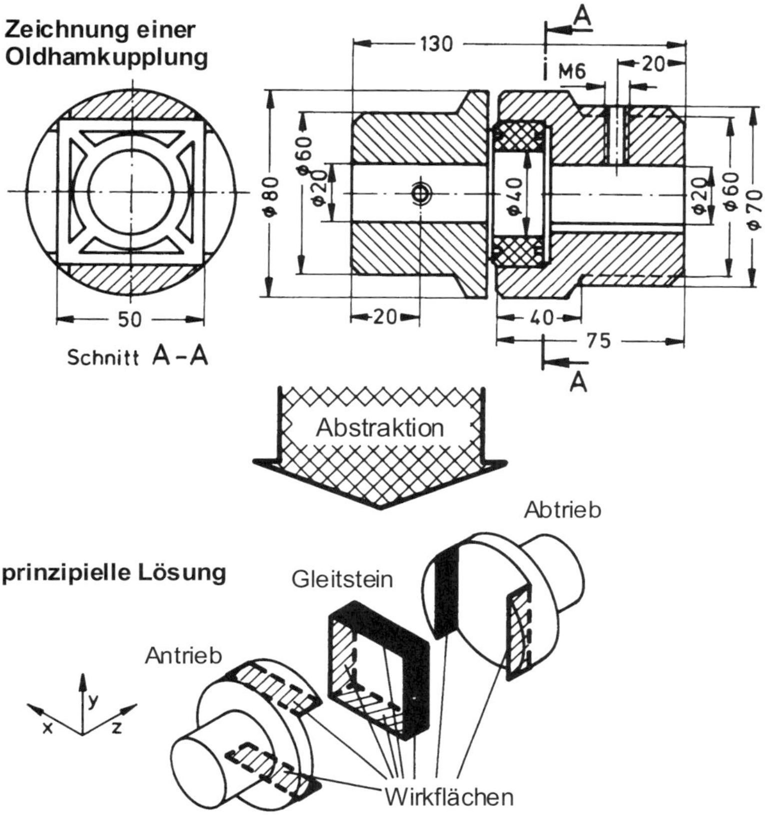

Bild 7.106 Abstraktion einer Oldhamkupplung hinsichtlich ihrer Wirkflächen

Die so gefundenen Wirkflächen können nun mit Hilfe der in Kapitel 7.6.1 und 7.6.2 aufgezeigten Variationsmerkmale in einem zweiten Schritt verändert werden. Das lässt sich beliebig oft wiederholen und kann sowohl auf die Ausgangsvariante als auch auf neu gefundene Lösungen anwendet werden. Die Bilder 7.107 bis Bild 7.110 zeigen, wie man ausgehend von der Originalkupplung durch die Anwendung der unterschiedlichen Variationsmerkmale zu prinzipiell neuen oder zumindest anderen Lösungen kommen kann.

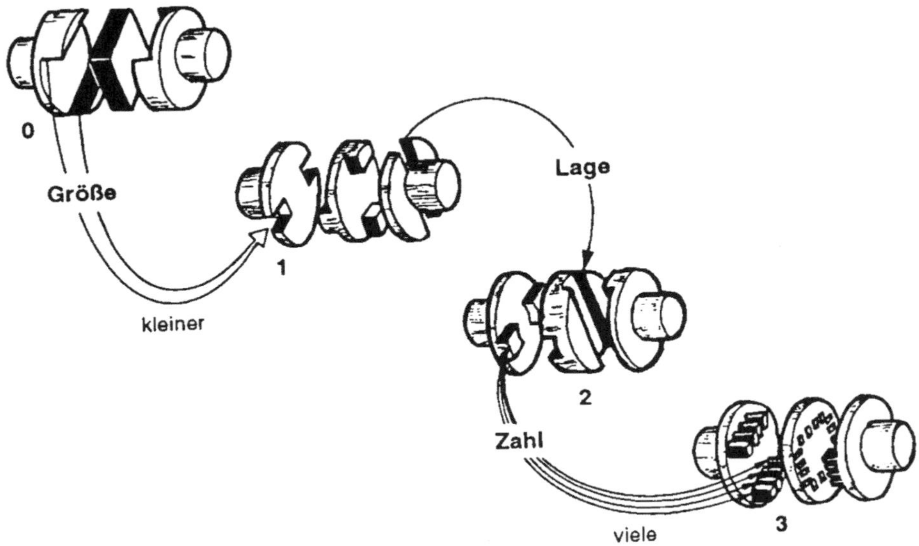

Bild 7.107 Variation der Oldhamkupplung nach Größe, Lage, Zahl

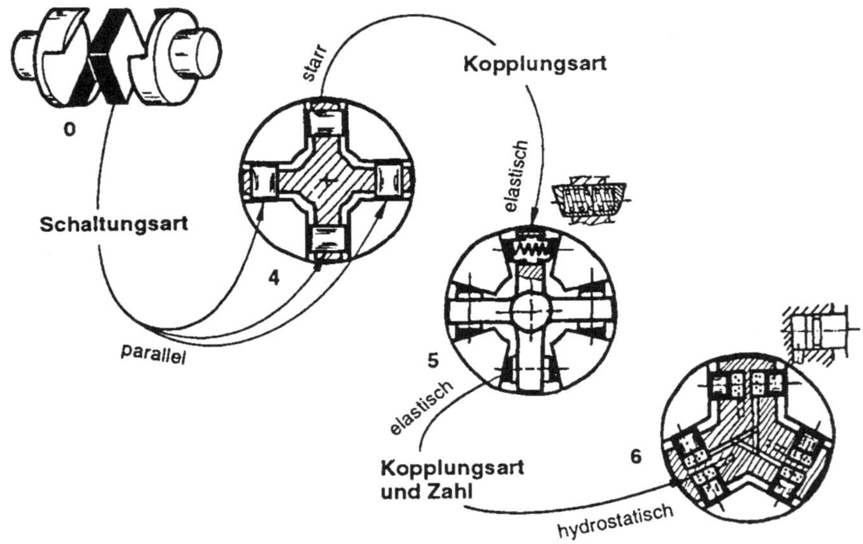

Bild 7.108 Variation der Oldhamkupplung nach Schaltungsart, Koppelungsart, Zahl

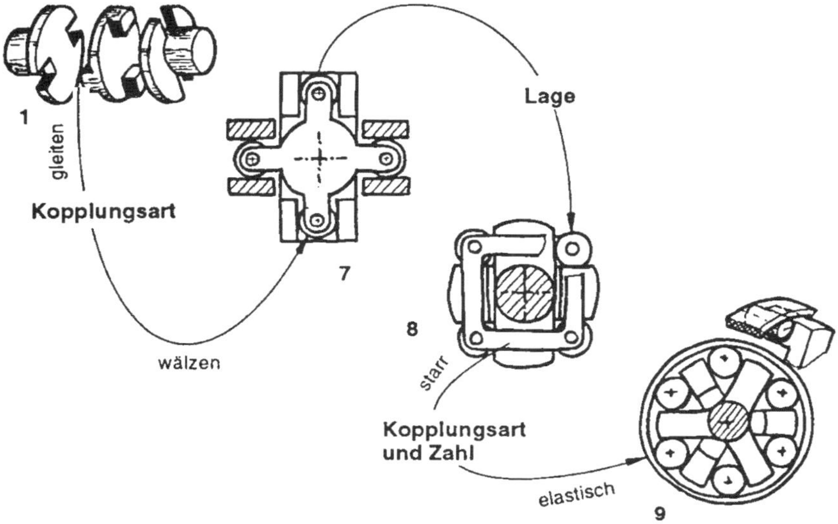

Bild 7.109 Variation der Oldhamkupplung nach Koppelungsart, Lage, Zahl

Bild 7.110 zeigt, wie durch die **Kombination** von Lösungsprinzipien (Kapitel 7.5.6) neue Varianten zu einer Bezugslösung (hier z.B. Nr. 9) gefunden werden können. Die Kupplung wird zuerst in die Funktionsträger der Hauptfunktionen zerlegt. Diese werden dann mit Hilfe der Variationsmerkmale variiert und in einem morphologischen Kasten abgelegt. Somit können z.B. weitere 20 (von 81 prinzipiell möglichen) sinnvolle Lösungen kombiniert werden, von denen hier nur zwei (10 und 11) dargestellt sind.

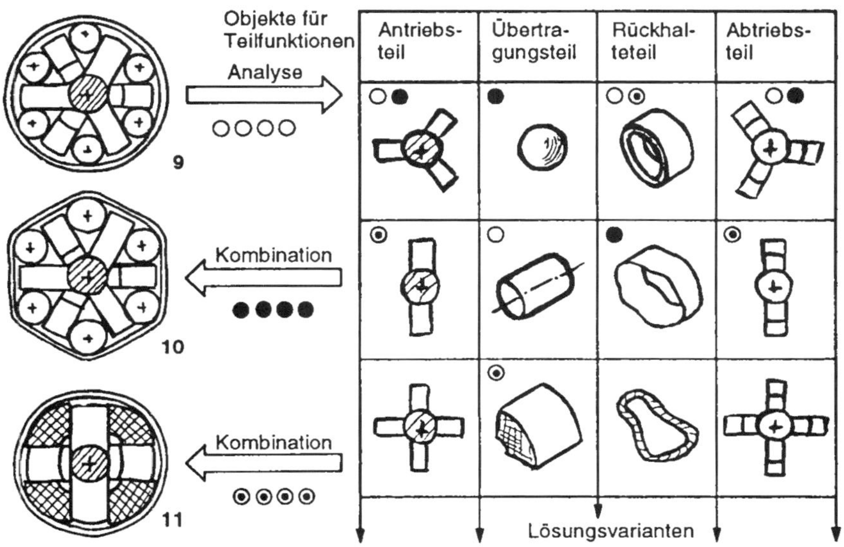

Bild 7.110 Morphologisches Schema für die Analyse, Variation und Kombination von Kupplung 9

Mit Auswahl- und Bewertungsverfahren (Kapitel 7.9) können aus der Lösungsvielfalt gemäß der Aufgabenstellung interessierende Varianten ausgesucht werden, um sie in einem letzen Schritt tribologie-, festigkeits- und fertigungsgerecht zu gestalten.

Der erfolgreiche Einsatz der **Variation der Gestalt** zeigt sich an Ergebnissen der über viele Jahre am Lehrstuhl für Konstruktion im Maschinenbau München durchgeführten Arbeiten mit Wellenkupplungen (Balken [10/7.6], Feichter [11/7.6], Henkel [12/7.6], John [9/7.6]). Durch methodische Vorgehensweise wurden ca. 20 industriell abgestimmte Patentanmeldungen getätigt und weitere 9 anmeldefähige Lösungen ausgearbeitet. Bild 7.111 zeigt als Beispiel die Lösung 10 (Patentnummer DE 3416002 A1). Welch einfache körperliche Modelle dabei zur Anschauung und für Versuch hilfreich waren, geht aus Bild 7.132 hervor.

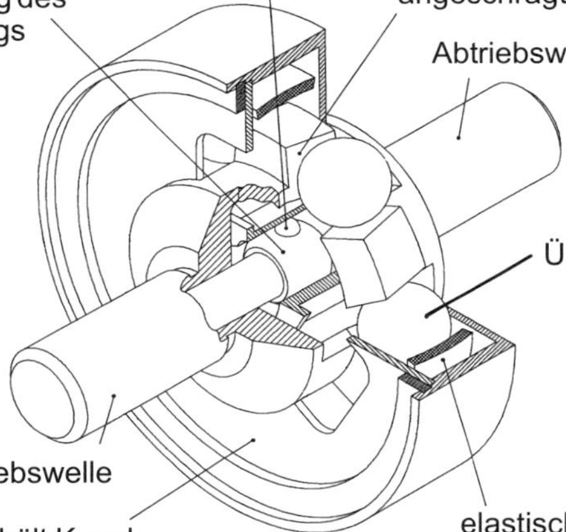

Bild 7.111 Prototyp einer Radial-, Axial- und Winkelversatz ausgleichenden Kupplung (Typ 10)

7.7 Methoden zum Gestalten – Gestaltungsprinzipien

Gestaltungsprinzipien sind Grundsätze, aus denen die konkrete Gestalt abgeleitet werden kann, die also in übergeordneter Art eine Leitlinie zum Gestalten vermitteln. Prinzipien, wie z.B. der Kraftfluss oder die Integral-/Differenzialbauweise, können hilfreich sein, wenn es beispielsweise um eine sichere oder kostengünstige Konstruktion geht.

Allerdings hängt ihr Einsatz von der Art der Aufgabe und den Anforderungen ab, so dass es dem Geschick des Konstrukteurs überlassen bleibt, wann er sie anwendet. Sie können unterstützend im Arbeitsabschnitt des Vor- und Endgestaltens eingesetzt werden (Abschnitt 3.1 und 3.2 in Bild 6.12).

7.7.1 Prinzip der Funktionsvereinigung/-trennung

Fragen:

- Wie kann ein Bauteil ausgeführt werden, dass es Funktionen mehrerer übernimmt? Damit können oft die Kosten gesenkt werden! **(Funktionsvereinigung)**.
- Wie kann ein Bauteil so ausgeführt werden, dass es **nur eine Funktion** erfüllt? Dabei werden oft die Leistungsfähigkeit und die Sicherheit erhöht, die Berechenbarkeit wird günstiger! **(Funktionstrennung)**.

Zweck und Begründung der Methode

Es gibt Bauteile oder Funktionsträger, die **nur eine Funktion** erfüllen: Eine Fahrzeugbremse soll nur Bremswirkung erzeugen, eine Fahrradglocke nur läuten. Andere Bauteile oder Funktionsträger - und das dürfte die Mehrheit sein - erfüllen mehrere Funktionen, wie z. B. die Vorderradgabel eines Motorrades (Kräfte übertragen, federn) oder die Reifen (Kräfte übertragen, federn, dämpfen etc.).

Beispiel: Leuchtenaufhängung

Am Beispiel einer Leuchtenaufhängung (Bild 7.112) wird dies unmittelbar anschaulich. **Links** erfüllt das Zuleitungskabel zwei Funktionen. Die Leitung der elektrischen Energie (F1) und die Aufnahme der Gewichtskraft der Leuchte (F2). Das Kabel stellt eine **funktionsvereinte** Lösung dar.

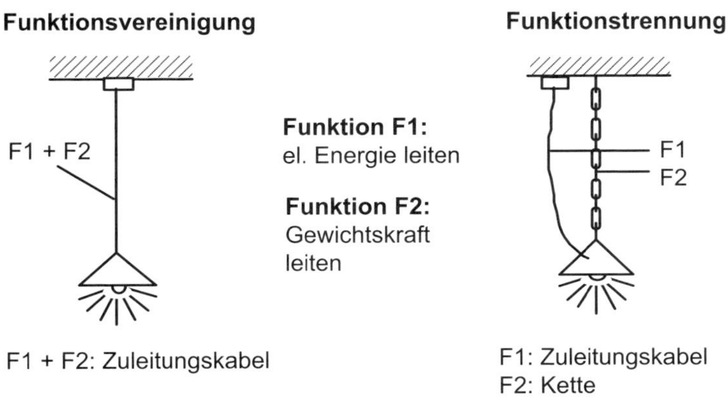

Bild 7.112 Funktionsvereinigung und Funktionstrennung am Beispiel einer Leuchtenaufhängung

Rechts, z. B. für die Befestigung eines schweren Lüsters, sind zwei getrennte Funktionsträger vorgesehen. Eine Kette trägt den Lüster (F2), während der Strom vom Kabel zugeführt wird (F1). Dies stellt die **funktionsgetrennte** Lösung dar.

Das Prinzip der **Funktionstrennung** ergibt, da die betrachtete Komponente nur eine Funktion zu erfüllen hat, meist eine besser berechenbare und damit in der Regel eine betriebssicherere konstruktive Lösung. Dieses Element kann besser an seine Funktion angepasst werden und hat damit eine besondere Leistungsfähigkeit. Es kann auch zweckmäßig sein, im Sinne der Sicherheit, sowohl bei Antrieben, wie bei Informationsleitung diese Module redundant, d. h. mehrfach parallel und getrennt anzuordnen. Bei Ausfall eines Funktionsweges übernimmt ein anderer dann diese Funktion.

Das Prinzip der **Funktionsvereinigung** ergibt hingegen meist die kostengünstigere, Platz sparendere und leichtere Konstruktion, da von einem Funktionsträger mindestens zwei Funktionen erfüllt werden, für die sonst mehr Bauteile notwendig wären.

Neu konstruierte Produkte weisen meist, soweit der Konstrukteur überhaupt Funktionen differenziert betrachtet hat, für bestimmte Funktionen gesonderte Bauteile oder Funktionsträger auf. Hier ist es sinnvoll zu überlegen, ob Funktionen zusammengelegt werden können.

Beispiel für Funktionstrennung: Flachriemen

An Hand des Beispiels eines Flachriemens (Bild 7.113) soll das Prinzip der **Funktionstrennung** noch näher erläutert werden. Flachriemen müssen sowohl Umfangskräfte auf die Reibscheiben (F1) als auch Zugkräfte zwischen den Reibscheiben (F2) übertragen. Beides zusammen erfüllte bisher der bekannte Lederriemen in Funktionsvereinigung. Für die erste Funktion eignet sich Leder mit einem Reibwert $\mu \approx 0{,}3 - 0{,}5$ besser als Polyamid $(\mu \approx 0{,}1)$. Bei der zweiten Funktion ist Polyamid mit einer zulässigen Zugfestigkeit von $\sigma \approx 20\mathrm{N}/\mathrm{mm}^2$ dem Leder $\left(\sigma \approx 4N/\mathrm{mm}^2\right)$ überlegen. Der Verbundriemen aus Leder und Polyamid vereinigt die beiden Vorteile dieser Werkstoffe. Das Leder nimmt hierbei hauptsächlich die Umfangskräfte (F1), das Polyamid die Zugkräfte (F2) auf. Diese Funktionstrennung ermöglicht höhere Grenzdrehzahlen und eine höhere Leistung bei gleichzeitig geringerer Wartung (weniger Nachspannen).

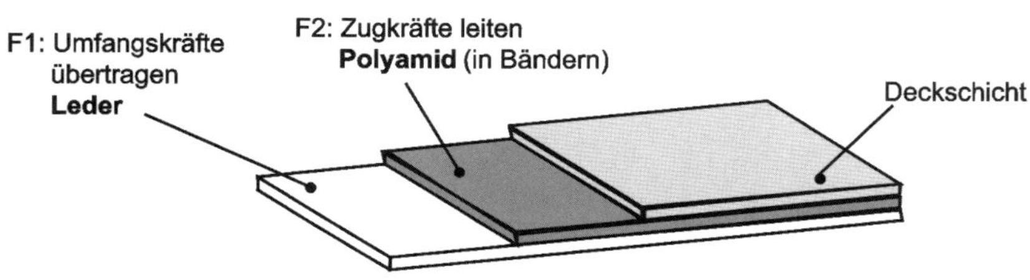

Bild 7.113 Funktionstrennung bei Flachriemen

Dasselbe Prinzip mit getrennten Funktionselementen ist bei Keilriemen (Kordfäden im Gummi) und Zahnriemen (Kunststofffäden oder Stahllitzen) verwirklicht.

Beispiel für Funktionsvereinigung: Integrierte Anlaufkupplung

Anlaufkupplungen sollen das Drehmoment eines Elektromotors erst dann auf die Arbeitsmaschine übertragen, wenn der Elektromotor sich selbst beschleunigt hat, also bereits Nenndrehzahl erreicht hat. Somit kann der Motor kleiner und kostengünstiger ausgelegt werden, weil er beim Anlauf weniger Drehmassen beschleunigen muss. Da die Wellen zwischen Motor und Arbeitsmaschine häufig nicht fluchten und Stöße abgefedert werden sollen, wird noch eine meist gummielastische Ausgleichskupplung hinter den Motor geschaltet. Beide Bauteile zusammen verursachen eine große Baulänge und sind teuer.

Die **integrierte, elastische Anlaufkupplung** (Bild 7.114) dagegen fasst in **Funktionsvereinigung** beide beschriebene Kupplungen in einer Einheit zusammen. Das Aggregat wird kürzer und kostengünstiger. Das schwarze Sechseck stellt einen Gummiring dar, der an drei Stellen von der Antriebswelle mit Drehmoment beaufschlagt wird. An den anderen drei versetzten Stellen wird das Drehmoment zur Abtriebswelle weitergeleitet. Hier hat der Konstrukteur diese zusätzlich zur Befestigung von Fliehkraft-Reibbelägen verwendet. Ab einer bestimmten Drehzahl werden sie nach außen an die Abtriebsglocke gedrückt, so dass die Arbeitsmaschine sanft eingeschaltet wird. Bei niedrigen Drehzahlen ziehen die Gummikörper die Reibbeläge wieder in die Ausgangsstellung zurück.

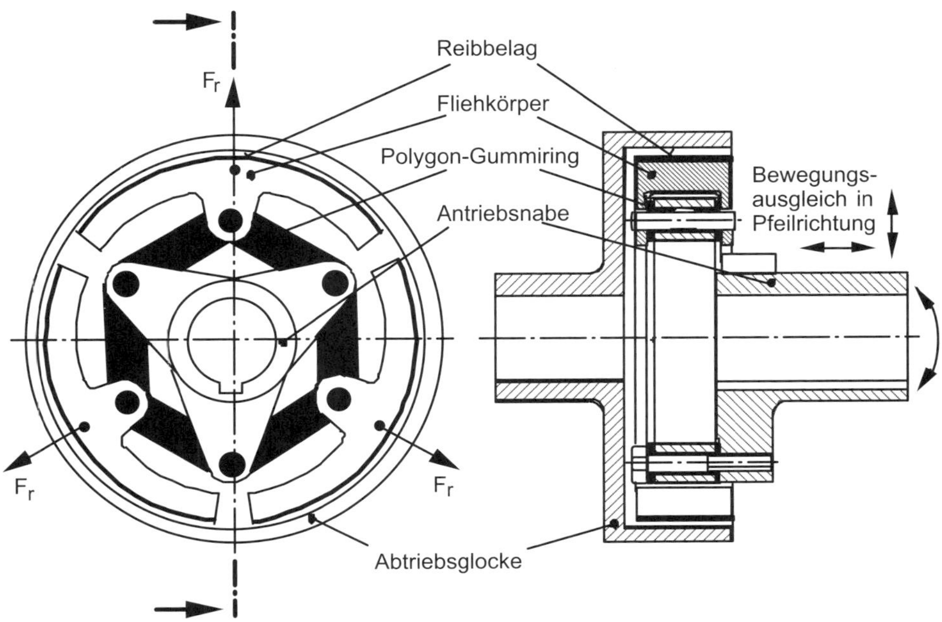

Bild 7.114 Funktionsvereinigung einer integrierten, elastischen Anlaufkupplung [1/7.7]

Das Beispiel zeigt aber auch **Nachteile** der Funktionsvereinigung auf. Der Gummiring muss jetzt sowohl für die Fliehkraft-Nachgiebigkeit radial weich ausgelegt werden als auch für die Drehmomentübertragung unter Umständen härter. Die Auslegungsberechnung ist hier viel komplexer, als wenn – wie sonst bei Anlaufkupplungen – einfach Stahlfedern verwendet würden. Dementsprechend sind aufwendige Versuche notwendig, um ein Optimum für die zwei zu vereinigenden Funktionen zu erreichen.

Weitere Beispiele

Funktionsvereint sind:

- Edison-Gewinde für Glühbirnen (Strom leiten, Birnengewicht aufnehmen, montage- und demontagefähig sein),
- Rillenkugellager (Radial- und Axialkräfte übertragen),
- Hubschrauberrotor (Auf- und Vortrieb ermöglichen),
- Maschinengehäuse (meist: Kräfte übertragen, Positionen von Wellen sichern, Schmierstoff speichern, Zutritt von Schmutz verhindern etc.),
- Automatische Waschmaschine (teilweise, Bild 7.52).
- In der Natur:
  - Vogelflügel (Auf- und Vortrieb ermöglichen etc.),
  - Schwimmfüße (laufen, rudern etc.).

Funktionsgetrennt sind:

- Reine Torsionswellen an Getrieben, Generatoren, Turbinen (Drehmoment elastisch übertragen), die z. T. in den die Radialkräfte übertragenden Hohlwellen angeordnet sind.
- Stahlseile an Hängebrücken und Seilbahnen (reine Kraftübertragung gegenüber Stahlträgern zur Kraft- **und** Momentenübertragung),
- Flugzeugtriebwerk (**nur** Vortrieb erzeugen, Flugzeugflügel **nur** Auftrieb) im Gegensatz zum Vogelflügel.

Anmerkung zu den Begriffen

Ähnliche Begriffspaare wie die Funktionsvereinigung/-trennung, verwenden auch Roth [2/7.7] (Funktionsintegration/-trennung), Koller [3/7.7] (Multi-/Monofunktionalbauweise) und Pahl und Beitz [4/7.7] (Aufgabenteilung). Dabei geht es um die geplanten Zweckfunktionen. Der in der Produktentwicklung eher neue Begriff „Produktarchitektur“ und „Modularität“ behandelt ebenfalls das Thema Funktionsvereinigung/-trennung. Die hier gemachten Angaben können nach dort übertragen werden. (Kapitel 9.4.3 und Bild 7.40).

Da ein technisches Gebilde viele Eigenschaften hat, kann man es auch für ursprünglich nicht geplante Zwecke einsetzen. Ein Löffel kann z. B. zum Schneiden, als Flaschenöffner und als Wurfgeschoß verwendet werden. Das ist eine multifunktionale Nutzung eines ursprünglich monofunktional geplanten Werkzeugs.

7.7.2 Prinzip der Integral-/Differenzialbauweise

Fragen:

- Wie können mehrere Bauteile zu einem zusammengefasst werden, um die Teilezahl und damit oft die Kosten zu senken? **(Integralbauweise)**.
- Müssen komplexe Teile in mehrere Teile aufgeteilt werden, um dadurch die Ausschussgefahr zu verringern, teure Formen zu vermeiden oder günstigeren Transport zu erreichen? **(Differenzialbauweise)**.

Zweck und Begründung der Methode

Unter der **Integralbauweise** versteht man das Zusammenfassen verschiedener Bauteile zu einem. Bei der **Differenzialbauweise** wird ein Bauteil in mehrere aufgeteilt.

Das **Beispiel** in Bild 7.115 zeigt links die Differenzialbauweise an einem Manikürebesteck mit drei Funktionen F1 bis F3 und drei einzelnen Werkzeugen. Bei der Nagelfeile rechts sind bei der Integralbauweise ebenfalls alle drei Funktionen vorhanden, aber eben in nur einem Bauteil.

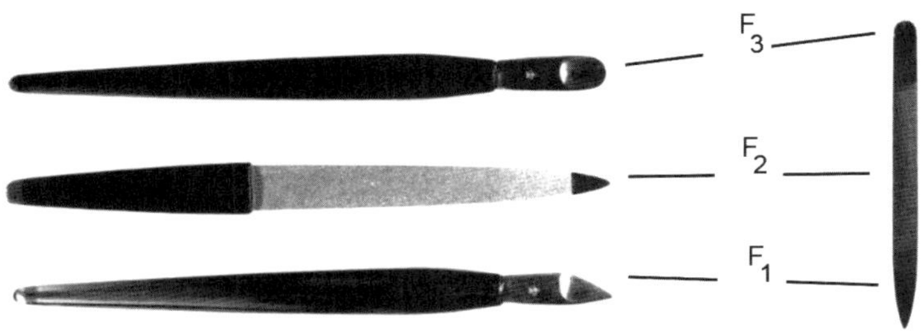

Bild 7.115 Integral- und Differenzialbauweise am Beispiel eines Manikürebestecks; **Links:** Differenzialbauweise; **Rechts:** Integralbauweise

Der **Unterschied** zwischen **Integralbauweise** und **Funktionsvereinigung** besteht darin, dass bei der Integralbauweise die für die Realisierung einzelner Funktionen nötigen Wirkflächen, Wirkbewegungen und Werkstoffe nach wie vor am integrierten Bauteil (Funktionsträger) getrennt vorhanden sind, während diese bei Funktionsvereinigung ineinander aufgehen. In beiden Fällen entsteht aber aus mehreren Teilen ein Teil. Aus der Sicht der Teilezahlreduzierung führen also beide Prinzipien zum gleichen Ergebnis. Die funktionsbetonte Sicht (Kapitel 7.7.1) ist gerade für Konstrukteure wichtig, da eine ihrer wichtigsten Aufgaben die Realisierung von Funktionen ist.

Die **Integralbauweise** wird in der Regel in der **Serienfertigung** von größeren Stückzahlen angewendet und an Bauteilen, bei denen aus Gründen der Bauteilbeanspruchung Fügestellen vermieden werden sollen. Dadurch kann das Integralbauteil aus einem homogenen Werkstoff hergestellt werden, erhält aber i. Allg. eine komplexere Gestalt.

Die **Differenzialbauweise** wird meist bei der **Einzelfertigung** oder bei kleinen Stückzahlen verwendet. Das Produkt kann aus Halbzeugen und Normteilen verschiedenen Werkstoffs bestehen. Die einzelnen Bauteile werden z. T. mit den bekannten Zerspanungstechniken gefertigt und mit Hilfe von Fügetechniken (Schrauben, Schweißen, Löten, Kleben, Klipsen etc.) verbunden. Die Differenzialbauweise wird ebenfalls bei sehr großen Bauteilen verwendet, die als Integralbauteile nicht mehr bzw. nur unter großem Aufwand oder Risiko herstellbar, montierbar oder transportabel wären. So weisen große Maschinen (wie z. B. Turbinen, Schiffsdieselmotoren und Generatoren) schon aus Transportgründen mehr Teile auf als kleine. Der in der Produktentwicklung eher neue Begriff „Produktarchitektur“ und „Modularität“ behandelt ebenfalls das Thema Integral-/Differenzialbauweise. Die hier gemachten Angaben können nach dort übertragen werden. (Kapitel 9.4.3 und Bild 7.40).

Beispiel: Funktionsträger

An einem Bauteil sei dies noch weiter verdeutlicht (Bild 7.116). Links ist der Funktionsträger aus elf Bauteilen (die miteinander verschraubt werden) in Differenzialbauweise dargestellt. Dies ist bei einem Maschinenprototyp in Einzelfertigung aus Halbzeugen gerechtfertigt. Rechts ist der gleiche Funktionsträger nur noch als ein Feingussteil mit weniger als einem Drittel der Kosten gezeigt, wie er in der Serienfertigung verwendet werden sollte. – Auffallend oft sind Maschinenkonstruktionen nicht an die Stückzahl angepasst, in der sie später hergestellt werden! Wer das weiß, kann schnell Kosten senken.

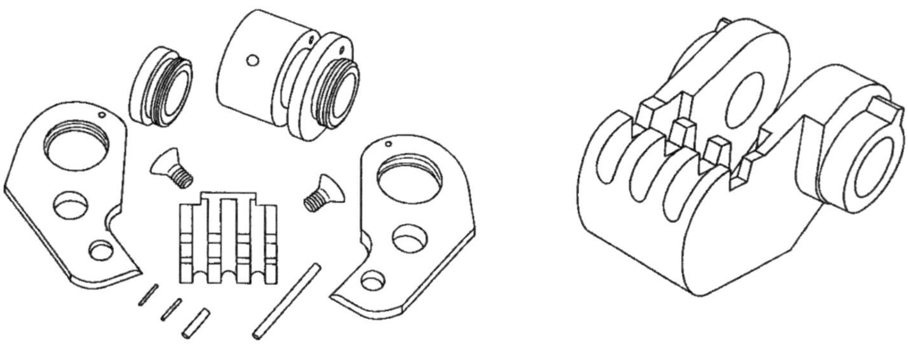

Bild 7.116 Differenzial- und Integralbauweise durch Feingussverfahren

Vor- und Nachteile der Integralbauweise

Eine **Reduktion der Teilezahl** durch die Integralbauweise birgt bei der Serienfertigung einige **Vorteile**, die zu einer Kostensenkung führen. Hier haben meist die einmalig anfallenden Kosten für Modelle, Formen und spezielle Maschinen oder Werkzeuge, im Vergleich zu den bei jedem Stück auftretenden Montagekosten, eine geringere Bedeutung, da sie durch die Stückzahl dividiert werden (Kapitel 9.1.5 d). Weiterhin vereinfacht sich die Materialbeschaffung und Logistik. Aufgrund der hier verwendeten Fertigungsverfahren der Ur- und Umformtechnik ist in der Regel nur eine geringe Zerspanungsbearbeitung notwendig. Die oft komplexe Gestalt des Integralbauteils ist der Grund für die aufwendigere Qualitätssicherung des Einzelteils, die aber andererseits im Gesamtsystem wegen der geringeren Teilezahl und der damit kleineren Anzahl an Fügestellen vereinfacht wird. Eine weitere positive Auswirkung der Teilezahlreduzierung ist der verringerte Montageaufwand.

Ein **Nachteil** dieser Methode ist, dass nur in geringem Umfang Halbzeuge oder Normteile verwendet werden können. Der gesamte Fertigungsdurchlauf ist meist zeitaufwändig und unflexibel, da die Arbeitsschritte seriell erfolgen (Modellbau, Formen, Gießen etc.). Änderungen können nur mit großem Zeit- und Kostenaufwand durchgeführt werden, da Modelle, Formen oder Werkzeuge geändert werden müssen. Schließlich birgt die höhere Gestaltkomplexität ein erhöhtes Fertigungsrisiko in sich (erhöhte Ausschussgefahr). So musste ein Gussteil eines großen Elektromotors (Bild 7.117) wegen Lunkerbildung an der Lagerstelle immer wieder neu gegossen werden, da der Materialfehler erst nach der teuren Bearbeitung in der terminkritischen Phase erkannt wurde. Die Umkonstruktion in Differenzialbauweise (rechts) war unter diesen Umständen trotz Fügestelle und nötiger Montage kosten- und zeitgünstiger.

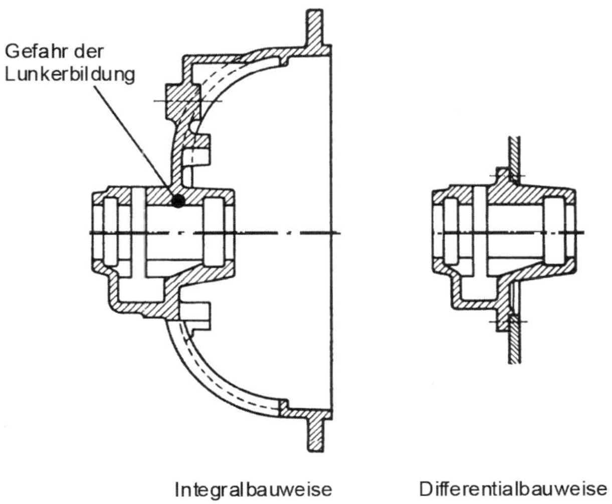

Bild 7.117
Geringeres Fertigungsrisiko durch Differenzialbauweise. Links ein Gussteil mit Neigung zur Lunkerbildung. Rechts die Umkonstruktion mit einer Blechwand [5/7.7]

Vor- und Nachteile der Differenzialbauweise

Die Vor- und Nachteile ergeben sich im wesentlichen durch die Umkehrung der Gesichtspunkte für die Integralbauweise. Der **Vorteil** durch das geringere **Fertigungsrisiko** wurde mit Bild 7.117 gezeigt. Während die Integralbauweise ihre **Kostenvorteile** in der Großserie hat, liegen sie bei der Differenzialbauweise in der **Einzel- und Kleinserienfertigung** durch die Aufteilung des Bauteils in mehrere Einzelteile. Es entstehen weniger fixe Kosten für Modelle, Formen und spezielle Maschinen, da die Teile aus oft vorhandenen, unterschiedlichen Werkstoffen, Halbzeugen und Normteilen gefertigt und montiert werden können. Die Logistik- und Montagekosten steigen damit zwar an, dafür wird die Qualitätsprüfung der einfachen Teile oft günstiger. Ein **Austausch** einzelner Bauteile, z.B. wegen Verschleiß, ist oft leichter möglich bzw. kostengünstiger, da nur die entsprechenden Einzelteile ersetzt werden müssen. Spätere **Änderungen** an den einzelnen Elementen sind leichter möglich und kostengünstiger als bei der Integralbauweise, da nicht das ganze System ersetzt werden muss, sondern nur die betroffenen Elemente an die Anforderungen angepasst werden müssen.

Bedingt durch eine Vielzahl der aufgeführten Faktoren lässt sich bei der Differenzialbauweise in der Einzel- bzw. Kleinserienfertigung eine **Verringerung des Terminrisikos** und eine Verkürzung der Produkterstellungszeit erreichen.

Methoden zur Verwirklichung der Integralbauweise zur Teilereduzierung

a) Analyse des Bauteils

Eine Methode besteht in der systematischen Analyse eines Bauteils mit den jeweils benachbarten Teilen einer Baugruppe unter dem Gesichtspunkt, inwieweit sie vereinigt werden können, beispielsweise durch Anwenden der **Variationsmerkmale** Werkstoff und Fertigungsverfahren (Kapitel 7.6.2.1 bzw. 7.6.2.2), wobei die Urform- und Umformverfahren bevorzugt werden sollten. Diese sind z.B.:

- Gießen, Spritzgießen, Feingießen,
- Sintern,
- Schmieden, Strangpressen, Walzen,
- Blechumformen, Tiefziehen.

b) Strategie der „einteiligen Maschine“ [5/7.7]

Die Maschine (z.B. ein Getriebe nach Bild 8.24) wird in Gedanken und auf der Zeichnung **als „ein Gussteil“ ausgedacht**. Dabei werden auch bewegte Teile „festgegossen“. Alle Montageöffnungen eines Gehäuses werden „zugegossen“. Teilfugen zum Montieren gibt es nicht mehr. Alles ist **ein** Teil, selbst wenn es „verrückt“ anmutet. Dies ist nötig, weil vorhandene Gestaltungen ein fast suggestives Beharrungsvermögen in unserem Gehirn haben. Das Abstrahieren vom optisch Geprägten und Gewohnten fällt schwer (Kapitel 3.4.4).

Danach erfolgt (mit Rotstift) ein **stufenweises Auftrennen** in die **„minimal notwendige Teilezahl“** nach folgenden Gesichtspunkten:

- Wo sind unterschiedliche Werkstoffe nötig?
- Wo liegt eine Relativbewegung vor (Achtung: Für hin- und hergehende Teile können manchmal elastische Verbindungen statt Lagerungen genügen)?
- Wie muss montiert/demontiert werden?
- Wo müssen Ersatzteile ausgetauscht werden?
- Wo sind Teilungen wegen des Transports nötig?
- Wo ist die Zugänglichkeit beim späteren Gebrauch notwendig?

7.7.3 Prinzip des Kraftflusses

Fragen:

- Wie kann ein Produkt, in dem Kräfte und Momente eine große Rolle spielen, in seinem Funktionsprinzip schnell erkannt werden?
- Wie kann ein solches Produkt steif oder elastisch und dennoch leicht und klein gestaltet werden?
- Wie können bei einem Bauteil oder Bauteilverbund Beanspruchungs-Schwachstellen erkannt werden, und wie können sie dann beanspruchungs- und verformungsgerecht gestaltet werden?

Zweck und Begründung der Methode

Der Kraftfluss ist eine **Hilfsvorstellung** aus der Strömungsmechanik für die **Funktionsanalyse** und die **Gestaltung** von Produkten. Man postuliert, dass Kräfte und Momente wie eine Flüssigkeit durch ein System strömen. In diesem System muss das betreffende Bauteil und auch seine Umwelt enthalten sein, sofern hier „Kraftüberleitungen“ vorliegen (actio = reactio). Betrachtet man nur Teile eines solchen Systems, so „fließen“ Kräfte bzw. Momente von einer Einleitungsstelle zur Ausleitungsstelle analog einer Flüssigkeit. Wo sich der Querschnitt verengt oder wo plötzliche Umleitungen, d. h. scharfe Querschnittsveränderungen in Bauteilen vorhanden sind, strömt die Flüssigkeit schneller, was analog als höhere Beanspruchung aufgefasst wird. Trotz der weitverbreiteten Nutzung dieser Analogie ist die exakte Formulierung offen. Es gibt zwei Anwendungen:

- Der **Makrokraftfluss** dient zur Funktions-, Kraft- und Momentenflussanalyse eines ganzen Produkts. Die Fragen dabei sind: Fehlen Bauteile, Abstützungen oder Verbindungen? Kann der Kraftfluss auf kurzem Wege geschlossen werden oder wird er zur elastischen Gestaltung bewusst auf einem weiten Weg geführt?
- Der **Mikrokraftfluss** dient zur ersten beanspruchungsgerechten Gestaltung eines Bauteils. Fragen dabei sind: Wo sind unnötige Spannungskonzentrationen? Wie kann man scharfe Umleitungen und damit Überbeanspruchungen mildern?

Inhalt der Methode

An Beispielen sollen Inhalt und Anwendung erläutert werden:

Beispiel für den Makrokraftfluss: Presse

An der Presse nach Bild 7.118 soll der Einsatz des Makrokraftflusses deutlich gemacht werden. Die Presskraft durchströmt links im Bild als Druckkraft die Pressstempel, wandelt sich in der oberen Traverse in ein Biegemoment um, welches daraufhin als Druckkraft unter den Muttern der Zuganker wirkt. Sie wird zu einer Zugkraft im Zuganker und in der unteren Traverse wieder in ein Biegemoment bzw. eine Druckkraft umgewandelt. Der Kraftfluss ist geschlossen und symmetrisch.

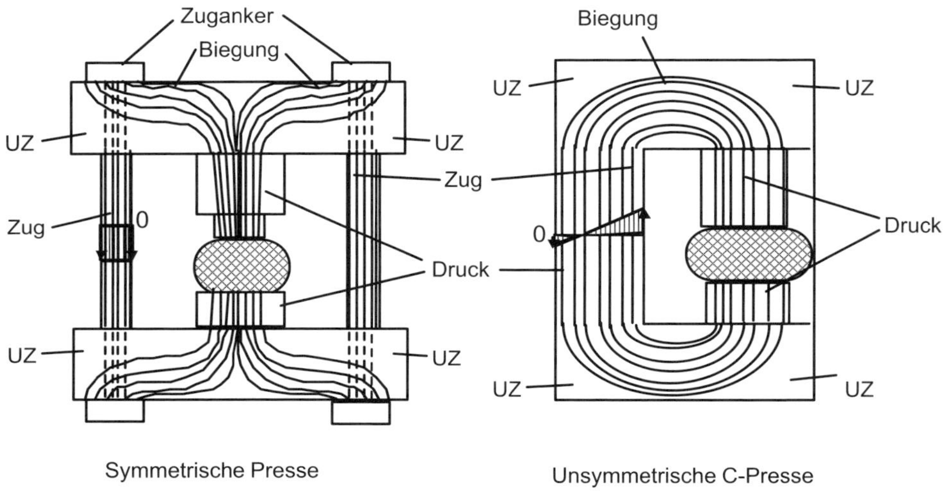

Bild 7.118 Symmetrische und unsymmetrische Gestaltung des Kraftflusses in Pressgestellen (unbeanspruchte Zonen = UZ)

Was bringt diese Betrachtung? Man erkennt, wie sich bei der symmetrischen Presse die Beanspruchung im geschlossenen Kreislauf von Druck zu Biegung und schließlich zu Zug wandelt. Weiterhin wird deutlich, dass der Kräfteverlauf sich in der unteren Traverse in gleicher Weise wie oben darstellt. Schließlich erkennt man, dass es an den Ecken der Konstruktion wenig bzw. unbeanspruchte Zonen (UZ) gibt. Hier könnte man Material sparen. Wenn man weiß, dass die (Torsions- und) Biegebeanspruchung das Material ungleichmäßig ausnützt, erkennt man, dass die symmetrische Presse mit den Zugankern leichter und bei hohen Materialanteilen kostengünstiger wird als die unsymmetrische C-Presse rechts. Sie hat im ganzen Gestell Biegebeanspruchung. – Verformungsprobleme stehen damit im Vordergrund. Allerdings ist die Zugänglichkeit besser.

Beispiel für den Mikrokraftfluss: Entlastungskerbe

Der Mikrokraftfluss soll an dem in Bild 7.119 gezeigten Wellenabschnitt mit einer Eindrehung für einen Sicherungsring deutlich werden. Man erkennt durch das Zusammendrängen des Kraftflusses an der Eindrehung die Spannungserhöhung an der Hauptkerbe. Die links angeordnete Entlastungskerbe ist viel zu klein und zu weit von der Hauptkerbe entfernt. Besser ist die Entlastungskerbe rechts, die den Kraftfluss „sanft“ umlenkt.

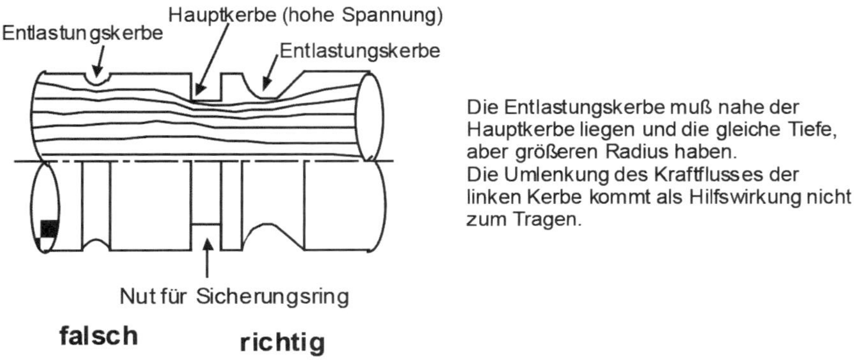

Bild 7.119 Zweckmäßige Lage einer Entlastungskerbe [6/7.7]

Grundsätze zum Kraftfluss:

- Ein **Kraftfluss** ist (bei umfassender Betrachtung des Systems) immer **geschlossen**. Massenkräfte (Gewichte, Fliehkräfte) werden nicht berücksichtigt.
- In einem Kraftfluss-Kreislauf **ändert sich die Beanspruchungsart** (Pressung, Druck, Zug, Biegung, Torsion).
- Der Kraftfluss sucht sich den **kürzesten Weg**. Die Kraftlinien drängen sich in engen Querschnitten zusammen, in weiten dagegen breiten sie sich aus.

Regeln zur kraftflussgerechten Gestaltung:

Regel 1: Kraftfluss **eindeutig** führen: Überbestimmungen, Unklarheiten der Kraftübertragung meiden (z.B. Fest-/Loslager-Bauweise: Bild 7.94).

Regel 2: Für **steife, leichte Bauweisen** den Kraftfluss auf **kürzestem Wege führen**.

Biegung und Torsion vermeiden, Zug und Druck mit voll ausgenutzten Querschnitten bevorzugen; z.B. bei Hängebrücken oder Zugankern (Bild 7.118). Symmetrieprinzip bevorzugen, wie z.B. bei Innenbackenbremsen, Doppelschrägverzahnungen, Planetengetrieben (Bild 7.124 und Bild 7.127).

Regel 3: Für **elastische, arbeitsspeichernde Bauweisen:** Kraftfluss auf **weitem Wege führen**.

Biegung und Torsion bevorzugen, den Kraftfluss „spazierenführen“, z.B. bei Federn, Rohrkompensatoren, im Crash-Verhalten günstige Pkw-Karosserien.

Regel 4: Sanfte Kraftflussumlenkung anstreben.

Scharfe Umlenkungen ergeben Spannungskonzentrationen; Abhilfe sind Ausrundungen und den Kraftfluss verformungsgerecht ein- und auszuleiten (Bild 7.121).

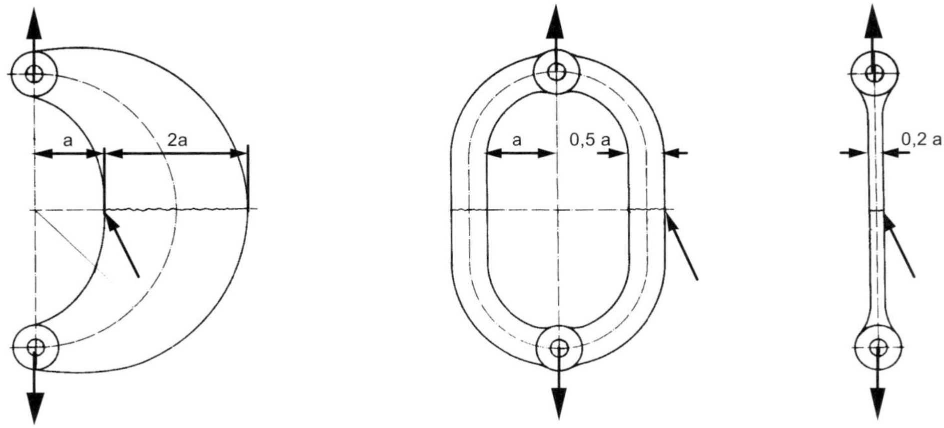

Bild 7.120 Zugbeanspruchung gibt leichte Konstruktionen, Biegebeanspruchung schwere [7/7.7]

Beispiele:

- Die **Regeln 2 und 3** werden in Bild 7.120 dargestellt. Bei gleicher maximaler Zugspannung ist die Bauweise links mit „herumgeführtem" Kraftfluss und Biegebeanspruchung die größte und schwerste. Die symmetrische Bauweise in der Mitte, mit teilweiser Biegung und Zug, ist leichter. Rechts der reine Zugstab mit dem kürzesten Kraftfluss ist am leichtesten und kleinsten.
- **Regel 4** wird durch die sanfte und verformungsgerechte Kraftflussführung an den Muttern (b) und (c) in Bild 7.121 veranschaulicht. Bei a) wird die Zugkraft aus dem Bolzen plötzlich in die Mutter umgelenkt. Die Verformungen von Bolzen und Mutter sind zudem entgegengesetzt gerichtet. Deshalb brechen die meisten Bolzen im ersten Gewindegang. Bei der Zugmutter (b) und der Mutter mit Entlastungskerbe (c) sind die Verformungen dagegen gleichgerichtet[8].
- Die **kraftflussgerechte Gestaltung** eines Gabelschlüssels wird durch den Vergleich der beiden spannungsoptischen Aufnahmen in Bild 7.122 deutlich. Die unbeanspruchten Zonen (UZ) werden sichtbar und können bei kraftflussgerechter Gestaltung vermieden werden. Dadurch werden Material und Kosten gespart.

8) Wir sind Herrn Prof. Dr.-Ing. Klaus Stößel, FHS München, dankbar für Überlassung und Diskussion der Kraftfluss-Vorstellungen.

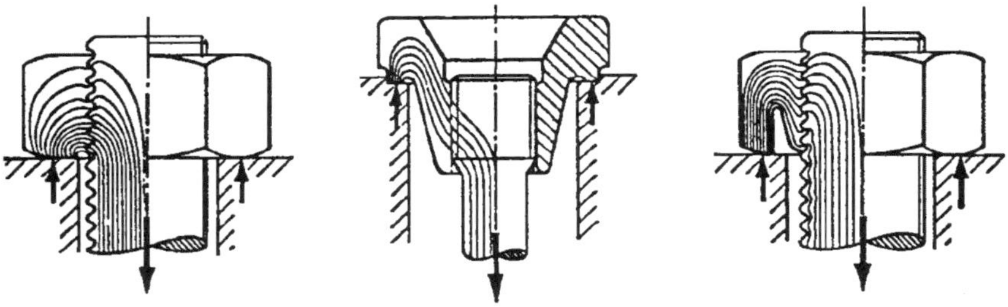

Bild 7.121 Kraftfluss bei Schraubverbindungen. Bei (b) und (c) verformungsgerechte Krafteinleitung [8/7.7]

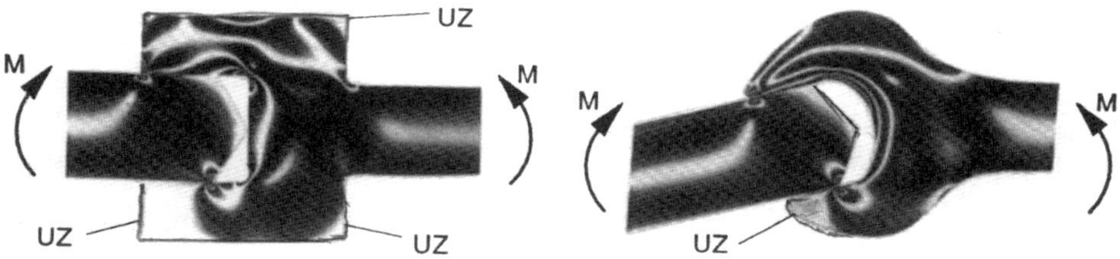

Bild 7.122 Spannungsoptische Untersuchung an einem Gabelschlüssel [9/7.7] (unbeanspruchte Zonen = UZ)

7.7.4 Prinzip des Lastausgleichs

Fragen:

- Wie wird bei parallel geschalteten, statisch unbestimmten Funktionsträgern erreicht, dass **überall** annähernd **gleiche Kräfte** und **Momente** übertragen werden?
- Wie können die Nachteile von **Verformungsbehinderungen** und ungleichen **Wärmedehnungen** gemindert werden?

Zweck und Begründung der Methode

Jedes Straßenfahrzeug dürfte eigentlich nur drei Räder haben, um statisch bestimmt zu sein. Trotzdem gibt es Lastwagen und Schwerlastfahrzeuge, die sechs, acht oder mehr Räder haben. Die gleichzeitige Kraftübertragung an den Rädern ist nur deshalb möglich, weil die Aufhängung der Räder beweglich ausgeführt ist und Verformungen der Bauteile und Reifen auftreten (elastischer Lastausgleich). Bei einem Tisch mit vier Beinen kommt Wackeln schon eher vor, da hier keine besondere Elastizität vorgesehen ist. Im Gegensatz zum Prinzip des Kraftflusses, in dem die Leitung von Kräften und Momenten behandelt wird, stellt sich beim Prinzip des Lastausgleichs die Frage nach der **gleichmäßigen Aufnahme von Kräften**

und Momenten bei einer Leistungsverzweigung an mechanisch parallel geschalteten Wirkflächen. Das **Ziel** ist also eine möglichst gleiche mechanische Belastung der statisch unbestimmten Bauteile.

Gründe und Beispiele für **Parallelschaltungen** sind in Kapitel 7.6.2.4 d angegeben. Im wesentlichen geht es dabei um die Verringerung der Baugröße, des Gewichts und der Kosten von Produkten. **Ursachen für das Auftreten ungleicher Lasten** (Störgrößen) sind Fertigungs- und Montagefehler an den Wirkflächen selbst oder an den Gegenwirkflächen (Beispiel: Straße bzw. unebener Boden – Fahrzeug), ferner ungleiche Verformungen oder thermische Ausdehnungen. Bemerkenswert ist, dass sämtliche **Linien- und Flächenberührungen** von Festkörpern statisch unbestimmt sind, wenn man die Mikroverhältnisse betrachtet. Auch sie kommen durch Lastausgleichsmechanismen zum gleichmäßigen Tragen, z.B. durch elastische Verformungen oder durch Einlaufen (plastisches Verformen und/oder Verschleiß).

Inhalt der Methode

Die Maßnahmen, um einen Lastausgleich zu erzielen, können in drei Kategorien eingeteilt werden (Bild 7.123):

a) Die Beseitigung des Problems.

b) Die Reduzierung von Störgrößen.

c) Die Reduzierung der Auswirkung von Störgrößen.

Bild 7.123 Lösungsmöglichkeiten für den Lastausgleich

Der **Vorgehenszyklus** wird bei diesem Prinzip angepasst eingesetzt. Im Schritt I-„Aufgabe klären“ werden neben den Anforderungen die statische Bestimmtheit ermittelt, die räumlichen Möglichkeiten festgestellt, die Körper und Baugruppen in kräftemäßigen Abhängigkeiten strukturiert. Im Schritt II-„Lösungen suchen“ werden die Möglichkeiten des Lastausgleichs nach Bild 7.123 entsprechend den Anforderungen konkretisiert und im Schritt III-„Lösung auswählen“ die günstigste festgelegt.

a) Beseitigung des Problems

Werden die ursprünglich statisch unbestimmten Wirkflächen/Wirkkörper durch zusätzliche Gelenke und Führungen **statisch bestimmt** gemacht, so ist das Problem beseitigt **(gelenkiger Lastausgleich)**. In Bild 7.124 **(oben)** ist das an einem schematisch dargestellten **Fahrzeug** gezeigt. Durch Anordnung von gelenkigen Wippen fasst man die eingeleiteten Kräfte paarweise in einem Gelenk zusammen und erreicht so statische Bestimmtheit (Bild 7.93 und Bild 7.96) und den Ausgleich.

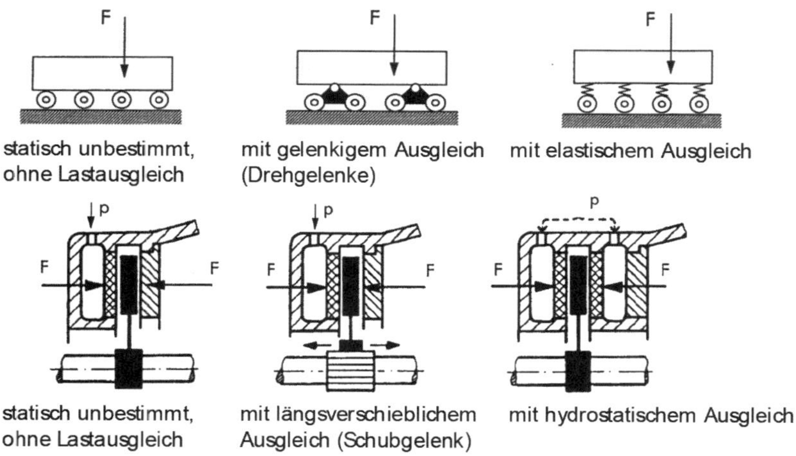

Bild 7.124 Beispiele für den Lastausgleich; **a) oben:** an einem Fahrzeug; **b) unten:** an einer Scheibenbremse

Bild 7.124 zeigt das gleiche am Beispiel einer **Scheibenbremse:** Ein Schubgelenk an der Welle erlaubt der Bremsscheibe soviel Axialbewegung, dass die einseitig eingeleitete hydrostatische Bremskraft F durch eine ebensogroße Gegenkraft am rückwärtigen Reibbelag kompensiert wird.

Der **hydrostatische Lastausgleich** sorgt entsprechend dem Gesetz von der Gleichheit des Drucks an allen Stellen für gleiche Kräfte. In Bild 7.124 (unten) sind dementsprechend zu beiden Seiten der Bremsscheibe hydrostatische Kolben vorgesehen.

b) Reduzierung der Störgrößen

Diese Art des Lastausgleichs zielt direkt auf die **Ursache** der ungleichen Lasten ab: Genau fertigen, „einstückig" herstellen (also nicht durch zwischenliegende Passflächen und Verbindungen wieder neue Ungenauigkeiten einbringen), bei der Montage anpassen (justieren), plastisch verformen, d.h. nach der Montage einmalig überbelasten und danach einlaufen lassen.

Dies findet vor allem dann Anwendung, wenn die Platzverhältnisse (z.B. bei Zahnrädern und Wälzlagern) keinen Einbau für zusätzliche Teile, z.B. für den gelenkigen Lastausgleich, erlauben. Zahnräder und Wälzlager werden deshalb extrem genau gefertigt. Gleitlager, Führungen und Kolben lässt man unter Umständen einlaufen. Das heißt man lässt kontrolliert Verschleiß zu.

c) Reduzierung der Auswirkungen von Störgrößen

Diese Art des Lastausgleichs zielt auf die **Symptome** der ungleichen Lasten ab.

- Bei **schlupfläufigem Lastausgleich** werden in die parallelen Leistungszweige von leistungsverzweigten oder Mehrweg-Getrieben Reibungsschlupfkupplungen oder hydrodynamische Kupplungen eingebaut.
- Beim **elastischen Lastausgleich** wird der geometrische Fehler, die Störgröße, durch elastisches Nachgeben eines im Kraftfluss befindlichen Gliedes erreicht. In Bild 7.124 (oben) ist dies schematisch an einem Fahrzeug gezeigt: Die Räder sind federnd aufgehängt. Der elastische Lastausgleich kann die Überlast je nach Elastizität nur verringern, nicht aber beseitigen. Da ferner die Verhältnisse oft nur ungenau berechenbar sind, müssen aufwendige Versuche eingeplant werden.

  Der elastische Lastausgleich wird am häufigsten eingesetzt, da i. Allg. keine Zusatzbauteile nötig sind. Bei richtiger, nachgiebiger Gestaltung der Bauteile wird das Produkt kostengünstig. Zudem sind keine tribologischen Gelenke (Reibung, Schmierung, Verschleiß und somit auch Kosten) notwendig.

  Bei **Planetengetrieben** ist der Lastausgleich eine maßgebliche Teilaufgabe (Kapitel 8.4), da das Getriebe bei gelagerten Zahnrädern bereits mit mehr als einem Planetenrad statisch unbestimmt ist (zum Aufbau des Getriebes siehe die Bilder 2.7 und 8.25). Der Einbau eines Lastausgleichs zum Ausgleich von Exzentritäts- und Winkelfehlern ist demnach erforderlich, da eine extreme Fertigungsgenauigkeit i.allg. sehr teuer ist. Bild 7.125 zeigt oben die Möglichkeiten des **gelenkigen Lastausgleichs** an Sonnen-, Planeten- und Außenrad, die meist in Einfach- und Doppelzahnkupplungen bestehen.

  Im unteren Teil sind die **elastischen** Möglichkeiten dargestellt [10/7.7].

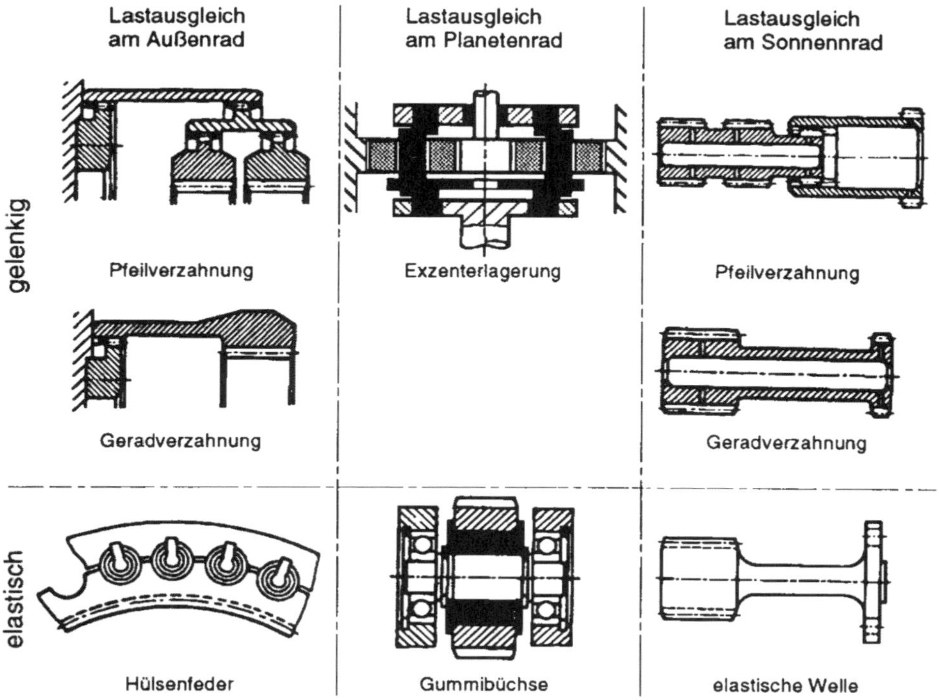

Bild 7.125 Beispiel für den Lastausgleich bei Planetengetrieben: Oben gelenkiger, unten elastischer Lastausgleich. Beim elastischen Lastausgleich am Planetenrad ist schematisch eine Buchse aus synthetischem Gummi (schwarze Fläche) gezeigt (siehe auch Bild 8.26)

7.7.5 Prinzip der Selbsthilfe

Fragen:

- Wie wird erreicht, dass ein Funktionsträger „sich selbst hilft", seine Funktion unter Normallast besser zu erfüllen?
- Wie wird erreicht, dass ein Funktionsträger „sich selbst" vor gänzlichem Versagen bei Überlast schützt?

Man kennt Knoten, die sich umso fester zuziehen, je mehr das Seil belastet wird. Oder eine Fahrzeugbremse, die mit wenig Pedalkraft bei Vorwärtsfahrt schon sehr stark (selbstverstärkend) bremst, bei Rückwärtsfahrt dagegen (selbstschadend) nur eine geringe Wirkung zeigt. Selbstschützend ist ein Gleitlager, das bei Ölausfall noch kurze Zeit mit seiner geschmolzenen Weißmetallschicht läuft.

Zweck und Begründung der Methode

Bei einer selbsthelfenden Konstruktion hilft ein geeignet angeordnetes Element oder System – meist im Kreisschluss – mit, die Aufgabe besser zu erfüllen, d. h. sicherer, Platz sparender, leichter und/oder leistungsfähiger zu werden.

Dies ergibt sich aus dem Zusammenspiel der **Ursprungs**- und **Hilfswirkung**. Die Ursprungswirkung entspricht in vielen Fällen der Wirkung des Systems ohne Selbsthilfe. Die Hilfswirkung ergibt sich entweder aus funktionsabhängigen Kräften und Momenten oder durch eine geeignete Wahl des Kraftflusses (Kapitel 7.7.3).

Inhalt der Methode

Meist werden **selbsthelfende** Konstruktionen erst durch die gezielte Variation einer vorhandenen erzeugt. Dabei helfen Analogien zu bereits verwirklichten Beispielen [4/7.7]. Es kann aber auch, bei Erarbeitung von Funktionsstrukturen, eine Kreisschaltung eingefügt werden, die über eine geeignete Auswahl von physikalischen Effekten konkretisiert wird.

Bei **selbstverstärkenden Lösungen** ergibt sich die Gesamtfunktion der Anordnung aus der positiven Verknüpfung von Haupt- und Nebenfunktion der Anordnung. Der Vorteil bei der Verwendung dieses Prinzips liegt in der Kraft- und Leistungsverstärkung und somit dem höheren Gebrauchsnutzen des Produkts. Selbstverstärkende Lösungen sind z. B. Klemmverbindungen für Seile (Bild 7.126), Selbstspanneinrichtungen bei Riemengetrieben, das sich selbst regulierende Anpressen bei Reibradgetrieben und die nachfolgend dargestellte Duplex-Bremse.

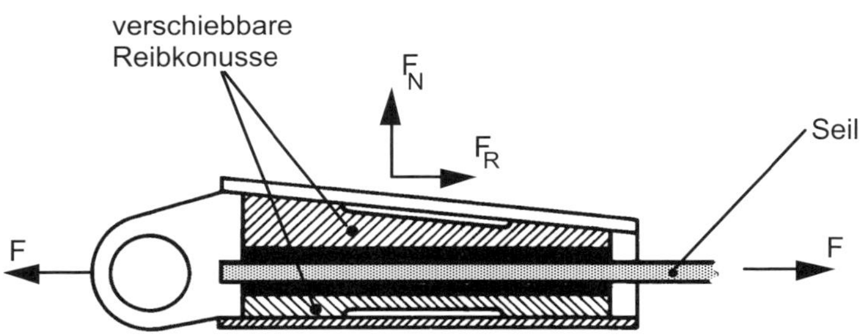

Bild 7.126 Selbstverstärkende Seilklemme (Funktionen Zug- und Reibkraft in Kreisschaltung)

Beispiel: Duplex-Bremse

Bei einer Trommelbremse, wie sie in Bild 7.127 dargestellt ist, werden durch die Anpresskraft an den Bremsbacken Reibungskräfte R erzeugt, die zur Kraft R_{ges} vektoriell addiert werden können. Diese Kraft ergibt zusammen mit dem Hebelarm r um die Drehpunkte D bzw. D' das Hilfsmoment $M_H = R_{ges} \cdot r$. Bei Drehung der Bremstrommel gegen den Uhrzeigersinn erzeugt das Hilfsmoment an den Bremsbacken eine erhöhte Anpresskraft und somit auch eine größere Reibkraft, die wiederum ein größeres Moment um die Drehpunkte D und D' erzeugt (Kreisschaltung).

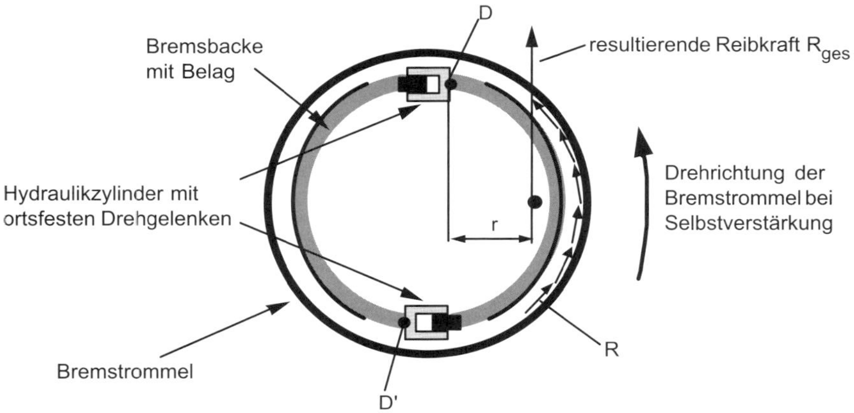

Bild 7.127 Selbstverstärkende Duplex-Bremse

Diese Konstruktion hat jedoch bei Drehung im Uhrzeigersinn (Rückwärtsfahren und Bremsen) eine **selbstschadende** Wirkung zur Folge. Die Höhe der selbsthelfenden Hilfswirkung ist abhängig vom Hebelweg, d.h. von der Wahl der Drehpunkte. Bei einer reinen Translationsführung statt eines Drehgelenks an den Bremsbacken wäre kein Selbsthilfeeffekt zu erzielen.

Bei **Dichtungen** kann man erreichen, dass die Dichtlippe bzw. der Dichtring mit zunehmendem Betriebsdruck stärker angepresst wird (Bild 7.128). Die Ursprungswirkung ist hierbei die Anpressung durch die Elastizität der Dichtung bzw. die in Funktionstrennung angeordneten Federn. Die Hilfswirkung entsteht durch den Betriebsdruck p.

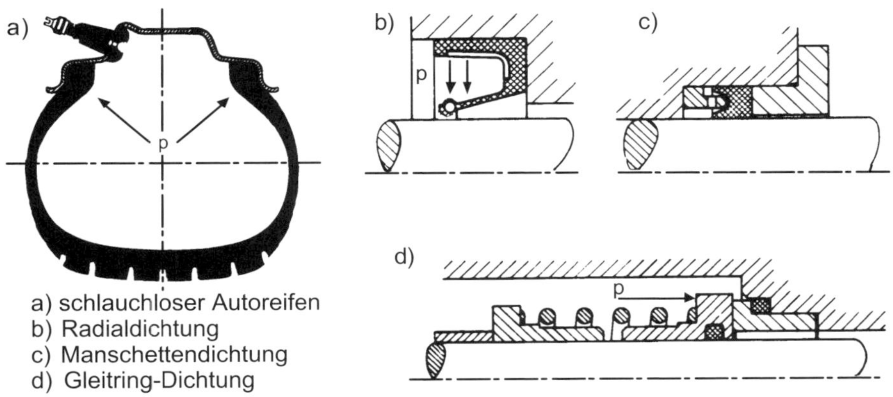

Bild 7.128 Selbsthelfende Dichtungen [4/7.7]

Im Gegensatz zu selbstverstärkenden Lösungen sind bei **selbstausgleichenden Lösungen** Ursprungs- und Hilfswirkung entgegengesetzt angeordnet. Durch den erzeugten Ausgleich ist eine höhere Gesamtwirkung des Systems möglich. Dies soll durch das nachfolgende Beispiel in Bild 7.129 erläutert werden.

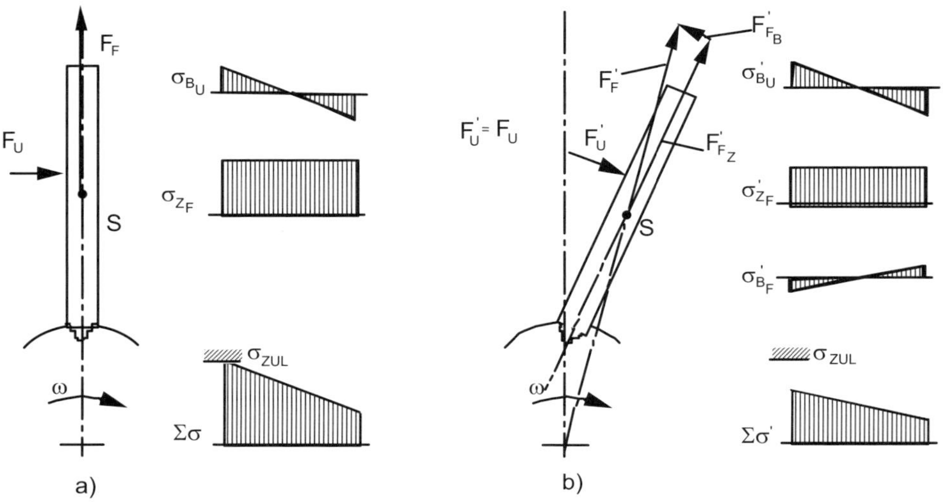

Bild 7.129 Selbstausgleichende Lösung bei der Anordnung von Schaufeln in Strömungsmaschinen a) konventionelle Lösung, b) Schrägstellung der Schaufel in übertriebener Darstellung [4/7.7]

Die **Turbinenschaufeln** unterliegen im Betriebszustand zum einen einer Biegespannung σ_{BU} aus der Umfangskraft, zum anderen einer Zugspannung σ_{ZF} infolge der Fliehkraft F_F. Bei der konventionellen Lösung (a) überlagern sich diese Beanspruchungen, wodurch die zulässige Spannung σ_{zul} schon bei einer bestimmten, übertragbaren Umfangskraft F_U erreicht wird. Bei gleichem Betriebszustand bewirkt ein Schrägstellen der Turbinenschaufeln (b) zum einem eine geringere Zugbeanspruchung σ_{ZF}' aus der Zerlegung der Fliehkraft in die Anteile F_{FZ}' und F_{FB}'. Zum anderen verursacht aber die Kraft F_{FB}' eine Biegebeanspruchung σ_{BF}'. Diese zusätzliche Hilfswirkung σ_{BF}' wirkt der ursprünglichen Biegebeanspruchung σ_{BU}' entgegen. Aufgrund dessen können nun die Turbinenschaufeln mit einer höheren Umfangskraft, d. h. mit einer höheren Turbinenleistung, beaufschlagt werden, bis wieder die zulässige Spannung σ_{zul} erreicht wird.

Selbstschützende Lösungen erhalten ihre Bedeutung erst im Überlastfall. Die Hilfswirkung ist dabei physikalisch anders oder mit anderer Kraftleitung als die Ursprungswirkung.

Beispiele dafür sind:

- Aufsitzen einer Druckfeder auf ihren Gängen bei Bruch,
- Anschlag einer elastischen Kupplung (z. B. nach Bild 7.110) bei Bruch ihrer elastischen Elemente,
- Fließen von Metallbauteilen an Stellen zu hoher Spannung.

7.8 Analysemethoden für Produkteigenschaften

Fragen:

- Welche **Analysemethoden** für Produkteigenschaften gibt es?
- Welches sind die **Modellvorstellungen** der Berechnungs-/Simulationsmethoden?
- Welche Methoden wirken **integrierend**?
- Wann soll man **welche Methode** anwenden?

In diesem Kapitel soll ein **Überblick** gegeben werden über verschiedene Arten von Analysemethoden, ohne dass diese bis in alle Einzelheiten erläutert werden. Es wird dann auf Literatur verwiesen. (Zur Fehlervermeidung siehe Kapitel 3.7 und Kapitel 4.4.2). Den Analysemethoden liegen jeweils bestimmte Modellierungsansätze zu Grunde, also Abstraktionen des betrachteten Gegenstandes für den jeweiligen Zweck. (Z. B. die Dauerbruchberechnung einer Welle mit Biegewechselbeanspruchung ohne (bzw. mit) Berücksichtigung des Einflusses der Reibkorrosion an einer aufgezogenen Nabe. Allgemein zu Modellen siehe auch Kapitel 2.1).

Ein wesentlicher Zweck der Analyse ist die **Endprüfung des Produkts** im Sinne der Zielabsicherung bevor es in den Markt geht. Dies ist besonders wichtig bei Produkten, die Menschen oder die Umwelt gefährden können oder die bei Ausfall den Ruf oder gar die Existenz des Unternehmens in Frage stellen. (Ponn [26/1; ab S. 805]).

a) Bedeutung

Die Bedeutung der Analyse im Verlauf des Konstruierens und der Produkterstellung ist erheblich. Es spricht nach Dylla [1/7.8] viel dafür, dass diejenigen Konstrukteure bessere Konstruktionsergebnisse hervorbringen, die sowohl die Aufgabe als auch die Eigenschaften von erzeugten (Teil-)Lösungen sehr sorgfältig analysieren (vgl. Kapitel 3.4.3).

Ziel der Analysen ist es, möglichst frühzeitig und mit wenig Aufwand Eigenschaften der Lösungen, z. B. als Basis für weitere Konstruktionsschritte, zu erkennen (Eigenschaftsfrüherkennung). Hier treten jedoch zwei grundlegende Probleme zutage (vgl. auch Bild 4.33; 9.5 und 9.9):

- Die **Genauigkeit** der Aussagen einer Analyse ist von den vorhandenen Informationen abhängig. Je genauere bzw. detailliertere Informationen zum Produkt vorliegen, also je später im Konstruktions- und allgemein im Produkterstellungsablauf eine Analyse durchgeführt wird, desto sicherer sind die Aussagen über bestimmte Produkt- und Prozesseigenschaften (Bild 4.33). Aber gerade am Anfang einer Produktentwicklung, wo die zukünftigen Eigenschaften noch kaum ermittelt werden können, sind die wichtigsten – strategischen – Entscheidungen zu treffen! (Paradoxon der Konstruktion!)
- Der **Aufwand** für die Beeinflussung (Änderung) von Produkt- und Prozesseigenschaften steigt jedoch i. allg. mit der wachsenden Festlegung der Eigenschaften, da sich diese wechselseitig stark beeinflussen und deshalb umso mehr geändert werden muss. In den sehr frühen Phasen der Produktdefinition sind jedoch zu wenige Produkteigenschaften erkennbar, um hier gezielt beeinflussen zu können (Bild 9.9).

Die Strategie bei der Analyse muss also sein, frühzeitig und mit möglichst **wenig Aufwand** die wesentlichen Produkt- und Prozesseigenschaften **grob** abzuschätzen, um sie mit geringen Änderungen **gezielt festlegen** zu können (Eigenschaftsfrüherkennung). Im Verlauf des Produkterstellungsprozesses wird dann **schrittweise** immer **feiner** analysiert, wobei die mit geringem Änderungsaufwand beeinflussbaren Produkt- und Prozesseigenschaften immer mehr die Detailebene betreffen (Strategien X.1, X.2 in Bild 3.32).

b) Arten der Analysemethoden

Die Analysemethoden lassen sich in vier **Kategorien** einteilen (Bild 7.130):

- Überlegung und Diskussion,
- Berechnung, Optimierung, Kennzahlenvergleich,
- Simulation
- Versuch.

Die zugehörigen Einzelmethoden unterscheiden sich stark durch den verfolgten Zweck. Es kann z. B. um das **grundsätzliche Verhalten** eines Funktionsträgers gehen. Da reichen häufig so genannte orientierende Versuche aus, z. B. bei kinematischen Problemen Versuchsmodelle aus Pappe und Draht.

Zweck / Art der Methode	grundsätzliches Verhalten	Vergleich zwischen Alternativen	Eigenschaftsermittlung überschlägig	Eigenschaftsermittlung genauer
Überlegung, Gedanken-modell (Kap. 7.8.1)	interdiszi-plinäre Diskussion	Vorteils-/ Nach-teilsvergleich, Portfolio-Analyse	Abschätzung, Scenariotechnik	logische Argumentation
Berechnung, Optimierung, Kennzahlen-vergleich (Kap. 7.8.2)	z. B. kinema-tische, dynami-sche Berechnung, Berechnung von Verformung, Ver-schleiß, Kosten	ABC-Analyse, Vergleichsrech-nung, Markt-analyse (z. B. Conjoint-Analyse), Kennzahlen	Auslegungs-rechnung, Überschlags-rechnung	Nachrechnung
Simulation mit dem Rechner (Kap. 7.8.2)	kinematische, dynamische Simulation VR, DMU	Simulation mit unterschiedlichen Alternativen	Testmarkt, Rechnersimu-lation mit ein-fachem Modell	FEM-Rechnung, Rechnersimu-lation mit ge-nauem Modell
Versuch (Kap. 7.8.3)	Handversuch, orientierender Versuch (Pappe, Draht, Plastik), Rapid Prototyping	Vergleichs-versuche, Modellversuche	Vorversuch, Laborversuch, Technikumsver-such, spannungs-optischer Vers., Modellversuch	Prototypversuch, Prüfstandsver-such für Berech-nungsformel

Bild 7.130 Klassifikation der Analysemethoden nach dem Zweck bzw. der Genauigkeit

Geht es um den **Vergleich zwischen konstruktiven Alternativen**, so kann man sehr einfache Vergleichsversuche anstellen, wie noch am Beispiel einer Scheibenbremse gezeigt wird (Kapitel 7.8.3). Es kann auch um die **sehr genaue und umfassende Eigenschaftsermittlung von Produkten und Prozessen** gehen, damit man Berechnungsmethoden oder Simulationsverfahren erstellen kann, um sich zukünftige Versuche zu ersparen. Je nach der Entscheidung für ein mehr oder weniger abstraktes oder genaues Vorgehen kann der Aufwand groß oder klein sein.

Die gleiche Problematik liegt bei unterschiedlichen Methoden der Berechnung und Simulation vor.

Die Aufgabe eines Gruppen- oder Abteilungsleiters ist die **Wahl zwischen** den in Bild 7.130 gezeigten **Arten der Analyse**, z. B. „Rechnen, Simulation oder Versuch?" (Kapitel 5.1.4.2) und die Festlegung des Aufwands.

Als Beispiel aus der Tribologie (Behandlung von Reibungs-, Schmierungs- und Verschleißproblemen) zeigt Bild 7.131 die Einschätzung unterschiedlicher Analysemethoden aus der Sicht der Industrie: Praxisnähe und Aufwand sind gegenläufig.

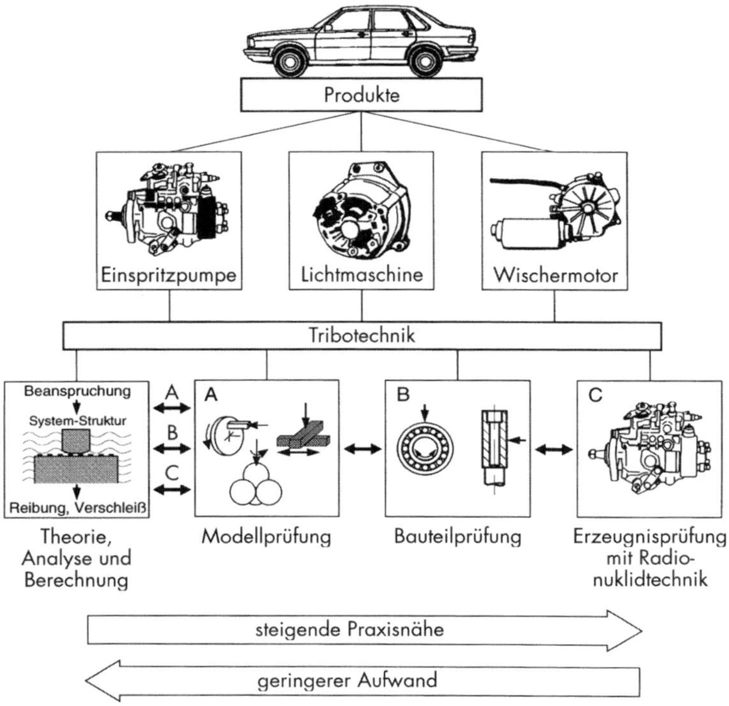

Bild 7.131 Unterschiedliche Analysemethoden mit gegenläufigem Praxisbezug und Aufwand (nach Bosch [2/7.8])

c) Produkterstellungs- und Verifikationsmodell

Der Prozess der Produkterstellung läuft vom Vorläufigen zum Endgültigen, vom Unvollständigen zum Vollständigen ab (Strategie II.2 in Bild 3.32). Die verschiedenen Festlegungen synthetischer Art können unter dem Begriff **Produkterstellungsmodell** zusammengefasst werden. Die Fragestellung ist dabei: „Wie sollen das Produkt, der Produktions- und Vertriebsprozess beschaffen sein, damit das Produkt zu einem Erfolg am Markt wird?" Dementsprechend werden in jedem Arbeitsabschnitt modellhaft Festlegungen getroffen und dokumentiert, z.B. die Anforderungsliste, die Funktionsstruktur, das Konzept usw., aber auch der Fertigungs- oder der Vertriebsplan.

Damit dieses **Produkterstellungsmodell** die endgültig angestrebte Erfolgsrealität trifft, muss die Modellvorstellung in jedem Arbeitsabschnitt durch entsprechende Analysemethoden abgeprüft oder verifiziert werden. Ziel von so genannten **Verifikationsmodellen** ist dabei, durch **kurze Iterationsschleifen** eine **frühzeitige Absicherung** der Entscheidungen im Produkterstellungsprozess zu erreichen und spätere Änderungen zu vermeiden („Eigenschaftsfrüherkennung"). Heute ist dank des Computers die vollständige Simulation aller Produkteigenschaften in manchen Branchen Realität. (**virtuelle Produktentwicklung!** Siehe Kapitel 5.2.2.5;

[19/7.8]). Das SE-Team (Kapitel 4.4.1) arbeitet z. B. in einem **Entwicklungslabor**, in dem geeignete fertigungs-, montage- und versuchstechnische Einrichtungen schnell verfügbar sind.

Der Aufwand der Analyse ist hierbei so gering wie möglich zu halten. Unter diesem Gesichtspunkt ist zu entscheiden, ob einzelne Funktionsträger oder komplette Konstruktionen analysiert werden sollen, ob sehr genaue Analysemethoden (z. B. Prototypenversuche, umfangreiche FEM-Modelle) erforderlich sind oder ob vereinfachte und schnelle Untersuchungen (z. B. Papp- und Drahtmodelle, einfache FEM-Modelle) ausreichen. Verifikationsmodelle sind also gegenüber der Realität verschieden stark abstrahierte gedankliche, rechen- oder versuchstechnische Gebilde. Beispiele für unterschiedlich abstrakte Modelle einer elastischen Radialversatzkupplung sind in Bild 7.132 gezeigt. Solche wurden z. B. zur Analyse von Kupplungen eingesetzt, wie sie nach Kapitel 7.6.5 konstruktionsmethodisch erzeugt worden waren. Selbst einfache Pappemodelle sind oft von großem Nutzen!

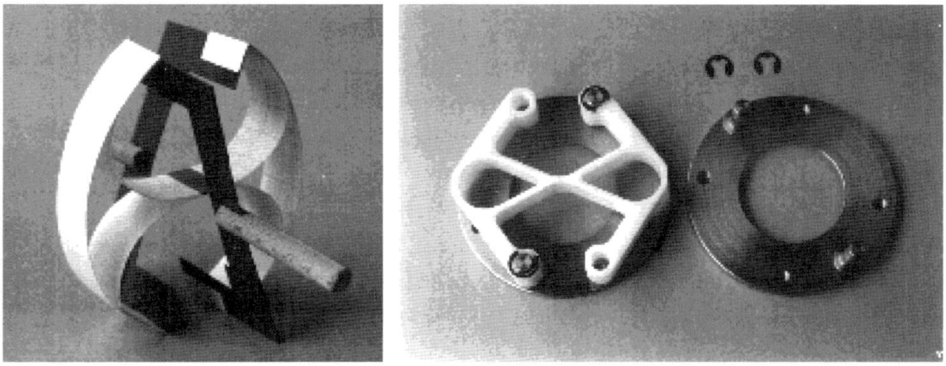

Bild 7.132 Pappemodell und Prototyp einer radialausgleichenden Wellenkupplung als Verifikationsmodelle [3/7.8]

7.8.1 Überlegung und Diskussion als Analysemethode

7.8.1.1 Methoden zur Schwachstellenanalyse

Schwachstellen eines Produkts sind meist der Anlass für eine konstruktive Überarbeitung. Dabei können Schwachstellen in **jeder Eigenschaft** auftreten, z. B. Funktion, Verfügbarkeit, Geräusch, Ergonomie, Design, Kosten und Entsorgbarkeit (Kapitel 3.7).

Die Schwachstellenanalyse ist im Vorgehenszyklus Teil des **Abschnitts I** (bei Aufgabe analysieren) ganz zu Beginn einer Entwicklung und ist nötig im **Abschnitt II** (bei Lösungen analysieren). Schwachstellenbeseitigung ist ferner das Ziel des korrigierenden Vorgehens (Kapitel 5.1.4.3).

Als Methoden dafür können grundsätzlich alle dienen, die einen Soll-Ist-Vergleich bzw. einen Vergleich zwischen Alternativen liefern. Dies sind z. B.:

- Marktanalyse einschließlich der eigenen Produkte (Kapitel 7.2)
- Marktforschung (z. B. Conjoint-Analyse, Kapitel 7.2.4 d; 9.3.3)
- Fremderzeugnisanalyse
- Benchmarking (Kapitel 7.2.4 d; [4/7.8]), Kennzahlvergleiche [5/7.8]
- Berechnungs- und Simulationsmethoden (Kapitel 7.8.2)
- Zielkostengesteuerte Konstruktion (Kapitel 9.2), Target Costing (Kapitel 9.3.3)
- Methoden des Qualitätsmanagements (Kapitel 4.4.2)
- Formblattanalyse und FMEA (nachfolgend Punkt a); „Human-FMEA"
- Fehlerbaumanalyse (nachfolgend Punkt b)
- Versuchsmethoden (Kapitel 7.8.3)
- Methoden der Schadensanalyse (Kapitel 7.8.1.2).

a) Formblattanalyse und FMEA

- In der **Formblattanalyse** ist, ähnlich wie bei Checklisten (Kapitel 7.5.5.5 und Bild 9.19), eine Folge von Fragen zu beantworten. Jedoch wird ein Ablaufschema vorgegeben, in das ein Fehler und die sich daraus ergebenden Folgen einzutragen sind. Das Ergebnis ist eine logische Struktur von möglichen Fehlern und Gefahren, die von dem technischen System ausgehen können.
- Ähnlich hierzu ist die **FMEA** = **F**ailure **M**ode and **E**ffect **A**nalysis oder „**F**ehler**m**öglichkeiten- und -**e**influss-**A**nalyse". Diese setzt sich in der Industrie immer mehr durch. Sie wird angewandt zur Verringerung potenzieller Fehler bzw. Ausfallarten sowie Ausfallfolgen und Ausfallursachen, sowohl beim Planen des Gesamtprodukts (System-FMEA), beim Konstruieren von Baugruppen oder Einzelteilen (Konstruktions- oder Produkt-FMEA) und bei der Planung der Produktionsprozesse für das Produkt (Prozess-FMEA). Das Ziel ist, die möglichen Schwachstellen eines Produktes so früh wie möglich zu erkennen und sie zu beseitigen. (Siehe auch Ponn [26/1; S. 811–834]) – Auch in Zeiten der Krise kann sie hilfreich sein (Kapitel 7.10.7). – Bild 7.133 zeigt den prinzipiellen Ablauf einer Konstruktions-FMEA. Günther zeigt, wie man in der Praxis eine Umwelt-FMEA erstellt. (Siehe Kapitel 4.1.5, [75/4]).

Die FMEA wirkt auch im Sinne der Kostenfrüherkennung (Bild 9.9) der „rule of ten": Die Kosteneinsparung in Bezug auf die gesamten Systemkosten ist umso größer, je früher im Arbeitsablauf ein Fehler festgestellt und vermieden wird. Von Abteilung zu Abteilung nehmen die Fehlerbeseitigungskosten um den Faktor 10 zu (Bild 3.61). In die FMEA sind deshalb alle an der Produkterstellung beteiligten Bereiche (z. B. Entwicklung, Konstruktion, Fertigungsplanung, Qualitätssicherung, Vertrieb, Service usw.) eingebunden, sie hat somit eine integrierende Funktion (Bild 4.38).

Für das Management ist die Risiko-Prioritätszahl RPZ der FMEA von Bedeutung. Sie soll möglichst klein sein. Die RPZ wird aus Faktoren für die Wahrscheinlichkeit des Auftretens, der Entdeckung sowie der Bedeutung eines Fehlers (bzw. Höhe des Schadens) gebildet (vgl. Bild 7.133). Werden bestimmte Grenzwerte überschritten, sind Abhilfemaßnahmen erforderlich. (Siehe auch die Norm DIN EN 60812 von 2006).

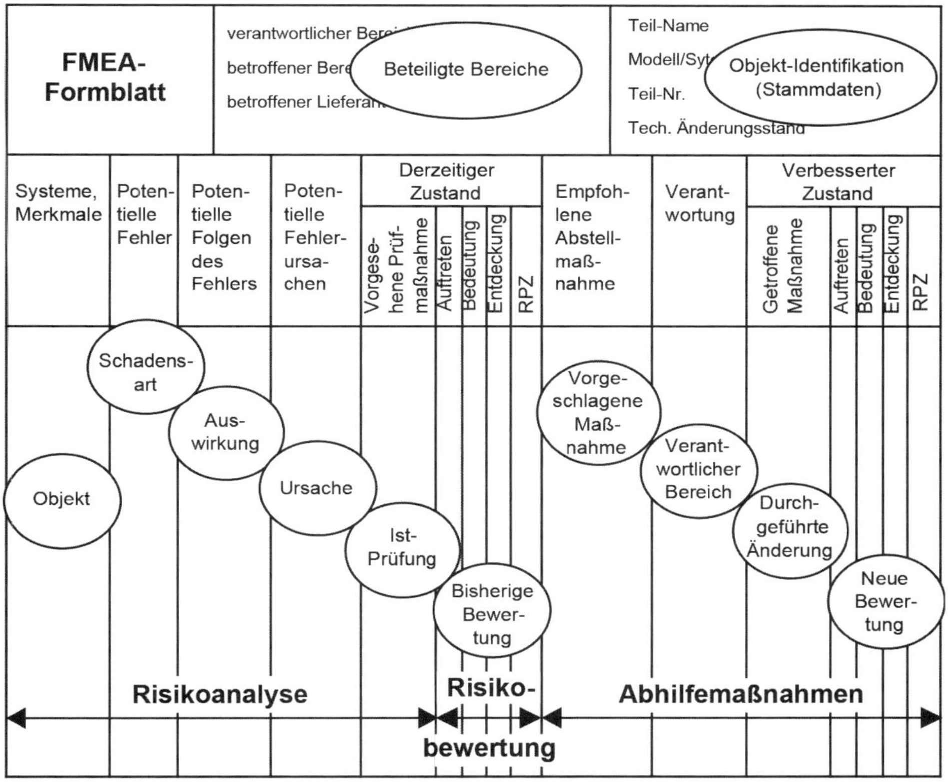

Bild 7.133 Formblatt für eine Konstruktions-FMEA (in Anlehnung an [6/7.8])

Der Aufwand für die Durchführung der FMEA kann erheblich reduziert werden, wenn sie, besonders bei Variantenkonstruktionen, computergestützt und standardisiert wird, darüber berichtet MAN Diesel Turbo [23/78].

Meist sind die sachbezogenen Fehler durch Informationsdefizite und menschliche Unzulänglichkeiten bedingt. Hier kann die **„Human-FMEA“** [79/3] helfen, die Arbeitswissenschaftler aus der Praxis heraus als ein formalisierbares Verfahren zur Verringerung von Denk- und Handlungsfehlern geschaffen haben.

Zur Abschätzung der Unsicherheit bei der Entwicklung von Produkten in der ganzen Prozesskette bis zur Nutzung wurde die **UMEA-Methodik** zusammen mit

Praktikern entwickelt („Uncertainity **M**ode and **E**ffects **A**nalysis" nach Birkhofer u.a. [22/7.8]). Damit kann man z.B. die Robustheit der geplanten Herstellprozesse vorhersagen und versuchen erkannte Risiken frühzeitig zu minimieren.

b) Fehlerbaumanalyse

Bei der **Fehlerbaumanalyse** [7/7.8] wird ein bestimmtes (unerwünschtes) Ereignis betrachtet und nach den Ursachen für das Zustandekommen gesucht. Es wird also gefragt: „Was passiert, wenn ... eintritt?" Daher wird die Fehlerbaumanalyse auch als Verhaltensanalyse bezeichnet.

Diese Ursachen für einen Fehler können wiederum durch andere Ereignisse bedingt sein (logische „UND"-Verknüpfung), oder es können mehrere Ursachen denselben Fehler bewirken (logische „ODER"-Verknüpfung). Auf diese Art kommt man zu einer hierarchischen Darstellung der Fehlerabhängigkeiten, dem sog. Fehlerbaum. Die Ergebnisse können auch die Eingangswerte für eine entsprechende FMEA bilden [6/7.8].

Die Fehlerbaumanalyse ist sehr flexibel und liefert am ehesten qualitative Analyseergebnisse, setzt dazu allerdings eine genaue Kenntnis des Systems voraus. So hat Günther bei HILTI in die FMEA-Liste zusätzlich zu den Bauteilen deren Funktionen, und deren potenzielle Schwachstellen aufgenommen, so dass die Liste bei der Konstruktion ähnlicher neuer Geräte gute Dienste leistet [72/4].

c) Gefahren- und Fehleranalyse mit Statistiken

Gute Hersteller legen Schadens- bzw. Unfallstatistiken ihrer Produkte oder Produktion an. Daraus können Schwerpunkte zur Beseitigung von Fehlern bzw. Unfällen erkannt werden. Die Aufschlüsselung geschieht am besten nach den sicherheitstechnischen Begriffen. Dafür sei auf entsprechende Literatur verwiesen [z.B. 25/6; 8/7.8]. Schwerpunkt muss aber die Fehlervermeidung sein, nicht nur die nachträgliche Erfassung aufgetretener Fehler.

7.8.1.2 Methode der Schadensanalyse

Die Analyse von Schäden und Beanstandungen ist vor allem in Klein- und Mittelunternehmen meist eine Aufgabe der Entwicklung und Konstruktion. (Siehe auch „Verhalten in Krisen", Kapiteln 7.10.7).

In Kapitel 3.3.4 ist als Anwendungsbeispiel für den Vorgehenszyklus die Analyse einer Schwingungsbeanstandung bei einem Getriebe beschrieben.

Auch die Analyse von Produktschäden kann nach dieser Methode mit weniger Fehlern und Umwegen als durch rein planerische Überlegungen durchgeführt werden. Es müssen nur entsprechende Begriffe für Schäden eingebracht werden. Der Vorgehenszyklus nach Bild 3.25 wurde deshalb für die Schadensanalyse weiter konkretisiert und in Bild 7.134 dargestellt. Vorläufiges **Ziel** der Schadensanalyse ist die erkannte **Schadensursache**. Dabei ist zu unterscheiden zwischen Produktfehlern (meist dem Hersteller anzulasten), Betriebsfehlern (meist dem Betreiber anzulasten), Unvollkommenheiten des Standes der Technik und unvorhersehbaren Ereignissen. Die meisten Endursachen sind menschliche Fehler oder Unterlassungen.

Eigentliches **Ziel** ist dann die Schadenbehebung und die **Schadenvermeidung**, die aber nur bei erkannter Ursache wirkungsvoll sein kann.

Für die Schadensanalyse sind die Begriffe **Komponenten, Merkmale, Erscheinungen** und **Symptome** wichtig [9/7.8]. Deren Bedeutung wird nachfolgend verdeutlicht.

Das Vorgehen bei der Schadensanalyse nach Bild 7.134 geschieht folgendermaßen:

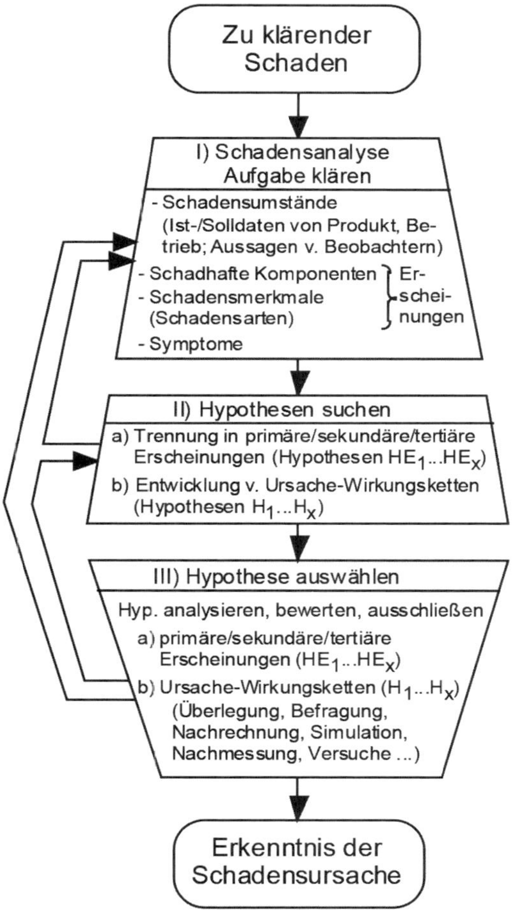

Bild 7.134
Vorgehenszyklus für die Schadensanalyse

I Schadensanalyse – Aufgabe klären

- Zunächst sind die **Schadensumstände** festzustellen: Befragung von Beobachtern (z.B.: Was hat sich ereignet? Was war anders als sonst?). Für das Produkt und den damit durchgeführten Betrieb müssen die Soll-Daten vorhanden sein (z.B. Zeichnungen, Messprotokolle, Werkstoffanalysen, Berechnungen). Falls die Ist-Daten davon abweichen, sind diese festzuhalten. Bei der Befragung von Betroffenen oder Beobachtern (z.B. Betreiber, Monteur, Konstrukteur) kommt es drauf an, glaubhaft zu machen, dass es nicht um persönliche Schuldzuweisungen geht, sondern um die technische oder organisatorische Ursachenermittlung. (Motto. „Jeder von uns macht Fehler". Nur gemeinsam können wir uns verbessern!)
- Die schadhaften **Komponenten** (Baugruppen, Bauteile) mit ihren **Schadensmerkmalen** (Schadensarten: Bruch, Verschleiß, Korrosion ...) sind festzuhalten, aufzunehmen (z.B. zu fotografieren). Physikalisch beobachtbare Veränderungen an diesen Komponenten, die z.B. durch Schadensmerkmale beschrieben werden können, werden zusammengefasst als **Erscheinungen** bezeichnet (z.B. Reibkorrosion zwischen Innenring und Welle).
- Die **Symptome** (z.B. Geräusch, Überlast, Austritt von Stoffen ...) sind festzuhalten.

II Hypothesen suchen

- Es ist zweckmäßig, zunächst die **primären** Komponenten und Schadensarten (bzw. **Erscheinungen) von den sekundären zu trennen**. Die primären sind die verursachenden Erscheinungen. (Primär ist z.B. ein Dauerbruch, sekundär wäre es, wenn auch Gewaltbruch auftrat; er muss ja schon vom Zeitablauf her eine Folge des Dauerbruchs sein). Auch das sind Hypothesen (HE_X = Hypothese der Erscheinung x), die geprüft werden müssen. Entsprechend dem vorhandenen Wissen über das Zusammenwirken der Komponenten und der Schadensarten sind mehrere **hypothetische Ursache-Wirkungs-Ketten** H_1 bis H_X aufzustellen.

III Hypothese auswählen

- Nun müssen zunächst die hypothetischen primären bzw. sekundären **Erscheinungen** HE_X auf Stichhaltigkeit geprüft werden. (Welche waren wirklich primär?)
- Dann werden die hypothetischen **Ursache-Wirkungs-Ketten** H_X abgeprüft. Welche können ausgeschlossen werden? Es wird dies durch Überlegung, Befragung, Nachrechnung, Simulation, Nachmessung oder geeignete Versuche ermöglicht. Schließlich bleiben z.B. ein oder zwei Ursache-Wirkungs-Ketten übrig. Die plausibelste wird als die wahrscheinlichste angenommen. Es ist meist nötig, dass der Vorgehenszyklus bei dieser Bearbeitung mehrmals zyklisch durchlaufen wird, was die Pfeile andeuten. Es gibt „kleine Iterationen" im Kopf des Bearbeiters,

aber auch große, die sich in wiederholten Besprechungen, Versuchen, verfeinerten Berechnungen, nachgeholten Messungen etc. äußern.

So erhält man schließlich die **Schadensursache**, aus der man **Abhilfemaßnahmen** ableiten kann und muss, denn das ist ja ein Hauptzweck der Schadensanalyse.

In Wirklichkeit sind die Ursache-Wirkungs-Ketten so zahlreich und noch dazu vernetzt, so dass es schwer ist, sie im Kopf oder auf Papier zu modellieren. Das ist selbst bei anscheinend so einfachen Schadensmechanismen wie bei Wälzlagerungen der Fall. Rechnerunterstützung ist dann hilfreich [9/7.8, 10/7.8]. Beachte hierzu auch die VDI Richtlinie 3822 [21/7.8].

7.8.2 Rechen- und Simulationsmethoden, Optimierung, Kennzahlenmethoden

7.8.2.1 Berechnungsarten technischer Sicherheiten

a) Bei der **Berechnung** wird versucht, die aus Versuchen oder Praxisbeobachtung gewonnene Erfahrung in einem modellhaften Algorithmus zu erfassen. Das Modell soll die realen Verhältnisse möglichst genau vorhersagen. Man unterscheidet Auslegungsberechnungen und Nachrechnungen. Eine **Auslegungsberechnung** (Überschlagsberechnung) liefert Dimensionierungsdaten für ein Produkt aufgrund geforderter Eingangsdaten (z.B. ergeben sich bei einem Getriebe aus dem zu übertragenden Drehmoment mit der Hertzschen oder Stribeck Pressung direkt die Durchmesser und Breiten der Zahnräder). Es geht hier um eine vorläufige Dimensionierung, wie sie in Kapitel 9.4.6 gezeigt wird. Die **Nachrechnung** liefert auftretende Beanspruchungen aufgrund der ersten konstruktiv gewählten Dimensionierung. Diese Berechnungsansätze berücksichtigen wesentlich mehr Einflussgrößen als diejenigen der Auslegungsberechnung. Falls Grenzwerte überschritten werden, muss die Gestalt oder müssen stoffliche Eigenschaften angepasst werden. Man kann ferner die heute üblichen Berechnungsarten in drei Gruppen aufteilen, die zunehmend mehr Einflussgrößen berücksichtigen:

- Deterministische **Verfahren** berücksichtigen i. Allg. nur die wichtigsten Einflussgrößen. Hierzu zählen die Sicherheitsberechnungen einfacher Maschinenelemente. Am besten gesichert ist die statische Festigkeitsrechnung. Verschleiß-, Korrosions- und thermische Probleme werden meist nur überschlägig erfasst.
- **Halbdeterministische Verfahren** berücksichtigen weitere Einflussgrößen aus praxisnahen Versuchsreihen. Beispiele hierfür sind Wälzlager-Berechnungen unter Berücksichtigung von Öl-/Umgebungsverschmutzung, Verformungs- und thermischen Bedingungen. Erwähnenswert ist ferner die Be-

triebsfestigkeitsberechnung von Bauteilen aufgrund von Last-Kollektiven unter Berücksichtigung der Werkstoffstreuung.

- **Probabilistische Verfahren** schließen aus der Beobachtung des realen Verhaltens von technischen Systemen, z.B. auf die Wahrscheinlichkeit des Versagens einer Maschine. Hierzu zählen Zuverlässigkeitsberechnungen für die Entwicklung von Flugzeugen oder von elektronischen Systemen und im Reaktor- und Kraftwerksbau [25/6; 8/7.8].

b) **Weitere Informationen über die Sicherheit** technischer Produkte (v.a. im Anlagenbau) fordert der Besteller oder Betreiber, da er meist durch Berechnungen allein nicht überzeugt werden kann. Denn Gefahren oder Schäden, die ein Hersteller noch nicht erlebt hat, weil er z.B. ein Neuling in einer bestimmten Produkt- oder Anwendungsart ist, wird der Hersteller i.A. auch nicht berechnen.

Es werden gefordert:

- Garantien mit entsprechenden Konventionalstrafen (z.B. für Verfügbarkeit, Dichtheit, Geräuscharmut, Verluste ...),
- Referenzangaben für ähnliche Produkte oder Einsatzfälle,
- Einschaltung neutraler Abnahme-/Prüfgesellschaften (Klassifikationsgesellschaften, TÜV usw.),
- Vertrauenswürdigkeit des Herstellers,
- Qualifikationsnachweis (z.B. Zertifizierung nach DIN ISO 9000ff. [11/7.8] und EN ISO 13849-1).

7.8.2.2 Weitere rechnerische Analysemethoden

Folgende beispielhafte Literaturstellen erläutern weitere Analysemethoden:

- Kostenkalkulation (Kapitel 9.2.3)
- Simulationsmethoden, z.B. Finite-Elemente-Methoden (FEM) [12/7.8, 13/7.8]
- Optimierungsmethoden [14/7.8]
- Kennzahlenmethoden [15/7.8]

Simulationsmethoden erlauben infolge der DV-technischen Fortschritte zunehmend die fast vollständige Voraussage der Produkteigenschaften und können wesentlich schneller und kostengünstiger sein als Versuche **(virtuelle Produktentwicklung)**. Man muss sich allerdings Klarheit über die Realitätsnähe der verwendeten Modellannahmen verschaffen. (Siehe Kapitel 5.2.2.5). Unüberlegte „**Rechnergläubigkeit**“ kann schlimme Folgen haben! Numerische Simulationen werden vielfältig eingesetzt: z.B. im Entwicklungsbereich CAE (FEM, Strömung, Mehrkörper (MKS) und zur Strukturoptimierung CAO, ferner in der Fertigung: zum Gießen, Umformen, Schweißen, zum Fräsen und schließlich in der Qualitätssicherung als CAQ sowie für Toleranzauswirkungen CAT. (Rieg u.a. [26/1; ab S. 905]).

Ein Beispiel soll den **Zeit- und Kostenvorteil** des virtuellen Tests gegenüber dem realen Test demonstrieren: Der seitliche Überschlag eines Omnibusses auf einer Strasse kostete virtuell rund 100 000 € bei einer Dauer von 2 Monaten (Labor- und Softwareaufwand), real das rund 10-fache bei einer Dauer von 4 Monaten für die Prototypherstellung. Dabei wurde virtuell 6 mal gerechnet und es konnten Konstruktionsvarianten analysiert werden. (Nach MAN CADFEM [82/4]).

7.8.3 Versuchsmethoden

Versuche sind, wie angedeutet, im Allgemeinen zeit- und kostenintensiver als Berechnungs- und Simulationsverfahren, jedoch sind sie meist praxisnäher (Bild 7.131). In vielen Fällen, vor allem wenn es um die Verarbeitung von Stoffen (Materialien) geht, sind Versuche zur Eigenschaftsfrüherkennung nötig, da es meist keine genauen Stoffgesetze für die Berechnung gibt. Albers geht unter „Validierung“ besonders auf zweckmäßige Versuchsmöglichkeiten ein, Teilsysteme im Zusammenhang mit dem Gesamtsystem (..in the loop..) möglichst wirklichkeitsgerecht und aufwandsgünstig zu untersuchen. (Z. B. eine Kupplung in der Simulation, im Gesamtfahrzeug im Prüfstand, in der Teststrecke, im Verkehr) (Albers u. a. [26/1; S. 556-569]).

Grundsätzlich gibt es für Unternehmen **drei Möglichkeiten, Versuche durchzuführen** bzw. durchführen zu lassen:

1. Versuche im eigenen Haus mit:
   - Funktions- oder Labormustern (u. U. mit Draht- und Pappemustern in E & K)
   - Prototypen (z. B. Rapid Prototyping, 3D-Druck)
   - Nullserie, Vorserie.
2. Versuch bei Externen (z. B. Entwicklungsgesellschaft, Hochschule).
3. Versuch beim Kunden.

Letzteres muss gemacht werden, wenn es sich um „Großmaschinen“ handelt, für die im Originalmaßstab i. Allg. keine Prüfstände gebaut werden können (z. B. Papiermaschinen, Rauchgasreinigungsanlagen).

Wie Versuch und Konstruktion einander bedingen und durchdringen, zeigen die Bilder 3.29 und 5.21.

Will man Versuche planen, so muss man sich zunächst entscheiden, welche Art von Versuchen hinsichtlich der zu erwartenden Ergebnisse durchzuführen ist (Bild 7.130 bis 7.131): orientierende Versuche, Prototypversuche oder Prüfstandsversuche zur Erstellung eines Berechnungsverfahrens.

Da die Darstellung von orientierenden Versuchen in der Literatur eher dürftig ist, soll im Folgenden näher darauf eingegangen werden.

Orientierende Versuche

Eine häufige Erfahrung ist, dass **Versuche zu aufwendig** geplant werden, da es in den meisten Unternehmen eine eigene Abteilung gibt, die sich der Versuchsaufträge mit dem gewohnten Aufwand annimmt. Als Ergebnisse werden dann oft erst sehr spät „exakte“ Daten und Berechnungsunterlagen geliefert. Das ist aber von der Konstruktion dann gar nicht gefordert, wenn es z.B. um das grundsätzliche Funktionieren eines Lösungsprinzips geht, oder wenn nur zwei konstruktive Varianten relativ zueinander verglichen werden sollen. In solchen Fällen genügen aufwandsarme **„orientierende Versuche“** (Handversuche, Einfachversuche), die u.U. sogar in der Konstruktionsabteilung selbst durchgeführt werden können. (Bild 7.132). Hacker zeigt in [16/1], S. 16–20, dass derartiges „externes Entwickeln“ qualitäts- und leistungssteigernd wirkt! – Es gibt dabei aber auch den Nachteil, dass man wieder jeweils ein „Neues Modell“ geschaffen hat, das u.U. ein eigenes Verhalten aufweist, da man von (unerkannten) Einflussgrößen der Realität abstrahiert hat.

Am **Beispiel** einer **Scheibenbremse für den Bahnbetrieb** soll gezeigt werden, wie man vorgeht, um die Eigenschaften von konstruktiven Varianten nur soweit zu erkennen, dass man die bessere auswählen kann (vgl. dazu die Beispiele in den Kapiteln 8.5 und 8.6).

Bild 7.135 zeigt im oberen Bildteil eine konventionelle, innen durch radiale Kanäle belüftete Scheibenbremse für den Bahnbetrieb (Bremse mit „Schaufelrippen“). Unten ist eine Wirkflächen-Variante wiedergegeben, bei der statt der rippenförmigen Stege nur noch gegossene Bolzen vorgesehen sind (Bremse mit „Rundstegrippen“). Der Erfinder, Dr. F.X. Wirth, erklärte, dass er auf diese intuitiv entstandene Idee durch die Vorstellung von Wärmetauschern gekommen ist. Dort werden ja auch runde Wirkflächen in Form von Rohren umströmt..

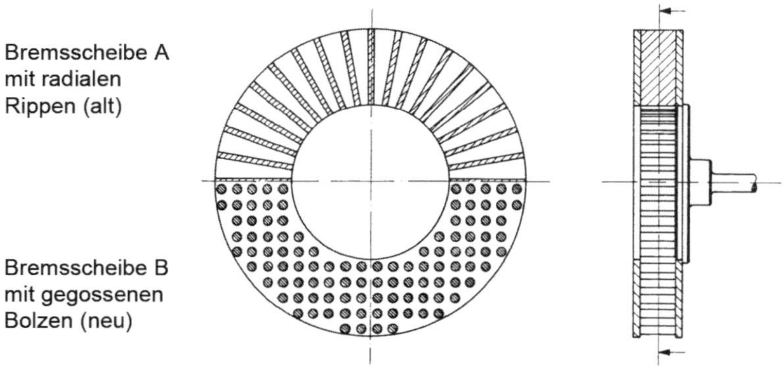

Bild 7.135 Bremsscheibenmodell [16/7.8]

Der Grund für die Umkonstruktion waren die vermuteten geringeren **Ventilationsverluste** und die geringere **Rissempfindlichkeit** durch Wärmespannungen. Diese Annahme wurde durch FEM-Untersuchungen bestätigt. Zu beantworten blieb also die Frage, wie groß der **Ventilationsverlust** und die **Kühlwirkung** der neuen Scheibenkonstruktion relativ zur alten sind. Dies ließ sich mit vertretbarem Aufwand nicht mehr rechnen. Um die Modellkosten zu sparen, wurde für die nachfolgenden Versuche eine mit montierten Bolzen versehene Modellscheibe gebaut.

Die Versuchseinrichtung bestand nur aus einer Handbohrmaschine, die an einem dünnen Draht aufgehängt war und deren Drehmoment über eine Federwaage gemessen werden konnte (Bild 7.136). Die beiden Scheiben wurden jeweils an der Bohrmaschine befestigt, in kochendem Wasser auf 100 °C erhitzt und eine definierte Zeit gedreht. Während des Versuchs wurde die Temperatur der geförderten Luft und anschließend die Oberflächentemperatur der Scheibe gemessen.

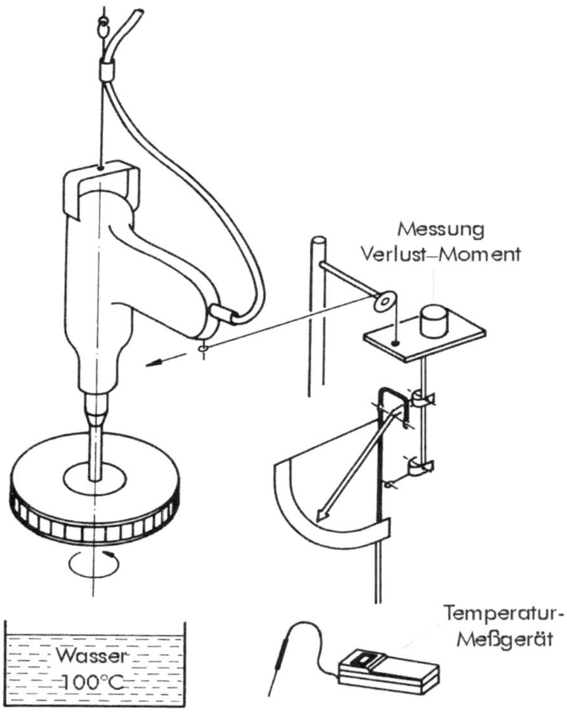

Bild 7.136
Einfache Versuchseinrichtung für einen orientierenden Versuch zur Entscheidung zwischen zwei Bremsscheibenvarianten (Bild 7.131, nach Dr.-Ing. F.X. Wirth 7.135

Ergebnis: Die neue Scheibe fördert ca. 30 % weniger, wegen besserem Wärmeübergang aber heißere Luft. Die Kühlwirkung ist dadurch etwas besser. Das Verlustmoment ist aber um 60 % geringer. Bei einer Verlustleistung einer bisherigen Rippenscheibe von rund 1 kW (bei 160 km/h) ergeben sich erhebliche Einsparungen bei einem ganzen Zug. Die Entscheidung für die neue Scheibe war damit eindeutig. Aufwendigere Fertigungs- und Versuchsinvestitionen sind nun gerechtfertigt

(Strategien X.1, X.2, II.2 in Bild 3.32). Heute hat sich die Scheibe mit „Rundstegrippen“ international weitgehend durchgesetzt.

Versuchsplanung und -durchführung

Will man Versuche zielgerichtet für die gewünschten Erkenntnisse schnell und kostengünstig planen, durchführen, auswerten und interpretieren, so ist meist eine Vielzahl von Problemen zu lösen, für die eine ähnliche Vielzahl von Methoden zur Auswahl stehen. Diese können hier nur skizziert werden. Das meiste wird auch hier von erfahrenen Praktikern im „Normalbetrieb“ (Kapitel 3.2) aus der Logik der Sache heraus erledigt. Zweckmäßig kann aber eine statistische Versuchsplanung sein, um Einflussgrößen und Zielgrößen mit möglichst geringem Aufwand zu ermitteln. (Albers u.a. [26/1; S. 549]).

Setzt man den **Vorgehenszyklus** (Bild 3.24) ein, so ist gilt für **Arbeitsabschnitt I** „Problem (Aufgabe) klären und strukturieren“:

- **Ausgangspunkt** ist ein Problem (Aufgabe) in Form einer unbekannten Eigenschaft eines Objekts, z.B. eines Funktionsträgers, Produkts, Werk-, Betriebs-, Umsatzstoffes.
- Es ist eine vorläufige hypothetische Modellvorstellung vom **Funktionieren, Ablaufen, Verhalten** des zu **untersuchenden Objektes** zu erarbeiten. In manchen Fällen kann dies schon ein mathematisches Modell sein [17/7.8]. Es sind die interessierenden Ein- und Ausgangsgrößen, die Haupt- und Nebeneinflussgrößen zu erkennen und festzulegen.
- Es ist ferner eine Modellvorstellung für die **Einflussgrößen-Variation** und -Erfassung nötig: Welche Einflussgrößen können direkt oder indirekt gemessen (verglichen) werden, welche sollen in welchem Bereich geändert und welche konstant gehalten werden? Dabei ist es meist zweckmäßig, zu Beginn der Versuche große Variationsbereiche grob abzutasten und je nach Ergebnis an bestimmten Stellen zu verfeinern [18/7.8].

Entsprechend **Arbeitsabschnitt II und III** des Vorgehenszyklus „Lösungen suchen und auswählen“ ergibt sich als nächstes:

- Es sind **Versuchsmethoden** (z.B. orientierende/detaillierte Versuche, physikalisch unterschiedliche Verfahren; Bild 7.130) und mögliche **experimentelle Einrichtungen** (Prüfstände) zu ermitteln und auszuwählen. U.U. muss die Einrichtung erst konstruiert und gebaut werden (Problembereichswechsel, Bild 3.29).

Nach **Arbeitsabschnitt IV** (Kapitel 3.3.2 e) des Vorgehenszyklus „Lösung verwirklichen“ ergibt sich weiter:

- Die Versuche sind **durchzuführen**. Es muss beobachtet und gemessen werden.
- Die Versuche müssen **ausgewertet** und **interpretiert** werden.

Meist finden sehr viele Iterationen zwischen den obigen Arbeitsabschnitten statt. Es ist selten der Fall (nur bei Routineversuchen), dass die ursprünglichen Modellvorstellungen und die Wahl der Versuchsparameter (Einflussgrößen) bzw. der Versuchseinrichtungen von Anfang an realistisch eingeplant werden können.

Beispiel einer Versuchsdurchführung an einer Bogendruckmaschine (nach Lindemann) [20/78]. – Die neue Bogendruckmaschine mit 8 Druckwerken stand kurz vor der Markteinführung. Beim Probelauf zeigte sich aber, dass das Schwingungsverhalten und die Druckgüte noch nicht ausreichend waren.

Bild 7.137
Zwei Druckwerke von acht Druckwerken einer Bogendruckmaschine. Man sieht die geöffnete Seite mit den Antrieben und den Regelungseinrichtungen der verschiedenen Walzen

Der erfahrene Entwicklungsleiter schlug vor, an einer Welle-Nabe-Verbindung etwas zu ändern und ein Detail der Antriebsregelung zu verbessern. – Die Geschäftsleitung ordnete aber gründliche Schwingungsversuche an, die externe Spezialisten durchführen sollten. Typisch war: Die Messungen dauerten Wochen und die erhaltene große Datenmenge konnte aus Termingründen nicht mehr soweit ausgewertet werden, dass aussagekräftige Ursachen erkennbar wurden. – Also wurden doch noch die Vorschläge des Entwicklungsleiters in großer Eile durchgeführt. Sie ergaben schließlich ein ausreichendes Lauf- und Druckverhalten der Maschine.

Erkenntnisse:

- Versuche bei neuen Maschinen von vorneherein mit erhöhtem Zeitaufwand einplanen.
- Es ist nicht sinnvoll bei Versuchen riesige Datenmengen zu produzieren und diese erst am Schluss auszuwerten. Besser ist auch hier „Früherkennung". Also einen Versuch machen, sofort auswerten und wieder neu mit Versuchen ansetzen usw. (Siehe auch Kapitel 3.3.4)
- Den erfahrenen eigenen Leuten trauen. Diese müssen dabei sein und ihre Erfahrung in die Versuche und die Auswertung einbringen können.
- Auch hier war die „Technik" nicht das eigentliche Problem. Es war die mangelhafte Terminplanung und vor allem das mangelnde Vertrauensverhältnis zwischen Geschäftsleitung und Entwicklung. (Siehe Kapitel 5.2).

7.9 Methoden zum Beurteilen und Entscheiden

Fragen:

- In **welchen Fällen** sollten Beurteilungsmethoden eingesetzt werden?
- Welche **Schwachstellen** gibt es bei **realen Bewertungs- und Entscheidungsprozessen**?
- Welche **Methoden** zur Beurteilung gibt es?
- **Wann** wendet man **welche** Methode an?

7.9.1 Zweck und Gültigkeitsbereich der Methoden

Den Beurteilungsmethoden kommt sowohl im ganzen Prozess der Produkterstellung wie beim Konstruieren eine besondere Bedeutung zu: Es muss laufend zwischen möglichen Alternativen entschieden werden („design is making decisions"). Das drückt sich aus im Regelkreis-Charakter vom

- TOTE-Schema (Bild 3.18: Test-Schritt!),
- Vorgehenszyklus (Bild 3.24: III Lösung auswählen!) und im
- Vorgehensplan (Bild 6.11; 6.12).

Beurteilungsmethoden sollen aber nur eine **Hilfe zur Entscheidungsvorbereitung** geben. Zum Beurteilen gehört einerseits die Eigenschaftsanalyse (Vergleich der Ist- zu Soll-Eigenschaften, d.h. die Verifikation), andererseits die Wertzuweisung und Gewichtung beim Bewerten. Der Begriff **Beurteilung** dient daher als

Oberbegriff für Analyse und Bewertung. Wenn die Beurteilung sich an den realen Eigenschaften des Produkts in der Nutzung richtet, kann man von Validierung sprechen (siehe unten). Das **Entscheiden** hat noch einmal eine eigene Qualität: Es gehört eine nämlich oft eine Risiko-Übernahme und deshalb Mut dazu. Denn die Beurteilung ist oft genug vage und lässt sich rational nicht klar darstellen. So muss sehr oft aus Zeitgründen „nach dem Gefühl", „aus dem Bauch heraus" entschieden werden. Diese „Bauchentscheidungen" können allerdings nach Gigerenzer erstaunlich treffsicher sein [108/3]. Dabei ist die Aussage von D. Frey [94/3] interessant: „Entscheider handeln nicht notwendigerweise rational, aber sie rationalisieren - nachträglich - ihre Entscheidungen". (Kapitel 3.2.2). Dies gilt nach W. Straub [13/7.9] umso mehr, je persönlich wichtiger die Entscheidung ist. - Hier werden aber wesentlich mittlere Entscheidungen behandelt, bei denen die rationale Beurteilung helfen soll, sich in der Komplexität der Informationen zurechtzufinden.

Albers unterscheidet grundsätzlich zwischen **Verifikation** (festgelegte Anforderungen werden erfüllt) und **Validierung** (die Anforderungen für einen beabsichtigten Gebrauch oder eine Anwendung werden erfüllt. Nach DIN EN ISO 9000) (Albers u. a. in [26/1; S. 542]) Die Validierung hat also nicht nur die korrekte Produktentwicklung im Sinn, sondern ob das Produkt auch voll für den Gebrauch geeignet ist. Aus der Validierung im Gebrauch können wieder abgewandelte Ziele und Anforderungen entstehen. Das kann bis zu einer neu zu entwickelnden Produktgeneration gehen, die dann die frühere ablöst. (Siehe sein Konzept der systemtechnisch logischen Produktentwicklung in Kapitel 2.2.1).

Die Dokumentation sämtlicher Entscheidungen und deren Gründe wird in der gesamten Produkterstellung zunehmend wichtiger, da durch entsprechende Nutzung der Dokumentation die Produktqualität positiv beeinflusst werden kann [2/7.9] und in schwerwiegenden Fällen auch der Nachweis eines „ordentlichen ingenieurmäßigen Prozesses" geliefert werden muss. Den in diesem Kapitel vorgestellten Bewertungsmethoden ist also eine genaue Analyse voranzustellen. Methoden dazu sind in Kapitel 7.8 beschrieben. Für jede rationale Beurteilung sind Kriterien (Eigenschaftsklassen) nötig, nach denen beurteilt wird. Bisher gab es in der Technik vor allem drei besonders wichtige Kriterien (die „Triade"): Qualität, Kosten, Zeit. - Olesen bzw. Andreasen erweitern diese mit Recht auf sieben **„universelle Kriterien"**: Qualität, Kosten, Zeit, Flexibilität, Effizienz, Risiko, Umwelteffekte [12/7.9].

Jede Beurteilung ist mehr oder weniger **subjektiv**. Der Einsatz von Auswahl- und Bewertungsmethoden macht aber den Produkterstellungsprozess besser nachvollziehbar, mindert damit Probleme mit der Produkthaftung [1/7.9] und entspricht den Forderungen nach DIN EN ISO 9000 ff [2/7.9]. Eine Bewertung gibt immer nur einen Vergleich zu bekannten oder denkbaren Lösungen an. Eine plötzlich bekannt werdende, besonders gute Lösung ändert die gesamte Bewertung der anderen. - Ebenso ändert sich oft plötzlich die Wichtigkeit (Gewichtung) eines Bewertungskriteriums. (Z.B. kann der Markterfolg eines Konkurrenzproduktes zeigen, wie wichtig das „Design" ist). – Eine quantitative Beurteilungsmethode mit Rechnerunterstützung für Produktalternativen auf Grund des Urteils möglicher Nutzer ist die Conjoint-Analyse (Kapitel 7.2.4 d).

7.9.2 Eigenheiten und Schwachstellen realer Bewertungs- und Entscheidungsprozesse

Beim Konstruieren und damit auch beim Gestalten werden laufend Entscheidungen verschiedener Art getroffen:

- **Zielentscheidungen**, insbesondere bei sich widersprechenden Zielen (Bild 7.30),
- **Ja/Nein-Entscheidungen**, z. B. „ist ein bestimmtes Produktelement nötig oder nicht?",
- **Auswahlentscheidungen**, d. h. Entscheidungen, welche Gestaltvarianten konstruiert werden sollen, Bewertung von Gestaltvarianten nach Sicherheit, Handhabung, Fertigbarkeit, Aussehen, Kosten, also nach Design for X.
- **„stufenlose Entscheidungen"**, z. B. welche Form und Abmessung festzulegen ist.

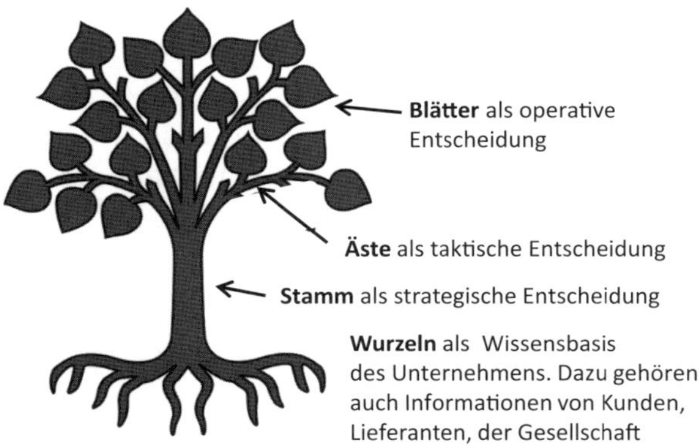

Bild 7.138 Baum als Symbol für die Ebenen der Entscheidungsfindung (nach Luft u. a. [26/1; S. 769])

Bild 7.138 soll zeigen, dass es **unterschiedlich wichtige Entscheidungen** gibt. Die nachfolgend erwähnten „kleinen Entscheidungen" (z. B. Gestaltdetails oder Kaufteilverwendung) entsprechen der Art der Blätter, die Äste werden eher auf Abteilungsebene entschieden (z. B. Outsourcen von Konstruktions-Dienstleistungen), der Stamm entspricht einer fürs Unternehmen wichtigen Entscheidung (z. B. Fahrzeuge mit null Emission als Zukunftsprojekt), während die Wurzeln alle Entscheidungen unterstützen. Hier fließen alle Basisinformationen zusammen.

Wichtig ist auch der **Verantwortliche für eine Entscheidung.** Hierfür gibt es ähnlich, wie bei dem Baum, eine ganze Hierarchie. Vom einzelnen Konstrukteur über die Gruppe und Abteilung bis zur Unternehmensleitung. Mit allen Folgerungen bezüglich Qualität, Kosten, Kapazitätsauslastung und Zeitabläufen.

Zur Unsicherheit

Jede Beurteilung ist unsicher und damit natürlich auch die Entscheidung. Es gibt keine Sicherheit für die Auswahl einer objektiv besten Lösung. – Nach Pahl u.a. [6/79] sollte man unterscheiden zwischen personen- und verfahrensbedingten Fehlern. Verfahrensbedingt sind z.B. typische Mängel eines Bewertungsverfahrens. (Luft u.a. [26/1; S. 266]). Aber auch bei den Verfahren kann ein subjektiver Einfluss vorhanden sein. So ist z.B. bei der gewichteten Punktbewertung (Bild 7.145) die Festlegung der Gewichtung meist subjektiv; allenfalls gemildert durch eine Gruppenentscheidung oder eine statistische Untersuchung der Auswirkung unterschiedlicher Gewichtung.

Zu den eher subjektiven Bewertungen

Die meist unbewusst bleibenden **kleinen Entscheidungen** erfolgen kürzer als im Minutentakt [3/7.9] (Kapitel 3.2.1 und 3.2.2). Besonders gestalterische, bildhafte Entscheidungen, wie bei den „stufenlosen" Entscheidungen, werden oft nicht explizit, sondern unbewusst, getroffen: Der Konstrukteur sieht vor seinem „geistigen Auge" „gesunde", brauchbare Konstruktionsvorbilder aus früheren Bewertungsprozessen und richtet sich danach [15/1]. Unser Gehirn hat aber die Eigenart alle Wahrnehmungen, auch intuitive Lösungseinfälle sofort mit unbewussten, emotionalen Bewertungen zu verkoppeln (Gigerenzer [108/3], Pöppel [17/1], Markowitsch [101/3], Lehrer [123/3]). Das kann zu vorschnellen Entscheidungen führen, die unbekannte, aber brauchbare Lösungen verwerfen (Wulf [38/7.5], dort: S.77; 98). Es ist gut, sich dieser Tatsache immer wieder bewusst zu sein. Auch fühlen wir uns unwohl, wenn wir vor viele Wahlmöglichkeiten gestellt sind. Wir reduzieren also unbewusst eine mögliche Vielfalt auf wenige, näher zu betrachtende Alternativen.[9]

Deshalb sollte man sich bei besonders wichtigen Entscheidungen deren Voraussetzungen möglichst bewusst machen und möglichst quantifizieren. Denn nach Dylla [3/7.9] unterscheiden sich erfolgreiche Konstrukteure von weniger erfolgreichen u.a. dadurch, dass sie die Anforderungen sorgfältiger klären, die Eigenschaften ihrer Lösungsvarianten möglichst genau ermitteln und diese mit den Anforderungen vergleichen (Kapitel 3.4). Aus diesem Vergleich erfolgt die Entscheidung sowohl für die konstruktive Festlegung als auch für den weiteren Ablauf des Konstruktionsprozesses. Die Bewertung ist damit auch, wie schon in Kapitel 3.3.2

9) Nach Barry Schwartz „Anleitung zur Unzufriedenheit. Warum weniger glücklicher macht." Berlin: Econ 2004

besprochen, ein wesentlicher Bestandteil des Vorgehenszyklus (Bild 3.24), der dem beobachteten Vorgehen entspricht (Bild 3.40).

Die Bewertung dient, wie erwähnt, wesentlich der Entscheidungsvorbereitung, insbesondere bei **„größeren" Entscheidungen**. In den Bewertungsvorgang fließen in unterschiedlichem Maße das Wertsystem und die Bedürfnisse des Kunden, des Unternehmens, der Gesellschaft und natürlich auch des Bewertenden ein. In der Praxis muss schon aus Zeitmangel meist mit erheblicher **Entscheidungsunsicherheit** gearbeitet werden. **Ziel** ist es, durch mehr und bessere Information über Entscheidungsalternativen mit minimalem Aufwand beim Bewerten eine hohe Entscheidungssicherheit zu erreichen. Die Unsicherheit ist, von den Zielen und Anforderungen an das Endprodukt her gesehen, umso größer, je früher eine Entscheidung im Verlauf der Produktentwicklung stattfindet. Andererseits sind am Anfang auch die Ersparnisse an Kosten und Entwicklungszeit bei richtigen Entscheidungen am größten. (Siehe die Zehnerregel Bild 3.61 und Bild 4.33, sowie 41/5]; ohne EDV-Kosten) Bild 9.5; Bild 9.9).

Das **Entscheidungsverhalten** kann individuell durch Vorurteile und innere Einstellungen geprägt sein. Es gibt auch persönlich unsichere (schwache) Entscheidungsträger. Es gibt welche, die zu früh entscheiden („vorpreschen"), andere, die zu spät entscheiden („aussitzen") relativ zu dem Entscheidungsverhalten anderer. Dies entsteht aufgrund psychischer Voreinstellungen. (Siehe auch Bild 3.7). Und gerade „selbstsichere, großspurig auftretende Experten" sind sich oft ihrer Engstirnigkeit nicht bewusst und fällen unzutreffende Prognosen [123/3; S. 270].

Entscheidungen können aber **improvisiert** und zum Teil – im Normalbetrieb nach Kapitel 3.2.2 – **intuitiv getroffen werden**,

- wenn die Konsequenzen unbedeutend sind,
- wenn das Ergebnis nachträglich noch leicht beeinflusst werden kann,
- wenn eine Alternative sehr deutliche Vorteile gegenüber den anderen hat,
- wenn sich die Alternativen kaum unterscheiden.

Ansonsten sollten Entscheidungen **methodisch unterstützt** werden, wie nachfolgend gezeigt wird (Siehe auch Bild 7.139). Dies ist schon aus Gründen der Akzeptanz bei Vorgesetzten und Kollegen nötig, aber auch, um sich selbst klarer zu werden.

Reale Bewertungsprozesse sind häufig sprunghaft, sehr intuitiv und sehr personenabhängig [4/7.9] (Siehe oben, Kapitel 7.9.1). Ohne Intuition, Gefühle kann der Verstand meist nicht entscheiden, das ergibt sich aus der Gehirnforschung. In Gefühlen ist eine Fülle einzelner Erfahrungen gespeichert, an die man sich nicht vollständig rational erinnern kann (Kapitel 3.2.1, [108/3; 123/3]). Die bewertende **Einzelperson** kann aber, wie oben gesagt, der Tendenz zur unbewussten Vereinfachung erliegen, übergeht oder vergisst dann Anforderungen, Randbedingungen oder Kriterien (siehe in Lehrer [123/3, S. 268]). Sie gewichtet (unbewusst) bestimmte Kriterien falsch, Lösungsvarianten werden ungenügend oder fehlerhaft analysiert. Sehr häufig wird gefühlsmäßig positiv bewertet, wenn die Funktion der Lösung gut erkennbar oder auch nur zeichnerisch klar dargestellt ist („Das Design spielt eine Rolle!“). Was nicht verstanden wird, erfährt meist eine unbewusste Abwertung [3/7.9]. Dies gilt ebenso für fremde Lösungen (Not-Invented-Here-Syndrom NIH). Zu beachten sind ferner Lernvorgänge beim Bewerten: Manche Kriterien werden in ihrer Wichtigkeit erst im Lauf der Bewertung erkannt. Vor Festlegung von Bewertungskriterien macht man deshalb zweckmäßigerweise eine Probebewertung.

In der **Gruppe** oder im Team kann der Einfluss dominanter Personen erheblich durchschlagen, da sich niemand etwas dagegen zu sagen traut. Es kann sich auch durch „Verantwortungsdiffusion“ eine wenig kontrollierte Gruppenmeinung bilden [5/7.9; 52/7.5]. Damit ist gemeint, dass man sich in einer Gruppe leichter „aus der Verantwortung stehlen“ kann. Die Gruppe muss immer wieder auf ihre Verantwortung hingewiesen werden. Letztlich trägt dann der Team- oder Projektleiter die Verantwortung (Kapitel 4.3.3).

7.9.3 Hilfen zur Verbesserung der Entscheidungssicherheit

Aus Erfahrungen der Praxis und von Breiing u. a. [15/7.9] können folgende Empfehlungen gegeben werden:

a) Hilfreich ist alles, was zur **Bewusstwerdung** des Bewertungs- und Entscheidungsprozesses führt und was den **Informationspegel** bezüglich der Anforderungen an die Lösungsvariante und deren Eigenschaften anhebt:
   - Fachleute, Service-Spezialisten und Benutzer hinzuziehen und mit ihnen die Problematik durchdiskutieren;
   - schriftlich ausarbeiten, d. h. Ziele, Kriterien, Anforderungen und Lösungseigenschaften im Sinne eines Bewertungsverfahrens schriftlich niederlegen (und in der Gruppe visualisieren) = schriftliches Nachdenken;
   - die Anforderungen in Frage stellen und auf Vollständigkeit überprüfen (nicht erkannte, wichtige Anforderungen und damit Bewertungskriterien können ein Bewertungsergebnis und die Entscheidung völlig umstoßen, vgl. Kapitel 7.3.2.2; 8.4.7). Lösungsvarianten, die Festforderungen nicht erfüllen, werden nicht zur Bewertung aufgenommen. (Kapitel 7.3.2.1 a);
   - Checklisten für Eigenschaften (Kriterien) einsetzen.

b) Bewertungsverfahren mit folgendem **grundsätzlichen Vorgehen** einsetzen:
   1. Über **Zielvorstellungen** des Kunden, des Marktes, des Herstellers, der Gesellschaft geeignete Kriterien aufstellen. (Die Kriterien müssen für alle Lösungsalternativen anwendbar sein; sie dürfen nicht gegenläufig sein; sie müssen frei von Widersprüchen sein)

2. Diese Zielkriterien zu **Ober- und Unterkriterien** im Sinne der Nutzwertanalyse (Bild 7.149 oben) zusammenfassen und evtl. **gewichten**. Wird dieser Schritt nicht durchgeführt, besteht die Gefahr, dass die Gewichtung unbewusst geschieht, da dann öfter nach ähnlichen und voneinander abhängigen Kriterien bewertet wird. Da bekannt ist, dass die meist intuitiv festgelegte Gewichtung einen großen Einfluss auf die endgültige Rangreihe hat, ist es zweckmäßig die Gewichtungsfaktoren zu variieren und die Bewertung mehrmals durchzurechnen. [Forschung und Lehre, 8.9.13]
3. Die **Lösungsalternativen** müssen auf ein **vergleichbares Aussageniveau** gebracht werden[10]. Dann werden sie auf **ihre Eigenschaften** bezüglich dieser Kriterien **analysiert**. Dazu müssen die Kriterien auf erfassbare (messbare) Merkmale „heruntergebrochen" werden (z. B. Geräusch auf Frequenz, Schallpegel ...).
4. Die von der Art her i. Allg. unterschiedlichen Eigenschaften (Lebensdauer, Gewicht, Kosten etc.) müssen normiert und z. B. durch eine **Wertvergabe dimensionsloser Punkte** gegenseitig verrechenbar gemacht werden (Wertfunktionen).
5. Die Einzelwerte (Punkte) eines jeden Kriteriums zu einem **Gesamtwert** der jeweiligen Alternative aufsummieren.
6. Die **Alternativen** hinsichtlich dieser Gesamtwerte **vergleichen**: Welche ist die beste? Wie ist die Rangfolge? Wo sind die Schwachstellen der Alternativen, aber auch der Bewertung?
7. Grundsätzlich gute Alternativen, die wegen untergeordneter Defizite abgewertet wurden, in einem zweiten Bewertungsdurchgang bezüglich des Nachbesserungsaufwands bewerten.

Für Bewertungsverfahren gibt es **formale Methoden** (Kapitel 7.9.5 und 7.9.6). Damit wird die Entscheidungsvorbereitung schrittweise, d. h. methodisch, durchgeführt. Sie wird diskutierbar und weniger subjektiv („objektivierte Subjektivität"). Die Schwerpunkte werden leichter erkennbar. Diese Verfahren werden nachfolgend erläutert. (Weitere Verfahren in Luft u. a. [26/1; S. 788])

Bewertungsverfahren sind außerdem ein hervorragendes Hilfsmittel, die **Schwachstellen eigener Produkte** relativ zu Konkurrenzprodukten nachvollziehbar aufzudecken. Insofern sollten sie grundsätzlich zur Aufgabenklärung bei der Weiterentwicklung von Produkten eingesetzt werden (Kapitel 7.3).

Wichtig ist aber zu wissen, dass nur der obige Schritt 3 (Analyse der Eigenschaften der Lösungsalternativen) einigermaßen objektiv vollzogen werden kann. Alle anderen Schritte enthalten mehr oder weniger subjektive Einflüsse.

---

10) Es hat keinen Sinn, unterschiedlich ausgearbeitete Lösungsalternativen miteinander zu vergleichen! Kriterien, für die nicht bei allen Alternativen aussagekräftige Daten vorhanden sind, müssen zurückgestellt werden.

Konkretisieren von Alternativen bzw. Lösungsvarianten um Schwachstellen zu erkennen und zu beseitigen, soweit dies zeitlich oder aufwandsmäßig vertretbar ist. Genauer durchkonstruieren bzw. berechnen; Simulationsverfahren einsetzen; u. U. einfache, orientierende Vergleichsversuche machen; Modelle machen (Rapid Prototyping, 3D-Druck); Prototypen testen. Durch die Konkretisierung ergibt sich ein Erkenntniszuwachs, welcher der Eigenschaftsfrüherkennung und damit dem Vergleich von Lösungsvarianten förderlich ist (Bilder 4.33 und 9.9).

7.9.4 Auswahl von Bewertungsmethoden

Die Auswahl von Bewertungsmethoden gestaltet sich in der Praxis sehr unterschiedlich, wie aus Bild 7.139 schematisch hervorgeht.

Im Bild sind einige Kriterien aufgeführt, deren Ausprägung eine Orientierung für die Auswahl einer Beurteilungsmethode geben soll. Bei der Mehrzahl aller Entscheidungen ist eine **Einfach-Auswahl** sinnvoll (links im Bild). Es gibt aber auch sehr wichtige Fälle, bei denen man sich einer **Intensiv-Auswahl** zuwenden sollte. Dies ist beispielsweise der Fall, wenn das Entscheidungsproblem wichtig und neu ist, wenn eine Korrektur der getroffenen Entscheidung schwierig ist. Das setzt natürlich auch voraus, dass die Eigenschaften der Alternativen ausreichend erkannt werden können und dass man sich die nötige Zeit hierfür nimmt. Da die intensiven Bewertungsmethoden entsprechend aufwendig sind, ist es zweckmäßig, die oft beim methodischen Konstruieren oder im Brainstorming erzeugte große Menge von Lösungsvarianten mit einfachen Bewertungsmethoden auf z. B. zwei bis vier einzuschränken, also eine **Vorauswahl** vorzuschalten. Dabei kommt es insbesondere darauf an, dass Festforderungen (Muss!) aus der Anforderungsliste erfüllt und Teillösungen untereinander verträglich sind (siehe Methode „Auswahlliste", Bild 7.143). Bewertet wird dann nach dem Erfüllungsgrad der Bereichsforderungen und Wünsche (Kapitel 7.3.2.1). Man sollte wenigstens nur prinzipiell geeignete Lösungsvarianten einer intensiven Bewertung unterziehen.

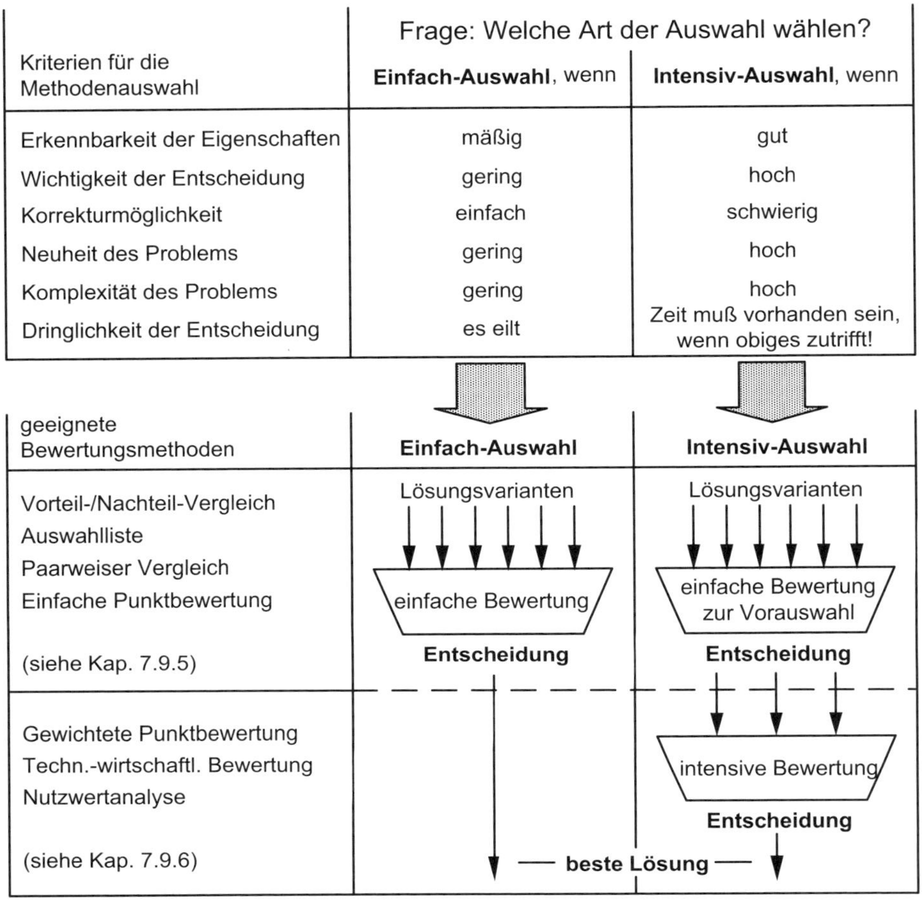

Bild 7.139 Entscheidungshilfe für Einfach-Auswahl (Kapitel 7.9.5) und Intensiv-Auswahl (Kapitel 7.9.6)

Sowohl für die einfache wie für die intensive Bewertung gibt es jeweils eigene Bewertungsmethoden, von denen ein Teil im Folgenden besprochen wird.

7.9.5 Methoden für die einfache Bewertung

Wenn die Wichtigkeit und Neuheit der Entscheidung gering ist, wenn eine Korrektur der getroffenen Entscheidung einfach ist, wird man sich einfacher und schnell durchzuführender Methoden bedienen. Das geht zum großen Teil intuitiv im Normalbetrieb des Gehirns (Bild 3.12). Die vielen kleinen Entscheidungen beim Konstruieren werden wohl meist unbewusst getroffen – auch weil sie oft schon Routinefälle darstellen.

Schließlich ist es in frühen Phasen des methodischen Konstruierens, beim Konzipieren, sehr sinnvoll, eine einfache Bewertung vorzunehmen, da die Erkennbarkeit der Eigenschaften von z.B. physikalischen Effekten oder Wirkflächenkombinationen noch gering ist.

Im Folgenden werden verschiedene Bewertungsmethoden an Hand von bewusst einfach gewählten Beispielen erläutert, damit der Methodeninhalt deutlich wird.

a) Vorteil-/Nachteil-Vergleich (Argumentenbilanz)

Die häufigste und am schnellsten durchführbare Methode der Bewertung ist der Vergleich von Vor- und Nachteilen einer Lösungsalternative relativ zu einer vorhandenen oder auch zu einer gedachten idealen Lösung. Hilfreich ist dabei, wenn man sich vorher klarmacht, welches die Vergleichslösung ist, und sich eine Kriterienliste vorgibt, die man der Reihe nach abarbeitet.

Als sehr einfaches Beispiel soll von drei 9V-Batterien (Typ 1 bis 3) die zum Kauf geeignetste ermittelt werden. Die **Anforderungen** seien die in Bild 7.140 zusammengestellten.

Funktion	mindestens 8,0 V unter Last	Forderung
Kosten (Preis)	höchstens 3 Euro	Forderung
Betriebssicherheit	kein Auslaufen und Halten der Spannung über 1 Jahr	Wunsch

Bild 7.140 Anforderungen an die Batterie

Damit sind ebenfalls drei Bewertungskriterien gegeben. Die **Eigenschaften** der drei Batterien sind in Bild 7.141 angegeben. Sie erfüllen alle die beiden obigen Forderungen („Muss-Eigenschaften“).

	Kriterien		
Batterietyp	Funktion	Kosten	Betriebssicherheit
Typ 1	9,1 V	2,50 Euro	gut
Typ 2	8,5 V	2,20 Euro	mittel
Typ 3	8,9 V	1,60 Euro	mäßig

Bild 7.141 Eigenschaften der drei Beispiel-Batterien

Einen Vorteil-/Nachteil-Vergleich der Typen 2 und 3 gegen die technisch beste, aber teuerste Alternative Typ 1 zeigt Bild 7.142.

Kriterien	gegenüber Batterie Typ 1... hat Typ 2		hat Typ 3	
	Vorteil	Nachteil	Vorteil	Nachteil
Funktion	–	nicht besonders gut	fast gleich gut	–
Kosten	günstiger	–	sehr günstig	–
Betriebssicherheit	–	noch akzeptierbar	–	kaum akzeptierbar

Bild 7.142 Vorteil/Nachteil-Vergleich der drei Batterien nach Bild 7.141

Der Hauptvorteil dieses Vorgehens ist, dass man sich über die Kriterien und die relativen Eigenschaften der Varianten klar wird. Die Entscheidung fällt dennoch meist aufgrund der sich bildenden „gefühlsmäßigen Wertung“. Bei komplexen Objekten, vielen Kriterien unterschiedlicher Wichtigkeit kommt man so nicht gut weiter, weshalb formale Verfahren entstanden sind.

b) Auswahlliste

Die Methode verwendet vorgegebene, weitgehend allgemeingültige Kriterien (A bis G in Bild 7.143), wobei die wichtigsten A und B für jede Lösungsvariante erfüllt sein müssen, da sonst die weitere Bewertung sinnlos wird. Dies leuchtet unmittelbar ein, da A die Forderungen der Anforderungsliste betrifft und B die Verträglichkeit mit angrenzenden Lösungen.

Die Lösungsvarianten werden binär mit ja (+) oder nein (–) beurteilt. Werden Informationsmängel oder Unstimmigkeiten in der Anforderungsliste erkannt, so wird dies mit einem Fragezeichen (?) vermerkt. Die Lösung kann dann u. U. später noch einmal eingehender behandelt werden.

In Bild 7.143 ist bewusst nicht das Beispiel der Batterieauswahl angesprochen, da nur die Kriterien A und D zum Zug kommen.

Auf der Grundlage dieser ersten Beurteilung wird über die weitere Verwendung der ursprünglichen Lösungsvarianten nach folgenden **Regeln** entschieden:

1. Es werden die Lösungsvarianten weiterverfolgt bzw. intensiv bewertet, die alle Kriterien erfüllen (z. B. hier nur Variante 1).
2. Lösungsvarianten, bei denen ein Kriterium nicht erfüllt ist, werden ausgeschieden (Variante 2 und 4).
3. Treten bei Lösungsvarianten Informationsmängel oder Fragen zur Anforderungsliste auf, so werden diese nicht ausgesondert, sondern nach der Klärung der offenen Fragen neu beurteilt (Variante 3).

Kriterium	Lösungsvarianten 1	2	3	4	...
A Forderungen der Anforderungsliste erfüllt?	+	?	+	–	
B Verträglichkeit mit angrenzenden Lösungen gegeben?	+	–	+	+	
C Grundsätzlich realisierbar?	+	+	?	+	
D Aufwand zulässig?	+	+	+	–	usw.
E Unmittelbare Sicherheit gegeben?	+	–	+	+	
F Terminlich machbar?	+	+	+	+	
G Know-how vorhanden/beschaffbar?	+	+	+	+	
H ...					
Entscheidung	+	–	?	–	

Bild 7.143 Auswahlliste (ja +; nein –; Informationsmangel ?) (ähnlich Pahl/Beitz) [6/7.9]

c) Paarweiser Vergleich

Insbesondere wenn die Eigenschaften von Alternativen mehr qualitativ als quantitativ bekannt sind, ist ein direkter Vergleich von jeweils zwei Alternativen nur bezüglich eines Kriteriums relativ leicht und klar durchführbar. Man kennzeichnet das Urteil mit „besser als ...", „schlechter als ..." und vergibt dafür Punkte 1 und 0. Aufgrund der Punktesumme für je eine Alternative lässt sich eine Rangfolge bilden (Bild 7.144).

Bezüglich Betriebssicherheit ist Batterie vom	besser (1) oder schlechter (0) als Batterie vom Typ 1	Typ 2	Typ 3	Punktesumme Σ	Rangfolge
Typ 1	–	1	1	2	1
Typ 2	0	–	1	1	2
Typ 3	0	0	–	0	3

Bild 7.144 Paarweiser Vergleich der drei Batterien bezüglich Betriebssicherheit, d. h. Auslaufen usw. (Dominanzmatrix)

Man kann den Vergleich natürlich erweitern auf „gleich gut wie ..." und vergibt dann Punkte 0 (schlechter), 1 (gleich gut) und 2 (besser). Ebenso kann dieser Vergleich für eine Rangfolge nach Wichtigkeit der Kriterien eingesetzt werden.

Die Klarheit und der relativ geringe Aufwand haben aber auch eine geringere Aussagekraft zur Folge. Bei der Kriterienbildung erhält man z. B. nur die Rangfolge, aber keine gewichteten quantitativen Wertungen.

I. Schulz zeigt in [14/7.9] ein Software-Programm-basiertes Verfahren (auch Excel), das eine besser/schlechter-Stufung mit dem Bayes-Theorem auf Grund von Wahrscheinlichkeiten erlaubt. Damit erhofft er auch das implizite Wissen „alter Hasen" erfassen zu können. *(ingo.schulz@skf.com)*

d) Einfache Punktbewertung

Hierbei werden Bewertungskriterien gesucht und darauf aufbauend Punkte für die einzelnen Varianten vergeben. Eine Gewichtung der Kriterien erfolgt nicht. Die Punktesumme der einzelnen Varianten dient dann als Entscheidungshilfe. Das Vorgehen dabei ist ähnlich Bild 7.145, aber ohne den Schritt 2 (Gewichtung). Die Methode muss deshalb hier nicht gesondert beschrieben werden.

Entsprechend den Erläuterungen zu Bild 7.139 in Kapitel 7.9.4 kann die gefundene beste Lösung weiter im Konstruktionsprozess verwendet oder konkretisiert werden. Es können aber einige fast gleichwertige Lösungsvarianten in einer intensiven Bewertung mit einer der nachfolgenden Methoden genauer untersucht werden.

7.9.6 Methoden für die intensive Bewertung, Nutzwertanalyse

Vor Eintritt in die aufwändigere systematische Bewertung sei nochmals auf den Einfluss des Unbewussten auch bei dieser Bewertungsart hingewiesen. (Welche Kriterien herangezogen und wie gewichtet werden, scheint oft genug rational und logisch, ist es aber bei genauer Analyse nur eingeschränkt). Es ist wohl auch hier günstig, ähnlich wie beim methodischen Vorgehen generell (Bild 3.6), zuerst mit **Stufe 1** (Einfache mehr intuitive Bewertung, Kapitel 7.9.5), und dann erst hier in **Stufe 2** einzusteigen.

a) Gewichtete Punktbewertung

Ergänzend zur einfachen Punktbewertung werden hier die Bewertungskriterien gewichtet. Gezeigt wird dies am Beispiel der 9V-Batterien im Bild 7.145 (siehe obige Bilder 7.140 und 7.141).

Bei dem Beispiel wurde eine Gewichtung zwischen 0 und 1 gewählt, wobei die Summe der Gewichte 1 ergibt. Der Punktebereich läuft von 1 bis 10.

Die Punktvergabe verlangt die Festsetzung von unteren und oberen Grenzwerten (z. B. Preis: 1,60 Euro = 10 Punkte, 2,60 Euro = 0 Punkte). Dazwischen werden die Punkte linear vergeben. Für die Betriebssicherheit wurden Punkte „nach Gefühl“ vergeben.

Der Typ 3 schneidet am besten ab. Es sollte aber kritisch geprüft werden, ob die Gewichtung und Punktvergabe wirklich den Wünschen entsprechen.

Die **Gewichtung** ist nach Untersuchungen [7/7.9] nur dann für den Gesamtwert wirkungsvoll, wenn sie mit deutlichen Unterschieden erfolgt, sich die Eigenschaften in dem herauszuhebenden Kriterium stark unterscheiden und es nicht zu viele Kriterien sind.

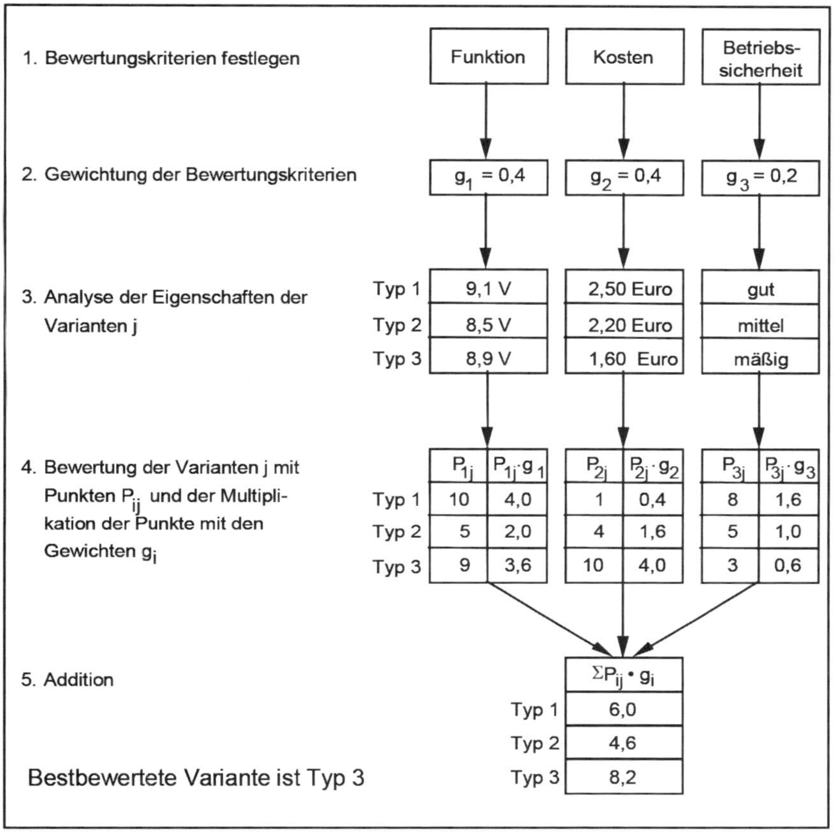

Bild 7.145 Beispiel einer gewichteten Punktbewertung

Die Punktevergabe lässt sich nachvollziehbar gestalten, wenn man sich **Werteskalen** oder **Wertfunktionen** vorgibt. Dabei werden die zu vergebenden Punkte über der jeweiligen Ausprägung des Kriteriums aufgetragen [8/7.9; 8a/7.9]. Eine Werteskala macht z.B. folgende Angaben: 8 von 10 Punkten sind zu vergeben, wenn die nach Stunden gemessene Betriebssicherheit für die Variante bei 75 bis 85% der Betriebssicherheit aller Varianten liegt. 10 Punkte (100%) bekäme dann die absolut beste aus einer größeren Zahl von statistisch untersuchten Varianten. Dies entspricht z.B. einer linearen Wertfunktion.

b) Bewertung mittels technisch-wirtschaftlicher Bewertung

Diese Bewertung nach VDI 2225 [9/7.9; 10/7.9] ist verbreitet, da sie sehr anschaulich im „Stärke-Diagramm" die Einordnung der Lösungsvarianten hinsichtlich eines Idealpunktes S mit der technisch-wirtschaftlichen Wertigkeit 1 zeigt. (Siehe Bild 3.55).

b1) Technische Wertigkeit X

Für jede technische Eigenschaftsklasse i einer Variante j werden Punkte p vergeben (z. B. von 0 bis 10 mit $p_{max} = 10$). Die Eigenschaftsklassen können mit Gewichten g_i (z. B. von 0 bis 1) versehen werden.

Die technische Wertigkeit X_j einer Variante j errechnet sich folgendermaßen:

$$X_j = \left[\frac{g_1 p_1 + g_2 p_2 + \ldots + g_i p_i}{(g_1 + g_2 + \ldots + g_i)\, p_{max}}\right]_j < 1$$

Bezugswert ist die ideale Lösung mit der maximalen Punktzahl p_{max}. Für das Beispiel 9V-Batterien ergeben sich mit den Punkten und Gewichten aus dem Bild 7.145 folgende technische Wertigkeiten (Berücksichtigung der Funktion und Betriebssicherheit) der einzelnen Typen (Bild 7.146):

Typ 1	$X_1 = \dfrac{0{,}4 \cdot 10 + 0{,}2 \cdot 8}{(0{,}4 + 0{,}2) \cdot 10}$	= 0,93
Typ 2	$X_2 = \dfrac{0{,}4 \cdot 5 + 0{,}2 \cdot 5}{(0{,}4 + 0{,}2) \cdot 10}$	= 0,50
Typ 3	$X_3 = \dfrac{0{,}4 \cdot 9 + 0{,}2 \cdot 3}{(0{,}4 + 0{,}2) \cdot 10}$	= 0,70

Bild 7.146
Technische Wertigkeiten

b2) Wirtschaftliche Wertigkeit Y

Bezugswert ist ein ideales Kostenziel (K_i oder HK_i), das ins Verhältnis zu den tatsächlichen Kosten der Varianten gesetzt wird (Kapitel 9.3.3). Um genügend attraktiv zu werden und eventuelle Kostensteigerungen aufzufangen, werden als die idealen Kosten $0{,}7 \cdot K_{zul}$ eingesetzt, wobei K_{zul} bisher 2,10 Euro waren.

Die wirtschaftliche Wertigkeit Y_j einer Variante j wird mit der Formel:

$$Y_j = \left[\frac{\text{ideales Kostenziel}\, K_i\, (= 0{,}7 K_{zul})}{\text{tatsächliche Kosten K}}\right]_j < 1$$

errechnet und ergibt (Bild 7.147) im Batteriebeispiel (ideales Kostenziel 1,47 Euro):

Typ 1	$Y_1 = \frac{1{,}47 \text{ Euro}}{2{,}50 \text{ Euro}} = 0{,}59$
Typ 2	$Y_2 = \frac{1{,}47 \text{ Euro}}{2{,}20 \text{ Euro}} = 0{,}67$
Typ 3	$Y_3 = \frac{1{,}47 \text{ Euro}}{1{,}60 \text{ Euro}} = 0{,}92$

Bild 7.147
Wirtschaftliche Wertigkeiten

b3) Stärke-Diagramm

Für die graphische Darstellung der technisch-wirtschaftlichen Wertigkeiten eignet sich das Stärke-Diagramm (Bild 7.148) mit der technischen Wertigkeit X als Abszisse und der wirtschaftlichen Wertigkeit Y als Ordinate.

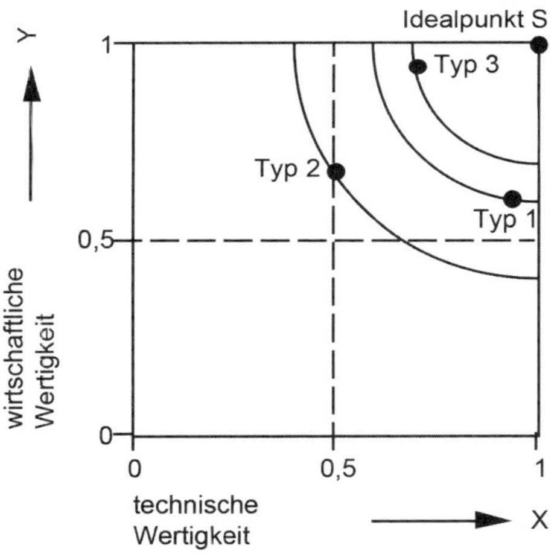

Bild 7.148
Stärke-Diagramm

Durch Eintragen der Werte X und Y in das Stärke-Diagramm erhält man ein anschauliches Bild von dem jeweiligen technisch-wirtschaftlichen Wert einer Lösung. Die Lösungsvariante mit dem geringsten Abstand zum Idealpunkt S wird bevorzugt. Bild 7.148 zeigt für das Beispiel der 9V-Batterien das Stärke-Diagramm, aus dem Typ 3 als beste Variante hervorgeht.

Es ist in Abwandlung von Bild 7.148 auch möglich, die Achsen X und Y für die Bewertung aus Sicht des Kunden bzw. des Herstellers zu verwenden.

c) Nutzwertanalyse

Die Nutzwertanalyse (NWA) wird vor allem bei komplexen Projekten verwendet und dann am Rechner durchgeführt.

Vorteile der Nutzwertanalyse gegenüber der einfachen Punktbewertung sind:

- differenzierter, computergeeignet (günstig ist es dabei, Gewichtung und vergebene Zielwerte zu variieren, um mögliche Verschiebungen im Ergebnis feststellen zu können = Sensitivitätsanalyse).

Nachteile sind:

- unübersichtliche Dezimalbrüche,
- Möglichkeit, der Computer- oder Zahlengläubigkeit zu verfallen (Die Aufstellung der Teilziele/Bewertungskriterien, die Gewichtung und Wertzuweisung erfolgen weitgehend subjektiv! Abhilfe schafft z. B. interdisziplinäre Teamarbeit),
- Teilziele müssen voneinander unabhängig (überdeckungsfrei) sein, sonst wird unerkannt mehrfach bewertet.

Die Nutzwertanalyse (Bild 7.149) zeichnet sich im einzelnen aus durch:

- hierarchische Gliederung der Bewertungskriterien = Ziele Z **(Zielsystem)** in Oberziel, Zwischenziele und Teilziele;
- kontrollierte **Gewichtung** innerhalb der verschiedenen Ebenen des Zielsystems. Dabei werden an jedem Verzweigungspunkt des Zielsystems jeweils wieder 100 % Gewicht auf die einzelnen untergeordneten Ziele aufgeteilt. Es werden jeweils relative und absolute Gewichte ermittelt. Für die Errechnung der Nutzwertmatrix werden die absoluten Gewichte gi der nicht mehr weiter aufgeteilten Teilziele i benötigt;
- Aufstellen einer **Zielgrößenmatrix:** Den Teilzielen werden die technisch-wirtschaftlichen Daten der einzelnen Varianten zugeordnet;
- Aufstellen der **Zielwertmatrix:** Den Zielgrößen aller Varianten werden Punkte, d. h. Zielwerte w_{ij} zugeordnet (der Index i kennzeichnet das Ziel i, der Index j die Variante j);
- Aufstellen der **Nutzwertmatrix** aus der Zielwertmatrix: Die Zielwerte w_{ij} werden mit den absoluten Gewichten g_i multipliziert.

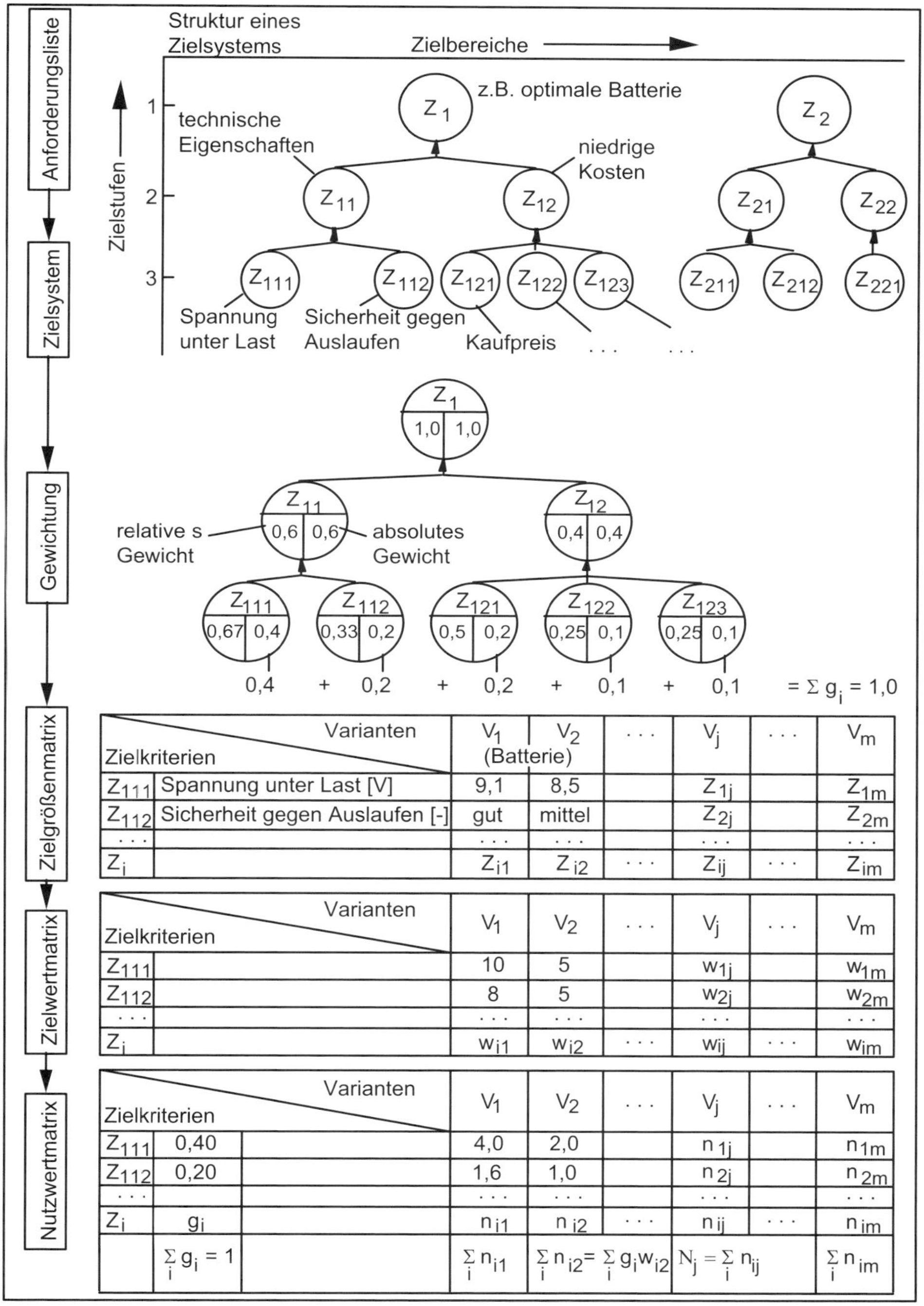

Bild 7.149 Vorgehensweise bei der Nutzwertanalyse am Beispiel der Batterien Typ 1 und Typ 2 (nach Zangemeister [11/7.9])

Für jedes Teilziel entsteht so ein Teilnutzwert $n_{ij} = w_{ij}g_i$; die Summe aller Teilnutzwerte ergibt den Gesamtnutzwert $\sum n_{ij} = \sum w_{ij}g_i$ jeder Variante j und wird bei der Auswahl betrachtet.

Gegenüber der gewichteten Punktbewertung nach Bild 7.145 unterscheidet sich das in Bild 7.149 dargestellte Vorgehen der NWA im wesentlichen durch das hierarchische Zielsystem mit der ebenfalls hierarchisch abgestuft vergebenen Gewichte.

Zur übersichtlicheren Darstellung der Teilnutzwerte ist eine Grafik zweckmäßig: das **Nutzwertprofil** (Bild 7.150). Dabei bestimmen die absoluten Gewichte g_i die Breite und die Zielwerte w_{ij} die Länge der Balken. Die Flächen der Balken stellen den jeweiligen Teilnutzwert dar.

Am Schluss einer Produktentwicklung (auch einer Baugruppe), sollte eine Schlussprüfung oder ein **„Design Review“** vom Team in Gegenwart des Chefs durchgeführt werden. Eine **Checkliste**, die sich an den Anforderungen orientiert, kann dabei hilfreich sein. (Siehe Beispiel im Internet unter der im Vorwort angegebenen Adresse.) In Nüchternheit und ohne Überheblichkeit sollte die Frage beantwortet werden: **„Warum wird der Kunde gerade dies Produkt kaufen und nicht das des Konkurrenten?“**

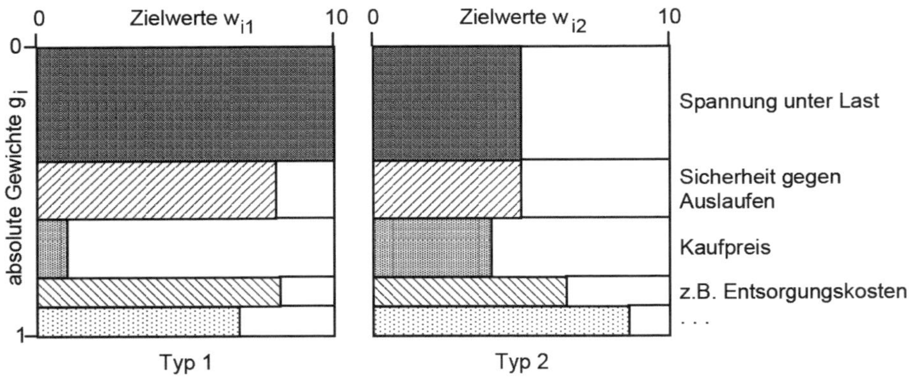

Bild 7.150 Nutzwertprofile der Batterien Typ 1 und Typ 2

7.9.7 Multikriterielles Bewerten

Die bisher gezeigten Bewertungsverfahren sind unbefriedigend, wenn sich aus konkurrierenden Aspekten Zielkonflikte ergeben. Gerade dies ist bei Design for X (DfX) der Fall, wie das Beispiel in Kapitel 8.8 zeigt.

Konventionelle Bewertungsverfahren sind konzentriert auf einige wenige Bewertungsaspekte, ihre Ergebnisse sind nur aus dem Blickwinkel dieser Teilaspekte aussagefähig. Eine vollständige Berücksichtigung aller DfX-Aspekte würde mehrere Durchläufe erfordern, wobei die Relationen zwischen den einzelnen Aspekten nur ungenügend berücksichtigt werden. Die Ziele bzw. Anforderungen aus einer Vielzahl unterschiedlich zu betrachtender DfX-Teilaspekte sind nämlich durch wechselseitige Abhängigkeiten vernetzt.

Ein Zielkonflikt ergibt sich aufgrund widersprüchlicher Anforderungen. – Z. B. ist eine CFK-Konstruktion eine ausgezeichnete Leichtbau-Lösung, in Hinblick auf ein Recycling am Nutzungsende ist sie aber aus heutiger Sicht unbefriedigend.

Die Auflösung von Zielkonflikten erfordert also besondere methodische Werkzeuge, nämlich die Multikriteriellen Bewertungsverfahren. Diese werden hier nur kurz vorgestellt. Aus Umfangsgründen wird auf die Literatur verwiesen. [15 bis 19/7.9].

Die Multikriterielle Bewertungsverfahren sollen das menschliche Urteilsvermögen unterstützen und dabei die Subjektivität der Beurteilung auf ein Minimum reduzieren. Sorgfältigen Einsatz vorausgesetzt können derartige Methoden wichtige Entscheidungshilfen sein. Die Gefahr von Fehlentscheidungen lässt sich damit deutlich verringern.

Der Ablauf einer Bewertung wird, wie nachfolgend gezeigt, systematisiert und auch unter Nutzung der Einzelverfahren (nach Kapitel 7.9.5 und 7.9.6) – zu einer Gesamtbewertung unterstützt (Breiing/Knosala [15/7.9], bzw. Sen 18/7.9]. – Es gibt auch eine dafür angepasste Rechnerunterstützung, die aber nicht der Wesenskern der Bewertung ist, sondern lediglich ein Hilfsmittel zur schnelleren Durchführung.

Die Bewertung kann in jeder beliebigen Phase des Entwicklungsprozesses stattfinden, so dass schon früh ein hohes Maß an Objektivität erreicht werden kann.

Die Vorgehensweise hierzu ist in Bild 7.151 dargestellt.

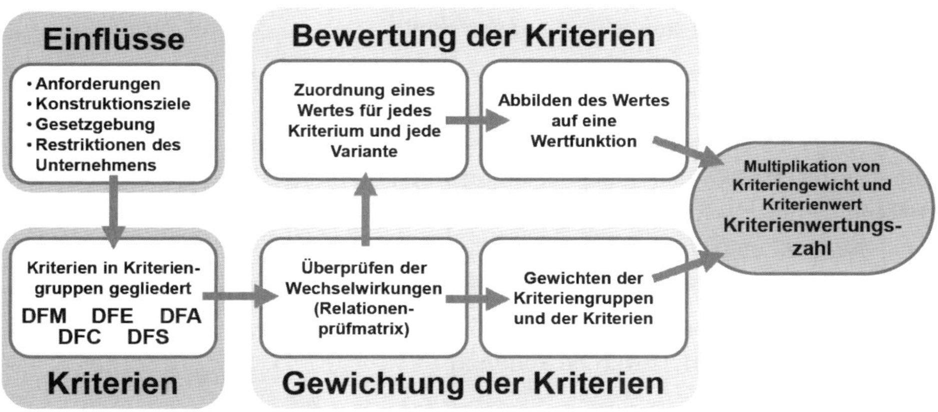

Bild 7.151 Multikriterielles Bewerten (Wartzack [17/7.9])

Der allgemeine Ablauf einer multikriteriellen Bewertung ist wie folgt:

- Zusammenstellen einer Bewertergruppe (ideal: Interdisziplinäres Team, 3 bis maximal 9 hierarchisch gleich gestellte Personen)
- Lösungen (z. B. Prinziplösungen, Baustrukturvarianten etc.) auf ein vergleichbares Aussageniveau bringen
- Bewertungskriterien (z. B. Sicherheit, Komfort, Entsorgbarkeit) aus den Anforderungen ableiten
- Kritische Eigenschaften für jedes Bewertungskriterium ermitteln
- Maßzahlen $\underline{m}$ bestimmen mit Hilfe von Entscheidungsmatrizen (m_i = vergebene Maßzahl zur Bewertung der betrachteten Alternative hinsichtlich des i-ten Kriteriums)
- Bewertungskriterien gewichten (Gewichtungsfaktor $\underline{g}$)
- Wertungszahlen $\underline{w}$ berechnen $\left(w = m \cdot g\right)$
- Aufstellen konsistenter Entscheidungsmatrizen (Bewertungsgrößen, Gewichtungsfaktoren)
- Berechnung einer konsistenten Entscheidungsmatrix
- Berechnungsergebnisse darstellen (z. B. Tabellen, Diagramme, Wertprofile, Baumstrukturen)

Ausgehend von den Anforderungen läuft der Bewertungsprozess unter Einsatz verschiedener Bewertungsmethoden (z. B. Rangfolgeverfahren, Verfahren nach Breiing/Knosala), über die Festlegung der relevanten Bewertungskriterien und deren Gewichtung ab. Schließlich wird eine konsistente Entscheidungsmatrix aufgestellt. Wertungszahlen unter Einbeziehung von scharf bzw. unscharf erfassten Kriterien erlauben sodann das Aufstellen einer Rangfolge der verschiedenen betrachteten Varianten und dessen Darstellung. Bei der Bewertung komplexer technischer Systeme gilt, dass die beste Gesamtlösung sich nicht unbedingt aus der Summe aller bestbewerteten Teillösungen ergibt.

Adunka [16/7.9] entwickelte einen Ansatz zu einem **rechnerunterstützten Bewertungsprozess**. Sein Konzept basiert auf verteiltem, modularem Bewerten auf Basis eines allgemein gültigen Bewertungsprozesses. Über ein Phasenmodell wird ein strukturiertes Vorgehen bei der Bewertung unterstützt. Über die automatische Erstellung eines Berichts (Reportgenerierung) kann der komplette Bewertungsvorgang ohne großen Aufwand dokumentiert werden.

Im Rahmen dieser Arbeiten wurde auch ein Ansatz entwickelt, mit dem – ausgehend von der Anforderungsliste – aus DfX-Richtlinien Kriterien für eine Konstruktionsbewertung generiert werden können.

7.10 Methoden zur Informations- und Wissensverarbeitung

Fragen:

- Was heißt Information, was Wissen?
- Wie analysiert man den Informationsfluss?
- Wie erkennt man Schwachstellen?
- Wie optimiert man den Informationsfluss?

7.10.1 Zweck und Begründung

In einem Industrieunternehmen werden heute fast alle Beschäftigten für den Informationsumsatz eingesetzt. Für seinen Energieumsatz, seine Muskelarbeit, wird fast niemand mehr bezahlt. (Wer hebt noch Lasten, schippt Späne?). – Ganz früher war es anders. Der Mensch musste „im Schweiße seines Angesichts ackern und schuften". Die Technik hat dann den mittelalterlichen Material- und Energieumsatz revolutioniert. Die „informationstechnische" Steuerung dieser Umsatzarten verblieb jedoch, nach wie vor, vornehmlich dem Menschen (Kapitel 2.3.2 a).

Heute wird auch der Informationsumsatz zunehmend durch die elektronische Informationstechnik unterstützt und automatisiert (Kapitel 5.2.2.5; [55/4]. Der Mensch überwacht die Automaten und ist nur dort steuernd tätig, wo die Automatisierung technisch noch nicht machbar ist oder sich wirtschaftlich noch nicht lohnt. – Dementsprechend sind Unternehmen zunehmend von den Kenntnissen und Fähigkeiten ihrer Mitarbeiter abhängig. Führungskräfte wissen meist nicht genau, welches Wissen beim Einzelnen für den Erfolg maßgebend ist und welcher Mitarbeiter das notwendige Wissen hat [14/7.10; 20/7.10]. Da das Wissen sich rasch vermehrt (siehe Kapitel 3.8.2), kann sich der einzelne Spezialist bei wechselnden Aufgaben dies Wissen nur noch selbst beschaffen. Dazu ist es nötig, dass sich das Unternehmen als „lernende" Organisation versteht und verstärkt in Weiterbildung investiert wird.

Innerhalb der drei Phasen des Informationsumsatzes **Informationsgewinnung**, **-verarbeitung** und **-weitergabe** (Kapitel 5.1.1) gibt es also eine Reihe von Tätigkeiten, die technisch schwer zu beeinflussen sind. Das sind insbesondere solche, die mit der menschlichen Koordinierung und Steuerung des Informationsflusses zu tun haben und das Ganze sowie die Schnittstellen der Systeme betreffen. Nicht umsonst betragen die Liegezeiten für Aufträge 80 bis 90 % der gesamten Durchlaufzeit und liegen die Änderungskosten in der Produktentwicklung in der Größenordnung von einem Drittel des Entwicklungsaufwands (Kapitel 4.2.3.2, [1/7.10]).

Es kommt deshalb immer mehr darauf an, was ja auch das Anliegen des Buches insgesamt ist, Informationsmethoden und Wissen einzusetzen zur Steigerung der **Effektivität** („die richtigen Dinge tun"). Dagegen ist die Steigerung der **Effizienz** („die Dinge richtig tun") eher untergeordnet. Sie ist vor allem auf die Wirtschaftlichkeit der Abläufe ausgerichtet.

Es werden nachfolgend Hinweise auf einige Methoden für die Informationsgewinnung (Kapitel 7.10.2: Informationsquellen), für die Informationsverarbeitung (Kapitel 7.10.3: Informationsfluss) und für die Weitergabe (Kapitel 7.10.4: Dokumentation) [2/7.10; 3/7.10] gegeben.

Zunächst sollen noch der **Begriff der Information** und die **Arten der Information** geklärt werden. Nach DIN 44300 [4/7.10] versteht man unter Information die Kenntnis über Sachverhalte (Strukturierte Daten) und Vorgänge [26/1; S. 248]. In Bild 7.152 ist insbesondere nach der Funktion der Information („Wozu dient die Information?") unterteilt.

Wissen ist nach qualitativen Bewertungskriterien bewertete Information eines Indivduums.[11] Sozusagen das, was von verfügbarer Information sich als wertvoll aufzunehmen und zu bewahren lohnt. Information ist somit potenzielles Wissen: Von einer Person oder von der Gesellschaft ausgewählt. Information kann über Datenträger gespeichert werden, aber die Bewertung und Auswahl (und Kombination) nimmt unser Gehirn vor [13/7.10]. Hier wird wegen der maschinellen Verarbeitungsmöglichkeit weiter von Information gesprochen, wohl wissend, dass jede Information auch zu Wissen werden kann, aber nicht muss. – Man hat erkannt, dass die Informationsverarbeitung im Unternehmen die zentrale Aktivität ist und hat deshalb das modisch ins Bewusstsein gehobene „Wissensmanagement" eingeführt und ausgebaut [14/7.10], das ja durch die „Wissensexplosion" zusätzliche Brisanz bekommt (Kapitel 3.6; 3.8.2).

Das persönliche Wissen kann **explizit** (z. B. schriftlich oder sprachlich mitteilbar; bzw. bewusst) sein, aber auch **implizit** vorhanden sein (unbewusst; individuell als Gefühl spürbar). Das implizite Wissen kann grundsätzlich unbewusst und schwer mitteilbar sein (z. B. wie kann ich mitteilen ob die gehörte Musik von Mozart oder Beethoven stammt, wenn ich vorher keine Information über die Urheber hatte? Musik kann man, von der Notenschrift abgesehen, verbal nicht mitteilen. Oder: wie kann ich mitteilen, wie Radfahren ohne umfallen geht?). Das implizite Wissen kann aber auch früheres explizites Wissen sein, das ins Unbewusste abgesunken ist und das man sich nur wieder einfallen lassen muss. Es ist dann „bewusstseinsfähig". (Siehe Bild 7.156). Der größte Teil unseres persönlichen Wissens in unserem Leben und Handeln – auch beim Konstruieren – ist implizit, also unbewusst

11) In G. Probst u. a. [14/7.10] wird definiert: „Wissen bezeichnet die Gesamtheit der Fähigkeiten und Kenntnisse, die Individuen zur Lösung von Problemen einsetzen". Damit wird der Wissensbegriff erweitert auf Informationen für Handlungen, die häufig implizit (unbewusst) verankert sind. (Z. B. „Ich weiß, wie man Fahrrad fährt" oder „... wie man sich benimmt").

(siehe Bild 3.6). Gute Konstuktionsmethodiker arbeiten auf die Dauer „mit einer ins Unbewusste abgesunkenen Methodik“ Abschnitt A; unten).

Wie ist persönliches (ex- und implizites) Wissen vermittelbar oder beschaffbar?

Dafür gibt es das **SECI-Modell** von Nonaka [28/7.10], das vier Abschnitte umfasst: **S**ozialisation, **E**xternalisierung, **K**ombination, **I**nternalisierung.

S Sozialisation	implizites Wissen an einen anderen weitergeben
von implizit → implizit	beobachten, nachahmen, Lernen durch abschauen. (Wie früher im Handwerk)
E Externalisierung	implizites Wissen versuchen für einen anderen explizit zu machen (Auch für einen selbst schon schwierig!)
von implizit → explizit	versuchen zu beschreiben, Analogien, Hypothesen zu bilden; selbst „Lessons-Learned-Berichte“ schreiben
C Kombination	explizites Wissen an andere weitergeben. → Sehr einfach!
von explizit → explizit	mit anderen verbal oder schriftlich kommunizieren. Aber auch selbst kombinieren und ergänzen: z.B. Schriftstücke, Protokolle, Messreihen zu etwas Speziellem kombinieren.
I Internalisierung	allgemein erhältliches Wissen in ausgewähltes, eigenes, kontextspezifisches verwandeln
von explizit → implizit	aus Fachbüchern, Normen, „Lessons-Learned-Berichten“ sich das nötige Wissen selbst aneignen
A Automatisierung	sein rationales, explizites Wissen ins eigene Unbewusste verschieben
von explizit → implizit	das bewusst gelernte immer wieder einüben, bis es „fast von selbst“ abläuft. – Z.B. die Betätigung von Gang und Kupplung im Pkw geschieht schließlich unbewusst, implizit. – Ebenso sollte es mit wichtigen Teilen von Methoden gehen.

Bild 7.152 Wie geht man selbst mit ex- und implizitem Wissen um und wie kann man es vermitteln? Nach dem SECI-Modell von Nonaka [28/7.10] und Binz u. a. in [26/1; S. 249]. Die vier Abschnitte wurden vom Autor Ehrlenspiel um einen fünften A ergänzt

Man kann systemtechnisch zwischen Ziel-, Sach- und Handlungsinformationen unterscheiden (Kapitel 2.2). Beim Konstruieren werden z. B. aufgrund von Zielinformationen Sachinformationen – d. h. die Vielfalt der Beschaffenheitsmerkmale des Produkts – festgelegt (Bild 2.9). So wird z. B. aufgrund der geforderten Bruchsicherheit ein bestimmter Werkstoff für ein Bauteil ausgewählt. Dazu benötigt man eine Handlungsinformation. Das ist eine Prozessinformation, also z. B. eine Vorschrift oder Regel. Die Steuerinformation gibt an, wer diese Handlung wann durchführen soll (Bild 2.6). Die Informationen werden nicht immer alle explizit von außen vorgegeben, sondern oft implizit, unbewusst aus der Logik der Sache erzeugt (Kapitel 3).

Diese Informationsarten müssen bei der Produkterstellung mit unterschiedlichem Schwerpunkt gewonnen, verarbeitet und weitergegeben werden. Das wird nachfolgend näher besprochen.

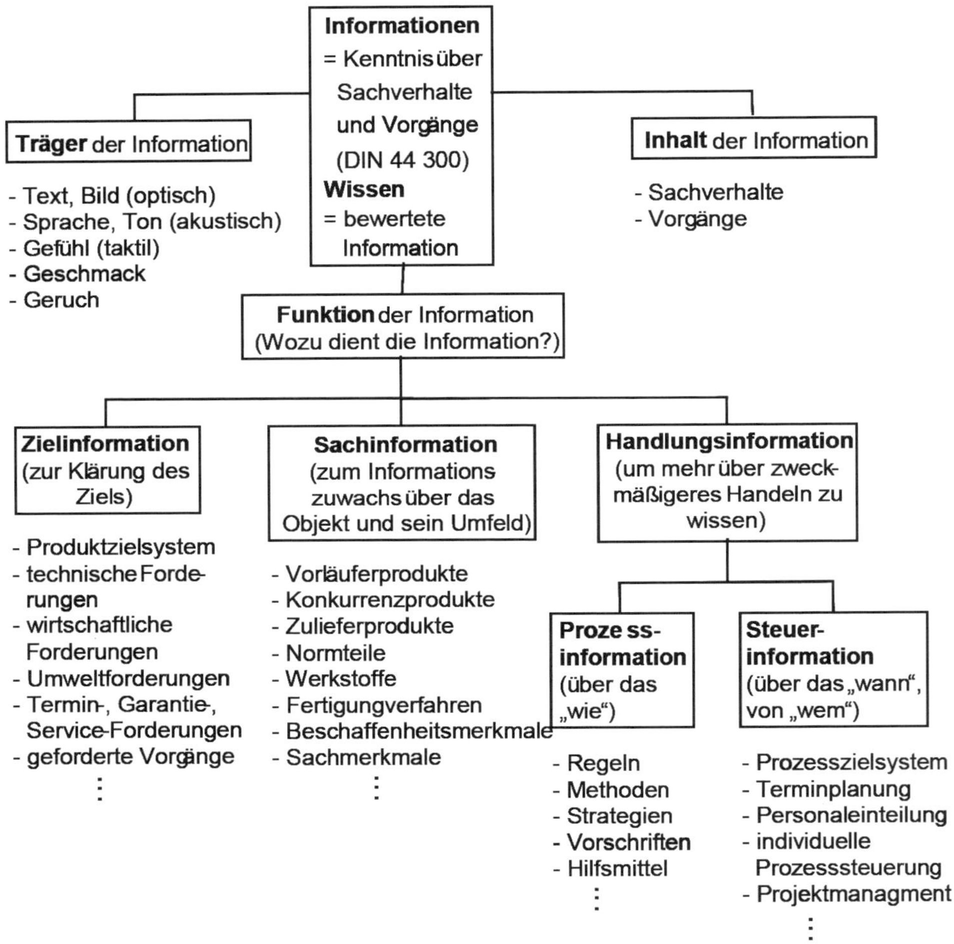

Bild 7.153 Zum Begriff Information bei der Produkterstellung nach DIN 44 300 [4/7.10]; zum Begriff Wissen [13/7.10]

7.10.2 Informationsgewinnung – Informationsquellen

Bei der Produkterstellung wird ein wesentlicher Zeitanteil für die Informationsgewinnung eingesetzt. Je nach Quelle ist dieser 8 % bis 50 % der Konstruktionszeit (Kapitel 5.1.3).

Davon beansprucht das Finden und Beschaffen von Informationsquellen wiederum einen erheblichen Anteil. Informationsquellen sind im Wesentlichen folgende **Informationsträger:**

- **Personen** mit der Sprache (z. B. Kunden, Vorgesetzte, Mitarbeiter, Lieferanten),
- **visuelle Träger** (auf Papier, DV, E-Mails, Gegenstände, Zeichnungen, CAD (2D und 3D), Pläne, Texte, Bücher, Kataloge, Datenbanken, Videos, Modelle),
- **Tonträger** (z. B. Tonbänder, CD, DVD).

Die **Informationsquellen** können unternehmensintern oder extern vorhanden sein. Je nachdem sind sie unterschiedlich schwer zu beschaffen. Da Informationen sich zeitabhängig verändern, sind Informationsquellen von unterschiedlicher Aktualität. Sie müssen mehr oder weniger häufig und aufwendig aktualisiert werden.[12]

Derzeit benutzte **Informationsquellen,** die auch Methoden zur Informationsaufbereitung und -vermittlung enthalten, sind nach Binz u. a. in [26/1; S. 260–273] folgende. (Dort als „Wissensmanagementlösungen für die Praxis" benannt; hier: ein Auszug. Die Inhalte und das Vorgehen sind in Binz u. a. [26/1; ab S. 259], oder im Internet näher beschrieben).

- Best Practices → Beschreibung bestmöglicher Lösungen. Zeitaufwand mittel.
- E-Learning → sich aus einer strukturierten Wissensbasis mit einer E-Learning-Plattform (als Voraussetzung) informieren. Zeitaufwand mittel.
- Wissenskarten → z. B. aus Fragebögen und Interviews entstehend; der Wissensträger ist benannt. Wissensstruktur ist zu bilden. Zeitaufwand gering.
- Lessons Learned → systematische Erfassung von Projekterfahrungen. Gemeinsame Erstellung mit Hilfe von Fragebögen, Vorlagen und Richtlinien. Zeitaufwand hoch.
- Story Telling → persönliches Erfahrungswissen und Beobachtungen aus Projekten; Erfassung durch Interviews; Zeitaufwand hoch.
- Wiki → im Intranet muss eine Plattform (editierbares System mit Verknüpfungen) vorhanden sein. Mitarbeiter bringen Inhalte ein. Zeitaufwand für Nutzung gering.

Für die **Informationssuche** bietet die Datenverarbeitung hervorragende Hilfsmittel an: Suche über **Nummernsysteme** [5/7.10] (Parallelnummern: identifizierende

---

12) Die Experten-Plattform des VDI ist erreichbar unter: *www.Das-ExpertenNetz.de* (Konstruktion 2008, 4, S. 6)

und klassifizierende Nummern), über **Begriffe** [6/7.10] und direkt in **bildhaften Katalogen**. Dabei kann man erhebliche Zeit für die Informationsverarbeitung sparen, wenn man gleiche oder ähnliche Informationen findet und zwar durch: Wiederhol-/Ähnlichteile, vorhandene Konstruktionen, Stücklisten, Arbeitspläne, NC-Programme, Kalkulationen, Bestellungen, Angebote usw. Da schätzungsweise 80 bis 90 % aller Informationsverarbeitungsvorgänge auf zumindest ähnlichen Informationen wie früher beruhen, ist ein erhebliches Rationalisierungspotenzial vorhanden. Es kommt „nur" darauf an, die Informationen leicht wieder findbar abzulegen, sie mit effizienten Suchmerkmalen (Nummern, Begriffen) zu versehen und die Suche möglichst so einfach und schnell zu gestalten, dass sie weniger aufwendig als die Informationsverarbeitung ist [7/7.10]. Geeignet sind PDM-oder EDM-Systeme. Die Verwaltung der Daten ist in der VDI-Richtlinie 2219 (2002) beschrieben. Die direkte Suche in einer **featurebasierten (objektorientierten) Datenbank** ohne den Umweg über klassifizierende Nummernschlüssel oder Merkmalsleisten scheint besonders viel versprechend (Kapitel 9.3.4.1). Bei einer Teilesuche für CAD können dabei zusätzliche Informationen mit angeboten werden wie Informationen aus der Fertigung (Arbeitspläne), aus der Montage (Montagebeanstandungen, -probleme), aus dem Einsatz (Beanstandungen, Schäden), ferner Kostendaten und Vergleichskalkulationen und Regeln für die konstruktive Bearbeitung. Dies schätzen Konstrukteure, da dann weniger Änderungen anfallen. (Für die Datenbanksuche eignet sich das FIZ in Karlsruhe [18/7.10]).

Wichtig sind **Kriterien** für die **Suche und Auswahl von Informationsquellen** [8/7.10] wie z. B.:

- die Zuverlässigkeit (Wahrscheinlichkeit des Eintreffens, Aussagesicherheit),
- die Informationsschärfe (Exaktheit, Eindeutigkeit des Inhalts),
- Volumen und Dichte (Wort- und Bildmenge),
- Wert (Wichtigkeit),
- Aktualität (Zeitpunkt der Informationsverwendung),
- Informationsform (graphisch oder alphanumerisch),
- Originalität (Notwendigkeit zur Erhaltung des Originalcharakters),
- Komplexität (Struktur bzw. Verknüpfungsgrad) und Feinheitsgrad (Detaillierungsgrad).

7.10.3 Informationsverarbeitung – Informationsfluss

Informationsflussanalysen

Der Informationsfluss bei der Produkterstellung ist nicht nur produkt- und unternehmensspezifisch, sondern variiert auch unternehmensintern zwischen den jeweiligen Projekten. Zur Optimierung des Informationsflusses sind also Projekte zu analysieren und die Ergebnisse projektspezifisch einzuordnen. Hierzu sind Vorgehensweisen notwendig, die die Durchführung dieser Analysen in den Unternehmen erleichtern. Schwerpunkt der Analysen ist die Betrachtung des Vorgehens von Mitarbeitern im Produkterstellungsprozess und des dabei auftretenden Informationsflusses (siehe oben die Informationsquellen). Es müssen die **Schnittstellen** zwischen den Aufgaben sowohl bereichsintern als auch -übergreifend erarbeitet sowie Art und Umfang der auszutauschenden Informationen eingeordnet werden (Kapitel 5.2.2.2).

Die **Datenerhebung** kann während der Projektverfolgung durch die **Interview- und Fragebogenmethode** sowie die Protokollierung von Besprechungen oder Teamsitzungen erfolgen. Die **Inventurmethode**, das Sichten schriftlicher Unterlagen, liefert weitere Anhaltspunkte zum Informationsfluss. Über die Darstellung des Informationsflusses durch **Kommunikationsnetze** (Darstellung der zwischen Mitarbeitern geführten Gespräche) und **Kommunikationssterne** (sternförmige Darstellung von Zahl, Dauer und Richtung der mündlichen Kommunikation für jeweils einen Mitarbeiter (Bild 4.22), die Einordnung von Dokumenten nach deren Umfang und Inhalt und die Zuordnung von Teilaufgaben und Bearbeitern sollen aus den Fallanalysen Vorgehensweisen zur Optimierung abgeleitet werden.

Es ist zu untersuchen, ob systematische Sammlungen, in denen umgesetzte Informationen nach Ziel, Art, Wichtigkeit, Aktualität, Umfang und Exaktheit eingeordnet werden, die Schnittstellendefinition zwischen Teilaufgaben unterstützen können. Es soll dadurch z. B. die Frage nach dem Einfluss des Interessenten oder des Anwendungsfalls auf die Art der Informationsdarstellung oder nach der Wichtigkeit von Informationen geklärt werden.

Zur **Modellierung** des Informationsflusses bieten sich z. B. die Design Structure Matrix Repräsentation **(DSM)** [9/7.10] oder **SADT** (Structured Analysis and Design Technique) [10/7.10] an, um den erforderlichen Informationsfluss und den Prozess hinsichtlich Entwicklungszeit und Qualität zu optimieren. Durch die Anwendung der DSM kann z. B. ein bereichsweise hoher Informationsbedarf aufgedeckt und darauf aufbauend eine Kopplung von Aufgaben für die Teambildung durchgeführt werden (Kapitel 2.3.3 b). Die unter dem Begriff Komplexitätsmanagement zusammengefassten Methoden bieten einen graphischen Überblick und eine Hilfe bei der Strukturierung. (Kapitel 2.3.3 d [31/2]). – Eine rechnergestützte Optimierung des Ablaufs arbeitsteiliger Prozesse wird auch im Workflow-Management-System angestrebt.

Optimierung des Informationsflusses

In erster Linie ist es eine organisatorische Aufgabe, dem Konstrukteur die in der jeweiligen Situation notwendigen Informationen anzubieten, d. h. die Informationen müssen unmittelbar bei Bedarfsentstehung abgerufen werden können [6/7.10; 11/7.10]. Art und Inhalt der Weitergabe von Informationen werden bestimmt durch die betroffene **Benutzerebene** (z. B. Gruppenleiter, Konstrukteur, Zeichner), die zu unterstützende **Arbeitsphase** (z. B. Konzipieren, Entwerfen, Ausarbeiten), die **Arbeitsart** (z. B. Neu-, Anpassungs- oder Variantenkonstruktion) und die **Komplexität** des zu entwickelnden Produkts (z. B. Anlagen, Maschinen, Baugruppen, Einzelteile). Aber auch die **räumliche Distanz der Mitarbeiter** (Bild 7.154), die Mittel zur Datenübertragung, die Gruppenbildung sowie die Definition der Schnittstellen zwischen diesen Gruppen wirken sich auf den Kommunikationsumfang und damit auf den Informationsfluss aus (Bild 4.38).

Zur Entfernungsabhängigkeit der Kommunikation: Nach einer Untersuchung des MIT von 1990 entstehen fruchtbare Ideen vor allem bei der Kommunikation über Abteilungs- und Zuständigkeitsgrenzen hinweg. Aber bereits bei einer räumlichen Entfernung von 30 m besteht eine deutliche Hemmschwelle, das Gespräch zu suchen. „Selbst Telefone, Aufzüge und Türen wirken als Kommunikationskiller“.

Nach v. Pierer [15/7.10] hat der Mitarbeiter eine **Holschuld** bei der Informationsbeschaffung und eine **Bringschuld** bei der Informationsweitergabe.

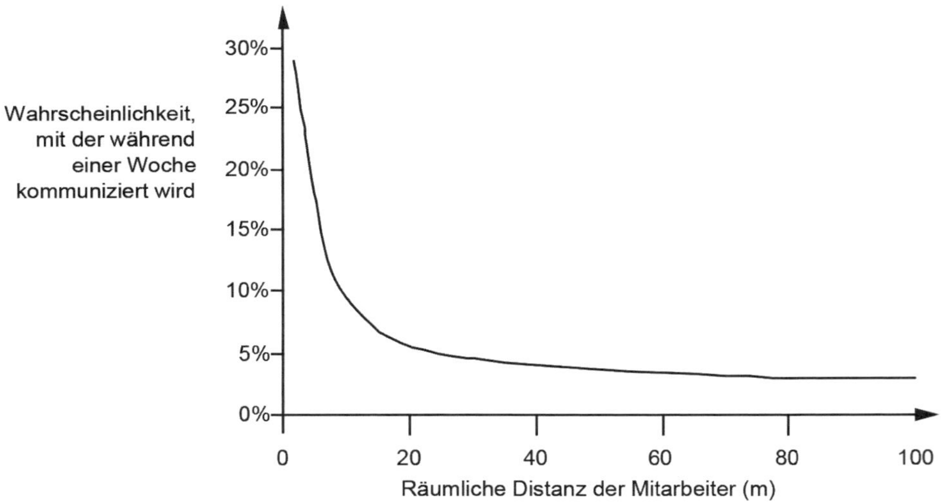

Bild 7.154 Kommunikation der Mitarbeiter in Abhängigkeit ihrer räumlichen Distanz (nach Allen) [2/7.10]. Zur Bedeutung der Kommunikation siehe Kapitel 3.5

Wie in Bild 5.2 beispielhaft gezeigt, steht die Entwicklung und Konstruktion mit einer Vielzahl von Abteilungen im Informationsaustausch, der durch Personenkontakte, durch schriftliche oder EDV-Hilfsmittel geführt werden muss (Bild 3.51; 4.34; 4.42). Um den Informationsfluss zu optimieren (auch „Front Loading“ genannt), gibt es folgende beispielhafte Möglichkeiten der **Bereitstellung von Informationen für die Entwicklung und Konstruktion** aus folgenden Abteilungen:

Fertigungsvorbereitung:

- Leistung, Arbeitsbereich und Genauigkeit von Betriebsmitteln
- Einblick in Fertigungs-, Montagepläne, Zeiten, Kosten von Teilen/Produkten
- Rückmeldung über Fertigungs-/Montageprobleme bestimmter Teile/Produkte
- ...

Kalkulation:

- typische Kostenstrukturen von Produkten und Prozessen
- Maschinen-/Platzkostensätze
- Stundensätze in Gemeinkostenabteilungen
- Prozesskostenbeispiele (Was kostet eine Änderung, eine neue Zeichnung ...)
- Regeln und Kostenrechnung bei Fremdbezug statt Eigenfertigung
- ...

Vertrieb:

- Informationen über Konkurrenten (z. B. Umsätze, Preise, Prospekte, ...)
- Möglichkeiten zur Fremderzeugnisanalyse
- Benchmarking-Beispiele
- ...

Einkauf:

- langfristige Prospekt-, Angebotsbereitstellung für Probleme, die in der Zukunft wahrscheinlich vermehrt auftauchen
- Lieferzeiten, Kosteninformationen von Zulieferumfängen
- Mehrpreise für kurze Lieferzeiten
- Preise in Abhängigkeit von der Stückzahl
- Relativkosten von Materialien, Normteilen
- ...

7.10.4 Informationsweitergabe – Dokumentation – Produktpiraterie

a) Voraussetzung für die **Informationsweitergabe** – sofern sie nicht mündlich erfolgt – ist eine auf den nachfolgenden Informationsverarbeiter abgestimmte und verständliche Dokumentation. Auch hier gilt das (interne und externe) Lieferanten-Kundenverhältnis (Kapitel 4.4.2). Wird dies nicht berücksichtigt, so entsteht das „Aneinander-vorbei-arbeiten" mit vielen Änderungen, Iterationen, Kosten, Zeit- und Qualitätsverlusten, wie es in den Bildern 4.24 und 4.37 dargestellt ist. Es ist, auch bei mündlicher **Kommunikation**, im Prinzip wie bei einem Radio-Sender und -Empfänger. Beide müssen eingeschaltet sein, d. h. für die Kommunikation motiviert sein. Und beide müssen auf der gleichen Frequenz arbeiten, d. h. im Prinzip den gleichen Erfahrungshintergrund haben. Wenn sie z. B. über Werkstofffestigkeit reden, müssen beide genug davon verstehen. Und wenn das Übertragungsmedium u. a. Diagramme sind, müssen beide diese Diagramme lesen können. (Eigentlich ist das selbstverständlich. In der Eile wird es aber oft nicht genügend bedacht). – In Bild 7.155 ist gezeigt, dass in einer persönlichen Botschaft mehrere Inhalte implizit, d. h. unbewusst, an den Empfänger transportiert werden. Wenn man das weiß, kann man manche, die einem wichtig sind, explizit verstärken. (Z. B. den „Appell" verstärken: „Bitte tu das bald. Gib mir eine Info, dass es erledigt ist". Siehe auch Bild 3.7). Wir Ingenieure meinen ja meist, es gehe nur um die Sachebene (in Bild 7.155 die „Information"), und nur die müsse klar ausgedrückt werden. Dabei können die anderen drei gefühlsmäßigen Inhalte u. U. das Sachliche wirkungslos machen. Es ist ja auch bekannt, dass ein Grossteil der Information durch das Verhalten des Sprechenden, „Wie er sich gibt", übertragen wird und eben nicht nur durch die Rede selbst.

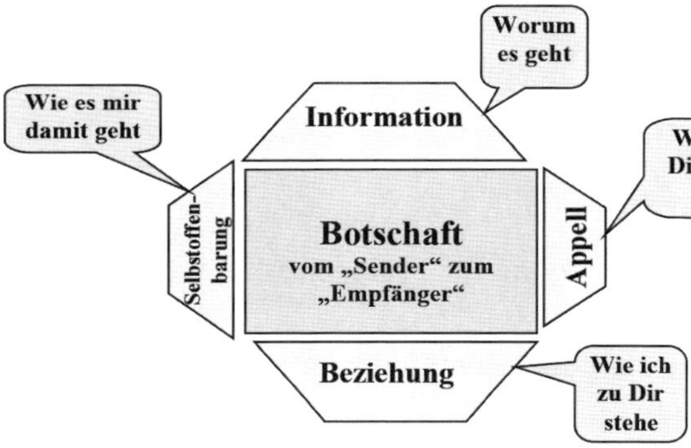

Bild 7.155 Zur Kommunikation: Die vier meist unbewussten Inhalte einer Botschaft vom „Sender" zum „Empfänger" (nach Schulz v. Thun [25/7.10]). Siehe auch Kapitel 3.10 Integrationsfähigkeit

b) Die **Dokumentation** kann in unterschiedlichen **Repräsentationsarten** erfolgen. Diese sind abhängig vom **Informationsgegenstand** (z. B. bildhaft, begrifflich, statisch oder dynamisch zu beschreibende Gegenstände) und vom **Empfänger** (Adressaten) der Information. Die für Informationsgegenstand zweckmäßige Repräsentation (Darstellung) und Häufigkeit der Information sind zwischen Informationsgeber und -empfänger zu optimieren. Dazu bedarf es der Diskussion des Abbaus der Abteilungsmauern (Bild 4.24). Die wesentlichen visuellen Repräsentationsarten sind folgende:

Bilder z. B. Skizzen, Schemata, Zeichnungen, Sinnbilder, Pläne, grafische Darstellungen, Fotos, Filme, ...

Schriftsätze z.B. aus Zeichen, Ziffern, Buchstaben, Symbolen, Worten, Daten oder Signalen

Gegenstände z.B. Ausstellungsstücke, Musterstücke, Prototypen, Werkstücke, Demonstrationsmodelle, ...

Auch hier ist eine zunehmende **Unterstützung durch die Datenverarbeitung** zu verzeichnen (8/7.10, 12/7.10): z.B. Textsysteme, CAD, CAD/CAM- und NC-Programme, PPS-Systeme, Virtual Reality, Rapid Prototyping. Die für das Suchen geeignete zentrale Verwaltung der Informationen kann über Produktmodelle, PDM, PLM und elektronische Zeichnungsarchive (EZA) [13/7.10; 26/7.10] in Datenbanken erfolgen.

c) Änderungen können von **außen** (vom Kunden, Zulieferern, Konkurrenzsituationen, Gesetzesänderungen) verursacht sein, oder von **innen** (beim Werkstoff, Fertigungsverfahren oder bei der Toleranz muss etwas geändert werden; es ist ein interner Fehler erkannt worden). Gegen das Suchen von Sündenböcken muss eine Fehler-Kultur aufgebaut werden. (F. Krupp: Jeder Mensch macht Fehler. Auch ich! Nur wer gar nichts tut, macht keine; oder nach Imai [45/3]: Man sollte froh sein, einen Fehler oder eine Schwachstelle zu entdecken, denn jeder entdeckte Fehler eröffnet die Chance, etwas besser zu machen). – Ein **Änderungsmanagement** ist nötig, um die vernetzten Daten stets aktuell zu halten, damit man bei der weiteren verteilten Arbeit nicht auf falsche Voraussetzungen aufbaut. – Änderungsarbeit kann einen Großteil der Entwicklungskapazität beanspruchen. Die von Änderungen verursachten Zeiten und Kosten sind meist unerkannt, da sie sich als Gemeinkosten oder Verwaltungskosten vieler Abteilungen „verstecken". (Siehe Bild 9.41). Ferner sind Änderungen umso schwerwiegender, je später sie in der Produkterstellung durchgeführt werden müssen. (Siehe die „Rule of Ten" in Bild 3.61). Literatur: Lindemann, Reichwald in [75/9].Zu Änderungen bei Anforderungslisten: Siehe Kapiteln 7.3.6. In der Regel erfasst die Stückliste die Bauteile eines Produkts. Im Änderungsantrag wird beschrieben, welche Änderung an einer Stücklistenposition und dem dazugehörigen CAD-Modell und der Teilzeichnung durchgeführt werden muss. Dazu gehören auch eine Aufwandsschätzung (Material, Ressourcen, Finanzen, Zeit etc.), eine Risikoabschätzung und eine Entscheidung über die Freigabe der Änderung. – Erleichterung der Abläufe erfolgt mit Hilfe eines PDM-Systems und Workflow-Managements [83/4], DIN 199-4; ferner Engineering Change-Management (ECM) in [16/2 a; S. 110].

d) Schutz vor Produktpiraterie erfordert Maßnahmen gegen die Nachahmung eigener Produkte. Nach einer Studie des VDMA [21/7.10] von 2010 entstehen allein für den Deutschen Maschinenbau Umsatz-Verlusteinbußen pro Jahr von rund 6,4 Mrd. Euro (2014: 7,3 Mrd.). 71% der Unternehmen im VDMA waren betroffen. – Ziel ist deshalb, das Nachahmen und den Vertrieb nachgeahmter Produkte möglichst zu unterbinden oder zumindest zu erschweren (siehe DIN 66405 und [19/7.10; 29/7.10]). – Betroffen sind Produkte, (Ersatz-)Teile, Verfahren und Prozesse und zwar dann, wenn sich das Kopieren infolge großer Marktdurchdringung oder hoher Gewinnchancen lohnt. – Die nachfolgenden **Beispiele für Maßnahmen** sind abhängig vom Produkt, Unternehmen, Markt und müssen im Einzelfall auf Wirkung und Wirtschaftlichkeit geprüft werden.

- Schutzrechtsanmeldungen in ausgewählten Ländern durchführen. (Siehe Kapitel 7.10.6 Schutzrecht-Strategie im Produktlebenszyklus)
- Kennzeichnungstechnologien (sichtbar oder versteckt) wie Sicherheitssiegel; Sprengprägen; Hologrammfolien und -fäden; Mikrofarbcodes. Vgl. [22/7.10]).
- Schnelles Entwickeln von Produktvarianten, um dem Kopierer immer weit genug voraus zu sein.
- Komplexe Produkte (z. B. Sonderwerkzeugmaschinen) mit systematischen (dokumentierten) Maßvariationen und besonderen Fertigungsprozessen (z. B. Wärmebehandlung, Oberflächenbeschichtung) erschweren das Kopieren. „Embedded Software" auf Chips in der Maschine vor Zugriff schützen.
- Kernkompetenz ausbauen und diese selbst fertigen; Produkte selbst verkaufen; Lizenzvergabe einschränken.
- Produkt, Dienstleistung und Service besser verknüpfen.
- Kunden über Nachteile der Nachahmungen aufklären.
- Die eigenen Mitarbeiter aufklären und gegen Know-how-Weitergabe motivieren.
- IT-Sicherheit verbessern.

Schäden aus Industriespionage nehmen zu. Am häufigsten sind Hackerangriffe, geschicktes Ausfragen von Mitarbeitern und Datendiebstahl durch eigene Mitarbeiter.

7.10.5 Formen individueller Informationsverarbeitung und Kommunikation

Der **Mensch verarbeitet Informationen** durchaus nicht nur explizit, nachvollziehbar und rational, sondern zu einem erheblichen Teil implizit, unbewusst (Bild 7.156). Dies ist in Kapitel 3 und Kapiteln 7.10.1 angesprochen und gilt nicht nur für das Individuum, sondern auch für die Kommunikation in der Gruppe (Siehe hierzu auch Bild 3.7 und Kapitel 3.5). Es ist schon erstaunlich, wenn man sich einmal klar macht, welche Vielfalt von Informationsaufnahmen unsere „fünf Sinne" uns bieten (links im Bild) und wie wenig davon rational verarbeitbar ist. Im Grunde nur die sprachlichen Informationen (gehört, gedacht und geschrieben).

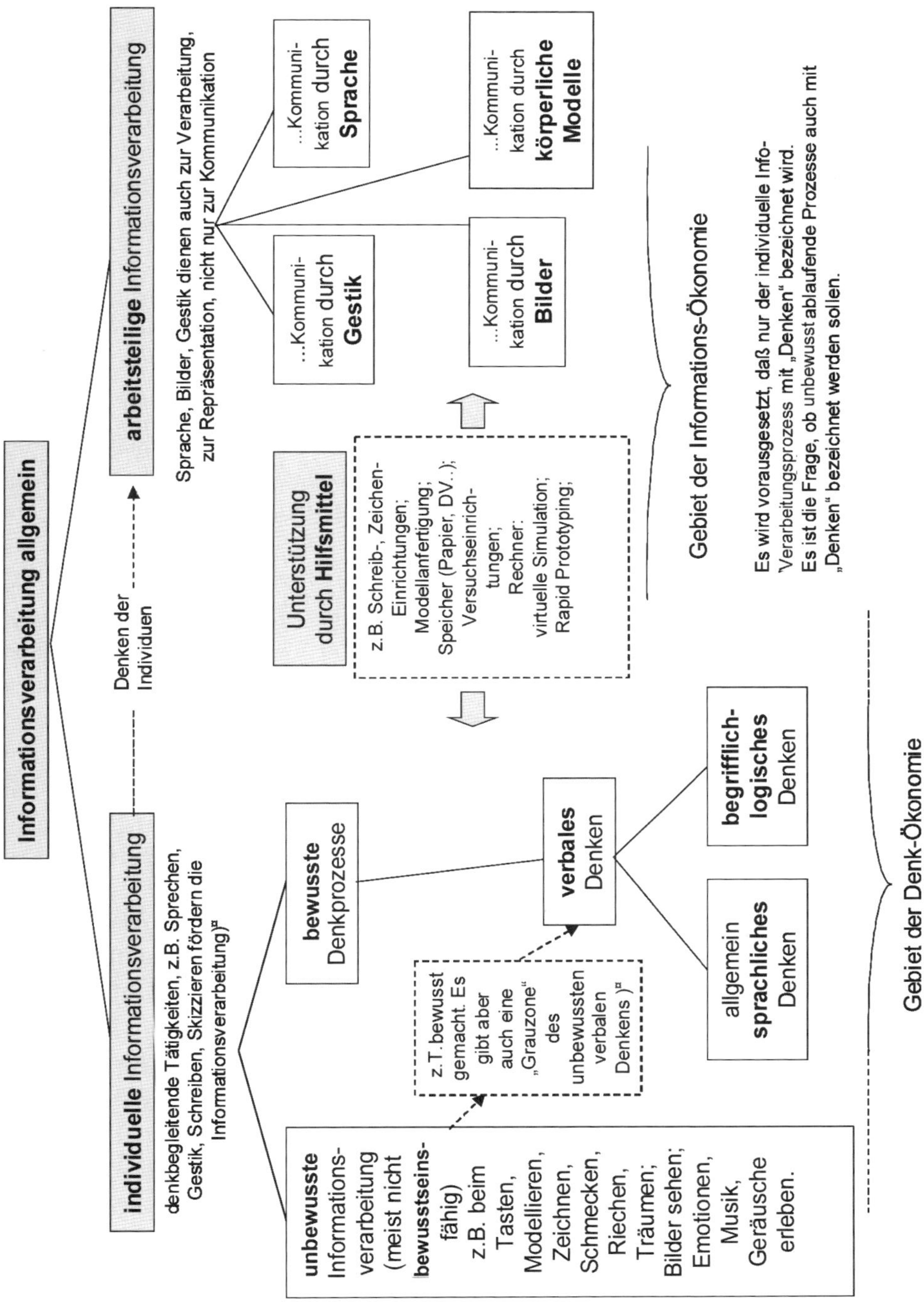

Bild 7.156 Formen individueller Informationsverarbeitung und Kommunikation

Durch Untersuchungen zeichnet sich, sowohl für die individuelle Informationsverarbeitung, wie die mit einem Partner, folgendes ab: Für das Konstruieren förderlich ist – vor allem in frühen Phasen des Konzipierens – nicht nur das Skizzieren und Zeichnen auf Papier, sondern auch das Sprechen, Schreiben (Notizen im CAD oder auf Papier), die Gestik, das Machen und Manipulieren von einfachen Modellen. (Siehe Bild 7.132). Dies ist bisher nur zum Teil rechnergestützt möglich. (Wo sind gute CAD-Skizzierprogramme? Rapid Prototyping und 3D-Druck benötigt die volle Volumeninformation aus CAD!)

Ferner geht aus dem Bild auch der Schwerpunkt der Denk- und Informationsökonomie hervor: Die individuelle bzw. arbeitsteilige Informationsverarbeitung (Kapitel 3.5 und 3.6).

Computerspieler haben während des Spielens eine hohe Motivation. Bei „ernster Arbeit" ist das meist gar nicht so der Fall. Deshalb gibt es zunehmend mehr Unternehmen, die spielerische Elemente in die Computerarbeit integrieren oder spielerische Pausen empfehlen. Welche Möglichkeiten es dafür gibt zeigt die Diss. Tralau [27/7.10].

Frankenberger [53/3] und Ken Wallace; S. Ahmed [17/7.10] betonen, dass erfahrene Konstrukteure 90 % der benötigten Information von anderen Personen und nicht von Datenbanken bekommen. Bei zunehmender Arbeitsteilung ist vor allem sprachlicher Austausch eine Notwendigkeit! Unerfahrene Konstrukteure tun sich allgemein hart, denn sie wissen nicht nur nicht, wen sie fragen sollen, sondern auch nicht, was für Fragen sie effektiv stellen sollen. Die Hoffnung wird dann auf gute Datenbanken gesetzt. Aber da hilft auch ein Computer wenig! Denn er gibt keine klare Antwort auf unklare Fragen. Er fragt nicht zurück! – Die richtigen Fragen zu stellen kann nicht nur für die Sachinformation, sondern auch für den weiteren Entwicklungsprozess bedeutsam sein! Ein offenes Kommunikationsverhalten ist in einem Unternehmen buchstäblich „Geld wert". Wer nicht bereit ist mitzuteilen, bekommt auch nichts von anderen. Dazu gehören auch „vorläufige" Informationen und Fragen. Für den sprachlichen Austausch müssen die inneren persönlichen Hemmungen überwunden werden.

Die **„W-Fragen":** (Wer? Was? Wozu? Warum? Mit wem?) führen nicht nur bei der Aufgabenklärung (Kapitel 7.3.2) weiter, sondern auch sonst im ganzen Prozess bis zur Schlussprüfung einer Konstruktion [16/7.10] (siehe Bild 4.48 und siehe Arbeitsblätter und Checklisten im **Internet als pdf-Datei;** Adresse im Vorwort). – Bei guten Fragen wird die Selbstreflektion des Einzelnen wie der Gruppe gefördert und die Lösungsqualität verbessert [104/3]!

Um die Bedeutung des Fühlens und des impliziten Denkens im Kontext der menschlichen Existenz zu betonen ist in Bild 7.157 eine Sammlung der vielfältigen menschlichen Aktionen dargestellt. Es ist ja eine immer wichtiger gewordene Aussage des Buches gerade dies nicht nur beim unmittelbar sachbezogenen Entwickeln, sondern auch beim dazugehörigen Umgang mit Kollegen, Kunden und Lieferanten zu betonen. (Kapitel 1.1 d). Die Konstruktionsmethodik ist eben wesentlich von der Systemtechnik befruchtet worden, die ursprünglich nur das rationale Denken betont hat und damit einseitig war.

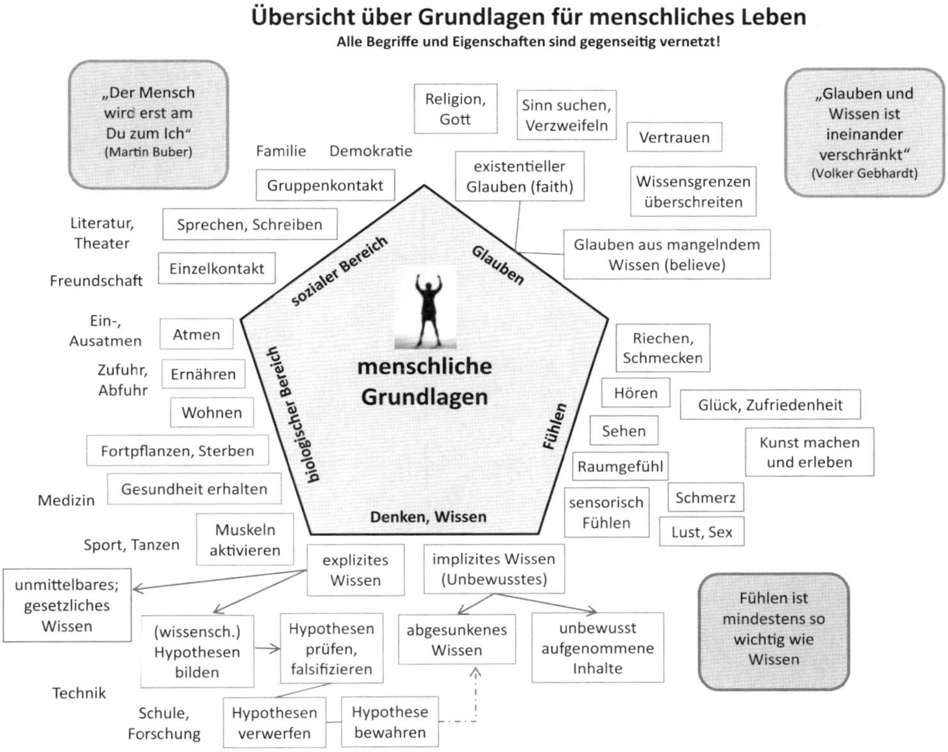

Bild 7.157 Eine Übersicht über die Grundlagen des Lebens, um die Bedeutung des Fühlens und des impliziten Denkens klar zu machen

7.10.6 Schutzrecht-Strategie im Produktlebenszyklus

Technische Schutzrechte sind insofern eine besondere Art von Wissensverarbeitung, weil dabei technisches und juristisches Denken eine enge Verbindung eingehen. – Schutzrechte, wie Patente, Gebrauchsmuster und Designs (früher Geschmacksmuster) bilden zusammen mit der Produkt-, Produktions- und Vertriebserfahrung eine Basis für den Erfolg eines Unternehmens am Markt. – Dies gilt insbesondere zur Abwehr der Produktpiraterie (siehe Kapitel 7.10.4 c). – Deutschland hat 2011 mit rund 14 % aller Patentanmeldungen beim Europäischen Patentamt die dritte Position nach USA und Japan. Es hält weltweit rund 7 % aller Patente. Bezogen auf 10 000 Einwohner hat es mit 4 Anmeldungen pro Jahr sogar doppelt so viel Anmeldungen wie die USA und immer noch mehr als Japan mit 3,7 [26/1; S. 275–318].

In Bild 7.158 ist noch einmal der Produktlebenslauf wiedergegeben, wie er in Kapitel 4.1.1 besprochen wurde. Ausgehend davon sind in Bild 7.159 nach Nißl [23/710] sieben Phasen eingetragen, für die nachfolgend Anregungen zu Aktivitäten für Schutzrechte angegeben werden. Es ist eben nicht ausreichend, Produktentwicklung zu treiben und sich dann irgendwann zu überlegen, ob eine Anmeldung zweckmäßig wäre. Man sollte von Anfang an planvoller vorgehen.

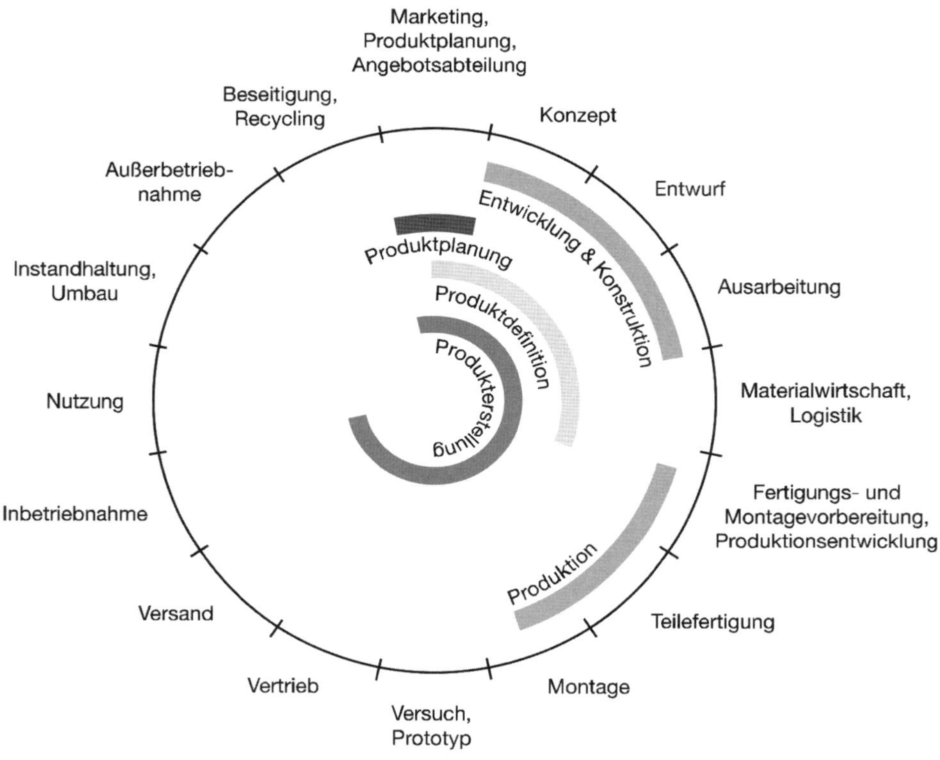

Bild 7.158 Lebenslauf eines Produkts (nach Bild 4.1)

Zur **Strategie** gehören Überlegungen wie: Soll man überhaupt anmelden? Soll es eine Patentanmeldung sein, oder reicht auch ein Gebrauchsmuster? Zuerst ein preisgünstiges Deutsches Patent und dann innerhalb eines Jahres eine Europäische oder eine internationale PCT-Anmeldung? (Vorteil: Zunächst nur eine Sprache für potenziell 148 nationale Patentverfahren und 30 Monate Verzögerungsmöglichkeit in welchem dieser Länder ein Patent erlangt werden soll)?

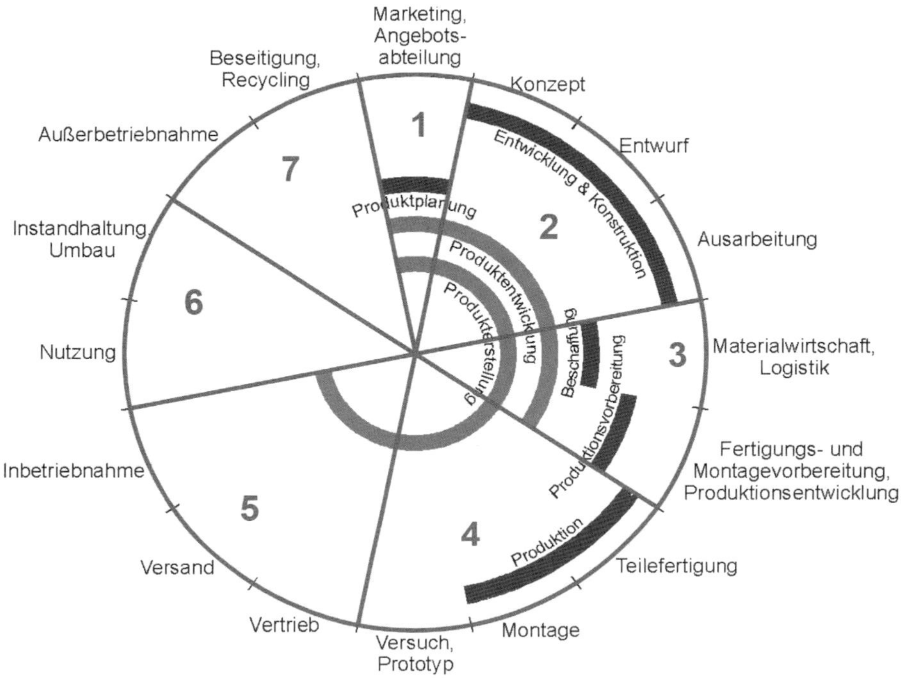

Bild 7.159 Sieben Phasen im Produktlebenslauf zur Planung von Schutzrechten (nach A. Nißl [23/7.10])

Abzuschätzen ist, was eine Anmeldung an Gebühren, Honoraren und Arbeitszeit wichtiger Mitarbeiter kostet. Reicht die Arbeitskapazität zur Überwachung von Verletzungen? [24/7.10; 30/7.10].

Nun zu den Empfehlungen im Laufe des Produktlebens. Die sind natürlich flexibel aufzufassen!

1. **Produktplanung, Angebotserstellung**

   a) Ist die Produktidee oder Weiterentwicklung bereits bekannt? Eine Patent- und Gebrauchsmusteranalyse einleiten zum Stand der Technik. Evtl. auch in angrenzenden Gebieten.

   b) Ist die Produktidee oder Weiterentwicklung bereits bekannt? Eine Patent- und Gebrauchsmusteranalyse einleiten zum Stand der Technik. Evtl. auch in angrenzenden Gebieten.

   c) Welche Anmeldungen oder Grundlagenpatente haben Wettbewerber? (Erst nach 18 Monaten wird eine Patentanmeldung veröffentlicht! Eine GBM-Anmeldung spätestens nach 15 Monaten).

   d) Macht es Sinn, eine Lizenz zu nehmen?

   e) Eigene Anmeldungen planen? Welche Strategie für Schutzrechte?

2. **Entwicklung und Konstruktion**
   a) Anmelden einer Erfindung? Patent oder Gebrauchsmuster? Dabei Geheimhaltung zu Entwicklungspartnern beachten. Aufpassen beim Verschicken vertraulicher Informationen wie CAD-Einbauzeichnungen!
   b) Gibt es Umgehungslösungen zu Patenten von Wettbewerbern?
3. **Beschaffung und Produktionsvorbereitung**
   a) Sind beschaffte Zukaufteile frei von Rechten Dritter? Evtl. Freistellung vereinbaren.
   b) Sind Herstellungsverfahren frei? Evtl. Lizenznahme erwägen.
4. **Produktion und Versuch**
   a) Neue Ergebnisse und Erkenntnisse aus Produktion und Versuch anmelden? Gibt es Verfahrensverbesserungen?
   b) Geheimhaltung beim (Abnahme-)Versuch gegenüber Kunden, Lieferanten, Presse beachten.
   c) Geheimhaltung bei Prospektmaterial und Veröffentlichungen beachten. Ein hergestelltes Teil/Produkt oder ein laufendes Verfahren kann viel schlechter vor fremden Blicken geschützt werden als eine Zeichnung
5. **Markteintritt**
   a) Werden von Kunden evtl. Schutzrechte Dritter angesprochen? Sind diese noch gültig? Sind Änderungen am Produkt noch möglich?
   b) Ist Lizenznahme oder gegenseitiger Lizenztausch sinnvoll?
   c) Nachmeldungen im Ausland? Zeitliche Schranken beachten! (Wenn im Exportland kein eigenes Schutzrecht vorliegt, ist Nachbau durch Dritte dort möglich)
6. **Nutzung und Instandhaltung**
   a) Teilanmeldungen, evtl. Gebrauchsmuster abzweigen.
   b) Gibt es einen Nachbau Dritter? Abmahnung? Klage auf Schadenersatz und/oder Unterlassung? Beantragen einer einstweiligen Verfügung? Eigener Besichtigungsanspruch besteht häufig!
   c) Lizenzvergabe oder Lizenzaustausch?
7. **Außerbetriebnahme, Beseitigung**
   a) Wie oben unter 6.
   b) Patentportfolio bereinigen? (Sind Patente dabei, die voraussichtlich nicht mehr verwertet werden und für die nach längerer Laufzeit hohe Gebühren anfallen? Patente haben eine Laufzeit von 20 Jahren, Gebrauchsmuster von 10 Jahren).

Die **Kosten** einer Patentanmeldung entstehen aus fest kalkulierbaren Amtsgebühren und den Kosten für Patentanwälte und für Übersetzungen.

In Bild 7.160 wird ein europäisches Patent über die maximale Laufzeit von 20 Jahren mit Gültigkeit in einem Staat betrachtet (Kostenbasis 2010). Die festliegenden kumulierten Aufwendungen betragen in diesem Fall ca. 26 000 €. Die durchschnittlichen Vertreterkosten betragen im Anmeldeverfahren 5500 €. Zusätzlich fallen noch Honorare für Bescheidserwiderungen im Erteilungsverfahren und Übersetzungskosten an. Abhängig vom Umfang der Anmeldung und den Bestimmungen der ausgewählten Staaten ist mit sogenannten Validierungskosten in Höhe von etwa 4000 bis 7000 € pro Staat zu rechnen. Die Gesamtkosten über 20 Jahre liegen also bei 35 000 bis 38 000 € für einen Staat, wobei die Jahresgebühren nach der Erteilung in den verschiedenen Staaten variieren. Für jeden zusätzlichen Staat, in dem das Patent validiert (= für gültig erklärt) wird fallen ca. weitere 26 000 bis 29 000 € an. Dabei ist jedoch zu beachten, dass die durchschnittliche Laufzeitdauer eines europäischen Patents bei ca. 12 Jahren liegt. Die Kosten eines europäischen Patents liegen damit bis zum Verzicht des Patentinhabers auf Weiterführung im Durchschnitt etwa 11 000 € niedriger.

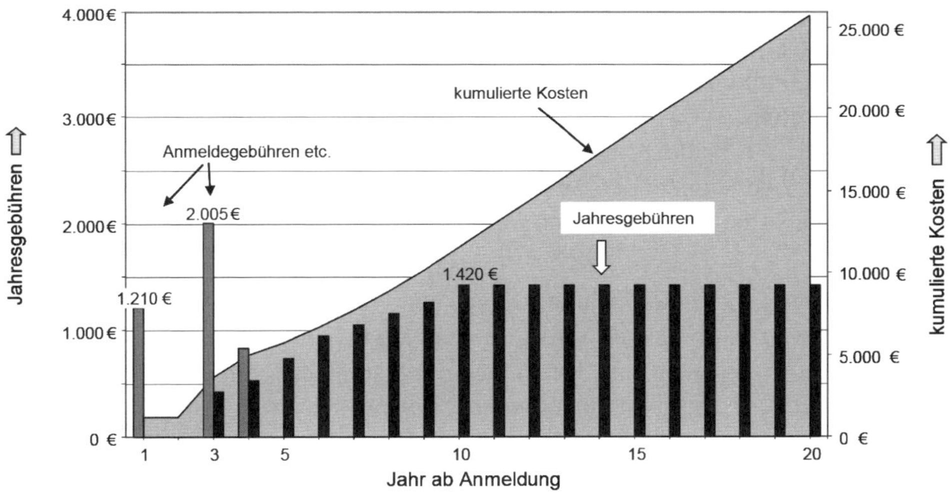

Bild 7.160 Amtsgebühren für ein Europäisches Patent über die Laufzeit von 20 Jahren, ab der Erteilung im 4. Jahr für einen Bestimmungsstaat (Kostenbasis 2010)

Nach der gleichen Berechnungsweise würden sich die Kosten eines Deutschen Patents über 20 Jahre auf 17 000 bis 21 000 € belaufen, die Kosten eines Gebrauchsmusters über 10 Jahre auf 2400 bis 3400 €.

7.10.7 Verhalten in Krisen

1. Was ist typisch für eine Krise?

Auch in der Produktentwicklung gibt es Krisen. Wenn's plötzlich nicht so geht, wie es soll, eine völlig neue Situation eintritt und diese auch noch wichtig (z. B. für einen Hauptkunden) und teuer ist und die Abhilfe schnell gehen soll. – Einige Beispiele, die in der Betriebssituation auftraten, aber vorher in der Entwicklung verursacht wurden: Die neue Mercedes A-Klasse, die beim Elch-Test umkippte (Bild 5.26) [31/7.10; 33/7.10], die Deepwater Horizon Krise im Golf von Mexiko, die zur größten Ölkatastrophe der Menschheit führte. Und viele Rückrufaktionen von PKW-Herstellern, die ihre Ursachen oft in unerwarteten – vermeintlich untergeordneten – Funktions- oder Fertigungsfehlern haben. – Aber auch im Maschinenbau kann man plötzlich vor einem zunächst unerklärlichen Problem stehen: Ein Getriebe, das die Gasversorgung für eine Raffinerie garantieren soll und unzulässig stark schwingt. Mit dem Getriebe steht dann die ganze Raffinerie still. Was tun? (Siehe Kapitel 3.3.4 und nachfolgende Kurzfassung unter 4.). Auch das Scheitern von Innovationen kann zu großen Krisen führen (Kapiteln 7.2.1).

Eine Krise ist eine Situation, die durch unerwünschte und unerwartete Ereignisse in Verbindung mit einem sehr hohen Zeit- und Ergebnisdruck hervorgerufen wird. (Lindemann [12/1] Kapitel 11). Die dabei zu treffenden Entscheidungen stellen oft einen Wendepunkt dar, der zu einem positiven, aber auch negativen weiteren Verlauf führen kann. – Das letzte entspricht wieder der Definition der „kritischen Situationen" nach Badke-Schaub und. Frankenberger [76/3], wobei es da um die immer wieder vorkommenden Situationen im Verlauf eines Entwicklungsprozesses ging. Also eher untergeordnete Vorgänge. (Siehe dazu Kapiteln 7.2.5; Bilder 7.23 bis 7.25).

Es gibt in der Produktentwicklung bisher kaum Vorgehen, um Krisen zu bewältigen. Man bewältigt sie „ad hoc", aus Erfahrung und „Gefühl". – Im Bereich Projektmanagement gibt es allerdings Erfahrung und Werkzeuge. *(http://www.projektmanagementhandbuch.de* und *www.krisennavigator.de)* – Aus den Arbeiten Münzberg [31/7.10; 33/7.10] und eigenen Erfahrungen werden Wege zur Bewältigung aufgezeigt.– Es fehlt bisher ein Krisenmanagement für die Produktentwicklung. – In anderen Bereichen, wie im Flugverkehr, im Katastrophenschutz oder bei der Feuerwehr gibt es jedoch erprobte Verfahren aus denen man lernen kann. Dort existieren auch Checklisten und Notfallpläne. – Es kommt dabei zunächst nicht auf sorgfältige, zeitaufwendige Planung an, sondern auf eine schnelle und risikoarme Umsetzung von Maßnahmen (auch für das Leben und die Gesundheit aller Beteiligten), die wenigstens etwas aus dem Zeitdruck der Krise heraus führen, so dass man nach einer Ursachenforschung eine endgültige Abhilfe planen kann.

Da zudem Krisen oft eng verknüpft sind mit mangelhafter Qualität des Produkts oder auch des Erstellungsprozesses gibt es starke Beziehungen zum Qualitätsmanagement (Kapitel 4.4.2). Allgemein gilt: Aus dem Bestreben hohe Qualität zu erreichen ergeben sich Engpässe für den Zeitablauf, für Termine und entstehende Kosten im Verlauf der Produkterstellung. Mit all dem sind deshalb Risiken verbunden. – Dabei wird unter Risiko oft genug ein Ereignis mit möglicher negativer Auswirkung (Gefahr oder Verlust) verstanden. Risiken können aber auch mit positiver Auswirkung verbunden sein, d. h. sie können eine Chance mit sich bringen. Nach Oehmen [26/1; S. 59 ff] muss „jede Machbarkeitsstudie eine technische und wirtschaftliche Risikoanalyse enthalten".

Man sieht aus Bild 7.161: Die Einhaltung von Qualität, Kosten und Zeiten (das alt bekannte Trio) sind mit Risiken verknüpft und falls diese negativ ausgehen kann es zu einer Krise führen. (Der positive Verlauf wird dann als Chance bezeichnet). Zu all den Begriffen sind mindestens bei größeren Projekten entsprechende Managementmethoden zweckmäßig.

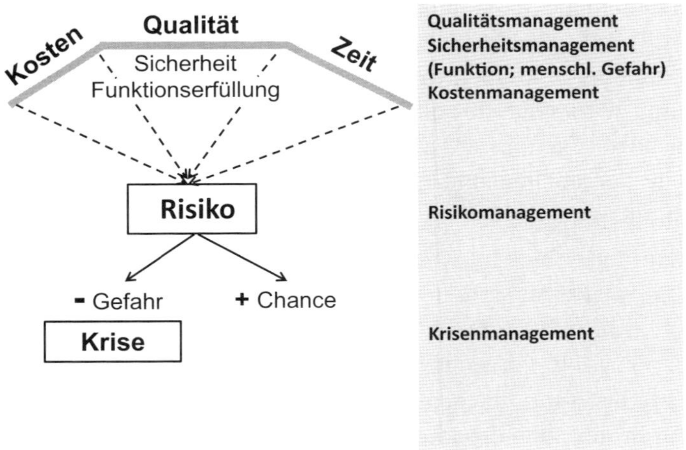

Bild 7.161 Die Vernetzung des „magischen" Zieltrios: Qualität, Kosten, Zeit mit damit verbundenem Risiko, und sich evtl. einstellender Krise

2. Welches Verhalten kann in einer Krise hilfreich sein?

Nachfolgend ist aus den 14 Prinzipien der Veröffentlichung Abram; Münzberg; Lindemann [31/7.10] und aus eigenen Erfahrungen eine Zusammenfassung in 6 Abschnitten erfolgt.

a) **Startbesprechung (Briefing):** Möglichst alle mit dem Vorgang Vertrauten oder davon Betroffenen, sowie Experten zusammenholen und den Ablauf des unerwünschten Ereignisses besprechen. Zur Bestandsaufnahme gehört: Welche Einflüsse auf den Vorgang sind eingetreten oder denkbar? Gibt es davon Daten,

Messungen, Bilder? Was ist/war anders als gewohnt? Welche Abhilfemaßnahmen sind denkbar? Welche Termine bestehen? Gibt es einen Notfallplan für Krisen? Sind wir überhaupt betroffen? – Eine Person muss zunächst dafür zunächst die Regie führen.

b) **Ein Krisenteam**/ein Krisenstab muss gegründet werden. Es muss dafür einen Verantwortlichen **(Krisenmanager)** geben, der alle Maßnahmen koordiniert und entscheidet. Dabei ist die richtige Zusammenstellung des Projektteams wichtig. Gebraucht werden Analytiker, die fähig sind, komplexe Zusammenhänge zu durchdringen, die objektiv sind und nicht daran interessiert sind, irgendwelche Bereiche oder Personen zu schonen. Dabei ist es wichtig die Ursachen zu analysieren und nicht an Symptomen „herumzudoktern". Manchmal sind auch detektivische Fähigkeiten gefragt, um Vorgänge beim Kunden aufzuklären, denn oftmals versucht der Kunde den „Schwarzen Peter"(z.B. eigenes Fehlverhalten) auf den Maschinenhersteller abzuwälzen.
Das Gesamtproblem kann in Teilprobleme gegliedert werden, denen Maßnahmen zugeordnet werden. Es ist zweckmäßig einen für alle sichtbaren Maßnahmenplan aufzustellen in dem die Maßnahmen nach Priorität und Termin vorläufig eingeplant werden. Die Bearbeiter sind zuzuordnen. (z.B. Gantt-Diagramm in Bild 7.162). Die Maßnahmen können in rot (hohe Priorität), gelb und grün unterteilt werden. Damit wird sofort für alle sichtbar, was zuerst und mit welchem personellem Nachdruck getan werden muss. – Es muss dementsprechend geklärt werden, welche personellen und gerätemäßigen Ressourcen bestehen oder beschafft werden müssen.

c) Die weitere Projektplanung erfolgt im Krisenteam durch den Krisenmanager bzw. den Krisenstab: „Vorab eingeplante und möglichst direkte Kommunikation ist entscheidend (face to face)!" Deshalb sollte der Krisenmanager möglichst zentral „vor Ort" sein. Er regelt den weiteren Fortgang in Kommunikation mit Anderen: Wer kann was bis wann machen? Ein standardisiertes Vorgehen mit der Visualisierung durch den gemeinsamen Plan (z.B. Bild 7.162) kann hilfreich sein. Kurze, schnelle Abstimmung auf verschiedenen Kommunikationskanälen ist sehr wichtig. Sofern vorhanden sind Checklisten von früheren, ähnlichen Krisen von Vorteil. Helfen kann es auch den Vorgehenszyklus einzusetzen (Bild 3.25). Am Schluss sollte dann auch eine Schlussbesprechung (Debriefing) durchgeführt werden, in der diskutiert wird, was man gelernt hat und welche Maßnahmen zur Vermeidung einer ähnlichen Krise notwendig sind. (Siehe auch das nachfolgende Beispiel entsprechend Kapitel 3.3.4).

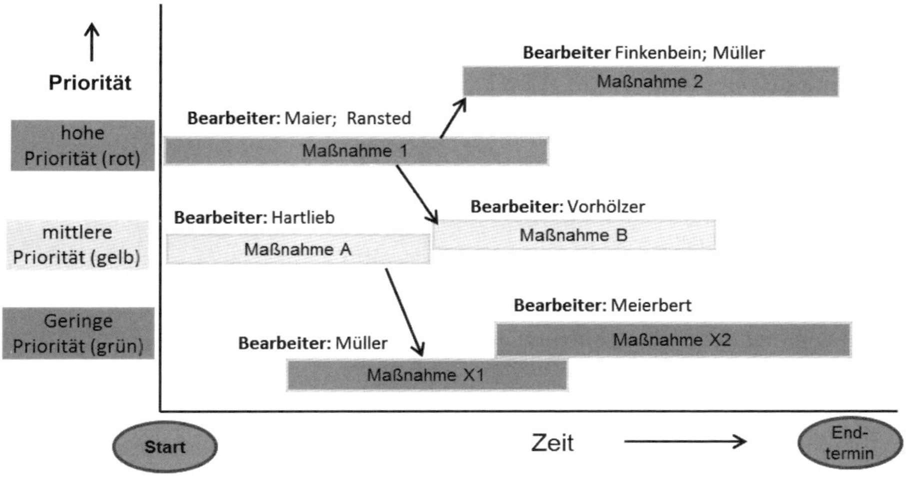

Bild 7.162 Maßnahmenplan: Die Maßnahmen nach Priorität (hier: rot, gelb, grün) und Termin vorläufig einplanen. Die Bearbeiter zuordnen

d) Es ist von zentraler Bedeutung für die endgültige Abhilfe, das **Ursachen-Geflecht** festzustellen, das zu der Krise geführt hat. – Risikomanagement (Kapitel 4.4.2) und, sofern genügend Erfahrung vorliegt, FMEA (Kapitel 7.8.1.1) können dabei hilfreich sein. Trotzdem ist es oft zunächst zweckmäßig, auch ohne genaue Ursachen-Erkenntnis zunächst „Rand-Maßnahmen" zu veranlassen, die den Schaden begrenzen können. Es kommt dabei darauf an, den Konflikt schnell zu isolieren, ihn vorläufig einzudämmen. – Die Krise nicht ohne Not öffentlich machen! Ebenso kann es sinnvoll sein aktiv zu werden um andere mögliche Verursacher zum Handeln zu bringen.

e) Für viele Ingenieure ist es naheliegend eine Krise auf **technisches Versagen** zurückzuführen und nach dessen Aufdeckung keine weiteren Überlegungen mehr zu machen. – Es gilt aber Satz: „ Hinter jedem technischen Versagen steckt **meist menschliches Versagen**!" Menschliches Versagen kann viele Ursachen haben. Z.B. mangelhafte Kommunikation, Missverständnis, Unwissen, unterschätzte Komplexität, überfordert sein, Organisationsmängel, Ausfall eines wichtigen Mitarbeiters, mangelnde Planung des Auftraggebers, Unachtsamkeit, Zeitmängel. – Alle Menschen sind fehleranfällig! – Es führt nicht weiter den/die Schuldigen zu suchen, sondern das Motto sollte sein: „Lass uns gemeinsam den Fehler im System aufdecken, damit so etwas nicht wieder passiert". – Vertrauen ist grundsätzlich viel fruchtbarer als Misstrauen!

f) Zur **Entscheidungsfindung** die Methode **FORDEC** einsetzen. [34/7.10] Wikipedia

Sie hat sich in der Luftfahrt bei Piloten bewährt und diese trainieren sie ein:

- **F**acts Welche Situation liegt vor?
- **O**ptions Welche Handlungsoptionen gibt es?
- **R**isks and Benefits Welche Risiken und Nutzen sind damit verbunden?
- **D**ecision Welche Handlungsoption wird gewählt?
- **E**xecution Ausführung dieser Handlungsoption
- **C**heck Führt der eingeschlagene Weg zum gewünschten Ziel?

3. Die Bedeutung von Krisen

Krisen können/sollten fruchtbar sein. Oder anders ausgedrückt: Wirkungsvolles Lernen geschieht am ehesten durch Fehler. „Trial and error" ist eine urtümliche menschliche Methode. Und das vor allem, wenn man sich die Vorgänge bewusst macht. (Siehe TOTE-Schema, Bild 3.18). Eine Auswirkung einer Krise sollte das Einrichten von **Prognose- und Früherkennungsmethoden** sein, um rechtzeitig eine ähnliche, sich anbahnende Krise noch vor deren Auftreten abzuwenden. Das können z. B. Messmethoden sein, die feststellen, ob sich kritische Parameter in kurzer Zeit stark ändern. Ein einfacher Indikator kann auch sein, wenn (Meilenstein-)Termine mehrfach nicht eingehalten werden.

Es gibt aber auch Situationen bei denen die Krise zwar erkannt wird, aber nicht in der nötigen kurzen Zeit gelöst werden kann. Z. B. bei verschleppten oder langwierigen Entscheidungsprozessen in hierarchischen Strukturen großer Organisationen. – Die Bedeutung für ein Unternehmen kann erheblich sein: Durch Krisen können auch Menschenleben gefährdet werden. Es können juristische Konsequenzen drohen. Die Krise kann auch zu Imageverlust, fehlendem Unternehmensertrag, Stress für Mitarbeiter, dem Verlust von Arbeitsplätzen, ja sogar zum Untergang des Unternehmens führen.

4. Ein selbsterlebtes Beispiel für eine Krisenbewältigung

In Kapitel 3.3.4 ist unter systemtechnischen Gesichtspunkten ein Kompressorgetriebe mit 10 MW Leistung aus der Firma des Autors (Ehrlenspiel) beschrieben, das schon beim ersten Anfahren der Anlage so hohe Schwingungen aufwies, dass kein Gas für die Raffinerie geliefert werden konnte und deshalb Teile der Raffinerie außer Betrieb waren. Damit war also erheblicher Zeit- und Kostendruck gegeben. Die Anlage bestand aus Elektromotor – Getriebe – Gaskompressor. Aufgebaut auf einem geschweißten Stahlfundament. – Der Autor flog nach der Startbesprechung (siehe 2 a) mit einem Monteur zur Baustelle. Der Anlagenlieferant war bereits mit mehreren Messingenieuren und hohem Aufwand am Messen. Die Messergebnisse sind in Bild 3.35 zu sehen. Der Anlagenlieferant hatte (siehe 2 b) kein

Krisenteam aufgestellt. – Niemand kümmerte sich um Hypothesen für die Schwingungsursache und ob die Messungen dementsprechend überhaupt sinnvoll angesetzt waren. Die Messingenieure hatten das Problem ganz einfach zweifach delegiert: An den Getriebelieferanten und an die Schwingungs-Analyse-Abteilung ihrer Firma. Sie waren nur zum Messen da. (Sie verschanzten sich hinter ihrer Mauer. Siehe Bild 4.24. Ihre fast unbewusst erzeugte Auffassung war: Das Getriebe schwingt unzulässig, also ist das Getriebe die Ursache. Auf die Idee, dass das von ihnen zu verantwortende Gesamtsystem der Anlage ursächlich sein könnte, war niemand gekommen. – Das einzige Mini-Krisenteam (siehe 2 b) war ein versierter Monteur und ich vom Getriebelieferanten. Und wir holten uns selbstverständlich den Chef der Messabteilung des Anlagenherstellers dazu. Wir führten vor Ort eine weitere Startbesprechung (siehe 2 a) und eine Projektplanung (siehe 2 c) durch, wobei wir verschiedenartiges Hochfahren des Turbosatzes und entsprechende Messungen vereinbarten.

Ganz intuitiv stellte ich während einer schlafarmen Nacht 5 Hypothesen für das Entstehen der 50 Hz Schwingungen auf, wie in Kapitel 3.3.4 angegeben. (Siehe oben 2 d). Eine Hypothese (H4) war, dass die Getriebemasse mit der mangelnden Federsteifigkeit des geschweißten Anlagenfundaments eine Eigenfrequenz in der Nähe von 50 Hz haben könnte. Am anderen Morgen war es dann leicht, bei eingeschalteten Schwingungsgebern und sonst ruhender Anlage die Eigenfrequenz von Getriebemasse und Fundamentfederung zu bestimmen: Ich stieg zum stillstehenden Getriebe hinauf und schlug mit einem Hammer gegen den Gehäusefuß und brauchte dann nur noch die Eigenfrequenz aus den Schwingungsschrieben auszuzählen. Es waren 49,4 Hz und damit ganz in der Nähe der Betriebsdrehzahl des Motors von 3000 1/min. Damit werden selbsterregte Schwingungen hervorgerufen. Die Schwingungsursache war gefunden. Ich dachte: „Glück gehabt!“ – Die anderen dachten vorher: „Der spinnt! Was will der mit dem Hammer am stillstehenden Getriebe?“ – Man sieht, die Hypothesen-Generierung entsprechend Schritt II des Vorgehenszyklus (Bild 3.25) hat sich gelohnt. Ohne diese Hypothese hätte keiner der Messingenieure eine Eigenfreqenzbestimmung des Getriebes relativ zum Fundament gemacht.

Danach war eine neue Aufgabe entstanden: Wie kann die Eigenfreqenz außerhalb des Betriebsbereichs von 3000 1/min verlegt werden? Da die Versteifung des Fundaments ausschied, blieb nur übrig, die Getriebemasse zu erhöhen. Dies konnte mit einem 400 kg schweren gegossenen Aufsatz aufs Getriebegehäuse erreicht werden, wonach die Kompressoranlage zufriedenstellend lief. – Krise gelöst!

Danach wurde noch eine Endbesprechung zwischen Anlagenhersteller und Getriebelieferant abgehalten. (Siehe oben 2 c). Beide Unternehmen haben gelernt, was damals noch nicht generell üblich war, eine Schwingungsanalyse bei neu geplanten Anlagen durchzuführen. Der menschliche Fehler beim Anlagenhersteller war, dass man meinte, das sei unnötig und zu teuer, das es ja bisher auch immer „ohne“ ging.

Ein **Fazit:** Im Sinne der obigen 6 Maßnahmen 2 a bis 2 f wäre es sicherer gewesen im Krisenteam (2 b) nicht nur den Chef der Messabteilung, sondern auch einen verantwortlichen Planer des Anlagenherstellers zu beteiligen. Man hätte dann kompetenter die möglichen Schwingungsursachen besprechen können, insbesondere auch die elektrischen Einflüsse, also auch die vom Motor her möglichen. Aber das war aus psychologischen Gründen nicht realisierbar.

8 Entwicklungs- und Konstruktionsbeispiele

Beispiele bringen Leben in ein Buch und zeigen die Anwendung von Methoden und Hilfsmitteln. In diesem Buch werden neben zahlreichen nur kurz angesprochenen 15 umfangreichere Beispiele beschrieben.

a) Diese können wie folgt nach Sachgebieten eingeteilt werden:

▪ Produktplanung:	Müllgroßbehälter (Kapitel 7.2.6)
▪ Produkterstellung:	Heizgerät (Kapitel 4.1.6)
	digitales Manometer (Kapitel 4.4.1.3)
	Straßenbahn Avenio (Kapitel 8.8)
▪ Entwicklung und Konstruktion:	Fischentgrätungsmaschine (Kapitel 8.1)
	Tragtaschenspender (Kapitel 8.2)
	Wandhalterung (Kapitel 8.3)
	Planetengetriebe (Kapitel 8.4)
	Unterdruckstellantrieb (Kapitel 8.5)
	Reihenschalter (Kapitel 8.6)
	Kennzeichenhalter (Kapitel 8.7)
▪ Kostengünstig Konstruieren:	Zentrifugengehäuse (Kapitel 9.2.4)
	Betonmischer (Kapitel 9.3.3.2)
	Baumwollentstaubung (Kapitel 8.9)
▪ Schadensanalyse:	Gaskompressor-Getriebe (Kapitel 3.3.4)
▪ Rechnerunterstütztes Konstruieren:	CAD-Kostenkopplung XKIS (Kapitel 9.3.4).

b) Die Beispiele in Kapitel 8 sind von der Neu- zur Anpassungskonstruktion gereiht.

Sie wurden in die Matrix zur **Problemeinteilung** (nach Bild 3.3) eingetragen (Bild 8.1). Dabei hat sich gezeigt, dass die Zuordnung zu den Quadranten deshalb schwierig ist, weil man von einem Bearbeiter der Aufgabe ausgehen muss, dem die die Mittel zur Lösung je nach seiner Erfahrung und Qualifikation mehr oder weniger bekannt sind. Damit wird ihm die gleiche Aufgabe mehr oder weniger zum Problem.

Man sieht ferner aus dem Bild, dass die Kennzeichnung hinsichtlich Neu- oder Anpassungskonstruktion (N bzw. A) keinen klaren Bezug zur Art des Problems hat. Das bedeutet, dass auch Anpassungskonstruktionen sehr problematisch werden können.

Ziele, Restriktionen ⇨ **Mittel** (Wissen, Können, Sachmittel) ⇩	**Ziele klar** (Lösungsraum klar begrenzt)	**Ziele unklar** (Lösungsraum unklar, Grenzen schwer erkennbar)
Mittel ausreichend bekannt und verfügbar	**I Aufgabe**	**III Zielproblem**
	• (8.6) Reihenschalter (A) • (8.2) Dispenser (N) • (8.7) Kennzeichenhalter (A)	• (8.6) Reihenschalter (A) • (8.2) Dispenser (N) • (8.7) Kennzeichenhalter (A)
Mittel nicht ausreichend bekannt und verfügbar	**III Mittelproblem**	**IV Ziel- und Mittelproblem**
	• (8.5) Unterdruckstellantrieb (N/A) • (9.2.4) Zentrifugengehäuse (A) • (8.3) Wandhalterung (N) • (9.3.3.2) Betonmischer (N/A) • (8.1) Fischentgrätmaschine (N) • (8.8) Straßenbahn (N/A) • (8.9) Baumwollentstaubung (N/A)	• (8.5) Unterdruckstellantrieb (N/A) • (8.4) Lastausgleich (N)

Bild 8.1 Einteilung der Beispiele aus Kapitel 8 und 9 als Problemarten (nach Bild 3.3). Die Nummern kennzeichnen die Kapitel; N = Neukonstruktion; A = Anpassungskonstruktion

c) Herkunft der Beispiele

Fünfzehn der sechzehn Beispiele sind bezüglich der Aufgabe direkt aus der Industriepraxis entnommen. Nur das Beispiel Wandhalterung (Kapitel 8.3) ist eine Hochschulaufgabe, die z. T. von Praktikern, von Hochschulassistenten und Studenten bearbeitet wurde. Und zwei davon (Kapitel 8.5, 8.6) sind im Wesentlichen an der Hochschule bearbeitet worden, allerdings mit engem Praxiskontakt. Die anderen zwölf sind unmittelbar in und mit der Industrie bearbeitet worden.

d) Welche methodische Lehre vermitteln die Beispiele?

- Die Beispiele bringen aus Umfangsgründen nicht den gesamten Entwicklungsablauf, sondern nur bestimmte **Schwerpunkte** daraus.
- Durchgängig angewendet bzw. anwendbar ist der **Vorgehenszyklus**, gleichgültig ob es sich um eine Aufgabe mit der Hauptforderung Funktion (Kapitel 8.1; 8.2; 8.3; 8.7) oder der Forderung nach geräuschgünstiger (Kapitel 8.5), montagegünstiger (Kapitel 8.6), kostengünstiger Konstruktion (Kapitel 8.4; 9.2.4; 9.3.3.2) oder um eine Leichtbaulösung (Kapitel 8.8) handelt.
- **Vorgehenspläne** werden im Sinn des **generierenden Vorgehens** explizit bei den Beispielen in Kapitel 8.1 und zum Teil 8.7 eingesetzt. Der grundsätzliche

Ablauf - Aufgabenklärung, Konzipieren mit Funktionsermittlung, Entwerfen und Ausarbeiten - ist aber selbstverständliche Grundlage der Beispiele in den Kapiteln 8.2; 8.4; 8.5 und 8.6.

- Die Bedeutung des **korrigierenden Vorgehens** wird vor allem an den Beispielen in Kapitel 8.5 und 8.6 gezeigt.
- In allen Fällen werden **sachgebundene Methoden** aus Kapitel 7 eingesetzt.
- Nicht immer war den Bearbeitern der Beispiele die verwendete Methode bewusst. Es musste erst aus dem Handeln im **Normalbetrieb** heraus erkannt werden, dass der **Rationalbetrieb** mit bewusstem methodischen Vorgehen weitere Möglichkeiten verspricht.

8.1 Entwicklung einer Fischentgrätungsmaschine

8.1.1 Was zeigt das Beispiel?

Am Beispiel einer methodisch unterstützten Entwicklung einer Fischentgrätungsmaschine zur Entfernung der Brustgräten aus Fischfilets soll eine mögliche anwendungsspezifische Methodenfolge, also auch die Auswahl und Reihung sinnvoller Methoden, erläutert werden. Entsprechend Bild 8.1 war das Ziel klar: Es lag ein **Mittelproblem II** vor.

Die Entwicklung der Maschine wurde von der Produktidee bis zum Bau eines ersten Prototypen verfolgt, wobei das vor allem durch Intuition und ständige Iterationen geprägte Vorgehen des Entwicklers durch partielles Einbringen von Methoden unterstützt wurde. Zunächst waren der für die Anwendung bestimmter Methoden einzuhaltende Formalismus und die notwendige Abstraktion für den methodisch unerfahrenen Konstrukteur eher problematisch, insgesamt jedoch erwies sich der Einsatz der Methodik als sinnvolle Unterstützung zur **Klärung der Aufgabenstellung** und damit der Randbedingungen, zur Erzeugung einer gewissen **Lösungsvielfalt** und zur **Absicherung des eingeschlagenen Weges**. Die hierbei angewendeten Methoden werden schwerpunktartig dargestellt. Es wurde der **Vorgehensplan** für das Konzipieren einer Neukonstruktion (Bild 6.14) benutzt und immer wieder der **Vorgehenszyklus** (Bild 3.32) eingesetzt.

Die aus der Aufgabenklärung resultierenden Anforderungen führten zu einer **möglichen Funktionsstruktur**. Durch die Variation der Funktionsstruktur wurden für die Realisierung der Maschine mögliche Funktionen festgelegt. In einem weiteren Schritt erfolgte dann die Zuordnung von **physikalischen Effektketten** zur Erfüllung der geforderten Funktionen. Die Aufhebung der Lösungsfixierung sollte zu unkonventionellen Lösungsansätzen auf abstraktem Niveau führen. Unterstützt wurde diese Variation durch die Anwendung von **Checklisten**, in denen eine klassifizierte Sammlung physikalischer Effekte aufgenommen ist (Siehe Internet-Datei: „Arbeitsblätter und Checklisten“. Adresse im Vorwort).

Im Folgenden wird die Entwicklung der Fischentgrätungsmaschine mit **Schwerpunkt** nur auf den ersten Abschnitten des Konzipierens einschließlich konstruktionsbegleitender Versuche gezeigt.

8.1.2 Aufgabe klären

Arbeitsabschnitt 1 in Bild 6.14

Die Fischverarbeitung erfolgt heute weltweit hauptsächlich manuell, jedoch führen das hohe Lohnniveau in den Industrieländern und extreme Arbeitsbedingungen bei der Fischverarbeitung zunehmend zu teilautomatisierten Arbeitsschritten, wie dem Ausnehmen der Fische oder dem Filetieren. Im Rahmen dieses Beispiels soll eine Maschine zur Entfernung der Brustgräten aus Fischfilets bis zum ersten Prototypen entwickelt werden.

Zur Klärung dieser Aufgabe ist diese entsprechend dem Vorgehenszyklus (Bild 3.32) zunächst zu analysieren und zu formulieren. Die anderen Arbeitsergebnisse aus Arbeitsabschnitt 1 werden hier nicht gezeigt.

8.1.2.1 Aufgabe analysieren

Die Aufgabenanalyse beinhaltet die Betrachtung des zu verarbeitenden Stoffes, ein Fischfilet, und der dabei zu beachtenden Randbedingungen. Hierbei sind folgende Fragestellungen zu beantworten:

- Aussehen des zu verarbeitenden Fischfilets?
- Größe der zu verarbeitenden Fischfilets?
- Weitere Eigenschaften im Hinblick auf die Handhabung der Filets?
- Beschaffenheit der Brustgräten und deren Lage im Filet?
- Beschaffenheit des verarbeiteten Fischfilets?

Die Klärung dieser Fragestellungen erfolgt über die repräsentative Untersuchung zweier unterschiedlicher Filetformen, die verarbeitet werden sollen:

- Es wird zwischen langrückigen (z. B. Forelle, Lachs, Saibling) und hochrückigen (z. B. Karpfen) Fischen, wie in Bild 8.2 dargestellt, unterschieden. Die Wirbelsäule ist bereits in einer hier nicht beschriebenen Maschine entnommen worden.
- Die verarbeitbare Filetgröße und das Gewicht sollen einen möglichst großen Bereich abdecken. Das Gewicht liegt hierbei zwischen 200 g und 1500 g, wobei die Länge des Fischfilets zwischen 350 mm und 400 mm und die Breite des Grätenbereichs ca. 100 mm betragen soll.

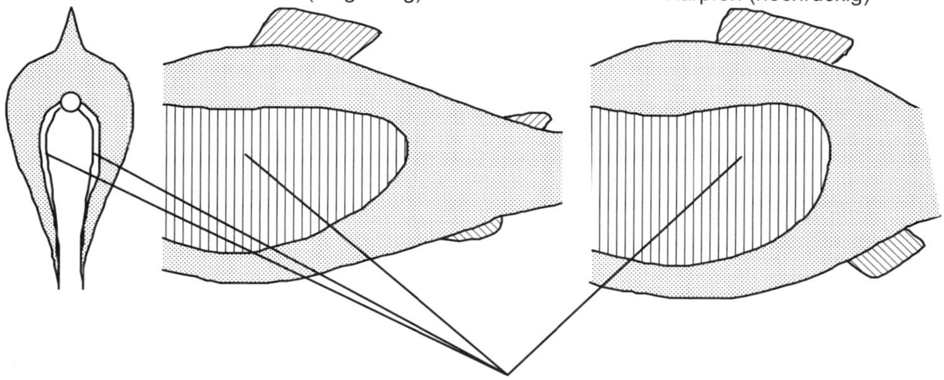

Bild 8.2 Darstellung eines langrückigen Forellenfilets und eines hochrückigen Karpfenfilets

- Die Brustgräten des Fisches bestehen aus einer mehr oder weniger elastischen Knorpelsubstanz. Die Brustgräten sind mit der Wirbelsäule verwachsen und mit den menschlichen Rippen vergleichbar. Sie grenzen, mit einer Haut verwachsen, den Bewegungsapparat vom Brustinnenraum ab, wo sich die inneren Organe befinden.
- In Bild 8.2 sind die aus dem Filet zu entfernenden Bereiche durch eine senkrecht schraffierte Fläche dargestellt.
- Die Außenhaut des zu verarbeitenden Fischfilets darf optisch nicht zerstört werden, da es sonst den Ansprüchen der Verbraucher nicht mehr genügt. Das Fleisch des Fischfilets muss unverändert bleiben, und die bearbeitete Fläche muss optisch den Ansprüchen des Verbrauchers genügen, d.h. das Fleisch darf durch mechanische Einwirkung nicht zerfetzt oder gequetscht werden. Das Fischfilet ist bei der Verarbeitung nicht gefroren.

8.1.2.2 Aufgabe formulieren (Anforderungsliste erarbeiten)

In einem zweiten Schritt wird die Aufgabe formuliert. Grundlage hierfür stellt die Aufgabenanalyse dar, deren Ergebnisse in Anforderungen an die zu entwickelnde Maschine übertragen werden. Diese Anforderungen werden in Zusammenarbeit mit dem Auftraggeber erstellt und in einer Liste zusammengefasst sowie nach Forderungen und Wünschen als technische Anforderungen, Schnittstellen-, Kosten- und Gesetzesanforderungen klassifiziert (Bild 7.31). Die Anforderungsliste ist im folgenden dargestellt (Bild 8.3).

Firma: XY	Anforderungsliste:: Fischentgräter	Bearbeiter: Ambr	Dat. 2.6.94
Nr.	**Anforderung**	**Zahlenwert**	**F/W**
Technische Anforderungen (Funktion)			
1	Trennung der Brustgräten aus einem Fischfilet		F
Technische Anforderungen (Betrieb)			
2	Möglichst geringer Fleischverlust bei der Trennung der Brustgräten vom Fischfilet		F
3	Trennung des Fleisches in nicht gefrorenem Zustand		F
4	Verarbeitbare Filetgröße maximal: Länge/Breite in mm	300/100 mm	F
5	Oberfläche im bearbeiteten Bereich muss optisch den Ansprüchen der Verbraucher genügen, also möglichst glatt, nicht zerfetzt sein		F
6	Außenhaut des Fisches darf durch Bearbeitung nicht zerstört werden		F
7	Entfernen der Brustgräten muss automatisch ablaufen		F
8	Separate Abführung der Brustgräten und der entgräteten Filets		F
Schnittstellenanforderungen			
9	Maschine fahrbar		F
10	Seitliches Anfügen bzw. Abstellen von Behältern für Filet und Gräten		F

Firma: XY	Anforderungsliste:: Fischentgräter	Bearbeiter: Ambr	Dat. 2.6.94
Nr.	**Anforderung**	**Zahlenwert**	**F/W**
Technische Anforderungen (Funktion)			
11	Raumbedarf so gering wie möglich		W
12	Netzanschluss 220 V/360 V	220 V/360 V	F
13	Umrüstbarkeit der elektrischen Anlage für Spannungen internationaler Stromnetze		F
14	Feuchtigkeitsfeste elektrische Anlage (spritzwasserfest), Schutzart IP 54		F
15	Lebensmittelverträglichkeit (Schmierung!)		F
16	Korrosionsfeste Werkstoffe: Kunststoff, Edelstahl, säurefestes lebensmittelverträgliches Aluminium		F
17	Wasseranschluss/Zufuhr		F
18	Beschickung manuell		F
19	Höhe für Bedienung	Höhe 1000 mm	F
20	Einfache Bedienung (keine Vorkenntnisse, Fertigkeiten)		F
21	Ausreichender Zeitraum zur Beschickung, mindestens	0,25 min	F
22	Übersichtliche Justierung		F
23	Anschläge zum Schutz vor falscher Justierung		F

Anforderungsliste für Fischentgrätungsmaschine (Teil 1)

24	Sicherheitstechnik: Not-Aus-Schalter kein direkter Zugang zur Trenneinrichtung der Maschine gefahrlose Beschickung der Maschine		F
25	Stückzahlzähler		W
26	Säuberung aller Teile muss einfach möglich sein		F
Kostenanforderungen			
27	Wenig Einzelteile		W
28	Verwendung genormter Zukaufteile		W
29	Geringer Aufwand an Edelstahl		W
30	Gleitlager und Führungen aus Kunststoff		W
31	Verwendung eines bereits vorhandenen Bandtransportsystems		W
32	Für den Transport müssen weit überstehende Bauteile demontierbar sein		F
33	Kostengünstige handunterstützte Version der Maschine sollte ableitbar sein		W
34	Leichte Austauschbarkeit von Verschleißteilen		F
35	Fertigungsverfahren zur Herstellung: Bohren, Fräsen, Schweißen, Biegen, Drehen, (Gießen)		F
36	Kein zusätzliches Werkzeug zur Justierung		W
Gesetzesanforderungen			
37	Durch TÜV geprüft		F

Bild 8.3 Anforderungsliste für Fischentgrätungsmaschine (Teil 2)

Nachdem mit der Anforderungsliste die Aufgabe formuliert wurde, folgt nach dem Vorgehenszyklus die Strukturierung der Aufgabe (Kapitel 7.4). Da hier aber übergeordnet der Vorgehensplan für das Konzipieren (Bild 6.14) verfolgt wird, wird das Strukturieren nach Funktionen in dessen Arbeitsabschnitt 2 durchgeführt.

8.1.3 Funktionen ermitteln

Arbeitsabschnitt 2 in Bild 6.14

8.1.3.1 Gesamtfunktion/Teilfunktionen formulieren

Im Rahmen der Lösungssuche soll zunächst auf abstraktem Niveau die geforderte Funktion der Maschine beschrieben werden. Hierzu dient die Funktionsstruktur zur funktionellen Systembeschreibung durch eine lösungsneutrale, bildhafte Darstellung, deren abstrakteste Form die Black-box-Darstellung ist (Kapitel 7.3.3). Hierüber wird, wie in Bild 8.4 dargestellt, die Gesamtfunktion „Entfernung der Brustgräten aus Fischfilets“ beschrieben.

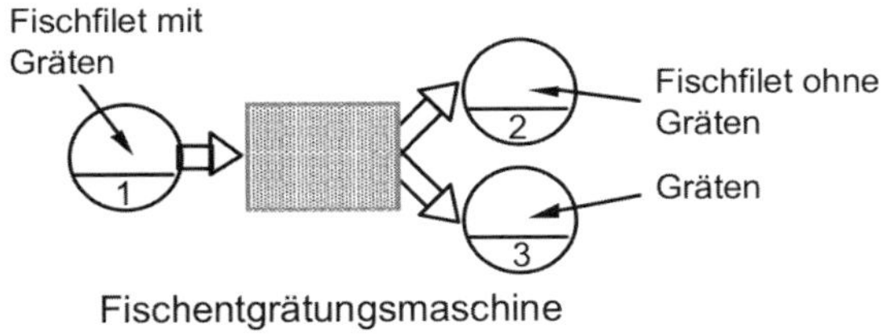

Bild 8.4 Black-box-Darstellung der Fischentgrätungsmaschine

Die Detaillierung hierzu wird erleichtert durch eine Auflistung **(Funktionsliste)** der unmittelbar für den Bearbeiter erkennbaren Teilfunktionen des hier zu behandelnden Stoffumsatzes als Hauptumsatz. Nebenumsätze werden später betrachtet. Die Teilfunktionen (TF) für dieses Beispiel können wie folgt formuliert werden:

TF1: Fischfilet (aus Vorratsbehälter) der Maschine zuführen,

TF2: Gräten von Fischfilet trennen,

TF3: entgrätete Fischfilets abführen in Auffangbehälter für Fischfilets,

TF4: Gräten abführen in Auffangbehälter für Gräten.

Die Anwendung der Funktionsstruktur auf Analyse und Synthese von Problemen erfordert ein streng formales Vorgehen, durch das die Effizienz zunächst reduziert wird, jedoch wird dadurch für die weitere Bearbeitung von Lösungskonzepten in nachfolgenden Arbeitsschritten eine solide Grundlage geschaffen.

8.1.3.2 Funktionsstruktur erarbeiten

In der Funktionsstruktur werden die Eigenschaftsänderungen des Umsatzprodukts, hier das Fischfilet, während der Verarbeitung in der Maschine dargestellt. Dadurch wird die Strukturierung der Gesamtfunktion in Teilfunktionen und damit ein systematisches Vorgehen der Lösungsfindung unterstützt (Anhang A.1).

Durch die Aufgabenstrukturierung kann ein grobes Gerüst an geforderten Funktionen definiert werden, die in einem ersten Entwurf einer möglichen Funktionsstruktur modelliert werden. In Bild 8.5 wird diese ohne Nebenumsätze dargestellt.

Ausgehend von diesem Entwurf ist es nun möglich, entsprechend dem Vorgehenszyklus mehrere Lösungen zu suchen und so eine **Variation der Funktionsstruktur** vorzunehmen. Hierzu werden Ausprägungen von Variationsmerkmalen verändert, wie z. B. die Reihenschaltung von gleichen Funktionen oder das Hinzufügen weiterer Funktionen. In Bild 8.6 ergibt die Reihenschaltung von TF2 ein zweistufiges Abtrennen der Gräten vom Fischfilet, mit TF5 ist eine Funktion „Fischfilet und Gräten getrennt abführen" eingeführt worden, die ein getrenntes Abführen von Fischfilet und Gräten möglicherweise erleichtert. Im Konzept der Maschine könnte sich dies durch Einführen eines entsprechenden Funktionsträgers (Bauteil, Baugruppe) auswirken.

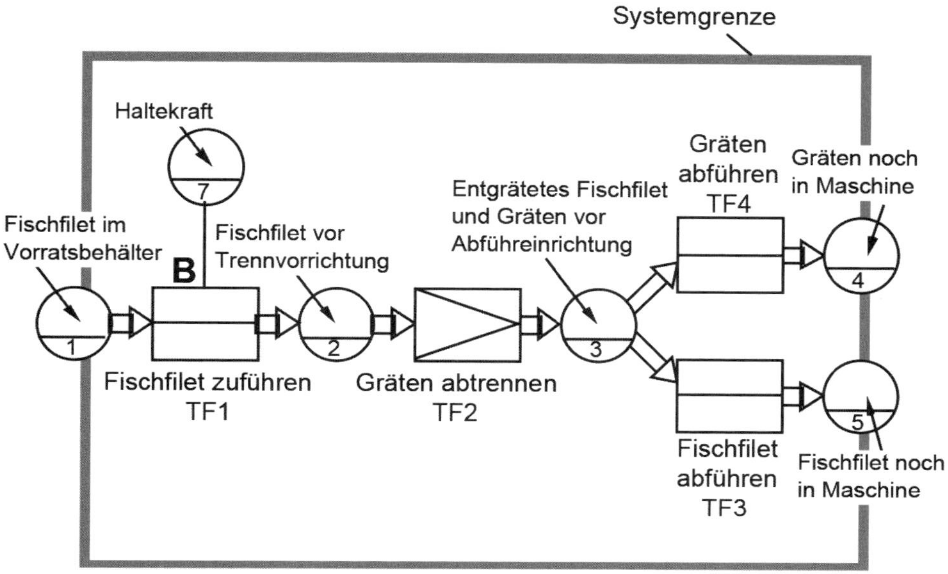

Bild 8.5 Erster Entwurf einer möglichen Funktionsstruktur für die Maschine

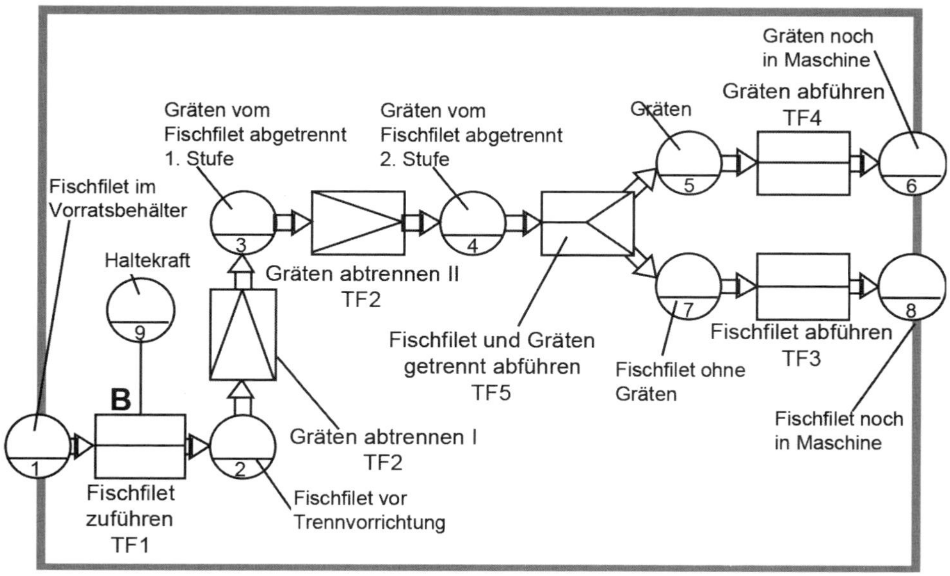

Bild 8.6 Variation der Funktionsstruktur durch Reihenschaltung und das Hinzufügen von Funktionen

In der Variante in Bild 8.7 werden die Fischfilets durch **Reihenschaltung** von TF1 zweistufig zunächst in die Maschine, dann vor die Trennvorrichtung transportiert. Der Durchsatz der Maschine wird durch **Parallelschaltung** erhöht.

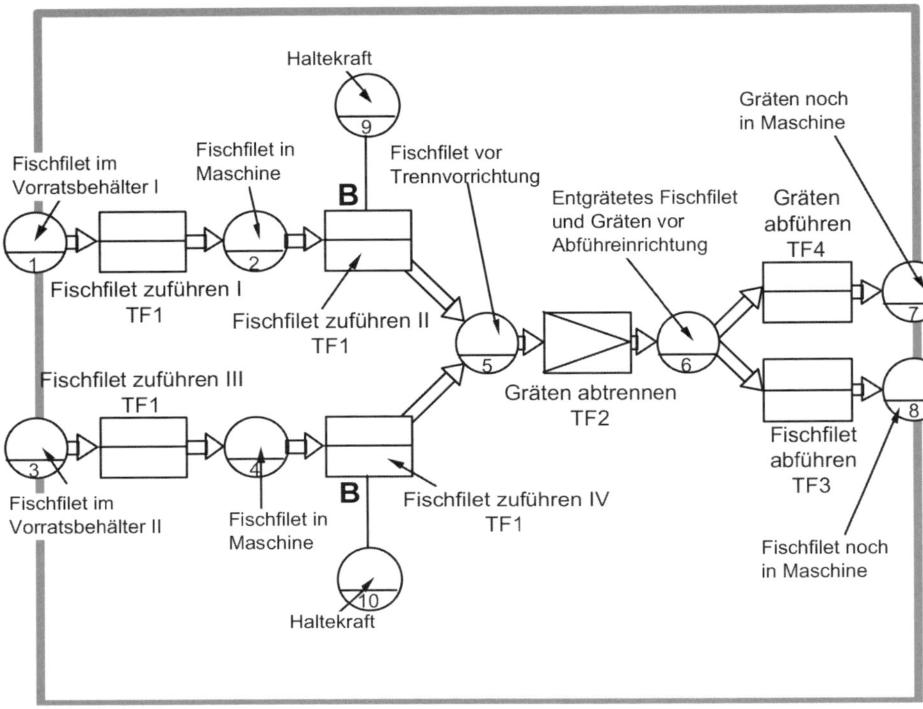

Bild 8.7 Variation der Funktionsstruktur durch Reihenschaltung und Parallelschaltung

Auf abstraktem, lösungsneutralem Niveau werden somit Lösungen mit unterschiedlicher Strukturierung der Teilfunktionen erzeugt. Entsprechend Abschnitt III des Vorgehenszyklus lassen sich schon in dieser Phase die Funktionsstrukturvarianten vorläufig bewerten und für die weitere Bearbeitung auswählen. So ist zu überlegen, ob eine Trennvorrichtung und eine Vorrichtung zum getrennten Abführen für Fischfilet und Gräten (Bild 8.6) vorhanden sein müssen, wie sich der Durchsatz (Bild 8.7) steigern lässt oder ob gesonderte Abführvorrichtungen vorhanden sein sollen. Zumindest werden durch diese Überlegungen Fragestellungen geschaffen, die die Lösungsfixierung reduzieren.

8.1.4 Lösungsprinzipien suchen

Arbeitsabschnitt 2.1 in Bild 6.14

8.1.4.1 Physikalische Effekte suchen

Die physikalisch beschreibbaren Eigenschaftsänderungen des Umsatzprodukts aus der Funktionsstruktur (Teilfunktionen) erfordern physikalische Effekte (Kapitel 7.5.5.3). Über Effektsammlungen (Siehe Arbeitsblätter und Checklisten. Internet-Adresse im Vorwort) kann man für die Teilfunktionen mögliche physikalische Effekte oder Effektketten finden. Diese Vorgehensweise reduziert ebenfalls die Lösungsfixierung und ermöglicht die Generierung von Lösungen auf abstraktem Niveau.

Nach dem Erstellen und Variieren der Funktionsstruktur werden als zu bearbeitende Teilfunktionen das Zuführen der Fische (TF1) unter Einwirkung einer Haltekraft, das Trennen der Gräten vom Filet (TF2) und das Abführen von Filet (TF3) sowie der Gräten (TF4) als wichtigste bestätigt.

Für diese Teilfunktionen werden nun in einem **morphologischen Kasten** Variationen von Effekten bzw. Effektketten gesammelt (Bild 8.8). Der morphologische Kasten dient später als Kombinationshilfe der Teillösungen zu einem Gesamtkonzept (Kapitel 7.5.6).

Auch hier können auf einer noch sehr abstrakten Stufe sinnvolle Lösungen ausgewählt werden. So lassen sich z.B. durch die Analyse der notwendigen Energieformen für die unterschiedlichen Lösungsansätze der Teilfunktionen die Zahl der erforderlichen Energieanschlüsse im Gesamtkonzept reduzieren.

8.1.4.2 Wirkflächen, Wirkbewegungen, Stoffarten suchen

Für die Teilfunktionen wird nun unter Anwendung der ausgewählten physikalischen Effekte nach einer geeigneten Gestaltung gesucht. Hier wird die Lösungssuche, ausgehend von der Gestalt bekannter, konventioneller Lösungen (ähnliche Maschinen) oder von einer intuitiv gefundenen Gestaltung durch die Variation der geometrischen Merkmale, der Wirkgeometrie, unterstützt. Dies wird hier, da nicht Schwerpunkt des Beispiels, nicht weiter ausgeführt. Es werden Lösungsprinzipien für die Teilfunktionen erzeugt (siehe hierzu Kapitel 7.6.5).

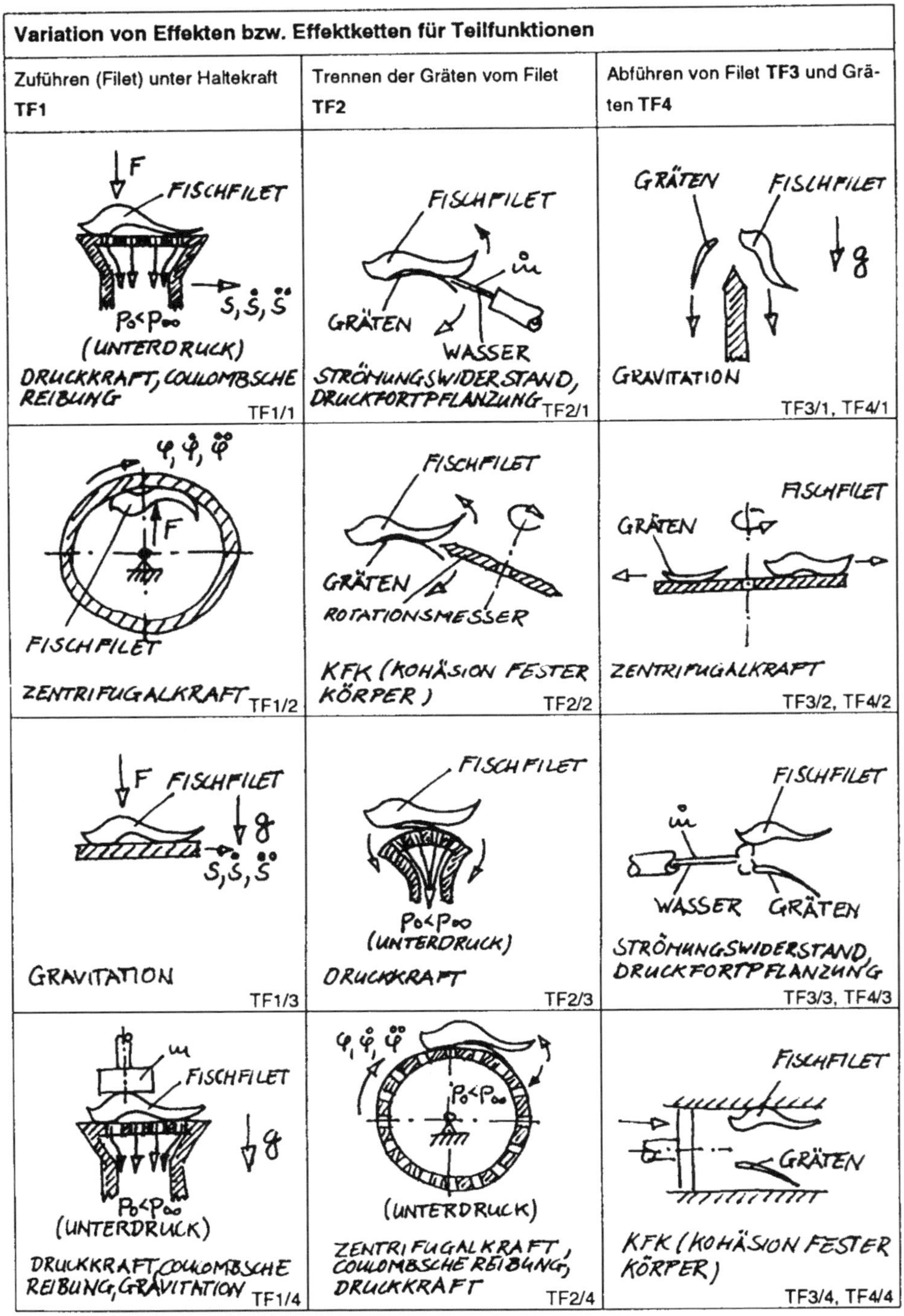

Bild 8.8 Variation von physikalischen Effekten für die Teilfunktionen TF1, TF2, TF3

8.1.5 Konzept erarbeiten

Arbeitsabschnitt 2.2 in Bild 6.14

8.1.5.1 Lösungsprinzipien zu Konzeptvarianten kombinieren

Die oben festgelegten Lösungsprinzipien werden nach einer Einfachbewertung mit der Auswahlliste (Bild 7.135) ausgewählt und mit einem morphologischen Kasten zu Gesamtlösungen kombiniert (ähnlich Bild 7.110 bzw. Bild 8.63).

Dies war aber erst endgültig möglich, nachdem über orientierende, entwicklungsbegleitende Versuche mehr über die Eignung der Lösungsprinzipien bekannt war. Nur dieser Schwerpunkt des Beispiels soll im folgenden noch eingehender gezeigt werden.

8.1.5.2 Orientierende, entwicklungsbegleitende Versuche

Einen wesentlichen Punkt in der Entwicklung einer solchen Maschine nehmen orientierende oder entwicklungsbegleitende Versuche ein. Erst dadurch können sinnvolle und geeignete Lösungen ausgewählt werden. Dies ist insbesondere dann von Bedeutung, wenn die Eigenschaften von Lösungsprinzipien nicht bekannt sind (Kapitel 7.8.3).

In diesem Falle handelt es sich um ein Umsatzprodukt, an dessen Handhabung (gemäß der Aufgabenformulierung) besondere Anforderungen gestellt werden. Die Fischfilets sind weich und glitschig und müssen so festgehalten werden, dass die Gräten herausgetrennt werden können. Dabei sollen die Filets nicht beschädigt werden. Das Fischfilet als Lebensmittel führt zu weiteren Anforderungen hinsichtlich der Beachtung der Lebensmittelgesetze.

Das Problem konkretisiert sich schon nach der Festlegung der Teilfunktionen, durch die zusätzliche Fragestellungen aufgeworfen werden, wie z.B. die Frage nach dem Zuführen des Filets unter einer Haltekraft (TF1). Diese muss einerseits derart aufgebracht werden, dass die Gräten zugänglich sind und eine einfache Zuführung möglich ist, das Filet jedoch nicht beschädigt wird. So wurden z.B. während der Konzeptphase Versuche zum Zuführen der Filets unter Einwirkung einer Haltekraft durchgeführt, in denen das Filet durch Unterdruck oder durch Anfrieren auf einer Walze gehalten wurde.

8.1.5.3 Prototyp gestalten, bauen und testen

Trotz konstruktionsmethodischen Vorgehens und entwicklungsbegleitender Versuche für Teilfunktionen (z.B. TF1 Zuführen unter Haltekraft) traten bei der Teillösungskombination neue Probleme auf. Diese konnten erst geklärt und gelöst werden, als ein Prototyp Probe lief.

In diesem Abschnitt sollen mit dem in Bild 8.9 dargestellten Prototyp die Funktionsweise des ausgewählten Konzepts vorgestellt und die Probleme aufgezeigt werden.

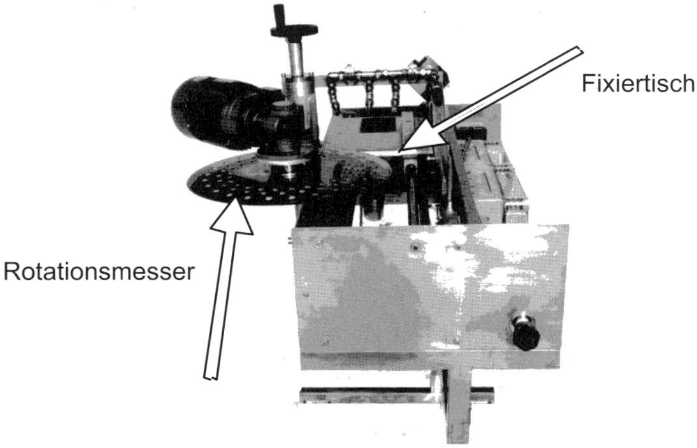

Bild 8.9 Prototyp der Fischentgrätungsmaschine

Funktionsweise des Prototyps

Für die Realisierung des Prototyps wurde für die Funktion „Gräten von Fischfilet trennen" ein rotierendes Messer (TF2/2 in Bild 8.8) gewählt. Das Filet wird auf den Fixiertisch im Stillstand (kein Unterdruck) gelegt. Der Fixiertisch fährt dann in Richtung Rotationsmesser, wobei das Filet vor Erreichen des Messers durch Unterdruck auf dem Tisch fixiert wird (TF1/4), und passiert dann das Messer, wodurch die Gräten aus dem Filet geschnitten werden (Bild 8.10). Nach dem Schneidevorgang wird der Unterdruck abgeschaltet. Das Filet, das sich oberhalb des Rotationsmessers befindet, wird durch das Messer herausgeschleudert (TF3/2), die Gräten, die auf dem Fixiertisch liegen, werden durch einen Wasserstrahl fortgespült (TF4/3). Der Fixiertisch fährt unbeaufschlagt zurück in die Ausgangsposition.

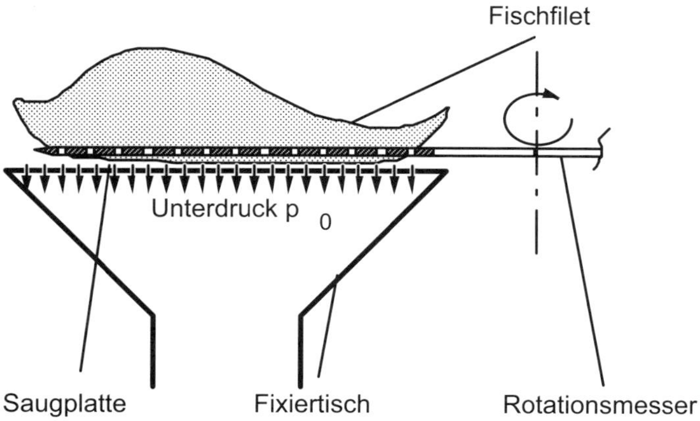

Bild 8.10 Realisierung der Teilfunktionen TF1 (Festhalten mit Unterdruck; Saugplatte) und TF2 (Trennen mit rotierendem Messer)

Ausführung des Prototyps

Zur Erläuterung der Funktionsweise des Prototyps werden die Komponenten Fixiereinheit, Rotationsmesser und Unterdruckbeaufschlagung im Folgenden beschrieben.

Die Fixiereinheit besteht aus einem Fixiertisch mit Saugplatte. Am Fixiertisch befindet sich die Lagerung für die Führung, der Unterdruckanschluss sowie die Antriebsmechanik. Die Saugplatte ist ein mit Bohrungen versehenes Blech.

Das Rotationsmesser ist zur Reduzierung der Masse und zur Vermeidung des Ansaugens an den Fixiertisch mit Bohrungen versehen.

Die Absaugluft am Fixiertisch wird durch einen unterhalb des Tisches angebrachten Trichter abgeführt. Durch eine Kulissensteuerung wird dieser Trichter zur Unterdruckabschaltung geöffnet (Bild 8.11).

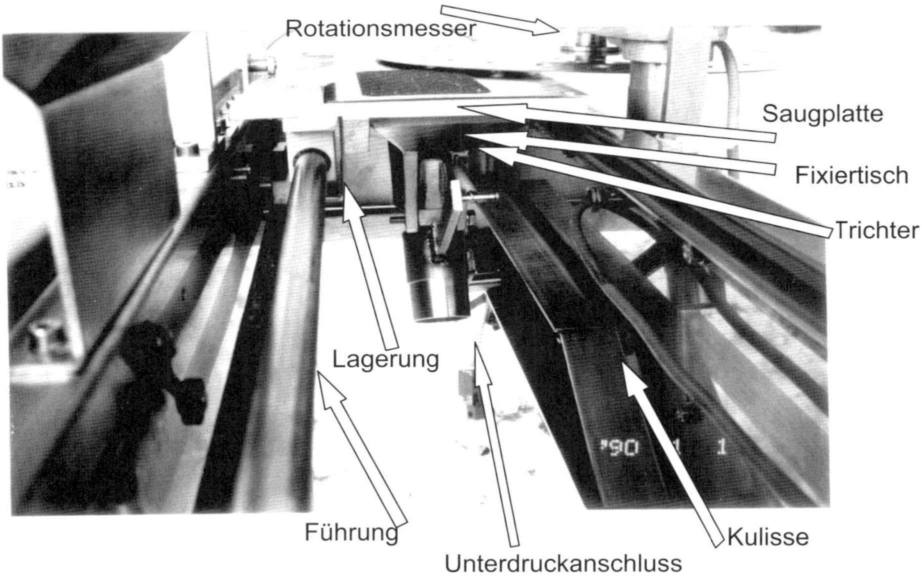

Bild 8.11 Fixiertisch mit Ansaugtrichter und Kulissensteuerung

8.1.5.4 Versuchsergebnisse und Probleme

Es sollen noch einige Probleme geschildert werden, die nach den ersten Probeläufen auftauchten und somit erst dann behoben werden konnten oder aber Bedarf für alternative Lösungen aufzeigten.

Die Reibung der glatten Metalloberfläche des Fixiertisches erwies sich als zu gering. Durch Auftragen von Korrundum (Idee „Treppenbelag“) wurde dieses Problem behoben.

Die getrennte Abführung von Filet und Gräten erwies sich als schwierig. Zur Unterstützung der Abführung der Filets oberhalb des Rotationsmessers wurde eine zusätzliche Räumschiene angebracht und das Messer mit einem Wasserstrahl gespült. Teilweise wurden die Gräten ebenfalls durch die Rotation des Messers weggeschleudert und wie die Filets an der Gehäusewand in den Auffangbehälter für die entgräteten Filets abgeleitet. Durch die Erhöhung der Reibung auf dem Fixiertisch (s. o.) wurde jedoch auch dieses Problem behoben.

Wenn der Fixiertisch ohne aufgelegtes Fischfilet unter das Messer bewegt wurde, so wurde das Messer an den Tisch gesaugt. Die Erhöhung der Zahl der Bohrungen im Rotationsmesser beseitigte dieses Problem (korrigierendes Vorgehen, Kapitel 5.1.4.3).

8.1.6 Was kann man daraus lernen?

Am Beispiel wurde eine mögliche Methodenfolge zur Problemlösung aufgezeigt. Der **Schwerpunkt** lag hier auf der systematischen Erzeugung von Lösungsvarianten durch die Erstellung und Variation der **Funktionsstruktur** sowie auf der **Variation der Physik** und der Wirkgeometrie. Die Auswahl eines auszuarbeitenden Konzepts wurde durch die entwicklungsbegleitenden bzw. orientierenden Versuche, die das Erkennen von Eigenschaften der Lösungsvarianten ermöglichten, unterstützt. An diesem Beispiel wird die manchmal erforderliche **enge Verzahnung** von **Konstruktionsmethodik** und **Versuchstechnik** deutlich.

8.2 Neukonstruktion eines Tragetaschenspenders (Dispenser), der ein Marktflop wurde

8.2.1 Was zeigt das Beispiel?

Am Beispiel der Neukonstruktion eines Automaten zur Ausgabe von Kunststoff-Tragetaschen wird gezeigt, wie aufgrund einer **mangelhaften Produktplanung** und kundenbezogener Aufgabenklärung ein rein technisch gesehen erfolgreicher Konstruktionsprozess schließlich doch als Marktflop endet. (Nach einem Erlebnisbericht von Prof. Birkhofer, weshalb auch die damaligen Termine beibehalten wurden [1/8.2].)

Der Auftrag wurde zunächst gemäß Bild 8.1 als **einfache Aufgabe** (I) begonnen, stellte sich dann aber als ein **Zielproblem** (III) heraus.

8.2.2 Ausgangssituation

Das folgende Beispiel stammt aus einem eingeführten Ingenieurbüro für Planung, Entwicklung und Konstruktion von Montage- und Verpackungsautomaten. Das Ingenieurbüro hatte bereits viele Jahre für ein Unternehmen der Anlagentechnik gearbeitet, so dass sich ein Vertrauensverhältnis zwischen dessen Geschäftsführer und dem Inhaber des Ingenieurbüros entwickelt hatte.

Nach dem altersbedingten Ausscheiden des Geschäftsführers, im folgenden als Kunde bezeichnet, hatte dieser ein eigenes Unternehmen zur Herstellung von hochwertigen, wieder verwendbaren und tragefreundlichen Kunststoff-Tragetaschen gegründet. Der Kunde wandte sich nun mit einem Entwicklungsauftrag für einen Ausgabeautomaten für seine Tragetaschen an den Inhaber des Ingenieurbüros.

8.2.3 Aufgabe klären

Die **Aufgabenstellung** wird im November 1989 vom Kunden zwei Mitarbeitern des Ingenieurbüros vorgetragen. Der Automat soll ca. 100 Tragetaschen aufnehmen und jeweils eine gegen Einwurf von 30 Pf automatisch ausgeben. Dieser Dispenser soll die Taschen beim Ausgeben möglichst automatisch auffalten und an den Griffschlaufen so fixieren, dass die geöffnete Tasche ohne weiteres Festhalten mit beiden Händen befüllt werden kann. Das Ingenieurbüro erhält vier Muster der Tragetaschen als Anschauungsmaterial. Der Dispenser soll in Supermärkten und Boutiquen direkt an der Kasse aufgestellt werden. Die Herstellkosten für die projektierte Nullserie von 50 Stück sollen unter 1000 DM pro Stück liegen. Der Kunde hat eigene Marktbeobachtungen im Supermarkt angestellt und auch bei einem Filialleiter positive Resonanz auf diese Produktidee bekommen.

Trotz der Kapazitätsprobleme des Ingenieurbüros wird der Auftrag angenommen, auch aus Dankbarkeit für die früheren Aufträge des Kunden. Die Aufgabe ist für das Ingenieurbüro interessant, da sie neu ist und keine guten Lösungen bekannt sind. Sie scheint – aus den vorhandenen Erfahrungen im Bereich der Montage- und Verpackungsautomaten heraus – keine gravierenden Probleme zu machen („Das machen wir mit links ...“). Für das Konzept, den Entwurf und die Ausarbeitung des Zeichnungssatzes werden zwei Mannmonate veranschlagt. Im März 1990 soll der Auftrag abgeschlossen sein.

Obwohl die Aufgabe wenig komplex und die Anforderungen klar erscheinen, wird sie zunächst **strukturiert** und eine **Gliederung in Teilfunktionen** (TF) vorgenommen und überlegt, welche automatisch und welche manuell verwirklicht werden sollen:

TF 1: Taschen in Dispenser eingeben	TF 4: Taschen vereinzeln und ausgeben
TF 2: Taschen gegen Diebstahl sichern	TF 5: Griffe vereinzeln
TF 3: Taschen magazinieren	TF 6: Griffe aufhängen

Eine vollständige Automatisierung aller Teilfunktionen scheint technisch schwierig realisierbar zu sein und hat keine Aussicht auf eine wirtschaftliche Lösung. Daher werden nur Konzepte weiterverfolgt, bei denen die Taschen automatisch vereinzelt und ausgegeben werden (Automatisierungsvariante V1) und bei denen nach einer manuellen Vereinzelung der Griffschlaufen diese gegebenenfalls automatisch so aufgehängt werden, dass sich die Tasche in Befüllposition befindet (Automatisierungsvariante V2).

8.2.4 Lösungen suchen

Lösungskonzepte für die oben genannten Teilfunktionen werden schnell gefunden (intuitive Arbeitsweise), skizziert und bereits diskutiert. Einige dieser Skizzen zeigen die Bilder 8.12 und 8.13. Entsprechend den o. g. Überlegungen zum Grad der Automatisierung werden die Konzepte für die Teilfunktionen zu unterschiedlichen Gesamtkonzepten kombiniert (Bilder 8.14 und 8.15).

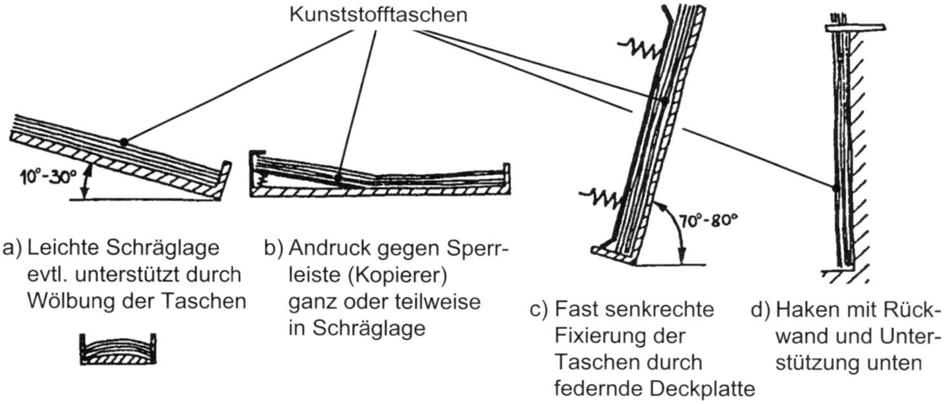

Bild 8.12 Konzepte für die Teilfunktion TF 3: „Taschen magazinieren“

An Hand dieser Konzepte erfolgt eine Zwischenauswahl bzgl. Funktionssicherheit, Bauraum und Kosten. Dabei wird die Automatisierungsvariante V1 favorisiert, so dass dafür auch ein grobmaßstäblicher Entwurf und eine Designskizze angefertigt werden.

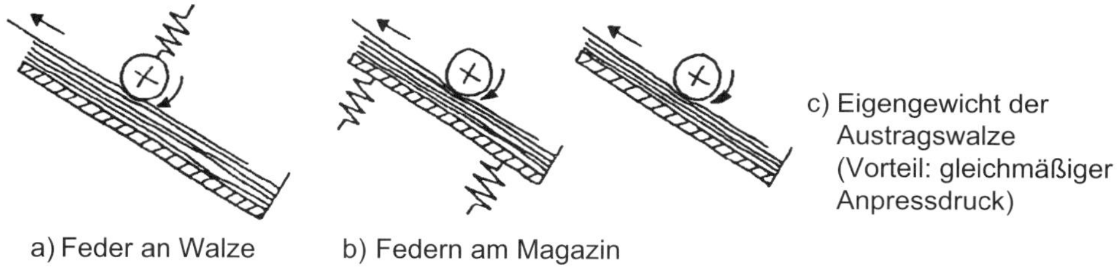

Bild 8.13 Konzepte für die Teilfunktion TF 4: „Tasche vereinzeln und ausgeben"

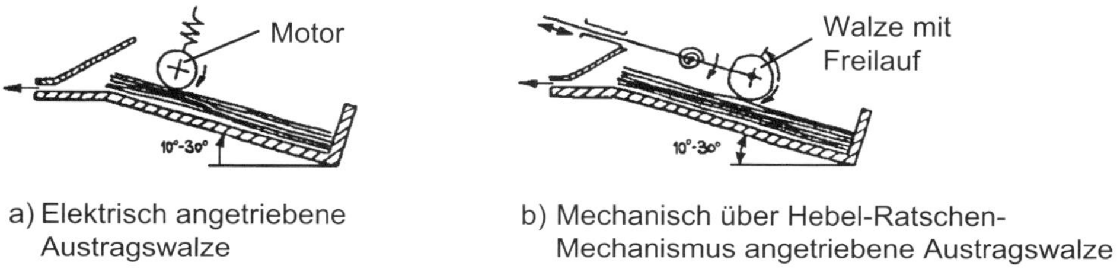

Bild 8.14 Konzepte für automatisierte Vereinzelung und Ausgabe einer Tasche (Automatisierungsvariante V1 für TF 4)

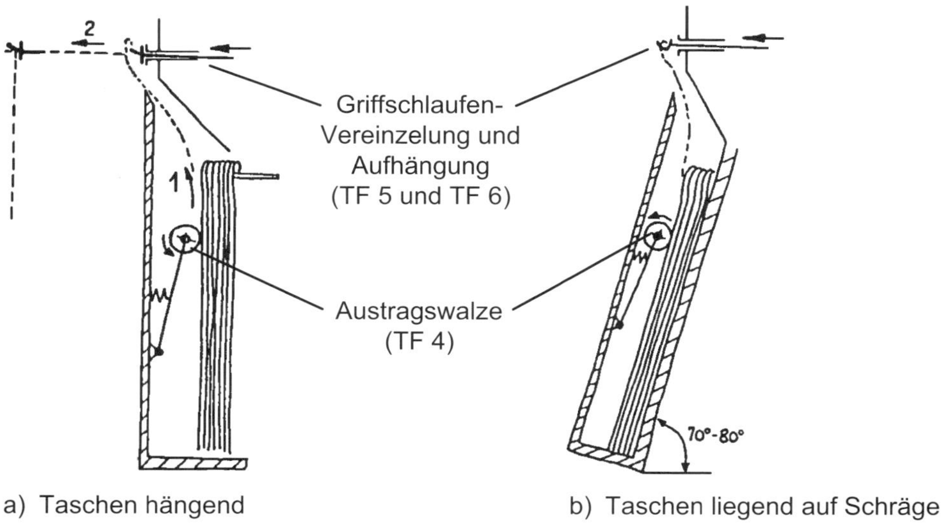

Bild 8.15 Konzepte für automatisierte Vereinzelung und Ausgabe einer Tasche sowie automatisierter Aufhängung der Griffschlaufen (Automatisierungsvariante V2 für TF 4, 5 und 6)

8.2.5 Lösungen auswählen und verwirklichen

Bei der **Präsentation** der Ergebnisse (Ende Dezember 1989) ist auch der Kunde von diesem Konzept überzeugt und gibt den Auftrag zur weiteren Ausarbeitung dieses Konzepts. Zur Durchführung von Versuchen werden kurz darauf 200 Tragetaschen angeliefert. Dabei wird festgestellt, dass diese Taschen einerseits im Format nicht mit den vier Mustertaschen übereinstimmen. Andererseits erkennt man erst jetzt, dass die Böden der Taschen durch ihre Einfaltung stark auftragen und dadurch leicht verrutschen oder manchmal sogar aufklappen können. Das Magazinieren bei dem ausgewählten Konzept kann daher nicht sicher durchgeführt werden. In einer „Krisenbesprechung" wird deshalb entschieden, auf das Konzept für die Automatisierungsvariante V2 zurückzugreifen, da bei den hängenden Taschen die o.g. Probleme keinen so großen Einfluss haben. Dabei wird aber aus technischen und wirtschaftlichen Gründen auf das automatisierte Auffalten der Griffschlaufen verzichtet. Der Kunde wird über die notwendigen Änderungen informiert und stimmt diesen zu.

Zur Ausarbeitung des **neuen Konzepts** wird ein Mitarbeiter halbtags abgestellt und durch einen Studenten unterstützt. Um realistische Versuche – speziell für das problematische, schräg nach oben gerichtete Herausschieben der labilen Taschen – durchführen zu können, wird ein **Versuchsmuster** gebaut, das im Februar 1990 fertig gestellt ist.

In den Versuchen werden eine geeignete Geometrie und ein passendes Material für Leit- und Ablenkelemente sowie für die Austragswalze gefunden. Das Versuchsmuster wird dem Kunden Ende März 1990 vorgeführt. Zur Aufstellung des Dispensers sollen eine Wand- und eine Bodenbefestigung vorgesehen werden.

Nach dem Einarbeiten der Ergebnisse mit dem Versuchsmuster erkennt man, dass der Dispenser jetzt so groß baut, weshalb er in den seltensten Fällen direkt an der Kasse stehen kann. Eine Aufstellung an einem Packtisch macht jedoch den Einbau eines Münzprüfers erforderlich, da der Dispenser nicht mehr von der Kasse aus überwacht werden kann. Nach dem Einholen von Angeboten für die benötigten Teile des Dispensers erkennt man, dass das **Kostenziel** für die Nullserie bereits um 20 % überschritten ist. Speziell die Kosten für die Steuerung und die tiefgezogene Abdeckhaube aus Kunststoff sind zu hoch.

Obwohl der Dispenser Gestalt angenommen hat und als Versuchsmuster relativ funktionssicher arbeitet, steht das **Projekt** im Mai 1990 **vor dem Abbruch**. Die Herstellkosten sind zu hoch, und zu diesem Zeitpunkt sind auch die ursprünglich vereinbarten Entwicklungskosten bereits um ein Mehrfaches überschritten. Die Situation wird offen mit dem Kunden besprochen. Da der Markt nach Ansicht des Kunden auf ein derartiges Gerät wartet, ist er bereit, die Mehrkosten zu tragen.

Die Entwicklung wird mit einer gründlichen **Wertanalyse** des Dispensers fortgesetzt, die zu einer Fülle von Änderungen führt. Mit dem überarbeiteten Zeichnungssatz werden ab Juni 1990 Angebote bei drei Herstellern eingeholt. Aufgrund der Urlaubszeit gehen die Angebote erst Mitte August 1990 ein. Da die Angebote zu teuer erscheinen, beschließt der Kunde im September 1990, die Montage im eigenen Unternehmen durchzuführen. Weiterhin soll am Ausgabeschlitz noch eine Sicherung gegen Diebstahl von magazinierten Taschen (z. B. mittels eines Drahthakens) angebracht werden. Der Kunde besteht außerdem auf der Anbringung eines Hakens, an dem zum Befüllen der Taschen eine Griffschlaufe eingehängt werden kann. Im Oktober 1990 ist dann das **erste Mustergerät** (Bild 8.16) fertig gestellt und der Dispenser zum Patent angemeldet (Bild 8.17). Im Februar 1991 werden fünf Dispenser testweise aufgestellt.

Bild 8.16 Dispenser im Betrieb

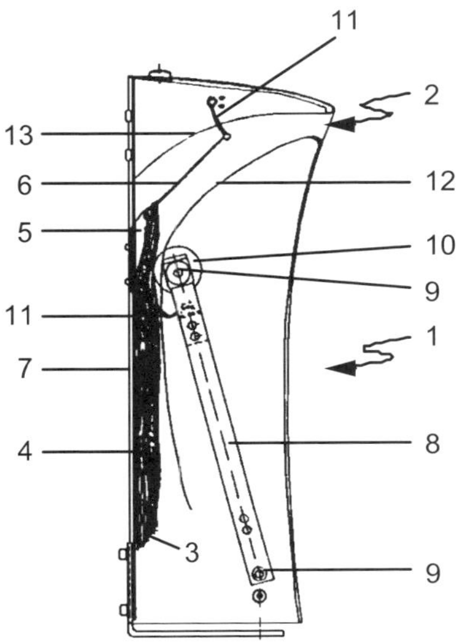

Bild 8.17 Patentzeichnung des Dispensers mit Nummerierung der Bauteile 1–13, die hier als Anmeldungsdetails nicht weiter erklärt werden

Die Dispenser **arbeiten funktionssicher** und sind auch einfach zu befüllen. Durch die intensive Wertanalyse konnten die Herstellkosten der fünf Prototypen auf einen Stückpreis von 850 DM gesenkt werden. Bei einer Kleinserie von 100 Stück würde sich ein Stückpreis von 620 DM ergeben. Dieses Ergebnis konnte jedoch nur mit einem weit überzogenen Entwicklungs- und Konstruktionsaufwand erreicht werden. Gegenüber dem geplanten Termin (März 1990) verzögerte sich die Fertigstellung der Konstruktion um mehr als ein halbes Jahr (Oktober 1990), und anstelle der geplanten 2 Mannmonate wurden insgesamt 6,5 Mannmonate aufgewendet.

Das böse Erwachen kam aber erst durch den **Markttest** mit den fünf aufgestellten Dispensern. Anstelle der projektierten Abnahme von 100 Taschen/Tag wurden nur 6 Taschen/Tag erreicht. Im gleichen Verhältnis reduzierte sich auch der geschätzte Erlös/Jahr, und die Amortisationszeit der Herstellkosten stieg von drei Monaten auf vier Jahre. Der Dispenser entpuppte sich als **Marktflop** und wurde nach einiger Zeit zurückgenommen.

8.2.6 Was kann man daraus lernen?

- **Produktplanung** und intensive **kundenbezogene Aufgabenklärung** sind Voraussetzungen für den Markterfolg eines Produkts. Funktionierende Technik und Einhaltung des Kostenrahmens sind alleine noch keine Erfolgsgarantie!

  In diesem Beispiel wurde zum einen der Bedarf des Marktes von Anfang an falsch eingeschätzt. Dies hätte durch eine gründliche **Marktanalyse** vermieden werden können (Arbeitsabschnitt 1 in Bild 6.14 und Kapitel 7.2). Wegen des guten Kontaktes zwischen Kunden und Ingenieurbüroinhaber wurden beide Augen zugedrückt: „Er wird schon wissen, was er will!“ Die interne Kritik an der Aufgabenstellung wurde nicht ernst genommen. Die Ehefrau eines Ingenieurs sagte schon am Anfang des Projekts, dass dies eine „Schnapsidee“ sei: „Wozu 30 Pfennig für eine Kunststoff-Tragetasche bezahlen, die man oft umsonst oder für 10 Pfennig an der Kasse bekommt?“ Kunststoff-Tragetaschen gelten nicht als umweltfreundlich und werden nicht zur Wiederverwendung teuer gekauft. Sie werden eher als Müllbeutel verwendet.

  Zum anderen wurde im Verlauf des Konstruktionsprozesses zusätzlich die wichtige Anforderung nach dem automatischen Öffnen und Aufhalten der Tragetaschen fallengelassen, um die Anforderung bzgl. der Herstellkosten einhalten zu können. Um solche Zielkonflikte im Hinblick auf die Marktchancen eines Produkts positiv zu entscheiden, bedarf es ebenfalls einer aussagekräftigen Marktanalyse.

- Wie bei Stoffumsatzproblemen in der Verfahrenstechnik häufig beobachtet, so auch hier: Die ersten vier Mustertaschen waren von den Abmessungen und der Faltung her anders als die 200 schließlich gelieferten Exemplare. **Stoffliche Ver-**

suchsmuster und die Endausführung weichen voneinander ab. Der Automat wurde aufwendiger, baute größer und konnte nicht mehr an der Kasse aufgestellt werden. Damit war er beim Einpacken nicht mehr leicht erreichbar. Erkenntnis: Versuchsmuster müssen garantiert werden. Wichtige Anforderungen dürfen nicht vernachlässigt werden.

- Das **Problem** wurde in seiner **Schwierigkeit unterschätzt**: „Das machen wir mit links!"
- **Technisch** wurde die Aufgabe aber schließlich gut gelöst, wenn auch mit einigen Iterationen (mehrfacher Einsatz des **Vorgehenszyklus**). Immerhin waren aber durch die Kombination von Konstruktionsmethodik und Intuition wesentliche Lösungsvarianten gleich am Anfang erkannt und erzeugt worden (Bild 8.12 bis Bild 8.15). Deshalb konnte nach Ausscheiden der Variante V1 sofort auf die bereits konzipierte Variante V2 übergegangen werden. Die Bilder 8.12 bis Bild 8.15 sind Beispiele für die **Variation der Gestalt** (Kapitel 7.6).
- Vermehrter Entwicklungs- und Konstruktionsaufwand (die Zeiten und Kosten wurden in diesem Beispiel deutlich überschritten) hat jedoch trotz zusätzlichen nachträglichen Forderungen dazu geführt, dass die Vorgabe für die **Herstellkosten** eingehalten werden konnte. Je nachdem, ob ein Produkt in Einzel-, Kleinserien- oder Großserienfertigung hergestellt wird, kann sich eine **Überschreitung der Entwicklungs- und Konstruktionskosten** also insgesamt durchaus positiv auf die Selbstkosten auswirken. In ähnlicher Weise können sich natürlich auch durch eine frühere Markteinführung höhere Entwicklungs- und Konstruktionskosten „bezahlt" machen.

8.3 Die Konstruktion einer Wandhalterung – ein nicht optimaler Prozess

8.3.1 Was zeigt das Beispiel?

Es wird gezeigt, wie die Konstruktion eines berufserfahrenen Praktikers ohne Methodikausbildung verläuft, wenn die **Klärung der Aufgabe** und die **Suche nach Lösungsprinzipien** vernachlässigt werden. Dieses Beispiel dokumentiert einen wenig erfolgreichen Prozess, aus dessen Schwächen man lernen kann: Es hat keinen Sinn, sich mit ersten Lösungen zufrieden zu geben und sich dann in Details zu verlieren, bevor das Grundsätzliche des Konzepts nicht klar ist. Der **Sinn konstruktionsmethodischen Arbeitens** (nach z. B. dem Vorgehensplan Bild 6.12) **wird überdeutlich**.

8.3.2 Die Konstruktionsaufgabe

Verschiedene Versuchspersonen wurden im Rahmen eines Versuchs dabei beobachtet, wie sie die Aufgabenstellung „Konstruktion einer Wandhalterung“, die in Kapitel 3.4 schon angesprochen wird, bearbeiteten.

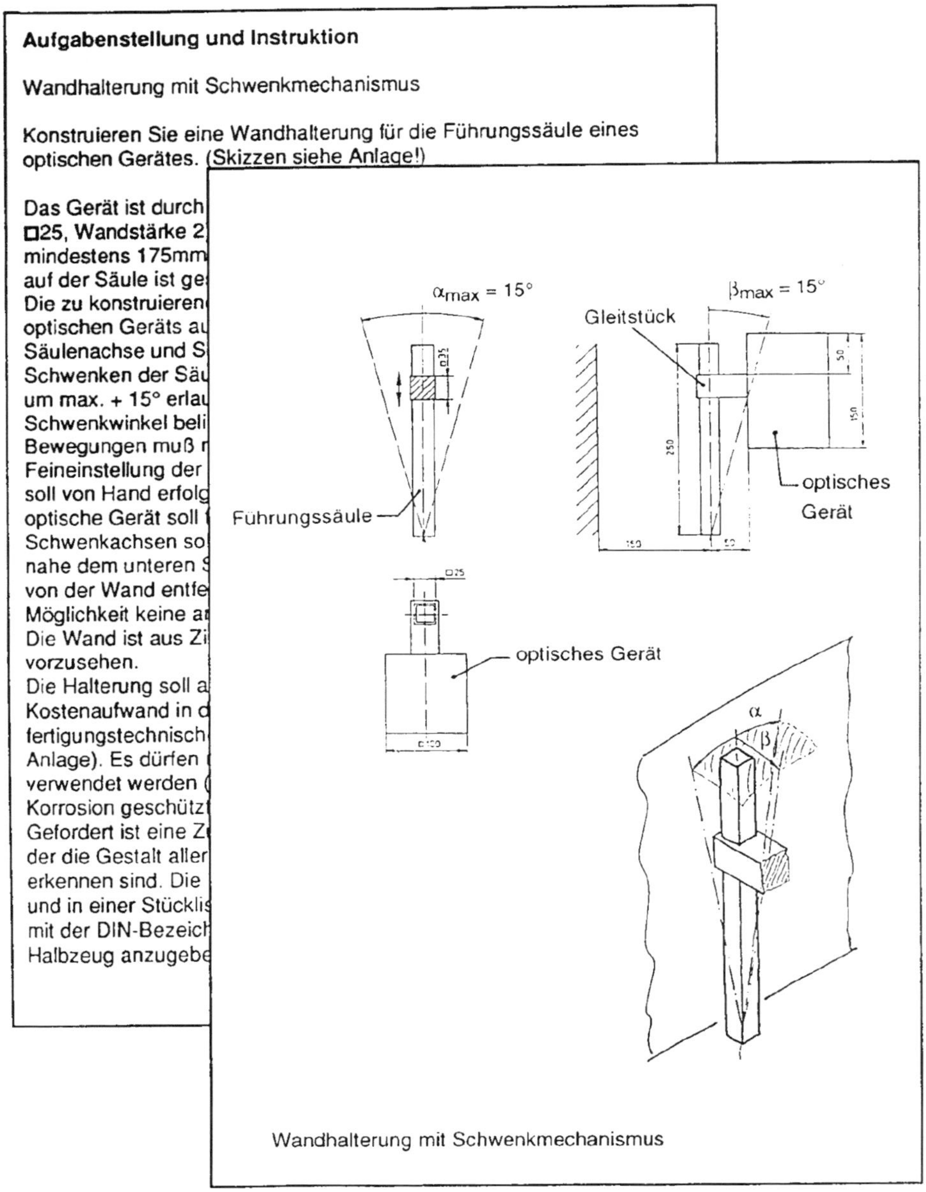
Aufgabenstellung und Instruktion

Wandhalterung mit Schwenkmechanismus

Konstruieren Sie eine Wandhalterung für die Führungssäule eines optischen Gerätes. (Skizzen siehe Anlage!)

Das Gerät ist durch
□25, Wandstärke 2
mindestens 175mm
auf der Säule ist ge
Die zu konstruieren
optischen Geräts a
Säulenachse und S
Schwenken der Sä
um max. + 15° erla
Schwenkwinkel beli
Bewegungen muß r
Feineinstellung der
soll von Hand erfolg
optische Gerät soll
Schwenkachsen so
nahe dem unteren S
von der Wand entfe
Möglichkeit keine a
Die Wand ist aus Zi
vorzusehen.
Die Halterung soll a
Kostenaufwand in d
fertigungstechnisch
Anlage). Es dürfen
verwendet werden (
Korrosion geschütz
Gefordert ist eine Z
der die Gestalt aller
erkennen sind. Die
und in einer Stückli
mit der DIN-Bezeich
Halbzeug anzugebe

Bild 8.18 Ausschnitt aus der Aufgabenstellung „Konstruktion einer Wandhalterung mit Schwenkmechanismus“

Die **Aufgabe** besteht darin, eine Wandhalterung mit Schwenkmechanismus für die vorgegebene Führungssäule eines optischen Geräts zu entwickeln. Eine mögliche Lösung ist bereits in Bild 3.37 dargestellt.

An der Führungssäule (siehe Bild 8.18) ist das optische Gerät in der Höhe verstellbar angebracht. Der Schwenkmechanismus soll zwei Bewegungen der Säule im Raum (in α- und β-Richtung) um vorgegebene Winkel mit exakter Feineinstellung ermöglichen. Die Vorrichtung ist aus vorhandenen Halbzeugen (z. B. Vierkantrohre und Platten aus Stahl oder Aluminium), die bearbeitet werden können, und aus Normteilen (z. B. Schrauben und Bolzen) in einer Werkstatt herzustellen. Der Kostenaufwand für die Herstellung soll möglichst niedrig sein.

Die Aufgabe wird den Konstrukteuren im Versuch in schriftlicher Form mit einer zugehörigen Skizze vorgelegt (Bild 8.18). Als Ergebnisse der Bearbeitung sind eine Zusammenstellungszeichnung und eine Stückliste, in der alle verwendeten Halbzeuge und Normteile aufgeführt sind, gefordert.

Die Aufgabe ist eine typische **Neukonstruktion**, die (nach Bild 8.1 und 3.3) als **„Mittelproblem III“** bezeichnet werden kann. Die Ziele sind klar, wenn auch die Anforderungen im einzelnen erst noch geklärt werden müssen. Beispielsweise muss durch Befragung des Versuchsleiters ermittelt werden, dass die geforderte Toleranz der Feineinstellung ± 0,1 Grad beträgt. Die Anforderungen widersprechen sich: Eine hohe Einstellgenauigkeit ist nicht gerade kostengünstig. Die Gesamtaufgabe enthält mehrere Teilaufgaben, die nicht unabhängig voneinander gelöst werden können. Die Zahl der möglichen konstruktiven Lösungen ist groß (Bild 3.38).

8.3.3 Versuchsdurchführung

Im Versuch arbeitet der Konstrukteur selbständig an einem Arbeitsplatz mit Schreibtisch und Zeichenmaschine. Er soll alle seine Gedanken aussprechen, also „laut denken“. Die Versuchsperson kann jederzeit Informationen zur Problemstellung vom Versuchsleiter erfragen. Alle Äußerungen und Handlungen während der Arbeit werden mit einer Videokamera aufgezeichnet. Es besteht keine Zeitbeschränkung für die Bearbeitung der Aufgabe. Trotz dieser Bedingungen kommt der Versuch, wie in einer Nachbefragung geklärt wurde, dem Konstruieren in der Praxis recht nahe. Es entfallen allerdings Kontakte zu Kollegen und die Beratung mit ihnen.

Die Videoaufzeichnungen und erstellten Unterlagen werden mit Hilfe von Techniken der Protokollanalyse aus psychologischer und konstruktionsmethodischer Sicht ausgewertet (siehe z. B. [1/8.3], [2/8.3], [3/8.3] und [4/8.3]). Die Qualität der Konstruktionsergebnisse (d. h. der erstellten Entwürfe) wird mit einer Expertenbewertung festgestellt.

8.3.4 Der Konstruktionsprozess der Versuchsperson „Otto“

Otto ist ein Konstrukteur aus dem Bereich des Anlagen- und Sondermaschinenbaus. Er besitzt eine Berufsausbildung als Mechaniker und hat eine Meisterprüfung absolviert. Der Konstrukteur besitzt keine konstruktionsmethodische Ausbildung. In seiner über siebenjährigen Berufserfahrung hat er bereits viele Konstruktionsprobleme (z. B. die Entwicklung von Montageautomaten) bearbeitet.

Der folgende Abschnitt kann nur einige interessante, entscheidende Ausschnitte des Konstruktionsprozesses, der über 9 Stunden dauerte, aufzeigen.

Wie alle Versuchspersonen wird Otto nach dem ersten Durchlesen der Aufgabe kurz zur Einschätzung des Problems befragt. Er gibt an, dass es ihm sehr wichtig ist, die Aufgabe zu lösen und er findet sie „überhaupt nicht schwierig“. Er schätzt, dass er für die Konstruktion einschließlich Entwurfszeichnung und Stückliste etwa sechs Stunden benötigen wird.

In den ersten zehn Minuten der Bearbeitungszeit **klärt** Otto mit dem Versuchsleiter **einige offene Fragen**. Er erfragt Informationen über die Höhe der Befestigung des Geräts an der Wand und bringt in Erfahrung, dass das optische Gerät, das an der Säule befestigt wird, zur entzerrten Projektion von Negativen in einem Fotolabor benutzt wird. Außerdem klärt er die Genauigkeit der Feineinstellung und versichert sich, ob er einige Angaben aus der Aufgabenstellung richtig verstanden hat. Anschließend trägt Otto die Angaben aus der Aufgabenstellung und der zugehörigen Skizze maßstäblich auf der zu erstellenden Entwurfszeichnung an der Zeichenmaschine ein.

Die **erste Lösungsidee** für die Lagerung der Führungssäule ist ein Gelenk aus zwei Bolzen, das in einer Skizze (Skizze a) in Bild 8.19 festgehalten wird. Diese Bolzenlagerung mit der geforderten Feineinstellung zu kombinieren, erscheint Otto jedoch schwierig. Deshalb verwirft er diese Lösung.

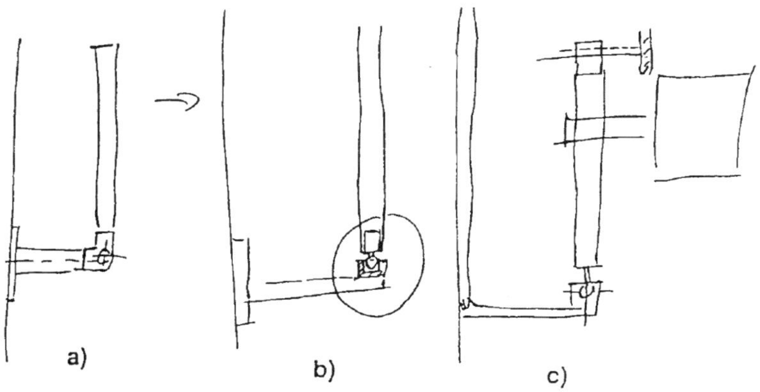

Bild 8.19 Handskizzen des Konstrukteurs Otto

Er entwickelt eine **neue Idee**, das untere Ende der Säule in einem **Kugelgelenk** (Skizze b) in Bild 8.19 zu lagern. Er entscheidet sich dafür, das Gelenk aus dem Kunststoff Polyamid herzustellen, weil er bereits viel Erfahrung mit diesem Werkstoff hat. In einer groben Skizze werden Kugelgelenk, Säule, optisches Gerät und eine Einstellung für die β-Bewegung skizziert, (Skizze c in Bild 8.19).

Es entsteht die **neue Lösungsidee**, die Einstellung für die α-Bewegung in eine **Grob- und Feineinstellung** aufzuteilen, damit die Bedienung des Gerätes beim Verstellen von der einen in die andere Extremlage erleichtert wird. Falls nur eine Feineinstellung vorhanden ist, muss der Bediener zum Wechsel der Extremlagen etwa 80-mal an der Handkurbel drehen. Otto hat diese Zahl überschlägig berechnet und hält diese Tatsache für sehr benutzerunfreundlich.

Nachdem er sich einige vorläufige Gedanken über die Möglichkeiten einer Grob- und Feineinstellung gemacht hat, sucht er in den verfügbaren Unterlagen die Abmessungen geeigneter Handräder, die er notiert. Er wählt ein geeignetes Handrad aus.

Otto beginnt mit der zeichnerischen Darstellung der bisher festgelegten Teillösungen in der Entwurfszeichnung. Er zeichnet die Einstellung in α-Richtung in zwei Ansichten (Vorder- und Seitenansicht) und stellt auch ein Handrad detailliert dar. Ebenso beschäftigt er sich mit der Darstellung der Grobeinstellung für die α-Bewegung. Er sieht dafür zwei Platten vor, die er gegeneinander bewegen will. Die Feineinstellung soll in den Lagerbock eingebaut werden. Zu diesem Zeitpunkt sieht die konstruierte Wandhalterung etwa wie in Bild 8.20 aus.

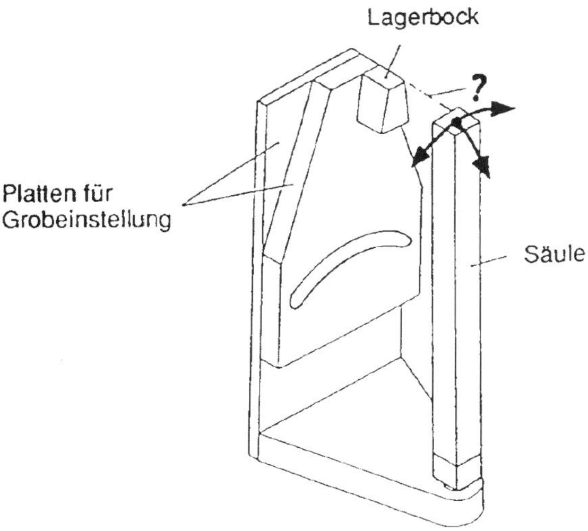

Bild 8.20 Die Wandhalterung nach etwa 3 Stunden[1]

1) Bei Bild 8.20 handelt es sich um eine 3D-Nachzeichnung, nicht um eine Originalzeichnung des Konstrukteurs.

An Hand der Zeichnung wird ihm deutlich, welche noch **ungeklärten Probleme** sich mit der Konstruktion ergeben: „Mir ist die Trennung zwischen Grob- und Feineinstellung noch nicht ganz klar". Die ebenso noch ungeklärte Verbindung zwischen Feineinstellung und Säule ist in Bild 8.20 mit einem Fragezeichen versehen.

An diesem Punkt überlegt Otto wegen der aufgetretenen Unklarheiten und Schwierigkeiten, die Konstruktion abzubrechen und neu zu beginnen. Er ist unzufrieden mit seiner bisherigen Arbeit. „Das Ding ist zu groß und zu kompliziert". Nach längerem Abwägen entscheidet er sich für die Weiterbearbeitung.

Er versucht nochmals, die Idee der Grob- und Feineinstellung umzusetzen, stellt dann jedoch fest, dass die Wandhalterung damit zu aufwendig wird. Daraufhin beschließt Otto, nur eine Feineinstellung einzusetzen, auch wenn dies den Bedienaufwand erhöht. Er beurteilt diese Eigenschaft als „nicht optimal, aber akzeptabel".

Mit dieser Entscheidung **verwirft** der Konstrukteur **die Lösung** der Grobeinstellung, mit der er sich bereits etwa zwei Stunden beschäftigt hat und die er inzwischen weitgehend konkretisiert hat. Er radiert alle Elemente der Grobeinstellung, die er bereits gezeichnet hat, aus der Entwurfszeichnung wieder heraus.

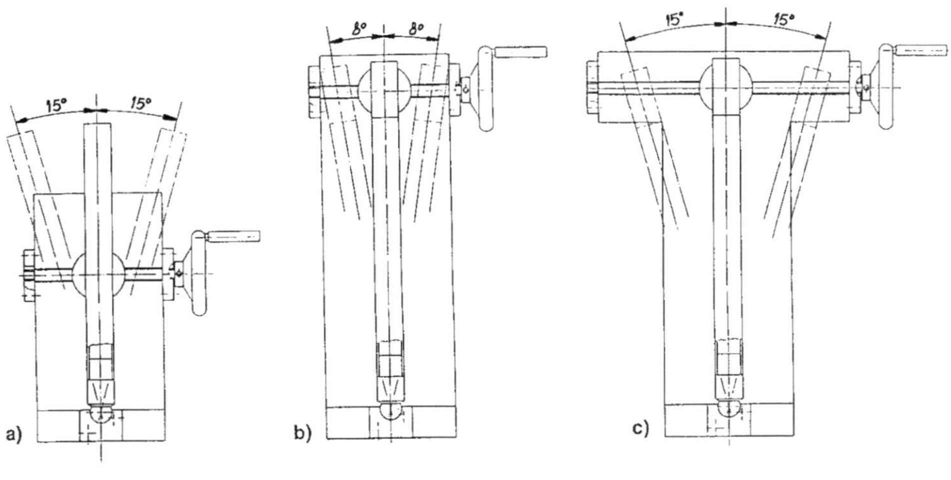

Bild 8.21 Drei Stadien der Entwurfszeichnung

Nun wendet er sich der **Einstellung der α-Schwenkbewegung** zu und erarbeitet in einer Skizze einen Gleitschuh, der die Verbindung zwischen der vorgegebenen Säule und der Gewindestange herstellt. Die Gestalt des Gleitschuhs wird in der Entwurfszeichnung genau festgelegt. Als Werkstoff hält Otto ebenfalls den Kunststoff Polyamid für geeignet. Beim Positionieren des Gleitschuhs und der Gewindestange hat der Konstrukteur eine **wesentliche Anforderung außer acht gelassen** (Bild 8.21): die Bedingung, dass die Säule auf ihrer ganzen Länge für die Führung des optischen Gerätes frei sein muss. Die Gewindestange mit Gleitschuh und Handrad muss also an anderer Stelle positioniert werden. Otto erkennt diesen Fehler und äußert sich bestürzt: „Oh, Mann, da muss ich alles neu zeichnen". Er äußert sich verwundert darüber, dass ihm dieser fundamentale Fehler nicht früher aufgefallen ist. Nach einer kurzen Überlegung darüber, wie er den Mangel beheben kann, entschließt er sich, die Einstellung bestehend aus Gewindestange, Handrad und Gleitschuh nach oben zu versetzen und die Säule zu verlängern (Bild 8.21).

Mit dieser Idee für die Korrektur beginnt die Versuchsperson die Änderungen in der Zeichnung umzusetzen. Es kostet ihn etwa 40 Minuten, in der Zeichnung zu radieren und die Änderungen einzubringen.

Nach Durchführung der gesamten Änderungen entdeckt er, dass durch die Verlegung der Einstellung nach oben natürlich der Einstellbereich für die Säule nicht mehr die geforderten Winkel von jeweils 15 Grad einhält (siehe Bild 8.21). Er ist ungehalten darüber, dass er „schon wieder einen fatalen Fehler" festgestellt hat. „Jetzt muss ich das noch mal zeichnen." Nach einer kurzen Lösungssuche beschließt Otto, die Gewindestange zu verlängern und damit ihre Lagerung zu verbreitern (siehe Bild 8.21). Die Durchführung dieser Änderung kostet ihn etwa 20 Minuten. Er ist deutlich darüber verärgert, dass er inzwischen einige Bauteile, z.B. das Handrad, mehrmals wegradieren und an anderer Position neu zeichnen musste.

In den folgenden beiden Stunden vervollständigt Otto die Zusammenstellungszeichnung. Mit einigen Änderungen, die jeweils Radieren und Neuzeichnen erfordern, gelingt ihm nach 9 Stunden und 20 Minuten eine „noch akzeptable Lösung" mit geforderter Entwurfszeichnung und Stückliste (Bild 8.22).

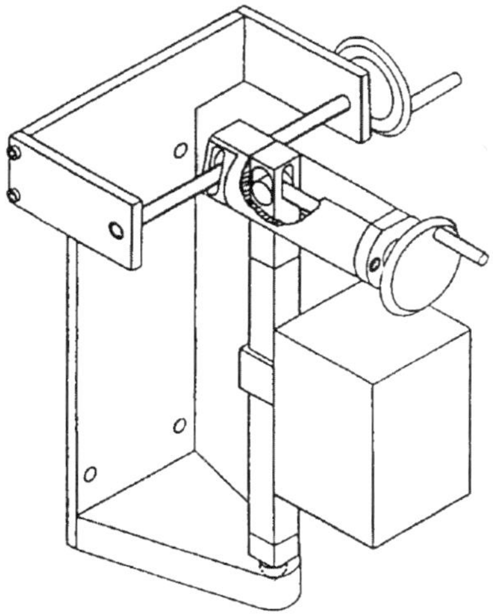

Bild 8.22 Die Wandhalterung des Konstrukteurs Otto

Die Wandhalterung ist allerdings recht wackelig ausgeführt und hat die folgenden (in Bild 8.22 nicht direkt erkennbaren) Schwächen. Das Gerät kann wegen der fehlenden Arretierung nach dem Einstellen nicht fixiert werden. Außerdem hat das ganze System einen Freiheitsgrad zuviel. Es besteht die Gefahr, dass sich während des Gebrauchs Teile der Vorrichtung lösen und den Bediener verletzen. Die α- und β-Einstellung beeinflussen sich gegenseitig, wodurch die Arbeit mit dem Einstellmechanismus im Fotolabor erschwert wird.

8.3.5 Analyse des Prozesses

Konstruktionsprozesse lassen sich in Arbeitsabschnitte einteilen. In unserem Versuch sind das die Arbeitsabschnitte der **Aufgabenklärung**, des **Konzipierens** und des **Entwerfens** entsprechend dem **Vorgehensplan** (Bild 6.12) aus Kapitel 6.5.1.

Der Arbeitsabschnitt der **Aufgabenklärung** dient der Analyse der Problemstellung und dem Erkennen der Anforderungen. Beim **Konzipieren** geht es schwerpunktmäßig um die Suche nach Lösungen für das Problem und die Erstellung einer prinzipiellen Gesamtlösung, des Konzepts. In der Phase des **Entwerfens** wird dann das Konzept gestaltet und in einer Entwurfszeichnung ausgearbeitet.

Die **Aufgabenklärung** des Konstrukteurs ist hier kurz und oberflächlich. Dies führt dazu, dass er wesentliche Teilprobleme der Aufgabenstellung nicht erkennt. Z. B. beschäftigt er sich nie explizit mit der Arretierung des Geräts nach der Einstellung. Später muss er diese ungeklärten Ziele doch noch behandeln. Die Abschnitte des **Konzipierens** bzw. der **Suche nach Lösungen** sind bei Otto sehr kurz, er skizziert wenig. Er legt jedoch Wert darauf, nach dem Finden einer Lösung, diese möglichst schnell konkret im Entwurf zeichnerisch umzusetzen. Dabei erarbeitet er nie mehrere Varianten parallel. Seine Urteile über Lösungen fallen schnell und ohne tiefere Analyse. Die anfangs schnell verworfene Bolzenlagerung wäre durchaus ohne viel Aufwand zu realisieren gewesen.

Auffallend ist, dass er einerseits sehr schnell konkret wird, z. B. legt er nach der Wahl von Handrädern die genauen Dimensionen dieser Bauteile sofort fest. Andererseits lässt er häufig Teilprobleme bei der Lösungssuche offen. Ein Beispiel dafür ist die zuerst vage konkretisierte Grob- und Feinverstellung, die später verworfen wird. Durch diese stark unterschiedliche Konkretisierung der Teillösungen kann er nicht überprüfen, ob die gefundenen Teillösungen miteinander verträglich sind und ein tragfähiges Gesamtkonzept ergeben.

Ein möglicher Grund für dieses schnelle **Detaillieren ohne Überblick über das Gesamtproblem** liegt darin, dass Otto in der Praxis häufig Produkte verbessert und korrigiert, die bereits im Einsatz waren und Schwachstellen zeigten. Dort arbeitet er mit sehr konkreten Zeichnungen bzw. direkt am Produkt, dessen Schwachstellen er dann korrigiert. Diese ihm vertraute Arbeitsweise ist hier für die Neukonstruktion wenig geeignet.

Da Otto kaum Skizzen zur Darstellung seiner Lösungen anfertigt (Bild 8.19 zeigt schon mehr als 50 % seiner Handskizzen) und auch kein Gesamtkonzept in einer Skizze erarbeitet, bevor er ans Entwerfen geht, ist es ihm nicht möglich, Mängel bzw. nicht erfüllte Anforderungen bereits beim Konzipieren zu erkennen. Die **unvollständige Aufgabenklärung** trägt auch zu dieser fehlenden Kontrolle bei. Geklärte Anforderungen könnten als Kriterien zur Überprüfung der gefundenen Lösungen eingesetzt werden.

Beim **Entwerfen** ist für Otto bezeichnend, dass ihm erst in dieser Phase einige wesentliche Anforderungen, die er nicht beachtet hat, klar werden. Um diese Anforderungen zu erfüllen, muss er neu konzipieren und dann umfangreiche, zeitaufwendige Korrekturen in der Entwurfszeichnung vornehmen. Diese **Iterationen**, wie sie Bild 8.21 zeigt, entstehen wieder durch mangelnde Aufgabenklärung sowie wenig ausgearbeitete und nicht überprüfte Konzeptideen. Diese **Iterationen** sind unnötig und wären **vermeidbar** durch ein **besser ausgearbeitetes und analysiertes Konzept**. Mit zunehmender Bearbeitungszeit ist festzustellen, dass der Konstrukteur nicht mehr nach optimalen Lösungen sucht, sondern gerade noch akzeptable Lösungen wegen des geringeren Änderungsaufwands bevorzugt. Seine sinkende Motivation führt auch zu einigen Unsauberkeiten bei der Ausführung des Entwurfs.

8.3.6 Was kann man daraus lernen?

Betrachtet man den **Vorgehenszyklus** nach Bild 3.32 mit den zugehörigen Strategien, so verstößt Otto vor allem gegen die Strategien X.1 „Frühe Phasen betonen“; X.2 „Eigenschaftsfrüherkennung betonen“; I.2 „Zuerst das Wichtigste“; II.2 „Vom Vorläufigen zum Endgültigen“. Er arbeitet zu wenig nach einer sinnvollen Ordnung, wie sie z. B. der **Vorgehensplan** Bild 6.12 darstellt.

Er kümmert sich ferner früh um **nicht wichtige Dinge** wie die Dimensionen von Handrädern. **Vorläufige Darstellungen** seiner Lösungen spart er sich weitgehend, er arbeitet meist an der endgültigen Zeichnung. **Eigenschaftsfrüherkennung** betreibt er wenig, weil er seine konzeptionellen Ideen nicht überprüft.

Folgende **Ratschläge** lassen sich aus dem Beispiel ableiten, um Fehler zu vermeiden:

a) Intensives Klären der Aufgabe und breite Suche nach Lösungen bieten eine gute Grundlage zum Gestalten eines Entwurfs. Es ist ausreichend Zeit für die besonders wichtigen Schritte **Aufgabenklärung** und **Konzipieren** zu verwenden.
   - Man sollte konstruktive Probleme nicht unterschätzen. Auch auf den ersten Blick klare Aufgaben enthalten fast immer Unklarheiten.
   - Die erste gefundene Lösung ist nicht immer die beste Lösung. Es ist wichtig, Varianten zu erarbeiten.

- Man sollte nicht zu früh mit dem Entwerfen am Brett (oder CAD-System) beginnen. Ausreichend Freihandskizzen von prinzipiellen Ideen sind anzufertigen und zu analysieren. Perspektivische Skizzen sind besonders wie hier bei räumlichen Problemen hilfreich.

b) Einen guten Anhalt zum Bearbeiten von Problemstellungen, die der „Wandhalterung" ähnlich sind, bietet der **Vorgehensplan** für die **Neukonstruktion** (siehe Bild 6.12).

c) Methoden aus dem **Methodenbaukasten**, die für solche Aufgaben besonders empfohlen werden, sind:

- Anforderungsliste zum Klären der Aufgabe (Kapitel 7.3)
- Morphologischer Kasten zur Kombination von Teillösungen (Kapitel 7.5.6)
- Einfache Punktbewertung zur Bewertung und Auswahl von Varianten (Kapitel 7.9.5).

8.4 Einfacherer Lastausgleich für Planetengetriebe

8.4.1 Was zeigt das Beispiel?

Planetengetriebe mit mehr als einem Planetenrad benötigen Maßnahmen bzw. konstruktive Lösungen zum Lastausgleich. Alle Planetenräder sollen die gleiche Leistung übertragen. In diesem Beispiel wird ein Planetengetriebe behandelt, welches kleiner, insbesondere aber kostengünstiger gestaltet werden sollte. Es wird gezeigt, wie zur Lösung dieses Problems bereits 1965 der Vorgehenszyklus, als er noch nicht allgemein bekannt war, seinen Schritten nach richtig eingesetzt wurde (siehe Bild 3.30). – Es wird ferner sichtbar, wie komplex die Wahl eines neuen Werkstoffs sein kann. – Schließlich wird gezeigt, wie eine erfinderische, kreative Idee entstehen kann.

Dieses Beispiel ist in Bild 8.1 unter IV einzuordnen, da anfangs **weder die Ziele noch die Mittel klar** waren. Es handelt sich um eine **Neukonstruktion**, selbst wenn die endgültige, einfache Lösung eher einer Anpassungskonstruktion ähnelt.

8.4.2 Ausgangssituation

Was heißt Lastausgleich?

Einer der wesentlichen Vorteile des Planetengetriebes gegenüber dem parallelachsigen Stirnradgetriebe besteht darin, dass die Leistung an mehr als einer Stelle der Zentralräder übertragen werden kann (Bild 7.98). Der Radsatz und somit das ganze Getriebe kann dadurch kleiner ausgeführt werden, die Umfangsgeschwindigkeit an der Verzahnung nimmt ab.

In Bild 8.23 ist ein Planetengetriebe mit drei Planetenrädern ohne Lastausgleich dargestellt. Die Umfangskräfte an den Planetenrädern sind infolge von Fertigungsfehlern des Getriebegehäuses, des Planetenträgers oder der Zahnräder ungleich. Da sämtliche Zahnräder statisch bestimmt gelagert sind, ist das Getriebe schon mit einem einzigen Planetenrad statisch bestimmt. Jedes weitere hinzukommende Planetenrad übernimmt eine Umfangskraft nur nach elastischer Verformung von Getriebeteilen oder nach Verschiebungen innerhalb der Lager. Es muss abhängig von der Fertigungsgenauigkeit damit gerechnet werden, dass schlimmstenfalls die gesamte Leistung durch ein einziges Planetenrad übertragen wird. Damit ginge dann ein wesentlicher Vorteil des Planetengetriebes, die geringe Baugröße, verloren. Die Zahnräder müssten wieder die Abmessungen eines einstufigen Stirnradgetriebes haben. Deshalb muss zum Ausgleich von Exzentrizitäts- und Rundlauffehlern sowie Winkelfehlern der Getriebeteile Sorge dafür getragen werden, dass alle Zahnräder den gleichen Belastungen ausgesetzt werden. Dies kann durch extreme Genauigkeit oder elastische bzw. kinematische Ausgleichsmechanismen erreicht werden. Da extreme Genauigkeit besonders bei großen Getrieben sehr teuer ist, ist ein „konstruktiver Lastausgleich“ i. Allg. günstiger [1/8.4; 2/8.4; 3/8.4].

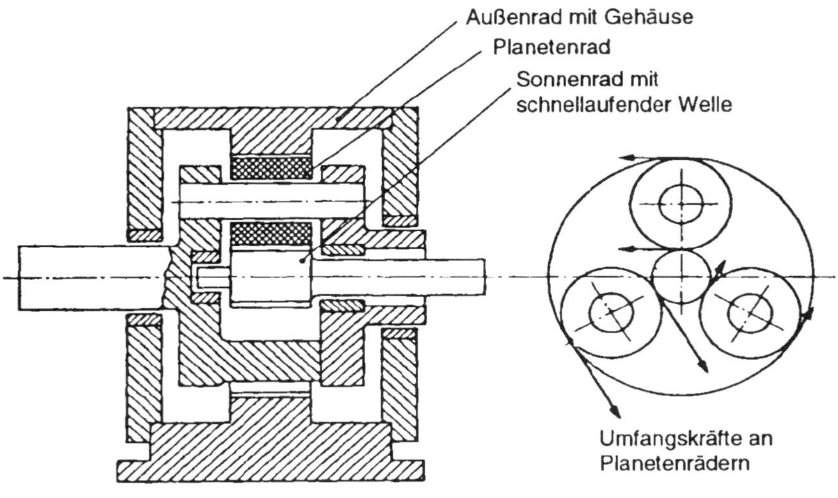

Bild 8.23 Planetengetriebe ohne Lastausgleich [2/8.4]

Konkurrenzsituation

Planetengetriebe für hohe Leistungen und Drehzahlen, wie sie bei Turbinen und Verdichtern gegeben sind, oder für sehr hohe Drehmomente, wie sie bei Pumpen und Schiffen vorkommen, werden häufig nach dem Prinzip von Stoeckicht konstruiert und gebaut. Dieses Prinzip zeigt Bild 8.24, aus dem hervorgeht, dass sowohl das ungelagerte, pfeilverzahnte Sonnenrad wie die beiden schrägverzahnten Außenradringe über Doppelzahnkupplungen angeschlossen sind. Damit wird der oben beschriebene Lastausgleich ermöglicht, da diese Elemente sowohl winklige wie radiale Verlagerungen erlauben. Sonnen- und Außenräder „schwimmen" also und stellen sich bei drei Planetenrädern automatisch auf gleiche Lasten ein, wie ein Stuhl auf drei Beinen. Die großen geschmiedeten (gewalzten) Außenrad- und Kupplungsringe sind mit insgesamt acht Kupplungsverzahnungen (vier schrägverzahnte, vier geradverzahnte) sehr teuer und machen bis zu 15 % der Herstellkosten eines Getriebes aus (siehe auch Bild 7.125).

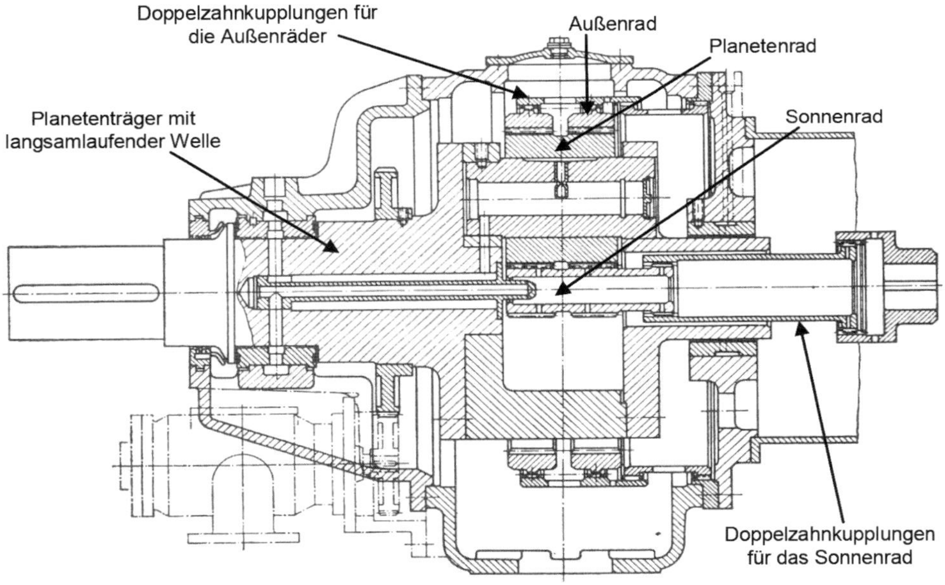

Bild 8.24 Schnittbild eines BHS-Stoeckicht-Planetengetriebes

Die Konkurrenz im In- und Ausland ist wegen des Patentschutzes auf **andere Lösungen** ausgewichen (Bild 8.25): Einige Firmen beschränken sich auf ein ungelagertes Sonnenrad (a), ein anderer Hersteller setzt elastische Hülsenfedern (d) zwischen Außenräder und Gehäuse (siehe auch Bild 7.125 unten). Ein weiterer Hersteller ließ sowohl das Sonnenrad wie den Planetenträger über Doppelzahnkupplungen sich an den starr verschraubten Außenrädern orientieren (f). In Bild 8.25 sind noch weitere Möglichkeiten, die sich aus der Systematik ergeben (b, c, e), aufgezeigt.

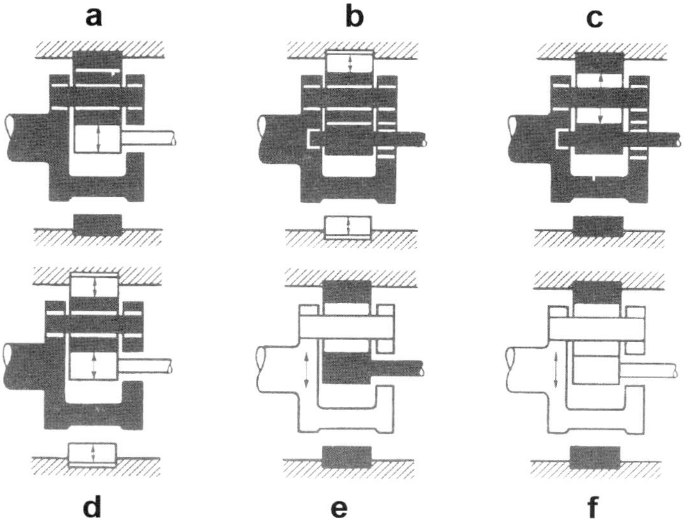

Bild 8.25 Prinzipielle Möglichkeiten zum radialen Lastausgleich in einem Planetengetriebe
a) Getriebe mit in radialer Richtung beweglichem Sonnenrad; b) Getriebe mit in radialer Richtung beweglichem Außenrad; c) Getriebe mit in radialer Richtung beweglichem Planetenrad; d) Getriebe, in dem Sonnen- und Außenrad in radialer Richtung beweglich sind; e) Getriebe mit in radialer Richtung beweglichem Planetenträger mit Planetenrad; f) Getriebe, in dem sich der Planetenträger mit den Planetenrädern und dem beweglichen Sonnenrad am Außenrad orientiert. Nicht in radialer Richtung bewegliche Elemente sind schwarz, in radialer Richtung bewegliche Elemente sind weiß, Getriebegehäuse sind schraffiert [2/8.4].

Aufgrund der zunehmenden Konkurrenz – auch von achsversetzten Stirnradgetrieben – bestand die Forderung, sowohl die Material-, die Teilefertigungs- sowie die Montagekosten zu senken, Schwingungen und Geräusche zu dämpfen und die Baugröße zu verringern, wobei die Zuverlässigkeit der Getriebe bei ca. zwanzig Jahren ungestörtem Tag- und Nachtdauerbetrieb nicht verringert werden durfte.

Vorgehensweise

Das Vorgehen bei der Entwicklung wurde nach dem 1971 veröffentlichten „ABC des Konstruierens" [2/8.4] organisiert, das im groben dem Vorgehenszyklus bzw. dem Problemlösungszyklus (Bild 3.22; 3.24) entspricht und so noch vor der ersten Veröffentlichung von Daenzer 1976 [6/8.4] eingesetzt wurde (Bild 8.26). Damit soll gezeigt werden, dass die Grundzüge des Vorgehenszyklus direkt aus der Praxis heraus als zweckmäßig erkannt wurden. (Der Problemlösungsprozess der Systemtechnik war also unbekannt). Ein ähnlicher Vorgang liegt bei BMW mit dem Schema PAL vor, das dort in der Karosserieentwicklung durch die Initiative des Hauptabteilungsleiters entstand und erfolgreich genutzt wurde.

Vorgehenszyklus (Problemlösungszyklus)	„ABC des Konstruierens"	PAL (BMW)
Aufgabe (Problem)		P = Problem finden, formulieren
I Aufgabe klären	A = Aufgaben, Anforderungen klären	A = Problem analysieren, verstehen
II Lösung suchen	B = Bestandsaufnahme bezüglich bekannter oder möglicher Lösungen	L = Lösung für das Problem suchen ...
III Lösung auswählen	C = Kritik (Analyse) und Lösungswahl (von frz. **c**hoisier = wählen)	... als Auswahl unter mehreren möglichen
IV Realisierung	D = Durchführung	

Bild 8.26 Drei fast gleiche Vorgehensweisen zum Lösen von Aufgaben (Problemen). Siehe auch Bild 3.24. Ferner sind in Bild 3.30 weitere, ähnliche Vorgehensweisen vergleichend dargestellt.

8.4.3 Aufgabe klären

Die **Anforderungen** wurden auf Notizblättern und nicht in einer Anforderungsliste fixiert. Sie wurden durch die Analyse von Literatur und Patenten, durch zahlreiche Diskussionen mit Fachleuten, Servicemonteuren, Kunden und Konkurrenten (z. B. bei Messen, Forschungsvereinigungen) im Laufe der Zeit sowohl qualitativ wie quantitativ konkretisiert. Dem Konstruktionsleiter waren die Anforderungen so geläufig, dass er zu jeder Zeit in der Lage war, eine Anforderungsliste niederzuschreiben. Vorteilhaft war besonders das **„schriftliche Nachdenken"** beim Abfassen von Veröffentlichungen. [1/8.4]. Der Zwang zur prägnanten Formulierung klärte die Gedanken. Die Anforderungen sind in Bild 8.27 wiedergegeben.

Eine wesentliche Erkenntnis bei dieser Entwicklung war die **Funktionsanalogie** zwischen Lastausgleichsvorrichtungen und nachgiebigen Wellenkupplungen (Ausgleichskupplungen). Beide haben die gleiche Funktion, nämlich das Drehmoment bei den in F1 angegebenen Bauteilverlagerungen zu übertragen. Damit waren infolge der reichhaltigen Kupplungsliteratur und entsprechenden Firmenprospekten mindestens neun Lösungsprinzipien (Bild 8.28) grundsätzlich möglich. Im eigenen Unternehmen war nur die Lösung f) üblich.

Anforderungen (F = Forderung, W = Wunsch)

F 1 **Drehmoment** M_N bei Bauteilfehlern radial, axial und winklig möglichst für alle Zahneingriffe gleichmäßig übertragen; auch **Stoßdrehmoment** vom 6- bis 8-fachen M_N (quantitative Angaben [1/8.4])

F 2 Eignung für **hohe Drehzahlen**, am Sonnenrad bis 80.000 1/min (130 m/s Umfangsgeschwindigkeit)

F 3 **Lebensdauer** bis zu einigen 100 Mrd. Lastwechseln ohne Störung bei hohen Temperaturen (bis 90 °C) und unterschiedlichen Schmierölen; keine Reibkorrosion, keine Dauerbrüche

F 4 Keine Nutzung fremder **Patente** (Verkaufsprestige!)

F 5 **Herstellkosten** der Getriebe 90% der bisherigen Ausführung (Teile und Montage)

W 1 **Geräusch-** und **schwingungsgünstiger** als bisher

W 2 **Risiko** bezüglich Zuverlässigkeit durch Nähe zum bisherigen Erfahrungsbereich möglichst gering

W 3 **Außendurchmesser** des Getriebes möglichst **kleiner** als bisher

Bild 8.27 Anforderungen an den Lastausgleich von Planetengetrieben

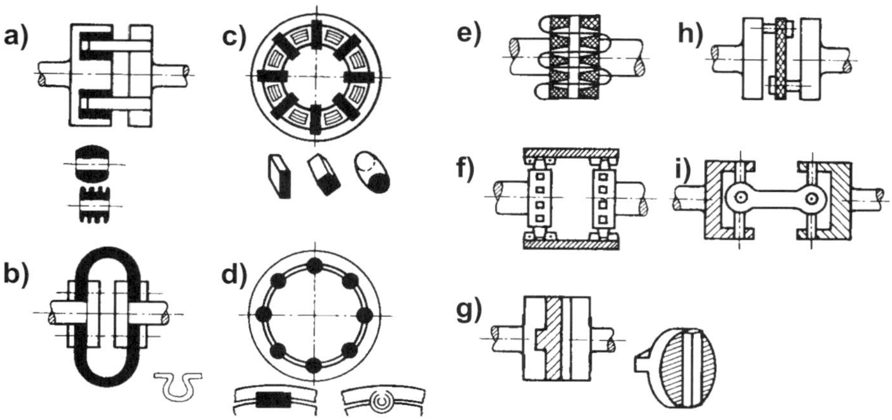

Bild 8.28 Nachgiebige Wellenkupplungen (schematisch) a) nachgiebige Kupplung: „Bolzen im Loch“ (Druck); b) nachgiebige Kupplung: „elastischer Ring“ (Scherung); c) nachgiebige Kupplung: „elastischer Mitnehmer“ (Biegung, Druck); d) nachgiebige Kupplung: „elastische Passfeder“ (Scherung); e) gelenkig nachgiebige Kupplung mit Stahlfeder; f) gelenkige Kupplung: Doppelzahnkupplung, Tonnenkupplung; g) Gleitstückkupplung: Oldhamkupplung; h) gelenkig-nachgiebige Kupplung mit elastischer Scheibe; i) gelenkige Kupplung: Kardangelenk

8.4.4 Lösungen suchen

Die wesentlichen Lösungsgedanken waren bereits bei der Analyse der Aufgabe, bei der abstrahierten Formulierung der Anforderungen entstanden. Deshalb ging es in der Konzeptphase nur um Auswahl und Anpassung der Lösungsprinzipien aus Bild 8.28 an Randbedingungen, wie z. B. an das Außenrad des Planetengetriebes. Der Konzeptphase folgte die Entwurfsphase (Bild 8.29).

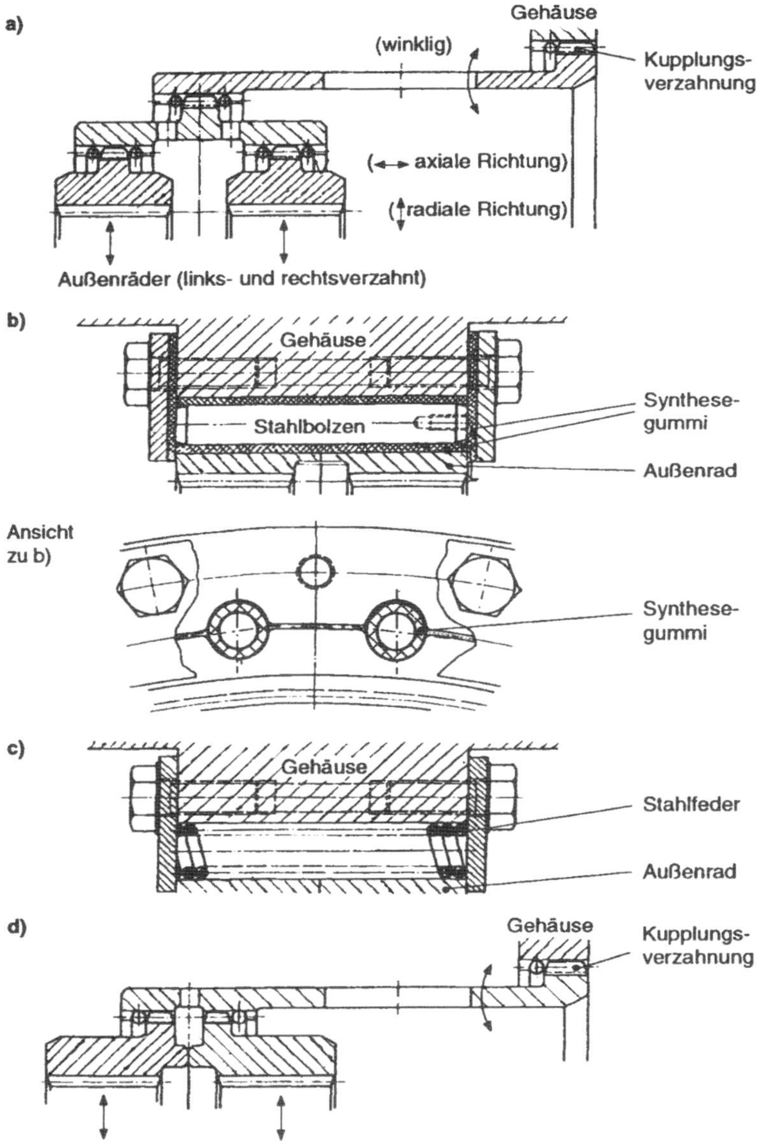

Bild 8.29 Alternative Entwürfe für Lastausgleichsvorrichtungen zwischen Außenrad und Gehäuse

Die Lösung a) entspricht dem üblichen Stoeckicht-Lastausgleich. Die Lösung b) nimmt das Prinzip aus Bild 8.28 auf: Ein mit geräuschdämpfendem Gummi- oder Kunststoffschlauch überzogener Stahlbolzen überträgt die Umfangskraft vom Außenrad auf das Getriebegehäuse. Entsprechend dem „Prinzip des beschränkten Versagens“ überträgt der mit Vorspannung eingepresste Stahlbolzen die Umfangskraft für den Fall, dass die gummielastischen Teile ausfallen. Die Lösung c) ähnelt der Lösung b). Statt der beschriebenen Teile übertragen hier jedoch elastische Stahlfedern die Umfangskraft. – Um im Rahmen des bisherigen Erfahrungsbereiches zu bleiben (Wunsch W2), wurde schließlich die Lösung d) entworfen. Sie entspricht grundsätzlich der Lösung a), verzichtet aber auf eine Kupplungsmuffe und zwei Kupplungsverzahnungen. Ferner sind zur axialen Fixierung statt sieben Drahtringen nur drei zu montieren. Kinematisch erschien Lösung d) keine Nachteile gegenüber Lösung a) zu haben. Allerdings stellte sich die durch die Pfeile bei a) und d) symbolisierte Modellvorstellung von winklig auf Radialverlagerungen reagierenden Hebeln als falsch heraus: Es handelt sich ja um ringförmige Kupplungsmuffen, die sich nur bei axialem Spiel zu den Drahtringen hin radial verlagern können.

8.4.5 Lösungen auswählen und verwirklichen

Die Lösungen nach den Bildern 8.25, 8.28 und 8.29 wurden zuerst einem Vergleich der wahrscheinlichen Eigenschaften mit den gegebenen Anforderungen (Bild 8.27) und im Vorteil/Nachteil-Vergleich einer Einfachbewertung unterzogen (Kapitel 7.9.5). Darüber hinaus wurden die Kosten der Lösungen a) bis d) aus Bild 8.29 überschlagen und miteinander verglichen.

Die Produkteigenschaften wurden zunächst in Einzelarbeit, dann in Diskussionen mit Fachleuten von Konstruktion, Fertigung und Montage abgeschätzt. Dabei wurden immer wieder neue Verbesserungsideen eingebracht (Zyklischer Charakter des Vorgehenszyklus!).

Im Verlauf der Diskussion wurde die Minimierung des Ausfallrisikos (Wunsch W2 und Forderung F3 in Bild 8.27) immer dominierender. Trotz Kostenvorteilen bei den Lösungen b und c aus Bild 8.29 wurde schließlich zur weiteren Untersuchung die Lösung d **ausgewählt**.

Diese Lösung wurde zusammen mit weiteren hier nicht gezeigten Varianten in einem Verspannungsprüfstand monatelang unter betriebsnahen Verhältnissen **erprobt**. Die Gleichmäßigkeit der Lastverteilung an den Planetenrädern wurde über Dehnmessstreifen an den stillstehenden Außenrädern gemessen und mit einigen Prozent Abweichung als sehr gut erkannt. – Schließlich wurden derartige Getriebe über zwei bis drei Jahre im Praxiseinsatz bei befreundeten Kunden erfolgreich erprobt. Die Lösung wurde patentiert [5/8.4] und in einer großen Zahl von Getrieben verwirklicht.

Das Herstellkostenziel wurde mit 93% statt 90% (F5 in Bild 8.27) nicht erreicht, auch der Wunsch W1 konnte nicht befriedigt werden. Dafür waren die Forderungen F1 bis F4 voll erfüllt worden: Es gab keine besonderen Ausfälle und Beanstandungen und damit auch keine Garantie- und Folgekosten oder Kundenverluste (Kapitel 8.4.7).

8.4.6 Das Entstehen einer Erfindung

Im Verlauf der oben beschriebenen Konstruktionsüberlegungen wurde geprüft, ob die Außenräder nicht ähnlich der Lösung b) in Bild 8.28 völlig elastisch, ohne Metallbrücken, schwingungs- und geräuschdämpfend im Gehäuse befestigt werden könnten. Ausgehend von Lösung b, hätte man den elastischen Ring an den Außenrädern anschrauben oder durch Schrauben festklemmen können. Das Anbringen von Schraubenlöchern in den dünnen Ringen der Außenräder schied wegen der Gefahr von Dauerbrüchen aus. Die alternative Vulkanisation wurde aufgrund von Bedenken bezüglich der Metall-Gummi-Bindung verworfen. Das Problem schien unlösbar zu sein.

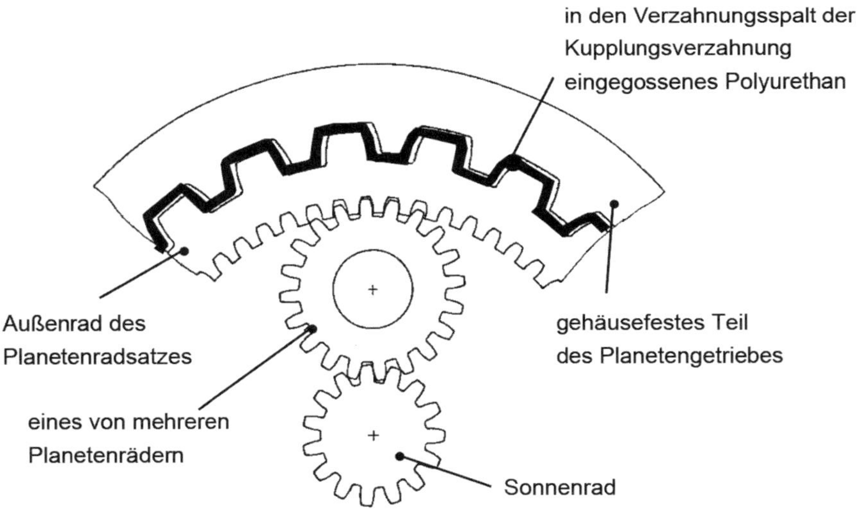

Bild 8.30 Planetengetriebe mit Lastausgleich durch eingegossenen, zahnformartigen Polyurethanring. Alternativkonstruktion zur Außenradaufhängung nach Bild 8.29. Der Polyurethanausguss zwischen der Aufhängeverzahnung des Außenrades und eines gehäusefesten Ringes wirkt radial nachgiebig und außerdem schall- und schwingungsdämpfend

Einen neuen Ansatz zur Lösung des Problems brachte die Beobachtung der Konkurrenz (siehe Bild 8.30). Dort war das obige Problem gelöst – und patentiert – worden, indem Polyurethan in eine spielvergrößerte Kupplungsverzahnung zwischen Außenrad und Gehäuse gegossen und auspolymerisiert wurde (in der Wirkung analog zu Lösung b) in Bild 8.29). Dies war **einer** von **drei Lösungsansätzen**, die in Kombination zu der in Bild 8.31 dargestellten Konstruktionserfindung führten:

1. Ein elastischer Werkstoff kann zwischen einem Außenrad und einem zusätzlichen Ring aus Stahl ohne zu vulkanisieren eingebracht werden, wenn es sich bei den Ringflächen um einfache Drehflächen handelt.
2. Ein elastischer Werkstoff, wie Vulkollan, ist gieß- und polymerisierbar, und zwar mit den benötigten Elastizitätseigenschaften.
3. Ein eingeschlossener, elastischer Werkstoff, der einseitig auf Druck beansprucht wird, überträgt Druck, ähnlich wie eine Flüssigkeit, in alle Richtungen.

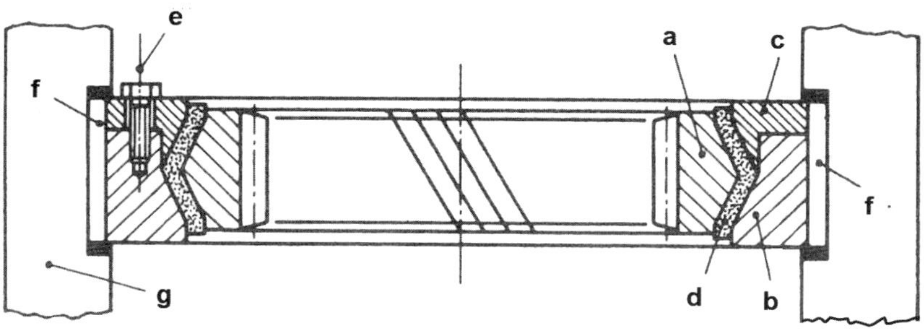

Bild 8.31 Elastische Befestigung eines innenverzahnten Rades (Außenrad des Planetengetriebes) [2/8.4]

Die Lösung nach Bild 8.31 konnte, wie folgt, hergestellt werden. Das Außenrad a) wurde in die beiden Ringe (b, c) eingelegt, wobei zwischen den Ringen (b, c) in axialer Richtung ein definierter Spalt bestehen blieb. Danach goss man Vulkollan d) ein und ließ dieses auspolymerisieren. Sodann wurden die Ringe (b, c) durch Schrauben (e) in axialer Richtung so auf Druck beansprucht, dass die im elastischen Werkstoff entstehende Vorspannung ausreichte, um das Drehmoment durch Reibungskräfte übertragen zu können. Die Passfedern (f) ermöglichten das Einlegen der Außenradkonstruktion in das geteilte Gehäuse (g) und stützten das Drehmoment ab.

Die angegebene Konstruktionsart war auch bei dünnen Außenrädern, die in radialer Richtung leicht verformbar sind, einsetzbar. Da keine weiteren verzahnten Teile nötig waren, blieben die Herstellkosten niedrig.

Diese Erfindung entstand nicht durch logische Deduktion, sondern durch das glückliche Zusammentreffen der drei oben angegebenen Lösungsansätze. Dabei war das Problembewusstsein als latente Zielsetzung – gleichsam wie eine Sammellinse – genauso wie die drei Wissensinhalte unabdingbar (Diese Idee entstand nicht am Schreibtisch, sondern in der Eisenbahn (Kapitel 7.5.4)).

8.4.7 Das Risiko der Werkstoffwahl

Im obigen Abschnitt wurde die Funktion der an sich sehr eleganten Lastausgleich-Lösung nach Bild 8.30 erläutert, die ein Konkurrenzunternehmen verwirklicht hatte. Neben der allseitigen Nachgiebigkeit des Polyurethans im Verzahnungsspalt zwischen Außenrad und Gehäuse konnte eine erhebliche Geräusch- und Schwingungsdämpfung erzielt werden. Die Herstellkosten und die Baugrößen der Getriebe wurden wegen der entfallenden Außenrad-Kupplungsmuffen stark verringert (Bild 8.29). Die Lösung wurde patentiert und nach einjährigem Probelauf den staunenden Konkurrenten anlässlich der Hannover-Messe vorgeführt. Die Konkurrenzfirmen stellten sich so auf erhebliche Umsatzeinbrüche ein, und man ärgerte sich, dass einem die Lösung nicht selbst eingefallen war.

Allerdings konnten auch durch den einjährigen Probelauf nicht alle Eigenschaften, die ein Kunststoff im Laufe eines Getriebelebens (15 bis 20 Jahre Dauerbetrieb) aufweisen muss, vorhergesehen und geprüft werden. Schon bald nach dem Einsatz in ca. 30 weltweit platzierten Getrieben fielen diese aus, da die Antriebe wegen zu hohen Schwingungen abgeschaltet werden mussten. Die Ursache war ein „Herausbröseln" des durch Hydrolyse zerstörten Polyurethans. Das dafür verantwortliche Wasser im Schmieröl (gelöst und frei) war bei den Probeläufen - bei anderer Ölart - nicht aufgetreten. Es sammelte sich im Praxiseinsatz als Kondenswasser an, welches sich durch ein häufiges An- und Abschalten der Druckölanlagen - ein thermisches „Atmen" des Öltanks - bildete. An einen solchen Schaden hatte auch von den Fachleuten niemand gedacht.

Die Folge war, dass der Hersteller Kunden und Aufträge verlor und alle gelieferten Getriebe wieder in den alten, teureren Zustand umbauen musste. Ferner zog die ganze Branche daraus für Jahre die sehr vereinfachte Lehre: „Keine Kunststoffe in stationäre Großgetriebe!" Eine Getriebeinnovation in Form des Einsatzes eines bisher nicht verwendeten Werkstoffs wurde so fünf Jahre nach der Konstruktionsentscheidung aufgegeben. Man sieht daraus, wie die Werkstoffwahl für eine ganze Branche stellvertretend von einem Unternehmen vollzogen werden kann [4/8.4].

Nachträglich kann man als Erkenntnis daraus gewinnen, dass eine Werkstoffwahl oft nicht am Schreibtisch bzw. am Zeichenbrett zu erledigen ist, sondern dass selbst nach einem Rat von einschlägigen Fachleuten und nach eingehenden Versuchen immer noch nicht alle wichtigen Eigenschaften bekannt sein können und mit erheblichen Risiken gerechnet werden muss. Es wäre in diesem Fall besser gewesen, nach den Versuchen am Prüfstand bei einigen wenigen ausgewählten Pilotkunden mehr Praxiserfahrung zu sammeln. So wurde es auch bei der Lösung nach Bild 8.29 mit weniger spektakulärem Aufsehen und weniger innovativem Sprung, aber insgesamt mehr Erfolg durchgeführt. Vielfach ist die häufige Verbesserung in kleinen Schritten (KAIZEN; KVP) ohne großes Risiko eine günstigere Strategie.

8.4.8 Was kann man daraus lernen?

Folgende Erkenntnisse kann man aus diesem Beispiel für das Vorgehen bei der Produktentwicklung ziehen:

- Der **Vorgehenszyklus** ist im grundsätzlichen Ansatz eine in der Praxis oft implizit unbewusst, manchmal auch explizit klar angewandte Methode.
- Bei genügender Einarbeitung und Problembewusstsein ist die schriftliche Ausarbeitung von konstruktionsmethodisch geforderten **Dokumenten** (Anforderungsliste!) zum Einzelerfolg nicht in vollem Umfang nötig, obwohl sie bei arbeitsteiligem Vorgehen und bei sich ähnlich wiederholenden Konstruktionen unabdingbar ist.
- Von wesentlicher Bedeutung ist eine intensive **Aufgabenklärung**, da davon sowohl die Qualität als auch die Bewertung der erarbeiteten Lösung abhängt.
- Die enge Zusammenarbeit zwischen **Konstruktion** und **Versuch** kann wesentlich sein. Dabei geht es nicht nur um Vor- bzw. Vergleichsversuche, sondern auch um langfristig angelegte Prototypversuche, u. U. zusammen mit Pilotkunden.
- Eine **Erfindung** erfordert oft ein „glückliches" vernetztes Zusammentreffen von Problembewusstsein und gegenseitig sich befruchtendem Fachwissen. Das entbindet aber nicht von der vorausgehenden analytisch klaren Durcharbeit des Problems und der bisher vorhandenen Lösungen.
- Die innovative **Werkstoffwahl** – und die zugehörige Fertigungs- und Gestaltungsumstellung – kann einen Prozess über Jahre erfordern, bei dem die betroffenen Fachleute intensiv und interdisziplinär zusammenarbeiten müssen. Auch Pilotkunden sollten dabei mit eingebunden werden.

8.5 Geräuschgünstiger Unterdruckstellantrieb

8.5.1 Was zeigt das Beispiel?

Das Beispiel zeigt Schritte des tatsächlichen Entwicklungsablaufs eines Unterdruckstellantriebes für Pkw-Lüftungs-Klappen. Ziel ist dabei, die Effektivität von Strategien und Methoden zu verdeutlichen. Besonders betont werden:

- Die Wichtigkeit der **Aufgabenklärung** und der genauen **Analyse** von Vorgängerprodukten sowie erzeugten Lösungen (Kapitel 8.5.4).
- Die Entscheidungssituation für das **generierende** und **korrigierende Vorgehen** (Kapitel 8.5.5) (vgl. Kapitel 5.1.4.3).

- Die Notwendigkeit der fortwährenden **Ergänzung** und **Anpassung der Anforderungsliste** während des ganzen Entwicklungsprozesses (Kapitel 8.5.7).
- Die enge Verzahnung von konstruktiver **Lösungserzeugung** mit der Eigenschaftsanalyse durch **FEM-Berechnungen** und vor allem durch einfache, **orientierende Versuche** (Kapitel 8.5.7).
- Die Bedeutung des **Faktenwissens** des Konstrukteurs sowohl für das korrigierende Vorgehen (Kapitel 8.5.4) wie für die Analyse vorhandener Lösungen (Kapitel 8.5.7).

Das Beispiel wechselt gemäß Bild 8.1 zwischen einem Ziel- **und Mittelproblem** (IV) und einem **Mittelproblem** (II). Es gab während der Entwicklung immer wieder neue Probleme und Ziele. Bei begrenztem Lösungsfreiraum waren die Mittel nicht einfach zu finden. – Es handelt sich je nach Anspruch des Bearbeiters um eine **Anpassungs**- (A) oder **Neukonstruktion** (N).

8.5.2 Technische Aufgabenstellung

Für das Öffnen und Schließen von Luftkanälen in Klimaanlagen von Pkw werden Klappen verwendet, die durch mechanische Unterdruckstellantriebe betätigt werden. Ein solcher Unterdruckstellantrieb wird in Bild 8.32 dargestellt.

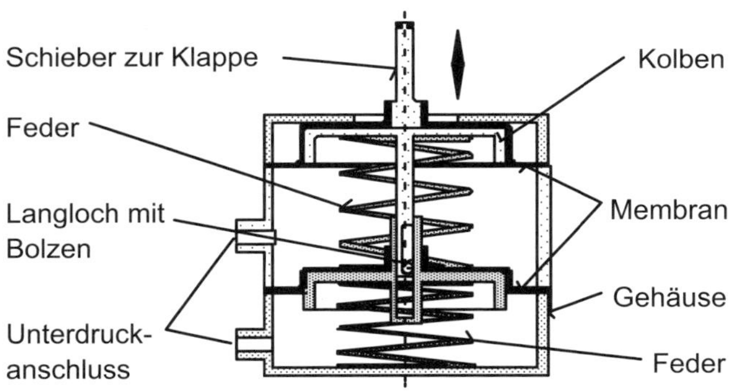

Bild 8.32 Unterdruckstellantrieb, Vorgängerprodukt

Der dargestellte Antrieb (Vorgängerprodukt) ist zweistufig, da die Klappe in zwei Stellungen betätigt werden soll: halb und ganz auf. Durch zwei Unterdruckanschlüsse können zwei Kammern unabhängig voneinander mit Unterdruck beaufschlagt werden. Durch den Unterdruck werden die Kunststoffkolben linear bewegt. Die Kolben sind miteinander und mit dem Schieber, der die Klappe betätigt, verbunden. Die Abdichtung der zwei Kammern erfolgt durch Elastomermembranen. Gehäuse, Kolben und Federn sind nicht rund, sondern aus Einbaugründen flach. Die Funktion des Unterdruckstellantriebes ist in Bild 8.33 dargestellt.

Die beiden Kolben werden mit Federn nach oben gedrückt (Bild 8.33) und sind durch ein Langloch mit Bolzen gegenseitig gekoppelt. Wenn die untere Kammer I Unterdruck erhält, zieht sich der Schieber um S_1 zurück (Bild 8.33). Wird auch die obere Kammer II mit Unterdruck beaufschlagt, so wird der maximale Stellweg S_2 erreicht (Bild 8.33). Wenn die Kolben betätigt werden, entsteht ein schlagendes Geräusch.

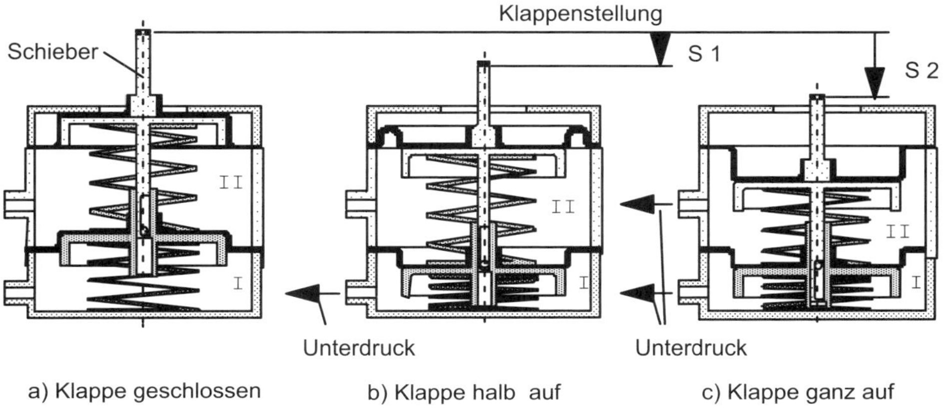

Bild 8.33 Funktion des vorhandenen Unterdruckstellantriebs

Ziel der konstruktiven Aufgabenstellung ist, den Unterdruckstellantrieb **geräuscharm** zu gestalten (Hauptforderung! Kapitel 6.5). Dabei ist außerdem besonders auf eine **kostengünstige** Lösung zu achten. In Kapitel 6.5.2 wurde gezeigt, wie man den **Vorgehenszyklus** auch für andere Hauptforderungen als die Funktion einsetzen kann. In Bild 6.16 waren dies die Herstellkosten und die technische Sicherheit. Hier ist es die Geräuschverminderung.

8.5.3 Struktur der Beispieldarstellung

Eine detaillierte Beschreibung des gesamten Entwicklungsprozesses, des Unterdruckstellantriebes und aller währenddessen entstandenen konstruktiven Lösungen ist hier nicht möglich. Es werden nur Ausschnitte des iterativen Konstruktionsprozesses und einige konstruktive Lösungen dargestellt:

- Im ersten Teil (Kapitel 8.5.4) wird die **Aufgabenklärung** gezeigt. Ausgehend von der technischen Aufgabenstellung wird eine Analyse der genauen Ursachen der Geräuschentwicklung durchgeführt. Die ersten, spontan und intuitiv, an Hand der Aufgabenklärung entstandenen Ideen werden ebenso in diesem Teil beschrieben.

- Im zweiten Teil (Kapitel 8.5.5) wird die Entscheidungssituation über die weitere, **korrigierende oder generierende Vorgehensweise** mittels den bereits vorhandenen Lösungen erläutert.
- Im dritten Teil (Kapitel 8.5.6) werden weitere **konstruktive Lösungen** beschrieben, die nach mehreren Iterationen sowohl aus der korrigierenden, als auch aus der generierenden Vorgehensweise entstanden sind.
- Im vierten Teil (Kapitel 8.5.7) wird die letzte Analysephase der vorhandenen Lösungen dargestellt und die **Ergebnisse der Analyse** ausgewertet.

Aus Bild 8.34 kann man erkennen, in welchen Konstruktionsphasen und durch welche Vorgehensweise (korrigierend oder generierend) die in diesem Beispiel enthaltenen Lösungen entstanden sind.

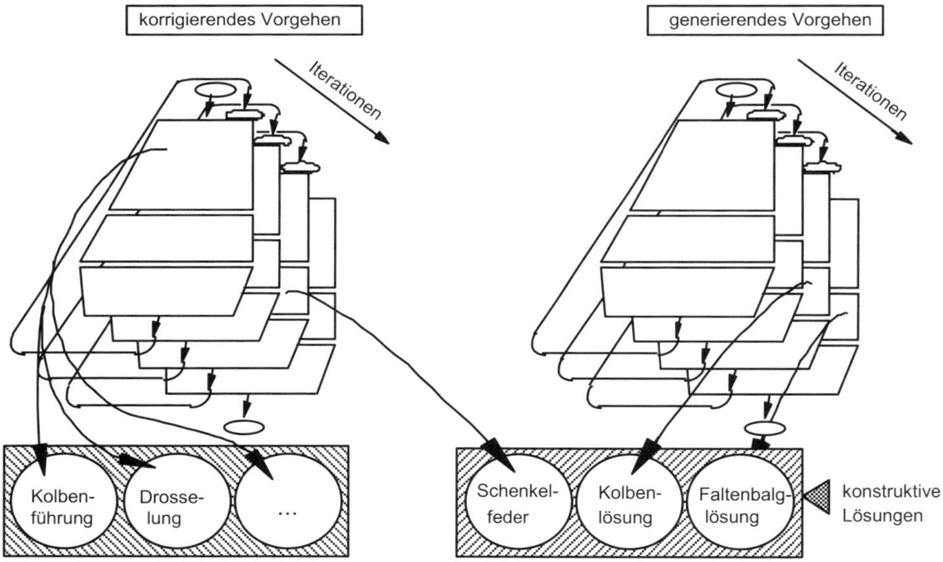

Bild 8.34 Einsatz des Vorgehenszyklus (Bild 3.32) sowohl beim korrigierenden (links) wie generierenden Vorgehen (rechts). Unten: entstandene Lösungen

8.5.4 Aufgabenklärung und erste Lösungsideen

Im Rahmen einer systematischen Vorgehensweise wird als erster Schritt die **Analyse und Strukturierung der Aufgabe** ausgehend vom vorhandenen Produkt vorgesehen. Die Aufgabenformulierung „die Konstruktion soll geräuschärmer gestaltet werden und dabei ist besonders auf die Kosten zu achten" enthält zwei sehr abstrakte Anforderungen für den Konstrukteur. Notwendig für die Planung von konkreteren Zielen für den Konstruktionsprozess und für die Erstellung einer

Anforderungsliste wäre die Festlegung eines **Geräuschziels** und die **Ermittlung der Geräuschursachen**. Unter Ursache können in diesem Fall die Nennung beteiligter Bauteile bei bestimmten Betriebsbedingungen verstanden werden (z. B. ungünstige Verformung eines Bauteils verursacht unerwünschte Klemm- und Reibeffekte und dadurch Geräusche). Wichtig ist, dass der Konstrukteur bei der Analysephase eine **genaue Vorstellung über das physikalische Geschehen** während des Betriebs gewinnt (Kapitel 7.5.5.3). Eine neue Lösung, die ohne diese Ursachenermittlung entstanden ist, kann nur durch Zufall erfolgreich werden. Angenommen die Ursache der Geräusche sei eine ungünstige Verformung des Kunststoffkolbens, wäre u. U. eine Werkstoffvariation sinnvoll. Eine Variation des Werkstoffs wäre allerdings uneffektiv, wenn z. B. die Ursache bei der ungenauen Zentrierung der Rückstellfeder läge. Der Konstrukteur, der für eine solche Ursachenanalyse „keine Zeit hat", geht des Risiko ein, dass sein gesamter Konstruktionsprozess zu einer Zeitverschwendung wird (Kapitel 7.8.1.1).

Für die Aufgabenklärung wird mit einfachen Mitteln eine **Prüfvorrichtung** für die Simulation des Betriebs des Unterdruckstellantriebs gebaut (orientierende Versuche Kapitel 7.8.3). Mehrere Unterdruckstellantriebe werden mit Unterdruck beaufschlagt und beobachtet. Montagemöglichkeiten und Unterdruckwerte werden variiert. Ergebnisse werden durch Notizen, Skizzen und Photos dokumentiert. Der Einsatz des Vorgehenszyklus zur Analyse der Geräuschursachen mit Aufstellung hypothetischer Ursachen-Wirkungs-Ketten und deren Eingrenzung auf wahrscheinlich zutreffende wird hier nicht mehr dargestellt (Kapitel 3.3.4 und 7.8.1.2).

Folgende Ursachen wurden erkannt:

Ursache I (Bild 8.35): Verkanten des Kunststoffkolbens: Der bewegliche Kolben neigt sich während der linearen Bewegung und kommt in Kontakt mit dem Kunsstoffgehäuse. Bei großen Neigungen kommen sogar Klemmeffekte vor.

Ursache II (Bild 8.35): Verbiegung der Rückstellfeder: Die Krafteinleitung in die Rückstellfeder erzeugt ein Moment, welches die Feder „knickt". Dadurch reibt die Feder am Gehäuse. Außerdem ist die Rückstellkraft nicht parallel zu der Bewegungsrichtung des Kolbens.

Ursache III (Bild 8.35): Umklappen der Membran: Bei der Elastomermembran bilden sich Falten zwischen dem beweglichen Kolben und dem Gehäuse. Die Folgen sind hohe Reibung der Membranwände gegenseitig und Geräuscherzeugung durch das schnelle Entspannen der Membran.

Ursache IV (Bild 8.35): Anschlag des Kolbens auf das Gehäuse: Beim schnellen Nachlassen des Unterdrucks wird der Kolben von der Rückstellfeder beschleunigt und schlägt auf das Gehäuse.

Welche dieser Ursachen dominiert, konnte nur qualitativ abgeschätzt werden.

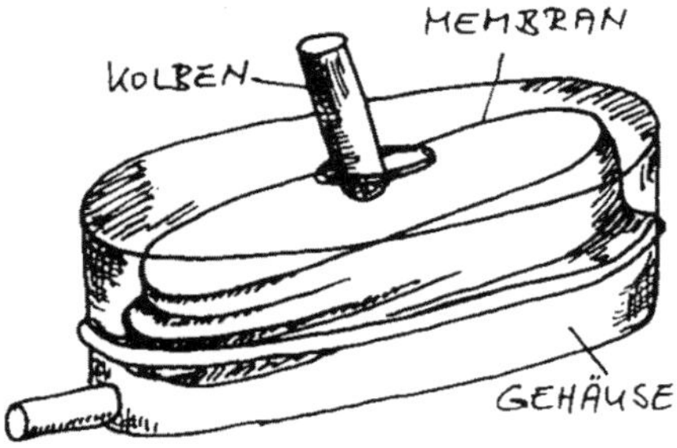

a) Ursache I: Verkanten des Kunststoffkolbens

b) Ursache II: Verbiegung der Rückstellfeder

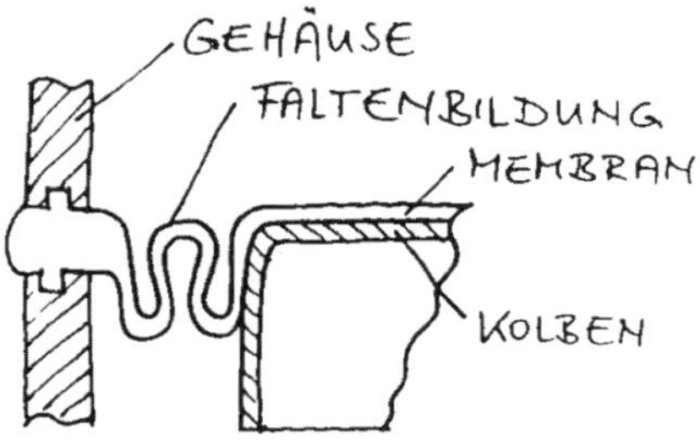

c) Ursache III: Umklappen der Membran

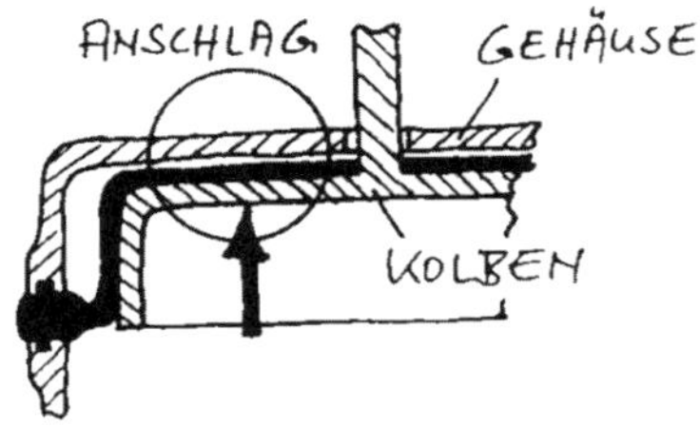

d) Ursache IV: Schlag des Kolbens auf Gehäuse

Bild 8.35 Mögliche Ursachen für die Geräuscherzeugung (Erläuterung a … d im Text)

Mit Hilfe dieser Analyse kann zunächst der Konstrukteur die **Aufgabe strukturieren**, seine Ziele genauer definieren, eine **konkretere Anforderungsliste** erstellen (welche hier aus Platzgründen nicht dargestellt wird) und eine **Planung seiner Vorgehensweise** aufstellen.

Ein wichtiger Punkt an dieser Stelle ist die **spontane** intuitive **Bildung von zu korrigierenden konstruktiven Lösungen** oder Lösungsrichtungen direkt ausgehend von den Analyseergebnissen (Ergebnisebene; Bild 6.4). Die genaue Ermittlung der technischen Ursachen von Schwachstellen führt unmittelbar zu konstruktiven Lösungsideen und Abhilfemaßnahmen (Kapitel 5.1.4.3 d). Die Effektivität der vorgeschlagenen Lösung hängt mit der Genauigkeit der Ursachenermittlung zusammen. Aus diesem Grund die Vielfalt und der Detaillierungsgrad der Lösungen einerseits von der Tiefe der Schwachstellenanalyse und andererseits von der Erfahrung und von dem Faktenwissen des Konstrukteurs stark abhängig (s. auch

Bild 3.2). Nachfolgend werden einige solcher „spontanen“, intuitiven Ideen für die Verbesserung des Unterdruckstellantriebes genannt.

Lösungsidee zu Ursache I (Bild 8.36): Verbesserung der Kolbenführung. Das Verbindungsteil zwischen den beiden Kolben ist so gestaltet, dass eine zusätzliche relative Drehung der beiden Kolben außer der erforderlichen Verschiebung, möglich ist. Durch entsprechende Umgestaltung des Verbindungsteils kann der unnötige Freiheitsgrad vermieden werden, und dadurch kann der Kolben genauer geführt werden.

Ursprünglich

Verbessert

a) Lösungsidee zur Ursache I: Verbesserung der Kolbenführung

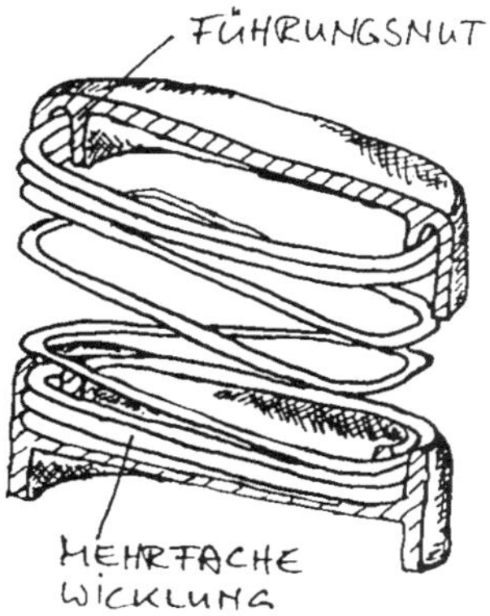

b) Lösungsidee zur Ursache II: Verbesserung der Gestaltung der Rückstellfeder

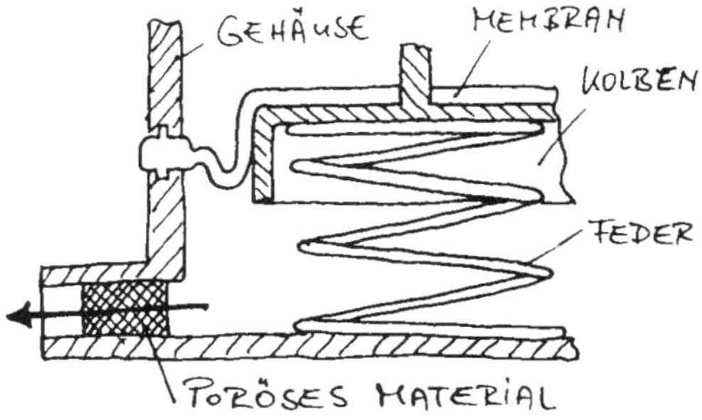

c) Lösungsidee zur Ursache IV: Verwendung einer Drosselung

Bild 8.36 Spontane Lösungsideen in der Aufgabenklärung (Erläuterung a ... c im Text)

Lösungsidee zu Ursache II (Bild 8.36): Verbesserung der Gestaltung und Zentrierung der Federenden. Durch mehrfache Wicklung an den Federenden und durch Einführung einer Zentrierungsnut am Kunststoffkolben kann das „Knicken“ der Rückstellfeder vermieden werden.

Lösungsidee zu Ursache III: Verwendung eines Schmierstoffs auf die Oberfläche der Membran. Durch Verringerung des Reibkoeffizienten kann die Membranoberfläche besser gleiten, und dadurch könnte evtl. die Faltenbildung vermieden werden.

Lösungsidee zu Ursache IV (Bild 8.36): Einsatz einer Drosselung. Durch den Einbau eines porösen Materials im Unterdruckanschluss würde sich der Kunststoffkolben langsamer bewegen, und der Anschlageffekt wäre nicht so stark.

Diese intuitiven Lösungen können sehr erfolgreich sein und werden als Skizzen festgehalten. Der große Vorteil dieser Lösungen ist, dass mit minimalem Aufwand sehr große Verbesserungen der Konstruktion erreicht werden können, vorausgesetzt ein gewisses Verbesserungspotenzial zum Vorgängerprodukt ist vorhanden. Durch die Beibehaltung des größten Teils der vorhandenen Konstruktion wird der Entwicklungsaufwand von einer alternativen prinzipiellen Idee bis zu einer funktionsfähigen Ausführung gespart. Diese spontanen Lösungen dürfen allerdings im Rahmen eines systematischen Vorgehens nicht als die einzigen konstruktiven Möglichkeiten vom Konstrukteur betrachtet werden. Wenn das Verbesserungspotenzial vorhandener Produkte ausgeschöpft ist, müssen prinzipiell neue Lösungen entwickelt werden. Der Entwicklungsaufwand muss in diesem Fall in Kauf genommen werden, wenn der Betrieb konkurrenzfähig bleiben soll. Der Konstrukteur muss auch **auf andere Weise alternative Lösungen** erzeugen, z. B. aus Konkurrenzprodukten oder Patenten, durch **Generieren von Varianten nach methodischen Variationsmerkmalen** (Kapitel 7.5 bis 7.7) usw., damit evtl. Lösungsfixierungen aufgelöst werden.

8.5.5 Entscheidung zwischen korrigierendem und generierendem Vorgehen

Nachdem der Konstrukteur bereits nach der Aufgabenklärung erste intuitive Vorstellungen für mögliche Verbesserungen der vorhandenen Konstruktion hat, muss er eine Entscheidung über seine weitere Vorgehensweise treffen. Es gibt die Möglichkeiten, generierend oder korrigierend vorzugehen (Kapitel 5.1.4.3).

Beim **generierenden Vorgehen** muss der Konstrukteur die Aufgabenformulierung abstrahieren und nach der Strategie „vom Abstrakten zum Konkreten“ voranschreiten. Die Aufgabe würde in diesem Fall „Konstruktion eines neuen Unterdruckstellantriebs“ lauten (Neukonstruktion, z. B. nach Bild 6.12 oder 6.14; Strategie II.3 in Bild 3.32).

Beim **korrigierenden Vorgehen** behält man einen möglichst großen Anteil des vorhandenen Produkts bei und gestaltet nach der Strategie „Vom Vorhandenen ausgehen“ mit minimalem Aufwand die bereits vorhandenen und in Kapitel 8.5.4 dargestellten Verbesserungsideen (Strategie II.1 im Bild 3.32).

Ein Hilfsmittel für diese Entscheidungssituation wird in Kapitel 5.1.4.3 (Bild 5.28) beschrieben: Als erstes werden die vorhandenen konstruktiven Lösungen nach ihrem Verbesserungspotenzial bewertet. Wenn die Verbesserung durch eine korrigierende Lösung die Anforderungen erfüllt, wird die Lösung weiterverfolgt. Ist dies nicht der Fall, werden in einer zweiten Entscheidungsstufe zeitliche und finanzielle Kapazitäten bzw. der Realisierungsaufwand einer aufwendigeren generierenden Neukonstruktion geschätzt.

Die Lösungen durch Gestaltverbesserung von Rückstellfeder und Drosselung werden als effektiv eingeschätzt und weiterverfolgt. Die Lösungen mit der Verbesserung der Kolbenführung und der Verwendung einer Membranschmierung werden verworfen, da die zu erwartende Verbesserung unsicher ist. Die Kolbenführung bringt sogar zusätzliche konstruktive Probleme mit sich, wie die formschlüssige Verbindung des Zwischenstücks mit dem oberen Kolben. Die Einschätzung der Schwierigkeiten und der zu erwartenden Verbesserung durch die korrigierenden Lösungen ist also stark von der **Erfahrung des Konstrukteurs** abhängig und erfolgt nicht objektiv.

Im konkreten Fall des Unterdruckstellantriebes wird zwar das Verbesserungspotenzial der beiden ersten Lösungen als hoch eingeschätzt, jedoch sollen auch alternative Lösungen entwickelt werden. Eine Überprüfung der zeitlichen Kapazitäten zeigte, dass ein generierendes Vorgehen parallel zum korrigierenden möglich ist. **Beide Vorgehensweisen** werden aus diesem Grund **weiterverfolgt**.

8.5.6 Suche nach weiteren Lösungen

a) Lösungen durch korrigierendes Vorgehen

Ausgehend von der Lösung mit der Optimierung der Rückstellfeder zeigt sich, dass bisherige kleine Verbesserungen mit vertretbarem Aufwand realisierbar sind. Weitere Analyseschritte machen allerdings deutlich, dass die erwartete Verbesserung am Beginn des Konstruktionsprozesses überschätzt wurde. Im Rahmen des korrigierenden Vorgehens wird aus diesem Grund bei weiteren Iterationen ein **breiterer Lösungsraum** betrachtet, wie z. B. die Variation der grundsätzlichen Federform (Bild 7.95). Es werden unterschiedliche Federformen gesucht, klassifiziert und ausgewertet. Das gesamte Vorgehen wird aus Aufwandsgründen hier nicht beschrieben. Als besonders vorteilhaft wird eine Lösung mit einer Schenkelfeder eingestuft (Bild 8.37): Zwei Schenkelfedern werden parallel statt der ursprünglichen elliptischen Rückstellfeder eingesetzt. Gehäuse und Kunststoffkolben müssen entsprechend gestaltet werden, damit eine Positionierungsfläche für die Federenden entsteht. Die übrigen Bestandteile des Unterdruckstellantriebes bleiben unverändert.

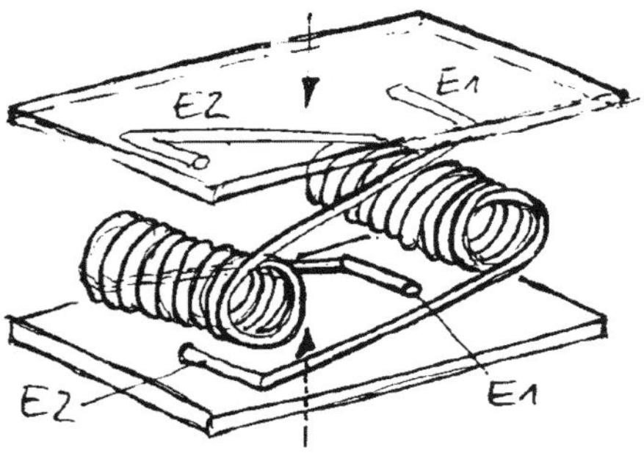

Bild 8.37 Lösung mit Schenkelfeder

b) Lösungen durch generierendes Vorgehen

In der Problemformulierung „Konstruktion eines Unterdruckstellantriebs" werden zunächst Teilfunktionen erkannt wie „Erzeugung einer linearen Bewegung durch Unterdruck", „Abdichtung der Unterdruckkammer" usw. Für diese Teilfunktionen werden Teillösungen auf abstrakter Ebene gesucht (z. B. mit Hilfe von Ordnungsschemata mit physikalischen Effekten, Kapitel 7.5.5.3). Die Lösungen werden nach dem Vorgehensplan in Bild 6.12 schrittweise konkretisiert. Im Folgenden werden nur die entstandenen Lösungen dargestellt, nicht das gesamte generierende Vorgehen (siehe Kapitel 8.1 und 7.6.5).

b1) Lösung mit gleitgedichtetem, linear beweglichen Kolben

Vorteile der Lösung (Bild 8.38) ist die Vermeidung von Elastomermembranen und die Möglichkeit für eine bessere Führung der Kolben. Zwei Kolben werden so montiert, dass eine relative Linearbewegung zwischen beiden erlaubt ist. Bei der ersten Stufe wird durch den Anschluss B die Kammer II unter dem zweiten Kolben mit Unterdruck beaufschlagt. Die lineare Bewegung des Kolbens II wird durch direkte Berührung auf den Kolben I übertragen. Beide Kolben bewegen sich zusammen nach unten. Bei der zweiten Stufe wird die Öffnung A zusätzlich mit Unterdruck beaufschlagt. Kolben I mit dem Schieber bewegt sich in diesem Fall relativ zu Kolben II nach unten.

b2) Lösung mit Faltenbalg

Vorteil der Lösung (Bild 8.39) ist die Vermeidung der Elastomermembran. Zwei Faltenbälge sind mit den zwei Kunststoffkolben und mit dem Gehäuse dicht verbunden. Die Funktionsweise des Stellantriebs ist sonst ähnlich wie bei dem Vorgängerprodukt.

Bei der **Schenkelfederlösung** (Bild 8.37) sind voraussichtlich die Montage und Positionierung der Feder die Hauptprobleme

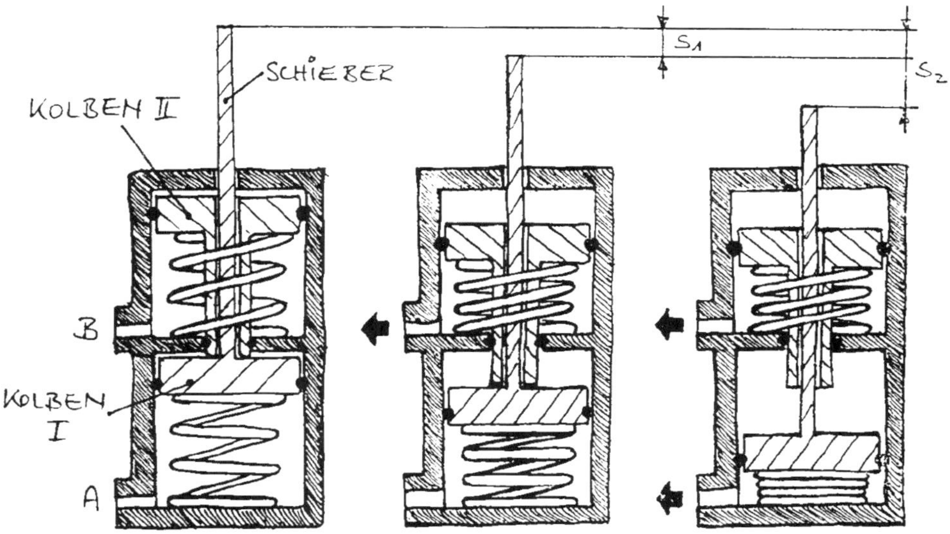

a) Klappe geschlossen b) Klappe halb auf c) Klappe ganz auf

Bild 8.38 Kolbenlösung

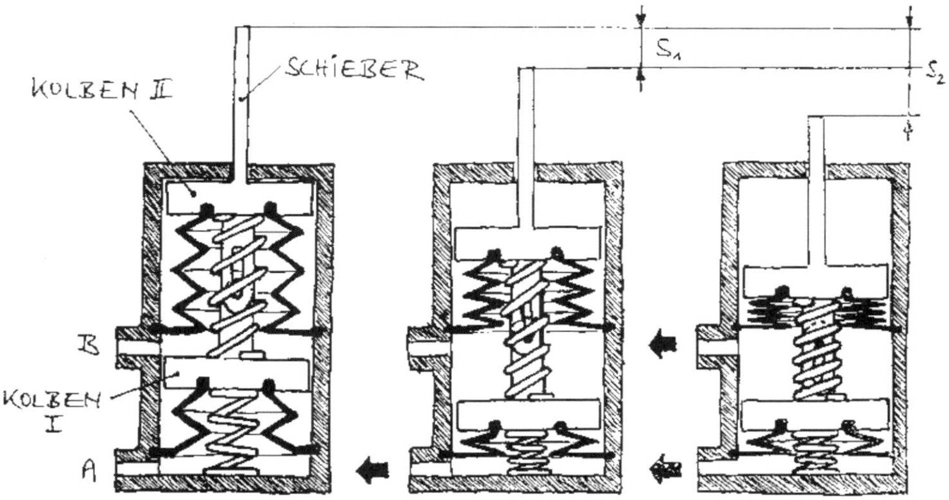

a) Klappe geschlossen b) Klappe halb auf c) Klappe ganz auf

Bild 8.39 Faltenbalglösung

8.5.7 Lösungsanalyse zur Lösungsauswahl

Wie in Kapitel 7.8 beschrieben, stehen dem Konstrukteur für die Lösungsanalyse verschiedene Hilfsmittel zur Verfügung. Die rechtzeitige Analyse der gefundenen konstruktiven Lösungen beeinflusst sehr stark den Konstruktionsprozess und die Qualität des Ergebnisses. An Hand der Lösungen für den Unterdruckstellantrieb wird gezeigt, wie man verschiedene Analysehilfsmittel effektiv einsetzen kann.

Bei der weiteren Untersuchung der gefundenen Lösungsansätze ergeben sich wieder neue Probleme und unterschiedliche neue Anforderungen **(Folgeanforderungen)**, deren Erfüllung schwierig werden kann. Für das Erkennen dieser Schwerpunkte spielt die Erfahrung des Konstrukteurs eine sehr wichtige Rolle.

Bei der **Kolbenlösung** (Bild 8.38) sind bei Verfolgung einer zylindrischen Form des Unterdruckstellantriebs die geforderten geringen Abmessungen eine schwer zu erfüllende Anforderung. Wenn allerdings die flache Form des Außengehäuses behalten wird, ist die Abdichtung der ungewöhnlichen Kolbenform ein Problem.

Bei der **Faltenbalglösung** (Bild 8.39) sieht die Problemstellung unterschiedlich aus: Ein erster Problemkreis ist die Abdichtung der Verbindung des Faltenbalgs mit dem Kunststoffkolben und ein zweiter die Steifigkeit des Faltenbalgs: Der benutzte Faltenbalg soll eine höhere Federsteifigkeit in der radialen als in der axialen Richtung haben. Nur auf diese Art würde unter Unterdruckbeaufschlagung die erforderliche lineare Bewegung vorhanden sein und nicht eine ungünstige Verformung des Faltenbalgs (Bild 8.40).

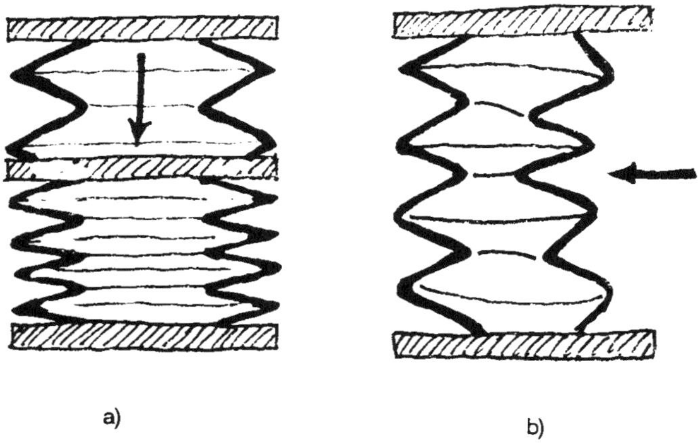

Bild 8.40 Günstige (a) und ungünstige (b) Verformung des Faltenbalgs bei Unterdruck

Alle diese Punkte stellen schwer zu erfüllende, teilweise **neue Anforderungen** und **eventuelle Schwachstellen** der Lösungen dar, die während des gesamten Prozesses gefunden wurden. Dies bedeutet, dass eine effektive Analyse sich an diesen

Punkten orientieren muss und dadurch für jede Lösung unterschiedlich erfolgen muss.

Zunächst wird geprüft, welche Analysehilfsmittel mit welcher Genauigkeit und welchem Aufwand geeignet sind.

a) Analyse der Lösung mit Drosselung:

In diesem Fall (Bild 8.36) spielen die **Erfahrung und das Sachwissen** des Konstrukteurs die wichtigste Rolle für die Lösungsanalyse. Ein nicht erfahrener Konstrukteur, der evtl. noch dazu neigt, eigene Lösungen optimistisch zu bewerten, sieht einen großen Nachteil der Lösung mit der Drosselung nicht: die Gefahr der Verstopfung der Unterdruckanschlüsse durch Staub, wenn die Öffnungen nicht groß genug gestaltet werden. Die Analyse eines erfahrenen Konstrukteurs kann in diesem Fall nicht durch eine Berechnung oder Rechnersimulation ersetzt werden, da man ja zunächst wissen muss, dass überhaupt eine Verstopfung auftreten kann. Auch zur Planung eines praxisnahen Versuchs muss man zunächst diese Erfahrung haben.

b) Analyse der Lösung mit Schenkelfeder:

Die Dimensionierung und Analyse der Belastbarkeit der Schenkelfeder kann problemlos durch Berechnungen erfolgen. Die Bestimmung des genauen Verformungszustands der Feder unter Belastung und unter dem Einfluss der Befestigung und Zentrierung der Feder im Gehäuse kann allerdings **nur im Versuch** erfolgen (Bild 8.41). Der Aufwand für die Fertigung eines Modells ist durchaus vertretbar. Die Fertigung von durchsichtigen Gehäuseteilen ermöglicht, dass das Geschehen innerhalb des Unterdruckstellantriebs sichtbar wird.

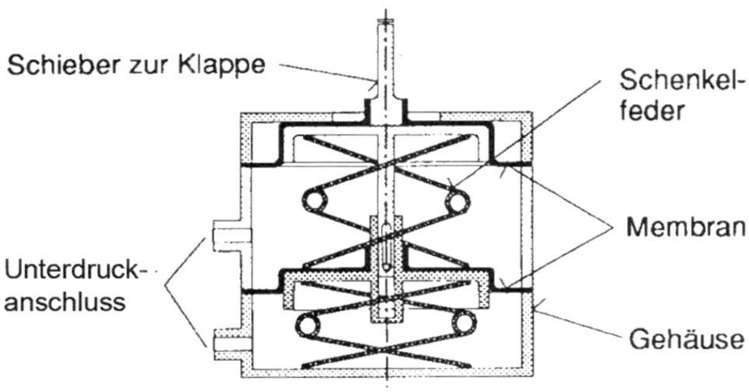

Bild 8.41 Versuchsmodell der Lösung mit Schenkelfeder

Durchführung der Lösungsanalyse und Schlussfolgerungen:

Die Versuchsdurchführung hat gezeigt, dass die Schenkelfeder sich bei jeder Kolbenbewegung ungünstig verformt: Die unsymmetrische Krafteinleitung verursacht eine Verdrehung des Kunststoffkolbens durch die Federenden E1 und E2 (Bild 8.37) und bringt die Feder aus der Führung. Eine Verbesserung der Federführung würde die Montage gravierend erschweren. Die Lösung mit der Schenkelfeder wird aus diesen Gründen verworfen.

c) Analyse der Kolbenlösung:

Die erforderliche Kolbenfläche kann durch Berechnungen ermittelt werden. Eventuelle Dichtungsprobleme oder Stickslip-Effekte können allerdings nicht berechnet und nur mit enormem Aufwand am Rechner simuliert werden. Die Fertigung eines Modells (Bild 8.42) für den Versuch würde allerdings auch mit hohen Formkosten verbunden sein, wenn die erforderlichen Dichtungselemente mit der genauen Geometrie als Spritzgussteile gefertigt werden sollen. Ein für den Konstrukteur sinnvolles Vorgehen bedeutet in diesem Fall auf die für eine erste Analyse nicht unbedingt erforderliche hohe Genauigkeit des Modells zu verzichten und nur einen **orientierenden Versuch** (Kapitel 7.8.3) durchzuführen. Für das dafür nötige **Versuchsmodell** können fertige, **auf dem Markt verfügbare Dichtungselemente** verwendet werden. Die gesamten Abmessungen des Modells können sich nach den Abmessungen dieser Dichtungen richten. Aus diesem Grunde wird statt der elliptischen Ausgangsform eine rotationssymmetrische Form verwendet. An Hand dieses nicht aufwendigen Modells kann dann die prinzipielle Funktionsweise analysiert werden.

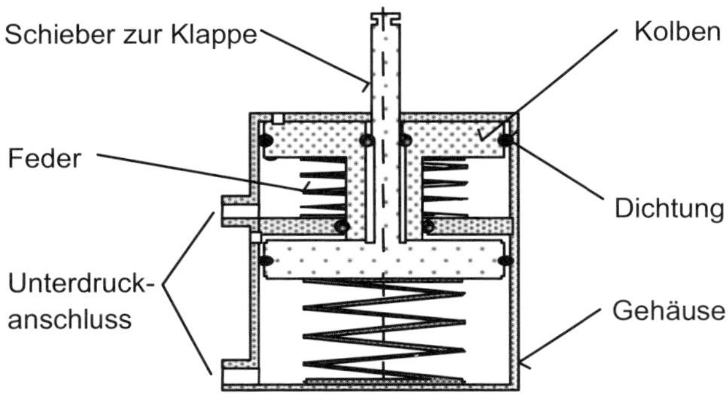

Bild 8.42 Modell der Kolbenlösung

Durchführung der Lösungsanalyse und Schlussfolgerungen:

Die Kolbenlösung hat sich beim orientierenden Versuch als **sehr geräuscharm** erwiesen. Der Konstrukteur hat mit Hilfe des orientierenden Versuchs die Funktionsfähigkeit der prinzipiellen Lösung absichern können. So kann er diese Lösung weiterbearbeiten, ohne das Risiko einzugehen, dass in späteren Konstruktionsphasen grundsätzliche Probleme auftreten.

d) Analyse der Faltenbalglösung:

Obwohl man die Verformung eines Faltenbalgs als einfach errechenbar einschätzen könnte, stellt man dann doch fest, dass realistische **Berechnungsmodelle** sehr kompliziert und mit großem Aufwand verbunden sind. Die scheinbare Einfachheit des Objekts bedeutet nicht immer, dass die Berechnungen genauso einfach sind. Eine FEM-Simulation wäre in diesem Fall eine Alternative für die Analyse des Modells. Durch FEM kann der Bearbeiter die Belastbarkeit und Verformung des Balges untersuchen. Mehrere Einflüsse und Störeffekte können allerdings nicht berücksichtigt werden, wie z. B. die dichte Befestigung des Balges am Kunststoffkolben oder die ungenaue Kolbenführung. Die einzige Möglichkeit scheint daher die Fertigung und **Untersuchung eines Modells** zu sein (Bild 8.43). Die hohen Kosten für die Fertigung eines oder sogar mehrerer Faltenbälge stellt die weitere Verfolgung der Lösung in Frage.

Eine effektive Kombination von orientierendem Versuch und FEM-Simulation bietet jedoch zu diesem Analyseproblem die optimale Lösung: Ausgehend von vorhandenen kreisrunden Faltenbälgen wird ein vereinfachtes Modell gefertigt (Bild 8.43). Dieses Modell hat nicht die endgültige Form des Unterdruckstellantriebs, ist aber mit kleinem Aufwand realisierbar, und der Konstrukteur kann daraus wichtige Informationen über die Teilfunktionen der prinzipiellen Lösung gewinnen: Verformung des Balgs unter Unterdruckbelastung, Funktion der Befestigung des Balgs am Kunststoffkolben, Bewegung und Führung des Kolbens usw. Parallel zu der Untersuchung der Prinziplösung durch den orientierenden Versuch kann die tatsächliche, flache Form des Faltenbalgs mit Hilfe von FEM simuliert und berechnet werden.

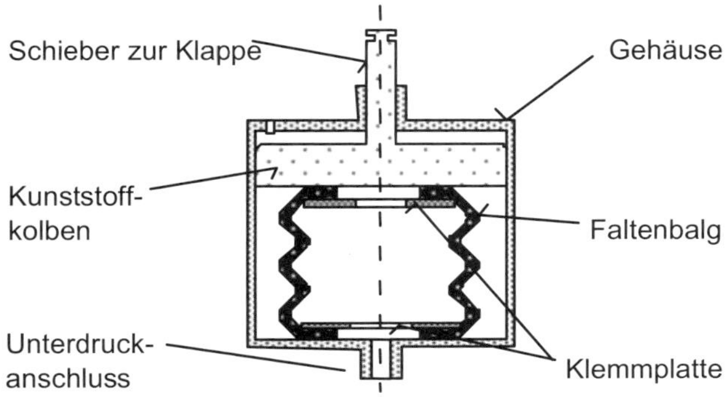

Bild 8.43 Vereinfachtes, einstufiges Modell der Faltenbalglösung

Durchführung der Lösungsanalyse und Schlussfolgerungen:

Der Orientierungsversuch hat gezeigt, dass die Lösung **prinzipiell funktionsfähig** ist. Mehrere Faktoren beeinflussen allerdings sehr stark die Verformungsart des Faltenbalgs unter Druckbelastung. Die richtige Kombination von Material, Länge, Wandstärke, Anzahl der Falten usw. stellen wesentliche Bedingungen für die Funktionsfähigkeit des Balgs dar. Daraus ergeben sich **neue Anforderungen** bzw. **Schwerpunkte** für den Konstrukteur, die seine Vorgehensweise in der folgenden Entwurfsphase stark beeinflussen.

Die FEM-Analyse hat zusätzlich gezeigt, dass eine nicht-zylindrische Balgform, die evtl. für die endgültige Form des Unterdruckstellantriebs vorgesehen würde, sich nicht wie erwünscht verformt. Die Notwendigkeit der Einhaltung der zylindrischen Form ist dadurch eine wichtige Erkenntnis und eine zusätzliche Anforderung für den Konstrukteur, obwohl sie zunächst den geforderten kleinen Abmessungen widerspricht (Bild 8.44).

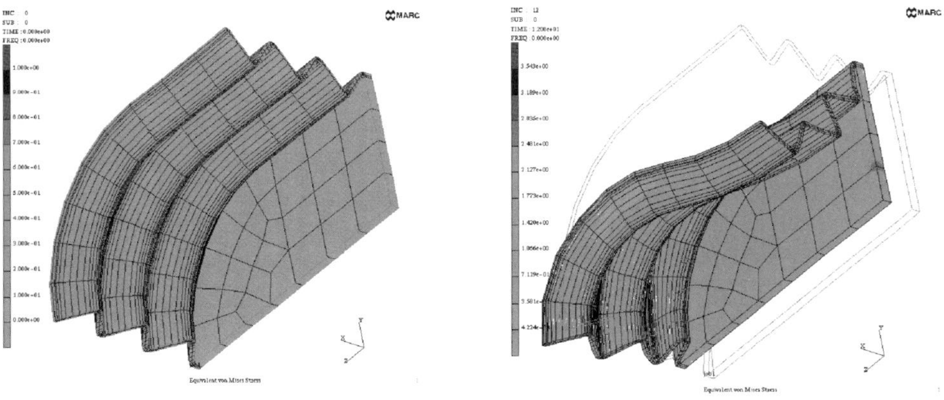

Unbelasted | Belastung durch den Unterdruck

Bild 8.44 FEM-Berechnung des Faltenbalgs (links Ausgangsstruktur; rechts Verformung bei Unterdruck)

Gesamtbewertung der konstruktiven Lösungen

Eine systematische Bewertung des gesamten Lösungsspektrums und Auswahl der günstigsten Lösung werden hier nicht dargestellt. An Hand der gewonnenen Erkenntnisse aus der Analyse können allerdings die Schwierigkeiten und der erforderliche Aufwand für die Entwicklung jeder konstruktiven Lösung bis zur serienreifen Konstruktion abgeschätzt werden.

Die Lösung mit Schenkelfeder wurde verworfen, da diese die Funktionsanforderungen nicht erfüllt. Die Möglichkeit einer evtl. Verbesserung ist fragwürdig.

Die **Kolbenlösung** und die **Faltenbalglösung** stellen **zwei prinzipiell funktionierende Lösungen** dar. Für die Gesamtbewertung der Kolbenlösung ist allerdings eine Analyse der Kostenstruktur (Zahl der Bauteile, Fertigungsaufwand usw.) und des Montageaufwands erforderlich, welche stark von den Randbedingungen des Betriebs abhängig sind.

Für die Faltenbalglösung sind noch weitere Iterationsschleifen im Entwicklungsprozess erforderlich. Die notwendige zylindrische Form des Faltenbalgs stellt eine neue Anforderung dar und erfordert die Generierung weiterer Gestaltungslösungen des Faltenbalgs (z. B. eine runde Form, welche im flachen Gehäuse eingebaut werden kann, ein „8"-förmiger Faltenbalg usw.) und diese müssen wiederum entworfen und analysiert werden. Eine ausgereifte Faltenbalglösung könnte kostengünstiger und geräuschärmer als die Kolbenlösung sein. Ihr momentaner Entwicklungsstand erfordert allerdings mehr Aufwand. Die Entscheidung, welche Lösung weiterverfolgt werden soll, ist somit von den zur Verfügung stehenden Entwicklungskapazitäten (zeitliche und materielle) stark abhängig.

Das Beispiel wird hier abgebrochen. Es sollte nur das Vorgehen in der Konzeptphase und die Verzahnung mit orientierenden Versuchen und Berechnungen gezeigt werden.

8.5.8 Was kann man daraus lernen?

a) Die eingehende **Analyse der Aufgabenstellung** und der **Vorgängerprodukte** ist notwendig für die Bildung von konkreten Zielen und Bearbeitungsschwerpunkten im Konstruktionsprozess. Die rechtzeitige Analyse beeinflusst den Ablauf des Konstruktionsprozesses positiv und damit den Erfolg der Konstruktion.

b) Eine detaillierte **Schwachstellenanalyse** bringt die ersten spontanen intuitiven Verbesserungsvorschläge.

c) Ein wichtiger Punkt für die Vorgehensweise des Konstrukteurs ist die Entscheidung, inwieweit er sich an Vorgängerprodukten und korrigierenden Lösungsvorschlägen orientiert **(korrigierendes Vorgehen)** oder ob er etwas neues konzipiert **(generierendes Vorgehen)**. Beide Vorgehensweisen können unter bestimmten Bedingungen sehr effektiv sein.

d) Die Erkenntnisse aus der **Analyse von erzeugten konstruktiven Lösungen** sind entscheidend für den weiteren Fortgang des Konstruktionsprozesses. Dabei ist die **Auswahl der richtigen Hilfsmittel** sehr wichtig. **Überschlagsrechnungen**, FEM-Simulationen und **orientierende Versuche** ermöglichen die nötige Eigenschaftsfrüherkennung der Konstruktion bzw. des Produkts mit kleinem Aufwand.

e) Die dauernde **Anpassung der Anforderungsliste** während des gesamten Konstruktionsprozesses ist notwendig für ein gutes Ergebnis. Viele Anforderungen sind lösungsabhängig und dadurch im Laufe und nicht am Anfang des Konstruktionsprozesses zu erfassen **(Folgeanforderungen)**. Die Verfolgung verschiedener konstruktiver Lösungen ergibt jeweils wieder **neue Unterprobleme und Konstruktionsschwerpunkte**.

f) Eine wichtige Rolle sowohl für die Lösungssuche (besonders für die korrigierende) als auch für die Lösungsanalyse spielt das **Faktenwissen und die Erfahrung** des Konstrukteurs.

8.6 Montagegünstige Konstruktion eines Reihenschalters

Bei dem Beispielprodukt handelt es sich um einen elektromechanischen Reihenschalter, der in Haushaltsgeräten, wie z. B. Waschmaschinen, eingesetzt wird. Eine Kostenanalyse des Reihenschalters ergab, dass der mit Abstand größte Teil der Fertigungslohnkosten in der Montage anfällt. Es sollten daher konstruktive Lösungen für eine Verbesserung der Montierbarkeit zur Senkung der Montagekosten erarbeitet werden.

Die **Ziele** im Beispiel waren anfangs unklar (montagegünstiger ?!), dann klar, dann durch neue Probleme wieder unklar. Die Anpassungskonstruktion war von den Mitteln her eine **Aufgabe**: also ein Wechsel zwischen I und III wie in Bild 8.1.

8.6.1 Was zeigt das Beispiel?

- Es wird gezeigt, wie der **Vorgehenszyklus** beim **korrigierenden Vorgehen** iterativ immer von neuem durchlaufen werden muss, wenn man eine endgültig befriedigende, montagegünstige Schalterkonstruktion erreichen will. So zeigt Bild 8.56 vier Iterationen, die durch das Entstehen immer wieder neuer Probleme und Anforderungen ausgelöst wurden. Jede Lösung hat ihre Schwachstellen, die nach ihrer Analyse durch einen neuen Lösungsansatz beseitigt werden. Daraus ergeben sich dann u. U. wieder andere Schwachstellen usw. (Kapitel 5.1.4.3). Eine **generierende Lösungssuche** verbietet sich hier, da sonst ein wesentlicher Anteil der Investitionen in Spritzgusswerkzeuge und automatisierte Montageanlagen verloren wäre.
- Das Beispiel zeigt weiter die enge Verzahnung von konstruktiver Synthese und zugehöriger Eigenschaftsanalyse durch **FEM-Simulation und Versuch** (siehe auch Kapitel 7.8).
- Schließlich wird die **Integration** von **Produktkonstruktion**, **Montageplanung** und Entwurf der zugehörigen **Montageanlage** deutlich. Dies zeigt die Notwendigkeit des Simultaneous Engineering (Kapitel 4.4.1).

8.6.2 Ausgangssituation

Zunächst soll an Hand von Bild 8.45 kurz die Funktion des Reihenschalters erläutert werden. Hauptfunktion eines Schalters ist die Herstellung bzw. Trennung einer elektrischen Verbindung. Zur einfachen Montage im Endgerät sind mehrere Schalter in Reihe (daher die Bezeichnung Reihenschalter) zusammengefasst und elektrisch mit einer **Leiterplatte** verbunden. Von der Leiterplatte wird der elektrische Strom über Lötanschlüsse geleitet. Abhängig von der Stellung des **Schiebers** entsteht zwischen den Lötanschlüs- sen eine elektrische Brücke. Der Schieber ist im **Gehäuse** geführt. Seine Rückstellung in die Ausgangsposition nach einer Betätigung wird durch eine **Feder** ermöglicht. Um ein Rasten des Schiebers zu erreichen, wird ein im Schieber befindlicher Bolzen in der Kulisse des Schaltplättchens geführt. Die Führung dieses Plättchens wird von der **Führungsschiene** ermöglicht. Die gleichzeitige Auslösung aller eingerasteten Schieber kann durch die Auslöseschiene erreicht werden. Die **Tasten** leiten die Bedienkraft am Schalter in den Schieber.

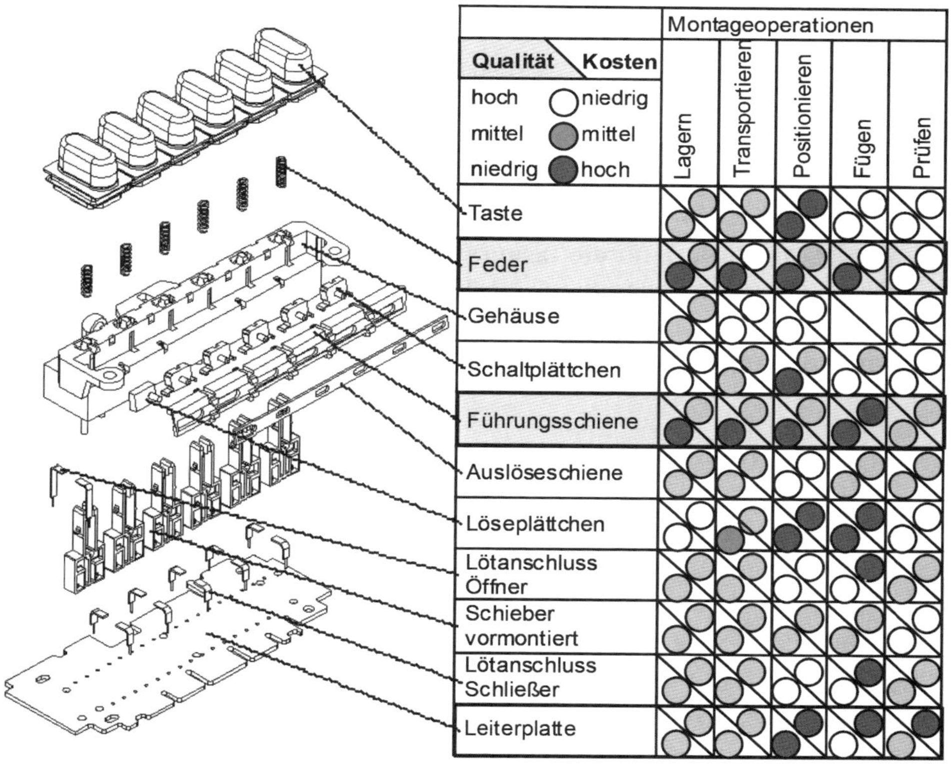

Bild 8.45 Bauteile des Reihenschalters mit Montagebeurteilung

Die sehr abstrakte Hauptforderung (vgl. auch Kapitel 6.5.2, Bild 6.16 Design to X) „Verbesserung der Montierbarkeit und Senkung der Montagekosten" muss zunächst in einer „kreativen Klärung" (vgl. Kapitel 7.3.7) soweit konkretisiert werden, dass sich Ansatzpunkte für die Problemlösung ergeben und so das weitere Vorgehen planbar wird.

Zur Unterstützung der „kreativen Klärung" wird eine Analyse der Schwachstellen am vorhandenen Produkt bzw. im bestehenden Montageprozess durchgeführt. Den Bauteilen in Bild 8.45 ist eine Bewertung der Schwierigkeit des Montageprozesses zugeordnet. Die Bewertung ist das Ergebnis einer Schwachstellenanalyse, die an Hand von Beobachtungen und Befragungen in der Montage entstanden ist.

Die Montagebeurteilung ist aufgeschlüsselt nach den von [1/8.6] definierten Montageoperationen Handhaben, Fügen und Prüfen. Die Bewertung erfolgt über die für eine montagegerechte Produktgestaltung bedeutenden Faktoren Kosten und Qualität.

Aus der Montagebewertung (vgl. Bild 8.45) wird ersichtlich, dass insbesondere das Montieren der **Federn** und der **Führungsschiene** große Schwierigkeiten verursacht. Die Probleme lassen sich nicht durch eine alleinige Optimierung des Montageprozesses in den Griff bekommen, so dass für beide Probleme nach konstruktiven Verbesserungen gesucht werden muss. Dabei zeigt sich, dass eine Verbesserung der Montage der Führungsschiene mit einem sehr hohen Änderungsaufwand am Reihenschalter verbunden ist. Die Maßnahmen an der Führungsschiene sollten daher zweckmäßigerweise erst bei der Entwicklung des Nachfolgeprodukts umgesetzt werden.

Zur **Montage der Federn für die Tasten** wird hingegen ein Konzept gefunden, das mit sehr wenigen Änderungen am Produkt auskommt. Eine Umsetzung in der laufenden Serie wird daher als effektiv beurteilt. Der Ablauf dieser Konstruktionsänderung wird im Folgenden dargestellt.

8.6.3 Konstruktionsablauf

Bisher wurde die Federmontage, ähnlich dem Konzept von [2/8.6], seitlich, mit einer zusätzlichen Montagerichtung durchgeführt. Dabei waren das Zusammendrücken und Einführen der Federn mit einem speziellen Werkzeug notwendig (Bild 8.46).

Es zeigte sich jedoch erst nach der Realisierung, dass das Montieren der Federn nicht mit ausreichender Sicherheit beherrscht werden konnte. Immer wieder verklemmten sich Federn und erforderten eine manuelle Störungsbeseitigung. Dadurch wurde die Verfügbarkeit der Montageanlage erheblich herabgesetzt. Eine Beseitigung der oben angeführten Montageprobleme ist durch eine Anpassung des

Montageprozesses allein nicht möglich, so dass über Veränderungen am Reihenschalter selbst nachgedacht wird.

An die Entwicklung des neuen Konzepts werden folgende **Anforderungen (1)** gestellt (Bild 8.56; Iteration 1):

- Die Federn sollen nicht mehr seitlich gefügt werden, sondern in der sonst einheitlichen senkrechten Fügerichtung des Schalters, nämlich in Richtung 1 bzw. 3 (Bild 8.46).
- Die Veränderungen am Reihenschalter sollen möglichst gering sein, um die Kosten für notwendige Werkzeugänderungen niedrig zu halten.
- Für die Konstruktionsänderungen soll eine ausreichende Funktionsabsicherung erfolgen.

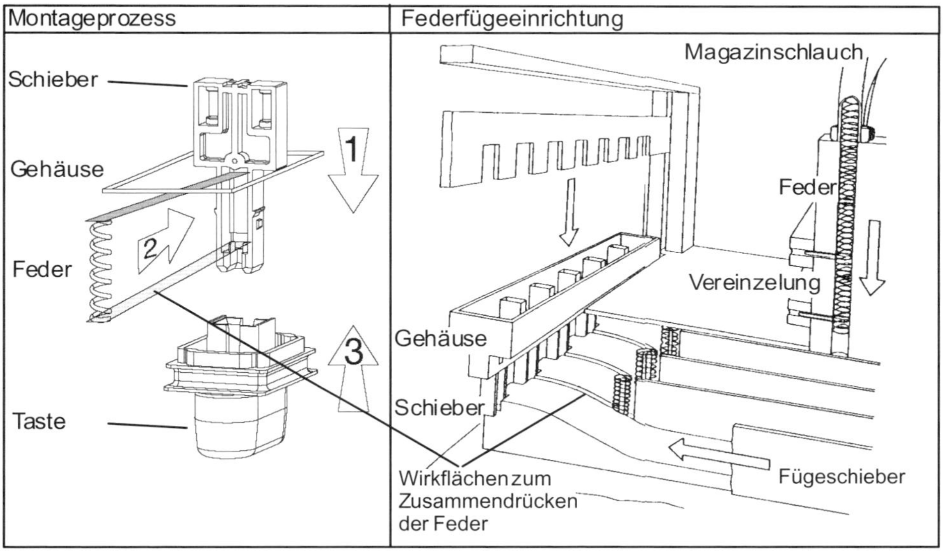

Bild 8.46 Montageprozess: 1. Fügen des Schiebers in das hier symbolisch dargestellte Gehäuse, 2. Montage der Feder, 3. Montage der Taste. Prozess 2 wird mit einer Federfügeeinrichtung nach [2/8.6] automatisiert (rechts im Bild)

Bild 8.47 stellt die Ausgangslösung L0 mit der Feder und den von der Feder beeinflussten Bauteilen Schieber, Gehäuse und Taste detailliert dar.

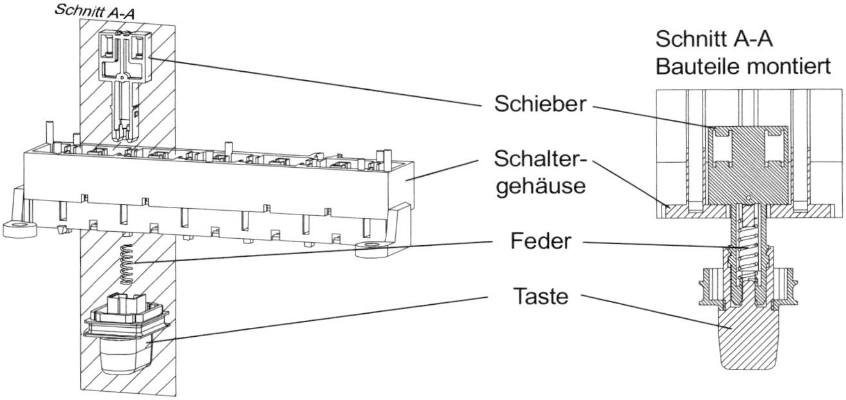

Bild 8.47 Die Verbindung: Gehäuse-Schieber-Feder-Taste, Ausgangslösung L0

8.6.3.1 Lösung L1 (Iteration 1)

In einem ersten Lösungsansatz (Bild 8.48) wird eine senkrechte Fügebewegung durch kleine Änderungen am Schieber realisiert. Bei dieser Variante erfolgen die Abstützung und Führung der Feder in Richtung der Federachse nicht mehr durch den Schieber, sondern durch die nachträglich auf den Schieber aufgeschnappte Taste.

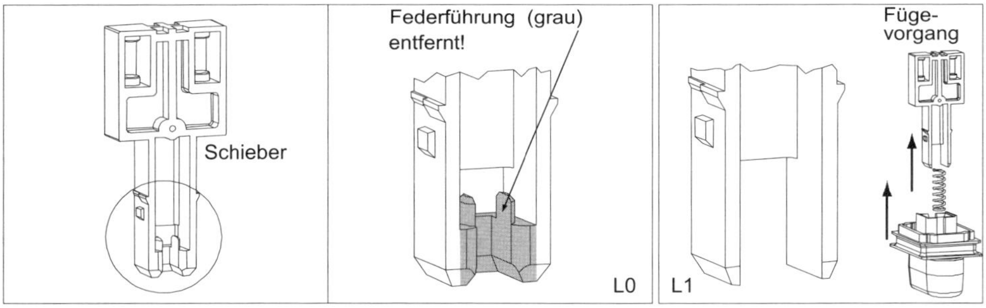

Bild 8.48 Lösungen (L0 Ausgangslösung - L1 erste Variante)

Für die Lösung L1 wurde ein Handversuch durchgeführt, der die einwandfreie Funktionsfähigkeit der neuen Lösung zeigte.

Eine Rücksprache mit dem Hersteller des Reihenschalters ergab, dass diese Lösung problematisch war, da die Auslieferung des Reihenschalters z. T. ohne Tasten erfolgt. Die neue Lösung L1 war jedoch ohne Tasten nicht funktionsfähig, da die Taste die Feder gegen Herausfallen sichern musste. Eine Endkontrolle wäre somit nicht möglich gewesen. Darüber hinaus hätte bei dieser Lösung die Montage der Federn beim Kunden erfolgen müssen, was zu Akzeptanzproblemen geführt hätte.

Zusätzlich kam aus der Montageplanung der Einwand, dass aus der neuen Lösung erhöhte Montagezeiten und Kosten resultierten. Bisher wurde der Schieber von oben nach unten in das Gehäuse geschnappt (vgl. Bild 8.46). Bei dieser Lage des Schiebers fällt die Feder aufgrund der Schwerkraft aus dem Schieber. Folglich ist ein Einlegen der Federn ohne ein Wenden von Gehäuse und Schieber nicht möglich.

Lösung L1 konnte also wegen der aufgetretenen Probleme nicht befriedigen, in einer zweiten Iteration muss daher nach weiteren Lösungsmöglichkeiten gesucht werden.

8.6.3.2 Lösung L2 (Iteration 2)

Aus den Erfahrungen mit Lösung L1 ergaben sich **zusätzliche Anforderungen (2)**:

- Die Federmontage sollte, aufgrund der bestehenden Montageanlage, von unten in den Schieber erfolgen.
- Die Funktion und die Endkontrolle des Reihenschalters sollten auch bei Auslieferung ohne Tasten möglich sein.

Um den neuen Anforderungen gerecht zu werden, wurde die Lösungsidee aus L0 beibehalten. Durch eine Korrektur der vorliegenden Lösung wurde jedoch der Schieber mit kleinem Aufwand (durch Abtrennen der Rückwand) so umgestaltet, dass zwei Biegearme entstanden, die die Feder während des Montagevorganges einschnappen lassen (Bild 8.49).

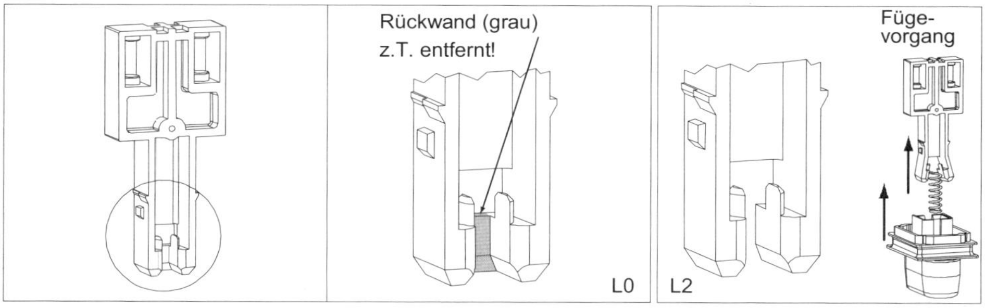

Bild 8.49 Lösung L2 im Vergleich zur Ausgangslösung L0

Auch dieses Konzept wird im orientierenden Versuch überprüft. Dabei zeigen sich Materialüberlastungen am Schieber durch eine zu hohe Dehnung des Werkstoffes. Daneben wird als weitere **neue Anforderung** deutlich, dass eine exakte Positionierung von Feder und Schieber zueinander für einen erfolgreichen Fügevorgang notwendig ist. Parallel zur weiteren Optimierung des Schiebers muss daher die Entwicklung einer Montagevorrichtung für Federn (Bild 8.50) vorgenommen werden (**Problembereich-Wechsel** Bild 3.29).

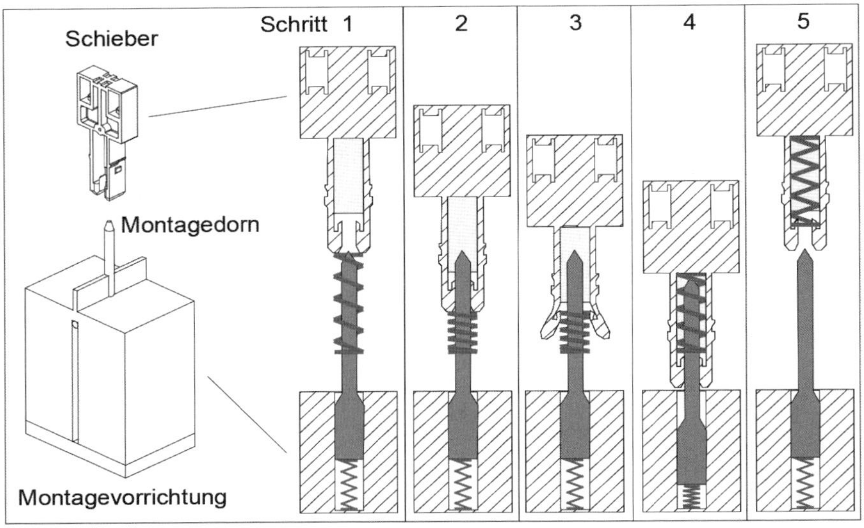

Bild 8.50 Fügevorgang: Lösung L2 mit Montagevorrichtung

Bild 8.50 zeigt die **Montagevorrichtung**, die für konstruktionsbegleitende, orientierende Versuche gefertigt wurde, sowie den prinzipiellen Fügevorgang mit den Schritten 1 bis 5. An Hand dieser Einrichtung können die Montagekräfte der Feder bestimmt werden. Die Montagekräfte der Feder sind anfangs sehr hoch, können aber auf ca. 30 N pro Feder gesenkt werden, indem der Schieber mit einer entsprechenden Fase versehen wird. Beim gleichzeitigen Fügen von sechs Federn (für Schalter mit sechs Tasten) entstehen so maximal 180 N. Beim Fügen in Richtung der Schwerkraft kann diese Kraft mit dem vorhandenen Roboter problemlos aufgebracht werden.

Der Versuch zum Fügen der Federn verdeutlicht darüber hinaus, dass der Biegearm sowie die kleinen Haken zur Führung der Feder während des Fügens (Schritt 3, Bild 8.50) zu stark belastet werden. Dadurch kommt es im Versuch zu bleibenden Verformungen bzw. Materialüberlastungen, die ein sicheres Einschnappen der Feder verhindern.

8.6.3.3 Lösung L3 (Iteration 3)

Ausgehend von den im Versuch erkannten Schwachstellen wird im dritten Iterationsschritt die Erfüllung von **zwei neuen Anforderungen (3)** verfolgt:

- Verringerung der Biegebelastung im Schieber,
- Verringerung der Belastung in der Federführung.

Die in Bild 8.51 dargestellten Änderungen ließen sich auf einfache Weise am Schieber durchführen, so dass die Eigenschaften dieser Variante in Montageexperimenten untersucht werden konnten: Die Fügeschräge (**Fase**) an der Federhalterung erhöhte die Stabilität wesentlich. Eine weitere Verringerung der Rückwandhöhe ermöglichte dabei ein sicheres Einschnappen der Feder.

Die Änderung der Rückwandhöhe hat jedoch einen erheblichen Einfluss auf die Dreh- und Biegesteifigkeit der eingeschnappten Taste. Bei schiefem Fingerdruck auf die Taste können beachtliche Seitenkräfte auftreten. Um diesen Effekt genau zu klären und nach geeigneten Abhilfemaßnahmen suchen zu können, wird eine FEM-Analyse durchgeführt.

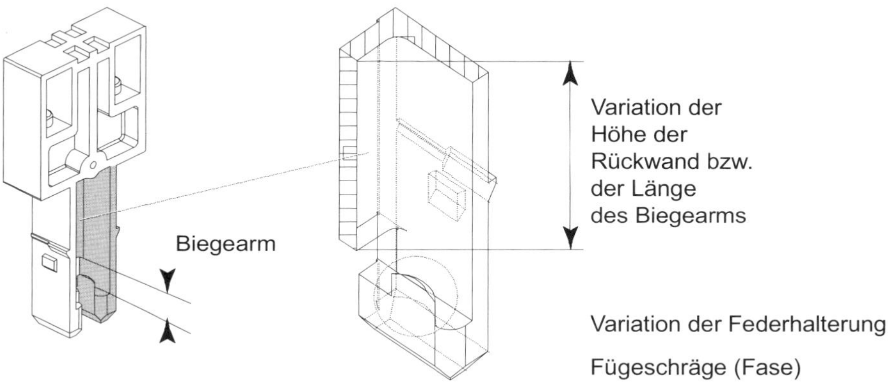

Bild 8.51 Lösung L3; Optimierung des Biegeverhaltens durch Änderungen an Lösung L2

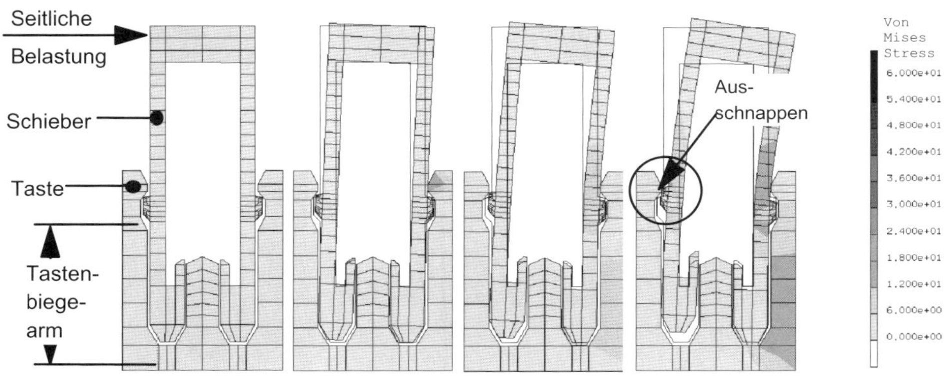

Bild 8.52 Lösung L3; FEM-Analyse von Schieber und Taste unter seitlicher Belastung

Die FEM-Analyse (Bild 8.52) zeigt, dass sich durch die Änderung der Rückwandhöhe der folgende unerwünschte Nebeneffekt einstellt: Aufgrund der fehlenden Versteifung der Rückwand wird der Schieber sehr empfindlich gegen seitliche Belastung. Die Schnappverbindung Schieber-Taste hätte zur Versteifung beitragen können, die FEM-Analyse verdeutlicht jedoch, dass dieser Effekt nicht eintritt. Die Schnappverbindung gleitet unter seitlicher Belastung des Schiebers schon bei kleinem Kraftaufwand aus der Taste, d.h. die Taste löst sich vom Schieber. Damit ergibt sich ein **neues Problem mit einer neuen Anforderung**.

8.6.3.4 Lösung L4 (Iteration 4)

Aufgrund der Versuche und FEM-Analysen in der dritten Iteration wird an die weitere Entwicklung folgende **Anforderung (4)** gestellt:

- Die **Seitensteifigkeit** der Verbindung „Taste-Schieber" muss gewährleistet werden.

Für das neu hinzugekommene Problem der ungenügenden Seitensteifigkeit ist eine Reihe von Lösungsmöglichkeiten denkbar. Eine experimentelle Überprüfung verschiedener Varianten ist mit einfachen Mitteln nicht mehr möglich, da dies Änderungen an der Spritzgussform erfordern würde. Aus diesem Grund wird wiederum die FEM als Hilfsmittel zur Analyse der Lösungsvarianten eingesetzt. Ausgewählt wird schließlich eine Variante, die sich weitgehend an die vorhandene Geometrie anlehnt, wobei jedoch die Schnappverbindung weiter in die Taste hineinverlagert ist (Bild 8.53). Der Tastenbiegearm wurde bei der Lösung L4 (Bild 8.53) gegenüber dem der Lösung L3 (Bild 8.52) verkleinert. Dadurch wurde das Entschnappen weitgehend verhindert.

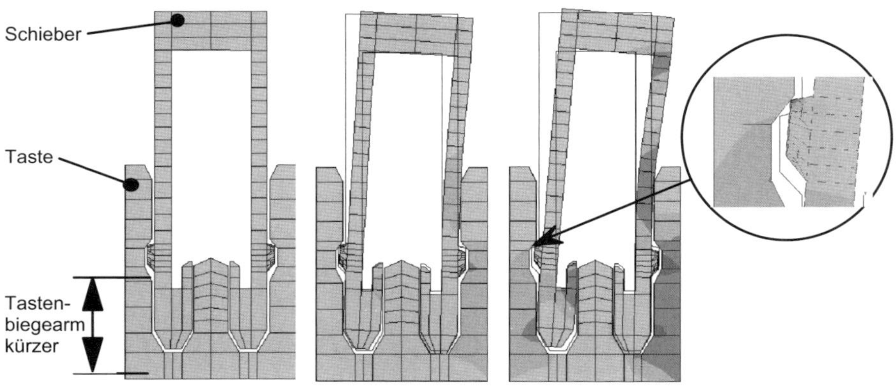

Bild 8.53 Lösung L4; FEM-Analyse von Schieber und Taste mit leicht veränderter Geometrie aber gleicher seitlicher Belastung wie bei L3 (Vergleiche den Tastenbiegearm links mit dem größeren von Bild 8.52)

Darüber hinaus konnte die notwendige Biegearmlänge (vgl. Bild 8.51) durch eine Optimierung der Schiebergeometrie reduziert werden. Experimente hätten hier ebenfalls einen unverhältnismäßig hohen Aufwand erfordert. Deshalb wurden auch hier FEM-Analysen an der veränderten Bauteilgestalt durchgeführt.

Das Einschnappen am Schieber wurde simuliert. In den kritischen Bereichen des Schiebers wird aufgrund der geänderten Gestalt eine plastische Verformung vermieden. Bild 8.54 fasst die Änderungen am Schieber und das Ergebnis der Simulation zusammen.

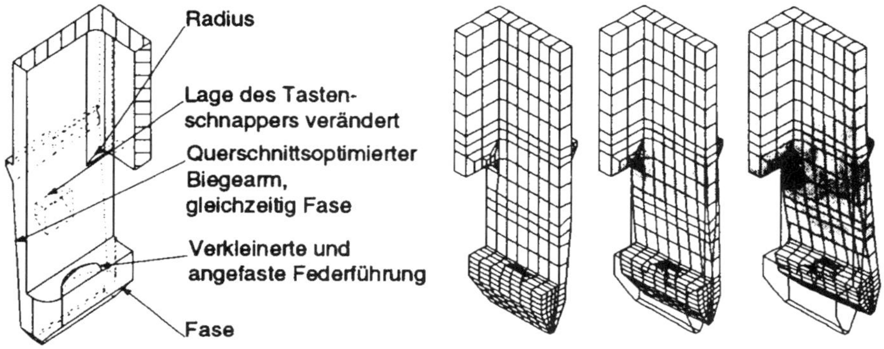

Bild 8.54 Zusammenfassung der Änderungen am Schieber; Simulation des Federeinschnappens

Parallel zur Optimierung des Schiebers wurde die Entwicklung der Handhabungseinrichtungen betrieben. Die ursprünglich eingesetzte Einrichtung (vgl. Bild 8.46) konnte nicht mehr verwendet werden, da die Montagerichtung verändert wurde. Bild 8.55 zeigt die neu entwickelte Montagevorrichtung ohne auf die Funktion einzugehen.

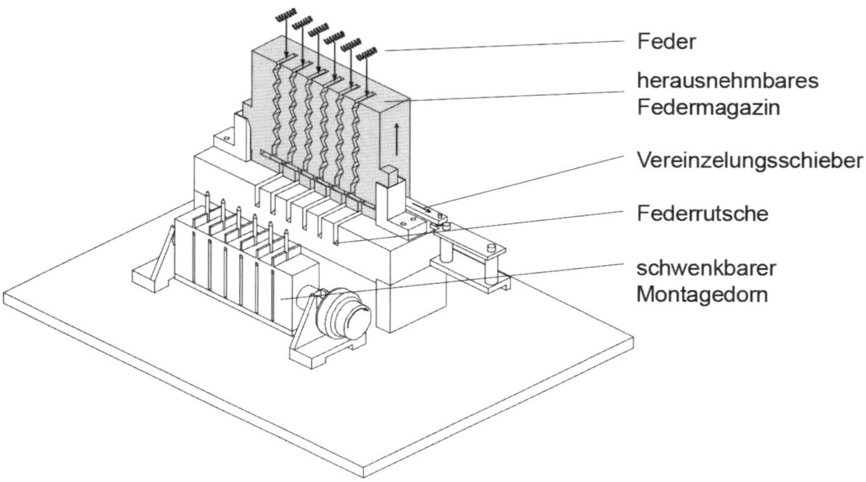

Bild 8.55 Montageeinrichtung zum Magazinieren und Fügen der Federn

8.6.4 Was kann man daraus lernen?

Am Beispiel einer montagegerechten Gestaltung der Verbindung: Gehäuse-Schieber-Feder-Taste wurden folgende Aspekte deutlich:

- Der vorgestellte Konstruktionsprozess erforderte mehrere **Iterationen** (Bild 8.56). An Hand der Zwischenlösungen konnten Schwachstellen (und damit neue Probleme) erkannt werden, die vorher nicht abzusehen waren und einen neuen Vorgehenszyklus erforderten.
- Speziell an Hand der Mängel von Lösung L1 wurde deutlich, dass die erste Iteration durch eine gründliche Aufgabenklärung vermeidbar gewesen wäre. Es ist jedoch schwierig die „richtigen“ Fragen zu stellen, so dass oft erst im nachhinein deutlich wird, welche Anforderungen „implizit“ an das Produkt gestellt wurden. Die Iteration war daher nicht zwecklos, durch sie konnten weitere wichtige Anforderungen ermittelt und im folgenden Prozess berücksichtigt werden.

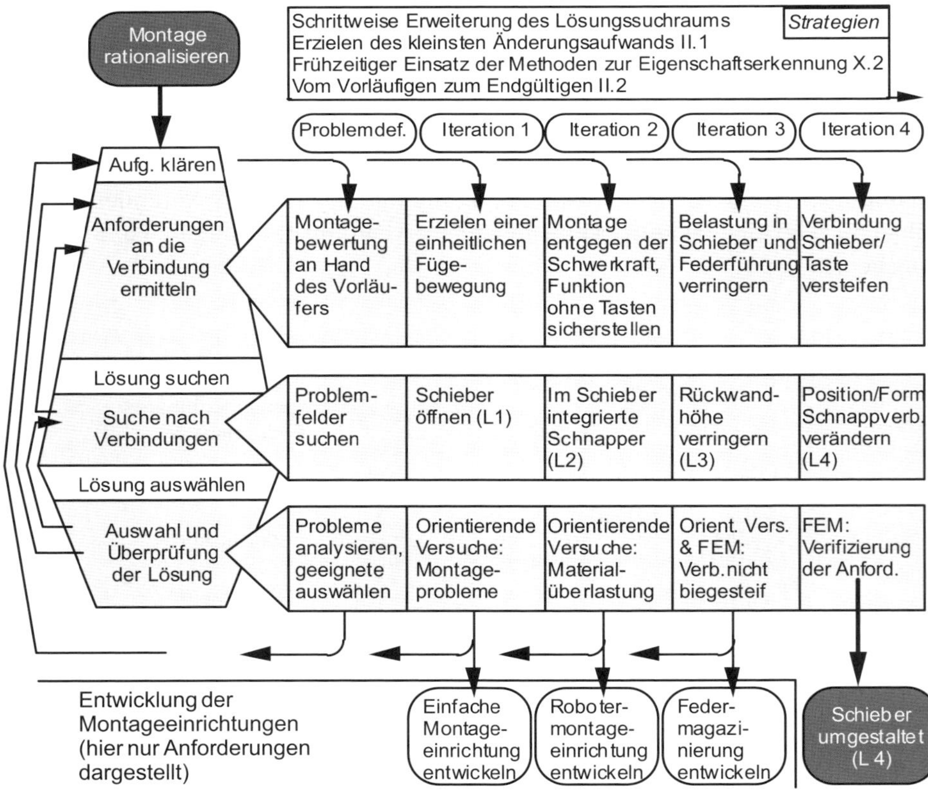

Bild 8.56 Vorgehenszyklus zur Weiterentwicklung der Federmontage am Reihenschalter

- Die jeweils **neuen Lösungsideen** L1 bis L4 ergaben sich fast zwangsläufig aus den vorangehenden **Schwachstellenanalysen** entsprechend dem Vorgehen des **korrigierenden Konstruierens** (Kapitel 5.1.4.3).
- Es konnte gezeigt werden, dass sich die Montierbarkeit von Produkten u. U. schon durch **kleine Änderungen** verbessern lässt. Die Optimierung der Montageeigenschaften rechtfertigt häufig keine großen Änderungen am Produkt, da diese die Auswirkungen auf das Produkt sehr schnell unüberschaubar werden lassen. Es besteht die Gefahr, dass die positiven Wirkungen einer Änderung durch negative Nebenwirkungen aufgehoben werden. Große Änderungen sollten daher besser im Rahmen einer Modellumstellung berücksichtigt werden.
- Das korrigierende Konstruieren, bei dem mit kleinstem Änderungsaufwand der **Lösungssuchraum schrittweise erweitert** wird (Bild 3.32 Strategie II.1), wurde im Beispiel konsequent eingesetzt. Im Beispiel war eine Problemlösung durch Abtrennen der Rückwand nicht möglich. Daher mussten weitere, umfassendere Änderungen an Schieber und Taste zugelassen werden.
- Kleine Änderungen am Schieber zogen große Änderungen an der Montageanlage nach sich. Hieraus wird die große **Abhängigkeit zwischen Produkt und Produktions- bzw. Montageprozess** deutlich. Aus diesem Grund wurden das Produkt und die Montageanlage gleichzeitig entwickelt. Dadurch konnten kurze Regelkreise realisiert werden (Simultaneous Engineering, Kapitel 4.4.1).
- Mit einfachen **orientierenden Versuchen** konnten bereits frühzeitig die Erfüllung von Anforderungen abgesichert und Schwachstellen erkannt werden (Kapitel 7.8.3).
- Gerade bei Spritzgussteilen ist die Fertigung von Prototypen unter Umständen sehr teuer. Der Einsatz der **FEM ermöglicht eine frühzeitige Verifizierung der geforderten Eigenschaften** (Eigenschaftsfrüherkennung, Bild 7.123).

An Hand des in Kapitel 5.1.4.3 erläuterten Vorgehens wird rückblickend der Konstruktionsablauf als mehrfach durchlaufener Problemlösungszyklus dargestellt. Hervorgehoben seien der iterative Charakter des Zyklus und die Steuerung der Iterationen durch Strategien.

8.7 Entwicklung einer Pkw-Kennzeichenhalterung

8.7.1 Was zeigt das Beispiel?

Im nachfolgenden Konstruktionsbeispiel einer für die Serienproduktion entwickelten vorderen Pkw-Kennzeichenhalterung soll ein weiteres Mal die sinnvolle Auswahl und Aufeinanderfolge von Methoden gezeigt werden, die letztendlich unter den zu beachtenden Restriktionen eines Pkw-Großserienherstellers zu einer überraschenden und optimalen Lösung führten.

Gerade an diesem auf den ersten Blick eher einfachen Konstruktionsproblem mit Schwerpunkt in der Gestaltung, konnte gezeigt werden, dass durch das Vorgehen nach dem Vorgehenszyklus die Lösungsvielfalt ganz erheblich gesteigert werden konnte.

Erfolgreich waren folgende Elemente der Methodik:

- Aufgabe klären (Analyse, Formulierung, Strukturierung),
- systematische Analyse existierender Lösungen,
- iteratives Vorgehen zum Erzeugen neuer Lösungen und
- Bewertung der erzeugten Lösungsvielfalt unter besonderer Berücksichtigung der Schnittstellenproblematik.

Das Beispiel ist gemäß Bild 8.1 ein **Zielproblem** (III), da es durch die Zusammenarbeit von zwei Firmen schwierig war, Anforderungen und Restriktionen zu ermitteln. Von der Seite der Mittel her gesehen handelte es sich eher um eine einfache **Aufgabe** (I).

8.7.2 Aufgabe klären

Eines der ersten Projekte der BMW Technik GmbH war die Entwicklung einer Mittelmotor-Roadster-Studie Z1, die mit einer voll verzinkten Tragstruktur und daran befestigter Außenhautbeplankung aus Kunststoff neben weiteren interessanten Details völlig neue konstruktive Wege ging (siehe Bild 8.57).

Da die amtlichen Zulassungsvorschriften [1/8.7] bei dem zunächst als reine Projektstudie geplanten Z1 unberücksichtigt blieben, ergab sich u. a. die Notwendigkeit, eine nach den Economic-Comission-For-Europe-Richtlinien (ECE) zulässige **Kennzeichenhalterung** am Bug des Fahrzeuges zu entwickeln [2/8.7].

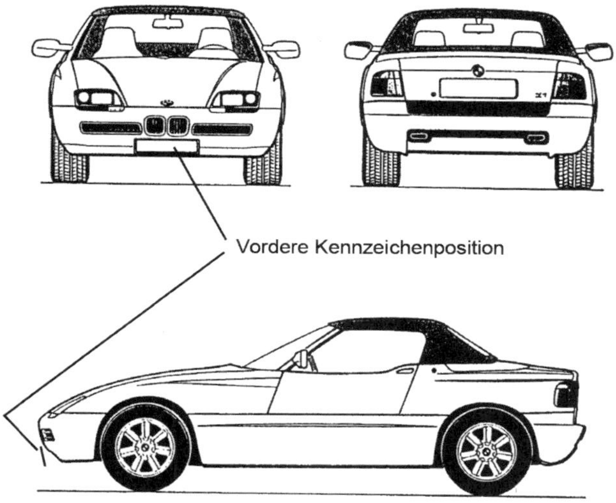

Bild 8.57 Gesamtansicht BMW Z1

a) Aufgabe analysieren

Zur Analyse des Konstruktionsproblems „Kennzeichenhalterung“ wurde zunächst versucht, das Problem durch Abstraktion auf die wesentlichen Anforderungen zu reduzieren bzw. durch Aufteilen in Teilaufgaben besser strukturierbar zu machen [3/8.7].

Ausgehend von einer abstrahierten **Gesamtfunktion** der Kennzeichenbefestigung:

Herstellung des Kräftegleichgewichts zwischen Beanspruchungskräften bzw. Eigengewicht von Halterung und Kennzeichen und den in die Karosserieaußenhaut einzuleitenden Kräften

und den konstruktiven Randbedingungen des neuen Außenhautkonzepts des Z1 (siehe Bild 8.58) ließen sich im ersten Ansatz einzelne Anforderungen definieren:

- Auftretende Kräfte (z. B. Windkräfte) auf das Kennzeichen müssen sicher auf die Befestigung und durch diese auf die Karosserieaußenhaut übertragen werden.
- Für die Kennzeichenbefestigung sollen möglichst keine Außenhautveränderungen vorgenommen werden (z. B. Verformungen, Bohrungen).
- Die so genannte „BMW-Niere“ (Kühllufteinlass) muss frei bleiben. Die Befestigung soll daher unterhalb des Stoßfängersystems angebracht werden (siehe).
- Die ECE-Richtlinien für den europaweiten Verkauf müssen eingehalten werden; das Befestigungskonzept muss mit den Vorschriften der jeweiligen Zulassungsländer abgestimmt werden. Es ergibt sich die Forderung, Kennzeichen unterschiedlichster Größe mit derselben Halterung befestigen zu können („Größenverstellbarkeit“).
- Sehr restriktive Zeitvorgaben für die Entwicklung (ca. 2 Monate).

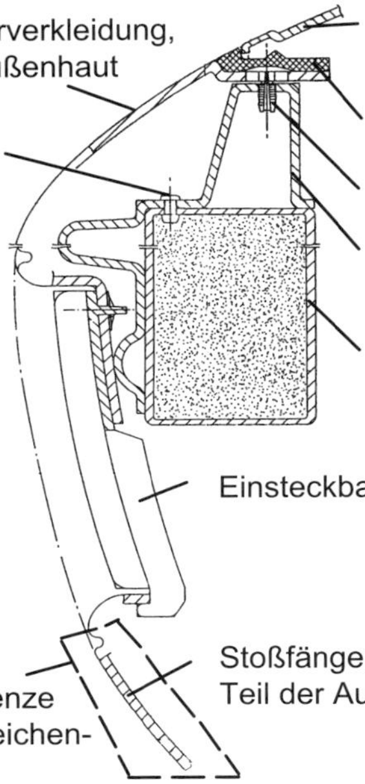

Bild 8.58 Stoßfängerquerschnitt des BMW Z1 in Fahrzeugmitte

b) Anforderungsliste erstellen

Wünsche und Forderungen konnten in der vorläufigen Anforderungsliste fixiert werden (Bild 8.59).

Nr.	Anforderung	Einheit	Wert	F = Forderung W = Wunsch	Quelle
1	Sichere Kraftübertragung (Winddruck, Eigengewicht, Bürsten in Waschanlage)		siehe StVZO	F	
2	Vormontierbar			F	
3	Möglichst keine Außenhautveränderungen			W	
4	An verschiedene Kennzeichengrößen anpassbar (Größenverstellbarkeit)			F	
5	Nieren-Kontur und Luftschlitze dürfen nicht verdeckt werden			F	
6	Geringe Anzahl an Neuteilen			W	
7	Ausführungen nach ECE			F	
8	Konzept fertig bis		01.88	W	
9	Prototypenteile fertig bis		02.88	W	
10	Vorserienteile vorhanden bis		03.88	F	
11	Serienteile ab		07.88	F	

Bild 8.59 Ausschnitt aus der ersten Anforderungsliste für die Kennzeichenhalterung

Die vorgesehenen Zeitvorgaben wurden in Absprache mit der Produktionsplanung an der geplanten Markteinführung orientiert.

Aufgrund der Schnittstellenproblematik zwischen der Technik-GmbH als Entwickler und der BMW AG als Hersteller blieben anfänglich einige Randbedingungen unberücksichtigt, so dass die Anforderungsliste mehrfach geändert und vervollständigt werden musste. Dies führte zu einer stark iterativ geprägten Vorgehensweise, wobei der Zwang zur Erstellung der Anforderungsliste mithalf, die Schnittstellenprobleme zu klären.

8.7.3 Lösungen suchen

Generell gibt es zur Lösungssuche eine Vielzahl von unterschiedlichen Strategien und Methoden. Unter dem gegebenen Zeitdruck wurde zunächst versucht, mit Hilfe des **korrigierenden Vorgehens** erst im eigenen Betrieb vorhandene Lösungen und später auch Konstruktionen anderer Hersteller auf ihre Verwendbarkeit hin zu untersuchen (vgl. Kapitel 5.1.4.3). Dieser Weg ist nahe liegend, da bereits eine große Zahl von verschiedenen Lösungsvarianten erdacht war und vorlag. Diese Methode führte allerdings nicht zum gewünschten Erfolg, da die Anforderungen von den bestehenden Lösungen nicht erfüllt werden konnten.

Daraufhin wurde das **generierende Vorgehen** eingesetzt. Diese Methode führte über die Erzeugung eines breiten Lösungsfeldes letztendlich zu einer neuen und überraschend einfachen Lösung.

a) Korrigierendes Vorgehen

Im Allgemeinen sind für konstruktive Probleme bereits eine Reihe von Lösungen vorhanden. Um „das Rad nicht neu zu erfinden“, ist es sinnvoll, die Vielzahl der Lösungsprinzipien zu sammeln.

Es wurden vorhandene Kennzeichenhalterungen aus folgenden Bereichen berücksichtigt:

- ausgeführte, nicht mehr verbaute BMW-Kennzeichenhalterungen,
- neuere BMW-Kennzeichenhalterungen und
- Kennzeichenhalterungen an Fahrzeugen anderer Hersteller.

Bei der Untersuchung stellte sich heraus, dass sowohl unter sämtlichen BMW-Konstruktionen als auch bei den durch eine „Parkplatzrecherche“ untersuchten Fabrikaten anderer Automobilhersteller keine Lösung den aufgestellten Anforderungen entsprach (Bild 8.60). Dies lag an der Nichterfüllung einiger Punkte der Anforderungsliste, wie z. B. die Anforderung, dass nur möglichst geringe Änderungen an der Außenhaut vorgenommen werden durften.

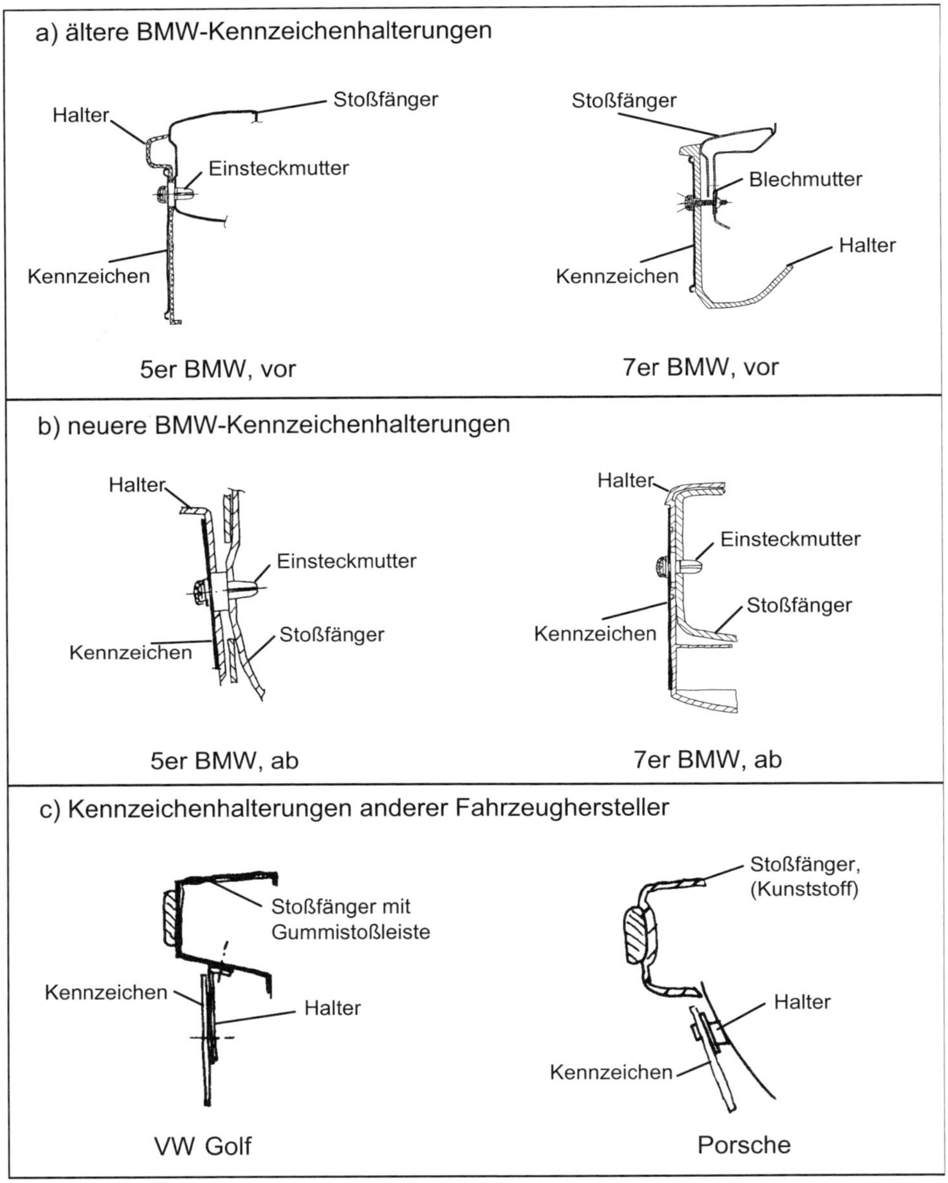

Bild 8.60 Analyse von Kennzeichenhalterungen

Eine zusätzliche Erkenntnis bei den BMW-eigenen Lösungen bestand darin, dass bei den bisherigen Halterungen nicht an die grundsätzliche Verwendung von Wiederholteilen zur Kostenreduzierung gedacht worden war.

b) Generierendes Vorgehen

Der erste Schritt der generierenden Lösungssuche war die Suche nach den wichtigsten **Teilfunktionen** der Funktionsträger (Kennzeichen, Halterung und Karosserie) durch einen Abstraktionsprozess. Man fand folgende:

- TF 1: Haltekraft vom Kennzeichen auf den Halter leiten,
- TF 2: Kraft im Halter leiten,
- TF 3: Kraft vom Halter in die Karosserie leiten (Haltekraft) und
- TF 4: Größenverstellbarkeit für unterschiedliche Kennzeichengrößen.

Anschließend wurden die bei den gesammelten Lösungen verwandten **physikalischen Effekte** analysiert, da sich diese im Laufe der Automobilentwicklung als zuverlässig und ausreichend gezeigt haben (Kapitel 7.5.4.3). Diese Verfahrensweise diente der Vorab-Eingrenzung des späteren Lösungsfeldes und entsprach der Forderung nach schnellstmöglicher und effektiver Abwicklung des Konstruktionsprozesses. So wurden für die Funktion „Haltekraft übertragen“ folgende Effekte gefunden (Siehe auch im Internet abrufbare pdf-Datei: „Arbeitsblätter und Checklisten“. Adresse im Vorwort):

- Kohäsion fester Körper,
- Keil mit Reibung und
- Adhäsion.

Bei der Suche nach diesen Effekten war der Bearbeiter gezwungen zu abstrahieren. Diese Abstraktion verhalf ihm, eine eventuell bestehende Vorfixierung auf eine bestimmte Lösungsvariante methodisch zu unterbinden und einen kreativen Syntheseprozess einzuleiten. Für alle Teilfunktionen TF 1 bis TF 4 waren die physikalischen Effekte die Basis für die Lösungssuche mit der Variation der Wirkgeometrie. Die Adhäsion in Form des Klebens wurde auf Wunsch des Fahrzeugherstellers ausgeklammert.

c) Wirkgeometrievariation zur Lösungssuche

Für die gesammelten physikalischen Effekte wurden dann systematisch die Wirkstrukturen für jede der oben angegebenen Teilfunktionen variiert. Hier soll nur eine Auswahl der Wirkgeometrievarianten für die Teilfunktion „Größenverstellbarkeit“ vorgestellt werden (Bild 8.61).

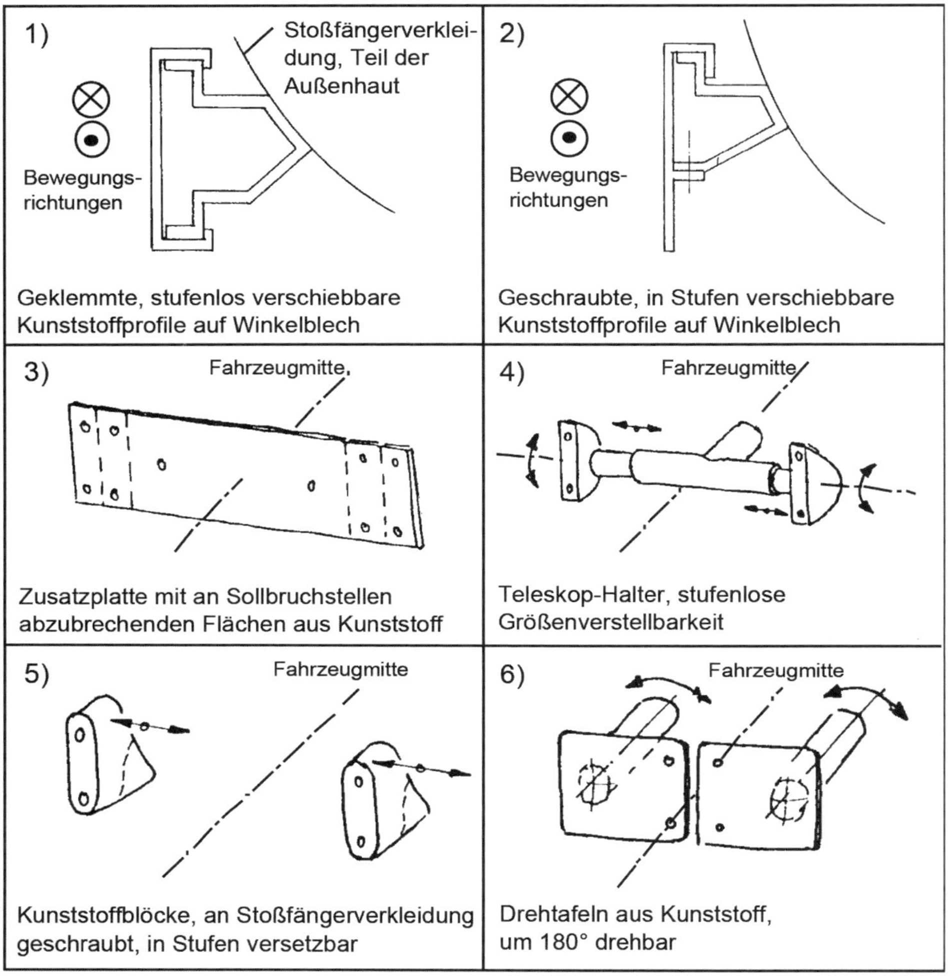

Bild 8.61 Wirkgeometrievarianten für die Teilfunktion „Größenverstellbarkeit“

8.7.4 Lösungen auswählen

a) Zwischenanalyse zur Begrenzung des Lösungsfeldes

Um aus der Vielzahl der gefundenen Wirkgeometrievarianten einer jeden Teilfunktion zu einer überschaubaren Zahl von guten Lösungsmöglichkeiten zu kommen, müssen die einzelnen Lösungsvarianten bewertet und verglichen werden. Zu dieser Zwischenanalyse wurden wegen der übersichtlichen und nachvollziehbaren Darstellung der Bewertung Auswahllisten verwendet (Bild 7.143).

Sinnvoll war es an dieser Stelle, erst die Varianten der einzelnen Teilfunktionen zu bewerten und auszuwählen, bevor man diese zu der Gesamtfunktion kombinierte.

Durch dieses Vorgehen konnte die Entstehung von zu vielen Konzepten vermieden werden, welche sich auch aus den als schlecht bewerteten Teillösungen ergeben hätten. Beispielhaft ist hier die Auswahlliste für die Varianten der Teilfunktion „Größenverstellbarkeit" dargestellt (Bild 8.62).

Kriterium	Lösungsvarianten					
	1	2	3	4	5	6
A: Forderungen der Anforderungsliste erfüllt?	+	+	+	+	+	+
B: Verträglichkeit mit angrenzenden Lösungen?	+	+	+	+	+	+
C: Grundsätzlich realisierbar?	+	+	–	–	+	+
D: Aufwand zulässig?	+	+	+	+	+	+
E: Sicherheitsaspekte berücksichtigt?	+	+	+	+	+	+
F: Optische Eigenschaften?	–	–	+	+	+	+
G: Haus- und Wiederholteile vorhanden?	–	–	–	–	–	–
Entscheidung	–	–	–	–	+	+

Bild 8.62 Auswahlliste für die Teilfunktion „Größenverstellbarkeit"

Folgende Bewertungskriterien lagen der Bewertung zugrunde und erlaubten, das Lösungsfeld für die späteren Kombinationen einzuschränken:

- Anforderungsliste (vollständige Einhaltung),
- Verträglichkeit gegeben (die Konstruktion im Sichtbereich muss sich an der Rolle des Imageträgers des Z1 orientieren),
- Realisierbarkeit,
- Aufwand (Teilezahl, Kosten, Neuteile, geringer Bauaufwand),
- Sicherheitsaspekte,
- optische Eigenschaften (das Vorhandensein stilistischer Freiheitsgrade) und
- Haus- und Wiederholteile.

Unter Zuhilfenahme dieser Methode wurde die Lösungsvielfalt durch die binäre Beurteilung mit ja (+) und nein (–) auf jeweils zwei Varianten pro Teilfunktion eingeschränkt. Für die Teilfunktion „Größenverstellbarkeit" wurden die Wirkgeometrievarianten 5 und 6 ausgewählt, die in einem nächsten Schritt mit den ausgewählten Varianten der anderen Teilfunktionen zu einer Gesamtlösung kombiniert werden sollten. Varianten, bei denen ein Kriterium nicht erfüllt war, wurden nicht weiter berücksichtigt. Kriterium G wurde dabei ausgenommen, da bei keiner der Varianten Wiederholcharakter gegeben war.

b) Matrix zur Kombination der Teillösungen und Auswahl einer Gesamtlösung

Als Instrumentarium zur Kombination und Untersuchung der vorausgewählten Wirkgeometrievarianten eignet sich der **morphologische Kasten** (Kapitel 7.5.6) grundsätzlich sehr gut. Mit diesem lassen sich die verschiedenen Wirkgeometrievarianten der einzelnen Teilfunktionen miteinander kombinieren (Bild 8.63). Diese Methode ermöglichte die Auswahl einer anforderungsgerechten Kombination.

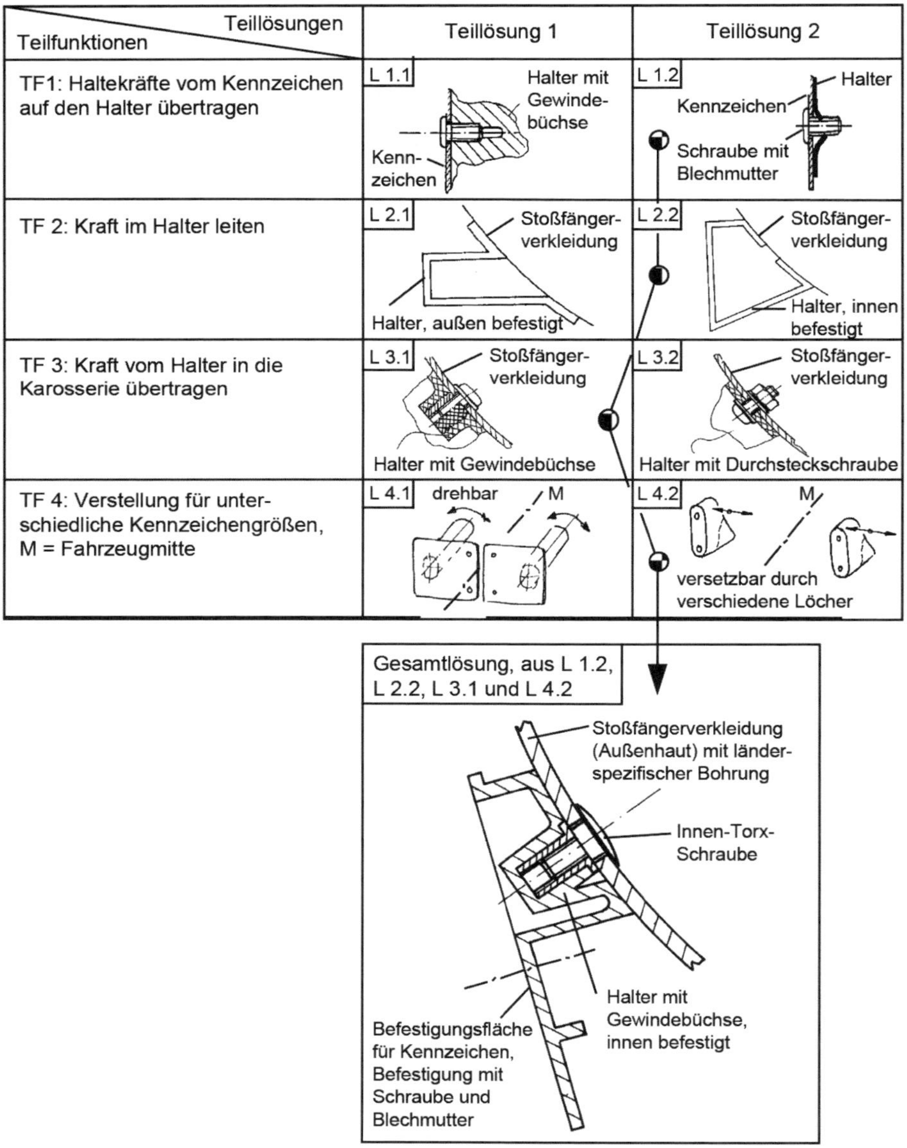

Bild 8.63 Auszug aus morphologischem Kasten zur Kombination von Teillösungen

8.7.5 Lösung

a) Erster Entwurf

Nach einer Handskizze wurde zunächst ein 1 : 1-Holzmodell der Kennzeichenhalterung nach Bild 8.63 angefertigt. Dieses gegenständliche Modell ermöglichte die Begutachtung der ausgewählten Lösung durch Abteilungen, deren Belange von der Kennzeichenhalterung berührt wurden, und half damit, die Schnittstellenproblematik zu lösen.

In Zusammenarbeit mit Designern und Montageplanern wurden **neue Anforderungen** deutlich, beispielsweise war zur genauen Positionierung der Kennzeichenhalter an der Stoßfängerverkleidung eine Montage- und Positionierhilfe erforderlich. Ebenso wurde das Lösungsprinzip zur Realisierung der Größenverstellbarkeit von den Montageplanern bemängelt. Zur Belieferung des internationalen Marktes wäre das Bohren verschiedener länderspezifischer Bohrungspaare nötig gewesen, was einen unnötigen hohen Aufwand für die Montagevorbereitung bedeutet hätte. Aus diesem Grund verlangten die Montageplaner nach einem Lösungsprinzip, das rechts und links der Fahrzeugmitte jeweils nur eine, für alle Kennzeichengrößen an der **gleichen** Stelle befindliche Befestigungsbohrung vorsieht.

b) Experimentelle und analytische Untersuchung

Versuche über die aerodynamischen Auswirkungen des derart befestigten Kennzeichens auf das Fahrzeug selbst wurden an einem 1 : 1-Fahrzeug-Tonmodell in einem Windkanal durchgeführt. Durch die Versuche konnte gezeigt werden, dass sich durch die Vergrößerung des Neigungswinkels des Kennzeichens zur Straße die Ablöseblase verkleinert und sich damit der c_W-Wert verbessert.

Versuche und Abstandsberechnungen des Kennzeichens von der Karosserie ergaben genaue Daten über den mindestens einzuhaltenden Abstand von der Karosserie als neue Anforderung für den endgültigen Entwurf.

c) Festlegung des endgültigen Entwurfs

Im Rahmen einer Iteration wurden nun die neu hinzugekommenen Anforderungen an die Kennzeichenhalterung eingearbeitet (Bild 8.64). Der entstandene Halter wurde aus Kunststoff gefertigt. Durch das Anbringen eines Nockens am Kennzeichenhalter und einer entsprechenden Vertiefung in Form einer Bohrung in der Stoßfängerverkleidung konnte der Halter bei der Montage exakt positioniert werden. Die Größenverstellbarkeit zur Anpassung an verschiedene Kennzeichengrößen wurde durch die Drehbarkeit zweier Halter um 180° ermöglicht (in Anlehnung an die Wirkgeometrievariante 6, Bild 8.61). Sollen die Halter ein großes (kleines) Kennzeichen tragen, werden sie mit nach außen (innen) gedrehten „Halteflügeln" an der Karosserie befestigt. Durch die symmetriebedingte Drehbarkeit und Befestigungsmöglichkeit des Halters wird nur **eine** Ausführung des Bauteils für die rechte bzw. linke Seite des Fahrzeugs benötigt.

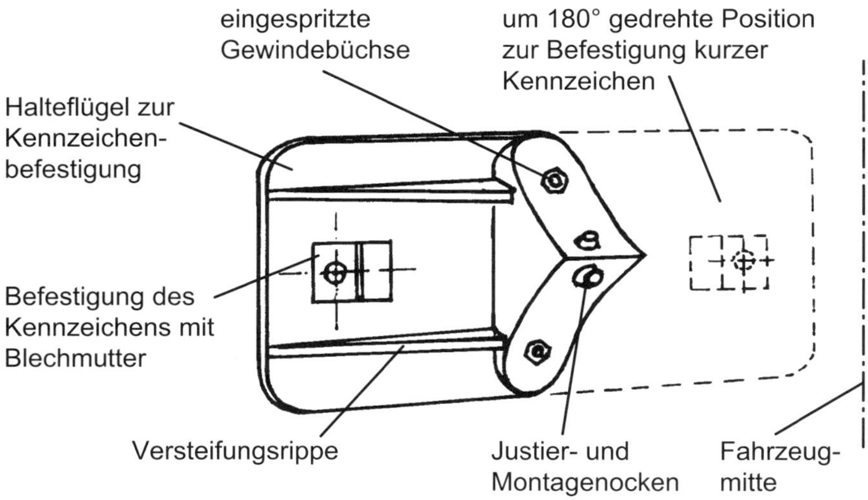

Bild 8.64 Skizze des Kennzeichenhalters, von der Karosserie her gesehen

8.7.6 Was kann man daraus lernen?

Die systematische Auswertung vorhandener Lösungen ermöglicht eine gezielte Lösungsfindung. Aus der Vielzahl vorhandener Lösungen kristallisierten sich die verschiedenen und bewährten physikalischen Effekte heraus, die bei der Wirkgeometrievariation als Eingangsgröße dienten. Hier wurden die verschiedenen Varianten auf abstrakter Ebene systematisch generiert, um einer Lösungsfixierung zu begegnen.

Eine Vorauswahl auf einem abstrakten Lösungsniveau durch eine Zwischenanalyse ist sinnvoll, um das Lösungsfeld zu begrenzen. Hier bot sich die Auswahlliste als geeignetes Hilfsmittel an.

Die systematische Aufbereitung der Lösungen (die Kombination der generierten Wirkgeometrievarianten der Teilfunktionen zu einer Gesamtfunktion), z. B. durch Kombination der Teillösungen mit einem morphologischen Kasten, wirkte sich positiv auf die erreichte Lösungsgüte aus.

Die frühzeitige und kostengünstige Modellfertigung diente der Anschauung der Lösung und als Diskussionsgrundlage für bereichsübergeifende Abstimmungsprobleme. Durch den Einsatz dieses Modells zur konstruktionsbegleitenden Eigenschaftsfrüherkennung (Holzmodell, basierend auf einer Handskizze) im Windkanal konnten verschiedene Eigenschaften erkannt und verifiziert werden. Die Umsetzung der auf diese Art aufgedeckten und bisher unberücksichtigten Anforderungen (z. B. die Positioniergenauigkeit) konnte so schnell und kostengünstig im Rahmen einer kleinen Iterationsschleife verwirklicht werden. Man erkennt daraus, wie schwer es ist, zu Beginn der Bearbeitung alle Anforderungen und Eigenschaften aufzudecken. Manche erkennt und „begreift“ der Konstrukteur oder der an der Entwicklung Mitbeteiligte erst durch ein vereinfachtes gegenständliches Modell bzw. durch einen Prototypen.

8.8 Ein fertigungstechnologisch neues Rohbaukonzept für die Straßenbahn-Plattform Avenio

8.8.1 Was zeigt das Beispiel?

Dieses Beispiel, die Rohbauentwicklung einer Niederflurstraßenbahn, – eine Zusammenarbeit zwischen Industriepartnern und mehreren Universitäts-Instituten – kann als erfolgreiche Umsetzung der IPE im Sinne des in Kapitel 4.2.1 (Bild 4.25) gezeigten vierblättrigen Kleeblatts verstanden werden. In einem interdisziplinären Team wurden in diesem Projekt alle vier Aspekte: Mensch, Methodik, Organisation und Technik (hier vor allem IT-Unterstützung) konsequent integral „gelebt“. Ferner wurde im Projekt laufend der Vorgehenszyklus (VZ) nach Bild 3.24 bzw. 3.25 bewusst und unbewusst eingesetzt.

Es zeigt sich, dass durch die konsequente Zusammenarbeit zwischen Universitätsinstituten und Industriepartnern neue technische Lösungen mit erheblichen Verbesserungen auf dem Gebiet des Leichtbaus und dessen wirtschaftlicher Umsetzung entstehen können [Literatur 1/8.8 bis 9/8.8].

Es geht nichts ohne das richtig zusammengestellte Team aus Menschen, sämtlich Spezialisten auf den verschiedensten Fachgebieten. Sie sind fähig, neue Lösungen für ein Problem zu finden, indem sie sich von Bestehendem frei machen und unbefangen denken. Als Team beherrschen sie die gesamte Klaviatur der Methodik und wählen aus dem existierenden Methodik-Baukasten für die jeweilige Phase und Situation die bestgeeignete aus. Sie nutzen konsequent aus dem umfangreichen Spektrum leistungsfähiger IT-Werkzeuge die jeweils effizientesten aus. Darüber hinaus setzen sie auf eine experimentelle Verifizierung der entwickelten Ansätze.

Ein solcher Ansatz ist erfolgreich nur realisierbar mit einer Geschäftsleitung, die diesen integrierten Ansatz nicht nur toleriert, sondern forciert und dazu die erforderlichen Mittel bereitstellt und die notwendige Zeit akzeptiert.

8.8.2 Ausgangssituation

Ziel des Entwicklungsvorhabens war es, eine Entscheidungsempfehlung für die Entwicklung eines neuen Rohbaukonzeptes für Straßenbahnen zu geben.

Dabei galt es auch, die besonderen Rahmenbedingungen des Straßenbahnmarktes hinsichtlich der relativ geringen durchschnittlichen Fertigungsstückzahl pro Auftrag von etwa 60 Rohbauten zu berücksichtigen. Dies musste bei den direkten Auswirkungen auf die Einmalaufwendungen für Vorrichtungen und Werkzeuge berücksichtigt werden.

Dabei waren die **Ziele** bzw. auch schon Anforderungen wie folgt definiert:

- Entscheidungsempfehlung für die Entwicklung eines neuen Rohbaukonzeptes für Straßenbahnen
  - Reduktion der Teilevielfalt
  - Kraftflussoptimierte Rohbaustruktur in Leichtbauweise
  - Verwendung ausgereifter Technologien der Automobil- und Nutzfahrzeugindustrie
  - Kostenorientierte Nutzung des Netzwerks leistungsfähiger Zulieferer der Automobilindustrie
- Verringerung der Fertigungskosten mittels Modularisierung, Teileintegration und Plattform-Philosophie
  - höhere Prognosesicherheit in der Lebensdauervorhersage
  - Implementierung gängiger Qualitätsstandards
- Verbesserung der Prozesssicherheit in Engineering und Fertigung

Für die jeweilige Problemstellung war dabei innerhalb kurzer Zeit eine Lösung zu finden, die den zum Teil unterschiedlichen technischen Anforderungen der (Siemens-)Kunden gerecht werden kann und gleichzeitig Kostenvorteile gegenüber dem Wettbewerb und den vorhergehenden Lösungen bietet (Zu Zielkonflikten siehe Bild 7.30 und Erläuterungen; ferner Kapitel 10 Begriffe).

Im Zusammenhang mit den Investitionskosten wurde die Vorgabe gemacht, die Fertigungskosten mittels einer geeigneten Strategie aus Modularisierungstiefe, Teileintegration und Einführung einer Plattform-Philosophie zu verringern. (Kapitel 9.4.4).

8.8.3 Vorgehensweise im Projekt

Im Projekt musste zunächst ein Kernteam gefunden werden, das durch Fachleute und Spezialisten zu spezifischen Fragestellungen zu unterstützen war. Der systematische Einsatz von Methoden und Rechnerunterstützung war zu planen. Konsequent wurden alle vier Aspekte der IPE genutzt.

8.8.3.1 Team

Die Entwicklungsaufgabe wurde von einem konstanten Kernteam vorangetrieben. (Siehe Bild 4.48). Die Projektleitung übernahm ein Innovationsmanager. Weiterhin waren zwei unternehmensinterne Konstrukteure, ein Fertigungstechnologe und ein Berechnungsingenieur eingebunden. Ergänzt wurde das Team durch zwei universitäre Mitarbeiter mit konstruktions-, berechnungs- und fertigungstechnologischem Wissen. (Lehrstuhl für Fertigungstechnologie und Lehrstuhl für Konstruktionstechnik der Universität Erlangen-Nürnberg, Fraunhofer Institut für Betriebsfestigkeit und Systemzuverlässigkeit LBF an der TU Darmstadt)

Über den Projektverlauf unterstützten firmeninterne Spezialisten, beratende Fachleute und Lieferanten in Spezialgebieten, wie etwa Schweißfachingenieure und Hersteller von Stahl oder Fachleute für Leichtbau-Sandwichstrukturen (Firma Siemens als Hersteller, Firma Thyssen-Krupp Steel als Werkstoff-Spezialist, Firma Erlanger Lasertechnik GmbH ERLAS als kompetenter Partner für Fragen der Laser-Schweißtechnik, Institut für Materialforschung und Anwendungstechnik GmbH Dresden in Sachen Betriebsfestigkeit und Schweißnahtgüteklassen)

8.8.3.2 Organisation, Projektmanagement

Die einzelnen Team-Partner arbeiteten während der Projekt-Laufzeit jeweils an ihren eigenen Standorten, die Kommunikation erfolgte über elektronische Medien, in mehr oder weniger regelmäßigen Abständen fanden Team-Meetings und -Workshops statt. Regelmäßige Präsentationen der Zwischenergebnisse vor Vertretern der Geschäftsleitung gewährleisteten einen guten Informationsfluss nach oben, die dabei geführten Diskussionen waren für die Team-Mitgliedern gleichzeitig eine zusätzliche Motivation. (Siehe Kapitel 4.3.4).

Die Mitglieder des Teams kannten sich bis zum Start des Projekts nicht. Die Verantwortlichen in den Industrieunternehmen, die Lehrstuhlinhaber und Institutsleiter waren aus diversen früheren Kontakten miteinander bekannt und wussten um die Leistungsfähigkeit und Grenzen der einzelnen Einrichtungen.

Interdisziplinäre Teamarbeit und die Praktizierung des **Simultaneous Engineering** (siehe Kapitel 4.4.1) waren selbstverständlich.

8.8.3.3 Methodeneinsatz

Typisch für die Vorgehensweise im Entwicklungsprozess war das Wechselspiel von Analysephasen, wie z. B. der Technologierecherche, und von Synthesephasen, wie z. B. der Ideenfindung zur Ausführung von Längsträgern und Knoten. Die Analyse- und Synthesephasen wurden dabei durch geeignete Methoden unterstützt und damit sowohl die Vorgehensweise als auch die Ergebnisse systematisch dokumentiert. (Im Vorgehenszyklus nach Bild 3.24 bzw. 3.25 ist dieses Wechselspiel zwischen Synthese und Analyse in Abschnitt II und III dargestellt).

Beispielsweise wurde die anfänglich allgemein gehaltene **Anforderungsliste** über die Recherche zum Stand der Technik zunehmend und kontinuierlich detailliert. (Siehe Kapitel 7.3.6). Eine wochenaktuelle Projekt – und Personalplanung diente der Einhaltung der Termin- und Kostenziele. Für die Findung neuartiger Ansätze wurden mehrere Workshops, **Brainwriting**-Sitzungen (siehe Kapitel 7.5.4 c) eingesetzt und systematisch Ideenfindungsmethoden und **DfX-Richtlinien** (siehe Kapitel 6.5.2) angewandt – insbesondere um konstruktiven und fertigungstechnologischen Anforderungen gerecht zu werden. Die Ergebnisse wurden aus einem Technologieportfolio (Matrix, die in mehreren Feldern eine strukturierte Übersicht über die verfügbaren Technologien gibt) abgeleitet und in einem **morphologischen Kasten** (siehe Kapitel 7.5.6) zusammengetragen. Schließlich wurden die erarbeiteten Varianten mit Hilfe von Bewertungsverfahren gegenübergestellt (Bild 8.65).

8.8.3.4 IT-Einsatz

Die Realisierung der methodischen Unterstützung ist eng geknüpft an eine Verfügbarkeit von Softwarewerkzeugen, die Funktionalitäten bereitstellen um die Methoden umzusetzen und die Ergebnisse geeignet zu dokumentieren (Bild 8.66). Dies umfasst sowohl grundlegende Werkzeuge, wie z. B. Tabellenkalkulationsprogramme zur Erstellung von Bewertungen oder eine CAD-Plattform, bis hin zu besonderen Werkzeugen für das Management von Anforderungen oder FE-basierten Topologieoptimierungsprogrammen zur konzeptionellen Geometriefindung.

In Abhängigkeit von der jeweiligen Entwicklungsphase werden dabei jeweils spezifische Methoden und damit auch Werkzeuge eingesetzt. Festigkeitsnachweise mit Hilfe der FEM-Methode auf Basis detaillierter Modelle wurden dabei z. B. in der Entwurfs- und Ausarbeitungsphase eingesetzt. In der Konzeptphase hingegen wurde zur Konzeptfindung auf Topologieoptimierung (= Optimierung der Anordnung) und zur grundlegenden Dimensionierung auf FE-Balkenmodelle zurückgegriffen. Aus fertigungstechnologischer Sicht wurden sowohl Simulationen (explizite FE-Umformsimulation) als auch Modellversuche an Probengeometrien eingesetzt (siehe auch Kapitel 7.8).

Planen

- Anforderungsliste
- Produktrecherche
- Produktstrategie
- Projektplanung
- House of Quality (QFD)

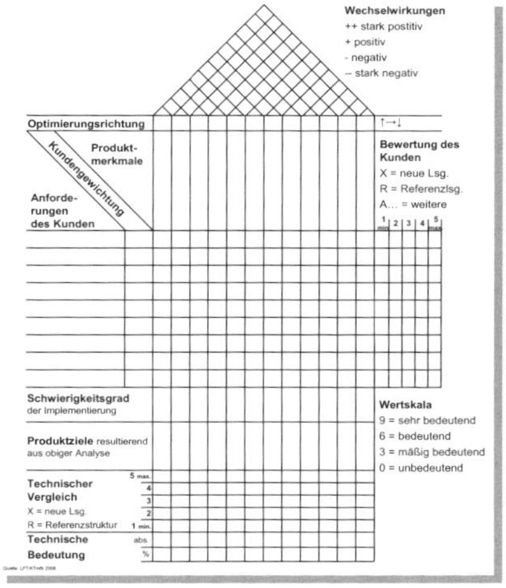

Konzipieren

- Ideenfindungsmethode (Brainstorming, Morphologischer Kasten, TRIZ, Galeriemethode)
- Modularisierungsstrategien
- Bewertungsverfahren
- DFX-Richtlinien
- Design Review

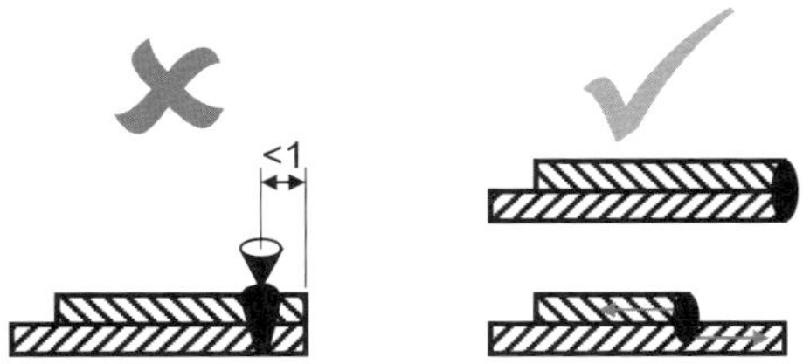

Entwerfen

- Anforderungsliste
- Skizziertechniken
- Struktursensitivität
- Technologieportfolio/ Morphologischer Kasten
- Gestaltungsrichtlinien

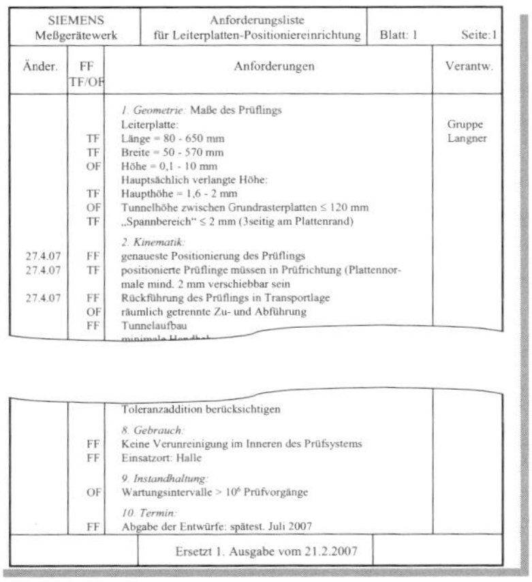

SIEMENS Meßgerätewerk	Anforderungsliste für Leiterplatten-Positioniereinrichtung	Blatt: 1	Seite:1

Änder.	FF TF/OF	Anforderungen	Verantw.
		1. Geometrie: Maße des Prüflings	
		Leiterplatte:	Gruppe Langner
	TF	Länge = 80 - 650 mm	
	TF	Breite = 50 - 570 mm	
	OF	Höhe = 0,1 - 10 mm	
		Hauptsächlich verlangte Höhe:	
	TF	Haupthöhe = 1,6 - 2 mm	
	OF	Tunnelhöhe zwischen Grundrasterplatten ≤ 120 mm	
	TF	„Spannbereich" ≤ 2 mm (3seitig am Plattenrand)	
		2. Kinematik:	
27.4.07	FF	genaueste Positionierung des Prüflings	
27.4.07	TF	positionierte Prüflinge müssen in Prüfrichtung (Plattennormale mind. 2 mm verschiebbar sein	
27.4.07	FF	Rückführung des Prüflings in Transportlage	
	OF	räumlich getrennte Zu- und Abführung	
	FF	Tunnelaufbau	
		Toleranzaddition berücksichtigen	
		8. Gebrauch:	
	FF	Keine Verunreinigung im Inneren des Prüfsystems	
	FF	Einsatzort: Halle	
		9. Instandhaltung:	
	OF	Wartungsintervalle > 10^6 Prüfvorgänge	
		10. Termin:	
	FF	Abgabe der Entwürfe: spätest. Juli 2007	
		Ersetzt 1. Ausgabe vom 21.2.2007	

Ausarbeiten

- Checkliste für Design Review
- Bewertungsverfahren
- Optimierungsverfahren

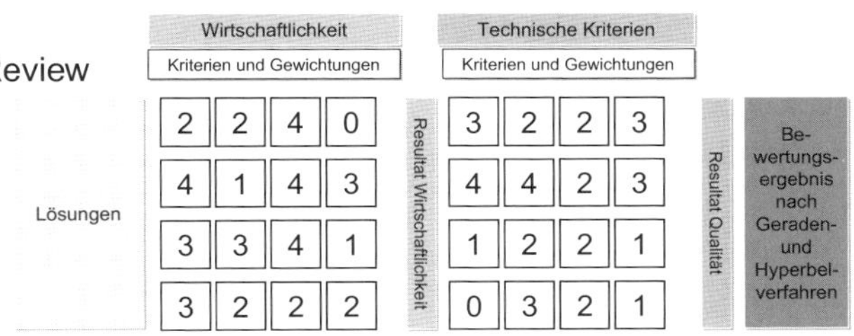

Bild 8.65 IPE – Übersicht Methodik

Planen

- Anforderungsmanagement
- Digitale (Beispiel Radkasten a) ISO Draufsicht b) ISO Untersicht)

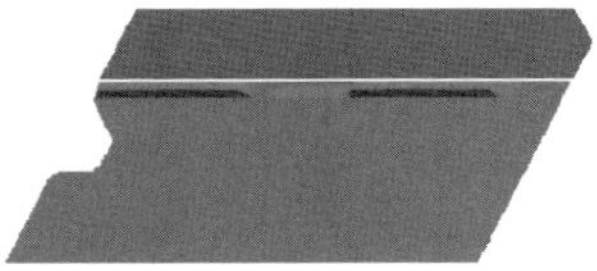

a)

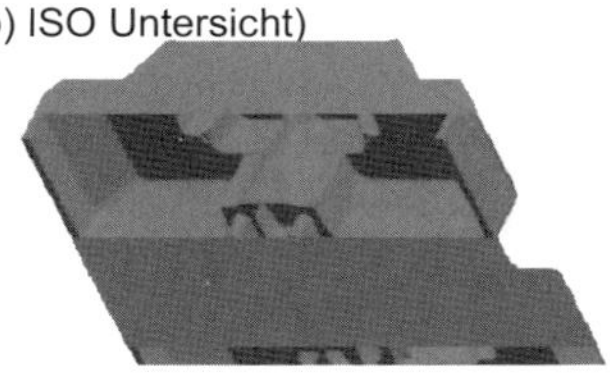

b)

Konzipieren

- CAD
- FEM (Konzeptauslegung)
- Topologieoptimierung
- Technologiedatenbank
- Werkstoffdatenbank

Entwerfen

- CAD und DMU
- FEM (Detailauslegung)
- Parameteroptimierung (global)
- Technologiedatenbank
- Werkstoffdatenbank
- Machbarkeitsanalysen

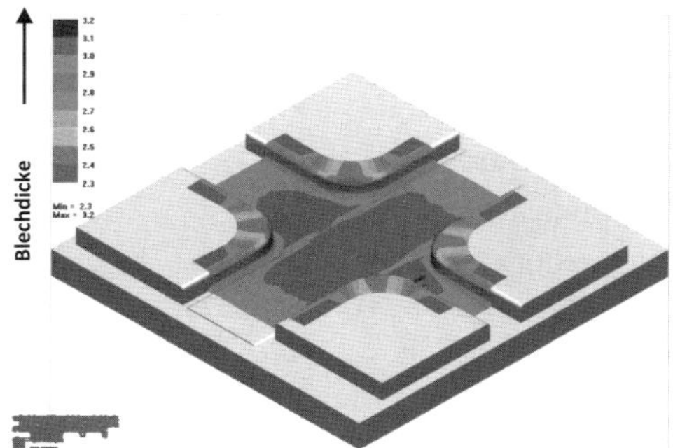

Ausarbeiten

- CAD und DMU
- FEM (Nachweis)
- Parameteroptimierung (lokal)

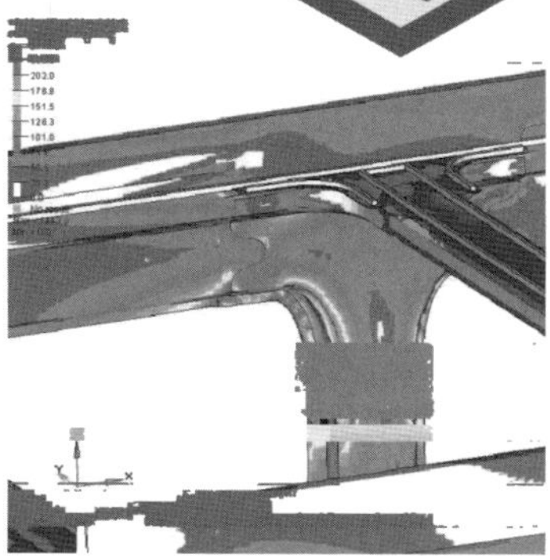

Bild 8.66 Rechnerunterstützte IPE – Methoden und IT-Technik

8.8.3.5 Prinzipielle Vorgehensweise

Die prinzipielle Vorgehensweise war wie folgt:

Man hat dem Entwicklungsteam im Terminplan in der ersten Phase kreative Freiräume eingeräumt, um zu innovativen Lösungsansätze zu kommen. In der 2. Phase wurden dann die in der Bewertung aussichtsreichsten Lösungsansätze systematisch ausgearbeitet.

Phase 1: Erarbeitung innovativer Lösungsansätze

- **Aufstellen einer Anforderungsliste (Lastenheft)**

Bei der Zielbildung wurden die strategischen Leitlinien und Innovationsziele von Siemens in ein Lastenheft abgeleitet. (Siehe Kapitel 7.3.6).

Eine saubere Definition der Innovationsziele ist Grundvoraussetzung für den Abschluss einer erfolgreichen Konzeptstudie.

Die Zieldefinitionen beinhalten technische, wirtschaftliche, betriebliche und umwelt-politische Gestaltungsfelder. Als Methodik wurde hierzu die „Quality Function Deployment (QFD) Methode“ (siehe Kapitel 4.4.3) benutzt, die über eine Beziehungsmatrix die Forderungen des Lastenheftes mit den Funktionalitäten des Rohbaus systematisch in Beziehung setzt und bewertet.

- **Analyse Stand der Technik durch Produkt- und Literaturrecherche**

In gemeinsamen Workshops wurden die verschiedenen existierenden Rohbaukonzepte und Fertigungsverfahren hinsichtlich Technik analysiert (wie Materialien, Fügeverfahren etc.) und jeweils aus Sicht des Betreibers (an den Forderungen des Lastenheftes) oder des Herstellers (technische Funktionen, Herstellkosten) bewertet.

- **Ideenfindung und Strukturierung**

In der Planungsphase „Ideenfindung“ wurden im Rahmen von Workshops Produktideen erarbeitet, die inhaltlich auf den gewünschten Innovationspotenzialen aufbauen und eine Verbesserung gegenüber dem Stand der Technik versprechen.

Jetzt erfolgte die Verknüpfung von Lösungsideen und Funktionsstruktur des Rohbaus mit Hilfe eines morphologischen Kastens. Damit wurden die theoretischen Kombinationsmöglichkeiten verschiedener Lösungsideen sichtbar.

- **Ideenbewertung**

Aus den gewonnenen, zu diesem Zeitpunkt noch „groben“, Lösungsansätzen mussten die Erfolg versprechenden Ideen identifiziert werden.

Aus diesen Lösungsideen wurden dann Konzeptvarianten ausgesucht, die in Phase 2 technisch detailliert wurden.

Phase 2: Entwicklung und Bau einer Prototypseitenwand

Der aus der Ideenbewertung ausgewählte Lösungsansatz wurde konstruktiv in Form einer Seitenwand ausgeführt und bewertet. Die gewonnenen Erkenntnisse wurden in einer technischen Beschreibung festgehalten, die Basis für eine Spezifikation eines Rohbaus wurde. Sie beinhaltete nicht nur technische Aspekte sondern auch Angaben zur fertigungstechnischen Vorgehensweise, sowie Regelungen zur Markteinführung. Die Ergebnisse wurden in eine Vorlage für eine strategische Entscheidung der Geschäftsführung eingearbeitet, unter welchen Rahmenbedingungen, mit welchen Investitionen und in welchem Zeitraum eine Anwendung dieser neuen Technologie erfolgen soll.

8.8.4 Aufgabe klären

8.8.4.1 Aufgabe analysieren

Bei der Entwicklung eines Schienenfahrzeugs werden die wirtschaftlichen und betrieblichen Anforderungen des Verkehrsbetriebs (Kosten, Infrastruktur, Sicherheit) mit den Komfortanforderungen der Fahrgäste (Fahrkomfort, Klimatisierung) und den Umweltgesichtspunkten (Energieverbrauch, Geräusche) der Anrainer zu einem Optimum zusammengefasst. Der Rohbau ist der Systemintegrator des gesamten Fahrzeugs und muss deshalb nicht nur Leichtbauanforderungen hinsichtlich maximaler, gleichmäßiger Werkstoffausnutzung erfüllen sondern auch schwingungstechnisch (Eigenfrequenzen, zulässige Verformungen) ausgelegt werden. Der zur Verfügung stehende Raum für den Rohbau wird durch die Betriebsgrenzmaße (Lichtraum) der einzelnen Verkehrsbetriebe vorgegeben. Hier muss das Rohbaukonzept eine gewisse Flexibilität ermöglichen, da die Systeme in den verschiedenen Städten sich zum Teil unterschiedlich entwickelt haben (Wagenbreite, Trassierung).

Die Wagenkastenstruktur muss den unterschiedlichsten technischen Anforderungen gerecht werden. Die betrieblichen Bedürfnisse des Betreibers, wie Reparaturfreundlichkeit und Lebensdauer müssen ebenso berücksichtigt werden, wie die gesetzlichen Bedingungen der Zulassungsbehörde und die fertigungstechnologischen Möglichkeiten des Herstellers. (Zu den Quellen der Anforderungen und den lebenslauforientierten Fragen siehe die Bilder 7.27 und 7.31).

Daraus leitet sich dann die Problemstellung ab: Entwicklung einer optimierten Rohbaustruktur für eine Straßenbahn in Leichtbauweise. Mit den beiden Schwerpunkten Rohbau und Fertigung. Die Vorgehensweise ähnelt der „Kreativen Klärung“ in Kapitel 7.3.7, bei der auch Schwerpunkte und erste Lösungspotenziale behandelt werden.

Rohbaukonzept:

Aufgrund der bei Niederflurfahrzeugen mit Fußbodenhöhen von 300 mm notwendig werdenden Radkästen im Untergestell und der großen Fensteröffnungen moderner Straßenbahnen wird die traditionelle Vollbahn-Bauweise mit Schubfeldern und Gerippe durch eine Rahmenbauweise ersetzt. Der Rohbau besteht aber nach wie vor aus zahlreichen einfachen Bauteilen (meist abgekantete Bleche und offene Profile), die mit extrem zeitaufwändigen und meistens handwerklichen Schweißoperationen in der Montage zu einem Rahmenwerk zusammengebaut werden. Da die Schweißnähte zwischen den Profilen gleichzeitig die Schwachstellen des Rohbaus darstellen, führt die Dimensionierung der Schweißnähte dieser Querschnitte zu einer Überdimensionierung der Struktur in den restlichen Bereichen. Aufgrund der geringen Standardisierung der konstruktiven Lösungen erfordert die Anpassung der Rohbaustruktur an die Anforderungen der jeweiligen Kunden (Spurbreite, Lasten, Anzahl der Module usw.) in der Regel hohe Entwicklungskosten.

Somit ergeben sich bei der aktuellen Straßenbahn-Bauweise folgende Nachteile:

- hohe Entwicklungskosten (Anpassung der Rohbaukonstruktion an die kundenspezifischen Anforderungen)
- hohe Materialkosten (kein Leichtbau, geringe Bauteilintegration)
- hohe Herstellungskosten der Einzelbauteile (geringe Standardisierung, kleine Stückzahlen)
- hohe Kosten beim Zusammenbau (hochqualifizierte Handwerksarbeit, aufwändige Schweißarbeit)
- aufwändige Absicherung der Qualität (begrenzte Reproduzierbarkeit)

Diese Nachteile sollen mit den neuen Konzepten ausgemerzt werden. Es wurde schnell klar: Den entscheidenden Beitrag hierzu kann vor allem ein neues Fertigungskonzept liefern.

Fertigungskonzept mit folgender Zielsetzung:

- Durch den Einsatz innovativer Fertigungstechnologien (z. B. Innenhochdruck-Umformen IHU) ist es möglich mehrere kleine Teile zu einem komplexen Bauteil in Leichtbau zu gestalten.
- Durch neuartige Fertigungsverfahren können die Materialeigenschaften verbessert werden (z. B. durch Kaltverfestigung während der Umformung)

8.8.4.2 Aufgabe formulieren, Anforderungsliste erstellen

Diese Vorgabe bedingt eine Reihe von detaillierten Anforderungen im Rahmen der Aufgabenstellung:

Produktanforderungen (Abmessungen, Schnittstellen zu Antrieb, Innenausstattung und Fahrwerk, Sicherheitsbestimmungen)

- Kraftflussoptimierte Rohbaustruktur in Leichtbauweise
- Stahl-Leichtbau durch belastungsangepasste Geometrie und Einsatz von Tailored-Produkten sowie hochfesten Stahlsorten
- höhere Prognosesicherheit in der Lebensdauervorhersage
- Effektiver und zuverlässiger Korrosionsschutz
- Reparaturmöglichkeit des Rohbaus
- Produkt-Prozessanforderungen
- Plattformstrategie zur Abdeckung aller möglichen Fahrzeugtypen
- Reduktion der Teilevielfalt (Siehe Kapitel 9.4.4)
- Implementierung gängiger Qualitätsstandards der Nutzfahrzeugindustrie
- Flexible und automatisierte Fertigungsphilosophie für kleine Serien
- Herstellungsprozessanforderungen
- Zusammenbau des Rohbaus durch minimale Anzahl einzelner standardisierten Modulkomponenten aus Blechwerkstoffen
- Einfache Fügeoperationen

Außerdem ist die Verwendung ausgereifter Technologien der Nutzfahrzeugindustrie zweckmäßig:

- Automatisierung in den Handhabungs-und Fügeoperationen
- Kostengünstige Werkzeuge und Fertigungsverfahren
- Einfache Vorrichtungen zum Zusammenbau
- Einfacher Ein-und Ausbau der Fertigungslinie
- Kostenorientierte Nutzung des Zulieferanten-Netzwerks der Automobilindustrie
- Verbesserung der Prozesssicherheit in Engineering/Fertigung zur Vermeidung von Gewährleistungsnacharbeiten

8.8.5 Funktionsstruktur

Ausgehend von der Gesamtfunktion wurde über die Haupt- und Teilfunktionen die Funktionsstruktur des Rohbaus erarbeitet (Bild 8.67).

Die Rohbaustruktur soll entsprechend den Vorgaben des Herstellers aus Knotenelementen und Tragelementen realisiert werden. Mehrere Hauptfunktionen und eine Detailfunktion wurden als kritisch identifiziert.

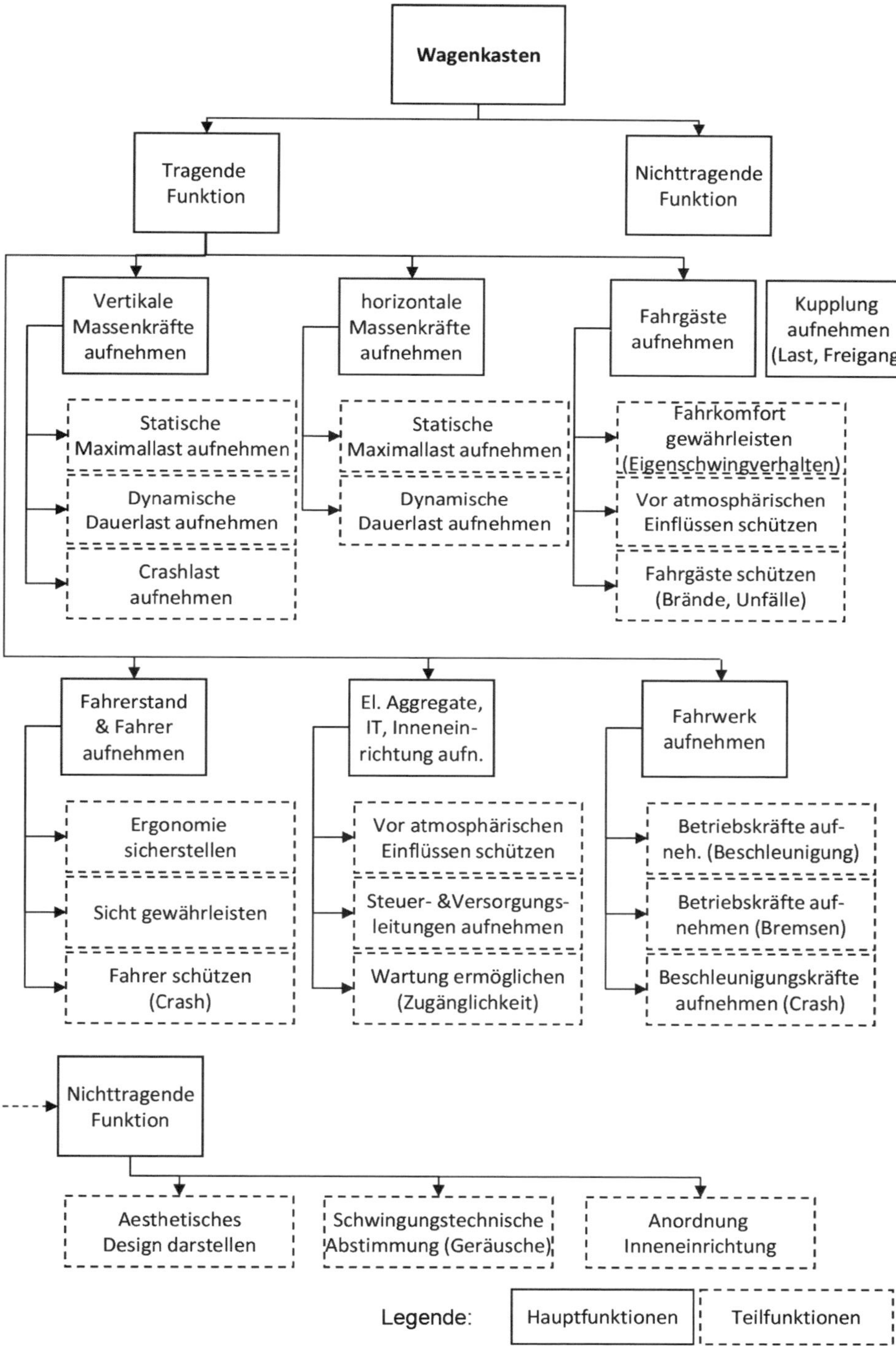

Bild 8.67 Funktionsstruktur des Rohbaus (Funktionale Baustruktur; siehe auch Bild 7.45)

8.8.6 Lösungsprinzipien suchen

8.8.6.1 Modularisierungsmöglichkeiten

Die Strategie eine profilintensive Rohbaustruktur – eine sog. Space-Frame-Struktur – anzustreben, wird insbesondere durch eine geeignete Modularisierung geprägt. Bild 8.68 zeigt die grundlegenden Modularisierungsmöglichkeiten und die schlussendlich gewählte Modularisierungsvariante (Kombination A1B1) Die Stirnwand wird mit den Gelenkendträgern des Untergestells und des Daches in einem Rohbauanschluss integriert. Das Dach, die Seitenwand und das Untergestell sind klassisch eingeteilt. Diese Aufteilung des Rohbaus bietet deutliche funktionale Vorteile wie die belastungsgerechte Gestaltung aber auch fertigungstechnische Vorteile sowie eine gute Stapelbarkeit (wichtig für die Logistikkette).

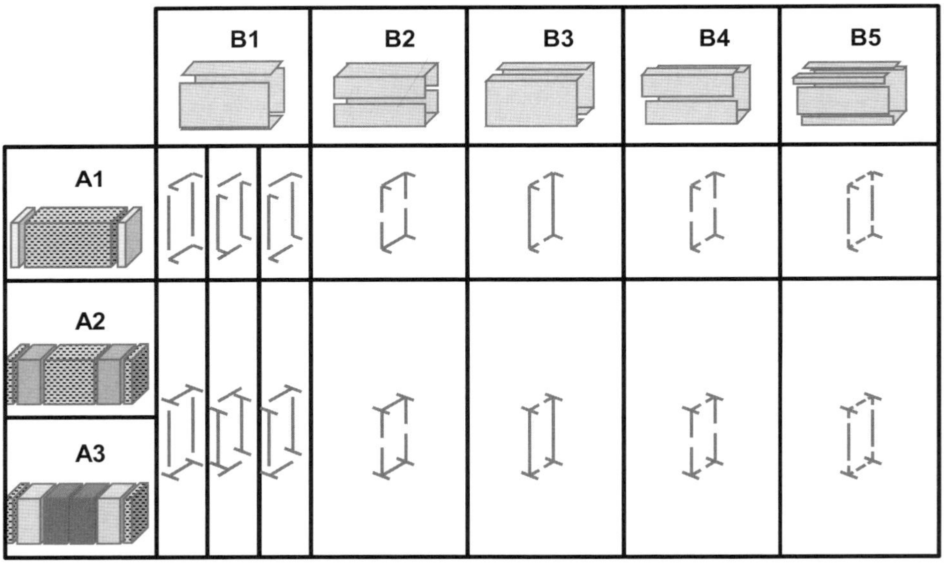

Bild 8.68 Modularisierungsmöglichkeiten und ausgewählte Modularisierung des Rohbaus

Durch die verschiedenen Teilungsrichtungen in quer- und Längsrichtung kann man die Ausführung der Modulvarianten gestalten.

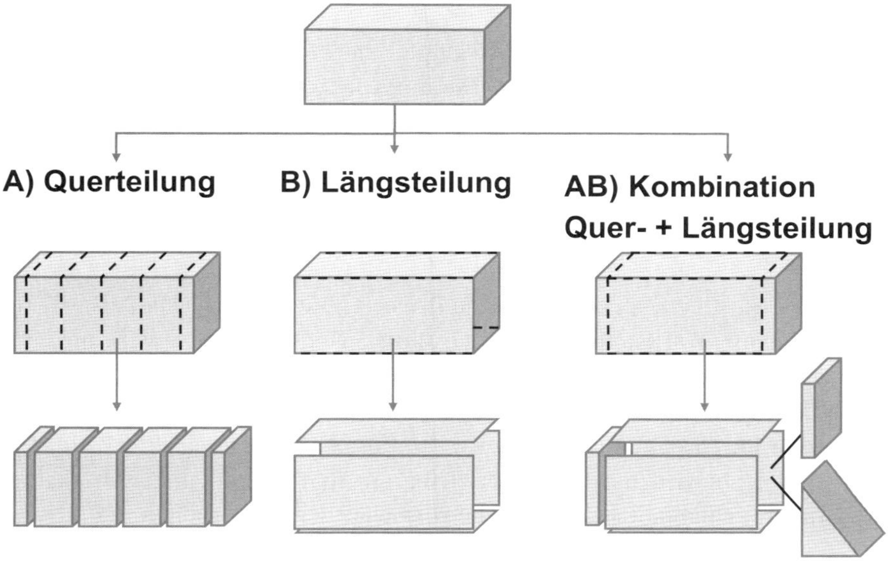

Bild 8.69 Modularisierungsmöglichkeiten und ausgewählte Modularisierung des Rohbaus

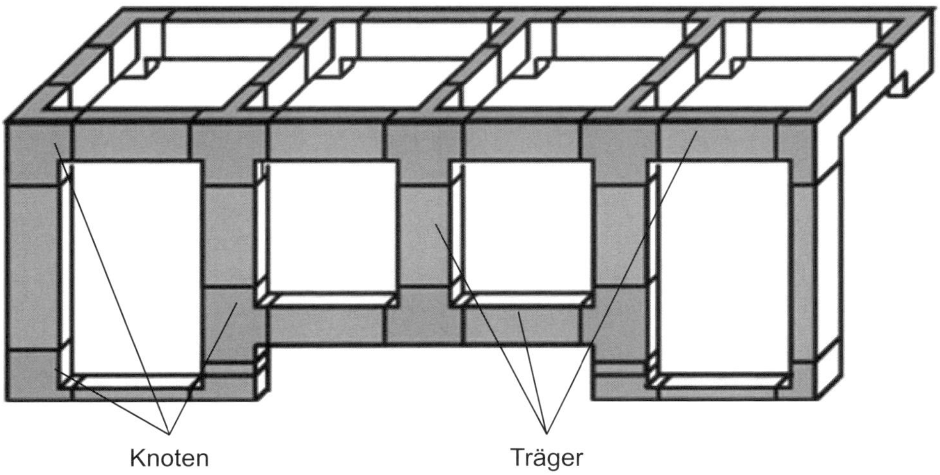

Bild 8.70 Mögliche alternative Realisierung der Modularisierung in profilintensiver Spaceframe-Bauweise (Seitenwand)

8.8.6.2 Technologiefindung

In Abhängigkeit von der angestrebten Modularisierungsform kann eine geometrische Gestaltung gefunden werden. Diese muss jedoch vielfältigen Anforderungen genügen (DfX): z. B. muss die statische und dynamische Steifigkeit und Festigkeit gewährleistet sein. Weiterhin müssen die Profile und Verbindungselemente günstig herstellbar, fügbar und maßhaltig sein (geringe Richtkosten). D. h. es gilt sowohl eine günstige geometrische Gestaltung als auch geeignete Technologien dafür zu finden.

Dabei stehen – angelehnt an das Magische Dreieck (Zeit, Kosten, Qualität) – Fertigungstechnologien, Werkstoffe und Baustruktur in enger Wechselwirkung, wie Bild 8.71 zeigt. Die gewählte (Bau-)Struktur und eingesetzte Bauweisen bedingen die Verfügbarkeit zugehöriger Herstellungs-/Fertigungstechnologien. Beide wiederum werden durch den Ausgangsstoff beeinflusst. (Siehe auch Bild 7.86). Die Struktur wiederum wird durch die erreichbaren Steifigkeiten und Festigkeiten beeinflusst, die Technologie u. a. durch die wirtschaftliche Verarbeitbarkeit.

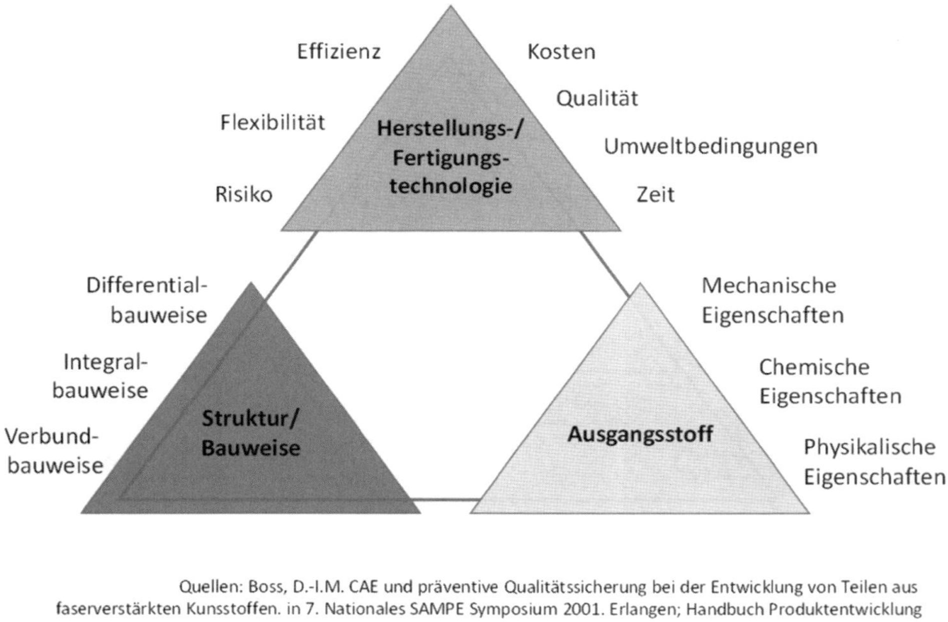

Bild 8.71 Technologiefindung – Herstellung (nach Boss [1/8.8])

8.8.6.3 Knotenkonzepte

Eine entwickelte Ausführung einer Knotenstruktur ist ein Integralknoten, der mit dem Verfahren des Innenhochdruckumformens (IHU) hergestellt werden kann (Bild 8.72). Im Bild ist eine Grundvariante des IHU-Knotens zu sehen, die in einem interdisziplinären Workshop entstand. Eine konsequente Weiterentwicklung der Variante zeigte die Vorteile, eine steife, geschlossene Struktur mit lokal eingebrachten Sicken realisieren zu können. Gleichzeitig werden aber auch Nachteile der Lösung, wie zeitintensiver Toleranzausgleich, Blechdopplung, oder aufwendige Badsicherung beim Fügevorgang mittels Schweißen sichtbar.

Bild 8.72 Ausführung eines Innenhochdruckumgeformten Knoten (IHU-Knoten) als Integralknoten (keine Teilung)

Ein dazu alternativ verfolgter Entwicklungszweig geht aus von einer Workshopidee eines umschließenden Knotens, der in einem zweistufigen Prozess aus Tiefziehen und anschließendem Biegen hergestellt wird. Aufgrund der guten Anpassbarkeit der Geometrie und der Schweißnahtlage wurde dies Konzept weiterentwickelt. Mittels Feature Transfer, das ist die Übertragung aggregierter Geometrieelemente einschließlich ihrer Bedeutung sowie der zugehörigen Daten und Informationen (TRIZ-Methodik; siehe Kapitel 7.5.5.4), wurde die Lösung zu Gunsten von Kosten, Korrosionsschutz, Toleranzausgleich/Maßhaltigkeit, Strukturperformanz (Leistungsfähigkeit der Struktur), Gleichteileverwendung (siehe Kapitel 9.4.4) und eines nur einstufigen Herstellungsprozesses zu der in Bild 8.73 unten dargestellten Knotenlösung weiterentwickelt, ein zweischaliger, belastungsangepasster Tiefziehknoten.

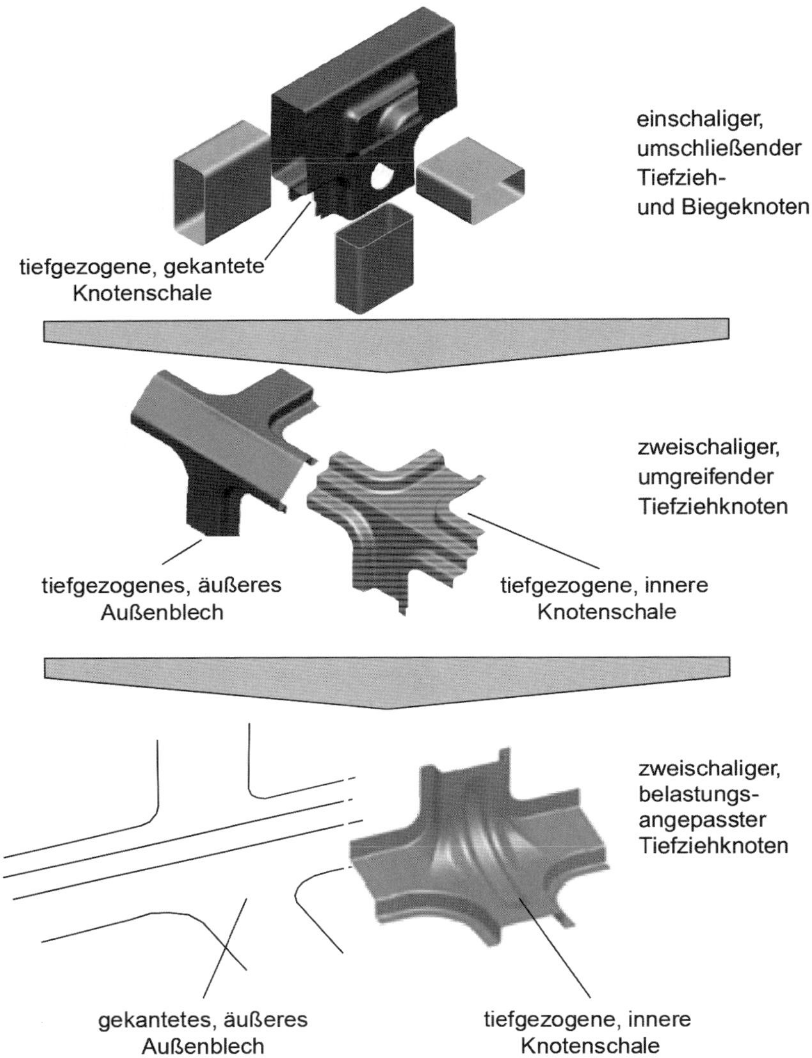

Bild 8.73 Entwicklungsstadien der Knotengeometrie mit Tiefziehverfahren

Die Geometrie der Knotenschale, die auf Grund von Festigkeitsanalysen, Montageanalysen und Korrosionsbewertungen angepasst wurde, konnte in ausgewählten Stadien iterativ hinsichtlich der Machbarkeit abgesichert werden (Bild 8.74). Dazu wurden bspw. FE-Simulationswerkzeuge eingesetzt, in der ausgehend von der Knotengeometrie die Werkzeuggeometrie abgeleitet, der Blechzuschnitt ermittelt und Umformsimulationen durchgeführt wurden. Schlussendlich konnten damit geeignete Werkstoffe wie z. B. Edelstähle, sowie eine herstellbare Knotengeometrie ausgewählt werden.

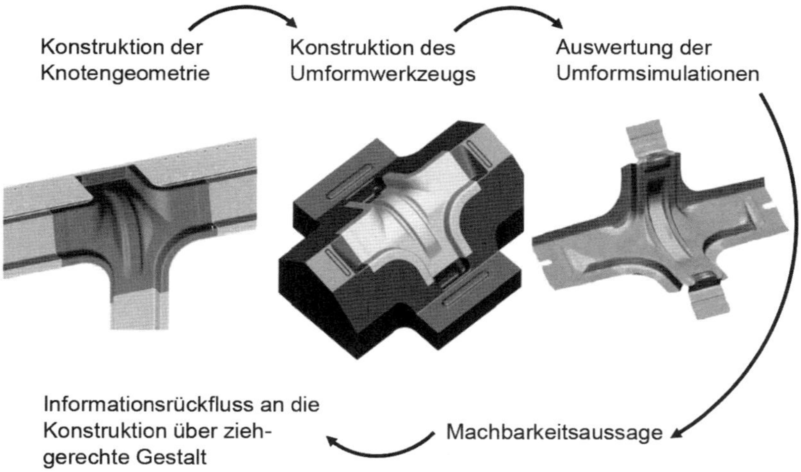

Bild 8.74 Iterative Abstimmung zwischen Konstruktion und Fertigung

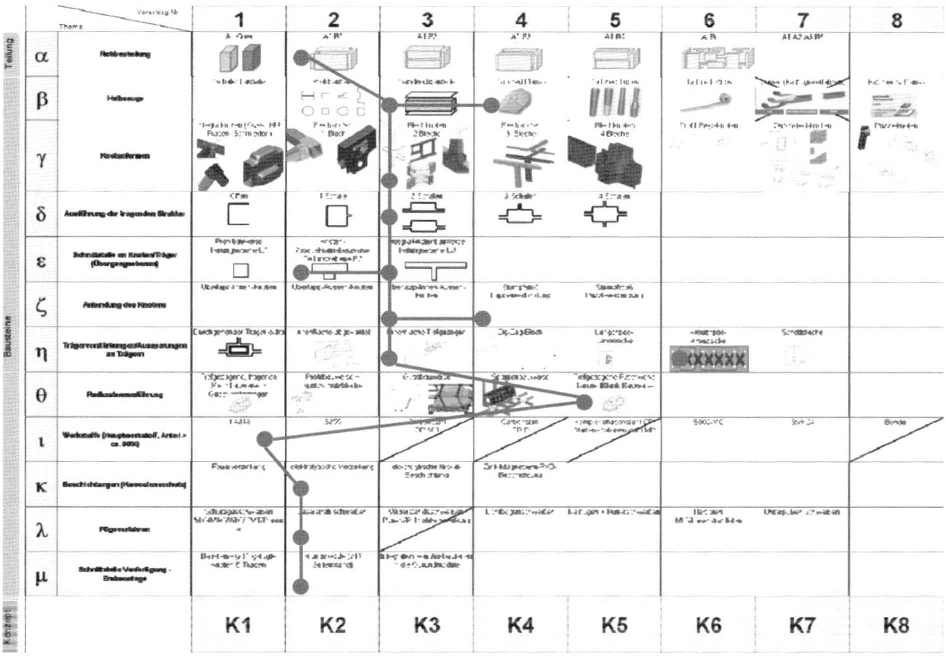

Bild 8.75 Technologie Portfolio im Morphologischen Kasten (Anmerkung der Autoren: Es geht in diesem Bild nicht um begriffliche Details, sondern um den Gesamt-Überblick. Deshalb mögen die Leser die Nicht-Lesbarkeit der Texte akzeptieren.). Siehe Kapitel 7.5.6 und Bild 7.65

Die möglichen Technologien wurden ähnlich einem morphologischen Kasten zu einem Technologie Portfolio zusammengetragen (Bild 8.75; siehe Kapitel 7.5.6).

Die Teillösungen wurden wiederholt zu alternativen Gesamtlösungen zusammengesetzt und es wurde diejenige Lösung ausgewählt, die den Zielsetzungen am besten entspricht.

8.8.7 Erarbeiten einer Konzeptlösung

8.8.7.1 Wagen-Konzept

Aus der Vielzahl der entwickelten Lösungsprinzipien wurden schließlich mehrere Konzeptvarianten erstellt und schließlich daraus die bestgeeignete Lösung ausgewählt.

Zur dazu erforderlichen Bewertung der einzelnen Lösungen wurden folgende Hauptkriteriengruppen herangezogen:

- Kosten
- Fertigung
- Beanspruchungsgerechte Gestaltung
- Toleranzgerechte Gestaltung
- Rohbaufertigung
- Modularisierung
- Korrosionsschutz

Daraus ergab sich schließlich das endgültige Lösungskonzept nach Bild 8.76.

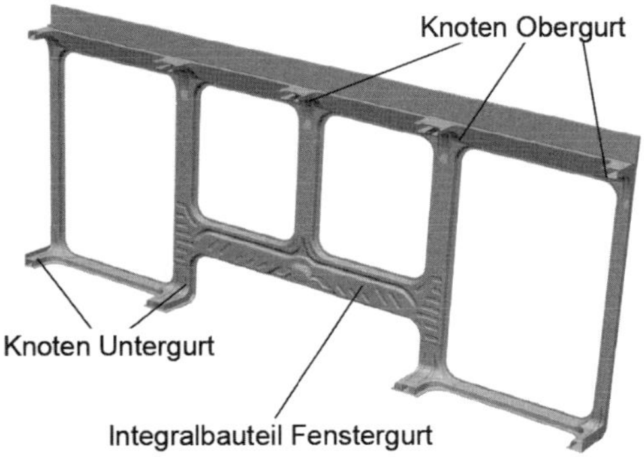

Bild 8.76 Lösungskonzept Seitenwand (Gleichbauteilkonzept). Siehe auch Bild 8.79

Dieser Lösungsansatz sieht den Einsatz von mehreren großflächigen Tiefzieh-Knoten vor, die mit gekanteten Stahlprofilen in Verbund mit komplexen integralen Tiefziehteilen auf das Außenblech aufgesetzt werden. Durch die komplexe Geometrie der Tiefziehteile und durch das Gleichbauteilkonzept der Seitenwand konnten sowohl die Teileanzahl als auch die Teilevielfalt der Seitenwand drastisch reduziert werden. Damit kann prinzipiell die Schalenbauweise, die aus dem Automobilbereich bekannt ist, auch für Schienenfahrzeuge eingesetzt werden (Bild 8.77 und Bild 8.78).

Modularer Rohbau - Seitenwand in Spaceframebausweise

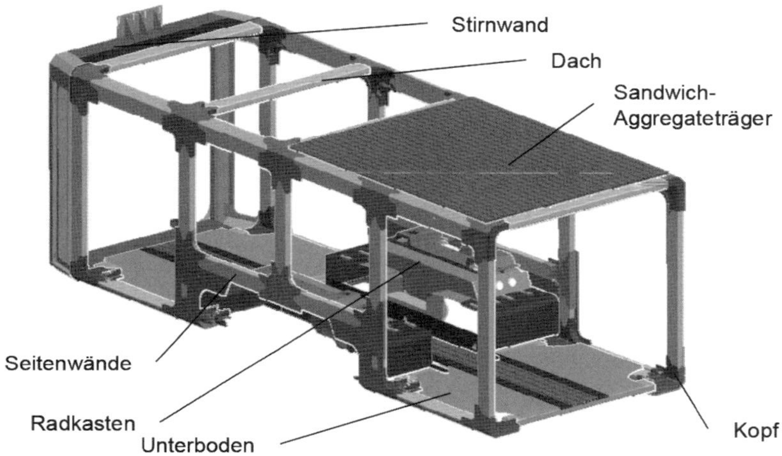

Modularer Rohbau - Seitenwand in Schalenbauweise (Lösungsalternative)

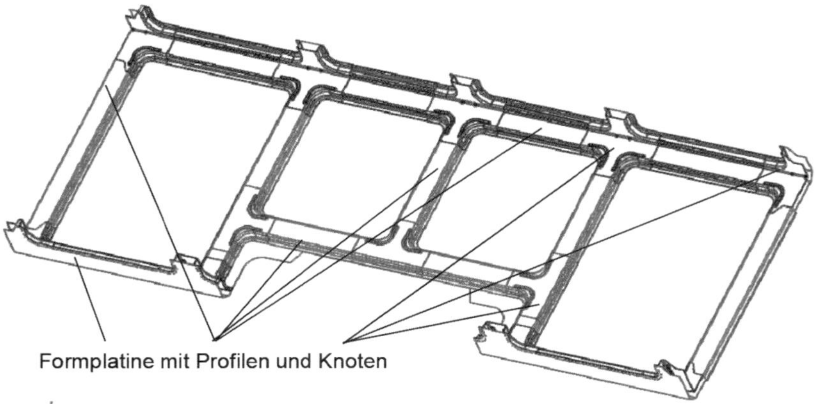

Bild 8.77 Gesamt-Lösungskonzept

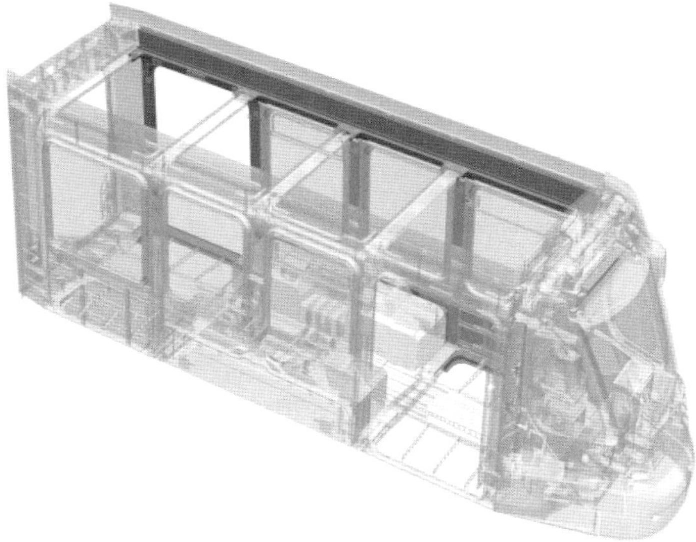

Bild 8.78 Gesamtlösung

8.8.7.2 Korrosionsschutz-Konzept

Neben bei der Entwicklung eines innovativen Rohbaukonzepts stellte die Erarbeitung eines effektiven und zuverlässigen Korrosionsschutzes für die Wagenkastenstruktur einen weiteren Schwerpunkt dar. Insbesondere bei Niederflur-Straßenbahnen wird die Korrosion verursacht durch die Verschmutzung der Untergestell-Bereiche; diese werden dann zusätzlich in der Winterzeit einer feuchten und aggressiven Luft-Umgebung ausgesetzt, aufgrund des auf der Straße vorhandenen Streusalzes. Weiterhin hindert die Größe und Komplexität der Wagenkasten-Struktur die Sicherstellung eines gleichmäßigen Korrosionsschutzes in schwer zugänglichen Bereichen wie bei dünnen Spalten im Bereich von Blechdoppelungen oder bei den Innenhohlräumen von geschlossenen Profilen.

Deshalb wurde ein innovatives Korrosionsschutzkonzept erarbeitet, das aus folgenden Elementen besteht:

- Grundwerkstoff: nichtrostender austenitischer Stahl
- Kathodische Tauchgrundierung (KTL = kathodische Tauchlackierung = Kataphorese) der gesamten Struktur
- Hohlraumkonservierung der Profile und Spaltabdichtung
- Lackierung der Außenflächen

Der ausgewählte austenitische nichtrostende Stahl stellt sicher, dass auch im Fall einer Verletzung des Oberflächen-Korrosionsschutzes keine Rost-Unterwanderung entsteht. Die kathodische Tauchgrundierung ermöglicht einen reproduzierbaren Korrosionsschutz auch in den Innenhohlräumen mit einem vollautomatischen Verfahren.

8.8.8 Prototyp bauen (und testen)

8.8.8.1 Wagen-Konzept

Wichtiges Element des Entwicklungsvorhabens war die Herstellung von Teilkomponenten und einer Rohbauseitenwand zum Nachweis von Machbarkeit, Umsetzbarkeit, Handhabbarkeit, Maßhaltigkeit, Zugänglichkeit und Korrosionsschutz.

Phase 1: Prinzipielle Überprüfung des Fertigungskonzeptes mit Tiefziehkonten am Beispiel der Seitenwand (Bild 8.79).

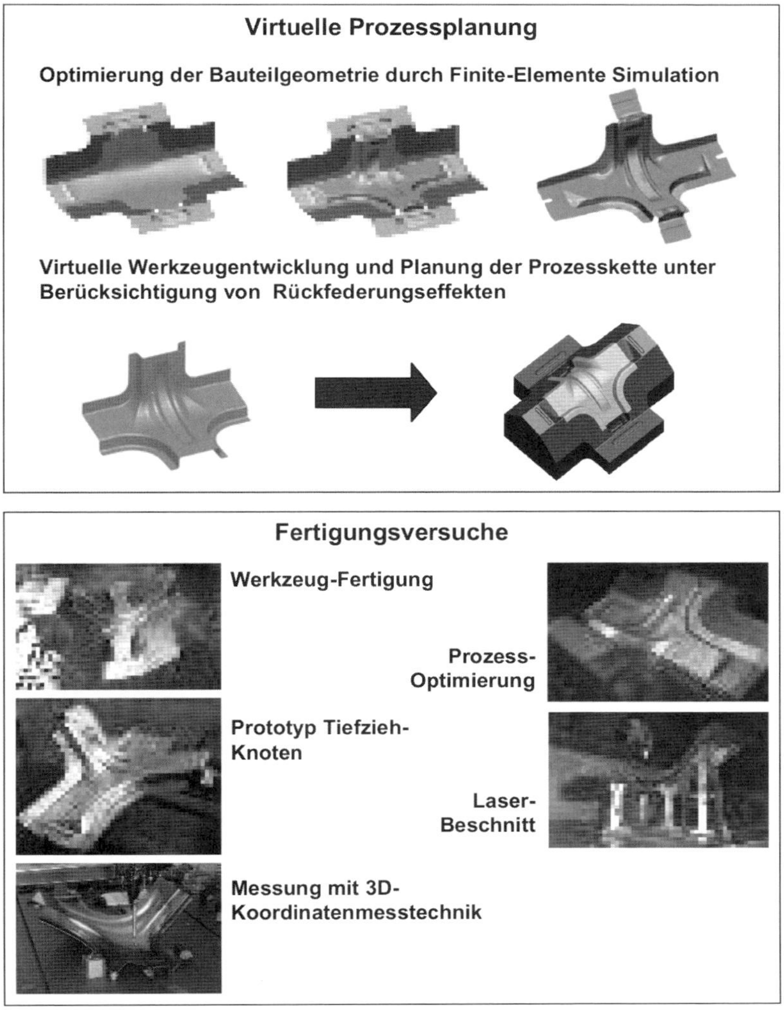

Bild 8.79 Prototypenfertigung – Seitenwand mit Tiefziehknoten (Anmerkung der Autoren: Es geht in diesem Bild nicht um begriffliche Details, sondern um den Gesamt-Überblick. Deshalb mögen die Leser die Nicht-Lesbarkeit der Texte akzeptieren.)

- Herstellung der Tiefzieh-Knoten aus Nirosta H400 (1.4376), Wanddicke t = 3 mm
- Vorteil Stahl: komplexe Formen realisierbar, Korrosionsbeständigkeit, Laser-Schweißbarkeit am Überlappstoß, hohe Crash-Performance
- Validierung des Konzepts mit Prototypen der Tiefziehteile und der Seitenwand

Phase 2: Prototypbau eines kompletten Wagenmoduls

- In der zweiten Phase des Projekts wurden die Geometrie der Tiefzieh-Knoten mit Hilfe der Finite Elemente Simulation iterativ optimiert.
- Parallel dazu wurde die Geometrie der Werkzeuge entwickelt und mit den Lieferanten abgestimmt.
- In der folgenden Phase der Validierung wurden Prototypwerkzeuge hergestellt und die Prozessparameter ermittelt.
- Die gefertigten Bauteile wurden mit Hilfe von 3D-Koordinatenmesstechnik geprüft und qualifiziert.
- Charakterisierung der mechanischen Bauteileigenschaften in kritischen Eckbereichen anhand von Zugversuchen.
- Die Verifizierung des Konstruktions- und Fertigungskonzepts erfolgte anhand von Prototypen einzelner Baugruppen und einen Zusammenbauversuch eines kompletten Wagenkastenmoduls, wie in Bild 8.80 beispielhaft gezeigt.

Bild 8.80 Prototyp Seitenwand

8.8.8.2 Korrosionsschutz-Konzept

Das in Abschnitt 8.8.7.2 vorgestellte Korrosionsschutzkonzept wurde durch Versuche an Flachproben gestützt, bei denen die kritischen Gegebenheiten einer geschweißten Blechdoppelung nachgebildet wurden. Die Proben wurden aus verschiedenen Blechwerkstoffen hergestellt und mit unterschiedlichen Beschichtungen versehen. Danach erfolgten die Auslagerung der beschichteten Proben in einer Salzsprühkammer und die abschließende Bewertung der Beschichtung durch Lack- und Korrosionsprüfungen gemäß der einschlägigen DIN-Normen. Ausgewählte Ergebnisse aus dem Salzsprühnebeltest sind im Bild 8.81 dargestellt.

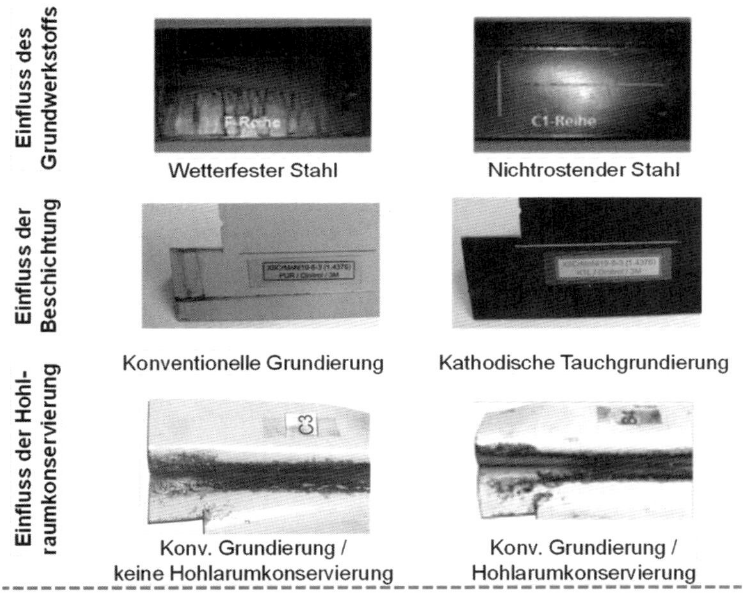

Bild 8.81 Ergebnisse der Korrosionsschutzversuche an geschweißten Flachproben mit Überlappung: links konventionelle Behandlung, rechts korrosionsarmes Konzept

Der Unterschied zwischen nichtrostendem Stahl und wetterfestem Baustahl ist im Fall einer Verletzung der Grundierung deutlich sichtbar. Bei gleichem Grundwerkstoff (nichtrostender Stahl) konnte dann der Unterschied in der Grundierung (konventionelle oder KTL) ermittelt werden. Im Bereich der Schweißnähte treten bei der konventionellen Grundierung leichte Korrosionserscheinungen auf, während bei der Tauchgrundierung keine Korrosion festzustellen ist. Dies ist hauptsächlich durch die höhere Haftung der kathodischen Tauchgrundierung begründet, die auch bei kritischen Bereichen (scharfe Kanten oder Unregelmäßigkeiten in der Nahtwurzel) nicht abplatzt. Die höhere Haftung wurde auch durch die Stirnabrissprüfung bestätigt und ist insofern positiv zu bewerten, weil die Schichtdicke bei der KTL-Grundierung mindestens die Hälfte der konventionellen Grundierung beträgt.

Die Machbarkeit der Tauchgrundierung für größere Baugruppen wurde anhand einer Prototypen-Baugruppe der Seitenwand und eines Wagenkastenmoduls getestet.

8.8.9 Ergebnisse der Umsetzung

In Bild 8.82 sind die bei dem Projekt erreichten Ergebnisse noch einmal zusammengestellt: Man sieht, dass die Vielfalt von technischen Erarbeitungen nur durch die enge Zusammenarbeit entsprechender Spezialisten entstehen konnte. Diese wiederum bedarf eines methodischen, auch organisatorischen Konzepts.

8.8.10 Was kann man daraus lernen?

Das Beispiel zeigt in besonderem Maß das – im Sinne der IPE – gelungene Zusammenspiel zwischen Konstruktionsmethodik und Rechnerunterstützung. Darüber hinaus auch die Vorteile einer intensiven Kooperation – durchgängig über alle Phasen der Produktentwicklung – zwischen Konstrukteuren, Berechnungsexperten, Fertigungstechnologen und Werkstoffexperten aus Industrieunternehmen und Universitäten. Also Integrierte Produktentwicklung, wie sie sein soll.

Diese erlaubte einen Blick über den Branchenrand der Verkehrstechnik (Straßenbahn) hinaus in Nachbarbranchen wie Kraft- und Nutzfahrzeugbau sowie den Schiffbau zu werfen und dort wertvolle Anregungen aufzunehmen.

Im vorliegenden Fall wurde mit Hilfe des methodischen IPE Prozesses folgendes erreicht:

- Die Anforderungen des Straßenbahnmarktes wurden nach Funktionen des Rohbaus strukturiert und mit technischen und wirtschaftlichen Bewertungskriterien versehen.
- Ein modularer Aufbau mit einer bestimmten Modularisierungstiefe wurde aus verschiedenen Lösungsmöglichkeiten systematisch ausgewählt.
- Durch ein Gleichteilekonzept ist die Anzahl der verschiedenen Teile eines Rohbaus erheblich gesenkt worden.
- Die für den Schienenfahrzeugbau neue Fertigungstechnologie Tiefziehen von komplexen Bauteilen wurde dafür entwickelt und über Prototypen und Versuche abgesichert.
- Eine komplette Rohbaustruktur wurde entwickelt und ein Prototyp wurde gebaut.
- Die technischen und wirtschaftlichen Verbesserungspotenziale wurden aufgezeigt.

Methodische Entwicklung

- Flexible Nahverkehrsprodukte sind die umweltbewusste Antwort zur Mobilitäts-Probleme der Städte im 21. Jahrhundert
- Strukturierung des Entwicklungsprozess durch Ideen-Management erforderlich

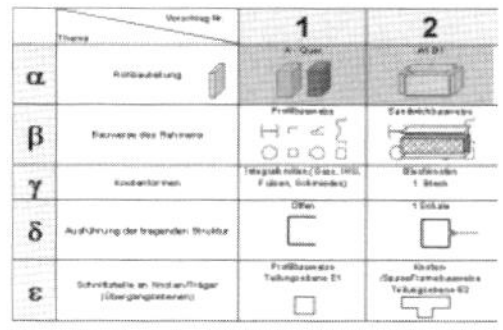

Modularer Aufbau

- Kopf- und Mittelmodul nur im Endbereich unterschiedlich
- Trennebene auch im Reparaturfall verwendbar
- Breitenanpassung möglich

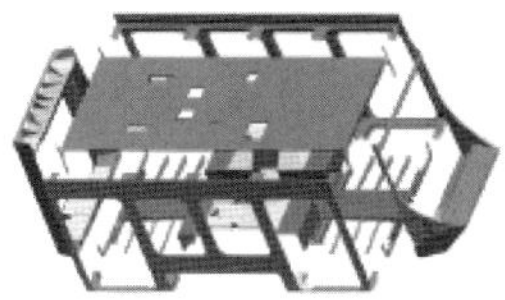

Gleichteil-Konzept

- Hohe Stückzahlen
- Geringere Stückkosten
- Hohe Qualität erreichbar
- Gleiche Schnittstellen

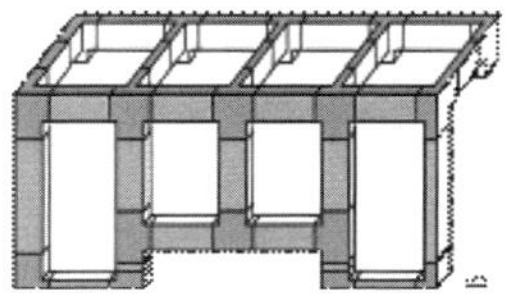

Integrale Bauweise

- Verringerung der Teileanzahl
- Verringerung der Schweißnahtlänge
- Integration von Anschweißteilen
- Entfernung der Schweißnaht aus kritischen Bereichen

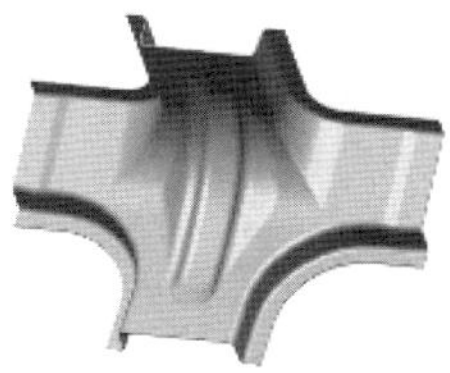

Tiefziehen komplexer Bauteile

- Bauteilintegration
- Optimaler Kraftfluss durch geringe Steifigkeitssprünge
- Versteifung durch Sickenprägung
- Kaltverfestigung in Eckenbereichen

Kathodische Tauch-Grundierung

- Optimaler Korrosionsschutz für Innen- und Außenbereiche
- Hohe Haftung des Schutzschichtes
- Hohe Prozesswiederholbarkeit

Bild 8.82 Anwendungsbeispiel Schienenfahrzeug – Gesamtübersicht

Die Tatsache, dass die Team-Mitglieder über mehrere Standorte in Deutschland verteilt waren, hat die Arbeiten nicht behindert. Regelmäßige Team-Meetings und die Kommunikation über die elektronischen Medien gewährleisteten den notwendigen Informations- und Erfahrungsaustausch.

Für das Unternehmen (Verkehrstechnik/Hersteller von Straßenbahnen) ist die Produkt-Strategie ein wesentlicher Bestandteil einer integrierten Geschäftgebietstrategie (Business Strategy). Deshalb hat die Einführung dieser neuen Technologie unvermeidlich geschäftspolitische Entscheidungen über Investitionen und Veränderungen in der Wertschöpfungsstruktur nach sich gezogen. Die Geschäftsführung hat aus verschiedenen Gründen entschieden, die Markteinführung der neuen Rohbautechnologie vorerst zurückzustellen. Das Ergebnis dieser Entwicklung ist aber in Teilbereichen in Entwicklungen anderer Rohbauten eingeflossen und wird auf alle Fälle wertvoller Bestandteil der zukünftigen Produktstrategie bleiben.

Für die erfolgreiche Durchführung eines solchen Entwicklungsprojektes, in dem mustergültig alle vier Ebenen der IPE angesprochen und vernetzt praktiziert wurden, ist das richtige Team von wesentlicher Bedeutung. Die Ergebnisse waren nicht allein für den Hersteller und Auftraggeber von großer Bedeutung, darüber hinaus wurde mit diesem Projekt auch eine hohe Außenwirkung erzielt, immerhin gehörte das Team zu den Finalisten des Stahl-Innovationspreises 2009. Auf Bild 8.83 ist allerdings nur ein Teil des Teams zu sehen.

SIEMENS – Siemens AG

KT – Lehrstuhl für Konstruktionstechnik Universität Erlangen-Nürnberg

LFT – Lehrstuhl für Fertigungstechnologie Universität Erlangen-Nürnberg

Thyssen Krupp Steel AG

IMA DRESDEN – Institut für Materialforschung und Anwendungstechnik GmbH

LBF – Fraunhofer Institut für Betriebsfestigkeit und Systemzuverlässigkeit LBF Technische Universität Darmstadt

ERLAS – ERLAS Erlanger Lasertechnik GmbH

Bild 8.83 Das Team als wesentlicher Aspekt der Integrierten Produktentwicklung. (Der Zweite von links ist Prof. H. Meerkamm)

8.9 Faser-Entstaubung: bessere Qualität und weniger Kosten

8.9.1 Was zeigt das Beispiel?

Das Beispiel einer Entstaubungsmaschine für Baumwollfasern zeigt, wie man zur Verbesserung der Konkurrenzfähigkeit bei einer seit Jahren unverändert gebauten Maschine sowohl die Qualität erhöhen als auch die Kosten senken kann. Beides ist anzustreben! Kosten senken allein ist meist nicht ausreichend!Im Wesentlichen ist das erreicht worden durch die Untersuchung der physikalischen Vorgänge in der Entstaubungsmaschine (siehe Kapitel 7.5.5.3). Die methodische Frage war: Was geht eigentlich bei der Faser-Entstaubung vor? Was heißt „Fasern entstauben"?

8.9.2 Problembeschreibung

Baumwollfasern, die in den Feldern von Hand oder maschinell geerntet wurden, müssen vor der weiteren Verarbeitung von Staub, Sand und Fremdkörpern gereinigt werden. Da die ganze Prozesskette von der Rohbaumwolle bis zum Faden im Wesentlichen pneumatisch und mechanisch durchgeführt wird, war das Bestreben, diese physikalische Ausrichtung nach Möglichkeit beizubehalten. Denn die Mannschaft in den Spinnfabriken ist dementsprechend erfahren. Also war die Frage genauer: „Wie kann man Baumwollfasern pneumatisch/mechanisch entstauben?"

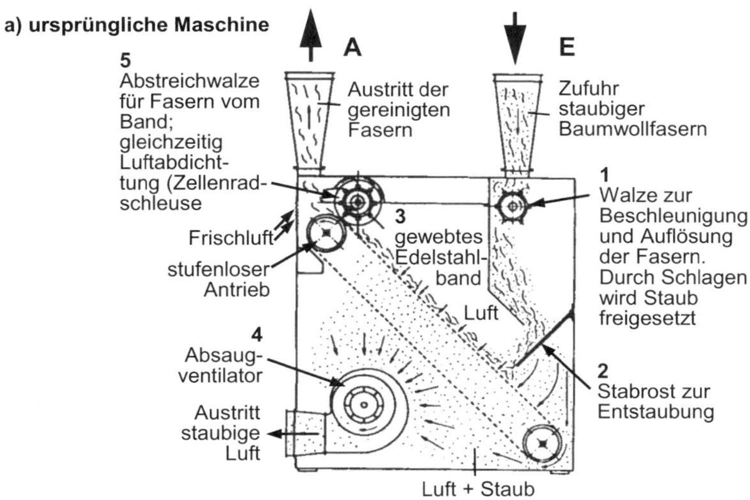

Bild 8.84 Bisherige Entstaubungsmaschine für Baumwollfasern. (Das Beispiel ist aus Bild 7.61 übernommen, und wird hier der Übersichtlichkeit wegen nochmals gezeigt)

Die bisherige Maschine nach Bild 8.84 zieht pneumatisch staubige Baumwollfasern bei (E) ein. Die Walze (1) beschleunigt mit Flügeln die Fasern und bringt sie zum Aufprallen auf dem Stabrost (2), wobei Staub freigesetzt wird. Der Absaugventilator (4) saugt den Staub ab. Danach legen sich die Fasern auf das gewebte Edelstahlband (3), das sie nach oben befördert. Während die Fasern auf dem Edelstahlband nach oben wandern, werden sie über die vom Absaugventilator (4) durchgezogene Luft ebenfalls weiter entstaubt. Sie treten dann durch die Abstreichwalze oder die Zellenradschleuse (5) entstaubt nach oben aus (A), wovon sie wieder pneumatisch weiterbefördert werden. Diese Zellenradschleuse dichtet den Unterdruck im Innenraum der Maschine gegen die Umgebung ab.

Zur Bearbeitung der Aufgabe wurde ein interdisziplinäres Team gebildet, das im Kern aus der Entwicklung, der Fertigung, dem Verkauf und dem Service bestand. Hierzu wurden je nach Bedarf Fachleute aus der Arbeitsvorbereitung/Kostenkalkulation und dem Versuch eingeladen.

8.9.3 Aufgabe klären hinsichtlich Funktion

Der Grund für die konstruktive Überarbeitung waren insbesondere Verfügbarkeitsprobleme. Das Edelstahlband bekam Dauerbrüche und musste zu oft repariert oder ersetzt werden. Ferner waren die Lebenslaufkosten zu hoch. Es geht also um „Design for X“ (Kapitel 6.5.2). Man ahnte schon: Eine zentrale Schwachstelle war das Edelstahlband samt Antrieb. Das Team hat zunächst die Eigenschaften der bisherigen Maschine analysiert und daraus im Gespräch mit dem Service und mit einem Pilotkunden die Anforderungen formuliert. Sie sind im Bild 8.85 verkürzt zusammengestellt. (Rechts davon sind die nach der Lösungssuche gefundenen und ausgewählten und durch den Versuch geprüften Ergebnisse der Einfachheit halber vorab aufgelistet). Wie man sieht, ist die Zuverlässigkeit wesentlich zu verbessern und es sind dementsprechend auch die Wartungs und Reparaturkosten pro Jahr viel zu hoch.

8.9.4 Aufgabe klären hinsichtlich Herstellkosten

In Bild 8.86 sind in der 3. Spalte die Herstellkosten der bisherigen Maschine aufgeschlüsselt (Die Montagekosten sind jeweils darin enthalten). Man erkennt aus der Kostenstruktur, dass das selbst erstellte Gehäuse (0) in Blech-/Schweiß-ausführung und das Edelstahlband (3) mit seinem Antrieb und der Umlenkung (3 a; 3 b) rund ⅔ der Herstellkosten des Produktes ausmachen (A-Anteile im Sinn der ABC-Analyse). Man wird also hier zur Kostensenkung ansetzen. Beim Gehäuse scheint die Senkung der Herstellkosten um 25 % auf Grund bisheriger Erfahrungen erreichbar (siehe Kapitel 9.2.4). Die im Laufe der Lösungssuche gefundenen kostensenkenden Maßnahmen sind jeweils in der vorletzten Spalte angegeben. In der ganz rechten Spalte ist das endgültige Ergebnis aufgeführt.

Funktionseigenschaften der Maschine (vereinfacht) | **Ergebnisse**

	bei **bisheriger Maschine** = Ist-Zustand	**Anforderungen** = Sollzustand	bei **neuer Maschine** erreicht
Entstaubungsgrad	88 % vom Ideal	90 % vom Ideal	94 % vom Ideal
Zuverlässigkeit / Jahr	1-2 ungeplante Stillstände/Jahr	0,5 ungeplante Stillstände/Jahr	0,1-0,2 ungeplante Stillstände/Jahr*
Wartungs- und Reparaturkosten / Jahr	1 Edelstahlband (3) = 5 060 €; 1 Antriebswalze (3a) = 1 050 €; Montage ca. 1 400 €; Summe: ca. 7 510 €	2 500 €/Jahr. Die Ausfallkosten des Betreibers sind hoch, aber unbekannt	ca. 2 000 €/Jahr (*genaue Werte sind erst nach jahrelanger Betriebszeit feststellbar)

Bild 8.85 Eigenschaften der bisherigen Maschine, die Anforderungen und ganz rechts die dann erzielten Ergebnisse der neuen Maschine

Herstellkosten-Struktur der ursprünglichen und neuen Maschine nach Bauteilen

Teil Nr.	**Teil**	**Anteil** von 100% HK_A (einschl. Montage)	Schwerpunkt **ABC**-Analyse	kostensenkende Maßnahme	**Ergebnis**: neue Herstellkosten HK_B
0	Gehäuse (Eigenfertigung)	5 600 € = 28 %	**A** Ziel: -25 %	Vorgehen ähnlich wie bei Kap. 9.2.4	4 200 € = 40,3 %
1	Walze 1 mit Antrieb (Kaufteil)	1 630 € = 8 %	B	wie bisher	1 630 € = 15,6 %
2	Stabrost (Eigenfertigung)	1 020 € = 5,1 %	C	11 gleiche Stabroste = 220 € x 11 (Kaufteile)	2 420 € = 23,1 %
3	Edelstahlband (Eigenfertigung)	5 060 € = 25 %	**A**	entfällt	0 €
3a	Antriebswalze m. stufenloser Regelung (Kaufteil)	1 790 € = 9,4 %	B	entfällt	0 €
3b	Umlenkwalze (Kaufteil)	900 € = 4,5 %	C	entfällt	0 €
4	Absaugventilator (Kaufteil)	1 600 € = 8 %	B	ersetzt durch Frischluftventilator	1 400 € = 13,4 %
5	Abstreichwalze mit Zellenradschleuse (Eigenfertigung)	1 850 € = 9 %	B	entfällt	0 €
6	Sonstiges	600 € = 3 %	C		800 € = 7,7 %
	bisherige Herstellkosten	**20 050 € = 100 %**		neue Herstellkosten	**10 450 € = 52 %**

Bild 8.86 Herstellkosten der bisherigen Maschine (links), kostensenkende Maßnahmen und Herstellkostenstruktur der neuen Maschine (ganz rechts)

8.9.5 Lösungssuche und neues Konzept

Was bei der gemeinsamen Lösungssuche im Vordergrund stand, war herauszufinden, welche der zwei physikalischen Vorgänge in der Ausgangsmaschine (Aufprallen der Fasern auf den Stabrost; bzw. Luftströmung durch die auf dem Edelstahlband liegenden Fasern) zur Entstaubung mehr beiträgt. Dies wurde durch Versuche ermittelt. Man war erstaunt, dass ⅔ der Entstaubungswirkung der bisherigen Maschine durch das Aufprallen der Fasern auf den stillstehenden Stabrost (2) verursacht wurde. – Damit lag es nahe, nur mit mehreren Stabrosten zu arbeiten und auf das unzuverlässige und teure Edelstahlband (3) ganz zu verzichten. Es war klar, dass dies nicht nur eine Steigerung der Zuverlässigkeit bringt, sondern auch bezüglich der Herstell , Wartungs und Reparaturkosten positiv ist.

Das Team war schließlich ganz fasziniert von einer Entstaubungsmaschine möglichst ohne bewegte Teile. – Allerdings war es dann aber schnell auch klar, dass man um Ventilatoren nicht herumkommt. Jedoch sind die so ausgereift zu beziehen, dass bezüglich Zuverlässigkeit keine Bedenken bestanden.

Die Senkung der Herstellkosten in Richtung des Kostenziels von 75 % der bisherigen Kosten soll hier nicht weiter behandelt werden, da dies bereits in Kapitel 9.2.4 am Beispiel Schweißgehäuse erfolgt ist.

Das neue Konzept geht aus Bild 8.87 hervor. Im Laufe der Versuche war zu ermitteln, wie viele Stabroste und Ventilatoren eingesetzt werden sollten. Dies war eine Abwägung – also eine Optimierung – zwischen Entstaubungsgrad und Herstellkosten.

8.9.6 Konstruktion, Erprobung und Einsatz

Daraufhin wurde die neue Maschine ohne Edelstahlband nach Bild 8.87 konstruiert und zunächst als Prototyp gebaut. Das Konzept mit den mehrfach angeordneten „Entstaubungsrosten“ (1) bewährte sich. Oben, in der Mitte und unten wurden drei bzw. vier dieser Roste angeordnet. Die Fasern wurden durch mehrfache Frischlufteinblasungen (2) für diesen dynamischen Entstaubungsvorgang beschleunigt. Außer den technisch unproblematischen Ventilatoren waren keine bewegten Teile mehr vorhanden. Durch mehrere Stabroste konnte sogar die Qualität der Entstaubung von 88 auf 94 % gesteigert werden. Schließlich wurde die Maschine nach einigen kleinen Änderungen mit Erfolg in Kleinserie hergestellt.

Die Zuverlässigkeit konnte mehr als geplant verbessert werden und die Wartungs und Reparaturkosten erheblich gesenkt werden (siehe Bild 8.85 rechts).

Die gesamten Herstellkosten waren nur noch fast halb so hoch wie bisher (siehe Bild 8.86 rechts). Die neue Maschine war so bei gleicher Leistung kleiner, zuverlässiger und kostengünstiger.

Natürlich hätte man noch mehr in die „physikalische Tiefe“ gehen und das Haften des Staubs (und in der Umkehr das Lösen) an der Faseroberfläche im „Nanobereich“ untersuchen können. – Der Erfolg war aber auch so schon erheblich. Die Maschine wurde ein „Verkaufsschlager“.

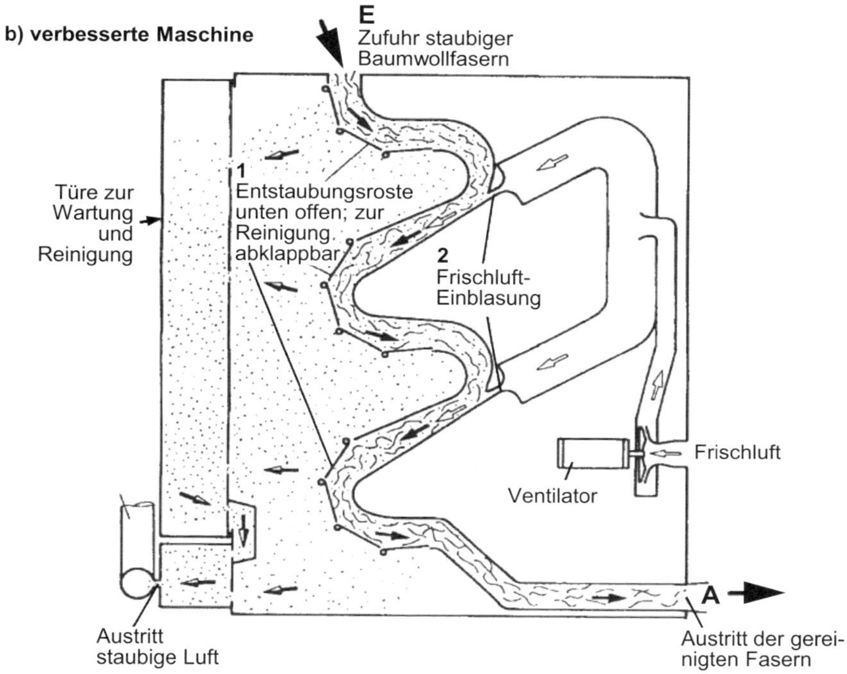

Bild 8.87 Die neue Entstaubungsmaschine ohne Edelstahlrost, ohne dessen Antrieb, nur mit stillstehenden Stabrosten

8.9.7 Was kann man daraus lernen?

Man erkennt, welche Rolle das bessere Verstehen der physikalischen Vorgänge in der Maschine haben kann (siehe auch Kapitel 7.5.5.3 und Druckerentwicklung). Gerade bei verfahrenstechnischen und medizintechnischen Produkten ist das von Bedeutung. Mit dem Prinzip der Maschine ändert sich fast immer die Baugröße, die Teilezahl, der Werkstoffeinsatz und damit dramatisch die Kostensituation. Allerdings muss die Funktion meist neu geprüft werden: z. B. durch entsprechende Versuche. Das wiederum erhöht die Entwicklungskosten.

9 Kostengünstig Entwickeln und Konstruieren

9.1 Kosten konstruieren?[1]

Es ist nötig und möglich, Produkte so zu konstruieren, dass vom Markt vorgegebene Kostenziele erreicht werden. Im Wesentlichen ist dies durch interdisziplinäre Zusammenarbeit erreichbar (Kapitel 4.2 bis 4.4). Die hemmenden Abteilungsmauern müssen fallen (Bild 4.24). Gleichzeitig sind aber auch Kostenwissen und Methoden zum Kostengünstigen Entwickeln und Konstruieren erforderlich. Dies Kapitel soll deshalb nur die Denkweise, Methoden und Grundlagen vermitteln. Wer mehr erfahren will, insbesondere auch mehr Beispiele, dem sei das mit dem Kapitel gleichlautende Buch empfohlen [1/9]. Dies gilt insbesondere für das Variantenmanagement, das ja bei zunehmend nutzerspezifischen Produkten und „Individualisierung bei Massenfertigung“ immer wichtiger wird. Angemerkt sei, dass ein Hauptimpuls für die Beschäftigung des Autors Ehrlenspiel mit der Integrierten Produkterstellung aus den „trüben“ Erfahrungen beim Kostensenken von Produkten in der Industrie entstand – beginnend 1965 bis 1980. (Damals wollten Ingenieure nichts mit betriebswirtschaftlichen Fragen zu tun haben. Die Betriebswirte umgekehrt gaben auch kaum Auskunft: Jeder war hinter seiner Mauer!) Ebenso wurde die Notwendigkeit der Eigenschaftsfrüherkennung aus der Kostenfrüherkennung abgeleitet, und die wieder – so makaber es klingt – aus der Krebsfrüherkennung. Die in der Technik wichtigen Berechnungs-, Simulations- und Versuchsmethoden dienen durchweg ja der Eigenschaftsfrüherkennung um das Paradoxon des Entwickelns zu mildern (Bilder 4.33 und 9.9).

Ein Zweck des Kapitels ist also, zu zeigen, dass die bisher vorgestellten integrativen Methoden (DfX, Bild 6.17) auch für die Kostensenkung gelten: So kann der **Vorgehenszyklus** (Bild 3.32 bzw. speziell Bild 9.16), der für jede Hauptforderung einsetzbar ist (vgl. Kapitel 6.5.2; Bild 6.16), auch hier angewandt werden. Hier ist die Hauptforderung gezielt geringe Kosten zu erreichen. Im folgenden liegt der

---

1) Dies Kapitel gibt nur eine kurze Einführung in die Methoden zum Kosten senken. Mehr bringt das Buch „Kostengünstig Entwickeln und Konstruieren“ [1/9].

Schwerpunkt vornehmlich auf dem Erreichen eines Kostenzieles für Herstellkosten bei neuen Produkten bzw. dem Senken der **Herstellkosten** vorhandener Produkte, insbesondere deren Material- und Lohnanteil. Gerade beim Lohnanteil sind die Kostensenkungspotenziale (Bild 9.3), verglichen mit den **Gemeinkosten** eines Maschinenbauunternehmens, eher gering. Diese Kosten können über das Variantenmanagement (Kapitel 9.4 und 9.3.4.2) sowie über die Integrierte Produkterstellung (Kapitel 4.2 bis 4.5) erheblich verringert werden.

Was bleibt an diesem Kapitel gültig?

Kosten und Preise sind stets im Fluss. Ganz anders als technische Daten. Die Kostenuntersuchungen hier und die Daten selbst sind teilweise vor 20 bis 30 Jahren entstanden. Da frägt man sich: „Was hat denn da noch Bestand?“ Lohnt es sich, das zu lesen?

Fangen wir damit an, was nicht direkt in der Praxis brauchbar ist:

Die Kostendaten in € oder die Zeitdaten aus der Fertigung, z. B. in den Beispielen von Kapitel 9.3.3.2 und Bilder 9.6 und 9.17 sind betriebsspezifisch und z. T. bewusst verfremdet. Wie erheblich ohnehin die Streuung der Kalkulation bei gleichen technischen Daten in verschiedenen Firmen – oft sogar im gleichen Unternehmen – ist, sehen Sie z. B. in Bild 9.6. Jedes Unternehmen hat also zahlenmäßig jeweils **seine** Kosten!

Was wir auch nicht dauernd bringen oder ändern können, sind die Fortschritte in den Technologien, Fertigungsverfahren und Werkstoffen. Auch hier gilt: Reden Sie mit Ihren Spezialisten; machen Sie eigene Untersuchungen!

Was bleibt gültig?

Der **Denkansatz des Kapitels:** Dass man als Techniker die späteren Kosten eines Produkts oder Verfahrens entscheidend beeinflussen kann. „Kosten kann man Konstruieren!“ Dazu muss man aber rechtzeitig im Team mit den Fertigungsleuten, den Einkäufern und den Kalkulatoren, Controllern zusammenarbeiten (Kapitel 9.3). Und alle müssen motiviert sein! Hier ist auch die Unternehmensleitung gefordert!

Sie bekommen in dem Kapitel eine Vorstellung von den vielen **Einflüssen auf die Kosten** eines Produktes oder Prozesses. Beispielsweise auf die Lebenslaufkosten (Kapitel 9.1.1) oder die Selbstkosten eines Unternehmens (Bild 9.5). Von den Herstellkosten (Kapitel 9.1.5) ganz zu schweigen. Und dadurch können Sie erkennen, was Sie und was andere verändern können.

Kostenstrukturen bleiben über lange Zeiträume in ihren Größenverhältnissen erhalten. Sie dienen dazu, die richtigen Arbeitsschwerpunkte und Entscheidungen zu treffen. Beispiele sind die Lebenslaufkosten in Bild 9.2 oder die Kostenstrukturen für kleine bis ganz große Zahnräder Bild 9.10. Deshalb sind große, schwere Maschinenteile geringer Stückzahl kostenmäßig ganz anders zu konstruieren als kleine, leichte, bei ebenfalls geringer Stückzahl.

Das **methodische Vorgehen** zum Senken der Kosten ist vielleicht der wertvollste Beitrag des Buches, der insgesamt Bestand hat.

9.1.1 Kostensenken aus der Nutzersicht (Lebenslaufkosten, life-cycle-costs)

Bei manchen innovativen Produkten, oder solchen, die vom Design oder der Mode her begehrt sind, spielt der Preis eine eher geringe Rolle. Es sei nur an Produkte von Apple erinnert. Aber im Maschinenbau sind geringe Kosten neben hoher Qualität und kurzer Lieferzeit **die** bestimmende Größe für den Erfolg eines Produkts. Deshalb muss sich der Konstrukteur auch mit Kosten auseinandersetzen. Dabei muss er von den Kosten des Produktnutzers ausgehen (Bild 9.1). Für den Nutzer sind neben geringen Einstandskosten auch geringe Betriebs- und Instandhaltungskosten wichtig. Die Summe aller Kosten, d. h. die Lebenslaufkosten (Life-Cycle-Costs; LCC), sollen minimiert werden (Bild 4.59 [1/9; 2/9; 88/9]). In Bild 9.1 sind den Kosten des Produktherstellers die Gewährleistungskosten und die Entsorgungskosten zugeordnet. Im Zuge der Rücknahmepflicht ist das unbedingt erforderlich, allerdings hat diese Betrachtungsweise noch nicht in dem üblichen Kostenrechnungsschema der differenzierten Zuschlagskalkulation (Bild 9.3) ihren Niederschlag gefunden.

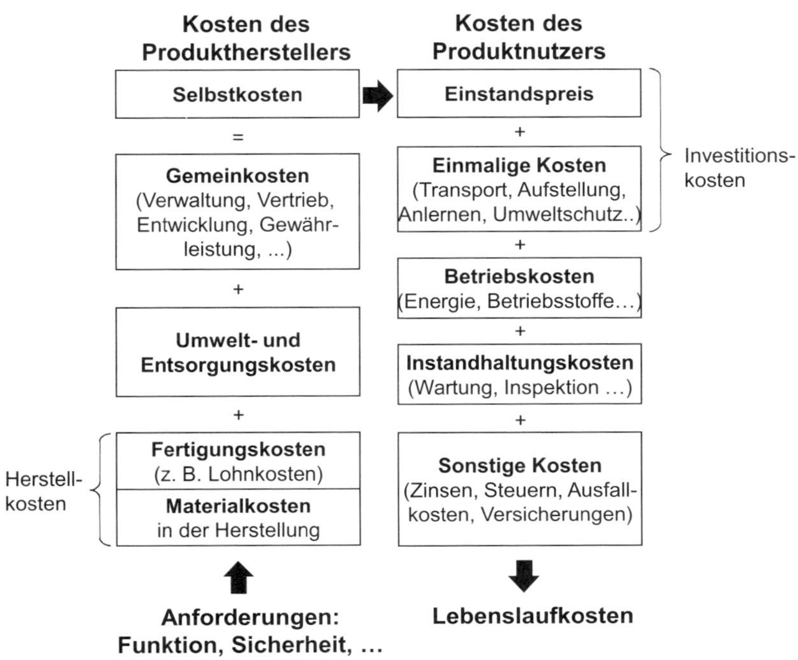

Bild 9.1 Zusammensetzung der Lebenslaufkosten (Life Cycle Costs)

Je nach Produkt sind die Anteile der verschiedenen Kosten an den Lebenslaufkosten unterschiedlich (Bild 9.2). Für einen Gabelschlüssel fallen über der Lebensdauer nur Investitionskosten, für eine Wasserwerkkreiselpumpe fast nur Betriebskosten (Energiekosten) und für einen Pkw teilweise gleich große Kostenanteile an (ABC-Analyse, Bild 7.12). Entsprechend diesen Kostenanteilen müssen unterschiedliche Maßnahmen zum Kostensenken eingesetzt werden.

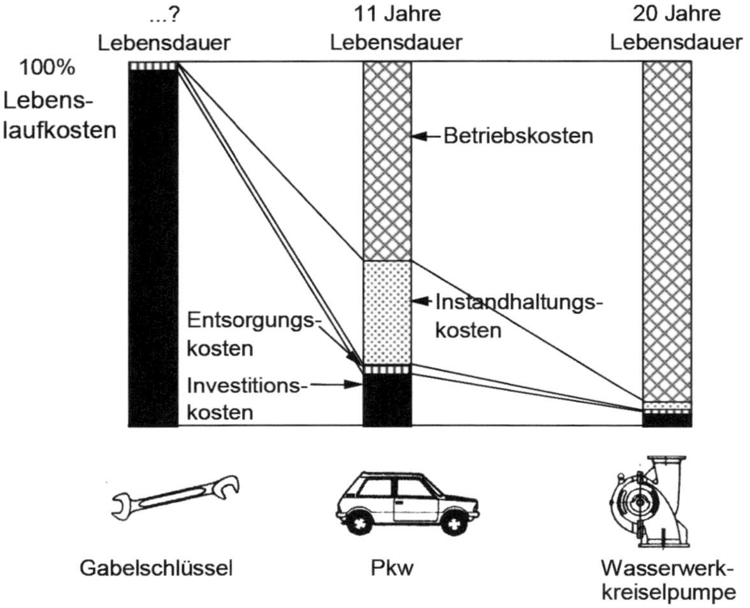

Bild 9.2 Kostenstrukturen der Lebenslaufkosten (Life-Cycle-Costs) für verschiedene Produkte

Die gleiche Denkweise wie bei Lebenslaufkosten ist geeignet die Umweltnachhaltigkeit von Energiesystemen zu beurteilen [90/9]. Diese gesamten Kosten sind dann ein Maß für die relative Nachhaltigkeit, wenn alle Kosten, auch die der Umweltinanspruchnahme erfasst sind. Also z. B. Knappheitskosten von Materialien, CO_2-Klimakosten. Daraus folgt z. B., dass die Photovoltaik weit ungünstiger als Laufwasserkraftwerke zu bewerten ist.

Die Minimierung der Lebenslaufkosten wäre das eigentliche Ziel des Kostengünstigen Konstruierens. Der Blick auf die Lebenslaufkosten ist z. B. beim Leasing von Maschinen und Fahrzeugen selbstverständlich. Im Maschinenbau ist ihre Beachtung weniger eingeführt, weil Daten über die Lebenslaufkosten kaum zu erhalten sind.[2] Deshalb wird im Weiteren nur die Senkung der Herstellkosten bespro-

2) Der VDMA hat 2011 das Einheitsblatt 34 160 und eine Veröffentlichung „Rechenbuch Lebenszykluskosten" erstellt, um eine einheitliche, industrieübergreifende Berechnung zu ermöglichen.

chen. Das prinzipielle Vorgehen gilt aber für das Senken aller Kosten, auch der Lebenslaufkosten. (PLM = Product-Lifecycle-Management und eine Softwarelösung für das Life-Cycle-Daten- und Prozessmanagement, die auf schnellere und kostengünstigere Prozesse und Produkte vom ersten Kundenkontakt bis zur Entsorgung ausgerichtet ist) [85/9; 87/9]. (Kapitel 5.2.2.5 und 6.4.1)

9.1.2 Kostensenken aus Herstellersicht

Wie in Bild 9.2 zu erkennen ist, können die Selbstkosten des Produktherstellers (sie entsprechen nach Zuschlag des Hersteller-Gewinns in etwa den Investitionskosten des Produktnutzers) einen wesentlichen Anteil an den Lebenslaufkosten haben. An den Selbstkosten des Produktherstellers haben wieder die Herstellkosten im Mittel des Maschinenbaus [3/9], bestehend im wesentlichen aus den Material- und Fertigungskosten [4/9], den größten Anteil mit 72 %. Bild 9.3 zeigt dies am Schema der im Maschinenbau verbreiteten **differenzierten Zuschlagskalkulation**.

Wichtig für das Kostengünstige Konstruieren ist die Kenntnis von Grundlagen der **Kostenrechnung**. Darauf kann aber aus Platzgründen an dieser Stelle nicht weiter eingegangen werden. Deshalb wird auf Basisliteratur [5/9; 6/9; 7/9], und auf die für Konstrukteure besonders geeignete Literatur [1/9; 4/9; 8/9] verwiesen.

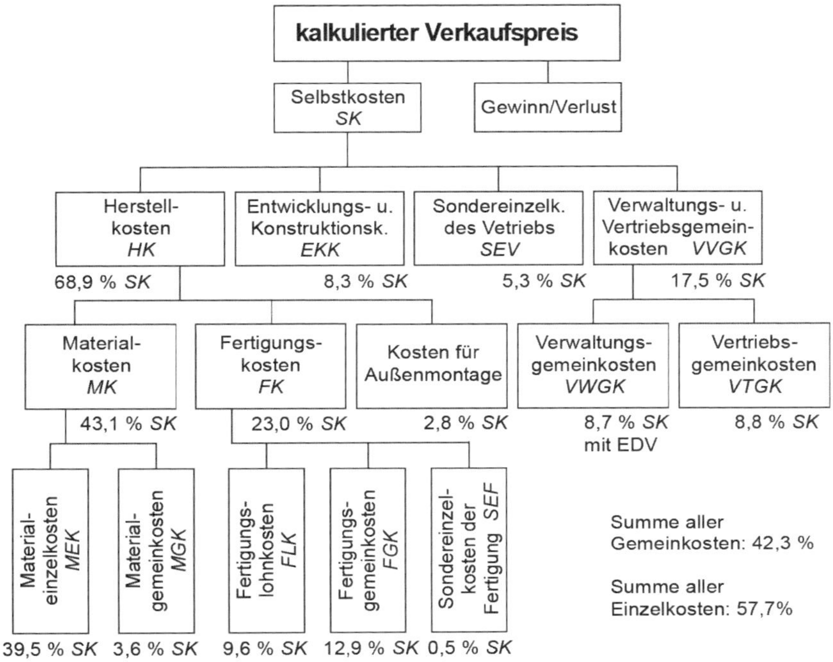

Bild 9.3 Kalkulationsschema des Maschinenbaus ohne Entsorgungskosten (differenzierte Zuschlagskalkulation, Prozentzahlen von 2002 in VDMA 2006) [3/9]

Es sei angemerkt, dass es Entscheidungssituationen beim Kostensenken gibt, die durch die betriebliche Kostenrechnung nicht genügend genau berücksichtigt bzw. nicht ausreichend unterstützt werden. Zum Beispiel müssen bei der Entscheidung über Eigen- oder Fremdfertigung die **fixen und variablen Kosten** getrennt ausgewiesen werden. Bei Produkten mit unterschiedlicher Stückzahl und Baugröße führt die Verrechnung der Konstruktionskosten nur mit einem Gemeinkostenzuschlagssatz auf die Herstellkosten zu Fehlern. Gerade solche Fälle können im Sinne dieses Buches nur durch die integrierte Zusammenarbeit aller an der Produktentwicklung Beteiligten gelöst werden. Ansätze solche Gesichtspunkte stärker in der Kostenrechnung zu berücksichtigen bietet z. B. die **Prozesskostenrechnung** (Kapitel 9.4.2) [9/9; 10/9]. – Ebenso werden die Logistikkosten (z. B. bei der Verlagerung einer Firma, einer Fertigung ins billigere Ausland) oft ungenügend berücksichtigt.

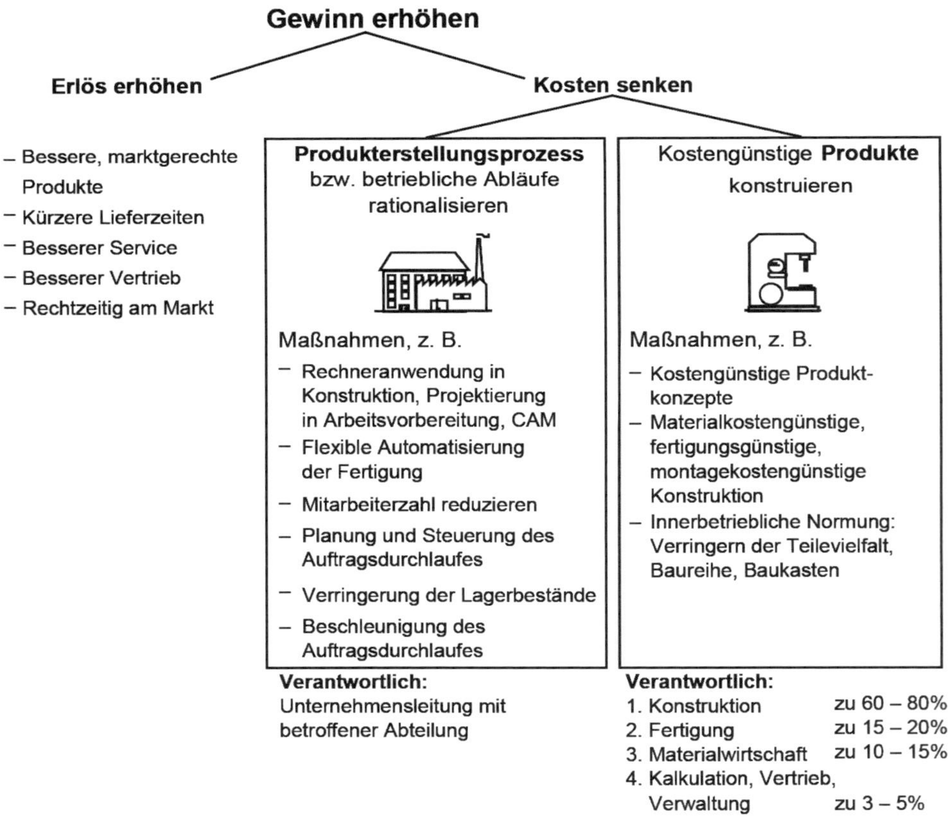

Bild 9.4 Die Stoßrichtungen zum Kostensenken im Unternehmen

Einen möglichst hohen **Gewinn** zu erwirtschaften ist ein Ziel eines Unternehmens (Bild 9.4). Das kann zum einen durch möglichst hohe Erlöse für die Produkte und zum anderen durch geringe Kosten für die Produkterstellung erreicht werden. Zum Kostensenken gibt es in jedem Unternehmen zwei grundsätzliche Wege:

- Die **Rationalisierung** der **betrieblichen Abläufe** im Produkterstellungsprozess (Bild 9.4 Mitte). Dieser Weg ist die übliche betriebliche Rationalisierung, für die die betroffene Abteilung verantwortlich ist. Denn Kosten fallen für alle Tätigkeiten in allen Abteilungen eines Unternehmens an. Dementsprechend müssen alle Mitarbeiter kostenbewusst arbeiten. – Es gibt eine Reihe von Methoden, die Kosten im betrieblichen Ablauf zu senken [11/9]. **Personalreduzierung** ist die übliche schnell wirksame Kostensenkungsmaßnahme. Gerade die soll durch nachhaltiges **Produktkostensenken** reduziert werden.
- Die **Herstellkosten des Produkts** zu **senken** (rechts in Bild 9.4). Dies kann am wirkungsvollsten am Anfang der Produkterstellung durch eine Zusammenarbeit aller das Produkt beeinflussenden Abteilungen erreicht werden (Kapitel 4.4). Verantwortlich dabei ist die Konstruktion. Hilfsmittel dafür werden im Folgenden beschrieben.

9.1.3 Kostenverantwortung der Konstruktion

Wie aus Bild 9.5 hervorgeht, hat die Konstruktion die größte Produktkostenverantwortung, weil sie **60 bis 80 % der veränderbaren Kosten festlegt** [1/9]. Diese festgelegten Kosten entsprechen den entscheidungsrelevanten Kosten, also den Kosten, die durch Entscheidungen noch beeinflusst werden können. In der Konstruktion selbst **entstehen** demgegenüber nur relativ geringe Kosten (Kapitel 5.2.2.4). Es lohnt sich also, methodisch gut geschultes Personal in der Konstruktion zu konzentrieren. Sie ist das Herz des Unternehmens, denn hier entstehen die Produkte, von denen das Unternehmen lebt. Welcher Methodeneinsatz je nach zu erwartendem Umsatz gerechtfertigt ist, wird aus Bild 3.59 deutlich.

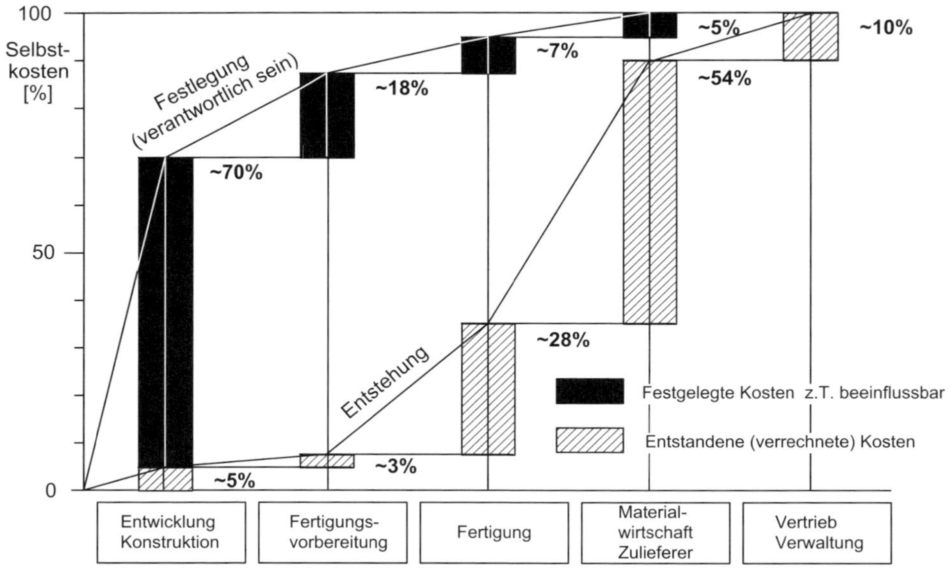

Bild 9.5 Kostenfestlegung und Kostenentstehung in den Unternehmensbereichen (nach BMW). Der Kostenanteil von E & K ist mit 7 % im allg. Maschinenbau höher als 5 % im Fahrzeugbau. (Nach VDMA 2001 [41/5]; ohne EDV-Kosten)

9.1.4 Probleme beim Kostengünstigen Konstruieren

Im Gegensatz zur hohen Kostenverantwortung stehen oft das eher dürftige Kostenwissen und die mangelhafte Kostenberücksichtigung beim Konstruieren. Das hat viele Ursachen, von denen einige im Folgenden aufgelistet werden:

- Die traditionelle **Trennung von Technik und Betriebswirtschaft** in den Unternehmen: „Technik ist Sache der Ingenieure – Kosten sind Sache der Kaufleute!“ Im Gegenteil: **Es gibt keine rein technischen Entscheidungen beim Konstruieren!** (Bild 4.24). Jede angeblich „nur technische Entscheidung“ hat u. U. große Kostenauswirkungen. Die Trennung ist schädlich und verursacht hohe Kosten. Das **Produkt ist ein Ganzes**! Auch in der Ausbildung ist diese Trennung Technik/Betriebswirtschaft vorhanden. In technischen Studiengängen werden nur vereinzelt und viel zu wenig betriebswirtschaftliche Grundlagen vermittelt.
- **Kosten sind „geheim“**. Aufgrund der Trennung von Technik und Betriebswirtschaft und weil die Kosten eine Grundlage der Preisermittlung sind, werden sie oft als „Verschlusssache“ eingestuft. Dieser Standpunkt ist falsch, denn **ohne Kostenwissen kann nicht kostengünstig konstruiert werden!** Selbstverständlich müssen Konstrukteure die Kostendaten vertraulich behandeln.
- **Kosten** und die Kostenrechnungsverfahren **sind betriebs-** und **entscheidungsabhängig**. Kosten können nicht wie physikalische Gesetzmäßigkeiten und Fes-

tigkeitswerte allgemeingültig erarbeitet und dargestellt werden. Sie sind von Unternehmen zu Unternehmen aus den verschiedensten Gründen unterschiedlich. Hier hilft die innerbetriebliche Schulung und Zusammenarbeit. Weil Kostendaten vertraulich und betriebsspezifisch sind, sind auch alle Kostenangaben in diesem Kapitel in ihrer Höhe verfälscht, aber die Verhältnisse, z. B. Material- zu Fertigungskosten, sind realistisch.

- **Kostendaten weisen** überbetrieblich so **große Streuungen auf**, dass sie in jedem Unternehmen wieder neu ermittelt werden müssen. Eine wesentliche Ursache für diese Streuungen sind unterschiedliche Zeitfestlegungen der Fertigungsvorbereitung, wie Bild 9.6 am Beispiel eines Zahnrades mit 200 mm Durchmesser zeigt. Es wurde von 12 Firmen (A-M) der Antriebstechnik bei gleichen technischen Bedingungen und gleichem Arbeitsplan kalkuliert. Die Herstellkosten streuen wie 1:3,5, die Fertigungskosten wie 1:5,9, die Materialkosten wie 1:2. Diese Streuungen lassen sich nicht mit unterschiedlichen Fertigungseinrichtungen erklären, denn bei den schraffierten Balken wurde für den Arbeitsgang Zahnfräsen nicht nur der gleiche Arbeitsplan, sondern sogar die gleiche Wälzfräsmaschine Pfauter P400 benutzt, ohne dass die Abweichungen kleiner wurden [12/9]. Bei den anderen Arbeitsgängen und bei anderen Produkten ergaben sich ähnliche Abweichungen.

  Aus Bild 9.6 ergeben sich für die Konstruktion folgende Ansatzpunkte, um Kosten zu senken:

  - Es ist meist noch „Luft“ in der Fertigung, der Montage und dem Einkauf. Man weiß es nur nicht.
  - Im Anbetracht der Streuungen sollte nicht alles als gegeben hingenommen werden: Es gibt immer noch eine günstigere Möglichkeit.
  - Vorkalkulationen sind nur begrenzt genau. Bei der Kalkulation von gleichen Objekten in derselben Firma, aber durch unterschiedliche Kalkulatoren, ergaben sich Streuungen wie 1:2 [13/9]!

- Die übliche **Kostenrechnung hat andere Ziele, als das Kostengünstige Konstruieren**: Lohnabrechnung, centgenaue Verrechnung der Kosten usw. Sie ist daher für schnelle Übersichten und Auswertung unter Konstruktionsgesichtspunkten wenig geeignet. Die Daten müssen entsprechend aufbereitet werden [1/9, 14/9].
- Wie die vorangegangenen Punkte zeigen, ist eine Zusammenarbeit und Schulung notwendig. Das **kostet Geld** und **Zeit**. Deshalb ist die Unterstützung durch die **Geschäftsleitung** unbedingt erforderlich. Da sich der Erfolg „nicht rechnen“ lässt, fehlt häufig diese Unterstützung (Kapitel 5.2.2.3). Die Geschäftsleitung ist gefordert, die entsprechenden Maßnahmen zu genehmigen, einzuleiten und zu unterstützen. Es ist nötig, dass sich der einzelne Konstrukteur vornimmt, die Kosten bei seiner Arbeit mehr zu berücksichtigen, aber es reicht nicht aus. Kostensenken ist eine **Gemeinschaftsaufgabe** (siehe Target Costing, Kapitel 9.3.3).

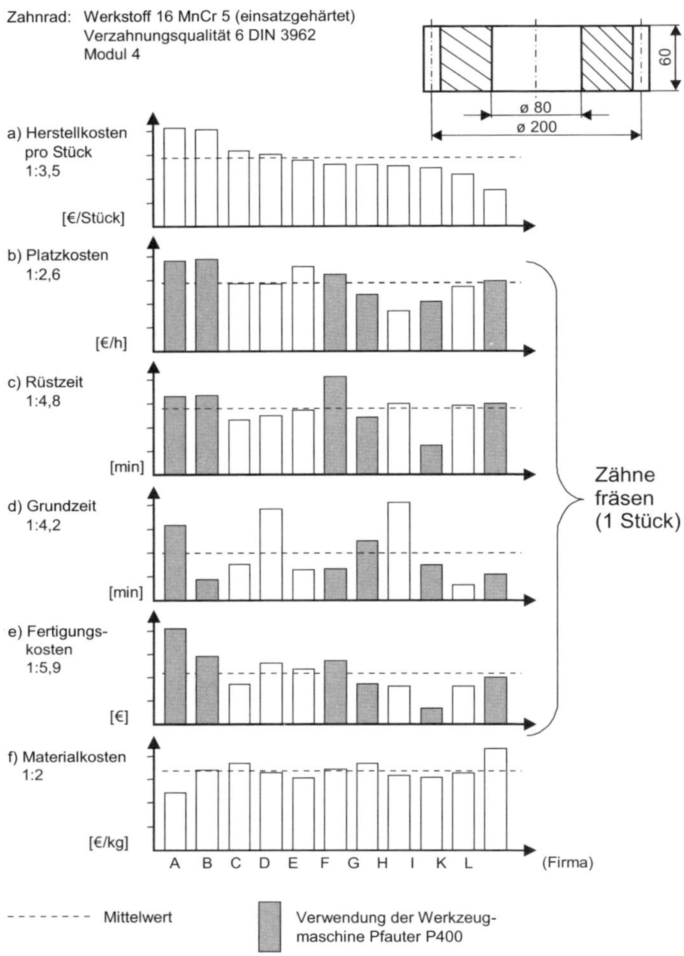

Bild 9.6 Kostenunterschiede bei einem von 12 Firmen der Antriebstechnik kalkulierten Zahnrad (Zeichnung, Arbeitsplan und Kalkulationsformular in allen Firmen gleich)

- Die traditionelle Kostenrechnung baut auf vollständigen Zeichnungen auf. Erst daraus werden der Arbeitsplan erstellt und die Kosten berechnet. Im Laufe des Konstruktionsprozesses sind aber die **Unterlagen nicht vollständig**, oft liegen nur Skizzen vor. Dann ist die **Kostenbeurteilung** notgedrungen schwierig und **ungenau**. Das muss in Kauf genommen werden. Ungefähre Kostenangaben sind in dieser Phase besser als keine.

Diese Problemliste kann noch fortgesetzt werden. Wichtig ist, dass Kosteninformationen in die Konstruktion einfließen, sonst kann nicht kostengünstig konstruiert werden. Als eine Grundvoraussetzung zum Kostengünstigen Konstruieren muss der Konstrukteur neben einem Kostenziel über ein bestimmtes Kostenwissen, d. h. Grundkenntnisse der wichtigsten Kostenbegriffe und Kalkulationsverfahren, sowie Kostendaten, z. B. Kosten von Werkstoffen und Kostenstrukturen der konstruierten Produkte, verfügen.

9.1.5 Einflussgrößen auf die Herstellkosten eines Produkts

Auf die Kosten eines Produkts wirken viele Einflussgrößen. In Bild 9.7 sind eine Reihe von ihnen als Beispiele aufgelistet. Das Bild zeigt, dass der Konstrukteur die meisten Einflussgrößen nicht allein festlegen kann. Er kann nur in Zusammenarbeit mit allen Abteilungen des Unternehmens, besonders mit der Fertigungsvorbereitung, Fertigung, Kalkulation, Einkauf und Vertrieb, kostengünstig konstruieren. Dies sollen die sich überschneidenden Kreise darstellen. Allerdings gibt es auch eine Reihe von Einflussgrößen auf die Kosten, die die Konstruktion und auch andere Abteilungen nicht beeinflussen können, z. B. Markt, Kapitalausstattung, politische Randbedingungen usw. Das sollte bei mancher Diskussion um zu teure Produkte, ihre Ursachen und die Verantwortung dafür, berücksichtigt werden.

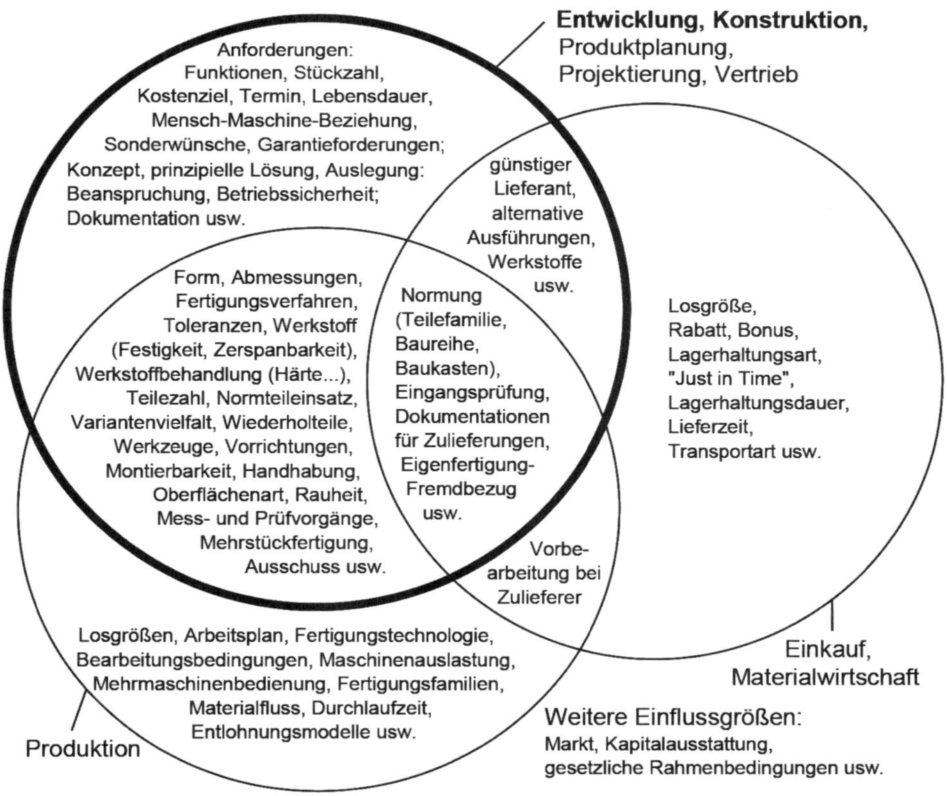

Bild 9.7 Beispiele für die Einflussgrößen auf die Herstellkosten und deren Überschneidung bei der Festlegung durch Abteilungen im Unternehmen (Kreisinhalte)

Aus der großen Zahl von Einflussgrößen auf die Herstellkosten (Bild 9.7) werden hier nur die Einflüsse von:

a) Anforderungen,

b) Konzept, Funktionsprinzip (ist meist am wirkungsvollsten, aber auch risikoreich!),

c) Baugröße,

d) Stückzahl

dargestellt. Im Kapitel 9.4 wird gezeigt, wie sich durch Variantenmanagement, Baureihen- und Baukastenkonstruktionen zum einen direkt die Herstellkosten, zum anderen aber auch die Konstruktions- und Verwaltungskosten senken lassen.

Die vielen Einflussgrößen auf die Herstellkosten in Bild 9.7 zeigen auch eine Schwierigkeit des Kostengünstigen Konstruierens auf: Es sind sehr viele Einflussgrößen zu berücksichtigen und diese beeinflussen sich wieder gegenseitig. So kann z. B. ein kostengünstigeres Material zu höheren Fertigungskosten führen, weil es sich schlechter bearbeiten lässt. Nur in wenigen Fällen können technische und kostenmäßige Abhängigkeiten in einer „Bemessungsgleichung" zusammengefasst werden [15/9].

a) Anforderungen

Die erste und entscheidende Festlegung im Produkterstellungsprozess ist die Festlegung der Anforderungen (Kapitel 7.3). Sie sind der Ausgangspunkt der Konstruktion; ihre Einhaltung bzw. Erfüllung steht im Mittelpunkt und ist immer wieder, spätestens bei den Freigaben, zu kontrollieren. Der Festlegung der Anforderungen ist nicht nur aus technischer Sicht, sondern genauso aus Kostensicht hohe Aufmerksamkeit zu schenken. Denn bereits durch die Anforderungen werden die Kosten weitgehend festgelegt. Ist durch die Anforderungen eine bestimmte Ausführung festgelegt, liegen auch die Kosten fest. Wird z. B. ein bestimmter Antriebsmotor vorgeschrieben, muss dieser genommen werden, die Suche nach einem günstigeren Lieferanten ist nicht möglich.

An der Festlegung der Anforderungen, intern bei der Festlegung des Pflichtenheftes, aber auch extern bei Auftragsgesprächen mit den Kunden, muss deshalb die Konstruktion beteiligt sein, wenn es sich nicht um Routineaufträge handelt (Kapitel 7.3.2 und Bild 7.28). Die Kosten werden dabei durch folgende Maßnahmen beeinflusst:

- Die frühzeitige Beteiligung der Konstruktion an der Festlegung des Pflichtenheftes bzw. an den Auftragsgesprächen wirkt im besten Sinne **integrierend**. Sie kann sich auf die kommenden Aufträge besser einstellen, die Motivation erhöht sich und die Durchlaufzeiten werden geringer.

- Es werden durch die Beteiligung der Konstruktion oft **„unnötige“, überzogene Anforderungen** oder Sonderwünsche erkannt und verhindert, z.B. nicht genormte Anschlüsse und Sonderprüfläufe.
- **Statt teurer Sonderkonstruktionen** kann häufig die eingeführte **Standardisierung**, können vorhandene Baureihen, Baukästen verwendet werden.
- Umgekehrt kann die Konstruktion oft **Kundenwünsche** ohne wesentliche Mehrkosten erfüllen. Sie bekommt außerdem mehr Wissen über die wirklichen Probleme der Kunden (Kapitel 4.4.3 und Kapitel 7.2).

Eine der **wichtigsten Anforderungen an das Produkt ist das Kostenziel selbst!** Es muss mit den anderen Anforderungen frühzeitig marktkonform festgelegt werden (Kapitel 9.3.3). Wird kein Kostenziel festgelegt und nur gesagt, man wolle kostengünstig arbeiten, sind zu hohe Kosten die Folge.

b) Konzept, Lösungsprinzip

Bild 9.8 zeigt am Beispiel eines **Schalters** [1/9], wie ein neues Konzept mit Teilezahlreduzierung und Einsatz neuer Werkstoffe und Fertigungsverfahren die Baugröße und die Kosten drastisch senkt: Der Folienschalter (nur für kleinere Ströme geeignet, ohne Druckpunkt) kommt mit der halben Teilezahl des elektromechanischen Schalters aus und ist nur rund 0,5 mm dick.

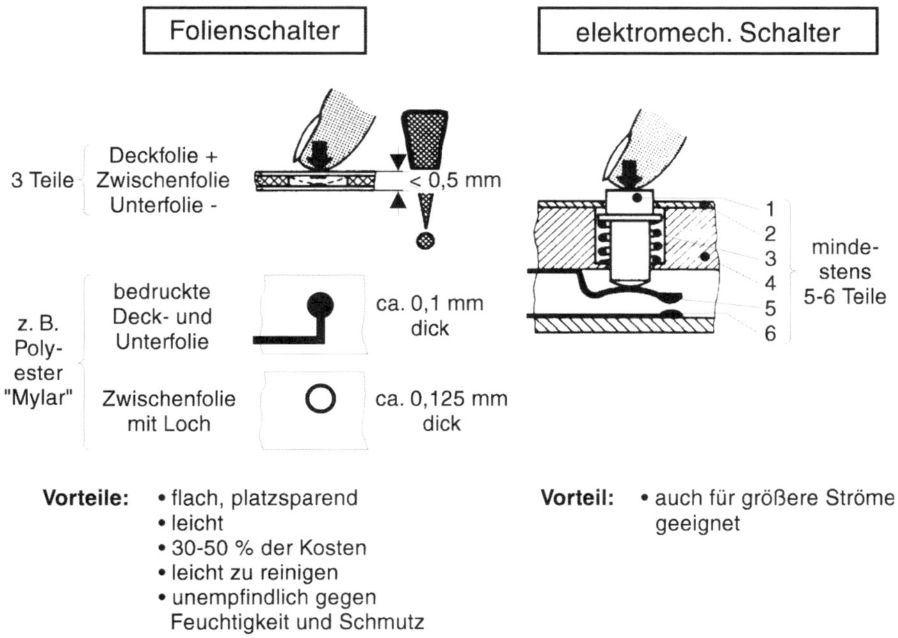

Bild 9.8 Einfluss des Konzeptes auf die Herstellkosten von Schaltern

Dies wurde durch **Funktionsvereinigung** (Kapitel 7.7.1) an der mit einem Leiter bedruckten Polyesterfolie möglich: Ihre Eigenelastizität erspart Druckknopf und Feder, die aufgedruckte Leiterbahn die Kontaktfedern. Die Kostensenkung wird noch größer, wenn durch größere Anwendungsbreite die Stückzahl steigt.

Ein weiteres Beispiel für den Konzepteinfluss ist in Kapitel 9.3.3.2 ausführlich dargestellt. Es zeigt, wie durch Änderungen des Antriebskonzeptes ca. 40 % der Herstellkosten bei dieser Baugruppe gesenkt werden konnten.

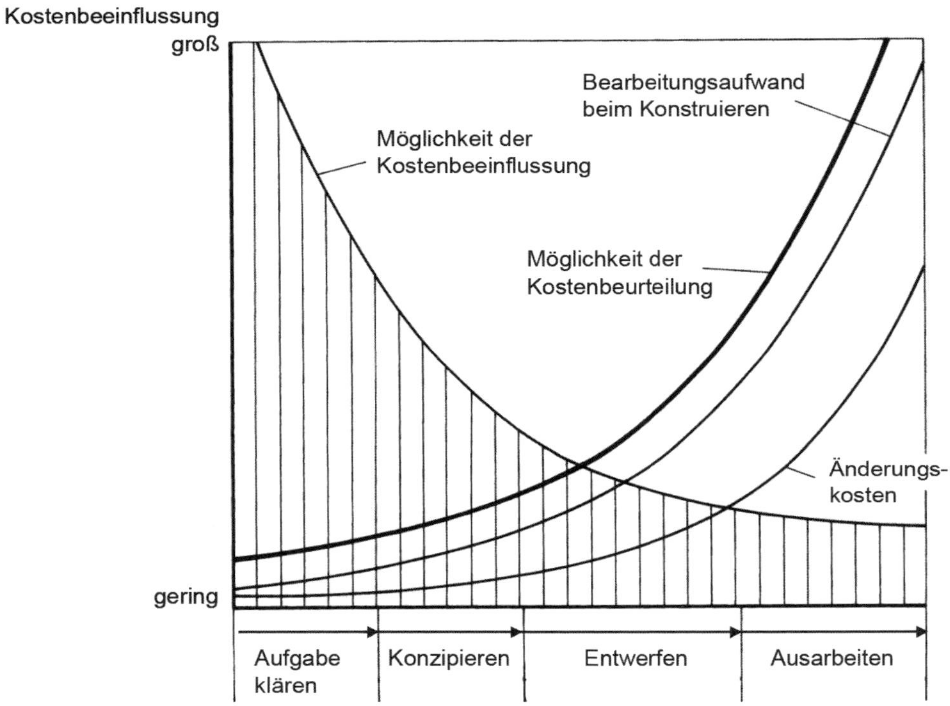

Bild 9.9 Die Möglichkeiten zur Kostenbeeinflussung und -beurteilung im Konstruktionsprozess sind gegenläufig. (Paradoxon der Konstruktion). Das gilt auch allgemein für Eigenschaftsfrüherkennung

Grundsätzlich gilt, dass die ersten Entscheidungen beim Konzipieren die größten Möglichkeiten zur Kostenbeeinflussung bieten (Bild 9.9). Leider ist zu diesem Zeitpunkt die Möglichkeit der Kostenbeurteilung am geringsten: Noch lassen sich Herstellkosten nicht rechnen, es sind ja nur Skizzen vorhanden. Wie soll gefertigt, montiert werden? Es bleibt in der Phase des Konzipierens nur übrig, die einzelnen alternativen Konzepte mit entsprechend großem Aufwand weiter zu bearbeiten, bis sich die Kosten berechnen lassen oder sich frühzeitig trotz Unsicherheit für ein Konzept zu entscheiden, das am kostengünstigsten scheint. Hier bewährt sich das

Gefühl bzw. besser: Die begründbare! Erfahrung des Konstrukteurs und die Zusammenarbeit mit anderen Abteilungen. – Das Paradox der Konstruktion gilt ganz allgemein: Immer am Anfang lassen sich die Produkteigenschaften am meisten beeinflussen. Aber gerade dann kann man am Wenigsten über die Auswirkung erkennen: man hat große Chancen, aber auch große Risiken. – Hier würde sich der digitale Rückfluss aus der Erfahrung mit früheren, ähnlichen Produkten („Front Loading“) bewähren, d. h. die Front, den Anfang, mit Informationen zu versorgen, die zur sachgerechten Entscheidung nötig sind. Und wenn es nicht direkt die Kosten sind, dann doch wenigstens Tendenz-Angaben oder Relativkosten.

Sich frühzeitig zu entscheiden, ist nicht nur wegen der Terminsituation, sondern auch wegen der Bearbeitungs- und Änderungskosten wichtig, die zum Ende des Konstruktionsprozesses (bzw. des ganzen Produktlebenslaufes) hin steil ansteigen. (Siehe auch „rule of ten“ Kapitel 7.8.1.1 a und Bild 3.61.)

c) Baugröße

Die Baugröße spielt, wie Bild 9.10 nach einer Untersuchung mit der FVA [12/9] an Zahnrädern zeigt, eine dominierende Rolle. Dies ist bekannt, denn **„Kleinbau“** gilt seit jeher als kostengünstig. Im Bild sind die Herstellkosten von Stirnzahnrädern in **Einzelfertigung** bei Teilkreisdurchmessern von 50 bis 1000 mm aufgetragen. Die grau markierten **Materialkosten** (einschließlich der nach Gewicht abgerechneten Wärmebehandlungskosten) wachsen mit der dritten Potenz der Abmessungen $\left(\approx \varphi_L^3\right)$. Ihr Anteil an den Herstellkosten beträgt bei 50 mm Durchmesser nur 0,5 %, bei 1000 mm dagegen 50 bis 60 %. Das ist an sich selbstverständlich, wird aber oft übersehen. Kleine Bauteile in Einzelfertigung müssen deshalb vor allem hinsichtlich ihrer **Fertigungskosten aus Rüstzeiten** betrachtet werden. Deren Absenkung ist wichtig, auch wenn dadurch mehr Materialkosten anfallen. Maßnahmen aus Kapitel 9.4.4 wirken dann kostensenkend. Bei großen Bauteilen steht dagegen die Absenkung der Materialkosten im Vordergrund. Eine Gleichung für die Berechnung der Herstellkosten für ähnliche Produkte, ausgehend von den Kosten eines Grundentwurfes, ist in Kapitel 9.2.3 angegeben.

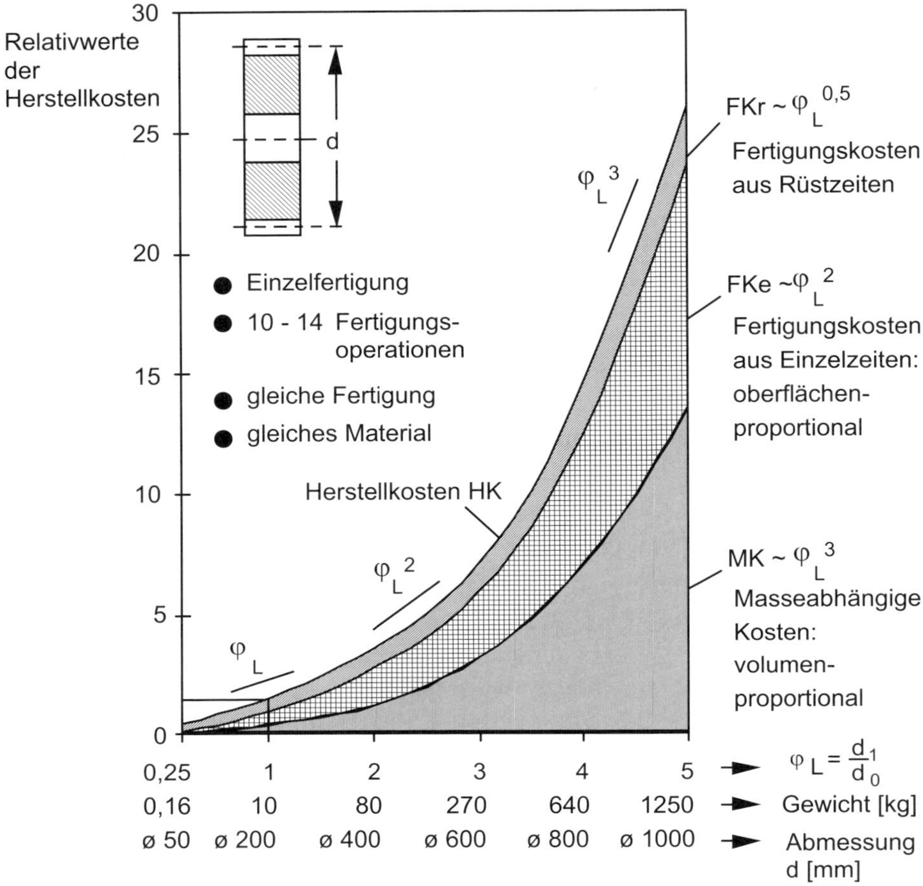

Bild 9.10 Anwachsen der Herstellkosten und ihrer Anteile über der Baugröße

d) Stückzahl

Produkte, die in größeren Stückzahlen gefertigt werden, haben geringere Kosten pro Stück als bei der Einzelfertigung. (Sogenannter „Skaleneffekt") Für diese Kostensenkung sind vor allem folgende **Ursachen** verantwortlich:

- Aufteilung einmaliger Kosten (z. B. Fertigungskosten aus Rüstzeiten, Modell- und Werkzeugkosten) auf eine größere Anzahl Produkte.
- Trainiereffekt, Wiederholarbeit geht zunehmend „leichter von der Hand". Bei Verdoppelung der Stückzahl ergeben sich jeweils 15 bis 30 % geringere Zeiten.
- Verwendung leistungsfähigerer Fertigungsverfahren.
- Optimierte Konstruktion (hinsichtlich Funktion, Festigkeit und Fertigung).
- Mengenrabatt im Einkauf.
- Weniger Ausschuss.

Die Abnahme der Herstellkosten pro Stück bei Stückzahlerhöhung zeigt Bild 9.11. Die Kostenstruktur bei Einzelfertigung entspricht Bild 9.10, wobei die Herstellkosten für die Fertigung bei Losgröße 1 zu 100 % (hk) gesetzt sind. Es zeigt die Verhältnisse von kleinen (d = 50 mm) bis zu großen (d = 1000 mm) Zahnrädern. Kleine Teile haben hohe Anteile von Fertigungskosten aus Rüstzeiten (fkr): Hier ca. 90 % bei Einzelfertigung. Das ergibt bei Losgröße 2 bereits eine Kostensenkung von 45 % pro Stück.

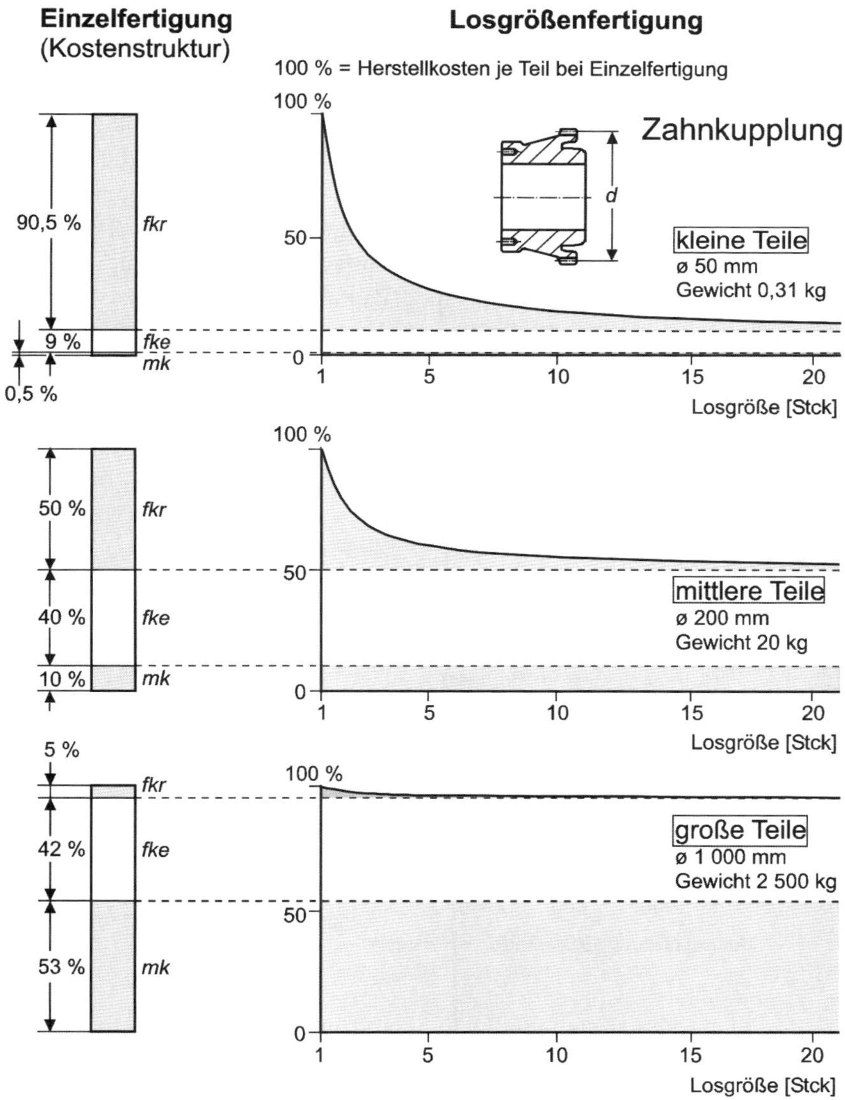

Bild 9.11 Verringerung der Herstellkosten mit der Losgröße

Bei großen Teilen verdrängen die Anteile aus Materialkosten (mk) und **Fertigungskosten aus Einzelzeiten** (fke) die Anteile der Fertigungskosten aus Rüstzeiten (fkr) so stark (z.B. nur noch 5%), dass eine Kostendegression fast nicht mehr stattfindet. Es kommt also insbesondere bei kleinen Teilen darauf an, durch **werkinterne Normung** (Baureihen, -kasten, Teilefamilien, Wiederhol-, Gleichteilbauweise) die produzierte Stückzahl zu erhöhen. Bei großen Teilen steht dagegen die Verringerung der Materialkosten und der Fertigungskosten aus Einzelzeiten im Vordergrund.

Bild 9.11 bezieht sich auf geringe Stückzahlen (1–20 Stück). Bei **Großserienfertigung** nähern sich die Kostenstrukturen dagegen auch für kleine Teile denen großer Teile an (Bild 9.11 unten). Die Materialkosten überwiegen. Die Fertigungskosten aus Rüstzeiten sowie die Sondereinzelkosten der Fertigung sind, obwohl sie als Summe nicht unerheblich sind (z.B. Kosten für Vorrichtungen und Transferstraßen), aufgeteilt auf das einzelne Stück, gering. Bild 9.12 zeigt die Abnahme der Fertigungskosten von Pkw-Motoren über der gefertigten Stückzahl pro Tag. Setzt man in die im Bild angegebene Formel eine Stückzahlverdoppelung ein ($n_2 = 2 \cdot n_1$), so sind die Fertigungskosten FK_2 rund 20% niedriger als die Fertigungskosten FK_1. Diese Kostensenkung ist als Durchschnittswert aus verschiedenen Untersuchungen bekannt [16/9, 17/9, 18/9].

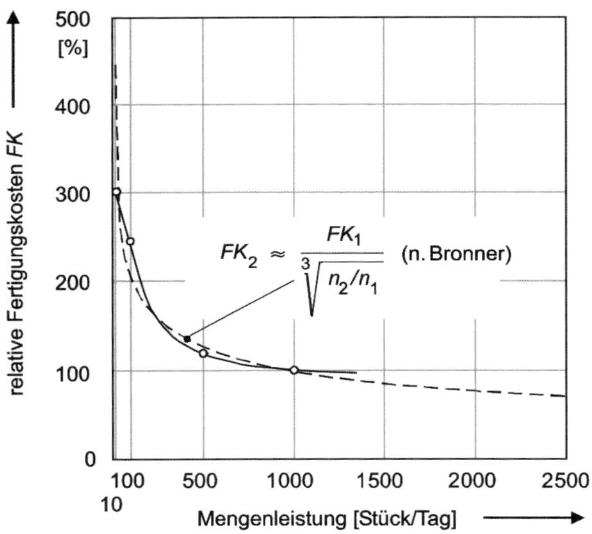

Bild 9.12
Fertigungskosten eines Pkw-Motors in Abhängigkeit von der Mengenleistung [16/9] (Formel vereinfacht)

Bild 9.13 zeigt den starken Kostenabfall von Solarstrom über einen relativ langen Zeitraum. Weil eine flexible, dezentrale, umweltfreundliche Stromquelle einen großen Anreiz für Investitionen in F&E und die Entwicklung neuer Produktionstechnologien darstellt, betragen nach 35 Jahren die Kosten für Solarmodule pro

Watt Peakleistung nur noch ca. ein hundertstel der ursprünglichen Kosten. Es könnte sein, dass in Zukunft Solarstrom mit anderweitig erzeugtem Haushaltsstrom konkurrenzfähig wird.

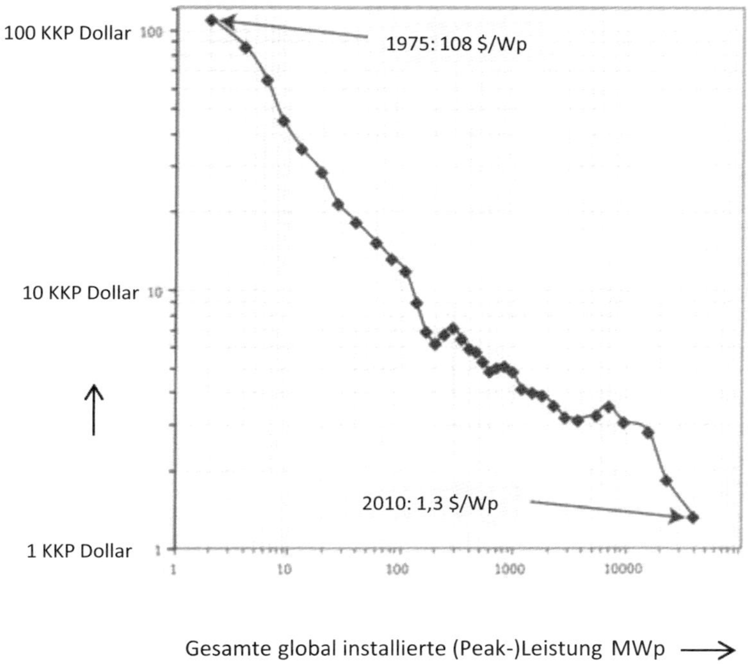

Bild 9.13 Kostendegression von Solarmodulen zwischen 1975 und 2010 durch den Einfluss von Stückzahl, Technologie, Marktgröße. Nach 35 Jahren waren die Kosten nur noch 1,2 % des Anfangswertes. (KKP Dollar = kaufkraftbereinigter Wert in US-Dollar bezogen auf 2005). Nach Randers [110/9]

9.2 Vorgehen: zielkostengesteuertes Konstruieren (Target Costing)

Den **üblichen Ablauf** der Kostenberücksichtigung beim Konstruieren zeigt Bild 9.14 in einer „Regelkreisdarstellung". Nach Festlegung der Anforderungen, oft ohne Angabe eines Kostenziels, wird konstruiert (**Synthese**). Für die **Kostenanalyse**, die Beurteilung der Kosten, stehen dem Konstrukteur keine Hilfsmittel außer seinem Gefühl bzw. seiner Erfahrung zur Verfügung. Er kann die Kosten nicht selbst früh berechnen und gezielt beeinflussen. Er muss den **„langen" Regelkreis** mit großer Totzeit abwarten, bis in der Fertigungsvorbereitung bzw. Kalkulation die Kosten kalkuliert werden. Wenn die dort ermittelten Kosten zu hoch sind, muss der Konstrukteur, wenn er Zeit hat, die Zeichnungen ändern und sie wieder in die Fertigungsvorbereitung und Kalkulation geben.

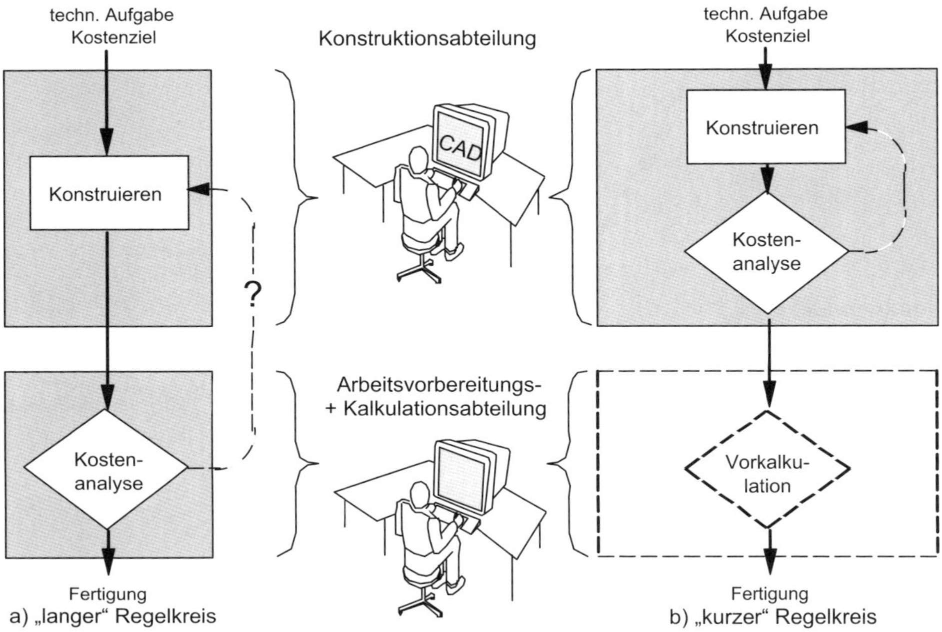

Bild 9.14 a) Kostenanalyse nach der Konstruktion ist ungünstig. b) Besser simultan Konstruieren und Kalkulieren bzw. Kosten schätzen

Das nochmalige Überarbeiten eines Produkts ist fast nur in der Serienfertigung möglich, wo die Entwicklungszeiten lang sind (auch dort müssen sie immer kürzer werden). In der Einzel- und Kleinserienfertigung dagegen erfolgt oft noch nicht einmal die Rückmeldung der Kosten. Denn was sollte der Konstrukteur auch für Konsequenzen daraus ziehen: Es ist zu viel Zeit seit der konstruktiven Bearbeitung des betreffenden Auftrages verstrichen. Er arbeitet schon längst an einem anderen Auftrag; außerdem sind die Engpassteile und das Rohmaterial aus Lieferzeitgründen schon längst bestellt. Es ist also praktisch nichts mehr veränderbar. Der notwendige Regelkreis zwischen der Synthese von Lösungen und deren Kostenanalyse findet nicht statt (Bild 9.14). Um diesen Zustand zu verbessern, darf die Kostenermittlung nicht erst nach Abschluss der Konstruktion und Erstellen der Fertigungszeichnungen erfolgen, sondern muss unmittelbar am Konstruktionsarbeitsplatz durchgeführt werden. Durch die **mitlaufende Kalkulation** muss eine **Kostenfrüherkennung** (Kapitel 4.2.3.1) erfolgen. Die Kosteninformation muss „nach vorn“ in die Produktentwicklung geholt werden. Dann werden Bearbeitungszeit und Änderungskosten für Zeichnungen gespart. Es entsteht ein **„kurzer" Regelkreis** („Front Loading") (Bild 9.14).

Wie kann der lange, häufig genug nicht vorhandene Regelkreis in einen kurzen Regelkreis überführt werden? Es müssen **Hilfsmittel für die Kostenfrüherkennung** in der Konstruktion [1/9; 69/9] geschaffen werden. Solche „Hilfsmittel" können beratende Personen sein, Informationen auf Papier bzw. durch EDV oder auch Job-Rotation.

Das Festigkeitsgerechte Konstruieren kann als Analogie zum Kostengünstigen Konstruieren aufgefasst werden. Bild 9.15 zeigt mit Beispielen zu den Schritten des Vorgehenszyklus (Bild 3.32) die Gemeinsamkeiten im Ablauf bei unterschiedlichen Inhalten. Es ist beim Festigkeitsgerechten Konstruieren ganz selbstverständlich, dass ein klares Ziel erforderlich ist. Ferner wird erst mit Regeln, „Daumenformeln" usw., ein Vorentwurf erarbeitet, der dann mit detaillierten Rechenverfahren genau nachgerechnet und optimiert wird (Strategie II.2). Genau so muss auch das Kostengünstige Konstruieren ablaufen. Dieses Beispiel zeigt auch, dass mit überschlägigen Festigkeitsrechnungen nur entsprechend unsichere Auslegungen erfolgen können, bei den Kosten ist das nicht anders!

	Festigkeitsgerechtes Konstruieren	**Kostengünstiges Konstruieren**
I Aufgaben und Vorgehen klären	Geforderte Leistungen, Drehmomente, Lasten usw. festlegen. Vorhandene Konstruktionen analysieren.	Kostenziel für das Produkt, für Bauteile, Fertigungsverfahren usw. festlegen. Vorhandene Konstruktionen analysieren.
II Lösungen suchen	Mit Regeln zum festigkeitsgerechten Konstruieren, Kraftflussvorstellungen, Erfahrungen usw. neue Lösungen suchen.	Mit Regeln zum kostengünstigen und fertigungsgerechten Konstruieren, Erfahrungen usw. neue Lösungen suchen.
III Lösung auswählen	Auslegungsrechnung, detaillierte Nachrechnung der Festigkeit (Konstrukteur selbst oder Berechnungsabteilung).	Kostenschätzung durch den Konstrukteur bzw. Team, genaue Kalkulation durch Fertigungsvorbereitung und Kalkulation.

Bild 9.15 Analogie Festigkeitsgerechtes und Kostengünstiges Konstruieren

Zur Unterstützung des Kostengünstigen Konstruierens zeigt Bild 9.16 einen Ablauf, der aus dem Vorgehenszyklus (Bild 3.32) entwickelt wurde. Die Grundschritte sind um Teilschritte speziell für das Kostengünstige Konstruieren ergänzt.

Im **Grundschritt I** Aufgabenklärung (Kapitel 7.3 und Kapitel 9.2.1) ist nach der Teambildung neben den technischen Forderungen unbedingt ein **Kostenziel festzulegen.** Dieses muss auf Funktionen oder Baugruppen, u. U. bis auf Bauteile und

Kosten für Fertigungsoperationen, aufgeteilt werden. Dann sind **Schwerpunkte und Kostensenkungspotenziale** aus einer Kostenanalyse des Vorgängerprodukts oder ähnlicher Produkte des eigenen Unternehmens und von Konkurrenzprodukten zu suchen und darauf aufbauend die Aufgabe und das Vorgehen detailliert vorzugeben.

Darauf erfolgt im **Grundschritt II** die **Suche nach mehreren Lösungen** oder Teillösungen (Kapitel 9.2.2). Die Suche nach mehreren Lösungen ist notwendig, weil man nicht sicher sein kann, ob die erste gefundene Lösung auch die kostengünstigste ist. Bei Grundschritt II „Lösungssuche“ wurden mit den Teilschritten II.1 bis II.5 Vorschläge zum Kostensenken eingefügt, die aus einer Untersuchung von Wertanalysen an 135 Produkten aus 42 Firmen [20/9] abgeleitet sind (s. a. Bild 9.20).

Am besten parallel zur Lösungssuche, spätestens im Anschluss daran, sind im **Grundschritt III** die **Kosten der gefundenen Lösungen** zu ermitteln bzw. abzuschätzen (Kapitel 9.2.3), damit die kostengünstigste ausgewählt werden kann. Wenn das Kostenziel nicht erreicht wird, sind aus der Kalkulation neue Hinweise auf Kostenschwerpunkte und Änderungsmöglichkeiten abzuleiten und erneut im Grundschritt II Lösungen zu suchen, oder sogar im Grundschritt I die Forderungen neu zu klären oder mit dem Auftraggeber zu verändern. (Bild 9.17, Bild 9.31)

Im Bild 9.16 wird nur auf Kostengesichtspunkte eingegangen. Deshalb sei hier darauf hingewiesen, dass natürlich alle Anforderungen bei der Lösungssuche und auch bei der Auswahl berücksichtigt werden müssen. Es ist möglich, die Schritte zum Kostensenken den Arbeitsabschnitten des Vorgehensplans (Bild 6.12) oder anderen Vorgehensplänen [21/9], auch dem der Wertanalyse (Kapitel 9.3.2), zuzuordnen, z. B. die Teilschritte II.1 und II.2 dem Konzipieren und die Teilschritte II.3 bis II.5 dem Entwerfen. Das muss angepasst an den Einzelfall flexibel geschehen. Die Inhalte der Grundschritte und Hilfsmittel dazu werden in den Kapiteln 9.2.1; 9.2.2 und 9.2.3 weiter erläutert.

Grundschritte	Teilschritte zur Kostensenkung	Informationen u. Hilfsmittel
1 **Aufgaben klären, Forderungen formulieren**	1.1 **Kostenziel** , Wirtschaftlichkeitsziel (Lebenslauf-,Selbst-, Herstellkosten→**Chef** 1.2 Analyse ähnlicher Maschinen, **Kostenstruktur** nach Produkt-Gesamtkosten und/oder nach Herstellkosten bezogen auf Bauteile, Funktionen (z.B. Material-, Fertigungskosten aus Einzelzeiten, Rüstkosten), Fertigungsverfahren, Fremd-, Eigenfertigung, werksinterner Normung... 1.3 Aufgabenstellung im Einzelnen → **Team** . Wo sind **Schwerpunkte** zum Kostensenken? Was (welche Baugruppen) kann geändert werden, was nicht? **Kostenziel aufteilen.** 1.4 **Tendenzangaben** , Regeln zum Kostensenken im Schwerpunkt	Marktvolumen, Eigenanteil Konkurrenz-Produkte, -Preise, Liefertermine, Vertriebsweise, Leistung, Sicherheit Zeichnungen, Stücklisten, Arbeitspläne, -Zeiten, Kosten, Kostenstrukturen, ABC-Analysen
2 **Lösungssuche, Alternativen für Vorentwurf suchen**	2.1 **weniger/** mehr **Funktionen?** 2.2 anderes **Prinzip** (Konzept) bei Nebenfunktionen? Baugrößen-Verringerung? 2.3 **andere Gestaltung** weniger Teile? **werksinterne Normung:** Gleichteile, Wiederholteile, Teilefamilien, Baureihe, Baukasten 2.4 **Material:** weniger Material? Abfall? Kostengünstigeres Material? Norm- ,Serienmaterial, Kaufteile? 2.5 **Fertigung:** andere Verfahren? Weniger Fertigungsgänge? Andere Vorrichtungen... Betriebsmittel? Weniger Genauigkeit? Eigen- oder Fremdfertigung? Montagevarianten? } **Team**	Kundenwünsche Informationen aus Teamarbeit (Konstruktion, Fertigung, Einkauf, eventuell Verkauf, Projektierung) für alternative Lösungen Kostenwissen: Regeln, Tendenzangaben, Ähnlichkeitsgesetze, Relativkosten, Grenzstückzahlen
3 **Lösungsauswahl**	3.1 Analyse und Bewertung der Lösungsalternativen **Kostenschätzung; Kostenkalkulation** 3.2 Auswahl einer Lösung } **Team, Chef**	Kostenschätzungen: Unterschiedskosten-Kalkulation, Kurzkalkulation, Ähnlichkeitsgesetze, Kosten von Wiederholteilen und Kaufteilen
4 **Durchführung der Konstruktion**	Kontrolle des Kostenziels → **Chef**	Vorkalkulation
5 **Fertigung und Versuch**		Nachkalkulation

Bild 9.16 Vorgehenszyklus zu Kostensenkung von Produkten

9.2.1 Ermittlung und Aufspalten des Kostenzieles

Zu einer vollständigen Aufgabenstellung gehört als eine der wichtigsten Forderungen auch die quantitative Festlegung der einzuhaltenden Kosten. Bei technischen Forderungen, wie übertragbares Drehmoment, erreichbare Lebensdauer oder zulässiges Geräusch, sind quantitative Angaben eine Selbstverständlichkeit – bei Kostenforderungen müssen sie es erst noch werden (Kapitel 4.1.7.2 und 9.3.3).

Unter einem **Kostenziel** versteht man die quantitative Vorgabe der bei der Herstellung oder beim Gebrauch eines Produkts einzuhaltenden Kosten. Die Angabe kann sich auf unterschiedliche Kostenarten beziehen, z. B. auf Herstell-, Betriebs-, Transport-, Wartungs- und Reparaturkosten oder insgesamt auf Lebenslaufkosten (life-cycle-costs). Das Kostenziel muss dabei vom Kunden, bzw. von den erzielbaren Marktpreisen abgeleitet werden (Target Costing Kapitel 9.3.3).

Die **Vorgabe, Verfolgung und Kontrolle des Kostenziels**, möglichst durch kompetente Vorgesetzte, hat einen zentralen Einfluss auf das Kostengünstige Konstruieren. Die Festlegung des Kostenziels und die dazu notwendige Kostenanalyse vor und nach dem Konstruktionsvorgang werden dadurch erzwungen. Der Konstrukteur selbst sollte immer die Angabe eines Kostenziels fordern, da er dann effektiver arbeiten kann und nicht nachträglich die erarbeitete Lösung als zu teuer verworfen wird. Der „Auftraggeber“ der Konstruktion (Geschäftsleitung, Verkauf, Projektierung, Konstruktionsleitung) muss allerdings das Kostenziel und auch notwendige Änderungen vertreten (Unterschrift in Anforderungsliste!).

a) Ermittlung des Kostenziels

Da jedes Produkt am Markt hinsichtlich seines Preises mit ähnlichen Produkten verglichen wird, kann zunächst ein Preisziel und dann daraus ein Kostenziel ermittelt werden. Vom erzielbaren Marktpreis wird auf die zulässigen Selbst- oder Herstellkosten heruntergerechnet (Bild 9.3, Bild 9.27). Es ist zweckmäßig, bei der Zielvorgabe nicht vom Mittelwert des durchsetzbaren Preises auszugehen, sondern von einem unteren Wert, da die Kosten im Verlauf der Entwicklung meist höher ausfallen als angestrebt und außerdem für den Markt ein Preisanreiz nötig ist und später mit einem Preisverfall während der Marktlebensdauer des Produkts gerechnet werden muss. Grundsätzlich kann das Kostenziel vom Markt, vom Wettbewerber oder aus dem eigenen Unternehmen heraus gefunden werden.

b) Aufspalten des Kostenzieles mit Hilfe von Kostenstrukturen

Das Kostenziel muss durch Vergleich der Kostenstrukturen von vorhandenen, ähnlichen Produkten **aufgeteilt** werden (Schätzung!), und zwar auf notwendige Teilfunktionen (Funktionskosten) oder auf die voraussichtlich entstehenden Baugruppen und -teile. Man erhält damit einen Überblick über die Rangfolge der kostenintensivsten Teilfunktionen bzw. Bauteile (ABC-Analyse, Bild 7.12). In erster

Näherung wird das Kostenziel entsprechend einer Vorläufer-Kostenstruktur gleichmäßig auf alle Baugruppen verteilt. Jedes Bauteil muss nach Möglichkeiten überprüft werden, ob und wie diese Kostensenkung erreicht werden kann (Kostensenkungspotenziale suchen). Dabei wird es Baugruppen geben, an denen eine Kostensenkung nicht erreicht werden kann, weil z. B. aus Sicherheitsgründen Änderungen nicht möglich sind. Dann muss das Kostenziel für andere Baugruppen entsprechend verändert werden. Wichtig bei der Aufteilung des Kostenziels und der Suche nach Kostensenkungspotenzialen ist, nicht nur an konstruktive Änderungen zu denken, sondern auch den Einkauf, die Fertigung usw. zu berücksichtigen. Nicht nur die Kostenziele, sondern auch die Kostensenkungspotenziale und die Verantwortlichen für ihre Erreichung sind festzuhalten (Kapitel 7.3.7: Kreative Klärung).

Das Kostenziel insgesamt, mindestens aber die Teilzielkosten, z. B. für bestimmte Baugruppen müssen mit den zuständigen Konstrukteuren ermittelt und vereinbart sein, sonst besteht das Risiko, dass unrealistische Ziele festgelegt werden und die Motivation fehlt, sie zu erreichen. Beim Konstruieren geht man zweckmäßigerweise zuerst von den kostenintensivsten Teilen aus.

Kostenstrukturen sind nicht nur für die Aufteilung des Kostenziels, sondern ganz allgemein zum Auffinden der wesentlichen Kostenschwerpunkte ein hervorragendes Hilfsmittel. Sie bewahren davor, „den Wald vor lauter Bäumen nicht mehr zu sehen“ und sich z. B. mit den Kosten für Schrauben von einigen Euro zu beschäftigen, wenn andererseits änderbare Materialkosten von einigen tausend Euro anstehen.

Kostenstrukturen lassen sich nach verschiedenen Gesichtspunkten aufstellen, z. B.:

- Kosten für Anforderungen,
- Kosten für Produkteigenschaften bzw. -merkmale (z. B. Kosten für geringe Wartung und geringes Geräusch),
- Kosten für Produktfunktionen (z. B. Mischen, Antreiben, Entleeren: „Funktionskosten“),
- Kosten für Baugruppen und Bauteile (Bild 9.17, Bild 9.31),
- Material- und Fertigungskosten (Bild 9.22),
- Fertigungskosten bezüglich einzelner Arbeitsgänge (Bild 9.22),
- Fertigungskosten aus Rüst- und Einzelzeiten (Bild 9.17, Bild 9.31),
- fixen und variablen Kosten,
- Anteilen an den Lebenslaufkosten (life-cycle-costs) usw.

So entnimmt man z. B. der Kostenstruktur eines Turbinengetriebes in Bild 9.17, dass Gehäuse, Rad und Ritzelwelle bereits 75 % der Herstellkosten aller Teile ausmachen (A-Teile im Sinne der ABC-Analyse, Bild 7.12). Es ist also zunächst wichtiger, sich um die kostengünstige Gestaltung des Gehäuses zu bemühen, als z. B. um die der berührungslosen Wellendichtringe. Ebenso ist zu sehen, welch hohen Materialkostenanteil Rad und Radwelle haben (ca. 45 % der Herstellkosten). Daraus kommt die Anregung, den teuren Nitrierstahl 31CrMoV9 durch den nur ca. ein Drittel kostenden Einsatzstahl 16MnCr5 zu ersetzen (Bild 9.19).

Turbinengetriebe in Einzelfertigung

Leistung	10 000 kW
Drehzahl	9 000/3 000 min^{-1}
Achsabstand	450 mm
Gewicht	2 500 kg

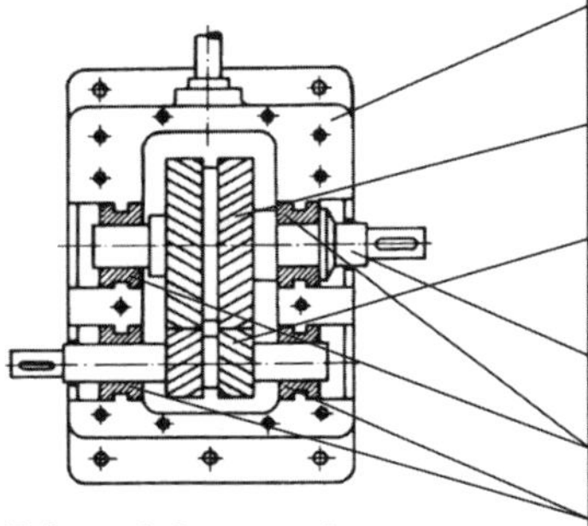

Erkenntnisse und Folgerungen: z. B.
- GG-Gehäuse teuer
  - fertigungsgerechter Konstruieren
- Radmaterial wegen Nitrierfähigkeit teuer
  - einsatzhärten?
  - nur Ringe auf Welle aufschrumpfen?
- Materialkosten machen rund die Hälfte der Herstellkosten der bearbeiteten Teile aus --> Materialkosten sparen

Kostenstruktur des Getriebes nach Bauteilen			**Kostenstruktur der Bauteile nach Kostenarten**		
Teil	€	*HK*	*MK*	*Fke*	*Fkr*
Gussgehäuse (GG)	23 160	28 %	68 %	24 %	8 %
Rad (31 CrMoV 9)	21 560	26 %	44 %	46 %	10 %
Ritzelwelle (15 CrNi 6)	17 400	21 %	26 %	49 %	25 %
Radwelle (C 45 N)	11 550	14 %	45 %	45 %	10 %
2 Radlager	4 110	5 %	Kaufteile		
2 Ritzellager	3 320	4 %	Kaufteile		
2 Dichtungen 2 Deckel	1 340	1,6 %	Kaufteile		
Rohrleitungen	360	0,4 %	Kaufteile		
Herstellkosten der Teile	**82 800**	**100 %**	**53 %**	**35 %**	**12 %**
Montage	9 040				
Probelauf	4 920				
Fertigungs-risiko	8 210				
Gesamte *HK* des Getriebes	104 970				

Gussgehäuse: *MK* einschließlich Modellkostenanteil

Bild 9.17 Kostenstruktur eines Turbinengetriebes (nach Bauteilen und Kostenarten; Werkstoff C 45 N hat nach Norm EN 10027-1 die Bezeichnung 1 C45 TN)

Eine Kostenstruktur lässt sich auch nach den **Funktionskosten** der Wertanalyse (Kapitel 9.3.2) aufstellen. Man erkennt daran, dass u. U. die Kosten für Nebenfunktionen die für Hauptfunktionen weit übersteigen. Dies kann Impulse geben, die Nebenfunktionen möglichst zu reduzieren.

Kostenstrukturen der wichtigsten Produkte sollten wenigstens die maßgebenden Konstrukteure vorliegen haben. So werden die Produkte „kostentransparent". Beim Konstruieren sind Kostenstrukturen nach Bauteilen und Arbeitsgängen nützlich, um ganz konkrete Hinweise zum Kostensenken zu erkennen. Sie liefern dem Konstrukteur robuste und verständliche Kosteninformationen [14/9; 22/9]. Meist gelten sie nicht nur für ein Produkt, sondern für eine ganze Reihe ähnlicher Produkte. Auch wenn sich die Kosten im Laufe der Zeit ändern, bleiben die Verhältnisse zueinander über längere Zeiträume konstant [1/9; 2/9; 23/9]. Anhand der Kostenstrukturen lassen sich während der Konstruktion auch kostenmäßige Auswirkungen von Änderungen leichter und genauer schätzen (Kapitel 9.2.3). Bei Vergleichen von Kostenstrukturen ähnlicher Produkte werden Unterschiede erkannt, die Hinweise auf zu teure Bauteile oder zum Kostensenken geben.

9.2.2 Suche kostengünstiger Lösungen

Bei der Lösungssuche (Grundschritt II) können Teilschritte (II.1 bis II.5) nach den beim Konstruieren festzulegenden Merkmalen: Funktion, Prinzip, Gestaltung, Material, Fertigung (Bild 9.16) abgeleitet werden. Zur Lösungssuche bei den Teilschritten können neben den Schritten und Hilfen der Methodik, die immer unter der Hauptforderung „geringe Kosten“ abgearbeitet werden können (Kapitel 6.5.2) und der Lösungssuche im Team speziell für das Kostengünstige Konstruieren folgende **Hilfsmittel** eingesetzt werden:

a) Suche nach Kaufteilen (siehe Bild 9.18), kaufbaren Funktionsträgern und Baugruppen (Kapitel 7.5.3) und nach Wiederhol- und Ähnlichteilen (Kapitel 9.4.4),
b) Relativkosten-Kataloge [1/9; 15/9],
c) Regeln [24/9; 25/9],
d) Checklisten [1/9; 26/9] (Kapitel 7.5.5.5),
e) Unterstützung des Konstrukteurs durch integrierte Rechnerwerkzeuge (Kapitel 9.3.4).

Die beste Wirkung erzielen alle genannten Hilfsmittel, wenn sie auf die speziellen Verhältnisse (Kostenrechnung, Produkte, Werkstoffe, Fertigungseinrichtungen usw.) der jeweiligen Firma abgestimmt und aktuell sind.

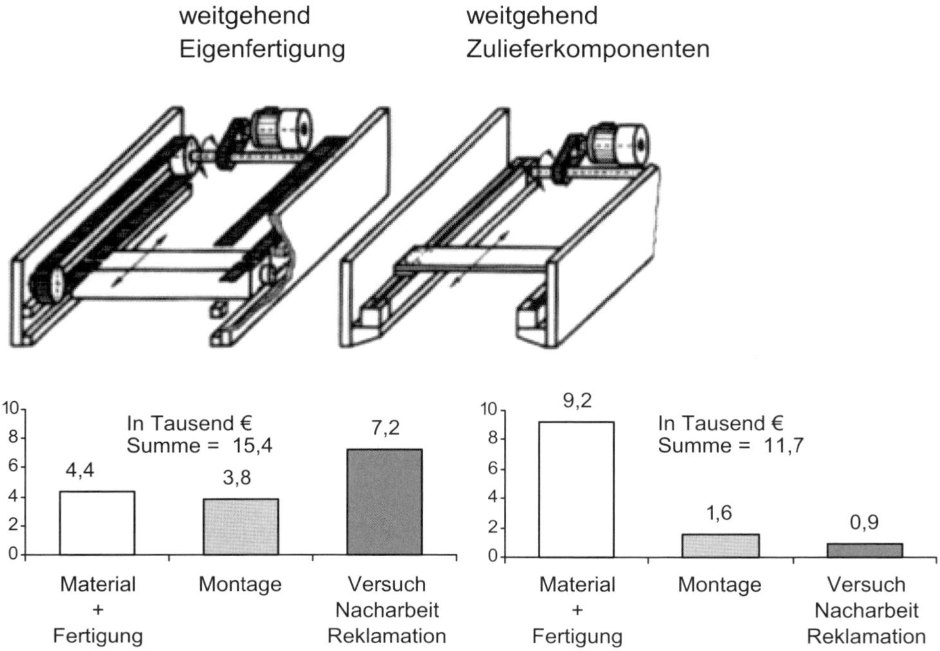

Bild 9.18 Vergleich der Eigenfertigung einer Schlittenführung (links) mit einer Lösung aus Zulieferkomponenten (rechts). – Herstellkosten links 15400, rechts 11700, also um 24% günstiger. (Nach Birkhofer [93/9])

a) Suchverfahren nach Kauf-, Wiederhol-, Ähnlichteilen und vorhandenen Lösungen.

Extern ganze Baugruppen von Zulieferanten entwickeln zu lassen ist in der Fahrzeug- und Flugzeugindustrie üblich (Outsourcing). Damit steigert man die Flexibilität und senkt die Kosten. Nach VDMA [36/5] ist der Zukaufanteil an den Herstellkosten heute weit über 50%. Firmenintern kann man am wirkungsvollsten Kosten senken, wenn man auf vorhandene eigene oder bekannte, kaufbare Lösungen zurückgreift. Bild 9.18 zeigt dies am Beispiel einer Schlittenführung. Sie müssen erst gar nicht konstruiert werden, sind zuverlässig und werden meist in größerer Stückzahl gefertigt und sind damit kostengünstiger. Neben der Verwendung von **Kauf- und Normteilen** leistet damit auch die **Wiederverwendung eigengefertigter** Teile einen großen Beitrag zur Kostensenkung. Sie wird im Weiteren besprochen.

In vielen Bereichen des Maschinenbaus machen Wiederholteile (gleiche Teile wie früher an anderen Produkten), Ähnlichteile oder „nahezu Wiederholteile" einen beachtlichen Prozentsatz der gesamten Teile eines Produkts aus. Ist eine durchdachte **Produktnormung** (Teilefamilien, Baureihen, Baukastensysteme) und ein Teilesuchsystem bzw. eine Baukastenstückliste vorhanden, so können bei Anpassungskonstruktionen 80 bis 90 % der Teile Wiederhol-, Ähnlich-, Kauf- oder Normteile sein und brauchen nicht mehr konstruiert werden. Es fallen keine neuen Verwaltungs- und Einführungskosten dafür an (Bild 9.43). Außerdem können die Herstellkosten des Produkts damit schon weitgehend abgeschätzt werden. Voraussetzung ist, dass die kalkulierten Kosten der Teile aktualisiert werden und auf dem Bildschirm abrufbar sind. Die Verfahren zur Suche von Wiederholteilen werden in Kapitel 9.3.4.2 erläutert.

Bei der Suche nach kostengünstigen Kaufteilen macht sich eine **enge Zusammenarbeit** der Entwicklung und Konstruktion einem **technisch orientierten Einkauf** schnell bezahlt. Wichtige Aufgaben sind z. B. die frühzeitige **Einbindung von Zulieferanten** in Kostensenkungsteams, die Aufbereitung von Preisinformationen für Entwicklung und Konstruktion und die rechtzeitige Beschaffung von Zuliefererinformationen.

b) Relativkosten-Kataloge

Relativkosten werden gebildet, indem man die Kosten von Baureihen, Werkstoffen, Fertigungsverfahren usw. auf die Kosten einer Basis bezieht.

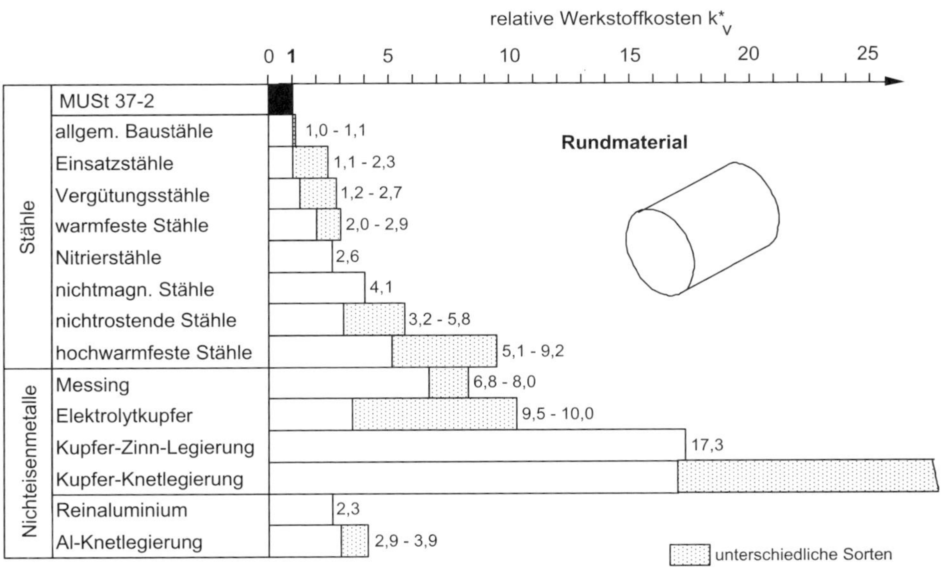

Bild 9.19 Relative Werkstoffkosten für Rundmaterial (volumenbezogen, nach VDI 2225 [15/9]; der Werkstoff MUSt 37-2 heißt nach EN 10027-1 neu S235 JRG1)

Bild 9.19 zeigt als Beispiel einen kleinen Auszug aus der VDI 2225 Blatt 2 [15/9]. Darin wird ein Materialrelativkosten-Katalog angeboten. Als Basis werden die Kosten für Rundmaterial von 35 bis 100 mm Durchmesser (DIN 1013) USt 37-2 (neue

Bezeichnung S 235 JRG1), Bezugsmenge 1000 kg, verwendet. Die Kosten der anderen Werkstoffe werden durch die Kosten des Basiswerkstoffes geteilt. Es ergeben sich Materialrelativkosten-Zahlen (bzw. nach VDI 2225: Relative Werkstoffkosten k^*_v). Sofern sich die anderen Werkstoffe in ihren Kosten proportional zu den Kosten des Basiswerkstoffes ändern, bleibt die Relativkostenzahl konstant. Man erhält also den Vorteil der seltener notwendigen Aktualisierung. Ferner lassen sich die längerfristig konstant bleibenden Zahlen im Bereich von z. B. 0,5 bis 30 leicht merken. Trotzdem müssen auch Materialrelativkosten innerbetrieblich erstellt und z. B. jährlich überprüft bzw. aktualisiert werden [23/9].

c) Regeln

Die Regeln zum kostengünstigen und fertigungsgerechten Konstruieren müssen aus der Literatur [1/9, 25/9] betriebsspezifisch modifiziert zusammengestellt werden.

Regeln, die meist nicht klar bewusst sind, enthalten einen Großteil unserer Erfahrungen und bestimmen zusammen mit Zielsetzungen wesentlich das Handeln. Auch beim Konstruieren sind Regeln die am meisten benutzten Hilfen. Sie werden aus konstruktiven Erfahrungen, Erfolgen, Fehlschlägen und Reklamationen gebildet. Regeln gelten nicht immer, denn sie verknüpfen nur wenige Einflussgrößen aus einem komplexen Zusammenhang.

d) Checklisten

Eine Form der Regeldarstellung sind Checklisten. Darin können allgemeine Erfahrungen, Maßnahmen usw. als Text evtl. mit Bildern zusammengestellt werden. Die Checklisten können bei Beginn der Konstruktionsarbeit als Anregungen dienen und zum Abschluss der Konstruktion zur Kontrolle systematisch abgearbeitet werden.

Bild 9.20 zeigt eine Checkliste [26/9], die die Punkte II.1, II.4 und II.5 aus Bild 9.16 weiter detailliert und mit der – als Anregung zu Beginn der Konstruktion und nach der Erstellung der Zeichnungen – Konstruktionen systematisch nach Kostensenkungspotenzialen analysiert werden können. Selbstverständlich können diese Punkte auch bei der Lösungssuche oder der Analyse vorhandener Konstruktionen angewendet werden (Kapitel 7.5.5.5).

Funktion Sind die Funktionen der Baugruppe bzw. des Teils geklärt? Ist die Funktionserfüllung eindeutig, einfach und sicher? Sind Funktionen in ein anderes Bauteil integrierbar? Sind Funktionen auf mehrere Bauteile übertragbar? Ist der Material- und der Fertigungsaufwand für die Funktionserfüllung gerechtfertigt?
Material Ist das Rohmaterial oder ein Kaufteil kostengünstiger zu beschaffen? Kann anderes kostengünstigeres Material verwendet werden? Können Norm- bzw. Standardteile (Baukasten) verwendet werden? Kann das Rohteil aus einem anderen Halbzeug hergestellt werden? Kann der Verschnitt durch Gestaltung reduziert werden? Ist das Rohteil als Guss-, Schmiede-, Sinter- bzw. Blechteil herstellbar? Kann das Halbzeug bzw. der Rohling vorbehandelt bezogen werden?
Fertigung Wird die Fertigungstechnologie im Haus beherrscht? Paßt das Bauteil in das firmenspezifische Teilespektrum? Muß das Bauteil im Haus gefertigt werden? Sind die Fertigungszeiten gerechtfertigt? Ist die Reihenfolge der Arbeitsgänge optimal? Ist die Fertigung auf anderen Maschinen kostengünstiger? Sind andere Verfahren zur Werkstofftrennung, zur Oberflächenbehandlung, zum Fügen und Montieren möglich? Dienen alle bearbeiteten Flächen der Funktionserfüllung? Müssen alle Wirkflächen bearbeitet werden? Ist eine geringere Oberflächenqualität und sind gröbere Toleranzen möglich? Können unterschiedliche Abmessungen vereinheitlicht werden?

Bild 9.20 Checkliste Funktion, Material, Fertigung (nach Heil [26/9])

9.2.3 Konstruktionsbegleitende Kalkulation – Kostenermittlung beim Konstruieren

Im Grundschritt III (Lösungen auswählen) muss, damit in Grundschritt III.2 eine Lösung ausgewählt werden kann, als Unterschritt III.1 die frühzeitige und schnelle Kostenermittlung während der Konstruktion erfolgen (mitlaufende Kalkulation). Grundlage aller Kostenermittlungen sind die im Betrieb vorhandenen Kalkulationsverfahren. Auf sie wird hier nicht weiter eingegangen [1/9; 4/9; 5/9; 6/9; 7/9; 8/9]. Weil sie meist zu lange dauern, werden hier Hilfsmittel aufgezeigt, die die Kostenermittlung während des Konstruierens durch den Konstrukteur selbst ermöglichen. Wobei noch einmal betont werden soll: Das beste Hilfsmittel, gerade zur Kostenermittlung, ist die **gute Zusammenarbeit** der Konstruktion **mit der Fertigungsvorbereitung bzw. Kalkulation**! Erst wenn sie nicht erfolgen kann, sollte der Konstrukteur selbst Kosten ermitteln.

Die bekanntesten **Hilfsmittel zur frühzeitigen Kostenermittlung** sind:

a) Kostenschätzung,

b) Gewichtskostenkalkulation,

c) Materialkostenmethode (VDI 2225 [15/9]),

d) Kurzkalkulation mit Ähnlichkeitsbeziehungen [15/9; 12/9; 14/9; 27/9]:

   1. bei geometrischer Ähnlichkeit, z. B. Ähnlichkeitsbeziehungen für Baureihen
   2. bei geometrischer Halbähnlichkeit, z. B. Ähnlichkeitsbeziehungen für Fertigungsoperationen,

e) Kurzkalkulation mit statistisch ermittelten Kostenfunktionen [1/9; 28/9],

f) Suchkalkulation (Kapitel 9.3.4) [29/9],

g) Koppelung von CAD und Kalkulation (z. B. XKIS) (Kapitel 9.3.4) [30/9; 50/9; 52/9].

Im Grunde geht es darum, über Beschaffenheitsmerkmale (Bild 2.9), d. h. die wesentlichen, kostenbeeinflussenden Parameter, eine gegenüber der üblichen Kalkulation vereinfachte Beziehung zu den Kosten herzustellen, die auch etwas weniger genau sein darf. Die Genauigkeit der Kostenschätzung muss nur so groß sein, dass Alternativlösungen begründet von einander unterschieden werden können. Bei Konzeptvarianten sind meist größere Abweichungen tolerierbar, als bei Gestaltvarianten. Wichtig ist, dass die Kalkulationsergebnisse rechtzeitig vorliegen. Die Gültigkeit dieser Verfahren ist eingeschränkt durch den bei ihrer Erarbeitung abgesicherten Anwendungsbereich. Ohne Überprüfung und Anpassung an die betrieblichen Kostendaten dürfen diese Hilfsmittel nicht auf andere Betriebe übertragen werden.

a) Kostenschätzung

Kosten zu schätzen ist eine einfache Möglichkeit zur schnellen Vorhersage der Kosten. Das Schätzen ist abhängig von den subjektiven Einflüssen und Erfahrungen der schätzenden Personen. Folgende Maßnahmen erhöhen die Schätzgenauigkeit:

- **Unterteilendes Schätzen**

  Es sollte nicht direkt nur ein Schätzwert für ein Produkt gebildet werden, vielmehr sind möglichst viele Bauteile, Baugruppen oder auch einzelne Fertigungsoperationen **einzeln zu schätzen und zu einem Gesamtwert zu addieren**. Infolge des Fehlerausgleichs mitteln sich bei vielen Einzelschätzungen **zufällige** Fehler heraus. Je mehr Einzelschätzungen vorgenommen werden, umso genauer wird die Gesamtschätzung [31/9]. Allerdings wird auch der Aufwand zum Schätzen größer.

- **Schätzung durch mehrere Personen**

  Im gleichen Sinne wirkt genauigkeitssteigernd, wenn mehrere Personen (Konstrukteure, Fertigungsvorbereiter und Kalkulatoren) unabhängig voneinander schätzen. Man bildet dann nach Diskussion von Ausreißern einen Mittelwert.

- **Kombination von Schätzung und genauer Kostenermittlung**

  Dabei werden kostenbestimmende Teile (A-Teile gemäß der ABC-Analyse) durch die übliche Vorkalkulation oder durch Preisangebote für Zukaufteile genau ermittelt. Weniger wichtige Teile (B- und C-Teile) schätzt man ab.

- **Vergleichendes Schätzen**

  Schätzergebnisse werden genauer, wenn man als Hilfsmittel gewisse Stützpunkte, wie Kosten ähnlicher Teile, Erfahrungswerte (Kosten/kg, mittlere Kosten pro Teil) heranzieht. Erfahrene Personen haben solche Vergleichswerte im Kopf. Im Grunde ist jede Kalkulation ein Vergleich mit „Ähnlichem“. Wenn etwas völlig neu ist, können erforderliche Zeiten und Kosten nicht geschätzt werden.

b) Gewichtskostenkalkulation

Hierbei werden die Kosten (oder der Einkaufspreis) bekannter Produkte auf ihr Gewicht G bezogen (Gewichtskostensatz z.B. HKg = HK/G [€/kg]). Die Kosten eines ähnlichen Produkts werden durch die Multiplikation seines Gewichtes mit dem Gewichtskostensatz errechnet. Die Genauigkeit wird erhöht, wenn der Gewichtskostensatz abhängig von der Baugröße angegeben wird. Denn üblicherweise haben kleinere, leichtere Teile einen höheren Gewichtskostensatz als ähnliche größere, schwerere Teile.

Je größer die Produkte sind, d.h. je größer der Materialkostenanteil an den Herstellkosten ist, umso genauer wird die Gewichtskostenkalkulation. Das gleiche gilt für kleine Produkte, die in hoher Stückzahl gefertigt werden. Auch deren Materialkostenanteil ist hoch (Kapitel 9.1.5). Ganz ähnlich lassen sich die Kosten, statt abhängig vom Gewicht, auch von der Leistung, dem Drehmoment o.ä. auftragen [28/9].

c) Materialkostenmethode

Eine mit der Gewichtskostenkalkulation verwandte Methode wird in VDI 2225 [15/9] erläutert. Sie beruht auf der Annahme eines konstanten Anteils der Materialkosten (mk) an den Herstellkosten. Die Materialkosten können über das Volumen und Materialrelativkosten ermittelt werden. Dann wird mit dem bekannten Materialkostenanteil auf die Herstellkosten hochgerechnet.

d) Kurzkalkulation mit Ähnlichkeitsbeziehungen

Eine Ähnlichkeitsbeziehung für Kosten bzw. ein Kostenwachstumsgesetz ist eine Beziehung der Kosten von einander **geometrisch ähnlichen Produkten** [1/9; 12/9; 27/9; 69/9]. Besteht Proportionalität zwischen Kosten und Zeiten, so kann die Beziehung je nach Differenzierungsgrad auch Zeiten enthalten. Nach der Art der vorliegenden Ähnlichkeiten wird unterschieden:

- die **geometrische Ähnlichkeit**, bei der sich die Produkte bei gleichen Proportionen nur durch den Stufensprung der Länge $\varphi_L = \text{Länge}_1 / \text{Länge}_0$ unterscheiden (Storchschnabelvergrößerung). Hier liegt ein Sonderfall vor, bei dem alle möglichen Einflussgrößen durch eine einzige Größe, den Stufensprung φ_L, ersetzt werden können.
- die **geometrische Halbähnlichkeit**, bei der sich bestimmte Maße mit verschiedenen Stufensprüngen ändern. Hier müssen mehrere Einflussgrößen gleichzeitig berücksichtigt werden.

Werden die vom **Grundentwurf** (Index $_0$) bekannten Herstellkosten mit HK_0 bezeichnet und die für den Folgeentwurf (Index $_1$) zu bestimmenden Herstellkosten (HK_1), so ergibt sich ein summarischer Ansatz für die geometrische Ähnlichkeit:

$$\varphi_{HK} = \frac{HK_1}{HK_0} = f(\varphi_L)$$

und für die geometrische Halbähnlichkeit:

$$\varphi_{HK} = \frac{HK_1}{HK_0} = f(\varphi_L, \varphi_B, \dots)$$

Zum Beispiel sind die Materialkosten proportional zum Volumen bei einer Storchschnabelvergrößerung um φ:

$$\varphi_V = \varphi_L \cdot \varphi_B \cdot \varphi_H \quad (\text{L} = \text{Länge}, \text{B} = \text{Breite}, \text{H} = \text{Höhe})$$

der Stufensprung der Länge ist dabei:

$$\varphi_L = \frac{L_1}{L_0} = \frac{B_1}{B_0} = \frac{H_1}{H_0}$$

und die Materialkosten MK_1 des Folgeentwurfes:

$$MK_1 = \varphi_L^3 \cdot MK_0.$$

Eine beispielhafte **summarische Ähnlichkeitsbeziehung** für die Herstellkosten/Stck eines Folgeentwurfes (HK_1), auf der die Kurven in den Bildern 9.10 und 9.11 beruhen, lautet:

$$HK_1 = \frac{FKr_0 \cdot \varphi_L^{0,5}}{n_1} + FKe_0 \cdot \varphi_L^2 + MK_0 \cdot \varphi_L^3$$

Mit: FKr_0 = Fertigungskosten aus Rüstzeiten des Grundentwurfes/Los

FKe_0 = Fertigungskosten aus Einzelzeitendes Grundentwurfes/Stck

MK_0 = Materialkosten des Grundentwurfes/Stck

n_1 = Losgröße des Folgeentwurfes

Mit Ähnlichkeitsbeziehungen können, ausgehend von den Abmessungen und den Kostendaten des Grundentwurfs, schnell die Kosten für größere oder kleinere Folgeentwürfe berechnet werden. Es ist nicht nötig, die Folgeentwürfe erst zu konstruieren und danach zu kalkulieren (Beispiel in Kapitel 9.4.6). Vorteilhaft ist, schon beim Entwerfen einer Baureihe zu erkennen, wie sich die Kostenstrukturen mit ihren wichtigsten Kostenanteilen verändern. Dies kommt durch unterschiedliche Ähnlichkeitsbeziehungen für die Kosten verschiedener Fertigungsverfahren oder für den Werkstoff zustande.

Bezüglich des Gliederungspunkts e), Kurzkalkulation mit statistisch ermittelten Kostenfunktionen, sei auf die Literatur [1/9; 28/9; 32/9] und für die Punkte f) und g) auf Kapitel 9.3.4 verwiesen.

9.2.4 Beispiel für Kostengünstiges Konstruieren: Gehäuse einer Zentrifuge

Was zeigt das Beispiel?

Am Beispiel eines geschweißten Gehäuses einer Zentrifuge zur Rauchgasentschwefelung wird das **Vorgehen beim Kostengünstigen Konstruieren** (Kapitel 9.2, Bild 9.16) aufgezeigt (Bild 9.21) [33/9]. Es zeichnet sich durch eine enge **Teamarbeit** von Konstruktion, Arbeitsvorbereitung, Fertigung bis hin zum Schweißer aus.

Bild 9.21
Bisheriges Gehäuse (Variante 0)

Ferner wird der Nutzen von **Kostenstrukturen** bis zu einzelnen Fertigungsoperationen als Hilfsmittel, die Kosten transparent zu machen und Kostensenkungsmöglichkeiten zu finden, dargestellt. Die Kostensenkung wurde im Wesentlichen durch eine fertigungsgerechtere Gestaltung erreicht.

Das Produkt wird am Markt bereits angeboten. Dabei hat sich herausgestellt, dass der Marktpreis die Selbstkosten nicht mehr deckt. Es muss eine Herstellkostenreduzierung erreicht werden. Die Baugruppen der Eigenfertigung sollen überarbeitet werden, ohne dass die Funktion geändert wird.

Die Funktion des Gehäuses (Bild 9.21) besteht darin, einen Trommelzylinder (Zentrifuge) in den oberen Bohrungen zu lagern. Der niedrige Teil dient als Ölbehälter zur Aufnahme des Elektromotors und diverser Zusatzaggregate. Als ausgewähltes Teilproblem wird hier im einzelnen nur auf die Baugruppe Gehäuse eingegangen [33/9]. Sie wiegt rund 900 kg, und seine Außenabmessungen sind 1250 · 920 · 970 mm.

a) Grundschritt I: Aufgabe klären

I.0 Vorgehen planen, Team bilden

Es wird ein Team gebildet, dem der Konstrukteur (Projektleiter), ein Fertigungsvorbereiter und Kalkulator, der Meister der Schweißerei und der Schweißer selbst angehören. Das weitere Vorgehen wird geklärt.

I.1 Kostenziel finden

Im vorliegenden Beispiel wird für die kommenden Jahre eine große Umsatzsteigerung erwartet. Damit das Produkt am Markt langfristig konkurrenzfähig wird und der Marktanteil ausgebaut werden kann, muss eine Herstellkostensenkung von 10 % am gesamten Produkt erreicht werden.

I.2 Kostenziel aufteilen durch Analyse bisheriger oder ähnlicher Produkte

Von den Herstellkosten des gesamten Produkts entfallen bei der bisherigen Konstruktion 15 % auf das Gehäuse. Nach der ABC-Analyse ist damit das Gehäuse zwar nicht die teuerste Baugruppe, jedoch scheinen die Kostensenkungspotenziale am Gehäuse am größten zu sein. Denn funktionell betonte Baugruppen (z. B. die Zentrifugentrommel und der Motor) sind im allgemeinen ohne Beeinflussung der Funktion schwerer zu ändern als frei gestaltete Baugruppen, wie z. B. Gehäuseteile. So wird für die Baugruppe Gehäuse ein höheres Kostenziel von minus 20 % Herstellkosten vorgegeben.

I.3 Kostensenkungspotenziale für Baugruppe suchen

Für das bisherige Gehäuse wird eine Kostenstruktur für die Material- und Fertigungskosten bis hin zu den Kosten für einzelne Fertigungsgänge aufgestellt. Ergänzend hierzu werden weitere kostenbeeinflussende Größen (z. B. Teilezahl und Schweißnahtlänge) untersucht (Bild 9.22). Die Erstellung und Analyse der Kostenstruktur, vor allem der kostenintensiven Anteile, war, wie in den meisten Fällen, aufwendig. Der durchgeführte Vergleich mit anderen Fertigungsmöglichkeiten und Regeln zum Kostengünstigen Konstruieren brachte die ersten wichtigen **Erkenntnisse:**

- Der Anteil der **Materialkosten** mit rund 10 % an den Herstellkosten ist relativ klein, so dass eine reine Gewichts- oder Werkstoffeinsparung voraussichtlich keine große Kostensenkung bringt. Hier stellt sich sogar die Frage, ob nicht ein fertigungstechnisch günstigerer, dafür vielleicht teurerer Werkstoff geeigneter wäre.
- Die Arbeitsgänge: Bleche ausschneiden, Zusammenbau, Schweißen, Richten, Beschleifen und Sandstrahlen, die sich durch das früher gewählte Fertigungsverfahren **Schweißen** ergeben, haben einen Anteil von 40 % an den Herstellkosten. Eine einfachere Lösung mit Reduzierung der Teilezahl und der Schweißnahtlänge durch mehr Abkanten, Biegen und andere Halbzeugwahl bietet sich an.
- Ferner stellt sich die **Bohrwerksbearbeitung** als sehr teuer heraus (ca. 37 % der Herstellkosten). Eine weitergehendere Untersuchung zeigt, dass die Ursachen bei der teuren Bearbeitungsmaschine und den ungünstigen Bearbeitungsverhältnissen liegen. So müssen die Aufspannflächen bearbeitet werden (zusätzliche Haupt- und Nebenzeiten), und die Auskraglänge der Bohrspindel ist aufgrund der ungünstigen Form des Gehäuses sehr groß, folglich müssen die Schnittwerte reduziert werden. Vermeiden der Bohrwerksbearbeitung und weniger bearbeitete Flächen ergeben sich als abgeleitete Anforderungen aus der Aufgabenklärung.

Die Toleranzanforderungen und Hauptabmessungen können hier wegen der Funktionserfüllung höchstens geringfügig geändert werden. Dieser Punkt ist im Allgemeinen aber sehr wichtig, da hier oft deutliche Kosteneinsparungen ohne großen

Aufwand möglich sind. Beim Lagerbock lassen sich nur die Bearbeitungsanforderungen bei Deckeln durch Verwendung von elastischen Dichtungen reduzieren.

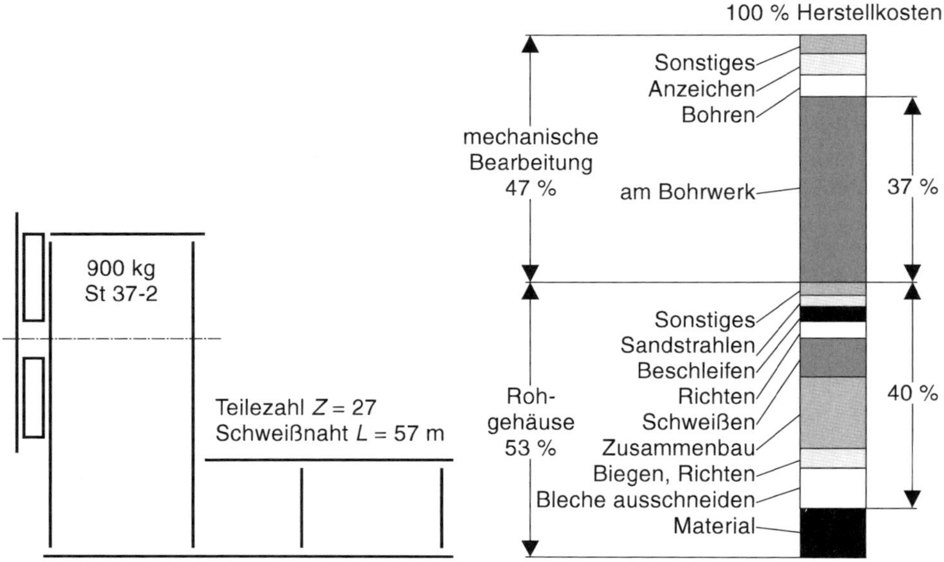

Bild 9.22 Herstellkostenstruktur des bisherigen Gehäuses nach Fertigungsgängen (Variante 0); Material St37-2 (neue Bezeichnung nach EN 10027-1: S 235JO)

Man sieht, durch eine eingehende Schwachstellenanalyse im Sinne des **korrigierenden Vorgehens** ergeben sich meist sofort bei „Grundschritt I: Klären der Aufgabe" erste Lösungsansätze (Kapitel 5.1.4.3 und 7.8.1).

b) Grundschritt II: Lösungssuche

Unter Einbeziehung von Hilfsmitteln zur Kostensenkung [34/9] werden, mit Ausnahme der Funktions-, Prinzip- und Baugrößenänderung (Schritte II.1 und II.2: in diesem Fall sind hier kaum Änderungen möglich), folgende Möglichkeiten untersucht:

II.3 Gestaltung:

- Das Anwenden der vom Team erkannten Regel „Schweißkosten verringern durch Abkanten und Biegen" führt zu einer Verringerung der Teilezahl und Schweißnahtlänge (unterbrochene Nähte innen). Weniger Teile ergeben sich allgemein außer durch Abkanten und Biegen auch durch Verwendung von Profil-Halbzeugen.

II.4 Material:

- weniger Abfall durch einheitliche Blechdicken und Brennschnittoptimierung.

- fertigungstechnisch günstigeres, etwas teureres Material, z. B. St 52-3 (leichtere Bearbeitung, weniger Verzug; nach EN 10027-1 neue Bezeichnung: S 355JO), ist bei geringem Materialkostenanteil vorzuziehen.

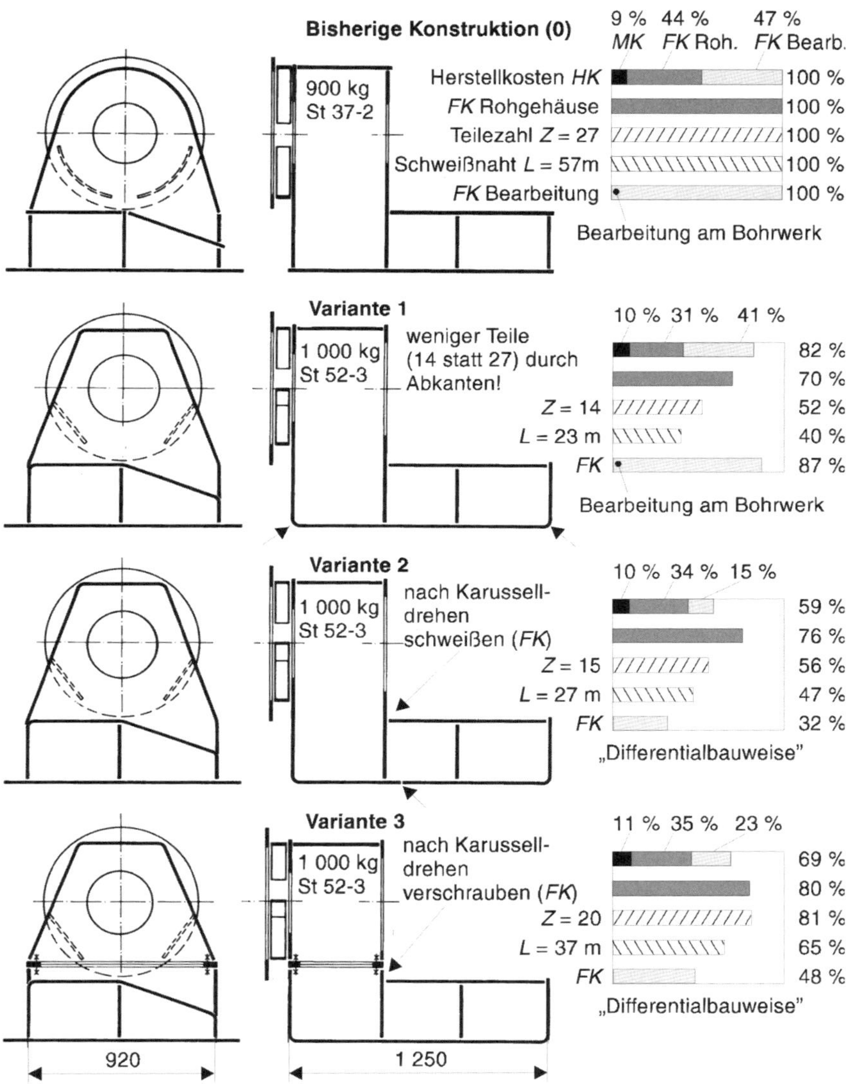

Bild 9.23 Alternative Lösungen für das Gehäuse (Varianten 0,1,2,3)

II.5 Fertigung:

- Die Fertigungskosten können gesenkt werden, wenn teure Bohrwerksarbeit durch Drehen ersetzt wird (Bearbeitung auf einer Karusselldrehmaschine oder durch Einschweißen von vorgedrehten Lagerstühlen mit Vorrichtungen).

Ausgehend von diesen Möglichkeiten werden drei Alternativen entworfen (Bild 9.23):

Variante 1:

Hier werden Kosteneinsparungen am Rohteil durch Abkanten und Biegen erreicht. Es ergibt sich eine Verringerung der Teilezahl (von 27 auf 14) und der Schweißnahtlänge (von 57 m auf 23 m) im Vergleich zur Ausgangsvariante 0. Die geringe Teilezahl vereinfacht den Zusammenbau und das Richten. Die gebogenen und geschweißten Haubenbleche werden z.B. durch ein abgekantetes Blech ersetzt (Abkanten ist im Allgemeinen billiger als Biegen). Es wird eine einheitliche Blechstärke aus St 52-3 vorgesehen. (Nach EN 10027-1 neue Bezeichnung: S 355JO). Zusammen mit der Optimierung des Brennplanes und der Schweißfolge können die Fertigungskosten des Rohteiles auf 70% verringert werden. Das Gewicht beträgt jetzt ca. 1000 kg, statt wie früher 900 kg.

Variante 2:

Ausgehend von Variante 1 werden zunächst Kosteneinsparungen bei der Bohrwerksarbeit durch Trennung des Gehäuses in zwei Teile erreicht. Die Lagerbohrungen können nun auf einer Karusselldrehmaschine bearbeitet und danach zusammengeschweißt werden. Die Fertigungskosten aus der Bearbeitung sinken dadurch auf 32% der ursprünglichen Kosten der Variante 0. Durch die zusätzliche Trennfuge erhöhen sich allerdings die Teilezahl und die Schweißnahtlänge, so dass die Fertigungskosten des Rohteils wieder von 70% auf 76% der Variante 0 anwachsen.

Variante 3:

Weil man unzulässigen Verzug beim Zusammenschweißen des eigentlichen Lagerbocks mit den Ölbehältern der Variante 2 befürchtet, wird alternativ ein Gehäuse mit einer Trennfuge und Verschraubung entworfen. Dadurch steigen, im Vergleich zur Variante 1, durch die höhere Teilezahl, die längere Schweißnaht und die zusätzliche Bearbeitung der Trennfuge die Fertigungskosten wieder etwas an.

c) Grundschritt III: Lösungsauswahl

Die Herstellkosten der drei Alternativen werden während des Entwurfs mitlaufend überschlägig und danach genauer von der Fertigungsvorbereitung kalkuliert. Bei der Bewertung ergeben sich keine gravierenden funktionellen Unterschiede, so dass die Auswahl nach Herstellkostengesichtspunkten auf die Variante 2 (59% der ursprünglichen Herstellkosten, Bild 9.23) fällt. Die Variante 2 stellt für das Gehäuse einen guten Kompromiss aus niedrigen Kosten für Rohteil und Bearbeitung dar.

Bei der Konstruktion der Variante 2 werden in Absprache mit Fertigungsspezialisten weitere Maßnahmen getroffen, um den Verzug der beiden Gehäuseteile beim Zusammenschweißen zu verringern. Die anfänglichen Bedenken wegen der Gefahr des Verzugs stellen sich später bei der Fertigung als unbegründet heraus. Die Toleranzen können aufgrund der konstruktiven Maßnahmen eingehalten werden.

Die Erprobung zeigt, dass das neu konstruierte Gehäuse (Bild 9.24) mit den anderen Baugruppen leicht kombinierbar ist und seine Funktion voll erfüllt. Bei der Nachkalkulation stellt sich heraus, dass durch Trainiereffekte bei der Fertigung die Herstellkosten des neuen Gehäuses tatsächlich **sogar nur ca. 50 % der ursprünglichen Herstellkosten** betragen. Das Kostenziel, eine Einsparung von 20 % für das Gehäuse ist damit deutlich überschritten. Die Herstellkosten der gesamten Zentrifuge sinken nur durch die Änderungen am Gehäuse um 7,5 %. Für die anderen Baugruppen reduziert sich das Kostenziel deutlich auf die restlichen Einsparungen von 2,5 %, welche dann auch leicht erreicht werden.

Bild 9.24
Neues Gehäuse (Variante 2)

Als weiterer Effekt über die Kostensenkung dieses Produkts hinaus ergibt sich, dass die geänderte Konstruktion (Biegen statt Schweißen) nun auch in anderen ähnlichen Produkten verwendet wird und damit laufend Kosteneinsparungen erzielt werden. Ferner kennen die Teilnehmer des Teams nun die Zusammenhänge der Kostenentstehung besser, arbeiten kostenbewusster, und auch weiterhin ist die Zusammenarbeit ohne „Organisation“ besser. Das Vorgehen, so im Team Kosten zu senken, wird als beispielhaft angesehen und bei anderen Baugruppen mit Erfolg eingesetzt. Wichtig dabei ist auch die Beteiligung des Werkers selbst, er macht z. T. erstaunlich effektive Vorschläge und ist voll motiviert.

Was kann man daraus lernen?

- Die Festlegung eines Kostenzieles und die Aufteilung auf Baugruppen ist die Voraussetzung für kostenbewusstes Arbeiten.
- Die Bildung eines Teams erhöht die Motivation aller Beteiligten, überwindet „Mauern“ und führt rasch zu guten Lösungen.
- Das Vorgehen sollte an einem Plan orientiert ablaufen.
- Bei der Bewertung von Lösungsalternativen, die sich - anders als hier - auch noch technisch erheblich unterscheiden, muss die Technik- und die Kostenbewertung parallel vorgenommen werden.
- Die konstruktiven Maßnahmen und die Teamarbeit wirken über das einzelne Kostensenkungsprojekt hinaus.

9.3 Integrierend wirkende Methoden und Organisationsformen

Das oben gezeigte Vorgehen beim Kostengünstigen Konstruieren ist schwerpunktmäßig auf den einzelnen Konstrukteur, seine Arbeit und seinen direkten Einfluss auf die Kosten abgestimmt. Es setzt selbstverständlich eine Zusammenarbeit von Konstruktion, Fertigungsvorbereitung und anderen Abteilungen voraus. Um diese Zusammenarbeit nicht dem Zufall zu überlassen, sondern im Sinne der Integration zu verbessern und zu organisieren, werden im folgenden Methoden und Maßnahmen zu dieser Integration aufgezeigt, denn alle Abteilungen eines Unternehmens beeinflussen die Kosten und werden wiederum durch Festlegungen des Konstrukteurs betroffen (Bild 9.7). Der Umfang der möglichen Kostensenkungen wird durch die Zusammenarbeit auch wesentlich größer.

9.3.1 Fertigungs- und Kostenberatung

Ein hervorragendes Hilfsmittel organisatorischer Art ist die Fertigungs- und Kostenberatung der Konstruktion bzw. ein Team, zu dem auch die Materialwirtschaft und der Vertrieb ihren Beitrag leisten und das bereits im Entwurfsstadium beratend wirkt. Viele Unternehmen haben dies erkannt und ein solches Gremium eingerichtet [35/9; 36/9; 37/9; 38/9; 39/9]. Es gibt kaum eine schneller wirkende Maßnahme zum Kostensenken.

Für die Organisation der Fertigungs- und Kostenberatung [35/9] haben sich drei Formen herauskristallisiert:

- Der **Berater** aus der Fertigungsvorbereitung und Kalkulation ist von der Werkleitung **benannt** und wird von der Konstruktion bei Bedarf **angefordert**.
- Der **Berater** (z. B. ein Gruppenleiter der Fertigungsvorbereitung) **besucht zu festen Zeiten** die entsprechende Konstruktionsgruppe.
- Der **Berater** hat seinen **Arbeitsplatz in der Konstruktion**.

In jedem Fall ist es zweckmäßig, die disziplinarische Unterstellung des Mitarbeiters in der Fertigung zu belassen, damit der Berater nicht vom Informationsfluss bezüglich Fertigungstechnologie, Zeiten und Kosten abgeschnitten wird.

- Verringerung des Aufwandes für
  - Konstruktionsänderungstätigkeiten
  - Ablaufplanung/Prüfplanung
  - Betriebsmittelplanung
  - NC-Programmierung
  - Lagersortenhaltung
  - Einkauf
  - Werkzeugmaschinen
  - Betriebsmittel, Mess- und Prüfmittel
- Senkung der Durchlaufzeiten für Planungstätigkeiten im Arbeitsvorbereitungsbereich
- Qualitätssteigerung im Sinne der fertigungsgerechten Gestaltung

Bild 9.25 Zweck der Fertigungsberatung (nach MTU) [35/9]

Die Zwecke und auch den Nutzen der Fertigungsberatung [35/9; 38/9] zeigt Bild 9.25. Der Berater hat die **Aufgabe** Vergleichskalkulationen aufzustellen, Kostenschätzungen direkt am Konstruktionsplatz zu machen und so zusammen mit dem Konstrukteur die Einhaltung des Kostenziels zu kontrollieren. Zusammen mit dem Einkauf holt er Angebote über Zukaufteile und Auswärtsfertigung ein. Er berät hinsichtlich vorhandener Vorrichtungen und Werkzeuge sowie bei Engpässen von Betriebsmitteln.

Damit die Beratung auch wirklich durchgeführt wird, hat es sich bewährt, die Entwürfe, ähnlich wie früher von der Normstelle „normgeprüft", jetzt „fertigungstechnisch geprüft" oder besser „kostenzielgeprüft" vom Kostenberater abzeichnen zu lassen, bevor die Zeichnung von der Konstruktion weitergegeben werden kann.

Eine weitergehende wirkungsvolle Maßnahme ist, Konstruktion, Fertigungsvorbereitung und Kalkulation **örtlich zusammenzufassen**. Die Kommunikation ist stark von der Entfernung der Arbeitsplätze abhängig. Sie ist am intensivsten, wenn sich die Personen laufend sehen (Bild 7.154). Schließlich haben sich gemeinsame **„Freigabebesprechungen"** oder **„Design-Reviews"** aller mit dem Produkt befassten Stellenzur Freigabe des Konzepts, des Entwurfs oder der fertigen Produktdokumentation bewährt (Bild 4.42).

Mit diesen Maßnahmen werden zeitaufwendige Änderungen bzw. Iterationen und die geistige „Rüstzeit" von Abteilungen, die im Produkterstellungsprozess später eingreifen, verringert; die Motivation der Bearbeiter wird gefördert. Die Zeiteinsparung durch Wegfall von Rückfragen und Änderungen ist beachtlich. Die Motivation der frühzeitig informierten Mitarbeiter aus Produktion und Vertrieb wirkt ablaufbeschleunigend. Ein Verhältnis von einem Berater auf vierzig, besser nur auf zwanzig Konstrukteure, ist zu empfehlen.

9.3.2 Wertanalyse

Die Wertanalyse ist eine von L.D. Miles [40/9] entwickelte Methode zum Lösen komplexer Probleme. Sie wird seit ca. 1960 auch in Deutschland eingesetzt und hat sich im Laufe der Zeit zu einem „System" entwickelt, das sich außer auf einen Arbeitsplan (Bild 9.26) auf die Systemelemente „Management" und „Verhaltensweisen" abstützt und ursprünglich in DIN 69 910 [41/9] genormt ist. Wertanalyseobjekte können nicht nur Produkte sein, sondern auch Verfahren, Dienstleistungen, Informationsinhalte und -prozesse. Inzwischen ist das Verfahren weiterentwickelt worden, wie DIN EN 1325 [3/7.4] von 2014 zeigt.

Zweck der Wertanalyse ist, den Wert des Objektes zu steigern, d.h. nicht nur die Kosten zu senken, sondern auch den „Wert", den Nutzen, die Funktion, die Leistung usw. zu verbessern [42/9]. In ca. 60 % der Fälle wird Wertanalyse zum Kostensenken von Produkten eingesetzt, die bereits bestehen und vom Wertanalyseteam überarbeitet werden. Diese Form wird als **Wertverbesserung** bezeichnet. Durch den Vergleich der Kosten vorher und nachher ist ein Erfolgsnachweis möglich. Problematisch ist dabei der manchmal hohe Änderungsaufwand und bisweilen die Demotivation der Konstrukteure, die vorher unter hohem Zeitdruck ein Produkt konstruierten, an dem nachträglich die Wertanalyse mit mehr Zeit Kosten senkt. Deshalb wird zunehmend die **Wertgestaltung** bevorzugt, bei der die Methode beim Schaffen eines noch nicht bestehenden Objektes eingesetzt wird [42/9, 43/9].

Die wichtigsten **Kennzeichen der Wertanalyse** sind:

- **Systematisches Vorgehen** anhand eines **Arbeitsplans** (Bild 9.26). Er enthält die Schritte des Vorgehenszyklus (Bild 3.32):

Grundschritt 1 „Projekt vorbereiten" entspricht z. T. „Aufgabe strukturieren".

Grundschritt 2 „Objektsituation analysieren" entspricht „Aufgabe analysieren".

Grundschritt 3 „Sollzustand festlegen" entspricht „Aufgabe formulieren".

Grundschritt 4 „Lösungsideen entwickeln" entspricht „Lösungssuche".

Grundschritt 5 „Lösungen festlegen" entspricht „Lösungen analysieren, beurteilen und festlegen".

Typisch für die Wertanalyse, entsprechend ihrem Entstehen aus der betrieblichen Praxis, ist der Grundschritt 1 „Projekt vorbereiten". Hier geschieht die Einordnung des Projekts in die Unternehmensorganisation, die Bildung des interdisziplinären Teams und die Festlegung des zeitlichen und kostenmäßigen Rahmens.

- **Ressortübergreifende Teamarbeit**, wodurch das Wissen aller betroffenen Bereiche und alle Gesichtspunkte, die für ein Problem relevant sind, erfasst werden (siehe auch Kapitel 4.3 und 4.4). Statt der isolierten Betrachtungsweise und Entscheidung aus der Sicht nur eines Fachbereiches wird eine integrierende Betrachtung angestrebt. Der wertanalytische Arbeitsplan und die Grundideen, z. B. funktions- und kostenorientiertes Denken und die Zusammenarbeit, können abgewandelt, aber auch für die Arbeit einer Einzelperson eingesetzt werden [35/9].
- **Funktionsdenken**, um Abstand zu gewinnen von bestehenden Lösungen und damit auf neue Lösungen zu kommen. Den Funktionen werden die vorhandenen Kosten des Objekts zugeordnet, so dass man aus diesen **Funktionskosten** zu bearbeitende Schwerpunkte, unnötige Funktionen und Kosten erkennen kann. Ein „Kostenziel" wird angegeben. Funktion im Sinne der Wertanalyse ist die Wirkung eines Objekts. Sie wird sehr anschaulich durch ein Substantiv und Verb beschrieben. Es gibt Haupt-, Teil-, Hilfs- und unerwünschte Funktionen, sowie die Geltungsfunktion (Bild 7.47).
- **Einbindung des Managements** aus der klaren Erkenntnis heraus, dass Wertanalyse nur erfolgreich eingeführt werden kann, wenn die Führungsebene die hierzu erforderlichen Aktivitäten versteht, will und unterstützt. Diese Forderung ist eine Frucht jahrzehntelanger Erfahrungen, die grundsätzlich für die Einführung und Anwendung aller Arbeitsverfahren und Methoden gilt. Deren Wirksamkeit kann ja in der Regel nur zum Teil quantitativ nachgewiesen werden und tritt oft erst nach so langer Zeit ein, dass der Erfolg nicht mehr unmittelbar einsichtig ist (Kapitel 5.2.2.3).

Kooperatives, veränderungsbereites Verhalten aller mitarbeitenden oder betroffenen Personen. Wer Erfahrungen in Unternehmen oder Verwaltungen gesammelt hat, weiß, dass auch die ausgefeiltesten Methoden, Anweisungen und Pläne wirkungslos untergehen, wenn sie nicht durch motiviertes und qualifiziertes Personal aufgegriffen und umgesetzt werden. Leistungs- und verantwortungsbereite

Mitarbeiter, die den Erfolg des Teams über ihren eigenen stellen, erzeugen – natürlich nur zusammen mit einer begeisternden Führung – jenes kooperative, gute Betriebsklima, das das Kennzeichen einer erfolgreichen Mannschaft ist. – Personal ist die wichtigste Ressource eines Unternehmens! (Kapitel 4.3.3, Bild 4.69) – Die Wertanalyse kann folgende Erfolge aufweisen [43/9]:

Direkt messbare Erfolge sind die Kostensenkungen an Produkten, die sich bei 800 durchgeführten Wertanalysen im Durchschnitt auf 23 % (5–75 %) der variablen Herstellkosten belaufen. Bei 80 % der Wertanalysen lag die Amortisationsdauer unter einem Jahr.

Grundschritt	**Teilschritt** (Bearbeitungsintensität und ggf. auch die Reihenfolge der Teilschritte innerhalb eines jeden Grundschrittes sind projektabhängig)
1 Projekt vorbereiten	1.1 Moderator benennen 1.2 Auftrag übernehmen, Grobziel mit Bedingungen festlegen 1.3 Einzelziele setzen 1.4 Untersuchungsrahmen abgrenzen 1.5 Projektorganisation festlegen 1.6 Projektablauf planen
2 Objektsituation analysieren	2.1 Objekt- und Umfeld-Informationen beschaffen 2.2 Kosteninformationen beschaffen 2.3 Funktionen ermitteln 2.4 Lösungsbedingte Vorgaben ermitteln 2.5 Kosten den Funktionen zuordnen
3 Soll-Zustand festlegen	3.1 Informationen auswerten 3.2 Soll-Funktionen festlegen 3.3 Lösungsbedingende Vorgaben festlegen 3.4 Kostenziele den Soll-Funktionen zuordnen
4 Lösungsideen entwickeln	4.1 Vorhandene Ideen sammeln 4.2 Ideenfindungstechniken anwenden
5 Lösungen festlegen	5.1 Bewertungskriterien festlegen 5.2 Lösungsideen bewerten 5.3 Ideen zu Lösungsansätzen verdichten und darstellen 5.4 Lösungsansätze bewerten 5.5 Lösungen ausarbeiten 5.6 Lösungen bewerten 5.7 Entscheidungsvorlage erstellen 5.8 Entscheidungen herbeiführen
6 Lösungen verwirklichen	6.1 Realisierung im Detail planen 6.2 Realisierung einleiten 6.3 Realisierung überwachen 6.4 Projekt abschließen

Bild 9.26 Ursprünglicher Arbeitsplan der Wertanalyse (nach DIN 69 910) [41/9]

Als **qualitative Erfolge** werden beobachtet: Bessere, marktgerechtere Produkte, Begeisterung für Teamarbeit, mehr Arbeitszufriedenheit, direktere Informationsflüsse, mehr rationales Vorgehen.

Die Wertanalyse wurde in den letzten Jahren weiterentwickelt zum **Value Management** [42/9; 43/9], das Problemlösungsmethoden mit Projekt- und Managementinstrumentarien sowie Methoden zur positiven Gestaltung des psychosozialen Bereiches verknüpft. Es wird dabei berücksichtigt, dass emotionale Beziehungen das Arbeitsergebnis maßgeblich bestimmen können. Die Anwendung des Value Managements bei life-cycle-costs am Beispiel von Flugzeugtriebwerken zeigt Maisenbacher in [113/9]. – Ferner wird mit der VDI-Richtlinie 2806 [104/9] ein besonderer Nachdruck auf die Unterstützung der Kreativität gelegt.

9.3.3 Target Costing

9.3.3.1 Grundsätzliches Vorgehen beim Target Costing

Target Costing ist keine neue Kostenrechnung, sondern eine marktgetriebene Methodik modernen Kostenmanagements. Ausgehend von der Minimalforderung zum Kostengünstigen Konstruieren (Angabe eines Kostenzieles) bewirkt Target Costing [44/9; 45/9; 46/9; 46/9; 94/9], dass das Erreichen eines Kostenzieles den Ablauf des ganzen Produkterstellungsprozesses bestimmt. Denn je mehr gemeinsame Anstrengungen aller am Produkterstellungsprozess Beteiligten gemacht werden, desto größer wird die Kostensenkung sein. Im Folgenden wird das Vorgehen kurz beschrieben. Dabei ist nicht technische Höchstleistung und Perfektion das Entwicklungsziel, sondern möglichst gut verkäufliche Produkte. Der Kundennutzen steht im Mittelpunkt (Kapitel 4.4.3).

Für jedes Produkt wird ein Kostenziel festgelegt und auf jede seiner Eigenschaften (Funktionen oder Baugruppen) weiter heruntergebrochen (Zielkostenspaltung), auch wenn es zunächst unmöglich erscheint. **Kernpunkt ist die Frage: „Wie viel ist der Kunde bereit für diese Eigenschaft zu zahlen?“** Die Frage ist nicht mehr: „Wie viel **wird** ein Produkt kosten?“, sondern: „Wie viel **darf** das Produkt kosten?“ Aus dem so ermittelten Marktpreis wird auf Selbst- und Herstellkosten heruntergerechnet (top down, Bild 9.27 rechts). So entstehen die **Zielkosten** bzw. das Kostenziel als die vom Markt erlaubten Kosten. Zu ihrer Ermittlung wird bei Serienprodukten die **Conjoint-Analyse** [45/9] eingesetzt, die aus Kundenbeurteilungen alternativer Produkte einzelne geforderte Eigenschaften und die zugehörigen zulässigen Kosten herausfiltert. Ferner werden die Konkurrenzprodukte und -prozesse, z. B. mit einem **Benchmarking** [19/9; 84/9] und die Möglichkeiten des eigenen Unternehmens analysiert. Maßstab und zu übertreffendes Ziel ist dabei immer die beste und kostengünstigste Lösung im eigenen Unternehmen oder der Konkurrenz (Bild 7.13). Parallel dazu werden aus den Vergangenheitsdaten von ähnlichen

Produkten die wahrscheinlichen Kosten des neuen Produkts kalkuliert (bottom up, Bild 9.27 links). Aus dem Vergleich der vom Markt erlaubten Kosten, dem Kostenziel, mit den wahrscheinlich nach den bisherigen Erfahrungen entstehenden Kosten ergibt sich die notwendige Kostensenkung. Um sie zu erreichen, müssen Kostensenkungspotenziale, bzw. Kostensenkungsmaßnahmen gesucht und festgelegt werden.

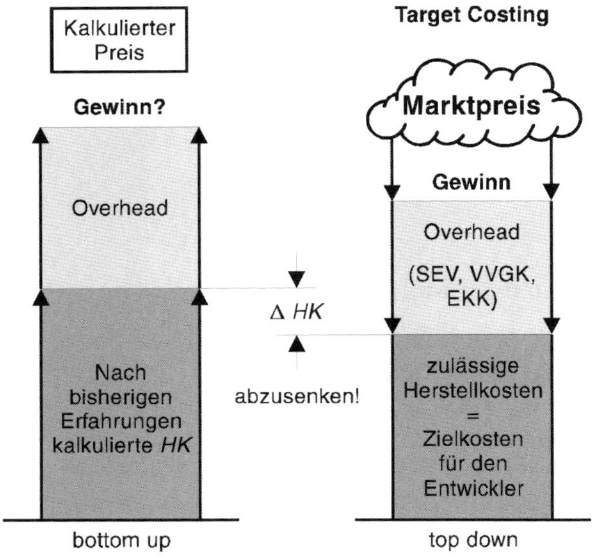

Bild 9.27
Bestimmung der notwendigen Herstellkostensenkung

Kostensenkungspotenziale festlegen heißt, dass nicht nur Kostenziele, z. B. bisherige Herstellkosten minus 50 %, vorgeben werden, sondern auch realistische Wege aufgezeigt werden, wie dieses Ziel zu erreichen ist, z. B. durch Änderung der Forderungen, des Werkstoffes, der Fertigungsverfahren usw. (Kapitel 7.3.7: Kreative Klärung). Deshalb ist bei der Kostenzielvorgabe und der Suche nach Kostensenkungspotenzialen eine **Teamarbeit** von hochrangigen Mitarbeitern aus Vertrieb, Konstruktion, Produktion (einschließlich Montage) und Einkauf notwendig (Kapitel 4.3.3 und 4.4.1.1). Wichtig ist: Kostenziele müssen anspruchsvoll, aber auch realistisch sein und zu ihrer Erreichung muss Kapazität bereitgestellt werden! Leistungserstellung ohne Kosten gibt es nicht. Allerdings können auch die Entwicklungskosten ein Kostenziel sein!

Nach der Festlegung der Kostenziele und -senkungspotenziale beginnt die Entwicklung, die laufend vom Prozess der Zielkostenverfolgung begleitet wird [94/9]. In vorgegebenen Abständen trifft sich das Team und berichtet über den Stand. Läuft nicht alles planmäßig, werden Abweichungen analysiert, Abhilfemaßnahmen, Neufestlegungen usw. gemeinsam beschlossen. So erkennt man frühzeitig

Fehlentwicklungen und kann weitere Maßnahmen zum Kostensenken einleiten oder das Projekt noch rechtzeitig stoppen. Die Iterationsschritte während des Prozesses werden „Kostenkneten“ bzw. „Kosten-Forechecking“ [45/9] genannt. Sauermann [47/9] beschrieb diesen Ablauf schon früh ganz ähnlich als **„Produktkostenplanung“** für Maschinenbauunternehmen.

Beim **Target Costing** können nicht nur die **Herstellkosten**, sondern die **Lebenslaufkosten für den Kunden** berücksichtigt werden. Ferner wird davon ausgegangen, dass das neue Produkt nicht unbedingt mit den vorhandenen Fertigungseinrichtungen produziert wird, sondern u. U. rationellere neue Fertigungseinrichtungen beschafft werden. Ein weiterer wichtiger Punkt ist die verstärkte Einbeziehung der Zulieferer schon zu einem sehr frühen Zeitpunkt in das Entwicklungsteam (SE-Team) und damit in den ganzen Produkterstellungsprozess.

Target Costing erfordert ein konsequentes neues Denken. Hier liegt das größte Problem. In „alten“ Organisationsstrukturen lässt es sich nicht oder nur schwer verwirklichen.

9.3.3.2 Beispiel für Target Costing: Betonmischer in Einzel- und Kleinserienfertigung

Was zeigt das Beispiel?

Am Beispiel der Weiterentwicklung eines Doppelwellen-Betonmischers soll das Vorgehen des Target Costing, aus der Serienfertigung in die Einzel- und Kleinserienfertigung übertragen, erläutert werden [48/9].

Das Beispiel zeigt eine organisierte Zusammenarbeit zum Kostensenken. Schwerpunkte sind die **Ableitung des Kostenziels** nicht nur für die **Herstellkosten**, sondern auch für die **Verschleißkosten** aus dem Markt und aus Kundenwünschen. Ferner das Erreichen von Kostensenkungen nicht allein durch Gestaltänderungen, sondern auch durch ein anderes Konzept beim Antrieb und den dadurch möglichen, verstärkten Einsatz von Zukaufteilen.

Funktionsbeschreibung der Mischer (Bild 9.28): Sie werden als stationäre Mischer in Mischtürmen von Betonzentralen eingebaut. Es werden 1,25 m^3 Festbeton je Mischspiel bei 50 Mischspielen pro Stunde gemischt. Von oben wird das Mischgut, Kies, Wasser, Zement, Zuschlagstoffe und chemische Zusätze, zugeführt. Über einen Entleerschieber wird der fertig gemischte Beton in Baustellenfahrzeuge oder Fahrmischer entleert.

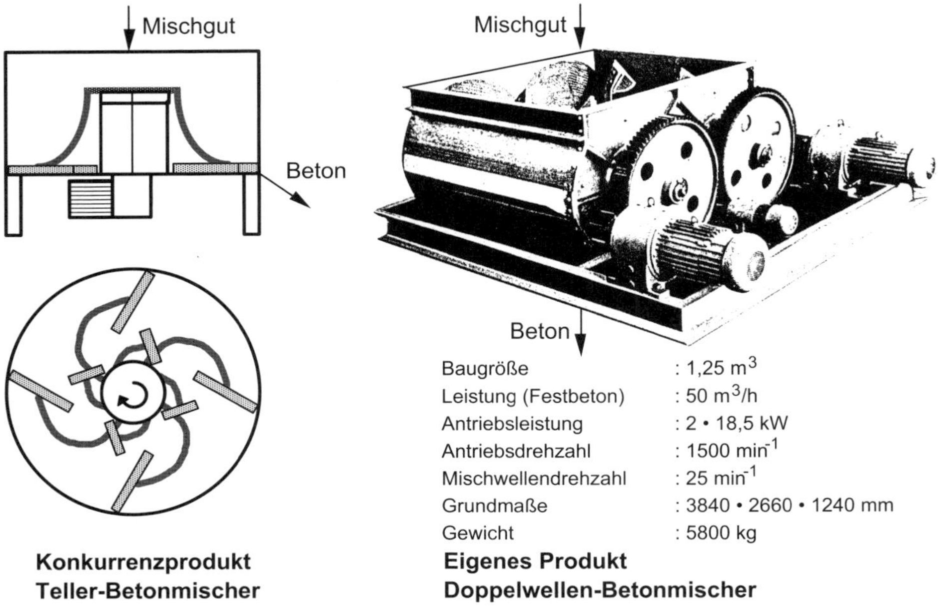

Bild 9.28 Konkurrierende Betonmischer

Die Betonmischer werden in Losgrößen von 4 bis 6 Stück in Basisausführung produziert. Für jeden Kunden sind Anpassungskonstruktionen bei den Anschlussmaßen, Einlauf des Mischgutes, Auslauf des Betons usw. nötig. Bei diesen Anpassungskonstruktionen fließen immer wieder kleine Verbesserungen des Mischers mit ein. Eine grundsätzliche Überarbeitung wurde aber bisher nicht durchgeführt. Der hier gezeigte Mischer ist Glied einer Baureihe mit Mischvolumen von 0,75 bis 9 m^3, die hier aber nicht weiter betrachtet wird. Am Markt existieren zwei unterschiedliche Prinzipien für solche Mischer:

- **Eigenes Produkt:** Doppelwellen-Betonmischer (Bild 9.28 rechts)

  Bei diesem Mischprinzip wird der Beton durch zwei waagerecht liegende, gegenläufige, mit Mischarmen bestückte Mischwellen im inneren unteren Drittel des Troges gemischt. Damit die Mischarme sich nicht verhaken, müssen die Mischwellen synchron laufen.

- **Konkurrenzprodukte:** Teller-Betonmischer (Bild 9.28 links)

  Beim Teller-Betonmischer sind die Mischarme an einer senkrecht stehenden Mischwelle befestigt. Gemischt wird auf der ganzen Grundfläche des Tellers. Um das Mischergebnis zu verbessern, kann an Stelle eines Mischarms noch ein zusätzlich angetriebener Wirbler eingebaut werden.

Vorgehen beim zielkostengesteuerten Konstruieren

a) Bildung eines Target Costing Teams

Es wird zur Strukturierung des Vorgehens ein Team, aus dem Konstruktionsleiter (gleichzeitig Projektleiter), dem Fertigungsleiter, einem Kalkulator, einem Einkäufer, dem Vertriebsleiter, einem Projektingenieur und dem Montagemeister gebildet.

Der Terminplan wird so gestaltet, dass nach 7 Monaten der Prototyp des neuen Mischers lauffähig sein soll. Das sind nur ca. 40 % der geschätzten üblichen 1,5 Jahre Entwicklungszeit. Anfangs werden Teamsitzungen in zwei-, später im vierwöchigen Turnus abgehalten. Dazwischen werden die vereinbarten Arbeitspakete von den Teammitgliedern abgearbeitet und dann wieder präsentiert.

b) Ermittlung des Kostenzieles für den Mischer durch das Auftragsgespräch

In der Einzel- und Kleinserienfertigung ist das **Auftragsgespräch**, das nach einem Angebot des Herstellers beim Kunden stattfindet, eine der wesentlichen Maßnahmen zur Ermittlung der Kundenforderungen und -wünsche und natürlich des Preis- bzw. des Kostenzieles. Dabei meint der Begriff **Auftragsgespräch** nicht nur **ein** einzelnes Gespräch, sondern den oft langen Prozess von einer Anfrage bis zum endgültig erteilten oder entgangenen Auftrag.

Im Allgemeinen geht der Kunde dabei von mehr oder weniger vergleichbaren Angeboten der Konkurrenz aus. Es erfolgt in gewisser Weise ein Benchmarking, d. h. ein Vergleich des eigenen Produkts mit den besten der Konkurrenz aus Kundensicht. Allerdings fließt dabei die Politik des Kunden ein, d. h. er mischt „Dichtung und Wahrheit" zu seinem Vorteil: er kombiniert die Summe aller Eigenschaften der Konkurrenzprodukte mit dem jeweils niedrigsten Preis.

Der **erste Schritt** zur Erstellung einer **kundenbezogenen Anforderungsliste** (Zielkatalog) ist also die Aussagenbereinigung, um die Konkurrenzprodukte technisch/wirtschaftlich vergleichbar zu machen. Dabei hilft eine **Eigenschaftscheckliste** der konkurrierenden Produkte, die aus eigenen Untersuchungen, Angaben aus der Literatur und früheren Auftragsgesprächen gespeist wurde (Bild 9.29).

Im **Auftragsgespräch** wird vom Kunden anerkannt, dass der Doppelwellen-Betonmischer qualitative Vorteile gegenüber dem Teller-Betonmischer hat, die sich aber manchmal nur schwer quantifizieren lassen: bessere Mischqualität, bessere Wartungs- und Reparaturfreundlichkeit, Robustheit, längere Gesamtlebensdauer. Die Vorteile sind kaufentscheidend für den Doppelwellen-Betonmischer, wenn der höhere Einkaufspreis z. B. durch niedrigere Verschleißkosten so ausgeglichen wird, dass nach einem Jahr für den Kunden Kostengleichheit (break-even-point) aus der Summe von einmaligen Beschaffungs- und Verschleißkosten zu erwarten ist. Betriebs-, Wartungskosten usw. werden, weil sie bei beiden Typen in etwa gleich sind, nicht weiter betrachtet.

Eigenschaften	Tellermischer	Doppelwellenmischer "alte Bauart"
Mischqualität	gut (ohne Wirbler) (begrenzt bei Grobkorn)	sehr gut (für alle Korngrößen)
Mischzeit	60 s	60 s
Einbaumaße [mm]	ø 2 800, h = 1 400 (großer ø, niedere Bauhöhe)	3 800 × 2 700 × 1 700
Energieverbrauch	0,6 kWh/m^3 (30 % mehr bei Wirbler)	0,6 kWh/m^3
Verschleißkosten (Geschw. am Mischwerkzeug)	0,9 €/m^3 (bei Wirbler höher)	0,6 €/m^3 (1,5 m/s)
Wartungs- und Reparatur-freundlichkeit	für Mischraum gut, für Antrieb (unten!) nicht gut	gut
Gesamtlebensdauer	ca. 8 bis 10 Jahre	ca. 15 bis 20 Jahre
Preis ab Werk einschl. MwSt.	134 000 € (Wirbler 6 000 bis 8 000 €)	190 000 €

Bild 9.29 Eigenschaftscheckliste für einen 1,25 m^3-Betonmischer

Aus vielen Auftragsgesprächen, erhaltenen und mehr noch aus verloren gegangenen Aufträgen, ist bekannt, dass mit dem vorhandenen Produkt, den daraus resultierenden Herstellkosten und damit dem notwendigen Preis am Markt nicht mehr zu argumentieren war. Deshalb wird der Entschluss gefasst, mit Target Costing die Kosten zu senken und neue gedankliche und organisatorische Strukturen in Entwicklung, Konstruktion und Fertigung zu erreichen.

c) Festlegen der Kostenziele für Herstell- und Verschleißkosten

Im **zweiten Schritt** werden Kostenziele bezüglich der Herstell- und Verschleißkosten des neuen Doppelwellen-Betonmischers aus einer Überschlagsberechnung ermittelt, wobei hier die Verzinsung des Kapitals nicht berücksichtigt wurde.

Zeit zum break-even-point des alten Doppelwellen-Betonmischers (DWM) gegenüber einem Teller-Betonmischer (TM) aus Sicht des Kunden:

- Preisunterschied Doppelwellen- zu Tellermischer:

$$\Delta P = 190000€ - 134000€ = 56000€$$

- Bei einer üblichen Auslastung der Mischer von 40 000 m^3/Jahr ergibt sich mit den Verschleißkosten aus Bild 9.29 ein Verschleißkostenunterschied/Jahr (ΔVK):

$$\begin{aligned} VK_{DWM} &= 40000\,m^3 / Jahr \quad 0{,}60€/m^3 = 24000€/Jahr \\ VK_{TM} &= 40000\,m^3 / Jahr \quad 0{,}90€/m^3 = 36000€/Jahr \\ \Delta\, VK &= 12000€/Jahr. \end{aligned}$$

- Zeit bis zum **break-even-point:**

  $\Delta P / \Delta VK = 56000\,€ / 12000\,€ / \text{Jahr} = \mathbf{4{,}67\,Jahre.}$

Um diese Zeit auf höchstens ein Jahr zu verringern, wird eine **Senkung der Herstellkosten um 25 %** und eine **Senkung der Verschleißkosten VK auf 0,54 €/m³** als erreichbar angesetzt. (Annahme: Die Herstellkosten HK verhalten sich proportional zum Preis P. Die Herstellkosten betragen ca. 70 % des kalkulierten Verkaufspreises.)

Damit ergibt sich die Zeit bis zum Break-even-point (Bild 9.30) des neuen Doppelwellen-Betonmischers bei einem neuen Preis für den Doppelwellen-Betonmischer:

$$P_{DWMneu} = 190000\,€ \cdot 0{,}75 = 142500\,€,$$

wird der Preisunterschied ΔP zum Tellermischer:

$$\Delta P = 142500\,€ - 134000\,€ = 8500\,€.$$

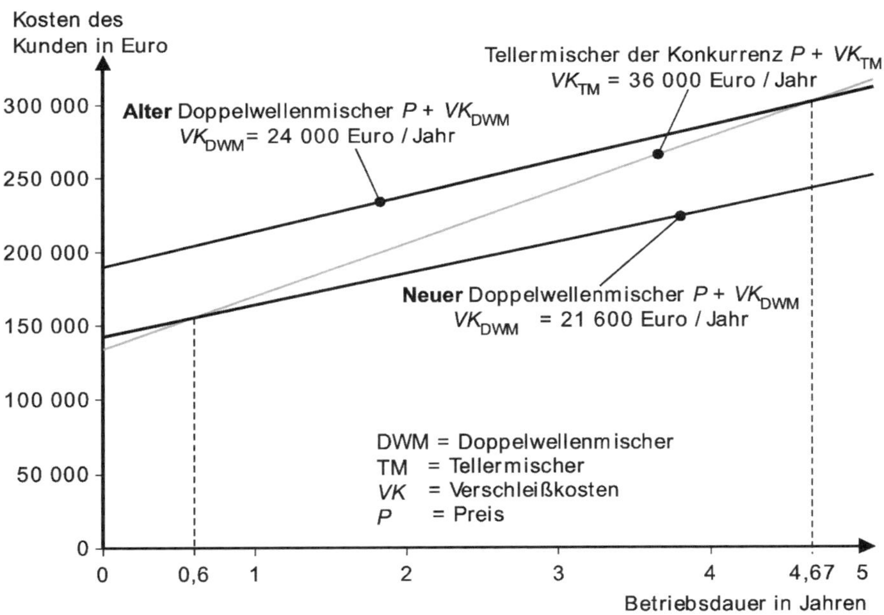

Bild 9.30 Kosten des Kunden bei verschiedenen Betonmischern

- Neuer Verschleißkostenunterschied/Jahr (ΔVK):

$$VK_{DWMneu} = 40000\,m^3 / \text{Jahr} \quad 0{,}54\,€ / m^3 = 21600\,€ / \text{Jahr}$$

$$\Delta\, VK = 36000\,€ / \text{Jahr} - 21600\,€ / \text{Jahr} = 14400\,€ / \text{Jahr}.$$

- Neue Zeit zum **break-even-point:**

  $\Delta P / \Delta VK = 8500\,€ / 14\,400\,€ / \text{Jahr} = \mathbf{0{,}6\,Jahre}$.

Damit sind die **Zielkosten** aus **Sicht der Lebenslaufkosten** für den neuen Doppelwellenmischer:

1. Absenkung der Herstellkosten von 133 000 € (190 000 € · 0,7) um 25 % auf „unter" 100 000 € **(Herstellkostenziel)**. Endgültig die Vorgabe der **Werksleitung**: 95 100 €,
2. Absenkung der Verschleißkosten von 0,6 €/m^3 um 10 % auf 0,54 €/m^3 **(Verschleißkostenziel)**.

Das Ziel, den break-even-point innerhalb eines Jahres zu erreichen, wird damit unterschritten. Es ist aber damit zu rechnen, dass auch die Konkurrenz kostensenkend tätig wird, so dass die Ziele eher anspruchsvoll gesetzt werden sollten.

d) Analyse der bisherigen Konstruktion

Zu Beginn des Target Costing müssen, nachdem die Gesamtzielkosten für den Doppelwellen-Betonmischer bekannt sind, diese weiter in Teilzielkosten aufgeteilt werden, z. B. nach vom Kunden gewünschten Eigenschaften und Funktionen (Kostenstrukturen Kapitel 9.2.1). Bei der Einzelfertigung ist es allerdings nicht in jedem Fall möglich, die geforderte Aufspaltung und Zuordnung der Zielkosten bis zu einzelnen vom Kunden gewünschten Eigenschaften durchzuführen. Die Aufspaltung der Kostenziele sollte aber so weit wie möglich betrieben werden, um die tatsächlich vom Kunden gewünschten und vergüteten Eigenschaften zu erkennen und Kostensenkungspotenziale sichtbar zu machen. Im Sinne der oben angeführten „robusten" Kosteninformation kommt es dabei nicht auf die „centgenaue" Zurechnung von Kosten an, sondern auf das Erkennen von Schwerpunkten. Zur realistischen Aufspaltung des Kostenzieles und zur Ermittlung der Kostensenkungspotenziale wurde eine Analyse des bisherigen Mischers durchgeführt.

Bild 9.31 zeigt die **Herstellkostenanteile für die Baugruppen** der bisherigen Konstruktion. Es sind die folgenden kostenbestimmenden Baugruppen zu erkennen:

Baugruppe 1 (Antrieb): Hoher Kostenanteil: 53 200 € = 40 % HK.

Baugruppe 2 (Mischtrog): Hoher Kostenanteil: 35 910 € = 27 % HK.

Baugruppen 3 bis 6: Die Kostenbeeinflussungsmöglichkeiten sind aufgrund der Kostenanteile und des vorgegebenen Prinzips gering.

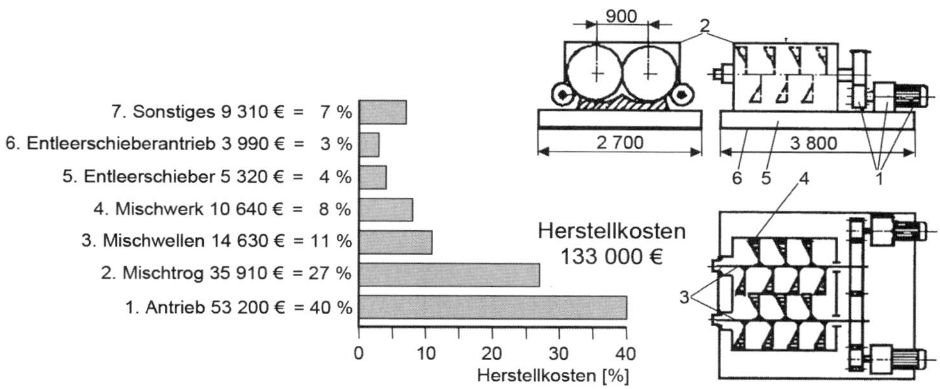

Bild 9.31 Doppelwellen-Betonmischer: Kostenstruktur nach Baugruppen (bisherige Ausführung)

Hier wird nur noch das Vorgehen an Baugruppe 1 beschrieben.

Funktion des Antriebs:

Der Antrieb überträgt das Drehmoment der Elektromotoren mit einer Untersetzung von 1500 auf ca. 25 min^{-1} auf die sich entgegengesetzt drehenden synchronisierten Wellen. Die Plattform nimmt die Antriebe und den Mischtrog auf.

Das Vorgehen wird so eingerichtet, dass die kostenintensiven Baugruppen/Fertigungsverfahren zuerst betrachtet werden (Kapitel 7.4.1.2). Aus Risikogründen bezüglich Mischqualität werden hier nicht die Hauptfunktionsträger, d.h. das Mischwerk, verändert (Bild 6.16).

e) Zielkosten und Kostensenkungspotenziale für die Baugruppe Antrieb

Eine genaue Analyse des Antriebes im Team ergab folgende Potenziale zum Kostensenken an der Baugruppe Antrieb (Bild 9.32) mit Fragen zu möglichen Änderungen:

- **Antriebsplattform:**
  - Braucht man sie überhaupt?
  - Welche anderen Lösungen gibt es? (z.B. selbsttragende Konstruktion ohne Plattform).
- **Synchronradsatz:**
  - Ist er durch Kaufteile oder andere Konstruktionen/Prinzipien ersetzbar? (z.B. andere Antriebseinheiten?)
- **Getriebemotoren:**
  - Sind sie durch andere Kaufteile ersetzbar?
  - Ist die Synchronisieraufgabe integrierbar?
  - Gibt es andere Lieferanten?

- Möglichkeiten der **Fertigung:**
  - Was sind die vorhandenen Möglichkeiten?
  - Was sind durch Investitionen zu schaffende Alternativen?
- Statt Einzelfertigung bestimmte **Bauteile in Kleinserien** fertigen?
- **Fremd- oder Eigenfertigung**? usw.

Diesen Fragen hat sich das Target-Costing-Team [49/9] zu stellen (Kapitel 4.4.1). Lösungen und mögliche Änderungen werden durch das Team gefunden und schnell auf ihre Realisierungschancen und Kostensenkungspotenziale hin beurteilt.

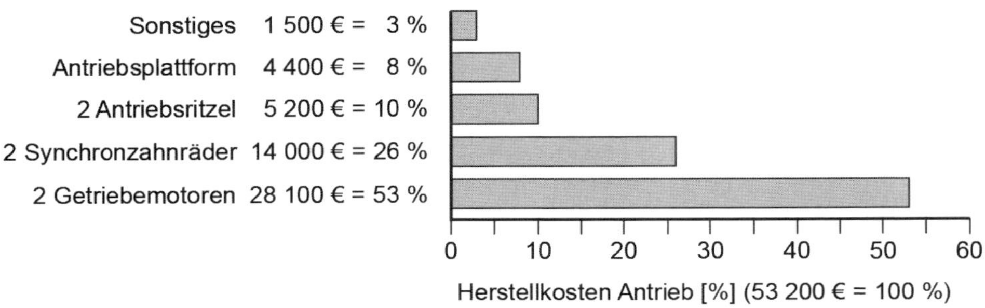

Bild 9.32 Zweiwellen-Betonmischer: Kostenstruktur Antrieb

Die Änderungsmöglichkeiten und die sich daraus ergebenden Kosten wurden abgeschätzt, so dass als **Kostenziel für diese Baugruppe** eine **Einsparung von mindestens 30 %** festgelegt wurde. Für das Erreichen der vereinbarten Teilkostenziele wurden entsprechende **Verantwortliche** bestimmt [22/9]. Bei konstruktiven Änderungen ist der Konstruktionsleiter, bei mehr fertigungstechnischen Änderungen der Fertigungsleiter, bei Beschaffungsänderungen der Einkaufsleiter usw. verantwortlich. Aber ein kompetenter Projektleiter trägt die Gesamtverantwortung für das neue Produkt einschließlich seines Erfolges.

f) Lösungssuche

Für den Antrieb wurden alternative Lösungsprinzipien gesucht und Grobentwürfe angefertigt. Bild 9.33 zeigt **fünf mögliche Alternativen**, die die Forderungen an den Antrieb erfüllen. Hierbei wurde durchweg eine selbsttragende Konstruktion des Mischtroges bevorzugt (Antriebsplattform fällt weg, der Mischer wird damit auch kleiner und leichter).

Parallel zur Lösungssuche wird ein **Kosten-Forechecking** durch die enge Zusammenarbeit der Konstruktions-, Fertigungsvorbereitungs- und Kalkulationsabteilung im Target-Costing-Team verwirklicht [22/9; 35/9; 36/9; 37/9; 39/9]. Die Herstellkosten werden mitlaufend kalkuliert, Angebote eingeholt usw. Damit ist sichergestellt, dass die benötigten Informationen in einem kurzen Regelkreis fließen und das vorgegebene Kostenziel auch erreicht wird. Aus den verschiedenen Grobentwürfen muss dann die endgültige Lösung unter Kosten- und Funktionsgesichtspunkten ausgewählt werden.

Beim **Antrieb** wurde das in Bild 9.33 gezeigte Prinzip 5 mit Aufsteck-Schneckengetrieben (Antriebsplattform entfällt) gewählt, die über Keilriemen an den Schneckenwellen angetrieben und durch eine elastische Kupplung synchronisiert werden. Der Elektromotor sitzt auf einer Spannwippe direkt am Mischtrog (Bild 9.34).

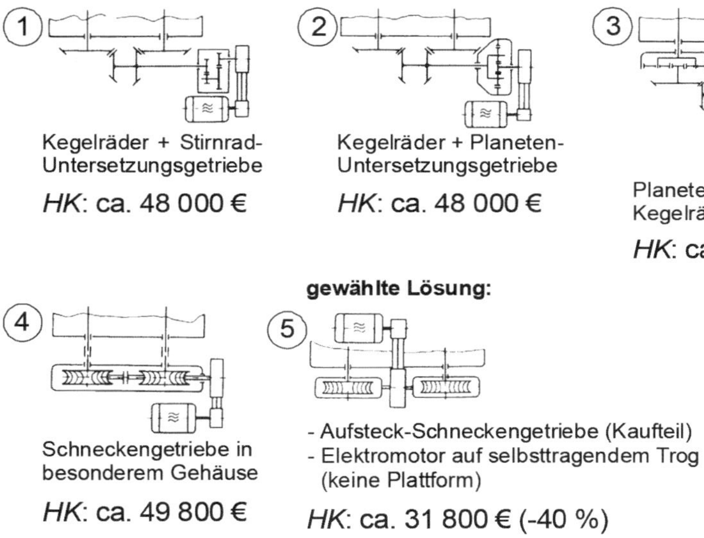

Bild 9.33 Alternative Antriebe für Doppelwellen-Betonmischer

Zu beachten ist, dass wegen der Verluste bei Verwendung von Schneckenantrieben die Antriebsleistung um rund 20 % erhöht werden muss. Bei einem zentralen Antriebsmotor ist eine elastische Kupplung der beiden Mischwellenantriebe erforderlich.

Beim **Mischtrog** wurde ein komplett geschweißter Mischtrog ausgewählt. Die Bohrwerksbearbeitung für die Mischwellenlagerung entfällt durch Verwendung gedrehter Lagerstelleneinsätze, die auf einer Vorrichtung mit eingeschweißt wurden.

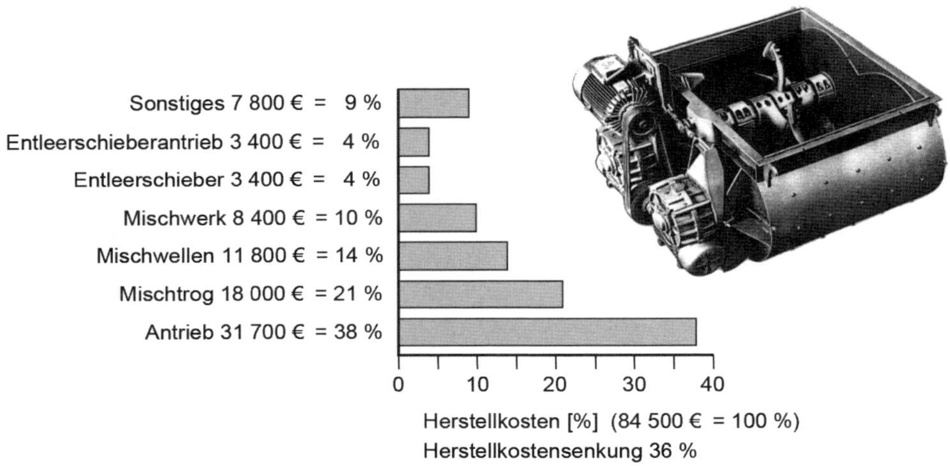

Bild 9.34 Neuer Doppelwellen-Betonmischer: Herstellkostenstruktur nach Baugruppen

i) Durchführung der Konstruktion

Während der Konstruktion werden noch einige kleinere Änderungen vorgenommen, die jedoch die Herstellkosten kaum beeinflussen. Die Parallelität der Wellen (± 0,5 mm) kann mit der Schweißkonstruktion durch die Verwendung einer Vorrichtung eingehalten werden. Die Vorrichtungskosten wurden in die Kostenbetrachtung mit einbezogen.

Die Änderungen für die hier betrachtete Baugröße können auf die gesamte Baureihe übertragen werden. Bei den größeren Mischern werden lediglich zwei getrennte Antriebsmotoren verwendet.

j) Fertigung und Versuch

Bei der Erprobung stellt sich heraus, dass der Mischer aufgrund der Stoßunempfindlichkeit der Schneckengetriebe und auch vom Mischtrog her eine **25 %ige Überladung** zulässt, so dass die Leistung entsprechend höher angesetzt werden kann. Damit werden auch die höheren Energiekosten durch den Schneckenantrieb ausgeglichen.

Das **Ergebnis** des zielkostengesteuerten Konstruierens ist, wie Bild 9.35 zeigt, ein **kleinerer, leichterer** (80 %), **kostengünstigerer** Mischer (64 %), der außerdem noch **leistungsfähiger** (125 %), **geräuschärmer** (wegen der Schneckengetriebe) und **wartungsgünstiger** ist. Die Einsparung beim Grundentwurf ist so groß, dass voraussichtlich die Kosten der ganzen Baureihe um mindestens 20 % gesenkt werden können. Die durch Target Costing gesteuerte konstruktive Überarbeitung des Betonmischers, durchgeführt durch ein interdisziplinär zusammengesetztes Team, ist also ein voller Erfolg. Durch die dabei intensive gegenseitige Abstimmung kann die Entwicklungszeit von früher üblichen 18 Monaten, wenn auch nicht auf die geplanten 7 Monate, aber auf 8 Monate verringert werden.

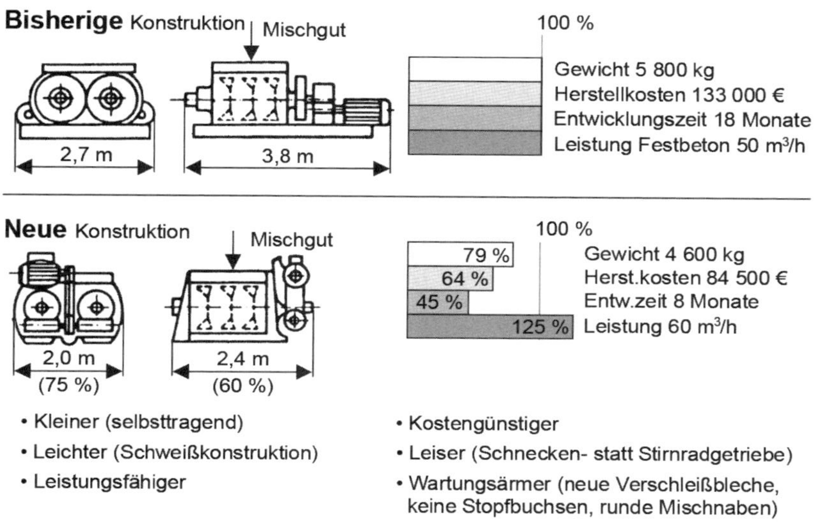

Bild 9.35 Doppelwellen-Betonmischer: Gegenüberstellung **bisherige/neue Konstruktion**

k) Was zeigt das Beispiel?

Den Ablauf des Beispiels zeigt zusammengefasst schematisch Bild 9.36 [1/9]. Es wird ein Team gebildet (Kapitel 4.3.3; 4.4.1). Die Zielkosten (hier 93 100 €) werden in Teilzielkosten aufgespalten: in Zielkosten für die Baugruppen bzw. -teile 1, 2, 3, 4 (A- und B-Teile) und die Summe der Baugruppen 5 bis 7 (C-Teile). Ferner wird ein Ziel für die Verschleißkosten definiert. Für das Erreichen der Zielkosten der einzelnen Baugruppen werden Maßnahmen im Team festgelegt und Verantwortliche benannt, ähnlich auch für die Verschleißkosten. Die Maßnahmen werden umgesetzt. In festgelegten Zeitabständen trifft sich das Teamund berichtet über den Stand. Wird bei bestimmten Baugruppen erkannt, dass das Ziel nicht erreicht wird (Baugruppen 2 und 4), werden diese erneut überarbeitet, bis die Zielkosten erreicht sind oder andere Kostensenkungsmaßnahmen beschlossen werden [22/9; 45/9].

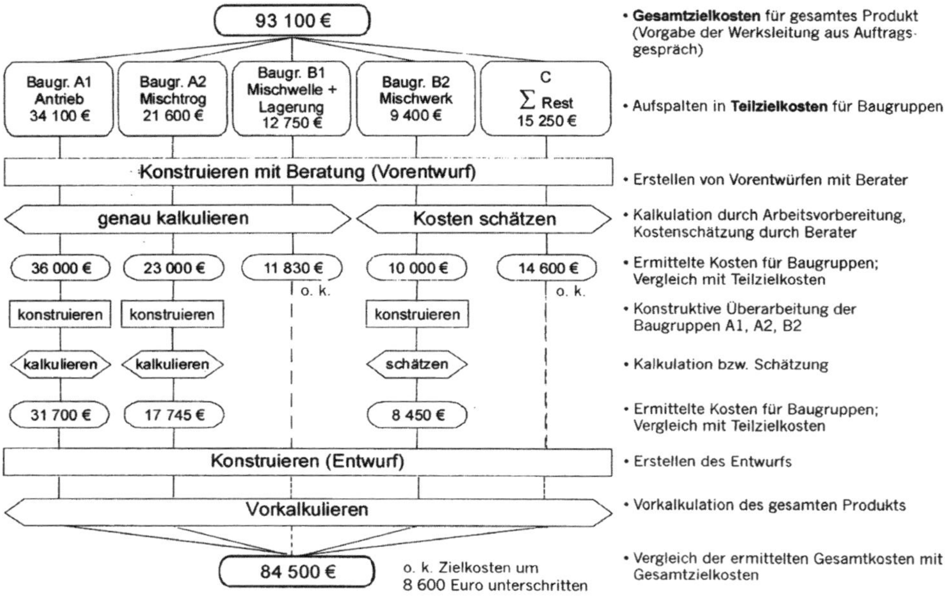

Bild 9.36 Ablauf beim Konstruieren auf ein Kostenziel hin

9.3.4 Kostengünstig Konstruieren mit integrierten Rechnerwerkzeugen

Zur Unterstützung des Kostengünstigen Konstruierens bietet sich auch der Einsatz von Rechnern an. Das Entwicklungsteam oder der Konstrukteur wird beim kostenzielorientierten Arbeiten durch die Bereitstellung von kostenrelevanten Informationen und Kalkulationsverfahren unterstützt. Derartige Rechnerhilfsmittel werden unter dem Begriff **Kosteninformationssysteme** zusammengefasst. Mit ihnen können nicht nur Materialeinzel- und Lohnkosten gesenkt werden, sondern genauso wirksam Gemeinkosten durch die Vermeidung unnötiger Varianten.

9.3.4.1 Kosteninformationssysteme

Ziel von Kosteninformationssystemen ist das Unterstützen des Kostengünstigen Konstruierens in zweierlei Hinsicht. **Unmittelbar beeinflussbare Kosten** des Produkts sollen mit Hilfe der konstruktionsbegleitenden Kalkulation und einer allgemeinen Kosteninformationsbereitstellung über die in Bild 9.7 dargestellten Einflussfaktoren kostengünstig festgelegt werden. **Variantenabhängige Gemeinkosten** sind durch eine geeignete Teileverwaltung und die Unterstützung von Normungsbestrebungen längerfristig ebenfalls beeinflussbar. Eine Auswahl aus möglichen Inhalten, die sich für rechnergestützte Kosteninformationssysteme eignen, ist in Bild 9.37 dargestellt.

Kosteninformationssysteme zum Kostengünstigen Konstruieren Inhalte passiver Module	 Inhalte aktiver Module
Kosteninformationen Kosten von Vorläufern MK, HK Kostenstrukturen, Relativkosten Kostensätze: Maschinen, Platzkosten... Werkstoffpreise, Kaufteilkataloge mit Preisen Ergebnisse aus Wertanalysen Hinweise: kostengünstige Gestaltung Kostenziele **Informationen mit indirektem Kostenbezug** Zeiten: Rüst-, Haupt-, Nebenzeiten Arbeitspläne, Maschinen, Werkzeuge Vorhandene Vorrichtungen Zuverlässigkeit: Schäden, Probleme Checklisten, Hinweise: montagegünstig, fertigungsgünstig, recyclinggerecht... Musterzeichnungen, Normen Ansprechpartner, Verbesserungsvorschläge Werkstoffkennwerte, Leichtbau	**Konstruktionsbegleitende Kalkulation** Kalkulationsverfahren (Kap. 9.2.3) insbes.: Kurzkalkulationsverfahren Fertigungsorientierte Analogieverfahren Arbeitsplanbasierte Kostenstrukturen Variantenvergleiche, fallbezogene Hinweise Automatische Arbeitsplanerstellung **Wiederhol- und Ähnlichteilsuchsysteme** Suche über Sachmerkmalsleisten Featurebasierte Wiederhol- und Ähnlichteilsuche Variantenanalysen Wiederverwendung von Detailgestaltungen, Werkzeugen, Vorrichtungen **Automatische Analyse des Entwurfs** Dynamisches Prüfen: Maschinenarbeitsräume, Prozesseignung, Werkzeuge, Vorrichtungen Normenkontrolle, automatische Hinweise

Bild 9.37 Mögliche Inhalte von Kosteninformationssystemen

Auf der linken Seite sind Unterstützungsmöglichkeiten aufgezählt, die sich für den Einsatz eines datenbankgestützten, passiven Systems eignen. Der Anwender hat hier die Möglichkeit, sich die gespeicherten Kosteninformationen passend zu seiner Aufgabenstellung auszuwählen und anzusehen. Derartige **datenbankgestützte Informationssysteme** verhalten sich passiv, Kostenberechnungen oder eine fallbezogene Informationsaufbereitung ist nicht möglich. Eine CAD-integrierte Oberfläche ist in der Regel realisierbar und lohnend. Rechts dargestellt sind aktive Systemkomponenten: Am bekanntesten sind **Systeme zur konstruktionsbegleitenden Kalkulation**. Diese ermöglichen es, dem Konstrukteur schnell die Herstellkosten seines aktuellen Entwurfs zu kalkulieren und mit Hilfe von diesen Kostenergebnissen zielbewusst zu konstruieren. Von den einfachen Methoden der Kostenberechnung mit Kurzkalkulationsverfahren (Kapitel 9.2.3) bis hin zur Kalkulation, basierend auf **automatisch erzeugten Arbeitsplänen**, sind zahlreiche Ansätze mit unterschiedlicher Genauigkeit und Kostentransparenz realisiert. Zusätzlich interessant, mit Blick auf die Gemeinkostenreduzierung, sind leistungsfähige Systeme zur **Wiederhol- und Ähnlichteilsuche**. Diese sind geeignet, einer unnötigen Variantenvielfalt in Konstruktion, Planung und Fertigung vorzubeugen. Mit Ähnlichkeitsanalysen kann auch die bestehende Teilevielfalt eingeschränkt werden (Kapitel 9.4.4). Wissensbasierte Systeme, wie sie zur konstruktionsbegleitenden Kalkulation mit automatischer Arbeitsplanung eingesetzt werden, eignen sich auch zur automatischen Analyse des aktuellen Entwurfs. Die fertigungsgünstige, normgerechte und auch kostengünstige Gestaltung kann so teilweise geprüft und mit Hilfe von Hinweisen unterstützt werden. – Eine DV-technische Kostenzielverfolgung (Target Costing) vom Kundenangebot über Konstruktion, Fertigung, Kostenrechnung und wieder nach vorn in die Projektierung wurde zusammen mit mehreren Firmen von Stößer realisiert [72/9]. Dabei kommt es vor allem auf die fortlaufende Aktualisierung der Kosteninformation und ihre einheitliche Strukturierung an [1/9].

Um sowohl der Herstell- als auch der Gemeinkostenverantwortung in der Konstruktion gerecht zu werden, ist die **CAD-Integration des Kosteninformationssystems** von großer Bedeutung. Zur Unterstützung beider Zielrichtungen beim Kostengünstigen Konstruieren und der CAD-Integration eignet sich eine **featurebasierte Produktmodellierung** in einer firmenweit verfügbaren Datenbank. Features, als Basis dieser Produktmodellierung, sind Objekte, die zur Beschreibung der geometrischen und zusätzlichen, nichtgeometrischen Eigenschaften von Produkten, Baugruppen, Einzelteilen und Gestaltzonen dienen. In Bild 9.39 wird am Beispiel einer Zahnradwelle veranschaulicht, wie die hierarchische Strukturierung eines Einzelteils in ein Feature für das Bauteil und mehrere, untergeordnete Features für die Gestaltzonen aufgebaut ist. Die in diesen Objekten verwalteten Eigenschaften richten sich nach den Anforderungen aus den Programmen, die auf diese Produktbeschreibung zugreifen oder Daten in ihr speichern. Im Zusammenhang mit Kosteninformationssystemen sind das neben der Geometrie insbesondere fertigungs- und montagerelevanten Eigenschaften. Basierend auf dieser rechnerinterpretierbaren Produktmodellierung ist der **Einsatz von wissensbasierten Systemen** zur **automatischen Arbeitsplanung und Kostenrechnung** oder statistischen Verfahren der Kostenschätzung möglich. Auch leistungsfähige Wiederhol- und Ähnlichteilsuchsysteme lassen sich mit Hilfe der im Produktmodell gespeicherten Informationen realisieren. (Siehe Kapitel 5.2.2.5).

9.3.4.2 Anwendung eines Kosteninformationssystems

Am Beispiel des Kosteninformationssystems **XKIS** (E**x**tendiertes **K**osten-**I**nformations-**S**ystem [50/9; 51/9; 76/9]) soll der Stand der Technik und die Leistungsfähigkeit derartiger Systeme dargestellt werden. Die Produktbeispiele stammen aus einem Unternehmen der Antriebstechnik, das dieses Kosteninformationssystem einsetzt, die Kostenwerte sind abgeändert. Die Unterstützung des Kostengünstigen Konstruierens durch XKIS ist in Bild 9.38 ausgehend vom Konzept in der Konstruktion bis hin zur Fertigungsplanung dargestellt. Damit wird in diesem Unternehmen gearbeitet.[3]

3) Parallel, aber unabhängig von den Arbeiten des Kollegen Ehrlenspiel entstand im gleichen Zeitraum am Lehrstuhl des Koautors in Erlangen eine Kopplung des Featurebasierten Konstruktionsassistenzsystem mfk mit einem handelsüblichen Herstellkostenberechnungsprogramm. (114/9) Es handelte sich um das Programm HKB der Fa. Mirakon aus St. Gallen. Einige Jahre später wurde die Kopplung von HKB mit dem CAD-System Solid Edge für ein Industrieunternehmen realisiert.

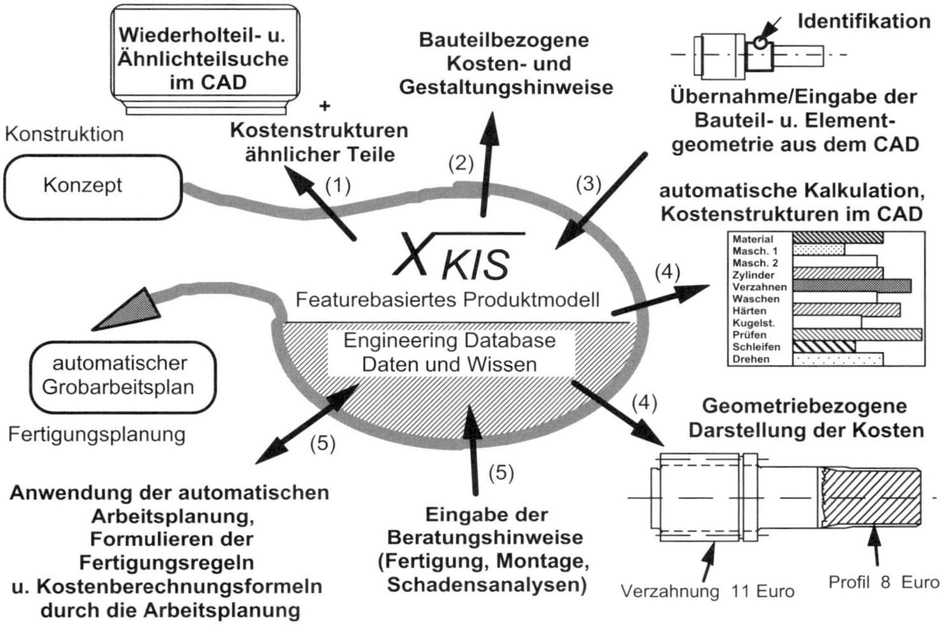

Bild 9.38 Unterstützen des Kostengünstigen Konstruierens mit einem CAD-integrierten Kosteninformationssystem [50/9]. Die Nummern 1 bis 5 beziehen sich auf die Punkte (1) bis (5) des Textes

Featurebasierte Wiederhol- und Ähnlichteilsuche (1)

Spätestens mit der Erstellung eines Produktkonzepts stellt sich dem Konstrukteur die Frage, ob im Unternehmen bereits ein Konzept, ein Bauteil oder eine Baugruppe existiert, das den gewünschten Anforderungen ganz oder teilweise entspricht. Rechtfertigt die erwartete Stückzahl keine Neukonstruktion, so ist die gezielte Wiederhol- oder Ähnlichteilverwendung ohnehin die kostengünstigste Lösung. Wenn die Gemeinkostenverursachung von neuen Bauteilen und Varianten in indirekten Bereichen in der Kostenbewertung berücksichtigt wird, ist die Wiederholteilverwendung zusätzlich interessant.

Das **Modul zur Wiederholteilsuche** beinhaltet als Basis für die Suche alle Bauteile, die mit dem System bearbeitet (identifiziert) wurden. Sinnvollerweise sind dies auch die wieder zu verwendenden Altteile. Da das Produktmodell die gesamte Bauteilgeometrie und fertigungsrelevante Zusatzinformationen umfasst, kann der Konstrukteur nach nahezu allen technischen Ausprägungen suchen. Er kann sich sein Wunschbauteil aus beliebigen Features „zusammenbauen" (Bild 9.39). Als Suchattribute sind Wertebereiche, Grenzwerte oder diskrete Werte von beliebigen Eigenschaften der gewählten Features zulässig. Auch die Suche nach einem einzelnen, speziellen Feature, beispielsweise einer aufwendig herzustellenden Verzahnung, ist möglich. Diese kann dann an einem neuen Bauteil verwendet werden.

Vorhandene Werkzeuge (hier teure Verzahnungswerkzeuge), Vorrichtungen und andere Betriebsmittel können so wieder verwendet werden.

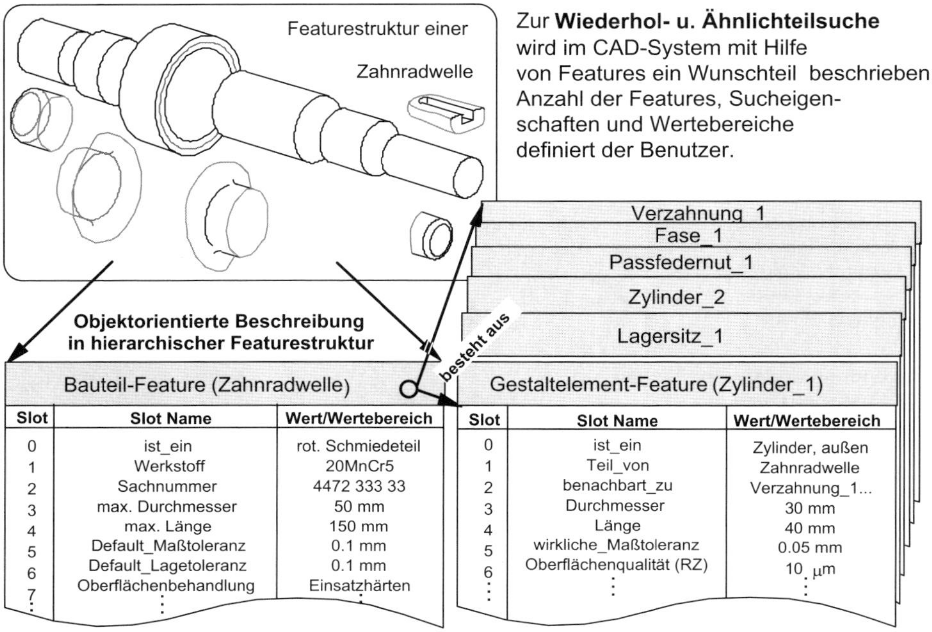

Bild 9.39 Featurebasierte Produktmodellierung als Basis für die rechnertechnische Verwaltung, die Wiederhol- und Ähnlichteilsuche und die konstruktionsbegleitende Kalkulation [52/9]

Als **Ergebnis der Anfrage** erhält der Konstrukteur im CAD eine Liste der gefundenen Teile. Er kann die Zeichnungen unmittelbar ansehen oder gegebenenfalls die Suchanfrage weiter verfeinern. Das so gefundene Teil kann dann entweder unverändert in den aktuellen Entwurf übernommen und bedarfsweise angepasst werden. Ein weiterer Vorteil aus der Verknüpfung dieser Wiederhol- und Ähnlichteilsuche mit dem Kalkulationssystem ist, dass zu ähnlichen Teilen auch die Kostenstrukturen gespeichert sind und am CAD-Bildschirm angezeigt werden können. Dies ist ein wichtiges Hilfsmittel für ein kostenzielorientiertes Vorgehen, auch wenn das ähnliche Teil nicht unmittelbar übernommen wird. Es verschafft einen transparenten Überblick über die Kosten, ihre Verteilung und die Kostenschwerpunkte. So wird neben der Anpassungs- und Variantenkonstruktion auch die kostenzielorientierte Neukonstruktion unterstützt.

Bauteilbezogene Hinweise (2)

Es besteht in der zugrunde liegenden Datenbank ebenfalls die Möglichkeit, Hinweise und Informationen (zu Fertigung, Montage, Schadensfällen, Produktgebrauchsverhalten, Marktanalysen, etc.) mit Teileklassenbezug abzuspeichern. Auf diese kann der Konstrukteur aus dem CAD-System heraus interaktiv über unterschiedliche Klassifizierungen zugreifen, um sich fallbezogen zu informieren.

Automatische Kalkulation der Entwürfe nach interaktiver Geometrie-Identifikation (3)

Ausgangsbasis für die Anwendung der konstruktionsbegleitenden Kalkulation ist eine 2D- oder 2½ D-Zeichnung im CAD. Diese muss nicht vollständig detailliert sein. Es genügt, wenn der Konstrukteur eine skizzenartige Entwurfszeichnung erstellt hat. Auf Basis dieses Entwurfs kann er die kostenbestimmenden Eigenschaften quantifizieren und dem System angeben. Um einen Entwurf kostenmäßig durch das System bewerten zu lassen, muss der Konstrukteur den Entwurf beschreiben. Hierzu ist die interaktive Eingabe der Geometriedaten des Teils mit der Maus durch „Anfassen" der beschreibenden Geometrieelemente nötig (= Identifikation). Die Gewinnung der nichtgeometrischen Eigenschaften – Werkstoff, Wärmebehandlungen, Standardoberflächenqualität, Zeichnungsfreigabestand, die geplante Jahresstückzahl, etc. – geschieht ebenfalls menügesteuert unmittelbar im CAD-System mit Hilfe eingeblendeter Auswahllisten oder über die Tastatur. Alle erforderlichen Daten werden entsprechend der featurebasierten Produktmodellierung, abhängig von der Featureklasse, um die es sich handelt (Bild 9.39), vom System abgefragt; es sind dieselben, die prinzipiell auch für die zukünftige Wiederholteilsuche zur Verfügung stehen.

Aufbauend auf diesen rechnerinterpretierbaren Produktdaten findet die **automatische Grobarbeitsplanung** statt [51/9]. Basis hierfür ist neben dem Produktmodell und der Wissensbasis ein detailliertes Fertigungs- und Kostenrechnungsmodell des zugrunde liegenden Unternehmens.

Darstellung der Berechnungsergebnisse als Kosten oder Zeiten (4)

Die Ausgabe der Ergebnisse im CAD erfolgt wahlweise in der in Bild 9.40 oben (bauteilbezogen) oder in Bild 9.40 unten (Kostenstruktur) dargestellten Form. In der ersten Darstellung werden einzelnen Bearbeitungsflächen die Kosten bzw. Zeiten, die für ihre Bearbeitung anfallen, mit Pfeilen zugeordnet. Berücksichtigung finden hier alle vom Konstrukteur erfassten Features. Die Zuordnung zu den einzelnen Gestaltzonen des Entwurfs macht auf diese Weise die Kostenverursachung transparent. Die Werte dieser Darstellung enthalten Kosten aus allen beeinflussbaren und unbeeinflussbaren Einzelzeiten, die den einzelnen Bearbeitungsflächen und damit den Features zuzurechnen sind.

Zur übersichtlichen Darstellung aller Kosten, die bei der Herstellung des Teils entstehen, ist die **Kostenstruktur** (Bild 9.40 unten) geeignet. Im oberen Bereich sind die Kosten bzw. Zeiten für die Bearbeitung der Features, analog zur gestaltbezogenen Ausgabe in Bild 9.40 oben dargestellt. Des Weiteren sind die geplanten Maschinen mit Rüst- und Nebenzeiten dargestellt. Im unteren Teil finden sich die Kosten, die dem Einzelteil gesamtheitlich zugerechnet werden. Dieses sind z.B. Materialkosten und Bearbeitungskosten, die nicht auf einzelne Gestaltzonen verteilt werden sollen oder können.

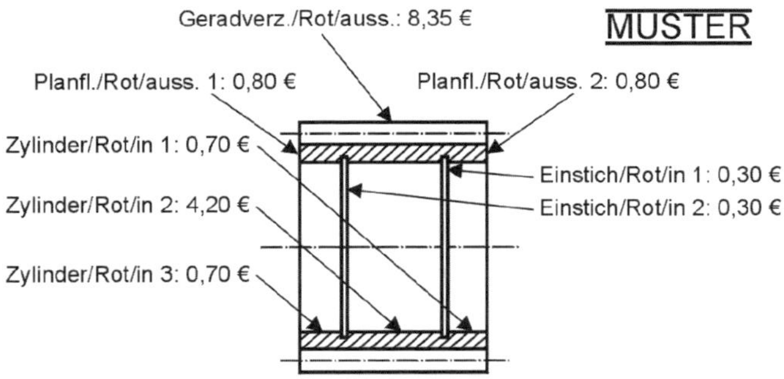

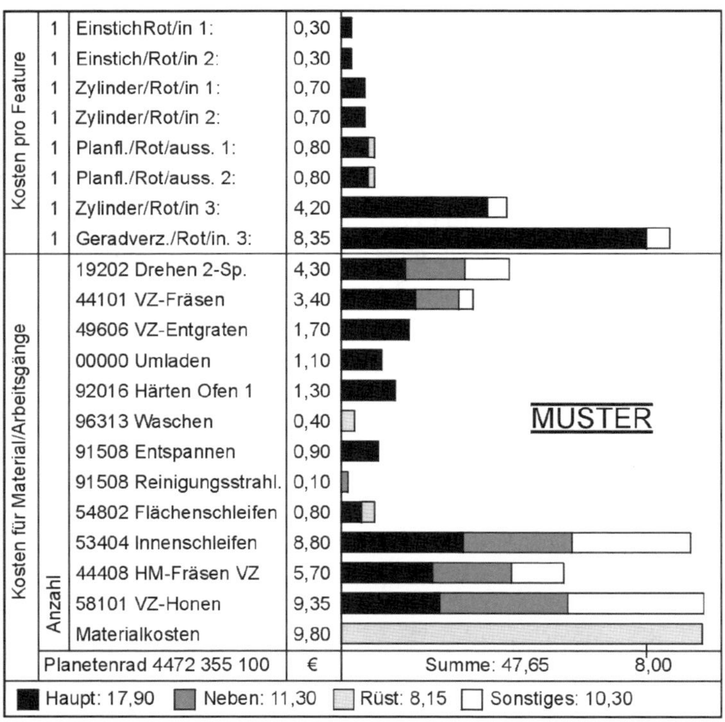

Bild 9.40 Ergebnisse der konstruktionsbegleitenden Kalkulation im CAD-System: Die Fertigungskosten werden – soweit möglich – direkt den Bearbeitungsflächen zugeordnet [51/9]

Die Analyse dieser Kostenergebnisse ist Basis für gezielte Änderungen am Entwurf, die dann mit einer erneuten Kalkulation bewertet werden können. Die detaillierte Kostenstruktur dient als Diskussionsgrundlage im Team oder bei Rückfragen in der Arbeitsplanung.

Schnittstelle zur Fertigungsplanung und Kostenrechnung (5)

Zur qualifizierten Hilfestellung müssen die vorgesehenen Hinweise in strukturierter Form eingegeben werden. Die Pflege des Systems durch Experten, in Bild 9.38 dargestellt durch die Fertigungsplanung, wird über eine eigene Schnittstelle ermöglicht. Über diese haben die Expertenabteilungen (Fertigungsplanung, Zeiterfassung, Betriebsmittelkonstruktion, etc.) auch Zugriff auf das Produktmodell in der Datenbank, die Daten- und Wissensbanken und den automatisch erstellten Grobarbeitsplan. Für die Fertigungsplanung existiert ebenfalls die Möglichkeit, Teile automatisch planen zu lassen. Im Gegensatz zur CAD-Anwendung kann hier zusätzlich die fertigungstechnische Regelbasis verändert werden. Mit diesem Werkzeug können unterschiedliche Fertigungsvarianten für dasselbe Bauteil kosten- und zeitenmäßig verglichen werden. Auch die Wiederholteil- und Ähnlichteilsuche ist über die alphanumerische Programmoberfläche verfügbar.

Diese dargestellten, leistungsfähigen Hilfsmittel erfordern neben dem featurebasierten **Produktmodell**, das wie beschrieben mit der Identifikation des Entwurfs im CAD gewonnen wird, eine umfangreiche, rechnerinterpretierbare Daten- und Wissensbereitstellung in einer Datenbank. (Siehe Kapitel 5.2.2.5). Diese ist in vier eigenständigen Teilmodellen ausgeführt:

- **Fertigungsmodell** mit Fertigungs- und Anlagendaten, Maschinen, Werkzeugen, Werkstoffen, Betriebsmittel, Schneidstoffe, Vorgabezeiten und Abteilungs- bzw. Fertigungssegmentzuordnungen.
- **Prozessmodell** mit den Prozessen und Operationen im Unternehmen, die Prozess- und Operationsparameter (Schnittgeschwindigkeiten, Vorschübe, etc.), die Zuordnung der verfügbaren Maschinen zu Prozessen und Teileklassen, die Werkzeugzuordnung zu Operationen und Teileklassen; die Bevorzugung bestimmter Maschinen für Fertigungsprozesse und die Freigabe für festgelegte Teileklassen.
- **Kostenrechnungsmodell** mit den Stundensätzen der Maschinen und Werker, den Gemeinkosten- und sonstigen Kostenzuschlägen, den Kostenverrechnungsmethoden und den Regeln über die Anwendung der einzelnen Kalkulationsformeln und ihrer Parameter.
- **Planungsmodell** mit den Regeln und Formeln, die es gestatten, die im Produktmodell verfügbaren Features zu bearbeiten. Diese werden im wissensbasierten Arbeitsplanungsmodul verwendet und steuern die Planung. Das sind z.B. die Anwendungsgrenzwerte der verschiedenen Fertigungsprozesse (Toleranzen,

Abmessungen, etc.), Regeln über die gestaltabhängigen Fertigungsprozesse, die Maschinen- und Werkzeugauswahl, über die Stückzahlabhängigkeit der Fertigungsprozesse, etc.

Prinzipiell sind dem gespeicherten Wissen und den Informationen keine Grenzen gesetzt, jedoch spielt wegen der geforderten Aktualität der **Pflegeaufwand** im Verhältnis zum Anwendernutzen eine wesentliche Rolle für die Festlegung des Umfangs und der damit verbundenen Leistungsfähigkeit des Systems.

Wie detailliert ein solches System ausgelegt werden soll, muss sich am Aufwand/Nutzen-Verhältnis und damit den Randbedingungen des Unternehmens orientieren.

Die **erreichbare Abweichung** der Kostenrechungsergebnisse beträgt ±10% zu den Ergebnissen der Nachkalkulation oder ist abhängig von der Anzahl der Regeln und dem Umfang der verfügbaren Daten im Produktmodell noch deutlich besser. Mögliche Kostenreduzierungen mit Hilfe dieser detaillierten Kostenaussagen für Teileklassen, die in großen Stückzahlen und mit stark standardisierter Fertigungseinrichtung produziert werden, überschreiten selten 15%, sind jedoch gerade wegen der genannten Randbedingungen interessant. Das Kostensenkungspotenzial durch den Einsatz des Systems steigt mit größeren Abweichungen des Entwurfs vom firmentypischen Standard. Ein wesentliches Leistungsmerkmal des gewählten Ansatzes ist darüber hinaus, dass nicht nur die Gestaltung, und damit die günstige Festlegung der **Material- und Herstellkosten**, unterstützt wird, sondern sich auch die **Gemeinkosten** senken lassen, indem die Variantenvielfalt durch die Wiederhol- und Ähnlichteilsuche präventiv eingeschränkt wird. Das führt neben der unmittelbaren **Reduzierung der Teilevielfalt** auch zu verstärkter Standardisierung im Bereich der Fertigungsvorbereitung und damit zur Reduzierung der Geschäftsprozesse in gemeinkostenverursachenden, indirekten Bereichen. Darüber hinaus wird die Zahl der neu zu beschaffenden Werkzeuge, Sonderwerkzeuge und anderen Betriebsmittel minimiert. Mit Hilfe von komfortablen CAD-gestützten Ähnlichkeitsanalysen wird auch das nachträgliche Variantenreduzieren erleichtert (vgl. Kapitel 9.4.4).

Die dargestellte Rechnerintegration muss ergänzt werden durch eine verstärkte, personenbezogene Integration der Prozesse. Sie eignet sich aber, wie am Beispiel XKIS gezeigt, gut zur Unterstützung integrierender Vorgehensweisen (vgl. Kapitel 4.4).

Zusammenfassend nachfolgend der Nutzen des Systems

Es ergeben sich folgende Vorteile des Systems [86/9]:

- Variantenmanagement mit einer entsprechenden Herstell- und Gemeinkostensenkung;
- Automatische Prüfung der Fertigbarkeit eines Produkts mit vorhandenen Betriebsmitteln;

- Optimierung der Produktgestalt in der Entwicklung. Daraus ergibt sich eine Herstellkostensenkung;
- Verringerung des Aufwands in Entwicklung und Arbeitsplanung durch Verringerung der Iterationen zwischen Fertigungsplanung und Produktentwicklung;
- Simulation von verschiedenen Fertigungsverfahren für ein Produkt;
- Entscheidungsdokumentation.

Diese Vorteile lassen sich wie viele Rationalisierungsmaßnahmen in der Entwicklung zwar nicht direkt berechnen, weil die übliche Kostenrechnung sie so nicht erfasst und die Prozesskostenrechnung noch nicht ausreichend eingeführt ist (Kapitel 9.4.2). Exemplarisch seien einige Vorteile mit ihrem abgeschätzten Kostensenkungspotenzial aufgeführt:

- **Variantenmanagement** (Kapitel 9.4)

  Bei einer vollständigen Wiederholbarkeit bereits **eines** mit der Wiederholteilsuche gefundenen komplexen Verzahnungsteils ist ein aus Prozessanalysen im Unternehmen ermitteltes Einsparungspotenzial von 25 000 € für einmalig im Produkterstellungsprozess anfallenden Ressourcenverzehr realistisch. (Nach Reischl) [76/9].

- **Zeiteinsparung**

  Die Zeitverkürzung für die Kalkulation eines Teils kann, nach Steiner [86/9] bis zu drei Wochen betragen Diese Zeitverkürzung ist ein schwer in Kosten zu fassender, aber wichtiger Wettbewerbsfaktor.

9.4 Variantenmanagement

Der Wandel vom Verkäufer- zum Käufermarkt bedeutet ein verstärktes Konkurrieren von Herstellern um die Gunst des zunehmend globalen Kunden (Kapitel 4.2.2). Die Individualisierung der Gesellschaft prägt auch die Produktvielfalt. Es werden demzufolge wenig besetzte Marktnischen gesucht und vermehrt spezifische Kundenwünsche erfüllt. Durch kurzfristige Überarbeitung oder Neuentwicklung von Produkten werden neue Kaufanreize erzeugt. Hinzu kommt die Tendenz der computergestützten „Individualisierung von Massenprodukten" [82/9] und die weltweite Angebots- und Beschaffungsmöglichkeit. Ferner können Produkte nach einer gewissen Betriebszeit ein „Upgrading" (z. B. eine vorgeplante Zusatzausrüstung) erfahren [83/9]. Diese Trends vergrößern die Variantenvielfalt bei gleichzeitig geringerer Stückzahl und Losgröße pro Variante. (Siehe Komplexitätsmanagement im Kapitel 2.3.3 d).

Die Antwort darauf kann nur sein, trotz externer, marktbedingter Vielfalt intern die Vielfalt zu reduzieren, denn beide Tendenzen, der externe Variantenzuwachs und die dadurch bedingte Losgrößenverringerung, erhöhen die direkten und vor allem die indirekten Kosten pro Variante und verlängern die Durchlauf- und Lieferzeit. – Eine übergreifende Methode zur modularen strategischen Programmplanung zeigt Jonas [114/9]. Es geht dabei um eine mittelfristige Vorausschau der Struktur von Produktprogrammen mit dem Ziel marktgerecht zu sein und trotzdem die interne Varianz zu reduzieren.

Wie im Automobilbau die Variantenvielfalt zunahm, charakterisiert folgende „Story“: Henry Ford sagte nach dem Erfolg der Tin-Lizzy „Sie können jede Farbe wählen, vorausgesetzt sie ist schwarz“. Heute sind bei einem Modell sogar ohne Farbkombinationen Variantenzahlen von 25 000 üblich. Mit Hilfe von Produktkonfiguratoren im Internet kann man das nachvollziehen. Die Angebotsvielfalt überfordert Kunden vor allem im Massengeschäft. Statt hunderter von (rechnerischer) Varianten bei den Pkw (z. B. VW Golf und Opel Astra), bietet Toyota mit seinem Konkurrenz-Pkw Corolla nur 600 Varianten an und hat damit Erfolg.

Untersuchungen, vor allem bei der Automobilindustrie, führten u. a. zu folgenden Ergebnissen [53/9], die auch zur 6. Buchauflage tendenziell gültig sind [92/9]:

- Die Anzahl der Teilenummern ist seit 1975 bis 1985 um 400 % gestiegen.
- 50 % der Varianten sind überflüssig.
- 50 % der Investitionen sind komplexitätsbedingt.
- 80 % der Tätigkeiten sind nur noch mittelbar wertschöpfend.

Die Steigerung der Teilevielfalt, Produktvielfalt und die daraus resultierende Komplexität der Produkte erzwingen eine systematische Durchforstung der Produktpalette, um Teile und Varianten zu reduzieren. Denn bei einer Verdoppelung der Variantenzahl konnten Kostensteigerungen um 20 bis 30 % nachgewiesen werden [70/9]. Allein die Verwaltungskosten in anderen Abteilungen, die durch eine neue Zeichnung ausgelöst werden, können sechsmal so hoch sein, wie die Kosten der Zeichnungserstellung selbst. (Untersuchung eines Dieselmotorenherstellers.) [48/6] Erkenntnis: Die Produktentwicklung ist entsprechend Bild 9.5 die Schaltstelle für alle nachfolgenden Kosten. – Dabei geht es nicht nur um die Befriedigung der derzeitigen Kundenbedürfnisse, sondern es muss in einem „Strategie-Workshop“ auch vorausschauend mindestens mittelfristig abgeschätzt werden, welche Anforderungen zu- oder abnehmen oder auch neu hinzukommen. [114/9; Kapitel 5 und 6]. Das kann dann Auswirkungen auf mehrere Produktlinien und Produktfamilien haben: Ausweitung und/oder Reduzierung von Vorhandenem z. B. mit Methoden nach Bild 9.41.

Es ist also dringend erforderlich, durch Variantenmanagement die Komplexität zu reduzieren um folgende Teilziele zu erreichen:

- Bedienen des Marktes **nur mit den nötigen Varianten** (am Markt erforderliche Varianz [54/9]).
- Erkennen und **Reduzieren der unnötigen Varianten**.
- **Verringern der Durchlaufzeiten** und insbesondere der **indirekten Kosten** bei den nötigen Varianten.

Das Komplexitätsmanagement ist eine Hilfe, um den Überblick im Variantenmanagement und speziell beim Entwurf von Baukästen zu bekommen. So wird z. B. die Vernetzung von Funktionsbausteinen sichtbar. (Kapitel 9.4.7.3). Im Folgenden werden die Ursachen, dann die Auswirkungen und schließlich die Möglichkeiten der Analyse von Produkt- und Teilevielfalt vorgestellt. Diese Schritte sind Vorarbeiten zur Reduzierung der Variantenvielfalt und zur Senkung der Zeiten und Kosten. – Aus Umfangsgründen kann **hier nur ein kurzer Überblick** gegeben werden. Zur Vertiefung muss auf andere Literatur verwiesen werden [69/5; 1/9; 71/9; 78/9; 80/9; 81/9; 95/9; 96/9; 97/9; 108/9]. Bild 9.41 fasst die Möglichkeiten der internen Varianzreduktion zusammen.

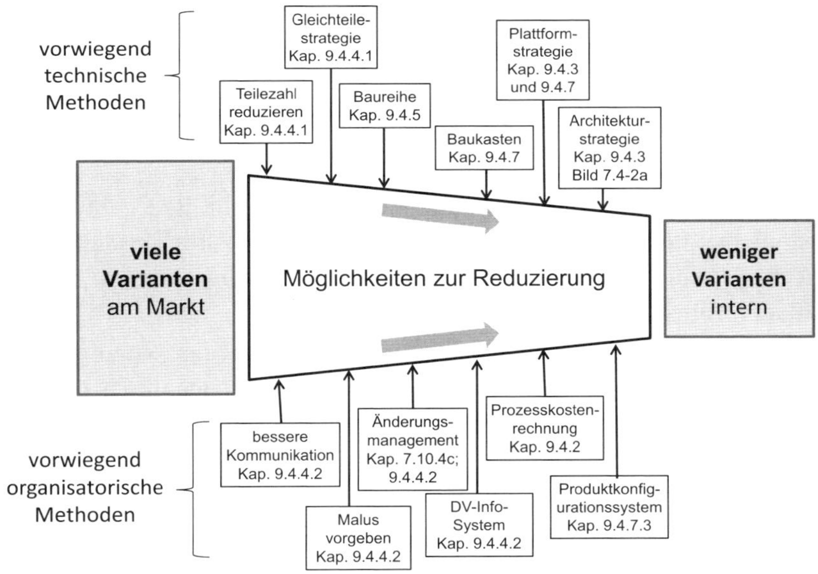

Bild 9.41 Methoden des Variantenmanagements (Anregung von [108/9;114/9])

9.4.1 Ursachen von Produkt- und Teilevielfalt

Die angesprochene Variantenvielfalt kann sich beziehen auf:

- **Die Produkt- oder die Erzeugnisvarianten**, die extern „zum Kunden hin" sichtbar wird (z. B. in den Varianten der Leistung, Baugröße, Ausstattung, Materialien, des Designs).

- **Baugruppen- und Teilevarianten**, die intern z. B. in unterschiedlicher Gestalt oder Fertigungs- und Montage- sowie Softwaretechnik erzeugt werden.

a) Ursachen für die Produktvarianten können folgende sein [vgl. 55/9; 108/9]:

- Dominanz des Vertriebs relativ zu Konstruktion und Produktion,
- Suche nach größeren Marktanteilen durch breitgestreutes Angebotsprofil (Diversifikationsstrategie),
- länderspezifische Abänderungen zur Exportfähigkeit von Produkten,
- Angebot einer kundenspezifischen Lösung als Türöffner für Folgeaufträge,
- Strategie der Produktindividualisierung[4] [82/9]
- gesetzliche Auflagen und kundenspezifische Richtlinien und Normen

b) Ursachen für die Baugruppen- und Teilevielfalt können eher in der internen Organisation begründet sein [vgl. 54/9, 56/9]:

- Mangel an Koordination und Zusammenarbeit zwischen den vielen beteiligten Unternehmensbereichen,
- mangelhafte Zugriffsmöglichkeit auf relevante Informationen,
- unzureichende Beschreibung der Produktstruktur bzw. Produktarchitektur,
- zu späte Normung und Standardisierung und Modularisierung der Bauteile, Baugruppen,
- Verwendung von konventionellen Kalkulationsverfahren zur Beurteilung der Kosten anstelle des Prozesskostenansatzes (Bilder 9.3 und 9.45) einschließlich der Komplexitätskosten und zwar mit schneller Reaktion! Sonst werden Exoten des Produktspektrums mit unerkannten Verlusten verkauft.
- die Komplexitätskosten fallen zunächst niemand auf und werden selten gerechnet. Aber jedes neue Teil, jede Änderung am Produkt schlägt sich durch Zeitaufwand und damit Kosten in den meisten Abteilungen des Unternehmens nieder! (Siehe das Beispiel der Verwaltungskosten in Bild 9.43).
- bereits vorhandene Erfahrung wird nicht genutzt,
- Fehlen von effektiven, schnellen Wiederholteil- und Ähnlichkeitssuchsystemen,
- Kommunikationsdefizite in der Produktentwicklung selbst,
- falsche Nutzung der Kopier- und Änderungsfreundlichkeit bei CAD-Systemen, d. h. schnelle Konstruktion, aber kostenintensive Herstellung.

4) Bei mechatronischen Lösungen kann die kundenspezifische Lösung u. U. einfach über eine Software-Variante erreicht werden.

Bild 9.42 Fünf Einfluss-Felder auf die Variantenvielfalt (z. T. nach Kohlhase [98/9])

Die oben angesprochenen Einflussgrößen auf die Variantenvielfalt oder die Produkt- und Prozesskomplexität sind in den fünf Feldern des Bildes 9.42 dargestellt.

Zudem hat eine Untersuchung von erfolgreichen und weniger erfolgreichen Unternehmen [99/9] gezeigt, dass die zunehmende Komplexität mit der Strategie „Einfachheit und Schwerpunktsetzung“ besser beherrschbar wird. Dies wirkt sich auf die in dargestellten fünf „Vielfalts“-Problemfelder aus.

Langfristig erfolgreiche Unternehmen zeichnen sich nämlich statistisch in signifikanter Weise aus durch:

- **Geringere Produktvielfalt** (Konzentration auf „starke“ Produkte, Eliminierung von Umsatz-C-Produkten);
- **Geringere Kundenvielfalt** (Konzentration auf A- und B-Kunden);
- **Weniger Lieferantenvielfalt** (Einbindung in Entwicklung und Konstruktion mit längerfristiger Vertrauensbasis). Damit werden auch eine Reduzierung des Umlaufkapitals, eine verringerte Teilevielfalt und eine weniger umfangreiche Lagerhaltung erreicht.
- **Segmentierung** der Fertigung in Fertigungs- und Montageinseln mit dort weitgehend selbstverantwortlicher **Gruppenarbeit** vereinfacht die innerbetriebliche Planung und Logistik [70/9].

- **Verringerung der Fertigungstiefe** verringert auch die im Unternehmen zu planenden Varianten, da diese auf die Zulieferanten verlagert werden

Zu den traditionellen Unternehmenszielen einer hohen Produktivität und Wirtschaftlichkeit, dem Streben nach Gewinn und der Unternehmenswerterhaltung und -steigerung kommen heutzutage weitere strategische Erfolgsfaktoren hinzu wie eine hohe, der Konkurrenz überlegene Qualität oder ein hoher Servicegrad (Lieferservice, Kundendienst, zusätzliche Dienstleistungen).

Zudem haben die einzelnen Abteilungen im Unternehmen unterschiedliche Zielsetzungen, die sich zum Teil als konfliktträchtig erweisen. Der Vertrieb fordert aus markt- und kundenstrategischen Gründen mehr Varianten, die Fertigung befürwortet ein höheres Maß an Standardisierung und Einheitlichkeit zur Erhaltung der Wirtschaftlichkeit der Produktion. Diese Zielkomplexität erfordert einen hohen Abstimmungs- und Koordinationsaufwand. Ein Mangel an Kommunikation, Koordination und Zusammenarbeit innerhalb und zwischen den Unternehmensbereichen kann z. B. zu einer Dominanz des Vertriebs relativ zu Entwicklung, Konstruktion und Produktion führen. Der Vertrieb wirkt auf Basis seiner spezifischen Zielsetzungen häufig den Bestrebungen der Variantenreduzierung entgegen. Dies geschieht aufgrund von Unkenntnis der Kostenfolgen oder einer reinen Umsatzorientierung. Der Kunde erhält die Zusage der Erfüllung beliebiger individueller Wünsche und schon hat der Vertrieb wieder einen neuen Auftrag! Die Folge ist eine erhöhte Anzahl an Produktvarianten.

Ähnliches gilt für die Normungsstelle. Ist diese als Kontrollinstanz der unternehmensinternen Normen unwirksam, findet eine zu späte Normung und Standardisierung der Bauteile statt. Das Potenzial dieser Abteilung wird dadurch nicht ausgeschöpft. Das liegt oft daran, dass die Normenabteilung organisatorisch falsch und damit zu schwach positioniert ist.

Eng verknüpft mit der mangelnden Kommunikation sind Defizite hinsichtlich Information. Fehlende Transparenz der Variantenvielfalt, unzureichende Beschreibung der Produktstruktur, unübersichtliche Variantenbeschreibung, ungenügende Informationsträger zur Erkennung und Beschreibung der aktuellen Variantenvielfalt machen eine Nutzung eigentlich vorhandener Informationen unmöglich. Eine kontinuierliche Verbesserung zukünftiger Produkte wird damit erschwert.

Ein Mangel an Gestaltungswerkzeugen und -hilfsmitteln, die den Entwicklungsprozess (z. B. Wiederholteilsuchsystem) unterstützen, macht sich ebenfalls negativ bemerkbar.

9.4.2 Auswirkungen der Produkt- und Teilevielfalt auf Herstellkosten

Es ist charakteristisch, dass die **Kosten der Variantenvielfalt** in den Herstellkosten der Produkte kaum sichtbar werden. Wie viel Kosten allein für die Erstellung einer neuen Zeichnung anfallen, zeigt Bild 9.43 aus der Untersuchung eines Dieselmotorenherstellers (MTU). Eine Zeichnung, die mit einem Zeitaufwand von z. B. 2 Stunden Konstruktionsarbeit im Konstruktionsbüro 100 € kostet, kann durch die Aktivitäten der davon betroffenen Abteilungen (rechts im Bild) zur Einführung ohne weiteres das 6-fache, nämlich 600 € kosten. Durch die Erhaltung (z. B. Datenverarbeitung) und nötige **Änderungen** im Laufe von z. B. 10 Jahren können sich Kosten von 2000 bis 3500 € ergeben (vgl. auch [57/9; 75/9]. In stark arbeitsteiligen Unternehmen ist auch schon das Mehrfache davon errechnet worden. All das sind Kosten, die entstehen, ohne dass ein Teil gefertigt oder montiert wurde: Also reine Verwaltungskosten. Die **Durchlaufzeiten** steigen gleichzeitig entsprechend mit der Zunahme der Teilevielfalt.

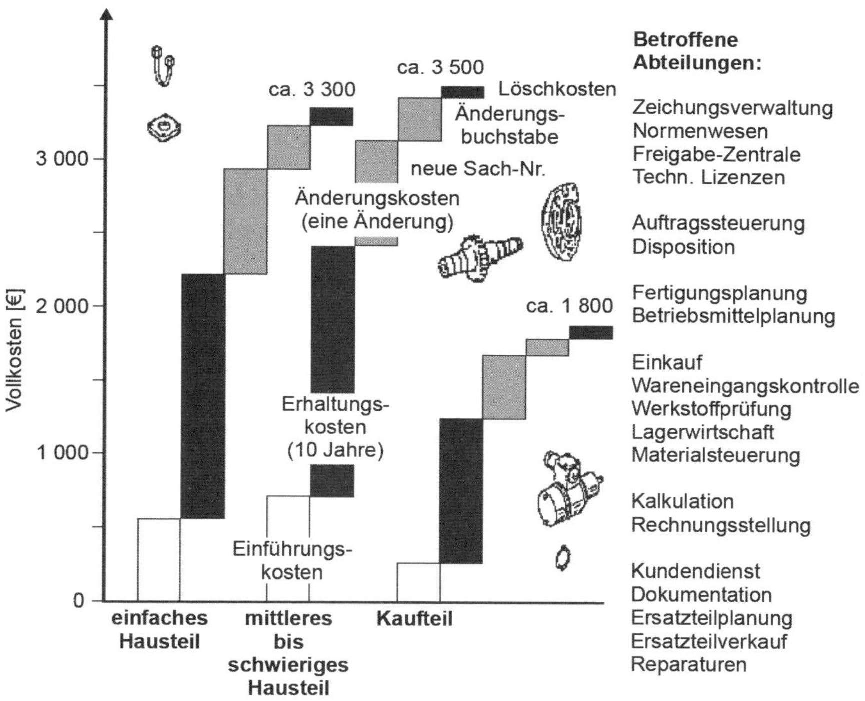

Bild 9.43 Beispiele für die Verwaltungskosten eines Bauteils. (Ein Teil der Komplexitätskosten)

Hierbei werden durch die Anwendung der konventionellen Kostenrechnung nur die steigenden Fertigungskosten aus Rüstzeiten entsprechend den niedrigeren Stückzahlen sichtbar (Kapitel 9.2.3 d). Die wesentlich größere Kostenauswirkung entsteht durch eine Erhöhung der Gemeinkosten im Bereich Entwicklung und Konstruktion, Vertrieb, Materialwirtschaft, Qualitätssicherung, Rechnungswesen, Logistik und Montage. Tätigkeiten, die früher einmalig für eine große Anzahl von gleichen Produkten oder Teilen waren, treten jetzt laufend, fast für jedes verkaufte Produkt auf. (Bild 9.3).

Meist ist mit der **Produkt**- und **Teilevielfalt** eine entsprechend hohe **Kunden**-, **Lieferanten**- und **Auftragsvielfalt** verbunden. Alle fünf Einflüsse bedingen einander und treiben die Gemeinkosten in die Höhe. Nach einer Untersuchung des Lehrstuhls für Konstruktion im Maschinenbau bei 10 Herstellern der Antriebstechnik betrug der Anteil der Gemeinkosten an den Selbstkosten bis zu 50 % und mehr (Kapitel 4.5 b).

Zur Prozesskostenrechnung

Die beschriebene Gemeinkostenerhöhung wird aber bei der konventionellen Kostenrechnung leider nicht direkt beim einzelnen verursachenden Kostenträger (z. B. zusätzliches Teil) sichtbar. Sondern sie wird „verschmiert“ auf alle Produkte/Teile einer Klasse.

Dies versucht die **Prozesskostenrechnung** zu beseitigen [9/9;10/9]. Im Sinne größerer Kostentransparenz werden in den „indirekten“ Bereichen (z. B. Entwicklung, Arbeitsvorbereitung, Vertrieb) die anfallenden Planungs- und Koordinationsaufgaben kostenträgerbezogen erfasst und zugerechnet.

Die Prozesskostenrechnung ist kein grundsätzlich neues Kostenrechnungssystem, sondern sie bedient sich der traditionellen Kostenarten- und Kostenstellenrechnung. – Im Grunde wird nur der Gedanke der gewohnten Fertigungskostenrechnung bzw. Platzkostenrechnung übernommen auf alle Prozesse der Produkterstellung. So werden analog zu den Zeiten und Kosten beim z. B. Fräsen oder Bohren die Zeiten und Kosten z. B. beim FEM-Rechnen oder der CAD-Bearbeitung erfasst.

Das geht aus Bild 9.44 hervor. In diesem sieht man die gewohnten Bezugsgrößen für die Kostenberechnung im „direkt produktiven Bereich“ (z. B. Fertigung), nämlich die dort anfallenden Fertigungszeiten. Ähnlich wird nun in den „indirekt produktiven Bereichen“ (z. B. Konstruktion, Vertrieb) als Bezugsgröße (Kostentreiber) z. B. die Zahl der Aufträge oder die Zahl der Zeichnungen erfasst und die anfallenden Kosten darauf verrechnet. – Die bisher üblichen Gemeinkostenzuschläge entfallen oder werden ganz klein. – Da die Prozesskostenrechnung einen zusätzlichen Aufwand zur bisherigen Kostenrechnung erfordert, wird sie im Maschinenbau nur zögerlich eingeführt, sozusagen nur als Orientierungshilfe.

Bereich	Produktentstehungs-prozeß/Teilprozeß	Bezugsgröße	Kostensatz
indirekt produktiver Bereich 	Auftrag einholen Zeichnung anfertigen Material bestellen Fertigungsablauf planen	Anzahl Aufträge Anzahl Zeichnungen Anzahl Positionen Anzahl der geplanten Arbeitsgänge	Kosten/Auftrag Kosten/Zeichnung Kosten/Position Kosten/geplantem Arbeitsgang
direkt produktiver Bereich 	Material	Gewicht	Kosten/Gewichts-einheit
	Drehen Bohren Verzahnung fräsen	Fertigungszeit Fertigungszeit Fertigungszeit	Kosten/Fertigungs-zeiteinheit " "
	Wärmebehandeln	Behandlungszeit	Kosten/Behandlungs-zeiteinheit
	Sandstrahlen Bohrung schleifen Verzahnung schleifen	Fertigungszeit Fertigungszeit Fertigungszeit	Kosten/Fertigungs-zeiteinheit " "
indirekt produktiver Bereich 	Ausliefern Rechnung ausstellen Zahlungseingang verbuchen	Anzahl Positionen Anzahl Positionen Anzahl Buchungsvorgänge	Kosten/Position Kosten/Position Kosten/Buchungs-vorgang

Bild 9.44 Die Prozesskostenrechnung überträgt die weitgehend verursachungsgerechte, gewohnte Kostenrechnung für die Fertigungsprozesse auf die „Gemeinkosten-Bereiche" der Produkterstellung [10/9]

9.4.3 Analyse der Varianten- und Teilevielfalt

Die Feststellung des Istzustandes ist die Ausgangsposition zur Erforschung der **Ursachen der Varianten- und Teilevielfalt** im Produktprogramm. Hierzu können verschiedene Analysemethoden eingesetzt und ausgehend von deren Ergebnissen Abhilfemaßnahmen abgeleitet werden, wie z. B. die nachfolgend besprochenen Methoden: VMEA, ABC-Analyse, Entwicklungsanalyse, Variantenbaum.

Zunächst muss aber Klarheit bestehen über das vorhandene **Produktprogamm** und die **Produktstruktur** bis zu den einzelnen Produkten.

a) Produktprogamm und **Produktstruktur**

Das **Programm** kann, wie üblich, unterteilt werden in Produktlinien, Produktfamilien, und diese wieder in einzelne Produkte, z. B. nach Funktionen, ähnlich wie in Bild 7.18. Es sollte z. B. geklärt werden, welche Stärken und Schwächen (86/3]) Bild 7.14) und welches Alter (Bild 7.15) das Programm derzeit hat. Ebenso muss auch abgeschätzt werden, welche Änderungen vom Markt her mittelfristig zu erwarten sind. (Siehe hierzu auch Jonas [114/9]).

Produktarchitektur (funktionelle Baustruktur)

Für die einzelnen **Produkte** muss der Aufbau klar sein nach **Baugruppen** und **Einzelteilen**. (Z.B. auch: Was wird bezogen, was wird selbst gefertigt, was ist kritisch hinsichtlich Funktion, Sicherheit, Kosten, Lieferzeit usw.?) – Die **Produktarchitektur** entspricht der Baustruktur aus der Sicht der Funktion. (Bisheriger Begriff: „Funktionelle Baustruktur“ nach Bild 7.41 oder auch „Wirkstruktur“ in Bild 6.15). Als Beispiel sei ein Pkw mit Hinterrad- bzw. Vorderradantrieb gewählt. Beide haben viele gleiche Elemente (Module), aber auch unterschiedliche. Und sie sind anders angeordnet, haben eine unterschiedliche Struktur. Früher hätte man auch dazu gesagt: „Sie haben ein unterschiedliches Konzept“. Es ist klar, dass die Denkweise und Anwendung der obigen Begriffe systemunabhängig sind. Es können sowohl Baugruppen, wie große Maschinenaggregate so behandelt werden. Und alle physikalischen Techniken, wie auch Software.– Die Betrachtung der Produktarchitektur kann dafür hilfreich sein, ob nicht einzelne Funktionen ganz anders realisiert werden könnten oder wieweit einzelne Baugruppen (Moduln, siehe unten) voneinander abhängen und vielleicht unabhängiger gemacht werden können. Zum Teil wird heute in der Produktarchitektur eine völlig neue Methode der Produktentwicklung gesehen. (Ausführlicher in der Literatur: [26/1, Kapitel I-5 und I-6]; [16/2 a, Kapitel 4.5 und 17.1.4). – Haberfellner u. a. [4 a/2; S.182] verstehen unter Produktarchitektur: Die Übernahme von Funktionen auf Elemente; die Anordnung dieser Elemente in einer Struktur; die Definition der Schnittstellen dieser Elemente untereinander und zur Außenwelt und damit die Erzeugung eines definierten Wertes.

Modul

Man kann nun **Module** festlegen (Baugruppen oder auch Teile; auch Schaltpläne, Software-Elemente), die von den weiteren Produktmoduln mehr oder weniger unabhängig sein können, aber eine typische Funktion und stoffliche Gestalt haben. (Z.B. eine Türklinke als Teil zum Öffnen einer Wohnungstür, ein Kippschalter als einfache Baugruppe zum Ein-/Ausschalten eines Elektrogerätes, ein Auto-Radio oder ein anbaubares Navi als eigenständige, funktionell klar definierte komplexe Baugruppe). Allerdings müssen die Schnittstellen eines Moduls relativ zum Gesamtprodukt gemeinsam klar definiert werden, wenn sie in unterschiedlichen Abteilungen oder Zuliefer-Firmen erstellt werden. (Weiteres zur Modularisierung in [1/9; 7. Aufl.; S. 359])

Modularität

Weiter gibt es nach Göpfert und Steinbrecher [109/9] die Denkweise der **Modularität**, die darauf abzielt, die einzelnen Module möglichst funktional und physisch unabhängig voneinander zu machen. Je mehr dies der Fall ist umso höher ist das Maß der Modularität. Damit erhöht sich als Vorteil die Flexibilität, die Module an verschiedenen Gesamtprodukten einzusetzen. Z.B. ist ein nicht integrierter

Scheinwerfer für einen Traktor an vielen Typen einsetzbar. Er kann, da er in höherer Stückzahl produziert wird kostengünstiger sein, als ein spezieller. Auch ist er flexibler hinsichtlich Verwendung neuer Scheinwerfertechnik. Und im Fall eines Defektes leichter als Ersatzeinheit wieder erneuerbar. Vom Design her kann es aber sein, dass er als „unharmonisch" verworfen wird. Man sieht: die funktionale und physische Entkoppelung der Module oder im Gegensatz dazu die Integration gibt neue Anstöße bei der Produktentwicklung.

Eine höhere Modularität kann auch das **„Zyklenmanagement"** unterstützen. Das bedeutet, dass die relative Unabhängigkeit eines Moduls von anderen auch den Vorteil haben kann, dass Module mit sich schnell ändernder Technologie (z. B. Elektronik- oder Software-Komponenten, oder bei Produkt-Service-Systemen, wie car-sharing) leichter auswechselbar/änderbar sind. [112/9].

Außerdem gibt es bei der Modularität enge Beziehungen zu den Kapitel 7.7.1 (Funktionsvereinigung/-trennung) und Kapitel 7.7.2 (Integral-/Differenzialbauweise), die seit langem in der Konstruktionslehre verankert sind. – Eine höhere Modularität, also eine Unabhängigkeit der Moduln kann auch **Nachteile** haben, wie in Kapitel 9.4.5 (für Baureihen) und Kapitel 9.4.7.1 (für Baukästen) beschrieben. Dazu gehört z. B. der Aufwand zur Schnittstellen-Spezifikation, insbesondere bei Zulieferung des Moduls, die dann oft unzureichende Qualitätsprüfung, oder der dann möglicherweise eintretende Know-how-Abfluss zum Modullieferanten. (Rückrufaktionen der Pkw-Hersteller sind eine Fundgrube dafür). Oft sind auch Integralbauweisen leichter, kleiner, kostengünstiger, technisch optimaler. (Siehe Kapitel 7.7.2).

Plattform

Darunter wird eine standardisierte Baugruppe verstanden (allgemein: Komponenten; aber auch „Dinge" wie Schaltpläne, Software), die für unterschiedliche Produkte eingesetzt wird. Damit ergibt sich durch die Mehrfachverwendung (Kommunalität) eine Stückzahlerhöhung mit geringeren Kosten und es vereinfacht sich die zukünftige Produktentwicklung. – Ponn zeigt in [111/9)] am Beispiel Elektroantrieb von Hilti-Baugeräten (z. B. Bohrhämmer, Kreissägen, Schrauber), dass es dabei fixe Anteile gibt (z. B. Motor-Innenteile, wie Rotor-Durchmesser) und variable Anteile (z. B. Wicklungsdetails, mit denen sich nach Art einer Baureihe, die nötige Motorleistung anpassen lässt). Wichtig und aufwendig ist die Definition der Schnittstellen zu den anderen Teilen der Produkte. Da ja mehrere Baugeräte und damit Entwicklungsteams betroffen sind, müssen sich deutlich mehr Personen absprechen, als wenn die Produkte losgelöst voneinander entwickelt würden. Es ist klar, dass damit eine höhere technische und organisatorische Vernetzung eintritt, und die steigert die Komplexität. Deshalb gibt es dort einen „Plattformmanager". – Die Standardisierung bringt nicht nur „Skaleneffekte", d. h. Kostenvorteile in der Fertigung, sondern auch insgesamt Ressourceneinsparung im Entwicklungspersonal, so dass man auch „schneller am Markt" ist. – Die Variantenreduzierung ist allerdings kein „Allheilmittel: Es ist immer ein Spannungsfeld vorhanden zwischen Standardisierung und Individualisierung, in welchem ständig Entscheidungen zu treffen sind. Höhere Stückzahl bei Standardisierung verringert Kosten, aber untergräbt auch die technische Optimierung der Spezialisierung. – Manchmal lohnt es sich, die Variantenzahl zu reduzieren, manchmal geht man bewusst den Weg der höheren Varianz. – Zur Nutzung bei Pkw: siehe Kapitel 9.4.7.

Methoden zur Ursachenanalyse der Variantenvielfalt

b) VMEA

Eine Methode zur Beurteilung und Reduzierung der Variantenzahl ist die „Variant Mode and Effects Analysis – **VMEA**". Dabei wird im Team das Produkt (die ähnlichen Produkte) nach Funktionen und Bauteilen analysiert und es wird ein Soll-Variantenbaum (s. u.) erstellt. Mit ihm wird versucht, die Kundenwünsche mit weniger Variantenvielfalt zu erfüllen [100/9].

c) ABC-Analyse

Es erfolgt die Gegenüberstellung der gesamten Produktpalette nach dem Beitrag zum Gesamtumsatz bzw. zum Deckungsbeitrag. Tragen 80 % der Artikel zu weniger als 20 % des Umsatzes bei (80-zu-20 Regel), muss eine große Anzahl nicht gängiger Artikel als real unwirtschaftlich gewertet werden (Bild 7.12, Kapitel 4.5 b).

d) Entwicklungsanalyse

Durch die Betrachtung der Entwicklung der Teilevielfalt im Laufe der Zeit werden der jeweils anteilige Umsatz und die Produktion pro Sachnummer in vergangenen Jahren verglichen (Kapitel 5.2.2.2). Bild 9.45 zeigt hierfür ein Beispiel aus der Elektrogeräteindustrie.

Die Gesamtzahl der Sachnummern hat hier innerhalb von 10 Jahren um über 200 % zugenommen. Der Umsatz ist dabei nicht entsprechend gestiegen, im Gegenteil: Er ist um 40 % pro Sachnummer gefallen! Bei dieser Entwicklungsanalyse erkennt man, dass die Sachnummer der mechanischen Bauteile am stärksten gestiegen ist. Aus Detailanalysen zu Deckungsbeiträgen, Gemeinkosten und Fixkosten zur Ergebnisauswirkung lässt sich oft unmittelbar ein Lösungsweg ableiten.

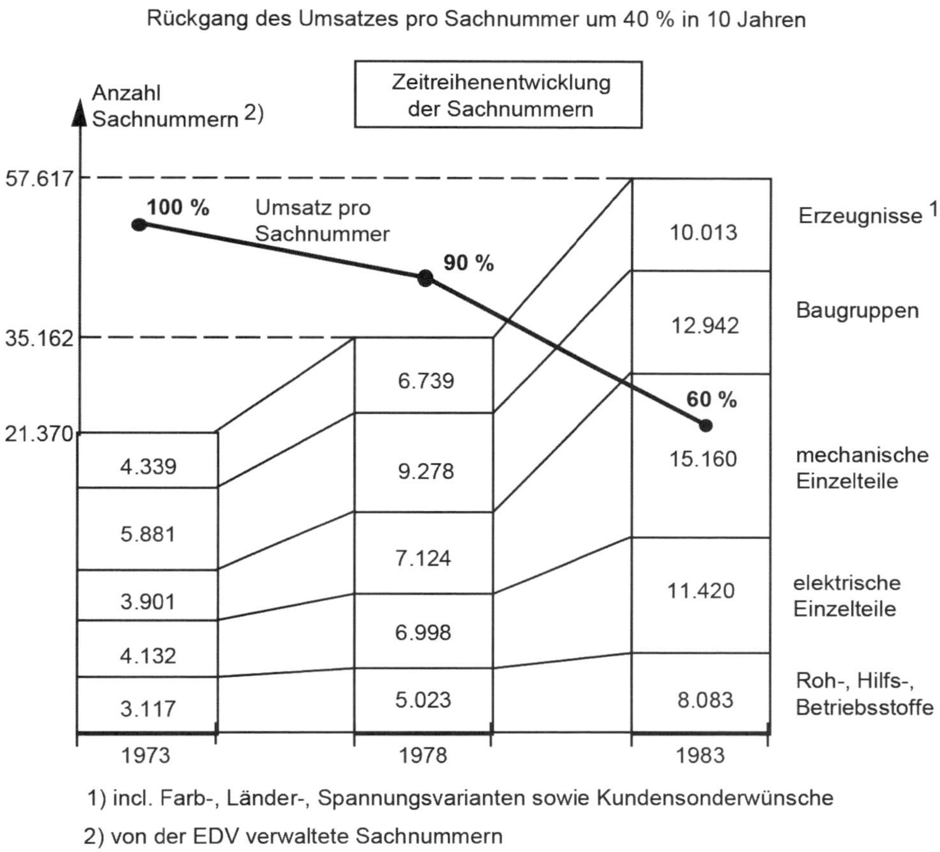

Bild 9.45 Ergebnis einer Untersuchung der Entwicklung der Sachnummer-Anzahl bei Elektrogeräten im Laufe der Zeit nach Hichert [55/9]

e) Erstellen eines Variantenbaums

Eine Beschreibung der Variantenvielfalt eines Produkts ist nicht allein aus den Strukturstücklisten, der Teileverwendungsnachweise, dem Fertigungsarbeitsplan oder dem Vorranggraph möglich. Die Übersicht über die Variantenvielfalt muss erst in einem so genannten Variantenbaum, ausgehend von den genannten Informationsträgern, erstellt werden?

Ordnet man die Anbauteile entsprechend ihrer Montagereihenfolge und stellt nach jedem Teilvorgang die bisher erreichte Variantenvielfalt dar, wobei ein Basis- oder Trägerbauteil den Anfang bildet, so gelangt man zu einer **Variantenbaumstruktur** [54/9].

Ausgang am Basisbauteil → *wie viele*? → Anbauteile? → *wie viele* ? → Varianten?

Durch Ausarbeiten eines **Variantenbaums** [54/9; 56/9; 100/9] kann der Produktaufbau durchleuchtet werden. Mit Basisarbeitsplan- und Stücklistendaten werden die Bauteile mit ihrer Montagevorgangsfolge für die Serienumfänge der zu untersuchenden Baugruppe ermittelt. . Ist die Variantenstruktur der Produktpalette im IST-Zustand durchleuchtet, wird ein neuer Variantenbaum für den SOLL-Zustand entwickelt, in dem die **überflüssigen Varianten** ausgemerzt sind. Für Beispiele hierzu wird auf die Literatur verwiesen.

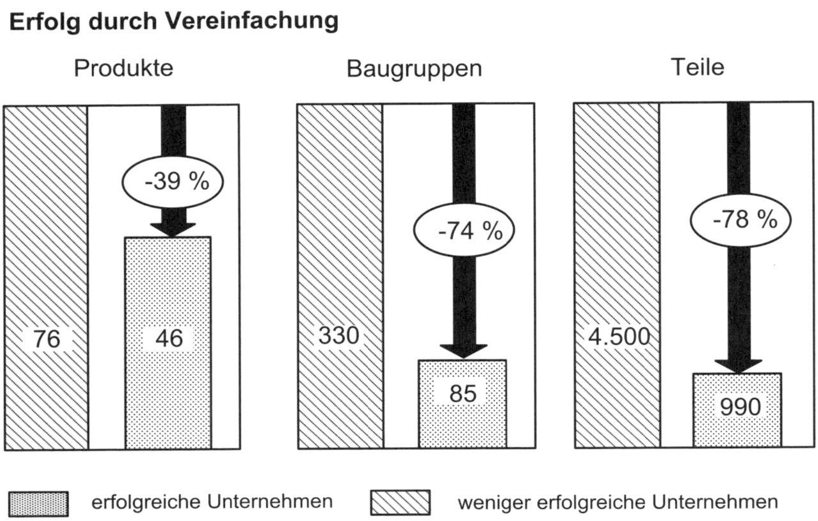

Bild 9.46 Weniger Varianten – mehr Erfolg: Anzahl der Varianten pro 100 Mill. US $ Umsatz bei Computer und Kommunikationsprodukten. Nach McKinsey „Excellence in Electronics" [57/9]

9.4.4 Verringerung der Produkt- und Teilevielfalt

Das Bild 9.46 zeigt das Ergebnis einer Studie von McKinsey in der Elektronikbranche. Hier werden erfolgreiche (schattierter Balken) und weniger erfolgreiche Unternehmen (schraffierter Balken) bezüglich ihrer Varianten- und Teilevielfalt gegenübergestellt (siehe auch Kapitel 4.5 b). Das Bild zeigt das Effizienzpotenzial, das in der Reduzierung der Produkt- und Teilevielfalt steckt. Um dieses Potenzial auszuschöpfen, ist es notwendig, nach der Durchführung der bereits beschriebenen Analysen technische bzw. organisatorische Maßnahmen zur Verringerung der Vielfalt zu treffen [92/9]. Bild 9.41 zeigt dazu eine Übersicht.

9.4.4.1 Technische Maßnahmen

Mit nachfolgenden Maßnahmen kann man die Teilevielfalt reduzieren.

Reduzierung der Teilevielfalt durch:	
Umgestalten mehrerer Teile zu einem Teil (Kapitel 7.7.2)	**Integralbauweise**
Möglichst viele gleiche Teile in einem Produkt verwenden	**Gleichteile**
gleiche Teile in unterschiedlichen Produkten verwenden	**Wiederholteile**
Teile gleicher Funktion standardisieren und meist in der Größe systematisch gestuft	**Teilefamilie**
Mehrfachverwendung von Teilen und Baugruppen (Kommunalität). Die **Modulbauweise** ähnelt dem Baukastensystem (Kapitel 9.4.7). Die **Plattformbauweise** verwendet standardisierte Baugruppen vor allem in der Pkw-Industrie, die typenübergreifend als spezielles Baukastensystem eingesetzt werden. (Kapitel 9.4.3 und Kapitel 9.4.7).	**Baukastensystem, Modul-, Plattformbauweise**
Vermeidung von Sonderkonstruktionen bei Produkten gleicher Funktion durch systematische Größenabstufung der Funktionsträger (Kapitel 9.4.5)	**Baureihen**
Normteile verwenden	**Normteile**
Kaufteile verwenden, da diese ohnehin meist in größeren Stückzahlen gefertigt werden	**Kaufteile**

In der Regel kann man durch Anwendung von Baureihen-/Baukastentechniken die wirksamste Reduzierung der Variantenvielfalt erzielen [58/9]. Dabei ist das Ziel, dass die nötigen Produktvarianten erst spät in der Endmontage entstehen.

Teilefamilien

Eine frühzeitige Normung und Standardisierung ist wichtig. Folgendes Beispiel zeigt das **Einsparungspotenzial** bei innerbetrieblicher Normung bzw. Teilefamilienbildung. In Bild 9.47 wurde die Variantenvielfalt des Antriebsflansches von Lkw-Getrieben von hunderten auf nur zwei Baugrößen reduziert. Vor der Untersuchung waren die 6 Hauptkonstruktionsmaße mit 416 Ausprägungen vorhanden. Nach der Untersuchung waren es nur noch 7, wobei sich lediglich die Länge in zwei Größen als notwendig erwies. Alle anderen Maße waren durch das nicht abgestimmte Bemaßen verschiedener Konstrukteure zufällig entstanden. Hier hatte ein Informationsaustausch bzw. ein effizientes Teilesuchsystem gefehlt (Kapitel 9.3.4.2, Abschnitt (1) und (5)).

Solche **„Aufräumaktionen“** werden zweckmäßigerweise wie folgt durchgeführt: Nach Festlegung der zu bearbeitenden Teileart wird eine Analyse der verschiedenen Varianten vorgenommen. Die Variantenliste wird den Konstrukteuren vorgelegt und typische Zeichnungen werden ausgehängt. Gemeinsam wird dann eine Reduzierung auf das Notwendige vereinbart. Man kann sowohl in der Konstruktion als auch in der Fertigung Teilefamilien bilden, wenn man darunter die **Ordnung unterschiedlich gestalteter Teile nach einem bestimmten Kriterium (Eigenschaft)** versteht, wie nachfolgend gezeigt wird.

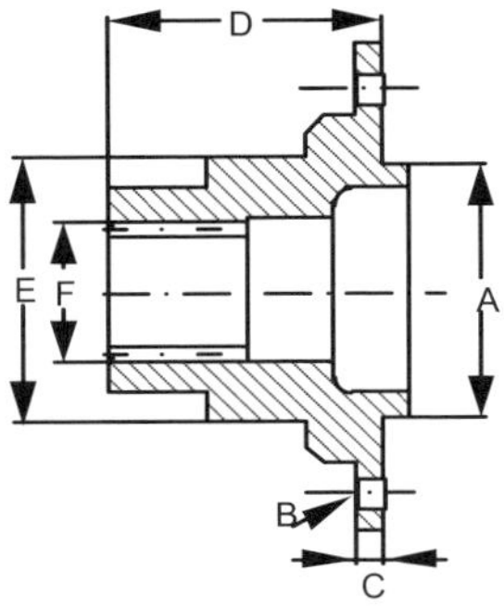

Hauptkonstruktionsmaße	Zahl der unterschiedlichen Ausführungen **vor** der Festlegung der Teilefamilien		Zahl der unterschiedlichen Ausführungen **nach** der Festlegung der Teilefamlilien	
A Flansch-Zentrierung	176	416	1 (Ø 90 mm)	7
B Bohrung	149		1 (8 Löcher)	
C Flanschdicke	62		1 (9 mm)	
D Flanschlänge	21		2 (60; 69 mm)	
E Dichtungslauffläche	6		1 (Ø 60 mm)	
F Innendurchmesser	2		1 (Ø 42 mm)	
Herstellkosten	100 %		46 %	

Bild 9.47 Kostensenkung durch Teilefamilienbildung (nach ZF)

Arten von Teilefamilien

- **Konstruktive Teilefamilien** ergeben sich, wenn man Teile nach den in Bild 9.48 angegebenen Kriterien a bis d ordnet: Sie sind dadurch charakterisiert, dass sie für den gleichen Zweck bzw. die gleiche Funktion eingesetzt werden. Sie können darüber hinaus noch geometrisch (halb-)ähnlich, formähnlich und systematisch gestuft sein (Kapitel 9.4.5.3).
- **Fertigungstechnische Teilefamilien** ergeben sich, wenn Teile nach dem Kriterium „ohne Umrüsten auf einem fertigungstechnischen Betriebsmittel fertigbar" zugeordnet werden [59/9].
- **Es gibt auch elektronische Teilefamilien (Hardware) und softwaretechnische**

Dabei können die Teile selbst von der Gestalt oder von der Funktion her sehr unterschiedlich sein. Beispielsweise lassen sich auf einem Revolverdrehautomaten mit Stangenzuführung ohne Umrüsten Stifte unterschiedlicher Form, Schrauben oder Ventilnadeln hintereinander drehen.

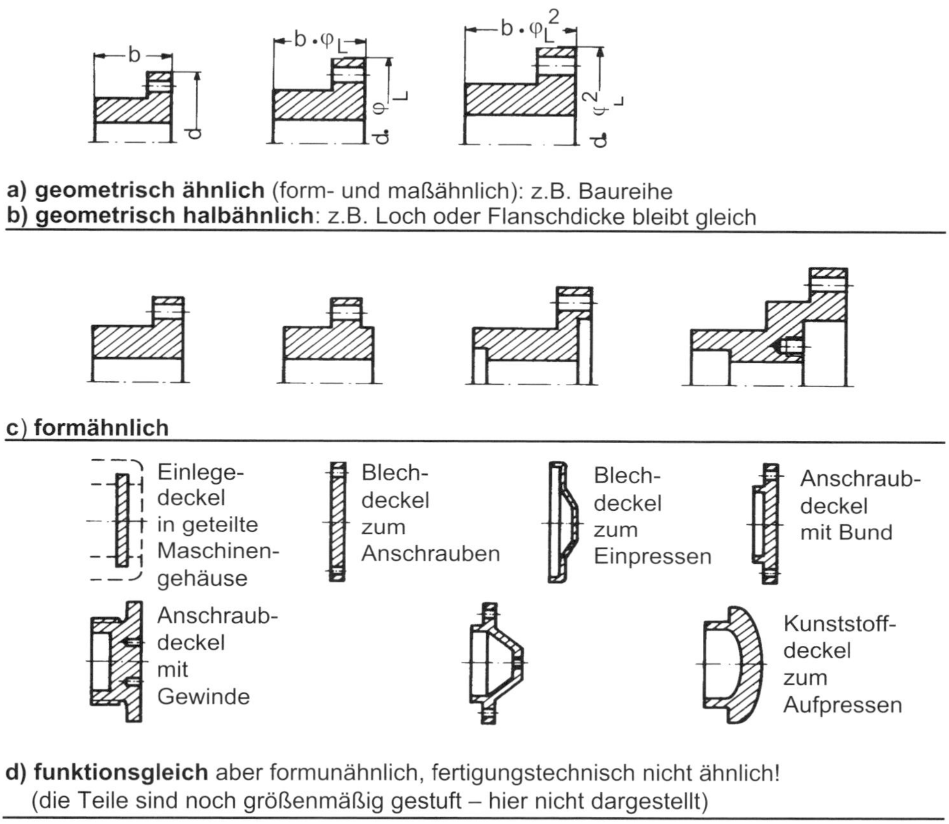

Bild 9.48 Arten konstruktiver Teilefamilien

Das **Bilden von Teilefamilien** geschieht wie oben am Beispiel von Bild 9.47 gezeigt. Es kann unterstützt werden durch „sprechende" Zeichnungsnummern, die aus einer Zähl-(Identifikations-) und einer Klassifikationsnummer bestehen. **(Parallelnummernsystem)**.

Aus dem Klassifikationsteil der Nummer lässt sich mit einem Suchsystem die Zugehörigkeit zu einer Teileklasse erkennen. Mit Merkmalsleisten kann man dann die Ähnlichkeit von vorhandenen Teilen mit dem aktuell zu konstruierenden Teil feststellen. Bei DV-Systemen ist die Suche z. T. sehr einfach durch **Wiederholteilsuchsystem** zu bewerkstelligen, mit dem man auch ähnliche Baugruppen suchen kann, um sich Konstruktionsaufwand zu sparen [60/9] (Kapitel 9.3.4.2). Mit einer geeigneten Software kann man in 3D-CAD-Systemen eine geometrische Ähnlichkeitssuche durchführen. (Z. B. für Blechteile, Gussteile). Dabei werden Berechnungs-, Kalkulations- und Fertigungsinformationen mit aufgerufen. [102/9] *www.simuform.de*

9.4.4.2 Organisatorische Maßnahmen

Organisatorische Maßnahmen sind z. T. bereits angesprochen worden:

- Verbesserung der **Kommunikation** zwischen Konstrukteuren ähnlicher Produkte,
- Einführung von **DV-Informationssystemen** (z. B. für Norm-, Kauf-, Eigenteile),
- Einführung des **Änderungsmanagements** zur Überwachung und Steuerung der Abläufe mit Hilfe eines PDM-Systems und Workflow-Managements [75/9; 83/4]. DIN 199-4; ferner Engineering Change-Management (ECM) in [16/2 a; S. 110]. Bei Anforderungslisten: siehe Kapitel 7.3.6; zum Änderungsmanagement allgemein: siehe Kapitel 7.10.4 c).
- Verwendung der **Prozesskostenrechnung** zur Beurteilung der Einführungs- und Änderungskosten (Kapitel 9.1.2),
- Vorgabe eines „**Malus**“ (z. B. von 2500 €) pro Änderung, der durch die Kostensenkung, die mit der Änderung bewirkt werden soll, überwunden werden muss. Der „Malus“ entspricht den im Bild 9.43 gezeigten Einführungskosten für ein neues Teil. Er gilt nicht für Änderungen aus Qualitätsgründen.
- Einführung eines **Produkt-Konfigurationssystems**, das auch direkt beim Kunden die Zusammenstellung von Baukastensystemen einschließlich der Kosten (Preise) gestattet. ([91/9]; siehe Kapitel 9.4.7.3).
- Bei der Strategie der **Produktindividualisierung** wird zur Befriedigung von Kundenbedürfnissen schon bei der Vorentwicklung ein weitgehendes Variantenprogramm angestrebt [82/9].

9.4.5 Baureihenkonstruktion

Eine **Baureihe** besteht aus funktionsgleichen technischen Gebilden (Maschinen), die der Größe nach systematisch gestuft sind (Bild 9.49, Bild 9.50). Es handelt sich um eine Anpassungskonstruktion (Kapitel 5.1.4.1) mit folgenden Merkmalen:

Gleich sind:

- Funktion (qualitativ),
- konstruktive Lösung,
- möglichst Werkstoffe,
- möglichst Fertigung.

Unterschiedlich sind:

- Leistungsdaten (Funktion quantitativ),
- Abmessungen und davon abhängige Größen (Gewicht, Kosten usw.).

Bild 9.49 Abstufung des Laufraddurchmessers nach R40/3 mit Stufensprung $\varphi \approx 1{,}25$ Turboladerreihe (Bauart BBC) [61/9]

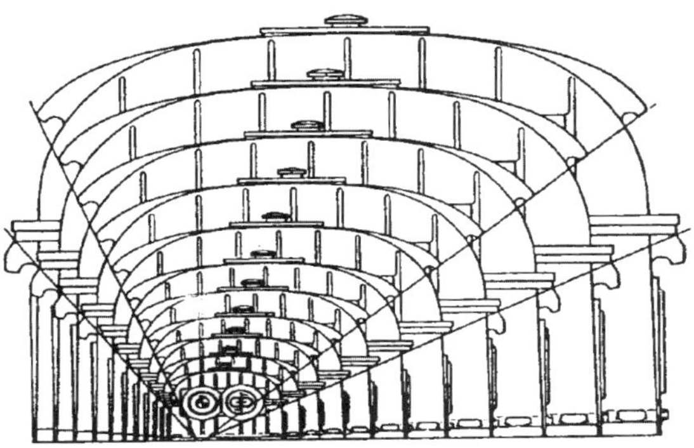

Bild 9.50
Geometrische Ähnlichkeit einer Redurex-Zahnradgetriebebaureihe nach Flender [62/9]

Der **Zweck** ist, einen großen Anwendungsbereich mit möglichst wenig unterschiedlichen Produkttypen zu überstreichen, um damit folgendes zu erreichen:

- **Kostensenkung** durch starke Verringerung der „Bürobearbeitungszeit" pro Stück in allen Abteilungen (Erhöhung der Stückzahl) gegenüber immer wieder andersartigen Sonderkonstruktionen (Maßkonfektion statt Maßanzug). Diese Zeitverringerung wirkt sich besonders in Konstruktion und Fertigung aus. Nach der oft erheblichen einmalig anfallenden Arbeitszeit für die Entwicklung und Dokumentation der Baureihe (einschließlich Verkaufsunterlagen) ist nur noch eine geringe Zeit für die Abwicklung der hereinkommenden Standardaufträge nötig. In der Fertigung können z. B. immer wieder gleiche Arbeitspläne verwendet werden. Teile und Baugruppen können in größeren Stückzahlen auf Lager gefertigt werden. Gleiche Produkte für unterschiedliche Kunden werden in der Fertigung zu größeren Losen zusammengefasst. Der Einkauf bestellt mit entsprechendem Rabatt größere Mengen an Material.
- **Lieferzeitverkürzung** durch starke Verringerung der Konstruktionszeit, die bei Sonderprodukten über 50 % der gesamten Lieferzeit ausmachen kann und durch Verwendung von vorhandenem, vorbereitetem Material, von vorhandenen Vorrichtungen usw. Außerdem geht infolge des „Trainiereffekts" der Zeitaufwand bei allen mit dem Produkt befassten Abteilungen stark zurück.

- **Qualitäts- und Zuverlässigkeitssteigerung**, weil „Kinderkrankheiten“ des Produkttyps ausgemerzt sind, keine Projektierungs- und Konstruktionsfehler mehr vorkommen, bessere Kenntnisse für Prüfung, Inbetriebnahme und Wartung vorhanden sind und weil die Austauschbarkeit und Lieferzeit für Ersatzteile meist günstig ist.

Dies sind **Vorteile** sowohl für den Nutzer wie für den Hersteller des Produkts.

Nachteile für den Produktnutzer ergeben sich dadurch, dass er ein Produkt mit nicht immer optimalen Leistungsdaten und Betriebskosten für seine Betriebsverhältnisse erhält. Im Allgemeinen werden diese Nachteile durch obige Vorteile mehr als wettgemacht. Dies bedeutet für den Hersteller von Baureihenkonstruktionen, dass er folgendes zu beachten hat: Für den Käufer einer Baureihenkonstruktion ist diese nur interessant, wenn der Kaufpreis- und Lieferzeitvorteil gegenüber einer Spezialkonstruktion größer ist als der evtl. erhöhte Aufwand für Betriebskosten.

Baureihen-Planung

Eine Baureihe zu erstellen kann nur im Konsens mit der Geschäftsleitung und in Abstimmung mit allen Stufen der Wertschöpfung geschehen, denn alle sind davon betroffen: Vertrieb, Einkauf, Teilefertigung und Montage, Kostenrechnung und Controlling, IT-Bereich, Service und Wartung. – In der Planungsphase ist die Absatz-Struktur der ausgewählten Produktart sowohl im eigenen Unternehmen, wie in der Branche, einschließlich der voraussichtlichen Veränderung festzustellen. Auch mit den wichtigsten Kunden muss gesprochen werden, denn sie sind es, die auf eine für sie angepasste Spezialkonstruktion zugunsten einer Standardausführung verzichten müssen. Zu klären ist auch, was die Konkurrenz macht. Gibt es dort bereits Ansätze zu einer Baureihe?

Der **Aufwand** für die **Erstellung** aller notwendigen **Unterlagen für eine Baureihe** (Zeichnungen, Stücklisten, Berechnungen, Verkaufsunterlagen, Bedienungs- und Wartungsvorschriften usw.) kann erheblich sein (z.B. einige Mann-Jahre). Allerdings werden die weniger gängigen Typen meist nur soweit festgelegt, wie es für die Angebotserstellung nötig ist. Hier helfen die Hilfsmittel zur Baureihenentwicklung: Ähnlichkeitsgesetze und Normzahlstufung. So kann, ausgehend von einem mittleren Grundentwurf, der durchgerechnet und durchkonstruiert wurde, nach oben und unten mit geringem Arbeitsaufwand extrapoliert werden.

Das **Risiko** bei der Baureihenentwicklung besteht darin, dass die Baureihe am Markt nicht ankommt und damit der geleistete Aufwand umsonst war. Deshalb ist vor Beginn der Normungsarbeiten eine sehr intensive Aufgabenklärung und **Marktanalyse** notwendig: Welcher Bedarf besteht auf den möglichen Märkten? Wohin geht die zukünftige Entwicklung? Welche Forderungen sind am wichtigsten? Was entwickeln die Mitbewerber? Welche Stufensprünge hat der Wettbewerb? Welchen Einfluss auf die Lebenslaufkosten des Kunden hat der Stufensprung? Um wie viel kann bei erwartetem Auftragseingang, d.h. zu erwartender Stückzahl pro

Produkttyp, der Preis auf Grund geringerer Kosten abgesenkt werden? Damit wird dem Kunden ein Anreiz geboten, auf eine für ihn angepasste Sonderausführung zu verzichten.

9.4.5.1 Normzahlreihen als Hilfsmittel zur Baureihenkonstruktion[5]

Normzahlreihen nach DIN 323 sind **dezimalgeometrisch gestufte Reihen**, d.h. Zahlenreihen, bei denen sich innerhalb einer Dekade jedes Glied durch Multiplikation mit einem konstanten Faktor φ aus dem vorherigen ergibt. Sie sind ein wichtiges Hilfsmittel zur Stufung beim Baureihenentwurf. Beispiel:

	φ^0	φ^1	φ^2	φ^3	φ^4	...	φ^{10}	
z. B.	1	1,25	1,6	2,0	2,5	...	10	für 10 Glieder pro Dekade

Bei 10 gewünschten Gliedern pro Dekade muss sich dementsprechend der Stufensprung ergeben zu: $\varphi_{10} = \sqrt[10]{10} \approx 1{,}25$, bei 20 Gliedern zu $\varphi_{20} = \sqrt[20]{10} \approx 1{,}12 \approx \sqrt{\varphi_{10}}$

Die Glieder haben also im Gegensatz zu einer **arithmetischen Reihe** mit immer gleich großem additiven Zuwachs (z.B. 1; 1,25; 1,5; 1,75; 2,0; 2,25; ...) einen immer gleich großen prozentualen Zuwachs. Am Anfang sind also kleine absolute Sprünge, später größere vorhanden. Diese Eigenschaft geometrischer Reihen kommt dem menschlichen Empfinden besser entgegen als der im Absolutwert konstante Zuwachs.

9.4.5.2 Grundsätzliches Vorgehen

Die Optimierungsaufgabe zwischen Markt und Hersteller zeigt Bild 9.51. Der Kunde will ein Produkt mit speziell auf seine Wünsche angepasster Leistung, aber möglichst geringen Gesamtkosten und kurzer Lieferzeit. Der **Hersteller will möglichst wenig Typen in möglichst großen Stückzahlen** fertigen, um so auf geringe Herstellkosten zu kommen. Er verwendet deshalb zur „Kanalisierung" die Baureihe (hier nach R10/2 gestuft, d.h. jedes 2. Glied von R/10)), um die vielfältigen Kundenwünsche in nur wenigen Kanälen zusammenzudrängen. Macht der Hersteller den Stufensprung „Kanal zu Kanal" (Kanal = Baugröße) groß, so ergeben sich hohe Stückzahlen. Es kann aber sein, dass Kunden dann nicht mehr bestellen wollen, da die Produkte hinsichtlich der Leistung ihre Wünsche zu wenig treffen [66/9; 92/9].

Macht der Hersteller den Stufensprung klein, bietet er also viele Produkttypen innerhalb eines Größenbereiches an, so bekommt zwar der Kunde fast immer seinen Leistungswunsch erfüllt, aber die Stückzahl pro Typ wird so klein, dass der Hersteller keinen großen Preisvorteil gegenüber einer Sondermaschine bieten kann.

5) Es gibt neuere Ansätze zur Stufung von Baureihen: Größenstufen mittels numerischer Optimierung (genetische Algorithmen). Diese befinden sich noch im Anfangsstadium und noch nicht im industriellen Einsatz.(115/9).

In beiden Fällen können die Lebenslaufkosten jeweils ansteigen. Es ist also das dazwischenliegende Optimum mit den niedrigsten Lebenslaufkosten zu suchen (Kapitel 9.1.1).

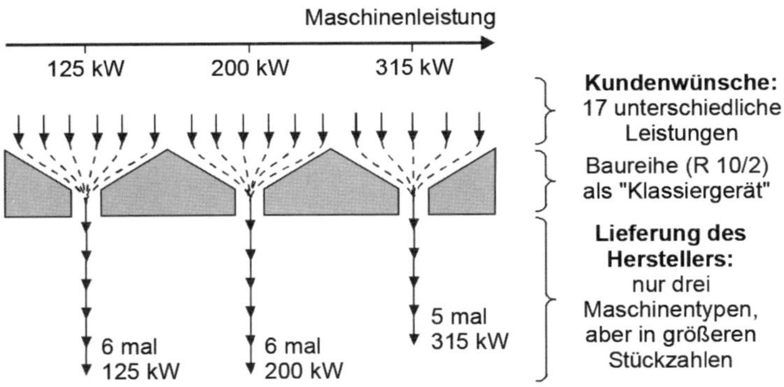

Bild 9.51 Normung der Maschinenleistung: Produktnorm (Baureihe) schafft Voraussetzung für größere Stückzahlen

Bei der Konstruktion einer neuen Baureihe **stuft man** erfahrungsgemäß **am Anfang erst gröber** (z.B. nach R10), später in den Gebieten feiner, in denen durch hohen Marktbedarf ohnehin große Stückzahlen verkauft werden. Bei Investitionsgütern mit großen und schweren Maschinentypen muss man feiner stufen, da die Herstellkosten dort (nach Bild 9.10; Gleichung Kapitel 9.2.3 d) mit annähernd der dritten Potenz des Stufensprungs der Länge wachsen. Unterlässt man dies, so erhält man zu große Preissprünge zwischen den Typen, innerhalb der die Konkurrenz verkaufen kann (Bild 9.52).

Stufensprung	einmalige Kosten	Betriebskosten	Lebenslaufkosten
zu großer Stufensprung φ	geringe Herstellkosten und möglicher Preis, da große Stückzahlen	hoch, da Maschine z.B. in Leistung oder Wirkungsgrad schlecht angepaßt	hoch
Optimum	Optimum	Optimum	minimal
zu kleiner Stufensprung φ	hoch, fast wie bei Sonderkonstruktionen	gering, da Maschine für Betriebsverhältnisse gut angepaßt	hoch

Bild 9.52 Optimierung des Stufensprungs

9.4.5.3 Ähnlichkeitsgesetze als Hilfsmittel zur Baureihenkonstruktion

Beim Entwurf einer Baureihe arbeitet man einen mittleren Typ des Leistungsbereiches konstruktiv vollkommen aus **(Grundentwurf)**. Von diesem ausgehend rechnet man mit Ähnlichkeitsgesetzen für alle **geometrisch ähnlichen** Typen alle interessierenden technischen und wirtschaftlichen Daten aus. Man erspart sich also, sämtliche Typen durchzukonstruieren. Der Zweck der Anwendung von Ähnlichkeitsgesetzen besteht in der Arbeitsersparnis für Konstruktion und Projektierung sowie in einer besseren Übersicht und Kontrolle der technischen und wirtschaftlichen Eigenschaften einer zu planenden Baureihe [63/9].

Es werden hier nur die grundsätzlichen Möglichkeiten der Anwendung von Ähnlichkeitsgesetzen gezeigt. Angestrebt wird die vollkommene geometrische Ähnlichkeit innerhalb einer Baureihe (Storchenschnabelkonstruktion, Bild 9.50). Ähnlichkeitsgesetze stellen dann die Beziehungen zwischen **Stufensprung der Länge** $\varphi_1 = l_1 / l_0$ (Index 0 Grundentwurf, Index 1 Folgeentwurf) und den übrigen am Produkt interessierenden Größen fest. Das Ziel ist dabei, für alle Glieder der Baureihe möglichst die gleichen Werkstoffe und Fertigungsarten einzusetzen und die Beanspruchungen konstant zu halten. Dies gelingt oft nur näherungsweise.

Entsprechend den physikalischen Grundgrößen definiert man bei Konstanz des Verhältnisses einer Grundgröße (Invariante) folgende **Grundähnlichkeiten** (Bild 9.53):

Ähnlichkeit	Grundgröße		konstante Größe	Beziehung
geometrische-	Länge	l	Stufensprung der Länge	$\varphi_L = l_1/l_0$
zeitliche-	Zeit	t	Stufensprung der Zeit	$\varphi_T = t_1/t_0$
Kraft-	Kraft	F	Stufensprung der Kraft	$\varphi_F = F_1/F_0$
usw.	usw.		usw.	usw.

Bild 9.53 Grundähnlichkeiten nach Pahl [64/9]

Sind die Verhältnisse von mehr als einer Grundgröße konstant, so erhält man spezielle Ähnlichkeiten:

Statische Ähnlichkeit

Stufensprung der Länge (φ_L) und Stufensprung der statischer Kraft (φ_{Fs}) sollen konstant sein und gegenseitig so in Beziehung stehen, dass die Spannungen aus äußeren statischen Kräften F_s (nicht Gewichtskräften!) in allen Bautypen konstant sind $(\varphi_\sigma = 1)$.

Spannung: $\sigma = \dfrac{F_s}{A} \leq \sigma_{zul}$

Stufensprung der Spannung: $\varphi_\sigma = \frac{\sigma_1}{\sigma_0} = \frac{F_{s1}}{F_{s0}} \cdot \frac{A_0}{A_1} = \varphi_{F_s} \cdot \frac{1}{\varphi_L^2} = 1$, wobei A = Fläche,

damit muss also gelten $\varphi_{F_s} = \frac{F_{s1}}{F_{s0}} = \varphi_L^2$

Also können die Kräfte in den Produkten bei doppelter Baugröße ($\varphi_L = 2$) auf das Vierfache wachsen, ohne dass die Spannungen größer werden.

Dynamische Ähnlichkeit

Für den Maschinenbau wichtiger ist die dynamische Ähnlichkeit, bei der folgende Grundgrößenverhältnisse konstant sind:

Stufensprung der Länge: $\varphi_L = \frac{l_1}{l_0}$,

Stufensprung der Zeit: $\varphi_T = \frac{t_1}{t_0}$,

Stufensprung der statischen Kräfte: $\varphi_{F_s} = \frac{F_{s1}}{F_{s0}}$,

Stufensprung der dynamischen Kräfte (aus Massen-, Trägheitsgesetzen):

$$\varphi_{F_d} = \frac{F_{d1}}{F_{d0}}$$

Die Stufensprünge der statischen und dynamischen Kräfte müssen gleich groß sein $(\varphi_{\mathrm{Fs}} = \varphi_{\mathrm{Fd}})$, damit sich diese Kräfte zusammensetzen und in ihrer Auswirkung auf die Spannung gemeinsam behandeln lassen.

Der Stufensprung der statischen Kräfte ist bei

$$\sigma = \frac{F_s}{A} = \epsilon \cdot E; \quad F_s = A \cdot \epsilon \cdot E$$

$$\varphi_{F_s} = \frac{F_{s1}}{F_{s0}} = \frac{A_1 \cdot \epsilon_1 \cdot E_1}{A_0 \cdot \epsilon_0 \cdot E_0} = \varphi_L^2 \cdot 1 \cdot \varphi_E, \tag{1}$$

da $\varphi_\epsilon = \frac{\epsilon_1}{\epsilon_0} = \frac{\Delta l_1 \cdot l_0}{\Delta l_0 \cdot l_1} = \frac{\varphi_L}{\varphi_L} = 1$

Der Stufensprung der dynamischen Kräfte (ausgehend von der Fliehkraft) ist bei $F_d = m \cdot r \cdot \omega^2$ mit $m = \rho \cdot V$

$$\varphi_{F_d} = \frac{F_{d1}}{F_{d0}} = \frac{m_1 \cdot r_1 \cdot \omega_1^2}{m_0 \cdot r_0 \cdot \omega_0^2} = \varphi_\rho \cdot \varphi_L^3 \cdot \varphi_L \cdot \varphi_\omega^2$$

Mit der Umfangsgeschwindigkeit $v = \omega \cdot r$ wird: $\varphi_v = \varphi_\omega \cdot \varphi_L$

$$\varphi_{F_d} = \varphi_\rho \cdot \varphi_L^2 \cdot \varphi_v^2 \qquad (2)$$

Die Stufensprünge beider Kraftarten sind dann gleich groß, wenn aus Gl. (1) und Gl. (2) wird:

$$\frac{\varphi_{F_d}}{\varphi_{F_s}} = \frac{\varphi_\rho \cdot \varphi_L^2 \cdot \varphi_v^2}{\varphi_E \cdot \varphi_L^2} = 1 \quad \text{oder wenn} \quad \frac{\varphi_\rho \cdot \varphi_v^2}{\varphi_E} = 1$$

oder $\dfrac{\rho_1 \cdot v_1^2}{E_1} = \dfrac{\rho_0 \cdot v_0^2}{E_0} = const = Ca$ $\quad Ca$ **Cauchy-Zahl.**

Mit $Ca = \dfrac{\rho \cdot v^2}{E} = const.$ und bei gleichem Werkstoff, d. h. $\rho = E = const.$, wird $v = const.$ Es ändern sich dann unter geometrischer Ähnlichkeit mit dem Stufensprung der Länge φ_L:	
Drehzahlen n, ω; Biege- und torsionskritische Drehzahlen n_{kr}, ω_{kr}	φ^{-1}
Dehnungen ε, Spannungen σ, Flächenpressungen p infolge Trägheits- und elastischer Kräfte, Geschwindigkeit v	φ_L^0
Federsteifigkeiten c, elastische Verformungen Δl Ferner infolge Schwerkraft: Dehnungen ε, Spannungen σ, Flächenpressungen p	φ_L^1
Kräfte F Leistungen P	φ_L^2
Gewichte G, Drehmomente M, Torsionssteifigkeit c_t, Widerstandsmomente W, W_t	φ_L^3
Flächenträgheitsmomente I, I_t	φ_L^4
Massenträgheitsmomente θ	φ_L^5
Beachte: Werkstoffausnutzung und Ist-Sicherheit sind nur dann konstant, wenn der Größeneinfluss auf die Werkstoffgrenzwerte vernachlässigbar ist.	

Bild 9.54 Dynamische Ähnlichkeit [64/9]

Bei gleichem Werkstoff (Dichte ρ, E-Modul E) folgt daraus, dass zwischen geometrisch ähnlichen Konstruktionen nur dann dynamische Ähnlichkeit besteht, wenn an gleichartigen Stellen gleiche (Umfangs-)Geschwindigkeiten v vorliegen. Da $\varphi_\omega = \varphi_v / \varphi_L$ ist, darf bei doppelten Abmessungen die Drehzahl nur halb so groß sein. Aus Bild 9.54 geht hervor, wie die übrigen Größen vom Stufensprung der Länge abhängen.

Man kann die Abhängigkeiten nach Bild 9.54 im doppellogarithmischen Maßstab auftragen und erhält je nach obigen Potenzen des Stufensprungs eine Gerade (in gleichen Abständen eingetragene Normzahlen [65/9] ergeben eine logarithmische Maßstabseinteilung!).

9.4.6 Beispiel für eine Baureihe

a) Aufgabe:

Ein Kunde hat vor einiger Zeit ein Stirnradgetriebe mit den in Bild 9.55 angegebenen technischen Daten und dem Preis von 55 000 € geliefert bekommen. Er verlangt von der Projektierung innerhalb von 2 Stunden telefonische Auskunft über Größe, Gewicht und Preis (1 und 2 Stück) eines Getriebes doppelter Leistung (2500 statt 1250 kW). Da keine Unterlagen über das gewünschte Getriebe vorliegen, bleibt nur, eine Abschätzung über Ähnlichkeitsgesetze zu machen.

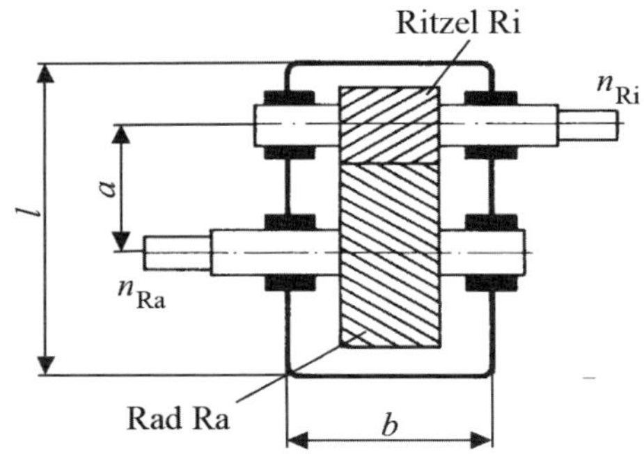

Leistung:	P_0	=	1 250 kW
Drehzahlen:	$\frac{n_{0Ri}}{n_{0Ra}}$	=	$\frac{9\,000\ \text{min}^{-1}}{3\,000\ \text{min}^{-1}} = 3$
Achsabstand:	a_0	=	200 mm
Länge:	i_0	=	710 mm
Breite:	b_0	=	500 mm
Gewicht:	G_0	=	500 kg
Preis:	X_0	=	55 000 €

Bild 9.55 Daten des Grundentwurfs (Index 0) für ein Stirnradgetriebe

b) Ableitung der Ähnlichkeitsgesetze für Baugröße und Gewicht:

Nur statische Kräfte aus den Momenten werden berücksichtigt. Dynamische Kräfte (Flieh- und Massenkräfte) und Gewichtskräfte werden vernachlässigt. Werkstoff, konstruktive Lösung und Fertigungsart seien konstant. Wie bei Reibradgetrieben erfolgt die Bemessung der Zahnräder in erster Näherung aus der zulässigen Stribeckpressung K. Der Modul und damit die Zahnfußspannung kann unabhängig von der Größe der Wälzkreiszylinder nachträglich variiert werden.

Mit Normalkraft **F**, Breite der Zahnräder **b** und Ersatzdurchmesser

$1/d_E = 1/d_{Ri} + 1/d_{Ra}$ $\quad d_{Ri}$ = Ritzelwälzkreisdurchmesser, d_{Ra} = Ritzelwälzkreisdurchmesser $\quad$ wird

$$K = \frac{F}{b \cdot d_E} \leq K_{zul}, \quad F_{zul} \leq K_{zul} \cdot b \cdot d_E$$

Da K_{zul} konstant sein soll, ist mit $\varphi_L = \frac{b_1}{b_0} = \frac{d_{E1}}{d_{E0}}, \quad F_{zul} \sim \frac{b_1}{b_0} \cdot \frac{d_{E1}}{d_{E0}} \sim \varphi_L^2$

Damit wird das übertragbare Drehmoment: $M_{Ri} \sim F_{zul} \cdot d_{ri0} \sim \varphi_L^3 = \dfrac{M_{Ri1zul}}{M_{Ri0zul}}$

die übertragbare Leistung (da $\omega = \text{const.}$): $P_{zul} \sim M_{Rizul} \cdot \omega \sim \varphi_L^3 = \dfrac{P_{1zul}}{P_{0zul}}$

und das Gewicht des Getriebes: $G \sim V \sim \varphi_L^3 = \dfrac{G_1}{G_0}$

Damit sind schon alle wesentlichen technischen Abhängigkeiten vom Stufensprung der Länge φ_L ermittelt. (Die Leistung P ist hier $\sim \varphi_\mathrm{L}^3$, da ω nicht $\sim \varphi_\mathrm{L}^{-1}$ gesetzt wurde: Bild 9.54.)

Der Stufensprung der Länge ergibt sich aus der verlangten Leistungsverdoppelung.

Da $\dfrac{P_1}{P_0} = \dfrac{2500\,kW}{1250\,kW} = 2 = \varphi_\mathrm{L}^3$, wird $\varphi_\mathrm{L} = \sqrt[3]{2} \approx 1{,}25$ entsprechend Reihe R10.

Damit können bereits die **Daten des gesuchten Getriebes** zusammengestellt werden (Bild 9.56):

	Reihe	**Ermittelter Stufensprung**	**Bekannter Grundentwurf 0**	**Gesuchter Folgeentwurf 1**
Achsabstand a	R 10	$\varphi_a = \varphi_L = 1{,}25$	200 mm	**250 mm**
Breite b	R 10	$\varphi_b = \varphi_L = 1{,}25$	500 mm	**630 mm**
Länge l	R 20/2	$\varphi_l = \varphi_L = 1{,}25$	710 mm*	**900 mm**
Leistung P	R 10/3	$\varphi_P = \varphi_L^3 = 2$	1.250 kW	**2500 kW**
Gewicht G	R 10/3	$\varphi_G = \varphi_L^3 = 2$	500 kg	**1000 kg**

* Der Wert l = 710 mm ist in Reihe R 10 nicht enthalten, aber in R 20. Also wird jedes 2. Glied von R 20 verwendet (R 20 / 2), das den gleichen Stufensprung ergibt: $\varphi_{10} = \varphi_{20}^2 = 1{,}12^2 \approx 1{,}25$

Bild 9.56 Anwendung von Ähnlichkeitsgesetzen: die Daten des Folgeentwurfs 1 werden aus dem Grundentwurf 0 errechnet

c) Ableitung der Ähnlichkeitsgesetze für Herstellkosten zur Beantwortung der Frage nach dem kalkulatorischen Preis für den Folgeentwurf 1: X1

Es war beim Grundentwurf (Index 0) **kalkulatorischer Preis** $\mathrm{X}_0 = 55\,000$ €.

Bei 5 % Gewinn verbleiben als **Selbstkosten** $SK_0 = X_0 - 0{,}05 \cdot = X_0 = 52250$ €;

Herstellkosten bei $\dfrac{\mathrm{HK}}{\mathrm{SK}} = 0{,}70$ (firmeninterner Rechenwert);

$HK_0 = 0{,}07 \cdot SK_0 = 36\,575$ €;

Kostenstruktur nach Auskunft der Kalkulationsabteilung:

- Anteil Fertigungskosten aus Rüstkosten $\mathrm{fk}_{r0} = 0{,}2$ an Herstellkosten $= \dfrac{\mathrm{FK}_{r0}}{\mathrm{HK}_0}$

- Anteil Fertigungskosten aus Einzelzeiten $fk_{e0} = 0{,}5$ an Herstellkosten $= \frac{FK_{e0}}{HK_0}$
- Anteil masseabhängige Kosten $mk_0 = 0{,}3$ an Herstellkosten $= \frac{MK_0}{HK_0}$

Summarische Herstellkosten nach Kapitel 9.2.3 d

Herstellkosten des Typs 1

$$HK_1 = HK_0 \cdot \left(\frac{fk_{r0}}{n} \cdot \varphi_L^{0,5} + fk_{e0} \cdot \varphi_L^2 + mk_0 \cdot \varphi_L^3 \right)$$

für Losgröße $n = 1$ Stück und $\varphi_L = 1{,}25$ wird

$$HK_{1_{(n=1)}} = 36575\,€ \cdot \left(\frac{0{,}2}{1} \cdot 1{,}25^{0,5} + 0{,}5 \cdot 1{,}25^2 + 0{,}3 \cdot 1{,}25^3 \right) = 57788\,€$$

Selbstkosten $SK_{1(n=1)} = \frac{57788\,€}{0{,}7} = 82554\,€$

kalkulierter Verkaufspreis $X_{1(n=1)} = SK_1 + 0{,}05 \cdot SK_1 = 86682\,€ \cong 87000\,€$

Für Losgröße $n = 2$ Stück wird

$HK_{1(n=2)} = 53764\,€$, also rund 7 % kostengünstiger, $X_{1(n=2)} = 80.646\,€ \cong 81000\,€$.

Der Kunde bekommt also nach Abstimmung mit dem Verkauf die beiden Preise von $81000\,€\,(n = 2)$ und $81000\,€\,(n = 1)$ genannt.

9.4.7 Baukastenkonstruktion

Begriff

Unter einem **Baukasten** versteht man ein Kombinationssystem von Bausteinen oder Moduln zu Produkten **unterschiedlicher Gesamtfunktion**. Diese Module sind Bauteile und Baugruppen und erfüllen jeweils eine bestimmte Teilfunktion im Rahmen der Gesamtfunktion des Systems und haben eine physische Eigenschaft (Gestalt, Stoff). Hier liegt der Unterschied zur Baureihe, bei der die Funktion des Produkts immer gleich ist. Sehr oft ist allerdings ein Baukasten mit einer Baureihe verknüpft, d. h. die Bausteine jeweils gleicher Funktion werden in unterschiedlichen Größen hergestellt (Bild 9.57). Außerdem gibt es Baukästen, bei denen durch Aneinanderfügen von Modulen im Wesentlichen nur unterschiedliche Abmessungen verwirklicht werden sollen. Beispiele sind Industriehallen oder Ponton-Brücken, deren Größe durch Aneinanderfügen gleicher Module verändert wird. **Die Funktion bleibt** in diesen Fällen aber **gleich**.

Bedeutung

Ein Baukastensystem mit unterschiedlichen, von verschiedenen Kunden nachgefragten Funktionen kann weit mehr als die Erstellung einer Baureihe die Charakteristik eines ganzen herstellenden Unternehmens verändern. Eine Baureihe betrifft ja nur einen abgegrenzten technischen Funktionsbereich. Ein Baukastensystem hingegen kann Kunden in weiten Bereichen der Technik ansprechen. Man denke an das Beispiel eines Hebezeug-Unternehmens, wie es im Bild 9.58 angedeutet ist. Es kann dann um Hebezeuge indoor und outdoor, stationär und mobil, von klein bis groß gehen. Überall sind Antriebe, Befestigungselemente, Seilzüge, elektrotechnische Elemente, Steuerungen, Software vorhanden, die in unterschiedlicher Größe kombiniert werden könnten. Die Kunden können aus der Chemie, der Versandtechnik, der Produktionstechnik, der Hafentechnik kommen. Dementsprechend gibt es Baukastensysteme in der ganzen Technik, wie z. B. im Bauwesen, in der Haustechnik, in der Eisenbahntechnik, im Fahrzeugbau (z. B. die Plattformbauweise), in der Elektrotechnik, in der automatisierten Montagetechnik. – Hier steht der obige Begriff der **Produktarchitektur** (Kapitel 9.4.3) eher schon für eine zu enge Denkweise. Es geht vielmehr um eine ganze „Bauweisen-Landschaft".

Baukasten-Planung

Noch mehr als bei einer Baureihe ist die Geschäftsleitung im Konsens und in Abstimmung mit allen Stufen der Wertschöpfung hinsichtlich der Unternehmensziele, der Motivation und des Einsatzes gefragt, denn für alle kann es weitgehende Veränderungen geben – In der Planungsphase ist die Absatz-Struktur in den wichtigsten Kundenbereichen und den verschiedenen Branchen, einschließlich der voraussichtlichen Veränderung festzustellen. Gespräche mit Kunden und deren Einschätzung zukünftiger Entwicklung sind wichtig.

Plattformbauweise

Die Automobilindustrie spricht von Modularisierung (Modulbauweise) und von **Plattform-Verwendung**, wenn Standard-Baugruppen (z. B. Bodenbaugruppe) in mehreren ähnlichen Produkten (Pkw-Typen) zum Einsatz kommen. (Zum Begriff Plattform: siehe Kapitel 9.4.3).

Selbstverständlich ist die Definition einheitlicher Schnittstellen dann ganz besonders wichtig [69/5; 92/9].

Beispiel: VW erweitert 2012 die Gleichteile- und Plattformstrategie um einen Modularen Querbaukasten (MQB) [103/9], der bei der Karosserie und bei den Motoren quer über alle Pkw-Varianten in den weltweit 90 Fertigungsstätten eine höhere Gleichteile-Stückzahl erlaubt. Zugleich wurde eine Art **Fabrikbaukasten** (MPB) entwickelt, so dass auch die Fertigungsstätten selbst gleichartig aufgebaut werden [101/9]. Dabei geht es auch wesentlich um eine Reduzierung des Einmalaufwandes. Denn bei der heute üblichen höheren Anzahl neuer Pkw-Typen muss die Stückzahl der Bauteile zurückgehen, wenn man zunächst von gleicher gesamter Pkw-Absatzmenge ausgeht. Damit würden sich die Herstellkosten erhöhen. – Der Einmalaufwand kann Entwicklungs-, Fertigungs-, und Vertriebsaufwand sein. – (Bild 9.11, Bild 9.12 und Bild 9.47 zeigt ihn in der Fertigung, Bild 9.46 ganz allgemein als Unternehmenserfolg in Abhängigkeit von der Variantenzahl). Ziel ist weiter der Leichtbau um 40 bis 60 kg pro Pkw und eine Halbierung der Montagezeit.

So soll beim MQB die Zahl der bisher ca. 300 Motor-Getriebe-Varianten zurückgehen auf nur noch 36. Statt 102 Klimaanlagen gibt es nur noch 28. – Fix ist z.B. der Abstand Vorderachse-Fahrpedal und die Einbaulage des Motors. Frei wählbar sind z.B. Radgröße, Achsabstand, Sitzposition, Dachhöhe, Überlänge, so dass der Käufer von der Normung gar nicht berührt ist. Es kann auf der Montagelinie bis 30% Zeitersparnis entstehen. – Dem Risiko bei Teilefehlern eine höhere Rückrufzahl zu bekommen muss durch stärkere Qualitätssicherung begegnet werden.

Man hat vier Modulfamilien definiert: Elektrik/Elektronik, Antrieb, Fahrwerk und Aufbau. Motorenbaukästen gibt es bereits. Beachtlich ist auch, dass Elektro- und Elektroniknetze und Infotainment oft Pkw-Typen-übergreifend konzipiert werden. Sie ändern sich ja auch viel schneller als die mechanische Basis.

Die Plattform-Baugruppen sollen für einen erheblichen Kostenanteil des Produkts vorgesehen werden. (Z.B. Karosserie-„Boden", -Front, -Heck-Gruppe) und sollen zum Kunden hin nicht sichtbar sein, da sie nur die Tragstruktur eines PKW darstellen. Sie werden für einen längeren Zeitraum produziert als die daraus hergestellten einzelnen PKW-Typen. Damit ergibt sich auch ein Kostenvorteil. (Weiteres in [9/1; Kapitel 7.12.6.5]).

9.4.7.1 Grundsätzliches

In Bild 9.57 ist ein Getriebebaukastensystem gezeigt, bei dem als Basisbausteine drei unterschiedliche Getriebegehäuse vorhanden sind, die wieder in unterschiedlichen Größen als Baureihe hergestellt werden (Herstellerbaukasten). Die **Vorteile** eines Baukastens sind vergleichbar mit denen von Baureihen:

- **Kostensenkung** des Baukastensystems im Vergleich zu einer Vielzahl von speziellen Einzelprodukten mit jeweils der gewünschten Funktion. Dabei kann eine einzelne Funktion höhere Kosten verursachen als ein Spezialprodukt dieser Funktion. Die Betonung liegt auf der Kostensenkung des Kombinationssystems. Die **Kostensenkung beim Anwender** wird, wie das Beispiel Heimwerkerbaukasten zeigt, dadurch erreicht, dass er den Basisbaustein (Getriebemotor) nur einmal kaufen muss und die Spezialbausteine (z.B. für Sägen, Schleifen, Fräsen) vom Anwender angebaut werden können. Die **Kostensenkung beim Hersteller** entsteht dadurch, dass einzelne Bausteine in viel größerer Stückzahl hergestellt werden können als bei Sonderprodukten, da sie ja – wie das Getriebebeispiel in Bild 9.57 zeigt – in mehrere Basisbausteine eingebaut werden. (Heute Kommunalität genannt). Ferner ergeben sich Kostensenkungen im Entwicklungsbereich, da das Baukastensystem oder die Produktarchitektur nicht für jedes Einzelprodukt neu entwickelt werden muss. Die Entwicklung eines neuen Baukastensystems bedeutet meist einen hohen Kostenaufwand. Bei Anwendung des Systems fallen dann deutlich geringere Kosten an. Je länger ein Baukastensystem im Einsatz ist, desto rentabler wird es.

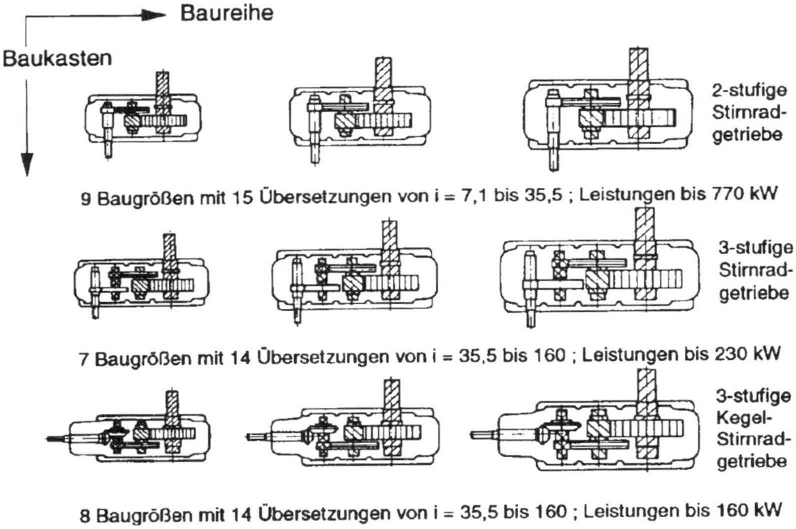

Bild 9.57 Redurex-Zahnradgetriebe nach dem Baureihen-/Baukastenprinzip. Gleiche Baukastenelemente (Wellen. Zahnräder) sind gleich schraffiert. Von links nach rechts wachsen diese

Bild 9.58 zeigt die mögliche Kostensenkung bei einem Industriekran-Baukastensystem. Die wichtigsten Elemente werden in größerer Stückzahl hergestellt, und damit werden in der Fertigung und allen „Gemeinkostenabteilungen“ (z.B. Entwicklung/Konstruktion, Vertrieb) die jeweils einmaligen Erarbeitungskosten pro Stück verringert. Darunter ist ebenfalls von Fa. DEMAG ein offenes Baukastensystem für Hängebahnen für die Förderung vielfältiger Güter zu sehen.

- Eine **Lieferzeitverkürzung** ist zum Teil auf die verringerte Bearbeitungszeit eines Auftrages in allen „Gemeinkostenabteilungen“ zurückzuführen, zum Teil auch darauf, dass häufig vorkommende und in der Lieferzeit bestimmende Bausteine entweder vorbereitet oder fertiggestellt vom Lager abrufbereit sind. Durch EDV-Bearbeitung kann sowohl für die Angebotsabgabe wie für die Auftragsabwicklung eine zusätzliche Lieferzeitverkürzung erreicht werden.

- Eine hohe Flexibilität kann insbesondere bei mechatronischen Baukasten-Konzepten erzielt werden, da die Steuerung softwaretechnisch schnell umgestellt werden kann. (Siehe Kapitel 5.1.4.4)
- Es ergibt sich eine **Qualitätssteigerung** der Bausteine und des ganzen Baukastensystems, da durch frühere Lieferungen Betriebserfahrung vorliegt, Ersatzteile vorhanden und leicht auswechselbar sind.

Obige **Vorteile** sind gleichermaßen für Hersteller und Anwender von Bedeutung. Für den **Anwender** ergibt sich darüber hinaus noch der Vorteil, dass er eine größere Flexibilität bezüglich später nachzukaufender Bausteine (Funktionen) geboten bekommt (z.B. Landmaschinen-Baukastensysteme, Heimwerkerbaukästen, Werkzeugmaschinen) [79/9]. Für den **Hersteller** ergibt sich der Vorteil, dass er den Kunden damit langfristig an sich bindet [67/9, 68/9].

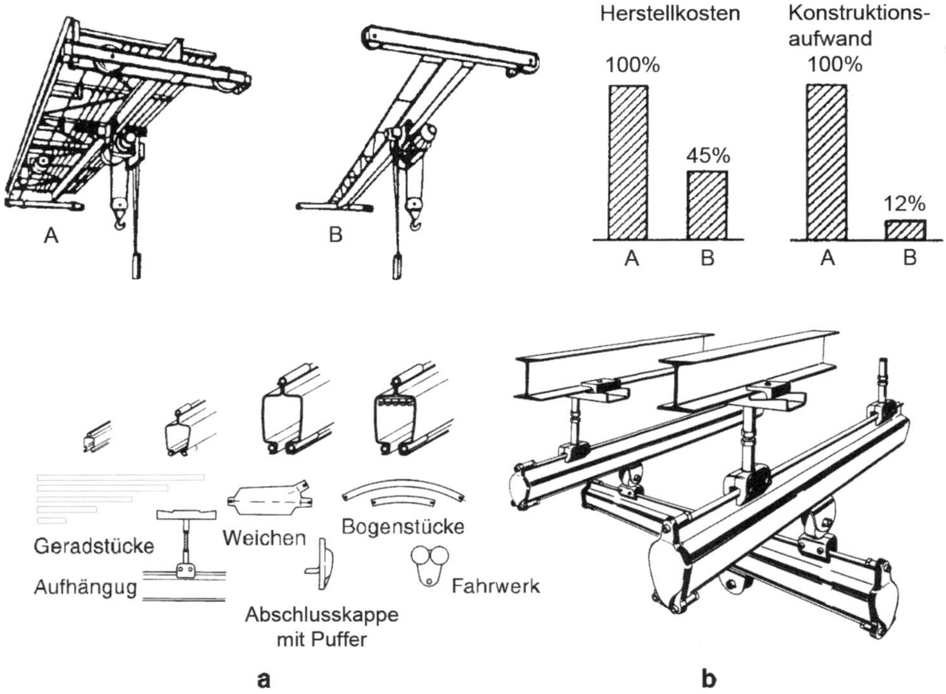

Bild 9.58 Oben: Vorteile eines Baukastensystems für Industriekrane. A konventionelle, alte Bauweise, B Baukastenkran; **Unten:** Offenes Baukastensystem für die Fördertechnik. a: Bausteine, b: Kombinationsbeispiel (beides nach DEMAG) [68/9]

Nachteile eines Baukastensystems sind:

- **Spezielle Kundenwünsche** sind nicht erfüllbar. Der Kunde muss unter Umständen doch wieder auf Spezialausführungen zurückgreifen.

- Das Baukastensystem ist oft **technisch nicht so bedarfsgerecht** wie ein Sonderprodukt, da die Bausteine ja das Gesamtsystem befriedigen müssen. So hat z. B. bei einer nicht drehzahlgeregelten Heimwerkermaschine der Basisbaustein Getriebemotor oft für Bohren eine zu hohe Drehzahl, für Schleifen eine zu niedrige. Wegen der Verbindungen an den Schnittstellen der Bausteine sind Gewicht, Volumen oder auch Kosten höher als bei einer Spezialmaschine gleicher Stückzahl.
- Der **Zeitaufwand** beim Anwender für das Ummontieren von einer Funktion in eine andere schlägt beim industriellen Anwender kostenmäßig zu Buche **(Anwenderbaukasten)**. Dies berücksichtigen Handwerker und Industriefirmen beim Kauf eines Baukastens. Keine Zeit für das Ummontieren fällt beim **Herstellerbaukasten** an, wenn also nur der Hersteller einen Baukasten für die Produktion seiner Produkte nutzt. Er liefert also aus Bausteinen fertig zusammengebaute Produkte an den Kunden. Ein Beispiel stellt die Lkw-Produktion dar.
- Der Hersteller wird in Bezug auf **Marktwünsche weniger flexibel**. Er sucht die oft beträchtlichen einmaligen Erarbeitungskosten durch entsprechenden Absatz zu rechtfertigen und wird Produktänderungen nur nach größeren Zeiträumen ins Auge fassen. Insofern ist die Konzeption eines Baukastensystems auch für den Hersteller risikobehaftet und erfordert Sorgfalt bei Aufgabenklärung und Entwurf.

9.4.7.2 Aufbau von Baukästen – Begriffe

Für die Erarbeitung von Baukastensystemen sind vor allem die Aufgabenklärung und die nachfolgende Konzeptphase mit der Entscheidung über die zu verwirklichenden Funktionen von Bedeutung. Es sollen ja mehrere Produkte in einem System realisiert werden können. Da man aber meist von einer Vielzahl früher gefertigter (oder am Markt üblicher) Einzelprodukte ausgeht, sind die Prinziplösungen (Konzepte) für die Teilfunktionen oft vorgegeben. Es kommt darauf an, die Zuordnung, Zusammenfassung oder Trennung der einzelnen Teilfunktionen zu mehr oder weniger häufig eingesetzten Bausteinen zu finden. Dafür sind folgende Begriffe für Teilfunktionen bzw. Bausteine zweckmäßig (siehe auch Bild 9.61):

- Die **Gesamtfunktion** GF gibt den von den einzelnen Varianten des Baukastensystems geforderten Zweck an (beim Heimwerker-Baukasten z. B. Bohren, Schleifen, Sägen, Fräsen).
- Die Gesamtfunktion wird in **Teilfunktionen** TF aufgeteilt, die notwendig sind, um die Gesamtfunktion zu erfüllen. Diese Teilfunktionen werden je nach Häufigkeit des Vorkommens im Gesamtsystem wie folgt unterschiedlich benannt:
  - Die **Basisfunktion** BF (entsprechend Basisbaustein) ist diejenige Teilfunktion, die bei jeder zu erfüllenden Gesamtfunktion vorkommt (z. B. Stromzuführung, Schalter, Motor, evtl. Getriebe beim Heimwerkerbaukasten). Dies ist eine so genannte „Muss-Funktion“.

- Die **Spezialfunktion** SF (entsprechend Spezialbaustein) ist diejenige Teilfunktion, die charakteristisch für die Erfüllung der jeweiligen Gesamtfunktion ist (z. B. Bohrfutter und Bohrer, Sägeeinrichtung, Schleifscheibe beim Heimwerker). Dies ist eine so genannte „Kann-Funktion".
- Die **Anpassfunktion** AF (entsprechend Anpassbaustein) ist diejenige Teilfunktion, die notwendig ist, um z. B. Spezialfunktionen mit Basisfunktionen zu verknüpfen (z. B. Zwischenflanschen, Gerät zur Umwandlung von Rotationsbewegung in oszillierende Translation bei der Stichsäge oder dem Schwingschleifer des Heimwerkers). Anpassbausteine können auch zum Anpassen an andere Systeme und Randbedingungen notwendig und maßlich nur zum Teil festgelegt sein. Sie brauchen nicht in allen Gesamtfunktionen vorzukommen.
- Die **Sonderfunktion** SoF (entsprechend Sonderbaustein) stellt eine besondere ergänzende, aufgabenspezifische Teilfunktion dar, die ebenfalls nicht in allen Gesamtfunktionen vorkommen muss (z. B. Bohrständer, Handgriff, Schleifbock beim Heimwerker).
- Die **Auftragsspezifische Funktion** AsF (entsprechend auftragsspezifischer oder „Nicht"-Baustein), stellt eine spezielle Teilfunktion für Einzelaufträge dar, die damit das Baukastensystem auch für spezielle Wünsche geeignet macht.

Folgende **Baukastenarten** kann man unterscheiden:

- Als **Herstellerbaukasten** wird ein Baukasten bezeichnet, der beim Hersteller zusammengebaut wird und danach i. Allg. nicht mehr verändert wird (z. B. Lkw-Baukastensystem, Getriebebaukasten; Bild 9.57).
- Als **Anwenderbaukasten** wird im Gegensatz dazu ein vom Anwender jeweils umzubauender Baukasten bezeichnet (z. B. Heimwerkersystem, Küchenmaschinensystem, landwirtschaftliche Anbaugeräte an Traktoren).
- Ein **Zulieferbaukasten** ist – wie das Wort sagt – ein Baukasten eines Zulieferers. In der Praxis werden diese häufig genutzt, da man das know how z. B. eines Spezialisten für Antriebs- oder Steuerungselemente nutzen kann. Im Bild 9.59 ist beispielhaft gezeigt, wie ein Baukastenprodukt aus mehreren Zulieferbaukästen und einem Herstellerbaukasten, sowie kundenspezifischen Sonderteilen entsteht.
- Ein **geschlossener Baukasten** wird durch ein vorgegebenes Bauprogramm mit endlich festgelegter Variantenzahl (z. B. Heimwerkersystem) gekennzeichnet.
- Ein **offener Baukasten** ist im Gegensatz dazu in seinen Variations- und Kombinationsmöglichkeiten offen (z. B. Küchenmöbel, Baugerüstsystem). Es existiert nur ein Baumusterplan mit Anwendungsbeispielen (siehe Bild 9.58 unten)

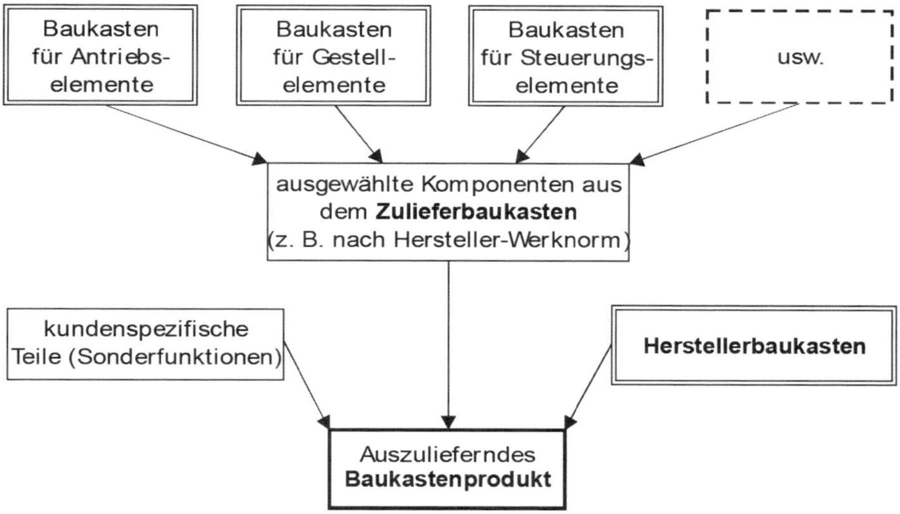

Bild 9.59 Baukastenprodukt als Kombination aus Zulieferbaukästen und Herstellerbaukasten

9.4.7.3 Entwickeln von Baukästen

Ziel ist es, die für das Gesamtsystem (auszulieferndes Baukastenprodukt) am häufigsten zu erstellenden Teilfunktionen (Bausteine) zu erkennen. Es soll für diese eine möglichst hohe zu fertigende Stückzahl entstehen. Selten benötigte Teilfunktionen sollen davon abgetrennt werden, da sie sonst die häufigen Teilfunktionen mit ihren Zusatzkosten belasten würden. Das Komplexitätsmanagement kann bei der Strukturierung hilfreich sein (Kapitel 2.3.2 d)

Man geht zweckmäßig nach Bild 9.60 vor, das nachfolgend besprochen wird.

Zunächst muss eine **Planungsphase** (A in Bild 9.60) vorausgeschickt werden, in der der bisherige Ist-Zustand in dem Geschäftsfeld (Produktbereich) analysiert wird (A1), wobei die Methoden von Kapitel 9.4.3 eingesetzt werden können. Daran anschließend sollte das Geschäftsfeld mit seinen Potenzialen geplant werden (A2). Dann erst erfolgt die übliche Aufgabenklärung für die technischen Details, aber auch für die Zielkosten (A3).

Sowohl die Planungsphase A, als auch das Entwickeln der Baukastenstruktur B (Gesamtfunktionen und Funktionsstruktur, siehe unten) sowie das Entwickeln einzelner Bausteine und Baukastenprodukte in C, sollten in einem **interdisziplinären Team** erfolgen (z. B. Geschäftsleitung zeitweise, Entwicklung, Vertrieb, Marketing, Produktion, Qualitätssicherung, Controlling). Im Bild 9.60 ist bewusst vereinfachend ein neu zu konzipierender Heimwerkerbaukasten zugrunde gelegt, damit das Beispiel unmittelbar verstanden wird.

So wird z. B. in der **Aufgabenklärung A1** der Markt z. B. nach absetzbaren Funktionen, Stückzahlen, Preisen, Lieferzeiten und der eigenen Situation relativ zur

Konkurrenz untersucht. Sind für den Kunden Vorteile bzw. Nachteile gegenüber Einzelausführung von Sondermaschinen zu erwarten? Wo sind Risiken und Chancen?

Unter die Planung des **Geschäftsfeldes A2** fallen Fragen wie: Welchen Marktanteil wollen wir, in welchen Ländern, bis wann? Welche Stückzahlen sind realistisch und welche Kostensenkungspotenziale ergeben sich daraus? (Siehe Bild 9.12). Welche Gewinne bei welchen Zielpreisen sind vorstellbar? Welche Art des Baukastens ist zweckmäßig? (Siehe Kapitel 9.4.7.2 am Schluss: Hier, beim Heimwerker-Baukasten handelt es sich um einen Anwenderbaukasten und zwar mit einer geschlossenen Struktur). Welcher Zeit-, Personal- und Kostenaufwand ist für die Systementwicklung realistisch?

Bei der **Aufgabenklärung A3** wird beispielsweise erkannt, dass von einem Heimwerkerbaukasten zu einem bestimmten Preis pro Jahr abgesetzt werden kann:

- die Gesamtfunktion GF1 „Bohren“ 100 000 mal,
- die Gesamtfunktion GF2 „rotierend Schleifen“ 90 000 mal,
- die Gesamtfunktion GF3 „Kreissägen“ 40 000 mal,
- die Gesamtfunktion GFn „Stichsägen“ 5000 mal, usw.

Dazu kommt eine gewisse Häufigkeit an Sonderfunktionen (in der Benennung als Funktionsträger: Bohrständer, Handgriff, Schleifbock). Die weiteren technischen Anforderungen müssen selbstverständlich auch noch ermittelt werden.

Zur **Baukastenstruktur B** siehe die nachfolgenden Erläuterungen zu Bild 9.61.

Das **Vorgehen unter C** ist an sich bekannt: Jedes Baukastenprodukt 1–n (Gesamtfunktion z. B. Bohren, Schleifen, Stichsägen) wird über die Konkretisierungsstufen Aufgabe Klären, Lösungen suchen und Lösungen auswählen entwickelt (Bild 9.16). Im Bild 9.60 sind diese aber zeitlich versetzt gezeichnet. Dies ist ein Kompromiss aus der Erfahrung der Praxis heraus, um den Entwicklungsaufwand am Anfang zu begrenzen. Man entwickelt z. B. zunächst die Baukastenprodukte 1 und 2 (hier „Bohren und Schleifen“), sammelt Erfahrung damit und entwickelt dann später je nach Marktverhalten die Baukastenprodukte 3 (hier z. B. Kreissägen) bis n (hier z. B. Stichsägen). So geht die Praxis im optimalen Fall vor, allerdings bei komplexeren Problemen als dem Heimwerkerbaukasten. Das Anliegen hier ist es, nicht in den Fehler manch häufiger ungünstiger Praxisfälle zu verfallen, nur am Anfang die Baukastenprodukte 1 und 2 im Auge zu haben und nicht die weiteren Möglichkeiten 3 bis n im Baukastenkonzept zu berücksichtigen. Dann gibt es nämlich später ungute Kompromisse. Um im Beispiel zu bleiben: Die Kreissäge kollidiert dann z. B. mit dem Elektromotor, da der Spannzylinder am Motorhals zu kurz ist. Oder: Die Drehzahl des Elektromotors ist für die neu hinzugekommene Stichsäge eher zu hoch.

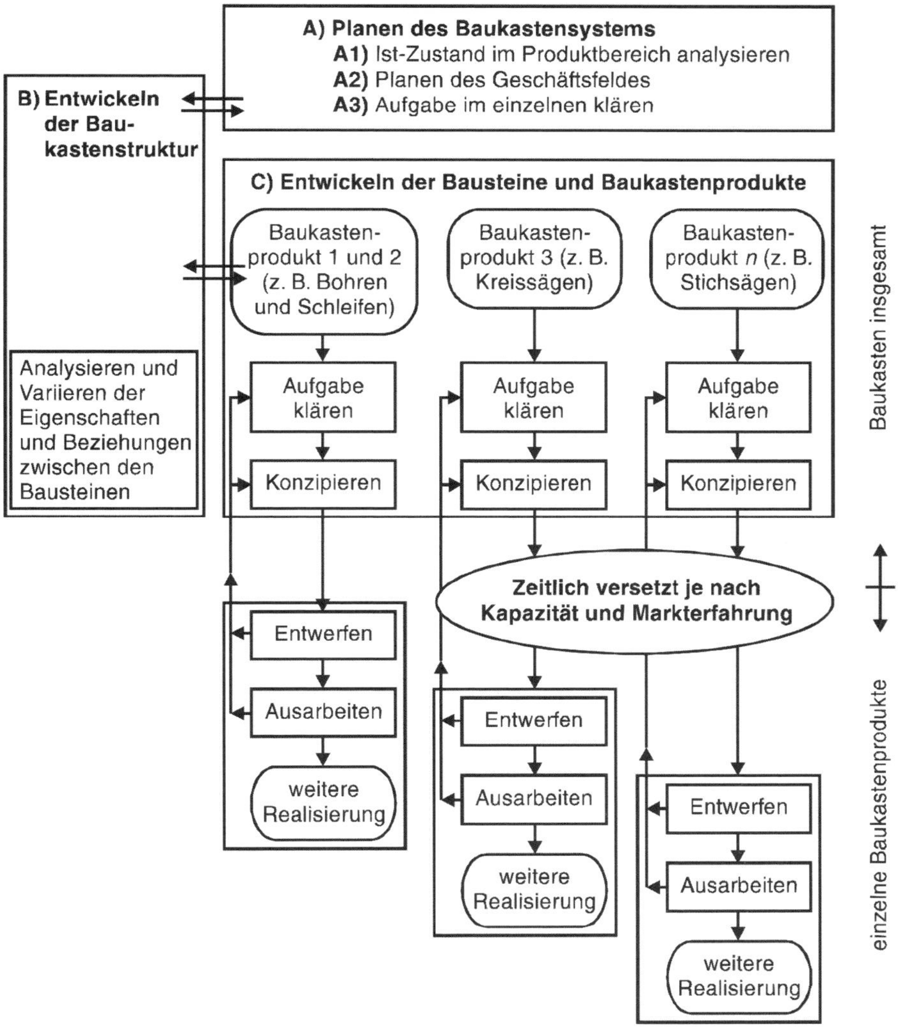

Bild 9.60 Vorgehen beim Entwickeln eines Baukastensystems; ähnlich [73/9; 74/9]

Es kommt also darauf an, für den Baukasten insgesamt und für die wesentlichen Bausteine **gleich am Anfang** das „Klären der Aufgabe" und das Konzipieren **ganzheitlich** durchzuführen – und zwar im oben erwähnten Team. Später können dann die einzelnen Baukastenprodukte 1 bis n entworfen und ausgearbeitet werden. – Nachfolgend ein Beispiel für eine erste, vereinfachte Funktionsstruktur.

Aufstellen von vereinfachten Funktionsstrukturen (zur Baukastenstruktur B)

Die Aufgliederung der Gesamtfunktionen in Teilfunktionen erfolgt so, dass möglichst wenige gleiche und wiederkehrende Teilfunktionen vorkommen. Varianten mit hohem Absatz sind soweit wie möglich mit Basisfunktionen BF und dann mit Spezialfunktionen SF zu erfüllen. Zahl und Umfang der Anpass- und Sonderfunktionen sind klein zu halten. In Bild 9.61 ist dementsprechend eine vereinfachte Funktionsstruktur für einen Heimwerkerbaukasten angegeben. Dies ist eine „funktionelle Baustruktur“ oder im heutigen Sprachgebrauch eine „Produktarchitektur“. (Siehe Bilder 7.40 und 7.44).

Varianten der Funktionsstrukturen können z. B. erzeugt werden, indem die Anpassfunktionen AF2 und AF3 für Schleifen und Kreissägen weggelassen werden und von der Spezialfunktion SF1 übernommen werden: Schleifscheibe und Sägeblatt erhalten einen Dorn und werden direkt im Bohrfutter befestigt. Dies hätte auch beim Umbauen den Vorteil, dass das Bohrfutter nicht abgenommen werden muss. Es könne aber Kollisionsprobleme mit der Kreissägenführung und der Schutzeinrichtung entstehen. Die Anpassfunktion AF4, Erzeugung einer hin- und hergehenden Bewegung für die Stichsäge, wird am besten mit der Funktion Sägen zu einem Baustein integriert, da diese Teilfunktion für keine andere Gesamtfunktion (allenfalls für einen evtl. Schwingschleifer) benötigt wird. Es würden sich andernfalls nur kostensteigernde zusätzliche Pass- und Verbindungsstellen geben. Für die Sonderfunktionen SoF‘ und SoF“ (Zusatzhandgriff bzw. Tischständer) sind am Getriebemotor Pass- und Befestigungsstellen vorzusehen (mit entsprechenden Kosten), obwohl nur ein Teil der Käufer diese Sonderfunktion nützt. Dies ist ein Beispiel für die Verteuerung eines Baukastensystems gegenüber einer Spezialmaschine, die einen bereits mit dem Getriebe integrierten Zusatzhandgriff aufweist. Es ist zweckmäßig, selten verlangte, aber das Gesamtsystem stark verteuernde Funktionen zu streichen und besser als auftragsspezifische Funktion AsF zu liefern.

Konzept- und Entwurfsbearbeitung

Wenn nicht, wie beim Beispiel des Heimwerkerbaukastens, die Lösungen der Teilfunktionen im Wesentlichen bekannt sind, erfolgt jetzt entsprechend der Phase C in Bild 9.60 die Lösungssuche mit anschließender Auswahl (Kapitel 7.5). Aus den gewählten Teillösungen können unterschiedliche Konzeptvarianten kombiniert werden, die dann wieder zur Auswahl anstehen und zunächst für eine grobe Kostenkalkulation gestaltet werden müssen (Kapitel 7.5.6; 7.9).

Weitere Realisierung: Ausarbeitung der Fertigungsunterlagen

Hierbei ist auf eine Teilenummerierung entsprechend der Baukastenlogik zu achten, da damit eine EDV-Bearbeitung des Systems erleichtert wird. Für die Auswahl von Bausteinen und die Kombination zum Produkt bei der evtl. Angebotserstellung und Auftragsbearbeitung können Entscheidungstabellen als Software eingesetzt werden. Für die Variantenstückliste, die die Baustruktur wiedergibt, ist ein Zeichnungsnummernsystem mit Parallelverschlüsselung zweckmäßig (Identifizierungs- oder Zählnummer und klassifizierende Nummer).

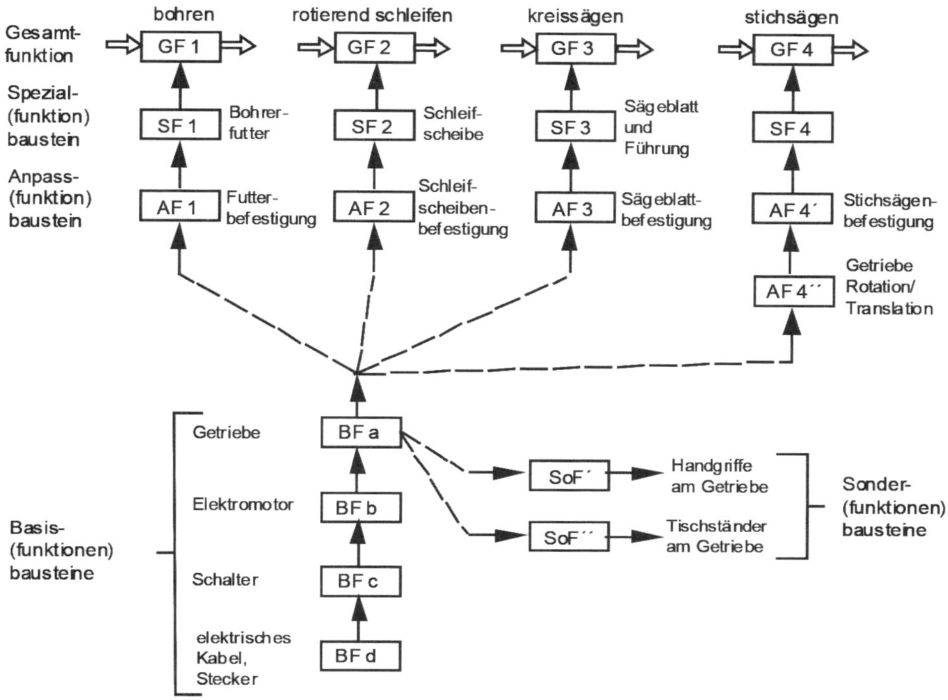

Bild 9.61 Vereinfachtes Beispiel einer funktionellen Baustruktur (Produktarchitektur) für einen Heimwerkerbaukasten. Zur Veranschaulichung sind nicht Funktionsbegriffe, sondern bereits Bausteine angegeben

Für die **schnelle Angebotsbearbeitung** u. U. mit Laptop unmittelbar beim Kunden hat sich in der Praxis ein **EDV-Konfigurationssystem** bewährt. Es muss gemeinsam von **Entwicklung und Vertrieb** erarbeitet werden. Die einzelnen Bausteine und Baukastenprodukte werden, soweit für die Kunden relevant, mit den technischen Leistungsparametern beschrieben. Den Autoren sind Beispiele für Werkzeugmaschinen und für Antriebs-, Pumpen- und Hydraulikanlagen bekannt [91/9]. Die Verkaufspreise und Herstellkosten können der Technik zugeordnet werden. – Damit wird dem Vertrieb die Durchsetzung der erarbeiteten Standardisierung erleichtert – und er ist dann auch motiviert dafür. Kundenspezifische Sonderlösungen werden so direkt beim Kunden vermieden bzw. mit den entsprechend höheren Kosten verkauft (siehe hierzu Seebacher [77/9]. Im Übrigen ist dergleichen im Internet als „Pkw-Konfigurator“ allgemein zugänglich.

10 Begriffe

Nachfolgend sind die wichtigsten in diesem Buch verwendeten Begriffe definiert. Es ist im Interesse der Vereinheitlichung von Begriffen und der Überwindung von verschiedenen Methodikschulen zweckmäßig, vorhandene Begriffe zu übernehmen und nur dann Begriffe neu zu definieren, wenn dies unumgänglich ist. Deshalb werden in diesem Buch nach Möglichkeit Begriffe aus der VDI-Richtlinie 2221 [10/1] und nach Pahl & Beitz [10/2] übernommen.

A

Abstraktion

Formulierung eines übergeordneten Begriffs unter den mehrere konkrete Objekte mit ihren jeweils wesentlichen Eigenschaften eingeordnet werden können. Man abstrahiert dabei von bestimmten momentan nicht interessierenden individuellen Eigenschaften der Objekte. Im Funktionsbegriff z. B. beschränkt man sich nur auf die Funktion und erfasst damit mehrere Lösungsmöglichkeiten. (Siehe Bild 7.33; 7.34). Ferner vereinfacht man die Bearbeitung, indem man sich z. B. zunächst nur auf Funktions-, oder nur auf Festigkeits-, oder nur auf Kosteneigenschaften beschränkt. – Aber: Abstraktion ist nur eine Arbeitshilfe im Prozess zur Verringerung der Komplexität. (Siehe Kapitel 3.3 b). Letztlich kommt es auf einen Kompromiss, auch widersprüchlicher Eigenschaften, an. (Beispiel beim Pkw: Maximales Raumangebot bei minimalem Gewicht und Kosten).

Änderungsmanagement

Ein **Änderungsmanagement** ist nötig, um die vernetzten Daten stets aktuell zu halten, damit man bei der weiteren verteilten Arbeit nicht auf falsche Voraussetzungen aufbaut. – Änderungsarbeit kann einen Großteil der Entwicklungskapazität beanspruchen. Die von Änderungen verursachten Zeiten und Kosten sind meist unerkannt, da sie sich als Gemeinkosten oder Verwaltungskosten vieler Abteilungen „verstecken“.

Algorithmus

Festgelegte, eindeutige, endliche Folge von Vorgehensschritten und Regeln, deren schematische Befolgung zu einer eindeutigen Lösung einer Klasse von Aufgaben führt.

Anforderung

Qualitative und/oder quantitative Angabe von **Eigenschaften** oder Bedingungen für ein Produkt.

Anforderungen können unterteilt werden in Forderungen („muss") und Wünsche („kann"). (Siehe hier auch Z = Ziele).

Anforderungsliste

Schriftlich formulierte Sammlung der Anforderungen an ein Produkt. Die Anforderungsliste wird aufgrund einer Aufgabenstellung oder eines Pflichten-(Lasten-) hefts zu Beginn des Entwicklungs- und Konstruktions- bzw. Produkterstellungsprozesses erarbeitet und während dieses Prozesses laufend auf dem neuesten Stand gehalten.

Anforderungsmanagement

Anforderungslisten und die enthaltenen Anforderungen müssen im Anforderungsmanagement während der ganzen Produktentwicklung aktualisiert und nach Änderungen jeweils freigegeben werden. Es gibt z.B. Folgeanforderungen aufgrund gewählter Lösungselemente). Der Prozess muss auf dem Rechner zurückverfolgt werden können. Es gibt Software zu ihrer Erstellung und Aktualisierung.

Anpassungskonstruktion

Konstruktionsart, bei der das **Konzept** vorgegeben ist. Der Entwurf wird an geänderte **Anforderungen** angepasst.

Ausarbeiten

Erarbeiten verbindlicher Festlegungen aller Einzelheiten der Beschaffenheit und Nutzung eines Produkts aufgrund eines Gesamtentwurfs und einer **Anforderungsliste**. Das Ergebnis des Ausarbeitens ist die Produktdokumentation.

B

Baukasten, Baukastenssystematik

Unter einem **Baukasten** versteht man ein Kombinationssystem von Bausteinen oder Moduln zu Produkten **unterschiedlicher Gesamtfunktion**. Diese Module sind Bauteile und Baugruppen und erfüllen jeweils eine bestimmte Teilfunktion im

Rahmen der Gesamtfunktion des Systems und haben eine physische Eigenschaft (Gestalt, Stoff). Hier liegt der Unterschied zur Baureihe, bei der die Funktion des Produkts immer gleich ist.

Baureihe

Eine **Baureihe** besteht aus funktionsgleichen technischen Gebilden (Maschinen), die der Größe nach systematisch gestuft sind (Bild 9.49, Bild 9.50). Es handelt sich um eine Anpassungskonstruktion (Kapitel 5.1.4.1) mit folgenden Merkmalen:

Gleich sind:

- Funktion (qualitativ),
- konstruktive Lösung,
- möglichst Werkstoffe,
- möglichst Fertigung.

Unterschiedlich sind:

- Leistungsdaten (Funktion quantitativ),
- Abmessungen und davon abhängige Größen (Gewicht, Kosten usw.).

Der **Zweck** ist, einen großen Anwendungsbereich mit möglichst wenig unterschiedlichen Produkttypen zu überstreichen, um damit folgendes zu erreichen:

- **Kostensenkung** durch starke Verringerung der „Bürobearbeitungszeit" pro Stück in allen Abteilungen (Erhöhung der Stückzahl) gegenüber immer wieder andersartigen Sonderkonstruktionen (Maßkonfektion statt Maßanzug).
- **Lieferzeitverkürzung** durch starke Verringerung der Konstruktionszeit, die bei Sonderprodukten über 50 % der gesamten Lieferzeit ausmachen kann und durch Verwendung von vorhandenem, vorbereitetem Material, von vorhandenen Vorrichtungen usw.
- **Qualitäts- und Zuverlässigkeitssteigerung**, weil „Kinderkrankheiten" des Produkttyps ausgemerzt sind, keine Projektierungs- und Konstruktionsfehler mehr vorkommen, bessere Kenntnisse für Prüfung, Inbetriebnahme und Wartung vorhanden sind und weil die Austauschbarkeit und Lieferzeit für Ersatzteile meist günstig ist.

C

Concurrent Engineering (CE)

Integrierte Produkterstellung im interdisziplinären Team, wobei im Unterschied zu Simultaneous Engineering (SE) Produktionseinrichtungen für das neue Produkt nicht parallel entwickelt werden.

D

Denkformen

Normalbetrieb des Denkens
Vorwiegend im Unbewussten, routineartig ablaufende Denkvorgänge auf dem Hintergrund eingeübter Rationalität aus früheren Erfahrungen (Alltagswissen). Meist immer wieder unterbrochen zur rationalen Orientierung über das bisherige und zukünftige Vorgehen.

Rationalbetrieb des Denkens
Dominanz des rationalen, methodenbewussten, diskursiven Denkens, da der Normalbetrieb des Denkens überfordert bzw. nicht allein zielführend ist.

Negativ-Emotionalbetrieb des Denkens
Denken (und Handeln) in Situationen der Überforderung, wenn auch der **Rationalbetrieb** nicht mehr zielführend scheint. Es ist keine kompetente Beherrschung der Situation mehr möglich. Überflutung von Negativgefühlen wie Angst, Ärger, Wut, Verzweiflung, die aus dem Unbewussten aufsteigen.

Denkökonomie

Verhältnis zwischen Nutzen und Aufwand einer Denkoperation.

Differenzialbauweise

Aufteilung eines Bauteils in mehrere Bauteile. Gegenteil von **Integralbauweise**.

Diskursiv

Von einem Gedanken zum anderen fortschreitend; dabei ist deren Entstehung in Teilschritten verfolgbar. Gegensatz zu **intuitiv**.

Dokument

Ein Dokument ist eine als Einheit gehandhabte Zusammenfassung oder Zusammenstellung von Informationen, die nicht-flüchtig auf einem Informationsträger gespeichert sind (nach DIN 6789 Teil 1).

E

Eigenschaft

Eine Eigenschaft ist alles, was aufgrund von Beobachtungen, Messergebnissen, allgemein akzeptierten Aussagen usw. von einem Objekt festgestellt werden kann. Eine Eigenschaft, die besonders herausgehoben werden soll, wird als Merkmal bezeichnet.

Entwerfen

Erarbeiten graphischer oder schriftlicher Darstellungen von **Gestalt** und Anordnung der Elemente eines Produkts, bei technischen Erzeugnissen auch der Materialien aufgrund einer **prinzipiellen Lösung** und einer **Anforderungsliste**. Nach dem Grad der Durcharbeitung von Einzelheiten lassen sich Vorentwerfen und Endentwerfen unterscheiden. Das Ergebnis des Entwerfens ist der Entwurf oder Gesamtentwurf.

Entwickeln, technisches

Zweckgerichtetes Auswerten und Anwenden von Forschungsergebnissen und Erfahrungen, z. B. technischer oder ökonomischer Art.

Praxisverständnis: **Konstruieren** einschließlich versuchstechnischer Arbeiten. Ziele des Entwickelns können sein: Stoffe, grundsätzliche Lösungen, technische Erzeugnisse, Programme und dergleichen.

F

Funktion

Eine Funktion im Sinne der Konstruktionsmethodik ist die lösungsneutrale Formulierung des gewollten (geplanten, bestimmungsgemäßen) Zwecks eines technischen Gebildes. Sie drückt die Zustandsänderung (Eigenschaftsänderung) eines Objekts (Umsatzprodukt) aus, die durch den **Funktionsträger** bewirkt wird. Man unterscheidet Gesamtfunktionen und Teilfunktionen sowie Hauptfunktionen und Nebenfunktionen. (Der Funktionsbegriff wird in den Natur- und Ingenieurwissenschaften auch zur Darstellung eines physikalischen oder mathematischen Zusammenhangs, z. B. in Form einer Gleichung, verwendet.)

Folgefunktion

Eine **Funktion**, die als Folge einer gewählten Lösung zu erfüllen ist.

Funktionsstruktur

Anordnung und Verknüpfung einzelner Teilfunktionen zu einer oder mehreren komplexen **Funktionen**.

Funktionsträger

Lösungsprinzip, **prinzipielle Lösung**, Teil, Teileverband bzw. Baugruppe oder Produkt, das eine oder mehrere **Funktionen** erfüllt.

G

Generierendes Vorgehen

Für ein **Problem** werden völlig neue Lösungen angestrebt (siehe auch **Korrigierendes Vorgehen**).

Gestalt

Die Gestalt eines materiellen Objekts ist die Gesamtheit der geometrisch beschreibbaren Merkmale einschließlich seiner Werkstoffart. Die geometrischen Merkmale können zeitlich veränderlich sein (z. B. Gestalt eines Autokrans).

Man kann ein Produkt als System von Gestaltelementen auffassen. Die Elemente werden in ihrer Gestalt durch die Merkmale der Makrogeometrie Form und Größe (Abmessungen) und der Mikrogeometrie, also der Oberfläche (z. B. der Rauheit) beschrieben sowie durch die jeweilige Werkstoffart. Die Gestalt des Produkts als System ist dann durch die Gestalt aller Elemente (Zahl!) und deren Lage (Anordnung) festgelegt. Die Gestalt eines materiellen Objekts ist dabei beschränkt auf Objekte, deren Oberfläche beschreibbar ist (z. B. feste, flüssige, fasrige, körnige, teigige Objekte). Der Werkstoff ist dabei im Einzelnen noch nicht definiert [69/5].

H

Hauptforderung

Zentrale, bestimmende Forderung an ein Produkt (z. B. bessere Funktion; mehr Zuverlässigkeit; geringere Kosten; besseres Design).

Heurismus

Erfahrungsgemäß sinnvoller **Vorgehensplan** zur Lösung von **Problemen**.

I

Integralbauweise

Zusammenfassen verschiedener Bauteile zu einem. Gegenteil von **Differenzialbauweise**.

Integrationsfähigkeit

Als Integrationsfähigkeit bezeichnet man die Fähigkeit des Menschen, mit anderen Menschen erfolgreich zusammenzuwirken. Sie kennzeichnet das personale Vermögen, unterschiedliche soziale Bestrebungen, Interessen und Aktionen zu gemeinsamem Handeln zu bündeln und für die Arbeit, das Unternehmen, die Organisation wirksam werden zu lassen. Integrative Persönlichkeiten zeichnen sich durch einen weitgespannten Strauß von Eigenschaften aus, wie soziale Kompetenz/soziale Intelligenz (Integrations- u. Teamfähigkeit; Konfliktlösungsfähigkeit,

Kommunikations- u. Kooperationsfähigkeit, Verständnisbereitschaft ...), Handlungskompetenz, sowie Fach- und Methodenkompetenz.

IPE Integrierte Produkterstellung; siehe Produkterstellung.

Iteration

Mehrfache Wiederholung eines Verfahrens beim gleichen **Problem** zur Annäherung an die gesuchte Lösung. (Siehe auch **Rekursion**). Im vorliegenden Buch wird Iteration im Interesse der Lesbarkeit auch an Stelle von Rekursion verwendet.

Innovation

Unter Innovation soll hier die Einführung einer neuartigen, fortschrittlichen Lösung für ein bestimmtes Problem durch ein Unternehmen bis zum Markt-(Praxis-)erfolg verstanden werden. Sie kann auch nur im Unternehmen eingeführt werden, was sich dann wieder im Markt auswirken kann (z.B. die Einführung eines neuen Montageverfahrens; eines neuen Vertriebswegs). Eine Innovation kann materiell (Produkt; Verfahren; Technologie) oder immateriell sein (Produkt; Prozess; Dienstleistung) (Bild 7.10).

K

Komplexität, technische

Die technische Komplexität eines **technischen Systems** ist ein objektiv feststellbares Maß für die Anzahl und Unterschiedlichkeit der Elemente und deren Relationen. Die **Objektkomplexität** enthält für Objekte allgemein weitere Merkmale (Kapitel 3.1.1 a). Weitere Definitionen für Komplexität in [7/3; 28/2, dort S. 6–9; 31/2].

Kompliziertheit

Die Kompliziertheit ist ein Maß für die subjektive Schwierigkeit bei der Behandlung eines Systems. Kompliziert können sowohl komplexe als auch nicht komplexe Systeme sein. Gleiche Systeme können für verschiedene Personen unterschiedlich kompliziert sein.

Konstruieren

Gesamtheit aller Tätigkeiten, mit denen – ausgehend von einer Aufgabenstellung – die zur Herstellung und Nutzung eines Produkts notwendigen Informationen erarbeitet werden und die in der Festlegung der Produktdokumentation enden. Diese Tätigkeiten schließen die vormaterielle Zusammensetzung der einzelnen Funktionen und Teile eines Produkts, den Aufbau zu einem Ganzen und das Festlegen aller Einzelheiten ein. Praxisverständnis: Festlegen der Produktdokumentation ohne Rückgriff auf materielle Modelle und Versuche für die zu bearbeitende Aufgabe.

Methodisches Konstruieren

1. Planmäßiges und schrittweises Erarbeiten der Herstellungs- und Nutzungsunterlagen eines Produkts.
2. Lehre zum planmäßigen und systematischen Vorgehen beim Konstruieren.

Konzept

Allgemein: Erste Fassung, Plan, Programm für ein Vorgehen. Hier: Festgelegte **prinzipielle Lösung** (siehe auch **Lösungsprinzip**).

Man kann den Begriff Konzept auch für andere Festlegungen verwenden, wie z.B. Gestalt-, Fertigungs-, Montage-, Vertriebskonzept.

Konzipieren

Eine Grundidee von etwas gewinnen. Erarbeiten und Darstellen der **Funktion**, der **Funktionsstruktur**, der Effekte und Effektträger und deren Gliederung sowie der **Wirkstruktur** aufgrund einer Aufgabenstellung und einer **Anforderungsliste**. Das Ergebnis des Konzipierens ist die **prinzipielle Lösung** oder das Konzept.

Korrigierendes Vorgehen

Änderung einer Lösung aufgrund erkannter Schwachstellen mit möglichst geringem Aufwand. (Siehe auch **Generierendes Vorgehen**).

Krise

Eine Krise ist eine Situation, die durch unerwünschte und unerwartete Ereignisse in Verbindung mit einem sehr hohen Zeit- und Ergebnisdruck hervorgerufen wird. (Lindemann [12/1] Kapitel 11). Die dabei zu treffenden Entscheidungen stellen oft einen Wendepunkt dar, der zu einem positiven, aber auch negativen weiteren Verlauf führen kann.

L

Lebensdauerplanung

Die **Lebensdauerplanung** eines Produktes hängt z.B. von der Produktart und -nutzung, sowie von der Kundenerwartung und der „Innovationsgeschwindigkeit" einer Produktart ab. Eine offene Frage ist, auf welche **Lebensdauer** hin sollte oder kann überhaupt ein Produkt geplant werden?

Lösungsprinzip

Grundsätzliche Verwirklichung einer **Funktion** oder mehrerer verknüpfter Funktionen durch Auswahl von Effekten (Effektebene) und wirkstruktureller Festlegungen (Gestaltebene).

M

Mechatronik

Mechatronik ist die Integration von physikalischen Systemen mit Informationstechnik bei industrielle Produkten und Prozessen. Die wirkt sich im Entscheidungsverhalten beim Entwickeln, Herstellen und Nutzen des Gegenstands aus. (Nach Tomizuka und VDI-Richtlinie 2206).

Methode

Planmäßiges, regelbasiertes Vorgehen in einer Abfolge von Tätigkeiten zum Erreichen eines bestimmten Ziels.

Methoden können sowohl bewusst als auch unbewusst entstehen und ablaufen bzw. angewandt werden.

Methodenbaukasten

Systematische Sammlung von **Methoden**, die für bestimmte Arbeitsabschnitte eines Prozesses (alternativ) eingesetzt werden können und für deren Auswahl Hilfen angegeben sind.

Methodik

1. Planmäßige Verfahrensweise zur Erreichung eines bestimmten Ziels nach einem **Vorgehensplan** unter Einschluss von **Strategien**, **Methoden, Werkzeugen** und **Hilfsmitteln**.
2. **Lehre, Wissenschaft, Theorie** von **Methoden** und wissenschaftlichen Verfahren (auch Methodologie genannt).

Modell

Ein Modell ist gegenüber einem Objekt (Original) ein vereinfachtes, abstrahiertes, gedankliches, programmtechnisches, immaterielles oder stoffliches Gebilde, das Analogien zu diesem Objekt aufweist. Modelle sind zweckorientiert und trennen das für die jeweilige Problematik Wesentliche vom Unwesentlichen. Damit können aus dem Verhalten des Modells Rückschlüsse auf das Objekt gezogen werden.

Morphologischer Kasten

Kombinationshilfe zum Erzielen einer Lösungsvielfalt mit systematischer Anordnung von Teillösungen.

N

Neukonstruktion

Konstruktionsart, bei der alle Phasen des Konstruktionsprozesses durchlaufen werden. Es entsteht ein Produkt mit neuer **prinzipieller Lösung**.

O

Open Innovation

Open Innovation d.h. aktive Kundeneinbindung in Innovationsnetzwerke ist eine neue Möglichkeit, Kunden mit ihren Ideen sowohl für neue Produkte, wie für die Verbesserung vorhandener Produkte zu engagieren.

Operation

Eine Operation beschreibt die Zustandsänderung eines Umsatzprodukts und wird von einem **System** bewirkt.

P

Prinzipielle Lösung

Zusammenhang und Darstellung der **Lösungsprinzipien** und deren Struktur **(Wirkstruktur)**.

Problem

Aufgabe oder Fragestellung, deren Lösung nicht erkennbar ist und auch nicht direkt mit bekannten Mitteln angegeben werden kann. Ein Problem ist gekennzeichnet durch drei Komponenten:

- unerwünschter Anfangszustand (a),
- erwünschter, evtl. unklarer Endzustand (b),
- Barriere, die die Umsetzung von (a) nach (b) verhindert.

Produkterstellung

Gesamter Prozess der Erzeugung eines Produkts von der ersten Idee bzw. Auftragserteilung bis zur Auslieferung an den Nutzer. (Synonym: Auftragsabwicklung, Wertschöpfungskette, gesamter Geschäftsprozess, integrierte Produktion, Produktentstehung, Produktentwicklung.)

- *Integrierte Produkterstellung*

Ganzheitliches und zielorientiertes Vorgehen, das durch Anwendung von **Methoden**, z. B. aus der **IPE-Methodik**, gebildet und stetig an Unternehmen, Produkt und Mitarbeiter angepasst wird. Hierbei wird durch die enge Zusammenarbeit aller betroffenen Abteilungen und Spezialisten ein optimales Produkt über einen optimalen Prozess angestrebt.

- *Integrierte Produkterstellungsmethodik (IPE-Methodik)*

  Methodik zur Produkterstellung unter besonderer Berücksichtigung der Zielsetzung und Zusammenarbeit der daran beteiligten Menschen.

Produktmodell

Modell, das alle für die Produkterstellung, -nutzung und -entsorgung relevanten Informationen in hinreichender Vollständigkeit enthält (Praxisdefinition: sämtliche geordneten Informationen, die zur Auftragsabwicklung für ein Produkt nötig sind).

Projekt

Ein Projekt unterscheidet sich von einem Prozess durch seine Einmaligkeit und seine terminliche Festlegung (Kapitel 4.3.4). Ein Projekt hat einen Projektplan und ist ziel- und ergebnisorientiert, hat eine eigenständige Organisation mit definierten Verantwortlichkeiten und hat begrenzte Ressourcen. Ein Projekt ist durch seine Wichtigkeit von anderen Prozessen unterschieden, die eher routinemäßig laufen.

Projektmanagement

Planung und Realisierung eines zeitlich befristeten Projekts durch ein Projektteam unter einem kompetenten Projektleiter, wobei vereinbarte (z. B.) Qualitäts-, Termin- und Kostenziele einzuhalten sind. Inhaltlich: Die Gesamtheit aller planenden, überwachenden, koordinierenden und steuernden Maßnahmen, die bei der Neugestaltung von Systemen notwendig sind (nach Daenzer und Huber).

Q

Qualität

Qualität ist nach der Norm EN ISO 9000:2005-12 (die Norm für Qualitätsmanagement), das „Vermögen einer Gesamtheit inhärenter (lat. innewohnend) Merkmale eines Produkts, eines Systems oder eines Prozesses zur Erfüllung von Forderungen von Kunden und anderen interessierten Parteien.“ [7/4]. Inhärent bezeichnet objektiv feststellbar oder messbar. Die Qualität gibt damit an, in welchem Maße ein Produkt (Ware oder Dienstleistung) den bestehenden Anforderungen in einem bestehenden Zeitraum entspricht.

R

Rekursion

Wiederholung eines Verfahrens für jeweils ein qualitativ anderes **Problem**. (Siehe auch **Iteration**).

S

Sicherheit

Sicherheit ist ein Teil der Qualität, da sie wegen der Zuverlässigkeitsanforderung auf die störungsfreie und gefahrenfreie Funktion eines technischen Gebildes oder Verfahrens abzielt. Damit werden also die Qualitätsmerkmale sichergestellt.– Störungsfrei, d.h. betriebssicher ist das technische Gebilde dann, wenn die (technische) Zuverlässigkeit der Teile und des Systems, wie gefordert erreicht wird. – Gefahrenfrei meint darüber hinaus die „Arbeitssicherheit“ für den Menschen.

Simultaneous Engineering (SE)

Zielgerichtete, interdisziplinäre Zusammen- und Parallelarbeit für Produkt-, Produktions- und Vertriebsentwicklung für den ganzen Produktlebenslauf mit straffem Projektmanagement unter Einsatz von **Methoden**. (Eine Form der **integrierten Produkterstellung**). Das Kürzel (SE) wird auch für „Systems Engineering“ gebraucht.

Situation, Entwicklungssituation

Zustand in einem Zeitpunkt des Entwicklungsprozesses, der vom Zustand des zu entwickelnden Produkts, vom Entwicklungsprozess selbst und von Einflussfaktoren auf Produkt und Prozess beschrieben werden kann. (Letzteres können z.B. individuelle, gruppen- und unternehmensspezifische Einflüsse sein) [113/3].

Strategie

Eine Leitidee über das grundsätzliche, zielgerichtete Vorgehen, wobei man Faktoren, die in dieses Vorgehen hineinspielen können, von vorn herein einzubeziehen versucht. Der Einsatz geeigneter Methoden bleibt dabei noch offen (z.B. kann die Strategie „Vom Abstrakten zum Konkreten“ durch momentane Konkretisierung unterbrochen werden).

Synthese

Allgemein: Erstellen eines Ganzen aus Teilen. Beim Konstruieren: Die Phase im Lösungszyklus, bei der Lösungen gesucht und dargestellt werden.

System, technisches

Gesamtheit von der Umgebung abgrenzbarer (Systemgrenzen), geordneter und verknüpfter Elemente, die mit dieser durch technische Eingangs- und Ausgangsgrößen in Verbindung stehen. Geometrisch-stoffliches Gebilde, das einen bestimmten Zweck (Funktion) erfüllen, also Operationen (technische Prozesse) bewirken kann.

T

TOTE-Schema

Grundlegendes Modell des problemlösenden Denkens. Abkürzung für Test-Operate-Test-Exit.

TRIZ – Ordnungsschemata zur Lösung technischer Widersprüche (Altschuller)

Das Ziel von TRIZ ist u. a. zu helfen, die Problemstellung klar zu definieren, innovative Lösungen zu generieren und Trendaussagen über Produkte, Prozesse und Systeme der nächsten Generation zu machen. Dabei geht man insbesondere von technischen Widersprüchen aus.

Wichtig sind auch die 3 Grundthesen Altschullers:

1. Technische Systeme entwickeln sich nach bestimmten Mustern.
2. Erfinden macht das Überwinden von Widersprüchen notwendig.
3. Einer großen Zahl von Erfindungen liegt eine vergleichsweise kleine Zahl von Lösungsprinzipien zugrunde.

V

Variantenkonstruktion

Konstruktionsart, bei der der Entwurf vorgegeben ist (mindestens grob-qualitativ). Es werden im Wesentlichen Abmessungen wegen Leistungs-/Schnittstellenanforderungen des Kunden geändert.

Variantenmanagement

Methoden zum Erreichen folgender Teilziele:

- Bedienen des Marktes **nur mit den nötigen Varianten** (am Markt erforderliche Varianz [54/9]).
- Erkennen und **Reduzieren der unnötigen Varianten**.
- **Verringern der Durchlaufzeiten** und insbesondere der **indirekten Kosten** bei den nötigen Varianten.

Vorgehensplan

Aufteilung eines Produkterstellungsprozesses in einzelne sachlich unterschiedliche Arbeitsabschnitte zur zukünftigen Arbeitsorganisation. – Insbesondere in der Betriebswirtschaft und Produktion eines Unternehmens werden Projekte mit zugehörigen Projektplänen eingesetzt, die nach Terminen und Inhalten stärker formalisiert sind. (Siehe Definition Projekt).

Vorgehenszyklus

Allgemeine Beschreibung der Schrittfolge zur Lösung eines Problems oder einer Aufgabe.

W

Werkzeug

Als Werkzeug wird ein Mittel bezeichnet, das das Handeln effektiver und effizienter gestaltet und den Handelnden bei seiner Arbeit unterstützt. (Nach U. Lindemann [12/1])

Wirkbewegung

Bewegung, mit der eine funktionsrelevante Wirkung erzwungen oder ermöglicht wird.

Wirkgeometrie

Umfasst die Flächen und Körper sowie deren geometrische Beziehungen untereinander, die für das prinzipielle Funktionieren ausschlaggebend sind.

Wirkstruktur

Anordnung und Verknüpfung mehrerer Wirkprinzipien. Ein Wirkprinzip entspricht dem Lösungsprinzip und umfasst z. B. bei mechanischen Gebilden die Wirkflächen, Wirkflächenpaarungen, Wirkräume, Wirkbewegungen und Stoffarten.

Wissen

Wissen ist nach qualitativen Bewertungskriterien bewertete Information eines Indivduums. Sozusagen das, was von verfügbarer Information sich als wertvoll aufzunehmen und zu bewahren lohnt. Information ist somit potenzielles Wissen: Von einer Person oder von der Gesellschaft ausgewählt.

Das persönliche Wissen kann **explizit** (z. B. schriftlich oder sprachlich mitteilbar; bzw. bewusst), aber auch **implizit** vorhanden sein (unbewusst; individuell als Gefühl spürbar). Das implizite Wissen kann grundsätzlich unbewusst und schwer mitteilbar sein.

Z

Ziel

Man kann Ziele und Anforderungen wie folgt unterscheiden: **Ziele** sind Soll-Vorstellungen vom Auftraggeber (z. B. Kunde, Vertrieb oder Unternehmer). Sie haben einen Aufforderungscharakter und können unscharf sein. (Beispiel: „Die Spülmaschine soll leiser sein als alle von der Konkurrenz!“) Die Konstruktion formuliert diese Ziele in **Anforderungen** (Solleigenschaften) um, um sie für sich in einer Anforderungsliste bearbeitbar zu machen (z. B. Geräuschpegel kleiner 40 dB_A) (Kapitel 3.3.2 b und 7.3.6).

Zweistufen-Vorgehen

Natürliches Vorgehen beim Aufgaben-/Problemlösen auf Grund der beschränkten Kapazität des Kurzzeit-(Arbeits-)Gedächtnisses. In Stufe 1 laufen im „Normalbetrieb“ aufwandsgünstige Denk- und Handlungsprozesse im Wesentlichen unbewusst auf Grund von Erfahrungen ab. – Erst wenn dies nicht zielführend ist, wird in Stufe 2, im „Rationalbetrieb“ diskursives, rationales, methodenbewusstes Denken begonnen. – Bei erfahrenen Entwicklern sind die Übergänge fließend und es wechseln sich beide Arbeitsformen laufend ab. (Kapitel 3.2.2).

11 Anhang des gedruckten Buches

(Es gibt noch einen **Anhang im Internet**, dessen Inhalt am Schluss dieses Kapitels angefügt ist; Adresse im Vorwort)

Inhalt des hier abgedruckten Anhangs

A1 Erstellen von Funktionsstrukturen

A2 Verfügbare Konstruktionskataloge (Literaturliste)

A3 Strukturierte Methodensammlung (siehe Kapitel 7.1.2; Erläuterung zum Internet); danach **Inhaltsangabe zum Anhang im Internet: A3** Fortsetzung bis **A9**.

A1 Erstellen von Funktionsstrukturen

In Kapitel 7.4.2 wurden Begriffe, Elemente und Symbole für das Erstellen von Funktionsstrukturen dargestellt. Hier sollen kurz Elemente und Symbole wiederholt werden. Danach werden weitere Definitionen und Regeln vorgestellt, die für eine formal sichere Formulierung von Funktionsstrukturen zweckmäßig sind. Trotzdem kann diese Modellierung nicht eindeutig sein. Es gibt immer mehrere mögliche Funktionsstrukturen.

A1.1 Elemente und Symbole

Bild 11.1 zeigt den formalen Aufbau einer Funktion aus Eingangs- und Ausgangsgrößen (Eigenschaften), einer Operation, die die Eigenschaftsänderungen durch einen Funktionsträger bewirkt, und den Relationen, die die Verbindung darstellen.

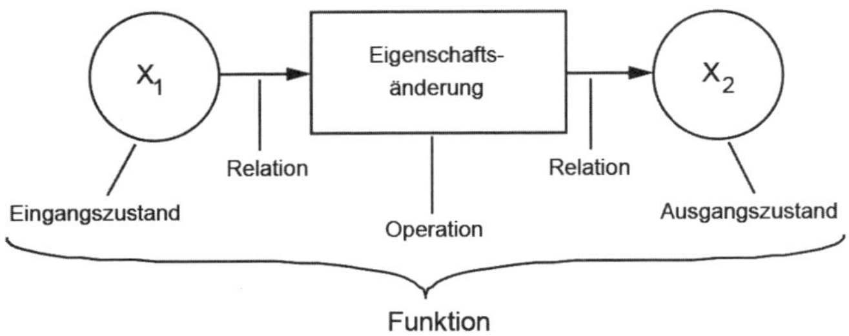

Bild 11.1 Elemente zur Funktionsbeschreibung

Zur besseren Differenzierung innerhalb einer komplexen Systembeschreibung empfiehlt es sich, die Zustände zu nummerieren. Die Operation wird durch die Zustände des Hauptumsatzes (Kapitel A1.3.3) gekennzeichnet. So ist die Operation zwischen den Zuständen 1 und 2 eben die Operation 1.2.

A1.1.1 Die logischen Operationen

Je nachdem, ob durch den Funktionsträger (das technische System) die Eigenschaftsänderung des Umsatzprodukts bewirkt oder nicht bewirkt wird, kann von einem logischen **Verknüpfen** oder **Trennen** der in den Zuständen beschriebenen Eigenschaften gesprochen werden.

Die Operationen lassen sich damit in zwei Klassen einteilen. Funktionen, die mit der **logischen Operation „Verknüpfen"** beschrieben werden, sind z. B. Strom leiten, Drehmoment vergrößern, Druck in Wärme wandeln usw. Funktionen, die mit der logischen Operation „Trennen" beschrieben werden, sind z. B. Wärme isolieren, Öl abdichten usw.

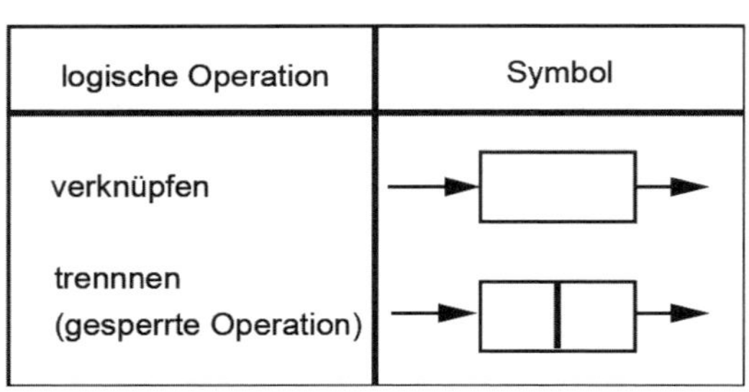

Bild 11.2 Symbole der logischen Operationen

Die Differenzierung schlägt sich, wie in Bild 11.2 gezeigt, in den Symbolen nieder. Die **logische Operation „Trennen"**, im folgenden im Zusammenhang mit elementaren Operationsbegriffen als **gesperrte Operation** bezeichnet, hebt sich durch einen Querstrich vom „Verknüpfen" ab.

A1.1.2 Arten von Relationen

Relationen werden im Allgemeinen durch das Symbol des Pfeils angegeben. Die Pfeilspitze deutet bei so genannten **einfach wirkenden Relationen** in Richtung der gewünschten Zustandsänderung und definiert damit Eingangs- und Ausgangszustand einer Funktion (Bild 11.3).

Arten von Relationen	Symbole
einfach wirkend	⟶
rückwirkend	⟷
ungerichtet	——

Bild 11.3
Arten von Relationen

Bei rückwirkenden Zustandsänderungen, die sowohl in der einen als auch in der Gegenrichtung ablaufen können (z. B. Beschreibung von oszillierenden Transportvorgängen), wird ein Doppelpfeil, eine **rückwirkende Relation**, verwendet. Eine Differenzierung in Eingangs- und Ausgangszustand ist dann nur noch für einen momentanen Betriebszustand des Systems möglich, aber nicht mehr generell.

Ungerichtete Relationen ohne Orientierung durch eine Pfeilspitze werden dann nötig, wenn eine Unterscheidung von Eingangs- und Ausgangszustand physikalisch nicht mehr möglich ist. Bei einer Funktion „Drehmoment übertragen" müssen wegen des Momentengleichgewichts beide Zustände zugleich erfüllt sein. Dasselbe gilt für Kräfte.

A1.2 Formale Regeln zum Umgang mit den Elementen

Die funktionelle Beschreibung komplexer, aus vielen Teilsystemen zusammengesetzter Systeme führt zu so genannten **Funktionsstrukturen**. Beim Erstellen dieser Strukturen sind sowohl die nachfolgend angeführten **formalen Regeln** (ohne Bezug zum Inhalt) als auch die in Kapitel A1.3 erläuterten inhaltlichen Regeln einzuhalten.

A1.2.1 Die Reihenfolgeregel

Die Elemente Zustand, Operation und Relation dürfen nur in der Reihenfolge

Zustand – Relation – Operation – Relation – Zustand – usw.

verknüpft werden. Folgende Verknüpfungen sind z. B. unzulässig:

- Zustand – Relation – Zustand,
- Operation – Relation – Operation.

Einzelne Teilfunktionen werden somit über ihre Zustände zu einer Funktionsstruktur verbunden. Der Ausgangszustand einer Funktion wird zum Eingangszustand der nächsten.

A1.2.2 Die Vollständigkeitsregel

Eine Funktionsstruktur darf **nur** mit Zuständen beginnen und aufhören. Bei komplexeren Strukturen ist eine Kennzeichnung der auf der Systemgrenze liegenden Zustände vorteilhaft.

Dies kann durch ein dicker gezeichnetes Zustandssymbol erfolgen, aber auch durch einen mit einer Schlangenlinie abgebrochenen Relationspfeil, der in einen Eingangszustand hineinführt bzw. aus einem Ausgangszustand austritt. Letzteres würde die Vollständigkeitsregel nicht verletzen!

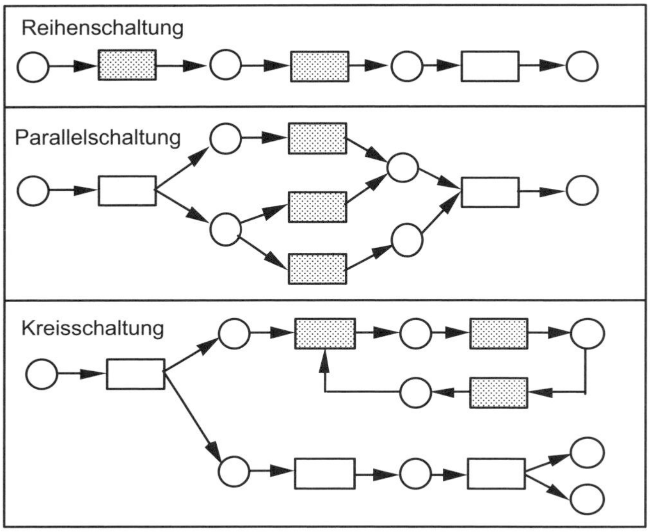

Bild 11.4 Beispiele formaler Strukturarten

A1.2.3 Die Strukturartenregel

Mit den Elementen lassen sich formal **Reihenschaltungen**, **Parallelschaltungen** und **Kreisschaltungen** aufbauen, wie in Bild 11.4 gezeigt ist.

Aus den Beispielen in Bild 11.5 sind zwei Arten von Strukturvereinigungen (-verzweigungen) ersichtlich. Formal lassen sich **Operationsvereinigungen (-verzweigungen)** und **Zustandsvereinigungen (-verzweigungen)** unterscheiden.

Der Unterschied zwischen beiden ergibt sich aus der dynamischen Regel (A1.2.4).

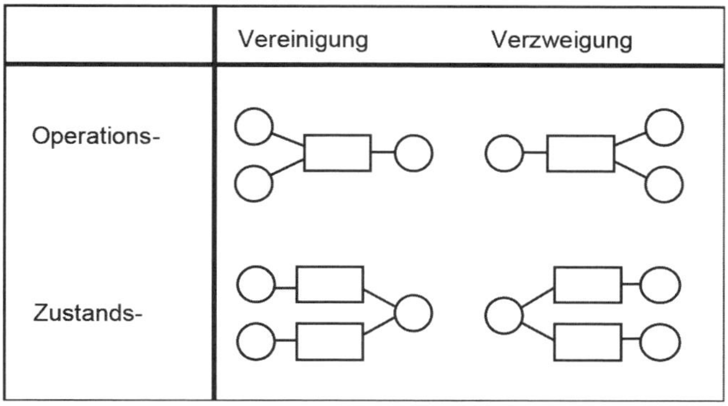

Bild 11.5 Formale Strukturvereinigungen/-verzweigungen

A1.2.4 Die dynamische Regel

Eine Operation wird nur ausgeführt, wenn alle Eingangszustände erfüllt sind. Bei ungerichteten Relationen wird jeder derart mit einer Operation verknüpfte Zustand als Eingangszustand angesehen, bei rückwirkenden Relationen definiert die momentan gültige Pfeilrichtung den Eingangszustand. Damit lassen sich die in Bild 11.6 gezeigten logischen Sachverhalte darstellen, die auch die Unterschiede von Operationsvereinigungen (-verzweigungen) und Zustandsvereinigungen (-verzweigungen) und die Notwendigkeit dieser Differenzierung erklären.

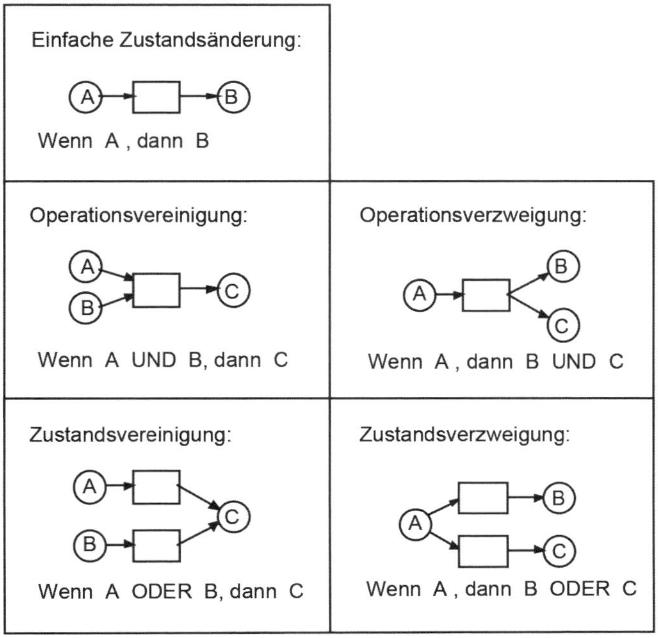

Bild 11.6 Logik der Zustandsänderungen bei gerichteten Relationen

Beispiel für eine Operations- und Zustandsvereinigung bei gerichteten Relationen: (A = Sirup, B = Wasser)

Operationsvereinigung

Nur wenn Sirup und Wasser anliegen, ist der Ausgangszustand (C) erfüllt, und das Ausgangsprodukt ist Limonade. Liegt nichts, nur Sirup oder nur Wasser an, kann die Vereinigungsoperation nicht ausgeführt werden, da nicht alle Eingangszustände erfüllt sind.

Zustandsvereinigung

Der Ausgangszustand (C) ist erfüllt, wenn mindestens Sirup oder Wasser anliegen. Liegt nur Sirup an, so ist das Ausgangsprodukt auch Sirup. Liegt nur Wasser an, so ist das Ausgangsprodukt auch Wasser. Liegen Sirup und Wasser an, so ist das Ausgangsprodukt die gewünschte Limonade. Dass nur Limonade produziert wird, muss über eine zusätzliche Steuerung sichergestellt werden.

Mit der dynamischen Regel können der Prozessablauf formal überprüft und Konfliktsituationen aufgespürt werden, die entsprechende Steuerungen oder Dimensionierungen von Teilsystemen verlangen. Konfliktsituationen heißen **Wettbewerbskonflikte** bei Zustandsvereinigungen bzw. **Verzweigungskonflikte** bei Zustandsverzweigungen. Sie resultieren aus Quantitätsproblemen des Umsatzprodukts.

A1.2.5 Die Strukturierungsregel

Der Gegenstand einer funktionellen Beschreibung, z. B. eine Maschine, kann beliebig differenziert betrachtet werden. Er kann als Ganzes oder als Vernetzung von Teilsystemen funktionell abgebildet werden. Jedes Teilsystem kann wiederum strukturiert werden. Formal bedeutet dies, dass jedes Operationselement durch eine Teilstruktur ersetzt werden kann (Bild 11.7) und umgekehrt jede Teilstruktur durch ein Operationselement, jedoch unter Beachtung der Reihenfolgeregel.

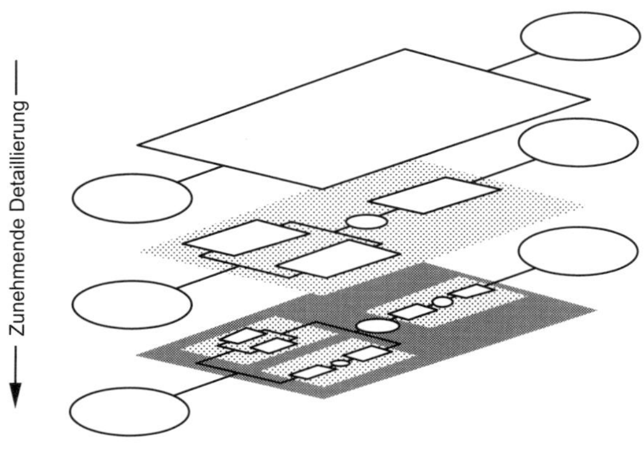

Bild 11.7
Formale Strukturierung

A1.3 Inhaltliche Regeln zum Umgang mit den Elementen

Eine Funktionsstruktur muss außer den **formalen Regeln** auch die nachfolgenden **inhaltlichen Regeln** einhalten, wenn den Zuständen, Relationen und Operationen Inhalte (z.B. Umsatzart) zugeordnet werden.

A1.3.1 Die Flussregel

Die Verknüpfung einzelner Teilfunktionen zu einer Funktionsstruktur orientiert sich am **Fluss eines Umsatzprodukts**. Dieser Fluss darf innerhalb der Darstellungsgrenzen nicht unterbrochen werden. Flüsse können jedoch innerhalb des betrachteten Systems beginnen oder enden, wenn sie auch meist die Systemgrenze überschreiten. Es müssen stets die Erhaltungs- und Gleichgewichtssätze (Energie-, Massenerhaltungssatz, Kräfte-, Momentengleichgewicht usw.), allgemein die Prozessgesetze, berücksichtigt werden, wobei in vielen Fällen vereinfachend ideale Prozesse ohne Berücksichtigung von Wirkungsgraden angenommen werden können.

A1.3.2 Die Umsatzartenregel

Umsatzprodukt kann alles sein, eine Informationseinheit ebenso wie ein ganzes Produkt. Eine Klassifizierung von Umsatzprodukten führt zu den drei Kategorien Energie, Stoff und Signal, so dass nach den Umsatzarten

Energieumsatz, Stoffumsatz, Signalumsatz

unterschieden wird. Dies kommt in der Funktionsstruktur zweckmäßigerweise durch eine entsprechende Kennzeichnung der Relationspfeile zum Ausdruck (Bild 11.8).

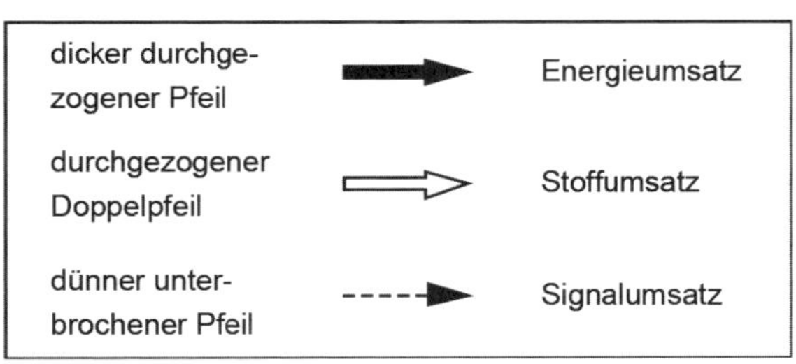

Bild 11.8
Unterscheidung der Umsatzart

A1.3.3 Die Umsatztypregel

Komplexe technische Systeme sind aus vielen Teilsystemen aufgebaut. Nicht alle diese Teilsysteme sind unmittelbar am Systemzweck des ganzen Systems beteiligt, der den **Hauptumsatz** definiert. Teilsysteme können untergeordnete Systeme bedingen, die einem **Nebenumsatz** dienen. Daher ist eine Unterscheidung verschiedener **Umsatztypen** nötig:

- Hauptumsatz,
- 1. Nebenumsatz,
- 2. Nebenumsatz,
- usw.

Innerhalb jedes Umsatztyps herrscht nur eine Umsatzart vor, und der Fluss des jeweiligen Umsatzprodukts darf nicht unterbrochen sein.

A1.3.4 Die Verknüpfungsregeln

Ein komplexes System besteht aus vielen Teilsystemen, die gleichrangig, über- oder untergeordnet sein können (siehe die verschiedenen Umsatztypen!). Dementsprechend gibt es innerhalb einer Funktionsstruktur hierarchisch verschiedenwertige Teilstrukturen. Um eine sinnvolle Verknüpfung unterschiedlicher Teilstrukturen und damit Umsatztypen darstellen zu können, sind je nach Art der jeweiligen Beziehungen **Verknüpfungsregeln** zu definieren. Folgende Fälle sind denkbar:

1. Zwei Teilstrukturen sind gleichwertig. Die Verknüpfung erfolgt über eine Operation, falls ein entsprechendes Teilsystem vorhanden/vorgesehen ist, oder über einen **Zwischenzustand**, der nicht besonders gekennzeichnet ist (Bild 11.9). Im Beispiel werden gleichwertige Stoffflüsse verknüpft. Auch der Signalfluss eines Messsystems, das auf Eigenschaften der Stoffe in einem Zwischenzustand zugreift, ist eine gleichwertige Teilstruktur.

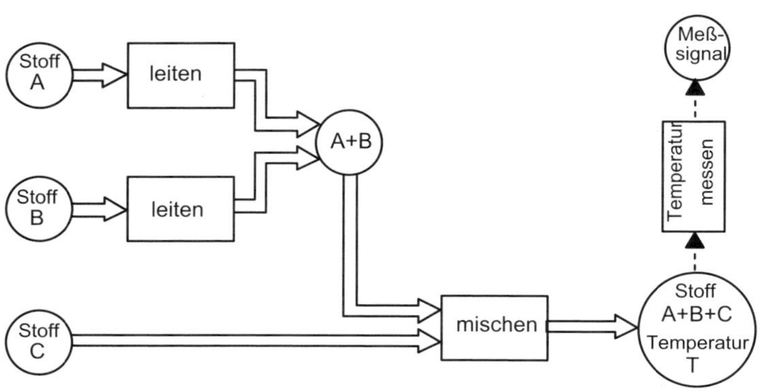

Bild 11.9 Verknüpfung gleichwertiger Teilstrukturen

2. Aufgrund von Gleichgewichtsbedingungen oder Erhaltungssätzen ist ein Nebenumsatz nötig. Dieser Nebenumsatz wird dann über einen **Ergänzungszustand E** mit der entsprechenden Operation des übergeordneten Umsatzes verbunden. Diese Kennzeichnung ist notwendig, da die Bezeichnungen für Zustandsänderungen (siehe die elementaren Operationen) sich am Zweck eines Teilsystems,

also der gewünschten Wirkung, und nicht an der physikalischen Ursache orientieren (Bild 11.10). Im Beispiel eines Planetengetriebes ist der Zweck, ein Drehmoment zu vergrößern oder verkleinern. Das Momentengleichgewicht verlangt jedoch auch die Abstützung eines resultierenden Moments, was funktionell in einem Nebenumsatz mittels Ergänzungszustand E ausgedrückt wird.

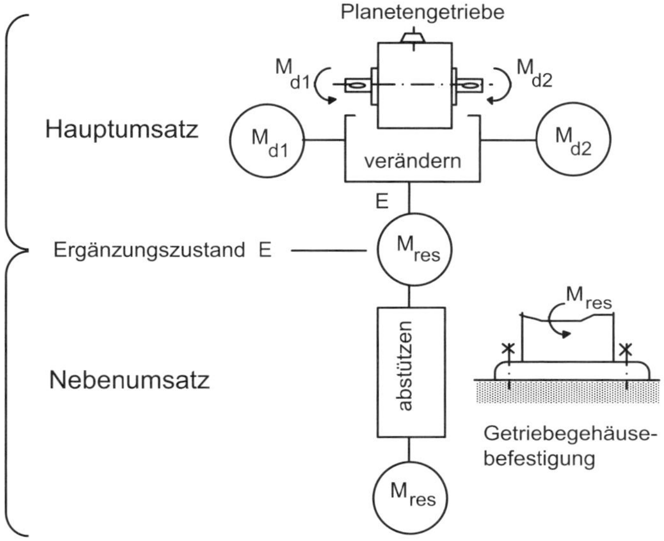

Bild 11.10 Verknüpfung von Nebenumsatz und Hauptumsatz mittels Ergänzungszustand E

3. Ein Nebenumsatz knüpft an Eigenschaften des Umsatzprodukts vom Hauptumsatz während einer Operation, einer Zustandsänderung bzw. eines Prozesses an. Dann wird der Nebenumsatz über einen Prozesszustand P mit der entsprechenden Operation des Hauptumsatzes verknüpft (Bild 11.11). Im Beispiel ist der **Prozesszustand P** die zu messende Position der Schraube in der Greiferhand eines Montageroboters während der Handhabung.

4. Der Nebenumsatz hat Teile des Produkts oder das ganze Produkt des Hauptumsatzes zum Umsatzprodukt. Er beeinflusst Bedingungsgrößen dieses Produkts. In diesem Fall wird der Nebenumsatz über einen **Bedingungszustand B** mit dem Hauptumsatz verbunden (Bild 11.12). Im Beispiel eines Montageroboters wird dadurch die Montage der Greiferhand des Roboters durch einen Monteur beschrieben. Die Greiferhand ist eine „Bedingungsgröße“, ohne die der Roboter, wie in Bild 11.12 ersichtlich, keine Schrauben handhaben könnte.

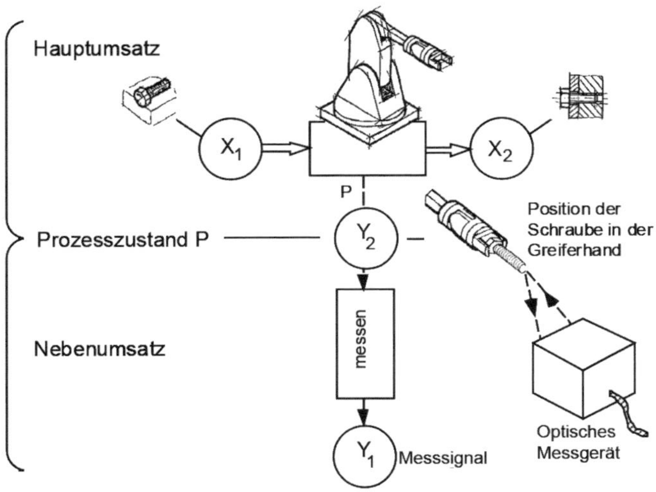

Bild 11.11 Verknüpfung von Nebenumsatz und Hauptumsatz mittels **Prozesszustand P**

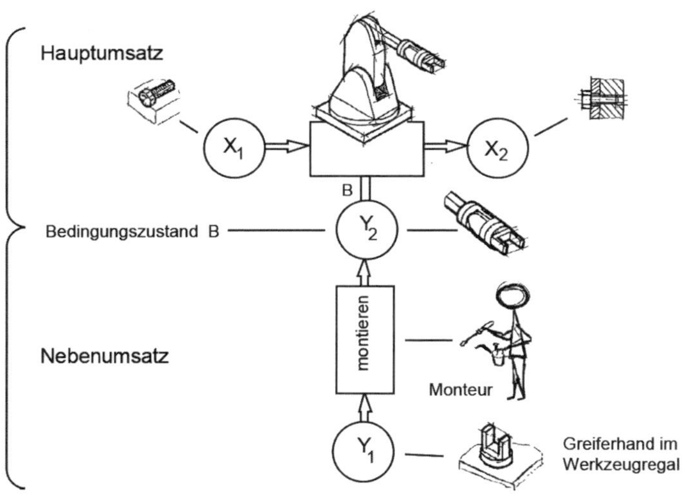

Bild 11.12 Verknüpfung von Nebenumsatz und Hauptumsatz mittels **Bedingungszustand B**

Mit diesen Verknüpfungsregeln lassen sich nun komplexe Systeme beschreiben. Zwei häufig brauchbare **Anwendungen der Regeln** sollen noch an Beispielen gezeigt werden.

1. Bei einer **Funktionsvereinigung** erfüllt dasselbe System zwei (mehrere) Aufgaben (Kapitel 7.7.1). Ein Beispiel hierfür ist ein Lampenkabel, das das Gewicht der Lampe zu tragen hat und zugleich den elektrischen Strom leitet. Das Kabel ist somit Bedingungsgröße sowohl für die Funktion „Kraft leiten“ als auch für „elektrischen Strom leiten“. Zur Darstellung der Funktionsvereinigung werden

die entsprechenden Operationen daher über einen Bedingungszustand verbunden (Bild 11.13).

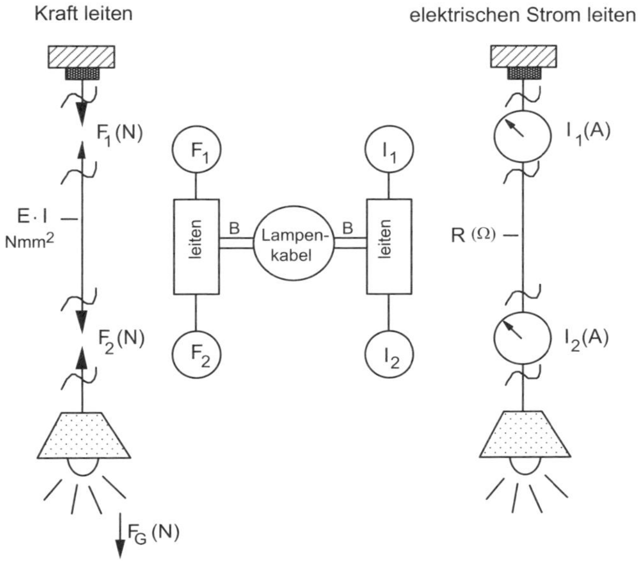

Bild 11.13 Funktionelle Darstellung einer Funktionsvereinigung

2. Besonders bei der Abbildung von stoffumsetzenden Produkten sind häufig **abhängige Systeme** darzustellen. Als Beispiel dient ein Nutzfahrzeug, das während der Fahrt zum Bestimmungsort Beton mischt. – Der Betonmischer ist hier einmal „technisches System“, das die „Zustandsänderung“ des „Umsatzprodukts“ Beton bewirkt, zum anderen ist er aber auch „Umsatzprodukt“, das momentan durch das „technische System“ Nutzfahrzeug von einem Ausgangsort zum Bestimmungsort transportiert wird. Verbindungsglied zwischen den Operationen „Mischen“ und „Transportieren“ ist ein Zustand, der die Eigenschaften des Betonmischers beschreibt. Dieser Zustand ist für das Mischen ein Bedingungszustand, für das Transportieren dagegen ein Prozesszustand, was entsprechend gekennzeichnet und umgekehrt auch entsprechend „gelesen“ wird (Bild 11.14).

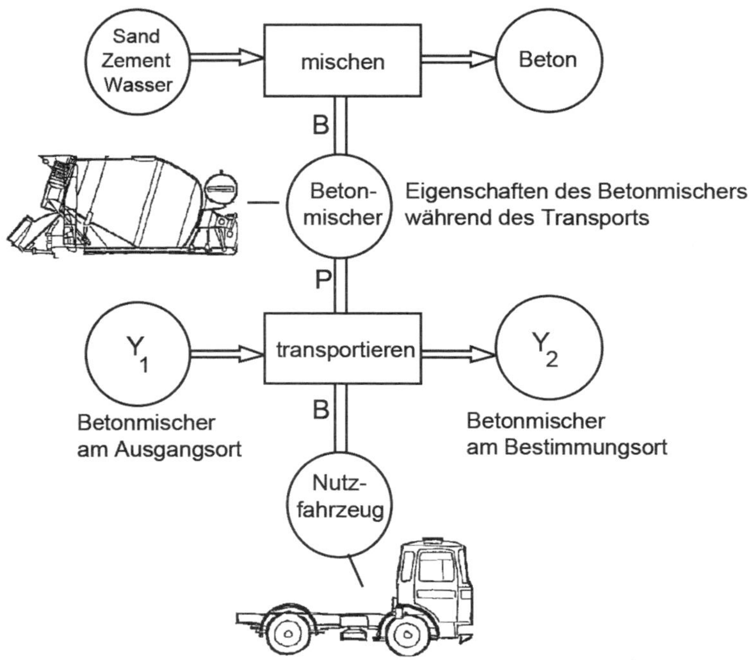

Bild 11.14 Funktionelle Darstellung abhängiger Systeme

A1.3.5 Zustandsänderungen mit elementaren Operationen

Die Fülle möglicher Zustandsänderungen lässt sich, wie bereits festgestellt, mit den logischen Operationen **„Verknüpfen“** und **„Trennen“** grob unterteilen. Eine feinere Klassifizierung erfolgt über 5 elementare Operationen, die sich auf die Art der Zustandsänderung beziehen.

Bild 11.15 zeigt die Darstellungsmöglichkeiten der **elementaren Operationen**, die zunächst unter die Kategorie „Verknüpfen“ fallen, als gesperrte Operationen dann unter „Trennen“.

Elementare Operationen lassen eine sehr abstrakte, lösungsneutrale Beschreibung zu. Häufig werden aber die in Kapitel A1.3.6 beschriebenen technischen Operationen der Anschaulichkeit wegen vorgezogen.

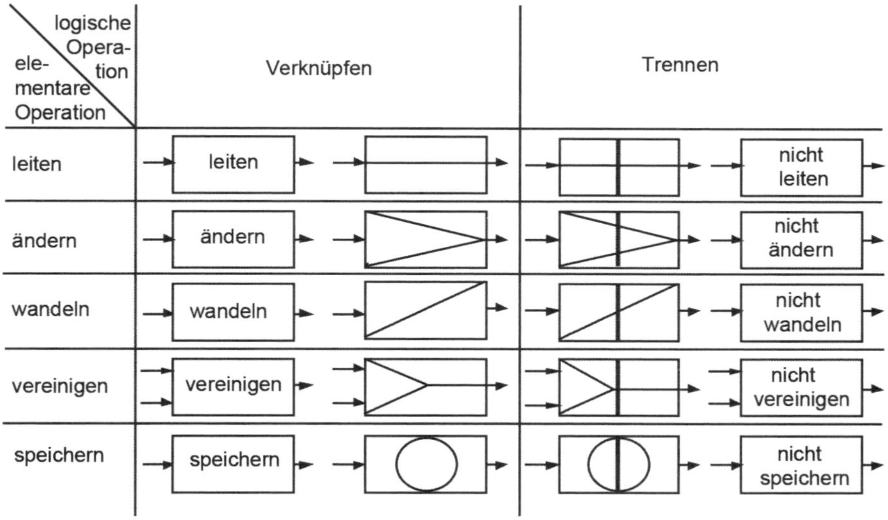

Bild 11.15 Darstellung elementarer Operationen

Leiten

Die mit „Leiten" verbundene Zustandsänderung ist eine **Ortsänderung** des Umsatzprodukts mit sonst gleich bleibenden Eigenschaften, **„Gesperrtes Leiten"** hat zum Ziel, die Ortsveränderung zu unterbinden. „Leiten" kann als Sonderfall von „Ändern" verstanden werden.

Ändern

Die mit „Ändern" verbundene Zustandsänderung ist eine **„quantitative Änderung von Eigenschaften"** des Umsatzprodukts; **„gesperrtes Ändern"** verhindert dies.

Wandeln

Die mit „Wandeln" verbundene Zustandsänderung ist eine **„qualitative Änderung von Eigenschaften"** des Umsatzprodukts. Beim Energieumsatz (Umsatzprodukt ist Energie) hat dies oft den Übergang auf einen anderen Energiebereich zur Folge, beim Stoffumsatz eine chemische Reaktion, beim Signalumsatz je nach Charakter des Signals (Energie oder Stoff) gilt dies sinngemäß. **„Gesperrtes Wandeln"** verhindert die qualitative Änderung der Eigenschaften.

Vereinigen

Die mit „Vereinigen" verbundene Zustandsänderung verknüpft mindestens drei Zustände derart, dass zwei Umsatzprodukte derselben Umsatzart zu einem vereinigt werden. Umgekehrt kann auch ein Umsatzprodukt in zwei Teile aufgespalten (verzweigt) werden. **„Gesperrtes Vereinigen"** verhindert diese Zustandsänderung. Mit der Operation „gesperrtes Vereinigen“ ließe sich z. B. eine nicht gewollte, durch das technische System zu verhindernde, chemische Reaktion darstellen.

Speichern

Die mit „Speichern“ verbundene Zustandsänderung ist eine **Änderung der „Flussmenge“** des Umsatzprodukts, die im Grenzfall am Ausgang Null werden kann, und ein Zurückhalten der Differenzmenge. **„Gesperrtes Speichern“** verhindert ungewolltes Speichern. Die Operation „Speichern“ drückt damit den Vorgang des gespeichert Haltens und nicht etwa das Ein- oder Ausspeichern aus!

Anmerkung: Bei der Operation „Speichern“ können mit Hilfe des Prozesszustands P die momentanen Eigenschaften des Umsatzprodukts in gespeichertem Zustand beschrieben werden. Ein- und Ausgangszustände von „Speichern“ beschreiben Eigenschaften des von der vorhergehenden Operation eingespeicherten bzw. des von der folgenden Operation ausgespeicherten Umsatzprodukts (vgl. Bild 7.40).

A1.3.6 Verwendung technischer Operationen

Eine technische Funktion wurde eingangs definiert. Wie bereits erwähnt, werden Systeme und Probleme der Anschaulichkeit wegen selten mit elementaren Operationen beschrieben, sondern mit **technischen Operationen**. Bild 11.16 zeigt einige technische Operationen, die den elementaren Operationen und deren gesperrten Operationen zugeordnet werden können.

elementare Operation	technische Operation
leiten 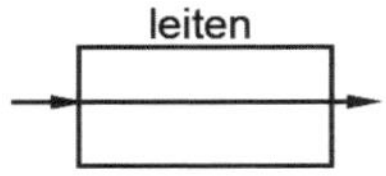	leiten, zu- und abführen, tragen, transportieren, lagern (im Sinne von „Kraftleiten", z. B. Wälzlager, Auflager), übertragen, dichten, schalten, isolieren, unterbrechen...
ändern 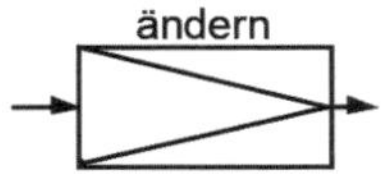	ändern, vergrößern, verkleinern, umlenken, übersetzen, umformen, verlängern, verdichten, zerspanen, schmelzen, verdampfen, reflektieren...
wandeln 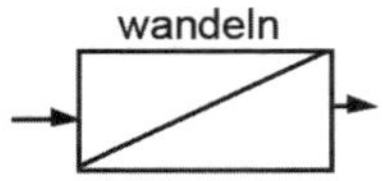	umsetzen, erzeugen, absorbieren, verbrennen, zersetzen, wandeln, messen...
vereinigen 	vereinigen, verzweigen, überlagern, summieren, aufteilen, zusammenführen, verbinden, montieren, entmischen, vermischen, trennen...
speichern 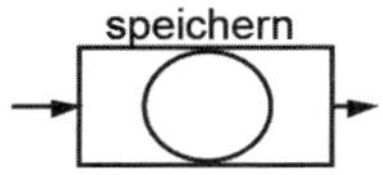	speichern, dämpfen, glätten, lagern (im Sinne von „Stofflagern"), aufstauen, sammeln...

Bild 11.16 Beispiele technischer Operationen

Die Verwendung technischer Operationsbegriffe zur Beschreibung von Funktionen darf jedoch nicht dazu verleiten, die oben beschriebenen Regeln zu missachten. Auch sollte man wegen der größeren Lösungsneutralität versuchen, durch Abstraktion der verwendeten Begriffe zu elementaren Operationen überzugehen und gegebenenfalls den technischen Operationsbegriff neben das Symbol der elementaren Operation quasi als Anmerkung zu schreiben.

A1.4 Erstellen von Funktionsstrukturen

Bisher wurden Formalien und Regeln erklärt. In diesem Kapitel sollen nun Hinweise gegeben werden, wie damit Funktionsstrukturen zu bestehenden oder gesuchten technischen Systemen aufgestellt werden können.

Die funktionelle Beschreibung, unabhängig davon, ob bei der Analyse oder bei der Synthese eingesetzt, erfolgt stets in zwei Schritten:

1. Beschreibung der **Eigenschaften** des Umsatzprodukts (Zustände)
2. Beschreibung der **Eigenschaftsänderungen** des Umsatzprodukts (Operationen).

A1.4.1 Analyse bestehender technischer Systeme

Um Missverständnissen vorzubeugen, muss gleich vorweg angemerkt werden, dass die funktionelle Beschreibung nicht zu eindeutigen Ergebnissen führt. Unterschiedliche Bearbeiter werden im Allgemeinen zu unterschiedlichen Ergebnissen gelangen, wie dies z. B. bei mechanischen Ersatzmodellen und Maschinenzeichnungen (Ansichten, Schnitte, Bemaßungen) der Fall ist, obwohl dasselbe Objekt dargestellt wird.

Frage nach dem Hauptumsatz:

Ausgangspunkt bei der Analyse eines bestehenden Systems ist die Frage nach der Systemgrenze der Gesamtfunktion, dem wesentlichen Zweck des ganzen Systems, dem Umsatzprodukt und dessen wesentlichen Eigenschaften an den Systemgrenzen. Indem man den Fluss dieses Umsatzprodukts durch das System verfolgt, lassen sich Teilsysteme erkennen, die das Umsatzprodukt maßgeblich beeinflussen und Eigenschaftsänderungen bewirken. Dies setzt die Kenntnis und das Erkennen von Maschinenelementen, Teilaggregaten, Baugruppen usw. sowie deren Funktion voraus. Mit der Vorstellung, wenn möglich dem Versuch, „was passiert, wenn …“ wird der Hauptumsatz mit seinen Teilelementen erfasst und funktionell beschrieben. Falls nötig, ist eine spätere Differenzierung immer möglich.

Frage nach Nebenumsätzen, die über die Verknüpfungsregeln mit dem Hauptumsatz verbunden werden:

Im nächsten Schritt untersucht man die am Hauptumsatz beteiligten Teilsysteme auf Bedingungen, die diese zur Erfüllung ihrer Funktion verlangen. Über diese Bedingungen können Nebenumsätze erkannt, klassifiziert und analog dem Hauptumsatz durch Verfolgen des Flusses des jeweiligen Umsatzprodukts beschrieben werden.

Frage nach Nebenumsätzen, die an der Systemgrenze ersichtlich sind:

Häufig sind Nebenumsätze auch durch weitere die Systemgrenze überschreitende Flüsse von Umsatzprodukten zu erkennen, die mit dem Hauptumsatz nicht in unmittelbarem Zusammenhang stehen. Dies können z. B. Anschlüsse zur Energieversorgung, Steuerungen, Messleitungen bzw. Anzeigen, Bedienvorrichtungen sein. Die jeweiligen Flüsse werden dann, soweit ersichtlich, verfolgt und beschrieben, wobei eine Anknüpfung an die Funktionsstruktur des Hauptumsatzes anzustreben ist.

Erstellung von Teilstrukturen und Verknüpfung zu einer Funktionsstruktur:

Problematisch wird das Erkennen und die Beschreibung komplexer Systeme mit z. B. funktionellen Kopplungen von Umsatzprodukt und Teilsystemen; also dann, wenn etwa das Umsatzprodukt rückkoppelnd auf das es verändernde Teilsystem einwirkt. Hierfür spezielle Vorgehensregeln anzugeben ist nicht möglich. Oft empfiehlt es sich, Teilbereiche des Gesamtsystems erst getrennt zu beschreiben und dann mit den Beschreibungsmitteln eine Synthese zu versuchen.

Funktionsstrukturen sind keine zeitlichen Ablaufpläne:

In jedem Fall wird gewarnt, die zeitliche Abfolge von Maschinenprozessen in Funktionsstrukturen umzusetzen. Vorsicht vor „wenn dann"-Überlegungen, wenn sie zeitlicher und nicht logischer Natur sind.

A1.4.2 Synthese neuer technischer Systeme

Bei der Synthese neuer technischer Systeme wird von einer Aufgabenstellung ausgegangen. Eine zwangsläufige Ableitung von Funktionsstrukturen aus der Aufgabenstellung ist in den meisten Fällen unmöglich.

Die Funktionsstruktur wird meist begleitend zur Lösungsfindung iterativ (besonders im Bereich der Nebenumsätze) erstellt und dient der **Planung, Gliederung und Kontrolle des Lösungsfindungsprozesses** sowie der **exakten Formulierung von Teilaufgaben**. Sie gibt bereits grundsätzliche Lösungsvarianten an und ist meist der Ursprung ganzer Lösungsfelder.

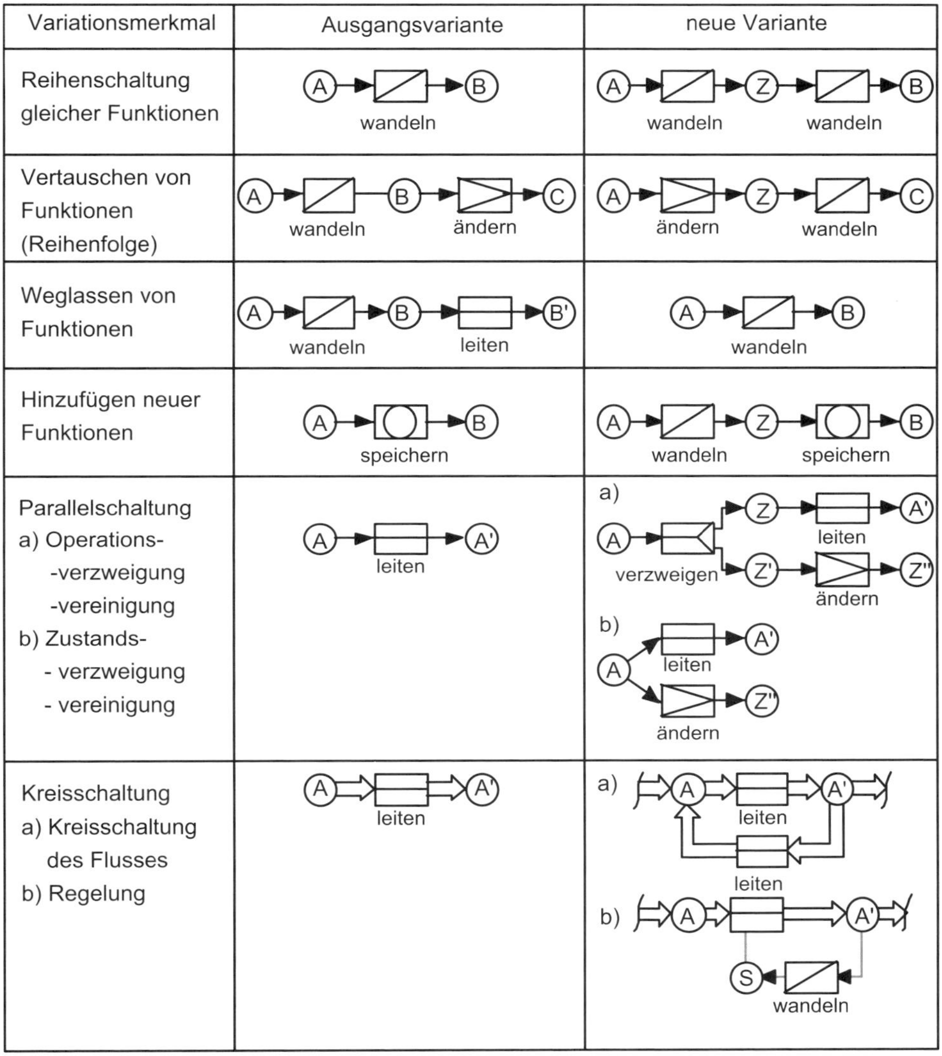

Bild 11.17 Variationsmerkmale für Funktionsstrukturen

Die im Planungsstadium wichtige **Strukturierung eines Problems** in leichter zu bearbeitende Teilprobleme orientiert sich im Allgemeinen an funktionellen Beschreibungen bekannter Lösungen für analoge Probleme bzw. an konkreten, bildhaften Vorstellungen von einer intuitiv gewonnenen Lösung. Die bewusst und systematisch durchgeführte Analyse bekannter Problemlösungen vermittelt daher meist den Einstieg in den Lösungsfindungsprozess. Eine häufig erfolgreiche Methode zum Auffinden von Teilfunktionen besteht in der Vorstellung, selbst das gesuchte technische System zu sein: „Stell Dir vor, Du wärst die Maschine! Was tätest Du, um die gewünschte Eigenschaftsänderung zu bewirken? Analysiere Dein Vorgehen!"

Einmal erstellte Funktionsstrukturen können in vernünftigem Umfang einer **formalen Variation** mit Hilfe der in Bild 11.17 gezeigten Variationsmerkmale unterzogen werden (Beispiel siehe Kapitel 8.1.3.2, Fischentgrätungsmaschine). Dabei besteht die Chance, formal Denkblockaden im Konkreten auf abstrakter Ebene zu umgehen. Formale Variation soll aber nie zum Selbstzweck ausarten. In vielen Fällen ist auch eine Variation nur von Eigenschaften des Umsatzprodukts an einer bestimmten Stelle der Funktionsstruktur fruchtbar.

A1.4.3 Aufbau von Nebenumsätzen

Die Erstellung einer Funktionsstruktur bei der Entwicklung neuer technischer Systeme vollzieht sich iterativ. Die Problematik von Nebenumsätzen kann auch oft erst in einer späteren Konkretisierungsphase offenkundig werden und iterativ Einfluss auf die bereits vorhandene Funktionsstruktur nehmen.

■ A2 Verfügbare Konstruktionskataloge

Anwendungsgebiet	Objekt	Autor und Quelle
Grundsätzliches zu Konstruktions-katalogen	Aufbau von Katalogen	Roth [3/A]
	Zusammenstellung verfügbarer Katalog- und Lösungssammlungen	Roth [3/A]
Anforderungen	Anforderungsarten	Roth [3/A]
Prinzipielle Lösungen	Physikalische Effekte	Roth [3/A]
	Erfüllen von Funktionen	Koller [4/A]
Verbindungen	Schlussarten	Roth [3/A]
	Begrenzung von Bewegungen	Roth [3/A]
	Verbindungen	Ewald [5/A]
	Feste Verbindungen	Roth [3/A]
	Geschweißte Verbindungen an Stahlprofilen	Wölse, Kastner [6/A]
	Nietverbindungen	Roth [3/A], Kopowski [7/A], Grandt [8/A]
	Klebeverbindungen	Fuhrmann, Hinterwalder [9/A], Roth [3/A]
	Spannelemente	Ersoy [10/A]
	Verschraubungsprinzipien	Kopowski [7/A]
	Schraubverbindungen	Kopowski [7/A]
	Spielbeseitigung bei Schraubpaarungen	Ewald [5/A]
	Elastische Verbindungen	Gießner [11/A]
	Welle-Nabe-Verbindungen	Roth [3/A], Diekhöner, Lohkamp [12/A], Kollmann [13/A]

Bild 11.18 Verfügbare Konstruktionskataloge nach Pahl-Beitz [2/A] und Roth [3/A] *(Teil 1)*

Führungen, Lager	Geradführungen	Roth [3/A]
	Rotationsführungen	Roth [3/A]
	Gleit- und Wälzlager	Diekhöner [14/A], Roth [3/A]
	Lager- und Führungen	Ewald [5/A], Roth [3/A]
Antriebstechnik, Krafterzeugung	Elektrische Kleinmotoren	Jung, Schneider [15/A]
	Antriebe, allgemein	Schneider [16/A]
Kraftleitung	Krafterzeuger, mechanisch	Ewald [5/A]
	Kraft mit einer anderen Größe erzeugen	Roth [3/A]
	Einstufige Kraftmultiplikation	Roth [3/A], VDI 2222 [17/A]
	Mechanische Huberzeuger	Raab, Schneider [18/A]
	Schraubantrieb	Kopowski [7/A]
	Reibsysteme	Roth [3/A]
Kinematik, Getriebelehre	Elementepaarungen	Roth [3/A]
	Elementepaarungen und Ketten	Roth [3/A]
	Lösung von Bewegungsaufgaben mit Getrieben	VDI 2727 [19/A]
	Gliederketten und Getriebe	Roth [3/A]
	Zwangsläufige kinetische Mechanismen mit 4 Gliedern	VDI 2222 [17/A]
	Logische Negationsgetriebe	Roth [3/A]
	Logische Konjunktions- und Disjunktionsgetriebe	Roth [3/A]
	Mechanische Flipflops	Roth [3/A]
	Mechanische Rücklaufsperren	Roth [3/A], VDI 2222 [17/A],
	Mechanische Huberzeuger	Raab, Schneider [18/A]
	Gleichförmige übersetzende Getriebe	Roth [3/A]
	Handhabungsgeräte	VDI 2740 [20/A]
Getriebe	Stirnradgetriebe	VDI 2222 [17/A], Ewald [5/A]
	Mechanische einstufige Getriebe mit konstanter Übersetzung	Diekhöner und Lohkamp [12/A]
	Spielbeseitigung mit Stirnradgetrieben	Ewald [5/A]
Sicherheitstechnik	Gefahrstellen	Neudörfer [21/A]
	Trennende Schutzeinrichtungen	Neudörfer [22/A]
Ergonomie	Anzeiger, Bedienteile	Neudörfer [23/A]
Fertigungsverfahren	Gießtechnische Fertigungsverfahren	Ersoy [24/A]
	Gesenkformverfahren	Roth [3/A]
	Druckformverfahren	Roth [3/A]
Toleranzen	Regeln zur Berechnung der Grenzmaßtoleranzen	Roth [3/A]

Bild 11.19 Verfügbare Konstruktionskataloge nach Pahl-Beitz [2/A] *(Teil 2)*

A3 Strukturierte Methodensammlung (Methodenbaukasten)

Die strukturierte Methodensammlung soll einen **Überblick** über die in diesem Buch behandelten Methoden geben. Hierfür wird bei jeder genannten Methode auf die entsprechenden Kapitel verwiesen. Die Methoden werden in der Methodensammlung wie folgt **grob gegliedert**:

a) Allgemein anwendbare Methoden,

b) Organisatorische Methoden,

c) Sachgebundene Methoden.

Innerhalb dieser Bereiche werden geeignete Methoden **verschiedenen Problemartenzugeordnet** (hier: im Wesentlichen Phasen des Konstruierens, oben nach rechts aufgetragen). So wird das schnelle Auffinden **passender Methoden** ermöglicht. Um die **Methodenauswahl** zu erleichtern, ist bei jeder Methode angegeben, ob sie in wichtigen Bereichen der Produkterstellung stark, schwach oder gar nicht unterstützend wirkt.

Die in Kapitel 7.1.1 beschriebenen Anforderungen an einen Methodenbaukasten werden mit dieser Methodensammlung noch nicht erfüllt. (Siehe Anmerkungen dort und bei Bild 7.4).

Im Internet sind die Seiten A3.1 bis A3.5 als eine Fortführung von Bild 7.4 als pdf-Datei unter der Adresse aus dem Vorwort einzusehen. Sie sind aus Umfangsgründen hier nicht abgedruckt.

A4 Anhang im Internet (Inhaltsangabe) (Adresse im Vorwort)

Die Bilder in A4 bis A6 sind meist die gleichen wie im IPE-Buch. Nur sind sie so zusammengefasst, dass man unmittelbar damit Konstruieren kann, und nicht im Buch laufend nachschlagen muss. Kapitel- und Bildnummerierung entspricht hier nicht der im Buch! **Bemerkenswert** ist besonders die Sammlung physikalischer Effekte in A5 und A7.2, sowie in A7.2 die Assoziationsliste für Bionik und die Widerspruchsorientierte Lösungssuche nach Altschuller.

A3 Fortsetzung **Strukturierte Methodensammlung** (siehe oben)

A4 **Checkliste Allgemeines: Kapitel 1** Anforderungen, Vorgehenszyklus, Vorgehenspläne

A5 **Checkliste Sachgebundene Methoden: Kapitel 2.1** Aufgabe klären; **Kapitel 2.2** Lösungen suchen (hier vor allem Physikalische Effekte)

A6 **Checkliste Sachgebundene Methoden: Kapitel 2.2** (Fortsetzung) Variation der Gestalt; **Kapitel 2.3** Lösung auswählen; **Kapitel 3** Kostengünstig Konstruieren; **Kapitel 4** Checkliste Schlussprüfung einer Konstruktion

A7 **Checklisten und Hilfsmittel** aus dem Buch: **Ponn, Lindemann „Konzeptentwicklung und Gestaltung technischer Produkte"** [69/5] (Springer 2008) Die Nummerierung entspricht der in diesem Buch von A1 bis A4 und ist nicht zu verwechseln mit obiger Nummerierung im IPE-Buch. Die Inhalte sind teilweise deckungsgleich. Sie können weiter aktualisiert werden über *www.cidad.de.*

A8 **Dissertationsliste** des Lehrstuhls für Produktentwicklung TU München und des Lehrstuhls für Konstruktionstechnik, Universität Erlangen-Nürnberg

A9 **Was ist neu? ...** in der jeweiligen Buchauflage. (Liste)

A10 Die **Autoren** würden sich freuen, wenn Sie ihnen z. B. mit dem Formblatt Ihre Anregungen, Anmerkungen zu Fehlern und offenen Inhalten **per Email** mitteilen würden. Nur so kann das Buch besser werden!

A11 **Fehler-Korrekturen**. Hier sollen nur für das Verständnis wichtige Fehler aufgelistet werden. (Erst für die 6. Auflage)

Literatur

Literatur zu Kapitel 1

[1/1] Müller, J.: Akzeptanzprobleme in der Industrie, ihre Ursachen und Wege zu ihrer Überwindung. In: Pahl, G. (Hrsg.): Psychologische und pädagogische Fragen beim methodischen Konstruieren. Köln: TÜV Rheinland-Verlag 1994 (Ergebnisse des Ladenburger Diskurses 1992 bis 1993).

[2/1] VDI-Fachgruppe Konstruktion (ADKI): Engpass Konstruktion. Konstruktion 19 (1967), S. 192–195.

[3/1] Pahl, G.: Notwendigkeit und Grenzen der Konstruktionsmethodik. In: Hubka, V. (Hrsg.): Proceedings of the ICED 1990, Dubrovnik. Zürich: Edition Heurista 1990, S. 15–30 (Schriftenreihe WKD 19).

[4/1] Pahl, G.; Beitz, W.; Feldhusen, J.; Grote, K. H.: Konstruktionslehre. 7. Auflage: Berlin: Springer 2007.

[5/1] Pahl, G.; Beelich, K. H.: Erfahrungen mit dem methodischen Konstruieren. Werkstatt und Betrieb 114 (1981) 11, S. 773–782.

[6/1] Riehm, U.: Einige konzeptuelle Mängel der Konstruktionswissenschaft und ihre Auswirkungen auf CAD. In: Hubka, V. (Hrsg.): Proceedings of the ICED 1983, Kopenhagen. Zürich: Edition Heurista 1983, S. 314–326 (Schriftenreihe WDK 10).

[7/1] Jorden, W.: Die Diskrepanz zwischen Konstruktionspraxis und Konstruktionsmethodik. In: Hubka, V. (Hrsg.): Proceedings of the ICED 1983. Zürich: Edition Heurista 1983 (Schriftenreihe WDK 10).

[8/1] Havenstein, G.; Schwarzkopf, W.: Arbeitsbereich Konstruktion. VDI-Z 126 (1984) 20, S. 753–759.

[9/1] Ehrlenspiel, K.: Industrieprobleme und nötiges Wissen bzw. Können im Bereich Entwicklung und Konstruktion. In: Pahl, G. (Hrsg.): Psychologische und pädagogische Fragen beim methodischen Konstruieren. Köln: TÜV Rheinland-Verlag 1994 (Ergebnisse des Ladenburger Diskurses 1992 bis 1993).

[10/1] VDI-Richtlinie 2221: Methodik zum Entwickeln und Konstruieren technischer Systeme und Produkte. Düsseldorf: VDI-Verlag 1993. [10a/1] Neubearbeitung 2016: Entwicklung technischer Produkte und Systeme

[11/1] Heymann, M.: Fragebogenaktion im Rahmen eines Forschungsprojektes „Kunst und Wissenschaft in der Technik des 20. Jahrhunderts". unveröff. Manuskript des Münchner Zentrums für Wissenschafts- und Technikgeschichte: München, Deut. Museum 2001.

[12/1] Lindemann, U.: Methodische Entwicklung technischer Produkte. 3. Aufl. Berlin: Springer 2009.

[13/1] Strohschneider, St.; Weth, R. von der (Hrsg.): Ja, mach nur einen Plan. 2. Aufl. Bern: Hans Huber 2002.

[14/1] Ehrlenspiel, K.: Kostengünstig Konstruieren. Berlin: Springer 1985. 7. Auflage: Ehrlenspiel, K.; Kiewert, A.; Lindemann, U.; Mörtl, M.: Kostengünstig Entwickeln und Konstruieren. Berlin: Springer 2014.

[15/1] Ehrlenspiel, K.: On the Importance of the Unconscious and the Cognitive Economy in Design. in Lindemann, U. (Hrsg.): Human Behaviour in Design. London: Springer 2003.

[16/1] Hacker, W. (Hrsg.): Denken in der Produktentwicklung. Zürich: Rainer Hampp-Verlag 2002.

[17/1] Pöppel, E.: Grenzen des Bewusstseins. Wie kommen wir zur Zeit, wie entsteht Wirklichkeit? Frankfurt: Insel-Verlag 2000.

[18/1] von der Weth, R.: Management der Komplexität. Bern: Verlag Hans Huber 2001.

[19/1] Heymann, M.: Kunst und Wissenschaft in der Technik des 20. Jahrhunderts. Zur Geschichte der Konstruktionswissenschaft. Zürich: Chronos 2005.

[20/1] Vajna, S.; Clement, S.; Jordan, A.; Bercsey, T.: Autogenetische Konstruktionstheorie – eine evolutionäre Sicht der Produktentwicklung. in Festschrift z. Ehrenkoll. Emeritierung G. Höhne, H. J. Schorcht. Ilmenau: TU 2005.

[21/1] Ullman, D. G.: The Mechanical Design Process. 4. Ed. New York: McGraw Hill 2010.

[22/1] Ulrich, K.; Eppinger, St.: Product Design and Development. 4. Ed. New York: McGraw Hill 2008.

[23/1] Hacker, W.; Wetzstein, A.; Römer, A.: Gibt es Vorgehensmerkmale erfolgreichen Entwerfens von Produkten? Zeitschr. f. Arbeitswiss. 56 (2002) 5; S. 305–317.

[24/1] Hacker, W.: Expertenkönnen – Erkennen und Vermitteln. Göttingen: Hogrefe 1992.

[25/1] Kreimeyer, M.; Heymann, M.; Langer, W.; Lindemann, U.: Die Konstruktionsmethodik im Wandel der Zeit – Ein Überblick zum 100sten Geburtstag von Prof. Wolf Rodenacker. Konstruktion 10, 2006; S. 72.

[26/1] Lindemann, U. (Hrsg.): Handbuch Produktentwicklung. München: Hanser: 2016

Literatur zu Kapitel 2

[1/2] Hubka, V.: Theorie Technischer Systeme. 2. Aufl. Berlin: Springer 1984.

[2/2] Beitz, W.: Systemtechnik in der Konstruktion. DIN-Mitteilungen 49 (1970) 8, S. 295–302.

[3/2] Ropohl, G.: Allgemeine Technologie. Eine Systemtheorie der Technik. München: Hanser 1999. 3. Aufl. Karlsruhe: Universitätsverlag 2009

[4/2] Daenzer, W. F.; Huber, F. (Hrsg.): Systems Engineering. 12. Auflage: Zürich: Industrielle Organisation 2004. Inzwischen gibt es eine Fortführung: [4a/2] Haberfellner, R. et al. (Hrsg.) Systems Engineering. Zürich: Orell Füssli 2015.

[5/2] Patzak, G.: Systemtechnik – Planung komplexer, innovativer Systeme. Berlin: Springer 1982.

[6/2] Blass, E.: Entwicklung verfahrenstechnischer Prozesse. Frankfurt: Salle & Sauerländer 1989; 2. Auflage: Berlin: Springer 1997.

[7/2] Müller, J.: Arbeitsmethoden der Technikwissenschaften. Berlin: Springer 1990.

[8/2] REFA: Methodenlehre der Planung und Steuerung. Bd. 1. 4. Aufl. München: Hanser 1985.

[9/2] Walther, C.: Systemtechnische Verfahren zur Bestimmung der Zusammenhänge zwischen Eigenschaften und Funktionsstruktur technischer Systeme. München: TU, Diss. 1994.

[10/2] Ehrlenspiel, K.; Lindemann, U.: Ein Beitrag zur Theorie des Konstruktionsprozesses. Konstruktion 31 (1981) 7, S. 269–277.

[11/2] Lindemann, U.: Systemtechnische Betrachtung des Konstruktionsprozesses unter besonderer Berücksichtigung der Herstellkostenbeeinflussung beim Festlegen der Gestalt. Düsseldorf: VDI-Verlag 1980 (Fortschritt-Berichte der VDI-Zeitschriften Reihe 1, Nr. 60). Zugl. München: TU, Diss. 1980.

[12/2] Zangemeister, C.: Nutzwertanalyse in der Systemtechnik 5. Aufl. München: Wittemannsche Buchhandlung 2014.

[13/2] DIN-Norm 2330: Begriffe und Benennungen. Berlin: Beuth 2013-07.

[14/2] Hubka, V.: Theorie der Maschinensysteme. Berlin: Springer 1982.

[15/2] VDI-Richtlinie 2221: Methodik zum Entwickeln und Konstruieren technischer Systeme und Produkte. Düsseldorf: VDI-Verlag 1993. [15a/2] Neubearbeitung 2016: Entwicklung technischer Produkte und Systeme

[16/2] Pahl, G.; Beitz, W.; Feldhusen, J.; Grote, K.H.: Konstruktionslehre. 7. Auflage: Berlin: Springer 2007. Inzwischen gibt es eine Überarbeitung als Hrsg.-Buch: [16/2a] Feldhusen, J.; Grote, K.H.; Hrsg.: Berlin: Springer 2013.

[17/2] DIN-Fachbericht 12: Einteilungsschema für technische Systeme. 1. Aufl. Berlin: Beuth 1987.

[18/2] Koller, R.: Konstruktionslehre für den Maschinenbau. 4. Aufl. Berlin: Springer 1998.

[19/2] Roth, K.: Konstruieren mit Konstruktionskatalogen. (Band 1: Konstruktionslehre. 3. Aufl. Berlin: Springer 2000), (Band 2: Kataloge. 3. Aufl. Berlin: Springer 2001).

[20/2] Steinmeier, E.: Einsatz eines Produktmodells zur Entwicklung komplexer Produkte am Beispiel der Pkw-Entwicklung. München: TU, Manuskript der Diss. 1994.

[21/2] Tropschuh, P.F.: Rechnerunterstützung für das Projektieren mit Hilfe eines wissensbasierten Systems. München: Hanser 1989 (Konstruktionstechnik München, Bd. 1). Zugl. München: TU, Diss. 1988 u.d.T.: Tropschuh, P.F.: Rechnerunterstützung für das Projektieren am Beispiel Schiffsgetriebe.

[22/2] Weinbrenner, V.: Produktlogik als Hilfsmittel zum Automatisieren von Varianten- und Anpassungskonstruktionen. München: Hanser 1994 (Konstruktionstechnik München, Bd. 11). Zugl. München: TU, Diss. 1993.

[23/2] Figel, K.: Optimieren beim Konstruieren. München: Hanser 1988. Zugl. München: TU, Diss. 1988 u.d.T.: Figel, K.: Integration automatisierter Optimierungsverfahren in den rechnerunterstützten Konstruktionsprozess.

[24/2] Ehrlenspiel, K.; Milberg, J.; Schuster, G.; Wach, J.: Rechnerintegrierte Produktkonstruktion und Montageplanung. CIM-Management 9 (1993) 2, S.23–28.

[25/2] Eppinger, S.D.: Modul based Appoaches to Managing Concurrent Engineering. In: Hubka, V. (Hrsg.): Proceedings of ICED 91, Zürich. Zürich: Edition Heurista 1991, S.171–176 (Schriftenreihe WDK 20).

[26/2] Geyer, E.: Produktplanung – Ideenfindung, Ideenbewertung, Ideenverfolgung. RKW-Handbuch Forschung, Entwicklung, Konstruktion (F+E). Beitrag 4170. Berlin: Schmidt 1976.

[27/2] Kleedörfer, R.: Prozess- und Änderungsmanagement der Integrierten Produktentwicklung. Aachen: Shaker 1998 (Konstruktionstechnik München, Band 29). Zugl. München: TU, Diss. 1998.

[28/2] Negele, H.: Systemtechnische Methodik zur ganzheitlichen Modellierung am Beispiel der integrierten Produktentwicklung. München: Herbert Utz Verlag 1998. Zugl. München, TUDiss. 1998.

[29/2] Kraichgauer, O.: Quantitatives dynamisches Modell zur Simulation von Systembelastungen in Luftverkehrsabläufen. München: Herbert Utz Verlag 1995; Zugl. München TU, Diss. 1995.

[30/2] Qirmbach, O.: Integration der System- und Kostenentwicklung am Beispiel eines Satellitensystems. München: Herbert Utz Verlag 2001; Zugl. München TU, Diss. 2001.

[31/2] Lindemann, U.; Maurer, M.; Braun, T.: Structural Complexity Management. Berlin: Springer 2009.

[32/2] Kreimeyer, M.; Lindemann, U.: Complexity Metrics in Engineering Design – Managing the Structure of Design Processes. 1. Aufl. Berlin: Springer 2011.

[33/2] Gomparski, P.; Lachmayer, R.: „Design for X“ 13. Symposium 2013, Prof. Krause, TU Hamburg Harburg.

[34/2] INCOSE: International Council on Systems Engineering Vision2025, *www.incose.org/news events/ANOUNCEMENTS/DOCS/INCOSE_SE_VISION_2025.PDF2007*

Literatur zu Kapitel 3

[1/3] Weinert, F. E.: Wie löst man schwierige Probleme? München: TU, TUM-Mitteilung 1 und 2 1987.

[2/3] Dylla, N.: Denk- und Handlungsabläufe beim Konstruieren. München: Hanser 1991 (Konstruktionstechnik München, Bd. 5). Zugl. München: TU, Diss. 1990.

[3/3] Dörner, D.: Problemlösen als Informationsverarbeitung. 2. Aufl. Stuttgart: Kohlhammer 1979.

[4/3] Gierse, J.: Problemlösungs-Instrumentarien – Versuch einer Strukturierung. Mannheim: Wertanalyse-Kongress 1990.

[5/3] Rutz, A.: Konstruieren als gedanklicher Prozess. München: TU, Diss. 1985.

[6/3] Braess, H. H.; Stricker, R.; Baldauf, H.: Methodik und Anwendung eines parametrischen Fahrzeugmodells. Automobil-Industrie 5 (1985), S. 627–637.

[7/3] Dörner, D.: Die Logik des Misslingens. Reinbeck: Rowohlt 1998 Taschenbuch 2003.

[8/3] Krause, W.: Problemlösen – Stand und Perspektiven. Psychologie 190 (1982), S. 17–36.

[9/3] Hönisch, G.: Förderung der Kreativität in der universitären Ausbildung. In: Rugenstein, J. (Hrsg.): 17. Koll. Konstruktionstechnik, 23.–25. 3. 1993, TUMagdeburg. Magdeburg: TU, Eigenverlag 1993, S. 70–81.

[10/3] Dörner, D.: Gedächtnis und Konstruieren. In: Pahl, G. (Hrsg.): Psychologische und pädagogische Fragen beim methodischen Konstruieren. Köln: TÜV Rheinland 1994, S. 150–160 (Ergebnisse des Ladenburger Diskurses 1992 bis 1993).

[11/3] Hussy, W.: Denkpsychologie. Bd. 1. Stuttgart: Kohlhammer 1984.

[12/3] Newell, A.; Simon, H. A.: Human Problem Solving. Englewood Cliffs, N. J.: Prentice-Hall 1994.

[13/3] Waldron, M. B.; Jelinek, W.; Owen, D.; Waldron, K. J.: A study of visual recall differences between expert and naive mechanical designers. In: Eder, W. E. (Hrsg.): Proceedings of ICED 1987, Boston. New York: ASME 1987, S. 86–94 (Schriftenreihe WDK 13).

[14/3] Müller, J.: Akzeptanzbarrieren als berechtigte und ernstzunehmende Notwehr kreativer Konstrukteure. Nicht immer nur böser Wille, Denkträgheit oder alter Zopf. In: Hubka, V. (Hrsg.): Proceedings of ICED 1991, Zürich. Zürich: Edition Heurista 1991, S. 769–776 (Schriftenreihe WDK 20).

[15/3] VDI-Richtlinie 2222, Blatt 1: Konstruktionsmethodik – Konzipieren technischer Produkte. Düsseldorf: VDI-Verlag 1977.

[16/3] Stäudel, T.: Der Umgang mit Vernetztheit: Anforderungen, Problemlösefehler und Methoden. Referat für die Tagung „Planen“. Kognitive Anthropologie. Berlin: Max-Planck-Gesellschaft 1990.

[17/3] Vollmer, G.: Evolutionäre Erkenntnistheorie. 8. Aufl. Stuttgart: Hirzel 2002.

[18/3] Müller, J.: Akzeptanzbarrieren beim Praktiker gegenüber Methodik, CAD und Wissenssystemen – Erscheinungen, Ursachen, Möglichkeiten der Überwindung. München: TU, Bericht an den Lehrstuhl für Konstruktion im Maschinenbau 1992.

[19/3] Fricke, G.; Pahl, G.: Zusammenhang zwischen personenbedingtem Vorgehen und Lösungsgüte. In: Hubka, V. (Hrsg.): Proceedings of ICED 1991, Zürich. Zürich: Edition Heurista 1991, S. 331–341 (Schriftenreihe WDK 20).

[20/3] Stauffer, L. A.; Ullman, D. G.: A Comparison of the Results of Emperical Studies into the Mechanical Design Process. Design Studies 9 (1988) 2, S. 107–114.

[21/3] Müller, J.: Arbeitsmethoden der Technikwissenschaften. Berlin: Springer 1990.

[22/3] Hoover, S. P.; Rinderle, J. R.; Finger, S.: Models and Abstraction in Design. In: Hubka, V. (Hrsg.): Proceedings of ICED 1991, Zürich. Zürich: Edition Heurista 1991, S. 46–57 (Schriftenreihe WDK 20).

[23/3] Smith, R. P.; Eppinger, S. D.: Characteristics and Models of Iteration in Engineering Design. In: Roozenburg, N. F. M. (Hrsg.): Proceedings of ICED 1993, The Hague. Zürich: Edition Heurista 1993, S. 564–571 (Schriftenreihe WDK 22).

[24/3] Lohmann, H.: Zur Theorie und Praxis der Heuristik in der Ingenieurerziehung. Wiss. Zeitung der THDresden 9 (1959/60) 4, S. 1069–1096 und 5, S. 1282–1321.

[25/3] Daenzer, W. F.; Huber, F. (Hrsg.): Systems Engineering. 12. Auflage: Zürich: Orell Füssli Verlag Industrielle Organisation 2004. Inzwischen gibt es eine Fortführung: [25a/3] Haberfellner, R. et al. (Hrsg.) Systems Engineering. Zürich: Orell Füssli 2015.

[26/3] Ehrlenspiel, K.; Rutz, A.: Denkpsychologie als neuer Impuls für die Konstruktionsforschung – Folgerungen aus der Unmöglichkeit geschlossen algorithmischer Behandlung des Konstruktionsprozesses. In: Hubka, V. (Hrsg.): Proceedings of ICED 1985, Hamburg. Zürich: Edition Heurista 1985, S. 863–873 (Schriftenreihe WDK 12).

[27/3] Figel, K.: Optimieren beim Konstruieren. München: Hanser 1988. Zugl. München: TU, Diss. 1988 u. d. T.: Figel, K.: Integration automatisierter Optimierungsverfahren in den rechnerunterstützten Konstruktionsprozess.

[28/3] Jung, A.: Funktionale Gestaltbildung – Gestaltbildende Konstruktionslehre für Vorrichtungen, Geräte, Instrumente und Maschinen. Berlin: Springer 1989 (Hochschultext).

[29/3] Krehl, H.: Erfolgreiche Produkte durch Value Management. In: Hubka, V. (Hrsg.): Proceedings of ICED 1991, Zürich. Zürich: Edition Heurista 1991, S. 246–253 (Schriftenreihe WDK 20).

[30/3] VDI-Richtlinie 2221: Methodik zum Entwickeln und Konstruieren technischer Systeme und Produkte. Düsseldorf: VDI-Verlag 1993. [30a/3] Neubearbeitung 2016: Entwicklung technischer Produkte und Systeme

[31/3] Pahl, G.; Beitz, W.; Feldhusen, J.; Grote, K. H.: Konstruktionslehre. 7. Auflage: Berlin: Springer 2007.

[32/3] DIN EN 1325: 2014-07 Value Management; Wörterbuch-Begriffe. Berlin: Beuth 2014.

[33/3] REFA: Methodenlehre des Arbeitsstudiums. Teil 3: Kostenrechnung, Arbeitsgestaltung. 4. Aufl. München: Hanser 1975.

[34/3] VDI-Richtlinie 2220: Produktplanung – Ablauf, Begriffe und Organisation. Düsseldorf: VDI-Verlag 1980.

[35/3] Feichter, E.: Systematischer Entwicklungsprozess am Beispiel von elastischen Radialversatzkupplungen. München: Hanser 1994 (Konstruktionstechnik München, Bd. 10). Zugl. München: TU, Diss. 1992.

[36/3] Kiewert, A.: Der Konstruktionsprozess als Rückkopplung – Formalisierung von Teilaspekten des Konstruktionsprozesses. In: Hubka, V. (Hrsg.): Proceedings of ICED 1991, Zürich. Zürich: Edition Heurista 1991, S. 70–76 (Schriftenreihe WDK 20).

[37/3] Patzak, G.: Systemtechnik – Planung komplexer, innovativer Systeme. Berlin: Springer 1982.

[38/3] Neese, J.: Methodik einer wissensbasierten Schadenanalyse am Beispiel Wälzlagerungen. München: Hanser 1991 (Konstruktionstechnik München, Bd. 7). Zugl. München: TU, Diss. 1991.

[39/3] Ehrlenspiel, K.; Neese, J.: Eine Methodik zur wissensbasierten Schadenanalyse technischer Systeme. Konstruktion 44 (1992), S. 125–132.

[40/3] Blessing, L. T. M.: A Process-based Approach to Computer-supported Engineering Design. Cambridge: Black Bear Press 1994. Zugl. Enschede: University of Twente, Diss. 1994.

[41/3] Hales, C.: Analysis of Engineering Design Process in an Industrial Context. Hampshire: Gants Hill Public. 1987. Zugl. Cambridge: University of Cambridge, Diss. 1987.

[42/3] Fricke, G.: Konstruieren als flexibler Problemlöseprozess – Empirische Untersuchung über erfolgreiche Strategien und methodische Vorgehensweisen beim Konstruieren. Düsseldorf: VDI-Verlag 1993 (Fortschritt-Berichte der VDI-Zeitschriften Reihe 1, Nr. 227). Zugl. Darmstadt: TH, Diss. 1993.

[43/3] Hansen, F.: Konstruktionssystematik. Berlin: VEB Verlag Technik 1965.

[44/3] Janson, D.G.; Smith, S.M.: Design Fixation. In: University of Massachusetts (Hrsg.): Preprints of NSF, Engineering Design Research Conference. Amherst: College of Engineering 1989, S. 54–76.

[45/3] Mazuki Imai: KAIZEN, Der Schlüssel zum Erfolg der Japaner im Wettbewerb. München: Langen Müller Herbig 1992.

[46/3] Clark, K.; Fujimoto, T.: Automobilentwicklung mit System: Strategie, Organisation und Management in Europa, Japan und USA. Frankfurt a.M.: Campus 1992.

[47/3] Ehrlenspiel, K.: Denkfehler bei der Maschinenkonstruktion: Beispiele, Gründe und Hintergründe. In: Strohschneider, S.; Weth, R. von der (Hrsg.): Ja, mach nur einen Plan. 2. Aufl. Bern: Huber 2002, S. 152–163.

[48/3] Ehrlenspiel, K.; Huppmann, H.: Stationäre Getriebe. In: Allianz Vers. AG (Hrsg.): Handbuch der Schadenverhütung. 2. Aufl. München: Eigenverlag 1976, S. 719–745.

[49/3] Krause, W.; Müller, J.; Sommerfeld, E.: Umstrukturierung von Wissen beim Konstruieren. In: Hubka, V. (Hrsg.): Proceedings of ICED 1991, Zürich. Zürich: Edition Heurista 1991, S. 306–313 (Schriftenreihe WDK 20).

[50/3] Petroski, H.: Paradigms for Human Error in Design. In: Proceedings of the 1991 NSF Design and Manufacturing Systems Conference. Dearborn, Michigan: Society of Manufacturing Engineers 1991, S. 1137–1146.

[51/3] Günther, J.: Individuelle Einflüsse auf den Konstruktionsprozess. Diss. TUMünchen 1998; Aachen: Shaker 1998.

[52/3] Ehrlenspiel, K.: Praktiker minimieren ihren Konstruktionsaufwand mit unbewusst erlernten Methoden. In: Franke, H.-J.; Mette, M. (Hrsg.): Konstruktionsmethodik – Quo vadis? Aachen: Shaker 1999.

[53/3] Frankenberger, E.: Arbeitsteilige Produktentwicklung. Diss. THDarmstadt 1997; Düsseldorf: VDI-Verlag 1997; VDI-Fortschrittsberichte, Reihe 1; Nr. 291.

[54/3] Wallmeier, St.: Potenziale in der Produktentwicklung. Diss. THDarmstadt 2001; Düsseldorf: VDI-Verlag 2001; VDI-Fortschrittsberichte, Reihe 1; Nr. 352.

[55/3] Sachse, P.; Hacker, W.: Unterstützung des Denkens und Handelns beim Konstruieren durch Prototyping. Konstruktion 49 (1997), S. 12–16.

[56/3] Pache, M.; Römer, A.; Lindemann, U.; Hacker, W.: Re-interpretation of conceptual design sketches in mechanical engineering. In: Proceedings of DETC2001, ASME Design Engineering Technical Conferences & Computers and Information in Engineering Conference. September 9.–12. 2001 – Pittsburgh, Pennsylvania. New York: ASME 2001 (CD ROM).

[57/3] Ferguson, E.S.: Das innere Auge. Basel: Birkhäuser 1993.

[58/3] Müller, J.: Mitteilung in einem Brief vom 26.6.2000 von Prof. Dr. phil. Johannes Müller, Chemnitz.

[59/3] Vollmer, G.: Evolutionäre Erkenntnistheorie, 8. Aufl. Stuttgart: Hirzel 2002.

[60/3] Frankenberger, E.; Badke-Schaub, P.; Birkhofer, H. (Ed.): Designers – the Key to Sucessful Product Development; Springer, Berlin 1998.

[61/3] Ehrlenspiel, K.: Practicians – how they are designing? ... and why? Proceedings of ICED 1999, Ed.: Lindemann u.a., TUMünchen, 85748 München S. 721–726.

[62/3] VDI-Richtlinie 2225, Blatt 3: Konstruktionsmethodik–Technisch-wirtschaftliche Bewertung: Düsseldorf: VDI-Verlag 1998.

[63/3] Strohschneider, St.; von der Weth, R. (Hrsg.): Ja, mach nur einen Plan. Pannen und Fehlschläge – Ursachen, Beispiele, Lösungen. 2. Aufl. Bern: Hans Huber 2002.

[64/3] Ehrlenspiel, K.: Kostengünstig Konstruieren. Berlin: Springer 1985. 7. Auflage: Ehrlenspiel, K.; Kiewert, A.; Lindemann, U.; Mörtl, M.: Kostengünstig Entwickeln und Konstruieren. Berlin: Springer 2014 .

[65/3] Klose, J.: „Neue Wege zur Produktentwicklung", Berliner Kreis, TUDresden, 1996.

[66/3] Ehrlenspiel, K.: Knowledge-explosion and its Consequences. Proceedings of ICED 97: (Ed.: Riitahuhta, A.); Tampere Univ. of Tech.: 1997; Zürich: WDK 25.

[67/3] Frühwald, W.: „Der Bücherberg und das System wiss. Bibliotheken i.d. BRD", Zeitschr. f. Biblioth.-Wesen & Bibliogr. 46 (1988) S. 98–109.

[68/3] Treusch, J.: „Hat die Zukunft eine Chance?", Vortrag bei der K.H. Beckurts-Stiftung, 16.12.94.

[69/3] Warnecke, H.J.: Die fraktale Fabrik. Berlin: Springer 1992.

[70/3] Tropschuh, P.F.: Rechnerunterstützung für das Projektieren am Beispiel Schiffsgetriebe. Diss. TUMünchen: 1988.

[71/3] Ehrlenspiel, K.; Dörner, D.; Günther, J.; Eisentraut, R.: Konstruieren – Denken und Handeln in einem darstellungsgestützten Problemlösungsprozess. Arbeitsbericht zu DFG-Projekten Eh 46/21-3 und Do 200/11-1; Nov. 1996.

[72/3] Görner, R.: Zur Entwicklung räumlicher Vorstellungen als Operieren an internen Repräsentationen. In: Hacker, W. (Hrsg.): Psychische Regulation von Arbeitstätigkeiten. Berlin: Deutscher Verlag der Wissenschaften 1976.

[73/3] Zanker, W.: Situative Anpassung und Neukombination von Entwicklungsmethoden. Aachen: Shaker 1999 (Konstruktionstechnik München, Band 36). Zugl. München: TU, Diss. 1999.

[74/3] Watzlawick, P.; Beaven, J.H.: Menschliche Kommunikation. Bern/Stuttgart: 1969 und Schulz von Thun, F.: Miteinander Reden. Reinbeck: Rowohlt 1998.

[75/3] Noretranders, T.: Spüre die Welt. Die Wissenschaft des Bewusstseins. Reinbeck: Rowohlt 1994.

[76/3] Badke-Schaub, P.; Frankenberger, E.: Management Kritischer Situationen. Produktentwicklung erfolgreich gestalten. Berlin: Springer 2004.

[77/3] Günther, J.; Ehrlenspiel, K.: Comparing designers from practice and designers with systematic design education. Design Studies Vol. 20, No. 5; Elsevier Science Ltd. p. 439–451.

[78/3] Pache, M; Lindemann, U.; Römer, A.; Hacker, W.: Skizzieren mit dem CAD-System? CAD-CAM Report 20 (2001) 3, S. 98–103.

[79/3] Algedri, J.; Frieling, E.: Human-FMEA. Menschliche Handlungsfehler erkennen und vermeiden. München: Hanser 2001.

[80/3] Lippardt, S.: Gezielte Förderung der Kreativität durch bildliche Produktmodelle. VDI Forschungsbericht Reihe 1, Nr. 325; Düsseldorf: VDI-Verlag 2000. Zugl. Braunschweig; TUDiss. 2000.

[81/3] Herbst, D.: Erfolgsfaktor Wissensmanagement. Berlin: Cornelsen 2000.

[82/3] Hacker, W.: On the utility of procederal rules. Ergonomie 32, Heft 7, S. 717–732, 1989.

[83/3] Badke-Schaub, P.; Dörner, D.: Am Anfang war das Wort – oder doch das Bild – oder doch das Wort. in Hacker, W. (Hrsg.) Denken i.d. Produktentwicklung. Rainer Hampp Verlag 2002.

[84/3] Sachse, P.; Leinert, S.: Skizzen und Modelle – Wieso Hilfsmittel des Denkens und Handelns beim Konstruieren? in Hacker, W. (Hrsg.) Denken i.d. Produktentwicklung. Rainer Hampp Verlag 2002.

[85/3] Jahn, F.; Rückert, C.; Gaedeke, O.; Pietzker, F.: Konstruieren methodisch lehren – Führt die konstruktionsmethodische Ausbildung schon im Studium zu besseren Lösungen? in Hacker, W. (Hrsg.) Denken i.d. Produktentwicklung. Rainer Hampp Verlag 2002.

[86/3] Lindemann, U.: Methodische Entwicklung technischer Produkte. 3. Aufl. Berlin: Springer 2009.

[87/3] Andreasen, M. M.: Vorgehensmodelle und Prozesse für die Entwicklung von Produkten und Dienstleistungen. In Schäppi, B. et al. (Hrsg.) Handbuch Produktentwicklung. München: Hanser 2005.

[88/3] Pache, M.: Sketching for Conceptual Design. München, TU, Diss. 2005.

[89/3] Winteler, A.: Evaluation – und was dann? Zur Professionalisierung der Hochschullehre. Forschung und Lehre 10, 2002, S. 529–531.

[90/3] Lindemann, U. (Hrsg.): Human Behaviour in Design. Berlin: Springer 2003 und dort: Ehrlenspiel, K.: On the Importance of the Unconscious and the Cognitive Economy in Design. S. 25–41.

[91/3] Bubb, H. (Hrsg.): Menschliche Zuverlässigkeit. Landsberg: ecomed 1992.

[92/3] Probst, G.; Raub, St.; Romhardt, K. Wissen Managen. 4. Aufl. Wiesbaden: Gabler (mit FAZ) 2003.

[93/3] Weth, von der, R.: Management der Komplexität. Bern: Hans Huber 2001.

[94/3] Frey, D.; Frank, E.: Der Beitrag (sozial-)psychologischer Theorien für die Erfassung und Umsetzung von Innovationen. In: Hamel, W.; Gemünden, H. G. (Hrsg.): Außergewöhnliche Entscheidungen, Festschrift für J. Hauschildt. München 2001, S. 597–646.

[95/3] Müller, F.: Intuitive digitale Geometriemodellierung in frühen Entwicklungsphasen. München: Reihe Produktentwicklung München, Band 65, Hrsg. Prof. Dr.-Ing. Udo Lindemann. Zugl. München: TU, Diss. 2006.

[96/3] Badke-Schaub, P.; Stempfle, J.: Analysis of solution finding processes in design teams. In Lindemann, U. (Hrsg.) Human Behaviour in Design. London: Springer 2003.

[97/3] Pöppel, E.: Informationsverarbeitung im Gehirn. Der GMD Spiegel 3/4; 1999; S. 48–51.

[98/3] Badke-Schaub, P.; Stempfle, J.; Wallmeier, S.: Transfer of Experience in Critical Design Situations. In Cully, S.; Duffy, A.; Mc Mahon, C.; Wallace, K. (Hrsg.) Design Management – Process and Information Issues, pp. 251–258, London: Professional Engineering Publishing 2001.

[99/3] Badke-Schaub, P.: Training zum Erkennen und Bewältigen kritischer Situationen in Projektgruppen. In Fisch.; Beck, D.: Englich, B (Hrsg.) Projektgruppen in Organisationen. Göttingen: Hogrefe 2001, S. 249–268.

[100/3] Blessing, L.; Chakrabarti, A.; Wallace, K.: An overview of Descriptive Studies in Relation to a General Design Research Methodology. In: Frankenberger, E.; Badke-Schaub, P.; Birkhofer, H. (Hrsg.) London: Springer 1998.

[101/3] Markowitsch, H. J.: Gedächtnis – Neuroanatomie und Störungen des Gedächtnisses. In Karnath, H.-O.; Thier, P. (Hrsg.): Neuropsychologie. Berlin: Springer 2001.

[102/3] Simon, H, A.: A behavioural model of rational choice. Quarterly J. Economics 69 (1955) 99–118.

[103/3] Sachse, P.; Hacker, W.; Leinert, S.: Externes Denken beim Problemlösen – unterstützt das Skizzieren auch die Problemanalyse? Zeitschr. f. Arbeits- u. Organisationspsychologie 48 (2004) 4; S. 193–202.

[104/3] Hacker, W.; Wetzstein, A.: Verbalisierende Reflexion und Lösungsgüte beim Entwurfsdenken. Zeitschr. f. Psychologie (2004) 3; S. 152–166.

[105/3] Schulz, R.; Swiaczny, F.: Bericht 2005 zur Entwicklung der Weltbevölkerung. Zeitschr. f. Bevölkerungswissenschaft 30 (2005) 4; im Druck; (Mitarbeiter v. Bundesinstitut f. Bevölkerungsforschung Wiesbaden).

[106/3] Spitzer, M.: Gefühle bleiben im Gedächtnis. Interview Südd. Zeitung 22. 4. 07.

[107/3] Winkelmann, C.; Hacker, W.: Unterstützungsmöglichkeiten der Produktentwicklung: Welche Veränderungen am Ergebnis löst das fragengestützte Nachdenken über eigene Lösungen aus? Zeitschr. f. Arbeitswissenschaft (2007) Febr.; 11–21.

[108/3] Gigerenzer, G.: Bauchentscheidungen. Die Intelligenz des Unbewussten und die Macht der Intuition. München: Goldmann 2008.

[109/3] Jänsch, J.: Akzeptanz und Anwendung von Konstruktionsmethoden im industriellen Einsatz. Düsseldorf: VDI-Verlag Reihe Fortschrittsberichte, Reihe 1, Nr. 396; (zugl. Diss. TU Darmstadt 2006).

[110/3] Clement, S.: Autogenetische Konstruktionstheorie – Produktentwicklung mit Hilfe der Evolution. Konstruktion 2008, Heft 5, S. 77–90.

[111/3] Zanker, W.: Effektiver und Effizienter Methodeneinsatz in der Produktentwicklung. Konstruktion, Heft 5, 2008, S. 83–89.

[112/3] Albers, A.: Innovationen und Produktentwicklung in Forschung, Lehre und Praxis. Konstruktion 2007, Heft 3, S. 61–62.

[113/3] Ponn, J.: Situative Unterstützung der methodischen Konzeptentwicklung technischer Produkte. München: Dr. Hut 2007. Zugl. München: TU, Diss. 2007.

[114/3] Miller, G., A.; Galanter, E.; Pritsram, K.: Strategien des Handelns. Stuttgart: Klett 1973 (Übersetzung).

[115/3] Schrader, C.: Explosion des Cyberspace. Süddeutsche Zeitung 11. 2. 2011; aus Hilbert, M;Lopez, P.: The Worlds Technological Capacity to Store, Communicate and Compute Information. Science Express Index (online) 10. 2. 2011.

[116/3] Benz, A.: Das neue Weltbild der Astrophysik. Schrift der Kath. Akademie München: zur debatte 3/2009.

[117/3] Frühwald, W.: Wo kommen wir her? Wo gehen wir hin? Forschung und Lehre 12/2010, S. 860.

[118/3] Ullman, D. G.; Dietterich, T. G.; Stauffer, L.: A model of the mechanical design process based on empirical data. Artificial Intelligence in Engineering design and Manufacturing !1988), Nr. 2 (1), S. 33–52.

[119/3] Wieman, C. et al.: Charisma oder Lehrmethode? Kurzfassung in Forschung und Lehre 6/2011, S. 465.

[120/3] Günther, K.: Lehre durch Massenvorlesungen? Ein Blick auf neurowissenschaftliche Erkenntnisse. Forschung und Lehre 6/12, S. 462–464.

[121/3] Breuer, H.: Die Erde ist keine Kugel. Interview mit Samuel Arbesman, Cornel Univ.; Südd. Zeitung 5. 2. 13.

[122/3] Kundisch, D.: Direkte Rückmeldung erwünscht: Forschung & Lehre 4/13; (S. 296).

[123/3] Lehrer, J.: Wie wir entscheiden. Das erfolgreiche Zusammenspiel von Kopf und Bauch. München: Piper 2009.

[124/3] Frietsch, R.: Entwicklung der internat. Wissenschaftskoopperationen. Fraunhofer Inst. f. Systemtechn. u. Innovationsforschung (ISI), Karlsruhe 2003.

[125/3] Beck, H.: Hirnrissig. München: Hanser 2014.

[126/3] Vester, F.: Leitmotiv vernetztes Denken. München: Heyne 1998.

[127/3] Kahnemann, D.: Schnelles Denken, langsames Denken. München. Siedler/Pantheon 2012/2014.

[128/3] Graner, M.: Der Einsatz von Methoden in Produktentwicklungsprojekten. Wiesbaden: Springer/Gabler 2013.

[129/3] Hacker, W.; Sachse, P.: Allgemeine Arbeitspsychologie. 3. Aufl., Göttingen: Hogrefe 2014.

[130/3] Gerrig, R.: Psychologie. 20. Aufl. Hallbergmoos: Pearson Deutschland 2015.

[131/3] Kanning, U. P.: Soziales Verhalten in der Personalentwicklung. In U. P. Kanning (Hrsg.), förderung sozialer Kompetenzen in der Personalentwicklung (S. 132/3) Göttingen: Hogrefe: 2007.

[132/3] Prof. Dr. Frieder R. Lang, Lehrstuhl für Psychogerontologie an der Friedrich-Alexander-Universität Erlangen-Nürnberg (Diverse Gespräche 2016).

[133/3] Funke, J. : Psychologie der Kreativität in R. M. Holm-Hadulla (Hrsg.), Kreativität (S. 283–300). Heidelberg: Springer: 2000.

[134/3] Tippelt, R.: Bildung. Mehr als Fachlichkeit, Berufsbildungswerk Kirchseeon, 18. 02. 2016.

[135/3] Rußwurm, S.: Vortrag Siemens intern; 28. 03. 2014 u. Siemens Mitarbeiter Zeitung 4.2014.

Literatur zu Kapitel 4

[1/4] Wach, J. J.: Problemspezifische Hilfsmittel für die integrierte Produktentwicklung. München: Hanser 1994 (Konstruktionstechnik München, Bd. 12). Zugl. München: TU, Diss. 1994.

[2/4] DIN ENISO 6789, Teil 1: Dokumentationssystematik. Berlin: Beuth 2003.

[3/4] Wellniak, R.: Das Produktmodell im rechnerintegrierten Konstruktionsarbeitsplatz. München: Hanser 1994 (Konstruktionstechnik München, Bd. 17). Zugl. München: TU, Diss. 1994.

[4/4] Schertler, W.: Unternehmensorganisation. München: 3. Aufl. Oldenbourg 1988.

[5/4] Braunsperger, M.: Qualitätssicherung im Entwicklungsablauf. München: Hanser 1993 (Konstruktionstechnik München, Bd. 9). Zugl. München: TU, Diss. 1992.

[6/4] Pahl, G.; Beelich, K. H.: Erfahrungen mit dem methodischen Konstruieren. Werkstatt und Betrieb 114 (1981) 11, S. 773–782.

[7/4] DIN EN ISO 9000: 2005-12 Qualitätsmanagement; Systeme, Grundlagen und Begriffe. Berlin: Beuth 2005. Siehe auch [45/4].

[8/4] Paul, J.: Planung, Steuerung und strategische Ausrichtung der Produktentwicklung. RKW Handbuch Forschung, Entwicklung, Konstruktion (F & E), Beitrag 4750. Berlin: Schmidt 1987.

[9/4] Müller, K.: Management für Ingenieure. 2. Aufl. Berlin: Springer 1995.

[10/4] Taylor, F. W.: The principles of scientific management. New York: Norton 1911. Zugl.: Die Grundsätze wissenschaftlicher Betriebsführung. München: Oldenbourg 1913.

[11/4] Heinen, E.: Industriebetriebslehre. 9. Aufl. Wiesbaden: Gabler 1991.

[12/4] Brockhoff, K.; Urban, C.: Die Beeinflussung der Entwicklungsdauer. Zfbf Sonderheft 23 (1988), S. 1–42.

[13/4] Stuffer, R.; Ehrlenspiel, K.: Teamarbeit als Grundlage der integrierten Produktentwicklung. In: Roozenburg, N. F. M. (Hrsg.): Proceedings of the ICED 1993, The Hague. Zürich: Edition Heurista 1993, S. 293–300 (Schriftenreihe WDK 22).

[14/4] Dierkes, M.: Leitbilder, Organisationskultur und Organisationshandeln. In: Pahl, G. (Hrsg.): Psychologische und Pädagogische Fragen beim methodischen Konstruieren. Köln: TÜV Rheinland 1994.

[15/4] Ropohl, G.: System und Methode – Die neue Philosophie im technischen Handeln. In: Hubka, V. (Hrsg.): Proceedings of the ICED 1991, Zürich: Edition Heurista 1991, S. 209–215 (Schriftenreihe WDK 20).

[16/4] Dylla, N.: Denk- und Handlungsabläufe beim Konstruieren. München: Hanser 1991. Zugl. München: TU, Diss. 1990.

[17/4] Sommerlatte, T.: Was soll die deutsche Industrie zur Stützung ihrer Wirtschaftlichkeit tun? München: VDI-EKV 1993 (Vortrag).

[18/4] Hoffmann, V.: Schölling, W.: Time Based Management mit Schwerpunkt Forschung und Entwicklung. Planung und Produktion 11 (1992), S. 16–21.

[19/4] Führberg-Baumann, J.; Müller, R.: Neugestaltung der Auftragsabwicklung. VDI-Z 133 (1991) 7, S. 52–57.

[20/4] Ehrlenspiel, K.: Kostengünstig Konstruieren. Berlin: Springer 1985. 7. Auflage: Ehrlenspiel, K.; Kiewert, A.; Lindemann, U.; Mörtl, M.: Kostengünstig Entwickeln und Konstruieren. Berlin: Springer 2014.

[21/4] Bullinger, H. J.: IAO Studie „F&E heute". München: GmfT-Verlag 1990.

[22/4] Ehrlenspiel, K.: Auf dem Weg zur integrierten Produktentwicklung. In: VDI-Berichte 812, Düsseldorf: VDI-Verlag 1990, S. 165–179.

[23/4] Allen, T.: Managing the flow of technology. Cambridge MA (USA): MTT Press 1977.

[24/4] Hundal, M. S.: Engineering and Management for Rapid Product Development. In: Proceedings of the ICED 1993, Den Haag. Zürich: Edition Heurista 1993, S. 588–595 (Schriftenreihe WDK 22).

[25/4] Linner, St.: Konzept einer integrierten Produktentwicklung. München: TU, Diss. 1993.

[26/4] Dörner, D.: Die Logik des Misslingens. Reinbeck: Rowohlt 1998 Taschenbuch 2003.

[27/4] Badke-Schaub, P.: Gruppen und komplexe Probleme. Bamberg: Univ., Diss. 1992.

[28/4] Womack, J. P.; Jones, D. T.; Roos, D.: Die zweite Revolution in der Automobilindustrie. Frankfurt: Campus 1991.

[29/4] Stuffer, R.: Planung und Steuerung der integrierten Produktentwicklung. München: Hanser 1994. (Reihe Konstruktionstechnik München, Bd. 13). Zugl. München: TU, Diss. 1994.

[30/4] REFA (Hrsg.): Methodenlehre der Planung und Steuerung. Teil 5. München: Hanser 1991.

[31/4] DIN 69900: Projektmanagement, Netzplantechnik, Beschreibungen, Begriffe. Berlin: Beuth 2009.

[32/4] Saynisch, M.: Konfigurationsmanagement. Köln: TÜV Rheinland-Verlag 1984.

[33/4] Schmitt, R.; Pfeifer, T.: Qualitätsmanagement: Strategien, Methoden, Techniken. 4. Aufl. München: Hanser 2010.

[34/4] Sondermann, J. P.: Quality Engineering; Poka Yoke, Shainin. In: Wildemann, H.: F&E. Markt-, montagefertigungs- und logistikgerechte Produktentwicklung. München: Transfer Centrum 1993, S. 299–326.

[35/4] Madauss, B.-J.: Projektmanagement. Ein Handbuch für Industriebetriebe, Unternehmensberater und Behörden. 7. Aufl. Stuttgart: Poeschel 2009.

[36/4] Platz, I.; Schmelzer, H. J.: Projektmanagement in der industriellen Forschung und Entwicklung. Berlin: Springer 1993.

[37/4] Blass, E.: Entwicklung verfahrenstechnischer Prozesse. Frankfurt: Salle & Sauerländer 1989; 2. Auflage: Berlin: Springer 1997.

[38/4] Groh, H.; Gutsch, R.: Netzplantechnik – Eine Anleitung zum Projektmanagement für Studium und Praxis. Düsseldorf: VDI-Verlag 1982.

[39/4] Akao, Y.: QFD – Quality Function Deployment. Landsberg: Verlag moderne Industrie 1992.

[40/4] King, B.: Doppelt so schnell wie die Konkurrenz – Quality Function Deployment. 2. Aufl. St. Gallen: gfmt 1994.

[41/4] Ehrlenspiel, K.: Gründe für den Kosten-, Zeit- und Qualitätsdruck Japans und Antworten darauf – Eindrücke von einer Studienreise zu elf japanischen Unternehmen. Konstruktion 45 (1993), S. 73–78.

[42/4] Burkhardt, R.: Volltreffer mit Methode – Target Costing. Top Business (1994) 1, S. 95–99.

[43/4] Rommel, G.; Brück, F.; Diederichs, R.; Kempis, R.-D.; Kluge, J.: Einfach überlegen. Stuttgart: Schäffer-Poeschel 1993.

[44/4] Warnecke, H. J.: Die fraktale Fabrik. Berlin: Springer 1992.

[45/4] DIN EN ISO 8402 Qualitätsmanagement, Beuth: Berlin 1995. Zurückgezogen zugunsten [7/4].

[46/4] VDMA: Kennzahlenkompass. Frankfurt/M.: VDMA Verlag 2006.

[47/4] Pfeiffer,T.; Schmitt, R.: Handbuch Qualitätsmanagement. Masing. 5. Auflage: München: Hanser 2007.

[48/4] Reinhart, G.; Lindemann, U.; Heinzl, J.: Qualitätsmanagement. Berlin: Springer 1996.

[49/4] Deutsches Institut f. Betriebswirtschaft (dib). Jahresbericht 2005, Frankfurt/Main: 2005.

[50/4] VDI-Richtlinie 2247 (Entwurf): Qualitätsmanagement in der Produktentwicklung. Düsseldorf: VDI-EKV 1994.

[51/4] Danner, St.: Ganzheitliches Anforderungsmanagement mit QFD – Ein Beitrag zur Optimierung marktorientierter Entwicklungsprozesse. Diss. TU München 1996.

[53/4] Schmalzl, B.; Schröder, J.: Managementkonzepte im Wettstreit. München: Beck 1998.

[54/4] VDMA: Studie „Schneller oder besser?" Frankfurt/M.: Maschinenbau-Verlag 1998.

[55/4] Grabowski, H.; Geiger, K.: Neue Wege zur Produktentwicklung. Stuttgart: Raabe 1997.

[56/4] Frankenberger, E.; Badke-Schaub, P.; Birkhofer, H.: Designers – The Key to Sucessful Product Development. Berlin: Springer 1998.

[57/4] Bullinger, H.-J.; Kugel, R.; Ohlhausen, P.; Stanke, A.: Integrierte Produktentwicklung. Wiesbaden: Gabler 1995.

[58/4] Lincke, W.: Simultaneous Engineering. München: Hanser 2002.

[59/4] Lindemann, U.; Reichwald, R.: Integriertes Änderungsmanagement. Berlin: 1998.

[60/4] Andreasen, M. M.: Concurrent Engineering – effiziente Integration der Aufgaben im Entwicklungsprozess. In Schäppi, B. et al. (Hrsg.) Handbuch Produktentwicklung. München: Hanser 2005.

[61/4] Andreasen, M. M.; Hein, L: Integrated Product Development. Bedford. IPS Verlag und Berlin: Springer-Verlag 1987.

[62/4] Schmelzer, H. J.; Sesselmann, W.: Geschäftsprozessmanagement in der Praxis. Hanser, München 2004.

[63/4] Deckstein, D.: Wo das Engagement verglüht. Süddeutsche Zeitung 1.10.2001.

[64/4] Schürmann, C.: Enge Bande, Serie Volkswagen, Teil I, Wirtschaftswoche 2. 4. 2007, S. 51–59.

[65/4] Heßling, T.: Einführung der Integrierten Produktpolitik in kleinen und mittelständischen Unternehmen. München: Reihe Produktentwicklung München, Band 62, (Hrsg. Lindemann, U.). Zugl. München: TU, Diss. 2006.

[66/4] Schwarz, H.: Firmen vergeuden Milliarden, Führungskräfte ignorieren Verbesserungsvorschläge. Südd. Zeitung Nr. 202, 3. 9. 2007, S. 23.

[67/4] Kinkel, St.; Som, O.: Strukturen und Treiber des Innovationserfolges im deutschen Maschinenbau. Mitt. des Fraunhofer Instituts für System- und Innovationsforschung: Nr. 41, Mai 2007.

[68/4] Kreimeyer, M.; Herfeld, U.; Deubzer, F.; Lindemann, U.: Effiziente Zusammenarbeit von Konstruktions- und Simulationsabteilungen in der Automobilindustrie. Cidad-Working-Paper-Series, Garching: Tu München, Lehrst. f. Produktentwicklung 2006.

[69/4] Herfeld, U.: Matrix-basierte Verknüpfung von Komponenten und Funktionen zur Integration von Konstruktion und numerischer Simulation. München: Reihe Produktentwicklung München, Band 70, (Hrsg. Lindemann, U.). Zugl. München: TU, Diss. 2007.

[70/4] Kress, R.; Leendertse, J.: Horror von Heathrow. Wirtschaftswoche 14. 4. 08, S. 86.

[71/4] Schäppi, B. u. a.: Handbuch Produktentwicklung. München: Hanser 2005.

[72/4] Günther, J.: Der Methodenfahrplan – Ein Beitrag zur Systematik in der Produktentwicklung. VDI-Bericht 1974, Projektmanagement Praxis 2006, S. 21–30: Düsseldorf: VDI-Verlag 2006.

[73/4] Becker, H.: Phänomen Toyota. Berlin: Springer 2006.

[74/4] Abele, R. et al.: Eco-Design. Von der Theorie in die Praxis. Berlin: Springer 2008.

[75/4] Grossmann, J. u. a.: EuP-Implementierung – Beispiel Umwelt-QFD. In [74/4], S. 13–46.

[76/4] Matys, E.: Praxishandbuch Produktmanagement, Grundlagen und Instrumente. 3. Aufl. Frankfurt: Campus 2005.

[77/4] Pepels, W.: Produktmanagement 5. Aufl. München: Oldenbourg 2006.

[78/4] Hanselka, M.; Platz, R.: Ansätze und Maßnahmen zur Beherrschung von Unsicherheit in lasttragenden Systemen des Maschinenbaus. Konstruktion 11/12 2010, S. 55.

[79/4] Aurich, J.; Clement, M. (Hrsg.): Produkt-Service Systeme. Berlin: Springer 2010.

[80/4] Birkhofer, H. (Hrsg.): The Future of Design Methodology. Berlin: Springer 2011.

[81/4] Meerkamm, H.; Paetzold, K.: Integrierte Produktentwicklung komplexer technischer Systeme. Vorlesung Lehrstuhl f. Konstruktionstechnik, FAU Erlangen-Nürnberg 2009.

[82/4] Meerkamm, H.; Bauer, S.: Methodisches und Rechnergestütztes Konstruieren. Vorlesung Lehrstuhl f. Konstruktionstechnik, FAU Erlangen-Nürnberg 2009.

[83/4] Müller, J.: Workflow based integration. Berlin: Springer 2005.

[83/4] Leimeister, J.; Glauner, C.: Hybride Produkte – Einordnung und Herausforderungen für die Wirtschaftsinformatik. Wirtschaftsinformatik 3/2008, S. 248–251.

[84/4] Rommel, G.; Brück, F.; Diederichs, R.; Kempis, R.-D.; Kluge, J.: Einfach überlegen. Stuttgart: Schäffer-Poeschel 1993.

[85/4] Eversheim, W.; Schuh, G. (Hrsg.): Integrierte Produkt- und Prozessgestaltung. Berlin: Springer, VDI 2005.

[86/4] Bullinger, H.-J.; Kugel, R.; Ohlhausen, P.; Stanke, A.: Integrierte Produktentwicklung. Zehn erfolgreiche Praxisbeispiele. Wiesbaden: Gabler 1995.

[87/4] Gausemeier, J.; Lanza, G.; Lindemann, U. (Hrsg.): Produkt und Produktionssysteme integrativ Konzipieren. München: Hanser 2012.

[88/4] Gausemeier, J.; Lindemann, U.; Schuh, G.: Planung der Produkte und Fertigungssysteme für die Märkte von morgen. Frankfurt: VDMA Verlag 2012.

[89/4] Oelsnitz v. d. D.; Busch, M.: Toll, ein Anderer macht's. Die Wahrheit über Teamarbeit. Zürich: Orell Füssli 2012.

[90/4] Ross, H.-L.: Funktionale Sicherheit im Automobil. München: Hanser 2014.

[91/4] Boppert, J.; Dincholz, J.: Schlanke Prozesse für nachhaltigen Erfolg. Technik in Bayern, Heft 2, 2014.

[92/4] Dombrowski, U. (Hrsg.): Lean Development. Berlin: Springer 2015.

[93/4] Andreasen, M. M.; Hansen, C.; Cash, P.: Conceptual Design. Heidelberg: Springer 2015.

[94/4] Ehrlenspiel, K.; Meerkamm, H.: Integration versus Spezialisierung. Konstruktion 1/2-2016 (Teil1) und 3-2016 (Teil 2).

[95/4] Vajna, S. (Hrsg.): Integrated Design Engineering. Berlin: Springer 2014

[96/4] VDI-Nachrichten, 2.5.14; S.10.

[97/4] Morgan, J. M.; Liker, J. K.: The Toyota Product Development System: Integrating People, Process and Technology. New York: Productivity Press 2006.

Literatur zu Kapitel 5

[1/5] DIN-Norm 6: Darstellung in Normprojektionen. Berlin: Beuth 1986.

[2/5] DIN-Norm 15: Linien. Berlin: Beuth 1984.

[3/5] DIN-Norm 30: Zeichnungsvereinfachung. Berlin: Beuth 1982.

[4/5] DIN-Norm 199: Begriffe im Zeichnungs- und Stücklistenwesen. Berlin: Beuth 1981.

[5/5] DIN-Norm 406: Maßeintragungen in Zeichnungen. Berlin: Beuth 1992.

[6/5] König, W.: Konstruieren und Fertigen im deutschen Maschinenbau unter dem Einfluss der Rationalisierungsbewegung. Ergebnisse und Thesen für eine Neuinterpretation des „Taylorismus“. Technikgeschichte 56 (1989) 3, S. 183–204.

[7/5] Wach, J. J.: Problemspezifische Hilfsmittel für die Integrierte Produktentwicklung. München: Hanser 1994 (Konstruktionstechnik München, Bd. 12). Zugl. München: TU, Diss. 1993.

[8/5] Arnold, R.; Bauer, C. O.: Qualität in Entwicklung und und Konstruktion Konstruktion. Köln: TÜV-Verlag 1990.

[9/5] Hesser, W.: Zur Tätigkeit des Konstrukteurs – Ergebnisse einer Voruntersuchung. VDI-Z 121 (1979) 20, S. 1031–1035.

[10/5] VDI-Richtlinie 2222: Konstruktionsmethodik – Konzipieren technischer Produkte. Düsseldorf: VDI-Verlag 1977.

[11/5] Schönfeld, S.; Pöttrich, W.; Sieber, P.; Franz, L.: Analyse des Konstruktionsprozesses – Ein Mittel zur Rationalisierung und Intensivierung in der Konstruktion. Maschinenbautechnik 29 (1980) 5, S. 204–208.

[12/5] VDI-Richtlinie 2221: Methodik zum Entwickeln und Konstruieren technischer Systeme und Produkte. Düsseldorf: VDI-Verlag 1993. [12a/1] Neubearbeitung 2016: Entwicklung technischer Produkte und Systeme.

[13/5] VDMA: Zwischenbetrieblicher Vergleich – Kennzahlen aus dem Bereich Entwicklung und Konstruktion und Konstruktion 1986/87 1986/87. Frankfurt: VDMA 1988 (BwZ 72).

[14/5] Romanow, P.: Konstruktionsbegleitende Kalkulation von Werkzeugmaschinen. München: TU, Diss. 1994. Berlin: Springer 1995 (iwb Forschungsberichte).

[15/5] Schiele, O. H.: mündl. Information von Prof. Dr.-Ing. Schiele, Neustadt a. d. W. 1985.

[16/5] Weinbrenner, V.: Produktlogik als Hilfsmittel zum Automatisieren von Varianten- und Anpassungskonstruktionen. München: Hanser 1994 (Konstruktionstechnik München, Bd. 11). Zugl. München: TU, Diss. 1993.

[17/5] Birkhofer, H.: Konstruieren im Sondermaschinenbau – Erfahrungen mit Methodik und Rechnereinsatz. In: Rechnergestützte Produktentwicklung: Integration von Konstruktionsmethodik und Rechnereinsatz, Bad Soden. Düsseldorf: VDI-Verlag 1990, S. 67–88 (VDI-Berichte 812).

[18/5] Fricke, G.: Konstruieren als flexibler Problemlöseprozess – Empirische Untersuchung über erfolgreiche Strategien und methodische Vorgehensweisen beim Konstruieren. Düsseldorf: VDI-Verlag 1993. (Fortschritt-Berichte der VDI-Zeitschriften Reihe 1, Nr. 227). Zugl. Darmstadt: TH, Diss. 1993.

[19/5] Dylla, N.: Denk- und Handlungsabläufe beim Konstruieren. München: Hanser 1991. (Konstruktionstechnik München, Bd. 5). Zugl. München: TU, Diss. 1990.

[20/5] VDI/VDE-Richtlinie 2422: Entwicklungsmethodik für Geräte mit Steuerung durch Mikroelektronik. Düsseldorf: VDI-Verlag 1994.

[21/5] VDI-Richtlinie 2210 (Entwurf): Datenverarbeitung in der Konstruktion – Analyse des Konstruktionsprozesses im Hinblick auf den EDV-Einsatz. Düsseldorf: VDI-Verlag 1977.

[22/5] Opaschewski, H. W.: Vollbeschäftigung adieu. VDI Nachrichten 31. 7. 1998.

[23/5] Holzhamer, H.-H.: Baden-Württemberg und die japanische Herausforderung. SZ (1992) 107, S. A1.

[24/5] VDMA: Zwischenbetrieblicher Vergleich – Kennzahlen und Informationen aus dem Bereich Entwicklung und Konstruktion und Konstruktion 1991 1991. Frankfurt: VDMA 1991 (BwZ 72).

[25/5] Paul, J.: Überwindung von Engpässen im Konstruktionsbereich durch Planung und Steuerung. In: Das Konstruktionsbüro – Arbeitsmittel und Organisation, Stuttgart Stuttgart. Düsseldorf: VDI-Verlag 1978, S. 113–120 (VDI-Berichte 311).

[26/5] Paul, J.: Planung, Steuerung und strategische Ausrichtung der Produktentwicklung. RKW Handbuch Forschung, Entwicklung, Konstruktion (F & E), Beitrag 4750. Berlin: Schmidt 1987.

[27/5] Manske, F.; Mickler, O.; Wolf, H.; Martin, P.; Widmer, H. J.: Computerunterstütztes Konstruieren und Planen in Maschinenbaubetrieben. Karlsruhe: KfK 1990 (Bericht KfK-PFT 158).

[28/5] Voegele, A. A.: Sind Kosten und Wirtschaftlichkeit auch Zielgrößen des Ingenieurs? RKW Handbuch Forschung, Entwicklung, Konstruktion (F & E), Beitrag 4340. Berlin: Schmidt 1986.

[29/5] Radermacher, W.: Arbeitsvorbereitung in der Konstruktion – Organisationsformen Organisationsformen. VDI-Z 125 (1983) 22, S. 925–931 und 23/24, S. 995–998.

[30/5] Linner, S.: Konzept einer integrierten Produktentwicklung. München: TU, Diss. 1993.

[31/5] Binz, H.: Der Wandel des Berufsbildes „Konstruktionsleiter" – vom Chefkonstrukteur zum Konstruktionsmanager. In: Entwicklung und Konstruktion und Konstruktion im Strukturwandel, Fulda im Strukturwandel, Fulda. Düsseldorf: VDI-Verlag 1994, S. 39–50 (VDI-Berichte 1120).

[32/5] Ehrlenspiel, K.; Hillebrand, A.: Anforderungsprofile für Konstruktions- und Entwicklungsingenieure im Maschinenbau. Forschungskuratorium Maschinenbau. Frankfurt/M.: Maschinenbau Verlag 1981.

[33/5] Hillebrand, A: Anforderungsprofile für Konstruktions- und Entwicklungsingenieure im Maschinenbau. Kontakt Studium (1983) 3, S. 15–17.

[34/5] Scheer, H.-P.: Die Fetzen fliegen. Die Wirtschaftswoche (1994) 11, S. 70–75.

[35/5] Ehrlenspiel, K.: Leistungssteigerung in der Konstruktion. Konstruktion 27 (1975) 10, S. 365–373.

[36/5] VDMA: Kennzahlenkompass 2006. Frankfurt/M.: Maschinenbau Verlag 2006.

[37/5] Ehrlenspiel, K.; Tropschuh, P. F.: Anwendung eines wissensbasierten Systems für die Synthese – Beispiel: Das Projektieren von Schiffsgetrieben. Konstruktion 41 (1989), S. 283–292.

[38/5] Janis, I. L.; Mann, L.: Decisions Making. New York: Free Press of Glencoe 1977.

[39/5] Ehrlenspiel, K.; Stuffer, R.; Rutz, A.: Einführung einer methodischen Termin- und Kapazitätsplanung. In: Zeit- und Kostenmanagement in der Konstruktion, Mannheim. Düsseldorf: VDI-Verlag 1993, S. 76–95 (VDI-Berichte 1037).

[40/5] Stuffer, R.: Planung und Steuerung der Integrierten Produktentwicklung. München: Hanser 1994. (Konstruktionstechnik München, Bd. 14). Zugl. München: TU, Diss. 1993.

[41/5] VDMA: Kennzahlenkompass. Frankfurt/M.: VDMA Verlag 2001.

[42/5] Zanker, W.: Situative Anpassung und Neukombination von Entwicklungsmethoden. Aachen: Shaker 1999. (Konstruktionstechnik München, Band 36). Zugl. München: TU, Diss. 1999.

[43/5] VDI Richtlinie 2223: Methodisches Entwerfen technischer Produkte Berlin: Beuth-Verlag 2004.

[44/5] VDMA: Zwischenbetrieblicher Vergleich … aus dem Bereich E & K (BwZ 72). Frankfurt: VDMA Betriebswirtschaft 1997.

[45/5] Camp, R. C.: Benchmarking. München: Hanser 1994.

[46/5] Geupel, H.: Konstruktionslehre. Berlin: Springer 1996.

[47/5] Conrad, K.-J.: Grundlagen der Konstruktionslehre. 5. Aufl. München: Hanser: 2010.

[48/5] Stempfle, J.: Lenker oder Macher? Eine empirische Untersuchung zum Handeln von Führungskräften. zfo, Zeitschrift Führung und Organisation 72 (2002) 3, S. 138–144.

[49/5] Römer, A.; Pache, M.: Skizzieren und Modellieren in der Produktentwicklung – Hilfsmittel des Praktikers auch bei der CAD-Arbeit. In [16/1] Hacker, W., S. 53–61.

[50/5] Lindemann, U.: Entwicklungsmanagement. Vorlesungsskript. TU München: 2006.

[51/5] Bullinger, H.-J.: Einführung in das Technologiemanagement. Stuttgart: Teubner 1994.

[52/5] von Rosenstiel, L.; Regnet, E.; Domsch, M. E. (Hrsg.): Führung von Mitarbeitern. Stuttgart: Schäffer-Poeschel 2003.

[53/5] Weule, H.: Integriertes Forschungs- und Entwicklungsmanagement. Hanser, München: 2001.

[54/5] Voegele, A. (Hrsg.): Das große Handbuch Konstruktions- und Entwicklungsmanagement. Landsberg: Moderne Industrie 1997.

[55/5] Brockhoff, K.: Forschung und Entwicklung. 5. Aufl. München: Oldenbourg 1999.

[56/5] Gentner, A.: Entwurf eines Kennzahlensystems zur Effektivitäts- und Effizienzbewertung von Entwicklungsprojekten. München: Vahlen 1994.

[57/5] Isermann, R.: Mechatronische Systeme – Grundlagen. Berlin: Springer 1999.

[58/5] VDI-Richtlinie 2206: Entwicklungsmethodik für mechatronische Systeme. Berlin: Beuth-Verlag 2004.

[59/5] Gausemeier, J.; Ebbesmeyer, P.; Kallmeyer, F.: Produktinnovation – Strategische Planung und Entwicklung der Produkte von morgen. München: Hanser 2001.

[60/5] Hoenow, G.; Meißner, Th.: Entwerfen und Gestalten im Maschinenbau. 3. Aufl. München: Hanser/Fachbuchverlag Leipzig 2010.

[61/5] VDMA Ingenieure in der Investitionsgüterindustrie. Abt. Volkswirtschaft u. Statistik Frankfurt/M.: VDMA Verlag 2007.

[62/5] Adelhoch, G.; Kociorski, R.: Schraube mit Sensor. Konstruktion (2004) Heft 6, S. 36–37.

[63/5] GMür, M.: Interview „Charisma und Führung“ Forschung und Lehre 14. Jg., H. 1, S. 18.

[64/5] Krause, F.-L.; Franke, H.-J.; Gausemeieer, J. (Hrsg.): Innovationspotenziale in der Produktentwicklung. München: Hanser 2007.

[65/5] Gostick, A.; Chester, E.: Der unsichtbare Mitarbeiter. Verborgene Talente entdecken und heben. Weinheim: Wiley 2007.

[66/5] Shea, K.: Computer Aided Product Development. TU München, Lehrst. f. Produktentwicklung, Vorlesung 2007.

[67/5] Wolf, N.: Vom Wert der Demut. Wirtschaftswoche Nr. 7, 11. 2. 2008, S. 44.

[68/5] Steck-Winter, H.; Sebo, D.: Aufwandstreiber bei der Zeitaufwandsschätzung von Konstruktionsaufträgen. Konstruktion Heft 9, 2008, S. 85–90.

[69/5] Ponn, J.; Lindemann, U.: Konzeptentwicklung und Gestaltung technischer Produkte. 2. Aufl. Berlin: Springer 2011.

[70/5] Kiel, E.: Antriebslösungen – Mechatronik für Produktion und Logistik. Berlin: Springer 2007.

[71/5] Leyendecker, H.-W.: VDMA Kennzahlen Entwicklung und Konstruktion. Frankfurt: VDMA-Verlag 2008.

[72/5] VDI-Nachrichten, 21. 5. 10. Das Engineering könnte noch besser laufen. Befragung v. 250 Firmen durch das Systemhaus Eplan.

[73/5] Griep, P.: Digital Prototyping. München: Hanser 2010.

[74/5] ProStep iViP Association, MPI Abschlussbericht. Darmstadt: ProStep iViP Dokumentation 2009.

[75/5] Nattermann, R.; Anderl, R.: Simulation Data Management Approach for Developing Adaptronic Systems; The W-Modell Methodolgy. Proceedings of the WASET Int. Conf. in Softw. and Data Engineering. (ICSDE). Bangkok 2011.

[76/5] Frey, D.: Eltern sollten eine Ausbildung in Menschenführung erhalten. Südd. Zeitung 28. 6. 2011.

[77/5] Bender, K.; Dominka, S.; Koc, S.; Pöschl, A.; Russ, M.; Stützel, B.: Embedded Systems – qualitätsorientierte Entwicklung. Berlin: Springer 2005.

[78/5] Zirkler, S.: Transdisziplinäres Zielkostenmanagement komplexer mechatronischer Produkte. München: Dr. Hut 2006. (Produktentwicklung München, Band 108). Zugl. München: TU, Diss. 2009.

[79/5] Hoischen, H.; Hesser, W. (Hrsg.): Technisches Zeichnen. 32. Aufl. Berlin: Cornelsen Verlag 2009.

[80/5] Vajna, S. et al.: CAx für Ingenieure, 2. Aufl. Berlin: Springer 2009.

[81/5] Möllenney, M.: Wertorientiertes Personalmanagement in der Praxis. Politische Studien, Hans Seidel Stftg., München: 64. Jg. 5/6 2013, S. 28–40.

[82/5] Frey, D.; Schmalzried, L.: Philosophie der Führung – gute Führung lernen von Kant, Aristoteles, Popper & Co.; Berlin: Springer 2013.

[83/5] Eigner, M.; Roubanow, D.; Zafirov, R.: Produktmodelle über den Lebenszyklus vernetzt halten durch SLM. Konstruktion 4/2015, S. 62 Buchbespr.

[84/5] Stiglitz, J.: Reich und Arm. München: Siedler 2015.

[85/5] VDI-Richtlinie 2870 Ganzheitliche Produktionssysteme. Berlin: Beuth 2013.

[86/5] Lutz, M.: VDMA Kennzahlen Entwicklung und Konstruktion. Frankfurt: VDMA-Verlag 2012.

[87/5] N. N.: VDMA Ingenieurerhebung 2013. Frankfurt: VDMA-Verlag 2013.

Literatur zu Kapitel 6

[1/6] Braunsperger, M.: Qualitätssicherung im Entwicklungsablauf – Konzept einer präventiven Qualitätssicherung für die Automobilindustrie. München: Hanser 1993. (Konstruktionstechnik München, Bd. 9). Zugl. München: TU, Diss. 1992.

[2/6] Eversheim, W.; Szabó, Z-J.: Analyse der Fertigungsunterlagen. BMFT Projekt, AC-WZL/113; CAD Bericht 10; Aachen 1975.

[3/6] Dylla, N.: Denk- und Handlungsabläufe beim Konstruieren. München: Hanser 1991. Zugl. München: TU, Diss. 1990.

[4/6] Hoover, S. P.; Rinderle, J. R.; Finger, S.: Models and Abstraction in Design. In: Hubka, V. (Hrsg.): Proceedings of ICED 1991, Zürich. Zürich: Edition Heurista 1991, S. 46–56 (Schriftenreihe WDK 20).

[5/6] Wach, J. J.: Problemspezifische Hilfsmittel für die integrierte Produkterstellung. München: Hanser 1994 (Konstruktionstechnik München, Bd. 12). Zugl. München: TU, Diss. 1993.

[6/6] VDI-Richtlinie 2222: Konstruktionsmethodik, Konzipieren technischer Produkte. Düsseldorf: VDI-Verlag 1977.

[7/6] Pahl, G.; Beelich, K. H.: Erfahrungen mit dem methodischen Konstruieren. Werkstatt und Betrieb 114 (1981) 11, S. 773–782.

[8/6] VDI-Richtlinie 2221: Methodik zum Entwickeln und Konstruieren technischer Systeme und Produkte. Düsseldorf: VDI-Verlag 1993. [8a/6] Neubearbeitung 2016: Entwicklung technischer Produkte und Systeme.

[9/6] Pahl, G.; Beitz, W.; Feldhusen, J.; Grote, K. H: Konstruktionslehre. 7. Auflage: Berlin: Springer 2007. Inzwischen gibt es eine Überarbeitung mit den Hrsg. Feldhusen, J.; Grote, K. H. Berlin: Springer 2013.

[10/6] Ehrlenspiel, K.: Kostengünstig Konstruieren. Berlin: Springer 1985; 6. Auflage: Ehrlenspiel, K.; Kiewert, A.; Lindemann, U.; Mörtl, M.: Kostengünstig Entwickeln und Konstruieren. Berlin: Springer 2014.

[11/6] Kollmann, F.-G.: Maschinenakustik. 2. Aufl. Berlin: Springer 2000.

[12/6] VDI-Richtlinie 2242, Blatt 1 und Blatt 2: Konstruieren ergonomiegerechter Erzeugnisse. Düsseldorf: VDI-Verlag 1986.

[13/6] Schmidtke, H. (Hrsg.): Lehrbuch der Ergonomie. 3. Aufl. München: Hanser 1985.

[14/6] Spur, G.; Stöferle, T.: Handbuch der Fertigungstechnik. Bd. 1–6, München: Hanser 1979–1986.

[15/6] Neuber, H.: Kerbspannungslehre. 3. Aufl. Berlin: Springer 1985.

[16/6] Koller, R.: Konstruktionslehre für den Maschinenbau. 4. Aufl. Berlin: Springer 1998.

[17/6] Dechema, Deutsche Gesellschaft für chemisches Apparatewesen e.V. (Hrsg.): Korrosionsschutzgerechte Konstruktion – Merkblätter zur Verhütung von Korrosion durch konstruktive und fertigungstechnische Maßnahmen. Frankfurt am Main: 1981.

[18/6] Gairola, A.: Montagegerechtes Konstruieren – Ein Beitrag zur Konstruktionsmethodik. Darmstadt: TU, Diss. 1981.

[19/6] Andreasen, M.M.; Kähler, S.; Lund, T.: Design for Assembly. Berlin: Springer 1988.

[20/6] Verein Deutscher Ingenieure (Hrsg.): Montage und Demontage, Fellbach. Düsseldorf: VDI-Verlag 1992 (VDI-Berichte 999).

[21/6] Klein, M.: Einführung in die DIN-Normen. 13. Aufl. Stuttgart: Teubner 2001.

[22/6] DIN VDE 1000: Sicherheitsgerechtes Gestalten technischer Erzeugnisse. Allgemeine Leitsätze. Berlin: Beuth 2009. Teil 1 u. 2: Sicherheit von Maschinen, Grundbegriffe. Berlin: Beuth 2011. Ferner: ENISO 12 100.

[23/6] VDI-Richtlinie 2244 (Entwurf): Konstruieren sicherheitsgerechter Produkte. Düsseldorf: VDI-Verlag 1988.

[24/6] Birolini, A.: Zuverlässigkeit von Geräten und Systemen. Berlin: Springer 1997.

[25/6] Bertsche, B.; Lechner, G.: Zuverlässigkeit im Fahrzeug- und Maschinenbau. 3. Aufl., Berlin: Springer 2004.

[26/6] Czichos, H.; Habig, K.-H.: Tribologie Handbuch – Reibung und Verschleiß. Braunschweig: Viehweg 1992.

[27/6] Brinkmann, T.; Ehrenstein, G.W.; Steinhilper, R.: Umwelt- und recyclinggerechte Produktentwicklung. Augsburg: WEKA-Fachverlag 1994.

[28/6] Weege, R.-D.: Recyclinggerechtes Konstruieren. Düsseldorf: VDI-Verlag 1981.

[29/6] VDI-Richtlinie 2243: Recyclingorientierte Produktentwicklung. Düsseldorf: VDI-Verlag 2002.

[30/6] Habig, K.-H.: Verschleiß und Härte von Werkstoffen. München: Hanser 1980.

[31/6] Bode, K.-H.: Werkstoff- und verfahrensgerecht Konstruieren. Darmstadt: Hoppenstedt 1984.

[32/6] Giapoulis, A.: Modelle für effektive Konstruktionsprozesse. Aachen: Shaker 1998. (Konstruktionstechnik München, Band 27). Zugl. München: TU, Diss. 1996.

[33/6] Ehrlenspiel, K.: Komplexe Bedingungen beim Entwickeln und Konstruieren erfordern eine Anpassung des Vorgehens. In Pahl, G. (Hrsg.): Wolfgang Beitz zum Gedenken. Sein Wirken und Schaffen. Berlin: Springer 1999. Das Buch ist nicht im öffentl. Handel.

[34/6] VDI Richtlinie 2223: Methodisches Entwerfen technischer Produkte. Berlin: Beuth-Verlag 2004.

[35/6] John, T.: Systematische Entwicklung von homokinetischen Wellenkupplungen. München: TU, Diss. 1987.

[36/6] Derhake, T.: Konstruktionsmanagement im Sondermaschinenbau. In: Proceedings of ICED 95, Schriftenreihe WDK 23. Zürich: Edition Heurista Vol.1 (1995), S.400–406.

[37/6] Zanker, W.: Situative Anpassung und Neukombination von Entwicklungsmethoden. Aachen: Shaker 1999. (Konstruktionstechnik München, Band 36). Zugl. München: TU, Diss. 1999.

[38/6] Merat, P.: Rechnergestützte Auftragsabwicklung an einem Praxisbeispiel. Aachen: Shaker 1996. (Konstruktionstechnik München, Band 25). Zugl. München: TU, Diss. 1996 u.d. T.: Merat, P.: Rechnergestütztes Produktleitsystem.

[39/6] VDI-Richtlinie 2224: Formgebung technischer Erzeugnisse. Empfehlungen für den Konstrukteur. Düsseldorf: VDI-Verlag 1972.

[40/6] Tjalve, E.: Systematische Formgebung für Industrieprodukte. Düsseldorf: VDI-Verlag 1978.

[41/6] Seeger, H.: Technisches Design. Grafenau: Expert Verlag 1980.

[42/6] Klöcker, I.: Produktgestaltung, Aufgabe – Kriterien – Ausführung. Berlin: Springer 1981.

[43/6] VDI-Richtlinie 2246, Bl. 1 (Entwurf): Konstruieren instandhaltungsgerechter technischer Erzeugnisse – Grundlagen. Düsseldorf: VDI-Verlag 2001.

[44/6] Niemann, G.; Winter, H.; Höhn, B.-R.: Maschinenelemente, Band 1; 4. Auflage, Berlin: Springer 2005.

[45/6] Phleps, U.: Recyclinggerechte Produktdefinition – Methodische Unterstützung für Upgrading und Verwertung. Aachen: Shaker 1999. (Konstruktionstechnik München, Band 34). Zug. München: TU, Diss. 1999.

[46/6] Mörtl, M.: Entwicklungsmanagement für langlebige, upgradinggerechte Produkte. München: TU, Diss. 2002.

[47/6] Habenicht, G.: Kleben. 5. Aufl. Berlin: Springer 2006.

[48/6] Lindemann, U.: Nachhaltige Produktentwicklung. (Vorl. Manuskript „Produktentwicklung und Konstruktion“. Kapitel 9; München: 2006.

[49/6] Quella, F. (Hrsg.): Umweltverträgliche Produktgestaltung-Planung-Werkzeuge-Umsetzung-Beispiele. Weinheim: Wiley VCH 1998.

[50/6] Birkhofer, H.: Umweltgerechte Produktentwicklung. Ein Leitfaden für Entwicklung und Konstruktion. Berlin: Beuth-Verlag 2000.

[51/6] Klein, B.: Leichtbau-Konstruktion. 7. Aufl. Wiesbaden: Vieweg 2007.

[52/6] Wiedemann, J.: Leichtbau. 7. Aufl. Berlin: Springer 2006.

[53/6] Neudörfer, A.: Konstruieren sicherheitsgerechter Produkte. Berlin: Springer 2013.

[54/6] Jänsch, J.; Birkhofer, H.: The Development of the Guidance VDI 2221. The Change of Direction. In Marjanovic, D.: Proceedings of the 9th Design Conf. (Design 2006) Dubrovnik, Croatia: 2006; Fac. of Mech. Engineering and Naval Architecture. Univ. of Zagreb 2006.

[55/6] Ashby, M.F.: Materials Selection in Mechanical Design (Original mit Übersetzungshilfen) 3. Aufl., München: Elsevier 2007.

[56/6] Kurtz, P.: Lärmarm Konstruieren. Forschung – Erkenntnisse – Anwendung. Bundesanstalt für Arbeitsschutz und Arbeitsmedizin (Hrsg.): Dortmund 2005.

[57/6] DIN 8580: Fertigungsverfahren, Begriffe, Einteilung. Hrsg. Deutsches Institut für Normung. Berlin: Beuth-Verlag 2003.

[58/6] Meerkamm, H.: DESIGN FOR X – Vielfalt der Anforderungen versus Zielorientierung. Tagungsband WOIS-Symposium, Coburg 1999.

[59/6] Bauer, S.: Entwicklung eines Werkzeugs zur Unterstützung multikriterieller Entscheidungen im Kontext des Design for X, Fortschritt-Berichte VDI, Reihe 1, Nr. 404. Düsseldorf: VDI Verlag 2009.

[60/6] Rieg, F.; Steinhilper, R.: Handbuch Konstruktion; München: Hanser 2012.

[61/6] Rasche, M.: Handbuch Klebtechnik. München: Hanser 2013.

[62/6] Albers, A.; Braun, A.: Der Prozess der Produktentstehung in: Henning, F.; Moeller, E.; (Hrsg.).: Handbuch Leichtbau. München: Hanser 2011.

[63/6] Bertsche, B.; et Al.: Zuverlässigkeit mechatronischer Systeme. Berlin: Springer 2009.

[64/6] VDI Richtlinie 4006 Menschliche Zuverlässigkeit. Berlin: Beuth 2015.

Literatur zu Kapitel 7

Kapitel 7.1

[1/7.1] VDI-Richtlinie 2221: Methodik zum Entwickeln und Konstruieren technischer Systeme und Produkte. Düsseldorf: VDI-Verlag 1993. [1a/7.1] Neubearbeitung 2016: Entwicklung technischer Produkte und Systeme.

[2/7.1] Pahl, G.; Beitz, W.; Feldhusen, J.; Grote, K. H: Konstruktionslehre. 7. Auflage: Berlin: Springer 2007. Inzwischen gibt es eine Überarbeitung mit den Hrsg. Feldhusen, J.; Grote, K. H. Berlin: Springer 2013.

[3/7.1] Jorden, W.; Schwarzkopf, W.: Flexible Konstruktionsmethodik mit Hilfe eines Methodik-Baukastensystems. Konstruktion 37 (1985) 2, S. 73–77.

[4/7.1] Wach, J. J.: Problemspezifische Hilfsmittel für die Integrierte Produktentwicklung. München: Hanser 1994. (Konstruktionstechnik München, Band 12). Zugl. München: TU, Diss. 1993.

[5/7.1] Schlüter, A.: Gestaltung von Schnappverbindungen für montagegerechte Produkte. München: Hanser 1994. (Konstruktionstechnik München, Band 18). Zugl. München: TU, Diss. 1994.

[6/7.1] Gausemeier, J.; Lindemann, U.; Wiendahl, H.-P.: Kooperatives Produktengineering. Paderborn: HNI 2000.

Kapitel 7.2

[1/7.2] Thomle, E.: Brauchen wir eine neue Unternehmenskultur? Managementwissen 5 (1985), S. 2–6.

[2/7.2] VDI-Richtlinie 2220: Produktplanung, Ablauf, Begriffe, Organisation. Düsseldorf: Beuth 1980.

[3/7.2] VDI (Hrsg.): Arbeitshilfen zur systematischen Produktplanung. Düsseldorf: VDI-Verlag 1978. (VDI Taschenbücher T 79).

[4/7.2] Kramer, F.: Innovative Produktpolitik. Berlin: Springer 1987.

[5/7.2] Brankamp, K.: Planung und Entwicklung neuer Produkte. Berlin: de Gruyter 1971.

[6/7.2] Linde, H.; Hill, B.: Erfolgreich Erfinden – Widerspruchsorientierte Innovationsstrategie für Entwickler und Konstrukteure. Darmstadt: Hoppenstedt 1993.

[7/7.2] Hertel, H.: Biologie und Technik – Struktur, Form, Bewegung. Mainz: Krauskopf 1963.

[8/7.2] Rechenberg, I.: Evolutionsstrategie. Stuttgart: Problemata Reihe 15 1973.

[9/7.2] Nachtigall, W.: Bionik. 2. Aufl. Berlin: Springer 2002.

[10/7.2] Linde, H.; Mohr, K.-H.: Widerspruchsorientierte Innovationsstrategie/WOIS – Ein Beitrag zur methodischen Produktentwicklung. Konstruktion 46 (1994) 1, S. 77–83.

[11/7.2] Lindemann, U.: Methodische Entwicklung technischer Produkte. 3. Aufl. Berlin: Springer 2009.

[12/7.2] Gausemeier, J.; Fink, A.; Schlake, O.: Scenario-Management. 2. Aufl. München: Hanser 1999.

[13/7.2] Gausemeier, J.; Ebbesmeyer, P.; Kallmeyer, F.: Produktinnovation. München: Hanser 2001.

[14/7.2] Linde, H. (Hrsg.): Mastering Strategic Innovations. Tagungsband 7. WOIS Innovations-Symposium. Coburg: Okt. 2005 (linde@fh-coburg.de).

[15/7.2] Pache, M.; Müller, F.; Lindemann, U.: Digitales Skizzieren im Raum mit Virtual Reality. 1. Paderborner Workshop: Augumented Reality, Virtual Reality in der Produktentstehung 11/12. 6. 02 Univ. Paderborn. Heinz Nixdorf Inst. Bd. 107.

[16/7.2] Staudt, E.; Bock, J.; Mühlemeyer, P.: Informationsverhalten von innovationsaktiven, kleinen und mittleren Unternehmen. ZfB, 62 (1992) Heft 9, S. 989–1008.

[17/7.2] Gramann, J.: Problemmodelle und Bionik als Methode. München: TUDiss. 2004.

[18/7.2] Gausemeier, J.; Lindemann, U.; Schuh, G. (Hrsg.): Planung der Produkte und Fertigungssysteme für die Märkte von morgen. Frankfurt: VDMA Verlag 2004.

[19/7.2] Hauschildt, J.: Innovationsmanagement. 4. Auflage, München: Vahlen 2007.

[20/7.2] Ehrlenspiel, K.: Innovative Produktentwicklung – Mit Psychologie geht's besser. Vortrag in einem Symposium der Hanns Seidel-Stiftung, München am 13. 3. 06.

[21/7.2] Mattheck, C.: Stupsi erklärt den Baum. 3. Auflage, Forschungszentrum Karlsruhe, Postfach 3640, 76021 Karlruhe.

[22/7.2] Mattheck, C.: Design in der Natur – Der Baum als Lehrmeister. 3. Aufl. Rombach Verlag, Freiburg 1998.

[23/7.2] Reichwald, R.; Piller, F.: Interaktive Wertschöpfung. Open Innovation, Produktindividualisierung und neue Formen der Arbeitsteilung. Wiesbaden: Gabler 2006.

[24/7.2] Roter, F.: Flops en masse. Wirtschaftswoche 29.1.07, Nr.5; S.66.

[25/7.2] Mattheck, C.: Warum alles kaputt geht – Form und Versagen in Natur und Technik. Forschungszentrum Karlsruhe 2003.

[26/7.2] Gemünden, H.-G.: Andere Spielregeln. Wirtschaftswoche 29. 1. 07, Nr. 5; S. 66.

[27/7.2] Mezini, M.: Zu Ende gedacht. Forschung und Lehre 2007, Heft 1, S. 59.

[28/7.2] Hill, B.: Naturorientierte Lösungsfindung. Entw. u. Konstr. nach biologischen Vorbildern. Renningen-Malsheim: Expert-Verlag: 1999.

[29/7.2] Moritz, E. F.: Holistische Innovation. Berlin: Springer 2009.

[30/7.2] Christensen, C.; M.: The Innovators Dilemma. New York: Harper Business Edition 2000.

[31/7.2] Fischer, K.: Die verborgenen Quellen des Neuen. Forschung und Lehre 2000, Heft1, S. 14–18.

[32/7.2] VDMA: Kennzahlen zu Forschung und Innovation im Maschinenbau. Frankfurt; VDMA-Verlag 2012.

[33/7.2] Buzan, T.: Mind Map – Die Erfolgsmethode. München: Wilhelm Goldmann Verlag 2005.

[34/7.2] Lang, A.; Kirschner, R.; Kain, A.: Overcoming the keep the market out premise (Kmop) in product development, Proceedings ICED 11, Kopenhagen (2011).

[35/7.2] Bauer, R.: Gescheiterte Innovationen. Fehlschläge und technologischer Wandel. Frankfurt: Campus 2006.

Kapitel 7.3

[1/7.3] Ehrlenspiel, K.: Betriebsforderungen an Maschinen – Bedeutung und Einteilung. Konstruktion 29 (1977), S. 29–35.

[2/7.3] Franke, H. J.: Methodische Schritte beim Klären konstruktiver Aufgabenstellungen. Konstruktion 27 (1975), S. 395–405.

[3/7.3] Braess, H. H.: Das Automobil von der Idee bis zum Recycling. In: Ringvorlesung Systemtechnik und systemtechnische Anwendungen. München: TU, Fakultäten für Maschinenwesen, Elektrotechnik, Physik und Informatik, Umdruck zur Vorlesung 1990.

[4/7.3] Pahl, G.; Beitz, W.; Feldhusen, J.; Grote, K. H: Konstruktionslehre. 7. Auflage: Berlin: Springer 2007. Inzwischen gibt es eine Überarbeitung mit den Hrsg. Feldhusen, J.; Grote, K. H. Berlin: Springer 2013.

[5/7.3] Simons, R.: Untersuchung einer Verbindung mit Schwerspannhülsen an relativ zueinander bewegten Bauteilen. München: TU, unveröffentlichte Diplomarbeit 1977. (Nr. 51).

[6/7.3] Barrenscheen, J.; Drebing, U.; Sieverding, H.: Rechnerunterstützte Erstellung von Anforderungslisten. VDI-Z 131 (1989) 4, S. 84–89.

[7/7.3] Ehrlenspiel, K.; Sauermann, H. J.: Produktkostenplanung in Teamarbeit. Harvard-Manager (1987) 4, S. 113–117.

[8/7.3] Lindemann, U.: Vorlesung „Methoden der Produktentwicklung“, Teil 1. TUMünchen 2001.

[9/7.3] King, B.: Doppelt so schnell wie die Konkurrenz – Quality Function Deployment. 2. Aufl. St. Gallen: gfmt 1994.

[10/7.3] Danner, S.: Ganzheitliches Anforderungsmanagement für marktorientierte Entwicklungsprozesse. Aachen: Shaker 1996. (Konstruktionstechnik München, Band 24). Zugl. München: TU, Diss. 1996.

[11/7.3] Eiletz, R.: Zielkonfliktmanagement bei der Entwicklung komplexer Produkte – am Beispiel PKW-Entwicklung. Aachen: Shaker 1999. (Konstruktionstechnik München, Band 32). Zugl. München: TU, Diss. 1999.

[12/7.3] DIN 69900: Projektmanagement, Netzplantechnik, Beschreibungen, Begriffe. Berlin: Beuth 2009.

[13/7.3] Merten, K.: Inhaltsanalyse. 2. Aufl. Wiesbaden: Springer Fachmedien 1995.

Kapitel 7.4

[1/7.4] Steinmeier, E.: Realisierung eines systemtechnischen Produktmodells – Einsatz in der Pkw-Entwicklung. Aachen: Shaker 1998. (Konstruktionstechnik München, Band 28). Zugl. München: TU, Diss. 1998.

[2/7.4] Romanow, P.: Konstruktionsbegleitende Kalkulation von Werkzeugmaschinen. München: TU, Diss. 1994.

[3/7.4] DIN EN 1325 Value Management; Wörterbuch – Begriffe. Berlin: Beuth 2014.

[4/7.4] Zoll, G.: Entwicklung von Automobilbauteilen aus Kunststoff mit systemtechnischen Methoden. Berlin: TU, Manuskript zur Diss. 1996.

[5/7.4] Balken, J.: Systematische Entwicklung von Gleichlaufgelenken. München: TU, Diss. 1981.

[6/7.4] John, T.: Systematische Entwicklung von homokinetischen Wellenkupplungen. München: TU, Diss. 1987.

[7/7.4] Feichter, E.: Systematischer Entwicklungsprozess am Beispiel von elastischen Radialversatzkupplungen. München: Hanser 1994. (Konstruktionstechnik München, Band 10). Zugl. München: TU, Diss. 1992.

[8/7.4] VDI/VDE-Richtlinie 2422: Entwicklungsmethodik für Geräte mit Steuerung durch Mikroelektronik. Düsseldorf: VDI-Verlag 1994.

[9/7.4] Heinzl, J.: Entwicklungsmethodik für Geräte mit Steuerung durch Mikroelektronik. In: Elektronik in Kraftfahrzeugen. Düsseldorf:: VDI-Verlag 1984, S. 213–218. (VDI-Berichte 515).

Kapitel 7.5

[1/7.5] Ehrlenspiel, K.; Danner, S.; Schlüter, A.: Verbindungsgestaltung für montagegerechte Produkte. In: Montage und Demontage, Fellbach. Düsseldorf: VDI-Verlag 1992, S. 179–205. (VDI-Berichte 999).

[2/7.5] Aebli, H.: Denken: Das Ordnen des Tuns. Bd. I: Kognitive Aspekte der Handlungstheorie. Stuttgart: Klett-Cotta 1980.

[3/7.5] Engelken, G.: Informationstechniken im Zulieferbetrieb – Chancen und Risiken. In: Wettbewerbsfähiger mit Zulieferkomponenten, Kassel. Düsseldorf: VDI-Verlag 1993, S. 173–184. (VDI-Berichte 1098).

[4/7.5] Birkhofer, H.: Erfolgreiche Produktentwicklung mit Zulieferkomponenten. In: Praxiserprobte Methoden erfolgreicher Produktentwicklung, Mannheim. Düsseldorf: VDI-Verlag 1992, S. 155–170. (VDI-Berichte 953).

[5/7.5] Reinemuth, J.; Birkhofer, H.: Elektronische Katalogsysteme für Zulieferkomponenten. In: Wettbewerbsfähiger mit Zulieferkomponenten, Kassel. Düsseldorf: VDI-Verlag 1993, S. 157–172. (VDI-Berichte 1098).

[6/7.5] Pahl, G.; Beitz, W.; Feldhusen, J.; Grote, K. H: Konstruktionslehre. 7. Auflage: Berlin: Springer 2007. Inzwischen gibt es eine Überarbeitung mit den Hrsg. Feldhusen, J.; Grote, K. H. Berlin: Springer 2013.

[7/7.5] Wüstenberg, D.: Kreativität in der Konstruktion. Konstruktion 45 (1993) 12, S. 411–414.

[8/7.5] Drevdahl, J.: Factors of Importance for Creativity. Journal of Clinical Psychology (1956) 12, S. 21–26.

[9/7.5] Weisberg, R.: Kreativität und Begabung. Heidelberg: Spektrum der Wissenschaft 1989.

[10/7.5] Clark, R.: Brainstorming: Methoden der Zusammenarbeit und Ideenfindung. München: Verlag Moderne Industrie 1966.

[11/7.5] Osborn, A.: Applied Imagination, Principles and Procedures of Creative thinking. New York: Charles Cribner's Sons 1957.

[12/7.5] Rohrbach, B.: Kreativ nach Regeln – Methode 6.3.5, eine neue Technik zum Lösen von Problemen. Absatzwirtschaft 12 (1969), S. 73–75.

[13/7.5] Schlicksupp, H.: Ideenfindung. 3. Aufl. Würzburg: Vogel 2004.

[14/7.5] Malorny, C.; Schwarz, W.; Backerra, H.: Die sieben Kreativitätswerkzeuge K7: Kreativitätsprozesse anstoßen, Innovationen fördern München: Hanser 1997.

[15/7.5] Gordon, W. J. J.:Synectics, the Development of Creative Capacity. New York: Harper 1961.

[16/7.5] Zerbst, E.: Biologische Funktionsprinzipien und ihre technische Anwendungen. Stuttgart: Teubner 1987.

[17/7.5] Nachtigall, W.: Bionik. 2. Aufl. Berlin: Springer 2002.

[18/7.5] Hellfritz, H. (Hrsg.): Innovation via Galeriemethode. Königsstein/Taunus 1978.

[19/7.5] Roth, K.: Konstruieren mit Konstruktionskatalogen. (Band 1: Konstruktionslehre. 3. Aufl. Berlin: Springer 2000). (Band 2: Kataloge. 3. Aufl. Berlin: Springer 2001).

[20/7.5] Ewald, O.: Lösungssammlungen für das methodische Konstruieren. Düsseldorf: VDI-Verlag 1975.

[21/7.5] Dreibholz, D.: Ordnungsschemata bei der Suche von Lösungen. Konstruktion 27 (1975), S. 233–239.

[22/7.5] Zwicky, F.: Entdecken, Erfinden, Forschen im morphologischen Weltbild. Zürich: Droemer Knaur 1966.

[23/7.5] Holliger-Uebersax, H.: Morphologische Methodik des kreativen Problemlösens. STZ 21 (1980) 10, S. 1048.

[24/7.5] Holliger-Uebersax, H.: Allgemeine Morphologie: Sinn und Zweck einer interdisziplinären Methodenwissenschaft für kreative Design-Prozesse. Rome: ICED 81.

[25/7.5] Hansen, F.: Konstruktionssystematik. Berlin: VEB Verlag Technik 1965.

[26/7.5] VDI-Richtlinie 2222, Blatt 2: Konstruktionsmethodik, Erstellung und Anwendung von Konstruktionskatalogen. Düsseldorf: VDI-Verlag 1982.

[27/7.5] Rodenacker, W.: Methodisches Konstruieren. 4. Aufl. Berlin: Springer 1991.

[28/7.5] Koller, R.: Konstruktionslehre für den Maschinenbau. 4. Aufl. Berlin: Springer 1998.

[29/7.5] Kettner, H.; Klingenschmitt, V.: Die morphologische Methode und das Lösen konstruktiver Aufgaben. Erster Teil. wt-Z. in der Fertigung 61 (1971), S. 737–741.

[30/7.5] Kettner, H.; Klingenschmitt, V.: Die morphologische Methode und das Lösen konstruktiver Aufgaben. Zweiter Teil. wt-Z. in der Fertigung 63 (1973), S. 357–363.

[31/7.5] Repota, P.: Welche Technik ist die Beste? PM 4 (1994), S. 84–94.

[32/7.5] Altschuller, G. S.: Erfinden – Wege zur Lösung technischer Probleme. Berlin: Verlag Technik 1984.

[33/7.5] Herb, R.; Herb, T.; Kohnhauser, V.: TRIZ. Der systematische Weg zur Innovation. Landsberg: Verlag Moderne Industrie 2000.

[34/7.5] Linde, H.: Erfolgreich erfinden: Widerspruchsorientierte Innovationsstrategie für Entwickler und Konstrukteure. Darmstadt: Hoppenstedt 1993.

[35/7.5] Lindemann, U.: Methodische Entwicklung technischer Produkte. 3. Aufl. Berlin: Springer 2009.

[36/7.5] Orloff, M. A.: Grundlagen der klassischen TRIZ. Berlin: Springer 2002.

[37/7.5] Zanker, W.: Situative Anpassung und Neukombination von Entwicklungsmethoden. Aachen: Shaker 1999. (Konstruktionstechnik München, Band 36). Zugl. München: TU, Diss. 1999.

[38/7.5] Wulf, J.: Elementarmethoden zur Lösungssuche. München: TU, Diss. 2002. (Produktentwicklung München, Band 50).

[39/7.5] Wallas, G.: The art of thought. New York: Harcourt Brace 1926.

[40/7.5] Klein, S.: Erfolglos im Team. Bild der Wissenschaft (2004) Heft 10, S. 56–59.

[41/7.5] Hentschel, C.: Methodisches Erfinden mit TRIZ zur Steigerung der Innovationsfähigkeit. Konstruktion (2004), Heft 4, S. 75–78.

[42/7.5] Hentschel, C.: Concept Management in der Produktentwicklung mit TRIZ. In Gundlach, C.; Nähler, H. (Hrsg.) Innovation mit TRIZ . Düsseldorf: Symposion Publishing 2006.

[43/7.5] Morse, G.: „Wir wollen tief verborgene Kreativität ans Licht holen" Interview mit Ferrari Personalchef Mario Almondo, Spiegel Online (25. 4. 2006).

[44/7.5] Techow, P.: Kreativität aus der Maschine. VDI-Nachrichten 1. 9. 2006, Nr. 35, S. 15.

[45/7.5] Weinert, F.; E.: Kreativität will erlernt sein. Innovatio 1991, Heft 4, S. 66–69.

[46/7.5] Birkhofer, H.: Analyse und Synthese der Funktionen technischer Produkte. Düsseldorf: VDI-Verlag 1980.

[47/7.5] Furnham, A.: The Brainstorming Myth. Business Strategy Review 11, 4 (2000), S. 21.

[48/7.5] Pöppel, E.: An den Ausblick denken. Das Büro als kreativer Ort. Forschung u. Lehre 11, 2010, S. 822.

[49/7.5] Mittelstraß, J.: Finden und Erfinden. Die Entstehung des Neuen. Berlin: Berlin University Press 2009.

[50/7.5] Lindemann, U.; Trinczek, R. (Hrsg.): Interaktionen in der Produktentwicklung – Projekteinblicke für Praktiker. (AKINET). Flintsbach: Rapp-Druck 2011.

[51/7.5] Hacker, W.: Zeitweilige Gruppenarbeit für Prozessinnovationen: Grundlagen, Organisation und Wirkungen. In Jöns, I. (Hrsg.): Erfolgreiche Gruppenarbeit. Wiesbaden: Gabler 2008.

[52/7.5] Hacker, W.: Fachunspezifische Unterstützung des konstruktiven Entwerfens. Sächs. Akad. d. Wissenschaften zu Leipzig. Stuttgart: Hirzel 2010.

[53/7.5] Stroebe, W.; Diehl, M.; Abakoumkin, G.: The illusion of group effectivity. Personality and Social Psychology Bulletin (1992), Nr. 18 (5), S. 643–650.

[54/7.5] Rhodes, M.: An Analysis of Creativity: in Phi Delta Kappan 1961, Band 42: S. 305–311.

[55/7.5] André, Chr.: Die schöne Kunst des Innehaltens. Paris, München: Kailash/Random House 2011/2012.

[56/7.5] VDI Richtlinie 4521, Bl. 1: Erfinderisches Problemlösen mit TRIZ. Grundlagen und Begriffe. Berlin: Beuth 2015.

[57/7.5] Schwaber,K.: SCRUM im Unternehmen. Microsoft Deutschland 2008; S. XI–XII.

[58/7.5] Gloger, B.: SCRUM-Produkte zuverlässig und schnell entwickeln. München: Hanser, 4. Auflage 2013.

Kapitel 7.6

[1/7.6] Jung, A.: Zur methodischen Synthese der Gestalt. In: Entwicklung und Konstruktion von Präzisionsgeräten. 34. Intern. Wiss. Koll. TH Ilmenau 1989, S. 41–43.

[2/7.6] Dylla, N.: Denk- und Handlungsabläufe beim Konstruieren. München: Hanser 1991. (Konstruktionstechnik München, Band 5). Zugl. München: TU, Diss. 1990.

[3/7.6] Koller, R.: Konstruktionslehre für den Maschinenbau. 4. Aufl. Berlin: Springer 1998.

[4/7.6] Magnus, K.: Grundlagen der technischen Mechanik. Stuttgart: Teubner 1990.

[5/7.6] Rodenacker, W. G.: Methodisches Konstruieren. 4. Aufl. Berlin: Springer 1991.

[6/7.6] Tjalve, E.: Systematische Formgebung für Industrieprodukte. Düsseldorf: VDI-Verlag 1978.

[7/7.6] Richter, W.: Skizzieren als anschauliche Darstellungsart. Konstruktion 35 (1983) 10, S. 391–396.

[8/7.6] Richter, W.: Gestalten nach dem Skizzierverfahren. Konstruktion 39 (1987) 6, S. 227–237.

[9/7.6] John, T.: Systematische Entwicklung von homokinetischen Wellenkupplungen. München: TU, Diss. 1987.

[10/7.6] Balken, J.: Systematische Entwicklung von Gleichlaufgelenken. München: TU, Diss. 1981.

[11/7.6] Feichter, E.: Systematischer Entwicklungsprozess am Beispiel von elastischen Radialversatzkupplungen. München: Hanser 1993. (Konstruktionstechnik München, Band 10). Zugl. München: TU, Diss. 1992.

[12/7.6] Henkel, G.: Theoretische und experimentelle Untersuchungen ebener konzentrischer gewellter Kreisringmembranen. Hannover: Universität, Diss. 1980.

[13/7.6] Conrad, K.-J. in: Taschenbuch der Konstruktionstechnik. München: Hanser 2008.

[14/7.6] Höhne, G.: Vom Arbeitsblatt zum virtuellen Prototyp – 50 Jahre Konstruktionssystematik. Berichte aus dem Institut für Maschinenelemente und Konstruktion Nr. 8, TUI lmenau mit Carl Zeiss Jena GmbH: 2002.

[15/7.6] Matthiesen, S.: Ein Beitrag zur Basisdefinition des Elementmodells „Wirkflächenpaare und Leitstützstrukturen“ zum Zusammenhang von Funktion und Gestalt technischer Systeme. Karlsruhe: TH, Diss. 2002.

[16/7.6] Campanile, F.; Jähne, R.: Gelenke einmal anders. Konstruktion 9/2013, S. 70–73.

Kapitel 7.7

[1/7.7] Centa Antriebe Kirschey (Hrsg.): Firmenschrift. Haan. (Firmenschrift).

[2/7.7] Roth, K.: Konstruieren mit Konstruktionskatalogen. (Band 1: Konstruktionslehre. 3. Aufl. Berlin: Springer 2000). (Band 2: Kataloge. 3. Aufl. Berlin: Springer 2001).

[3/7.7] Koller, R.: Konstruktionslehre für den Maschinenbau. 2. Aufl. Berlin: Springer 1985.

[4/7.7] Pahl, G.; Beitz, W.; Feldhusen, J.; Grote, K. H.: Konstruktionslehre. 7. Auflage: Berlin: Springer 2007. Inzwischen gibt es eine Überarbeitung mit den Hrsg. Feldhusen, J.; Grote, K. H. Berlin: Springer 2013.

[5/7.7] Ehrlenspiel, K.: Kostengünstig Konstruieren. Berlin: Springer 1985. 7. Auflage: Ehrlenspiel, K.; Kiewert, A.; Lindemann, U.; Mörtl, M.: Kostengünstig Entwickeln und Konstruieren. Berlin: Springer 2014.

[6/7.7] Müller, H. W.: Der Mechanismus der Drehmomentübertragung in Pressverbindungen. Darmstadt: TH, Diss. 1960.

[7/7.7] Leyer, A. (Hrsg): Allgemeine Gestaltungslehre. Basel: Birkhäuser 1964. (Technica Reihe, Heft 2).

[8/7.7] Tochtermann, W.; Bodenstein, F.: Konstruktionselemente des Maschinenbaus, Teil 1. 9. Aufl. Berlin: Springer 1979.

[9/7.7] Ficker, E:Spannungsoptik. München: TU, Lehrstuhl für Apparate und Anlagenbau, Umdruck zum Praktikum Spannungsoptik.

[10/7.7] Ehrlenspiel, K.: Planetengetriebe – Lastausgleich und konstruktive Entwicklung. In: Zahnräder und Zahnradgetriebe, München. Düsseldorf: VDI-Verlag 1967, S. 57–67. (VDI Bericht 105).

Kapitel 7.8

[1/7.8] Dylla, N.: Denk- und Handlungsabläufe beim Konstruieren. München: Hanser 1991. (Konstruktionstechnik München, Band 5). Zugl. München: TU, Diss. 1990.

[2/7.8] Heinz, R.: Schwingungsverschleiß – Erscheinungsformen, Prüfmethoden und Abhilfemaßnahmen. Technische Berichte 8 (1986/87) 5, S. 252–264. (Stuttgart: Bosch).

[3/7.8] Feichter, E.: Systematischer Entwicklungsprozess am Beispiel von elastischen Radialversatzkupplungen. München: Hanser 1992. (Konstruktionstechnik München, Band 10). Zugl. München: TU, Diss. 1992.

[4/7.8] Horváth, P.; Herter, R. N.: Benchmarking. Controlling 4 (1992) 1, S. 4–11.

[5/7.8] Eversheim, W.; Linnhoff, M.; Pollack, A.: Mit Benchmarking zur richtigen Unternehmensstrategie. VDI-Z 136 (1994) 5, S. 38–41.

[6/7.8] Hering, E.; Triemel, J.; Blank, H.-P.: Qualitätssicherung für Ingenieure. Düsseldorf: VDI-Verlag 1993.

[7/7.8] DIN-Norm 25424, Teil 1: Fehlerbaumanalyse; Methoden und Bildzeichen. Berlin: Beuth 1981. Teil 2: Fehlerbaumanalyse; Handrechenverfahren zur Auswertung eines Fehlerbaums. Berlin: Beuth 1990.

[8/7.8] Birolini, A.: Qualität und Zuverlässigkeit technischer Systeme – Theorie, Praxis, Management. Berlin: Springer 1985. Ab 1997 unter dem Titel. Zuverlässigkeit von Geräten und Systemen.

[9/7.8] Neese, J.: Methodik einer wissensbasierten Schadenanalyse am Beispiel Wälzlagerungen. München: Hanser 1991. (Konstruktionstechnik München, Band 7). Zugl. München: TU, Diss. 1991.

[10/7.8] Neese, J.; Ehrlenspiel, K.: Ein Expertensystem zur Schadenanalyse an Wälzlagern (SAWEX). In: Expertensysteme in Entwicklung und Konstruktion, Baden-Baden. Düsseldorf: VDI-Verlag 1989, S. 269–289. (VDI-Berichte 775).

[11/7.8] DIN ENISO 8402 Qualitätsmanagement, Beuth: Berlin 1995.

[12/7.8] Zienkiewicz, O. C.: Methode der Finiten Elemente. 2. Aufl. München: Hanser 1984.

[13/7.8] Bathe, K.-J.: Finite-Elemente-Methode. Berlin: Springer 1990.

[14/7.8] Figel, K.: Optimieren beim Konstruieren: Einsatz von Optimierungsverfahren, CAD und Expertensystemen. München: Hanser 1988. Zugl. München: TU, Diss. 1988.

[15/7.8] Boothroyd, G.; Dewhurst, P.: Design for Assembly. Amherst: University of Massachusetts, Department of Mechanical Engineering 1983.

[16/7.8] Wirth, X.: Innenbelüftete Wellenbremsscheibe mit verminderter Ventilatorleistung. Glasers Annalen. München: G. Siemens Verlag 1985.

[17/7.8] Blass, E.: Entwicklung verfahrenstechnischer Prozesse. Frankfurt: Salle & Sauerländer 1989, 2. Auflage: Berlin: Springer 1997.

[18/7.8] Ropohl, G.: Allgemeine Technologie. Eine Systemtheorie der Technik. 2. Aufl. München: Hanser 1999.

[19/7.8] Hacker, W.; Lindmann, U.: Virtual-Reality-Darstellungen – Hilfe für Entwicklungsdenken? Konstruktion, (2002) Heft 5, S. 58–64.

[20/7.8] Lindemann, U.: Methodische Entwicklung technischer Produkte. 3. Aufl. Berlin: Springer 2009.

[21/7.8] VDI-Richtlinie 3822: Schadensanalyse – Grundlagen, Begriffe, Definitionen, Ablauf einer Schadensanalyse. Düsseldorf: VDI-Verlag 2011.

[22/7.8] Birkhofer, H.; Engelhardt, R.; Kästle, C.: Unsicherheitsanalyse eines Wärmetauschers anhand der UMEA-Methodik. Konstruktion 6/2012, S. 59–60.

[23/7.8] Mathee, U.: FMEA ganz anders: effizient und flexibel. Konstruktion 4/2016, S. 60–62

Kapitel 7.9

[1/7.9] Kullmann, H.: Produkthaftungsgesetz: Gesetz über die Haftung für fehlerhafte Produkte (ProdHaftG); Kommentar. Berlin: Schmidt 1990.

[2/7.9] DIN ENISO 8402 Qualitätsmanagement, Beuth: Berlin 1995.

[3/7.9] Dylla, N.: Denk- und Handlungsabläufe beim Konstruieren. München: Hanser 1991. (Konstruktionstechnik München, Band 5). Zugl. München: TU, Diss. 1990.

[4/7.9] Lenk, E.: Zur Problematik der technischen Bewertung. München: Hanser 1994. (Konstruktionstechnik München, Band 13). Zugl. München: TU, Diss. 1993.

[5/7.9] Badke-Schaub, P.: Gruppen und komplexe Probleme. Frankfurt a. M.: Lang 1993.

[6/7.9] Pahl, G.; Beitz, W.; Feldhusen, J.; Grote, K. H: Konstruktionslehre. 7. Auflage: Berlin: Springer 2007. Inzwischen gibt es eine Überarbeitung mit den Hrsg. Feldhusen, J.; Grote, K.H. Berlin: Springer 2013.

[7/7.9] Lowka, D.: Methoden der Entscheidungsfindung im Konstruktionsprozess. In: Feinwerktechnik und Messtechnik 83 (1975), S. 19–21.

[8/7.9] Daenzer, W.F.; Huber, F. (Hrsg.): Systems Engineering. 12. Auflage: Zürich: Orell Füssli Verl. Industrielle Organisation 2004. Inzwischen gibt es eine Fortführung: [8a/7.9] Haberfellner, R. et al. (Hrsg.) Systems Engineering. Zürich: Orell Füssli 2015.

[9/7.9] VDI-Richtlinie 2225, Blatt 1 und 2: Technisch-wirtschaftliches Konstruieren. Berlin: Beuth 1997; 1998.

[10/7.9] Breiing, A.; Flemming, M.: Theorie und Methoden des Konstruierens. Berlin: Springer 1993.

[11/7.9] Zangemeister, C.: Nutzwertanalyse in der Systemtechnik. München: Wittmannsche Buchhandlung 1970.

[12/7.9] Olesen, J. et al.: Design for Environment. Inst. for Product Development, Technical University of Denmark 1996.

[13/7.9] Straub, W.: Die Mär von der Sachlichkeit. Südd. Zeitung 13.10.2009, S. 17.

[14/7.9] Schulz, I.; Bot-Schulz, R.: Bayes Theorem als Grundlage der Alternativenauswahl in der Produktentwicklung. Konstruktion 11/12 2010, S. 63–66.

[15/7.9] Breiing, A.; Knosala, R.: Bewerten Technischer Systeme. Berlin: Springer 1997.

[16/7.9] Adunka, R. : Rechnerunterstützter Bewertungsprozess im Umfeld methodischer Produktentwicklung, Fortschritt-Berichte VDI, Reihe 1, Nr. 362. Düsseldorf: VDI Verlag 2002.

[17/7.9] Wartzack, S.: Predictive engineering – Assistenzsystem zur multikriteriellen Analyse alternativer Produktkonzepte, Fortschritt-Berichte VDI, Reihe 1, Nr. 336. Düsseldorf: VDI Verlag 2000.

[18/7.9] Sen, P.; Yang, J.-B.: Multi-Criteria Decision Support in Engineering Design. London: Springer Verlag 1998.

[19/7.9] Bauer, S.: Entwicklung eines Werkzeugs zur Unterstützung multikriterieller Entscheidungen im Kontext des Design for X. Düsseldorf: Fortschritts-Berichte VDI, Reihe 1, Nr. 404, 2009.

Kapitel 7.10

[1/7.10] Bullinger, H.J.: IAO Studie „F&E heute". München: GmfT Verlag 1990.

[2/7.10] Allen, T.: Managing the Flow of Technology. Cambridge, MA (USA): MIT Press 1977.

[3/7.10] Brankamp, K.: Produktivitätssteigerung in der mittelständischen Industrie NRW. Düsseldorf: VDI-Verlag 1975.

[4/7.10] DIN 44300-3; -6; -9: Informationsverarbeitung – Begriffe. Berlin: Beuth 1985; 1988.

[5/7.10] Mewes, D.: Der Informationsbedarf im konstruktiven Maschinenbau. Düsseldorf: VDI-Verlag 1973. (VDI-Taschenbuch T49).

[6/7.10] Müller, R.; Pickel, H.: Ein neues Verfahren zur Klassifizierung von Teilen. CIM Management (1994) 2, S. 31–35.

[7/7.10] Müller, R.: Datenbankgestützte Teileverwaltung und Wiederholteilsuche. München: Hanser 1991. (Konstruktionstechnik München, Band 6). Zugl. München: TU, Diss. 1990.

[8/7.10] VDI-Richtlinie 2211, Blatt 1: Datenverarbeitung in der Konstruktion. Methoden und Hilfsmittel. Aufgabe, Prinzip und Einsatz von Informationssystemen. Düsseldorf: VDI-Verlag 1980.

[9/7.10] Eppinger, S. D.; Whitney, D. E.; Smith, R. P.; Gebala, D. A.: Organizing the Tasks in Complex Design Projects. ASME Conference on Design Theory and Methodology. Chicago, IL: 1990, S. 39–46.

[10/7.10] Marca, D. A.; McGowan, L.: SADT – Structured Analysis and Design Technique. New York: McGraw-Hill 1988.

[11/7.10] Pflicht, W.: Technisches Änderungswesen in Produktionsunternehmen. Berlin: VDE-Verlag 1989.

[12/7.10] Staudt, E.: Technische Informationen in Forschung und Entwicklung. VDI-Z 133 (1991) 12, S. 14–17.

[13/7.10] Markl, H.: Information zu Wissen machen. VDI-Nachrichten 14. 5. 1999.

[14/7.10] Probst, G.; Raub, St.; Romhardt, K.: Wissen managen. 7. Aufl. Wiesbaden: Springer Gabler 2012.

[15/7.10] Pierer, H. v.: Der Informationstechnik steht die Wende noch bevor. VDI Nachrichten 20. 3. 1998.

[16/7.10] von der Weth, R.; Weinert, S.: Richtige Fragen und die halbe Antwort auch beim Konstruieren – Fragensysteme als Hilfsmittel beim Konstruieren. In Hacker, W. (Hrsg.): Denken in der Produktentwicklung. Zürich: Rainer Hampp-Verlag 2002.

[17/7.10] Wallace, K.; Ahmed, S.: How Engineering Designer obtain Information. In Lindemann, U. (Hrsg.): Human Behaviour in Design.Berlin: Springer 2003.

[18/7.10] Fachinformationszentrum Karlsruhe FIZ, *www.fiz-karlsruhe.de*; hlpdeskk@fiz-karlsruhe.de.

[19/7.10] Lindemann, U.; Meiwald, T.; Petermann, M.; Schenkl, S.: Know-how-Schutz im Wettbewerb – gegen Produktpiraterie und unerwünschten Wissenstransfer. Berlin: Springer 2012.

[20/7.10] VDI-Richtlinie 5610, Bl. 1; Wissensmanagement im Ingenieurwesen. Berlin: Beuth-Verlag 2009.

[21/7.10] VDMA Hrsg.: VDMA-Untersuchung zur Produkt- und Markenpiraterie. Frankfurt: VDMA-Verlag 2010.

[22/7.10] Günthner, W. A. (Hrsg.): Leitfaden zum Schutz vor Produktpiraterie durch Bauteilkennzeichnung. München: TUMünchen 2010.

[23/7.10] Nißl, A.: Wechselwirkung technischer Schutzrechte im Produktlebenszyklus. Vortrag am 17.7.2011 am Lehrstuhl f. Produktenwicklung, TU München.

[24/7.10] Gassmann, O.; Bader, M.: Patentmanagement – Innovationen erfolgreich nutzen und schützen. 2. Aufl., Berlin: Springer 2007.

[25/7.10] Schulz, v. Thun.: Miteinander Reden. Bd. 1, Reinbek: rororo Sachbuch 2010.

[26/7.10] Anderl, R.; Anggraeni, N.; Strang, D.: Digitale Prozesskette zur effizienten techn. Produktdokumentation. Konstruktion 10/2013, S. 85.

[27/7.10] Tralau, M.: Productive Games. Diss. an Univ. d. Bundeswehr Hamburg, Inst. f. Konstruktions- u. Fertigungstechnik. 2015.

[28/7.10] Nonaka, I.; Takeuchi, H.: Die Organisation des Wissens. Frankfurt: Campus 1997.

[29/7.10] Gausemeier, J.; Glatz, R.; Lindemann, U.: Präventiver Produktschutz. München: Hanser 2012.

[30/7.10] Däbritz, E.: Ratente. Wie versteht man sie? Wie bekommt man sie? Wie geht man mit ihnen um? 3. Aufl. München: Beck 2008.

[31/7.10] Abram, L.; Münzberg, C.; Lindemann, U.: Crisis Situations in Engineering Product Development: Elaboration of Principles for Effective Crisis Solving. Nord Design 2016; 10. 8. 2016; Trondheim.

[32/7.10] Töpfer, A.: Plötzliche Unternehmenskrisen- Gefahr oder Chance? Neuwied: Luchterhand 1999.

[33/7.10] Münzberg, C.; Gericke, K.; Oehmen, J.; Lindemann, U. An Exploratory Study of Crises in Product Development. In: Marjanovic D.; Štorga M. u.a. (Hg.): 14th International Design Conference DESIGN 2016. Cavtat, Dubrovnik, Croatia, S.1533–1542.

[34/7.10] Hörmann, H.-J. Urteilsverhalten und Entscheidungsfindung. In H. Eißfeldt, K.-M. Goeters, H.-J. Hörmann, P. Maschke & A. Schiewe (Hrsg.) „Effektives Arbeiten im Team: Crew Resource-Management-Training für Piloten und Fluglotsen". Hamburg: Deutsches Zentrum für Luft- und Raumfahrt 1994.

Literatur zu Kapitel 8

Kapitel 8.2

[1/8.2] Birkhofer, H.: Vom Produktvorschlag zum Produktflop – mit Planung und Methodik ins Desaster. In: Strohschneider, S.; Weth, R. von der (Hrsg.): Ja, mach nur einen Plan. 2. Aufl. Bern: Huber 2002, S. 92–103.

Kapitel 8.3

[1/8.3] Ehrlenspiel, K.; Dylla, N.: Untersuchung des individuellen Vorgehens beim Konstruieren. Konstruktion 43 (1991) 1, S. 43–51.

[2/8.3] Ehrlenspiel, K.; Dylla, N.; Günther, J.: Experimental investigation of individual processes in Engineering Design (part 1) – Aims, experiments and methods of analysis. In: Cross, N.; Dorst, K.; Roozenburg, N. (Hrsg): Research in Design Thinking. Delft: University Press 1992, S. 99–105.

[3/8.3] Fricke, G.; Pahl, G.: Zusammenhang zwischen personenbedingtem Vorgehen und Lösungsgüte. In: Hubka, V. (Hrsg.): Proceedings of ICED 1991, Zürich. Zürich: Edition Heurista 1991, S. 331–341. (Schriftenreihe WDK 20).

[4/8.3] Fricke, G.: Konstruieren als flexibler Problemlöseprozess – Empirische Untersuchung über erfolgreiche Strategien und methodische Vorgehensweisen beim Konstruieren. Düsseldorf: VDI-Verlag 1993. (Fortschritt-Berichte der VDI-Zeitschriften Reihe 1, Nr. 227).

[5/8.3] Dylla, N.: Denk- und Handlungsabläufe beim Konstruieren. München: Hanser 1991. (Konstruktionstechnik München, Bd. 5). Zugl. München: TU, Diss. 1990.

[6/8.3] Günther, J.; Ehrlenspiel, K.; Auer, P.: Die Wandhalterung. In: Strohschneider, S.; Weth, R. von der (Hrsg.): Ja, mach nur einen Plan. Bern: Huber 1993, S. 77–88.

[7/8.3] Ehrlenspiel, K.: Untersuchung individueller Konstruktionsprozesse. In: Pahl, G. (Hrsg.): Psychologische und pädagogische Fragen beim methodischen Konstruieren. Köln: TÜV Rheinland 1994, S. 43–57. (Ergebnisse des Ladenburger Diskurses 1992–1993).

Kapitel 8.4

[1/8.4] Ehrlenspiel, K.: Planetengetriebe – Lastausgleich und konstruktive Entwicklung. In: Zahnräder und Zahnradgetriebe, München. Düsseldorf: VDI-Verlag 1967, S. 57–67. (VDI Bericht 105).

[2/8.4] Ehrlenspiel, K.: Überlegungen zur Konstruktionsarbeit am Beispiel eines Turboplanetengetriebes. VDI-Z 113 (1971) 2, S. 106–113.

[3/8.4] Ehrlenspiel, K.: Die konstruktive Lösung des Lastausgleichs. Konstruktion 31 (1979) 1, S. 12–18.

[4/8.4] Ehrlenspiel, K.; Kiewert, A.: Die Werkstoffauswahl als Problem der Produktentwicklung im Maschinenbau. In: Ingenieur-Werkstoffe im technischen Fortschritt, München. Düsseldorf: VDI-Verlag 1990, S. 47–67. (VDI Berichte 797).

[5/8.4] Schutzrecht DE 1963831 Patentschrift (1972-01-20). Bayrische Berg-, Hütten- und Salzwerke AG. – Ehrlenspiel, K.; Strinzel, H.: Planetengetriebe mit Doppelschrägverzahnung.

[6/8.4] Daenzer, W. F.; Huber, F. (Hrsg.): Systems Engineering. 12. Auflage: Zürich: Orell Füssli Verl. Industrielle Organisation 2004. Inzwischen gibt es eine Fortführung: [6a/8.4] Haberfellner, R. et al. (Hrsg.) Systems Engineering. Zürich: Orell Füssli 2015.

Kapitel 8.6

[1/8.6] Andreasen, M.; Kähler, S.; Lund, T.: Montagegerechtes Konstruieren. Berlin: Springer 1985.

[2/8.6] Barthelmeß, P.: Montagegerechtes Konstruieren durch die Integration von Produkt- und Montageprozessgestaltung von Produkt- und Montageprozessgestaltung. Berlin: Springer 1987. (iwb-Forschungsberichte 9).

Kapitel 8.7

[1/8.7] Bath, Wehrmeister, J.: StVZO Straßen-Verkehrs-Zulassungs-Ordnung. Bonn: Kirschbaum 1987.

[2/8.7] Wehrmeister, J.: FEE-Fahrzeugtechnik EWG/ECE. Loseblatt Ausgabe Bd. 1–4. Bonn: Kirschbaum 1987.

[3/8.7] Haug, W.: Neukonstruktion einer Befestigung für das vordere Kennzeichen an einem Pkw. München: TU, Lehrstuhl für Konstruktion im Maschinenbau, Unveröffentlichte Semesterarbeit 1988. (Nr. 1068).

Kapitel 8.8

[1/8.8] Boss, D.-L. M.: CAE und präventive Qualitätssicherung bei der Entwicklung von Teilen aus faserverstärkten Kunststoffen. In: Schäppi, B.; Andreasen, M. M. et al. Handbuch Produktentwicklung, München Hanser, 2005.

[2/8.8] Celeghini, M.: Wirkmedienbasierte Blechumformung: Grundlagenuntersuchungen zum Einfluss von Werkstoff und Bauteilgeometrie. Verlag Meisenbach Bamberg 2004. – ISBN 3-87525-207-1.

[3/8.8] Celeghini, M.; Pohl, T.; Geiger, M.; Merklein, M.; Hecht, J.; Meerkamm, H.; Stockinger, A.: Innovatives Konstruktions- und Fertigungskonzept für Straßenbahn-Rohbau; Tagungsband „Fügen und Konstruieren im Schienenfahrzeugbau" Fachtagung GSI u. SLV Halle 2009. S. 80–86.

[4/8.8] Hecht, J.: Werkstoffcharakterisierung und Prozessauslegung für die wirkmedien-basierte Doppelblechumformung von Magnesiumlegierungen: Verlag Meisenbach, Bamberg, 2007. – ISBN 978-3-87525-270.

[5/8.8] Geiger, M.: „Robuste, verkürzte Prozessketten für flächige Leichbauteile", Abschlussbericht des DFG Sonderforschungsbereich SFB 396, Erlangen 2007.

[6/8.8] Merklein, M.: Charakterisierung von Blechwerkstoffen für den Leichtbau. Verlag Meisenbach, Bamberg, 2006. – ISBN 3-87525-6.

[7/8.8] Merklein, M.; Hußnätter, W.; Staud, D.; Dubiel, K.; Kuppert, A.: Charakterisierung der Umformeigenschaften von Blechwerkstoffen – Trends und Möglichkeiten der Prüftechnik. In: Pohl, M. (Hrsg.): Tagungsband Werkstoffprüfung 2007; Konstruktion, Qualitätssicherung und Schadensanalyse, Neu-Ulm, 29.–30.11.2007, Stahleisen, Düsseldorf, S. 201–210.

[8/8.8] Stockinger, A.; Wittmann, S.: Optimieren der Prozesskette durch Auswählen der bestgeeigneten Baustruktur und fertigungsgerechte Gestaltung der Bauteile. In: Geiger, M. SFB 396 – „Robuste, verkürzte Prozessketten für flächige Leichtbauteile", S. 3–46, Erlangen, 2007.

[9/8.8] Stockinger, A.: Computer Aided Robust Design – Verknüpfung rechnerunterstützter Entwicklung und virtueller Fertigung als Baustein des Toleranzmanagements. Fortschritt-Berichte VDI, Reihe 1, Nr. 409, Düsseldorf: VDI-Verlag 2011.

Literatur zu Kapitel 9

[1/9] Ehrlenspiel, K.: Kostengünstig Konstruieren. Berlin: Springer 1985. 7. Auflage: Ehrlenspiel, K.; Kiewert, A.; Lindemann, U.; Mörtl, M.: Kostengünstig Entwickeln und Konstruieren. Berlin: Springer 2014.

[2/9] VDI-Richtlinie 2235: Wirtschaftliche Entscheidungen beim Konstruieren. Methoden und Hilfen. Düsseldorf: VDI-Verlag 1987.

[3/9] VDMA: Kennzahlenkompass – Informationen für Unternehmer und Führungskräfte, Ausgabe 2006. Frankfurt: Maschinenbau Verlag 2006.

[4/9] VDI-Richtlinie 2234: Wirtschaftliche Grundlagen für den Konstrukteur. Düsseldorf: VDI-Verlag 1990.

[5/9] Bussmann, K. F.: Industrielles Rechnungswesen. 2. Aufl. Stuttgart: Pöschel 1979.

[6/9] Heinen, E.: Industriebetriebslehre. Wiesbaden: Gabler 1992.

[7/9] Kilger, W.: Flexible Plankostenrechnung und Deckungsbeitragsrechnung. 9. Aufl. Wiesbaden: Gabler 1988.

[8/9] Warnecke, H. J.; Bullinger, H.-J.; Hichert, R.: Kostenrechnung für Ingenieure. 5. Aufl. München: Hanser 2006.

[9/9] Horváth, P.; Mayer, R.: Prozesskostenrechnung – Der neue Weg zu mehr Kostentransparenz und wirkungsvollen Unternehmensstrategien. Controlling (1989) 4, S. 214–219.

[10/9] Bruckner, J.: Kostengünstige Wärmebehandlung durch Entscheidungsunterstützung in Konstruktion und Härterei. München: Hanser 1994 (Konstruktionstechnik München, Band 16). Zugl. München: TU, Diss.: 1993.

[11/9] Radke, M.: Kosten senkt man heute so. 222 praxiserprobte Maßnahmen zur Kostensenkung. Landsberg: MI Verlag Moderne Industrie 1984.

[12/9] Fischer, D.: Kostenanalyse von Stirnzahnrädern. Erarbeitung und Vergleich von Hilfsmitteln zur Kostenfrüherkennung. München: TU, Diss. 1983.

[13/9] Käser, A.: Wo stehen wir auf dem Gebiet der Vorbestimmung der Schnittdaten und der Arbeitszeit in der spanenden Fertigung? REFA-Nachr. 27 (1974) 1, S. 21–32.

[14/9] Beitz, W.; Ehrlenspiel, K.; Eversheim, W., u. a.: Kosteninformationen zur Kostenfrüherkennung. Handbuch für Entwicklung, Konstruktion und Arbeitsvorbereitung. Berlin: Beuth 1987.

[15/9] VDI-Richtlinie 2225, Blatt 1 bis 4: Technisch-wirtschaftliches Konstruieren (Blatt 1 bis 4). Düsseldorf: VDI-Verlag 1997; 1998.

[16/9] Derndinger, H. O.: Einfluss der Massenfertigung auf die konstruktive Gestaltung. wt-Z. in der Fertigung 61 (1971) 5, S. 284–287.

[17/9] Bronner, A.: Zukunft und Entwicklung der Betriebe im Zwang der Kostengesetze. Werkstattstechnik 56 (1966) 2, S. 80–89.

[18/9] Henderson, B. D.: Die Erfahrungskurve in der Unternehmensstrategie. Frankfurt: Herder & Herder 1974.

[19/9] Horváth, P.; Herter, R.: Benchmarking – Vergleich mit den Besten der Besten. Controlling 4 (1992) 1, S. 4–11.

[20/9] Ehrlenspiel, K.: Möglichkeiten zum Senken der Produktkosten – Erkenntnisse aus einer Auswertung von Wertanalysen. Konstruktion 32 (1980) 5, S. 173–178.

[21/9] VDI-Richtlinie 2222, Blatt 1 u. 2.: Konstruktionsmethodik. Düsseldorf: VDI-Verlag 1977.

[22/9] Seidenschwarz, W.: Target Costing. München: Vahlen 2006.

[23/9] Ehrlenspiel, K.: Genauigkeit, Gültigkeitsgrenzen, Aktualisierung der Erkenntnis und Hilfsmittel zum kostengünstigen Konstruieren. Konstruktion 32 (1980) 12, S. 487–490.

[24/9] Rögnitz, H.; Köhler, G.: Fertigungsgerechtes Gestalten im Maschinen- und Gerätebau. Berlin: Teubner 1968.

[25/9] Pahl, G.; Beitz, W.; Feldhusen, J.; Grote, K. H: Konstruktionslehre. 7. Auflage: Berlin: Springer 2007. Inzwischen gibt es eine Überarbeitung mit den Hrsg. Feldhusen, J.; Grote, K.H. Berlin: Springer 2013.

[26/9] Heil, H.-G.: Kosten senken in der Konstruktion. Analyse von Kostensenkungspotenzialen. Frankfurt: Maschinenbau Verlag 1993.

[27/9] Pahl, G.; Rieg, F.: Kostenwachstumsgesetze für Baureihen München: Hanser 1984.

[28/9] Baumann, G.: Ein Kosteninformationssystem für die Gestaltungsphase im Betriebsmittelbau. München: TU, Diss. 1982.

[29/9] Hillebrand, A.: Ein Kosteninformationssystem für die Neukonstruktion mit der Möglichkeit zum Anschluss an ein CAD-System. München: Hanser 1991 (Konstruktionstechnik München, Band 3). Zugl.: München: TU, Diss. 1989.

[30/9] Pickel, H.: Kostenmodelle als Hilfsmittel zum Kostengünstigen Konstruieren. München: Hanser 1989 (Konstruktionstechnik München, Band 20). Zugl. München: TU, Diss. 1988.

[31/9] Kiewert, A.: Kurzkalkulationen und die Beurteilung ihrer Genauigkeit. VDI-Z 124 (1982) 12, S. 443–446.

[32/9] Kiewert, A.: Systematische Erarbeitung von Hilfsmitteln zum Kostengünstigen Konstruieren. München: TU, Diss. 1979.

[33/9] Hafner, J.: Kostensenkung an einem Lagerbock. München: TU, Lehrstuhl für Konstruktion i. M., unveröffentlichte Studie 1982.

[34/9] Hafner, J.: Entscheidungshilfen für das Kostengünstige Konstruieren von Schweiß- und Gussgehäusen. München: TU, Diss. 1987.

[35/9] Rehm, S.: Einfluss auf das Kostenbewusste Konstruieren durch Zusammenarbeit der Entwicklung und anderer Bereiche. In: VDI-Berichte 651, S. 75–90. Düsseldorf: VDI-Verlag 1987.

[36/9] Keßler, M.: Konstruktionsberatung – ein Instrument zur Kosten- und Produktoptimierung. In: VDI-Berichte 651, S. 75–90. Düsseldorf: VDI-Verlag 1987.

[37/9] Schill, J.: Ohne Teamarbeit geht nichts. Methodik des Vorgehens beim kostenbeachtenden Konstruieren. Maschinenmarkt 95 (1989) 36, S. 196–203.

[38/9] Schiebeler, R.: Kostengünstig Konstruieren mit einer rechnergestützten Konstruktionsberatung. München: Hanser 1994 (Konstruktionstechnik München, Band 15). Zugl. München: TU, Diss. 1993.

[39/9] Stockert, A.: Kostensenken eine bereichsübergreifende Aufgabe. In: VDI-Berichte 767, S. 1–36. Düsseldorf: VDI-Verlag 1989.

[40/9] Miles, L. D.: Value Engineering. Wertanalyse die praktische Methode zur Kostensenkung. 2. Aufl. München: Moderne Industrie 1967.

[41/9] DIN EN 1325: 2014-07. Value Management – Wörterbuch – Begriffe. Berlin: Beuth 2014.

[42/9] NN: Wertanalyse Idee-Methode-System. Hrsg. VDI-Zentrum Wertanalyse. 4. Aufl. Düsseldorf: VDI-Verlag 1991.

[43/9] Krehl, H.: Erfolgreiche Produkte durch Value Management. In: Proceedings of the ICED 81, S. 246–253. Zürich: Edition Heurista 1991. (Schriftenreihe WDK 20).

[44/9] Burkhardt, R.: Volltreffer mit Methode – Target Costing. Top Business 2 (1994), S. 94–99.

[45/9] Seidenschwarz, W.: Target Costing – Marktorientiertes Zielkostenmanagement. München: Vahlen 1993. Zugl. Stuttgart: Univ., Diss. 1992.

[46/9] Ehrlenspiel, K.: Gründe für den Kosten-, Zeit- und Qualitätsdruck Japans und Antworten darauf – Eindrücke von einer Studienreise zu elf japanischen Unternehmen. Konstruktion 45 (1993) 1, S. 73–83.

[47/9] Sauermann, H. J.: Eine Produktkostenplanung für Unternehmen des Maschinenbaues. München: TU, Diss. 1986.

[48/9] Ehrlenspiel, K.; Seidenschwarz, W.; Kiewert, A.: Target Costing, ein Rahmen für kostenzielorientiertes Konstruieren – eine Praxisdarstellung. VDI-Berichte Nr. 1097 ein Rahmen für kostenzielorientiertes Konstruieren – eine Praxisdarstellung. VDI-Berichte Nr. 1097, Düsseldorf: VDI-Verlag 1993, S. 167–187.

[49/9] Ehrlenspiel, K.: Produktkosten-Controlling und Simultaneous Engineering. In: Horváth, P. (Hrsg.): Effektives und schlankes Controlling. Stuttgart: Schäffer-Poeschel 1992, S. 289–308.

[50/9] Steiner, M.; Ehrlenspiel, K.; Schnitzlein, W.: Erfahrungen mit der Einführung wissensbasierter Erweiterungen eines CAD-Systems zur konstruktionsbegleitenden Kalkulation. In: VDI-Berichte 1079, Düsseldorf: VDI-Verlag 1993, S. 33–54.

[51/9] Schaal, S.: Integrierte Wissensverarbeitung mit CAD am Beispiel der konstruktionsbegleitenden Kalkulation. München: Hanser 1992 (Konstruktionstechnik München, Band 8). Zugl. München: TU, Diss. 1992.

[52/9] Steiner, M.: C-Technologien zum Kostengünstigen Konstruieren. In: VDI-Berichte 1097, Düsseldorf: VDI-Verlag 1993, S. 65–87.

[53/9] Eversheim, W.; Schuh, G.; Caesar, C.: Variantenvielfalt in der Serienproduktion. VDI-Z 130 (1988) 12, S. 45–49.

[54/9] Schuh, G.: Gestaltung und Bewertung von Produktvarianten. Aachen: TH, Diss. 1989.

[55/9] Hichert, R.: Probleme der Vielfalt. wt – Zeitschrift für die industrielle Fertigung 75 (1985), S. 235–237.

[56/9] Eversheim, W.; Böhmer, D.; Kümper, R.: Die Variantenvielfalt beherrschen. Entwicklung geeigneter Organisationsformen – Praxisbeispiel Automobilindustrie. VDI-Z 134 (1992) 4, S. 47–53.

[57/9] Henzler, H. H.; Späth, L.: Sind die Deutschen noch zu retten. München: Bertelsmann 1993.

[58/9] Franke, H.-J.; Schill, J.: Kosten senken durch Einsparen von Teilen. Düsseldorf: VDI-Verlag 1987, S. 139–152. (VDI-Berichte 651).

[59/9] Pollack, W.: Teilefamilie-Fertigungsfamilie. MMMaschinenmarkt 75 (1969) 10, S. 162.

[60/9] Müller, R.: Datenbankgestützte Teileverwaltung und Wiederholteilsuche. München: Hanser 1991. (Konstruktionstechnik München, Bd. 6). Zugl. München: TU, Diss. 1990.

[61/9] Pahl, G.; Beitz, W.: Baureihenentwicklung. Konstruktion 26 (1974) 2 u. 3, S. 71–79 u. S. 113–118.

[62/9] Flender: Firmenprospekt Nr. K 2173/D. Bocholt 1972.

[63/9] Kittsteiner, H.: Die Auswahl und Gestaltung von kostengünstigen Welle-Nabe-Verbindungen. München: Hanser 1990. (Konstruktionstechnik München, Band 3). Zugl. München: TU, Diss. 1989.

[64/9] Pahl, G.; Beitz, W.; Feldhusen, J.; Grote, K. H.: Konstruktionslehre. 7. Auflage: Berlin: Springer 2007. Inzwischen gibt es eine Überarbeitung mit den Hrsg. Feldhusen, J.; Grote, K. H. Berlin: Springer 2013.

[65/9] DIN 323: Normzahlreihen. Berlin: Beuth 1974.

[66/9] Kühborth, W.: Baureihen industrieller Erzeugnisse zur optimalen Nutzung von Kostendepressionen. Mannheim: Uni, Diss. 1986.

[67/9] Benthake, H.: Baukastensysteme – grundsätzliche Möglichkeiten, Optimierung am Beispiel einer Industriegetriebereihe. 7. Konstrukteurstagung Dresden 1990, Berlin: Kammer der Technik 1990, S. 217–238.

[68/9] Peithmann, L.: Das Baukastensystem – eine Gestaltungsaufgabe bei Hebezeugen. Wirtschaftliche Aspekte für Hersteller und Benutzer. Vortrag Fachtagung Fördertechnik. DIM, Hannover 1967.

[69/9] Gerhard, E.: Kostenbewusstes Entwickeln und Konstruieren. Renningen-Malmsheim: Expert Verlag 1984.

[70/9] Wildemann, H.: Fertigungsstrategien: Reorganisationskonzepte für eine schlanke Produktion und Zulieferung. 2. Aufl. München: TCW-Verlag 1994.

[71/9] Franke, H.-J.; Hesselbach, J.; Huch, B.; Firchau, N. L.: Variantenmanagement in der Einzel- und Kleinserienfertigung. München: Hanser 2002.

[72/9] Stößer, R.: Zielkostenmanagement in integrierten Produkterstellungsprozessen. Aachen: Shaker 1999. (Konstruktionstechnik München, Band 33). Zugl. München: TU, Diss. 1999.

[73/9] Kohlhase, N.: Strukturieren und Beurteilen von Baukastensystemen. Düsseldorf: VDI-Verlag 1997.

[74/9] Kohlhase, N.; Schnorr, R.; Schlücker, E.: Reduzierung der Variantenvielfalt in der Einzel- und Kleinserienfertigung. Konstruktion 50 (1998) 6, S. 15–21.

[75/9] Lindemann, U.; Reichwald, R.: Integriertes Änderungsmanagement. Berlin: Springer 1998.

[76/9] Reischl, C.: Simulation von Produktkosten in der Entwicklungsphase. München: Dr. Hut 2001. (Produktentwicklung München, Band 44). Zugl. München: TU, Diss. 2001.

[77/9] Seebacher, G.: Ordnung ins Chaos – ein Beitrag zur Beherrschung der Produktvielfalt. Unveröffentlichtes Manuskript August 2002; Beim Autor K. Ehrlenspiel weitere Information erhältlich.

[78/9] Gembrys, S.-N.: Ein Modell zur Reduzierung der Variantenvielfalt in Produktionsunternehmen. Berlin: TU, IPK Diss. 1998.

[79/9] Biegert, H.: Die Baukastenbauweise als technisches und wirtschaftliches Gestaltungsprinzip. Karlsruhe: TH, Diss. 1971.

[80/9] Schuh, G.: Gestaltung und Bewertung von Produktvarianten. Aachen, RWTH Diss. 1988.

[81/9] Caesar, CH.: Kostenorientierte Gestaltungsmethodik für variantenreiche Serienprodukte. Düsseldorf: VDI-Verlag 1991.

[82/9] Lindemann, U.; Reichwald, R.; Zäh, F.: Individualisierte Produkte – Komplexität beherrschen in Entwicklung und Produktion. Berlin: Springer 2006.

[83/9] Mörtl, M.: Entwicklungsmanagement für langlebige, upgradinggerechte Produkte. München: Dr. Hut 2002. (Produktentwicklung München, Band 51). Zugl. München: TU, Diss. 2002.

[84/9] Camp, R.: Benchmarking. München: Hanser 1994.

[85/9] Grasmann, M.; Herzog, B.: Integrationspartner brauchen Prozess-Know-how und Projekterfahrung. Konstruktion (2004), Heft 3, S. 14–16.

[86/9] Steiner, M.: Rechnergestütztes Kostensenken im praktischen Einsatz. Aachen: Shaker 1996 (Konstruktionstechnik München, Band 22). Zugl. München: TU, Diss. 1995.

[87/9] Krause, F.-L.; Franke, H.-J.; Gausemeeier, J. (Hrsg): Innovationspotenziale in der Produktentwicklung. Berliner Kreis. München: Hanser 2007.

[88/9] Bockskopf, V.: Lebenszykluskosten: Genau hinsehen und Kosten sparen. Konstruktion 2007, Heft 4, S. 16–18; Special Antriebstechnik.

[89/9] Reiners, F. u. a.: Target Costing reduziert das Overengineering. Konstruktion 2004, Heft 4, S. 95–98.

[90/9] Voß, A.: Energie, Effizienz und Nachhaltigkeit – Gedanken zur Energiefrage. Vortrag TU München 8. 9. 2006; (Institut für Energiewirtschaft und rationelle Energieanwendung, Uni. Stuttgart).

[91/9] Menk, K., B.: Produktkonfiguration – auch sinnvoll für den Mittelstand? Konstruktion 2007, Heft 11/12, S. 19–21.

[92/9] Renner, I.: Methodische Unterstützung funktionsorientierter Baukastenentwicklung am Beispiel Automobil. München: Dr. Hut 2007. (Produktentwicklung München, Band 68). Zugl. München: TU, Diss. 2007.

[93/9] Birkhofer, H.: Erfolgreiche Produktentwicklung mit Zulieferkomponenten. VDI-Bericht 953, S. 155–170. Düsseldorf: VDI-Verlag 1992.

[94/9] Nißl, A.: Modell zur Integration der Zielkostenverfolgung in den Produktentwicklungsprozess. München: Dr. Hut 2006. (Produktentwicklung München, Band 64). Zugl. München: TU, Diss. 2006.

[95/9] Hundal, M.: Product Design Variants and Customisation: Dealing with Conflicting Requirements. Proceeding of ASME 2012 Biennal Conf. on Engng. Systems Design and Analysis ESDA2012 Nantes 2.–4. 6. 2012.

[96/9] Franke, H.-J.; Hesselbach, J.; Huch, B.; Firchau, N.: Variantenmanagement in der Einzel- und Kleinserienfertigung. München: Hanser 2002.

[97/9] Schubert, S.; Feldhusen, J.; Nagarajah, A.: An Approach for More Efficient Variant Design Processes. Proc. ICED11, Copenhagen 4. pp. 157–166.

[98/9] Kohlhase, N.: Beherrschung der Variantenvielfalt. Seminarunterlagen, TA Esslingen 1999.

[99/9] Rommel, G.; Brück, F.; Diederichs, R.; Kempis, R.-D.; Kaas, H.-W.; Fuhry, G.; Kurfess, V.: Qualität gewinnt. Stuttgart: Schäffer-Poeschel 1995.

[100/9] Schuh, G.: Produktkomplexität managen. 2. Aufl. München: Hanser 2005.

[101/9] Bartsch, C.: Baukastensystem löst starre Plattformen ab. Düsseldorf: VDI-Nachr. 27. 4. 12.

[102/9] Lindenblatt, D.: Software durchsucht geometrische Fingerabdrücke von Konstruktionen. Konstruktion 6/2013, S.43.

[103/9] Wintershagen, J.: Modularer Querbaukasten: Bis 2018 Konzernstandard bei VW. ATZonline.de 1. 2. 2012.

[104/9] VDI-Richtlinie 2806: Wertanalyse. Kreativitätspotenziale und Ideenfindung. Düsseldorf: VDI-Verlag (Entwurf 2014).

[105/9] Schuh, G.: Produktkomplexität managen: Stategien-Methoden-Tools. München: Hanser

[106/9] Ulrich, K.: The role of product architecture in the manufacturing firm. In: Research Policy. Band 24, Nr. 3, 1995, S. 419–440.

[107/9] Jeschke, A.: Beitrag zur wirtschaftlichen Bewertung von Standardisierungsmaßnahmen in der Einzel- und Kleinserienfertigung durch die Konstruktion. TU Braunschweig, Inst. f. Konstruktionslehre 1997.

[108/9] Gebhart, N.;Kruse, M.;Krause, D.: in [26/1] Lindemann, U. Handbuch Produktentwicklung. München: Hanser 2016.

[109/9] Göpfert, J.; Steinbrecher, M.: Modulare Produktentwicklung leistet mehr. Harv. Bus. Manager 3/2000, S. 20–30 und Wiesbaden: Deutscher Universitäts-Verlag. 1998.

[110/9] Randers, J.: 2052 Der neue Bericht an den Club of Rome. München: oekom verlag 2012, Seite 43.

[111/9)] Ponn, J.: Portfolio-Management für Elektroantriebe in Powertools bei Hilti in Gausemeier, J. u. a.(Hrsg.) 2015 Intelligente Technische Systeme, EMS = Entwurf mechatronischer Systeme HNI, Uni Paderborn, 23.4.2015 Link: *http://www.hni.uni-paderborn.de/wintesys.*

[112/9] Vogel-Heuser; B.; Lindemann, U.; Reinhart, G.: Innovationsprozesse zyklenorientiert managen. Berlin: Springer 2014.

[113/9] Maisenbacher, S. u. a.: Integrated Value Engineering – Adapted Approach to Assess different Concepts of a Jet Engine. Vancouver. 9th Annual IEEE International Systems Conference, IEEE, 2015, S. 263–268.

(114/9) Meerkamm, H.: Design for X – A Core Area of Design Methodology. Journal of Engineering Design, Vol. 5, No. 2, 1994, p. 145–163.

(115/9) Kipp, Th.: Methodische Unterstützung der variantenreichen Produktgestaltung. Hamburger Schriftenreihe Produktentwicklung und Konstruktionstechnik, Band 4/2012.

Literatur zu Kapitel 10

[10/1] VDI Richtlinie 2221: Methodik zum Entwickeln und Konstruieren technischer Systeme und Produkte. Düsseldorf: VDI-Verlag 1993.

[10/2] Pahl, G.; Beitz, W.; Feldhusen, J.; Grote, K. H: Konstruktionslehre. 7. Auflage: Berlin: Springer 2007. Inzwischen gibt es eine Überarbeitung mit den Hrsg. Feldhusen, J.; Grote, K.H. Berlin: Springer 2013.

[13/7.10] Stolz, P.: Aufbau technischer Informationssysteme in Konstruktion und Entwicklung am Beispiel eines elektronischen Zeichnungsarchivs. München: Hanser 1994. (Konstruktionstechnik München Band 20). Zugl. München: TU, Diss. 1994.

Literatur zum Anhang

[1/A] VDI-Richtlinie 2221: Methodik zum Entwickeln und Konstruieren technischer Systeme und Produkte. Düsseldorf: VDI-Verlag 1993. [1a/A] Neubearbeitung 2016: Entwicklung technischer Produkte und Systeme.

[2/A] Pahl, G.; Beitz, W.; Feldhusen, J.; Grote, K.H.: Konstruktionslehre. 7. Auflage: Berlin: Springer 2007. Inzwischen gibt es eine Überarbeitung mit den Hrsg. Feldhusen, J.; Grote, K.H. Berlin: Springer 2013.

[3/A] Roth, K.: Konstruieren mit Konstruktionskatalogen. (Band 1: Konstruktionslehre. 3. Aufl. Berlin: Springer 2000). (Band 2: Kataloge. 3. Aufl. Berlin: Springer 2001).

[4/A] Koller, R.: Konstruktionslehre für den Maschinenbau. 4. Aufl. Berlin: Springer 1998.

[5/A] Ewald, O.: Lösungssammlungen für das methodische Konstruieren. Düsseldorf: VDI-Verlag 1975.

[6/A] Wölse, H.; Kastner, M.: Konstruktionskataloge für geschweißte Verbindungen an Stahlprofilen. Düsseldorf: VDI-Verlag 1983. (VDI-Berichte 493).

[7/A] Kopowski, E.: Einsatz neuer Konstruktionskataloge zur Verbindungsauswahl. Düsseldorf: VDI-Verlag 1983. (VDI-Berichte 493).

[8/A] Grandt, J.: Auswahlkriterien von Nietverbindungen im industriellen Einsatz. Düsseldorf: VDI-Verlag 1983. (VDI-Berichte 493).

[9/A] Fuhrmann, U.; Hinterwalder, R.: Konstruktionskatalog für Klebeverbindungen tragender Elemente. Düsseldorf VDI-Verlag 1983. (VDI-Berichte 493).

[10/A] Ersoy, M.: Klemmverbindungen zum Spannen von Werkstücken. Düsseldorf: VDI-Verlag 1983. (VDI-Berichte 493).

[11/A] Gießner, F.: Gesetzmäßigkeiten und Konstruktionskataloge elastischer Verbindungen. Braunschweig: TH, Diss. 1975.

[12/A] Diekhöner, G.; Lohkamp, F.: Objektkataloge – Hilfsmittel beim methodischen Konstruieren. Konstruktion 28 (1976), S. 359–364.

[13/A] Kollmann, F. G.: Welle-Nabe-Verbindungen. Konstruktionsbücher Bd. 32. Berlin: Springer 1984.

[14/A] Diekhöner, G.: Erstellen und anwenden von Konstruktionskatalogen im Rahmen des methodischen Konstruierens. Düsseldorf: VDI-Verlag 1983. (Fortschrittsberichte der VDI-Zeitschriften Reihe 1, Nr. 75).

[15/A] Jung, R.; Schneider, J.: Elektrische Kleinmotoren. Marktübersicht mit Konstruktionskatalog. Feinwerktechnik und Messtechnik 92 (1984), S.153–165.

[16/A] Schneider, J.: Konstruktionskataloge als Hilfsmittel bei der Entwicklung von Antrieben. Darmstadt: TH, Diss. 1985.

[17/A] VDI-Richtlinie 2222: Konstruktionsmethodik, Erstellung und Anwendung von Konstruktionskatalogen. Düsseldorf: VDI-Verlag 1982.

[18/A] Raab, W.; Schneider, J.: Gliederungssystematik für getriebetechnische Konstruktionskataloge. Antriebstechnik 21 (1982), S. 603.

[19/A] VDI-Richtlinie 2727: Lösung von Bewegungsaufgaben mit Getrieben. Düsseldorf: (6 Blätter) VDI-Verlag 1991 bis 2010.

[20/A] VDI-Richtlinie 2740: Greifer für Handhabungsgeräte und Industrieroboter. Düsseldorf: x (3 Blätter) VDI-Verlag 1995 bis 2002.

[21/A] Neudörfer, A.: Konstruktionskatalog für Gefahrstellen. Werkstatt und Betrieb 116 (1983), S. 71–74.

[22/A] Neudörfer, A.: Konstruktionskatalog trennender Schutzeinrichtungen. Werkstatt und Betrieb 116 (1983), S. 203–206.

[23/A] Neudörfer, A.: Gesetzmäßigkeiten und systematische Lösungssammlung der Anzeiger und Bedienteile. Düsseldorf: VDI-Verlag 1981.

[24/A] Ersoy, M.: Gießtechnische Fertigungsverfahren – Konstruktionskatalog für Fertigungsverfahren. wt-Z. in der Fertigung 66 (1976), S. 211–217.

Stichwortverzeichnis

A

Q

R

S

V